AF549669

Disposition mit SAP®

Ferenc Gulyássy, Marc Hoppe,
Oliver Köhler, Binoy Vithayathil

Disposition mit SAP®

Prozesse, Integration und Customizing

Liebe Leserin, lieber Leser,

die Disposition ist eine Abteilung, die in Unternehmen klassischerweise »zwischen den Stühlen« steht. Zum einen ist sie dafür verantwortlich, die Lieferbereitschaft durch regelmäßigen Wareneingang sicherzustellen, zum anderen ist es ihre Aufgabe, die Kosten dabei möglichst gering zu halten. Wer da den Überblick bewahren will, braucht clevere Systeme und hilfreiche Unterstützung. Wenn Sie dieses Dilemma kennen, dann ist das vorliegende Buch die passende Lektüre für Sie.

In der dritten Auflage unseres Dispo-Klassikers bleibt alles erhalten, was Sie (vielleicht) aus den vorherigen Auflagen kennen. Die erfahrenen Autoren Ferenc Gulyássy, Marc Hoppe, Oliver Köhler und Binoy Vithayathil zeigen Ihnen die Grundlagen und Prozesse der Disposition und erklären Ihnen, wie Sie Ihre Systeme richtig einstellen. Auch Nachbereitung und Optimierung kommen nicht zu kurz. Zusätzlich lernen Sie sowohl die umfassenden Funktionen von SAP Integrated Business Planning for Supply Chain (SAP IBP) als auch die praktischen Lösungen von SAP S/4HANA zur Disposition kennen, darunter der Demand-Driven-MRP-Ansatz und MRP Live. Egal, welches SAP-System Sie für die Disposition nutzen, hier finden Sie Tipps und Anleitungen für die erfolgreiche Disposition.

Das Buch hat Ihnen gefallen, Sie haben Anregungen oder Kritik? Wir freuen uns über Anmerkungen, die uns helfen, unsere Bücher zu verbessern. Zögern Sie also nicht, sich bei mir zu melden.

Ihre Nicole Hohmann
Lektorat SAP PRESS

nicole.hohmann@rheinwerk-verlag.de
www.sap-press.de
Rheinwerk Verlag · Rheinwerkallee 4 · 53227 Bonn

Auf einen Blick

TEIL I Grundlagen und Prozesse der Disposition

TEIL II Dispositionsparameter im SAP-System und ihre Auswirkungen

TEIL III Dispositionsoptimierung

Wir hoffen, dass Sie Freude an diesem Buch haben und sich Ihre Erwartungen erfüllen. Ihre Anregungen und Kommentare sind uns jederzeit willkommen. Bitte bewerten Sie doch das Buch auf unserer Website unter **www.rheinwerk-verlag.de/feedback**.

An diesem Buch haben viele mitgewirkt, insbesondere:

Lektorat Nicole Hohmann, Maike Lübbers
Korrektorat Anna Krepper, Rommerskirchen
Herstellung Denis Schaal
Typografie und Layout Vera Brauner
Einbandgestaltung Julia Schuster
Coverbild iStock: 1172673837 © peterschreiber.media
Satz Typographie & Computer, Krefeld
Druck Beltz Grafische Betriebe, Bad Langensalza

Dieses Buch wurde gesetzt aus der TheAntiquaB (9,35/13,7 pt) in FrameMaker. Gedruckt wurde es auf chlorfrei gebleichtem Offsetpapier (90 g/m²). Hergestellt in Deutschland.

Bibliografische Information der Deutschen Nationalbibliothek:
Die Deutsche Nationalbibliothek verzeichnet diese Publikation in der Deutschen Nationalbibliografie; detaillierte bibliografische Daten sind im Internet über *http://dnb.dnb.de* abrufbar.

ISBN 978-3-8362-8584-1

3., aktualisierte und erweiterte Auflage 2022

Informationen zu unserem Verlag und Kontaktmöglichkeiten finden Sie auf unserer Verlagswebsite **www.rheinwerk-verlag.de**. Dort können Sie sich auch umfassend über unser aktuelles Programm informieren und unsere Bücher und E-Books bestellen.

Inhalt

19 Bestandscontrolling 685

Einleitung

Die Disposition ist das Bindeglied zwischen Vertrieb und Produktion. Sie muss einerseits für einen guten Servicelevel sorgen und andererseits die Bestände möglichst gering halten. Damit beeinflusst die Disposition nicht nur die Qualität der gesamten Lieferkette, sondern auch die Logistikkosten im Unternehmen. Daher verdient die Disposition im Unternehmen einen entsprechenden Stellenwert.

Die Reduzierung von Kosten und die Verbesserung des Servicelevels sind und bleiben die obersten Ziele des Supply Chain Managements. Die Umsetzung aller neuen Anforderungen, die sich aus geänderten Marktbedingungen ergeben (z. B. die Forderung nach kürzeren Lieferzeiten, höherer Variantenvielfalt oder verbesserter Produktqualität), werden durch die beiden oben genannten Hauptziele (geringere Kosten bei gleichem Servicelevel oder gleiche Kosten bei höherem Servicelevel) geleitet. Da die Disposition ein zentraler Teilbereich des Supply Chain Managements ist, sind die Dispositionsabteilungen in den Unternehmen die entscheidenden Schaltstellen, um die Ziele zu erreichen. Da die Disposition die Materialbedarfe plant, spricht man auch oft von der *Materialbedarfsplanung* (engl. Material Requirements Planning, MRP).

Um die genannten Ziele zu erreichen, werden in der Regel weitere Teilziele für die Disposition aufgestellt, z. B.:

- Reduktion von Beständen bei gleichbleibendem Servicelevel
- effektivere Logistikprozesse
- Reduktion der fixen und variablen Logistikkosten

Um diese Ziele zu erreichen, muss die Disposition die folgenden Aufgaben erfüllen:

- Materialbedarf möglichst exakt bestimmen
- optimale Losgrößen und Bestellmengen erzielen
- Bestände möglichst effektiv ausnutzen

Der wirtschaftliche Erfolg bemisst sich also danach, dass das richtige Material in der richtigen Menge und Qualität am richtigen Ort zu den »richtigen« Kosten zum richtigen Zeitpunkt bereitgestellt wird.

Wird Material zu früh bereitgestellt, entstehen unnötige Lagerkosten. Wird Material zu spät bereitgestellt, kann es zu Produktionsunterbrechungen, Verzögerungen in der Auslieferung von Kundenaufträgen oder Stock-out-Situationen und damit zu Umsatzverlusten kommen.

In der Praxis hören wir immer wieder Äußerungen wie:

»Unsere Lager sind voll, aber unser Servicelevel ist schlecht.«

»Wir müssen unsere Bestände um x % reduzieren. Aber wie sollen wir das machen, die sind doch schon so niedrig.«

»Unser Vertrieb gibt uns nicht die richtigen Absatzzahlen, wie sollen wir da wissen, was und für wann wir Material produzieren und bestellen sollen.«

»Die Produktion kann nicht pünktlich ausliefern, wie soll ich da was verkaufen?«

»Das Problem sind unsere Lieferanten, die liefern nicht pünktlich.«

All diese Probleme gründen in einer unzureichenden Transparenz der Planungs- und Dispositionsprozesse im Unternehmen. Im laufenden Tagesgeschäft hat die Disposition die Aufgabe, den eingehenden Kundenaufträgen (also den Bedarfen) ausreichende Bestände (also Bedarfsdecker) zuzuweisen und die Materialströme und Warenbestände so zu lenken, dass alle Aufträge zu minimalen Kosten zum gewünschten Liefertermin zuverlässig ausgeliefert werden.

Disposition mit SAP

Mit den SAP-ERP-Systemen (SAP ERP und. SAP S/4HANA) und den Planungssystemen (SAP APO und SAP IBP) stehen Ihnen mehrere Lösungen zur Verfügung, um Ihre Disposition zu steuern und Ihre Bestände zu optimieren.

SAP ERP Central Component (im Folgenden als SAP ECC bezeichnet) ist der Nachfolger des R/3-Systems und steuert als Backbone-System alle unternehmensrelevanten Prozesse im Rechnungswesen, im Personalwesen und in der Logistik. Nachfolger dieses noch bei vielen Unternehmen eingesetzten ERP-Systems ist SAP S/4HANA. Hier wurden die Vorzüge der Planungsfunktionen von SAP ECC durch neue Planungsvorgehen ergänzt, die wir Ihnen in diesem Buch vorstellen werden.

Diese beiden Systeme bieten bereits zahlreiche Möglichkeiten zur Disposition, die Sie ohne größere Investitionen nutzen können, indem Sie vorhandene Einstellungen ändern und Ihre Prozesse optimaler mit dem jeweiligen SAP-System vernetzen. Auf diese Möglichkeiten werden wir in diesem Buch eingehen.

SAP Supply Chain Management (SAP SCM) ist eine ergänzende Lösung, mit der Sie Ihr Unternehmen flexibel auf die Herausforderungen im Umfeld des Supply Chain Managements ausrichten können. Im Rahmen dieser Planungssysteme möchten wir uns auf die Dispositionsfunktionen und -prozesse beschränken, die Sie mithilfe der Komponente SAP Advanced Planning and Optimization (SAP APO) ausschöpfen können. Einzelne Funktionen von SAP APO stehen eingebettet in SAP S/4HANA als Addon for Embedded PP/DS (ePP/DS, Production Planning and Detailed Scheduling) zur Verfügung. In Bezug auf die Disposition bietet SAP seit einigen Jahren die Lösung SAP Integrated Business Planning for Supply Chain (SAP IBP) an, die die verschiedenen Funktionen von SAP SCM aufgreift und weiterentwickelt.

[«]

Verwendung der Begriffe im Buch

Wenn in diesem Buch von SAP SCM die Rede ist, sind die Funktionen von SAP APO gemeint. Daher sind die Begriffe SAP SCM und SAP APO synonym zu verstehen.

Um die Unterscheidung deutlich zu machen, sprechen wir im Buch entweder von SAP ECC oder von SAP S/4HANA und, wenn beide Systeme gemeint sind, auch von den SAP-ERP-Systemen.

Aufbau des Buchs

In **Teil I** des Buchs stellen wir die Grundlagen und Prozesse der Disposition dar.

Kapitel 1, »Grundlagen der Disposition«, geht zunächst auf die betriebswirtschaftlichen Grundlagen und die Ziele der Disposition ein. Anschließend wird der Dispositionsprozess, bestehend aus Bedarfsrechnung, Bestandsrechnung und Bestellrechnung, allgemein dargestellt. Darüber hinaus wird der Einfluss der Disposition auf die Bestände erläutert.

Kapitel 2, »Strategische versus operative Disposition«, erläutert die Unterschiede zwischen diesen beiden Herangehensweisen. Anschließend werden verschiedene Möglichkeiten für die organisatorische Eingliederung der Disposition ins Unternehmen dargestellt. Dabei werden unterschiedliche Organisationsmodelle besprochen, die sich alle in der Praxis bei unterschiedlichen Unternehmensgrößen finden.

Kapitel 3, »Klassifizierungen von Materialien als Basis für Dispositionsentscheidungen«, widmet sich dann einem der wichtigsten Instrumente einer modernen Disposition: der Materialstrukturierung. Wir erläutern die klassische ABC-Analyse, stellen die für die Disposition sehr wichtige XYZ-Analyse dar und erklären ausführlich die Kombination dieser Analysen. Weitere Klassifizierungsmöglichkeiten, wie z. B. die eine Lebenszyklusanalyse, werden ebenfalls detailliert beschrieben. Das SAP-Klassifizierungstool, der Dispositionsmonitor, wurde in der dritten Auflage erweitert und aktualisiert. Die Materialklassifizierung wird damit wesentlich umfangreicher dargestellt, und es werden weitere praxisrelevante Möglichkeiten aufgezeigt. Abschließend wird dargelegt, was Sie für Ihren Dispositionsprozess ableiten können und mit welchen Tools Sie die Materialstrukturierung in der Praxis am besten durchführen. Selbst wenn Sie bereits ein Dispositionsexperte sind und die Grundlagen sehr gut kennen, werden Sie Kapitel 3 mit Gewinn lesen, da im Laufe des Buchs immer wieder auf die Materialstrukturierung eingegangen wird.

In Kapitel 4, »Ablauf der Disposition in SAP«, wird der Dispositionsablauf von der Absatzplanung bis zur Auftragsrückmeldung zunächst aus betriebswirtschaftlicher Sicht beschrieben. Anschließend wird verdeutlicht, wie sich dieser Ablauf in SAP ECC und SAP S/4HANA konkret darstellt. Es werden sodann die Funktionen des SAP-APO-Systems beschrieben, mit denen der Dispositionsprozess erweitert werden kann. Dabei wird insbesondere auf die Unterschiede zu den SAP-ERP-Systemen eingegangen. Neben dem in SAP S/4HANA eingebettet einsetzbaren ePP/DS stellen wir Ihnen auch die Dispositionsfunktionen von SAP IBP vor. Außerdem gehen wir auf MRP Live ein, das eine beschleunigte MRP-Planung auf Basis von SAP HANA ermöglicht. So haben Sie am Ende von Kapitel 4 bereits einen guten Gesamtüberblick über das Themenumfeld der Disposition. Eine detaillierte Beschreibung der einzelnen Dispositionsfunktionen und -prozesse bieten die späteren Kapitel.

Der Hauptteil des Buchs, **Teil II**, behandelt die Dispositionsparameter im SAP-System und ihre Auswirkungen. Hier gehen wir ausführlich auf einzelne wichtige Teilbereiche der Disposition ein.

Kapitel 5, »Allgemeine Dispositionsstammdaten«, beantwortet die folgenden Fragen: Welche Stammdaten sind dispositionsrelevant? Wo sind diese in SAP zu finden? Welche Bedeutung haben die Stammdaten? Auf die Stammdaten haben wir auch in der neuen Auflage besonderen Wert gelegt und stellen Ihnen weitere Stammdatenlösungen, wie z. B. den Master Data Check and Maintenance Monitor, vor. Insgesamt soll deutlich werden, dass mit den vorgestellten Stammdatentools das Stammdatenmanagement wesentlich einfacher und automatisierter erfolgen kann als bisher.

Kapitel 6, »Planungsstrategien und Bedarfsverrechnung«, beschreibt die für die Disposition wichtigen Planungsstrategien und die Bedarfsverrechnung zwischen Kundenbedarfen und Vorplanungsbedarfen in SAP. Hier werden die Planungsstrategien im Detail erklärt, deren Auswirkungen auf die Vorplanung ausgeführt und die Verrechnung der Bedarfe mit der Vorplanung diskutiert. Es wird auch auf die richtige Ermittlung der Bevorratungsebene eingegangen. Dazu wird ebenfalls eine neue SAP-ECC- bzw. SAP-S/4HANA-basierte Funktion, die BOM-Analyse (Bill of Material = Stücklisten), vorgestellt. Auch ein Abschnitt zur Bedarfsartenfindung wurde ergänzt.

Kapitel 7, »Bedarfsermittlung durch Vorplanung und Prognosen«, zeigt auf, wie die Bedarfe für die Vorplanung entstehen, welche Vorplanungsmethoden SAP bereithält und mit welchen Hilfsmitteln und Abläufen Sie das Vorplanungsergebnis verbessern können. Außerdem wird ausführlich auf die Prognose in SAP eingegangen. Das Kapitel widmet sich weniger den mathematischen Formeln hinter den einzelnen Prognoseverfahren, sondern konzentriert sich primär auf ihre Anwendbarkeit, die Parameterkonfiguration und darauf, wie Sie das richtige Verfahren für Ihre Produkte auswählen. Außerdem haben wir Abschnitte zur klassischen Absatzplanung, zur Funktion des Demand Sensing zum Prognoseverfahren in der neuen Planungslösung SAP IBP ergänzt.

Kapitel 8, »Dispositionsverfahren«, stellt dann die verschiedenen Dispositionsverfahren in SAP ECC bzw. SAP S/4HANA, in SAP APO und in SAP IBP detailliert vor. Dabei werden die Auswirkungen der Dispositionsverfahren auf die Vorplanung und auf die Bedarfsverrechnung erläutert. Auch auf die Unterschiede zwischen den Planungssystemen und den ERP-Systemen wird hingewiesen. Explizit für die dritte Auflage des Buchs wurden in diesem Rahmen auch Erläuterungen zur bedarfsorientierten Wiederbeschaffung (engl. Demand-Driven MRP) ergänzt.

Kapitel 9, »Beschaffungsmengenermittlung«, gibt einen detaillierten Einblick in die Beschaffungsmengenermittlung der Disposition, also die Losgrößenrechnung. Hier werden die verschiedenen Losgrößenverfahren in SAP und deren Einfluss auf den Dispositionsprozess beschrieben. Auch Einflussfaktoren wie die Ausschussmengenermittlung werden dargestellt. In diesem Kapitel wurde ein Abschnitt über die Möglichkeiten für Losgrößen mit SNP ergänzt.

Kapitel 10, »Sicherheitsbestandsplanung«, gibt einen Einblick in die Aspekte der Sicherheitsbestandsplanung mit SAP. Zuerst wird der Sicherheitsbestand definiert, und anschließend werden dessen Aufgaben sowie verschiedene Servicegraddefinitionen vorgestellt. Des Weiteren wird kurz auf die Problematik der Festlegung von Sicherheitsbeständen in mehrstufigen MRP-Systemen eingegangen. Schließlich werden die Mechanismen zur Sicherheitsbestandsplanung zunächst in SAP ECC bzw. SAP S/4HANA, SAP APO und SAP IBP erläutert.

Kapitel 11, »Ermittlung der Bezugsquellen«, erläutert, warum Sie Bezugsquellen benötigen, damit die Materialbedarfsplanung detaillierte Beschaffungsvorschläge anlegen kann. Außerdem werden die Verfahren zur Ermittlung der richtigen Bezugsquellen in SAP vorgestellt und diskutiert. In dieser Auflage stellen wir Ihnen eine neue Möglichkeit der werksübergreifenden Planung in SAP ECC bzw. SAP S/4HANA mithilfe der SCM-Beratungslösung *Werksübergreifende Planung* vor.

Kapitel 12, »Terminierungsparameter«, stellt die Parameter und den Ablauf der Terminierung in SAP dar. Zunächst werden die je nach Beschaffungsart unterschiedlichen Strategien der Terminierung vorgestellt. Anschließend wird der Ablauf der Terminierung und die Bestimmung der zeitlichen Lage des anzulegenden Bedarfsdeckers erklärt. Zusätzlich gehen wir speziell auf die Ableitung abhängiger Bedarfe und in dem Zusammenhang auch auf die Auslaufsteuerung ein. Ein Abschnitt zur Terminierung mit SAP APO Supply Network Planning (SNP) sowie ein Überblick der Terminierung mit SAP IBP runden das Kapitel ab.

Kapitel 13, »Wechselwirkungen«, befasst sich mit den Kombinationsmöglichkeiten der vielfältigen Dispositionsparameter in SAP. Auf der Grundlage der bisher behandelten Verfahren und Parameter lässt sich ein Regelwerk erstellen (z. B. eine ABC/XYZ-Matrix, siehe Kapitel 3), das alle dispositionsrelevanten Verfahren und zugehörigen Parameter berücksichtigt. Neben den verschiedenen Einstellungen und Kombinationsmöglichkeiten der Parameter anhand von unternehmensspezifischen Faktoren sind die Wechselwirkungen der Parameter zu beachten, um unerwünschte

Konstellationen zu vermeiden oder um Strategien zu entwickeln, die im Standard-SAP-ECC- bzw. SAP-S/4HANA-System nicht vorgesehen und somit auch nicht realisierbar sind. Diese Wechselwirkungen werden hier vorgestellt.

Teil III des Buchs behandelt die Dispositionsoptimierung. Hier stellen wir Ansätze zur Optimierung und Verbesserung Ihrer Disposition dar. Moderne Ansätze zur Disposition wie kollaborative Verfahren werden vorgestellt, ebenso wie die Steigerung der Transparenz in der Disposition mithilfe eines modernen Dispositionscontrollings.

Kapitel 14, »Bearbeitung der Dispositionsergebnisse«, stellt die verschiedenen SAP-Hilfsmittel vor, die die Disponenten bei der täglichen Arbeit und bei der Langfristplanung von Materialien quantitativ und qualitativ unterstützen. Dabei wird auch auf die Stammdatenpflege, die Überwachung des Dispositionszyklus und auf weitere Auswertungen eingegangen. In diesem Kapitel gehen wir auf die neuen SAP-Fiori-Apps für die Disposition ein, die Ihnen in SAP S/4HANA zur Verfügung stehen.

Kapitel 15, »Verfügbarkeitsprüfung«, stellt die Verfügbarkeitsprüfung im Rahmen der Disposition dar. In SAP ECC und SAP S/4HANA ist die Verfügbarkeitsprüfung in der Disposition eine einstufige Prüfung auf die terminliche Verfügbarkeit von Material. Es werden in diesem Kapitel die verschiedenen Vorgehensweisen der Verfügbarkeitsprüfung gegen ATP-Logik, gegen Vorplanung, gegen Kontingente und gegen Kapazität erläutert. Auch die Verfügbarkeitsprüfungsfunktionen des SAP-APO- sowie des SAP-IBP-Systems stellen wir in diesem Rahmen vor.

Kapitel 16, »Kollaborative Dispositionsverfahren«, stellt kollaborative Dispositionsverfahren nach dem Konzept *Collaborative Planning, Forecasting and Replenishment* (CPFR) vor. CPFR ermöglicht präzise Prognosen von Angebot und Nachfrage, um auf dieser Grundlage die Strategien von Händlern, Zulieferern und Herstellern abzustimmen. Um CPFR in die Praxis umzusetzen, haben sich Prozesse wie VMI (Vendor Managed Inventory) und SMI (Supplier Managed Inventory) etabliert. Diese beiden Prozesse und ihre Möglichkeiten mit SAP stehen im Mittelpunkt dieses Kapitels.

Kapitel 17, »Disposition mit Kanban-Steuerung«, erläutert das auf dem Just-in-Time-Konzept (JIT) basierende Kanban-Konzept. Die Disposition mit Kanban ist ein sich selbst steuerndes System nach dem Pull-Prinzip für Teile und Materialien. Die Disposition mit Kanban und die Unterschiede zur traditionellen Disposition nach dem Push-Prinzip werden hier erläutert, und die jeweiligen Vor- und Nachteile werden einander gegenübergestellt. Hier wurden für die Neuauflage einige Neuerungen im Bereich Kanban ergänzt.

In Kapitel 18, »Ersatzteilplanung mit SAP«, stellen wir Ihnen die verschiedenen Möglichkeiten vor, die SAP für die Ersatzteilplanung bietet. Auch die neue Funktion der erweiterten Ersatzteilplanung (engl. Extended Service Parts Planning, eSPP) in SAP S/4HANA wird vorgestellt.

Kapitel 19, »Bestandscontrolling«, geht auf das Thema Bestandscontrolling ein. Zunächst werden allgemeine Logistikcontrollingaspekte vorgestellt. Anschließend erläutern wir wichtige Kennzahlen aus dem Umfeld der Disposition und stellen die Möglichkeiten zur Auswertung mit den oben beschriebenen Planungssystemen vor. Im Gegensatz zur Vorauflage wurden hier weitere Bestandscontrollingthemen und Kennzahlen aufgenommen.

In Kapitel 20, »Dispositionsoptimierung«, präsentieren wir schließlich die Möglichkeiten der Dispositionsoptimierung oder auch der Dispositionsverbesserung in der Praxis. Nachdem in den vorangegangenen Kapiteln die Möglichkeiten der Disposition in SAP detailliert beschrieben wurden, wird hier noch einmal auf einige Optimierungspotenziale im Detail eingegangen. Zudem werden Tools und Vorgehensweisen zur Dispositionsoptimierung erläutert.

Um die Themen bestmöglich zu vermitteln, verwenden wir in diesem Buch nicht nur Beispiele und Abbildungen, sondern auch Kästen mit weiteren Informationen. Diese sind mit verschiedenen Symbolen markiert:

- Kästen mit diesem Symbol geben Ihnen Empfehlungen zu Einstellungen oder Tipps aus der Berufspraxis. [«]
- Dieses Symbol weist Sie auf zusätzliche Informationen hin. [+]
- Dieses Symbol weist Sie auf Besonderheiten hin, die Sie beachten sollten. Es warnt Sie außerdem vor häufig gemachten Fehlern oder Problemen, die auftreten können. [!]
- Wenn das besprochene Thema anhand von praktischen Beispielen erläutert und vertieft wird, machen wir Sie mit diesem Symbol darauf aufmerksam. [zB]

Add-on-Tools zu SAP ECC bzw. SAP S/4HANA für die Disposition

Zusätzlich zu den Standardfunktionen in SAP ECC, SAP S/4HANA, SAP APO und SAP IBP hat SAP rund um die Disposition spezielle Add-on-Tools entwickelt, die häufig auch SCM-Beratungslösungen (engl. SCM Consulting Solutions) genannt werden und den SAP-Standard hinsichtlich eines effektiven Bestandsmanagements gezielt unterstützen. Dazu gehören etwa der *Dispositionsmonitor*, der neben einer umfangreichen Materialstrukturierung auch Bestandskennzahlen auswertet und anzeigt, oder die Funktionen der *erweiterten MRP-Nachbearbeitung*, mit der Sie verschiedene Herangehensweisen an die Bearbeitung von Planungsergebnissen realisieren können.

Eine Auflistung der im Buch beschriebenen Add-on-Tools finden Sie im Zusatzkapitel »Add-ons für die Disposition« auf der Seite *http://www.sap-press.de/5382* unter **Materialien**.

Dort finden Sie ebenso eine tabellarische Darstellung wichtiger Dispositionsparameter und Einflussgrößen und praktische, auch für Ihr Unternehmen relevante Vorgehensweisen zur Dispositionsoptimierung.

Ferenc Gulyássy, Marc Hoppe, Oliver Köhler und **Binoy Vithayathil**

TEIL I

Grundlagen und Prozesse der Disposition

Im einleitenden Teil dieses Buchs beschreiben wir die Grundlagen der Disposition. Dargestellt werden die Aufgaben und die Ziele der Disposition sowie die zentralen Prozessschritte. Insbesondere erläutern wir den Einfluss der verschiedenen Dispositionsparameter auf die Bestandssituation. Die täglichen Aufgaben der operativen Disposition beanspruchen oftmals einen Großteil der verfügbaren Kapazität. Wir zeigen Ihnen daher, wie wichtig eine strategische Ausrichtung und Optimierung der Disposition ist. Im letzten Kapitel dieses Teils beschreiben wir den Prozessablauf der Disposition, wie er in der betriebswirtschaftlichen Literatur zu finden ist und wie er in SAP ECC, SAP S/4HANA, SAP APO und SAP IBP umgesetzt wird. Diese Beschreibung hilft Ihnen, die detaillierten Funktionsbeschreibungen des zweiten Teils in den Gesamtzusammenhang einzuordnen.

Kapitel 1
Grundlagen der Disposition

Die Disposition stellt sicher, dass ein Unternehmen stets mit den benötigten Materialien in der richtigen Menge versorgt wird. Sie ist das Bindeglied zwischen Vertrieb und Produktion, also zwischen »Demand« und »Supply«. Um die hier entstehenden Reibungspotenziale zu minimieren und die Bestandskosten im Griff zu behalten, ist ein effektiver Dispositionsprozess entscheidend.

In diesem Kapitel gehen wir zunächst auf die betriebswirtschaftlichen Grundlagen und die Ziele der Disposition ein. Anschließend erläutern wir den Dispositionsprozess, bestehend aus Bedarfsrechnung, Bestandsrechnung und Bestellrechnung. Wir klären den Einfluss der Disposition auf die Bestände und zeigen die Unterschiede zwischen der operativen und der strategischen Disposition auf. Bevor wir abschließend die Optimierungspotenziale diskutieren, erläutern wir Ihnen die Vielzahl der verschiedenen herkömmlichen Dispositionsstrategien sowie neue, moderne Dispositionsansätze.

1.1 Ziele und Aufgaben der Disposition

Die Disposition soll eine optimale Materialversorgung des Unternehmens sicherstellen. Dies bedeutet, dass eine hohe Lieferbereitschaft gewährleistet sein muss, während gleichzeitig die Kapitalbindungs- und Materialkosten niedrig gehalten werden sollten. Beide Ziele hemmen sich allerdings gegenseitig, da eine hohe Lieferbereitschaft den Aufbau möglichst hoher Lagerbestände bedingt, geringe Kapitalbindungskosten jedoch den Abbau von Lagerbeständen voraussetzen. Diesen Zielkonflikt gilt es in der Disposition zu entschärfen.

Die Kernziele der Disposition sind daher:

- Maximierung des Servicegrads
- Maximierung der Materialverfügbarkeit
- Minimierung der Lagerbestände
- Minimierung der Logistikkosten (Beschaffung, Produktion, Distribution)

Um diese Ziele zu erreichen, muss die Disposition über eine Vielzahl von internen und externen Schnittstellen mit anderen Bereichen zusammenarbeiten. Interne Schnittstellen bestehen zum Verkauf, zum Einkauf, zur Warenverteilung, zur Lagerung, zur Konstruktion, zum Qualitätsmanagement, zur Arbeitsvorbereitung, zur Produktionsplanung und zur Fertigungssteuerung. Externe Schnittstellen gibt es mit Kunden und Lieferanten. Die Disposition fungiert damit als zentrales Bindeglied zwischen diesen Unternehmensbereichen.

Um die genannten Kernziele sicherzustellen, muss die Disposition die folgenden Grundsatzaufgaben erfüllen:

- Durchführung der Brutto- und Nettobedarfsrechnung inklusive der Materialbedarfsauflösung über alle Produktionsstufen hinweg für alle eigengefertigten und fremdbezogenen Artikel
- Ermittlung der wirtschaftlichen Losgröße für interne und externe Bestellungen
- differenzierte Festlegung von Bestandsstrategien (z. B. von Sicherheitsbeständen) zur Absicherung des Servicegrads
- Management der Anlieferungs- und Abrufmodalitäten
- Überwachung der Materialverfügbarkeit und Sicherstellung der Lieferbereitschaft der verkaufsfähigen Artikel

In diesem Buch werden wir im Einzelnen erläutern, wie Sie die Ziele der Disposition erreichen und damit Ihre Disposition optimieren können. Doch zunächst stellen wir Ihnen in diesem Kapitel den Ablauf der Disposition und die drei Kernfunktionen der Disposition vor: Bedarfsrechnung, Bestandsrechnung und Bestellrechnung.

1.2 Kernfunktionen der Disposition

Um die genannten Grundsatzaufgaben durchzuführen, bedient sich die Disposition der drei Teilfunktionen Bedarfs-, Bestands- und Bestellrechnung. Abbildung 1.1 stellt diese drei Elemente innerhalb des Ablaufüberblicks dar.

Die *Bedarfsrechnung* (siehe Abschnitt 1.3) ermittelt die gesamten Bedarfe, z. B. Lagerbedarfe aus der Prognose, Kundenbedarfe aus Kundenaufträgen und Umlagerungsbedarfe aus der Distribution. Das Ergebnis der Bedarfsrechnung ist der sogenannte *Bruttobedarf*. Dieser Bruttobedarf wird den Beständen sowie Zugängen (Bestellungen, Fertigungsaufträge etc.) gegenübergestellt, die man mit der *Bestandsrechnung* (siehe Abschnitt 1.4) ermittelt. Zieht man den Bestand und die Zugänge vom Bruttobedarf ab, erhält man den *Nettobedarf*. Die *Bestellrechnung* (siehe Abschnitt 1.5) versucht nun, diesen Nettobedarf unter Anwendung von Losgrößenparametern und sonstigen dispositionsrelevanten Einstellungen zu decken. Dies sind die Kernfunktionen der Disposition. In den folgenden Abschnitten stellen wir diese drei Funktionen noch einmal detailliert vor.

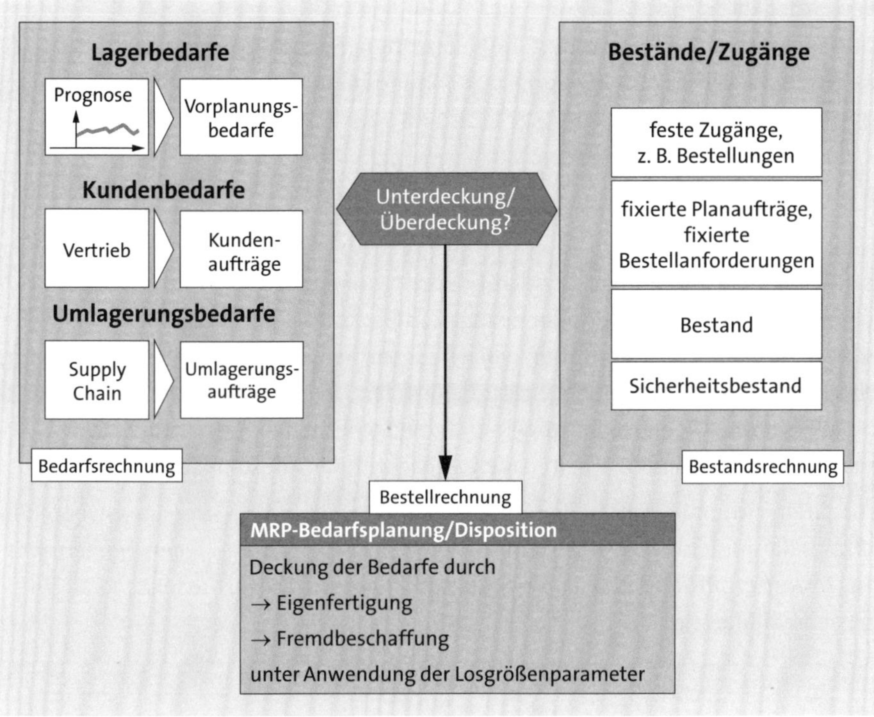

Abbildung 1.1 Überblick über den Ablauf der Disposition

1.3 Bedarfsrechnung

Die Bedarfsermittlung ist eine wesentliche Aufgabe in der Disposition, denn durch die Ermittlung korrekter Bedarfe lässt sich wohl eine Unter- als auch eine Überversorgung verhindern. Bevor wir Ihnen die zwei Verfahren zur Bedarfsermittlung vorstellen, erläutern wir zunächst die grundlegenden Bedarfsarten:

- **Primärbedarf**
  Der Primärbedarf ist der Bedarf an Erzeugnissen, verkaufsfähigen Baugruppen und Ersatzteilen in Form eines auch kapazitätsmäßig grob abgestimmten Produktionsprogramms, in dem Art, Menge und Fertigungstermine der Enderzeugnisse festgelegt sind. Dieser Bedarf wird von externen Faktoren wie Konsumentenverhalten, Jahreszeit und Konjunkturverlauf beeinflusst.
- **Sekundärbedarf**
  Der Sekundärbedarf ist der Bedarf an Rohstoffen, Einzelteilen und Baugruppen, die zur Erstellung des Primärbedarfs benötigt werden. Der Sekundärbedarf wird also vom Primärbedarf indiziert. Er leitet sich aus dem Primärbedarf durch technische Zusammenhänge (z. B. Stücklisten oder Produktionsanlagen) und planerische Zusammenhänge ab (z. B. Bestellverfahren oder Lagerstrategien).

- **Tertiärbedarf**
  Der Tertiärbedarf ist der Bedarf an Hilfsstoffen, Betriebsstoffen und Verschleißwerkzeugen, die zur Herstellung des Sekundär- und Primärbedarfs notwendig sind.

Neben diesen Bedarfsarten sind der Zusatzbedarf sowie der Brutto- und Nettobedarf zu nennen. Der *Zusatzbedarf* ist der Bedarf für Ausschuss, Verschleiß, Schwund oder Verschnitt. Dieser Bedarf wird durch einen prozentualen Aufschlag vom Sekundärbedarf oder als feste Menge, basierend auf Vergangenheitsdaten, ermittelt. Unter *Bruttobedarf* versteht man den periodenbezogenen Gesamtbedarf, der aus dem Sekundär- oder Tertiärbedarf und dem Zusatzbedarf zusammengefasst wird. Der *Nettobedarf* wird errechnet, indem man vom Bruttobedarf den Lagerbestand und den Bestellbestand abzieht und die Reservierungen und den Sicherheitsbestand addiert. Mehr Informationen zu Beständen erhalten Sie in Abschnitt 1.4, »Bestandsrechnung«.

Die Bedarfsrechnung ermittelt den Bruttobedarf. Um diesen zu berechnen, werden in der Praxis hauptsächlich zwei Verfahren angewendet: die *plangesteuerte (deterministische) Bedarfsermittlung* und die *verbrauchsgesteuerte (stochastische) Bedarfsermittlung* (siehe Abbildung 1.2).

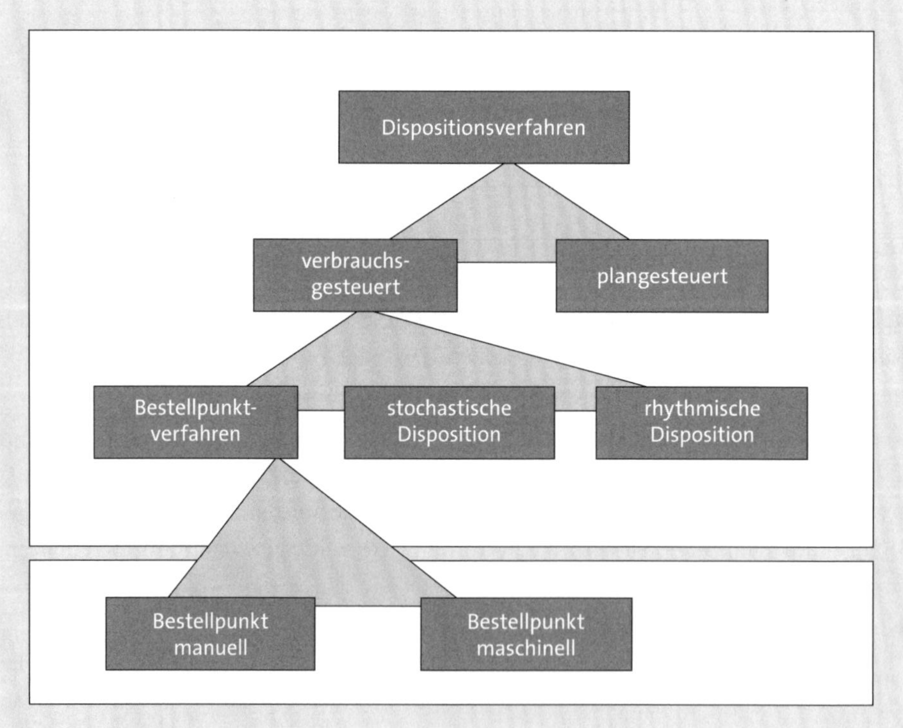

Abbildung 1.2 Dispositionsverfahren für die Bedarfsrechnung

Die dargestellten Dispositionsverfahren, welche die Vorgehensweise der Bedarfsermittlung definieren, haben die folgenden Merkmale:

- **plangesteuerte Disposition**
  Das plangesteuerte Verfahren benötigt eine Vorplanung in Form von Vorplanungsbedarfen oder bereits vorhandenen Kundenaufträgen, Reservierung etc., auf deren Basis dann Bedarfe direkt eingeplant werden.
- **verbrauchsgesteuerte Disposition**
  Verbrauchsgesteuerte Verfahren orientieren sich nur am Verbrauch des Materials. Kundenaufträge, Vorplanungsbedarfe, Reservierungen etc. sind in der Regel nicht dispositiv wirksam. Zu den verbrauchsgesteuerten Verfahren gehören folgende Verfahren:
  - **Bestellpunktverfahren**
    Beim Bestellpunktverfahren wird überprüft, ob der dispositiv verfügbare Bestand das für das Material festgelegte minimale Bestandsniveau, den sogenannten Meldebestand, unterschreitet. Bei Unterschreitung dieses Meldebestands muss die Beschaffung eingeleitet werden. Der Meldebestand kann manuell festgelegt oder maschinell mithilfe der Prognose berechnet werden.
  - **stochastische Disposition**
    Bei der stochastischen Disposition wird der zukünftige Bedarf mithilfe der Prognose ebenfalls auf der Basis der Verbrauchswerte geschätzt und als Prognosebedarf direkt dispositiv wirksam.
  - **rhythmische Disposition**
    Auch bei der rhythmischen Disposition wird der zukünftige Bedarf mithilfe der Prognose auf der Basis der Verbrauchswerte geschätzt. Die Disposition wird in diesem Verfahren jedoch nur zu festgelegten Zeitpunkten in einem bestimmten zeitlichen Rhythmus durchgeführt.

Neben diesen beiden für die Bedarfsrechnung wichtigen Verfahren gibt es ein weiteres Dispositionsverfahren:

- **auftragsgesteuerte Disposition**
  Das auftragsgesteuerte Verfahren orientiert sich an einzelnen Kundenbestellungen. Die Bedarfsermittlung wird also nur für diese Kundenbestellungen durchgeführt. Diese *Einzelbedarfsermittlung* kommt nur im Make-to-Order-Prozess (Kundeneinzelfertigung) vor (siehe Abschnitt 1.6.1, »Auswahl der Fertigungsart«).

Die Vorgehensweise der Bedarfsrechnung wird pro Material und Werk (bzw. pro Dispositionsbereich) festgelegt. Damit kann ein Material in unterschiedlichen Werken mit unterschiedlichen Formen der Bedarfsrechnung geplant werden. Die drei grundsätzlichen Dispositionsverfahren werden im Folgenden noch einmal detailliert erläutert.

1.3.1 Plangesteuerte (deterministische) Bedarfsrechnung

Die *plangesteuerte Methode* (häufig auch *programmorientierte Methode* genannt) ist ein exaktes Verfahren der Bedarfsrechnung, das auf dem Produktionsprogramm basiert. Im Produktionsprogramm wird der Primär- oder Marktbedarf in Form von Lager- oder Kundenaufträgen geplant. Somit orientiert sich diese Methode an den vorhandenen Kundenbedarfen (Marktbedarf) oder an den vorgeplanten Prognosebedarfen (Lageraufträge) eines Artikels. Diese stellen die Primärbedarfe dar. Multipliziert man den Primärbedarf mit dem Bedarf je Erzeugniseinheit, erhält man mithilfe der Stücklistenauflösung den Sekundärbedarf. Das dafür eingesetzte Verfahren nennt man *Dispositionsstufenverfahren*, weil es die einzelnen Stücklistenstufen von oben nach unten disponiert.

Die Funktionsweise des Dispositionsstufenverfahrens verdeutlicht das Beispiel in Abbildung 1.3.

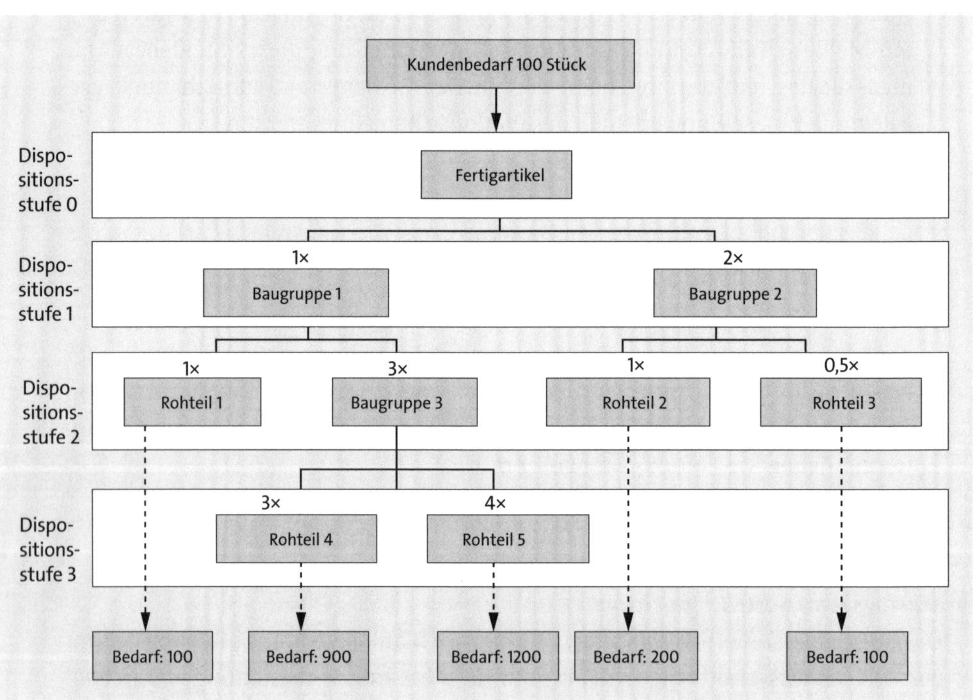

Abbildung 1.3 Stücklistenauflösung in der plangesteuerten Disposition

Sie sehen eine mehrstufige Stückliste zu einem Fertigartikel. Der Fertigartikel besteht aus den beiden Baugruppen 1 und 2, wobei Baugruppe 1 einmal und Baugruppe 2 zweimal benötigt wird. Die Baugruppe 2 beinhaltet zwei Rohteile. Die Baugruppe 1 besteht aus einem Rohteil und aus einer weiteren Baugruppe 3. Diese Baugruppe wird dreimal benötigt, um Baugruppe 1 zu fertigen. Die Baugruppe 1 wird nur einmal benötigt, um den Fertigartikel herzustellen, daher besteht für das Rohteil 1 ein Bedarf von 100. Im Vergleich dazu wird für Baugruppe 2 pro Fertigartikel zwei Mal das Rohteil 2 benötigt, was wiederum bedeutet, dass ein Bedarf von 200 Stück entsteht. Analog dazu ergeben sich die Bedarfe der untersten Stücklistenebene in der Abbildung.

Die plangesteuerte Disposition bietet sich vor allem für die Planung von Enderzeugnissen, wichtigen Baugruppen und Komponenten (A-Teilen oder Ähnliches) an.

1.3.2 Verbrauchsgesteuerte (stochastische) Bedarfsrechnung

Die *verbrauchsgesteuerte Disposition* basiert auf den Verbrauchswerten der Vergangenheit und schließt mithilfe von Prognosen oder statistischer Verfahren von diesen Werten auf den zukünftigen Bedarf. Die Verfahren der verbrauchsgesteuerten Disposition haben keinen direkten Bezug zum Produktionsplan. Die Bedarfsrechnung wird also nicht durch einen Primär- oder Sekundärbedarf angestoßen, sondern entweder durch Unterschreitung eines festgelegten Bestellpunkts (Meldebestand) oder durch Prognosebedarfe, die aus Vergangenheitsverbräuchen errechnet wurden.

Die Dispositionsverfahren der verbrauchsgesteuerten Disposition sind in der Handhabung einfache Verfahren der Bedarfsplanung, mit deren Hilfe die gesetzten Ziele bei geringem Aufwand erreicht werden können. Vorzugsweise werden verbrauchsgesteuerte Dispositionsverfahren in Bereichen ohne eigene Fertigung oder in Produktionsbetrieben für die Disposition der B- und C-Teile und der Hilfs- und Betriebsstoffe eingesetzt, da dort ausreichend Daten vorliegen, um entsprechende Prognosen zu treffen. Die Anwendbarkeit der Bedarfsermittlungsverfahren ist außerdem abhängig von der jeweiligen Materialklassifizierung. Die verbrauchsgesteuerte Disposition setzt eine gut funktionierende und stets aktuelle Bestandsführung voraus.

1.3.3 Auftragsgesteuerte Bedarfsrechnung

Eine dritte Möglichkeit der Bedarfsermittlung neben der plan- und der verbrauchsgesteuerten Bedarfsrechnung ist die *auftragsgesteuerte Bedarfsrechnung* (auch: *auftragsgesteuerte Disposition*). Hierbei wird anhand von einzelnen Kundenbestellungen die Bedarfsermittlung nur für diese Kundenbestellungen durchgeführt. Man hat es also mit der *Einzelbedarfsrechnung* zu tun. Sie wird bei der Kundeneinzelfertigung (engl. Make to Order) angewendet , bei der ein Produkt also nur einmalig für einen Kunden hergestellt wird (siehe Abschnitt 1.6.2, »Auswahl der Dispositionsstrategie/Festlegung der Bevorratungsebene«). Ein weiterer Anwendungsfall liegt vor, wenn weder Überbestände noch Fehlbestände oder Sicherheitsbestände für den Artikel geführt werden sollen oder wenn eine Bedarfsanforderung direkt in eine Bestellung umgewandelt werden soll. In Sonderfällen ist aber auch bei der auftragsgesteuerten Bedarfsrechnung eine *Sammelbedarfsrechnung* möglich, wenn z. B. die gleichen

Schrauben für mehrere individuelle Kundenprodukte benötigt werden. Diese lassen sich dann bei der Bedarfsermittlung zusammenfassen. Eine Einzelbedarfsermittlung ist erforderlich, wenn z. B. die Beschaffung erst bei auftretendem Bedarf erfolgen soll, wenn der Lagerbestand für den zu disponierenden Artikel nicht üblich ist oder wenn aufgrund der Berücksichtigung der Beschaffungszeit eine Einzelbestellung möglich ist.

1.4 Bestandsrechnung

Nachdem Sie den Bruttobedarf ermittelt haben, können Sie nun unter Berücksichtigung des verfügbaren Bestands den Nettobedarf errechnen. Dabei müssen Sie den Lagerbestand, Reservierungen, den Bestellbestand und den Sicherheitsbestand berücksichtigen.

Formel der Brutto-/Nettobedarfsrechnung

Brutto- und Nettobedarf berechnen sich wie folgt:

- *Bruttobedarf = Sekundärbedarf/Tertiärbedarf + Zusatzbedarf*
- *Nettobedarf = Bruttobedarf – Lagerbestand + Reservierungen – Bestellbestand + Sicherheitsbestand*

Der Lagerbestand wird in mehrere Bestandselemente aufgeteilt:

- **Lagerbestand**
  Lagerzugänge und -abgänge sowie der buchgeführte und der physische Lagerbestand. Dabei sind zwei Arten zu unterscheiden:

  verfügbarer Lagerbestand = Lagerbestand + Werkstattbestand

  planerisch verfügbarer Lagerbestand = Lagerbestand – Vormerkbestand + Bestellbestand + Werkstattbestand
- **Vormerkbestand**
  bereits reservierte und vorgemerkte Bestandsmengen für Kundenaufträge, Fertigungsaufträge und übergeordnete Baugruppen
- **Bestellbestand**
  Bestand offener Bestellungen, sowohl aus internen Aufträgen (Teilefertigung und Montage) als auch aus externen Lieferantenbestellungen (Bestellobligo)
- **Werkstattbestand**
  Buchung bei Freigabe eines Fertigungsauftrags bei langfristigen Fertigungsprozessen und fertigungssynchroner Lieferung

- **Sicherheitsbestand**
  ein – je nach Bedarfsermittlung – zur Abdeckung von Unsicherheiten zusätzlich vorzuhaltenden Bestand (siehe hierzu Kapitel 10, »Sicherheitsbestandsplanung«)
- **Meldebestand**
  minimal benötigtes Bestandsniveau bei der verbrauchsgesteuerten Disposition, dessen Unterschreitung zu einer Wiederauffüllung führt

Wurden alle Bestände berücksichtigt, erhalten Sie die *dispositiv verfügbare Menge*, die positiv oder negativ sein kann. Eine negative dispositiv verfügbare Menge repräsentiert dabei einen sogenannten Nettobedarf. Ergibt sich ein *positiver Nettobedarf* (auch *Unterdeckung* genannt), muss Material beschafft werden, um diesen Bedarf zu erfüllen. Es muss also eine Bestellung oder ein Produktionsauftrag erzeugt werden. Die Bedarfsplanung reagiert auf Unterdeckungssituationen mit dem Anlegen neuer Beschaffungsvorschläge, d. h., es werden abhängig von der Beschaffungsart Bestellanforderungen oder Planaufträge angelegt. Die vorgeschlagene Beschaffungsmenge ergibt sich dabei aus dem Losgrößenverfahren, das im Material- oder Produktstamm eingestellt ist.

Bei einer positiven dispositiv verfügbaren Menge bzw. einem *negativen Nettobedarf* ist ausreichend Material vorhanden und es muss keine Bestellung ausgelöst werden. Diese Rechnung ist jedoch lediglich theoretischer Natur, weil nicht bei jedem Teil mit Sicherheitsbestand gearbeitet wird und weil die Kalkulation von der Annahme ausgeht, dass der gesamte Bestellbestand tatsächlich zum richtigen Zeitpunkt in der richtigen Menge und Qualität geliefert wird.

1.5 Bestellrechnung

Die *Bestellrechnung* oder *Bestellpolitik* ist ein Teilbereich der Beschaffung. Sie regelt, wann der Materialbedarf in der Materialwirtschaft eines Unternehmens durch eine Bestellung gedeckt wird (Bestellzeitpunkt) und wie viel bestellt wird (Bestellmenge oder Losgröße).

Durch die Kombination von fixer oder variabler Bestellmenge und Bestellperiode soll der richtige Bedarf ermittelt und ein Optimum in der Bestellpolitik erreicht werden. Für eine optimale Bestellpolitik muss das Unternehmen u. a. bestellfixe Kosten (Kosten, die mit jeder Bestellung in gleicher Weise anfallen), Distributionskosten und Lagerhaltungskosten gegeneinander abwägen, um die Summenkosten zu minimieren.

Ein Unternehmen verfolgt jedoch nicht nur *eine* Bestellpolitik. Meist werden mehrere Varianten für verschiedene Materialgruppen kombiniert. So kommt es zu einem Strategiemix. Je höher der Verbrauch einzelner Materialgruppen ist, desto besser eignet sich eine Bestellpolitik mit variabler Bestellperiode. Materialien können mithilfe der

ABC-Analyse und der XYZ-Analyse eingeteilt werden, um die jeweils optimale Politik auszuwählen (siehe Kapitel 3, »Klassifizierungen von Materialien als Basis für Dispositionsentscheidungen«).

Die Kosten tragen einen entscheidenden Teil zur Wahl der Politik bei. Es gibt jedoch auch kostenunabhängige Entscheidungsfaktoren wie langfristige Planungen oder laufende Lieferverträge.

Aus den vier Ausprägungen Bestellmenge (q), Bestellperiode (t), Bestellgrenze bzw. Meldebestand (s) und Soll-Bestand (S), die jeweils fix oder variabel sein können, werden insgesamt sechs Grundpolitiken der Bestellung abgeleitet. Dabei unterscheidet man zwischen Bestellrhythmusverfahren, Bestellpunktverfahren und sogenannten Mischverfahren.

1.5.1 Bestellrhythmusverfahren

Das *Bestellrhythmusverfahren* gehört zu den verbrauchsorientierten Bestellverfahren. Es handelt sich um eine terminbezogene Bestellauslösung, bei der innerhalb konstanter Zeitintervalle (also zyklisch) eine Bestellung vorgenommen wird, wobei die Bestellmenge entweder fix vorgegeben ist oder variiert. Nach Ablauf des festen Bestellintervalls wird in jedem Fall nachbestellt, sofern Lagerbewegung stattgefunden hat. Die beiden alternativen Varianten des Bestellrhythmusverfahrens werden im Folgenden vorgestellt.

t,q-Politik

Bei der *t,q-Politik* erfolgt die Bestellung innerhalb fixer Bestellperioden (t0) und für eine fixe Bestellmenge (q0) (siehe Abbildung 1.4).

Bestellmenge und -periode werden bei der t,q-Politik im Voraus festgelegt. Diese Politik wird daher auch *Bestellrhythmus-Losgrößen-Politik* genannt, da zu fixen Terminen fixe Mengen bestellt werden. Die t,q-Politik erfordert nur geringen Dispositionsaufwand und keine laufende Kontrolle des Lagerbestands.

Einsatz der t,q-Politik

Die t,q-Politik ist sinnvoll, wenn der Bedarf über einen längeren Zeitraum konstant bleibt. Durch den geringeren Koordinationsaufwand können in diesem Bereich Kosten gespart werden.

Allerdings bringt diese Bestellpolitik auch einige Nachteile mit sich: Durch unzureichende Lagerbestandskontrolle kann es bei einem unregelmäßigen Bedarf zu Fehlbeständen kommen.

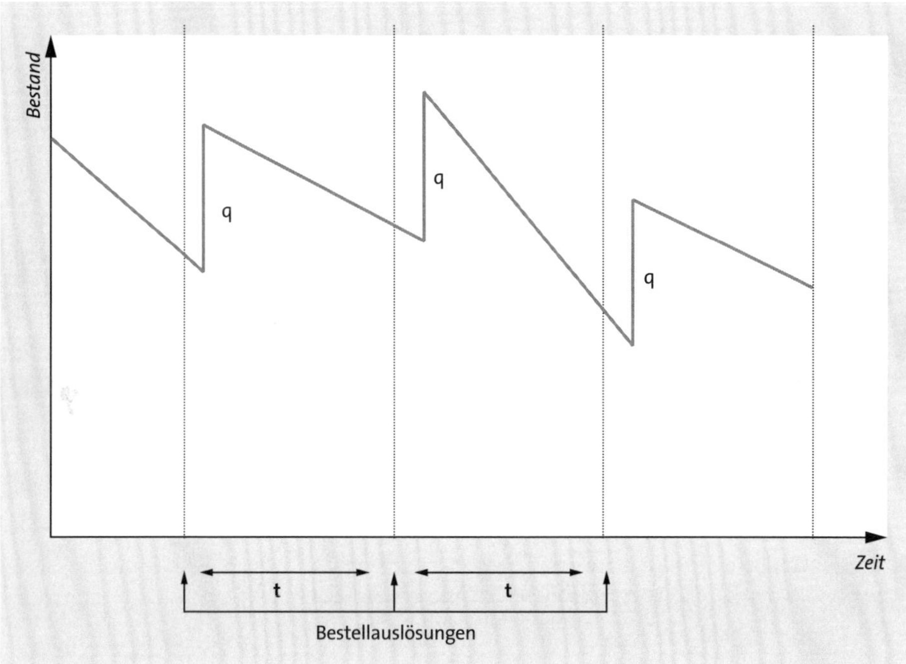

Abbildung 1.4 t,q-Politik

Dies führt zu Fehlmengenkosten wie entgangenen Gewinnen, Konventionalstrafen, überhöhten Beschaffungskosten, Kosten des Maschinenstillstands oder Verlust des Geschäfts- oder Firmenwerts. Zusätzlich birgt eine fixe Bestellmenge die Gefahr von Überbeständen. Diese wiederum können Lagerhaltungskosten verursachen, etwa erhöhte Raumkosten durch steigenden Platzbedarf, Vorratshaltungskosten, erhöhte Prüfkosten oder steigende Zins- und Kapitalkosten. Das bewertete Risiko ist desto höher, je höher die Kapitalbindung ist.

t,S-Politik

Bei der *t,S-Politik* erfolgt die Bestellung innerhalb fixer Bestellintervalle (t0), jedoch mit variablen Bestellmengen (qi). Nach t0-Zeiteinheiten wird jeweils so viel bestellt, dass unter Berücksichtigung der normalen Lieferfrist und des jeweils noch vorhandenen Lagerbestands das Lager bis an seine Kapazitätsgrenze S aufgefüllt wird (siehe Abbildung 1.5).

Dieses Niveau S muss ausreichen, um Nachfrageschwankungen auszugleichen, da zwischen den Perioden der Lagerbestand nicht kontrolliert wird.

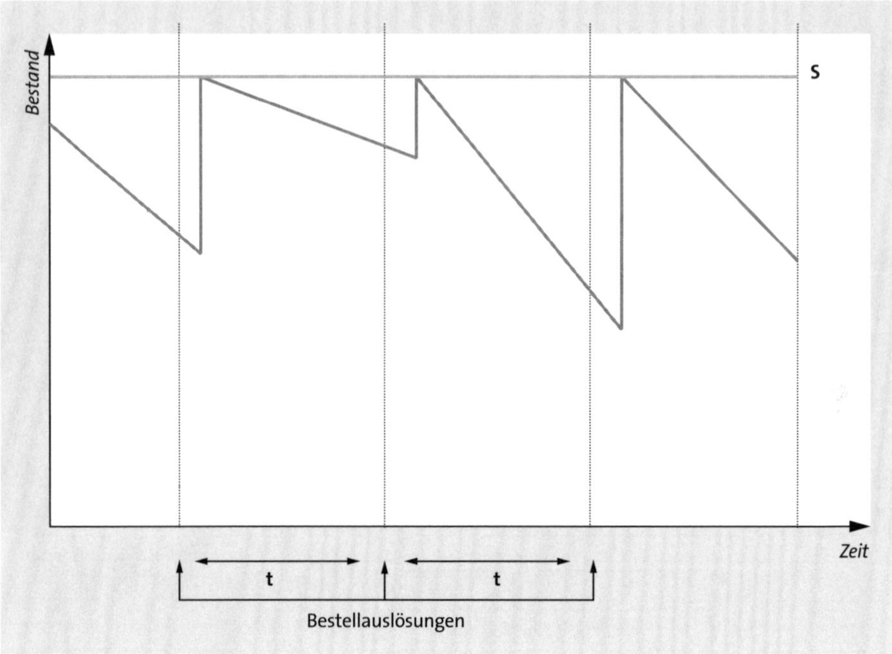

Abbildung 1.5 t,S-Politik

Die Bestellmenge ist variabel, die Bestellperiode ist fix. Diese Politik wird auch als *Bestellrhythmus-Lagerniveau-Politik* bezeichnet, da zu fixen Bestellterminen die jeweils benötigte Menge bis zum Erreichen des Soll-Bestands bestellt wird. Die t,S-Politik wirkt der Gefahr der Überbestände entgegen: Der Lagerbestand ist mit dem Soll-Bestand nach oben begrenzt.

[»]

Einsatz der t,S-Politik

Die t,S-Politik ist sinnvoll, wenn z. B. mehrere Artikel vom gleichen Lieferanten bezogen werden, da das Verfahren in diesem Fall eine koordinierte Bestellung ermöglicht.

Ein Vorteil dieses Verfahrens gegenüber dem Bestellpunktverfahren ist, dass durch Setzen einer Kapazitätsgrenze der Höchstbestand limitiert werden kann, was zu einer Verringerung der Lagerhaltungskosten führt. Da das Lagermaterial auf einem vorgegebenen Niveau S gehalten wird, können sowohl Zinskosten als auch Lager- und Handlingkosten reduziert werden. Ebenso wird das bewertete Risiko dezimiert, indem es zu einer eingeschränkten Kapitalbindung kommt. Vorteilhaft ist auch, dass eher Sammelbestellungen für gleichartige Materialien gebildet werden können, für die unter Umständen bessere Konditionen zu erzielen sind. Ein weiterer Vorteil liegt im geringeren Kontrollaufwand, da während des Bestellintervalls keine Vorratsprüfungen vorgenommen werden.

Jedoch hat auch diese Bestellpolitik spezifische Nachteile: Bei einem unregelmäßigen Bedarf können aufgrund der fixen Bestellintervalle Fehlbestände auftreten, die zu Fehlmengenkosten führen können. Nachteilig ist außerdem, dass der Verbrauch in der Zeit zwischen zwei Überprüfungsterminen zusätzlich zum Verbrauch während der Wiederbeschaffungszeit zu überbrücken ist und der Lagerbestand erhöht werden muss. Aus diesem Grund ist das Bestellrhythmussystem häufiger im Handel anzutreffen. Dort sind kurze Wiederbeschaffungszeiten durch koordinierte Lieferungen aus Zentrallagern möglich.

1.5.2 Bestellpunktverfahren

Das bereits in Abschnitt 1.3, »Bedarfsrechnung«, erwähnte *Bestellpunktverfahren* (auch *Bestellpunktsystem*) ist ein Verfahren zur Bestimmung des Bestellzeitpunkts in der Lagerhaltung. Zusätzlich wird jedoch auch die Bestellmenge festgelegt, womit das Verfahren auch für die Bestandsrechnung von Relevanz ist. Durch die Anwendung des Bestellpunktsystems wird sichergestellt, dass immer Ware im Lager verfügbar ist, wenn sie benötigt wird. Das Bestellpunktsystem ist ein Teilbereich der Bestellpolitik. Es gehört zu den verbrauchsorientierten Bestellverfahren.

Beim Bestellpunktsystem wird eine Bestellung ausgelöst, sobald im Lager ein zuvor festgelegter Meldebestand (s = Bestellpunkt oder Mindestbestand) unterschritten wird. Diese Überprüfung erfolgt nach jedem Lagerabgang. Da die Bestelltermine nicht im Vorhinein definiert sind, spricht man von *variablen Bestellterminen.*

Die Höhe des Meldebestands ist abhängig vom typischen Verbrauch bis zum Eintreffen der bestellten Ware und einem Sicherheitsbestand (»eiserne Reserve«), falls es zu ungewöhnlichen Lieferzeiten oder höheren Verbräuchen kommt. Idealerweise trifft die bestellte Ware dann ein, wenn im Lager gerade der Sicherheitsbestand erreicht wurde.

Im Bestellpunktsystem werden zwei verschiedene Varianten eingesetzt, auf die wir im Folgenden eingehen.

s,q-Politik

Die Bestellmenge bei der *s,q-Politik* (*Bestellpunkt-Losgrößen-Politik*) ist fix, die Bestellperiode ist variabel (siehe Abbildung 1.6). Die Bestellpunkt-Losgrößen-Politik trägt ihren Namen, weil bei Erreichen des Meldebestands eine fixe Bestellmenge bestellt wird.

Die s,q-Politik berücksichtigt Bedarfsschwankungen, daher kommt es nicht zu Fehlmengen, und die Kapitalbindungskosten bleiben gering. Diese Politik erfordert allerdings einen sehr hohen Dispositionsaufwand und laufende Kontrollen des Lagers.

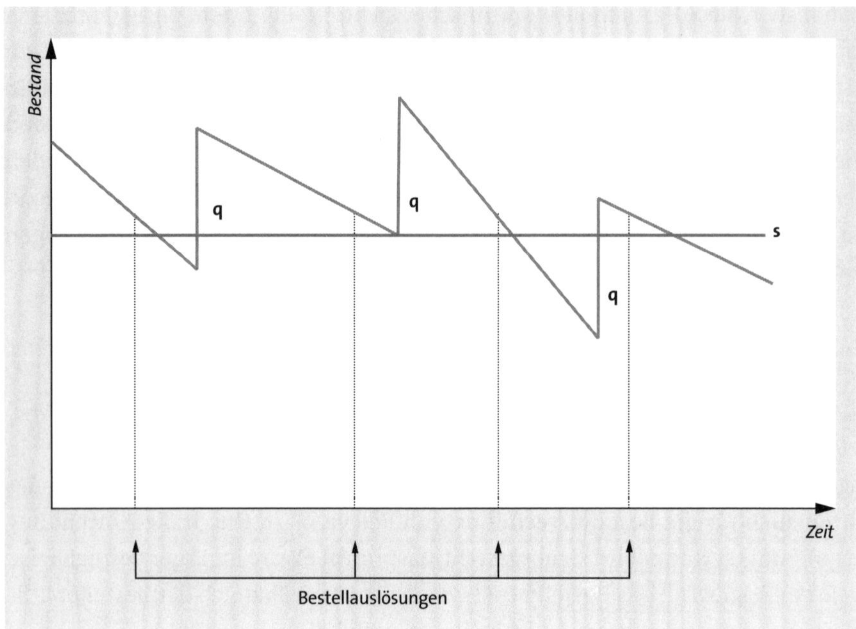

Abbildung 1.6 s,q-Politik

s,S-Politik

Bestellmenge und -periode sind bei der *s,S-Politik* variabel (siehe Abbildung 1.7).

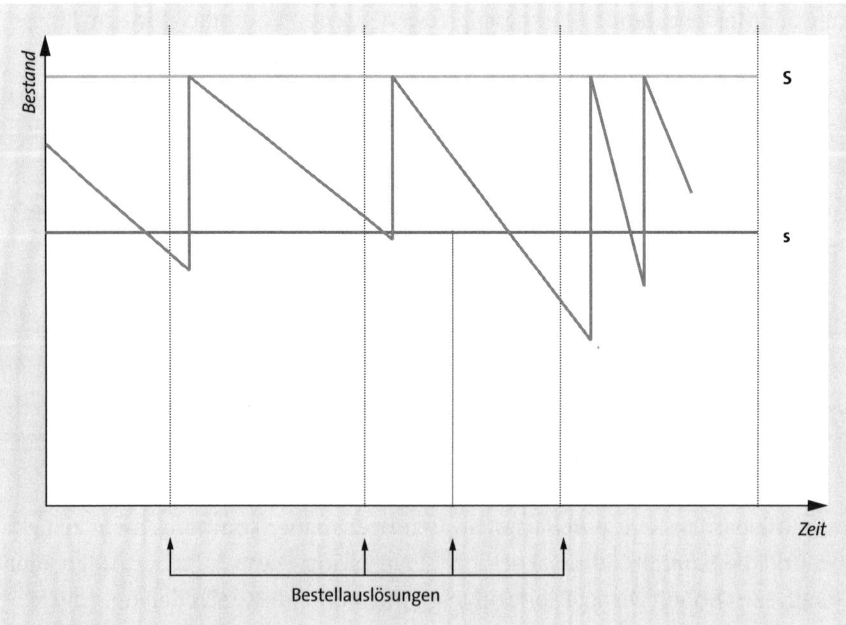

Abbildung 1.7 s,S-Politik

Diese Politik bezeichnet man auch als *Bestellpunkt-Lagerniveau-Politik*. Wenn der Meldebestand erreicht ist, wird eine Bestellung ausgelöst. Die Bestellmenge richtet sich nach dem Soll-Bestand, bis zu dem immer wieder aufgefüllt wird. Bei der s,S-Politik handelt es sich um eine sehr aufwendige Bestellpolitik, die laufende Kontrollen des Lagerbestands erforderlich macht. Die Kapitalbindung ist aber gering, und Fehlmengen werden vermieden.

1.5.3 Mischverfahren

Die verschiedenen Verfahren lassen sich darüber hinaus miteinander kombinieren. In diesem Abschnitt lernen Sie die beiden Mischverfahren kennen, die in der Praxis am häufigsten anzutreffen sind.

t,s,S-Politik

Bei der *t,s,S-Politik* erfolgt in fixen Zeitabständen ein Vergleich des Lagerbestands mit dem Meldebestand (siehe Abbildung 1.8). Erreicht oder unterschreitet der Lagerbestand den Meldebestand, wird bis zum Soll-Bestand aufgefüllt. Die t,s,S-Politik verlangt eine ständige Überwachung des Lagers; dafür kommt es nicht zu Fehlmengen, und die Höhe des Lagerbestands wird durch den Soll-Bestand limitiert.

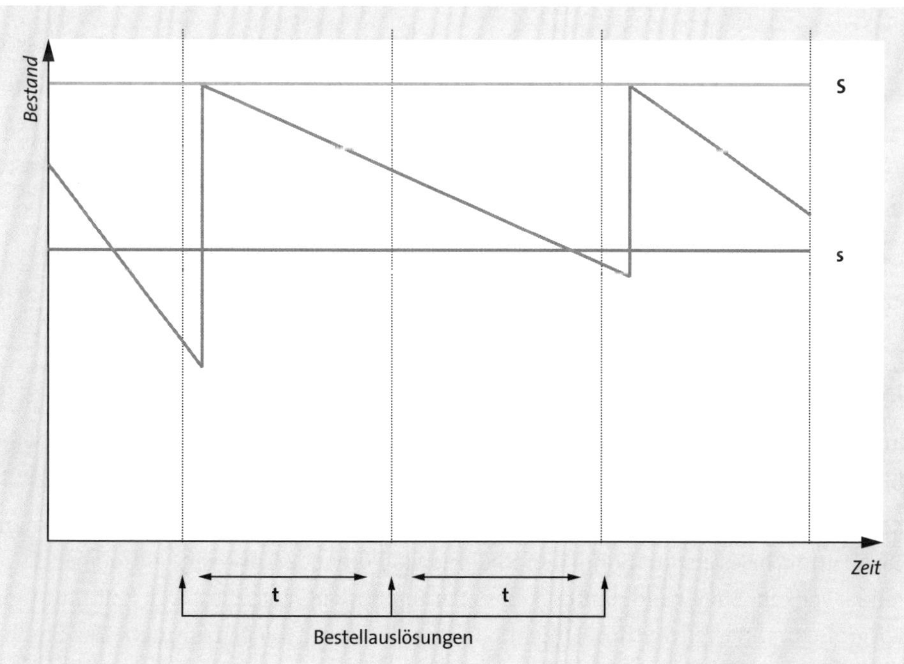

Abbildung 1.8 t,s,S-Politik

t,s,q-Politik

Die *t,s,q-Politik* kommt zum Einsatz, wenn eine fixe Menge zu einem fixen Zeitpunkt bestellt oder der Meldebestand erreicht oder unterschritten wird (siehe Abbildung 1.9). Die t,s,q-Politik vermeidet Fehlmengen bei richtiger Dimensionierung des Meldebestands. Durch die fixen Bestellmengen kann es aber zu einer Überfüllung des Lagers kommen (denn nach oben gibt es nur die Grenze *Meldebestand* – 1 + *Losgröße*); das wiederum kann zu hohen Kapitalbindungskosten führen. Die t,s,q-Politik wird bei stark schwankendem Verbrauch angewandt.

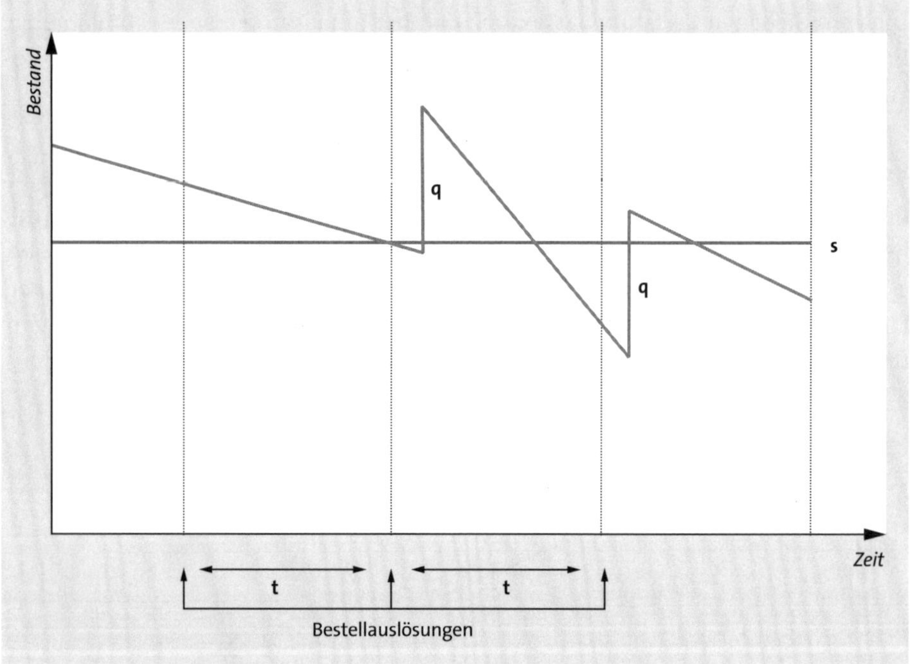

Abbildung 1.9 t,s,q-Politik

1.5.4 Bestellpolitiken im Überblick

In diesem Abschnitt fassen wir die Aussagen zur Bestellrechnung zusammen. Tabelle 1.1 zeigt Ihnen die verschiedenen Bestellpolitiken im Überblick.

Keines der bislang vorgestellten Verfahren erfüllt die Anforderungen der modernen Disposition, bei konstant hoher Lieferbereitschaft die Lager- und die Fehlmengenkosten zu senken. Ein Grund dafür ist, dass Parameter wie Meldebestand, Soll-Bestand, Losgröße und Bestellrhythmus nicht optimal bestimmt werden können. Das Ergebnis der Disposition ist immer abhängig von diesen Parametern und bestimmt nicht deren optimalen Wert. Wurden diese Parameter also nicht genau genug festgelegt, wird das Ergebnis immer negative Auswirkungen auf die Lieferbereitschaft haben.

Des Weiteren würde ein Auffüllen bis zum Soll-Bestand immer einen hohen durchschnittlichen Bestand verursachen. Darin liegt eine Schwäche der Politiken t,S, s,S und t,s,S.

		Bestell-periode (t)	Bestell-menge (q)	Bestellgrenze/ Meldebestand (s)	Soll-Bestand (S)
Bestellrhythmusverfahren	t,q-Politik	fix	fix	variabel	variabel
	t,S-Politik	fix	variabel	variabel	fix
Bestellpunktverfahren	s,q-Politik	variabel	fix	fix	variabel
	s,S-Politik	variabel	variabel	fix	fix
Mischverfahren	t,s,q-Politik	fix	fix	fix	variabel
	t,s,S-Politik	fix	variabel	fix	fix

Tabelle 1.1 Überblick über die Bestellpolitiken

Die Politiken t,S und t,q orientieren sich an einem festen vorgegebenen Bestellrhythmus und lösen damit unabhängig vom aktuellen Lagerbestand immer auch eine Bestellung aus. Auch dies führt zu durchschnittlich höheren Lagerbeständen.

Je dynamischer die Bedarfsentwicklung verläuft, desto dynamischer müssen auch die dispositionsrelevanten Parameter angepasst werden. Dies ist aber bei den vorliegenden Verfahren nicht der Fall. Insbesondere bei A- und B-Artikeln führt dieser Umstand zu höheren Lagerkosten.

Insgesamt eignen sich die genannten Verfahren in der modernen Disposition besonders für geringwertige, sporadische Artikel, also für sogenannte CZ-Artikel. Für die wichtigen A- und B-Artikel sind diese Verfahren nicht sinnvoll; hier sind plangesteuerte Verfahren vorzuziehen. Hinweise zur ABC/XYZ-Klassifizierung finden Sie in Kapitel 3, »Klassifizierungen von Materialien als Basis für Dispositionsentscheidungen«.

1.6 Auswahl der Dispositionsvorgehensweise

Die Aufgabe der Bedarfsrechnung liegt, wie bereits beschrieben, in der Festlegung von Bedarfsmengen und Lieferterminen für die Endprodukte. Im Allgemeinen kann man in einem Produktions- oder Handelsunternehmen feststellen, dass viele verschiedene Materialien disponiert und gelagert werden müssen. Des Weiteren wird man feststellen, dass sowohl Fertigartikel als auch Halbfabrikate, Rohstoffe, Hilfs- und Betriebsstoffe, Handelswaren, Ersatzteile und weitere Artikelarten große Unterschiede aufweisen in Bezug auf Merkmale wie Absatzvolumen, Beschaffungsmenge, Preis, Verbrauchsverhalten, Lebenszyklusbedingungen, Wiederbeschaffungszeiten und Produktionsbedingungen.

Daraus folgt, dass diese unterschiedlichen Artikel nicht alle mit den gleichen Prognosemodellen oder Dispositionsparametern geplant werden können. Das Dispositionsmodell muss flexibel auf die jeweiligen Anforderungen zugeschnitten werden. Die Vielzahl der Artikel muss so gesteuert werden, dass die Transparenz nicht verloren geht und der Pflegeaufwand zu bewältigen ist. Folglich müssen manche Artikel automatisiert geplant und disponiert werden, andere wiederum erfordern die volle Aufmerksamkeit der Disponenten. Diese Abstimmung und Feinjustierung ermöglicht die *Dispositionsoptimierung* (siehe auch Kapitel 20).

[»]

Integrativer Beratungsansatz

Die Dispositionsoptimierung ist ein integrativer Beratungsansatz. Dieser Ansatz ermöglicht es, die Disposition unter Einbeziehung der Möglichkeiten der SAP-Standardsoftware und weiterer Add-on-Tools bestmöglich einzustellen, unter optimaler Ausnutzung der SAP-Möglichkeiten.

Im Folgenden erfahren Sie, welche Themen bei der Dispositionsoptimierung eine Rolle spielen und welche Werkzeuge dazu eingesetzt werden können.

1.6.1 Auswahl der Fertigungsart

Die Auswahl der Fertigungsart ergibt sich aus dem Verhältnis zwischen Kundenwunschlieferzeit und der internen Durchlaufzeit für die Produktion der verkaufsfähigen Artikel. Wenn die gesamte Durchlaufzeit (also die Summe aus Wiederbeschaffungszeit und Fertigungszeit) ausreicht, um nach Kundenauftragseingang zu beginnen und zum Kundenwunschliefertermin (in der vom Kunden/Markt akzeptierten Lieferzeit) das fertige Produkt auszuliefern, dann handelt es sich um eine *Kundenauftragsfertigung*. Würde der Fertigungsprozess erst nach der vom Kunden akzeptierten Lieferzeit enden (wäre die Durchlaufzeit also zu lang), dann müsste eine *Lagerfertigung* gewählt werden.

Abbildung 1.10 stellt beide Szenarien schematisch dar. In der Kundenauftragsfertigung ❶ werden Bestellungen und Produktionsaufträge in der Regel erst erzeugt, wenn der Auftrag bereits eingegangen ist. Hier besteht häufig das Problem, dass die Lieferzeit zu lang ist und Lieferversprechen aufgrund von Engpässen beim Lieferanten oder in der Produktion nicht eingehalten werden können. Es kommt dann zur Verzögerung der Auslieferung und zu Stornierungen des Kunden.

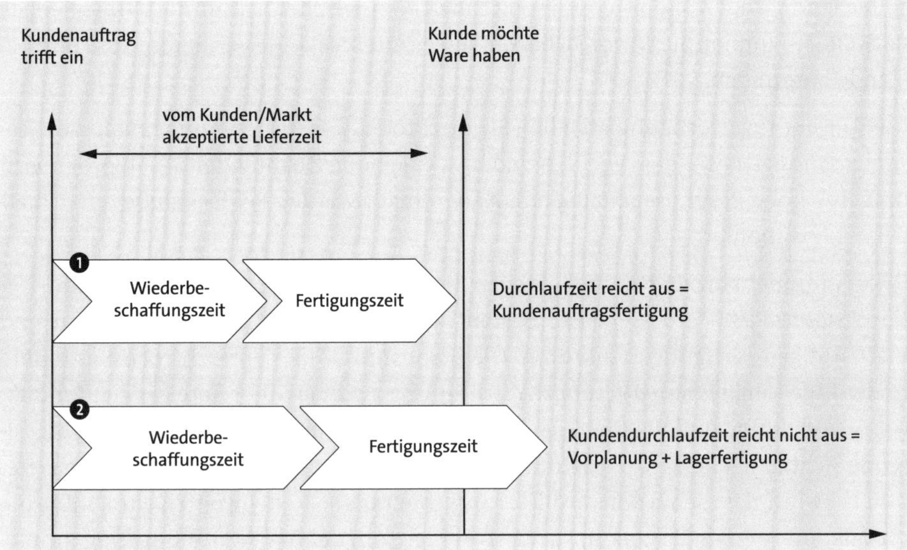

Abbildung 1.10 Auswahl der Fertigungsart

In der kundenanonymen Lagerfertigung ❷ werden die Bedarfe zunächst als Vorplanungsbedarfe prognostiziert. Eine Planung aller für die Produktion notwendigen Materialien wird durchgeführt. Dabei entstehen Bestellungen bei den Lieferanten und Produktionsaufträge in der Fertigung. Eingehende Kundenaufträge verrechnen sich anschließend gegen diese Vorplanungsbedarfe, Bestellungen und Produktionsaufträge. War die Vorplanung zu optimistisch, kommt es zu Bestandsüberschüssen. Gehen mehr Kundenaufträge ein, als Vorplanungsbedarfe vorhanden sind, kommt es zu Lieferengpässen, sogenannten *Stock-out-Situationen*. In der Lagerfertigung muss die Aufmerksamkeit daher vor allem der Prognosegenauigkeit gelten.

Während es in der Lagerfertigung auf die richtige Planung und Sicherstellung der Verfügbarkeit ankommt, steht in der Kundenauftragsfertigung die Minimierung der Herstellungskosten und der Durchlaufzeiten im Vordergrund. Ist die Fertigungszeit im Verhältnis zur marktüblichen Lieferzeit relativ lang, sollten die Endprodukte oder bestimmte Baugruppen bereits vorgefertigt werden, bevor Kundenaufträge eintreffen. Auf diese Weise können Sie die Auftragsdurchlaufzeiten minimieren und die Lieferfähigkeit ausbauen.

1.6.2 Auswahl der Dispositionsstrategie/Festlegung der Bevorratungsebene

Die Dispositionsstrategien für die jeweiligen Produkte sind die betriebswirtschaftlich sinnvollen Vorgehensweisen für die Planung und Fertigung oder Beschaffung eines Produkts. Durch Anwendung dieser Strategien können Sie entscheiden, wie die Fertigung durch Lageraufträge (Lagerfertigung) oder durch Kundenaufträge (Kundeneinzelfertigung) angestoßen werden soll. Je nachdem, welche Dispositionsstrategien Sie verwenden, können Sie sowohl Über- als auch Unterbestände vermeiden und Ihre Bestände optimieren.

Im Falle der Lagerfertigung erstellen Sie das Produktionsprogramm anhand von *Absatzprognosen*. Besonders wichtig sind hier eine hohe Qualität der Absatzprognosen und eine hohe Prognosegenauigkeit. Anderenfalls werden Fehlbestände oder Überbestände disponiert.

Bei der Kundeneinzelfertigung erstellen Sie Ihr Produktionsprogramm anhand von *Kundenaufträgen*. In diesem Fall besteht das Produkt häufig aus komplexen und mehrstufigen Fertigungsstrukturen. Die Disposition muss daher hier insbesondere in der Lage sein, eine mehrstufige Abstimmung zwischen den Abteilungen Produktion, Beschaffung und Vertrieb sicherzustellen. Ohne eine solche abteilungsübergreifende Sicht entstehen an den Schnittstellen schnell Reibungsverluste. Zeigt ein Lieferant bspw. an, dass seine Rohstofflieferung zwei Tage später eintreffen wird, sollte die Produktion zeitnah darüber informiert werden, um den Produktionsauftrag umplanen zu können.

Sie können auch die Bevorratungsebene, auf denen physischer Lagerbestand z. B. zur Pufferung von Unsicherheiten vorgehalten wird, hinunter auf die *Baugruppenebene* verlagern, sodass erst die Endmontage durch den eintreffenden Kundenauftrag angestoßen wird. Alle anderen Baugruppen würden in diesem Fall schon vorfertigen, um die Auftragsdurchlaufzeiten zu reduzieren. In diesem Fall können auch Bestände und insbesondere Sicherheitsbestände auf die günstigere Bevorratungsebene hinuntergezogen werden, um die Bestandswerte zu senken.

Hat eine bestimmte Baugruppe sehr lange Wiederbeschaffungszeiten, kann die Disposition für diese spezielle Baugruppe früher stattfinden als für den Rest des Enderzeugnisses. Damit können Auftragsdurchlaufzeiten ebenfalls reduziert und Lieferzeiten verkürzt werden.

Abbildung 1.11 zeigt die Kriterien für die Wahl der richtigen Bevorratungsebene im Überblick. Im Folgenden gehen wir genauer auf die einzelnen Strategien ein.

Im Falle der *Engineer-to-Order-Strategie* (Projektfertigung) wird in der Regel gar kein Bestand bevorratet, mit Ausnahme von wenigen wichtigen Rohstoffen oder Komponenten mit langen Wiederbeschaffungszeiten. Folglich verursacht diese Strategie geringe Lagerkosten. Ansonsten wird viel Bestandsverantwortung auf die Lieferanten übertragen, und Materialien werden erst nach Eingang des Kundenauftrags beschafft. Eine Vorfertigung findet in der Regel nicht statt, weil es sich hier um ganz individuelle Kundenprodukte handelt. Daher hat der Kunde meist einen hohen Einfluss auf die Produktion. Somit wird auch die Steuerung der Disposition relativ komplex, da häufige Änderungen durch den Kunden wahrscheinlich sind.

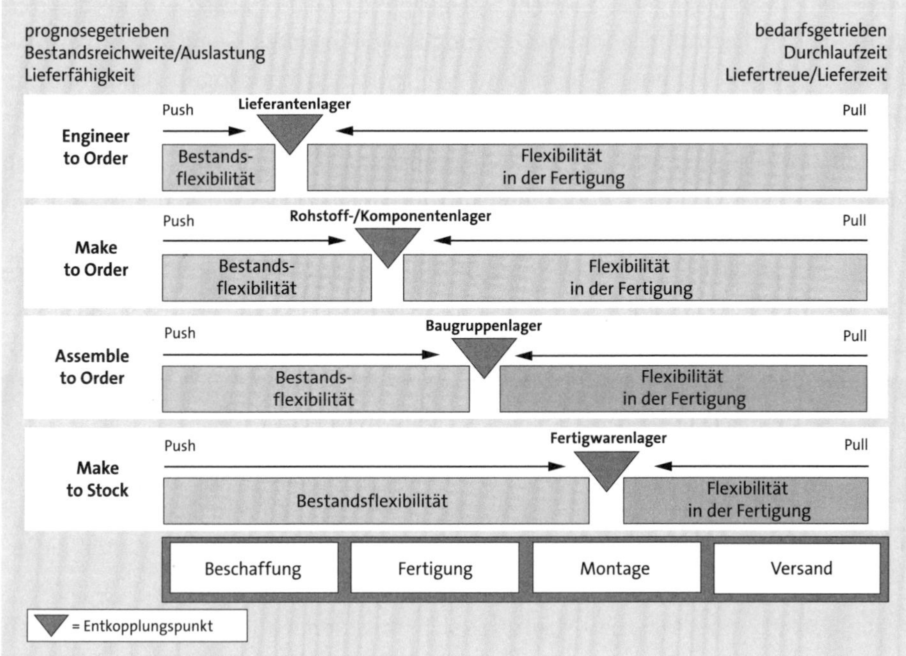

Abbildung 1.11 Bevorratungsstrategien

Die Bestandsflexibilität ist in diesem Fall sehr gering; die Fertigungsflexibilität muss sehr hoch sein, um sich auf die Kundenanforderungen einstellen zu können. Deshalb ist es bei dieser bedarfsgetriebenen Bevorratungsstrategie wichtig, dass die Durchlaufzeit in der Fertigung möglichst minimiert wird. Gegenüber dem Kunden kommt es auf Kennzahlen wie Liefertreue und Lieferzeit an.

Im Fall der *Make-to-Stock-Strategie* (Lagerfertigung) wird möglichst viel bis zur Fertigwarenstufe vorgefertigt und auf Lager (hier: Fertigwarenlager) gelegt. Von dort wird dann abverkauft. Dabei entstehen hohe Lagerkosten, weil die Enderzeugnisse gelagert werden. Bei dieser prognosegetriebenen Bevorratungsstrategie wird also nach Bestandsreichweite gefertigt. Folglich muss die Bestandsflexibilität sehr hoch sein. Die Fertigungsflexibilität ist in der Regel wesentlich geringer als bei den anderen Bevorratungsstrategien, da hier meist große Serien oder Massenware vorproduziert werden. Gegenüber dem Kunden kommt es in erste Linie auf die Lieferfähigkeit an. Insgesamt steht die Disposition der Rohwaren im Mittelpunkt.

Die anderen beiden Strategien, *Assemble to Order* (Montagefertigung) und *Make to Order* (Auftragsfertigung), sind Mischstrategien der beiden zuvor beschriebenen Strategien. Bei der Assemble-to-Order-Strategie werden die Baugruppen bereits vorgefertigt, die Endmontage erfolgt aber erst nach Eingang des Kundenauftrags. Das Eingehen auf Kundenwünsche ist hier also nur noch im begrenzten Umfang möglich. Die

Lagerkosten sind geringer als bei der Lagerfertigung, aber höher als bei der Projektfertigung. Durch die Vorfertigung sind die möglichen Varianten begrenzt, also geringer als bei der Projektfertigung. Die Abstimmung zwischen Vorfertigung und Endmontage ist hier besonders wichtig.

Bei der Make-to-Order-Strategie wird nur kundenspezifisch gefertigt. Die Produktion beginnt also erst, nachdem der Kundenauftrag eingegangen ist. Allerdings kann der Kunde nur zwischen »vorgedachten« Varianten wählen. Im Gegensatz zur Engineer-to-Order-Strategie wird bei dieser Strategie kein neues oder kundenindividuelles Produkt entwickelt. Der Kunde wählt sein »individuelles« Produkt lediglich aus einer Vielzahl von Kombinationsmöglichkeiten oder Varianten, wie dies z. B. in der Automobilindustrie der Fall ist. Rohstoffe sind daher in der Regel schon im Lager, bevor der Kundenauftrag eintrifft. Liefertreue ist wichtiger als Lieferfähigkeit.

Bei der Entscheidung für eine Bevorratungsstrategie sind folgende Einflussgrößen zu berücksichtigen:

- das Verhältnis der Wiederbeschaffungszeit zur vom Kunden akzeptierten Lieferzeit der Fertigwaren
- die Wertigkeit des Materials, d. h. ob es sich um einen A-, B- oder C-Artikel handelt
- die Verbrauchsschwankung des Materials, also ob es sich um einen X-, Y- oder Z-Artikel handelt
- die kumulierten Lagerhaltungskosten
- die Erzeugungsstruktur des Materials, d. h. wie viele Fertigungsstufen vorhanden sind
- die Anwendung des Materials in unterschiedlichen Erzeugnissen, also ob es sich um häufig oder selten verwendete Komponenten handelt
- die Anforderungen des Kunden an die Lieferfähigkeit

Diese Punkte sollten Sie bei der Auswahl der richtigen Dispositionsstrategie und der richtigen Bevorratungsstrategie berücksichtigen, wenn Sie Bestände und Servicegrad in ein optimales Verhältnis bringen möchten.

In SAP ECC und SAP S/4HANA steht ein breites Spektrum von Dispositionsstrategien zur Verfügung, das zahlreiche Möglichkeiten von der reinen Kundeneinzelfertigung bis zur Lagerfertigung bietet. Darüber hinaus können Sie Dispositionsstrategien auch miteinander kombinieren. So besteht etwa die Möglichkeit, für ein Enderzeugnis die Planungsstrategie *Vorplanung mit Endmontage* zu wählen und für eine wichtige Baugruppe in der Stückliste dieses Enderzeugnisses mit der Strategie *Vorplanung auf Baugruppenebene* zu arbeiten.

Im Folgenden stellen wir Ihnen überblicksartig die wichtigsten Entscheidungsparameter vor, mit denen Sie die Disposition beeinflussen können.

1.6.3 Auswahl der Verrechnungsparameter

Beachten Sie, dass es in der Praxis immer eine mengen- und terminmäßige Differenz (Delta) zwischen Vorplanungsbedarfen und tatsächlichen Kundenaufträgen geben wird. Die Vorplanung ist letzten Endes eine Vorausschau in die Zukunft und wird nie ganz exakt sein. Mithilfe der Verrechnungsparameter können Sie eine Verrechnung und damit Reduktion der Vorplanbedarfe erreichen, sobald konkrete Kundenbedarfe bekannt werden. Damit können Sie das erwähnte Delta minimieren und mit einem Delta aus einer anderen Periode ausgleichen. Wenn im Materialstamm keine Verrechnungsparameter gepflegt sind, verwenden das SAP-ECC- sowie das SAP-S/4HANA-System die Vorschlagswerte aus der Dispositionsgruppe. Sie sollten diese Verrechnungsparameter auf jeden Fall möglichst produktindividuell pflegen und keine Standardeinstellung verwenden, wenn Sie Ihre Bestände optimieren möchten. Dies gilt auch für alle folgenden Strategien.

1.6.4 Auswahl der Losgrößenparameter

Die Praxis zeigt, dass Sie mit dem Einsatz optimaler Losgrößenverfahren Bestände reduzieren und Ihren Disponenten die Arbeit deutlich erleichtern können. Dazu ist es wichtig, die Wirkungsweisen zu kennen und die vielfältigen Parametereinstellungen im SAP-System vornehmen zu können. Nur wenn die Parameter artikelspezifisch eingestellt werden, kann ein Wertbeitrag nachhaltig erzielt werden. Es ist die Aufgabe des »strategischen Disponenten« (siehe Kapitel 2, »Strategische versus operative Disposition«), diese Rahmenbedingungen und Möglichkeiten auszuschöpfen. Als Beispiel für *falsche* (nicht optimale) Parametereinstellung sei hier die Wirkungsweise des Rundungswerts mit Mindestbestellmenge genannt (siehe nachfolgende Kästen). Im Fall A wird nur der Rundungswert zur Ermittlung der Bestellmenge genutzt, im besseren Fall B werden dagegen der Rundungswert und die Mindestbestellmenge zur Ermittlung der Bestellmenge genutzt. Diese beiden Beispiele zeigen deutlich, dass in Fall B die durchschnittliche Bestellmenge wesentlich kleiner ist und somit die durchschnittlichen Bestände mit dem richtigen Einsatz der Dispositionsparameter gesenkt werden können.

[zB]

A: Rundungswert wird als Mindestbestellmenge eingesetzt

Bedarf 1 = 500 Stück

Bedarf 2 = 1.001 Stück

Rundungswert = 1.000

Mindestbestellmenge/Losgröße = 0

Ergebnis:

Losgröße für Bedarf 1 = 1.000 Stück

Losgröße für Bedarf 2 = 2.000 Stück

[zB]

B: Rundungswert und Mindestbestellmenge werden eingesetzt

Bedarf 1 = 500 Stück

Bedarf 2 = 1.001 Stück

Rundungswert = 100

Mindestbestellmenge/Losgröße = 1.000

Ergebnis:

Losgröße für Bedarf 1 = 1.000 Stück

Losgröße für Bedarf 2 = 1.100 Stück

Ein weiteres Beispiel ist das Außerkraftsetzen von Parametern. Wird z. B. eine feste Bestellmenge (feste Losgröße) gepflegt, setzt diese den Rundungswert außer Kraft. Bei einem Rundungswert 100 und einem Bedarf von 20 würde die Bestellmenge auf 100 aufgerundet. Dies wäre auch bei einem Bedarf von 80 der Fall. Ist aber zusätzlich eine feste Losgröße von 60 festgelegt, würden bei einem Bedarf von 20 genau 60 Stück bestellt. Bei einem Bedarf von 80 würden anstelle von 100 Stück genau 120 Stück bestellt.

In Kapitel 9, »Beschaffungsmengenermittlung«, gehen wir im Detail auf die Losgrößenparameter ein und geben Ihnen Hinweise zur Optimierung der Parameter. Zur Auswahl der Losgrößenparameter sollten Sie ebenfalls die ABC-/XYZ-Analyse einsetzen, die in Kapitel 3, »Klassifizierungen von Materialien als Basis für Dispositionsentscheidungen«, erläutert wird.

1.6.5 Auswahl der Sicherheitsbestandsverfahren

Es gibt eine Vielzahl von unterschiedlichen Sicherheitsbestandsstrategien (siehe Kapitel 10, »Sicherheitsbestandsplanung«). Diese Strategien adäquat einzusetzen, erfordert eine profunde Kenntnis der Zusammenhänge der Prozesse und ihrer Wirkungsweisen. Die artikelgenaue Analyse der Sicherheitsbestandsstrategien, ihre Bewertung und Einstellungsmöglichkeiten im SAP-System sowie die Analyse ihrer Auswirkungen auf Folgeprozesse muss ein strategischer Disponent durchführen, um daraus Vorgaben für die operative Disposition zu entwickeln. In der Praxis zeigt sich, dass der Sicherheitsbestand oftmals gar nicht eingesetzt wird, sondern im Meldebestand enthalten ist oder schlicht gar nicht gepflegt wird. Dies führt dann zu Intransparenz und zu häufigen Änderungen der vom System ermittelten Bestellmenge, weil der Disponent den Sicherheitsbestand manuell mitbestellen muss. Daraus entstehen häufig Stock-out-Situationen.

1.6.6 Auswahl der Prognosestrategien

Das Leben als Disponent oder Absatzplaner wäre einfacher, wenn sich ein bestimmtes Prognoseverfahren allgemeingültig als das beste herausstellen würde und alle anderen Verfahren vernachlässigt werden könnten. Leider ist das nicht möglich. In vielen Fällen kennen Disponenten die theoretischen oder praktischen Voraussetzungen nicht, unter denen die Verfahren sinnvoll eingesetzt werden können, da sie sich – aufgrund mangelhafter Schulung oder fehlender Zeit – nicht mit diesen Themen beschäftigen. Akzeptiert man aber, dass es kein ideales Prognoseverfahren für alle Situationen gibt und dass ein Kriterium sich in einer Situation positiv, in einer anderen negativ auswirken kann, ist es sinnvoll, die Analyse und die Beurteilung der Prognoseverfahren für ein konkretes Produkt anhand eines geeigneten Vorgehensmodells durchzuführen.

Die strategische Disposition soll Ihnen dabei helfen, das richtige Prognosemodell für Ihre Produkte auszuwählen. Dazu müssen Sie artikelbezogene Verbrauchsanalysen, Prognoseanalysen und Abweichungsanalysen durchführen, für die die operativen Disponenten im Tagesgeschäft keine Zeit haben, sodass eine strategische Herangehensweise an die Disposition sinnvoll ist.

1.6.7 Materialklassifizierung und Sortimentsanalyse

Für das Supply Chain Management im Allgemeinen und die Disposition im Besonderen sind weitere Klassifizierungsmerkmale von Bedeutung, um die richtige Dispositionsstrategie zu wählen. Die Materialklassifizierung hat nämlich Auswirkungen auf die Disposition, die Produktionsplanung, die Höhe der Nachschubmengen und Sicherheitsbestände oder auf die Auswahl der Lagerstrategien. Die Klassifizierungskriterien in Tabelle 1.2 sollten regelmäßig analysiert und überwacht werden. Die Dispositionsstrategie sollte auf diese Kriterien abgestimmt werden.

Materialklassifizierungsmerkmal	Merkmalsausprägung
Lagerhaltigkeit	lagerhaltige und nicht lagerhaltige Artikel
Absatzgebiet	lokale, regionale und überregionale Produkte
Umsatz	A-, B- oder C-Artikel mit hohem, mittlerem oder geringem Umsatz
Verbrauch	X-, Y- oder Z-Artikel mit regelmäßigem, mittelmäßigem oder sporadischem Verbrauch

Tabelle 1.2 Materialklassifizierungsmerkmale

Materialklassifizierungsmerkmal	Merkmalsausprägung
Wertigkeit	hochwertige, mittelwertige oder geringwertige Artikel (Preis des Artikels)
Einsatzzweck	Artikel für die Produktion, Ersatzteile, Verschleißteile, Investitionsgüter oder Verbrauchsgüter (Bleistift, Druckerpapier, Aktenordner etc.)
Verwendungsbreite	Standardartikel, Normteile, Kundenanfertigungen, Spezialartikel, Ersatzteile
Lebenszyklus	Befindet sich der Artikel in der Einführungs-, Wachstums-, Reife- oder Sättigungsphase?
Lebensdauer	Saisonartikel, langlebig (mehrere Jahre), einjährig, modisch
Haltbarkeitsanforderungen	verderbliche Ware, frische Ware, Temperaturanforderungen etc.
Fehlmengenkosten	Kosten der Nichtverfügbarkeit eines Artikels wie Gewinnausfall, Ersatzbeschaffungskosten, Stillstandskosten oder Verlust des Deckungsbeitrags
Zusammensetzung	Einproduktartikel, Mehrproduktartikel (Bundles), Systemartikel
Verpackungsart	lose Ware (Bulk-Ware), abgepackte Ware
Variantenvielfalt	Standardartikel, Variantenartikel

Tabelle 1.2 Materialklassifizierungsmerkmale (Forts.)

Eine detaillierte Erläuterung der Materialklassifizierung finden Sie in Kapitel 3, »Klassifizierungen von Materialien als Basis für Dispositionsentscheidungen«.

1.7 Fazit

Die Disposition ist ein sehr komplexer Prozess, der immer wieder individuell im Unternehmen ausgeprägt werden muss. Sie ist darüber hinaus ein wichtiger Integrationspunkt zwischen Vertrieb, Produktion und Einkauf. Somit ist die Disposition entscheidend am Material- und Informationsfluss innerhalb der Lieferkette beteiligt. Aus all diesen Gründen sollte der Disposition eine besondere Rolle im Unternehmen zugedacht werden.

Die Disposition birgt in der Regel ein hohes Optimierungspotenzial, da die Disponenten meistens für zu viele Artikel zuständig sind und so leicht den Überblick verlieren.

Transparenz ist daher eine essenzielle Bedingung, um schnell und koordiniert auf Änderungen des Marktes und auf Ausnahmesituationen reagieren zu können. Die Anpassung der Dispositionsparameter und die Erstellung einer Dispositionsmatrix können viel zur Optimierung innerhalb der Disposition beitragen. Im nächsten Kapitel werden wir den Unterschied zwischen strategischer und operativer Disposition genauer erläutern.

Kapitel 2
Strategische versus operative Disposition

In vielen Unternehmen liegt der Schwerpunkt auf der operativen Disposition; strategische Aspekte wie eine aussagekräftige Materialklassifizierung fallen aus Zeitmangel häufig unter den Tisch. Dieses Kapitel verdeutlicht die Unterschiede zwischen beiden Positionen und zeigt die Vorteile der strategischen Disposition auf.

Die Bedeutung der Disposition im Unternehmen hat in den letzten 30 Jahren stark zugenommen. Wurde die Disposition zuvor als Teilbereich des Einkaufs gesehen, der keinen direkten Einfluss auf die Strategie und langfristige Planung im Unternehmen hat, änderte sich diese Sichtweise in den 1980er Jahren: Bedingt durch die Globalisierung, die Fokussierung auf Kernkompetenzen in der Wertschöpfungskette mit den verbundenen In- und Outsourcing-Entscheidungen und neue Produktionsverfahren wurde erkannt, dass die Steuerung und Entwicklung von Lieferantenbeziehungen Wettbewerbsvorteile bewirken kann. Dem Einkauf und somit auch der Disposition kommen neben ihrer operativen Rolle auch eine strategische Bedeutung zu.

In den 1990er Jahren wurden die strategische und die operative Disposition erstmals als funktional eigenständige Bereiche betrachtet und auch unabhängig vom Einkauf gesehen. Seitdem wird die Disposition zumeist der Logistik oder eben der Supply-Chain-Organisation im Unternehmen zugeordnet. Heute stellen viele Unternehmen die operative Steuerung und Optimierung des Materialflusses über alle Stufen der Lieferkette bis hin zum Endkunden in den Vordergrund. Ebenso wichtig ist jedoch die Optimierung von Bedarfsprognosen und -planungen aller an der Lieferkette beteiligten Partner mit dem Ziel, den Servicegrad zu optimieren und dabei Lagerbestände und Durchlaufzeiten zu minimieren.

2.1 Aufgaben der Disposition

Da die Aufgaben in der Disposition so vielfältig und komplex geworden sind, müssen die Disponenten alle Fertigungsdispositionsstrategien und -parameter genau kennen. In der Regel haben Disponenten, die im operativen Tagesgeschäft ihre Ziele erreichen wollen, jedoch nicht genügend Zeit, sich dieses Wissen anzueignen. Sie sind als Terminjäger und Fehlteillistenbearbeiter so sehr in das Tagesgeschäft eingebunden, dass sie nicht zusätzlich strategische Aufgaben wahrnehmen können. In einer modernen Dispositionsstrategie ist es daher dringend zu empfehlen, die Aufgaben der Disposition auch personell in eine operative und eine strategische Rolle zu teilen.

Während die *operative Disposition*, analog zur bisherigen Materialdisposition, weitestgehend für die operative Abwicklung des Tagesgeschäfts verantwortlich ist, hat die *strategische Disposition* die Aufgabe, die optimale Parametrisierung der Disposition und der dahinterstehenden Planungssysteme im laufenden Geschäft sicherzustellen und die Mittel- und Langfristplanungen durchzuführen und auszuwerten.

Der Aufgabenbereich der operativen Disposition besteht im Einzelnen aus folgenden Punkten:

- Konzentration auf den kurzfristigen Planungshorizont
- Fokussierung auf eine Stufe der Wertschöpfungskette (nur direkte Kunden und Lieferanten)
- sofortige Reaktion auf Veränderungen und Tagesprobleme
- Ergebnisabarbeitung der täglichen/wöchentlichen Planung per EDV
- hoher Anteil an Fehlteilemanagement
- tägliche Integration mit internen und externen Schnittstellen (Einkauf, Produktion, Lager etc.)

Der Aufgabenbereich der strategischen Disposition umfasst die folgenden Punkte:

- Konzentration auf den mittel- bis langfristigen Planungshorizont
- Fokussierung auf mehrere Stufen der Wertschöpfungskette (Kunden der Kunden, Lieferanten der Lieferanten)
- Unterstützung der operativen Disponenten bei Tagesproblemen
- Analyse und Optimierung der Ergebnisse der mittel- bis langfristigen Planung
- Management und Optimierung des gesamten Planungsprozesses
- Analyse und Bewertung der gesamten Liefer- und Wertschöpfungskette
- regelmäßige (z. B. monatliche) Abstimmungsrunden mit den internen und externen Schnittstellen (Einkauf, Produktion, Lager etc.)
- Definition und Festlegung der Dispositionsstrategien und -parameter
- Auswahl der anzuwendenden Prognosemodelle
- Durchführung des Dispositionscontrollings

Aus den genannten Aufgabenfeldern ergibt sich, dass die Anforderungen an strategische Disponenten sich wesentlich von denen der operativen Disponenten unterscheiden. Während die operativen Disponenten das Tagesgeschäft aus langjähriger

Erfahrung kennen, müssen die strategischen Disponenten sowohl analytische als auch mathematische Kenntnisse und Fähigkeiten mitbringen, um die ihnen gestellten Aufgaben (z. B. die Auswahl der richtigen Prognoseverfahren) zu bewältigen. Die Parametrisierung der zu disponierenden Artikel erfolgt für die strategischen Disponenten mithilfe der ABC-/XYZ-Analysen (siehe auch Kapitel 3, »Klassifizierungen von Materialien als Basis für Dispositionsentscheidungen«) und weiterer Bestandskennzahlen, während die operativen Disponenten die Dispositionsparameter in der Regel allein aus Erfahrung festlegen. Die strategischen Disponenten sollten daher idealerweise eine Hochschulausbildung oder einen gleichwertigen Abschluss mitbringen und über Kenntnisse der Mathematik und Statistik verfügen. Außerdem müssen sie ausgeprägte analytische und kommunikative Fähigkeiten besitzen.

2.2 Organisatorische Eingliederung der Disposition

Die organisatorische Eingliederung der strategischen Disposition kann auf mehreren Wegen erfolgen, die von unterschiedlichen Faktoren wie der Größe und Ausrichtung des Unternehmens abhängen. Ein weiterer Faktor ist das *Supply Chain Management* (SCM), also wie die Logistik derzeit im Unternehmen organisiert ist und welchen Stellenwert sie hat. Auch die Bereitschaft innerhalb des Unternehmens, Veränderungen einzugehen, oder ob es sich um ein internationales Unternehmen handelt, muss bei der Eingliederung bedacht werden.

Grundsätzlich unterscheidet man zwischen zentraler, dezentraler und einer gemischten (Matrix-)Organisationsform. In der *zentralen Organisationsform* ist jede Aufgabe genau einer Stelle zugeordnet. Es gibt also nur einen Vertrieb, eine Logistik und eine Disposition. Bei der *dezentralen Organisationsform* sind die Tätigkeiten mehreren Stellen zugeordnet, die sich nach regionalen oder produktgruppenspezifischen Aspekten gliedern. In diesem Fall gibt es bspw. eine Disposition für Produktgruppe 1 und eine Disposition für Produktgruppe 2. Bei einer *Matrixorganisation* werden zwei Leitungssysteme miteinander kombiniert: Die Mitarbeitenden stehen in mehreren Weisungsbeziehungen und sind sowohl den Leitern der verrichtungsbezogenen Abteilungen Beschaffung, Produktion und Absatz unterstellt als auch dem objektbezogenen Produktmanagement.

Im Folgenden stellen wir Ihnen drei verschiedene Möglichkeiten der Einbindung der strategischen Disposition in eine bestehende Unternehmensorganisation vor.

Abbildung 2.1 zeigt eine mögliche Organisationsstruktur für ein mittelständisches Unternehmen mit einer flachen Hierarchie. Hierbei sind die operative und die strategische Disposition im SCM-Bereich organisiert. In diesem Fall lässt sich keine Unterscheidung in dezentral und zentral vornehmen, da das Unternehmen für eine zentrale Funktion nicht die erforderliche Größe hat. Die Mitarbeitenden der operativen und strategischen Disposition sitzen idealerweise im selben Büro, können sich jederzeit miteinander abstimmen und sich gegebenenfalls sogar wechselseitig vertreten. Dies alles sind Kennzeichen einer modernen Disposition.

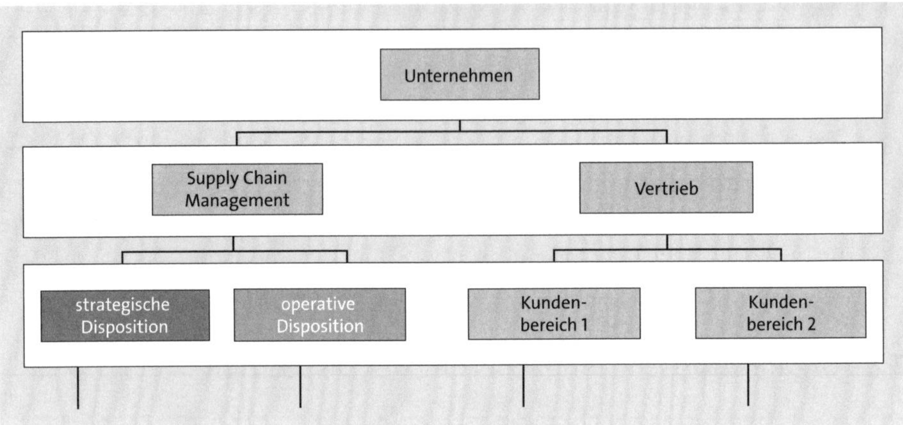

Abbildung 2.1 Disposition innerhalb eines mittelständischen Unternehmens

Abbildung 2.2 zeigt ein großes, internationales Unternehmen mit einer eher dezentralen Organisation des Supply Chain Managements und damit auch der Disposition. In diesem Fall sind sowohl die operative als auch die strategische Disposition dezentral organisiert. Besonders bei dezentral organisierten Unternehmen ist dies die einfachste Form der Implementierung. Eine zentrale Form würde eine Umorganisation nach sich ziehen, vor der viele Unternehmen zurückschrecken. Bei der hier dargestellten dezentralen Organisation gibt es folglich die beiden Bereiche in jedem Land, in jeder Sparte und in jedem Geschäftsbereich. Die operative und die strategische Disposition unterstützen sich gegenseitig bei ihren Aufgaben. Ein Nachteil dieser Organisationsform ist, dass jeder Geschäftsbereich relativ isoliert arbeitet und es keinen Austausch zwischen den strategischen Disponenten gibt. Damit sind auch Standards und einheitliche Kennzahlsysteme nur sehr schwer zu implementieren, und die Optimierungspotenziale können nicht ausgeschöpft werden.

Abbildung 2.3 zeigt eine Matrixorganisation, in der es ein zentrales Supply Chain Management mit einer zentralen strategischen Disposition gibt. Hier hat die strategische Disposition die Aufgabe, globale Standards etwa für die Parametrisierung der Artikelstammdaten oder der Prognoseverfahren vorzunehmen und zu überwachen. Die Matrixorganisation ist sicher die komplexeste Organisationsstruktur und in der Regel nur bei sehr großen Unternehmen anzutreffen. Sie ist am schwersten zu implementieren, dafür bietet sie aber auch die größten Optimierungspotenziale.

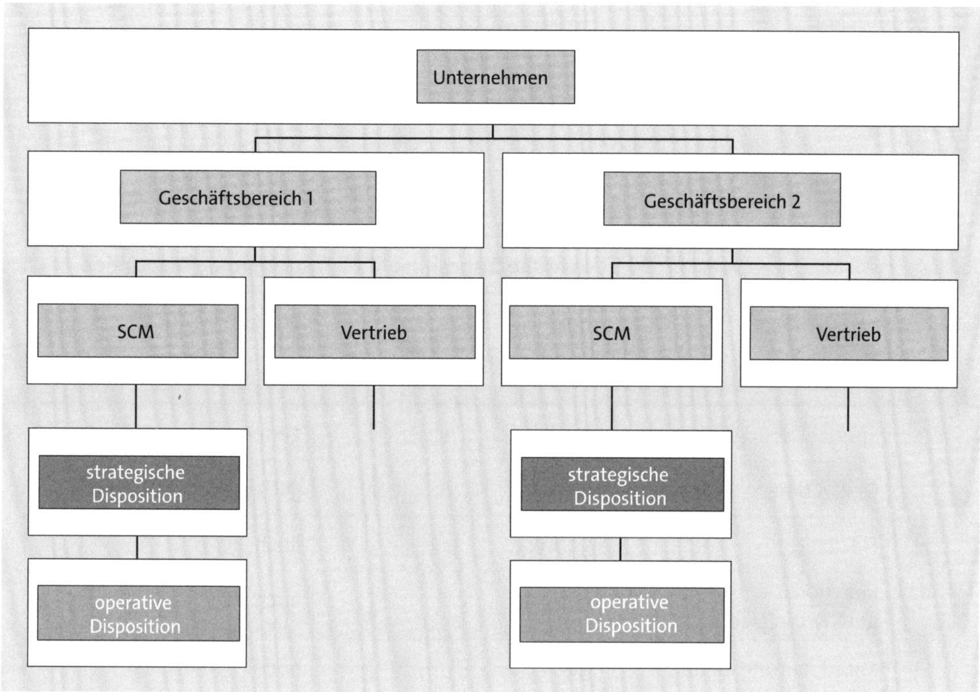

Abbildung 2.2 Disposition innerhalb eines großen Unternehmens

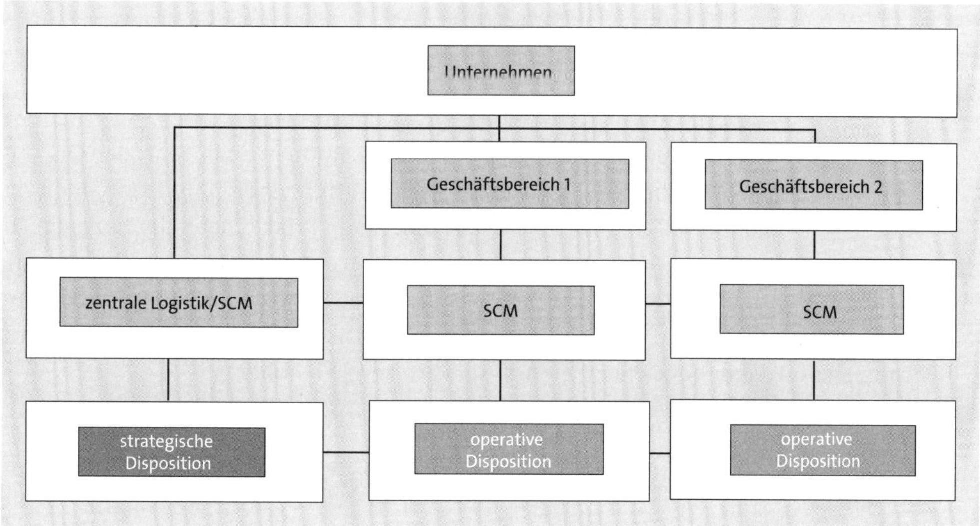

Abbildung 2.3 Disposition innerhalb eines Konzerns (Matrixorganisation)

Die Vor- und Nachteile der zentralen und der dezentralen Disposition haben wir in Abbildung 2.4 zusammengefasst gegenübergestellt.

	zentrale Disposition	dezentrale Disposition
Einfluss/Macht	hoch ↑	gering ↓
Professionalität	hoch ↑	gering ↓
Spezialisierungsvorteile	hoch ↑	gering ↓
Motivation	hoch ↑	gering ↓
Flexibilität	gering ↓	hoch ↑
Reaktions-geschwindigkeit	gering ↓	hoch ↑
Koordinierungsbedarf	gering ↓	hoch ↑

Abbildung 2.4 Vor- und Nachteile der zentralen und dezentralen Disposition

Der Einfluss der Disposition im Unternehmen ist bei einer zentralen Organisation weitaus größer, da zentral Entscheidungen getroffen werden können, die für alle gelten.

In der Regel wird auch die Professionalität der Disposition in einer zentralen Organisation höher sein, da hier die Experten zentral versammelt sind und sich so direkt austauschen können. Man partizipiert somit direkt an Erfahrungen der Kollegen. In einer zentralen Disposition wird es normalerweise zu einer Spezialisierung kommen, d. h., ein Mitarbeiter wird Experte für ein bestimmtes Thema. Dies ist in einer dezentralen Disposition nicht möglich, da sich hier die Disponenten um alles kümmern müssen und daher der Generalisierungsgrad wesentlich höher ist.

Die Motivation der Disponenten ist ebenfalls ein relatives Kriterium, dass jedoch stark vom Einfluss der Disposition im Unternehmen abhängt. Je mehr Einfluss die Mitarbeitenden haben, desto höher wird auch ihre Motivation sein.

Ein Nachteil der zentralen Disposition ist die wesentlich geringere Flexibilität: Oft sind die Entscheidungswege länger, interne Prozesse komplexer und die Kommunikations- und Reaktionswege in die dezentralen Vertriebs- und Produktionseinheiten wesentlich länger. Daher kann die dezentrale Disposition schneller auf Ausnahmesituationen reagieren und ist somit flexibler.

Damit ist auch schon die Reaktionsgeschwindigkeit angesprochen. Auch hier ist die dezentrale Disposition im Vorteil. Als Konsequenz daraus ist der Koordinationsaufwand in der dezentralen Disposition jedoch wesentlich höher als in einer zentralen Organisation. Die oben dargestellte Matrixorganisation versucht, die Vorteile beider Organisationseinheiten zu nutzen.

2.3 Fazit

In vielen Unternehmen, besonders in mittelständischen, gibt es heute leider noch keine strategische Disposition. Stattdessen sollen die operativen Disponenten diese Aufgaben einfach mit erledigen. In der Regel ist dies den Mitarbeitenden aber aufgrund der Fülle und Komplexität der täglichen Aufgaben nicht möglich. In anderen Fällen ist eine strategische Disposition erst gar nicht vorhanden. Im ersten wie im zweiten Fall werden Optimierungspotenziale verschenkt, und zumeist leidet die Stammdaten- und Planungsqualität erheblich unter diesem Defizit. Deshalb empfehlen wir, die strategische Disposition auch personell unbedingt als eine eigene Rolle im Unternehmen zu verankern.

Im folgenden Kapitel stellen wir mit der Materialklassifizierung das wichtigste Instrument der Disposition vor. Die Materialklassifizierung bildet die Basis der Dispositionsoptimierung, und ihr genaues Verständnis ist eine wesentliche Grundlage für die weiteren Kapitel.

Kapitel 3
Klassifizierungen von Materialien als Basis für Dispositionsentscheidungen

3

Wie sollen Disponenten Materialien steuern? Welche Parameter haben sie einzustellen? Wie verschaffen sie sich den besten Überblick darüber, was bei welchem Artikel zu tun ist? Den Schlüssel zur Beantwortung dieser Fragen liefert eine genaue Materialklassifizierung, die Sie in diesem Kapitel kennenlernen.

Was macht »glückliche« Disponenten aus? Glückliche Disponenten sind solche, die »nur« etwa 500 Materialien steuern und überwachen sollen. Die meisten Disponenten haben weitaus mehr Materialien, um die sie sich kümmern müssen – im Ersatzteilwesen sind es bis zu 10.000 Stück. Vor diesem Hintergrund dürfen sich Disponenten mit 500 Materialien in ihrem Verantwortungsbereich durchaus glücklich schätzen.

In der Disposition können selbst »glückliche« Mitarbeitende ihre 500 Materialien nicht materialspezifisch steuern und überwachen. Erleben sie bei einem ihrer Materialien eine Stock-out-Situation (fehlende Verfügbarkeit), werden sie in der Regel die Einstellungen des Materials verändern. Bei fehlender Verfügbarkeit werden sie den Sicherheitsbestand höher ansetzen. Sie wissen aber, dass es ähnliche Materialien gibt, die gleichsam die Brüder und Schwestern des veränderten Materials sind. Erfahrene Disponenten werden den Sicherheitsbestand der verwandten Materialien ebenfalls hoch setzen, um dort ein ähnliches Verfügbarkeitsproblem zu vermeiden. Bei der Vielzahl der Materialien (und seien es nur 500 Stück) kann jedoch schon aus Zeitgründen nicht jedes Material individuell betrachtet werden.

Um Materialien dennoch effektiv zu verwalten, müssen die Disponenten gleichartige Materialien in Materialgruppen zusammenfassen, die sie dann jeweils individuell steuern und überwachen können. Die Gruppenbildung auf Basis ähnlicher Charakteristika – oder anders ausgedrückt, die Klassifizierung bzw. auch Segmentierung von Materialien – ist die Aufgabe der strategischen Disposition, deren Funktion wir in Kapitel 2, »Strategische versus operative Disposition«, vorgestellt haben.

Dieses Kapitel stellt Ihnen die beiden Instrumente der Klassifizierung von Materialien vor: die *ABC-Analyse* und die *XYZ-Analyse*. Die Kombination aus ABC- und XYZ-Analyse stellt die *ABC/XYZ-Matrix* dar. In diesem Kapitel werden wir auf die grundlegenden Instrumente der ABC- und der XYZ-Analyse eingehen. In Kapitel 9, »Beschaffungsmengenermittlung«, werden die Möglichkeiten der Bestandsanalyse noch detaillierter geschildert.

3.1 Möglichkeiten der Klassifizierung von Materialien

Im folgenden Abschnitt stellen wir Ihnen die beiden wichtigsten Möglichkeiten zur Klassifizierung von Materialien vor und erläutern kurz ihre jeweiligen Vor- und Nachteile.

3.1.1 ABC-Analyse

Die ABC-Analyse ist ein Ordnungsverfahren zur Klassifizierung großer Datenmengen. Bei diesen Daten kann es sich um Materialien oder um Prozesse handeln. Im Umfeld der Disposition werden in der Regel Bestandsdaten wie Materialverbräuche, Materialbewegungen oder Materialbestände ausgewertet. Dabei werden die Daten grob in drei Klassen (A, B, C) eingeteilt.

Die Vorteile der ABC-Analyse sind im Folgenden aufgelistet:

- **einfache Anwendbarkeit**
  Die ABC-Analyse lässt sich sehr leicht anwenden. Die Daten sind in der Regel vorhanden, und die meisten EDV-Systeme stellen Standard-ABC-Analysen zur Verfügung. Die Einteilung in drei Klassen lässt sich mit einfachen Rechenmethoden durchführen.
- **vom Untersuchungsgegenstand unabhängiger Methodeneinsatz**
  Mithilfe der ABC-Analyse können nicht nur Materialien, sondern auch Kunden- und Lieferantendaten sowie Prozessschritte oder Zahlungsströme untersucht werden.
- **übersichtliche grafische Darstellung der Ergebnisse**
  Mithilfe der grafischen Darstellung der ABC-Analyse gewinnen Sie einen sehr schnellen und übersichtlichen Eindruck von den analysierten Daten. Sie werden Trends schneller erkennen als bei einer tabellarischen Auflistung.

Die ABC-Analyse hat jedoch auch Nachteile, die man dringend beachten sollte, wenn man sie zu einer Bestandsanalyse heranzieht:

- **sehr grobe Klassifizierung**
  Die Einteilung in drei Klassen (A, B, C) ist sehr grob. Deshalb sollten Sie unbedingt nach einer ersten Analyse weiter ins Detail gehen und die Einteilung auf vier oder mehr Klassen erweitern bzw. auch zusätzliche Klassifizierungsmethoden wie die im Rahmen dieses Kapitels ebenfalls angesprochene XYZ-Analyse anwenden. Eine

weitere Untergliederung ist nicht für jede der drei Klassen notwendig, jedoch für die C-Klasse (bei der XYZ-Analyse: die Z-Klasse) empfehlenswert, da sich in dieser Klasse in der Regel besonders viele Datensätze befinden.

- **hohe Anforderungen an die Datenqualität**
  Ein Fallstrick der ABC-Analyse ist die Bereitstellung konsistenter Daten. Diese entscheiden über die Aussagekraft einer ABC-Analyse. Stehen Ihnen konsistente Daten zur Verfügung, werden Sie mithilfe der ABC-Analyse aufschlussreiche Informationen über Ihre Material- oder Kundenstruktur bekommen. Sind die Daten nicht konsistent, kann die ABC-Analyse allerdings auch in die Irre führen. Achten Sie deshalb besonders auf die Datenqualität. Auch im SAP-System fehlen an dieser Stelle einige wichtige Konsistenz-Checks, sodass Sie die Konsistenz Ihrer Daten selbst überprüfen müssen.

Die Aufteilung in die drei Klassen A, B und C und deren typische Wert- und Mengenanteile können Sie gut anhand der sogenannten *Lorenzkurve* nachvollziehen (siehe Abbildung 3.1).

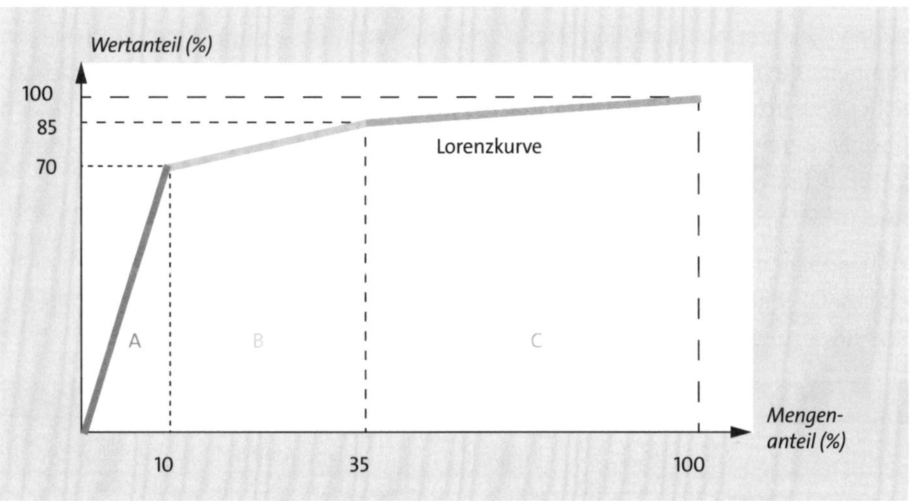

Abbildung 3.1 Einteilung in die Klassen A, B und C anhand der Lorenzkurve

Materialien der Klasse A haben in der Regel einen mengenmäßigen Anteil von circa 10 % und einen wertmäßigen Anteil von etwa 70 %. Diese Materialien sind somit am wichtigsten und haben auch das größte Optimierungspotenzial. Materialien der Klasse B haben einen mengenmäßigen Anteil von 25 %, während solche der Klasse C einen mengenmäßigen Anteil von circa 65 % haben. C-Materialien kommen also am häufigsten vor, steuern allerdings mit einem Anteil von circa 15 % den kleinsten Wert bei. Hier geht es also vor allem darum, den Aufwand durch den Einsatz automatischer Prozesse möglichst gering zu halten.

Ein generelles Problem bei der Durchführung der ABC- und XYZ-Analyse besteht in der Festlegung der jeweiligen Klassengrenzen. Grundsätzlich sind weder die Anzahl der Klassen (A, B, C) noch die Klassengrenzen (A = 10 %, B = 20 %, C = 70 %) fest vorgegeben. Die Festlegung der Klassengrenzen bei bestimmten kritischen Wertanteilen ist also eine subjektive Entscheidung und lässt sich je nach Verwendungszweck differenziert vornehmen. Im SAP-ECC- bzw. SAP-S/4HANA-System werden zwar die Standardgrenzen vorgeschlagen, Sie können jedoch auch mit individuellen Klassengrenzen arbeiten.

[zB]

Branchenspezifische Ausprägung der Lorenzkurve

Eine flache Lorenzkurve findet sich z. B. beim Groß- und Einzelhandel, während eine steile Lorenzkurve bei technischen Erzeugnissen oder in der Fertigungsindustrie vorliegt. Je stärker die Lorenzkurve nach oben gebogen ist, desto sinnvoller ist eine unterschiedliche Behandlung der Teile.

Durch die ABC-Analyse soll eine Konzentration auf die wesentlichen Vorgänge in der Supply Chain erreicht werden. Ziel ist es, das Wesentliche vom Unwesentlichen zu trennen. Die Aktivitäten sollen schwerpunktmäßig auf den Bereich hoher wirtschaftlicher Bedeutung gelenkt werden (A-Teile), und gleichzeitig soll der Aufwand in den übrigen Bereichen durch Vereinfachungsmaßnahmen gesenkt werden (z. B. durch Verbrauchssteuerung).

Obwohl das Instrument der ABC-Analyse schon lange bekannt und auch sehr einfach zu handhaben ist, wird es in weiten Bereichen von Industrie und Handel noch nicht eingesetzt. Dabei ist die ABC-Analyse eine universell einsetzbare Methode für eine Klassifizierung von Objekten. Mögliche Objekte sind in Tabelle 3.1 dargestellt.

Objekt	Analyseziel	Klassifizierungskriterien
Kunde	Analyse der Verteilung der Kundenumsätze	Kundenumsatz, bezogen auf den Gesamtumsatz in einer Periode
Kunde	Analyse der Distributionskosten pro EUR Kundenumsatz	Distributionskosten pro Kunde, bezogen auf den Kundenumsatz
Lieferant	Analyse der monetären Beschaffungsvolumen pro Lieferanten	Lieferantenbeschaffungsvolumen, bezogen auf das gesamte Beschaffungsvolumen in einer Periode
Fertigprodukte	Analyse der Kapitalbindung durch Bestände, bezogen auf den Jahresumsatz	durchschnittlicher wertmäßiger Bestand, bezogen auf den Jahresumsatz pro Artikel

Tabelle 3.1 Mögliche Objekte für eine ABC-Analyse

Objekt	Analyseziel	Klassifizierungskriterien
Vorprodukte	Analyse der Verteilung des Periodenverbrauchswerts pro Vorproduktart	Periodenverbrauchswert des Vorprodukts, bezogen auf sämtliche Periodenverbrauchswerte einer Periode

Tabelle 3.1 Mögliche Objekte für eine ABC-Analyse (Forts.)

Die Auswahl des Klassifizierungskriteriums ist bei der ABC-Analyse entscheidend. Wenn Sie das richtige Klassifizierungskriterium zu Ihrem Problem auswählen, können Sie aus dem Ergebnis richtige Entscheidungen ableiten. Wählen Sie das falsche Kriterium, so werden Sie kein zufriedenstellendes Ergebnis erzielen.

Am weitesten verbreitet ist die ABC-Analyse in der Materialwirtschaft und im Vertrieb. Dort dient sie der Einteilung der zu beschaffenden und der zu verbrauchenden Materialarten und Erzeugnisse sowie zur Klassifizierung und Priorisierung der Kunden.

Tendenziell weist eine geringe Anzahl von Materialien einen hohen Anteil am gesamten Wert auf, wobei aber die konkreten Verhältnisse der Mengen und Werte betriebsindividuell unterschiedlich ausfallen können. Die folgende typische Klassifizierung hat sich etabliert:

- **A-Materialien**
  Materialien der wertvollsten Klasse (A) machen 5–10 % der Gesamtzahl aus und verursachen zusammen etwa 70–80 % des Verbrauchswerts pro Periode. Es handelt sich um häufig nachgefragte, oftmals hochwertige Materialien, die besonders intensiv behandelt werden sollen.

  Die vorrangige Behandlung von A-Materialien drückt sich u. a. aus in der Nutzung von exakten, programmgesteuerten Bedarfsermittlungsverfahren, einer genauen Bestandsführung und -überwachung, einer intensiven Marktbeobachtung und im Abschluss von Rahmenverträgen mit besonders leistungsfähigen Lieferanten. Die Kostenstrukturen sind genauestens zu überwachen, und die Ermittlung der Bestellvorschläge sollte mit optimalen oder exakten Losgrößenverfahren erfolgen.

  Bei dem hohen Wert der A-Materialien ist es sehr wichtig, dass Sie jederzeit automatisch über Ausnahmesituationen, die im Prozess auftreten, in Echtzeit informiert und bei der Lösungssuche optimal unterstützt werden. In Planungssystemen wie SAP APO werden Sie mithilfe des *Alert-Monitors* sofort informiert, wenn eine Ausnahmemeldung für einen A-Artikel auftritt (siehe Abbildung 3.2).

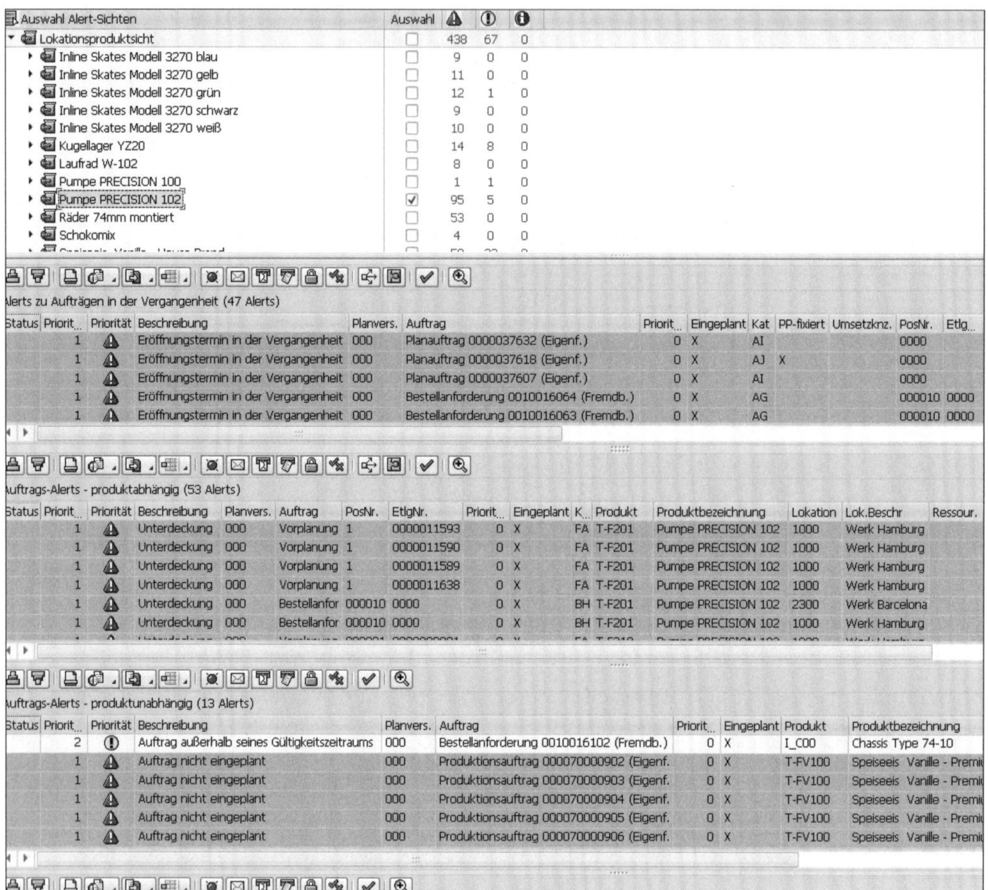

Abbildung 3.2 Alert-Monitor in SAP APO mit Meldung über eine Unterdeckung

- **B-Materialien**
  In Klasse B fallen Materialien, die in der Regel 15–20 % der Gesamtzahl ausmachen und 15–20 % des gesamten Verbrauchswerts pro Periode verursachen. Für diese mittelwertigen Materialien ist eine differenzierte Vorgehensweise bei der Verarbeitung sinnvoll. Demnach müssen Sie für jede Materialgruppe oder sogar für jedes Material innerhalb der B-Klasse über entsprechende Planungs- und Analysemethoden separat entscheiden. Unter Umständen ist es sinnvoll, die Klasse der B-Materialien feiner, z. B. in B1 und B2, zu untergliedern. Aber auch andere, zusätzlich anzuwendende Klassifizierungsmethoden wie z. B. die XYZ-Analyse können hier eingesetzt werden, um eine weitere Differenzierung zu ermöglichen.

- **C-Materialien**
  C-Materialien sind Materialarten, die 70–80 % der Gesamtzahl ausmachen und die restlichen 5–10 % des gesamten Verbrauchswerts pro Periode verursachen. Die

Klasse umfasst also geringwertige Materialien, bei deren Handhabung Maßnahmen zur Aufwandsreduzierung in den Vordergrund gestellt werden sollten.

C-Materialien sind »Renditefresser«, die überproportional hohe Prozesskosten verursachen. Diese Materialien binden Kapazitäten und bewirken in der Praxis z. B. etwa 60 % aller Bestellvorgänge. Hier sollten Sie über Strategien wie Single Sourcing oder gar Outsourcing nachdenken.

C-Materialien sind möglichst ohne großen manuellen Aufwand automatisiert durch die Supply Chain zu steuern, denn der kleine Wertanteil sollte durch manuelle Tätigkeiten nicht noch zusätzlich aufgebläht werden. C-Materialien werden meist mit festen oder periodischen Losgrößen geplant. Auf eine zeitintensive Bestandsanalyse sollten Sie möglichst verzichten, es sei denn, andere, zusätzlich angewendete Klassifizierungsmethoden machen dies auch für bestimmte Teile des C-Spektrums erforderlich. C-Materialien können allerdings auch einen großen Einfluss auf die Produktionskosten haben, wenn etwa ein C-Teil fehlt und so den weiteren Produktionsprozess behindert, dementsprechend ist bei der Konfiguration des Prozesses auf entsprechende Pufferungen zu achten. Anderenfalls kann es – wegen der C-Materialien – zu Ausfällen oder Verzögerungen bei B- oder A-Teilen kommen.

Auch bei C-Teilen kann es bei Bedarf sinnvoll sein, eine feinere Unterteilung in C- und D-Materialien vorzunehmen.

Tabelle 3.2 zeigt die unterschiedliche Behandlung von A- und C-Teilen im Überblick.

	A-Teil	C-Teil
Beschaffungsmarktforschung	Global Sourcing	E-Procurement
Wertanalyse	unbedingt notwendig	nicht notwendig
Bedarfsermittlung	deterministisch	stochastisch
Inventur	permanent	einmal im Jahr
Sicherheitsbestand	klein	groß
Bestellzyklus	hoch – JiT (Just in Time)	größere Zyklen

Tabelle 3.2 Unterschiedliche Strategien für A- und C-Teile

Im Folgenden gehen wir näher auf die unterschiedliche Behandlung ein:

- Der Aufwand für eine professionelle *Beschaffungsmarktforschung* ist nur bei hochwertigen A-Teilen sinnvoll. Bei C-Teilen wird man eher automatisierte und in der Abwicklung schlanke Beschaffungsprozesse wie E-Procurement einsetzen.

- Eine genaue *Wertanalyse* ist bei A-Teilen wegen des hohen Wertanteils unbedingt erforderlich, während man bei den C-Teilen darauf verzichten kann.
- Die *Bedarfsermittlung* bei A-Teilen sollte deterministisch erfolgen, während bei C-Teilen stochastische Methoden eingesetzt werden sollten.
- Bei A-Teilen wird in der Regel eine permanente *Inventur* durchgeführt. Bei C-Teilen reicht die jährliche Inventur zum Geschäftsjahresabschluss aus.
- *Sicherheitsbestände* sollten bei A-Teilen, insbesondere wenn zusätzlich zur A-Klassifizierung noch ein hoher Preis vorliegt, so gering wie möglich sein, da schon geringe Bestände einen hohen Bestandswert erzeugen. Auch bei C-Teilen sollte der Sicherheitsbestand nicht zu groß sein, er kann aber tendenziell mehr Puffer enthalten als bei den A-Teilen, da die C-Teile einen geringeren Wert haben.

A-Teile sollten regelmäßig in kurzen *Bestellzyklen* beschafft werden. C-Teile können mit festen Losgrößen wöchentlich oder monatlich bestellt werden.

Nach den Erläuterungen zur ABC-Klassifizierung gehen wir im Folgenden auf die XYZ-Analyse ein.

3.1.2 XYZ-Analyse

Die oben beschriebene ABC-Analyse stellt eine Primäranalyse dar. Auf ihrer Basis können Folgeanalysen, sogenannte *Sekundäranalysen* wie die Segmentierung oder die XYZ-Analyse, durchgeführt werden. Mithilfe der XYZ-Analyse nehmen Sie den nächsten Schritt der Bestandsanalyse vor und analysieren die Charakteristika der Materialien gemäß ihrer Verbrauchsstruktur. Es wird also für jedes Teil eine Verbrauchsschwankungskennzahl ermittelt. Je nachdem, wie regelmäßig der Verbrauch eines Materials ist, wird es einer der drei Klassen X, Y oder Z zugeteilt. Im Einzelnen gestaltet sich die Klassifizierung wie folgt:

- **X-Materialien**
  X-Materialien sind durch einen konstanten Verbrauch innerhalb des Zeitablaufs gekennzeichnet. Der Bedarf weist nur gelegentliche Schwankungen um ein konstantes Niveau auf, sodass der zukünftige Absatz im Allgemeinen sehr gut prognostizierbar ist. Leider werden in der Praxis selbst X-Materialien oft unnötig schlecht prognostiziert. Bei diesen Materialien kommt es darauf an, Schwankungen sofort zu erkennen, um reagieren zu können. Deshalb sollte bspw. im Bereich der Absatzplanung eine *Ausreißerkontrolle* installiert werden (siehe Abbildung 3.3, obere Reihe).
- **Y-Materialien**
  Y-Materialien weisen weder einen konstanten noch einen sporadischen Verbrauchsverlauf auf. Stattdessen ist häufig ein trendförmig steigender oder sinkender oder auch saisonal schwankender Verlauf zu beobachten. Eine gute Prognose-

genauigkeit lässt sich bei diesen Materialien schwieriger als bei den X-Materialien erzielen (siehe Abbildung 3.3, Mitte).

- **Z-Materialien**
  Z-Materialien weisen einen unregelmäßigen Verbrauch auf. Der Verbrauch kann stark schwanken oder auch lediglich sporadisch auftreten. In diesen Fällen gibt es oftmals Perioden mit Nullverbräuchen. Die Erstellung einer Prognose ist äußerst anspruchsvoll. Es empfiehlt sich, die Z-Materialien feiner in Z- und N-Materialien zu unterscheiden, wobei N-Materialien diejenigen sind, die mehr Nullverbräuche in den Perioden ausweisen. Daraus lassen sich dann besonders bei kritischen Materialien detaillierte Gegenmaßnahmen ableiten (siehe Abbildung 3.3, untere Reihe).

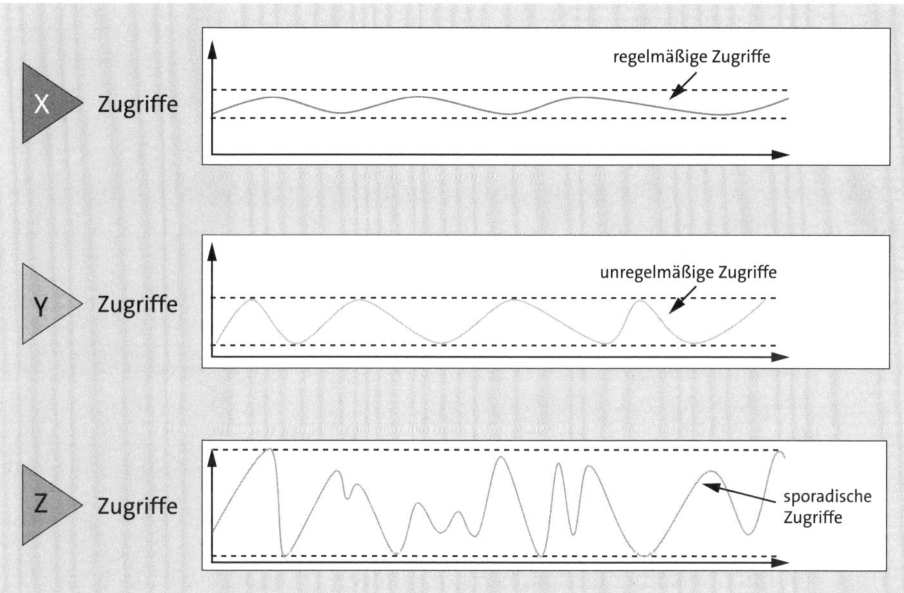

Abbildung 3.3 XYZ-Analyse mit den Zugriffs- bzw. Verbrauchsschwankungen von Materialien (Quelle: Forschungsinstitut für Rationalisierung e. V., FIR)

Die Qualität der Zugriffsschwankungen lässt sich auch mit einem Schwankungskoeffizienten ermitteln. Dieser erfasst die Abweichung des Zugriffsverlaufs der laufenden Periode im Vergleich zur Vorperiode. Wird der Schwankungskoeffizient größer, sinkt die Vorhersagegenauigkeit. X-Materialien haben einen Schwankungskoeffizienten von < 0,1, Y-Materialien liegen zwischen 0,1 und 0,25, und Z-Materialien liegen bei > 0,25 (siehe Abbildung 3.4).

In den folgenden Abschnitten gehen wir im Detail auf die ABC- und die XYZ-Analyse im SAP-System ein.

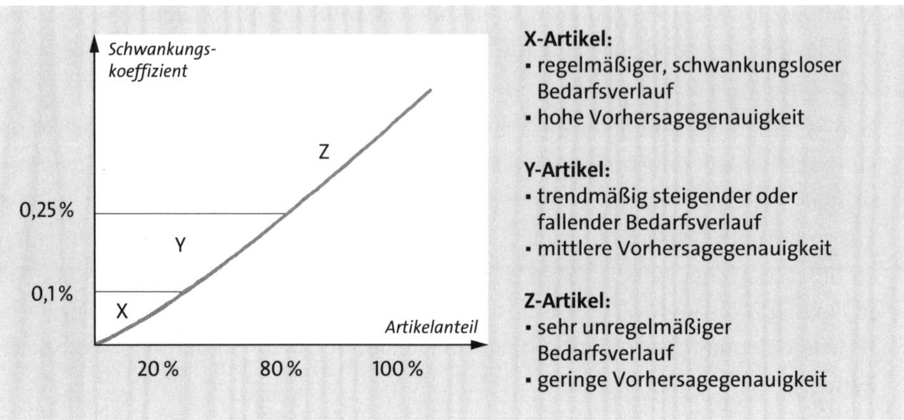

Abbildung 3.4 Schwankungskoeffizient in Relation zum Artikelanteil in einer XYZ-Analyse

3.2 ABC-Analyse mit SAP

Im SAP-System können Sie die ABC-Analyse für die verschiedenen Abteilungen in Ihrem Unternehmen einsetzen:

- **Einkauf**
  Für den Einkauf nutzen Sie das Einkaufsinformationssystem. Sie klassifizieren mithilfe der ABC-Analyse Lieferanten bezüglich der Kennzahl *Rechnungsbetrag*.
- **Vertrieb**
  Für Ihren Vertrieb können Sie das Vertriebsinformationssystem nutzen: Sie klassifizieren mithilfe der ABC-Analyse Verkaufsorganisationen bezüglich der Kennzahl *Auftragseingang* oder Materialien bezüglich der Kennzahl *Umsatz*.
- **Produktion**
  In der Produktion können Sie das Fertigungsinformationssystem nutzen. Sie klassifizieren mithilfe der ABC-Analyse Arbeitsplätze bezüglich der Kennzahl *Ausschussmenge*.
- **Instandhaltung**
  Für Ihre Instandhaltung nutzen Sie das Instandhaltungsinformationssystem. Sie klassifizieren mithilfe der ABC-Analyse Objektklassen bezüglich der Kennzahl *Ausfalldauer*.
- **Bestandscontrolling**
  Um für Ihre Disposition Ihre Bestände zu analysieren, nutzen Sie das Bestandscontrolling des SAP-ECC- bzw. des SAP-S/4HANA-Systems. Sie klassifizieren mithilfe der ABC-Analyse Materialien, Materialgruppen, Lagerorte oder ganze Werke.

[+]

Infosysteme in SAP S/4HANA

Bestimmte Funktionen der Infosysteme sind in der Simplification List von SAP S/4HANA zu finden. Das heißt, sie werden von SAP als nicht strategisch angesehen, da hier mit Optionen wie z. B. SAP Business Warehouse und SAP Analytics Clouds schon fortgeschrittenere Lösungen zur Verfügung stehen. Weitere Details finden Sie auf den SAP-S/4HANA-spezifischen Seiten im SAP Help Portal unter *http://s-prs.de/v858401.*

Sie können bspw. Materialbewegungen pro Lagerort oder Abgangsmengen auf Fertigmaterialebene pro Werk miteinander vergleichen. Im SAP-ECC-System steht Ihnen standardmäßig eine ganze Reihe von Kennzahlen zur Verfügung, etwa *Verbrauchswerte, Zugangswerte, Sicherheitsbestände, mittlere Bestandswerte* oder die *Anzahl der Materialbewegungen*. Kennzahlen wie *Verbrauch* können in Mengen- (kg, Stück) oder Werteinheiten (z. B. USD) gemessen werden.

3.2.1 Ablauf der Analyse skizzieren

Im SAP-ECC- bzw. im SAP-S/4HANA-System gibt es kein eigenes Dispositionscontrolling. Die Disposition greift hier auf das Bestandscontrolling zu, das alle für die Disposition wichtigen Auswertungen enthält.

Im Folgenden werden wir Ihnen deshalb beispielhaft eine ABC-Analyse (und später die XYZ-Analyse) im Bestandscontrolling in SAP ECC vorstellen. Die ABC-Analyse wird in folgenden Schritten durchgeführt:

- Festlegung des Analyseziels
- Definition des Analysebereichs
- Berechnung der Datenbasis
- Auswahl der Analysebasis als Subset der Datenbasis
- Festlegung der ABC-Strategie und Definition der ABC-Klassengrenzen
- Definition der Rangfolgen und Zuordnung zur Klasse

Nachdem wir den Ablauf der Analyse erläutert haben, folgt nun die Beschreibung der Festlegung des Analyseziels.

3.2.2 Analyseziel festlegen

Zuerst legen Sie fest, welche Fragen die Analyse beantworten soll oder in welchen Supply-Chain-Bereichen Sie das größte Optimierungspotenzial vermuten. Im folgenden Beispiel soll zuerst eine ABC-Analyse, bezogen auf die Verbrauchsmenge, und anschließend eine Mengenstromanalyse der einzelnen Lagerorte innerhalb des Werks 1200 durchgeführt werden.

3.2.3 Analysebereich definieren

Wählen Sie zuerst im SAP-ECC- bzw. im SAP-S/4HANA-Menü den Pfad **Logistik • Logistik-Controlling • Bestandscontrolling • Standardanalysen • Werk**.

Wählen Sie nun die zu analysierenden Objekte (Materialien, Kunden) sowie den entsprechenden Zeithorizont (Jahr, Monat) aus, mit dem Sie die Analyse beginnen wollen. Sie können die Analyse später schrittweise erweitern. Abbildung 3.5 zeigt Ihnen die Selektion einer ABC-Materialanalyse im Bereich des Bestandscontrollings.

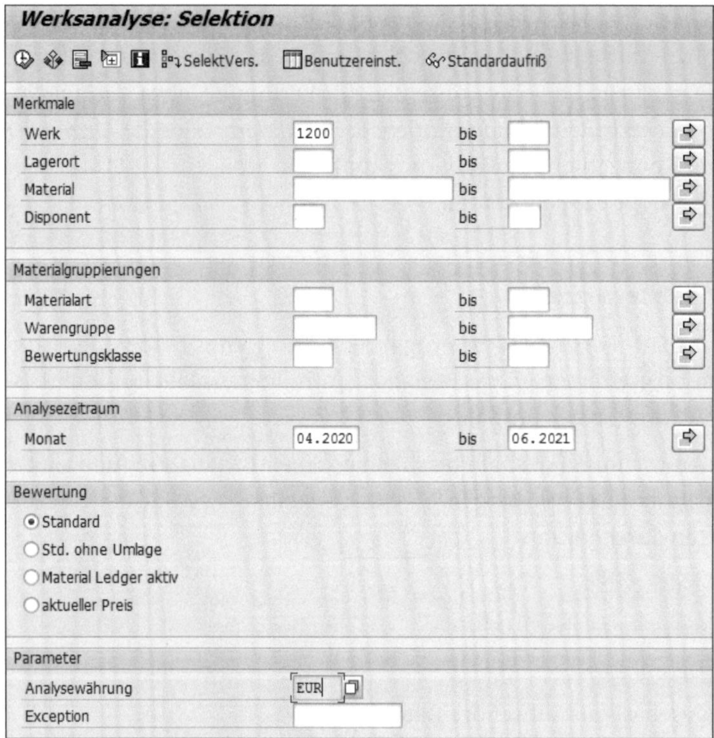

Abbildung 3.5 Selektion der ABC-Analyse in SAP ECC

Im oberen Bereich sehen Sie die Feldgruppe **Merkmale**, in der Sie Ihre Objekte für die ABC-Analyse auswählen. Hier geben Sie für das Werk »1200« ein. Sie können die Selektion auch auf bestimmte Lagerorte eingrenzen oder bestimmte Lagerorte von der Selektion ausschließen, bspw. Konsignationslagerorte. Alternativ kann jeder Disponent für seine Materialien eine eigene ABC-Analyse durchführen, indem er an dieser Stelle einfach seinen Disponentenschlüssel eingibt.

In der Feldgruppe **Materialgruppierungen** können Sie weitere Einschränkungen der Selektion bspw. nach Materialarten (nur Fertigartikel) oder nach Warengruppen vornehmen.

Im Bereich **Analysezeitraum** geben Sie den Zeithorizont für die ABC-Analyse ein. Bei Saisonartikeln sollten Sie mindestens ein komplettes Jahr angeben. Wenn Sie den Materialverbrauch nur innerhalb der Saison analysieren möchten, dann geben Sie als Zeitraum nur die Dauer einer Saison ein. Je länger der Zeitraum gewählt ist, desto aussagekräftiger wäre ein zu erkennender Trend. Bei Produkten mit einem sehr kurzen Produktlebenszyklus (z. B. Handys) sollten Sie den Zeitraum des Produktlebenszyklus wählen. Es ist sehr wichtig, dass Sie hier die richtige Analysebasis wählen.

Des Weiteren können Sie in der Feldgruppe **Bewertung** festlegen, wie der Bestand bewertet werden soll. Selektieren Sie den Eintrag **Standard**, wenn der Standardpreis aus dem Materialstamm zur Bewertung herangezogen werden soll. Die Ermittlung des Bestandswerts ist bei der ABC-Analyse von großer Bedeutung, weil damit die Einteilung in die Klassen A, B, und C vorgenommen wird. Ermitteln Sie dafür für jede einzelne Position in der Datenbasis einen Wert, z. B. den Jahresbedarf in Stück × Einstandspreis/Stück.

Der nächste Schritt wird in SAP ECC und SAP S/4HANA automatisch aufgrund der Preise aus dem Materialstamm durchgeführt. In Abbildung 3.6 können Sie für das Material 1157 im Materialstamm unter **Logistik • Produktion • Stammdaten • Materialstamm • Material • Ändern • Sofort** und dann in der Sicht **Buchhaltung 1** sehen, dass dieses Material über den gleitenden Durchschnittspreis gesteuert ist (**Preissteuerung = V**). Der gleitende Preis ist auf 480,16 EUR eingestellt.

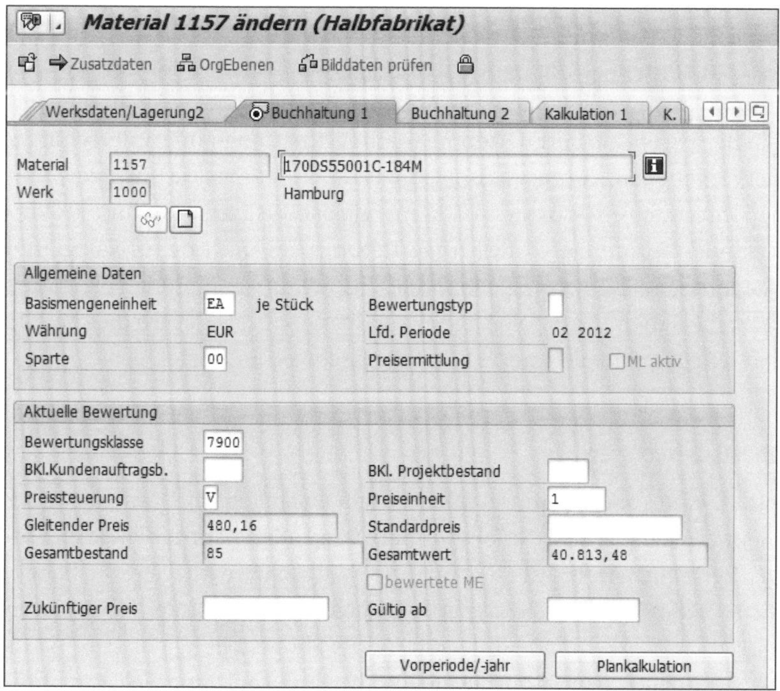

Abbildung 3.6 Automatische Übernahme der Preise aus dem Materialstamm in SAP ECC

Es folgt die Ansicht aus Abbildung 3.7. Sie zeigt, dass das Material 1157 in der ABC-Analyse mit einem Zugangswert von 41.773,80 EUR angegeben ist. Die Zugangsmenge von 87 EA wurde hier also mit dem Standardpreis von 480,16 EUR aus dem Materialstamm bewertet.

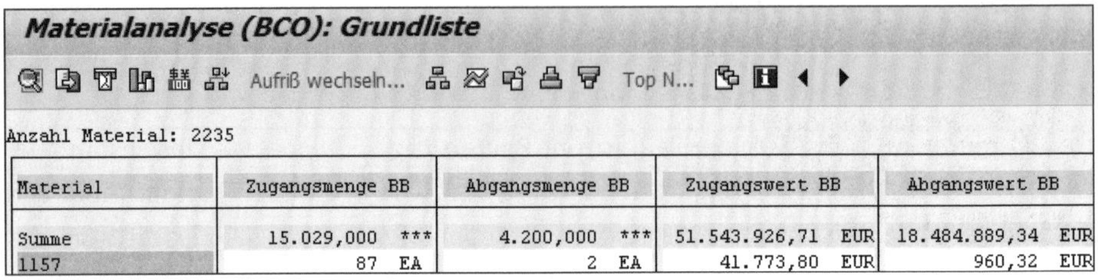

Materialanalyse (BCO): Grundliste

Aufriß wechseln... Top N...

Anzahl Material: 2235

Material	Zugangsmenge BB	Abgangsmenge BB	Zugangswert BB	Abgangswert BB
Summe	15.029,000 ***	4.200,000 ***	51.543.926,71 EUR	18.484.889,34 EUR
1157	87 EA	2 EA	41.773,80 EUR	960,32 EUR

Abbildung 3.7 Berechnung der Kennzahlenwerte aus Mengen und Preisen

Als weiteren Parameter können Sie nun noch die Analysewährung im entsprechenden Feld des Selektionsbildschirms festlegen. Wenn Sie eine Analysewährung angeben, werden die Werte aller Kennzahlen in die angegebene Währung umgerechnet und damit einheitlich ausgerechnet. Bei der Angabe einer Analysewährung ist mit einer Verlängerung der Laufzeit zu rechnen. Aus diesem Grund sollten Sie nur dann eine Analysewährung angeben, wenn Sie sicher sind, dass unterschiedliche Währungen ausgegeben werden könnten, und Sie die Anzeige in einer einheitlichen Währung wünschen. Die Umrechnung erfolgt zu dem in den Benutzereinstellungen bzw. im Customizing angegebenen Kurstyp zum Tageskurs des Systemdatums.

Bei den Parametern können Sie hier außerdem eine mithilfe des Frühwarnsystems definierte *Exception* (Ausnahmebedingung) angeben. In den Standardanalysen werden dann die in der Exception definierten Ausnahmesituationen mit unterschiedlichen Farben hervorgehoben. Voraussetzung ist, dass Standardanalyse und Exception auf der gleichen Informationsstruktur basieren und dass die Exception für die Standardanalysen aktiviert wurde. Durch die Farbgestaltung wird ein gezieltes Navigieren innerhalb der Standardanalyse ermöglicht. Treten bspw. auf der Materialebene Ausnahmen auf (etwa bei einem Materialbestand von über 1 Mio. EUR), wird dies bereits auf einer höheren Aggregationsebene (z. B. auf Werksebene) angezeigt.

3.2.4 Datenbasis berechnen

Achten Sie darauf, eine konsistente Datenbasis sicherzustellen. Die Datenbasis besteht aus allen Merkmalen (z. B. Materialnummern) und allen Kennzahlen (z. B. Verbrauchsmenge, Verbrauchswert), die Sie für Ihre ABC-Analyse ausgewählt haben. Nehmen Sie sich für diesen Schritt bei der erstmaligen ABC-Analyse Zeit, und achten Sie auf Qualität. Der wiederkehrende Aufwand für die Bereitstellung der Datenbasis sollte so gering wie möglich sein, damit Sie die ABC-Analyse kontinuierlich durchführen können. Wichtig ist auch die Bereinigung der Daten. Oftmals gibt es im SAP-ECC-

bzw. SAP-S/4HANA-System noch »Materialleichen«, die fälschlicherweise in die Datenselektion einbezogen werden. Oder man wählt Materialien mit aus, die zwar noch einen geringen Bestandswert haben, jedoch schon zum Löschen vorgemerkt sind.

Achten Sie aus diesen Gründen bei der Selektion und Bereinigung der Daten besonders auf die folgenden Punkte:

- Aussonderung von Materialien ohne Warenbewegung
- Löschen von zum Löschen vorgemerkten Materialien aus der Datenbasis
- Ergänzung der Daten um fehlende Preise, Mengeneinheiten etc.
- Aussonderung von Materialien mit negativen Werten

Schauen Sie sich zuerst Ihre Datenbasis an, und entscheiden Sie dann über die Kennzahlen, die Sie innerhalb der ABC-Analyse auswerten möchten. Wenn Sie die Datenbasis möglichst breit gewählt haben, können Sie jetzt Schritt für Schritt die ABC-Analyse eingrenzen und nach verschiedenen Kennzahlen auswerten. In unserem Beispiel wird das Ergebnis der Materialanalyse zuerst die Kennzahlen *Zugangsmenge*, *Abgangsmenge* und *Gesamtverbrauchsmenge* anzeigen. Diese Kennzahlen wurden zuvor im Standardselektionsprofil wie in Abbildung 3.8 eingestellt.

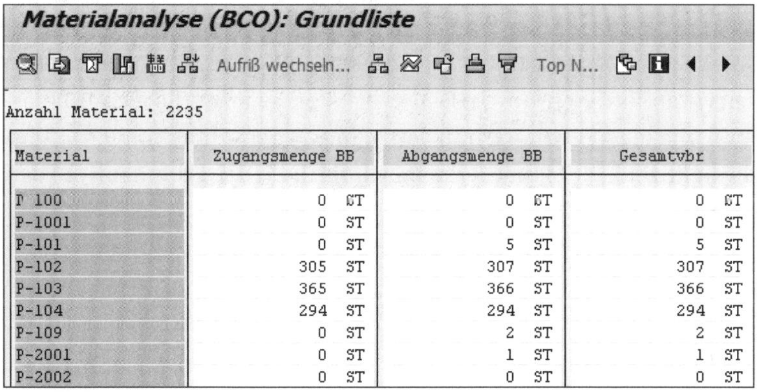

Materialanalyse (BCO): Grundliste

Aufriß wechseln... Top N...

Anzahl Material: 2235

Material	Zugangsmenge BB		Abgangsmenge BB		Gesamtvbr	
P-100	0	ST	0	ST	0	ST
P-1001	0	ST	0	ST	0	ST
P-101	0	ST	5	ST	5	ST
P-102	305	ST	307	ST	307	ST
P-103	365	ST	366	ST	366	ST
P-104	294	ST	294	ST	294	ST
P-109	0	ST	2	ST	2	ST
P-2001	0	ST	1	ST	1	ST
P-2002	0	ST	0	ST	0	ST

Abbildung 3.8 Grundliste für die ABC-Analyse mit den Kennzahlen »Zugangsmenge«, »Abgangsmenge« und »Gesamtverbrauchsmenge«

Abbildung 3.9 zeigt die Festlegung der Kennzahlen in SAP ECC, auf deren Basis Sie eine ABC-Klassifizierung vornehmen möchten. Nachdem Sie die Datenbasis bestimmt haben, können Sie unter dem Menüpunkt **Springen • Kennzahlen auswählen** die Selektion der Kennzahlen vornehmen. Auf der rechten Seite sehen Sie unter **Vorrat** alle verfügbaren Kennzahlen Ihrer Datenbasis. Über die Pfeiltasten in der Mitte ordnen Sie die gewünschten Kennzahlen in die linke Liste (**Auswahl**) ein. Für unsere ABC-Analyse wählen wir die Kennzahlen *Gesamtverbrauchsmenge* und *Gesamtverbrauchswert* aus.

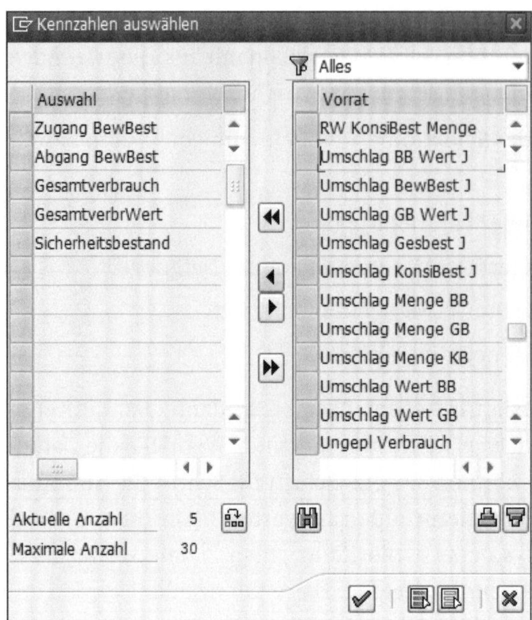

Abbildung 3.9 Auswahl der Kennzahlen für die ABC-Analyse

Als Ergebnis erhalten Sie die Analyse mit den ausgewählten Kennzahlen. Nun können Sie die Kennzahlen vorab sortieren, um die Datenbasis vor der eigentlichen ABC-Klassifikation zu sichten und die ABC-Grenzen zu bestimmen (siehe Abbildung 3.10). Markieren Sie dazu die Kennzahl, die Sie sortieren möchten, und klicken Sie dann auf den Schaltfläche **Sortieren** (▼).

Materialanalyse (BCO): Grundliste

Aufriß wechseln... Top N...

Anzahl Material: 2235

Material	Zugangsmenge BB	Abgangsmenge BB	Gesamtvbr	Gesamtvbrwert	Sich.Bestand
P-100	0 ST	0 ST	0 ST	0,00 EUR	0 ST
P-1001	0 ST	0 ST	0 ST	0,00 EUR	0 ST
P-101	0 ST	5 ST	5 ST	3.162,50 EUR	0 ST
P-102	305 ST	307 ST	307 ST	176.346,94 EUR	0 ST
P-103	365 ST	366 ST	366 ST	303.629,94 EUR	0 ST
P-104	294 ST	294 ST	294 ST	182.050,68 EUR	0 ST
P-109	0 ST	2 ST	2 ST	1.115,54 EUR	0 ST
P-2001	0 ST	1 ST	1 ST	102,26 EUR	0 ST
P-2002	0 ST	0 ST	0 ST	0,00 EUR	0 ST
P-2003	0 ST	0 ST	0 ST	0,00 EUR	0 ST
P-2009	0 ST	0 ST	0 ST	0,00 EUR	0 ST
P-400	0 ST	0 ST	0 ST	0,00 EUR	50 ST
P-402	0 ST	0 ST	0 ST	0,00 EUR	0 ST
PA-1000	0 ST	0 ST	0 ST	0,00 EUR	0 ST

Abbildung 3.10 Sortierung der Datenmenge nach ausgewählten Kennzahlen

3.2.5 ABC-Strategie festlegen

Nachdem Sie die Datenbasis und die entsprechenden Kennzahlen für die ABC-Analyse festgelegt haben, wählen Sie die Strategie aus. Dazu müssen Sie wieder eine Kennzahl selektieren und im Menü den Eintrag **Bearbeiten • ABC-Analyse** anklicken. Sie gelangen dann zur Auswahl der ABC-Strategie (siehe Abbildung 3.11).

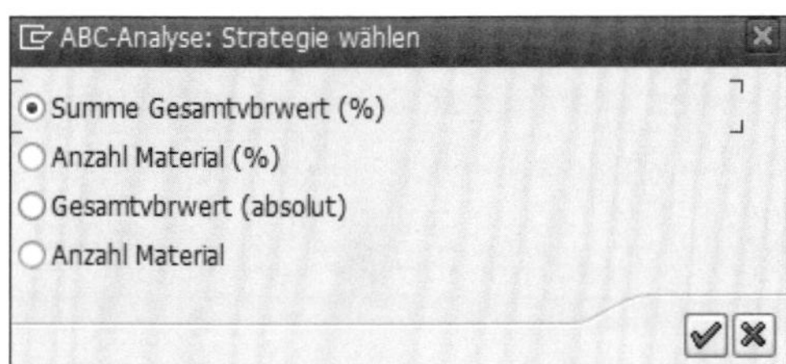

Abbildung 3.11 Auswahl der ABC-Strategie

Nachdem Sie sich für eine Strategie entschieden und auf das Häkchen geklickt haben, gelangen Sie zur Auswahl der ABC-Strategie-Parameter (siehe Abbildung 3.12).

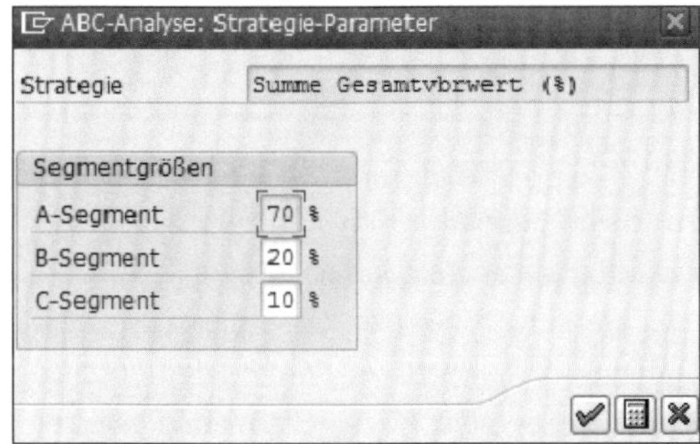

Abbildung 3.12 Auswahl der ABC-Strategie-Parameter

In Abbildung 3.11 und Abbildung 3.12 sehen Sie die Festlegung der Analysestrategie und der Klassengrenzen in SAP ECC für unser Fallbeispiel. Wir haben uns für die Standardstrategie *Summe des Gesamtverbrauchswerts* und die Standardklassengrenzen A = 70 %, B = 20 % und C = 10 % entschieden. In den folgenden Abschnitten stellen wir Ihnen die Analysestrategien, aus denen Sie auswählen können, genauer vor.

Summe der Kennzahl in %

Mit der Strategie *Summe der Kennzahl in %* legen Sie fest, dass die dem A-, B- oder C-Segment zugeordneten Merkmalswerte (Materialien) jeweils zusammen einen bestimmten Prozentanteil des Gesamtwerts der Kennzahl (im Beispiel der Abbildung 3.11 die Kennzahl *Gesamtverbrauchswert*) ergeben sollen.

Strategie »Summe der Kennzahl in %«

Für das A-Segment geben Sie 70 % an, für das B-Segment 20 % und für das C-Segment 10 %. Diese Werte haben sich in der Praxis bewährt. Sie können jedoch leicht modifizierte Werte verwenden, wenn Sie die ABC-Analyse für die gleiche Datenbasis schon mehrmals durchgeführt haben und Sie zu dem Schluss gekommen sind, dass diese Einstellungen besser zur Datenbasis passen. Das System erstellt intern eine Liste, die absteigend nach dem Kennzahlenwert geordnet ist. Dem A-Segment werden alle Merkmalswerte zugeordnet, die 70 % des Gesamtkennzahlenwerts ausmachen. Dem B-Segment werden die folgenden 20 % zugeordnet und dem C-Segment die Merkmalswerte, die einen Anteil von 10 % am Gesamtkennzahlenwert haben.

Anzahl der Merkmalswerte in %

Mit der Strategie *Anzahl der Merkmalswerte in %* legen Sie fest, dass die Anzahl der Merkmalswerte (im Beispiel der Abbildung 3.11 die Anzahl der Materialien), die dem A-, B- und C-Segment zugeordnet werden, als Prozentanteil der Gesamtanzahl vorgegeben wird.

Strategie »Anzahl der Merkmalswerte in %«

Für das A-Segment geben Sie 10 % an, für das B-Segment 30 % und für das C-Segment 60 %. Das System erstellt intern eine Liste, die absteigend nach dem Kennzahlenwert geordnet ist. Dem A-Segment werden 10 % der Gesamtanzahl der Merkmalswerte mit dem höchsten Kennzahlenwert zugeordnet, dem B-Segment die folgenden 30 % der Merkmalswerte und dem C-Segment 60 % der Merkmalswerte mit dem niedrigsten Kennzahlenwert.

Kennzahl (absolut)

Mit der Strategie *Kennzahl (absolut)* werden die Grenzen zwischen dem A-/B-Segment und dem B-/C-Segment vorgegeben (im Beispiel der Abbildung 3.11 die Kennzahl *Gesamtverbrauchswert*).

Strategie »Kennzahl (absolut)«

Als Grenze zwischen dem A- und B-Segment geben Sie den Wert »500.000« an und als Grenze zwischen dem B- und C-Segment den Wert »150.000«. Dem A-Segment werden nun alle Merkmalswerte zugeordnet, bei denen der Kennzahlenwert über 500.000 liegt. Alle Merkmalswerte, bei denen der Kennzahlenwert zwischen 150.000 und 500.000 liegt, werden dem B-Segment zugeordnet. Alle Merkmalswerte, bei denen der Kennzahlenwert unter 150.000 liegt, werden dem C-Segment zugeordnet.

Diese Strategie sollten Sie nur dann wählen, wenn Sie Ihre Datenbasis sehr genau kennen und schon häufiger eine ABC-Analyse für diese Datenbasis durchgeführt haben. Mit dieser Strategie können Sie die ABC-Analyse feintunen oder detailliertere Analysen durchführen.

Anzahl der Merkmalswerte

Mit dieser Strategie wird die Anzahl der Merkmalswerte für das A- und B-Segment vorgegeben. Alle übrigen Merkmalswerte werden dem C-Segment zugeordnet vorgegeben (im Beispiel der Abbildung 3.11 die Anzahl der Materialien).

[zB]

Strategie »Anzahl der Merkmalswerte«

Für das A-Segment geben Sie den Wert »20« an und für das B-Segment den Wert »30«. Als Ergebnis der ABC-Analyse erstellt Ihnen das System intern eine Liste, die absteigend nach Kennzahlenwert sortiert ist. Die ersten 20 Merkmalswerte der Liste werden dem A-Segment zugeordnet, die folgenden 30 Merkmalswerte dem B-Segment und die restlichen dem C-Segment.

Diese Strategie sollten Sie ebenfalls nur dann wählen, wenn Sie Ihre Datenbasis sehr genau kennen und schon mehrmals eine ABC-Analyse für diese Datenbasis durchgeführt haben. Auch mit dieser Strategie können Sie die ABC-Analyse feintunen. Diese ABC-Strategie ist insbesondere dann sinnvoll, wenn Sie die Top 20 schnell herausfinden oder die ABC-Analyse bei großen Datenmengen beschleunigen möchten.

3.2.6 Klassengrenzen festlegen

Nachdem Sie die Strategie ausgewählt haben, legen Sie die Klassengrenzen fest. Beachten Sie hierbei, dass Ihnen das System lediglich einen Vorschlag macht – die endgültigen Klassengrenzen können Sie vollkommen variabel gestalten. Sie können auch mehr als nur drei Klassengrenzen definieren; in der Praxis hat sich diese Anzahl jedoch bewährt. Abbildung 3.13 zeigt alternativ die Festlegung von sechs individuellen Klassengrenzen.

Sechs Klassengrenzen sind nur dann sinnvoll, wenn man genauer in die ABC-Analyse einsteigen will und die Standardklassen A, B, C feiner unterscheiden muss. Ein Anwendungsbeispiel wäre die genauere Aufteilung der C-Materialien. Bei der großen Menge an C-Materialien könnten Sie dann noch zwischen C1-Materialien (Materialien mit geringem Wert) und C2-Materialien (Materialien mit sehr geringem Wert) unterscheiden. Für unser Beispiel reichen die drei Standardklassengrenzen jedoch aus.

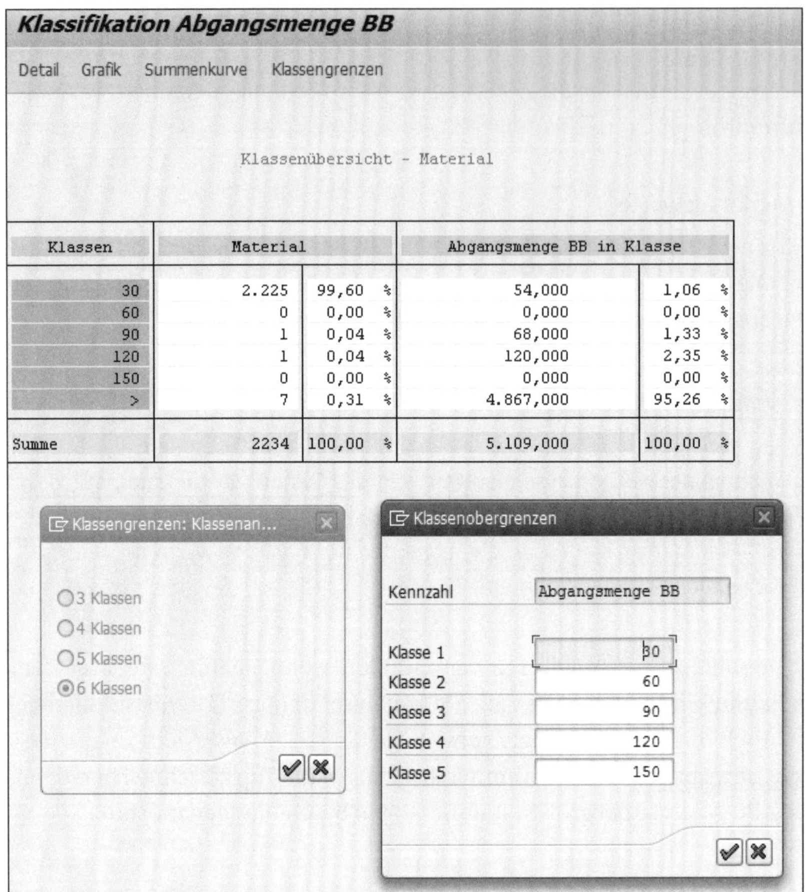

Abbildung 3.13 ABC-Analyse mit sechs individuellen Klassengrenzen

3.2.7 Klassen zuordnen

Das SAP-ECC- bzw. SAP-S/4HANA-System legt den Rang der Werte fest (Rang Nr. 1 ist z. B. der höchste Jahresbedarf in EUR) und sortiert dementsprechend anschließend die Materialien in der ABC-Analyse. Dabei ist eine Berechnung kumulierter Werte hinsichtlich der Zuordnung nach ABC-Grenzen vorteilhaft. Das System berechnet den Rang oder das Material in Prozentanteilen vom Gesamtwert. Anschließend wird der kumulierte Prozentanteil vom Gesamtwert ermittelt.

Die jeweiligen Materialien werden vom System den vorher definierten Klassen automatisch zugeordnet. Als Ergebnis erhalten Sie die ABC-Klassifizierung. Das jeweils ermittelte Klassifizierungskriterium (A, B oder C) kann vom System automatisch in den Materialstammdaten hinterlegt werden. Nutzen Sie diese Systemfunktionalität nicht, müssen Sie die neu ermittelten ABC-Kennzeichen manuell im Materialstamm eintragen.

In Abbildung 3.14 sehen Sie das Ergebnis einer ABC-Analyse in SAP ECC, wählbar über den Menüeintrag **Bearbeiten • Segmentierung**.

ABC-Analyse Gesamtvbrwert

Detail Grafik Summenkurve Neue Strategie

Segmentübersicht - Material

Segmente	Material		Gesamtvbrwert in Segment	
A-Segment	223	9,98 %	784.658,45 EUR	100,00 %
B-Segment	447	20,01 %	0,00 EUR	0,00 %
C-Segment	1.564	70,01 %	0,00 EUR	0,00 %
Summe	2234	100,00 %	784.658,45 EUR	100,00 %

Abbildung 3.14 Ergebnis der ABC-Analyse im Überblick

Hier sehen Sie die Klassengrenzen mit deren jeweiligen absoluten, prozentualen und kumulierten Werten. Im obigen Beispiel machen 9,98 % (223 Materialien) 100 % des gesamten Verbrauchswerts aus. Mit einem Doppelklick auf die jeweilige Klasse können Sie sich dann die einzelnen Materialien und deren Werte im Detail anzeigen lassen (siehe Abbildung 3.15).

ABC-Analyse Gesamtvbrwert

Grafik

Gesamtliste

ABC-Kz	Material	Gesamtvbrwert
A	P-103	303.629,94 EUR
A	P-104	182.050,68 EUR
A	P-102	176.346,94 EUR
A	GTS-14001	115.300,00 EUR
A	P-101	3.162,50 EUR
A	LSS-ASSM1	1.200,00 EUR
A	P-109	1.115,54 EUR
A	1157	960,32 EUR
A	100-300	280,87 EUR
A	100-100	135,98 EUR
A	P-2001	102,26 EUR
A	100-110	100,00 EUR
A	MB-1000	81,76 EUR
A	LJ-HALB001	60,00 EUR
A	100-400	52,51 EUR
A	1909	39,82 EUR
A	DG-1000	23,01 EUR
A	KR117185	16,32 EUR
A	100-101	0,00 EUR

Abbildung 3.15 Ergebnis der ABC-Analyse im Detail

3.2.8 ABC-Analyse auswerten

Sie können sich die Ergebnisse der ABC-Analyse grafisch anhand einer Summenkurve oder als 3-D-Grafik anzeigen lassen. Die Summenkurve kann dabei für absolute Werte oder prozentual angezeigt werden. Sie gibt Auskunft über die relative Konzentration der Materialien. Auf der Abszissenachse wird die Anzahl der Materialien (bzw. Anzahl der Materialien in %) abgetragen, auf der Ordinate sehen Sie die kumulierten Verbrauchswerte/Bedarfswerte (bzw. Werte in %).

Die Summenkurve bietet Ihnen Informationen folgender Art: X (%) Materialien vereinigen Y (%) des kumulierten Kennzahlenwerts auf sich. Die Grafik vermittelt Ihnen damit einen Überblick, wie stark sich ein großer Anteil des Gesamtverbrauchswerts/Gesamtbedarfswerts auf wenige Materialien konzentriert. Um eine Summenkurve aufzurufen, wählen Sie **Bearbeiten • Summenkurve (abs.)** bzw. **Summenkurve (%)**. Mithilfe der 3-D-Grafik können Sie die Analyseergebnisse auch managementgerecht auswerten und entsprechend aufbereiten (siehe Abbildung 3.16).

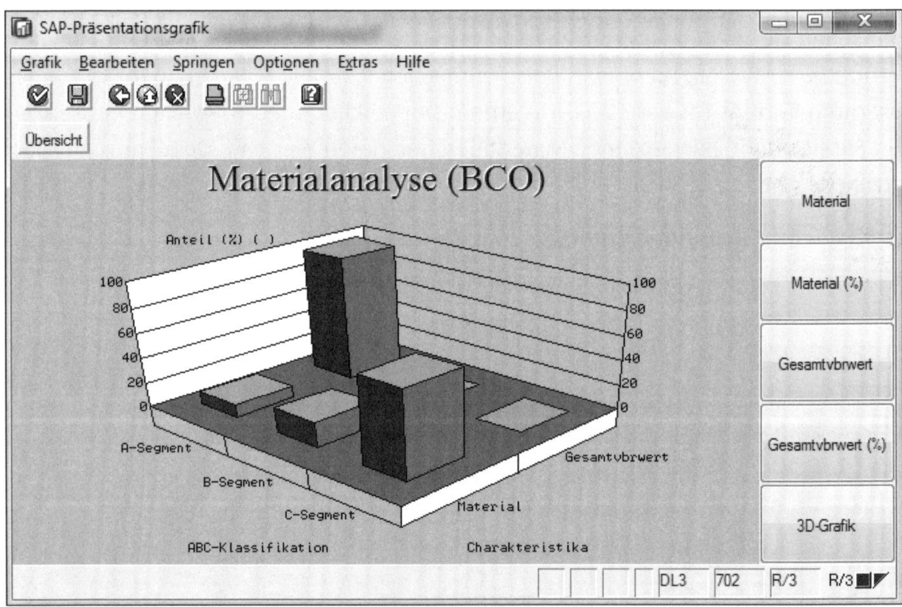

Abbildung 3.16 Grafische Auswertung einer ABC-Analyse

Die Ergebnisse der ABC-Analyse können Sie auch in Excel importieren, um sie dort grafisch aufzubereiten.

3.2.9 ABC-Segmentierung durchführen

Sie können unterschiedliche ABC-Analysen miteinander kombinieren, um Zusammenhänge zwischen den Kennzahlen aufzuzeigen und mögliche Problembereiche deutlich zu machen. Dafür müssen Sie entweder umfangreiche Tabellen in Excel aufbauen oder die Segmentierung in SAP ECC verwenden.

Auf der rechten Seite von Abbildung 3.17 sehen Sie die Kombinationsmöglichkeit der ABC-Analyse zum Umsatz und der ABC-Analyse zum Bestandswert. Bei einer solchen Segmentierung entstehen neun mögliche Kombinationen zur Auswertung (AA bis CC). Damit können Sie erkennen, welche Materialien mehr und welche weniger zum Umsatz beitragen und welchen Bestandswert diese Materialien aufweisen.

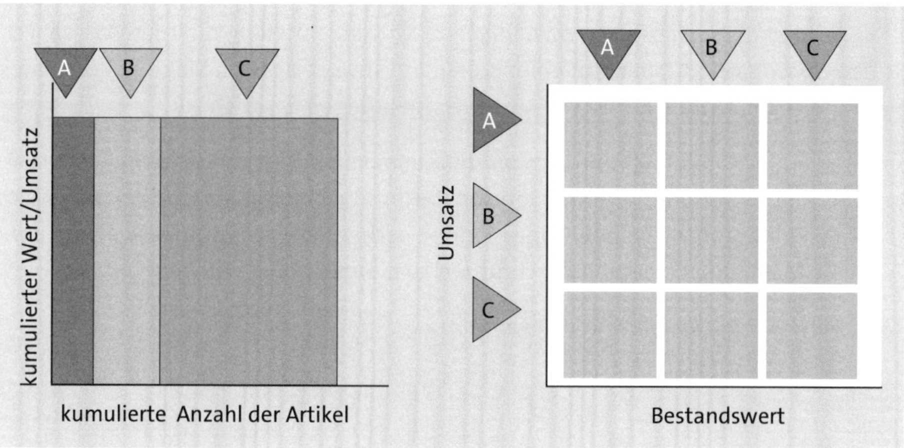

Abbildung 3.17 ABC-Matrix mit Umsatz und Bestandswert

Das SAP ECC- bzw. SAP-S/4HANA-System bietet Segmentierungen für unterschiedliche Unternehmensbereiche an:

- **Einkauf**
  Sie können Materialien für die Kennzahlen *Anzahl der Bestellpositionen* und *Bestellwert* in Klassen einteilen. Erkennbar werden so etwa Materialien mit geringem Bestellwert und hoher Anzahl von Bestellpositionen. Unkritisch sind Materialien, die bezüglich der beiden Kennzahlenwerte in den oberen Klassen liegen.
- **Vertrieb**
  Sie können Kunden für die Kennzahlen *Anzahl der Aufträge* und *Umsatz* in Klassen einteilen. So werden z. B. Kunden mit wenig Umsatz, aber einer hohen Anzahl von Aufträgen erkennbar.
- **Bestandscontrolling**
  Sie können Materialien bezüglich der Kennzahlen *Wert des mittleren Bestands bei Zugang* und *Reichweite des mittleren Bestands bei Zugang* in Klassen einteilen. Auf diese Weise ermitteln Sie z. B. Materialien, die bezüglich beider Kennzahlenwerte in den oberen Klassen liegen.

- **Fertigung**
  Sie können Arbeitsplätze für die Kennzahlen *Kapazitätsangebot* und *Kapazitätsbedarf* in Klassen einteilen. Bei der Segmentierung erkennen Sie z. B. Arbeitsplätze, die einen hohen Kapazitätsbedarf haben, aber nur ein geringes Kapazitätsangebot. Unkritisch sind solche Arbeitsplätze, die bezüglich beider Kennzahlen in den oberen Klassen liegen.
- **Instandhaltung**
  Sie können Planergruppen für die Kennzahlen *Anzahl der erfassten Meldungen* und *Anzahl der abgeschlossenen Meldungen* in Klassen einteilen. Auf diese Weise werden etwa Planergruppen mit einer hohen Anzahl an erfassten Meldungen, aber einer geringen Anzahl an abgeschlossenen Meldungen deutlich.

Im Beispiel in Abbildung 3.18 wurden die Kennzahlen Verbrauchsmenge und Verbrauchswert in Beziehung gesetzt, um zu überprüfen, welche Materialien mit einem niedrigen Verbrauchswert auch eine niedrige Verbrauchsmenge aufweisen, mit dem Ziel, eine Materialbereinigung durchführen zu können.

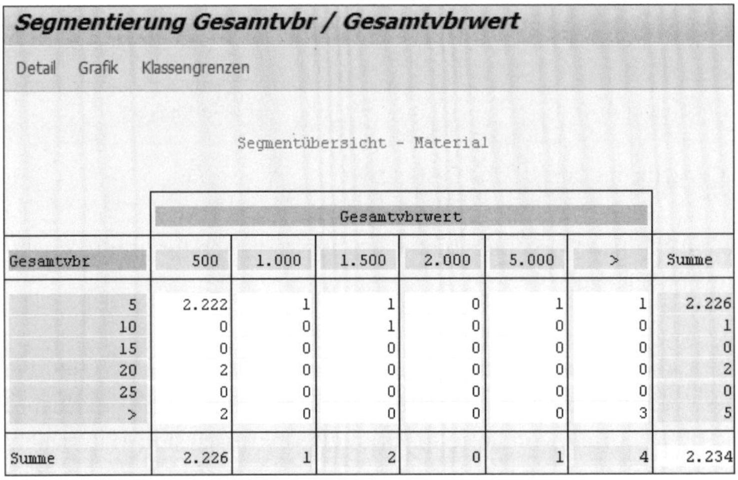

Segmentierung Gesamtvbr / Gesamtvbrwert

Detail Grafik Klassengrenzen

Segmentübersicht - Material

	Gesamtvbrwert						
Gesamtvbr	500	1.000	1.500	2.000	5.000	>	Summe
5	2.222	1	1	0	1	1	2.226
10	0	0	1	0	0	0	1
15	0	0	0	0	0	0	0
20	2	0	0	0	0	0	2
25	0	0	0	0	0	0	0
>	2	0	0	0	0	3	5
Summe	2.226	1	2	0	1	4	2.234

Abbildung 3.18 Segmentierung in der ABC-Analyse nach »Verbrauchsmenge« und »Verbrauchswert«

Wenn Sie die Schaltfläche **Grafik** anklicken, können Sie sich das Ergebnis der Segmentierung auch als 3-D-Grafik anzeigen lassen (siehe Abbildung 3.19). Hier wird auf einen Blick deutlich, dass in unserem Beispiel ein hoher Bedarf an Materialbereinigung vorhanden ist, da es einen sehr hohen Anteil an Materialien gibt, die weder einen hohen Verbrauchswert noch eine hohe Verbrauchsmenge aufweisen.

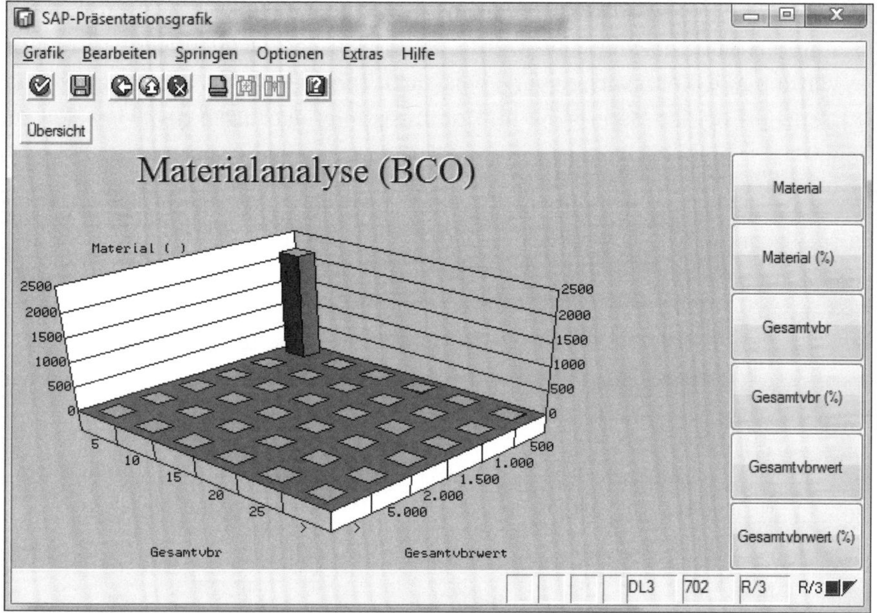

Abbildung 3.19 3-D-Grafik einer Materialanalyse ohne hohen Verbrauchswert oder Verbrauchsmenge

3.2.10 Fallbeispiel: ABC-Analyse zur Lageroptimierung

Allein aufgrund der ABC-Analyse werden Sie die Potenziale zur Lageroptimierung nicht sofort erkennen. Es bedarf daher einer weiteren Analyse, um die Ursachen der Probleme aufzuspüren und Lösungsmöglichkeiten zu erarbeiten. Im Folgenden stellen wir ein Beispiel dafür vor, wie die ABC-Analyse auch falsch interpretiert werden kann. Das Fallbeispiel verdeutlicht, dass es besonders auf den richtigen Analysegegenstand ankommt, um valide Ergebnisse zu erhalten.

Im vorliegenden Fall wurde zunächst die Kennzahl *Umsatzwert* analysiert. Aus den ermittelten Umsatzwerten wurden dann aber die falschen Maßnahmen abgeleitet. Später wurde die ABC-Analyse erneut durchgeführt, diesmal mit der Kennzahl *Zugriffshäufigkeit*. Dies war in diesem Fall der richtige Analysegegenstand, und die abgeleiteten Maßnahmen führten zum Erfolg.

Unser Beispiel im Detail: Bei einem Gerätehersteller sollte das Lagermanagement reorganisiert werden. Das Unternehmen nahm aufgrund hohen Wachstums immer mehr Produkte ins Sortiment auf, weshalb das Lager immer mehr Materialien ein- und auslagern musste. Durch die chaotische Lagerhaltung wurden die Wege im Lager immer länger, und die Effizienz begann zu sinken. Die Lagerorganisation musste deshalb durch eine optimale Verteilung der Materialien auf die vorhandenen Lagerplätze optimiert werden. Zu diesem Zweck wurde eine ABC-Analyse durchgeführt.

Zuerst wurde eine Materialliste mit den Umsatzmengen und Umsatzwerten aus dem SAP-System erstellt. Anschließend wurde diese Liste nach Umsatzwerten sortiert, und es wurden ABC-Kennzeichen vergeben (siehe Tabelle 3.3). Das Ergebnis war eine ABC-Klassifizierung der Materialien im Kommissionierlager nach dem Umsatzwert im Monat Mai.

Materialnummer	Materialbezeichnung	Zugriffshäufigkeit	Preis in EUR	Umsatz wert	kumulierter Umsatzwert	ABC-Kennzeichen
M-500	Maschine 1500	850	75	63.750	34,43	A
M-100	Maschine 1100	120	500	60.000	66,83	A
M-400	Maschine 1400	75	400	30.000	83,03	A
M-200	Maschine 1200	250	75	18.750	93,16	B
S-09	Schmierstoff	2.200	3	6.600	96,72	C
S-10	Schrauben	4.400	0,5	2.200	97,91	C
M-300	Maschine 1300	50	40	2.000	98,99	C
M-600	Maschine 1600	75	25	1.875	100,00	C

Tabelle 3.3 ABC-Analyse zur Lageroptimierung nach Umsatzwert

Mithilfe dieser Analyse wurde das Lager nun entsprechend umgeräumt, sodass die A-Materialien ganz vorn, die B- und C-Materialien weiter hinten eingelagert wurden. Dies stellte sich jedoch als Fehlentscheidung heraus, da die Zugriffshäufigkeit auf die C-Materialien viel höher war und die Wege zum Ein- und Auslagern so insgesamt noch anstiegen. Mit externer Hilfe wurde eine erneute Analyse durchgeführt, nun jedoch mit dem Kriterium der *Zugriffshäufigkeit*. Dies erbrachte schließlich die erhofften Einsparungen (siehe Tabelle 3.4).

Das Fallbeispiel zeigt, dass schon bei eindimensionalen Kriterien schnell Fehler unterlaufen. Noch schwieriger wird es, wenn mehrdimensionale Kriterien untersucht werden müssen. Zum Beispiel werden Lieferanten nicht nur nach dem Einkaufsvolumen, sondern auch nach Qualität, Liefertreue, Lieferzeiten und Ersetzbarkeit beurteilt. Dies erfordert eine genaue Auseinandersetzung mit dem Problem und den jeweiligen Klassifizierungskriterien.

Material-nummer	Material-bezeichnung	Zugriffs-häufigkeit	Preis in EUR	Umsatz wert	kumulierte Umsatz-menge	ABC-Kenn-zeichen
S-10	Schrauben	4.400	0,5	2.200	54,86284289	A
S-09	Schmierstoff	2.200	3	6.600	82,29426434	A
M-500	Maschine 1500	850	75	63.750	92,89276808	B
M-200	Maschine 1200	250	75	18.750	96,00997506	B
M-100	Maschine 1100	120	500	60.000	97,50623441	C
M-400	Maschine 1400	75	400	30.000	98,44139651	C
M-600	Maschine 1600	75	25	1.875	99,3765586	C
M-300	Maschine 1300	50	40	2.000	100,00	C

Tabelle 3.4 ABC-Analyse zur Lageroptimierung nach Zugriffshäufigkeit

3.2.11 Fallbeispiel: ABC-Mengenstromanalyse

In SAP ECC bzw. SAP S/4HANA können Sie mithilfe der ABC-Analyse die Mengenströme der einzelnen Lagerorte wie folgt untersuchen: Mit der *Mengenstromanalyse* erhalten Sie Auskunft darüber, welche Mengenströme in und zwischen den einzelnen Lagerorten bearbeitet werden müssen und ob z. B. die Zuordnung der Materialien zum Lagerort oder des Personals zum Lagerort optimiert werden muss. Sie erreichen die Mengenstromanalyse im Menü unter **Logistik • Logistik Controlling • Bestandscontrolling • Standardanalysen • Mengenstrom.** Es erscheint der Selektionsbildschirm aus Abbildung 3.20.

Hier selektieren Sie im Bereich **Merkmale** die Lagerorte, die Sie im Rahmen der Mengenstromanalyse auswerten möchten. Sie können auch alle Lagerorte zu einem Einlagertyp oder zu einem Material auswählen. Wichtig ist dabei, unter **Analysezeitraum** den Zeitraum anzugeben, für den Sie die Auswertung vornehmen möchten. Optional können Sie wie schon in der Standard-ABC-Analyse den Parameter für die Ausnahmemeldungen angeben.

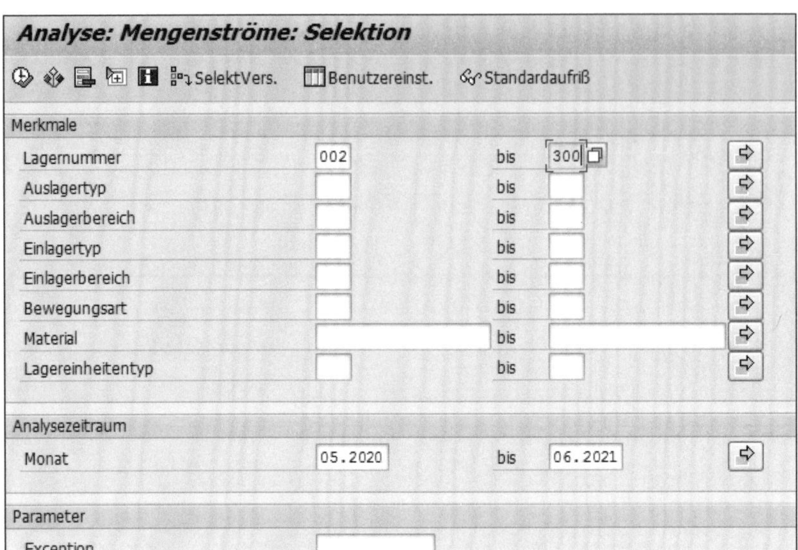

Abbildung 3.20 Selektion der Mengenstromanalyse in SAP ECC

Ein Ergebnis der Mengenstromanalyse sehen Sie in Abbildung 3.21. Angezeigt wird eine tabellarische Übersicht über alle Lagerorte und die benötigten Kennzahlen wie *Bewegte Menge* und *Anzahl der Bewegungen*.

Analyse: Mengenströme: Grundliste

Aufriß wechseln... Top N...

Anzahl Lagernummer: 5

Lagernummer	Bewegtes Gewicht	Bewegte Menge	Anz. Bew.	Anz.echteD	Echte Diffmenge
Summe	71.064 KG	822 ST	116	0	0 ST
012	368 KG	23 ST	1	0	0 ST
025	660 KG	20 ST	2	0	0 ST
800	65.704 KG	358 ST	49	0	0 ST
FR1	4.332 KG	361 ST	59	0	0 ST
TIO	0 KG	60 ST	5	0	0 ST

Abbildung 3.21 Ergebnis einer Mengenstromanalyse in SAP ECC

Das tabellarische Ergebnis lässt sich über den Menüeintrag **Springen • Portfoliomatrix** auch als Portfoliomatrix darstellen (siehe Abbildung 3.22).

In der Portfoliomatrix zu unserem Beispiel sind die Kennzahlen *Bewegte Mengen* (Koordinate unten) und *Anzahl der Bewegungen* (Koordinate links) gegenübergestellt. Sie können z. B. sofort erkennen, dass der Lagerort 038 wesentlich effektiver arbeitet als die Lagerorte 024 und 025, die jeweils eine etwas geringere Menge als Lagerort 038 mit wesentlich mehr Bewegungen bearbeiten. Mithilfe einer weiterführenden Detailanalyse könnten Sie herausfinden, warum dies so ist. Der nächste Schritt könnte eine ABC-Analyse für beide Lagerorte sein.

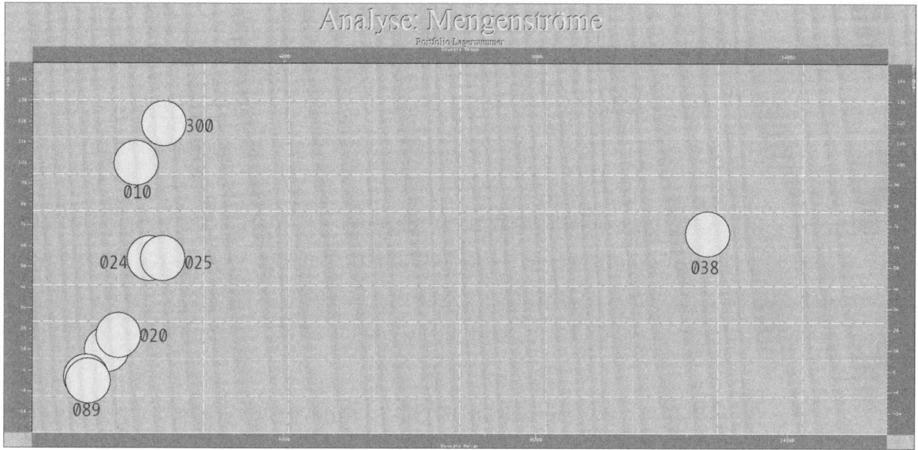

Abbildung 3.22 Das Ergebnis einer Mengenstromanalyse als Portfoliomatrix

3.3 XYZ-Analyse mit SAP

Einleitend wurde bereits erwähnt, dass die XYZ-Analyse eine klassische Sekundäranalyse ist, die auf der ABC-Analyse beruht. Dabei handelt es sich um eine Methode zur Bewertung der Materialien nach ihrer Verbrauchsstruktur, bei der Für jedes Teil eine Verbrauchsschwankungskennzahl ermittelt wird. Hieraus ergibt sich die Notwendigkeit eines Sicherheitsbestands und gegebenenfalls weiterer steuernder Dispositionsparameter wie z. B. bestimmten Losgrößeneinstellungen. Die Ziele der XYZ-Analyse sind:

- Identifizierung gut disponierbarer Artikel mit hohem Wertanteil
- Reduzierung des Lagerbestands, insbesondere bei AX-Artikeln
- Reduzierung von Bestands- und Prozesskosten, indem der individuelle Dispositionsaufwand bei AX-Artikeln erhöht und bei CZ-Artikeln deutlich verringert wird
- Unterstützung der Prognoseauswahl

Die XYZ-Analyse ist im SAP-ECC- bzw. SAP-S/4HANA-Standard nicht vorhanden. Wir zeigen Ihnen daher die SCM-Beratungslösung *Dispositionsmonitor*, die es Ihnen erlaubt, eine XYZ-Analyse durchzuführen (siehe Abschnitt 3.4.2, »Erweiterte Klassifizierung mit dem Dispositionsmonitor«). Mit dieser Lösung können Sie auch gleich eine kombinierte ABC/XYZ-Analyse und damit eine ABC/XYZ-Matrix erstellen. Aus diesem Grund gehen wir hier nur auf die Grundlagen der XYZ-Analyse ein und erläutern in Abschnitt 3.4, »Erweiterte Klassifizierungen erstellen«, die kombinierte ABC/XYZ-Analyse.

[+]

XYZ-Analyse im SAP-S/4HANA-System mit Demand-Driven Replenishment

Wenn Sie zusätzlich zum Standardumfang des SAP-S/4HANA-Systems die Funktionen von *Demand-Driven Replenishment* nutzen, können Sie auch in diesem System eine XYZ-Analyse durchführen, ohne auf die SCM-Beratungslösung Dispositionsmonitor zurückgreifen zu müssen. Es ist jedoch auch möglich, die Funktion von Demand-Driven Replenishment durch Nutzung des Dispositionsmonitors zu erweitern.

Um eine XYZ-Analyse zu erstellen, müssen entweder die Materialbewegungen oder die Prognosedaten untersucht werden (und auch eine gleichzeitige Berücksichtigung dieser vergangenheits- bzw. zukunftsorientierten Daten ist möglich). Auf Basis dieser Daten wird die Standardabweichung und darauf basierend der Variationskoeffizient berechnet.

Der Variationskoeffizient gibt an, wie groß die Standardabweichung der Zeitreihe zum arithmetischen Mittelwert oder zum Median der Verbrauchsreihe ist. Für die Ermittlung der Standardabweichung verwenden Sie die folgende Formel:

$$\tilde{s} = \sqrt{\tilde{s}^2} = \sqrt{\frac{1}{n}\sum_{i=1}^{n}(x_i - \overline{x})^2}$$

Ermitteln Sie anschließend den Mittelwert der Periodenwerte mit der folgenden Formel:

$$\overline{x} = \frac{1}{n}\sum_{i=1}^{n} x_i$$

Nun berechnen Sie den Variationskoeffizienten mit dieser Formel:

Variationskoeffizient = Standardabweichung ÷ Mittelwert

$$V = \frac{\tilde{s}}{\overline{x}} = \frac{\sqrt{\frac{1}{n}(\sum_{i=1}^{n} x_i - \overline{x})^2}}{\frac{1}{n}\sum_{i=1}^{n} x_i}$$

[zB]

Berechnung eines Variationskoeffizienten

Wir geben Ihnen nun ein konkretes Beispiel für die Berechnung des Variationskoeffizienten:

Verbrauchsreihe: $\frac{\textit{Januar}}{100}\ \frac{\textit{Februar}}{120}\ \frac{\textit{März}}{80}\ \frac{\textit{April}}{80}\ \frac{\textit{Mai}}{120}$

Standardabweichung: $\sqrt{\frac{\sum(x-\overline{x})^2}{(n-1)}} = \underline{20}$

Mittelwert: $\frac{100+120+80+80+120}{5} = \underline{100}$

Variationskoeffizient: $\frac{20}{100} = \underline{0{,}2}$

In diesem Beispiel wurde ein Variationskoeffizient von 0,2 berechnet und würde somit, unter Annahme der Klassifizierung in Abbildung 3.3, zu einer Klassifizierung des Materials in die X-Klasse führen.

Der Variationskoeffizient steigt mit der Zunahme der Schwankungen innerhalb der Verbrauchswerte.

Bei der XYZ-Analyse ist die Analyseperiode entscheidend. Schwankungen innerhalb einer Periode werden durch die Ermittlung des Variationskoeffizienten auf Periodenbasis (z. B. Woche) eliminiert; je länger die Perioden gewählt werden, desto niedriger sind in der Regel die Schwankungen. Dies soll anhand der folgenden beiden Beispiele erklärt werden.

In Tabelle 3.5 sehen Sie das Ergebnis der XYZ-Klassifizierung, wenn Sie die Periode **Woche** gewählt haben.

Material	KW1	KW2	KW3	KW4	KW5	KW6	KW7	KW8	Mittelwert	Standardabweichung	Koeffizient	XYZ
L-80c	15	20	25	30	20	15	15	20	20	5,34	26,72	X
L-80d	10	2	4	25	1	23	33	2	12,5	12,63	101,10	Z
L80-e	20	30	15	30	15	35	5	10	20	10,69	53,45	Y

Tabelle 3.5 XYZ-Klassifizierung mit der Periode »Woche«

In Tabelle 3.6 sehen Sie die gleiche XYZ-Klassifizierung mit der Periode **Monat**. Wie Sie sehen, liegt der Variationskoeffizient als Schwankungsmaß bei Monatsdaten niedriger als bei Wochenbasis, da sich die Schwankungen zwischen den einzelnen Wochen auf monatlicher Basis ausgleichen.

Material	Monat 1	Monat 2	Mittelwert	Standardabweichung	Koeffizient	XYZ
L-80c	90	70	80	14,14	17,67	X
L-80d	41	59	50	12,72	25,45	X
L80-e	95	65	80	21,21	26,51	X

Tabelle 3.6 XYZ-Klassifizierung mit der Periode »Monat«

3.4 Erweiterte Klassifizierungen erstellen

In der ABC/XYZ-Matrix kombinieren Sie die Ergebnisse beider Analysen. Durch Hinzufügen weiterer Klassifizierungsmethoden detaillieren Sie die Vorgehensweise und können die Materialien zielgerichtet in Klassen einteilen, deren Inhalte im Hinblick auf wichtige Eigenschaften der Disposition jeweils in sich homogen sind. Auf diese Weise können Sie wichtige Informationen über Ihre Materialien und Ihre Bestände erhalten und daraus geeignete Maßnahmen zur Bestandsoptimierung ableiten.

Die Zusammenführung von ABC- und XYZ-Analyse ist der nächste Schritt im Rahmen einer grundlegenden Bestandsanalyse; die zusätzliche Detaillierung auf Basis weiterer Klassifizierungen wie z. B. der LRODIE-Analyse rundet das Analysevorgehen in einem weiteren Schritt ab. Das eigentliche Ziel ist dabei die Optimierung der planungsrelevanten Stammdaten zur Etablierung eines sich selbst regulierenden Bestandsoptimierungsprozesses auf Basis der homogenen Klassen. Abbildung 3.23 zeigt noch einmal den gesamten Ablauf:

❶ ABC-Analyse

❷ XYZ-Analyse

❸ Aufstellung einer ABC/XYZ-Matrix

❹ Detaillierung mittels weiterer Klassifizierungsmethoden

❺ Zuordnung optimierter Stammdaten mittels eines Regelwerks

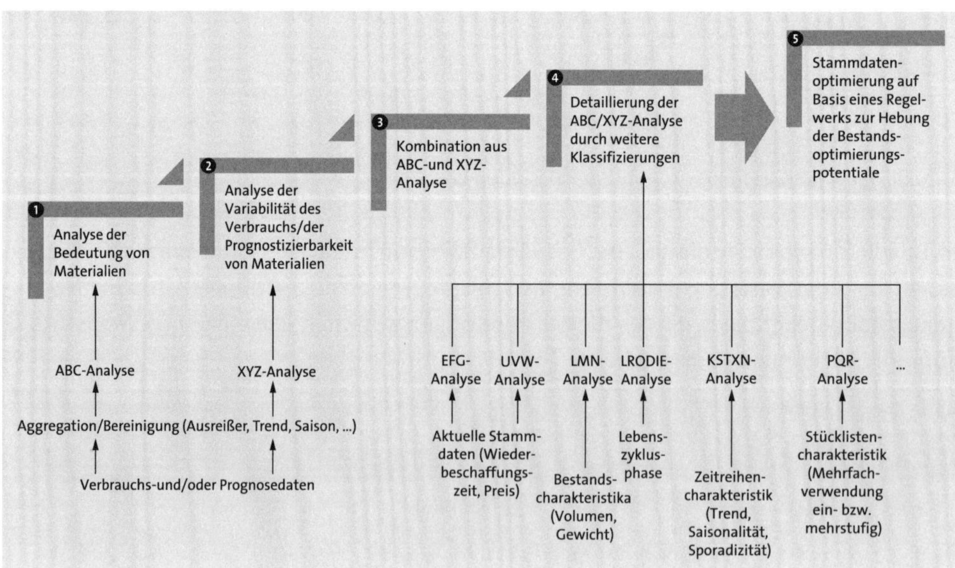

Abbildung 3.23 Die fünf Schritte der erweiterten Klassifizierung

Im Folgenden zeigen wir Ihnen beispielhaft, wie Sie die ersten vier Schritte des geschilderten Vorgehens optimieren können. In Abschnitt 3.4.2, »Erweiterte Klassifizierung mit dem Dispositionsmonitor«, erläutern wir außerdem, wie Sie die Optimierung mit dem Dispositionsmonitor in SAP ECC bzw. SAP S/4HANA durchführen und mit den in Schritt 5 aufgeführten Vorgängen vervollständigen.

3.4.1 Optimieren mit der ABC/XYZ-Matrix

Die Zusammenlegung beider Analysen führt zu einer Matrix mit neun verschiedenen Ausprägungen. Damit ermöglichen Sie eine für jede Ausprägung spezifische Vorgehensweise zur Bestandsoptimierung. Erfahrungen in der Praxis zeigen, dass damit erhebliche Optimierungspotenziale aufgedeckt werden können.

Optimierungspotenziale ableiten

Mithilfe der ABC/XYZ-Matrix können Sie Maßnahmen zur Bestandsoptimierung ableiten. So können Sie erkennen, dass AX-Materialien ein hohes Rationalisierungspotenzial bergen, CZ-Materialien dagegen nur ein geringes Einsparpotenzial. CZ-Materialien sollten also vollautomatisch geplant werden. Ihre Mitarbeitenden in der Planung sollten möglichst wenig Zeit mit diesen Materialien verbringen – anderenfalls muss der Prozess an dieser Stelle optimiert werden.

Übersicht über Optimierungs- und Steuerungspotenziale

Grundsätzlich ist das Optimierungspotenzial (O) bei A- und B-Materialien am höchsten. Der Steuerungsaufwand (S) ist bei den Y- und Z-Materialien am höchsten (siehe Abbildung 3.24).

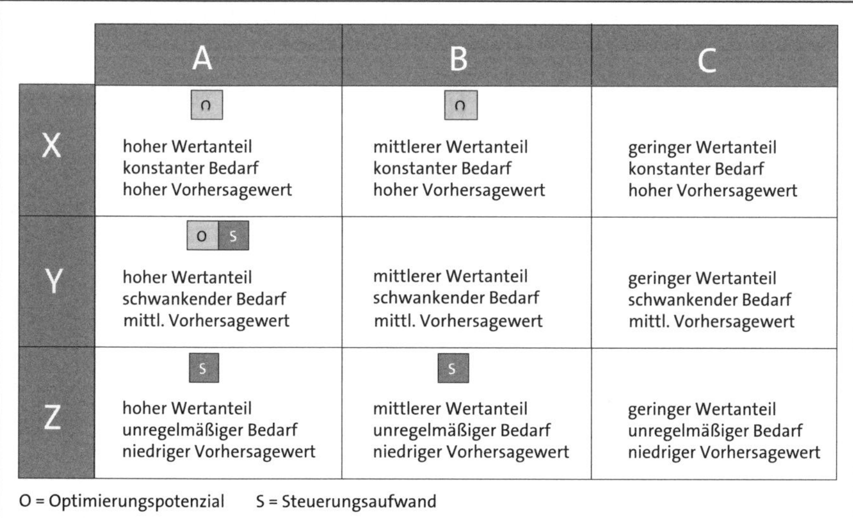

Abbildung 3.24 Optimierungspotenziale, abgeleitet aus der ABC/XYZ-Matrix

Aus der ABC/XYZ-Matrix können Sie auch Maßnahmen zur Bestandsoptimierung ableiten (siehe Abbildung 3.25).

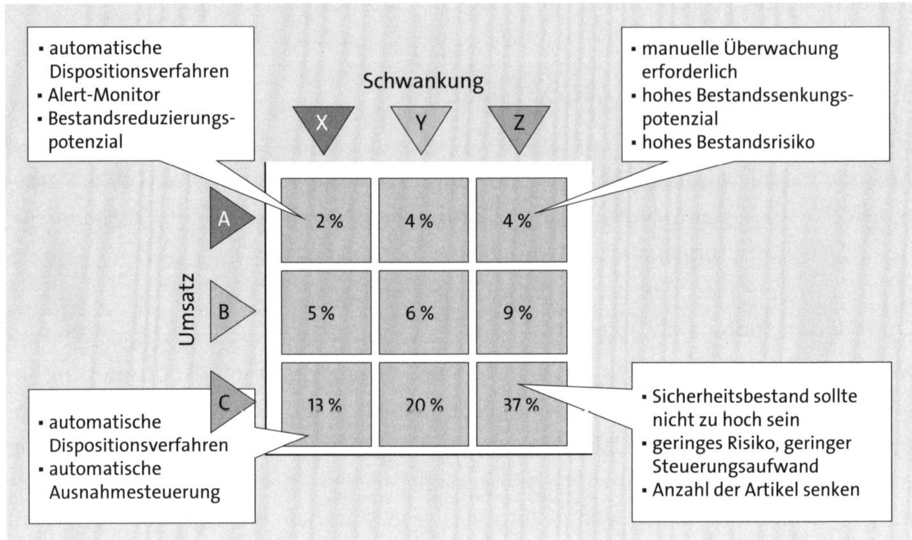

Abbildung 3.25 Maßnahmen zur Bestandsoptimierung, abgeleitet aus der ABC/XYZ-Matrix

AX-Materialien sollten möglichst automatisiert geplant werden. Hier ist es wichtig, dass Mitarbeitende in der Planung über Abweichungen und Ausnahmesituationen sofort informiert werden. Sie sollten ihr Augenmerk auf AZ-Materialien richten und möglichst manuell eingreifen, da sich Z-Materialien aufgrund ihrer Verbrauchsschwankungen schwer automatisch planen lassen. Hier entsteht ein für die Disposition wichtiges Bestandssenkungspotenzial.

Bei der ABC/XYZ-Klassifizierung sollten Sie zudem darauf achten, dass ein Artikel im Lauf der Zeit die Klasse wechseln kann, weil sein Verbrauchsverhalten sich ändert. Jeder Artikel unterliegt dabei einem Produktlebenszyklus; dieser hat Einfluss auf das Verbrauchsverhalten und damit auch auf die ABC/XYZ-Klassifizierung. Abbildung 3.26 verdeutlicht diesen Zusammenhang.

Im oberen Teil der Abbildung sehen Sie die Lebenszyklusphasen eines Materials und im unteren die ABC/XYZ-Klassifizierung mit dem in der Matrix dargestellten Kreislauf. Ein Material unterliegt in aller Regel einem Lebenszyklus. Dieser besteht aus fünf verschiedenen Lebenszyklusphasen:

1. **Einführungsphase**
   In dieser Phase wird das Material zur Marktreife gebracht und in den Markt eingeführt. In der Einführungsphase ist der Abverkauf noch häufig sehr schwankend, verursacht durch Promotionsaktionen oder durch die schrittweise Einführung in verschiedene Regionen oder Märkte.

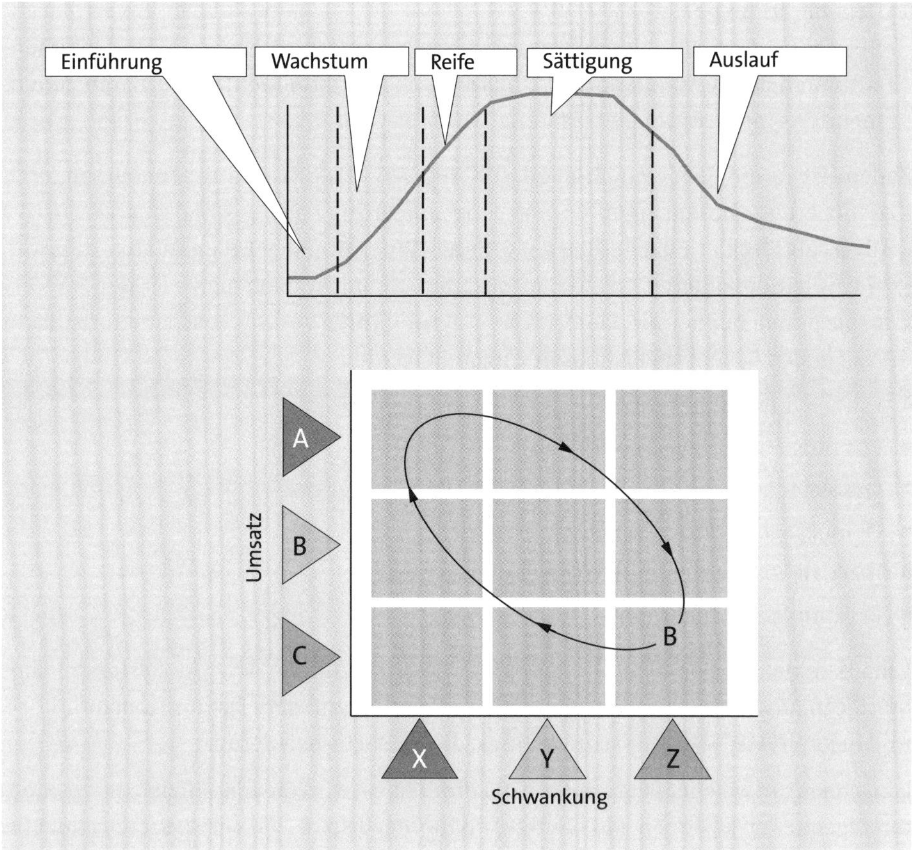

Abbildung 3.26 Einfluss des Produktlebenszyklus auf die ABC/XYZ-Klassifizierung

2. **Wachstumsphase**
   Wird das Material vom Markt angenommen, erfährt es überproportionales Wachstum.
3. **Reifephase**
   Das starke Wachstum wird sich einmal abschwächen. Das Material hat seine Marktreife erlangt und wird nun kontinuierlich abverkauft. Der Absatz steigt weiterhin an.
4. **Sättigungsphase**
   In der Sättigungsphase steigt der Absatz normalerweise nicht mehr an. Der Marktbedarf scheint weitestgehend mit dem Angebot in Einklang gekommen zu sein. Er lässt sogar leicht nach, und es sind keine weiteren Steigerungsraten im vorhandenen Markt zu erwarten. In manchen Märkten kann es auch zu Schwankungen im Absatzverhalten oder zu Saisonverhalten kommen. Dann wird ebenfalls wieder eine neue Klassifizierung notwendig.

5. **Degenerationsphase**
   Der Absatz des Materials sinkt, es verkauft sich schlechter. Neuere Materialien substituieren das vorhandene ältere Material. Die Marktteilnehmer verlieren zunehmend das Interesse an dem Material.

Zudem ist es möglich und sinnvoll, die ABC/XYZ-Klassifizierung – neben anderen Klassifizierungsdimensionen wie der Eingruppierung nach Bestandscharakteristika (LMN-Analyse) oder Einzelpreisen – um die Dimension des Lebenszyklus zu erweitern bzw. zu detaillieren. In diesem Zusammenhang spricht man von der *LRODIE-Klassifizierung*, bei der die Materialien aufgrund ihrer Verbrauchscharakteristika in die folgenden Lebenszyklusphasen eingeteilt werden:

- Launch (neue Materialien)
- Running (»reguläre« Materialien)
- Obsolete (angehende Lagerhütermaterialien)
- Dying (Lagerhütermaterialien)
- Inactive (löschvorgemerkte Materialien)
- Exceptions (Ausnahmen)

Details zu den Optionen zur detaillierten Klassifizierung in den SAP-Systemen können Sie in Abschnitt 3.4.2, »Erweiterte Klassifizierung mit dem Dispositionsmonitor«, und in Kapitel 19, »Bestandscontrolling«, dieses Buchs nachlesen.

Je nachdem, in welcher Lebensphase ein Produkt ist, wird die Klassifizierung zu anderen Ergebnissen kommen. Ein häufiges Phänomen ist z. B., dass ein neues Produkt (in der Einführungsphase) als CZ-Artikel klassifiziert wird, weil der Absatz erst ein paar Wochen oder Monate angelaufen ist. Die Bedarfszahlen sind noch nicht kontinuierlich, die Verkaufsmengen noch nicht hoch genug für eine A- oder B-Klassifizierung. Wechselt das Produkt in die Wachstumsphase, wird es eher zu einem B-Produkt und der Absatz wird kontinuierlicher. In der Reifephase kann das Produkt eine AX-Klassifizierung bekommen. Dies sollten Sie automatisch systemgestützt erkennen können.

Abbildung 3.27 zeigt die Systematik, nach der ein Klassenwechsel vorgenommen werden sollte.

Hier ist zu unterscheiden, ob ein Artikel (in unserem Beispiel der Artikel 4711) nur einmal die Klassen wechselt oder kontinuierlich (hier der Artikel 0815). Es kann immer wieder Ausreißerartikel geben, die die Klassenzuordnung nur einmal wechseln. Dies kann viele Gründe haben, etwa Produktionsengpässe oder ein außergewöhnliches Kundenverhalten. In diesen Fällen darf die Klassifizierung nicht geändert werden, sodass auch keine anderen Dispositionsstrategien oder Prognosestrategien angewandt werden. Bei der nachhaltigen Änderung der Klassifizierung (z. B. über drei aufeinanderfolgende Perioden) sollte ein Klassenwechsel vorgenommen werden.

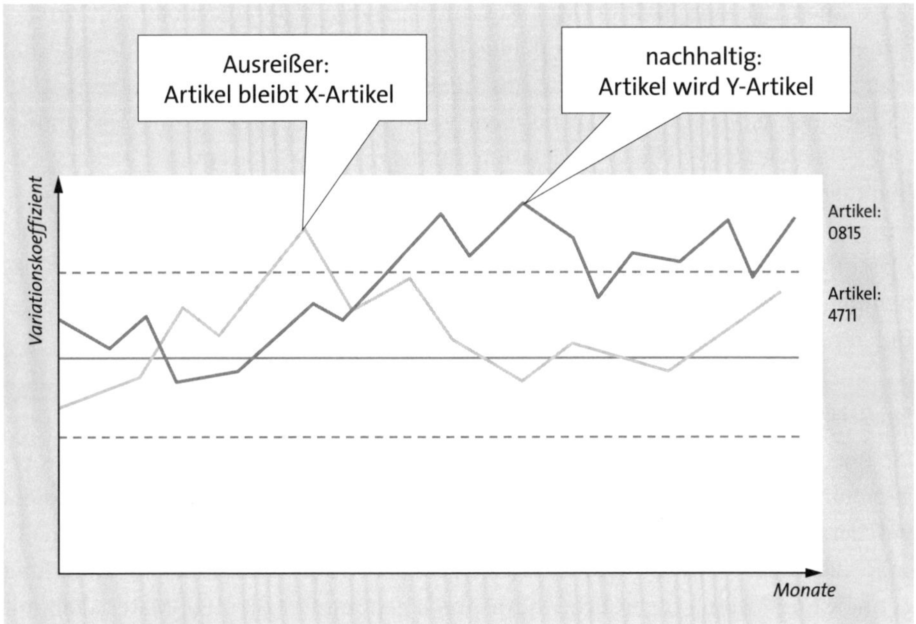

Abbildung 3.27 Klassenwechsel

Wichtig ist auch die Tatsache, dass Sie die ABC/XYZ-Klassifizierung auf unterschiedlichen Ebenen durchführen können. Diese Klassifizierungen können zu unterschiedlichen Ergebnissen führen, die interpretiert werden müssen. Abbildung 3.28 zeigt ein Beispiel.

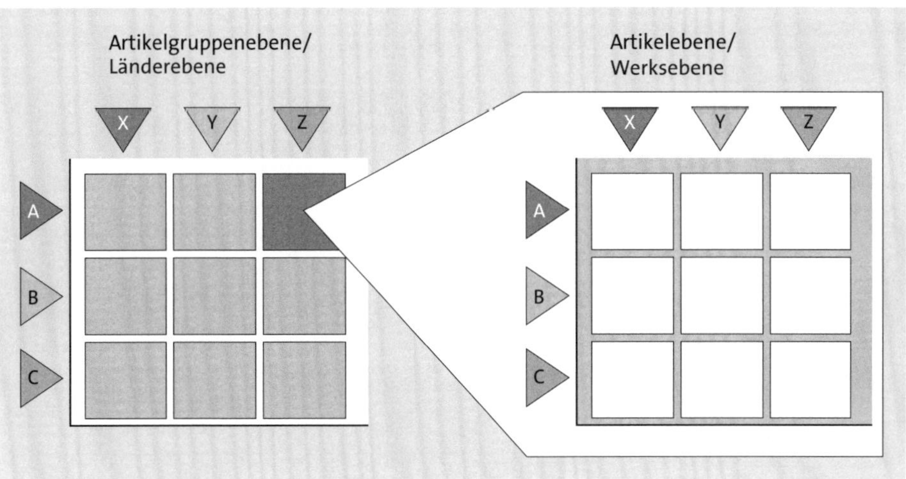

Abbildung 3.28 Artikelklassifizierung auf Gruppen- und Detailebene

Sie können z. B. eine ABC/XYZ-Analyse zunächst auf Länderebene oder auf Artikelgruppenebene durchführen, um daraus Maßnahmen und Strategien für das Land oder die Artikelgruppe abzuleiten. Anschließend nehmen Sie eine detaillierte ABC/XYZ-Analyse für das Land auf Werksebene vor, also für jedes Werk in diesem Land separat. Oder Sie führen die Klassifizierung für die Artikelgruppe auf Artikelebene aus. In diesem Fall kann es vorkommen, dass eine Artikelgruppe mit 100 Artikeln als AZ-Gruppe klassifiziert wurde, die einzelnen Artikel dieser Artikelgruppe jedoch alle Klassifikationen zwischen AX und CZ erhalten haben. Die daraus abgeleiteten Maßnahmen können also unterschiedlich sein. In diesem Fall müssen Sie sehr genau definieren, wozu eine Analyse auf Detailebene oder auf Gruppenebene dienen soll.

Ein Beispiel aus dem Handel

Ein Praxisbeispiel aus dem Handel zeigt die Maßnahmenableitung aufgrund des Lagervolumens, bezogen auf die Beschaffungskosten (siehe Abbildung 3.29). Sind die Beschaffungskosten hoch (A) und handelt es sich um großvolumige Materialien (X), sollte die Lagerreichweite möglichst klein sein (< 30 Tage), damit die Kapitalbindung gering ist und wenig Lagerfläche in Anspruch genommen wird. Bei Materialien mit geringen Beschaffungskosten (C) und geringem Lagerplatzbedarf (Z) kann die Lagerreichweite < 120 Tage betragen.

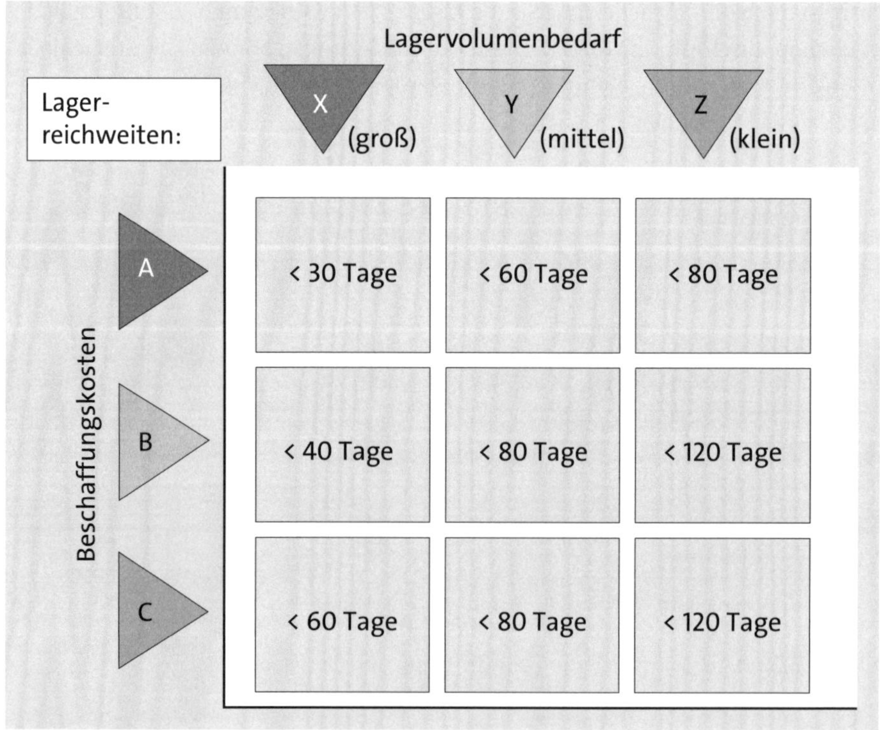

Abbildung 3.29 Lagerreichweiten für den Handel, abgeleitet aus der ABC/XYZ-Matrix

Die ABC/XYZ-Analysen gehören zu den wichtigsten Instrumenten der Bestandsanalyse und sollten deshalb regelmäßig eingesetzt werden. Im Laufe dieses Buchs werden wir noch häufiger auf die ABC-Analysen zurückkommen.

3.4.2 Erweiterte Klassifizierung mit dem Dispositionsmonitor

In SAP ECC und SAP S/4HANA steht im Standard-Logistikinformationssystem (LIS) nur eine ABC-Analyse zur Verfügung, wie in Abschnitt 3.2, »ABC-Analyse mit SAP«, erläutert. Um eine ABC/XYZ-Matrix im SAP-System zu erstellen, müssen Sie eine eigene LIS-Infostruktur aufbauen und diese mit Daten füllen. Da dies sehr aufwendig sein kann, stellen wir Ihnen eine SCM-Beratungslösung, den Dispositionsmonitor (engl. *MRP Monitor*) vor. Im Folgenden erfahren Sie beispielhaft, wie Sie mithilfe des Dispositionsmonitors in SAP ECC und SAP S/4HANA eine ABC/XYZ-Analyse erstellen können, die Sie auch nutzen können, um eine Planung in SAP APO oder SAP IBP zu ergänzen. Der Dispositionsmonitor kann dabei eingesetzt werden, um verschiedene Klassifizierungen vorzunehmen. Die beschriebenen ABC- und XYZ-Klassifizierungen lassen sich mit dieser Funktionalität durch eine Vielzahl mitausgelieferter Out-of-the-Box-Klassifizierungsmethoden erweitern. Darüber hinaus können Sie individuelle Klassifizierungsmethoden aus über 1.000 verschiedenen Kennzahlen und Stammdateninformationen erstellen, die Sie mittels flexiblen, in den Dispositionsmonitor eingebetteten Formelfunktionen für individuelle Berechnungen nutzen können.

Der Dispositionsmonitor liefert Ihnen die folgenden Klassifizierungsmethoden:

- ABC-Klassifizierung auf Basis der Verbrauchs- bzw. Prognosemengen bzw. -werte
- XYZ-Klassifizierung auf Basis der Verbrauchs- bzw. Bedarfsschwankung
- erweiterte XYZ-Klassifizierung (ausreißerrobuster Medianansatz, ausreißer- bzw. Trend-Saison-korrigierte XYZ-Analyse, gesonderte Nullperiodenberücksichtigung)
- EFG-Klassifizierung auf Basis von ein- oder mehrstufigen Wiederbeschaffungszeiten
- HIJ-Klassifizierung auf Basis von Bestandsbewegungen (Picks)
- LMN-Klassifizierung auf Basis von Bestandscharakteristika (Volumen, Gewicht)
- PQR-Klassifizierung auf Basis von Stücklistencharakteristika (Anzahl Verwendungen einstufig, mehrstufig, in Endprodukten)
- UVW-Klassifizierung auf Basis des Preises
- LRODIE-Klassifizierung auf Basis des Materiallebenszyklus
- KSTXN-Analyse auf Basis der Zeitreihencharakteristik (konstant, trendförmig, saisonal, trendsaisonal, sporadisch)
- Bevorratungsvorschläge auf Basis von Stücklisten-, Bedarfs- oder Kapazitätscharakteristika
- Ausnahmeklassifizierung (kein Verbrauch, negativer Verbrauch, ...)

Ihnen stehen wie erwähnt über 1.000 Kennzahlen und Stammdateninformationen zur Verfügung, um weitergehende Klassifizierungsmethoden individuell zu konfigurieren. Die Kennzahlen können dabei in die folgenden Gruppen eingeteilt werden:

- Verbrauchskennzahlen
- Bedarfskennzahlen
- Zugangskennzahlen
- Bestandskennzahlen
- Reichweitenkennzahlen
- Umschlagshäufigkeitskennzahlen
- Schwankungskennzahlen
- Bestandsgenauigkeitskennzahlen
- Ausschusskennzahlen
- Fehlmengenkennzahlen
- Rückstandskennzahlen

[»]

Nähere Informationen zum Dispositionsmonitor

Mehr Informationen zum Einsatz des Dispositionsmonitors finden Sie im SAP Help Portal (*http://s-prs.de/v858402*) oder Sie schreiben eine E-Mail an *scm-consulting-solutions@sap.com.*

Im Folgenden zeigen wir Ihnen, wie Sie die fünf zu Beginn von Abschnitt 3.4 genannten Schritte zur erweiterten Klassifizierung mit dem Dispositionsmonitor umsetzen können. Nach der Installation des Dispositionsmonitors rufen Sie zunächst die Transaktion /SAPLOM/MRP auf. Es erscheint der Selektionsbildschirm, den Sie in Abbildung 3.30 sehen. Dieser ist in unterschiedliche Registerkarten unterteilt.

Geben Sie hier zunächst die Analyseebene ein, bevor die Materialauswahl auf der Registerkarte **Materialauswahl** für die Klassifizierung vorgenommen werden kann. Hier müssen Sie angeben, für welche Werke, Lagerorte, Materialien oder Disponenten Sie die Analyse durchführen möchten. Auf der Registerkarte **Datenbasis** müssen Sie in der Folge den Analysezeitraum eingeben. Sie können die Klassifizierungen wahlweise auf Werks-, Dispobereichs- oder auf Lagerortebene durchführen, je nachdem auf welcher Ebene Sie die Disposition durchführen. Es ist dabei jeweils möglich, die Analyse übergreifend für mehrere Werke, Dispobereiche und Lagerorte durchzuführen. Im Bereich **Datenquelle** können Sie angeben, welche Daten (z. B. Kundenaufträge, Verbrauchs- bzw. Bedarfsdaten oder Materialbelege) als Grundlage für die Analyse dienen sollen.

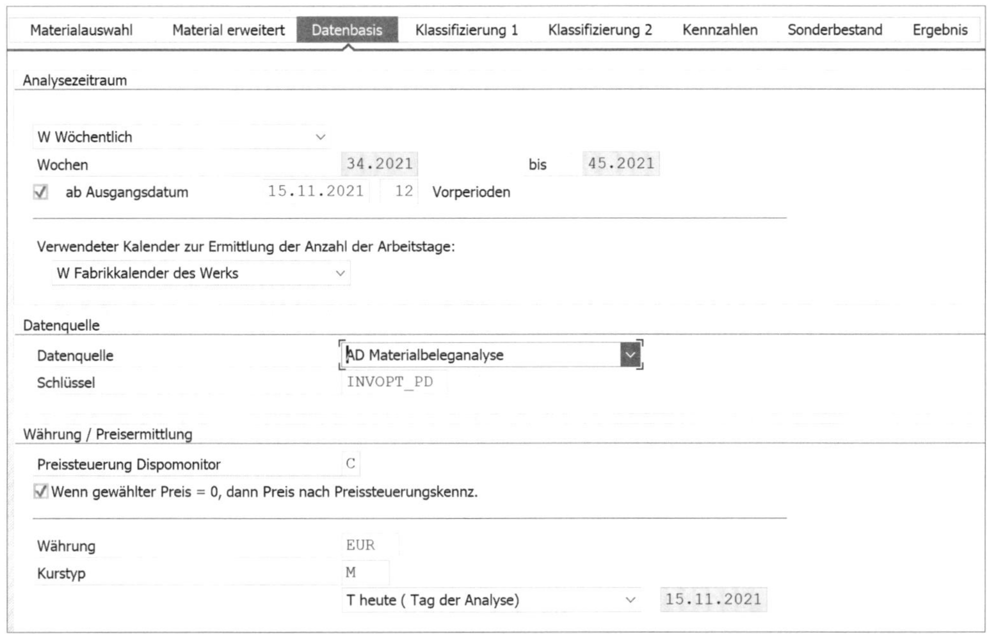

Abbildung 3.30 Selektionsbildschirm des Dispositionsmonitors

Für die Bewertung von Beständen müssen Sie noch die Analysewährung im Feld **Währung** angeben, mit der die Werte berechnet werden sollen.

Wechseln Sie anschließend zur Registerkarte **Klassifizierung 1**, um weitere Einstellungen vorzunehmen (siehe Abbildung 3.31). Hier können Sie angeben, ob Materialien, die zur Löschung vorgesehen sind, in einer separaten Tabelle analysiert werden oder mit in die ABC/XYZ-Analyse eingehen sollen (Ankreuzfeld **Materialien mit Löschkennzeichen**). Das Gleiche gilt für neue Materialien, Materialien ohne Verbrauch und sonstige Sonderfälle. Analysieren Sie diese Materialien am besten separat, weil sie ansonsten die Datenmenge für die ABC/XYZ-Analyse verfälschen könnten. Für neue Materialien können Sie im Bereich **Neue Materialien** einstellen, ab wann ein Material als neu betrachtet werden soll.

Im Anschluss müssen Sie einstellen, welche der oben angegebenen Klassifizierungsmethoden Sie ausführen wollen und wie die jeweiligen Klassifizierungsmethoden grundsätzlich vorgehen sollen. So können Sie bspw. bei der LMN-Analyse angeben, ob das Brutto-, das Nettogewicht oder das Volumen herangezogen werden soll und ob es sich um die Charakteristika eines Materials gemäß Stammdaten oder gemäß dem aktuellen Bestand handeln soll. Analog gibt es auch zu den anderen Klassifizierungsmethoden diverse Einstellmöglichkeiten.

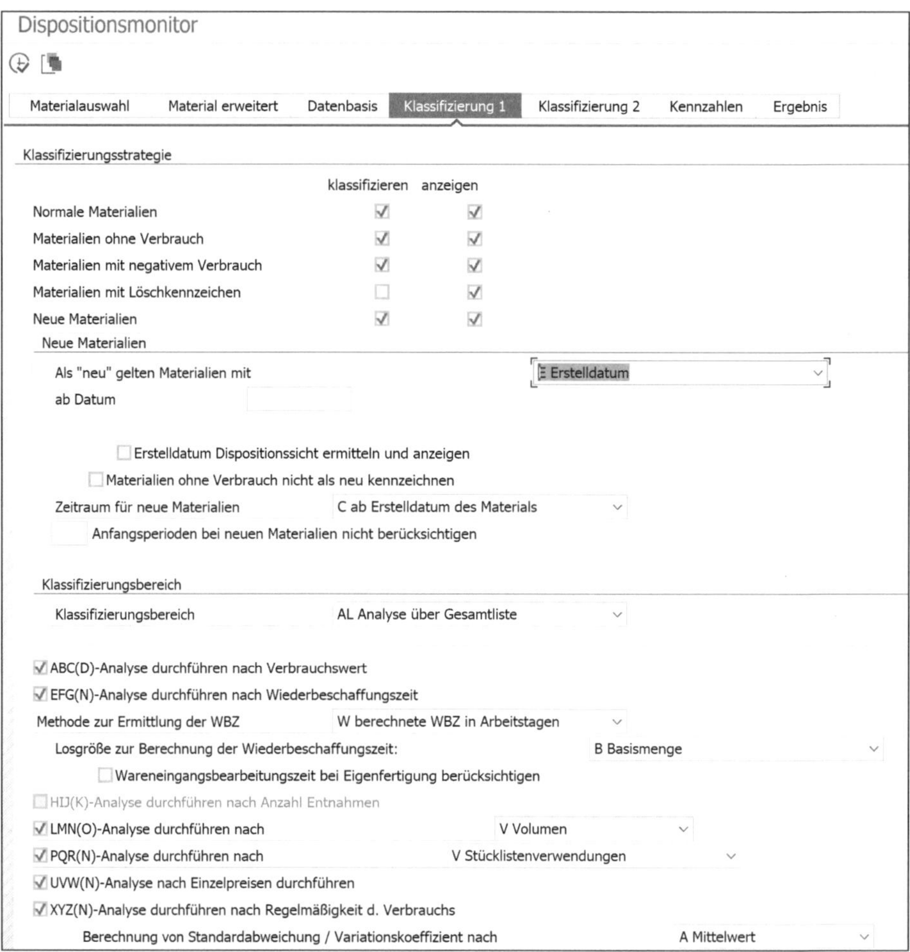

Abbildung 3.31 Selektionsbildschirm des Dispositionsmonitors – Klassifizierung 1

Des Weiteren geben Sie auf der Registerkarte **Klassifizierung 2** die Grenzen zur ABC-Klassifizierung im Bereich **Strategie für ABC(D)-Analyse nach Verbrauchswerten** an (siehe Abschnitt 3.2.5, »ABC-Strategie festlegen«). Die Kennzahl *Verbrauchswert* entscheidet über die ABC-Klassifizierung. Die kumulierten Verbrauchswerte aller C-Materialien machen 10 % der Grundgesamtheit aus, B-Materialien verbrauchen gemeinsam 20 % des kompletten selektierten Verbrauchs, und A-Materialien verbrauchen insgesamt circa 70 % des Gesamtverbrauchswerts.

Die Kennzahl *Variationskoeffizient* zeigt die XYZ-Klassifizierung an (Option **Varianzkoeffizient absolut**). Sie sagt etwas über die Stetigkeit des Materialverbrauchs aus. Ein hoher Wert weist auf ein X-Material hin, ein geringer auf ein Z-Material. Die Grenzen der ABC-Klassifizierung und der XYZ-Klassifizierung können individuell vorgegeben werden.

Der Dispositionsmonitor nimmt neben der reinen Klassifizierung auch gleich eine Analyse der Dispositionsstammdaten vor. Mittels eines flexiblen Formelwerks können Sie auch für die Disposition wichtige Inputwerte wie Sicherheits- oder Meldebestände berechnen.

Zum Schluss können Sie auf der Registerkarte **Ergebnis** noch eingeben, ob Sie die Selektion speichern möchten, um das Ergebnis zu einem späteren Zeitpunkt wieder aufrufen oder zwei Ergebnisse miteinander vergleichen zu können. Außerdem ist hier die Auswahl verschiedener Profile möglich. So können Sie etwa ein Alert-Profil auswählen, über das Ausnahmemeldungen in der Ergebnissicht des Dispositionsmonitors angezeigt werden können. Auch können Sie hier über ein zugehöriges Profil die Formeln auswählen, mit denen Sie neue Kennzahlen, neue Klassifizierungsgrundlagen oder auch Sicherheits- bzw. Meldebestände errechnen lassen. Des Weiteren können hier Einstellungen vorgenommen werden, die eine Stammdatendatenpflege auf Basis einer erweiterten Klassifizierung im Hintergrund ermöglichen.

Sie haben nun alle notwendigen Eingaben für die ABC/XYZ-Analyse vorgenommen. Wenn Sie auf die Schaltfläche **Ausführen** klicken, erhalten Sie das Ergebnis der ABC/XYZ-Analyse, die ABC/XYZ-Matrix (siehe Abbildung 3.32).

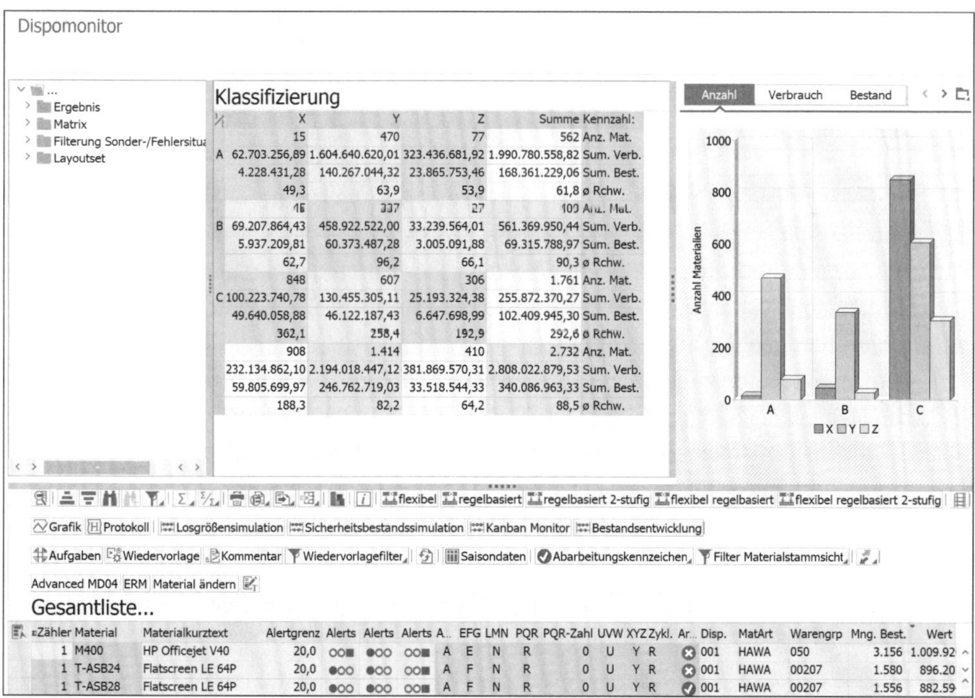

Abbildung 3.32 Dispositionsmonitor – Ergebnis

Im linken Bildabschnitt werden die Datensätze insgesamt gezeigt, d. h. die Datensätze für die normalen, die neuen und die gelöschten Materialien. Mit einem Doppelklick auf einen Datensatz im linken Bildausschnitt wird dann für die jeweilige Selektion die ABCD/XYZN-Matrix in der mittleren Bildhälfte angezeigt. Dort sehen Sie die 9-Feld-Matrix (die je nach Konfiguration auf eine 16-Feld-Matrix erweitert werden kann) mit jeweils vier Einträgen pro Feld: Anzahl der Materialien, Summe der Verbrauchswerte im Analysezeitraum, Summe der Bestandswerte und die durchschnittliche Reichweite. Alle Werte können auch in % ausgewertet werden. Klicken Sie auf einen dieser vier Einträge, so wird rechts davon die entsprechende 3-D-Grafik angezeigt.

Wenn Sie von dieser Übersicht in die Detailsicht springen, etwa indem Sie einfach auf eines der neun Felder in der Matrix klicken (z. B. auf die Spalte **C**), dann zeigt die Detailsicht im unteren Bildabschnitt alle C-Materialien mit ihren dispositionsrelevanten Parametern und Stammdaten an. Sie können die Detailsicht auch als ganzen Bildschirm einblenden, indem Sie einfach auf eines der neun Felder in der Matrix doppelklicken (siehe Abbildung 3.33).

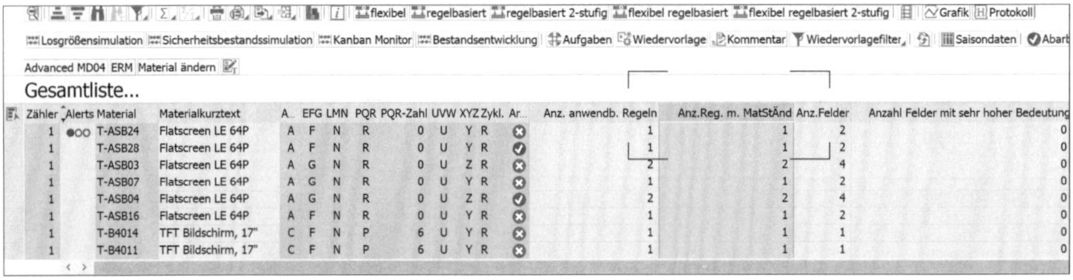

flexibel regelbasiert regelbasiert 2-stufig flexibel regelbasiert flexibel regelbasiert 2-stufig Grafik Protokoll
Losgrößensimulation Sicherheitsbestandssimulation Kanban Monitor Bestandsentwicklung Aufgaben Wiedervorlage Kommentar Wiedervorlagefilter Saisondaten Abart
Advanced MD04 ERM Material ändern

Gesamtliste...

Zähler	Alerts	Material	Materialkurztext	A...	EFG	LMN	PQR	PQR-Zahl	UVW	XYZ	Zykl.	Ar...	Anz. anwendb. Regeln	Anz.Reg. m. MatStÄnd	Anz.Felder	Anzahl Felder mit sehr hoher Bedeutung
1	●○○	T-ASB24	Flatscreen LE 64P	A	F	N	R	0	U	Y	R	✕	1	1	2	0
1		T-ASB28	Flatscreen LE 64P	A	F	N	R	0	U	Y	R	✓	1	1	2	0
1		T-ASB03	Flatscreen LE 64P	A	G	N	R	0	U	Z	R	✕	2	2	4	0
1		T-ASB07	Flatscreen LE 64P	A	G	N	R	0	U	Y	R	✕	1	1	2	0
1		T-ASB04	Flatscreen LE 64P	A	G	N	R	0	U	Z	R	✓	2	2	4	0
1		T-ASB16	Flatscreen LE 64P	A	F	N	R	0	U	Y	R	✕	1	1	2	0
1		T-B4014	TFT Bildschirm, 17"	C	F	N	P	6	U	Y	R	✕	1	1	1	0
1		T-B4011	TFT Bildschirm, 17"	C	F	N	P	6	U	Y	R	✕	1	1	1	0

Abbildung 3.33 Dispositionsmonitor – Ergebnis »Detailliste«

In der Detailsicht können Sie jetzt alle dispositionsrelevanten Parameter anzeigen, miteinander vergleichen und auswerten. Zusätzlich werden die berechneten Formeln z. B. für den optimalen Sicherheitsbestand, der Anteil der Nullperioden und weitere Bestandsanalysen, wie z. B. Bestandsreichweiten, die Lagerhüteranalyse, die Umschlagshäufigkeit und die Bodensatzanalyse, angezeigt. Auch können dort Alerts, dem Disponenten zugeteilte Aufgaben oder aggregierte Werte für Stammdatenänderungsvorschläge angezeigt werden. Damit behalten Sie jederzeit den Überblick über die dispositionsrelevanten Parameter und Stammdaten und können die Stammdatenqualität kontrollieren.

Über eine Auswahl der entsprechenden Materialien in der Ergebnisliste und den Klick auf einen der mit dem Stammdatenregelwerk in Verbindung stehenden Schaltfläche gelangen Sie zu einer Ansicht mit den Details der Stammdatenvorschläge (siehe Abbildung 3.34).

Dieser Dialog wird als *zweistufige Regelwerkspflege* bezeichnet, weil Sie zunächst das jeweilige Material interaktiv auswählen und dann im Dialog entscheiden, welcher der Stammdatenvorschläge angenommen werden soll. Mit dem Dispositionsmonitor ist jedoch auch eine Pflege der Stammdaten auf Basis des Regelwerks im Hintergrund möglich.

BPI(1)/800 Zweistufige Regelaktualisierung

Auswahl | Änderungsgrund

Auswa...	AuswReihen	Herkunft	Regel Schl	Regeltext	Material	Werk	DMk	DL	Feste LGr	SichBest	Meldebest	Bez. Änderungsgrund	Änderungsgrund
☐		Aktuelle Einstellung			M-10	1200	PD	EX	0,000	0,000	0,000		
☑	11100	Regelwerkvorschl...		Y Materials 1...	M-10	1200	PD	EX	0,000	22,000	0,000		
☐		Aktuelle Einstellung			R-1120	1200	DD	FX	1.500,0...	0,000	1.000,000		
☐		Aktuelle Einstellung			R-1140	1200	DD	EX	0,000	0,000	1,000		
☑	11300	Regelwerkvorschl...		Z Materials 1...	R-1140	1200	VB	FX	50,000	40,000	65,031		
☐	11400	Regelwerkvorschl...		Z Materials 1...	R-1140	1200	VB	FX	50,000	44,000	68,000	Qualitätsprobleme	QUA
☐		Aktuelle Einstellung			R-1160	1200	PD	EX	0,000	0,000	0,000		
☑		Aktuelle Einstellung			R-1210	1200	DD	EX	0,000	136,178	233,478		
☐	11100	Regelwerkvorschl...		Y Materials 1...	R-1210	1200	PD	EX	0,000	22,000	233,478		
☐		Aktuelle Einstellung			R-1230	1200	DD	EX	0,000	127,360	191,510		
☑	11100	Regelwerkvorschl...		Y Materials 1...	R-1230	1200	PD	EX	0,000	37,000	191,510		
☐		Aktuelle Einstellung			R-1250C	1200	DD	EX	0,000	159,447	258,339		
☐		Aktuelle Einstellung			R-1260C	1200	DD	EX	0,000	162,237	262,187		
☐		Aktuelle Einstellung			R-1310	1200	DD	HB	0,000	151,126	234,821		
☐		Aktuelle Einstellung			R-1330	1200	DD	HB	0,000	135,269	202,869		
☐		Aktuelle Einstellung			T-ASD02	1200	VB	EX	0,000	8,983	49,815		
☑	11100	Regelwerkvorschl...		Y Materials 1...	T-ASD02	1200	PD	EX	0,000	37,000	49,815		
☐		Aktuelle Einstellung			T-ASD03	1200	VB	EX	0,000	8,666	48,058		
☑	11100	Regelwerkvorschl...		Y Materials 1...	T-ASD03	1200	PD	EX	0,000	25,000	48,058		
☐		Aktuelle Einstellung			T-ASD07	1200	VB	EX	0,000	8,917	49,445		
☑	11100	Regelwerkvorschl...		Y Materials 1...	T-ASD07	1200	PD	EX	0,000	25,000	49,445		
☐		Aktuelle Einstellung			T-ASD08	1200	VB	EX	0,000	8,969	49,737		
☑	11100	Regelwerkvorschl...		Y Materials 1...	T-ASD08	1200	PD	EX	0,000	22,000	49,737		
☐		Aktuelle Einstellung			T-ASD09	1200	VB	EX	0,000	7,941	44,037		
☐		Aktuelle Einstellung			T-ASD11	1200	VB	EX	0,000	8,251	45,755		
☑	11100	Regelwerkvorschl...		Y Materials 1...	T-ASD11	1200	PD	EX	0,000	22,000	45,755		
☐		Aktuelle Einstellung			T-ASD12	1200	VB	EX	0,000	9,683	53,699		
☐		Aktuelle Einstellung			T-ASD13	1200	VB	EX	0,000	75,348	417,837		
☑	11100	Regelwerkvorschl...		Y Materials 1...	T-ASD13	1200	PD	EX	0,000	100,000	417,837		
☐		Aktuelle Einstellung			T-ASD14	1200	VB	EX	0,000	79,287	439,683		
☑	11100	Regelwerkvorschl...		Y Materials 1...	T-ASD14	1200	PD	EX	0,000	100,000	439,683		
☐		Aktuelle Einstellung			T-ASD15	1200	VB	EX	0,000	75,472	418,525		

Abbildung 3.34 Zweistufige Regelwerkspflege auf Basis einer erweiterten Klassifizierung

In beiden aufgeführten Fällen basieren die Vorschläge auf einem Regelwerk, das Sie in der Transaktion /SAPLOM/XMM_RULE pflegen können (siehe Abbildung 3.35). Nach Aufruf der Transaktion erscheinen bereits eingegebene Regeln. Wenn Sie auf die Schaltfläche **Neue Regel** klicken, wird der Bildschirm im linken Bereich durch einen Regelpflegedialog ergänzt.

Pflege der Regelwerktabelle

Neue Regel | Regel speichern | Regel(n) löschen | Abbrechen

Regel

Feld	Wert
Auswertereihenfolge	11001
Beschreibung Regel	AX Fert Werk 1010
Regel Schlüssel	
Richtlinienkategorie	
Gültig ab	
Gültig bis	
Planungsszenario	

Bedingungen

Klassifizierungsfelder / Zusatzfelder (Tabelle /SAPLOM/MEH_MM01)

Feld	von		bis
ABC(D)-Kennzeichen	A	bis	
EFG(N)-Kennzeichen		bis	
HIJ(K)-Kennzeichen		bis	
KSTX(N)-Kennzeichen		bis	
LMN(O)-Kennzeichen		bis	
UVW(N)-Kennzeichen		bis	
PQR-Kennzeichen		bis	
XYZ(N)-Kennzeichen	X	bis	

AuswReihen	Regeltext	PSzat.	Gültig ab	Gültig bis	A...	MerkWert	EFG	HIJ
9922	SAP DEMO				I...			
9923	SAP DEMO				I...			
10000	Sequence 10000...							
10011	Update Single le...		01.01.2...	31.12.2...				
10045	Formula for Exin...							
10450	ABX FERT 1000 ...				I...			
11000	Sequence 11000...				I...			
11100	Y Materials 1200...							
11200	X Materials 1200...							
11300	Z Materials 1200...							
11400	Z Materials 1200...							
12000	Sequence 12000...				I...			
12123					I...			
13000	Sequence 13000...				I...			
13001	Sequence 13001...				I...			
13002	Sequence 13002...				I...			
14000	Spike update		01.01.2...	31.12.2...				
45678	Merkmal					I EQ 10 ...		
88888	Sequence 88888...							
99912	Testregel MK				I...		I...	I...
99999	Sequence 99999...				I...			
100001	AX FERT 1000				I...			

Abbildung 3.35 Stammdatenregelwerk für eine Optimierung mit dem Dispositionsmonitor

Hier sind neben einigen steuernden Einstellungen im sogenannten Regelkopf wie einer Regelpriorität oder einer zeitlichen Gültigkeit die Bedingungen (engl. *Conditions*) zu pflegen, mit denen die Relevanz einer Regel erkannt wird. In einem separaten Updatebereich (engl. *Consequences*) stehen Optionen zur Festlegung der zu pflegenden Stammdateneinstellungen bereit (siehe Abbildung 3.36).

Pflege der Regelwerktabelle

Neue Regel | Regel speichern | Regel(n) löschen | Abbrechen

Updatewerte

		initialisi		Formel
Material- und werksabhängige Felder (Tabelle MARC)				
Werksspez. MatStatus		☐	☐	
Dispomerkmal	PD	☐	☐	
Dispolosgröße	EX	☐	☐	
Sonderbeschaffung		☐	☐	

Abbildung 3.36 Updatebereich des Regelwerks

Somit können Sie für die laufende Stammdatenoptimierung Wenn/Dann/Sonst-Regeln definieren, die dann vom Dispositionsmonitor in interaktive Vorschläge umgesetzt oder für die Hintergrundpflege identifiziert werden. Auch Formeln können in diese Pflege eingebunden werden.

Sowohl die Felder im Bereich **Bedingungen** als auch die im Bereich **Updatewerte** sind dabei über Customizing-Einstellungen beinflussbar, es stehen jeweils mehrere 100 Felder zur Auswahl. Dazu gehören die Felder der erweiterten Klassifizierung wie ABC, XYZ oder LRODI, jedoch auch aktuelle Stammdaten oder errechnete Kennzahlen.

Auswahl der Dispositionsstammdaten und Optimierung der Dispositionsparameter

Wie Sie die Dispositionsstammdaten auswählen und die Dispositionsparameter auf Basis der erweiterten Klassifizierung optimieren können, erläutert Kapitel 20, »Dispositionsoptimierung«, im Detail.

Das mithilfe des Dispositionsmonitors erzielte Ergebnis der ABC/XYZ-Klassifizierung kann in den Materialstamm fortgeschrieben werden (siehe Abbildung 3.37). Dort erscheinen optional mehrere neue Sichten, in denen Ihnen u. a. die Felder **ABC(D)-Kennzeichen**, **XYZ(N)-Kennzeichen** zur Verfügung stehen. Hier kann das Klassifizierungsergebnis, z. B. das ABC/XYZ-Kennzeichen, automatisch vom Dispositionsmonitor eingetragen werden. Ebenfalls möglich sind Klassifizierungsmerkmale für gelöschte und neue Materialien oder Materialien ohne Verbrauch sowie weitere Kennzeichen.

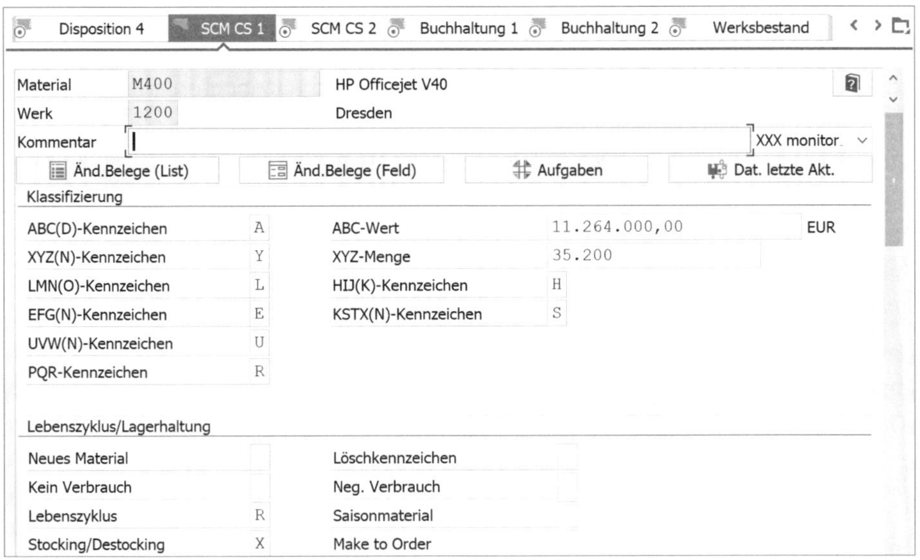

Abbildung 3.37 ABC/XYZ-Klassifizierungsmerkmal im Materialstamm – Sicht »SCM CS 1«

Noch einige abschließende Anmerkungen zur Nutzung einer ABC/XYZ-Analyse: Die Selektion der Artikel entscheidet über die Aussagekraft der ABC/XYZ-Analyse. In der Regel ist es sinnvoll, die Materialien nur eines Werks auszuwählen und zu analysieren. Wenn ein Material in mehreren Werken produziert oder gelagert wird, kann es durchaus vorkommen, dass derselbe Artikel im Distributionszentrum ein A-Material ist und im Produktionswerk nur ein B-Material. Selektiert man also bspw. Material 4711 aus Werk 100, so kann der Artikel ein A-Material sein. Selektiert man Material 4711 jedoch aus allen Werken, z. B. aus Werk 100 und 200, so kann dasselbe Material als B-Material klassifiziert werden, weil nun die Verbräuche von beiden Werken zusammen betrachtet werden. Es kommt daher auf den selektierten Umfang an Materialien (sogenannte Grundgesamtheit) an. Deshalb kann es zu unterschiedlichen Ergebnissen kommen.

Ein anderes Beispiel ist die Selektion nach Materialart. Selektiert man nur die fremdbeschafften Materialien und anschließend *alle* Materialien, kann ein Material, das bei der ersten Selektion noch ein A-Material war, nun plötzlich ein C-Material sein. Das Ergebnis der ABC/XYZ-Klassifizierung ist also dynamisch, weshalb Sie besonders auf die richtige Selektionsbasis achten müssen.

3.5 Fazit

Die ABC/XYZ-Klassifizierung ist eines der wichtigsten Instrumente des Supply Chain Managements, insbesondere wenn Sie um weitere Klassifizierungen erweitert wird.

Mithilfe dieser Analyse können Materialien bewertet und separat gesteuert werden. Die Transparenz und die Prozesssicherheit im Unternehmen steigen damit deutlich, und jeder weiß, wie und warum ein Material geplant und disponiert wird. Die ABC/XYZ-Analyse lässt sich mit der Taktik beim Fußball vergleichen: Ohne gute Taktik gewinnt man nicht. Auf die Disposition übertragen heißt das: ohne Klassifizierung keine Dispositionsstrategie – und ohne Dispositionsstrategie werden Sie Dispositionsziele wie Bestandsreduzierung nicht erreichen. Auf Basis der ABC/XYZ-Analyse können Sie also die Strategie der Disposition und des gesamten Supply Chain Managements entwickeln, um Ihre Ziele optimal zu erreichen.

Nachdem wir nun die wichtigsten Grundlagen der Disposition erläutert haben, stellen wir Ihnen im nächsten Kapitel den grundsätzlichen Ablauf der Disposition in SAP näher vor.

Kapitel 4
Ablauf der Disposition in SAP

Die Disposition besteht aus den vier Hauptphasen Programmplanung, Materialbedarfsplanung, Termin- und Kapazitätsplanung sowie Auftragsveranlassung und -überwachung. Das Kapitel führt diesen Ablauf in SAP vor.

In diesem Kapitel beschreiben wir den grundsätzlichen Ablauf der Disposition von der Absatzplanung bis zur Auftragsrückmeldung. Dabei skizzieren wir den Ablauf zunächst aus betriebswirtschaftlicher Sicht und verdeutlichen dann, wie er sich im SAP-ECC- bzw. im SAP-S/4HANA-System widerspiegelt.

Das Kapitel verschafft Ihnen somit einen Gesamtüberblick über den Dispositionsprozess und erleichtert Ihnen die Einordnung der folgenden Kapitel. Da die einzelnen Funktionen dort noch im Detail beschrieben werden, gehen wir hier jeweils nur kurz darauf ein.

Im letzten Teil des Kapitels lernen Sie Funktionen der Planungssysteme SAP APO und SAP IBP kennen, mit denen Sie den Dispositionsprozess erweitern können. Dabei erläutern wir insbesondere die Unterschiede zu den ERP-Systemen SAP ECC und SAP S/4HANA.

4.1 Betriebswirtschaftlicher Überblick

Der Dispositionsprozess lässt sich in die folgenden vier Phasen einteilen (siehe Abbildung 4.1):

1. Programmplanung
2. Materialbedarfsplanung
3. Termin- und Kapazitätsplanung
4. Auftragsveranlassung und -überwachung

Auf diese Phasen gehen wir in den folgenden Abschnitten ausführlich ein.

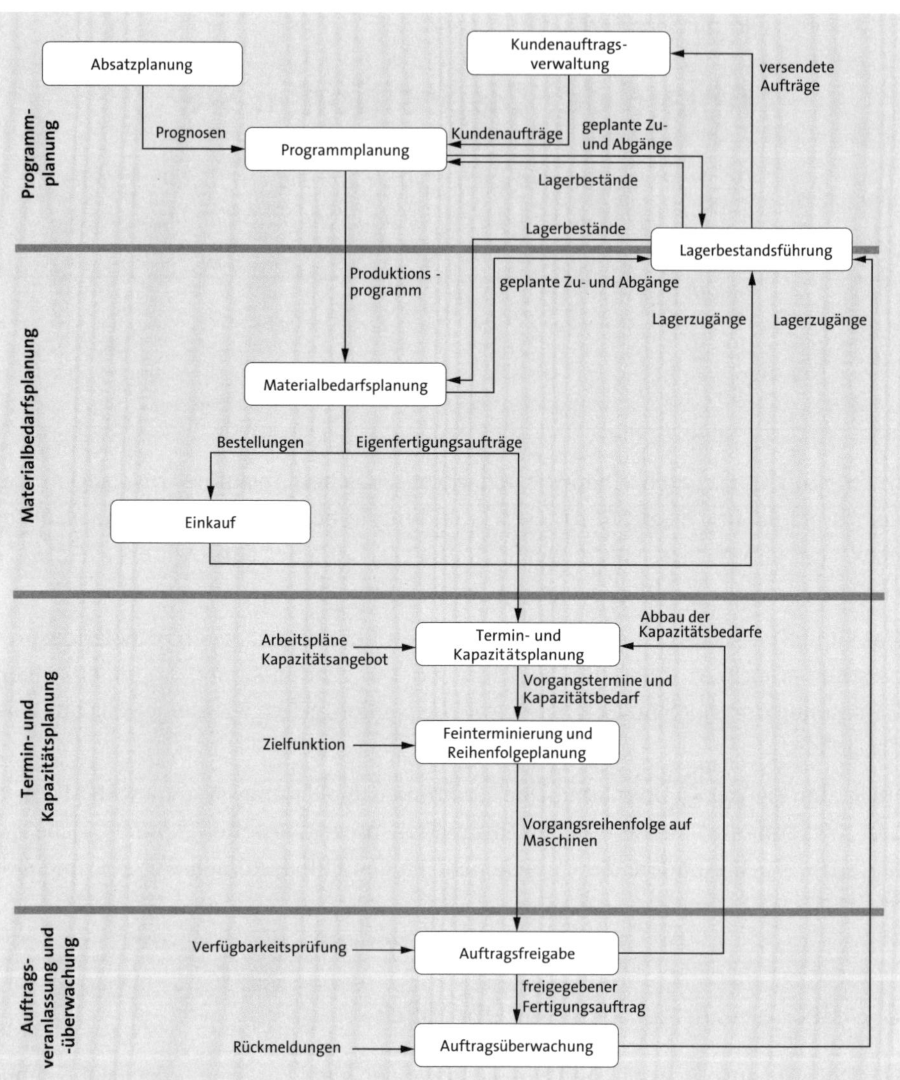

Abbildung 4.1 Die vier Phasen des Dispositionsprozesses

4.1.1 Programmplanung

Aufgabe der Programmplanung ist es, die zukünftigen Bedarfe des Marktes an Enderzeugnissen und Ersatzteilen nach Art, Menge und Termin zu planen. Die Programmplanung ist der Ausgangspunkt für die Disposition von Kaufteilen und die Planung des Produktionsablaufs und stellt somit die Grundlage für alle weiteren Planungsschritte dar. Die Planungsqualität des Produktionsprogramms bestimmt die Effizienz des gesamten Planungsprozesses bis zur Auslieferung.

Die in der Programmplanung ermittelten Bedarfe werden als *Primärbedarfe* bezeichnet. Sie setzen sich zusammen aus den bereits erteilten Aufträgen (*Kundenprimärbedarfe*) und den prognostizierten Bedarfen (*Vorplanungsbedarfe* oder *Planprimärbedarfe* genannt). Die prognostizierten Bedarfe, also die Vorplanungsbedarfe, werden im Rahmen der Absatzplanung festgelegt. Folgende Quellen kommen für die Vorplanungsbedarfe unter anderem in Frage:

- Schätzung des Bedarfs durch Marketing und Vertrieb
- Analyse von Marktreaktionen auf Vertriebsmaßnahmen
- Extrapolation der Vergangenheit durch mathematische Prognoseverfahren

Für eine möglichst präzise Prognose sollte die Programmplanung *alle* Primärbedarfe, also auch Ersatzteile, Demonstrations- oder Versuchsmuster enthalten.

Bei der Festlegung der Vorplanungsbedarfe durch eine Prognose oder durch Schätzungen ist die Festlegung der *Planungsebene* entscheidend. So kann es für Endprodukte oder Varianten sinnvoll sein, eine aggregierte Planungsebene (z. B. Produktgruppen) zu schaffen, auf der die zukünftigen Bedarfe prognostiziert werden. Der Umfang der zu planenden Positionen bleibt so überschaubar und kann vom Vertrieb gut geplant werden. Zusätzlich können sich auf der aggregierten Ebene Bedarfsschwankungen der einzelnen Endprodukte ausgleichen. In anderen Fällen kann es sinnvoller sein, Baugruppen anstatt Fertigerzeugnisse zu planen, z. B. wenn zahlreiche Endprodukte die gleichen Baugruppen verwenden.

Ein grundsätzliches Problem der Supply-Chain-Planung liegt darin, dass die vom Kunden geforderte Lieferzeit oft kürzer ist als die Fertigungs- oder Durchlaufzeit des Produkts. Um dieses Problem zu lösen, müssen Bestände bzw. Sicherheitsbestände auf *Komponenten-* oder *Enderzeugnisebene* in Werken oder Distributionszentren aufgebaut werden. Grundsätzlich sollte die tatsächliche Disposition von Materialien aufgrund des damit verbundenen Absatzrisikos und der Kapitalbindung so spät wie möglich erfolgen – möglichst nur aufgrund echter Kundenaufträge. Daher ist eine Dispositionsstufe der Fertigung zu definieren, bis zu der auf Lager produziert und beschafft wird. Alle weiteren Stufen können dann innerhalb der Lieferzeit kundenauftragsbezogen abgewickelt werden. An dieser Stelle findet die Entkopplung von anonymer Lagerfertigung (Push-Strategien) und Kundenauftragsfertigung (Pull-Strategien) statt. Diese Ebene wird als *Bevorratungsebene* bezeichnet. Weitere Gründe für eine Bevorratung können eine gleichmäßige Auslastung der Produktionskapazitäten sein. Kriterien zur Festlegung der Bevorratungsebene sind:

- Mehrfachverwendbarkeit der Komponenten zur Reduzierung des Absatzrisikos
- Durchlaufzeit unter der vom Kunden erwarteten Lieferzeit
- Flexibilität der Einplanung und Abwicklung kundenauftragsbezogener Beschaffung und Fertigung

Nach diesem Einblick in die Programmplanung widmen wir uns als Nächstes der Erläuterung der Materialbedarfsplanung.

4.1.2 Materialbedarfsplanung

Da in der Programmplanung nur Primärbedarfe für Enderzeugnisse und Ersatzteile geplant werden, muss als Zweites eine Materialbedarfsplanung erfolgen. In diesem Schritt werden aus den Primärbedarfen die Bedarfsmengen für Rohstoffe, Einzelteile und Baugruppen abgeleitet. Diese abhängigen Bedarfe werden als *Sekundärbedarfe* bezeichnet.

In diesem Zusammenhang werden plangesteuerte und verbrauchsgesteuerte Bedarfsermittlungsverfahren unterschieden.

Ablauf der plangesteuerten Disposition

Bei der plangesteuerten Disposition werden die Materialbedarfe exakt mit Menge und Termin ermittelt (siehe Abschnitt 1.3.1, »Plangesteuerte (deterministische) Bedarfsrechnung«). Die Mengenermittlung erfolgt mithilfe von Stücklisten und die Terminermittlung mithilfe von Fertigungsdurchlaufzeiten und Pufferzeiten (z. B. aus Arbeitsplänen). Die Planungsreihenfolge der Materialien wird mithilfe des Dispositionsstufenverfahrens bestimmt.

Die Dispositionsstufe ist die tiefste Stufe in einer Stückliste, auf der ein Material vorkommt. Die Materialien werden während des Planungslaufs nach absteigender Dispositionsstufe sortiert geplant. Zuerst werden Materialien geplant, die nur als Stücklistenköpfe auftreten, zuletzt die Rohstoffe auf den unteren Ebenen. Somit wird ein Material erst dann geplant, wenn alle Sekundärbedarfe von höheren Dispositionsstufen bekannt sind.

Wenn alle Bruttobedarfe für ein Material ermittelt wurden, kann der Nettobedarf bestimmt werden. Hierzu werden den ermittelten Bedarfen, die eventuell auch einen zusätzlichen Sicherheitsbestand enthalten, die Bestände und bereits geplanten Zugänge gegenübergestellt, und es werden Unterdeckungsmengen ermittelt.

In einem weiteren Schritt erfolgt die Losgrößenrechnung. Hier versucht man, die Unterdeckungsmengen durch die Ermittlung wirtschaftlicher Bestellmengen möglichst kostengünstig zu decken. Ziel ist die Minimierung der Summe aus Bestell- und Lagerhaltungskosten. In der Praxis werden jedoch auch häufig fixe oder periodische Bestellmengen benutzt.

Ablauf der verbrauchsgesteuerten Disposition

Bei der verbrauchsgesteuerten Disposition, zu der auch eine Disposition mit dem Demand-Driven-MRP-Ansatz gehört, wird der Bedarf in der Regel nicht aus einem zentralen Fertigungs- oder Lieferprogramm im Planungslauf abgeleitet (siehe Abschnitt 1.3.2, »Verbrauchsgesteuerte (stochastische) Bedarfsrechnung«). Vielmehr wird die Beschaffung oder Produktion pro Material auf der Basis von Vergangenheitsverbräuchen und einfachen Bestellpolitiken geplant.

Eine Bestellpolitik legt fest, wann und in welchem Umfang ein Material beschafft oder produziert werden soll. Der Zeitpunkt kann z. B. mit dem Ablauf eines bestimmten Zeitintervalls (zyklische Disposition) oder mit dem Unterschreiten eines kritischen Lagerbestands festgelegt sein. Die Losgröße kann entweder fixiert sein oder vom aktuellen Lagerbestand abhängen (Auffüllen auf einen Höchstbestand). Somit ergeben sich die in Tabelle 4.1 gezeigten Dispositionsregeln sowie weitere Mischformen, die hier jedoch nicht weiter beschrieben werden (siehe Abschnitt 1.5, »Bestellrechnung«).

		Bestellzeitpunkt	
		Zeitintervall	Meldebestand
Bestellmenge	**fix**	t,q-Regel	s,q-Regel
	Auffüllen auf Höchstbestand	t,S-Regel	s,S-Regel

Tabelle 4.1 Dispositionsregeln

4.1.3 Termin- und Kapazitätsplanung

Die Termin- und Kapazitätsplanung hat mehrere Aufgaben. Sie bestimmt die Starttermine der Vorgänge der Fertigungsaufträge (Durchlaufterminierung), ermittelt den Kapazitätsbedarf (Kapazitätsbedarfsplanung) und führt bei Kapazitätsüberlastungen einen Kapazitätsabgleich durch. Das Ergebnis sind somit Planstarttermine für die einzelnen Vorgänge der Aufträge und das Kapazitätsbelastungsprofil an den einzelnen Arbeitsplätzen.

Im Rahmen der Durchlaufterminierung werden für jeden Arbeitsgang die Anfangs- und Endtermine berechnet, ohne dabei Kapazitätsrestriktionen zu berücksichtigen. Oft ermittelt man die Starttermine über eine Rückwärtsterminierung, ausgehend vom gewünschten Endtermin. Alternativ können Sie auch eine Vorwärts- oder Mittelpunktsterminierung durchführen. Mithilfe der Vorgangstermine können Sie nun in der Kapazitätsplanung den Kapazitätsbedarf pro Planungsperiode ermitteln. Übersteigt der Kapazitätsbedarf die Normalkapazität, muss ein Kapazitätsabgleich durchgeführt werden.

Im Rahmen des Kapazitätsabgleichs können folgende Maßnahmen durchgeführt werden:

- Anpassung der Kapazitäten an den Bedarf (z. B. durch Überstunden, Zusatzschichten, Umschichtung von Personal, Reservemaschinen)
- Anpassung des Bedarfs an die Kapazitäten (z. B. durch zeitliche Verschiebung, Mengenreduzierung, Fremdvergabe, alternative Arbeitsplätze)

Im Rahmen der Kapazitätsplanung können auch zusätzlich eine Feinterminierung und Reihenfolgeplanung erfolgen. Aufgabe der Feinterminierung ist es, die Arbeitsvorgänge zeitgenau unter Festlegung einer Reihenfolge auf den Maschinen einzuplanen. Die Reihenfolge der Arbeitsvorgänge bestimmt man dabei entweder interaktiv durch den Feinplaner in einem Leitstand, über heuristische Reihenfolgeregeln (z. B. First-Come-First-Serve) oder mithilfe einer Optimierung bezüglich einer festgelegten Zielfunktion. An dieser Stelle können auch Rüstabhängigkeiten berücksichtigt werden.

4.1.4 Auftragsveranlassung und -überwachung

Die zwei wichtigen Prozessschritte sind hier die Auftragsveranlassung und die Auftragsüberwachung. Zur Auftragsveranlassung gehört die Auftragsfreigabe. Sie erfolgt, nachdem alle planerischen Schritte abgeschlossen sind. Mit der Auftragsfreigabe wird die Produktion angestoßen. Damit die Fertigung nicht mit unausführbaren Aufträgen belastet wird, sollte eine Verfügbarkeitsprüfung der zur Auftragserfüllung erforderlichen Materialien, Betriebsmittel, Vorrichtungen und Werkzeuge durchgeführt werden. Durch die Auftragsfreigabe werden oftmals auch die Materialbereitstellung und Umrüstungen gesteuert.

Als letzter Schritt der Disposition überprüft die Auftragsüberwachung, ob die Einhaltung der Plandaten gewährleistet ist. Liegen durch Störungen verursachte Abweichungen über definierten Toleranzgrenzen, so sind stabilisierende Maßnahmen zu ergreifen. Damit die Soll- und Ist-Daten miteinander verglichen werden können, ist eine aktuelle Rückmeldung von Daten entscheidend. Im Rahmen der Rückmeldung werden auftragsbezogene Daten (Produktionszeiten, Gutmengen, Ausschussmengen), personalbezogene Mengen (geleistete Stunden), maschinenbezogene Daten (Rüstzeiten, Stillstandszeiten) und materialbezogene Daten (Bestandszugänge der Fertigteile und Entnahmen der Komponenten) erfasst. Diese Daten sind wiederum Grundlage für den Dispositionsprozess, da sie die Lagerbestandsführung und die Kapazitätsplanung direkt beeinflussen.

4.2 Übersicht über den Dispositionsprozess im SAP-System

Die Disposition kann auch in den betrachteten SAP-Systemen in die vier oben beschriebenen Schritte unterteilt werden. Für deren Ausführung können verschiedene Funktionen in SAP ECC, SAP S/4HANA, SAP APO und SAP IBP genutzt werden. Die Integration zwischen den Systemen erfolgt über verschiedene Schnittstellen. Ein Beispiel hierfür ist die Schnittstelle *Core Interface* (CIF) zwischen dem jeweiligen SAP-ERP-System und dem SAP-APO-System. Hier können Stamm- und Bewegungsdaten in Echtzeit oder periodisch übertragen werden. Es ist möglich und sinnvoll, beide Systeme in einem integrierten Verbund zur Planung einzusetzen. Integrationsmöglichkeiten für die einzelnen Funktionen werden in Abschnitt 4.4, »Dispositionsprozess in SAP APO«, noch im Detail beschrieben. Analog ist dies auch anstelle des SAP-APO-Systems mit einem SAP-IBP-System möglich (siehe Abschnitt 4.5, »Dispositionsprozess in SAP IBP«,).

Im Folgenden erläutern wir anhand des Beispiels einer Planung in einem SAP-ECC- und SAP-APO-Systemverbund den in Abbildung 4.2 dargestellten Ablauf. Analog wäre auch eine Kopplung eines SAP-S/4HANA-Systems mit einem SAP-APO-System möglich.

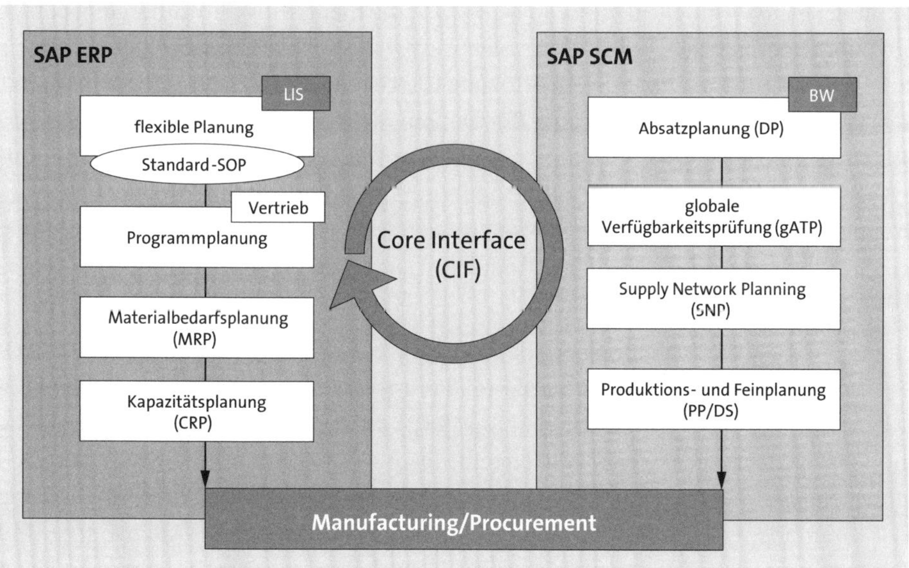

Abbildung 4.2 Ablauf der Disposition in SAP ECC und SAP APO

Im ersten Schritt der Programmplanung muss eine Absatzplanung als Ausgangspunkt der Disposition erstellt werden. Für diesen Schritt gibt es mehrere Integrationsmöglichkeiten beider Systeme. Auf Seite des genutzten SAP-ERP-Systems kann eine Absatzplanung im Rahmen der *flexiblen Planung* erstellt werden. Ein Spezialfall der flexiblen Planung ist die *Standard-SOP* (Sales and Operations Planning). Mit diesen beiden Tools kann, etwa aus den Absatzzahlen der Vergangenheit, das zukünftige Produktionsprogramm abgeleitet werden. Anschließend können die Vorplanungsbedarfe entweder zur weiteren Planung in SAP ECC verbleiben oder per CIF an das SAP-APO-System übergeben werden. Alternativ kann die Absatzplanung auch auf SAP-APO-Seite in der Komponente Demand Planning (DP) erstellt werden. Da die Planung in DP auf Grundlage eines SAP-APO-internen Business Warehouse (im Gegensatz zu den Logistikinformationssystem-Strukturen in SAP ECC) erstellt wird, bieten sich hier zahlreiche Zusatzmöglichkeiten im Vergleich zur flexiblen Planung in SAP ERP. Diese Vorteile werden in Abschnitt 4.4.1, »Demand Planning (DP)«, im Einzelnen erläutert.

Der zweite Teil der Programmplanung, die Erfassung von Kundenbedarfen, findet auf SAP-ERP-Seite statt. Kundenaufträge werden grundsätzlich im Bereich Vertrieb des SAP-ECC-Systems erfasst. Die Verfügbarkeitsprüfung im Kundenauftrag, *ATP-Prüfung* (Available-to-Promise) genannt, kann jedoch entweder in SAP ECC oder in SAP APO erfolgen. Wird die Verfügbarkeitsprüfung im SAP-APO-System aktiviert, springt das SAP-ECC-System bei der ATP-Prüfung im Kundenauftrag automatisch in das SAP-APO-System ab. Während bei der ATP-Prüfung in SAP ECC nur eine einstufige Prüfung (oder eine Montageabwicklung) erfolgen kann, gibt es im SAP-APO-System wieder zahlreiche Zusatzmöglichkeiten. So kann z. B. eine mehrstufige Prüfung, eine globale Prüfung innerhalb des Supply-Chain-Netzwerks oder auch eine regelbasierte Prüfung z. B. auf Substitutionsmaterialien erfolgen. Gleichzeitig ist auch eine Integration mit der Produktions- und Feinplanung (PP/DS) möglich. Bei dem sogenannten *CTP-Verfahren* (Capable-to-Promise) kann sofort bei der Kundenauftragserfassung eine Auftragsanlage und Terminierung der Produktion unter Berücksichtigung von Komponentenverfügbarkeit und Kapazitäten erfolgen (siehe Abschnitt 4.4.3, »Produktions- und Feinplanung (PP/DS)«). Dem Kundenauftrag wird somit ein realisierbarer Liefertermin gemeldet.

Bevor die eigentliche Materialbedarfsplanung pro Werk beginnt, bietet das SAP-APO-System die Möglichkeit, eine komplette Planung des Liefer- und Beschaffungsnetzwerks mit der Supply-Network-Planung (SNP) durchzuführen. Mithilfe dieser Planung wird ein netzwerkweiter Plan erstellt, der durch eine Produktion im Werk, durch eine Umlagerung aus einem anderen Produktionswerk oder durch die Beschaffung der Komponenten oder Rohstoffe die Vorplanungsbedarfe der Absatzplanung und die bereits erteilten Kundenaufträge deckt. Dabei können die Kapazitätsrestriktionen des Netzwerks berücksichtigt werden. Diese Funktion steht in SAP ECC nicht zur Verfügung.

Der zweite Schritt der Disposition, die Materialbedarfsplanung, kann in dem hier beispielhaft hervorgehobenen Systemverbund wieder auf SAP-ECC- oder auf SAP-APO-Seite ausgeführt werden. In einem typischen Szenario der integrierten Produktionsplanung werden plangesteuerte Materialien in SAP APO disponiert und verbrauchsgesteuerte Materialien in SAP ECC. Der Planungslauf und auch die Transparenz der Beschaffungssituation im SAP-APO-System bieten wieder einige Vorteile gegenüber dem SAP-ECC-System.

Die Termin- und Kapazitätsplanung, die sich direkt an die Materialbedarfsplanung anschließt, kann wieder sowohl im SAP-ECC- als auch im SAP-APO-System ausgeführt werden. Ziel dieses Schritts ist ein finiter Produktionsplan. Es überwiegen in diesem Fall aber klar die erweiterten Möglichkeiten der Kapazitätsplanung in SAP APO. Das System bietet die grafische Plantafel, Feinplanungsheuristiken und den Optimierer als Funktionen an. Die Möglichkeiten einer finiten Feinplanung in SAP ECC sind dagegen begrenzt.

Der Schritt der Auftragsveranlassung und -überwachung, also die spätere Abwicklung der Fremdbeschaffung und der Produktionsaufträge, findet in den Bereichen Procurement und Manufacturing des SAP-ECC-Systems statt; also im Materials Management (MM), im Production Planning (PP) und gegebenenfalls in einem angeschlossenen System zur Betriebsdatenerfassung (BDE).

SAP APO ist zwar ein reines Planungstool, Störungen und zeitliche Verschiebungen in der Fertigung werden in der Lösung dennoch berücksichtigt.

4.3 Dispositionsprozess in SAP ECC und SAP S/4HANA

In diesem Abschnitt beschreiben wir den Ablauf einer Disposition, für die nur ein SAP-ECC- oder ein SAP-S/HANA-System genutzt wird. Für jeden der oben beschriebenen vier Schritte zeigen wir, welche Funktionen die beiden genannten Systeme bieten. Es ist anzumerken, dass sich die Vorgehensweise zwischen diesen beiden Systemen, falls sie ohne die Planungssysteme SAP APO oder SAP IBP eingesetzt werden, nur in wenigen Punkten unterscheidet.

4.3.1 Programmplanung

Zu den Schritten der Programmplanung in SAP ECC bzw. in SAP S/4HANA gehört auch die Erfassung der Vorplanungsbedarfe im Rahmen der Absatzplanung, die Erfassung von Kundenprimärbedarfen durch Kundenaufträge in SD und das Zusammenspiel beider Bedarfsarten, das in der Planungsstrategie festgelegt wird.

Absatzplanung

In den SAP-ERP-Systemen steht Sales & Operations Planning (SOP) als Instrument zur Verfügung, um den Prozess der Absatz- und Produktionsplanung zu unterstützen. Das Ergebnis sind Bedarfsprognosen auf der Ebene der Verteilzentren oder Produktionswerke, die später an die Disposition weitergegeben werden können. Prognose und

Planung können sich dabei auf Vergangenheitsdaten, laufende Daten und geschätzte Zukunftsdaten stützen. SOP umfasst zwei Anwendungskomponenten:

- Standardabsatz-/Grobplanung (kurz: Standard-SOP)
- flexible Planung

Standard-SOP ist bei Auslieferung des Systems weitestgehend voreingestellt und kann ohne großen Aufwand genutzt werden. Die Funktionen sind jedoch auf den Standard begrenzt. Bei der flexiblen Planung hingegen können viele Funktionen konfiguriert werden. Sie bietet somit eine Vielzahl von Möglichkeiten, die Absatzplanung an die kundenspezifische Planungsweise anzupassen (siehe Tabelle 4.2). Dabei können Sie auf jeder organisatorischen Ebene planen und Inhalt und Layout der Planungsbilder bestimmen.

Flexible Planung	Standard-SOP
vielfältige Möglichkeiten für benutzereigene Konfiguration	weitgehend voreingestellt
Planungshierarchien	Produktgruppen
konsistente Planung oder Stufenplanung	Stufenplanung
Inhalt und Layout des Planungstableaus über Planungstyp einstellbar	Standardplanungstableau

Tabelle 4.2 Unterschiede zwischen der flexiblen Planung und Standard-SOP

In der Absatzplanung wird eine Prognose in der Regel auf Basis von aggregierten Vergangenheitsdaten ausgeführt. Die Vergangenheitsdaten können dabei bspw. aus dem SAP-ERP-eigenen Logistikinformationssystem (LIS) stammen. Die Strukturierung und Aufbereitung der Planzahlen kann mit den jeweiligen Datenstrukturen des LIS flexibel festgelegt werden. Sie basiert auf der Verwendung sogenannter Merkmale (z. B. *Werk* und *Auftraggeber*), nach denen die Kennzahlen (z. B. *Produktionsmenge*) aufgeschlüsselt werden können.

Eine Absatzplanung kann Ausgangspunkt für den gesamten Produktionsplanungsprozess sein. So können im Rahmen der Absatzplanung sogenannte *Produktionspläne* erstellt werden (z. B. in einer Kennzahl *Produktion*), die später als Vorplanungsbedarfe an die operative Planung übergeben werden. Die Vorplanungsbedarfe bilden also die Grundlage für die Beschaffungs- und Produktionsplanung und können je nach gewählter Planungsstrategie z. B. mit den aktuellen Kundenaufträgen verrechnet werden. Dieser Ablauf ist noch einmal in Abbildung 4.3 dargestellt.

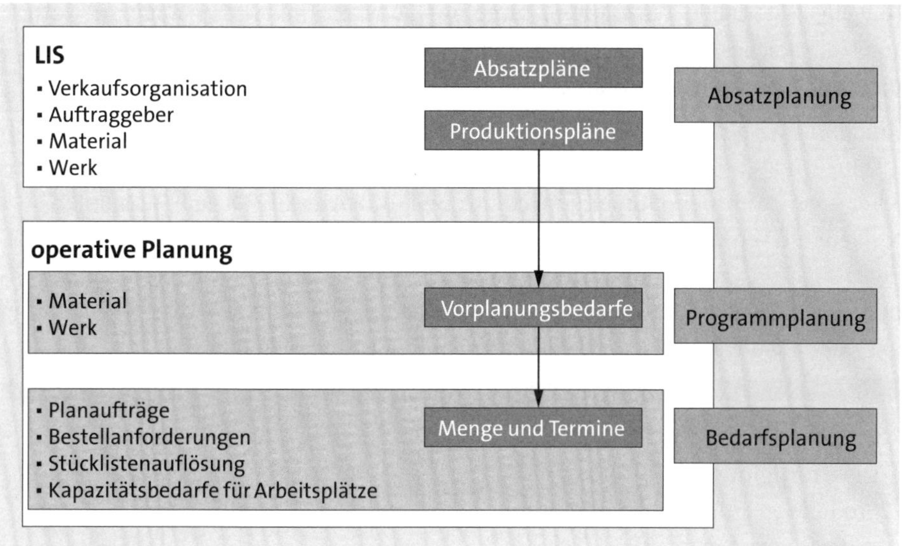

Abbildung 4.3 Ablauf der Absatzplanung

Planungsstrategien in der Programmplanung

Wie bereits in Abschnitt 4.1.1, »Programmplanung«, und weiter oben in diesem Abschnitt beschrieben wurde, bestehen die Primärbedarfe aus Vorplanungsbedarfen und realen Kundenaufträgen. In der Programmplanung des SAP-ECC- bzw. des SAP-S/4HANA-Systems wird nun das Zusammenspiel dieser Primärbedarfe festgelegt. Die Art und Weise, wie sich Primärbedarfe in der Bedarfsplanung verhalten (ob sie bedarfswirksam sind und ob sie sich mit anderen Bedarfen verrechnen), wird durch ihre Bedarfsart bzw. die Planungsstrategie festgelegt (siehe Abbildung 4.4).

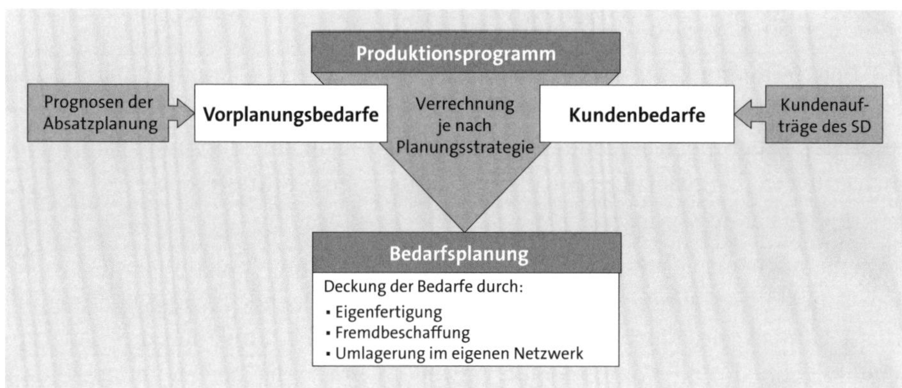

Abbildung 4.4 Primärbedarfe des Produktionsprogramms

Vorplanungsbedarfe sind Lagerbedarfe, die sich aus einer Prognose der zukünftigen Bedarfssituation ableiten. In der Lagerfertigung ist es möglich, die Beschaffung der jeweiligen Materialien einzuleiten, ohne auf konkrete Kundenaufträge zu warten. Durch ein solches Vorgehen können Lieferzeiten verkürzt und die eigenen Produktionsressourcen aufgrund vorausschauender Planung gleichmäßig belastet werden.

Kundenprimärbedarfe (Kundenaufträge) werden vom Vertrieb erfasst. Abhängig von der eingestellten Bedarfsart können Kundenbedarfe direkt in die Bedarfsplanung eingehen. Das ist immer dann erwünscht, wenn kundenspezifisch geplant werden soll. Kundenaufträge können als alleinige Bedarfsquellen dienen, für die dann spezifisch die Beschaffung angestoßen wird (Kundeneinzelfertigung), oder sie können zusammen mit Vorplanungsbedarfen den Gesamtbedarf stellen. Auch eine Verrechnung von Kundenaufträgen mit Vorplanungsbedarfen ist möglich.

Als Strategien zur Erstellung des Produktionsprogramms bieten SAP ECC und SAP S/4HANA folgende grundsätzliche Möglichkeiten:

- **Lagerfertigung**
  Produktion aufgrund kundenauftragsanonymer Vorplanung, Befriedigung der Bedarfe vom Lager
- **Baugruppenvorplanung**
  Lagerfertigung für Baugruppen durch Vorplanung
- **auftragsbezogene Produktion**
  Produktion der Enderzeugnisse mittels Kundeneinzelfertigung, gegebenenfalls Produktion von Baugruppen mittels Lagerfertigung auf Lager

Wenn Strategien zur Lagerfertigung verwendet werden, findet die Produktion in der Regel statt, auch ohne dass bereits Kundenaufträge für das betreffende Material vorliegen müssen. Gehen dann Kundenaufträge ein, können diese vom Lager beliefert und die Lieferzeiten somit kurzgehalten werden. Außerdem kann in der Lagerfertigung ein gleichmäßiger Produktionsverlauf unabhängig von der aktuellen Nachfrage aufrechterhalten werden.

Eine Lagerfertigung kann auch für Baugruppen ausgeführt werden. In diesem Fall werden nicht die Endprodukte selbst auf Lager produziert, sondern es werden nur die benötigten Baugruppen beschafft. Ein Kundenauftrag für ein Endprodukt kann dann rasch erfüllt werden, weil nur noch die Endmontage ausgeführt werden muss und die Baugruppen bereits vorliegen.

Bei der kundenauftragsbezogenen Produktion findet keine Vorplanung im eigentlichen Sinn statt; es wird vielmehr erst bei einem vorliegenden Kundenauftrag beschafft. Oftmals wird die Kundeneinzelfertigung in Verbindung mit einer Baugruppenvorplanung für die Komponenten verwendet, um so die Lieferzeiten möglichst kurz zu halten.

In SAP S/4HANA steht Ihnen mit der Funktion Predictive Material and Resource Planning (pMRP) eine Zusatzfunktion zur Verfügung, mit der Sie vorgeplante Mengen auf Machbarkeit hin überprüfen können.

4.3.2 Materialbedarfsplanung

Die Materialbedarfsplanung dient der Planung von Produktion, Fremdbeschaffung oder Umlagerungen aus anderen Werken anhand vorliegender Bedarfe im Werk (abhängig von der Beschaffungsart). Die Bedarfe werden also durch die Erzeugung von Planaufträgen (für die Planung der Eigenfertigung) sowie Bestellanforderungen oder Lieferplaneinteilungen (für die Planung der Fremdbeschaffung) gedeckt. Den Abschluss der Produktionsplanung bildet die Umsetzung der Planaufträge in Produktionsaufträge (Fertigungs- oder Prozessauftrag) bzw. in Bestellungen oder Lieferplaneinteilungen.

Die Planung kann (etwa über die Angabe eines Meldebestands) verbrauchsgesteuert oder plangesteuert erfolgen. Die grundsätzliche Art der Disposition wird pro Material mit dem Dispositionsmerkmal festgelegt, das in der Registerkarte **Disposition 1** des Materialstamms eingetragen wird. Über das Dispositionsmerkmal kann ein Material auch von der Disposition ausgeschlossen werden. Abbildung 4.5 zeigt eine Übersicht der Dispositionsverfahren in SAP ECC und SAP S/4HANA.

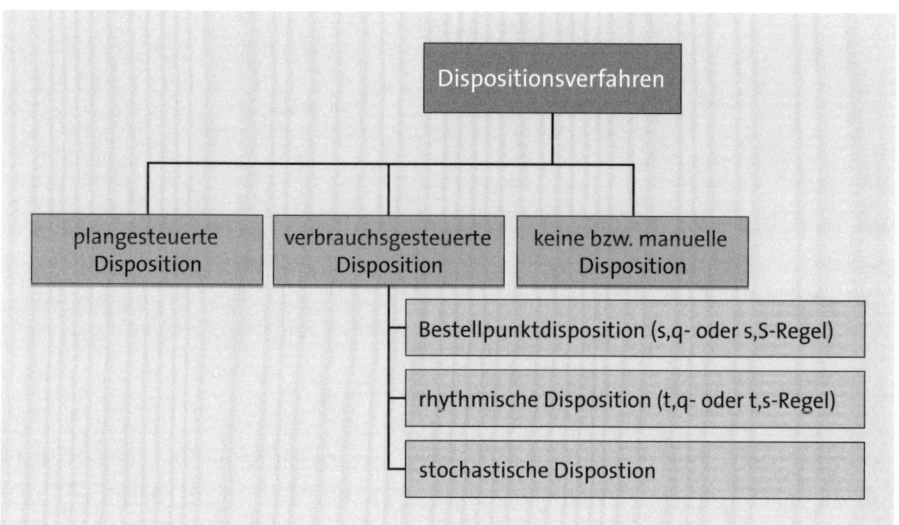

Abbildung 4.5 Überblick über die Dispositionsverfahren in den SAP-ERP-Systemen

Die plangesteuerte Disposition orientiert sich am aktuellen und zukünftigen Absatz und findet über die gesamte Stücklistenstruktur hinweg statt (siehe Abbildung 4.6). Die Planung läuft dabei folgendermaßen ab:

- Die geplanten Bedarfsmengen (in Form von Vorplanungsbedarfen oder Kundenaufträgen) geben den Anstoß für die Bedarfsrechnung.
- Die plangesteuerte Disposition verwendet grundsätzlich die Rückwärtsterminierung, bei der aus einem vorgegebenen Endtermin die dazu notwendigen Starttermine ermittelt werden.

- Die Beschaffungsvorschläge für das Enderzeugnis werden erstellt, und über die Stücklistenauflösung werden die Sekundärbedarfe für die Komponenten ermittelt. Der Sekundärbedarfstermin ergibt sich dabei aus dem Starttermin des verursachenden Planauftrags.
- Ausgehend vom Sekundärbedarfstermin als Verfügbarkeitstermin werden die Auftragstermine der Komponenten in einer Rückwärtsterminierung mittels der Eigenfertigungszeit oder der Planlieferzeit ermittelt.

Dieser mehrstufige Planungsablauf wird auch als Material Requirements Planning (MRP) bezeichnet.

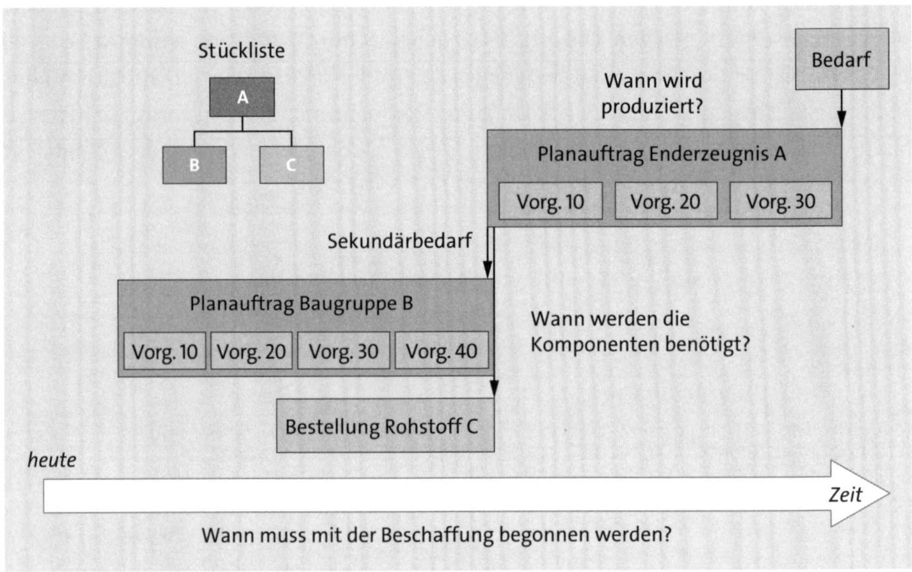

Abbildung 4.6 Ablauf der Planung im mehrstufigen MRP

In der plangesteuerten Disposition wird beim Planungslauf eine Nettobedarfsrechnung durchgeführt, um festzustellen, ob für ein Material eine Unterdeckungssituation vorliegt (siehe Abschnitt 1.3.1). Die Bedarfsplanung reagiert auf Unterdeckungssituationen mit Beschaffungsvorschlägen, also abhängig von der Beschaffungsart mit dem Anlegen von Bestellanforderungen oder Planaufträgen. Die vorgeschlagene Beschaffungsmenge ergibt sich dabei aus dem Losgrößenverfahren, das im Materialstamm eingestellt ist (siehe Abbildung 4.7).

Die verbrauchsgesteuerte Disposition basiert, wie bereits in Abschnitt 1.3.2 ausgeführt, auf Verbrauchswerten der Vergangenheit und schließt auf den zukünftigen Bedarf. Die verbrauchsgesteuerte Disposition zeichnet sich aus durch ihre Einfachheit und findet vorwiegend für sogenannte B- und C-Teile Verwendung, also für Teile mit niedrigem Wertanteil.

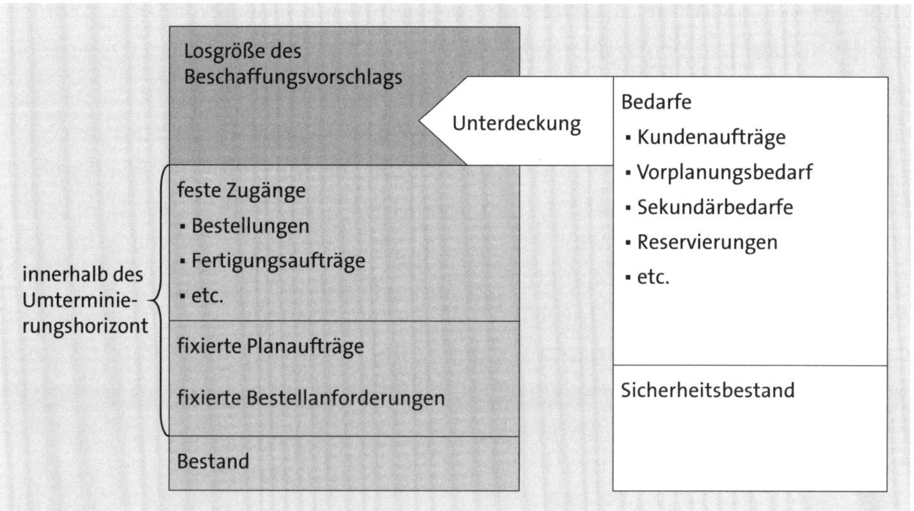

Abbildung 4.7 Nettobedarfsrechnung

Die in Abbildung 4.8 dargestellte manuelle Bestellpunktdisposition ist ein typisches Verfahren der verbrauchsgesteuerten Disposition (siehe Abschnitt 1.5.2). Gesteuert wird die Disposition durch einen manuell anzugebenden Meldebestand (z. B. 50 Stück). Das System prüft beim Planungslauf dann lediglich, ob dieser Meldebestand unterschritten ist oder nicht (also ob weniger als 50 Stück auf Lager sind). Im Fall der Unterschreitung wird die Beschaffung in Höhe der Losgröße (etwa fixe Losgröße von 500 Stück) angestoßen. Dieses Vorgehen entspricht der in Abschnitt 4.1.2, »Materialbedarfsplanung«, beschriebenen s,q-Bestellpolitik.

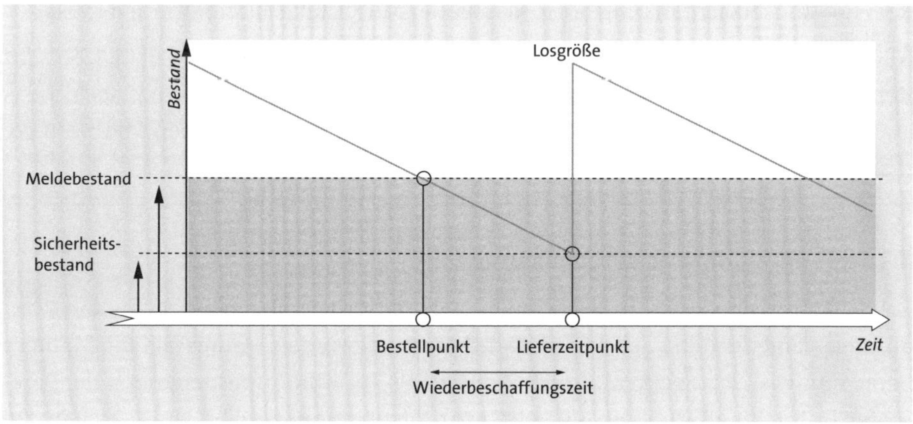

Abbildung 4.8 Verbrauchsgesteuerte Disposition

Mit *Demand-Driven Replenishment* steht Ihnen in SAP S/4HANA eine erweiterte Funktion des Bestellpunktverfahrens zur Verfügung, bei der neben der Berücksichtigung des Meldebestands zusätzlich außergewöhnlich hohe Spitzenbedarfe berücksichtigt werden. Um Demand-Driven Replenishment in SAP S/4HANA nutzen zu können, sind gegebenenfalls zusätzliche Lizenzkosten zu beachten.

Grundsätzlich haben Sie in SAP ECC und in SAP S/4HANA die Möglichkeit, den MRP-Lauf in zwei Ausprägungen zu nutzen, dem klassischen MRP und *MRP Live*. Um MRP Live im SAP-ECC-System nutzen zu können, muss die Business Function *Performanceverbesserungen für MRP* (LOG_PPH_MDPSX_READ) aktiviert werden; im SAP-S/4HANA-System steht die Funktion ohne vorherige Aktivierung zur Verfügung. MRP Live greift auf die SAP-HANA-Technologie zurück und bietet daher eine deutliche Performanceverbesserung im Vergleich zum klassischen MRP-Lauf. Hierdurch werden kürzere Abstände zwischen den Durchführungen des MRP-Laufs ermöglicht, sodass aktuellere Daten in die einzelnen MRP-Läufe einfließen können und schneller auf Änderungen reagiert werden kann.

[»]

Einschränkungen von MRP Live

Die Planungsfunktion MRP Live steht erst seit EHP 6 für SAP ERP 6.0 (Version on HANA) bzw. EHP 7 für SAP ERP 6.0 zur Verfügung. Zurzeit lassen sich noch nicht alle Prozesse mit MRP Live durchführen. Hierzu zählen bspw. die Lohnbearbeitung oder aber Losgrößenverfahren wie Groff. Eine Gesamtauflistung der Funktionseinschränkungen finden Sie in SAP-Hinweis 1914010.

Wenn Sie mit der dafür vorgesehenen Transaktion MD01N einen MRP-Live-Lauf durchführen, entscheidet das System, welche Materialien mit MRP Live geplant werden können und bei welchen der vorliegenden Einstellungen unter Berücksichtigung der Funktionseinschränkungen ein klassischer MRP-Lauf gestartet werden muss.

Auch haben Sie die Möglichkeit, in der Transaktion MD_MRP_FORCE_CLASSIC das Kennzeichen **In klassischer Materialbedarfsplanung planen** zu setzen, sodass das auch potenziell die in MRP Live planbaren Materialien im klassischen MRP-Lauf geplant werden.

4.3.3 Termin- und Kapazitätsplanung

Bei der Materialbedarfsplanung können über den Arbeitsplan die sich aus den Planaufträgen ergebenden Kapazitätsbedarfe berechnet werden. Voraussetzung für diese Berechnung ist, dass beim MRP-Planungslauf als Terminierungsparameter der Parameter 2 (Durchlaufterminierung und Kapazitätsplanung) gewählt wurde, wie in Abbildung 4.9 zu sehen. Nur dann werden neben den Eckterminen der Planaufträge auch die Vorgangstermine über den Arbeitsplan terminiert.

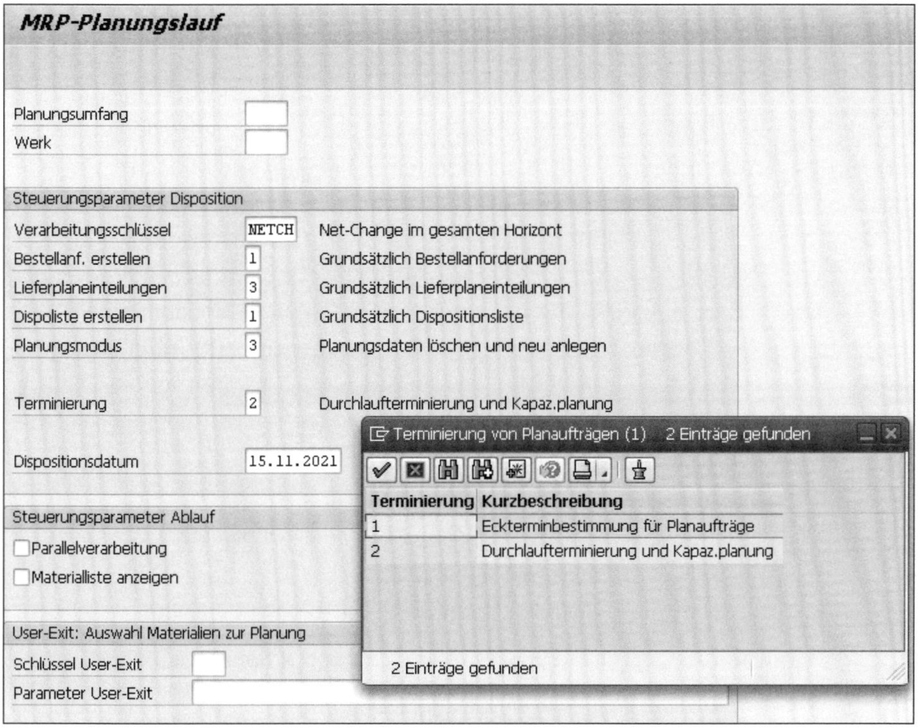

Abbildung 4.9 Terminierungsparameter beim MRP-Planungslauf

Im ersten Schritt erzeugt die infinite Bedarfsplanung nur die Kapazitätsbedarfe. Diese werden anhand der im Arbeitsplan hinterlegten Zeiten und der Annahme unendlicher Kapazitäten terminiert. Eine Prüfung, ob zu den jeweiligen Terminen der Arbeitsplatz noch zur Verfügung steht, findet zunächst nicht statt.

Im zweiten Schritt ist zu prüfen, ob die Planung kapazitiv realisiert werden kann. Diese Prüfung wird im Rahmen der in der Regel arbeitsplatzbezogenen Kapazitätsplanung durchgeführt. Ziel der Kapazitätsplanung ist es, sämtliche Arbeitsvorgänge der Plan- oder Produktionsaufträge so einzuplanen, dass der Produktionsplan erfüllt werden kann. Durch die Einplanung können sich nun noch Terminverschiebungen ergeben.

Mit den Funktionen der Kapazitätsauswertung werden Kapazitätsangebote und Kapazitätsbedarfe ermittelt und in Listen oder Grafiken einander gegenübergestellt. Durch den sich anschließenden Kapazitätsabgleich können Unter- und Überbelastungen an den Arbeitsplätzen ausgeglichen werden; eine optimale Belegungsreihenfolge von Maschinen und Fertigungslinien kann erfolgen und geeignete Ressourcen können ausgewählt werden. Mithilfe der tabellarischen und der grafischen Plantafel können Vorgänge nun so eingeplant werden, dass ihre Durchführung kapazitiv möglich ist (siehe Abbildung 4.10).

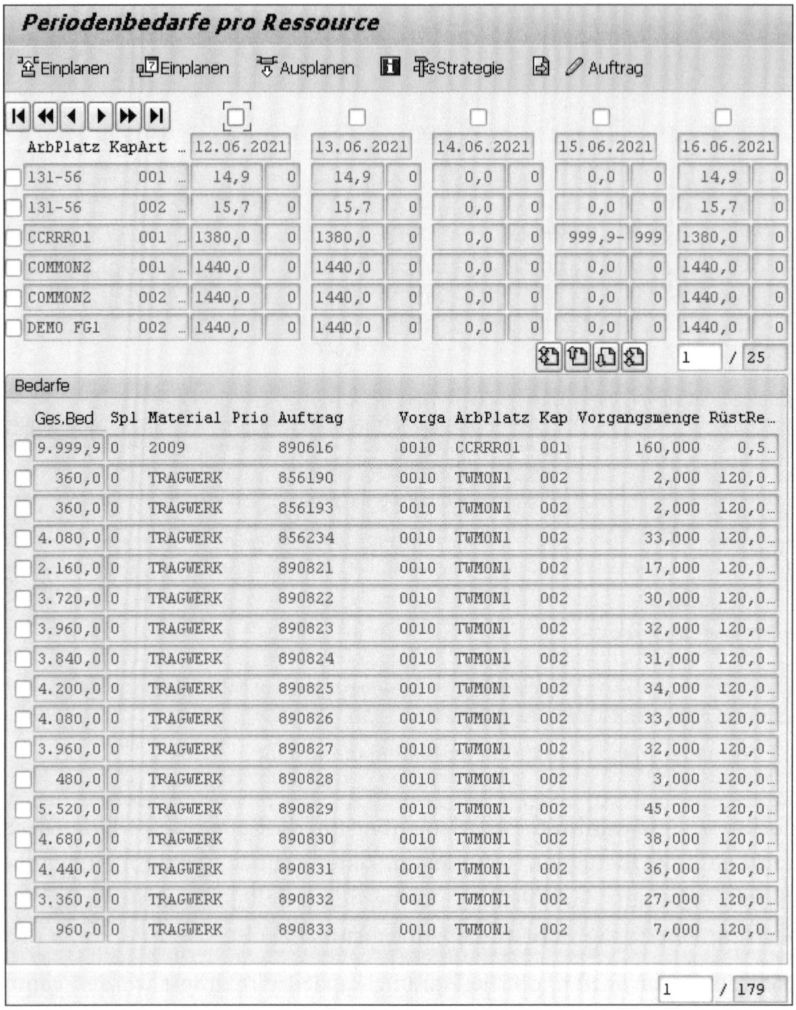

Periodenbedarfe pro Ressource

Einplanen | Einplanen | Ausplanen | Strategie | Auftrag

ArbPlatz	KapArt	12.06.2021		13.06.2021		14.06.2021		15.06.2021		16.06.2021	
131-56	001	14,9	0	14,9	0	0,0	0	0,0	0	14,9	0
131-56	002	15,7	0	15,7	0	0,0	0	0,0	0	15,7	0
CCRRR01	001	1380,0	0	1380,0	0	0,0	0	999,9-	999	1380,0	0
COMMON2	001	1440,0	0	1440,0	0	0,0	0	0,0	0	1440,0	0
COMMON2	002	1440,0	0	1440,0	0	0,0	0	0,0	0	1440,0	0
DEMO FG1	002	1440,0	0	1440,0	0	0,0	0	0,0	0	1440,0	0

1 / 25

Bedarfe

Ges.Bed	Spl	Material	Prio	Auftrag	Vorga	ArbPlatz	Kap	Vorgangsmenge	RüstRe...
9.999,9	0	2009		890616	0010	CCRRR01	001	160,000	0,5...
360,0	0	TRAGWERK		856190	0010	TWMON1	002	2,000	120,0...
360,0	0	TRAGWERK		856193	0010	TWMON1	002	2,000	120,0...
4.080,0	0	TRAGWERK		856234	0010	TWMON1	002	33,000	120,0...
2.160,0	0	TRAGWERK		890821	0010	TWMON1	002	17,000	120,0...
3.720,0	0	TRAGWERK		890822	0010	TWMON1	002	30,000	120,0...
3.960,0	0	TRAGWERK		890823	0010	TWMON1	002	32,000	120,0...
3.840,0	0	TRAGWERK		890824	0010	TWMON1	002	31,000	120,0...
4.200,0	0	TRAGWERK		890825	0010	TWMON1	002	34,000	120,0...
4.080,0	0	TRAGWERK		890826	0010	TWMON1	002	33,000	120,0...
3.960,0	0	TRAGWERK		890827	0010	TWMON1	002	32,000	120,0...
480,0	0	TRAGWERK		890828	0010	TWMON1	002	3,000	120,0...
5.520,0	0	TRAGWERK		890829	0010	TWMON1	002	45,000	120,0...
4.680,0	0	TRAGWERK		890830	0010	TWMON1	002	38,000	120,0...
4.440,0	0	TRAGWERK		890831	0010	TWMON1	002	36,000	120,0...
3.360,0	0	TRAGWERK		890832	0010	TWMON1	002	27,000	120,0...
960,0	0	TRAGWERK		890833	0010	TWMON1	002	7,000	120,0...

1 / 179

Abbildung 4.10 Tabellarische Plantafel in SAP ECC

Hier kann auch eine bestimmte Regel für die Einplanungsreihenfolge berücksichtigt werden. Für Arbeitsplätze mit mehreren Einzelkapazitäten kann eine Zuordnung und Splittung auf die Einzelkapazitäten erfolgen. Zur Erstellung eines finiten Produktionsplans sind das SAP-APO- bzw. das SAP-IBP-System jedoch weitaus hilfreicher, da dort verschiedene Funktionen zur Erzeugung von machbaren Plänen zur Verfügung stehen.

4.3.4 Auftragsveranlassung und -überwachung

Mit der Umwandlung eines Planauftrags in einen Fertigungsauftrag beginnt die Fertigungssteuerung. Planaufträge können entweder manuell durch den Planer umgesetzt werden oder mithilfe eines Horizonts per Sammelbearbeitung. Wie Sie in Abbildung 4.11 sehen können, durchläuft ein Fertigungsauftrag in SAP ECC und in SAP S/4HANA jeweils eine Vielzahl von Phasen.

Abbildung 4.11 Lebenszyklus eines Fertigungsauftrags in SAP ECC und SAP S/4HANA

Die mit einem Sternchen (*) gekennzeichneten Aktivitäten können automatisiert oder per Hintergrundverarbeitung ablaufen, sodass der manuelle Aufwand zur Auftragsverwaltung minimiert wird. Work-in-Progress-Ermittlung, Abweichungsermittlung und Abrechnung sind in der Regel periodische Arbeiten für die Kostenträgerrechnung, die per Hintergrundverarbeitung erledigt werden. Wichtige Grundfunktionen eines Fertigungsauftrags in SAP ECC bzw. SAP S/4HANA sind:

- Statusverwaltung
- Terminierung
- Berechnung von Kapazitätsbedarfen
- Kalkulation
- Verfügbarkeitsprüfung von Komponenten, Fertigungshilfsmitteln und Kapazitäten
- Drucken von Auftragspapieren
- Materialbereitstellung über Reservierungen
- Rückmeldung von Mengen, Leistungen und Zeitereignissen (variable Rückmeldeverfahren)

- Wareneingang (Lagerzugang)
- Periodenabschluss (Prozesskostenverrechnung, Gemeinkostenzuschläge, WIP-Ermittlung, Abweichungsermittlung, Auftragsabrechnung)

Bevor die Fertigung beginnen kann, muss ein Fertigungsauftrag freigegeben werden. Ab diesem Moment können Warenbewegungen zum Auftrag gebucht, Papiere gedruckt, Rückmeldungen erfasst sowie eine Verfügbarkeitsprüfung automatisch durchgeführt werden. Die Verfügbarkeitsprüfung kann für Materialkomponenten, Kapazität und Fertigungshilfsmittel durchgeführt werden.

Der Fortschritt der Fertigung wird über Rückmeldungen erfasst. Diese sind Grundlage der Fortschrittskontrolle und einer folgenden Kapazitätsplanung. Deshalb sind echtzeitnahe und exakte Rückmeldungen wichtig. Die Auftragsrückmeldung dient gleichzeitig der Erfassung innerbetrieblicher Leistungen, die für den Auftrag erbracht wurden. Rückmeldungen werden grundsätzlich im SAP-ECC- bzw. im SAP-S/4HANA-System durchgeführt. Mit einer Rückmeldung werden verschiedene Funktionen ausgeführt (siehe auch Abbildung 4.12):

- Jede Rückmeldung wird mit einem Status erfasst (z. B. **teilrückgemeldet** oder **rückgemeldet**).
- In den Fertigungsauftrag werden die rückgemeldete Menge und Ist-Kosten geschrieben.
- Eine Rückmeldung kann mit automatischem Wareneingang erfolgen.
- Materialentnahmen können auch automatisch per retrograder Entnahme gebucht werden.
- Die Rückmeldung reduziert ebenfalls die Kapazitätsbedarfe des Fertigungsauftrags.

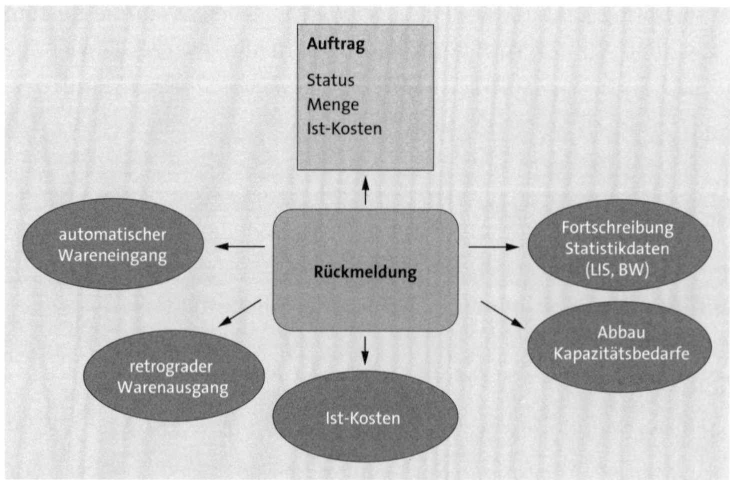

Abbildung 4.12 Funktionen der Rückmeldung

Erfolgen die Wareneingangs- und Warenausgangsbuchungen nicht gekoppelt mit der Rückmeldung, so müssen sie manuell gebucht werden. Diese Buchungen sind entscheidend für die Qualität der Disposition, da sie für die Bestandsveränderungen und den Abbau von Reservierungen sorgen.

SAP bietet für eine Vielzahl der Dispositionsfunktionen sogenannte SCM-Beratungslösungen (engl. SCM Consulting Solutions, SCM CS) an, mit denen Sie den Planungsprozess vereinfachen bzw. optimieren können. Abbildung 4.13 und Abbildung 4.14 verdeutlichen beispielhaft, wie der Dispositionsprozess durch die SCM-Beratungslösungen optimiert werden kann. Zu diesem Zweck vergleichen wir einen klassischen Dispositionsprozess, der ohne SCM-Beratungslösungen durchgeführt wird, mit einem Dispositionsprozess, der durch SCM-Beratungslösungen unterstützt wird.

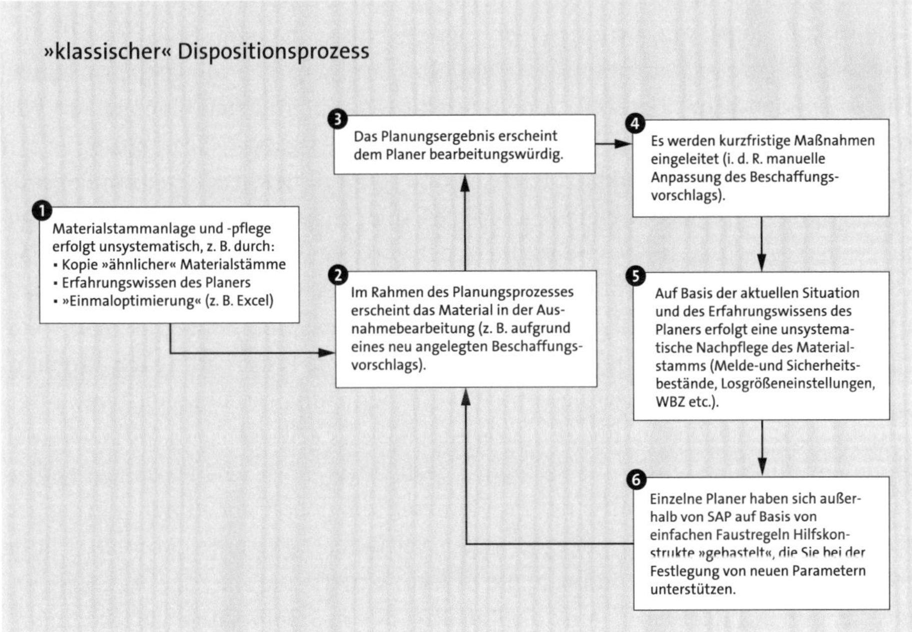

Abbildung 4.13 Der klassische Dispositionsprozess

Beim klassischen Prozess, der in Abbildung 4.13 dargestellt ist, erfolgt die Anlage der Materialstämme als Ausgangsbasis für die Planung häufig lediglich durch eine Kopie eines vorhandenen Materialstamms (❶). Dabei werden auch Felder wie die Planlieferzeit oder der Sicherheitsbestand kopiert, die jedoch materialindividuell ausgeprägt werden sollten. Im Anschluss erfolgt die Planung, in die der Planer reaktiv eingreift (❷). Auf Basis der Gegebenheiten wie bspw. der Verbräuche kommt es zu Ausnahmemeldungen, die je nach Arbeitslast und Priorisierung abgearbeitet werden. Bewertet der Planer auf dieser Basis die angezeigte Ausnahmemeldung als bedeutsam, so leitet er fallbezogen weitere Maßnahmen ein (❸). Dies wird in der Regel durch Anpassung einzelner Beschaffungsvorschläge, wie z. B. Bestellanforderungen oder Planaufträge, durchgeführt (❹). Je nach Erfahrung des Planers und der Arbeitsbelastung werden gegebenenfalls auch die Stammdaten einzelner Materialien angepasst (❺). Dabei können jedoch nur die Stammdaten der Materialien angepasst werden, die gerade durch Ausnahmemeldungen in den Fokus der Bearbeitung gerückt sind; ob eine entsprechende Anpassung auch für weitere Materialien sinnvoll wäre, kann hingegen nicht identifiziert werden.

Wie Sie sehen, ist eine Planung in diesem Fall sehr stark auf die vom System ausgewiesenen Probleme fokussiert, das Erfahrungswissen des Planers spielt eine bedeutende Rolle. Je nachdem, wie viele Materialien zu planen sind und wie stark die Stammdaten regelmäßig angepasst werden, kann es zu dem Effekt kommen, dass der Planer gegen das automatisiert erstellte Dispositionsergebnis plant, d. h., das System liefert häufig anpassungswürdige Planungsergebnisse, die dann pro Beschaffungsvorschlag angepasst werden müssen. Dies führt zu einer Reihe von Folgeproblemen. Hierzu können bspw. Konstellationen gezählt werden, in denen eine genaue Vorschau auf zukünftige Beschaffungsmengen unmöglich ist, da die Bearbeitung sich in der Regel auf die nähere Zukunft erstreckt und somit weiter in der Zukunft liegende Beschaffungsvorschläge längere Zeit »falsch« sind. Ein weiteres gravierendes Folgeproblem dieser Vorgehensweise ist die in der Praxis zu beobachtende Arbeitsbelastung der Disponenten. Nicht selten müssen so viele Materialien bearbeitet werden, dass eine tiefgreifende Analyse jeder einzelnen Konstellation samt sinnvoller Materialstammänderung nicht möglich ist. Dies macht eine Priorisierung der Problemkonstellationen erforderlich, die vom System aber häufig nur unzureichend unterstützt wird, da lediglich auf die Ausnahmesituation hingewiesen wird, jedoch wenige Optionen zur Priorisierung zur Verfügung gestellt werden. Auch hier obliegt es dem Planer zu entscheiden, welche der Problemkonstellationen unbedingt angegangen werden müssen und welche notgedrungen vernachlässigt werden können. Häufig werden daher von Planern individuelle Hilfskonstruktionen wie Excel-Tabellen eingesetzt, um die Priorisierung und die Kalkulation von Stammdaten wie Sicherheitsbestände vorzunehmen (❻).

Der SCM-CS-Ansatz greift die mit dem klassischen Ansatz verbundenen Schwachstellen auf (siehe Abbildung 4.14). Er beruht weitaus weniger auf reaktivem Eingreifen des Disponenten bei einzelnen Beschaffungsvorschlägen, sondern eher auf proaktiver Identifikation von Problemsituationen und Reaktion durch Stammdatenoptimierung.

Bereits die Materialstammanlage erfolgt gemäß diesem Ansatz auf Basis eines Regelwerks (❶), d. h., die Stammdaten der anzulegenden Materialien werden auf Basis der Charakteristika der Materialien eingestellt. Die Grundlage der weiteren Vorgehensweise ist die Klassifizierung der Materialien, bspw. auf Basis der bereits beschriebenen

ABC/XYZ-Klassifizierung (❷), die durch die Identifikation von Sonderfällen angereichert wird. Dies erfolgt im Dispositionsmonitor, der im nachfolgenden Schritt auch ein hinterlegtes Stammdatenregelwerk pflegen kann, das zu den identifizierten Charakteristika der Planungsobjekte passt (❸).

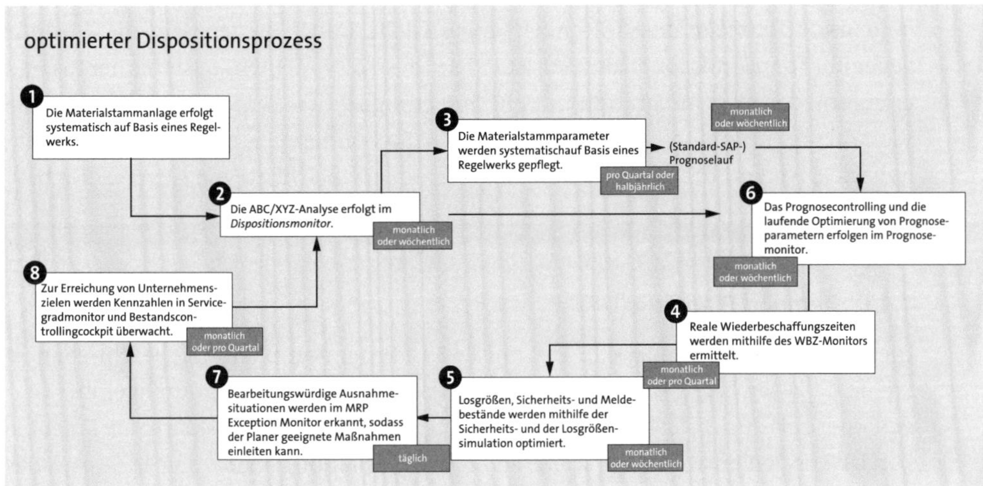

Abbildung 4.14 Optimierter Dispositionsprozess mit SCM-Beratungslösungen

In der Folge werden sämtliche am Planungsprozess beteiligten Materialien proaktiv durch die Optimierung grundlegender Stammdaten wie Wiederbeschaffungszeiten (❹), Losgrößen und Sicherheitsbeständen (❺) geplant. Hierfür stehen mit dem Wiederbeschaffungszeitmonitor, der Sicherheitsbestandssimulation und der Losgrößensimulation praktische Add-ons zur Verfügung. Durch weitergehende Analysen bspw. mit dem Prognosemonitor für das Prognosecontrolling bzw. der Prognosesimulation (❻) oder dem MRP-Exception-Monitor (❼) für die Identifikation von Problemsituationen, wird auch der Prozess der Ausnahmebearbeitung unterstützt. Einen Abschluss bildet die Analyse der Planungsgüte durch die Auswertung betriebswirtschaftlich bedeutender Kennzahlen (❽), für die mit dem Servicegradmonitor und dem Bestandscontrollingcockpit zusätzliche Tools zur Verfügung stehen. Hierdurch werden langfristige Anpassungsmaßnahmen bspw. am Regelwerk zusätzlich unterstützt. Wie Sie sehen, können sich die erfahrenen Planungsverantwortlichen, wenn Sie nach dem SCM-CS-Ansatz agieren, sehr viel stärker als im klassischen Prozess auf die wirklichen Problemfälle konzentrieren, und es werden – unabhängig von der Arbeitsbelastung der Dispositionsabteilung – alle am Planungsprozess beteiligten Materialien analysiert.

Details zu den wichtigsten SCM-Beratungslösungen finden Sie in Abschnitt 20.4, »Optimierungswerkzeuge von SAP«, sowie in SAP-Hinweis 1493943.

4.4 Dispositionsprozess in SAP APO

Im Folgenden beschreiben wir die SAP-APO-Funktionen *Demand Planning* (DP), *Supply Network Planning* (SNP) und *Produktions- und Feinplanung* (PP/DS). Diese Funktionen sind innerhalb des SAP-SCM-Systems in der Komponente *SAP Advanced Planning and Optimization* (SAP APO) angesiedelt. Dabei stellen wir die Vorteile gegenüber den Funktionen des SAP-ECC- bzw. des SAP-S/4HANA-Systems heraus und erläutern, wie eine Integration mit SAP APO möglich ist. Es bietet sich hierbei eine Vielzahl von Kombinationsmöglichkeiten an. So können z. B. nur einzelne Funktionen wie DP oder PP/DS genutzt oder alle planerischen Schritte in SAP APO durchgeführt werden.

4.4.1 Demand Planning (DP)

Die Absatzplanung kann, wie in Abschnitt 4.3.1, »Programmplanung«, beschrieben, in SAP ECC bzw. in SAP S/4HANA im Rahmen der flexiblen Planung durchgeführt werden oder mit zusätzlichen Funktionen in DP. Die Vorplanungsbedarfe als Ergebnis von DP können entweder zur weiteren Programmplanung an das SAP-ECC- bzw. das SAP-S/4HANA-System übergeben werden, wenn die weiteren Schritte dort ausgeführt werden sollen, oder zur weiteren Planung in SAP APO an die Funktionen SNP oder PP/DS freigegeben werden. Diesen Zusammenhang verdeutlicht Abbildung 4.15. Auch eine Weitergabe an ein SAP-Integrated-Business-Planning-System ist denkbar. Die Absatzplanung erfolgt auf Basis der Vergangenheitsdaten des internen *Business Warehouse* (BW) von SAP APO.

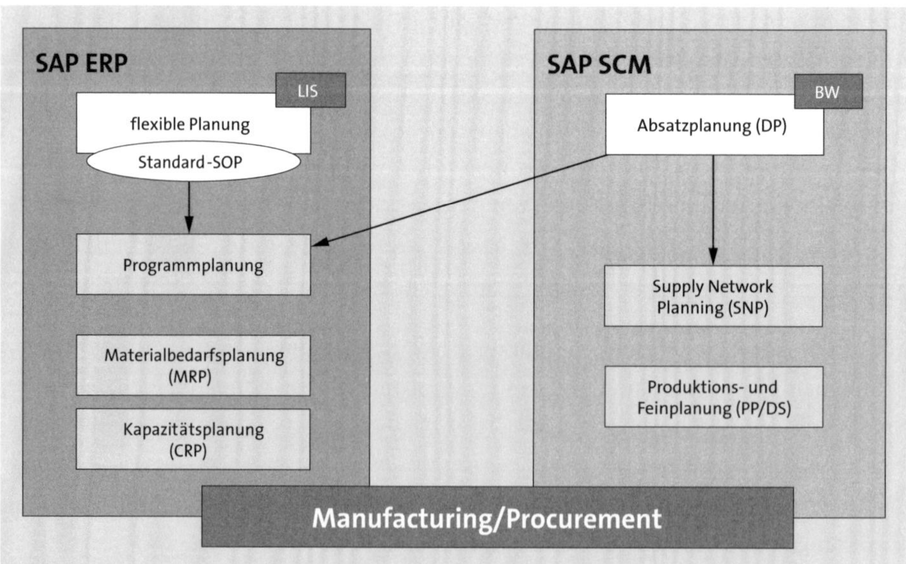

Abbildung 4.15 Integration von Demand Planning

Die umfangreichen, mit dem internen BW ausgelieferten Extraktoren werden genutzt, um Vergangenheitsdaten aus verschiedenen Quellsystemen (SAP ECC, SAP S/4HANA, SAP BW, Flatfiles oder andere Fremdsysteme) in das interne BW zu laden. Es können auch eigene Extraktoren für kundenspezifische Daten angelegt werden.

In der Absatzplanung können sowohl mengen- als auch wertebasierte Prognosen erstellt werden. Die Planung (z. B. statistische Prognosen) kann auf aggregierten Vergangenheitsdaten wie z. B. Auftrags- oder auch Fakturamengen beruhen. DP bietet zusätzlich die Möglichkeit, kooperierende Prognosen der Vertriebsbüros über Portale zu erstellen und eine Promotionsplanung zu berücksichtigen.

Die Planungsebenen können frei gewählt werden, Bedarfe können also z. B. für Produkthierarchien, kundenspezifisch, regional oder für unterschiedliche Verkaufsorganisationen erfasst werden. Analog zur flexiblen Planung werden die Planungsebenen über Merkmale im System definiert. Mit Bezug zu den Merkmalen können betriebliche Daten aggregiert, disaggregiert und ausgewertet werden. Auch die Zeitraster zur Planung sind frei definierbar. Ebenfalls analog zur flexiblen Planung werden Plandaten als Kennzahlen abgelegt. Kennzahlen enthalten numerische Werte, die entweder eine Menge oder einen Wert bezeichnen, z. B. den zukünftigen Absatzwert in Euro oder zukünftige Absatzmengen in Paletten.

Den Abschluss bildet die Freigabe des Absatzplans mit den Merkmalen *Produkt* und *Lokation* an die nun folgenden Funktionen (entweder Supply Network Planning oder die Produktionsplanung). Abbildung 4.16 fasst den gesamten Ablauf noch einmal zusammen.

Im Folgenden werden die zentralen Vorteile der Absatzplanung in DP im Vergleich zu SAP ECC bzw. SAP S/4HANA erläutert.

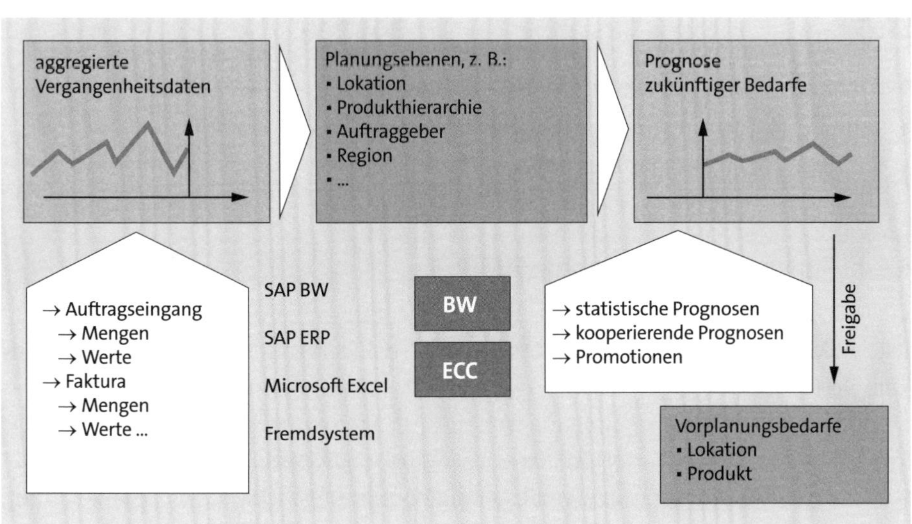

Abbildung 4.16 Konzept der Absatzplanung im SAP-System

Die BI-Infrastruktur (Business-Information), auf der DP beruht, umfasst komfortable Extraktionsmöglichkeiten aller Daten der ausführenden Systeme und die Analyse der Daten über den BW-Explorer. Über Makros können komplexe Berechnungen, Bedingungen und Ausnahmemeldungen definiert werden. Es können automatisch E-Mails versendet und der Status abgefragt werden. Der mehrdimensionale Charakter der Datenspeicher bietet in Verbindung mit den Auswahl-, Drill-up- und Drill-down-Funktionen der Absatzplanung umfassende Möglichkeiten der Datenanalyse.

Zur Prognose stehen verschiedene statistische Verfahren zur Verfügung: Konstant-, Trend-, Saison-, Trend-Saison- und Croston-Modelle mit exponentieller Glättung und linearer Regression sowie kausale Modelle über multilineare Regression. Sie können auch externe Prognoseverfahren anschließen. Unter einer Like-Modellierung versteht man die Prognose neuer Produkte mit Vergangenheitsdaten alter Produkte sowie die Definition von Lebenszyklen. Jede Planungsmappe können Sie im Internet für Kunden oder Lieferanten zugänglich machen, um aktuelle Daten möglichst früh und schnell austauschen zu können.

Im SOP-Szenario wird der machbare Produktionsplan aus SNP oder PP/DS mit dem ursprünglichen Absatzplan verglichen. Abweichungen werden automatisch ermittelt und dem Planer mitgeteilt.

Zusammenfassend lassen sich folgende Vorteile des SAP-APO-Systems gegenüber dem SAP-ECC-System festhalten:

- umfassende Möglichkeiten der BI-Infrastruktur
- integriertes Ausnahmehandling, Definition eigener Alerts
- Integration mit der Produktionsplanung (SOP-Szenario)
- hauptspeicherbasierte Planung
- flexible Navigation im Plantableau, variabler Drill-down
- umfangreiche Prognoseverfahren
- Promotionsplanung und -bewertung, Like-Modellierung
- kooperierende Planung über Internet

4.4.2 Supply Network Planning (SNP)

Ein weiterer möglicher Schritt zwischen der Programmplanung und der werksspezifischen Materialbedarfsplanung ist in SAP APO die werksübergreifende Planung des kompletten Liefer- und Beschaffungsnetzwerks. Dieser Schritt wird als *Supply Network Planning* (SNP) bezeichnet und steht in SAP ECC bzw. im Kern des SAP-S/4HANA-Systems (auch Core genannt) in dieser Form nicht zur Verfügung. Mithilfe von SNP wird ein netzwerkweiter Plan erstellt, der die Vorplanungsbedarfe der Absatzplanung und die bereits erteilten Kundenaufträge durch eine Produktion im Werk, durch eine

Umlagerung aus einer anderen Lokation oder durch die Beschaffung der Komponenten oder Rohstoffe deckt. Dabei können die Kapazitätsrestriktionen des Netzwerks berücksichtigt werden. Die Beschaffung wird in SNP im mittelfristigen Zeitbereich grob geplant. Die kleinste Periode, die in SNP betrachtet werden kann, ist mindestens einen Tag lang, sie wird *Bucket* genannt.

Wie in Abbildung 4.17 zu sehen ist, können die Bedarfe, die SNP bei der Planung des Beschaffungsnetzwerks berücksichtigt, entweder aus der Programmplanung des SAP-ECC- bzw. SAP S/4HANA-Systems (inklusive Vorplanungsbedarfe der flexiblen Planung und Kundenaufträge) stammen, oder es werden nur Kundenaufträge aus SAP ECC bzw. SAP S/4HANA übertragen und die Vorplanungsbedarfe kommen direkt aus DP.

Das Ergebnis aus SNP, z. B. Bedarfe zur Umlagerung zwischen Werken, Planaufträge oder Bestellanforderungen, kann direkt in der Produktions- und Feinplanung (PP/DS) verwendet werden, sodass dort eine werksspezifische Materialbedarfsplanung und eine kurzfristige, auftragsbasierte Planung nach Reihenfolgen und Rüstzeiten erfolgt. Alternativ können die Bewegungsdaten auch direkt an die Materialbedarfsplanung des SAP-ECC- bzw. des SAP-S/4HANA-Systems übergeben werden.

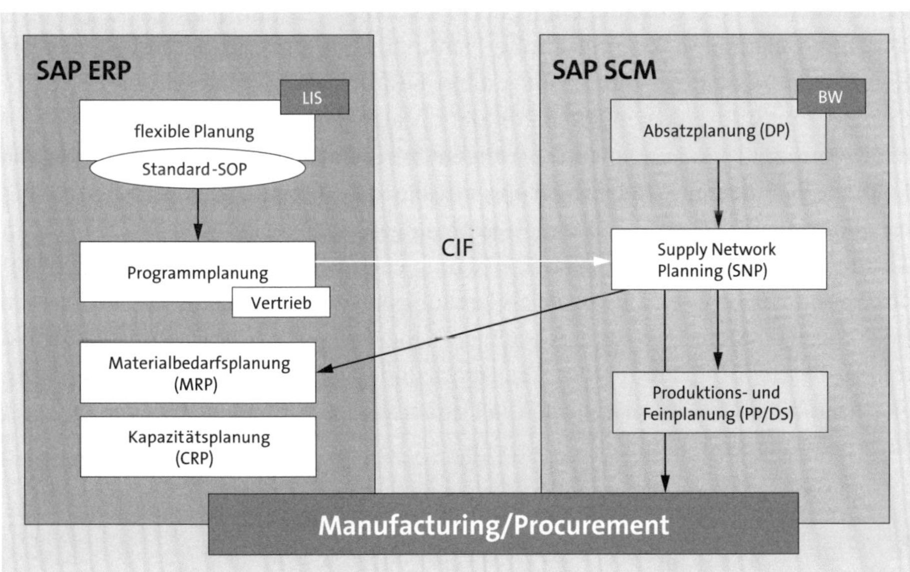

Abbildung 4.17 Integration von Supply Network Planning

Supply Network Planning bietet drei verschiedene Planungsmethoden:

- Heuristik
- Capable-to-Match (CTM)
- Optimierer

Mithilfe der *Heuristik* kann eine mengenbasierte, schnelle und werksübergreifende Netzwerkplanung gegen infinite Kapazitäten erfolgen. Eine Verletzung von Material- und Ressourcenverfügbarkeit muss interaktiv vom Planer korrigiert werden oder kann mithilfe der Funktion Capacity Leveling systemtechnisch unterstützt werden. Da es sich hierbei nicht um eine Dispositionsfunktion, sondern um eine Funktion der Kapazitätsplanung handelt, gehen wir an dieser Stelle nicht im Detail auf das Capacity Leveling ein. Details hierzu finden Sie im Buch Kapazitätsplanung mit SAP (2020) von Ferenc Gulyássy und Binoy Vithayathil, das ebenfalls bei SAP PRESS erschienen ist.

Die Methode *Capable-to-Match* ermöglicht eine regelgesteuerte, werksübergreifende Planung, die Randbedingungen wie Kapazitätsangebote und Materialverfügbarkeit im Planungslauf berücksichtigen kann (finite Planung). Die Machbarkeit der Zugänge wird nach Prioritäten oder Quotierungen sukzessive geprüft, und die erste machbare Lösung wird eingeplant. Die auftragsbasierte Planung ermöglicht eine Rückverfolgung der Aufträge zum Einzelbedarf (die Verknüpfung von Bedarfen mit Bedarfsdeckern wird als *Pegging* bezeichnet). Es wird also keine optimale Lösung ermittelt, sondern die machbare Lösung mit der höchsten Priorität.

Der *SNP-Optimierer* hingegen ist ein kostenbasiertes, werksübergreifendes Planungsverfahren, das Randbedingungen wie Kapazitätsangebote und Materialverfügbarkeit im Planungslauf berücksichtigt (finite Planung). Der Optimierungslauf ist, wie der Heuristiklauf, eine mengenbezogene und keine auftragsbezogene Planung. Eine eindeutige Zuordnung von geplanten Produktionsaufträgen oder Bestellanforderungen zum ursprünglichen Kundenauftrag ist nicht möglich. Der Optimierer verwendet die Methode der linearen Programmierung, um alle relevanten Faktoren simultan zu berücksichtigen. Er vergleicht alternative Lösungen anhand der jeweils anfallenden Kosten und schlägt die beste zulässige Lösung vor. In einer einfachen Konfiguration des Optimierers werden die Kosten als Lenkungskosten benutzt, um das gewünschte Ergebnis zu erhalten. Weitaus aufwendiger ist die Verwendung von realistischen Kosten für Beschaffung, Produktion, Transport und Lagerung. In diesem Fall müssen gleichzeitig der Umsatzverlust und die Kundenverärgerung über Verspätungs- und Nichtlieferungskosten modelliert werden.

Supply Network Planning hat die folgenden Vorteile:

- werksübergreifende mittelfristige Grobplanung
- simultane Material- und finite Kapazitätsplanung von Produktions-, Lager- und Transportressourcen
- Transparenz der Auswirkungen von Engpässen auf die Supply Chain
- Planung von kritischen Komponenten auf Engpassressourcen
- werksübergreifende Optimierung der Ressourcenauslastung
- Priorisierung von Bedarfen und Zugängen

- kooperierende Beschaffungsplanung über das Internet
- Distributionsfeinplanung (Deployment)
- Gruppierung von Umlagerungsbestellanforderungen

4.4.3 Produktions- und Feinplanung (PP/DS)

In der Absatzplanung wurde eine Absatzprognose erstellt, die dann als Vorplanungsbedarf in die Distributionszentren und Produktionswerke übergeben wurde. Nachdem SNP die Bedarfe über Umlagerungen an die Produktionswerke übergeben hat, müssen nun im Produktionswerk die Produktionsmengen und -kapazitäten geplant werden. Diese Aufgabe kann nun einerseits in der Materialbedarfs- und Kapazitätsplanung des SAP-ECC-Systems oder in PP/DS im SAP-APO-System durchgeführt werden. Außerdem bietet auch SAP S/4HANA mit Embedded PP/DS (ePP/DS) eine integrierte Funktion zur Produktionsplanung.

Wie in Abbildung 4.18 zu sehen, bilden die Primärbedarfe den Ausgangspunkt der Produktionsplanung in PP/DS. Die Kundenprimärbedarfe werden immer als Kundenaufträge im SAP-ECC- bzw. im SAP-S/4HANA-System erfasst und von dort zur Planung an das SAP-APO-System übergeben. Die Vorplanungsbedarfe hingegen können entweder aus dem jeweiligen SAP-ERP-System oder alternativ direkt aus DP abgeleitet werden.

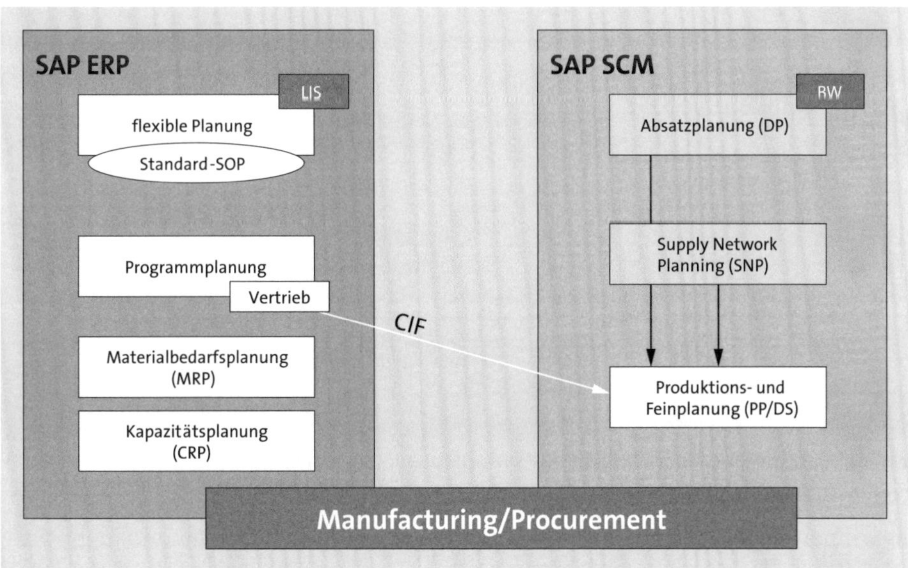

Abbildung 4.18 Integration der Produktions- und Feinplanung

Zusätzlich können aus einer werksübergreifenden Planung im Rahmen von SNP zusätzlich Umlagerungsbedarfe abgeleitet werden, die durch die PP/DS-Planung gedeckt werden müssen.

Die spätere Abwicklung der Produktionsaufträge (Fertigungs- oder Prozessaufträge) findet im Bereich des Manufacturings des SAP-ECC- bzw. des SAP-S/4HANA-Systems, also in Production Planning (PP) und eventuell einem angeschlossenen BDE-System, statt.

Innerhalb des PP/DS-Horizonts, der die SNP-Planung von der Produktionsplanung trennt, steht die Produktionsplanung (engl. Production Planning, PP) schwerpunktmäßig für eine losgrößenorientierte Planung im Sinne einer mengenorientierten Bedarfsplanung. Die eigentliche Realisierbarkeit/Machbarkeit entscheidet sich erst bei der kapazitiven Einlastung (eng. Detailed Scheduling, DS) innerhalb eines kurzfristigen Zeitfensters (siehe Abbildung 4.19). Die Bewahrung der Machbarkeit des Ergebnisses lässt sich in vielen Fällen grob über den Fixierungshorizont charakterisieren. Der Fixierungshorizont kann den Zuständigkeitsbereich der Mengenplanung (MRP-Funktionalität) von der eigentlichen Feinplanung abgrenzen, indem Elemente im Fixierungshorizont nicht vom Bedarfsplanungslauf geändert werden dürfen, während eine Feinplanung hinsichtlich der Termine erfolgen kann. Diese Trennung ist analog zur betriebswirtschaftlichen Trennung von Mengenplanung und Feinplanung.

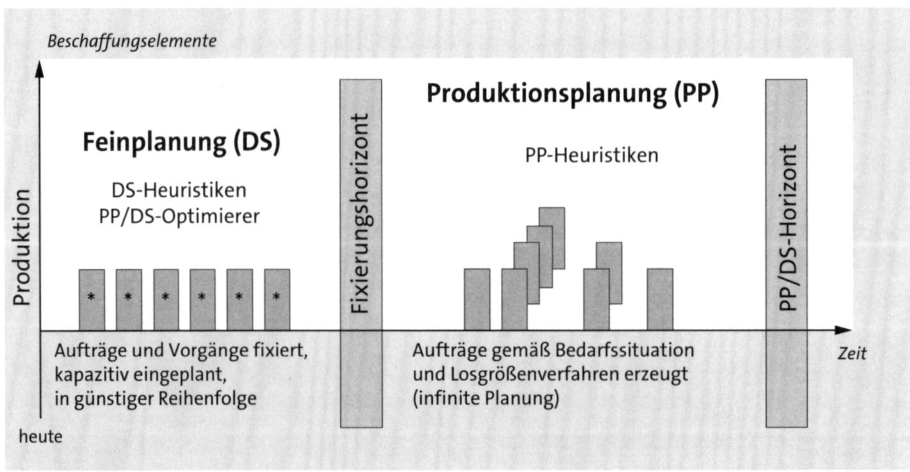

Abbildung 4.19 Unterschied zwischen Produktions- und Feinplanung

Es können dabei verschiedene Szenarien angewendet werden. Die umfangreichste Verwendung von SAP APO für die Produktions- und Feinplanung wird mit dem klassischen PP/DS-Ansatz verfolgt. Die Produktionsplanung erfolgt hierbei in PP/DS unter Verwendung von Hintergrundplanungsläufen und interaktiven Werkzeugen (wie der Produktsicht) mit PP-Heuristiken, welche eine Nettobedarfsrechnung ausführen und das Losgrößenverfahren abbilden. Diese Planung ist in der Regel infinit, berücksichtigt also etwaig entstehende Überlasten auf Ressourcen nicht. Die Feinplanung zur Reihenfolgebildung können Sie im Anschluss unter Verwendung von Hintergrundplanungsläufen oder interaktiv unter Verwendung der Feinplanplantafel vornehmen. Als automatisierende Hilfsmittel stehen Ihnen hier die grafische oder die tabellarische Feinplantafel, DS-Heuristiken sowie der PP/DS-Optimierer zur Verfügung.

Ein sehr hilfreiches Werkzeug innerhalb von PP/DS ist das bereits in Abschnitt 4.2, »Übersicht über den Dispositionsprozess im SAP-System«, erwähnte Capable-to-Promise-Verfahren. Als *Capable-to-Promise* (CTP) wird eine simultane Material- und Kapazitätsplanung bezeichnet. Dieses Verfahren kann z. B. bei der Verfügbarkeitsprüfung im Kundenauftrag genutzt werden. Dabei wird sofort bei Kundenauftragsanlage durch das CTP-Verfahren ein machbarer Liefertermin vorgeschlagen, in dem finite Kapazitäten und die Materialverfügbarkeit von Komponenten bei der Verfügbarkeitsprüfung berücksichtigt werden. Auf finit definierten Ressourcen werden Vorgänge nur dann angelegt, wenn zum entsprechenden Termin für die Auftragsmenge ausreichend Kapazität verfügbar ist. Bei Nichtverfügbarkeit von Kapazität sucht das System einen Termin, zu dem der Auftragsvorgang unter Berücksichtigung der Kapazitätssituation eingelastet werden kann. Dieser Termin wird im Kundenauftrag als Liefertermin vorgeschlagen.

Ein weiterer großer Vorteil von PP/DS ist das bidirektionale Planungsverfahren. Bei dieser Planung werden Planabweichungen, die sich bei der Top-down-Planung auf unteren Ebenen ergeben, in einer anschließenden Bottom-up-Planung automatisch auf den höheren Dispositionsstufen berücksichtigt. Beginnt das SAP-ECC- bzw. das SAP-S/4HANA-System einen Planauftrag für eine Komponente in der Vergangenheit, so schaltet die Planung in Abhängigkeit zu den Systemeinstellungen auf Vorwärtsterminierung um. Der darüberliegende Planauftrag für das Enderzeugnis wird aber nicht neu terminiert. In SAP APO bzw. in ePP/DS können Sie bspw. Über eine Bottom-up-Heuristik dafür sorgen, dass der Planauftrag für das Enderzeugnis erst beginnt, wenn die Komponente fertiggestellt ist.

Zusammenfassend sind folgende Vorteile der Produktionsfeinplanung in PP/DS zu nennen:

- erweiterte Möglichkeiten der Kapazitätsplanung (grafische Plantafel, Feinplanungsheuristiken, Optimierer, finite Planungsstrategie)
- umfangreiche Standardheuristiken zur flexiblen Gestaltung der Planungsabläufe (z. B. eine Bottom-up-Heuristik für die bidirektionale Planung)
- Zuordnung von Planaufträgen zu Fertigungslinien nach Kosten und Terminkriterien
- automatische Bezugsquellenauswahl bei Fremdbeschaffung nach Kosten und Terminkriterien
- mehrstufige Betrachtung der Material- und Kapazitätsverfügbarkeit (Pegging)

- mehrstufige Kundenauftragsplanung mit dem Capable-to-Promise-Verfahren
- Optimierungsverfahren im Rahmen der Feinplanung (Minimierung von Rüstzeiten, Rüstkosten, Terminverzüge, alternative Ressourcenauswahl)
- uhrzeitgenaue Bedarfsplanung (Stunden, Minuten), auch für Sekundärbedarfe
- dynamische Ausnahmemeldungen (Alerts)

Bislang haben wir ein Szenario beschrieben, in dem sowohl die Mengen- als auch die Kapazitätsplanung in PP/DS durchgeführt wird. Sie können jedoch auch den MRP-Planungslauf (und somit die gesamte Produktionsplanung) im SAP-ECC- bzw. SAP-S/4HANA-System belassen, sofern Sie PP/DS in SAP APO nutzen Dort erfolgt dann anschließend nur noch die Kapazitäts- und Feinplanung. Dabei wird zwischen den folgenden Ansätzen unterschieden:

- MRP-basierter DS-Ansatz (materialbedarfsplanungsbasierte Feinplanung)
- erweiterter MRP-basierter DS-Ansatz
- fertigungsauftragsbasierter DS-Ansatz

Beim MRP-basierten DS-Ansatz werden die Ergebnisse des Planungslaufs, also Planaufträge, Fertigungsaufträge und Bestellanforderungen, an das SAP-APO-System übertragen. Dort erfolgt dann für die Eigenfertigungsaufträge eine kapazitive Feinplanung, etwa durch Nutzung der interaktiven Feinplantafel, der Feinplanungsheuristiken oder des Optimierers. Anschließend werden die veränderten Termine zurück an das SAP-ECC- bzw. das SAP S/4HANA-System übertragen, wo die Umsetzung und Ausführung stattfinden (siehe Abbildung 4.20). Der Vorteil dieses Szenarios liegt darin, dass PP/DS nur für die Funktionen genutzt wird, die die größten Vorteile bieten. Dazu gehören im Vergleich zu SAP ECC bzw. SAP S/4HANA (Core):

- verbesserte Möglichkeiten der finiten Kapazitätsplanung (Pegging, Feinplanungsheuristiken, Optimierer)
- dynamisches Alert-Monitoring
- Simulationsmöglichkeiten

Gleichzeitig ist der Einführungsaufwand geringer, da sich weniger Änderungen zum bestehenden SAP-ECC- bzw. SAP-S/4HANA-Prozess ergeben und weniger Stammdaten nach SAP APO übertragen werden müssen. So sind keine Fertigungsversionen von SAP ECC bzw. SAP S/4HANA per Schnittstelle zu übertragen. Die vom jeweiligen SAP-ERP-System übertragenen Plan- und Fertigungsauftragsobjekte enthalten bereits selbst die Komponenten- und Vorgangsinformationen. Aus diesem Grund sind in SAP APO keine eigenen Eigenfertigungsbezugsquellen wie Produktionsdatenstrukturen (PDS) oder Produktionsprozessmodelle (PPM) notwendig. Insbesondere für kleinere und mittlere Unternehmen, die ihre Kapazitätsplanung verbessern möchten, kann dieses Szenario sinnvoll sein.

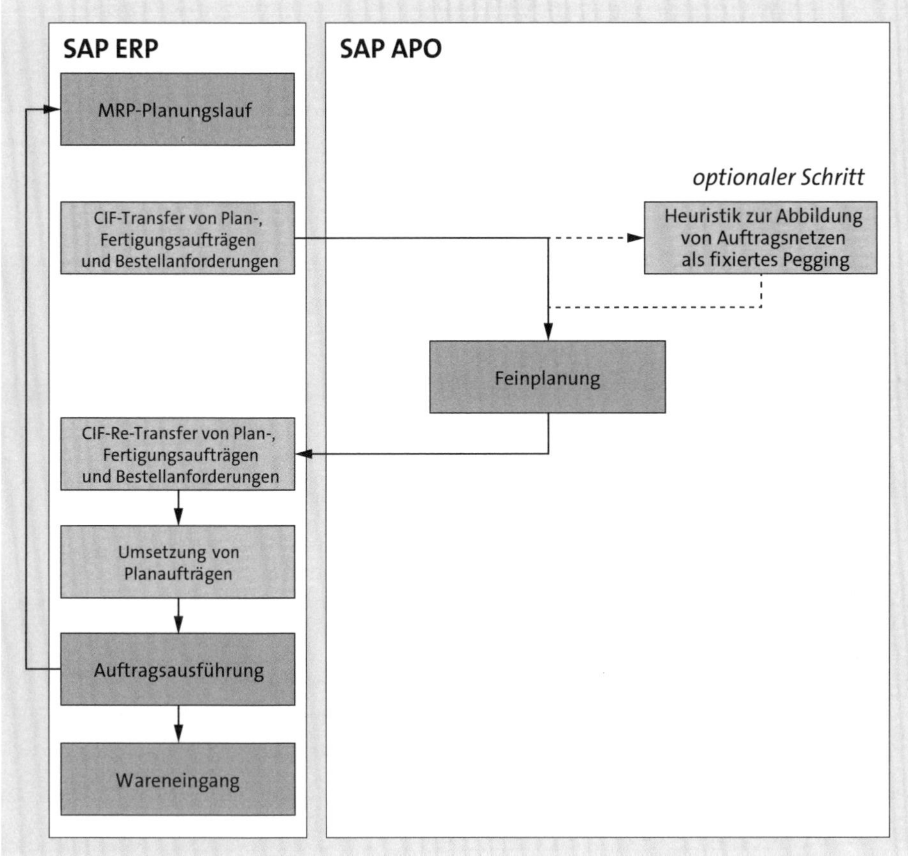

Abbildung 4.20 Planungsablauf des MRP-basierten Detailed-Scheduling-Szenarios

Der erweiterte MRP-basierte DS-Ansatz sieht vor, zusätzlich zum geschilderten Szenario Eigenfertigungsbezugsquellen (PDS bzw. PPM) an das SAP-APO-System zu übergeben. Bei diesem Vorgehen, welches ebenfalls auf einem Materialbedarfsplanungslauf im SAP-ECC- bzw. SAP-S/4HANA-System basiert, gewinnen Sie zusätzliche Flexibilität im Hinblick auf verschiedene Planungsfunktionen wie bspw. die Vererbung von Kundenauftragsprioritäten auf Plan- und Fertigungsaufträge, da in diesem Szenario die hierfür nötigen Informationen zur Verfügung stehen. Somit ergibt sich für dieses Szenario im Vergleich zum einfachen MRP-basierten DS-Ansatz ein größerer Funktionsumfang, jedoch auch ein erhöhter Implementierungsaufwand.

Der fertigungsauftragsbasierte DS-Ansatz fußt im eigentlichen Sinne auch auf einer Materialbedarfsplanung im SAP-System. Jedoch werden die in diesem Lauf erzeugten Planaufträge nicht direkt an SAP APO übergeben, sondern vor der Übertragung bereits im SAP-ECC- bzw. im SAP-S/4HANA-System in Fertigungsaufträge umgewandelt, die im SAP-APO-System mittels DS-Funktionen feingeplant werden.

4.5 Dispositionsprozess in SAP IBP

Die Lösung SAP Integrated Business Planning for Supply Chain (SAP IBP) ist die neueste Supply-Chain-Planungsanwendung von SAP und wird in Zukunft SAP APO ablösen. SAP IBP ermöglicht Ihnen, mit innovativen Funktionen Supply-Chain-Planungsprozesse umfänglich in der Cloud abzubilden. Abbildung 4.21 zeigt Ihnen die Funktionen und Prozesse, die Sie mithilfe von SAP IBP modellieren können.

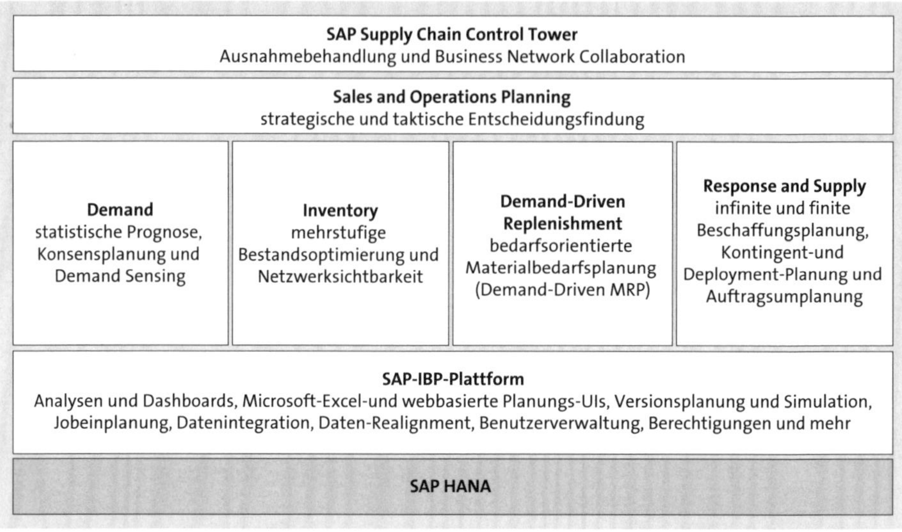

Abbildung 4.21 Lizenzen und Funktionen von SAP IBP (seit SAP-IBP-Release 1905)

SAP IBP besteht aus verschiedenen Modulen, die jeweils unterschiedliche Prozesse unterstützen:

- **SAP Supply Chain Control Tower**
  Der SAP Supply Chain Control Tower unterstützt als Big-Data-Applikation bei der Umsetzung durchgängiger Prozesse und bei der unternehmensübergreifenden Kollaboration.
- **SAP IBP für Sales and Operations**
  Die Anwendung ist eine Kernerweiterung von SAP IBP und unterstützt Sales-and-Operations-Planungsprozesse Ihres Unternehmens (siehe Abschnitt 4.5.1).
- **SAP IBP für Demand**
  SAP IBP für Demand gibt Ihnen mit dem Predictive Demand Management und Demand Sensing mehr Möglichkeiten in der Absatzplanung (siehe Abschnitt 4.5.2).
- **SAP IBP für Inventory**
  Mit dieser Anwendung erweitert SAP IBP seinen Fokus auf die Bestands-, Sicherheitsbestands- und Service-Level-Optimierung im kompletten Netzwerk (siehe Abschnitt 4.5.3).

- **SAP IBP für Demand-Driven Replenishment**
  SAP IBP für Demand-Driven Replenishment ist das Werkzeug zur bedarfsorientierten Materialbedarfsplanung (siehe Abschnitt 4.5.4).
- **SAP IBP für Response and Supply**
  Als Nachfolger von Supply Network Planning in SAP APO ermöglicht diese Anwendung ein verbessertes Response und Supply Management (siehe Abschnitt 4.5.5).

Die modulare Trennung der Lösung ist für die Lizensierung relevant. Um die Planungsprozesse in Ihrem Unternehmen abzubilden, könnte z. B. eine Kombination der Funktionen für Sie notwendig sein. Auch eine Realisierung Ihrer Prozessanforderung durch die Integration von Funktionen aus SAP IBP, SAP APO, SAP ECC sowie SAP S/4HANA sind denkbar, wobei die Zukunftsarchitektur Funktionen aus SAP IBP und SAP S/4HANA vorsieht.

Unabhängig von den Prozessen bzw. modulspezifischen Funktionen charakterisieren folgende Kernaspekte die SAP-IBP-Lösung im Allgemeinen:

- SAP IBP bietet ein skalierbares Modell, welches die Finanz-, Absatz- und Beschaffungsplanung auf operativer, taktischer und strategischer Ebene ermöglicht. Dabei können Sie die unterschiedlichen Planungsprozesse in einem Datenmodell auf Basis von SAP HANA abbilden.
- SAP IBP erlaubt Simulationen und Szenarioplanung für den Vergleich unterschiedlicher Pläne in Echtzeit, damit Entscheidungen auf der idealen Informationsgrundlage getroffen werden können.
- SAP IBP ermöglicht die Kommunikation und Kollaboration über alle Prozesse und funktionalen Rollen der Planung hinweg und strukturiert die Zusammenarbeit und eine schnelle gemeinsame Entscheidungsfindung.
- SAP IBP hat einfache und einheitliche Benutzeroberflächen, die höchstmögliche Flexibilität bieten. Intuitive Web-, Excel- und mobile Anwendungen erhöhen dabei die Akzeptanz der Anwender.
- SAP IBP ermöglicht als Big-Data-Applikation die Echtzeitauswertung von aktuellen Daten.

SAP IBP ersetzt damit nicht nur die Funktionen von SAP APO, sondern erweitert die Planungsmöglichkeiten noch. SAP verfolgt bei der Etablierung der zukünftigen Supply-Chain-Management-Lösung auch zur Unterstützung des Dispositionsprozesses eine Strategie, die in Abbildung 4.22 dargestellt ist.

Dabei gehen Prozesse, die in den SAP-APO-Anwendungen Demand Planning (DP) und Supply Network Planning (SNP) realisiert wurden, zukünftig in SAP IBP auf. Prozesse aus den Anwendungen Production Planning and Detailed Scheduling (PP/DS) sowie Advanced ATP (aATP) werden zukünftig im SAP-S/4HANA-System bereitgestellt.

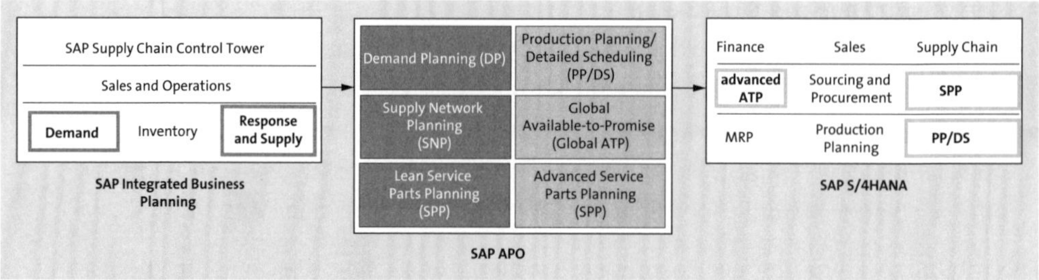

Abbildung 4.22 Strategie für die SAP-APO-Transformation

Im Folgenden gehen wir auf die einzelnen Module von SAP IBP ein, die den in Abschnitt 4.1, »Betriebswirtschaftlicher Überblick«, beschriebenen Dispositionsprozess funktional unterstützen und vereinfachen.

4.5.1 SAP IBP für Sales and Operations

SAP IBP für Sales and Operations ermöglicht die zeitreihenbasierte Planung und unterstützt grundlegende Absatzplanungs- bzw. Programmplanungsaspekte. Durch zeitreihenbasierte Beschaffungsalgorithmen werden außerdem die Materialbedarfsplanung sowie die Termin- und Kapazitätsplanung unterstützt.

Folgende Funktionen stehen im Kontext der Lösung SAP IBP für Sales and Operations für Sie zur Verfügung:

- Die Grundfunktionen der statistischen Prognose sind enthalten. Verwendet werden können die Prognosemodelle *einfacher gleitender Durchschnitt*, *einfache exponentielle Glättung*, *zweifache exponentielle Glättung* und *dreifache exponentielle Glättung*. Als Fehlermaß kann nur Root Mean Square Error (Wurzel des mittleren quadratischen Fehlers), kurz RMSE, ausgewählt werden.
- Im Kontext der Beschaffungsplanung wird die infinite mehrstufige Bedarfs- und Beschaffungsplanung für zeitreihenbasierte Modelle unterstützt. Dabei können folgende Algorithmen unterschieden werden:
  - Die *Beschaffungsplanungsheuristik* führt ohne Unterdeckungen eine mehrstufige infinite Bedarfs- und Beschaffungsplanung durch, und alle Bedarfe werden gedeckt. Es werden Kapazitätsengpässe und Probleme in der Beschaffung identifiziert, aber nicht im Planungslauf als Restriktion berücksichtigt. Das Ergebnis ist daher kein machbarer Plan.
  - Die *Bestandspropagierung*, für Kunden mit Lizenzversion 2002 und davor, ist ebenfalls eine infiniter mehrstufiger Bedarfs- und Beschaffungslauf, der den verfügbaren Nachschub von oben nach unten in der Logistikkette propagiert. Somit können die Auswirkungen von Problemen bei der Beschaffung auf Kunden- und Lokationsebene aufgezeigt werden.

- Die *Haltbarkeitsplanungsheuristik* führt ebenfalls ohne Unterdeckungen eine mehrstufige infinite Bedarfs- und Beschaffungsplanung durch. Es werden auch Kapazitätsengpässe und Probleme bei der Beschaffung aufgedeckt. Zusätzlich wird die Haltbarkeit von Produkten berücksichtigt.
- Die *finite Beschaffungsplanungsheuristik* erstellt einen finiten Bedarfs- und Beschaffungsplan unter Berücksichtigung bestimmter Kapazitätsengpässe und der Priorisierung der Bedarfe. Die Prioritäten werden von den Bedarfskosten und den Bezugsquellen abgeleitet. Für die Nutzung ist eine Lizenz für SAP IBP für Response and Supply notwendig.
- Der *Beschaffungsplanungsoptimierer* kommt zum Einsatz, um einen optimalen Beschaffungsplan unter Berücksichtigung von Kostenparametern und zusätzlichen Restriktionen zu ermitteln. Gewinnmaximierung oder Kostenminimierung sind die Zielgrößen der optimiererbasierten Planung. Auch hier benötigen Sie für die Nutzung eine Lizenz für SAP IBP für Response and Supply.

- Die Funktion *Prozessmanagement* wird Ihnen nur über die Anwendung SAP IBP für Sales and Operations zur Verfügung gestellt. Sie können darin Ihre Unternehmensprozesse modellieren und strukturiert unterstützen. Ein Gesamtprozess kann in verschiedene Unterprozesse aufgegliedert werden, und Sie können Aufgaben, Abhängigkeiten, Berechtigungen und Verantwortlichkeiten definieren. Die Voraussetzung dafür, dass das Prozessmanagement mit vollem Funktionsumfang in Bezug auf Kooperation verwendet werden kann, ist der Einsatz von SAP Jam.

4.5.2 SAP IBP für Demand

SAP IBP für Demand unterstützt den klassischen Absatzplanungsprozess bzw. die Programmplanung.

Folgende Funktionen stehen Ihnen im Kontext der Lösung SAP IBP für Demand zur Verfügung:

- **statistische Prognosen**
  Die Kernfunktion der klassischen Absatzplanung sind *statistische Prognosen*, die auf Grundlage von Vergangenheitsdaten mit statistischen Verfahren zukünftige Verläufe prognostizieren. Die Verfahren in SAP IBP wurden durch Machine-Learning-basierte Verfahren erweitert. Alle verfügbaren statistischen Methoden und alle Optionen zur Vor- und Nachverarbeitung sind enthalten.
- **Demand Sensing**
  Die Absatzplanung, die sich auf die nähere Zukunft konzentriert, wird mit Machine-Learning-Algorithmen unterstützt. Es wird eine tägliche Prognose auf Basis täglicher Nachfragesignale und Mustererkennung erstellt.

- **Zeitreihenanalyse**
  Mit der *Zeitreihenanalysen* können Sie historische Verläufe analysieren und Eigenschaften wie *Konstant*, *Sporadisch*, *Trend* oder *Saisonalität* identifizieren.
- **Promotionen**
  Ihnen stehen Funktionen zur Planung bzw. Integration von *Promotionen* aus einem Trade-Promotion-Planungssystem wie SAP CRM sowie für die Analyse von Promotionen zur Verfügung.
- **Produktlebenszyklus**
  Mit dem *Produktlebenszyklus* können Sie Referenzprodukte sowie die Einphasung und Ausphasung während der statistischen Prognose berücksichtigen.

4.5.3 SAP IBP für Inventory

Die Hauptaufgabe von SAP IBP für Inventory ist die strukturierte Bestandsplanung innerhalb des Integrated-Business-Planning-Vorgehens. Es ergänzt somit die Funktionen der anderen SAP-IBP-Module insofern, als ein sogenannter SIOP-Prozess (*Sales Inventory and Operations Planning*) möglich wird. Dabei nutzt SAP IBP für Inventory fortgeschrittene Algorithmen, um dem mehrstufigen Charakter eines Beschaffungsplans optimal Rechnung zu tragen und dabei den anvisierten Lieferbereitschaftsgrad aufrechtzuerhalten.

Mithilfe der Informationen zu Prognosefehlern, Bedarfsschwankungen und Lieferunsicherheit können ein- oder mehrstufig Empfehlungen für Sicherheitsbestände abgeleitet und auf dieser Basis weitere *Bestandskomponenten* ermittelt werden. Die Ergebnisse werden im Anschluss z. B. an SAP IBP für Response and Supply weitergereicht.

4.5.4 SAP IBP für Demand-Driven Replenishment

Mit SAP IBP für Demand-Driven Replenishment stehen Ihnen seit dem Release 1802 neue Funktionen bereit, die es ermöglichen, in den Prozess des Integrated Business Plannings auch die bedarfsorientierte Wiederbeschaffung im Sinne der Demand-Driven-Methodik einzubetten. Dabei unterstützt Sie SAP IBP mit diesen drei Hauptfunktionen:

- Die Funktionen zur *Bestandspositionierung* (engl. Strategic Inventory Positioning) von SAP IBP helfen Ihnen dabei, Bevorratungsebenen bzw. Entkopplungspunkte in mehrstufigen Lieferketten zu identifizieren.
- Im nächsten Schritt, der *Bestandsdimensionierung* (engl. Buffer Sizing), wird aufbauend auf der Bestandspositionierung abgeleitet, welchen Lagerbestand Sie an den Entkopplungspunkten vorhalten sollten. Dabei gibt SAP IBP Ihnen auch um-

fangreiche Simulationsmöglichkeiten an die Hand, mit denen Sie die Konsequenzen möglicher Entscheidungen monetär abschätzen können.

- Mit den Neuerungen im Release 1905 bietet SAP IBP die Option, die erzeugten Informationen in konkrete Beschaffungsvorschläge umzusetzen, wobei dies aktuell außerhalb des SAP-IBP-Systems durchgeführt wird.

Insbesondere die ersten beiden der genannten Hauptfunktionen sind mit den Leistungen von SAP IBP für Inventory vergleichbar, denn auch dort erhalten Sie systemseitig Vorschläge für die Positionierung und die Dimensionierung des Bestands. Jedoch unterscheiden sich zum einen die gewählten Vorgehensweisen, zum anderen liefert der Prozess mit der Anwendung für Demand-Driven Replenishment konkrete Beschaffungsvorschläge. Diese müssten bei der Nutzung von SAP IBP für Inventory erst von anderen SAP-IBP-Anwendungen wie SAP IBP für Response and Supply erzeugt werden.

4.5.5 SAP IBP für Response and Supply

SAP IBP für Response and Supply unterstützt die auftragsbasierte Beschaffungsplanung und somit Bereiche der Materialbedarfs-, Termin- und Kapazitätsplanung. Die Anwendung konzentriert sich auf kurz- bis mittelfristige Planungen und ermöglicht eine auftragsbasierte Beschaffungsplanung aus operativer Perspektive. Dabei werden detaillierte Daten wie Planaufträge, Produktionsaufträge, Kundenaufträge und Bestellungen berücksichtigt, was eine stärkere Integration mit den ERP-Quellsystemen voraussetzt. Grundsätzlich können die Beschaffungsalgorithmen der zeitreihenbasierten Planung, die in Abschnitt 4.5.1, »SAP IBP für Sales and Operations«, beschrieben sind, auch mit der Lösung SAP IBP für Response and Supply verwendet werden. Die auftragsbasierten Algorithmen können vorhandene Kapazitäten und Restriktionen berücksichtigen. Folgende Algorithmen stehen Ihnen zur Verfügung:

- Der *restriktionsbasierte Prognoselauf* verwendet eine regelbasierte Heuristik mit Priorisierungen, um die Bedarfe zu decken. Dabei wird zuerst die Priorität jedes Bedarfs geprüft, und die Bedarfe werden einzeln nach Regeln ihrer Reihenfolge der Priorität gelöst. Das Ergebnis können Sie auch verwenden, um Ihre Kontingentierung einzurichten. Es werden Bedarfe, Zugänge, Sicherheitsbestand und Zielbestand berücksichtigt.
- Der *restriktionsbasierte Prognoselauf mit Optimierer* kommt zum Einsatz, um einen optimalen Beschaffungsplan unter Berücksichtigung von Kostenparametern und zusätzlichen Restriktionen zu ermitteln. Gewinnmaximierung oder Kostenminimierung sind die Zielgrößen der optimiererbasierten Planung.
- Mit dem *Bestätigungslauf* können Sie ermitteln, wie Ihr Unternehmen auf Kundenbedarfe reagiert. Dabei werden die offenen Auftragsmengen von Kundenauf-

trägen, fixe Bedarfe und Zugänge, verrechnete Prognosebedarfe, Sicherheitsbestand und Zielbestand berücksichtigt. Als Ergebnis kann der Algorithmus unter Berücksichtigung der genannten Einflussfaktoren und der Engpässe Auftragsbestätigungen erzeugen. Dabei können auch Kontingente berücksichtigt werden.

- Den *Deployment-Lauf* nutzen Sie, um geplante Zugänge in Ihrem Netzwerk nach Prioritäten und Available-to-Deploy-Elementen (verfügbare Elemente) zu verteilen. Es werden keine neuen Planaufträge oder Bestellanforderungen angelegt, sondern Bedarfe mit vorhandenen Zugangselementen gedeckt.
- *Engpassanalysen* helfen Ihnen, die Ergebnisse der Beschaffungsplanung zu erklären, da die einschränkenden Faktoren aufgeführt werden.
- Das *Auftrags-Pegging* ermöglicht Ihnen die Verknüpfung von Bedarfs- und Zugangselementen im Auftragsdatenmodell.

Die Kernfunktion von SAP IBP für Response and Supply als auftragsbasierte Lösung ist somit die regelbasierte Beschaffungsplanung mit und ohne Optimierer (Supply). Dabei können auch Kontingente ermittelt und im weiteren Prozess verwendet werden. Darüber hinaus gibt es die Möglichkeit, Kundenaufträge zu bestätigen und falls erforderlich Kontingente zu berücksichtigen (Response). Diese lösungsspezifischen Funktionen werden um die Plattformfunktionen ergänzt. Die hier genannte Auswahl an Funktionen können Sie im Kontext der Disposition mit SAP IBP verwenden.

4.6 Fazit

In Abschnitt 4.1, »Betriebswirtschaftlicher Überblick«, haben wir die vier Hauptschritte des Dispositionsprozesses aufgezeigt: Programmplanung, Materialbedarfsplanung, Termin- und Kapazitätsplanung sowie Auftragsveranlassung und -überwachung.

In Abschnitt 4.2, »Übersicht über den Dispositionsprozess im SAP-System«, haben Sie gesehen, in welchen Funktionen der SAP-Lösungen diese Schritte wiederzufinden sind. Dabei sind wir darauf eingegangen, dass die Systeme über Schnittstellen wie das Core Interface (CIF) integriert werden können. Über diese Schnittstellen werden Stamm- und Bewegungsdaten ausgetauscht. In einem Systemverbund von SAP ECC bzw. SAP S/4HANA auf der einen und SAP APO oder SAP IBP auf der anderen Seite gibt es eine Vielzahl von Möglichkeiten, die unterschiedlichen Funktionen der beiden Systeme zu nutzen und miteinander zu kombinieren.

Anschließend sind wir in Abschnitt 4.3, »Dispositionsprozess in SAP ECC und SAP S/4HANA«, detailliert auf die vorhandenen Funktionen innerhalb des SAP-ERP-Systems eingegangen. Im Vordergrund stand dabei nicht eine detaillierte Beschreibung der einzelnen Funktionen, sondern eine Einordnung in den Gesamtprozess. Die detaillierte Beschreibung folgt in Teil II und wird in Teil III dieses Buchs erneut aufgegriffen.

In Abschnitt 4.4, »Dispositionsprozess in SAP APO«, wurden die Funktionen der SCM-Komponente SAP APO erläutert, mit denen der Dispositionsprozess effizienter gestaltet werden kann. Auch hier ging es nicht um eine detaillierte Funktionsbeschreibung, sondern um eine Eingliederung und ein Aufzeigen der Unterschiede zu SAP ECC bzw. SAP S/4HANA. Eine analoge Vorgehensweise wurde in Abschnitt 4.5, »Dispositionsprozess in SAP IBP«, gewählt, jedoch stand hier der Funktionsumfang der für die Disposition relevanten SAP-IBP-Module für Sales and Operations, Demand, Inventory, Demand-Driven Replenishment und Response and Supply im Mittelpunkt.

Nach der Lektüre dieses Kapitels können Sie die unterschiedlichen Dispositionsthemen, die in Teil II und Teil III detailliert beschrieben werden, besser in den Gesamtzusammenhang einordnen. Außerdem wissen Sie nun, was sich hinter den Begrifflichkeiten und Abkürzungen der Funktionen beider Systeme verbirgt.

TEIL II

Dispositionsparameter im SAP-System und ihre Auswirkungen

In vielen Unternehmen wird nur ein geringer Teil der Funktionen des SAP-Systems für die tägliche Disposition genutzt. Aufgrund der Komplexität der verschiedenen Einstellungsmöglichkeiten und Wechselwirkungen der Dispositionsparameter greift man meist auf die langjährige Erfahrung der Disponenten zurück. Damit Sie in Zukunft die zahlreichen Funktionen des SAP-Systems für die Optimierung Ihres Dispositionsprozesses nutzen können, geben wir Ihnen in diesem Teil einen umfassenden Überblick über die Dispositionsparameter in SAP ECC, SAP S/4HANA, SAP APO und SAP IBP. Wir beschreiben für jede Funktion, wie Sie die entsprechenden Stammdaten pflegen, welche Customizing-Einstellungen notwendig sind und welche Wechselwirkungen Sie berücksichtigen müssen. Der Aufbau dieses Teils orientiert sich an dem in Teil I beschriebenen Ablauf der Disposition.

Kapitel 5
Allgemeine Dispositionsstammdaten

Dieses Kapitel gibt Ihnen einen ersten Überblick über die allgemeinen Dispositionsstammdaten in SAP ECC, SAP S/4HANA, SAP APO und SAP IBP. Die vorgestellten Stammdaten werden wir in den darauffolgenden Kapiteln detailliert betrachten.

Allein in SAP ECC bzw. SAP S/4HANA befinden sich je System mehr als 200 dispositionsrelevante Parameter, mit denen Disponenten die Planung und Umsetzung der Disposition steuern können. In den weiteren Kapiteln dieses zweiten Buchteils werden wir Ihnen die SAP-Dispositionsparameter und ihre Auswirkungen detailliert vorstellen. In diesem Kapitel können Sie sich zunächst einen Überblick über die allgemeinen SAP-Dispositionsstammdaten verschaffen.

Der Fokus der folgenden Abschnitte liegt auf dem Bereich der Stammdatenpflege: Welche Hilfsmittel bieten die unterschiedlichen SAP-Systeme? Massenpflege und Profile sind wichtige Stichwörter in diesem Zusammenhang. Wie kann der Disponent die Qualität der Stammdaten prüfen und sicherstellen? Welche Unterschiede gibt es bei der Stammdatenpflege zwischen den ERP-Systemen von SAP (SAP ECC und S/4HANA) und den Planungssystemen (SAP APO und SAP IBP)?

5.1 Unterschiede zwischen den SAP-ERP-Systemen und den SAP-Planungssystemen

Dieser Abschnitt beschäftigt sich mit den Unterschieden zwischen den Dispositions- und Stammdateneinstellungen in den ERP-Systemen von SAP (SAP ECC und SAP S/4HANA) und denen in den Planungssystemen (SAP APO und SAP IBP). In der Literatur und in vielen Unternehmen konzentriert man sich oft einseitig auf die Disposition mit SAP ECC bzw. SAP S/4HANA und vernachlässigt die weiterführenden Modelle und Parameter in den Planungssystemen. Dies resultiert aus der längeren Erfahrung der Unternehmen mit SAP ECC, die aufgrund der grundsätzlich analogen Vorgehensweise auch auf SAP S/4HANA übertragen werden kann, und aus dem vergleichsweise geringen Erfahrungsschatz über die erweiterten Modelle der Planungssysteme. SAP ECC und SAP S/4HANA bieten systemseitig viele Möglichkeiten, die Disposition zu steuern und zu optimieren. Dieses Potenzial sollten Sie auch zuerst ausschöpfen. Darauf aufbauend aber können Sie mit den Planungssystemen SAP APO und SAP IBP die Möglichkeiten der Dispositionssteuerung durch spezifische Verfahren in den Bereichen Bedarfsplanung und Vorplanung erweitern.

Zunächst gilt es, die Aufgabenverteilung in Bezug auf Stammdaten zwischen den SAP-ERP-Systemen (SAP ECC und SAP S/4HANA) und den Planungssystemen (SAP APO und SAP IBP) umfassend zu verstehen. Grundsätzlich werden die Stammdaten im ausführenden SAP-ERP-System, d. h. SAP ECC oder SAP S/4HANA, angelegt und bearbeitet. Die Stammdatenführerschaft liegt daher bei diesen Systemen.

Damit die Stammdaten in den Planungsfunktionen in SAP APO bzw. SAP IBP zur Verfügung stehen, müssen diese und auch die Änderungen zeitnah übertragen werden. Die Übertragung erfolgt für SAP APO über das Core Interface (CIF), bei SAP IBP über SAP Cloud Integration for Data Services bzw. SAP HANA Smart Data Integration. Cloud Integration wird für die zeitreihenbasierte Planung im Integrated Business Planning eingesetzt, während Smart Data Integration für die auftragsbasierte Planung zum Einsatz kommt.

Zunächst gehen wir auf das Core Interface, die zentrale Schnittstelle für die Anbindung des SAP-APO-Systems an die SAP-ERP-Systemumgebung, ein (siehe Abbildung 5.1).

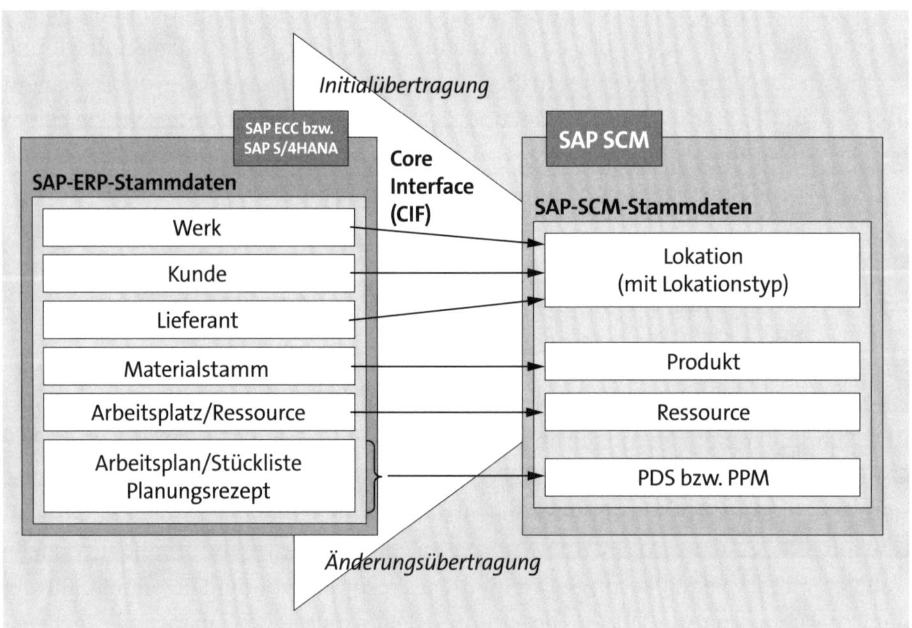

Abbildung 5.1 Anbindung des SAP-APO-Systems an SAP ECC bzw. SAP S/4HANA via CIF

Die Stammdatenobjekte in SAP APO sind in den wenigsten Fällen deckungsgleich mit den SAP-ERP-Stammdaten. Bei der Datenübernahme werden vielmehr die relevanten

SAP-ERP-Daten auf entsprechende Planungsstammdaten des SAP-APO-Systems abgebildet. Nicht alle Stammdaten aus den SAP-ERP-Systemen werden übernommen; so sind vertriebsspezifische und buchhalterische Stammdaten für das SAP-APO-System nicht relevant, da es bei diesem primär um Beschaffung, Fertigung und Lagerung geht. Beachten Sie bitte, dass – wie oben bereits beschrieben – das jeweilige SAP-ERP-System bei der Anbindung von SAP APO das führende System für die Stammdaten bleibt. Lediglich spezielle SAP-APO-Stammdaten, für die es in den ERP-Systemen keine Entsprechung gibt, werden direkt in SAP APO angelegt.

Planung in SAP S/4HANA

SAP S/4HANA weist in Bezug auf die grundlegenden Dispositionsfunktionen größtenteils den identischen Umfang auf wie SAP ECC.

Damit Materialien in SAP APO geplant werden können, müssen bestimmte Regeln in SAP ECC bzw. SAP S/4HANA eingehalten werden. Um Materialien von der Materialbedarfsplanung in den SAP-ERP-Systemen auszuschließen, müssen Sie das Dispositionsmerkmal »X0« setzen. Dadurch werden Bedarfe im jeweiligen ERP-System erzeugt, jedoch von SAP APO geplant. Abbildung 5.2 zeigt Ihnen als Beispiel eine Stückliste, die in SAP ECC und in SAP APO geplant wird.

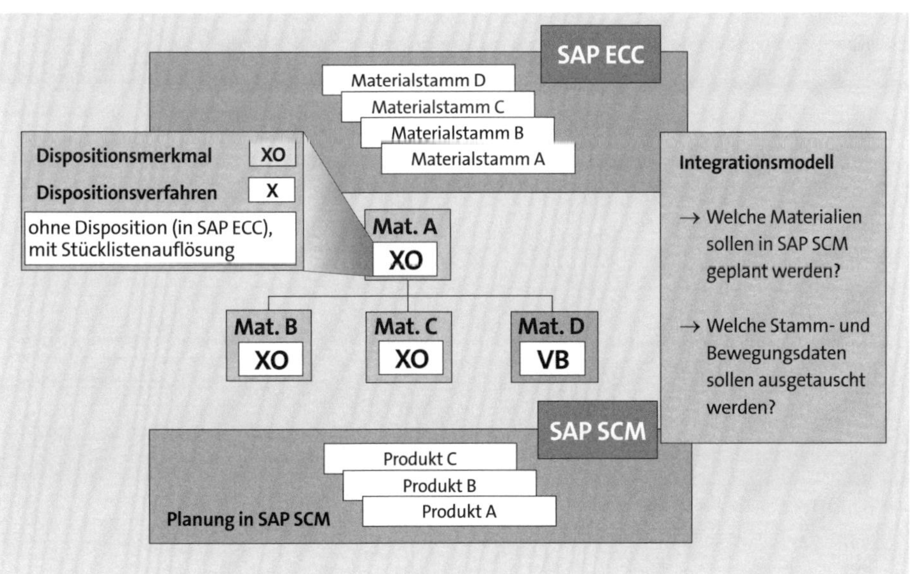

Abbildung 5.2 Disposition mit SAP ECC oder SAP APO

Die Stammdaten der vier Stücklistenkomponenten (A bis D) sind zentral im SAP-ERP-System gepflegt. Anhand des Dispositionsmerkmals »X0« wird definiert, dass die Komponenten (A, B, C) im SAP-APO-System geplant werden. Die Stücklistenauflösung findet im jeweiligen SAP-ERP-System statt. Material D wird als einzige Komponente mit einem manuellen Bestellpunktverfahren im SAP-ERP-System geplant, dabei kann es sich um unkritisches Material mit geringem Wert handeln (Verpackungsmaterial oder Materialien mit Mehrfachverwendung wie Schrauben, Schaltkreise etc.).

SAP APO kann die Disposition mit SAP ECC bzw. SAP S/4HANA komplett ablösen, jedoch ist es nicht sinnvoll, alle Materialien im SAP-APO-System zu planen. Kritische Produkte und Komponenten sollten Sie in diesem System planen, unkritische Produkte und Komponenten in SAP ERP. Unkritische Produkte lassen sich automatisch oder mit einem einfachen Dispositionsverfahren und geringem Aufwand disponieren – hierfür reichen die Verfahren in SAP ECC bzw. in SAP S/4HANA aus. SAP APO bietet umfangreichere Verfahren und Vorplanungsmöglichkeiten; diese erzielen besonders bei werthaltigen und kritischen Produkten bessere Ergebnisse, die den zusätzlichen Aufwand rechtfertigen. Wenn Sie allerdings eine Komponente im SAP-APO-System planen, müssen Sie alle dazugehörigen, in der Stückliste darüberliegenden Komponenten bis zum Enderzeugnis ebenfalls in dem Planungssystem planen. Analog gilt: Wird eine Komponente im SAP-ECC- bzw. im SAP-S/4HANA-System geplant, müssen auch alle dazugehörigen, in der Stückliste darunterliegenden Ebenen dort geplant werden. Tabelle 5.1 gibt Ihnen einen Überblick über die Produkte, die Sie in SAP APO planen können.

Planung von Produkten in SAP APO	empfohlen	möglich	nicht empfohlen	nicht möglich
fremdbeschaffte Produkte mit langen Wiederbeschaffungszeiten	X	–	–	–
auf einer Engpassressource in Eigenfertigung hergestellte Produkte	X	–	–	–
mit MRP in einem selbstständigen OLTP-System geplante Produkte	–	X	–	–
mit Bestellpunktdisposition geplante (unkritische) Produkte	–	–	X	–
mit stochastischer Disposition geplante (unkritische) Produkte	–	–	X	–
mit rhythmischer Disposition geplante (unkritische) Produkte	–	–	–	X
mit Kanban geplante (unkritische) Produkte	–	–	–	X

Tabelle 5.1 Planung von Produkten in SAP APO

Tabelle 5.2 stellt die Unterschiede zwischen SAP ECC bzw. SAP S/4HANA und SAP APO in den Bereichen Disposition und Planung gegenüber und listet die erweiterten Verfahren in SAP APO auf, die Sie in den folgenden Kapiteln noch im Detail kennenlernen werden.

	SAP ECC bzw. SAP S/4HANA	SAP APO
Bedarfsstrategien	■ Lagerfertigung ■ Vorplanung ■ Losfertigung ■ Kundeneinzelfertigung	■ anonyme Lagerfertigung ■ Vorplanung ■ Vorplanungsprodukt ■ Vendor Managed Inventory
Prognosemodelle	univariate Prognose	■ univariate Prognose (Zeitreihenmodell) ■ multiple lineare Regression und/oder ■ kombinierte Prognose mit flexiblen Simulationsmöglichkeiten
Einkauf	optimierte Bezugsquellenfindung	Supply-Network-Planning-Optimierer
Sicherheitsbestandsplanung	–	Supply-Network-Planning-Sicherheitsbestandsplanung unter Berücksichtigung von Constraints und Strafkosten für Nichtlieferung/Verspätung und Unterschreitung des Sicherheitsbestands (SB)

Tabelle 5.2 Unterschiede zwischen SAP ECC bzw. SAP S/4HANA und SAP APO in den Bereichen Disposition und Planung sowie Erweiterungen in SAP APO

Wenn Sie die Disposition im SAP-ECC- bzw. SAP-S/4HANA-System komplett durch SAP IBP ablösen möchten, müssen Sie die Funktionen der auftragsbasierten Planung (ABP, engl. Order-based Planning, OBP) einsetzen. Nur mit diesen Funktionen erfolgt die Anlage der für die operative Disposition benötigten Aufträge in SAP IBP.

[«]

Genauigkeit der auftragsbasierten Planung

Es ist zu beachten, dass die Funktionen der auftragsbasierten Planung aktuell lediglich tagesgenaue Planung ermöglichen, also nur eckterminierte Aufträge erzeugen können.

5.2 Massenpflege von Dispositionsstammdaten

In diesem Abschnitt stellen wir die Werkzeuge zur Pflege und insbesondere zur Massenpflege der Materialstammdaten vor. Jeder Materialstamm kann spezifisch auf globaler Ebene, auf Werksebene, auf Lagerortebene oder je nach Dispositionsbereich gepflegt werden. Diese Fülle an Einstellungsmöglichkeiten hilft den Disponenten, die Materialeigenschaften systemseitig abzubilden. Allerdings ist dies mit sehr hohem Aufwand verbunden, besonders wenn das Materialspektrum nicht nur einige Hundert, sondern Hunderttausende Materialien umfasst. Eine manuelle Massenpflege ist in solchen Fällen unmöglich.

Materialpflege so früh wie möglich durchführen

In der Praxis überlässt man die Pflege der Materialien häufig den jeweiligen Disponenten. Die Einstellungen werden dann je nach Bedarf, d. h. meist zu spät, geändert. Dies verschlechtert die Qualität der Stammdaten und mindert die Transparenz. Solche Ad-hoc-Änderungen sollten die Ausnahme bleiben – besser ist ein koordiniertes und überlegtes Handeln, das sich an transparenten Dispositionsregeln orientiert.

SAP stellt den Disponenten verschiedene Werkzeuge für die Massenpflege zur Verfügung, z. B. die Dispositionsgruppe, das Dispositionsprofil und Massenänderungen über die Transaktion MASSD (Massenpflege). Alle Werkzeuge haben ihre Vorteile, sind aber nur sinnvoll, wenn sie kenntnisreich und nach einem definierten Regelwerk eingesetzt werden.

5.2.1 Dispositionsgruppe

Über die Transaktion OPPR (Dispositionsgruppe) können Sie in SAP ECC und SAP S/4HANA Dispositionsgruppen auf Werksebene anlegen. Die *Dispositionsgruppe* ist ein Organisationsobjekt, mit dem einer Gruppe von Materialien spezielle Steuerungsparameter für die Disposition zugeordnet werden können.

Sie können Dispositionsgruppen pflegen, wenn Ihnen für Ihre betrieblichen Belange eine Steuerung der Planung pro Werk zu grob ist und Sie bestimmten Materialgruppen von der Werksdefinition abweichende Steuerungsparameter zuordnen wollen. Hierzu werden Dispositionsgruppen mit diesen spezifischeren Steuerungsparametern definiert und den entsprechenden Materialgruppen im Materialstammsatz (**Datenbild 1**) zugeordnet (siehe Abbildung 5.3).

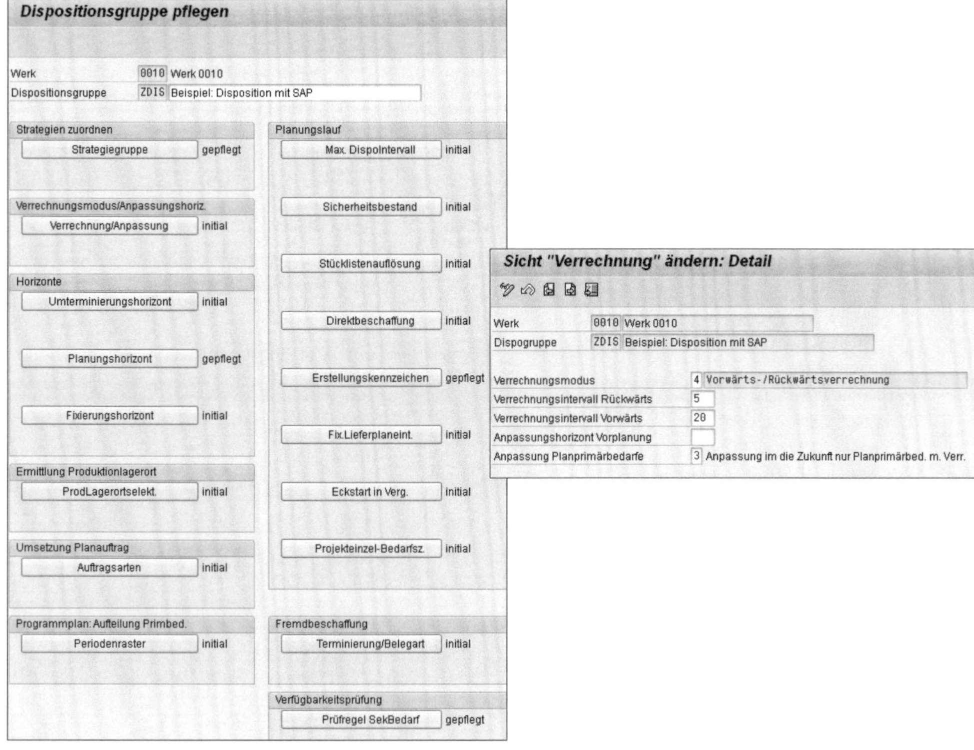

Abbildung 5.3 Dispositionsgruppe

Für den Gesamtplanungslauf können z. B. folgende Steuerungsparameter mit der Dispositionsgruppe eingestellt werden:

- die Erstellungskennzeichen für den Planungslauf
- der Planungshorizont
- der Verrechnungsmodus

Nach diesen Erläuterungen zur Dispositionsgruppe gehen wir nun auf das Dispositionsprofil näher ein.

5.2.2 Dispositionsprofil

Dispositionsparameter können über Profile gepflegt werden. Die in einem Profil hinterlegten Informationen sind Standardinformationen, die bei der Pflege unterschiedlicher Objekte immer wieder in ähnlicher Konstellation benötigt werden. Ein Profil dient also als Erfassungshilfe und erleichtert die Verwaltung von Objektdaten. Ebenso ist das *Dispositionsprofil* vorteilhaft, wenn man mit einer Materialklassifizierung arbeitet, für jedes Segment ein Profil erstellt und diesen Profilen dann die klassifizierten Materialien zuordnet (siehe Abbildung 5.4).

Abbildung 5.4 Dispositionsprofil

Beim Anlegen von Materialstammsätzen stellen Sie durch die Eingabe eines Profils eine Zuordnung zwischen Materialstammsatz und Profil her. Diese Zuordnung bewirkt, dass die Festwerte, die aus dem Profil in das jeweilige Datenbild übernommen werden, in den Materialstammsätzen nicht geändert werden können. Die übernommenen Vorschlagswerte dagegen können Sie überschreiben. Beim Sichern der Materialstammsätze werden die Werte in den Materialstammsatz geschrieben.

Mit der Transaktion MMD1 (Dispositionsprofile anlegen) können Sie in SAP ECC und SAP S/4HANA ein Dispositionsprofil anlegen und dieses dann im Materialstamm bei der Dispositionssicht über **Bearbeiten • DispoProfil** mit dem Material verknüpfen. Alternativ ordnen Sie über die Massenpflege dem klassifizierten Material das entsprechende Profil zu.

5.2.3 Massenpflege mit der Transaktion MASSD

Die Massenpflege ist ein anwendungsübergreifendes Werkzeug, das eingesetzt werden kann, um große Datenmengen anzulegen oder anzupassen. Die Massenpflege ist insbesondere dann sinnvoll, wenn Sie vorhandene Datenbestände an eine veränderte Situation anpassen müssen.

[zB]

Ablösung einer Einkäufergruppe

Eine Situation, in der die Massenpflege sinnvoll eingesetzt werden kann, ist, wenn eine Einkäufergruppe durch eine andere abgelöst wird und Sie in einem bestimmten Werk alle Materialien der alten Einkäufergruppe nun der neuen Einkäufergruppe zuordnen müssen.

5.2.4 SCM-Beratungslösungen für die regelbasierte Stammdatenpflege

SAP hat einige Tools als Add-ons für SAP ECC und SAP S/4HANA entwickelt, mit denen Sie die Stammdatenpflege für Disposition, Einkauf und Produktion auch automatisiert, d. h. regelbasiert, pflegen können. Die mit diesen Lösungen gepflegten Stammdaten werden dann im Zuge einer Datenübertragung auch für SAP APO und SAP IBP relevant.

Um diese Tools zu nutzen, müssen Sie zunächst ein Regelwerk definieren. Mehr dazu erfahren Sie in Teil III, »Dispositionsoptimierung«. Anschließend kann das Regelwerk im Rahmen der Implementierung der folgenden SCM-Beratungslösungen von SAP verwendet werden. Zu den Beratungslösungen, die regelbasiert Stammdaten pflegen können, gehören nachstehende:

- Dispositionsmonitor (siehe Abschnitt 20.4.1)
- Losgrößensimulation (siehe Abschnitt 9.2.4)
- Sicherheitsbestandssimulation (siehe Abschnitt 10.5.3)
- Wiederbeschaffungszeit-Monitor (siehe Abschnitt 20.4.2)
- Prognosemonitor (siehe Abschnitt 7.3.9)

Nach diesem groben Überblick über mögliche Optimierungstools, die bei der Pflege von Dispositionsstammdaten unterstützen können, gehen wir in der Folge auf Sondermaterialien ein.

5.3 Sondermaterialien

Neben den »normalen« Materialien gibt es *Sondermaterialien*, die im Dispositionsprozess entweder zu berücksichtigen oder komplett zu ignorieren sind. Sondermaterialien sind z. B. Materialien, die in anderen Werken disponiert werden, Schüttgut oder Konsignationsmaterialien.

Wenn Sie ein Material werksübergreifend, also in unterschiedlichen Werken, planen wollen, benötigen Sie für die Disposition besondere Einstellungen im Materialstamm. Die Produktion in einem anderen Werk wird über einen *Sonderbeschaffungsschlüssel* gesteuert, über den Sie dem Material im Materialstammsatz das Planungswerk zuordnen.

Als *Schüttgut* wird eine Materialkomponente gekennzeichnet, über die direkt am Arbeitsplatz verfügt werden kann (loses Material, z. B. für Schmierfett oder Unterlegscheiben). Das Kennzeichen **Schüttgut** kann im Materialstammsatz (Ansicht **Disposition 2**) gepflegt werden. Wird ein Material als Schüttgut gekennzeichnet, dann ist der Sekundärbedarf dieses Materials nicht dispositionsrelevant; Schüttgutmaterialien sollten daher verbrauchsgesteuert disponiert werden.

Konsignation bedeutet, dass ein Lieferant Ihnen Material zur Verfügung stellt, das bei Ihnen lagert. Der Lieferant bleibt so lange Eigentümer des Materials, bis Sie etwas aus dem Konsignationslager entnehmen. Wichtig für die Disposition ist dabei, dass Sie den Sonderbeschaffungsschlüssel für Konsignation pflegen, sodass durch die Sonderbeschaffungsart ermittelt werden kann, dass die Materialbeschaffung fremdgesteuert wird. Somit wird das Konsignationsmaterial wie jedes andere Material disponiert – es erhöht jedoch nicht den bewerteten Bestand, da es bis zur Entnahme Eigentum des Lieferanten bleibt.

5.4 Stammdatenqualität überprüfen

Damit die Qualität der oben genannten Stammdaten aufrechterhalten wird, ist es notwendig, die Stammdatenqualität permanent zu überwachen.

Um die globalen/lokalen Stammdaten auf ihre Qualität zu überprüfen, hat SAP eine Beratungslösung entwickelt, mit der globale sowie lokale Regelwerke definiert werden können. Das *Data Check & Maintenance Cockpit* ist ein flexibles Analysetool, mit dem Sie kundenspezifische, individuelle Regeln für beliebige Stammdatenfelder hinterlegen und diese auch miteinander kombinieren können, z. B. um zu kontrollieren, ob die Planlieferzeiten zwischen Infosatz und Materialstamm konsistent gepflegt sind (siehe Abbildung 5.5).

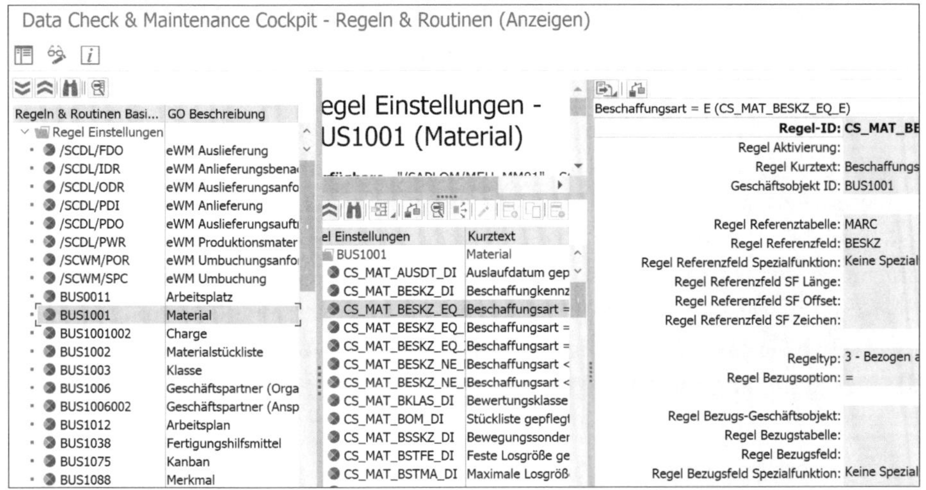

Abbildung 5.5 Regelroutinen zur Stammdatenprüfung mit dem Data Check & Maintenance Cockpit

Dieses Tool ist sehr flexibel, da man beliebig Regeln hinterlegen und somit die Datenqualität nicht nur für Stammdaten, sondern auch für Bewegungsdaten bis auf die Feldebene überprüfen kann. Das Ergebnis einer Prüfung ist in Abbildung 5.6 zu sehen.

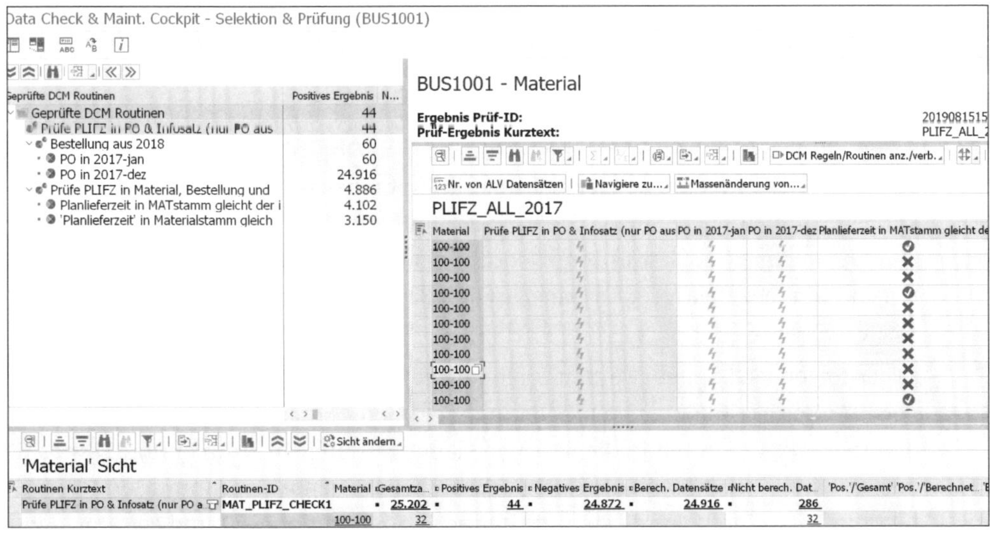

Abbildung 5.6 Ergebnis einer Stammdatenprüfung

In der Abbildung erkennen Sie im oberen rechten Bereich das Ergebnis der gesamten Prüfung, aufgegliedert nach Prüfergebnissen für die im Prüfumfang enthaltenen Prüfregeln. Dabei werden die einzelnen Business-Objekte, die untersucht worden sind, jeweils separat als eigene Zeile angezeigt. Die Prüfungen mit dem Häkchen waren erfolgreich, die Prüfungen mit dem Kreuz waren nicht erfolgreich, was bedeutet, dass ein Stammdatenanpassungsbedarf besteht.

Oben links ist das Prüfergebnis zusammengefasst auf aggregierter Ebene dargestellt. Dies bedeutet, dass die durchlaufenen Routinen und die zugehörigen Regeln abgetragen sind. Generell stehen dabei unterschiedliche Aggregationsebenen zur Verfügung. In diesem Beispiel sind die Prüfungen auf Perioden aggregiert, auch eine Aggregation z. B. nach Werk wäre möglich. Die jeweiligen Werke haben unterschiedliche Prüfergebnisse für die Materialien. So lässt sich schnell erkennen, welches Werk die höchste und welches Werk die niedrigste Stammdatenqualität hat. Im unteren Bereich sehen Sie das Prüfergebnis dann auf Detailebene zu jedem einzelnen Material, das im Prüfumfang enthalten war.

[»]

Data Check & Maintenance Cockpit

Mehr Informationen zum Data Check & Maintenance Cockpit finden Sie im SAP Help Portal (*http://s-prs.de/v858403*) oder Sie schreiben eine E-Mail an *scm-consulting-solutions@sap.com*.

5.5 Fazit

Stammdatenpflege sehen die meisten Unternehmen, die mit den ERP- bzw. den Planungssystemen von SAP arbeiten, als notwendiges Übel an. Dies liegt zum einen am fehlenden Wissen über die verschiedenen Hilfsmittel zur einfachen und automatischen Pflege der Stammdatenparameter, wie dem Dispositionsprofil oder der Massenpflege. Zum anderen werden Optimierungspotenziale und die positiven Auswirkungen von richtig gepflegten Stammdaten unterschätzt. Unternehmen mit hoher Stammdatenqualität identifizieren jedoch schneller Änderungen im Materialverhalten und können effektiver und transparenter Bestände reduzieren oder den Lieferservice verbessern.

In den folgenden Kapiteln werden wir Ihnen die wichtigsten Bereiche der Disposition, deren Möglichkeiten, Ausprägungen und Parameter beschreiben. Disposition gliedert sich im SAP-System in die Bereiche Planungsstrategien, Vorplanung, Dispositionsverfahren, Losgrößenberechnung, Sicherheitsbestandsberechnung und Terminierung. Die Reihenfolge dieser Aufzählung wurde nicht ohne Grund gewählt, denn die genannten Bereiche bauen aufeinander auf und stehen in wechselseitiger Abhängigkeit. Durch die jeweiligen Parameterausprägungen beeinflussen sie die Gesamtstrategie. Dies wird besonders in Kapitel 13, »Wechselwirkungen«, deutlich.

Der Begriff *Parameter* wird im Zusammenhang mit der Disposition noch öfter fallen, denn er gilt als Synonym für Stammdaten, und nur optimal gepflegte Stammdaten ermöglichen auch eine optimale Disposition.

Kapitel 6
Planungsstrategien und Bedarfsverrechnung

Die Planungsstrategie bestimmt das Zusammenspiel der beiden Primärbedarfsarten, die in der Programmplanung erfasst werden: einerseits die Vorplanungsbedarfe und andererseits die Kundenprimärbedarfe. Die Planungsstrategie kann eine Verrechnung der beiden Primärbedarfsarten erlauben; es können aber auch beide oder nur eine Primärbedarfsart für die Disposition relevant sein.

Wie in Kapitel 4, »Ablauf der Disposition in SAP«, beschrieben, werden im Rahmen der Programmplanung einerseits Kundenbedarfe aus der Kundenauftragsverwaltung und andererseits Vorplanungsbedarfe aus der Absatzplanung erfasst. Die Planungsstrategie bestimmt das Zusammenspiel dieser beiden Primärbedarfsarten und ist damit eine Vorgehensweise zur Planung eines Materials auf Basis der Vorplanung (siehe Kapitel 7, »Bedarfsermittlung durch Vorplanung und Prognosen«). Entscheidend sind dabei die Bedarfswirksamkeit der beiden Primärbedarfsarten, die unterschiedlichen Verrechnungsweisen von Vorplanungsbedarfen mit Kunden- und Sekundärbedarfen sowie der Primärbedarfsabbau.

Im Folgenden erklären wir zuerst die Systemeinstellungen im SAP-ERP-System, die eine Planungsstrategie bestimmen. Anschließend geben wir einen Überblick über die Standardplanungsstrategien in den SAP-ERP-Systemen (SAP ECC und SAP S/4HANA). Es gibt Strategien für die Vorplanung auf Endproduktebene und Strategien für die Vorplanung auf Baugruppenebene. Zu unterscheiden sind außerdem Strategien für die Kundeneinzelfertigung und die anonyme Lagerfertigung sowie Strategien für konfigurierbare Produkte. Nachdem wir einen Überblick über diese Strategien gegeben haben, zeigen wir Ihnen, welche Einstellungen in SAP APO die Planungsstrategien bestimmen, und gehen zum Schluss auf die Vorplanungsverrechnung in SAP Integrated Business Planning for Supply Chain (SAP IBP) ein.

6.1 Systemeinstellungen in SAP ECC und SAP S/4HANA

In den folgenden Abschnitten stellen wir Ihnen die Systemeinstellungen in den SAP-ERP-Systemen vor, die Sie bei der Entscheidung für eine Planungsstrategie kennen müssen.

6.1.1 Bedarfsklasse und Bedarfsart als steuernde Elemente der Bedarfsübergabe

Die SAP-ERP-Systeme unterscheiden zwischen verschiedenen *Bedarfsarten*. Jeder Primärbedarf wird dabei einer Bedarfsart im System zugeordnet. Ob es zu einer Verrechnung zweier verschiedenartiger Primärbedarfe wie z. B. eines Kundenauftrags und eines Vorplanungsbedarfs kommt, entscheidet das Zusammenwirken der diesen Primärbedarfen zugrunde liegenden Bedarfsarten. Grundsätzlich ist zwischen den Bedarfsarten der verschiedenen Primärbedarfe zu unterscheiden, d. h., die Bedarfsarten der Kundenbedarfe unterscheiden sich von denen der Vorplanungsbedarfe.

Jede Bedarfsart wird im Customizing des Vertriebs einer sogenannten *Bedarfsklasse* zugeordnet. Die Bedarfsarten werden durch ihre Zuordnung in eine Klasse definiert, können also nur einer Klasse zugeordnet werden. Bedarfsklassen können hingegen mehreren Bedarfsarten zugeordnet werden.

Das Systemverhalten wird durch die Bedarfsklasse beeinflusst, d. h., die Bedarfsklasse steuert die bedarfsrelevanten Funktionen innerhalb der Logistik. In der Bedarfsklasse werden die folgenden planungsrelevanten Einstellungen gebündelt:

- Übergabe des Bedarfs an die Materialbedarfsplanung
- Einschätzung der Dispositionsrelevanz eines Bedarfs
- Verwendung des Bedarfs in der Verfügbarkeitsprüfung
- Verrechnung mit Vorplanungsbedarfen
- Abbau von Vorplanungsbedarfen
- Verhalten in der Montageabwicklung
- Verhalten in der Kapazitätsprüfung
- Kontingentierung

In der Bedarfsklasse werden außerdem Festlegungen zur Kontierung, zur Konfiguration und zur Kalkulation vorgenommen.

6.1.2 Bedarfsartenfindung

Die Bedarfsart von Kundenaufträgen wird durch die sogenannte *Bedarfsartenfindung* ermittelt. Dabei werden für die Ermittlung der Bedarfsart einer Kundenauftragsposition die folgenden Strategien genutzt:

- Ermittlung der Bedarfsart über die Strategiegruppe des Materialstamms
- Ermittlung der Bedarfsart über die der Dispositionsgruppe des Materials
- Ermittlung der Bedarfsart über die Materialart
- Ermittlung der Bedarfsart über die Kombination aus Positionstyp und Dispositionsmerkmal
- Ermittlung der Bedarfsart über den Positionstyp

Falls das jeweilige SAP-ERP-System auf Basis dieser Schritte keine Bedarfsart gefunden hat, können Sie den Bedarf als nicht relevant für die Bedarfsübergabe und die Verfügbarkeitsprüfung deklarieren.

Es besteht die Möglichkeit, Teile der Strategie durch die feste Angabe einer Quelle zu übersteuern. Hierzu kann im Customizing des Vertriebs unter dem Punkt **Ermittlung der Bedarfsart über den Vorgang** eingestellt werden, dass bestimmte Schritte der Suchhierarchie übersprungen werden sollen. Damit können Sie die Bedarfsart unabhängig von der Planungsstrategie definieren, wenn dies sinnvoll und aus Prozesssicht nötig ist. Dies ist bspw. dann der Fall, wenn nicht die Einstellung der Planungsstrategie materialabhängig maßgeblich sein soll, sondern z. B. die Steuerung aus dem Vertrieb.

Bei Vorplanungs- und Kundenprimärbedarfen muss die Bedarfsart hingegen beim Anlegen vorgegeben werden. Sie tragen bspw. die Bedarfsart von Vorplanungsbedarfen in den Benutzerparametern der Transaktion MD61 bzw. MD62 ein, bevor ein Vorplanungsbedarf eingegeben bzw. geändert wird. Dasselbe gilt bei der Anlage und Änderung der Standardvorplanung in den Transaktionen MD64 bzw. MD65. Falls Sie einen Report für die Anlage von Vorplanungsbedarfen verwenden, müssen Sie vorab festlegen, welche Bedarfsart die anzulegenden Vorplanungsbedarfe haben sollen.

Analog zum Vorplanungsbedarf müssen Sie auch bei der Anlage bzw. der Änderung von Kundenprimärbedarfen über deren Bedarfsart entscheiden (z. B. in den Transaktionen MD84 bzw. MD85).

6.1.3 Zusammenhang von Planungsstrategie und Bedarfsklasse

Wie Sie im vorigen Abschnitt gesehen haben, spielt die Planungsstrategie aufgrund ihrer Position im Rahmen der Bedarfsartenfindung eine zentrale Rolle. In diesem Abschnitt möchten wir nun näher auf den Zusammenhang zwischen Planungsstrategie und Bedarfsklasse eingehen.

Eine *Planungsstrategiegruppe* fasst eine Hauptstrategie und mehrere Nebenstrategien zusammen. Die Hauptstrategie wird dabei vom SAP-System in der Programmplanung vorgeschlagen und als Planungsstrategie verwendet. Sie kann manuell in die Nebenstrategien abgeändert werden.

Eine *Planungsstrategie* beinhaltet eine Bedarfsart für die Vorplanungsbedarfe und eine Bedarfsart für die Kundenbedarfe. Entscheidend ist, wie beschrieben, die sinnvolle Kombination beider Bedarfsarten, da die zu steuernden Eigenschaften, wie z. B. diejenigen zur Verrechnung, ein zielgerichtetes Zusammenspiel beider Bedarfsarten erfordern. Jede der im Folgenden beschriebenen Planungsstrategien besteht also aus einer Kombination von zwei Bedarfsarten. Der komplexe Zusammenhang zwischen Strategiegruppe, Planungsstrategie, Bedarfsart und -klasse ist noch einmal hierarchisch in Abbildung 6.1 dargestellt.

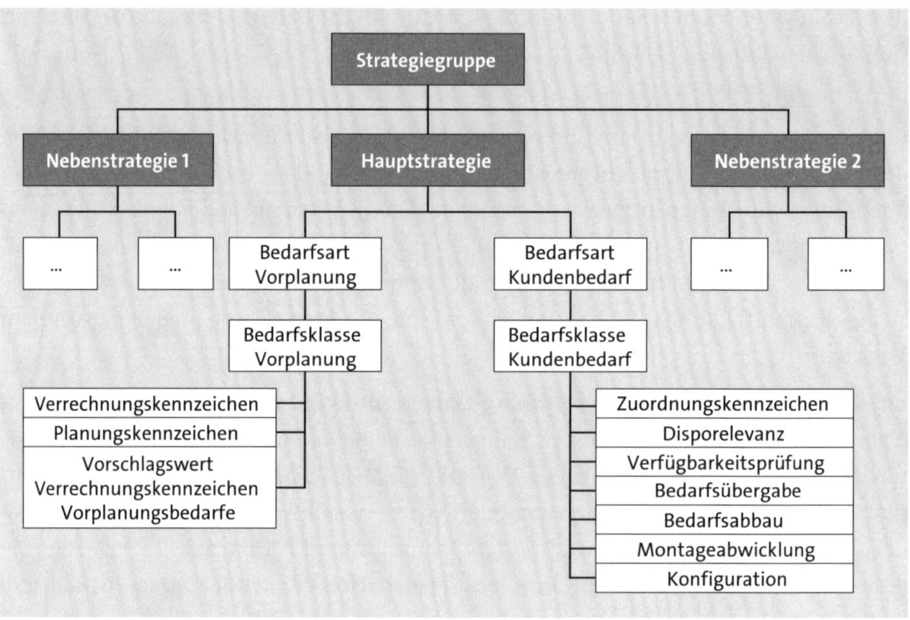

Abbildung 6.1 Darstellung der Zusammenhänge in der Planungsstrategie

Im Customizing des Vertriebs können Sie die Parameter der Bedarfsklasse einstellen (siehe Abbildung 6.2). Auf die wichtigsten dieser Parameter werden wir im Folgenden detailliert eingehen.

Verrechnungskennzeichen/Zuordnungskennzeichen

Voraussetzung für eine Verrechnung der Vorplanung mit Kundenbedarfen ist, dass das Verrechnungskennzeichen (Feld **Verrechnung**) des Vorplanungsbedarfs mit dem Zuordnungskennzeichen (Feld **Zuordnungskennz**, siehe Abbildung 6.2) des Kundenbedarfs übereinstimmt und die Verrechnung vorsieht. Dies ist der Fall, wenn die Werte »1«, »2« oder »3« eintragen sind. Für Kundenbedarfe, die keine Verrechnung vorsehen, bleibt die Eingabe im Feld **Zuordnungskennz** leer. Überprüfen können Sie diese Werte, indem Sie in der Bedarfs-/Bestandsliste (Transaktion MD04) das Detail-Pop-up zum entsprechenden Dispositionselement aufrufen (siehe Abbildung 6.3).

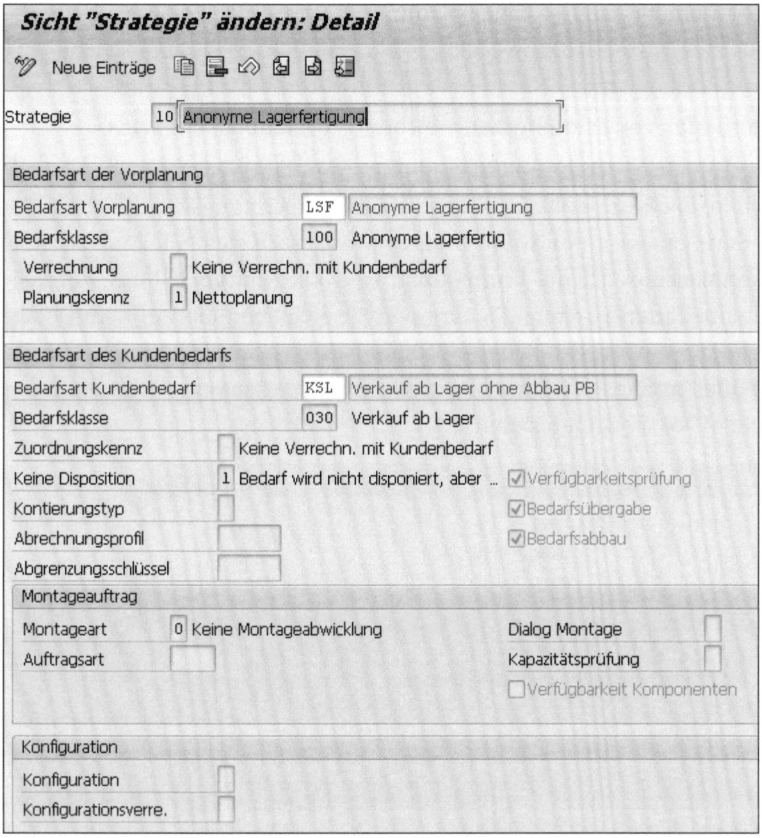

Abbildung 6.2 Customizing der Planungsstrategie

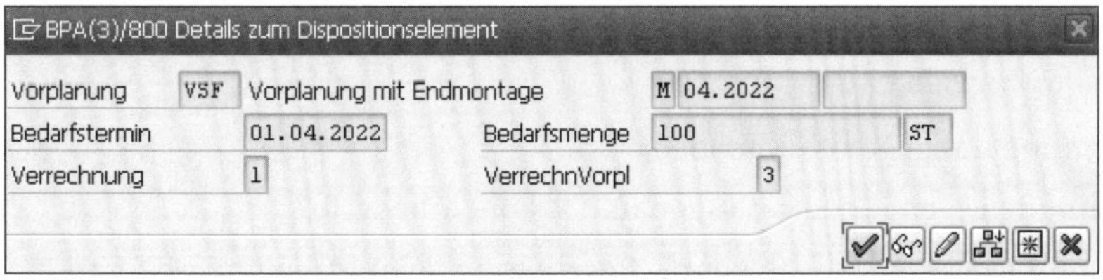

Abbildung 6.3 Pop-up in Transaktion MD04 mit Verrechnungskennzeichen

Planungskennzeichen

Im Planungskennzeichen (Feld **Planungskennz**, siehe Abbildung 6.2) wird festgelegt, ob eine Nettorechnung durchgeführt wird. Bei der Nettoplanung werden der dispositiv verfügbare Lagerbestand sowie Zugangselemente in der Nettobedarfsrechnung berücksichtigt. Bei der Bruttoplanung wird hingegen kein Lagerbestand einbezogen, hierfür wird in der aktuellen Bedarfs-/Bestandsliste und in der Dispositionsliste automatisch ein separater Abschnitt (Segment) angelegt. Bei der Einzelplanung erscheinen die Bedarfe in einem eigenen Einzelplanungsabschnitt der Bedarfs-/Bestandsliste. Hierbei wird der werksbezogene Lagerbestand ebenfalls nicht berücksichtigt.

Vorschlagswert für das Verrechnungskennzeichen »Vorplanungsbedarfe«

Eine Bedingung für eine Verrechnung in der Programmplanung ist, dass das Zuordnungskennzeichen der Kundenbedarfsklasse dem Verrechnungskennzeichen des Vorplanungsbedarfs entspricht. Darüber hinaus müssen Sie sicherstellen, dass das Verrechnungskennzeichen für die Vorplanung (Feld **VerrechnVorpl**) eine Verrechnung mit Kundenbedarfen vorsieht. Das können Sie sich ebenfalls auf dem Detail-Pop-up zum Primärbedarf in der Bedarfs-/Bestandsliste (Transaktion MD04; siehe Abbildung 6.4) oder in der Positionssicht der Primärbedarfspflege (Transaktionen MD61, MD62 und MD63) anzeigen lassen.

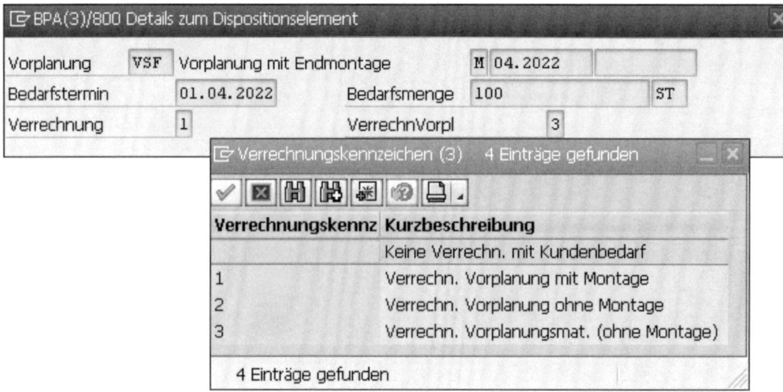

Abbildung 6.4 Verrechnungskennzeichen für Vorplanungsbedarfe

Ändern Sie dieses Kennzeichen, wirkt sich das unmittelbar auf die Verrechnung aus. Es gibt folgende Möglichkeiten:

- 1 – Verrechnung nur gegen Kundenbedarf
- 2 – Verrechnung gegen Reservierungen und Sekundärbedarfe
- 3 – Verrechnung gegen Kundenbedarfe, Reservierungen und Sekundärbedarfe
- 4 – flexible Verrechnung gegen verschiedene Dispositionselemente (BAdI)
- kein Wert eingetragen (»blank«) – keine Verrechnung

Im Customizing ist pro Bedarfsklasse ein Verrechnungskennzeichen als Vorschlagswert definiert (siehe Abbildung 6.5). In der Transaktion MD61 können Sie dieses jedoch manuell übersteuern. Bei der Strategie 70 (Baugruppenvorplanung) ist z. B. eine Verrechnung gegen Reservierungen und Sekundärbedarfe eingestellt.

Sicht "Primärbedarf: Vorschlagswerte Verrechnung" ändern: Übersicht

Bedarfsklasse	Bezeichnung	VerrechnVorpl
100	Anonyme Lagerfertig	
101	Vorpl mit Montage	1
102	Bruttoplanung	
103	Vorpl ohne Montage	1
104	Vorpl VorplanMatnr	1
105	Baugruppenvorplanung	2
106	Vorpl Dummybaugruppe	2
107	Vorpl.Baugruppe o.M	3

Abbildung 6.5 Vorschlagswert für das Verrechnungskennzeichen

Dispositionsrelevanz

Das Kennzeichen **Keine Disposition** (siehe Abbildung 6.2) legt fest, ob Kundenbedarfe in der Bedarfsplanung dispositionsrelevant sind, ob sie also in der Nettobedarfsrechnung mitgerechnet werden. Es gibt folgende Möglichkeiten:

- 0 – Kundenbedarfe sind dispositionsrelevant.
- 1 – Kundenbedarfe sind nicht dispositionsrelevant, werden aber angezeigt.
- 2 – Kundenbedarfe sind weder dispositionsrelevant, noch werden sie angezeigt.

Bei Strategie 10 (anonyme Lagerfertigung) sind die Kundenaufträge nicht dispositionsrelevant. Die Produktionsmengen werden nur durch Vorplanungsbedarfe bestimmt.

6.1.4 Zuweisung einer Planungsstrategie zum Material

Über die Dispositionsgruppe können Sie eine Planungsstrategie einem Material zuordnen. Dafür muss im Customizing der Dispositionsgruppe eine Planungsstrategie hinterlegt sein (siehe Abbildung 6.6), und die Dispositionsgruppe muss im Material eingetragen sein.

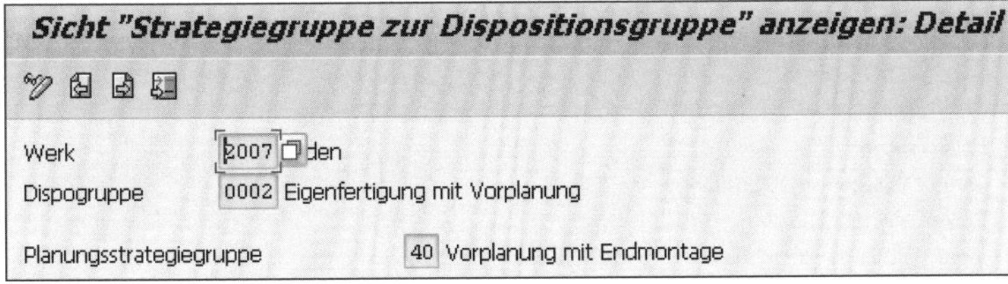

Abbildung 6.6 Pflege der Planungsstrategie in der Dispositionsgruppe

Höhere Priorität hat jedoch die Planungsstrategie, die direkt im Materialstamm auf der Registerkarte **Disposition 3** eingetragen wird (siehe Abbildung 6.7). Hier können auch die weiteren Vorplanungsparameter angegeben werden, auf die wir im Folgenden eingehen.

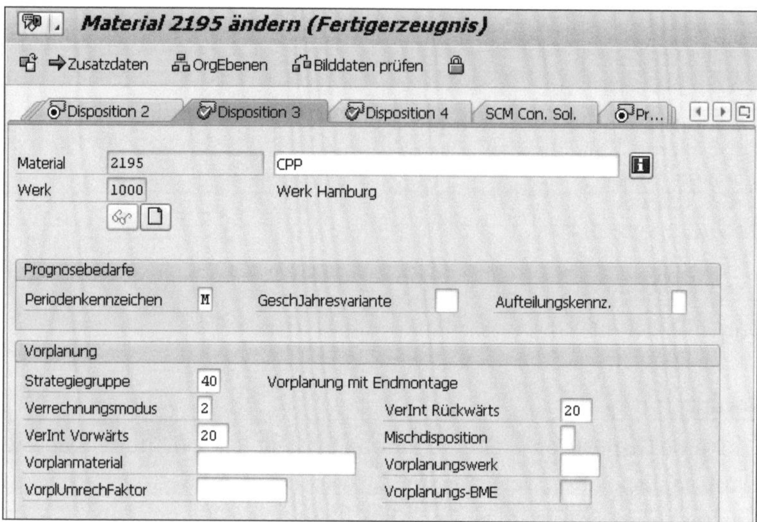

Abbildung 6.7 Parameter der Planungsstrategie im Materialstamm

Ist weder in der Dispositionsgruppe noch im Materialstamm eine Planungsstrategie hinterlegt, wird in der Kundenauftragsverwaltung der Komponente Sales and Distribution (SD) bei der Ermittlung der Bedarfsart anhand des Positionstyps und des Dispomerkmals im SD-Customizing (Tabelle TVEPZ) die Bedarfsklasse ermittelt. Die Customizing-Transaktion ist in Abbildung 6.8 dargestellt.

Sicht "Zuordnung Bedarfsarten zum Vorgang" ändern: Übersicht

Zuordnung Bedarfsarten zum Vorgang

Ptyp	DMk	BDAr	Q	Bedarfsartbezeichnung
TAN		041		Auftrag/Lieferbedarf
TAN	MO	041		Auftrag/Lieferbedarf
TAN	ND	011		Lieferungsbedarf
TAN	P1	041		Auftrag/Lieferbedarf
TAN	P2	041		Auftrag/Lieferbedarf
TAN	PD	041		Auftrag/Lieferbedarf
TAN	VB	011		Lieferungsbedarf
TAN	VM	011		Lieferungsbedarf
TAN	VV	011		Lieferungsbedarf
TAN	Y1	YR3	1	Verkauf ab Lager ohne Abbau PB
TAN	Y2	YR5	1	Verkauf ab Lager ohne Abbau PB
TAN	YA	YA4	1	Verkauf ab Lager ohne Abbau PB
TAN	YB	YA2	1	Verkauf ab Lager ohne Abbau PB
TAN	YP	ZPA	1	Verkauf ab Lager ohne Abbau PB
TAN	YR	YR4	1	Verkauf ab Lager ohne Abbau PB
TAN	YZ	YR2	1	Verkauf ab Lager ohne Abbau PB

Abbildung 6.8 SD-Customizing zur Bedarfsart (Tabelle TVEPZ)

6.1.5 Verrechnungsparameter

Die Verrechnung von Vorplanungsbedarfen mit Kundenbedarfen wird über die Parameter Verrechnungsmodus und Verrechnungsintervalle (Rückwärts, Vorwärts) gesteuert.

Der *Verrechnungsmodus* (Feld **Verrechnungsmodus**) legt fest, in welche Richtung auf der Zeitachse sich eintreffende Kundenaufträge mit der Vorplanung verrechnen (siehe Abbildung 6.7). Bei der Rückwärtsverrechnung (Modus 1) verrechnet sich der Kundenbedarf nur mit Vorplanungsbedarfen, die zeitlich vor dem Kundenbedarf liegen. Bei der Vorwärtsverrechnung (Modus 3) verrechnet sich der Kundenbedarf nur mit Vorplanungsbedarfen, die zeitlich nach dem Kundenbedarf liegen. Zusätzlich gibt es die Modi 2 und 4, die eine Kombination von Vor- und Rückwärtsverrechnung darstellen.

Bei Modus 2 wird zuerst nach Vorplanungsbedarfen geschaut, die zeitlich vor dem Kundenbedarf liegen. Wenn dort nicht bereits ausreichende Mengen vorhanden waren, wird nach Vorplanungsbedarfen gesucht, die zeitlich nach dem Kundenbedarf liegen. Bei Modus 4 ist die Reihenfolge umgekehrt.

Das *Verrechnungsintervall Rückwärts* (Feld **VerInt Rückwärts**) wird in Arbeitstagen angegeben und legt fest, wie weit auf der Zeitachse vom Kundenbedarf aus in Richtung Vergangenheit geschaut werden kann, um Vorplanungsbedarfe zur Verrechnung zu finden. Das *Verrechnungsintervall Vorwärts* (Feld **VerInt Vorwärts**) hingegen bestimmt, wie weit vom Kundenbedarf aus in die Zukunft geschaut werden kann. Die höchste Priorität haben wieder die Einstellungen im Materialstamm. Ist dort kein Verrechnungsmodus angegeben, werden die Verrechnungsparameter aus der Dispositionsgruppe herangezogen, die dem Material zugeordnet ist. Ist auch dort kein Verrechnungsmodus gepflegt, wird der Verrechnungsmodus zwangsweise auf »1« (ausschließlich Rückwärtsverrechnung) mit einem Verrechnungsintervall Rückwärts von 999 Tagen gesetzt. Eine Deaktivierung der Verrechnung durch Nichtpflege der Verrechnungsparameter ist somit nicht möglich.

Bei der Eingabe von Vorplanungsbedarfen (z. B. über die Transaktion MD61) für ein Material wird die Bedarfsart anhand der dem Material zugewiesenen Strategie ermittelt. Gleichzeitig wird das Verrechnungskennzeichen aus dem Customizing der Bedarfsklasse ermittelt. Beachten Sie dabei: Solange noch alte Vorplanungsbedarfe zu einem Material in der Tabelle PBIM existieren, übersteuern diese Einträge die neuen Vorschlagswerte. Zusätzlich können in den Benutzerparametern der Transaktion MD61 manuell Werte eingegeben werden, die die Vorschlagswerte aus dem Customizing übersteuern (siehe Abbildung 6.9).

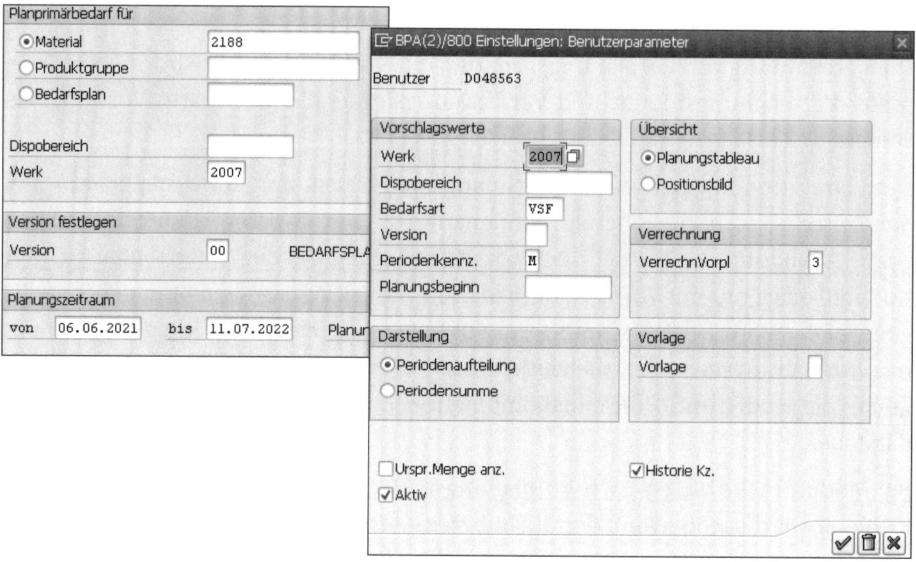

Abbildung 6.9 Benutzerparameter bei der Eingabe von Vorplanungsbedarfen

6.2 Planungsstrategien in SAP ECC und SAP S/4HANA

Die ERP-Systeme von SAP bieten ein breites Spektrum an Planungsstrategien. Dieses reicht von der Lagerfertigung, bei der die Produktion des Enderzeugnisses nur anhand von Vorplanungsbedarfen gesteuert wird und Kundenaufträge vom Lager bedient werden, bis hin zur reinen Kundeneinzelfertigung, bei der keine Vorplanung erfolgt und die Produktion und Beschaffung erst bei Kundenauftragseingang angestoßen wird (siehe Abbildung 6.9).

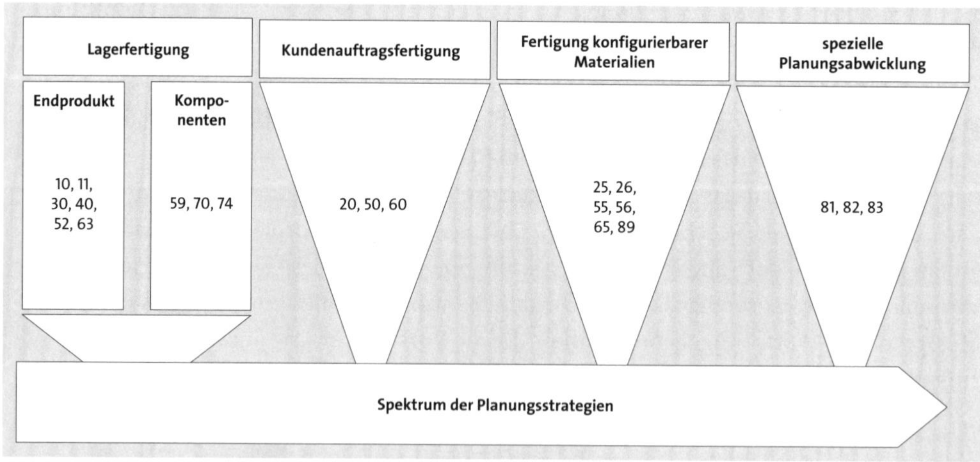

Abbildung 6.10 Spektrum der Planungsstrategien

Diese Planungsstrategien lassen sich in verschiedene Kategorien einteilen:

- **Strategien für die Lagerfertigung**
  Es gibt verschiedene Strategien für die Lagerfertigung (siehe Abschnitt 6.2.1), dazu gehören vor allem diese:
  - Die *anonyme Lagerfertigung* (Strategie 10) ist eine Lagerfertigungsstrategie, bei der die Fertigung der Enderzeugnisse lediglich durch Vorplanungsbedarfe gesteuert wird. Kundenaufträge sind dispositiv nicht relevant und werden vom Lagerbestand bedient.
  - Auch die *Losfertigung* (Strategie 30) ist eine Lagerfertigungsstrategie. Hier sind neben den Vorplanungsbedarfen jedoch zusätzlich Kundenbedarfe dispositiv wirksam. Eine Verrechnung mit den Vorplanungsbedarfen erfolgt nicht.
  - Bei der *Vorplanung mit Endmontage* (Strategie 40) wird das Enderzeugnis anhand von Vorplanungsbedarfen geplant. Bei dieser Strategie findet jedoch eine Verrechnung von Kunden- und Vorplanungsbedarfen statt.
- **kundenauftragsbezogene Endmontage**
  Die kundenauftragsbezogene Endmontage wird in mehrere Strategien unterteilt (siehe Abschnitt 6.2.2):
  - Bei der *Vorplanung auf Baugruppenebene* (Strategie 70) liegt die Bevorratungsebene nicht auf dem Enderzeugnis, sondern auf der Baugruppenebene. Es wird eine Vorplanung für Baugruppen erstellt und damit die Fertigung und Beschaffung dieser Gruppen angestoßen. Das Enderzeugnis wird erst bei Kundenauftragseingang montiert. Auf der Baugruppenebene verrechnet sich die Vorplanung mit den Sekundärbedarfen der Planaufträge des Enderzeugnisses, die vom Material Requirement Planning (MRP) aufgrund eingetroffener Kundenaufträge erzeugt wurden.
  - Die Strategie *Vorplanung für Dummy Baugruppen* (Strategie 59) ist in ihrer Vorgehensweise teilweise mit Strategie 70 vergleichbar, jedoch handelt es sich bei der Ebene, auf der die Vorplanungen eingegeben werden, um eine Dummy-Baugruppenebene.
  - Die *Vorplanung ohne Endmontage mit Kundeneinzelfertigung* (Strategie 50) stellt eine besondere Form der Vorplanung ohne Endmontage dar, hier wird, abweichend von Strategie 52, eine Einzelplanung pro Kundenauftrag vorgenommen.
  - In der *Vorplanung ohne Endmontage* (Strategie 52) wird zwar das Enderzeugnis vorgeplant. Allerdings erzeugt MRP bei dieser Strategie Planaufträge, die lediglich der Weitergabe der Bedarfe an die Baugruppen dienen. Sie können nicht in Fertigungsaufträge umgesetzt werden. In diesem Fall werden also ebenfalls Baugruppen bevorratet, jedoch wird hierbei die Vorplanung für Enderzeugnisse erstellt.

  - Die *Vorplanung für Baugruppen ohne Endmontage* (Strategie 74) stellt eine Kombination aus den Strategien 70 und 52 dar, d. h., die Vorplanungen werden auf der Baugruppenebene vorgenommen, ohne konkreten Bedarf erfolgt jedoch noch keine Fertigung.

- **Kundeneinzelfertigung**
  Am Ende des Spektrums der Planungsstrategien befindet sich die reine *Kundeneinzelfertigung* (Strategie 20). Hier erfolgt keine Vorplanung, und die Fertigung des Enderzeugnisses wird erst nach Kundenauftragseingang angestoßen.

- **Vorplanung mit Vorplanungsmaterial**
  Bei diesen Strategien können viele verschiedene Enderzeugnisse über ein gemeinsames Vorplanungsmaterial vorgeplant werden. Dies ist dann sinnvoll, wenn sehr viele Varianten die gleichen Baugruppen beinhalten (siehe Abschnitt 6.2.4). Dazu gehören folgende Strategien:
  - Die Strategie *Vorplanung mit Vorplanungsmaterial ohne Kundeneinzelfertigung* (Strategie 63) wird ohne Kundeneinzelfertigung geplant.
  - Die Strategie *Vorplanung mit Vorplanungsmaterial* (Strategie 60) wird mit Kundeneinzelfertigung ausgeführt.

- **Montageabwicklung**
  Bei dieser besonderen Form der Planungsstrategien wird bei Kundenauftragsanlage sofort ein Beschaffungselement erzeugt, das mit dem Kundenauftrag fest verbunden ist (siehe Abschnitt 6.2.5). Es kann eine Verfügbarkeitsprüfung für die Komponenten stattfinden. Eine Vorplanung im engen Sinne kann nur für Komponenten erfolgen.

- **Strategien für konfigurierbare Materialien**
  Diese Strategien behandeln die Besonderheiten konfigurierbarer Materialien (siehe Abschnitt 6.2.6). Dazu gehört z. B. die Merkmalsvorplanung ohne Endmontage.

Im Folgenden werden wir näher auf die einzelnen Planungsstrategien eingehen, die Ihnen in den ERP-Systemen von SAP zur Verfügung stehen. Außerdem beschreiben wir, wie Sie den Abbau von Vorplanungsbedarfen in der Planungsstrategie berücksichtigen und die Vorplanungsbedarfe anpassen und reorganisieren.

6.2.1 Strategien für die Lagerfertigung

Ziel der Lagerfertigungsstrategien ist es, die Produktion unabhängig von Nachfrage- und Absatzschwankungen zu planen. Somit kann eine gleichmäßige und optimale Kapazitätsauslastung erreicht werden. Da in diesem Fall die Vorplanungsbedarfe die Produktion direkt steuern, ist eine sehr gute Absatz- oder Prognoseplanung wichtig. Wurden die richtigen Endproduktmengen geplant, ermöglicht diese Strategie sehr kurze Lieferzeiten, da bis zur letzten Dispositionsstufe bevorratet wird. Voraussetzung für eine Lagerfertigungsstrategie ist, dass Materialien keinem bestimmten Kundenauftrag zuzuordnen sind und auch Kosten nicht auf Kundenauftragsebene verfolgt werden müssen.

Anonyme Lagerfertigung (Strategie 10)

Bei der anonymen Lagerfertigung wird das Produktionsprogramm ohne Bezug zu Kundenaufträgen vorgegeben. Kundenaufträge sind nicht dispositionsrelevant, können aber zu Informationszwecken angezeigt werden. Dies müssen Sie, wie in Abschnitt 6.1.3, »Zusammenhang von Planungsstrategie und Bedarfsklasse«, bereits beschrieben, im Feld **Keine Disposition** im Customizing der entsprechenden Bedarfsklasse einstellen.

Kundenaufträge werden vom Lager bedient, und eine Warenentnahme baut den jeweiligen Kundenauftrag ab. Der Abbau der Vorplanungsbedarfe erfolgt beim Warenausgang.

[«]

Voraussetzung für den Abbau des Produktionsprogramms

Voraussetzung für den Abbau des Produktionsprogramms durch die Auslieferung an einen Kundenauftrag ist das Kennzeichen **Pbedabbau** im Customizing der Kundenbedarfsklasse.

Nach dem FIFO-Prinzip (First in, First out) wird über den Bedarfstermin der älteste Vorplanungsbedarf zuerst abgebaut. Vorplanungsbedarfe in der Zukunft werden ebenfalls durch Warenausgänge abgebaut, sofern das Verrechnungsintervall Vorwärts im Materialstamm dies zulässt.

Bruttoplanung (Strategie 11)

Eine Variante der Strategie 10 ist die Bruttoplanung (Strategie 11). Der einzige Unterschied besteht darin, dass bei der Bruttoplanung der Lagerbestand nicht berücksichtigt wird. Es werden beim Planungslauf somit nur Zugangselemente betrachtet. Die Planung wird in den Transaktionen MD04 und MD05 in einem separaten Bruttoabschnitt angelegt. Im Customizing der Bedarfsklasse wird nicht wie bei Strategie 10 das Planungskennzeichen »1«, sondern stattdessen Planungskennzeichen »2« (Bruttoplanung) eingetragen.

In der Strategiegruppe des Materialstamms (Registerkarte **Disposition 3**) müssen Sie die Strategie 11 (Bruttoplanung) eintragen, und das Feld **Mischdisposition** muss auf »Bruttoplanung« gesetzt sein.

Losfertigung (Strategie 30)

Im Unterschied zur Strategie 10 sind bei der Losfertigung (Strategie 30) Kundenbedarfe zusätzlich zu Vorplanungsbedarfen dispositiv wirksam. Da jedoch keine Verrechnung erfolgt, sollten in diesem Fall nur Zusatzbedarfe als Vorplanungsbedarfe erfasst werden, die nicht als Kundenaufträge eintreffen. Der Gesamtbedarf entspricht der Summe aus Kundenbedarfen und Vorplanungsbedarfen. Beide können über ein geeignetes Losgrößenverfahren (z. B. periodische Losgröße) mit einem gemeinsamen Beschaffungselement (z. B. Planauftrag) in einem Los beschafft werden.

Kundenaufträge werden vom Lager bedient, und der Warenausgang zum Kundenauftrag baut den Kundenbedarf ab. Die von der Programmplanung zusätzlich eingeplanten Lageraufträge werden durch den Warenausgang zum Lagerauftrag, z. B. an eine Kostenstelle, reduziert (die Reduzierung erfolgt analog zur Planungsstrategie 10 nach der FIFO-Regel).

Die Strategie 30 findet bspw. Anwendung, wenn Aufträge für Großkunden und gleichzeitig der Fabrikverkauf vom Lager abgebildet werden sollen.

Vorplanung mit Endmontage (Strategie 40)

Bei der Vorplanung mit Endmontage (Strategie 40) steht die flexible und schnelle Reaktion auf Kundenwünsche im Vordergrund, außerdem wird ein möglichst reibungsloser Produktionsverlauf angestrebt. Die Beschaffung und Produktion aller Komponenten und Baugruppen inklusive deren Endmontage erfolgt durch Vorplanungsbedarfe bereits vor dem Eintreffen der Kundenaufträge, damit im Falle eines Kundenauftrags schnell reagiert werden kann. Über die Programmplanung werden Vorplanungsbedarfe für das Enderzeugnis in das jeweilige ERP-System eingestellt. In diesem Fall verrechnen sich die Vorplanungsbedarfe mit eintreffenden Kundenaufträgen auf Basis der im Materialstamm eingestellten Verrechnungsparameter. Vorplanungsbedarfe, die aufgrund zu geringer Kundenauftragsmengen nicht verrechnet werden, können z. B. periodisch auf null gesetzt werden (Transaktion MD74). Geschieht dies nicht, bleiben solche die Kundenaufträge übersteigenden Vorplanungsbedarfe bedarfswirksam.

6.2.2 Kundenauftragsbezogene Endmontage

Bei den Strategien der kundenauftragsbezogenen Endmontage wird die Vorplanung nicht dazu verwendet, das Endprodukt selbst bereits zu beschaffen, sondern es werden nur die entsprechenden Mengen der benötigten Baugruppen beschafft. Die Endmontage wird erst durch das Eintreffen des Kundenauftrags (der sich mit der Vorplanung verrechnet) angestoßen. Die Bevorratungsebene liegt somit auf einer tieferen Dispositionsstufe. Die Bevorratungsebene kann über das Einzel-/Sammelkennzeichen flexibel festgelegt werden.

Die Planungsebene, also die Ebene, auf der Vorplanungsbedarfe erfasst werden, kann davon unabhängig gewählt werden. Die einzige Einschränkung ist, dass sie nicht unterhalb der Bevorratungsebene liegen kann, da in diesem Fall die Materialbedarfsplanung mittels Dispositionsstufenverfahren nicht in der richtigen Reihenfolge erfolgen würde.

Baugruppenvorplanung (Strategie 70)

Die Vorplanung auf Baugruppenebene (Strategie 70 + Kennzeichen **Mischdisposition** »1«) bietet sich z. B. für Variantenfertiger an, wenn für bestimmte Baugruppen eher eine gesicherte Bedarfsprognose abgegeben werden kann als für die Variantenvielfalt der Enderzeugnisse. Es stellt sich hier also die Frage, welche Dispositionsstufe am besten für die Prognose geeignet ist.

Bei dieser Planungsstrategie wird der Vorplanungsbedarf auf Baugruppenebene eingegeben und stößt die Fertigung der Baugruppe an. Treffen Kundenaufträge für das Enderzeugnis ein, wird für das Enderzeugnis die Stückliste aufgelöst. Ebenso werden durch Plan- oder Fertigungsaufträge für das Enderzeugnis Sekundärbedarfe oder Reservierungen für die Baugruppe erzeugt. Sie verrechnen sich mit der Vorplanung der Baugruppe. Falls durch Kundenaufträge, Plan- oder Fertigungsaufträge auf Enderzeugnisebene die Sekundärbedarfe oder Reservierungen den Vorplanungsbedarf der Baugruppe übersteigen, wird mit dem nächsten Planungslauf ein zusätzlicher Planauftrag für die Baugruppe angelegt. Dieser Ablauf ist in Abbildung 6.11 noch einmal dargestellt. Beachten Sie, dass das Verrechnungskennzeichen im Positionsbild des Vorplanungsbedarfs eine Verrechnung mit Reservierungen und Sekundärbedarfen zulässt (je nachdem, ob das Feld **Verrechnungskennzeichen** den Eintrag »2« oder »3« enthält, siehe Abschnitt 6.1.3, »Zusammenhang von Planungsstrategie und Bedarfsklasse«).

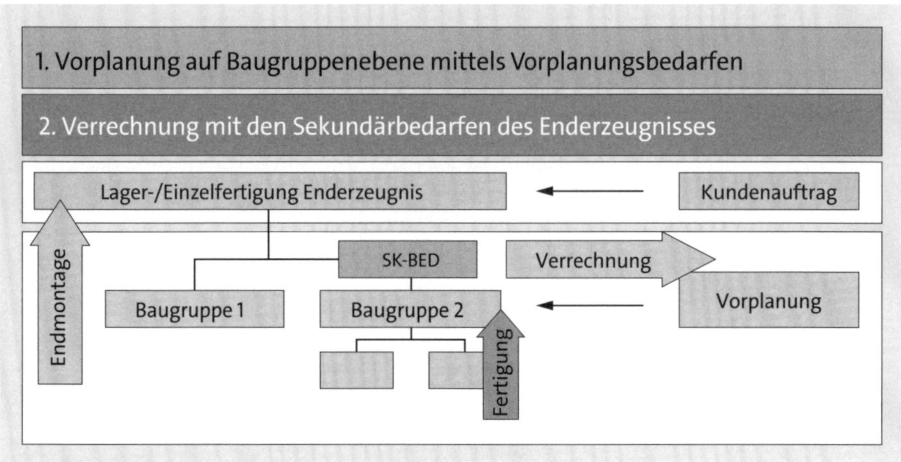

Abbildung 6.11 Ablauf der Strategie 70

Vorplanung für Dummy-Baugruppen (Strategie 59)

Um die Baugruppenvorplanung auch für Dummy-Baugruppen einsetzen zu können, wird die Planungsstrategie 59 verwendet. In diesem Fall müssen ausnahmsweise Sekundärbedarfe für Dummy-Baugruppen erzeugt werden, damit diese sich mit den Vorplanungsbedarfen verrechnen können. Aus planerischer Sicht ist diese Strategie jedoch identisch mit der Baugruppenvorplanung. Folgende Stammdateneinstellungen sind nötig:

- Im Materialstamm der Dummy-Baugruppe setzen Sie die Strategie 59, für das Kennzeichen **Mischdisposition** geben Sie den Wert »1« und im Kennzeichen **Sonderbeschaffung** den Wert »50« ein.
- Alle Komponenten der Dummy-Baugruppe müssen retrograd entnommen werden. Dies ist notwendig, um einen parallelen Abbau von Vorplanungsbedarfen der Reservierung auf der Dummy-Baugruppe und den Reservierungen der Dummy-Baugruppenkomponenten zu ermöglichen. Dazu muss das Kennzeichen **Retrogr. Entnahme** in den Materialstämmen der Dummy-Baugruppenkomponenten auf »1« oder »2« gesetzt werden (siehe Abbildung 6.12). Wenn »2« gewählt wurde, muss das Kennzeichen im relevanten Arbeitsplatz eingestellt sein. Zusätzlich müssen alle Komponenten der Baugruppe demselben Vorgang im Arbeitsplan zugewiesen sein.

Abbildung 6.12 Kennzeichen »retrograde Entnahme« im Materialstamm

- Auch müssen Sie das Kennzeichen **Einzel/Sammel** der Sicht **Disposition 4** des Materialstamms auf »2« (Sammelbedarf) setzen, wenn die Beschaffung/Fertigung bereits angestoßen werden soll. Alternativ kann die Bevorratungsebene auch noch eine Dispositionsstufe tiefer liegen, wenn im Materialstamm der Komponente im Kennzeichen **Einzel-/Sammel** (Einzelbedarf) eingestellt ist. Dann werden auch auf der Komponente nicht umsetzbare Planaufträge der Auftragsart VP erzeugt (siehe dazu Strategie 50).

Die Strategie 59 läuft analog zu Strategie 70 ab, ist durch die zusätzliche Dummy-Ebene jedoch technisch komplizierter:

1. Die Vorplanungsbedarfe werden auf der Dummy-Baugruppe eingestellt.
2. Das MRP erzeugt Planaufträge der Auftragsart VP für die Dummy-Baugruppe und somit Sekundärbedarfe für die Komponenten der Dummy-Baugruppe (siehe Abbildung 6.13).

Abbildung 6.13 Vorplanungsbedarfe auf der Dummy-Baugruppenebene

3. Nun wird für das Endprodukt der Kundenbedarf erfasst (siehe Abbildung 6.14). Der Planungslauf erzeugt, abweichend zum normalen Verhalten bei Dummy-Baugruppen, einen Sekundärbedarf auf der Dummy-Baugruppe. In diesem Fall ist das jedoch notwendig, damit sich die Sekundärbedarfe mit der Vorplanung verrechnen können. Wenn der Planauftrag für das Endprodukt umgesetzt wird, ergibt sich eine Auftragsreservierung.

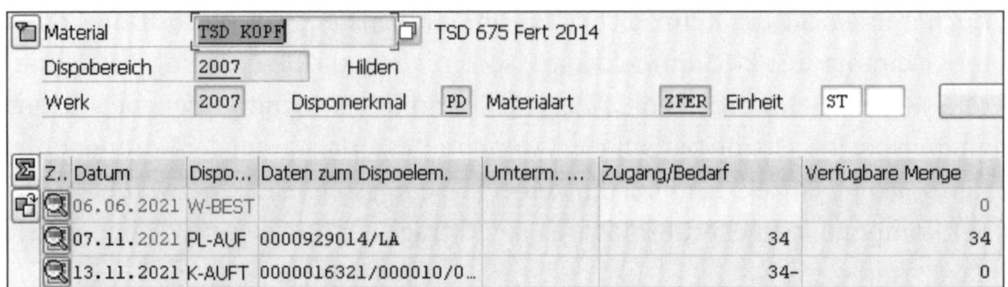

Material TSD KOPF TSD 675 Fert 2014
Dispobereich 2007 Hilden
Werk 2007 Dispomerkmal PD Materialart ZFER Einheit ST

Z..	Datum	Dispo...	Daten zum Dispoelem.	Umterm. ...	Zugang/Bedarf	Verfügbare Menge
	06.06.2021	W-BEST				0
	07.11.2021	PL-AUF	0000929014/LA		34	34
	13.11.2021	K-AUFT	0000016321/000010/0...		34-	0

Abbildung 6.14 Erfassen des Kundenbedarfs

4. Wie man in der Transaktion MD04 der Dummy-Baugruppe sieht, verrechnet sich die Auftragsreservierung auf der Dummy-Baugruppe (siehe Abbildung 6.15). Der Vorplanungsbedarf wird reduziert. Die Reservierung ist jedoch dispositiv nicht wirksam. Dies ist auch korrekt, da der Fertigungsauftrag des Enderzeugnisses nun zusätzlich direkt eine Reservierung auf Komponentenebene absetzt.

Material TSD DUMMY TSD 675 Dummy 2014
Dispobereich 2007 Hilden
Werk 2007 Dispomerkmal PD Materialart ZFER Einheit ST

Z..	Datum	Dispo...	Daten zum Dispoelem.	Umterm. ...	Zugang/Bedarf	Verfügbare Menge
	06.06.2021	W-BEST				0
	06.06.2021	----->	Vorplanung ohne Mon...			
	25.09.2021	PL-AUF	0000929015/VP		234	234
	01.10.2021	VP-BED	VSEB		234-	0
	28.10.2021	PL-AUF	0000929016/VP		200	200
	03.11.2021	VP-BED	VSEB		200-	0
	06.11.2021	SK-BED	TSD KOPF		34-	
	25.11.2021	PL-AUF	0000929017/VP		234	234
	01.12.2021	VP-BED	VSEB		234-	0
	24.12.2021	PL-AUF	0000929018/VP		234	234
	02.01.2022	VP-BED	VSEB		234-	0

Abbildung 6.15 Verrechnung auf der Dummy-Baugruppenebene

5. Auf Komponentenebene finden sich nun die Auftragsreservierung des Fertigungsauftrags sowie die Sekundärbedarfe der Dummy-Baugruppe für noch nicht verrechnete Vorplanungsbedarfe. Dieser Gesamtbedarf steuert die Produktion bzw. die Beschaffung der Komponenten (siehe Abbildung 6.16).
6. Schließlich erfolgt eine Rückmeldung des Fertigungsauftrags des Endprodukts mit retrograder Entnahme der Komponenten in drei Schritten:
   - Abbau des Vorplanungsbedarfs der Dummy-Baugruppe
   - Abbau der Reservierung der Dummy-Baugruppe
   - Abbau der Reservierung der Komponenten

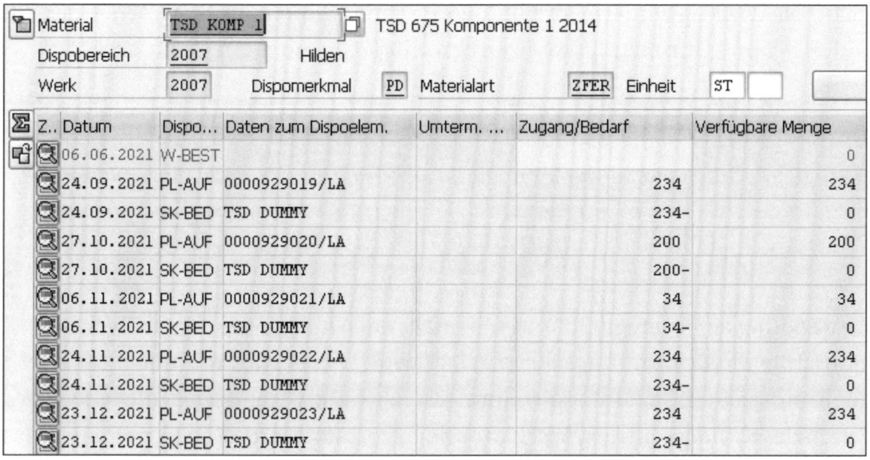

Material TSD KOMP 1 TSD 675 Komponente 1 2014
Dispobereich 2007 Hilden
Werk 2007 Dispomerkmal PD Materialart ZFER Einheit ST

Z..	Datum	Dispo...	Daten zum Dispoelem.	Umterm. ...	Zugang/Bedarf	Verfügbare Menge
	06.06.2021	W-BEST				0
	24.09.2021	PL-AUF	0000929019/LA		234	234
	24.09.2021	SK-BED	TSD DUMMY		234-	0
	27.10.2021	PL-AUF	0000929020/LA		200	200
	27.10.2021	SK-BED	TSD DUMMY		200-	0
	06.11.2021	PL-AUF	0000929021/LA		34	34
	06.11.2021	SK-BED	TSD DUMMY		34-	0
	24.11.2021	PL-AUF	0000929022/LA		234	234
	24.11.2021	SK-BED	TSD DUMMY		234-	0
	23.12.2021	PL-AUF	0000929023/LA		234	234
	23.12.2021	SK-BED	TSD DUMMY		234-	0

Abbildung 6.16 Bedarfssituation auf der Komponentenebene

Vorplanung ohne Endmontage (Strategie 50 und Strategie 52)

Wie bei der Kundeneinzelfertigung wird auch bei der Vorplanung ohne Endmontage (Strategie 50) ein Produkt speziell für einen Kunden oder eine Kundin gefertigt. Zusätzlich zur auftragsgesteuerten Kundeneinzelfertigung sollen aber bestimmte Baugruppen bereits vorgefertigt oder beschafft werden. Das Material wird bis zur Fertigungsstufe vor der Endmontage produziert. Die Baugruppen und Komponenten werden also bis zum Eintreffen des Kundenauftrags auf Lager gelegt, und die Endmontage wird erst durch das Eintreffen des Kundenauftrags angestoßen.

Diese Strategie bietet sich an, wenn ein Großteil des Wertschöpfungsprozesses bei der Endmontage anfällt. Zusätzlich ermöglicht diese Strategie kurze Lieferzeiten, da die Produktion bei Auftragseingang ohne Zeitverzug auf vorhandene Baugruppen und Komponenten zugreifen kann.

Eine Vorplanung erfolgt auf Enderzeugnisebene mit vom Kundenauftrag unabhängigen Vorplanungsbedarfen. Der Bedarfsplanungslauf erzeugt in dem speziellen Abschnitt **Vorplanung ohne Endmontage** Planaufträge für das Enderzeugnis, die nicht in einen Fertigungsauftrag umgesetzt werden können (Planaufträge der Auftragsart VP, die kein Umsetzungskennzeichen besitzen). Auf Baugruppen- und Komponentenebene erzeugt der Bedarfsplanungslauf bei Unterdeckung jedoch Planaufträge, die in einen Fertigungsauftrag oder eine Bestellanforderung umgesetzt werden können, da für die unteren Fertigungsstufen die Fertigung und Beschaffung bereits angestoßen werden soll, bevor ein Kundenauftrag eingeht.

Für das Endprodukt ist das Umsetzen eines Planauftrags erst mit Eintreffen des Kundenauftrags und der damit verbundenen Erstellung des Kundeneinzelabschnitts möglich. Der nächste Planungslauf führt dazu, dass im Kundeneinzelabschnitt ein umsetzungsfähiger Planauftrag erzeugt wird. Hierdurch wird die Endmontage ermöglicht. Gleichzeitig wird im Vorplanungsabschnitt die Planauftragsmenge des VP-Planauftrags ohne Umsetzungskennzeichen entsprechend reduziert.

Verwaltung des Kundenauftrags im Nettoplanungsabschnitt

Der Kundenauftrag wird bei der Strategie 50 innerhalb eines Kundeneinzelplanungsabschnitts geführt. Ist dies nicht erwünscht, kann der Kundenauftrag auch im Nettoplanungsabschnitt verwaltet werden. Hierzu müssen Sie die Strategie 52 verwenden.

Bei Verwendung der Strategie 50 muss ebenfalls entschieden werden, auf welche Dispositionsstufe die Bevorratungsebene gelegt wird. Dieses wird mithilfe des Einzel-/Sammelkennzeichens im Materialstamm gesteuert. Die Baugruppen, die bereits vor Eintreffen des Kundenauftrags beschafft und bevorratet werden sollen, erhalten das Kennzeichen »2« (Sammelbedarf). Somit werden die Sekundärbedarfe der VP-Planaufträge im Nettoabschnitt abgebildet und sind dispositiv wirksam. Sollen spezielle Baugruppen ebenfalls erst durch das Eintreffen eines Kundenauftrags angestoßen werden, bietet sich die Verwendung des Kennzeichens »blank« oder »1« an. In diesem Fall sind die Sekundärbedarfe ebenfalls im Abschnitt **Vorplanung ohne Endmontage** eingetragen, und die Planauftrage erhalten die Auftragsart VP. Somit werden zwar bereits die Komponenten der Baugruppen beschafft, aber die Baugruppe wird, analog zum Endprodukt, erst bei Kundenauftragseingang montiert. Dieser Zusammenhang ist in Abbildung 6.17 dargestellt.

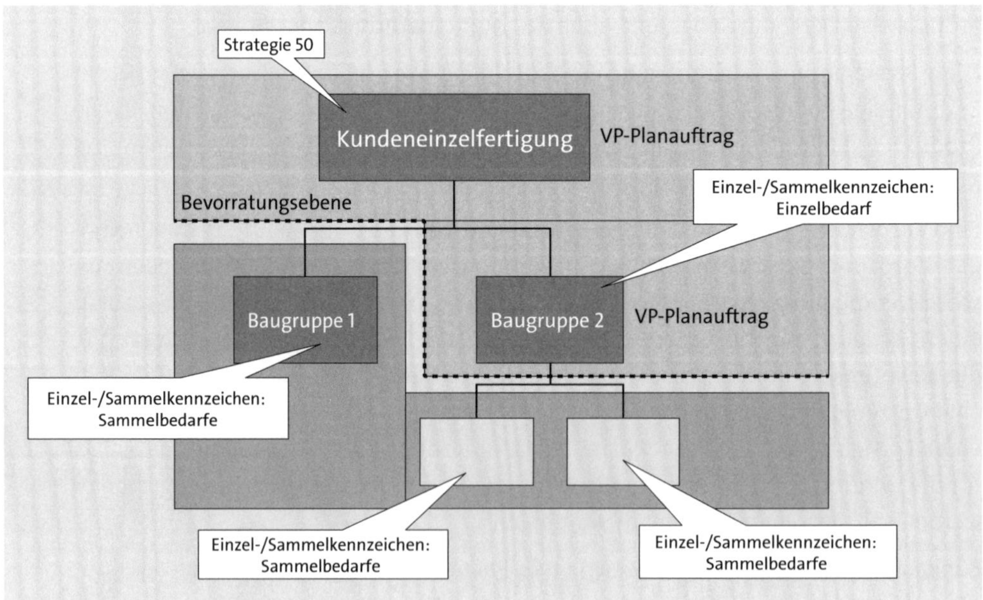

Abbildung 6.17 Festlegung der Bevorratungsebene bei Strategie 50

Das wichtigste Kriterium zur Festlegung der Bevorratungsebene ist der Wertschöpfungsprozess. Ist der Fertigungsprozess einer Baugruppe besonders kostenintensiv, sollten die Komponenten bevorratet werden, wenn die Lieferzeit dies zulässt.

[«]

Automatisierte Ermittlung einer optimierten Bevorratungsebene (Stocking Level Determination)

Durch Nutzung des Add-ons *BOM Analysis* in Verbindung mit dem Dispositionsmonitor (siehe Abschnitt 3.4.2, »Erweiterte Klassifizierung mit dem Dispositionsmonitor«, und Abschnitt 20.4.1, »Dispositionsmonitor«) besteht die Möglichkeit, eine optimierte Bevorratungsebene auf Basis von Wiederbeschaffungszeiten zu ermitteln. Dabei wird eine definierbare akzeptierte Lieferzeit mit einer mehrstufig ausgewerteten Wiederbeschaffungszeit verglichen, sodass die niedrigste Wertschöpfungsstufe, die auf Basis dieser Zeiten möglich ist, auch für komplexe mehrstufige Stücklistennetzwerke ermittelt werden kann. Über den Dispositionsmonitor besteht im Anschluss die Möglichkeit, die optimierte Bevorratungsebene per Massenpflege der entsprechenden Stammdateneinstellungen (z. B. durch Nutzung der Planungsstrategien 50 bzw. 52 sowie entsprechender Einzel-/Sammelkennzeichen) in den Materialstamm zu übernehmen.

Vorplanung für Baugruppen ohne Endmontage (Strategie 74)

Die Strategie 74 ist eine Kombination der Strategien 70 und 52 bzw. 50. Bei der Vorplanung für Baugruppen ohne Endmontage wird analog zur Strategie 70 eine Vorplanung für eine Baugruppe erstellt. Diese befindet sich im Vorplanungsabschnitt. Auf dieser Baugruppenebene verrechnen sich die Vorplanungsbedarfe mit den Sekundärbedarfen und mit den Reservierungen der Enderzeugnisse. Im Unterschied zur Strategie 70 wird jedoch nicht die Fertigung der Baugruppen durch die Vorplanungsbedarfe angestoßen, sondern nur die Beschaffung der Komponenten durch nicht umsetzbare VP-Planaufträge. Die Baugruppe wird erst nach dem Eintreffen des Plan- oder Fertigungsauftrags des Endprodukts montiert. Dieses Verhalten ähnelt somit der Strategie 52 bzw. 50, bei der durch die Vorplanungsbedarfe auf Enderzeugnisebene ebenfalls nur die Beschaffung der Komponenten angestoßen wird, die Endmontage aber erst bei Auftragseingang erfolgt.

Die Sekundärbedarfe und Reservierungen der Baugruppe sowie die zugehörigen Planaufträge erscheinen je nach Strategie des Endprodukts und je nach Einzel-/Sammelkennzeichen der Baugruppe im Nettoabschnitt oder in einem Kundeneinzelabschnitt. Sekundärbedarfe und Reservierungen im Nettoabschnitt oder in einem Kundeneinzelabschnitt führen in der Bedarfsplanung zu umsetzungsfähigen Planaufträgen, die die Montage der Baugruppe ermöglichen. Im Vorplanungsabschnitt hingegen wird die Planauftragsmenge des Planauftrags mit der Auftragsart VP entsprechend der neuen Bedarfssituation reduziert.

6.2.3 Kundeneinzelfertigung

Bei der Kundeneinzelfertigung (Strategie 20) wird jeder Kundenauftrag einzeln geplant und in einem eigenen Abschnitt in der Dispositionsliste oder der aktuellen Bedarfs-/Bestandsliste verwaltet. Es erfolgt keine Nettobedarfsrechnung zwischen einzelnen Kundenaufträgen oder mit dem anonymen Lagerbestand.

Bei der Kundeneinzelfertigung wird im Standard als Losgrößenverfahren die exakte Losgröße verwendet, unabhängig von der Eingabe im Materialstamm. Sie können jedoch im Customizing des Losgrößenverfahrens im Feld **Losgrößenrechnung bei Kundeneinzelplanung** die Auswahl des Losgrößenverfahrens für die Kundeneinzelplanung definieren. Gemäß der Einstellung des im Materialstamm verwendeten Losgrößenkennzeichens kann für die Kundeneinzelfertigung eine andere Losgröße als für die Lagerfertigung eingesetzt werden. Die produzierten Mengen sind unter den einzelnen Kundenaufträgen nicht austauschbar, die gefertigten Mengen werden bestandsmäßig direkt für den einzelnen Kundenauftrag (im Kundeneinzelbestand) verwaltet.

Der Kundeneinzelbestand und der Bedarf werden durch einen Warenausgang mit Bezug zu einem Kundenauftrag abgebaut. Sobald der Kundenauftrag abgeschlossen und der Kundeneinzelbestand erschöpft ist, verschwindet der Kundeneinzelabschnitt aus der aktuellen Bedarfs-/Bestandsliste bzw. aus der Dispositionsliste.

Das Einzel-/Sammelkennzeichen im Materialstamm bestimmt, ob eine Komponente für einen speziellen Kundenbedarf ebenfalls im Einzelabschnitt beschafft wird:

- Das Kennzeichen »1« (Einzelbedarf) bedeutet, dass das Material speziell für einen Kundenauftrag produziert bzw. beschafft wird. Ein spezieller Einzelabschnitt wird für jeden Bedarf erzeugt. Ein Einzelbedarf wird nur erzeugt, wenn das übergeordnete Material keinen Sammelbedarf erzeugt.
- Das Kennzeichen »2« (Sammelbedarf) bedeutet, dass dieses Material für verschiedene Bedarfe produziert bzw. beschafft wird. Die Bedarfe finden sich im Nettobedarfsabschnitt.
- Das Kennzeichen »blank« (kein Eintrag) bedeutet, dass die Komponente in der gleichen Art geplant wird wie die übergeordnete Baugruppe, also entweder im Einzelabschnitt oder im Sammelabschnitt.

Nach diesen Erläuterungen zur Kundeneinzelfertigung gehen wir auf Vorplanungen auf Basis eines Vorplanungsmaterials näher ein.

6.2.4 Vorplanung mit Vorplanungsmaterial

Mit den folgenden Strategien können sogenannte *Gleichteile* auf der Basis der Vorplanungsbedarfe eines Vorplanungsmaterials beschafft werden. Als Gleichteile werden Materialien bezeichnet, die in den Stücklisten vieler Endprodukte verwendet werden,

z. B. Normteile. Die Fertigung des Enderzeugnisses basiert jedoch auf tatsächlichen Kundenaufträgen. Mit dieser Strategie kann schnell auf Kundenanforderungen reagiert werden, auch wenn das Enderzeugnis eine lange Gesamtdurchlaufzeit hat. Der Wertschöpfungsprozess beginnt erst, wenn ein Kundenauftrag erteilt wird.

Vorplanung mit Vorplanungsmaterial ohne Kundeneinzelfertigung (Strategie 63)

Die Vorplanung mit Vorplanungsmaterial ohne Kundeneinzelfertigung (Strategie 63) weist die gleichen grundlegenden Eigenschaften auf wie die Vorplanung ohne Endmontage und ohne Kundeneinzelfertigung (Strategie 52). Der Unterschied besteht jedoch darin, dass die Vorplanungsbedarfe nicht auf dem Enderzeugnis (in diesem Umfeld auch *Variantenerzeugnis* genannt) eingegeben werden, sondern auf einem »künstlichen« Vorplanungsmaterial.

Um diese Strategie nutzen zu können, müssen Sie folgende Einstellungen für das Vorplanungsmaterial vornehmen:

- Im Materialstamm muss die Strategie 63 gepflegt sein. Zusätzlich müssen die Verrechnungsparameter angegeben werden, damit der Vorplanungsbedarf des Vorplanungsmaterials den Kundenbedarf auf dem Variantenerzeugnis findet.

  Sie können ein existierendes reales Material als Vorplanungsmaterial nutzen; allerdings ist es oft sinnvoller, ein spezielles Vorplanungsmaterial anzulegen. Die Stückliste des Vorplanungsmaterials kann dann alle Gleichteile enthalten, die durch das Vorplanungsmaterial geplant werden sollen.
- Im Materialstamm des Variantenerzeugnisses ist ebenfalls die Strategie 63 einzutragen. Zusätzlich müssen die folgenden Felder gefüllt werden (siehe Abbildung 6.7):
  - In das Feld **Vorplanmaterial** tragen Sie die Materialnummer des Vorplanungsmaterials ein.
  - Im Feld **Vorplanungswerk** geben Sie das Werk an, in dem die Vorplanungsbedarfe angelegt werden.
  - Im Feld **VorplUmrechFaktor** wird ein Umrechnungsfaktor vorgegeben, wenn die beiden Materialien unterschiedliche Basismengeneinheiten haben. Standardmäßig steht hier jedoch »1«.
- Analog zur Strategie 52 muss für die Baugruppen, die Teil der Vorplanungsstückliste sind, das Einzel-/Sammelkennzeichen gesetzt werden. Wenn die Produktion für die Komponente bzw. Baugruppe bereits anhand von Vorplanungsbedarfen angestoßen werden soll, tragen Sie »2« (Sammelbedarfe) ein. Wenn die Baugruppe nicht bevorratet werden soll, sondern nur die Sekundärbedarfe weitergegeben werden sollen, muss das Feld leer gelassen (»blank«) oder »1« eingetragen werden. Dann werden auch für die Baugruppe nur VP-Planaufträge angelegt.

- Die Nichtgleichteile, die nicht in der Vorplanungsstückliste enthalten sind, müssen über die Baugruppenvorplanung oder über die verbrauchsgesteuerte Disposition geplant werden.

Die Vorplanung läuft nun wie folgt ab:

1. Sie erfassen die Vorplanungsbedarfe für das Vorplanungsmaterial.
2. Durch das MRP-System werden zur Deckung VP-Planaufträge erzeugt, die Sekundärbedarfe auf alle Baugruppen der Vorplanungsstückliste absetzen (siehe Abbildung 6.18, mit fünf Planaufträgen über 234 Stück).

Bedarfs-/Bestandsliste von 21:48 Uhr

Materialbaum ein | MRP mehrstufig

Material: PLS 63 VORPLANUNG — PLS 63 Vorplanungsmaterial
Dispobereich: 2007 — Hilden
Werk: 2007 — Dispomerkmal: PD — Materialart: FERT — Einheit: ST

Z..	Datum	Dispo...	Daten zum Dispoelem.	Umterm. ...	Zugang/Bedarf	Verfügbare Menge
	06.06.2021	W-BEST				0
	06.06.2021	----->	Vorplanung ohne Montage			
	28.10.2021	PL-AUF	0000929030/VP		234	234
	03.11.2021	VP-BED	VSEV		234-	0
	25.11.2021	PL-AUF	0000929031/VP		234	234
	01.12.2021	VP-BED	VSEV		234-	0
	24.12.2021	PL-AUF	0000929032/VP		234	234
	02.01.2022	VP-BED	VSEV		234-	0
	27.01.2022	PL-AUF	0000929033/VP		234	234
	02.02.2022	VP-BED	VSEV		234-	0
	24.02.2022	PL-AUF	0000929034/VP		234	234
	02.03.2022	VP-BED	VSEV		234-	0

Abbildung 6.18 Planungssituation des Vorplanungsmaterials

3. Auf den Baugruppen werden zur Deckung der Sekundärbedarfe durch den Planungslauf Beschaffungselemente angelegt oder bei Einzel-/Sammelkennzeichen ungleich »2« weitere VP-Planaufträge angelegt.
4. Auf dem Variantenerzeugnis erfassen Sie nun einen Kundenbedarf (in unserem Beispiel über 34 Stück). Dieser verrechnet sich mit den Vorplanungsbedarfen des Vorplanungsmaterials. Auf den Baugruppen verringern sich somit nun die Sekundärbedarfe des Vorplanungsmaterials um 34 Stück, und die des Variantenmaterials erhöhen sich um 34 Stück (siehe Abbildung 6.19).
5. Beim Warenausgang für die Lieferung werden die Kundenbedarfe des Variantenerzeugnisses und der Vorplanungsbedarf des Vorplanungsmaterials abgebaut.

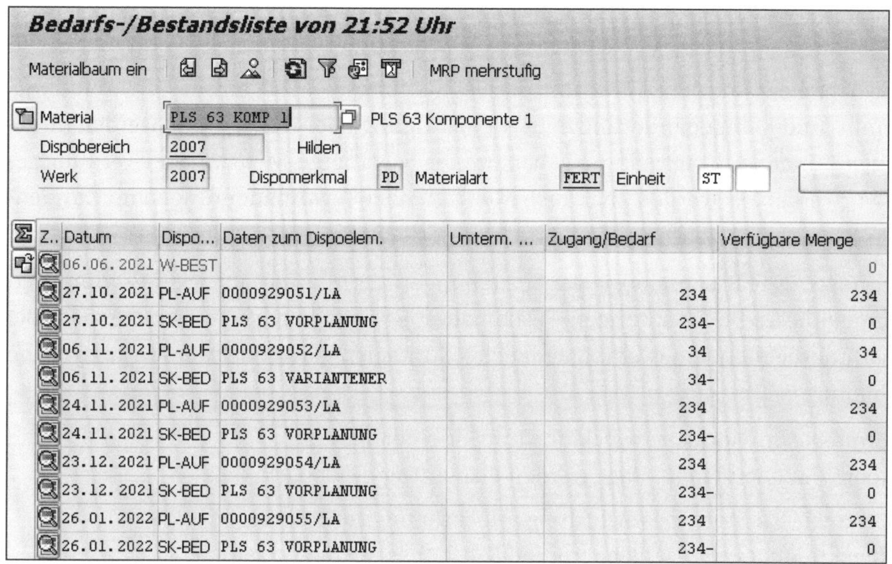

Abbildung 6.19 Transaktion MD04 der Baugruppe mit Bedarfen von Vorplanungs- und Variantenmaterial

Vorplanung mit Vorplanungsmaterial (Strategie 60)

Der einzige Unterschied zwischen der Vorplanung mit Vorplanungsmaterial (Strategie 60) und der Strategie 63 besteht darin, dass die Kundenbedarfe im Kundeneinzelabschnitt geführt werden. Die Bedarfsklasse der Vorplanungsbedarfe ist identisch, und die Verrechnung erfolgt ebenfalls analog zur Strategie 63.

6.2.5 Montageabwicklung

Die Montageabwicklung ist eher eine Form der Kundenauftragsabwicklung als eine Vorplanungsstrategie. Bei der Montageabwicklung wird das Produkt erst nach Eingang des entsprechenden Kundenauftrags montiert oder zusammengestellt. Zeitgleich wird mit der Anlage eines Kundenauftrags bereits ein Beschaffungselement (Planauftrag, Fertigungsauftrag, Netzplan) angelegt. Schlüsselkomponenten werden in Erwartung des Kundenauftrags geplant und gelagert. Nach der Erfassung des Kundenauftrags wird die Verfügbarkeit dieser Komponenten geprüft und ein mögliches Lieferdatum ermittelt. Das Ergebnis der Verfügbarkeitsprüfung sieht folgendermaßen aus:

- Die zugesagte Auftragsmenge des Kundenauftrags basiert auf der Komponente mit der kleinsten verfügbaren Menge.
- Das bestätigte Lieferdatum des Kundenauftrags basiert auf dem Verfügbarkeitsdatum der Komponente, die als letzte verfügbar sein wird.

Die Montageabwicklung ist dann sinnvoll, wenn eine große Anzahl von Enderzeugnissen aus gleichen Komponenten montiert werden kann. In der Montageabwicklung haben der Kundenauftrag und das Beschaffungselement eine feste Verbindung. Termin- und Mengenänderungen bei der Fertigung oder Beschaffung werden direkt an den Kundenauftrag weitergegeben, wo die bestätigten Mengen oder Termine geändert werden. Es werden aber auch Mengen- oder Terminänderungen im Kundenauftrag an die Beschaffungselemente weitergeleitet.

Eine detaillierte Beschreibung der Einstellungen zur Montageabwicklung würde den Rahmen dieses Buchs sprengen. Festzuhalten ist, dass je nach zu erzeugendem Beschaffungselement eine der folgenden drei Strategien verwendet werden kann (siehe Abbildung 6.20):

- Strategie 81: Montageabwicklung mit Serienfertigung
  (bei Kundenauftragsanlage werden Planaufträge erzeugt)
- Strategie 82: Montageabwicklung mit Fertigungsaufträgen
  (bei Kundenauftragsanlage werden Fertigungsaufträge erzeugt)
- Strategie 83: Montageabwicklung mit Netzplänen
  (bei Kundenauftragsanlage werden Netzpläne erzeugt)

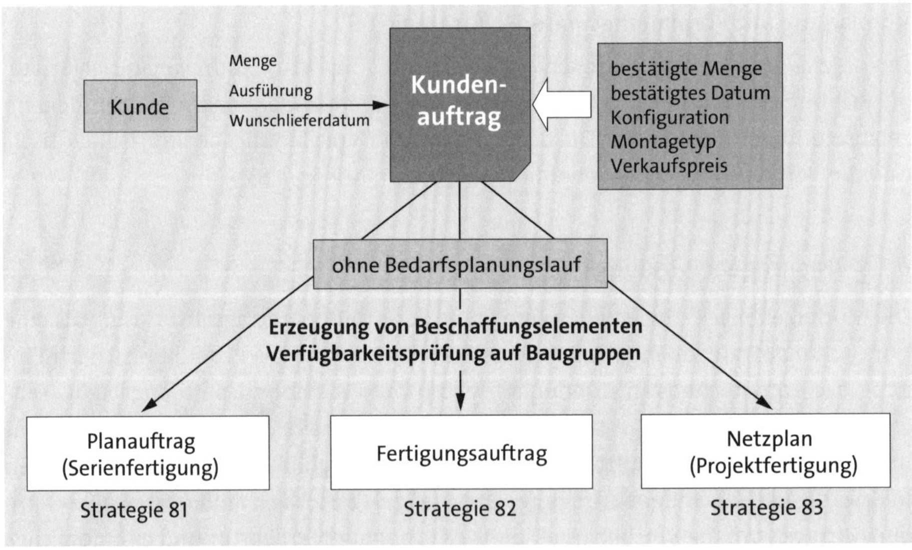

Abbildung 6.20 Strategien der Montageabwicklung

6.2.6 Strategien für konfigurierbare Materialien

Die Strategien für konfigurierbare Materialien gliedern sich in Strategien für Materialvarianten und Strategien für Merkmalsvorplanung. Eine *Materialvariante* ist eine auskonfigurierte Variante eines konfigurierbaren Materials. Strategien für Materialvarianten bieten sich somit nur für Materialien mit einer begrenzten Anzahl möglicher Kombinationen von Merkmalen und Kombinationsschlüsseln an. Für diese Kombinationen kann dann eine Materialvariante festgelegt werden, für die anschließend Vorplanungsbedarfe angelegt werden können. Diese Materialvariante wird später in Kundenaufträgen ausgewählt, sodass eine Verrechnung auf Variantenebene stattfindet. Die zu verwendenden Strategien unterscheiden sich nicht von den bereits beschriebenen Strategien. Sie müssen nur berücksichtigen, dass die Kundenbedarfsklasse eine Konfiguration zulässt.

Interessant sind jedoch die Strategien der Merkmalsvorplanung, die eine Planung von Erzeugnissen mit einer hohen Anzahl an möglichen Kombinationen von Merkmalen und Kombinationsschlüsseln ermöglichen. Typische Beispiele dafür sind kundenspezifische Produkte in den Bereichen Automobil, Maschinenbau und Elektrotechnik. Die Vorplanung erfolgt durch die Eingabe von Einsatzwahrscheinlichkeiten für bestimmte Kombinationsschlüssel.

Beispielsweise kann mit der Strategie 56 eine Vorplanung ohne Endmontage durchgeführt werden. Dazu muss im konfigurierbaren Material die Strategie 56 eingetragen sein. Zusätzlich muss für das Material ein Vorplanungsprofil erstellt werden, in dem die vorzuplanenden Merkmale des konfigurierbaren Materials als vorplanungsrelevant gekennzeichnet sind (Transaktion MDPH, siehe Abbildung 6.21). Grundlage des Vorplanungsprofils sind Vorplanungstabellen. Sie können diese Tabellen automatisch anhand der Klasse des Materials erstellen (Transaktion MDP6) oder manuell anlegen (siehe hierzu SAP-Hinweis 772859).

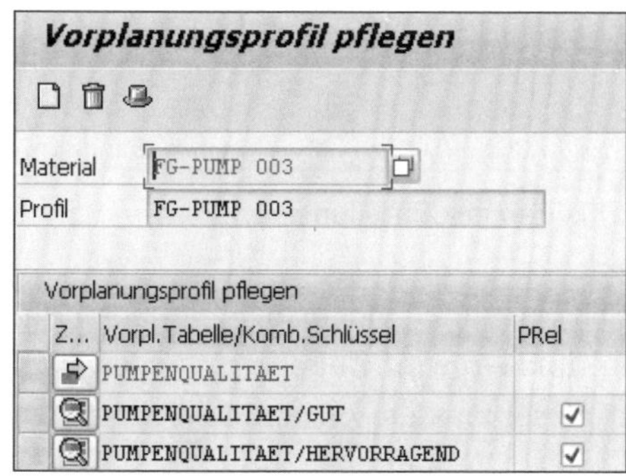

Abbildung 6.21 Anlage des Vorplanungsprofils

Bei der Pflege der Vorplanungsbedarfe in der Transaktion MD61 geben Sie zuerst wie gewohnt eine Einteilung mit der gewünschten Menge und dem Termin an (siehe Abbildung 6.22, 100 Stück zu 11.2021).

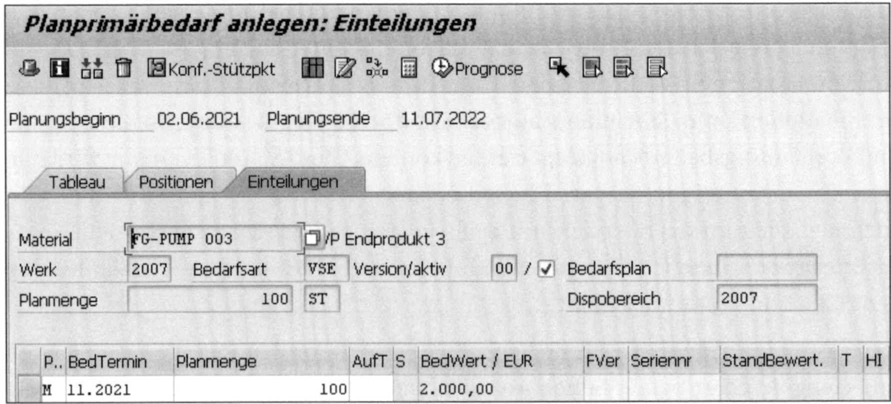

Abbildung 6.22 Pflege einer Einteilung

Anschließend drücken Sie dort auf die Schaltfläche **Konf.-Stützpkt** (▣). Hier können Sie dann über den Kombinationsschlüsseln eines Merkmals die Einsatzwahrscheinlichkeit pflegen (siehe Abbildung 6.23).

BPA(4)/800 Konfiguration: Pflege der Einsatzwahrscheinlichkeiten

Bedarfseinteilung: Bedarfstermin M 11.2021 Planmenge 100

Infostruktur: Info-Str. S138 Vers 000

Merkmalskombination | Einzelmerkmal

Kennzahlen wurden durch Periodendisaggregation erzeugt

Z...	Vorpl.Tabelle/Komb.Schlüssel	EinWahr	EinMnge	Fix	AEMng/best	AEingMnge	Lief
	PUMPENQUALITAET						
	PUMPENQUALITAET/GUT	80,000	80	✓			
	PUMPENQUALITAET/HERVORRAGEND	20,000	20	✓			
Σ		100,000	100				

Abbildung 6.23 Pflege der Einsatzwahrscheinlichkeiten pro Einteilungen

Der Bedarf für Komponenten wird automatisch berechnet, indem die Komponentenmenge mit der Einsatzwahrscheinlichkeit multipliziert wird. Außerdem werden auch die Abhängigkeiten zwischen Merkmalen bei dieser Kalkulation berücksichtigt.

Bei Kundenauftragseingang (siehe Abbildung 6.24, Kundenauftrag über 1 Stück) verrechnen sich nun auf Endproduktebene die Kundenbedarfe des konfigurierten Materials mit den Vorplanungsbedarfen. Der Kundenauftrag bzw. der erzeugte Planauftrag erzeugt anhand der »wahren« Konfiguration Sekundärbedarfe auf der Komponentenebene. Die Sekundärbedarfe der Vorplanungsbedarfe mit den eingegebenen Einsatzwahrscheinlichkeiten werden neu berechnet, nun mit einer reduzierten Gesamtmenge von 99 Stück. Dies führt dazu, dass durch den Kundenauftrag alle

Komponenten anteilig abgebaut werden – auch Komponenten, die durch die »wahre« Konfiguration im Kundenauftrag nicht ausgewählt wurden.

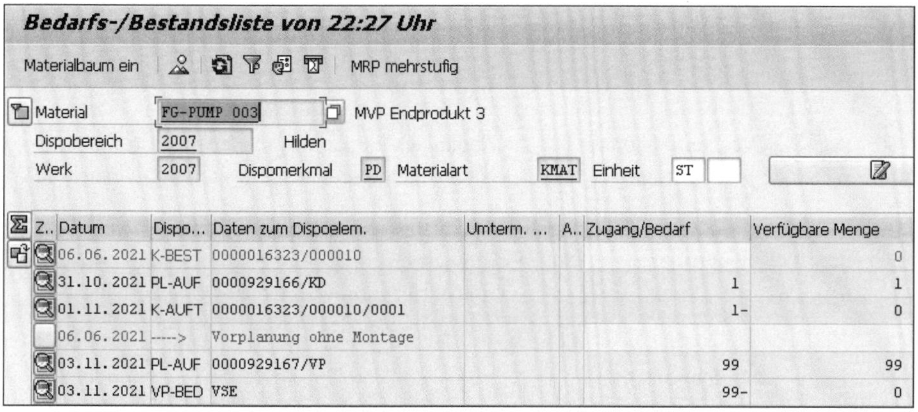

Bedarfs-/Bestandsliste von 22:27 Uhr

Materialbaum ein | MRP mehrstufig

Material FG-PUMP 003 MVP Endprodukt 3
Dispobereich 2007 Hilden
Werk 2007 Dispomerkmal PD Materialart KMAT Einheit ST

Z..	Datum	Dispo...	Daten zum Dispoelem.	Umterm. ...	A..	Zugang/Bedarf	Verfügbare Menge
	06.06.2021	K-BEST	0000016323/000010				0
	31.10.2021	PL-AUF	0000929166/KD			1	1
	01.11.2021	K-AUFT	0000016323/000010/0001			1-	0
	06.06.2021	----->	Vorplanung ohne Montage				
	03.11.2021	PL-AUF	0000929167/VP			99	99
	03.11.2021	VP-BED	VSE			99-	0

Abbildung 6.24 Verrechnung des Endprodukts

6.2.7 Vorplanungsbedarfe anpassen, reorganisieren und abbauen

Nachdem die Vorplanungsbedarfe die Bereitstellung oder die Fertigung auf den verschiedenen Dispositionsstufen angestoßen haben und anschließend der Warenausgang erfolgte, ist ein Abbau der Vorplanungsbedarfe von zentraler Bedeutung.

Tabelle 6.1 gibt eine Übersicht der Ereignisse, bei denen die Vorplanungsbedarfe abgebaut werden.

Strategienummer	Strategie	Primärbedarfsabbau (Kundenauftrag und/oder Vorplanungsbedarf)
10	anonyme Lagerfertigung (Nettoplanung)	▪ Warenausgang (Kundenauftrag und anonymer Abbau der Vorplanungsbedarfe nach FIFO) ▪ Abbau der Vorplanungsbedarfe in der Zukunft, wenn die Verrechnung es zulässt
11	anonyme Lagerfertigung (Bruttoplanung)	Abbau von Vorplanungsbedarfen bereits beim Wareneingang
20	Kundeneinzelfertigung	Warenausgang zum Kundenauftrag baut den Kundenauftrag ab
30	Losfertigung	▪ Abbau des Kundenauftrags durch Warenausgang zum Auftrag ▪ Abbau des Vorplanungsbedarfs durch Verkauf ab Lager

Tabelle 6.1 Primärbedarfsabbau bei Planungsstrategien

Strategie-nummer	Strategie	Primärbedarfsabbau (Kundenauftrag und/oder Vorplanungsbedarf)
40	Vorplanung mit Endmontage	Abbau des Vorplanungsbedarfs und des Kundenauftrags durch Warenausgang zum Kundenauftrag
50	Vorplanung ohne Endmontage	Abbau des Vorplanungsbedarfs und Kundenauftrags durch Warenausgang zum Kundenauftrag
59	Vorplanung Dummy-Baugruppen	Abbau des Vorplanungsbedarfs durch Rückmeldung des Fertigungsauftrags des Endprodukts und damit verbundene retrograde Entnahme der Komponenten der Dummy-Baugruppe
60	Vorplanung mit Vorplanungsmaterial	Abbau des Vorplanungsbedarfs und Kundenauftrags durch Warenausgang für den Kundenauftrag
70	Vorplanung Baugruppen	Abbau des Vorplanungsbedarfs durch Warenausgang für den Fertigungsauftrag des Endprodukts
74	Vorplanung Baugruppen ohne Endmontage	Abbau des Vorplanungsbedarfs durch Warenausgang für den Fertigungsauftrag des Endprodukts
82	Montageabwicklung mit Fertigungsauftrag	Abbau des Kundenauftrags durch Warenausgang für den Kundenauftrag

Tabelle 6.1 Primärbedarfsabbau bei Planungsstrategien (Forts.)

Beachten Sie, dass pro Bewegungsart im Customizing ein Bedarfsabbau ausgeschlossen werden kann. Zudem werden nur Vorplanungsbedarfe abgebaut, die die Bedarfsklasse der Hauptstrategie der Strategiegruppe des Materials haben.

Mithilfe des *Anpassungshorizonts* können Vorplanungsbedarfe für einen bestimmten Zeitraum dispositiv unwirksam gemacht werden (siehe Abbildung 6.25). Sie werden dadurch jedoch nicht gelöscht und bleiben auf der Datenbank erhalten.

Sie können den Anpassungshorizont in der Dispositionsgruppe pflegen. Dort geben Sie mithilfe des Anpassungskennzeichens an, ob der Horizont in der Vergangenheit oder in der Zukunft liegt. Zusätzlich kann entschieden werden, ob alle Vorplanungsbedarfe oder nur die mit Verrechnung dispositiv unwirksam sein sollen. So könnten Sie z. B. festlegen, dass nur Vorplanungsbedarfe in der Disposition berücksichtigt werden, die mehr als vier Wochen in der Zukunft liegen, da davon auszugehen ist, dass für die nächsten vier Wochen alle Kundenbedarfe vorliegen.

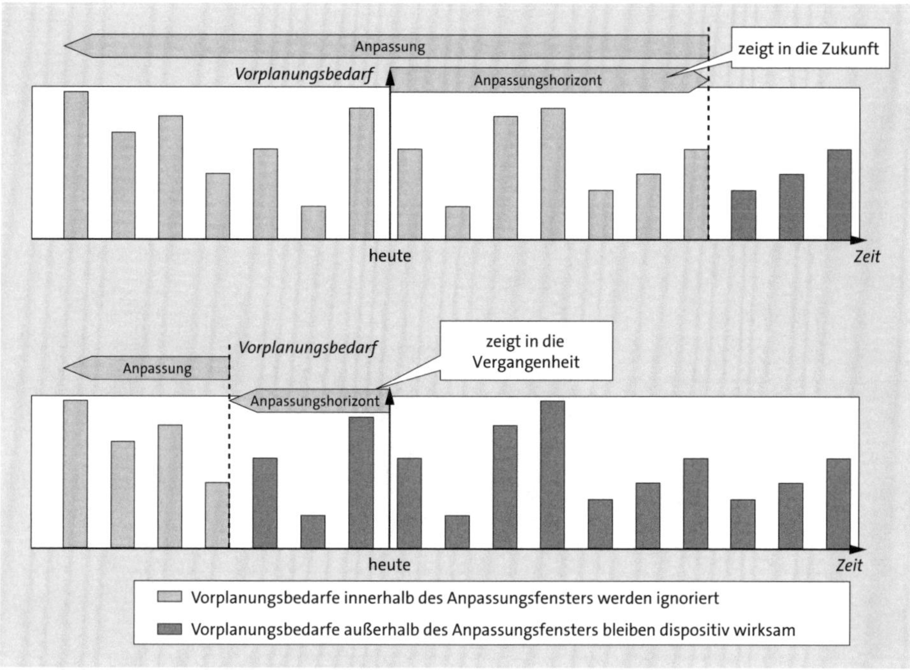

Abbildung 6.25 Anpassungshorizont

Um die Vorplanungsbedarfe endgültig von der Datenbank zu löschen, sind drei Schritte notwendig, die z. B. periodisch in Jobs eingeplant werden können:

1. Zuerst müssen Sie mit der Bedarfsanpassung (Transaktion MD74) nicht zugeordnete Vorplanungsbedarfsmengen vor dem in der Transaktion festzulegenden Stichtag (kann auch in der Zukunft liegen) auf null setzen.
2. Anschließend können Sie mit der Reorganisation (Transaktion MD75) Einteilungen mit der Menge null von der Datenbank löschen.
3. Zum Abschluss können Sie mit der Transaktion MD76 die Historie der Vorplanungsbedarfe vor dem Stichtag löschen.

Alternativ zur Angabe eines Stichtags bei den genannten drei Schritten kann für ein Werk auch ein Reorganisationsintervall im Customizing angegeben werden (Transaktion OMP8).

6.2.8 Tabellarische Zusammenfassung

Tabelle 6.2 gibt noch einmal einen Überblick über den Ablauf, die Festlegung von Planungs- und Bevorratungsebene sowie die Vor- und Nachteile der beschriebenen Planungsstrategien.

Kategorie	Strategie	Strategienummer	Kurzbeschreibung	Planungsebene	Bevorratungsebene	Vorteile	Nachteile
Strategien für die Lagerfertigung	anonyme Lagerfertigung	10	■ Vorgabe des Produktionsprogramms nur über Vorplanungsbedarfe ohne Bezug zu Kundenaufträgen ■ Kundenaufträge sind nicht dispositionsrelevant, können aber zu Informationszwecken angezeigt werden. ■ Kundenaufträge werden vom Lager bedient.	Endprodukt	Endprodukt	■ gleichmäßige und optimale Kapazitätsauslastung der Produktion unabhängig von Nachfrage- und Absatzschwankungen ■ kurze Lieferzeiten	■ hohes Absatzrisiko ■ hohe Bestandskosten ■ Güte der Absatz- oder Prognoseplanung sehr wichtig
	Bruttoplanung	11	■ analog zu Strategie 10, aber keine Berücksichtigung des Lagerbestands	Endprodukt	Endprodukt	■ siehe Strategie 10	■ siehe Strategie 10
	Losfertigung	30	■ Kundenbedarfe sind dispositiv wirksam. ■ Vorplanungsbedarfe als Zusatzbedarfe sind ebenfalls dispositiv wirksam. ■ keine Verrechnung der beiden Bedarfe	Endprodukt	Endprodukt	■ sinnvoll, wenn Kundenaufträge für Großkunden erfasst werden und gleichzeitig Fabrikverkauf vom Lager stattfindet	■ Gefahr der Doppelerfassung von Bedarfen
	Vorplanung mit Endmontage	40	■ Eingabe der Vorplanungsbedarfe auf Endproduktebene ■ Anstoß der Beschaffung von Baugruppen und Montage der Endprodukte durch Vorplanungsbedarfe ■ Verrechnung der Vorplanungsbedarfe mit eintreffenden Kundenaufträgen nach den Verrechnungsparametern	Endprodukt	Endprodukt	■ flexible und schnelle Reaktion auf Kundenwünsche ■ zusätzlich Glättung der Produktionskapazitäten möglich ■ regelmäßige Anpassung von nicht verrechneten Vorplanungsbedarfen zur Verringerung des Absatzrisikos möglich	■ bei falscher Vorplanung hohe Bestandskosten

Tabelle 6.2 Überblick über die Planungsstrategien

Kategorie	Strategie	Strategienummer	Kurzbeschreibung	Planungsebene	Bevorratungsebene	Vorteile	Nachteile
kundenauftragsbezogene Endmontage	Baugruppenvorplanung	70	▪ Eingabe der Vorplanungsbedarfe auf Baugruppenebene und Anstoß der Fertigung der Baugruppe ▪ Kundenaufträge werden für das Enderzeugnis erfasst. ▪ Sekundärbedarfe bzw. Reservierungen auf Baugruppeebene verrechnen sich mit der Vorplanung der Baugruppe.	Baugruppe	Baugruppe oder tiefer	▪ sinnvoll, wenn für bestimmte Baugruppen eine bessere Bedarfsprognose möglich ist, z. B. bei Variantenvielfalt der Enderzeugnisse ▪ flexible Festlegung der Bevorratungsebene durch das Einzel-/Sammelkennzeichen	▪ nur möglich, wenn Lieferzeiten eine Endmontage nach Kundenauftragseingang erlaubt
	Vorplanung für Dummy-Baugruppen	59	▪ analog zu Strategie 70, jedoch Eingabe der Vorplanungsbedarfe auf einer Dummy-Baugruppe	Dummy-Baugruppe	Baugruppe oder tiefer	▪ siehe Strategie 70 ▪ flexible Festlegung der Bevorratungsebene durch das Einzel-/Sammelkennzeichen	▪ hohe Systemkomplexität (z. B. retrograde Entnahme der Komponenten notwendig) ▪ aufgrund fehlender Verbräuche auf Dummy-Baugruppen keine Material-Prognose möglich ▪ siehe Strategie 70
	Vorplanung ohne Endmontage mit KDE	50	▪ Eingabe der Vorplanung auf Enderzeugnisebene ▪ Bedarfsplanungslauf erzeugt im Abschnitt »VORPLANUNG OHNE ENDMONTAGE« nicht umsetzbare VP-Planaufträge für das Enderzeugnis ▪ Beschaffung und Produktion der Baugruppen ▪ Anstoß der Montage des Endprodukts nach Kundenauftragseingang ▪ Verrechnung der Kundenaufträge mit der Vorplanung	Endprodukt	Baugruppe oder tiefer	▪ sinnvoll, wenn ein Großteil des Wertschöpfungsprozesses bei der Endmontage anfällt ▪ flexible Festlegung der Bevorratungsebene durch das Einzel-/Sammelkennzeichen	▪ nur möglich, wenn Lieferzeiten eine Endmontage nach Kundenauftragseingang erlaubt

Tabelle 6.2 Überblick über die Planungsstrategien (Forts.)

Kategorie	Strategie	Strategie-nummer	Kurzbeschreibung	Planungs-ebene	Bevorratungs-ebene	Vorteile	Nachteile
	Vorplanung ohne Endmontage ohne KDE	52	■ analog zu Strategie 50, aber Kundenaufträge erscheinen im anonymen Nettoabschnitt	Endprodukt	Baugruppe oder tiefer	■ siehe Strategie 50	■ siehe Strategie 50
	Vorplanung für Baugruppen ohne Endmontage	74	■ Kombination der Strategie 70 und der Strategie 52 bzw. 50 ■ Erstellung der Vorplanung für eine Baugruppe ■ Verrechnung der Vorplanungsbedarfe auf Baugruppenebene mit den Sekundärbedarfen sowie Reservierungen der Enderzeugnisse ■ Planungslauf erstellt VP-Planaufträge zur Deckung der Vorplanungsbedarfe ■ Beschaffung der Komponenten der Baugruppe ■ Montage der Baugruppe erst nach dem Eintreffen des Planauftrags bzw. Fertigungsauftrags des Endprodukts	Baugruppe	Baugruppe oder tiefer	■ siehe Strategie 70 ■ da Bevorratungsebene noch tiefer liegt, geringere Bestandskosten, aber längere Lieferzeiten	■ nur möglich, wenn Lieferzeiten eine Endmontage der Baugruppe und des Endprodukts nach Kundenauftragseingang erlaubt
Kundeneinzelfertigung	Kundeneinzelfertigung	20	■ Kundenauftrag wird einzeln geplant und in einem eigenen Abschnitt in der Dispositionsliste bzw. der aktuellen Bedarfs-/Bestandsliste verwaltet. ■ keine Nettobedarfsrechnung zwischen einzelnen Kundenaufträgen oder mit dem anonymen Lagerbestand ■ keine Erfassung von Vorplanungsbedarfen	keine	keine Bevorratung des Enderzeugnisses, evtl. Bevorratung von Komponenten durch andere Strategien	■ sehr geringe Bestandskosten und geringes Absatzrisiko ■ Komponenten können z. B. durch Strategie 70 vorgeplant werden.	■ lange Lieferzeiten (kompletter Fertigungsprozess)

Tabelle 6.2 Überblick über die Planungsstrategien (Forts.)

Kategorie	Strategie	Strategie-nummer	Kurzbeschreibung	Planungs-ebene	Bevorratungs-ebene	Vorteile	Nachteile
Vorplanung mit Vorplanungsmaterial	Vorplanung mit Vorplanungs-material ohne KDE	63	■ analog zu Strategie 52 ■ aber: Erfassung der Vorplanungsbedarfe auf einem »extra« Vorplanungsmaterial und nicht direkt auf dem Enderzeugnis ■ Stückliste des Vorplanungsmaterials enthält die Gleichteile der zusammengefassten Endprodukte.	Vorpla-nungs-material	Baugruppen der Vorpla-nungsstück-liste	■ sinnvoll bei hoher Varianz von Endprodukten, die in mehrere Stellvertretergruppen eingeteilt werden können und ähnliche Baugruppen (Gleichteile) beinhalten ■ ermöglicht eine Reduzierung der Lieferzeiten durch Bevorratung von Komponenten mit langer WBZ	■ Vorplanungsmaterialien mit Gleichteilestückliste müssen erstellt werden. ■ Stammdaten müssen genau gepflegt werden. ■ Nichtgleichteile (Teile, die nicht in Vorplanungs-stücklisten enthalten sind) müssen gesondert vorgeplant und verbrauchsgesteuert disponiert werden.
	Vorplanung mit Vorplanungs-material mit KDE	60	■ analog zu Strategie 63, aber Kundenaufträge erscheinen im Einzelabschnitt	Vorpla-nungs-material	Baugruppen der Vorpla-nungsstück-liste	■ siehe Strategie 63	■ siehe Strategie 60
Montageab-wicklung	Montageab-wicklung mit Serienfertigung	81	■ Bei Erfassung des Kundenauftrags wird automatisch ein Planauftrag angelegt. ■ evtl. Verfügbarkeitsprüfung der Komponenten	keine	keine Bevorratung des Enderzeugnisses, evtl. Bevorratung von Komponenten durch andere Strategien	■ sinnvoll, wenn eine große Anzahl von Enderzeugnissen aus gleichen Komponenten montiert werden kann ■ Kundenauftrag und Beschaffungselement haben eine feste Verbindung ■ Termin- und Mengenänderungen bei der Fertigung bzw. Beschaffung werden direkt an den Kundenauftrag weitergegeben und umgekehrt.	Baugruppen müssen über eigene Strategien vorgeplant werden.

Tabelle 6.2 Überblick über die Planungsstrategien (Forts.)

Kategorie	Strategie	Strategie-nummer	Kurzbeschreibung	Planungs-ebene	Bevorratungs-ebene	Vorteile	Nachteile
	Montageabwicklung mit Fertigungsaufträgen	82	■ Bei Erfassung des Kundenauftrags wird automatisch ein Fertigungsauftrag angelegt. ■ evtl. Verfügbarkeitsprüfung der Komponenten	keine	keine Bevorratung des Enderzeugnisses, evtl. Bevorratung von Komponenten durch andere Strategien	–	–
	Montageabwicklung mit Netzplänen	83	■ Bei Erfassung des Kundenauftrags wird automatisch ein Netzplan angelegt. ■ evtl. Verfügbarkeitsprüfung der Komponenten	keine	keine Bevorratung des Enderzeugnisses, evtl. Bevorratung von Komponenten durch andere Strategien	–	–
Strategien für konfigurierbare Materialien	Merkmalsvorplanung ohne Endmontage	56	■ analog zu Strategie 50, jedoch für konfigurierbares Material ■ Eingabe der Vorplanungsbedarfe für das Enderzeugnis mithilfe eines Vorplanungsprofils unter Eingabe von Einsatzwahrscheinlichkeit zu den Kombinationsschlüsseln eines Merkmals ■ Kundenaufträge mit der »wahren« Konfiguration verrechnen sich mit den Vorplanungsbedarfen.	End-produkt	Baugruppe oder tiefer	■ erlaubt eine Vorplanung von Erzeugnissen mit hoher Anzahl an möglichen Kombinationen von Merkmalen und Kombinationsschlüsseln ■ z. B. kundenspezifische Produkte in den Bereichen Automobil, Maschinenbau und Elektrotechnik	■ hohe Komplexität ■ Bei der Vorplanung müssen Einsatzwahrscheinlichkeiten gepflegt werden. ■ »Wahre« Konfiguration kann von geplanten Einsatzwahrscheinlichkeiten abweichen, sodass falsche Komponenten bevorratet werden.

Tabelle 6.2 Überblick über die Planungsstrategien (Forts.)

6.3 Planungsstrategien in SAP APO

Aus planerischer Sicht werden in SAP APO die gleichen Strategien angeboten. Daher verzichten wir an dieser Stelle auf eine Wiederholung und verweisen Sie auf den Abschnitt 6.2, »Planungsstrategien in SAP ECC und SAP S/4HANA«. Im Folgenden gehen wir auf die technischen Unterschiede zwischen den SAP-ERP-Systemen und SAP APO im Hinblick auf die Planungsstrategien ein.

Wichtig zu erwähnen ist, dass Kundenaufträge immer im SAP-ECC-System erfasst werden und dort ihre Parameter zur Verrechnung mit der Bedarfsklasse erhalten. Die Bedarfsklasse wird über die Planungsstrategie im Materialstamm ermittelt. Der Kundenauftrag wird an SAP APO übertragen und erhält dort den Prüfmodus, der der Bedarfsklasse entspricht. Die Bestimmung der Steuerungsparameter für die Kundenaufträge erfolgt also ausschließlich über das SAP-ECC-System.

Die Vorplanungsbedarfe, die in SAP ECC erfasst und an SAP APO übergeben werden oder die direkt in SAP APO über DP erzeugt werden, erhalten ihre verrechnungsrelevanten Steuerungsparameter stets über die im SAP-APO-Produktstamm eingetragene Bedarfsstrategie. Die Steuerungsparameter für die Vorplanungsbedarfe werden also über das SAP-APO-System bestimmt. Somit steuert die SAP-APO-Bedarfsstrategie nur das Verhalten der Vorplanungsbedarfe, nicht das der Kundenaufträge. Hieraus wird auch erkenntlich, dass keine Vorplanungsbedarfe zu einem Material erfasst werden können, die unterschiedliche Verrechnungseigenschaften aufweisen. Dies ist jedoch im SAP-ECC-System möglich durch Erfassung unterschiedlicher Positionen in der Transaktion MD61.

6.3.1 Bedarfsklasse und Prüfmodus

In SAP ECC wird das Verhalten eines Kundenauftrags über die Bedarfsart und die Bedarfsklasse gesteuert. Bei der Übertragung per Core Interface (CIF) erhält der Kundenbedarf den in SAP APO gleich bezeichneten Prüfmodus. Dafür müssen die Prüfmodi in SAP APO bekannt sein. Dies kann z. B. durch eine Übertragung des ATP-Customizings per CIF erreicht werden. So wird z. B. ein unter Vorplanung mit Endmontage (Strategie 40) im SAP-ECC-System erfasster Kundenauftrag mit der Bedarfsklasse 050 (*Kundenauftrag mit Verrechnung*) auf den Prüfmodus 050 im SAP-APO-System abgebildet.

Im Customizing des Prüfmodus (IMG Aktivität »Prüfmodus pflegen«) wird der Zuordnungsmodus des Kundenbedarfs festgelegt (siehe Abbildung 6.26). Dieser muss identisch mit dem des Vorplanungsbedarfs sein, damit eine Verrechnung stattfindet.

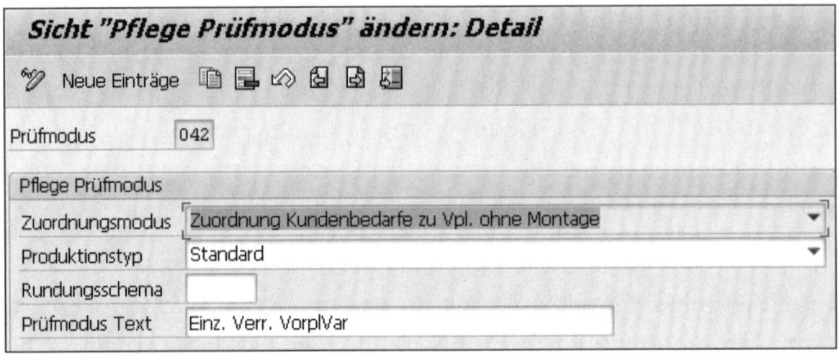

Sicht "Pflege Prüfmodus" ändern: Detail

Neue Einträge

Prüfmodus 042

Pflege Prüfmodus

Zuordnungsmodus: Zuordnung Kundenbedarfe zu Vpl. ohne Montage

Produktionstyp: Standard

Rundungsschema:

Prüfmodus Text: Einz. Verr. VorplVar

Abbildung 6.26 Customizing des Prüfmodus

6.3.2 Customizing von Planungsstrategien

In SAP APO bezieht sich die Planungsstrategie im Unterschied zum SAP-ECC-System nur auf die Vorplanungsbedarfe. Die Planungsstrategie wird daher im SAP-APO-System *Bedarfsstrategie* genannt. Im Customizing jeder Strategie wird festgelegt, in welchem Planungsabschnitt sich die Vorplanungsbedarfe befinden (Nettoabschnitt, Vorplanung ohne Endmontage mit Kundenaufträgen im Einzelabschnitt oder im Nettoabschnitt). Zusätzlich wird der Verrechnungsmodus angegeben sowie eine Kategoriegruppe, die angibt, mit welchen Dispositionselementen eine Verrechnung möglich ist. Der Verrechnungsmodus muss mit dem des Kundenbedarfs identisch sein, damit eine Verrechnung möglich ist. Durch die Kategoriegruppe kann z. B. flexibel gesteuert werden, dass sich Vorplanungsbedarfe nur gegen Kundenbedarfe oder auch gegen Sekundärbedarfe und Reservierungen verrechnen. Abbildung 6.27 zeigt das Customizing der Bedarfsstrategie 10.

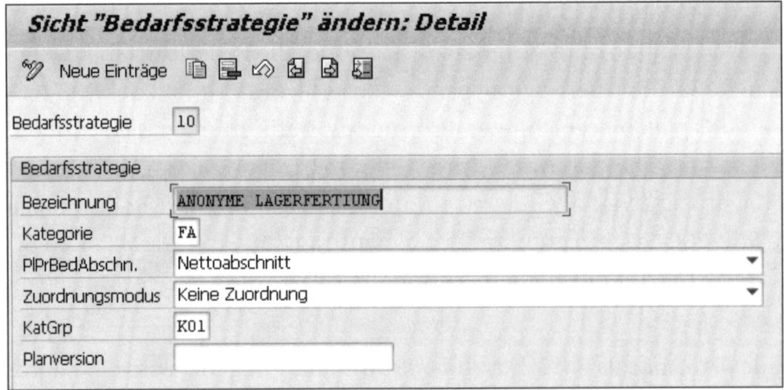

Abbildung 6.27 Customizing der Planungsstrategie in SAP APO

6.3.3 Vorplanungsparameter im Produktstamm

Alle Vorplanungsparameter befinden sich im Produktstamm auf der Registerkarte **Bedarf**, die wiederum die Registerkarte **Bedarfsstrategie** enthält (siehe Abbildung 6.28). Lediglich die Hauptstrategie der im SAP-ECC-System eingetragenen Strategie wird in das SAP-APO-Feld **Vorschlagsstrategie** übernommen. Dabei muss die unterschiedliche Benennung der SAP-APO-Strategien berücksichtigt werden. Das Einzel-/ Sammelbedarfskennzeichen aus dem SAP-ECC-System wird ebenfalls übernommen: Der Eintrag »2« (Sammelbedarf) bedeutet im SAP-APO-System »immer Sammelbedarf«, und keine Angabe (»blank«) oder der Eintrag »1« bedeuten im SAP-APO-System »evtl. Kundeneinzelbedarf«.

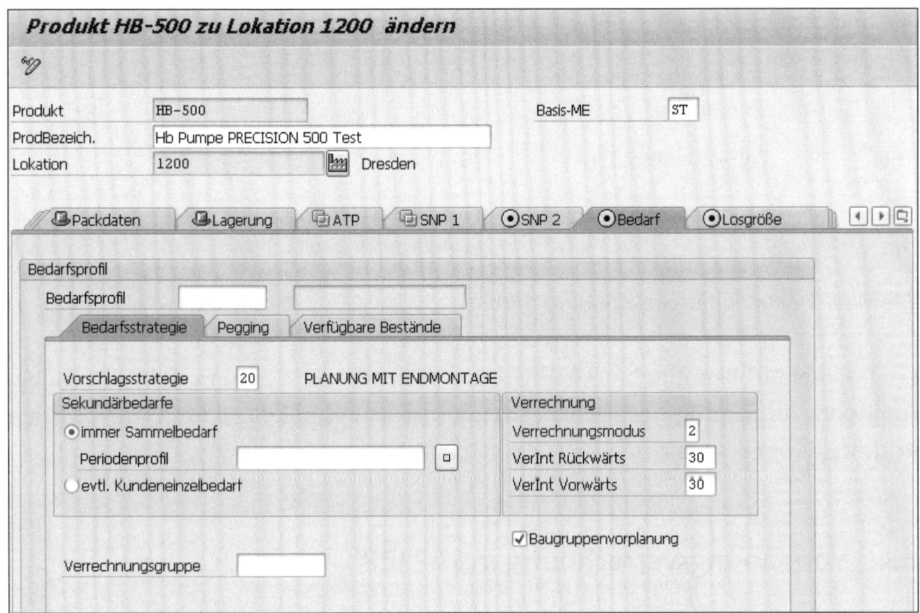

Abbildung 6.28 Vorplanungsparameter im Produktstamm

Die Verrechnungsparameter werden über das CIF in den SAP-APO-Produktstamm übertragen. Dabei werden sowohl die direkt im Material eingetragenen Werte als auch Werte aus der Dispositionsgruppe übernommen, wenn die Werte an dieser Stelle gepflegt wurden.

6.3.4 Benennung von Planungsstrategien in SAP ECC und SAP APO

Die Bezeichnungen der Strategien im SAP-APO-System unterscheiden sich von den Bezeichnungen im SAP-ECC-System. Nicht alle Strategien aus SAP ECC sind mit allen Planungsverfahren in SAP APO kompatibel. Während Sie in PP/DS alle Strategien verwenden können, unterstützt Supply Network Planning (SNP) nur die Strategien der

Lagerfertigung. Bedarfe und Zugänge aus Einzelsegmenten werden in SNP ignoriert, können aber mit den entsprechenden Einstellungen angezeigt werden. Tabelle 6.3 gibt Ihnen einen Überblick über die sich entsprechenden Strategien in SAP ECC und SAP APO sowie einen Hinweis über die Verwendbarkeit der Strategie in SNP.

SAP ECC	Bezeichnung	SAP APO	SNP-unterstützt
10	anonyme Lagerfertigung	10	X
20	reine Kundeneinzelfertigung	blank	–
40	Vorplanung mit Endmontage	20	X
50	Vorplanung ohne Endmontage	30	–
60	Vorplanungsmaterial	40	–
70	Baugruppenvorplanung	20 + Kennzeichen »Baugruppenvorplanung«	X

Tabelle 6.3 Benennung von Planungsstrategien in SAP ECC und SAP APO

Die Strategie 20 benötigt in SAP APO keinen Eintrag, da in diesem Fall keine Steuerung von Vorplanungsbedarfen notwendig ist. Die Kundenbedarfe bringen ihren Prüfmodus bereits aus dem SAP-ECC-System mit.

6.4 Vorplanungsverrechnung in SAP IBP

Die Vorplanungsverrechnung beschreibt den Prozess in SAP IBP, bei dem Kundenaufträge und Prognosen in der Planung verwendet werden. Vorplanungsbedarfe und Kundenbedarfe werden als separate Kennzahlen abgebildet und beide vom Planungsalgorithmen berücksichtigt. Das soll eine doppelte Berücksichtigung verhindern. Mithilfe der Vorplanungsverrechnung können Sie die Verrechnung von Prognosebedarf und Kundenbedarf konfigurieren. In SAP IBP kann die Vorplanungsverrechnung im Rahmen der zeitreihenbasierten Planung und der auftragsbasierten Planung verwendet werden.

6.4.1 Zeitreihenbasierte Vorplanungsverrechnung

Die zeitreihenbasierte Vorplanungsverrechnung verwendet, wie in Abbildung 6.29 dargestellt, den Stammdatentyp *Forecast Consumption Mode* (`FORECASTCONSUMPTIONMODE`), *Vorplanungsverrechnungsprofile* und *SOP-Operatorprofile*. Über eine Zuordnung des Forecast Consumption Mode zum Lokationsprodukt können Sie die Vorplanungsverrechnung spezifisch aussteuern. Die Vorplanungsverrechnung lässt sich entweder als Standalone-Algorithmus ausführen oder als vorgelagerten Schritt des Beschaffungsplanungsalgorithmus (Heuristik oder Optimierer).

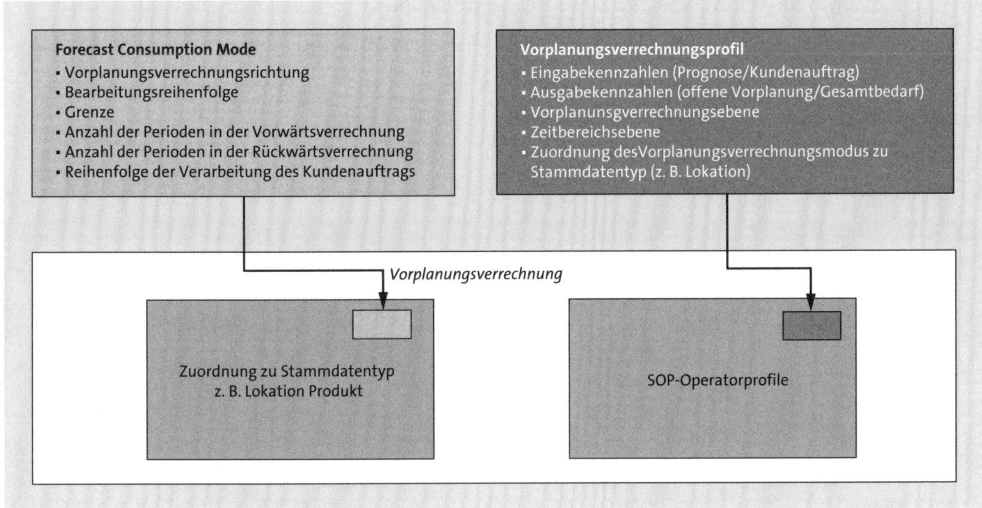

Abbildung 6.29 Vorplanungsverrechnung (Quelle: SAP)

Über den Stammdatentyp Forecast Consumption Mode (siehe Abbildung 6.30) wird die Strategie zur Verrechnung der Vorplanung definiert. Dabei werden über die Eingabe einer frei definierbaren Ganzzahl für jeden Vorplanungsverrechnungsmodus folgende Parameter unterschieden:

- **Vorplanungsverrechnungsrichtung**
  Im Attribut **DIRECTIONID** legen Sie die Richtung der Verrechnung fest. Der Wert 0 steht für »erst vorwärts, dann rückwärts«. Der Wert 1 steht für »erst rückwärts, dann vorwärts«. Der Wert 2 steht für »nur vorwärts« und Wert 3 für »nur rückwärts«. Die Werte 4 und 5 stehen für »vorwärts ab Bereichsbeginn« und »rückwärts ab Bereichsende«. 0 ist der Standardwert.
- **Bearbeitungsreihenfolge**
  Die Reihenfolge, in der Kundenaufträge bearbeitet werden, legen Sie im Attribut **SALESORDERSEQUENCEID** fest. Die Aufträge können von links nach rechts (aufsteigende Perioden) und von rechts nach links (absteigende Perioden) bearbeitet werden. Mit dem Wert 0 wird die Reihenfolge mit höherer Verrechnung verwendet. Mit dem Wert 1 nur nach aufsteigenden Perioden wie in SAP APO.
- **Grenzwert**
  Im Attribut **BOUNDARYID** legen Sie den Grenzwert fest, also welche Seite die Verrechnung einschränken soll. Der Wert 1 schränkt die Verrechnung auf beiden Sei-

ten, links und rechts, ein. Der Wert 2 schränkt links ein und der Wert 3 rechts. Dies bezieht sich auf die Zeitbereichsebene, z. B. Monat der Woche. Der Wert 0 ist der Standardwert.

- Die Anzahl der Perioden für die Rückwärtsverrechnung legen Sie im Attribut **BACKWARDPERIODS** fest. Der Standardwert ist 0.
- Die Anzahl der Perioden für die Vorwärtsverrechnung legen Sie im Attribut **FORWARDPERIODS** fest. Der Standardwert ist 0.

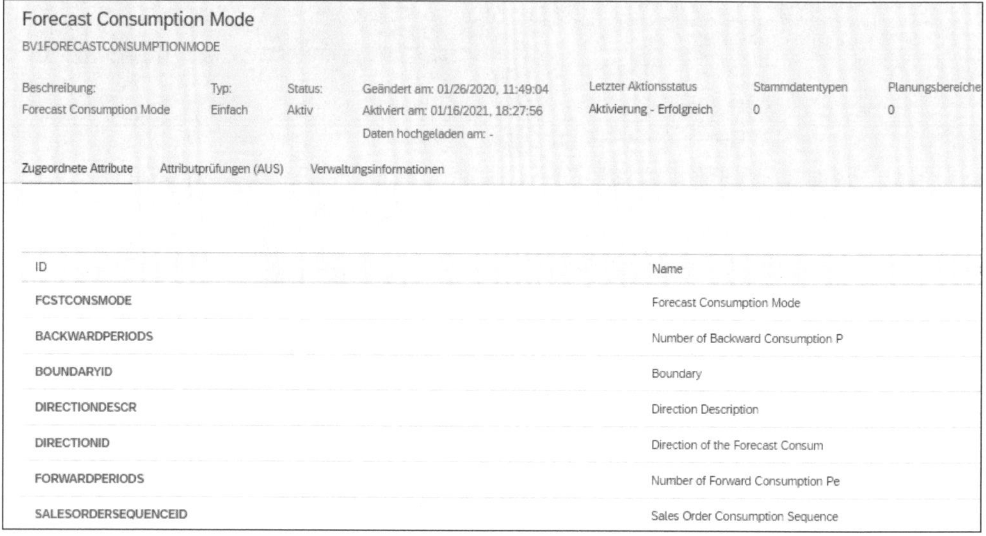

Abbildung 6.30 Stammdatentyp »Forecast Consumption Mode«

Des Weiteren benötigen Sie ein Vorplanungsverrechnungsprofil, das Sie in der zeitreihenbasierten Beschaffungsplanung in der SAP-Fiori-App **Vorplanungsverrechnungsprofile – Zeitreihenbasierte Beschaffungsplanung** anlegen können. Sie definieren darin z. B. die Vorplanungsverrechnungsebene, auf der die Vorplanungsverrechnung ausgeführt werden soll (siehe Abbildung 6.31). Dabei können sich die Eingabekennzahlen für Vorplanbedarfe und Kundenbedarfe auf unterschiedlichen Planungsebenen befinden, wodurch die Vorplanungsverrechnung auf einer aggregierten Ebene möglich ist.

Abbildung 6.31 zeigt einen Ausschnitt aus der App. Im Bereich **Kennzahlzuordnungen** legen Sie die Eingabekennzahlen für die Prognose und für Kundenaufträge fest. Hier können Sie auch die Ausgabekennzahlen des Vorplanungsverrechnungsalgorithmus für noch offene Vorplanungen und den Gesamtbedarf vorgeben sowie den Vorplanungsverrechnungsmodus und den Vorplanungsverrechnungskalender auswählen.

Die Vorplanungsverrechnung lässt sich separat oder mit der Beschaffungsplanung als vorgelagerten Schritt ausführen. Diese Einstellung nehmen Sie in der SAP-Fiori-App **SOP-Operatorprofil** für die Profile vor, die Sie dann aufrufen können.

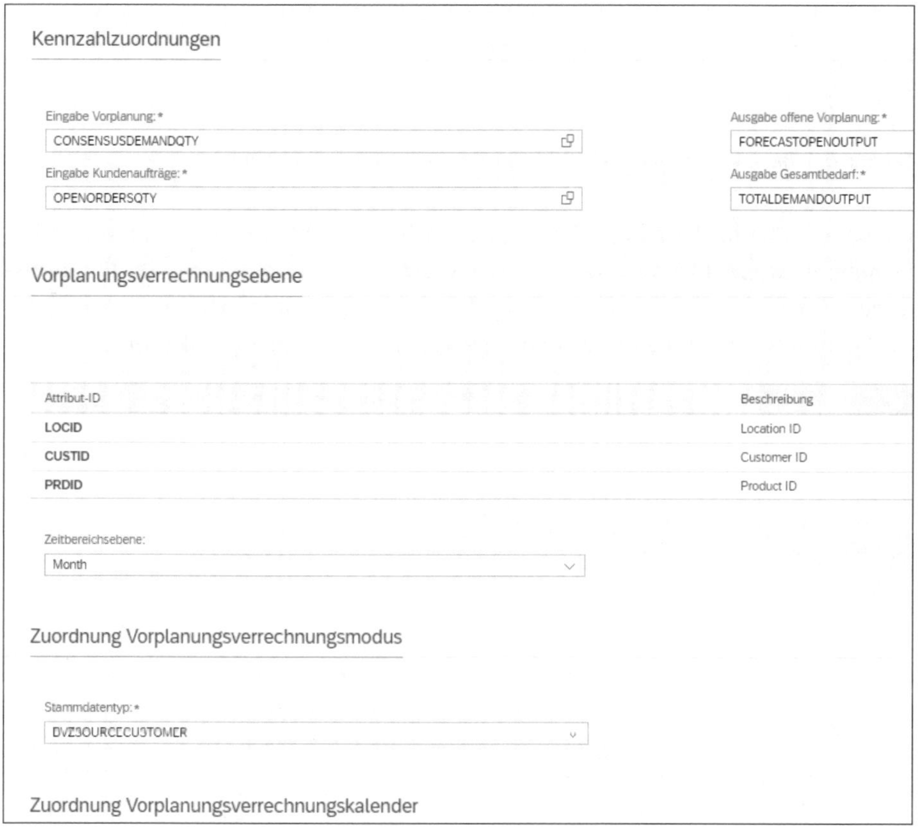

Abbildung 6.31 Kennzahlzuordnungen in der SAP-Fiori-App »Vorplanungsberechnungsprofile«

6.4.2 Auftragsbasierte Vorplanungsverrechnung

Auch in der auftragsbasierten Planung in SAP IBP wird die Vorplanungsverrechnung angewendet. Hier werden Kundenaufträge mit Prognosen verrechnet. Wenn die Prognose nicht komplett konsumiert wurde, ist die Restmenge die offene Prognose. Bei der auftragsbasierten Planung erfolgt die Vorplanungsverrechnung innerhalb einer von Ihnen im Verrechnungsprofil festgelegten Periode. Eine Vorwärts- oder Rückwärtsverrechnung wird aktuell nicht unterstützt. Tabelle 6.4 zeigt eine solche auftragsbasierte Vorplanungsverrechnung.

Werk	Material	Kunde	Kennzahl/ Bedarfstyp	Periode 1 (Tag/Woche)	Periode 2 (Tag/Woche)	Periode 3 (Tag/Woche)
W1	Mat1	K1	Prognose	100	100	100
W1	Mat1	K1	Kundenauftrag	150	100	40
W1	Mat1	K1	offene Prognose	0	0	60

Tabelle 6.4 Beispiel für eine auftragsbasierte Vorplanungsverrechnung

Die Voraussetzung dafür, dass die Vorplanungsverrechnung in der auftragsbasierten Planung verwendet werden kann, ist die Anlage der Planungsebene für die Vorplanungsverrechnung in der SAP-Fiori-App **ABP-Planungsebenen** (siehe Abbildung 6.32). Die Planungsebene muss mindestens die Attribute Material und Lokation enthalten.

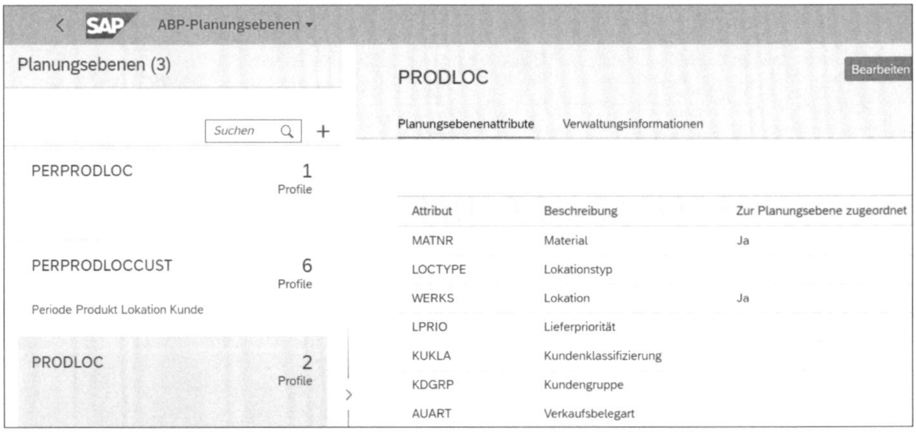

Abbildung 6.32 SAP-Fiori-App »ABP-Planungsebenen«

In der SAP-Fiori-App **Vorplanungsverrechnungsprofile – Auftragsbasierte Planung** legen Sie dann die Verrechnungseinstellungen fest. Neben der ABP-Planungsebene definieren Sie die Periodenart, wie z. B. Tag, Woche, Monat oder Quartal, und damit die Periode, in der verrechnet wird.

6.5 Fazit

Wir haben in diesem Kapitel gezeigt, welche Einstellungen im SAP-System das Verhalten von Kundenbedarfen und Vorplanungsbedarfen in der Disposition steuern. Insbesondere auf die Parameter, die die Verrechnung beider Bedarfsarten steuern, sind wir detailliert eingegangen.

Anschließend haben wir die Planungsstrategien in SAP ECC erläutert. Hier haben wir den Prozessablauf, die notwendige Stammdatenpflege und geeignete Einsatzbereiche beschrieben. Die Planungsstrategien wurden wie folgt untergliedert:

- Strategien für die Lagerfertigung (auch Push-Strategien genannt)
- Strategien für die kundenauftragsbezogene Endmontage
- Strategien für die Kundeneinzelfertigung (auch Pull-Strategien genannt)
- Strategien mit Vorplanungsmaterial
- Montageabwicklungen
- Strategien für konfigurierbare Materialien

Im Anschluss haben wir gezeigt, welche Parameter auf SAP-APO-Seite das Verhalten von Vorplanungsbedarfen und Kundenbedarfen bestimmen und welche SAP-ECC-Strategien jeweils mit welchen SAP-APO-Strategien korrespondieren. Abschließend haben wir Ihnen die Vorplanungsverrechnung in SAP IBP vorgestellt. Dabei sind wir auch auf das Verhalten von Vorplanbedarfen und Kundenbedarfen und die Verrechnungsmöglichkeit in SAP IBP eingegangen.

Mit diesem Wissen sind Sie nun in der Lage, die vorhandenen SAP-Planungsstrategien entsprechend Ihren spezifischen Anforderungen zu bewerten und mögliche Einsatzbereiche in Ihrem Unternehmen zu erkennen. Sie können die erforderlichen Stammdaten umstellen und verstehen den Prozessablauf. Die Systemparameter sollten Sie gut genug erfassen, um kleinere Anpassungen an den Standardplanungsstrategien vornehmen zu können.

Das folgende Kapitel zeigt, welche Möglichkeiten Sie haben, um Vorplanungsbedarfe im SAP-System zu erstellen und an die Disposition zu übergeben. Dabei werden insbesondere die verschiedenen Prognoseverfahren erläutert.

Kapitel 7
Bedarfsermittlung durch Vorplanung und Prognosen

Dieses Kapitel befasst sich mit der Bedarfsermittlung durch Vorplanung und Prognosen. Sie erfahren, welche Möglichkeiten der Planung Sie mit SAP APO, SAP IBP und den SAP-ERP-Systemen haben und wie Sie damit ein optimales Ergebnis erzielen.

In der Vorplanung geht es darum, den zukünftigen Bedarf an Ihren Produkten vorherzusehen, damit Sie Beschaffung und Produktion an diesem Bedarf ausrichten können. Bei einer schlechten Vorplanung müssen Sie in der Disposition mehr Aufwand investieren und Schwankungen durch höhere Bestände abfedern. Der Begriff *Prognose* wird dabei oft fälschlich mit dem Begriff *Vorplanung* gleichgesetzt. Die Prognose ist jedoch nur ein Teil der Vorplanung, eigentlich sogar nur ein Hilfsmittel. Erst aus der Kombination der korrigierten Vergangenheitsdaten mit dem Prognoseergebnis und der Kompetenz der Planer sowie mit den verschiedenen Produkt- und Prozesseinflüssen entstehen die Vorplanung und das Vorplanungsergebnis.

SAP bietet Ihnen Hilfsmittel und Abläufe, mit denen Sie Ihr Vorplanungsergebnis verbessern können. Auch Prognoseverfahren können mit den SAP-ERP-Systemen (SAP ECC und SAP S/4HANA) und den Lösungen SAP APO und SAP IBP umgesetzt werden. Diese Hilfsmittel, Abläufe und ihre Auswirkungen auf die Disposition werden wir in den folgenden Abschnitten beschreiben.

7.1 Planungsinstrumente der SAP-Systeme

Bevor Sie sich mit den verschiedenen Prognoseverfahren, Parametern und Auswertungsmöglichkeiten beschäftigen, sollten Sie sich zunächst überlegen, welche Anforderungen Ihre Prozesse haben und welche Planungsinstrumente für Sie relevant sind. Dabei ist es wichtig, Ihre Wünsche und Möglichkeiten im Unternehmen aneinander anzupassen, bevor Sie entscheiden, wie und mit welchem System Sie die Prognose durchführen wollen. Sie können aus verschiedenen Planungsinstrumenten und Lösungen auswählen, die teils zum SAP-Standard gehören, teils von SAP-Partnern angeboten werden.

Es gibt einige Unterschiede zwischen der Prognose in SAP ECC bzw. SAP S/4HANA und in SAP APO, sowohl bezüglich der Auswahl an Prognoseverfahren und Fehlermaßen als auch hinsichtlich der verfügbaren Sonderprozesse (Like-Modellierung, kombinierte Prognose, Datenumorganisation etc.) und Auswertungsmöglichkeiten über das in SAP APO integrierte Business Warehouse (BW). SAP APO bietet Ihnen weitaus mehr Möglichkeiten als SAP ECC bzw. SAP S/4HANA, jedoch geht dies auch mit einer höheren Komplexität einher – was wiederum nicht unbedingt die Qualität und die Ergebnisse der Prognose verbessern muss. Eine höhere Komplexität führt in der Praxis oft zu Mehraufwand und bei falscher Bedingung bzw. Parametrisierung zu falschen Ergebnissen.

Die Planungsinstrumente in SAP APO, wie die Absatzplanung (Demand Planning, DP) oder die Ersatzteilplanung (Service Parts Planning, SPP), werden oft als Ersatz und Nachfolger der SAP-ECC-basierten Planung gesehen, doch diese Aussage ist falsch. Es handelt sich um technologische Weiterentwicklungen und ergänzende Lösungen; allerdings muss niemand für bessere Planungsergebnisse SAP APO implementieren. Ob eine Implementierung von SAP APO sinnvoll ist, hängt – wie bereits erwähnt – von den Anforderungen an das Planungsinstrument ab.

Die Anwendung SAP APO wird zukünftig nicht weiter unterstützt und von der Lösung SAP Integrated Business Planning for Supply Chain (SAP IBP) abgelöst. Die nächste Evolutionsstufe der Planungsinstrumente in SAP IBP bietet Ihnen auch die Möglichkeit, die Bedarfsermittlung mit Vorplanung und Prognosen durchzuführen. Mit dieser Anwendung stehen Ihnen sowohl die klassischen Absatzplanungsfunktionen auf Grundlage aktueller Technologien als auch erweiterte, z. B. Machine-Learning-basierte Methoden zur Auswahl. Des Weiteren können Sie mit den Funktionen des Demand Sensing auch auf kurze Sicht Bedarfe ermitteln. Einfache Absatzplanung können Sie mit SAP IBP für Sales and Operations realisieren, und die erweiterten Funktionen stehen Ihnen mit SAP IBP für Demand zur Verfügung. Auch hier gilt: Welche Funktionen für Sie sinnvoll sind, hängt von den Anforderungen an das Planungsinstrument ab.

7.1.1 Materialstammplanung in den SAP-ERP-Systemen

In den SAP-ERP-Systemen gibt es grundsätzlich zwei verschiedene Möglichkeiten, Bedarfe zu planen:

- Prognose im Materialstamm
- flexible Planung (engl. Sales and Operations Planning, SOP)

Die Prognose im Materialstamm ist die unkomplizierteste Möglichkeit, mit SAP Materialbedarfe zu planen (siehe Abbildung 7.1). Sie befindet sich im Materialstamm und wird mit der Anlage der Registerkarte **Prognose** sichtbar. Für jede Material-Werk-

Kombination kann auf dieser Registerkarte eine entsprechende Parametrisierung hinterlegt und online eine Prognose durchgeführt werden. Außerdem besteht die Möglichkeit einer Massenpflege über Prognoseprofile und die Option einer Massenprognose im Hintergrund.

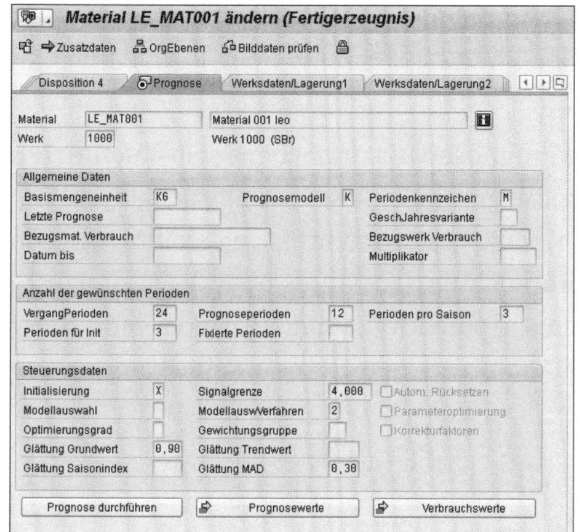

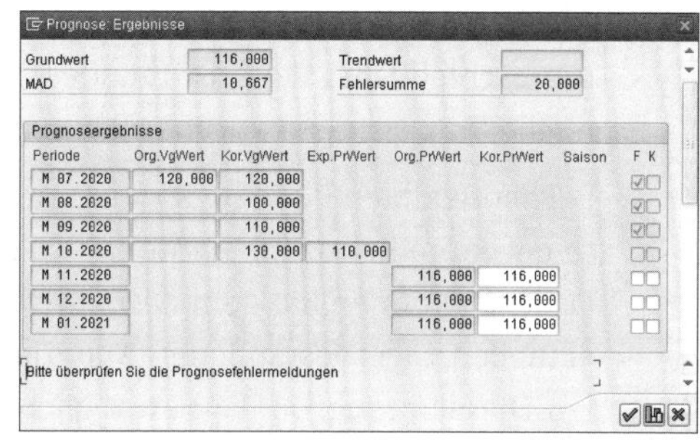

Abbildung 7.1 Prognose im SAP-ECC-Materialstamm

Die Nachteile der Materialstammplanung liegen in ihren starren Anwendungsmöglichkeiten und in der flachen Prognoseebene. Sie können nur auf Ebene des Materials und auf Basis der Verbrauchsdaten prognostizieren. Auch die Bedienbarkeit ist nicht ideal, da bei der Prognoseauswertung zwischen den Materialien und dem Materialstamm gewechselt werden muss. Ein Prognosecontrolling ist nicht möglich, und als Fehlermaß wird nur die mittlere absolute Abweichung (siehe Abschnitt 7.3.2, »Mittlere absolute Abweichung (MAD)«) ausgegeben. Zwar ist eine Massenverarbeitung ansatzweise möglich, jedoch bietet diese nur unzureichende Möglichkeiten zur Anpassung der Vergangenheitsdaten und der Korrektur der Prognoseergebnisse.

Für die Materialstammplanung gibt es auch eine Vielzahl von User-Exits, welche im Prognoseprozess hilfreich sind, jedoch sind diese immer mit einem Entwicklungsbedarf verbunden, weswegen sie eher weniger für den Fachbereich geeignet sind.

7.1.2 Flexible Planung in SAP ECC

Neben der Materialstammplanung ist die flexible Planung die zentrale Möglichkeit zur Bestandsplanung im SAP-ECC-System. Die Vorteile gegenüber der Materialstammplanung liegen im flexiblen Aufbau der Lösung, was individuelle Prozesse ermöglicht, sodass ein kompletter Prognoseprozess abgebildet werden kann. Basierend auf LIS-Infostrukturen (Logistikinformationssystem) kann die flexible Planung individuell mit Daten versorgt werden. Sie haben dadurch die Möglichkeit, aus den Vergangenheitsdaten diejenigen Daten auszuwählen, die verbrauchsrelevant sind. Auch der Aufbau der Planung lässt sich flexibel gestalten, sodass Sie nicht mehr von einer Material-Werk-Kombination abhängig sind und Ihre eigene Planungshierarchie erstellen können.

Die flexible Planung wird daher verwendet, wenn man über verschiedene Ebenen, auf unterschiedlicher Periodizität oder für eine Vielzahl von Materialien planen und manuelle Anpassungen vornehmen möchte.

Bei der flexiblen Planung können Sie die Prognosebasis und -ebene selbst definieren und weitere Kennzahlen mit in die Prognose einfließen lassen (siehe Abbildung 7.2). Dadurch können Sie dem Disponenten Kennzahlen zur Verfügung stellen, wie den aktuellen Lagerbestand, den Materialverbrauch des Vorjahres oder die Umsatzzahlen. Diese Datengrundlage ermöglicht dem Disponenten, Schlussfolgerungen aus der Vergangenheit und aus der aktuellen Situation zu ziehen, die er in seine Planung einfließen lassen kann.

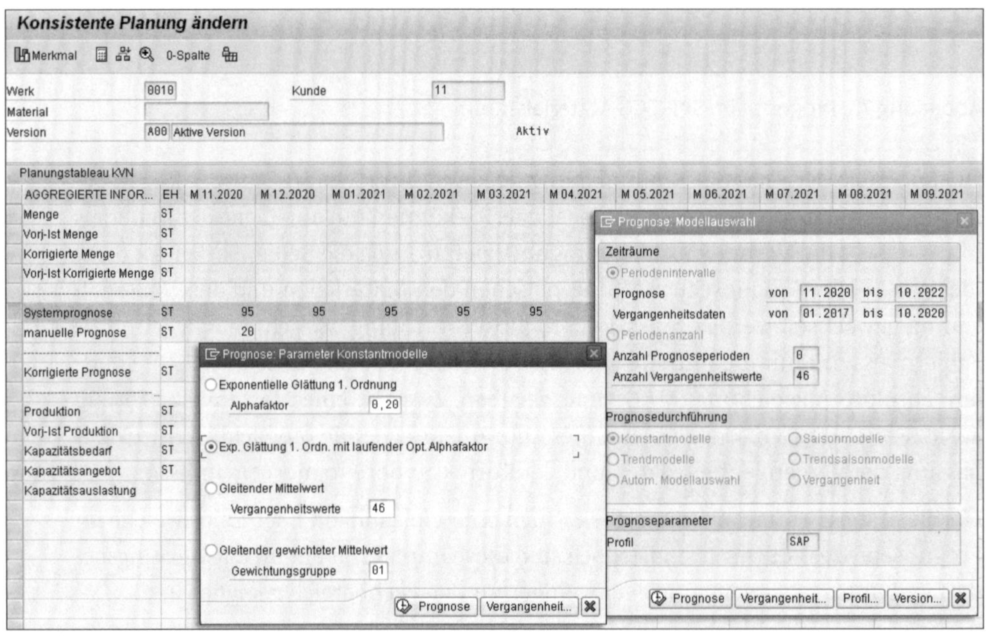

Abbildung 7.2 Prognose mit der flexiblen Planung

Sie können eigendefinierte Kennzahlen und auf diese Weise Ihr eigenes Prognosecontrolling erstellen und bei Abweichungen im Hintergrund Fehlermeldungen generieren lassen (*Alerting*). Aufgrund ihrer Flexibilität und umfangreicheren Planungsmöglichkeiten sollte die flexible Planung der Materialstammplanung vorgezogen werden.

Das Ergebnis der flexiblen Planung wird an die Programmplanung übergeben und erstellt je nach Einstellungen im Materialstamm (Disposition) Vorplanungsbedarfe, welche von der Bedarfsplanung berücksichtigt werden.

Leider gibt es für die Materialstammplanung und die flexible Planung keine Weiterentwicklung von SAP, und viele Bereiche sind ohne Erweiterungen (z. B. User-Exits) nicht benutzerfreundlich und performancekritisch. Aufgrund dieser Nachteile trauen sich viele Kunden nicht an die Planung mit SAP ECC. Es gibt jedoch Weiterentwicklungen von SAP-Partnern, mit denen eine Planung im SAP-ECC-System auf der Grundlage neuester Technologien weiterhin möglich ist. Mehr dazu erfahren Sie in Abschnitt 7.1.8, »Planungsalternativen«.

Flexible Planung in SAP S/4HANA

Die Funktion zur flexiblen Planung wird in SAP S/4HANA nicht angeboten. Stattdessen stehen diese und viele weitere Funktionen in SAP IBP zur Verfügung (siehe Abschnitt 7.1.5, »Klassische Absatzplanung in SAP IBP«, und Abschnitt 7.2.2, »Prognoseverfahren in SAP IBP«).

7.1.3 Absatzplanung in SAP APO

Neben den Standardplanungsinstrumenten in den ERP-Systemen von SAP gibt es ein weiterentwickeltes und umfangreicheres Planungsinstrument in SAP APO – die Komponente DP (Demand Planning). Ein Beispiel für eine Prognose mit der Komponente DP sehen Sie in Abbildung 7.3.

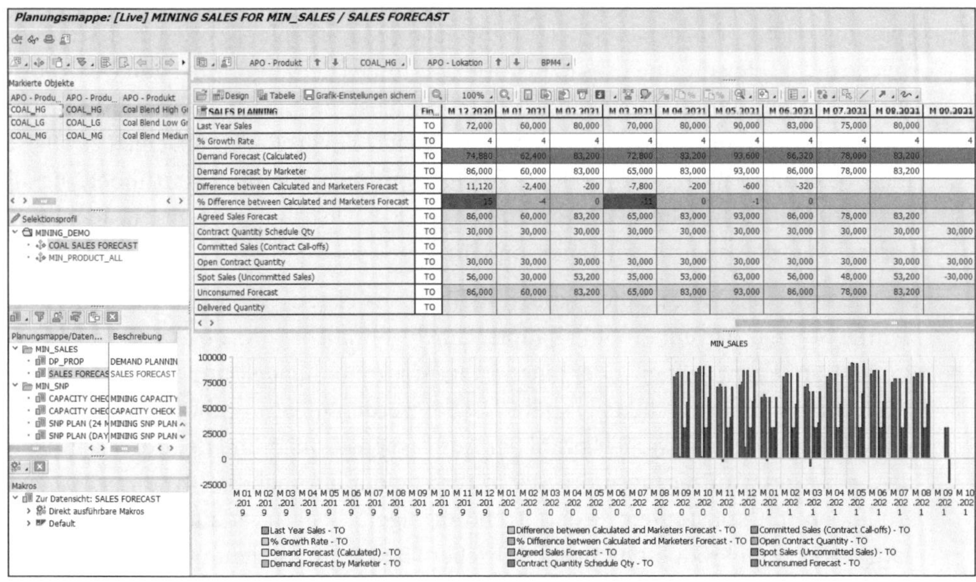

Abbildung 7.3 Prognose mit Demand Planning

Die Komponente DP bietet mehr planungsunterstützende Funktionen als die flexible Planung im SAP-ECC-System, mehr Prognoseverfahren (kausale und kombinierte Prognosen) und mehr Möglichkeiten zur Berechnung von Prognosefehlern. Zudem unterstützt sie verschiedene Sonderprozesse (Produktanlauf- und -auslaufsteuerung, Produktersetzung, Promotionsplanung etc.) und bietet umfangreiche Möglichkeiten, Ausnahmemeldungen zu definieren und die Planer zu informieren. Das integrierte Business Warehouse (BW) in SAP APO stellt zudem einfache und dynamische Auswertungsmöglichkeiten bereit.

Die Vorteile von DP gegenüber der flexiblen Planung in SAP ECC sind zum einen die technologischen und optischen Verbesserungen der Applikation, zum anderen die Funktionserweiterungen des Planungsinstruments. Während die Daten in der flexiblen Planung in Infostrukturen gespeichert werden, verwendet DP das integrierte BW von SAP APO. Dies bringt neben der noch höheren Flexibilität auch Vorteile bei der Integration mit einem Business-Intelligence-System sowie weitere Reportingmöglichkeiten mit sich.

7.1.4 Ersatzteilplanung in SAP APO

Ein weiteres Planungsinstrument der SAP-Systeme ist die Ersatzteilplanung (engl. Service Parts Planning, SPP) in SAP APO. Sie stellt spezielle Planungsfunktionen für Ersatzteile zur Verfügung und ermöglicht daher vom Auftreten eines Bedarfs bis hin zur Lieferung eines Produkts mehr Transparenz in der Logistikkette (siehe Kapitel 18, »Ersatzteilplanung mit SAP«).

SPP ist nicht nur ein Planungsmodul wie DP, sondern unterstützt den kompletten Planungszyklus – von der Entscheidung, welche Bedarfe geplant werden müssen oder welche nicht relevant sind (Absatzhistorie), bis hin zu der Zuordnung von Distributionsstrukturen, Produktersetzung, Prognose, Bestandsplanung, Distributionsbedarfsplanung, Deployment und Bestandsausgleich. Ein großer Unterschied zu DP ist auch, dass die Planung der Produkte in Distributionsstrukturen stattfindet, die all Ihre *Lokationen* enthalten. Lokationen können z. B. Distributionszentren, aber auch Verpackungsdienstleister für Lagerung sein.

SPP zieht bei der Planung die Charakteristika jedes Produkts in Betracht. So berücksichtigt SPP z. B., wo ein Produkt hauptsächlich gebraucht wird, ob es sich bei einem Produkt um einen Schnell- oder einen Langsamdreher handelt und wie sich das Absatzverhalten eines Produkts gestaltet. Dabei werden nicht nur die Bedarfsmengen analysiert, sondern auch die Anzahl der Auftragspositionen und der durchschnittliche Bedarf pro Auftragsposition. SPP unterscheidet also bei der Planung zwischen Produkten mit konstantem Bedarf, trendförmigem Bedarfsverlauf, saisonalem Bedarfsverlauf und Produkten mit sporadischem Bedarf. In Abbildung 7.4 sehen Sie ein Beispiel für eine Prognose mit SPP.

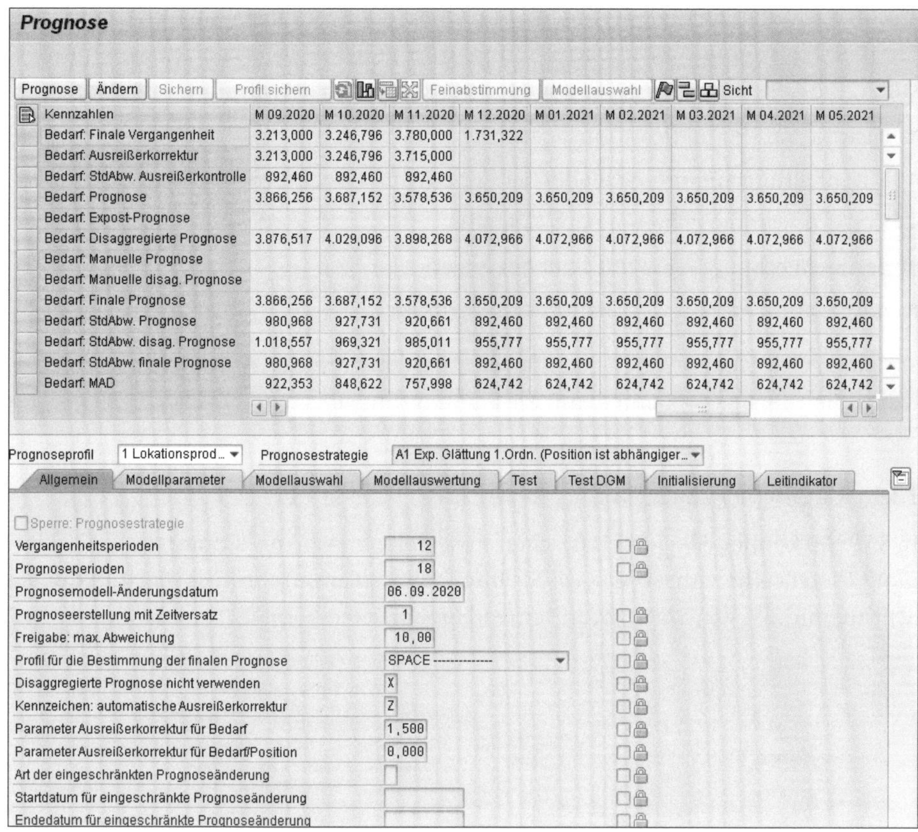

Abbildung 7.4 Prognose mit Service Parts Planning

Die Prognose mit SPP bietet den Anwendern eine Vielzahl von Prognosemodellen und Möglichkeiten zur Parametrisierung – insbesondere für saisonale und sporadische Bedarfe. Aufgrund der Anforderungen im Ersatzteilgeschäft ist SPP sehr facettenreich und komplex konzipiert – so gibt es neben den Prognoseparametern wie z. B. Alpha oder Sigma auch verschiedene Entscheidungstabellen, Grenzwerte und Plausibilitätsregeln.

Korrekt konfiguriert ist SPP das ideale Planungsinstrument und stellt die anderen SAP-Alternativen in den Schatten. Dies liegt vor allem daran, dass SPP anhand der Konfiguration entscheidet, was, wo, wann und wie geplant werden muss und dabei Lieferservicegrade und Bestand berücksichtigt. Dadurch wird den Anwendern besonders im Massengeschäft viel Aufwand abgenommen, und sie müssen sich nur noch um die Ergebnisse kümmern und gegebenenfalls ihre Parametrisierung anpassen. Neben der Bedarfsprognose stehen in SPP auch die Themen Datenbasis und Datenqualität im Vordergrund. Das heißt, in SPP gibt es einen vorkonfigurierten Prozess für die Erzeugung der Absatzhistorie, welche die Extraktion von Vergangenheitsdaten aus dem jeweiligen SAP-ERP-System, SAP Customer Relationship Management (SAP CRM), SAP Business Warehouse (SAP BW) oder anderen externen Systemen unterstützt. Die Absatzhistorie in SPP bietet Ihnen folgende Vorteile:

- Historie auf Produktlokationsebene
- Datenhaltung auf unterschiedlicher Periodizität (Woche, Monat, Tag)
- Skalierungsmöglichkeiten nach Kalender
- Berücksichtigung von Produktersetzungen
- Aggregation entlang der Distributionsstruktur

Sie haben viele weitere Möglichkeiten, die Absatzhistorie den Anforderungen im Unternehmen anzupassen und damit die Planungsqualität zu verbessern.

7.1.5 Klassische Absatzplanung in SAP IBP

In SAP IBP können Sie den klassischen Absatzplanungsprozess unterstützen. Abbildung 7.5 stellt einen Ansatz dar, wie Sie Ihren Absatzplanungsprozess und funktionale Schritte mithilfe von SAP IBP für Demand organisieren können.

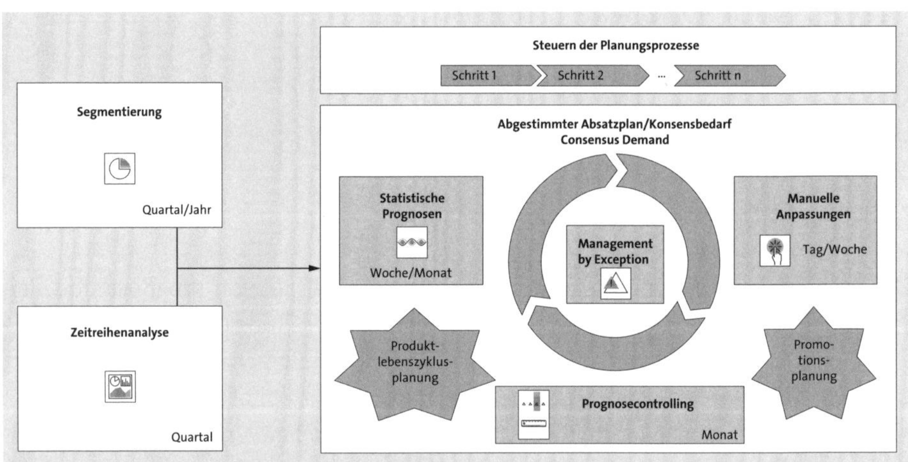

Abbildung 7.5 SAP IBP für Demand – funktionale Prozesssicht

Ziel der Lösung ist eine weitestmögliche Automatisierung und ein *Management by Exception*, sodass Absatzplaner sich auf kritische Ausnahmesituationen fokussieren können und der Großteil automatisch vom System geplant wird. Dafür unterstützt SAP IBP für Demand die folgenden Funktionen bzw. Prozessschritte:

- **Segmentierung**
  Die Segmentierung bzw. die Klassifizierung in ABC/XYZ und deren Verwendung im weiteren Prozessverlauf ermöglichen es, explizite Regeln anzuwenden oder eine Automatisierung und Fokussierung zu steuern.

- **Zeitreihenanalyse**
  Die Zeitreihenanalyse ist eine Art der Analyse von historischen Daten und macht den Absatzplanungsprozess mithilfe einer Einordnung der Zeitreihen durch weitestgehende Automatisierung effizienter.
- **statistische Prognosen**
  Die statistische Prognose als Prozess ermittelt auf Basis historischer Verläufe und mithilfe von statistischen Methoden sowie Machine-Learning-Algorithmen Prognosen für den mittel- bis langfristigen Prognosehorizont. In SAP IBP ist eine größere und aktuellere Auswahl an Methoden auch mit Machine Learning verfügbar als in SAP APO.
- **Produktlebenszyklusplanung**
  Die Produktlebenszyklusplanung berücksichtigt die Einführung und den Auslauf von Produkten während der statistischen Prognose.
- **Promotionsplanung**
  Die Promotionsplanung ermöglicht es, Sondereffekte, Kampagnen, Events oder Ähnliches zusätzlich zum Baseline-Forecast zu planen und auszuwerten.
- **manuelle Anpassungen**
  Manuelle Planung bzw. manuelle Anpassungen sind entscheidend, um Produkte oder Effekte, die schwierig zu automatisieren sind, in den Planungsprozess einfließen zu lassen. Wichtig sind dabei benutzerfreundliche und auf die Aufgabenstellung optimierte UIs, die auf Ausnahmen hinweisen, damit gezielt Anpassungen vorgenommen oder Analysen und Auswertungen gemacht werden können. Ein wesentlicher Aspekt ist dabei auch die Möglichkeit der Simulation und des kollaborativen Austauschs.
- **Prognosecontrolling**
  Beim Prognosecontrolling wird ermittelt, wie gut die Prognosegenauigkeit der einzelnen Inputfaktoren ist. Somit kann identifiziert werden, ob eine Automatisierung möglich ist und ob manuelle Anpassungen das Ergebnis positiv beeinflusst haben. Die Wichtigkeit von Prognosecontrolling als etablierter Prozessschritt wird dabei oft unterschätzt, um eine kontinuierliche Optimierung zu erreichen.
- **Prozessmanagement**
  Das Prozessmanagement wird lizenztechnisch dem SAP IBP für Sales and Operations zugeordnet, ist aber auch hier eine durchaus hilfreiche Funktion, um komplexe und mehrstufige Absatzplanungsprozesse zu organisieren.

Treiberbasierte Planung

Die treiberbasierte Planung ermöglicht es Ihnen, Chancen und Risiken in die Planung mit einzubeziehen. Sie stellt eine übergreifende Funktion dar, die den Absatzplanungsprozess um die aktive Berücksichtigung von Chancen und Risiken als Treiber in der Planung erweitert. Sie ist funktional nicht nur im Kontext der Absatzplanung nutzbar, sondern auch im Rahmen des Sales and Operations Planning.

In SAP IBP stehen Ihnen unterschiedliche Benutzeroberflächen zur Verfügung, die den aktuellen Anforderungen der Endanwender in Bezug auf Benutzerfreundlichkeit und andere Aspekte gerecht werden. An dieser Stelle möchten wir nur die unterschiedlichen Möglichkeiten der Benutzeroberflächen in SAP IBP für Demand aufführen, die Sie den Absatzplanungsverantwortlichen zur Verfügung stellen können:

- individuelle Excel-Views für die Planung
- vereinfachte Views für die webbasierte Planung
- Dashboards und Analytics fürs Reporting
- Alerts und Case Management
  (Lizenz für SAP Supply Chain Control Tower erforderlich)
- spezielle Apps z. B. für Promotionen, Lebenszyklusplanung etc.

Für jeden Prozess und Prozessschritt können Sie nach Bedarf spezielle Ansichten anlegen. So auch im Kontext der Absatzplanung, für die Sie die erforderlichen Informationen für die Prozessschritte benutzerfreundlich visualisieren können.

Abbildung 7.6 zeigt eine Datenansicht, die Ihnen als Vorlage in den Best Practices für die Absatzplanung von SAP IBP zur Verfügung gestellt wird. Diese und weitere Vorlagen finden Sie unter *http://s-prs.de/v858404*.

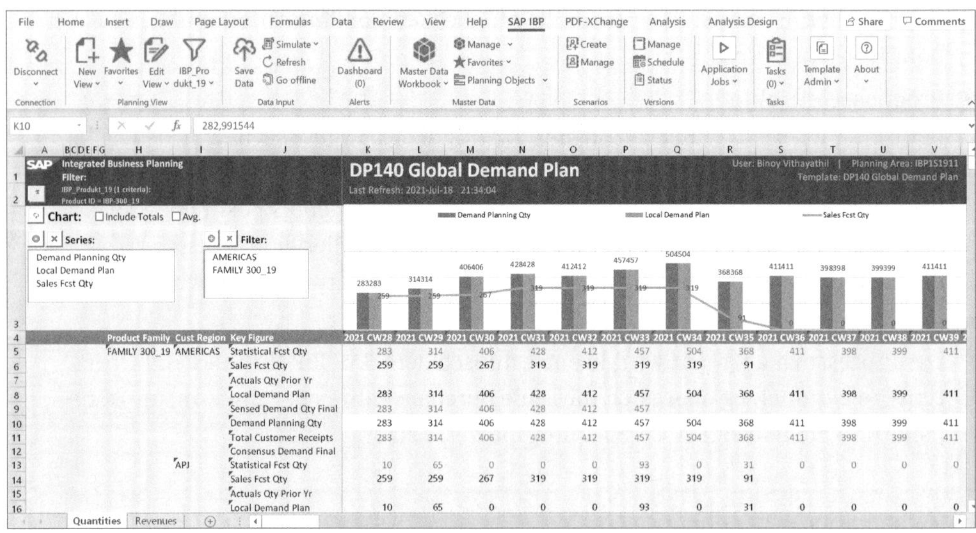

Abbildung 7.6 Beispiel einer Benutzeroberfläche in Microsoft Excel

In dieser Ansicht sind Kennzahlen und Planungsebenen vorgesehen, die explizit für eine globale Absatzplanung sinnvoll sind. Teilergebnisse der Absatzplanung wie z. B. die statistische Prognose, ein Sales Forecast, ein lokaler Demand-Plan, oder das Ergebnis aus der kurzfristigen Planung, dem Demand Sensing, können als Informationen für eine zentrale Absatzplanung verwendet werden. Die Planer können zusätzliche Informationen ein- bzw. ausblenden. So können für verschiedene Absatzplanungsprozessschritte, wie Historienkorrektur, statistische Prognose, Vertriebsplanung oder finale globale Absatzpläne, optimierte Datensichten bereitgestellt werden. Neben den Datenansichten in Excel spielen auch die Funktionen zum Reporting eine wesentliche Rolle. Denn sie ermöglichen in Echtzeit Ad-hoc-Auswertungen in SAP IBP. Alerts helfen, den Prozess auf die wichtigen Aspekte zu fokussieren und eine *ausnahmenbasierte Planung* (engl. Management by Exception) zu ermöglichen. Hierfür stehen Ihnen Alert-Funktionen, Analytics und Dashboards zur Verfügung, wie in Abbildung 7.7 beispielhaft gezeigt.

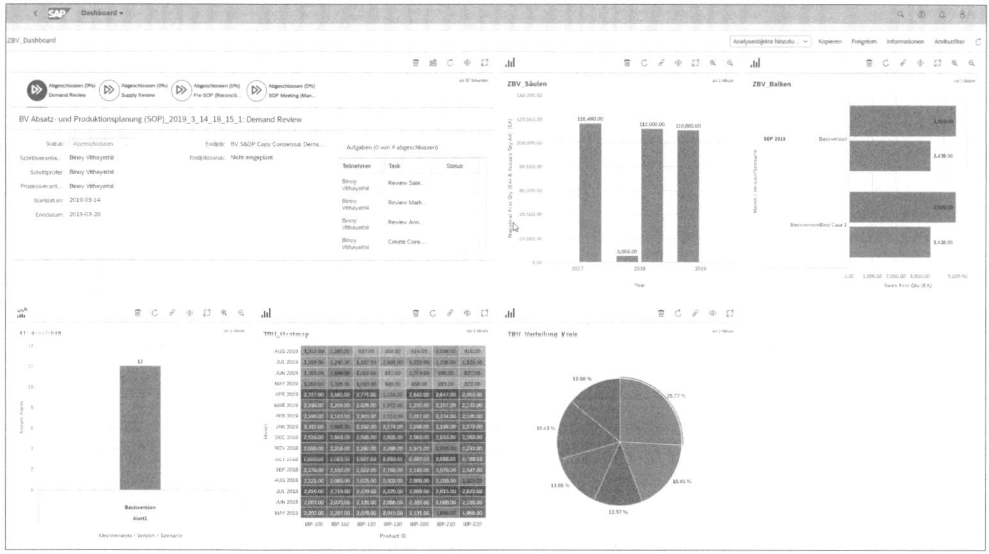

Abbildung 7.7 Beispiele eines Dashboards mit Analytics und Alerts

7.1.6 Demand Sensing in SAP IBP

In den vorherigen Abschnitten haben wir uns auf den klassischen Absatzplanungsprozess fokussiert, der seine Stärken im mittel- bis langfristigen Prognosehorizont hat und in Wochen- oder Monatsrastern sowie auf aggregierter Ebene ausgeführt wird. Demand Sensing hingegen erweitert den klassischen Absatzplanungsprozess im kurzfristigen Bereich, in dem mithilfe von Machine-Learning-Algorithmen aktuelle Signale genutzt werden, um den abgestimmten Absatzplan (Konsensbedarf) zu verbessern.

Abbildung 7.8 zeigt, wie die Ergebnisse der klassischen Absatzplanung im kurzfristigen Horizont durch Ergebnisse aus dem Demand Sensing optimiert werden. Dafür benötigen Sie einen zusätzlichen, z. B. täglichen Planungsprozess, der größtenteils systemgestützt realisiert wird, aber auch manuelle Anpassungen möglich macht.

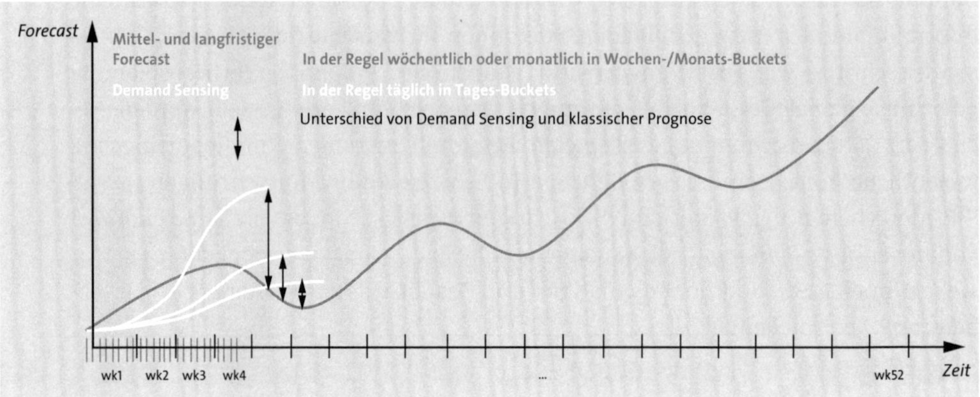

Abbildung 7.8 Vergleich der klassischen Absatzplanung mit Demand Sensing

Der Einsatz von Demand Sensing empfiehlt sich für Unternehmen, die mit volatilen Märkten konfrontiert sind und deshalb auch kurzfristig noch auf der Beschaffungsseite reagieren wollen.

Demand Sensing ersetzt den klassischen Absatzplanungsprozess nicht, sondern erweitert diesen um einen kurzfristigen Fokus. Charakteristisch für Demand Sensing sind dabei die folgenden Aspekte:

- Forecast für kurzfristigen Horizont in der Granularität Tag, in der Regel vier bis acht Wochen, kann individuell festgelegt werden
- größtenteils automatisierter Prozess durch Nutzung von Machine Learning wie z. B. Mustererkennung, manuelle Anpassungen möglich
- unterschiedliche Informationen als Input, wie Kundenaufträge, offene Aufträge, Lieferungen, Promotionen oder Verwendung von externen Faktoren wie PoS-Daten, Wetter

Da Demand Sensing die Ergebnisse der klassischen Prognoseprozesse im kurzfristigen Horizont verbessert und den Absatzplanungsprozess erweitert, indem zusätzliche Inputfaktoren und erweiterte Funktionen, die auf Machine Learning basieren, eingesetzt werden, möchten wir diese beiden Vorgehensweisen in Tabelle 7.1 kurz gegenüberstellen.

Das Ziel von Demand Sensing im kurzfristigen Prognosehorizont ist, den in der Regel auf Wochenebene abgestimmten Absatzplan/Konsensbedarf zu präzisieren.

	Statistische Prognose	Demand Sensing
Grundprinzip	statistische Methoden	Mustererkennung
Planungshorizont	mittel- bis langfristiger Horizont (in der Regel ein bis zwei Jahre)	kurzfristiger Horizont (in der Regel zwischen vier und acht Wochen) – individuell zu definieren
Planungsfrequenz oder -zyklus	wöchentlich oder monatlich	täglich oder wöchentlich
Planungsmethode	Prognosejobs und manuelle Anpassungen	automatisiert (nur in Ausnahmen manuelle Anpassungen)
Datengrundlage	mehrere Jahre Historie, um Trend und Saison abzubilden	kurzfristige Signale des letzten Jahres

Tabelle 7.1 Statistische Prognose vs. Demand Sensing

Das Ergebnis einer besseren kurzfristigen Prognose hat Effekte auf verschiedene Bereiche im Unternehmen:

- Es können fundiertere Deployment- und Replenishment-Entscheidungen getroffen werden, die zur Minimierung von Transport- und Umlagerungskosten beitragen.
- Auch die Produktions- und Fremdbeschaffungsentscheidungen können fundierter getroffen werden.
- Durch bessere Forecast-Genauigkeit kommt es zur Bestandsoptimierung, was zu reduzierten Sicherheitsbeständen, geringeren Stockouts oder Notfalllieferungen führt.
- Die automatisierte Optimierung und Freigabe von Kapazitäten für andere Aktivtäten reduziert manuellen Anpassungsaufwand im kurzfristigen Horizont.
- Der Service-Level verbessert sich erheblich.

Das zeigt, dass Demand Sensing allen Unternehmen helfen kann, die eine verbesserte kurzfristige Prognose erzielen möchten und somit idealerweise auch noch auf der Beschaffungsseite, in der Produktion und bei Transporten reagieren können.

7.1.7 Kooperierende Planung

Die *kooperierende Planung* im SAP-System ist kein SAP-Modul im eigentlichen Sinn, sondern eine bestimmte Art, im System zu planen und dabei externe Partner wie Lieferanten und Kunden in den Planungsprozess zu integrieren. Damit ist nicht nur ein einseitiger Datenaustausch zwischen Unternehmen und externen Partnern gemeint, sondern eine aktive Beteiligung der Partner am Planungszyklus. Zum Beispiel kann der Lieferant seine Kapazitäten übermitteln und mit den Planungsbedarfen abgleichen. Somit wird nicht nur die Planungsqualität verbessert, sondern die externen Partner werden auch mit wichtigen Planungsergebnissen versorgt.

Eine kooperierende Planung wird für Unternehmen nicht nur aufgrund der Transparenz zu den Lieferanten und Kunden immer wichtiger, sondern auch, um Liefertreue und Bestandsdeckung sicherzustellen. Es genügt daher nicht mehr, nur die Langfristplanung mit seinen Lieferanten zu teilen, auch die Kurzfristplanung muss miteinander abgestimmt werden, um bei Liefer- bzw. Kapazitätsengpässen auf Alternativen ausweichen zu können. Darüber hinaus ist eine kooperierende Planung z. B. bei der Zusammenarbeit mit Versand- oder Logistikdienstleistern, die die Bestandsführung ihrer Kunden übernehmen, unumgänglich.

Auf diese Anforderungen hat SAP reagiert und die Planungsinstrumente entsprechend angepasst. DP bietet im Standard die Möglichkeit, eine kooperierende Planung zu implementieren. Dabei handelt es sich um eine webbasierte Transaktion (/SAPAPO/CLPISDP), in der sämtliche Absatzplanungsdaten zur Verfügung stehen, sodass interne und externe Partner am Planungsprozess teilnehmen können (siehe Abbildung 7.9). Die Partner haben so die Möglichkeit, Planungsergebnisse zu begutachten, manuell in den Planungsprozess einzugreifen, Planungen zu simulieren, eine Prognoseerstellung durchzuführen und wichtige Informationen zu visualisieren.

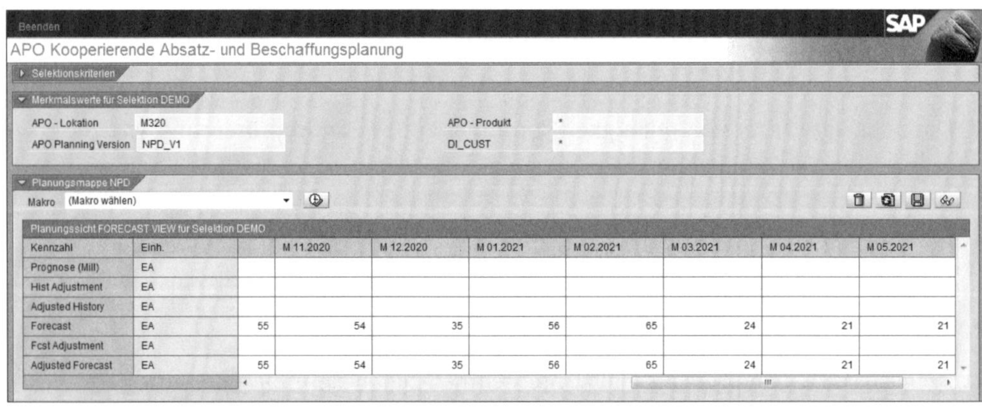

Abbildung 7.9 Kooperierende Planung in DP

Auch SPP unterstützt die Kooperation mit externen Partnern über unterschiedliche Cockpits auf Web-Dynpro-Basis. So gibt es ein Cockpit für Lieferanten und Kunden, welche über einen Portalzugang direkten Zugriff auf SPP erhalten und darüber Aufträge bestätigen, Engpässe sowie kritische Produkte einsehen und mit den Planern kommunizieren können (siehe Abbildung 7.10).

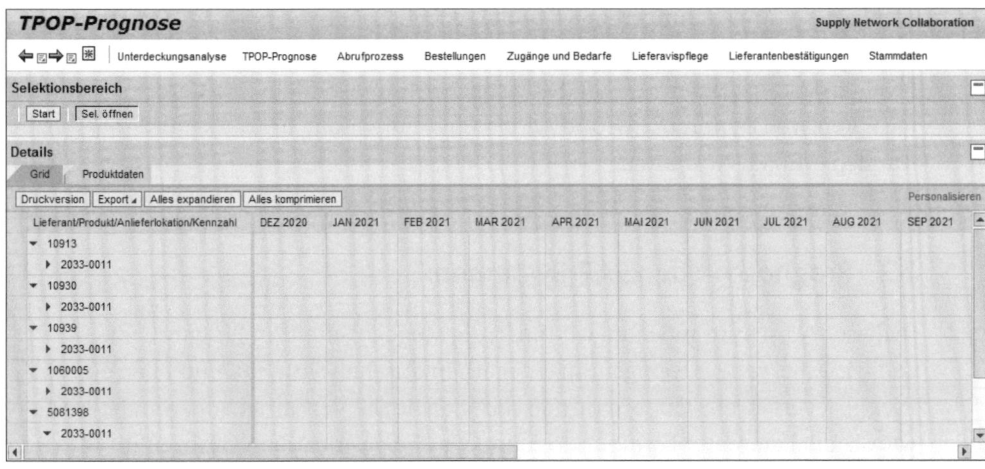

Abbildung 7.10 Kooperierende Planung in SPP

In SAP ECC bzw. SAP S/4HANA gibt es im Standard keine Möglichkeit, um wie in SAP APO mit externen Partnern zu kommunizieren oder diese interaktiv zu beteiligen. Mithilfe der flexiblen Planung können die Planungsdaten via Microsoft Excel exportiert und nach Bearbeitung wieder in das Planungstableau geladen werden. Dieses Vorgehen ist jedoch etwas umständlich und bei Massendaten nicht mehr praktikabel.

SAP IBP stellt mit den Funktionen der webbasierten Planung funktionale Möglichkeiten bereit, um kollaborative Planung auch im Kontext der Absatzplanung zu realisieren. Weiterführende Informationen zur webbasierten Planung finden Sie in Abschnitt 16.3.1, »Kollaboration mit webbasierter Planung«.

7.1.8 Planungsalternativen

Neben dem SAP-Standard gibt es weitere Planungsinstrumente von SAP-Partnern, welche sich auf den Bereich Planung spezialisieren und innovative Lösungen bereitstellen. In vielen Anwendungsbereichen lohnt sich eine Analyse der weiteren Planungsinstrumente von SAP und SAP-Partnern. Es gibt einfache Planungsinstrumente, die sich primär damit beschäftigen, Daten aus dem SAP-System zu laden, diese Daten zu bearbeiten und anschließend zurückzuladen (Add-ons genannt). Jedoch gibt es auch Lösungen, die im jeweiligen SAP-ERP-System arbeiten und keine Medienbrüche verursachen – wie z. B. Planungsanwendungen, die direkt auf dem BI Repository aufsetzen, oder Anwendungen, die auf Basis des SAP NetWeaver Application Servers unabhängig von den verwendeten SAP-Produkten arbeiten.

Bei Planungsanwendungen geht der Trend in Richtung Flexibilität, Schnelligkeit und Visualisierung. Dabei sollten die Anwendungen neben einer schönen Oberfläche zur Eingabe und Darstellung von Grafiken auch möglichst endgerätunabhängig arbeiten.

Webbasierte Anwendungen machen dies möglich (Web Dynpro ABAP, Adobe Flash, HTML5) und kommen immer öfter zum Einsatz. Dies spiegelt sich auch in der SAP-Produktstrategie wider – Produkte wie das SAP Supply Chain Info Center werden auf Basis von Web Dynpro ABAP und Adobe Flash entwickelt, um die Anforderungen der Kunden erfüllen zu können.

7.2 Prognose in den SAP-Systemen

In diesem Abschnitt möchten wir Ihnen die Möglichkeiten zur Prognose mit SAP vorstellen. Dabei geht es weniger um die mathematischen Formeln hinter den einzelnen Prognoseverfahren, sondern primär darum, wie die Verfahren angewendet werden, wie Sie die Parameter konfigurieren und wie Sie das richtige Verfahren für Ihre Produkte auswählen.

7.2.1 Prognoseverfahren

Die meisten Unternehmen setzen in der Praxis entweder keine Prognoseverfahren ein oder die falschen. Wichtig für die Auswahl der optimalen Prognosestrategie ist die Qualität der Vergangenheitsdaten. In den folgenden Abschnitten werden wir Ihnen Prognoseverfahren vorstellen und erläutern, welches Prognoseverfahren für welche Produkteigenschaften am besten geeignet ist.

Univariate Prognosemodelle (Zeitreihenanalyse)

Ein univariates Prognosemodell geht davon aus, dass der Verbrauchsverlauf einem spezifischen Muster folgt. Das Prognoseergebnis definiert sich aus der Herleitung, dass zukünftige Verbrauchsreihen Wiederholungen vergangener Reihen sind. Der Vorteil dieses Modells ist, dass nur Beobachtungen der Nachfrage in der Vergangenheit benötigt werden.

In den folgenden Abschnitten stellen wir ausgewählte Prognosemethoden vor. Methoden, die Sie nur mit SAP APO einsetzen können, werden mit »(SAP APO)« gekennzeichnet.

Das Prognosemodell *gleitender Mittelwert* berechnet den Mittelwert der Vergangenheitszeitreihe. Ziel dieses Modells ist die Ausschaltung zufallsbedingter Unregelmäßigkeiten im Verlauf einer Zeitreihe. Um die systematischen Komponenten der Zeitreihe klar hervortreten zu lassen, wird das arithmetische Mittel der *n* letzten Zeitreihenwerte gebildet.

Der einfache gleitende Mittelwert wird für Produkte verwendet, die eine konstante Nachfrage vorweisen.

Eine optimierte Form des vorherigen Prognosemodells ist der *gewichtete gleitende Mittelwert*. Über Gewichtungsfaktoren werden hier die einzelnen Vergangenheitswerte unterschiedlich berücksichtigt. Die Gewichtungsfaktoren werden in einer Gewichtungsgruppe definiert und bilden neben den Vergangenheitswerten die Prognosegrundlage.

Wenn die zu prognostizierende Zeitreihe trendähnliche Schwankungen enthält, erzielt man mit dem Modell des gewichteten gleitenden Mittelwerts bessere Ergebnisse als mit dem Modell des gleitenden Mittelwerts. Der Grund dafür ist, dass die Gewichtungsfaktoren entsprechend dem Trendverlauf gewählt werden können. Daher erfolgt eine schnellere Anpassung an eine Niveauänderung.

Das Modell liefert nur dann gute Ergebnisse, wenn sich die Charakteristik der Vergangenheitsdaten nicht ändert. Anderenfalls müssten die Gewichtungsfaktoren immer wieder angepasst werden, was einen hohen manuellen Aufwand bedeutet und zudem die Prognosegenauigkeit beeinträchtigt.

Notwendige Parameter

Für die Ermittlung des gewichteten gleitenden Mittelwerts benötigen Sie den Parameter Gewichtungsgruppe gleit. Durchschnitt.

Eine Weiterentwicklung des gewichteten gleitenden Mittelwerts ist das *Konstantmodell mit exponentieller Glättung erster Ordnung*. Die exponentielle Glättung erster Ordnung basiert auf folgenden Prinzipien:

- Das Gewicht der Zeitreihenwerte für die Prognose soll mit zunehmendem Alter der Werte abnehmen.
- Der Prognosefehler der Gegenwart wird bei den folgenden Prognosen berücksichtigt.

Zur Berechnung des Prognosewerts verwendet das System die Vergangenheitswerte und den Glättungsfaktor *Alpha* (siehe Abschnitt 7.2.3, »Prognoseparameter«). Wie schnell das Prognosemodell auf Änderungen im Verbrauchsverlauf reagiert, ist abhängig vom Glättungsfaktor Alpha.

Das Konstantmodell mit exponentieller Glättung erster Ordnung eignet sich für Vergangenheitsdaten, die einen horizontalen Verlauf aufweisen. Für Verläufe, die einen Trend anzeigen oder gar saisonalen Charakter haben, ist das Modell ungeeignet.

Notwendiger Parameter

Für das Konstantmodell mit exponentieller Glättung erster Ordnung benötigen Sie den Parameter Alphafaktor.

Die nächste Prognose *lineare exponentielle Glättung* (Trendmodell) erfolgt nach dem Verfahren nach Holt. Bei dem Verfahren nach Holt wird neben der Berücksichtigung des Alphafaktors ein weiterer Glättungsfaktor einbezogen. Der *Betafaktor* glättet die Vergangenheitswerte bezüglich des Trendverlaufs. Aufgrund der zwei Glättungsfaktoren kann dieses Modell bei trendförmigen Verläufen bessere Ergebnisse als das Konstantmodell erzielen. Hierzu müssen jedoch die Parameter optimal konfiguriert werden.

Wählen Sie dieses Prognosemodell, wenn sich die Vergangenheitswerte durch einen steigenden oder fallenden Trend beschreiben lassen.

Notwendige Parameter

Für die lineare exponentielle Glättung benötigen Sie die Parameter Alphafaktor und Betafaktor.

Das Saisonmodell nach Winters, auch *saisonale exponentielle Glättung* genannt, berücksichtigt analog dem Trendmodell zwei Glättungsfaktoren: Alpha und den Saisonfaktor *Gamma*, welcher die Vergangenheitswerte nach Saisonindex glättet.

Wählen Sie diese Strategie, falls Ihre Vergangenheitswerte saisonale Schwankungen (z. B. jährlich) um einen konstanten Grundwert herum aufweisen.

Notwendige Parameter

Für die saisonale exponentielle Glättung benötigen Sie die Parameter Alphafaktor, Gammafaktor und Perioden pro Saison.

Die Prognosestrategie *trendsaisonale exponentielle Glättung* erfolgt nach dem multiplikativen Verfahren von Holt-Winters. Hier kommen drei Glättungsparameter zum Einsatz: Alpha für den Achsenabschnitt, Beta für die Steigung und Gamma für die Saisonfaktoren.

Die Prognosestrategie unterstellt einen linearen Trend, der mit der Saison verknüpft ist. Der Grundwert wird mit dem Saisonfaktor, der Trendwert mit dem Steigungsfaktor und der Saisonindex mit dem Saisonfaktor geglättet. Abbildung 7.11 verdeutlicht grafisch den Unterschied zwischen den drei Werten.

Das Modell ist geeignet, wenn die Vergangenheitswerte saisonal um einen steigenden oder fallenden Trend schwanken. Dabei hängt die Stärke der Schwankung von der Höhe des Trends ab.

Notwendige Parameter

Für die trendsaisonale exponentielle Glättung benötigen Sie die Parameter Alphafaktor, Betafaktor, Gammafaktor und Perioden pro Saison.

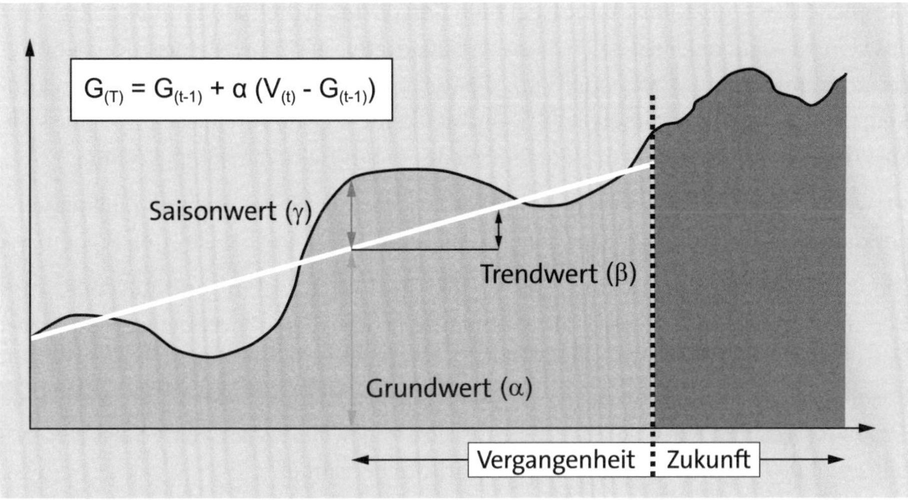

Abbildung 7.11 Glättung mit Trend/Saison-Index

Das *Modell der exponentiellen Glättung zweiter Ordnung* geht von einem linearen Trend aus und besteht aus zwei Schritten. Im ersten Schritt wendet man das Verfahren der exponentiellen Glättung erster Ordnung auf die Vergangenheitsdaten an. Im zweiten Schritt wird dasselbe Glättungsverfahren auf die berechneten Mittelwerte erneut angewendet. Man erhält exponentiell geglättete Mittelwerte zweiter Ordnung, also Durchschnitte aus den Durchschnittswerten erster Ordnung.

Weist eine Zeitreihe über mehrere Perioden hinweg eine trendförmige Änderung des Mittelwerts auf, hinken die Prognosewerte bei dem Verfahren der exponentiellen Glättung erster Ordnung stets um eine oder mehrere Perioden hinterher. Schnelle oder starke Änderungen werden folglich erst spät erkannt, die Planer müssen manuell eingreifen oder die Unterschiede mit einem höheren Prognosefehler und die daraus resultierenden höheren Bestände akzeptieren. Durch die Methode der exponentiellen Glättung zweiter Ordnung können Sie eine schnellere Anpassung der Prognose an den tatsächlichen Verlauf der Verbrauchswerte erreichen.

Notwendiger Parameter

Für das Modell der exponentiellen Glättung zweiter Ordnung benötigen Sie den Parameter Alphafaktor.

Die *lineare Regression* (SAP APO) ist eine statistische Methode, die zur Prognostizierung von Trends angewendet werden kann. Im Gegensatz zu den meisten anderen Prognosemethoden für Trends werden die Prognoseparameter nicht dadurch bestimmt, dass man von einer ersten Annahme ausgeht und diese dann von einer Periode zur nächsten weiter verbessert. Vielmehr berücksichtigt die lineare Regression sämtliche Daten gemeinsam und legt eine Gerade durch die Daten mit dem Ergebnis des kleinstmöglichen Fehlers (Summe der Quadrate). Die lineare Regression benötigt keine Parameter wie Alpha oder Beta. Der einzige Parameter, den Sie eingeben können, ist das *Trenddämpfungsprofil*. Es erfolgt keine Modellinitialisierung, sodass Sie alle Vergangenheitsdaten zur Berechnung der Prognose heranziehen können.

Verwenden Sie das Verfahren nicht bei stark schwankenden Vergangenheitsdaten – bei klar zu erkennenden Verläufen liefert dieses Modell jedoch die besten Ergebnisse.

Die *saisonale lineare Regression* (SAP APO) kann alternativ zum Saisontest oder zum Verfahren nach Winters (saisonale exponentielle Glättung) verwendet werden. Dabei führt das System zuerst einen Saisontest durch und bestimmt je nach Autokorrelationsfaktoren, ob es sich um einen saisonalen Verlauf handelt oder nicht. Wird keine Saison festgestellt, wird die lineare Regression angewendet. Wird eine Saison ermittelt, wird die Prognosezeitreihe in vier Schritten berechnet:

1. Ermittlung der Saisonfaktoren anhand der Vergangenheitswerte
2. Desaisonalisierung der Vergangenheitswerte: Die Vergangenheitsdaten werden um die saisonalen Indizes korrigiert, sodass eine lineare Kurve entsteht.
3. Durchführung einer linearen Regression auf der entstandenen desaisonalisierten Kurve
4. Kombination der Prognoseergebnisse mit den Saisonindizes, wodurch sich dann wieder ein saisonaler Verlauf ergibt

Verwenden Sie die saisonale lineare Regression vor allem dann, wenn die Vergangenheitszeitreihe viele Nullen oder sehr kleine Werte enthält.

[»]

Notwendiger Parameter

Für die saisonale lineare Regression benötigen Sie den Parameter Perioden pro Saison.

Die *Croston-Methode* (SAP APO und SAP ECC bzw. SAP S/4HANA) wurde speziell für sporadische Verläufe entwickelt. Ein Verlauf ist sporadisch, wenn Perioden ohne Nachfrage beobachtbar sind und die Verteilung der Nachfrage abhängig von der Dauer seit dem letzten Auftreten der Nachfrage ist.

Die Croston-Methode umfasst zwei Schritte: Zunächst werden aus der mittleren Bedarfshöhe separate, auf der exponentiellen Glättung basierende Schätzwerte abgeleitet. Anschließend erfolgt die Berechnung der mittleren Dauer zwischen Nachfragen. Diese wird dann in Form eines Konstantmodells zur Vorhersage des künftigen Bedarfs herangezogen.

Das Prognoseergebnis kann in zwei verschiedenen Formen dargestellt werden: Entweder wird die Prognosemenge über alle Perioden verteilt (konstant) oder das System verteilt die Menge entsprechend eines vorher berechneten Intervalls. Eine Verteilung nach Intervall ist besonders dann sinnvoll, wenn eine Kontinuität erkennbar oder bekannt ist, etwa bei regelmäßigen Intercompany-Aufträgen oder Produktionszyklen.

Verwenden Sie also die Croston-Methode, wenn Ihre Bedarfe meist zufällig auftauchen, und dort, wo statistische Prognosemodelle einen hohen Prognosefehler erzeugen. Ein solches Verhalten kann man z. B. bei Ersatzteilen oder bei Variantenkomponenten erkennen, die keine Gleichteile sind.

[«] 7

Notwendiger Parameter

Für die Croston-Methode benötigen Sie den Parameter Alphafaktor.

Neben den bisher genannten Prognosestrategien, die die Planer den Produkten manuell zuweisen können, gibt es im SAP-System die Möglichkeit, das Prognosemodell vom System automatisch bestimmen und berechnen zu lassen. Diese Strategie, *automatische Modellauswahl* genannt, bietet sich an, wenn Sie bei der Auswahl des richtigen Prognosemodells unsicher sind. Allerdings hat die automatische Modellauswahl auch Nachteile, auf die wir am Ende des Abschnitts eingehen werden.

Damit die automatische Modellauswahl erfolgreiche Ergebnisse liefern kann, muss eine Reihe von Voraussetzungen erfüllt sein. Die wichtigsten Bedingungen sind eine hohe Qualität der Vergangenheitsdaten sowie der erfahrene und korrekte Umgang mit allen notwendigen Prognoseparametern. Die automatische Modellauswahl können Sie nicht für alle Materialien anwenden, am besten klassifizieren Sie vorher Ihr Produktspektrum. Ebenso wichtig ist es, ausreichende Vergangenheitsdaten zur Verfügung zu stellen, für den Saisontest oder für längere Initialisierungsperioden (siehe Abschnitt 7.2.3, »Prognoseparameter«).

Sie haben in den SAP-ERP-Systemen und in SAP APO die Wahl zwischen zwei verschiedenen Modellauswahlverfahren. Das *automatische Modellauswahlverfahren 1* testet die Vergangenheitswerte auf konstante, linear-trendförmige, saisonale und trendsaisonale Verlaufsformen. Sie können so zwischen verschiedenen statischen Tests bzw. Testkombinationen wählen. Die richtige Wahl ist dabei abhängig von Ihrem Wissen über den historischen Zeitreihenverlauf. Tabelle 7.2 zeigt Ihnen, anhand welcher Informationen Sie welchen Test auswählen müssen.

Zeitreihenverlauf	Test
keine Information	Test auf Trend und Saison
kein Trend	Test auf Saison
keine Saison	Test auf Trend

Tabelle 7.2 Testauswahl für die automatische Modellauswahl 1

Zeitreihenverlauf	Test
Trend	Test auf Saison
Saison	Test auf Trend

Tabelle 7.2 Testauswahl für die automatische Modellauswahl 1 (Forts.)

Haben Sie keine Informationen über den historischen Zeitreihenverlauf, sollten Sie lieber das *automatische Modellauswahlverfahren 2* verwenden, da es beim Durchführen eines Tests auf Trend und Saison zu Problemen kommen kann. Zufällige Schwankungen in der Initialisierungsphase können den Saisontest erfolgreich enden lassen und somit auch dann zum Saisonmodell führen, wenn langfristig ein konstanter Verlauf vorliegt. Ein weiteres Problem sind die zu pflegenden Parameter. Jeder Test benötigt unterschiedliche Parameter. Werden keine Parameter gepflegt oder Parameter falsch angewendet, kann das System zu falschen Annahmen gelangen. In Tabelle 7.3 erhalten Sie eine Übersicht über die Strategien, welche das automatische Modellauswahlverfahren 1 einsetzen.

Modellauswahl 1	Trend positiv	Saison positiv	Auswahl Modell
50 – automatische Selektion 1	nein	nein	10 – Konstant
	ja	nein	20 – Trend
	nein	ja	30 – Saison
	ja	ja	40 – Trend-Saison
51 – Test auf Trend	ja	N/A	20 – Trend
	nein	–	10 – Konstant
52 – Test auf Saison	N/A	ja	30 – Saison
	–	nein	10 – Konstant
53 – Test auf Trend und Saison	nein	nein	10 – Konstant
	ja	nein	20 – Trend
	nein	ja	30 – Saison
	ja	ja	40 – Trend-Saison
53 – Saisonmodell + Test auf Trend	nein	ja	30 – Saison
	ja	–	40 – Trend-Saison

Tabelle 7.3 Strategien der automatischen Modellauswahl 1

Das automatische Modellauswahlverfahren 2 rechnet mit unterschiedlichen Parametereinstellungen alle möglichen Modelle durch, passt also Daten wie die Glättungsfaktoren an. Dabei geht es schrittweise vor und ermittelt bei jeder Variante den Prognosefehler. Am Ende der Berechnungen wird das Modell mit dem geringsten Prognosefehler und somit mit der höchsten Prognosegüte ausgewählt.

Als Fehlermaß wird im Standard die mittlere absolute Abweichung (engl. Mean Absolute Deviation, MAD) verwendet, jedoch können Sie in SAP APO andere Fehlermaße als Berechnungsgrundlage verwenden oder eine kundenindividuelle Berechnung implementieren. Verfahren 2 rechnet genauer als Verfahren 1, ist dafür aber auch wesentlich zeitaufwendiger.

In Tabelle 7.4 erhalten Sie eine Übersicht über die Strategien, welche die automatische Modellauswahl 2 einsetzen.

Modellauswahl 2	Test auf sporadische Daten	Trendtest	Saisontest
Croston-Modell (SAP APO)	X	–	–
Trendmodell	–	–	X
Saisonmodell	–	X	–
Trend-Saison	–	A	A
lineare Regression (SAP APO)	–	O	X
saisonale lineare Regression (SAP APO)	–	A	A
X = Das Modell wird verwendet, wenn der Test positiv ist. A = Das Modell wird verwendet, wenn alle Tests positiv sind. O = Das Modell wird verwendet, wenn dieser Test negativ ist. – = Das Modell wird nicht verwendet.			

Tabelle 7.4 Strategien der automatischen Modellauswahl 2

Die Vorteile der automatischen Modellauswahl liegen auf der Hand: Die Implementierung ist relativ einfach, und das System liefert das (vermeintlich) richtige Prognosemodell. Angesichts dieser Vorzüge scheinen die performanceintensive Berechnung und der Aufwand für die Parameterpflege eigentlich vertretbar. Die entscheidenden Nachteile der automatischen Modellauswahl erkennt man erst bei genauerer Betrachtung: Das Verfahren ist intransparent, und die Aussagekraft des Auswahlergebnisses ist mangelhaft. Nicht alle Schritte der Auswahl sind dokumentiert oder für die Planer nachvollziehbar. Dies gilt etwa für die Länge der einzelnen Prognosephasen (Initialisierung, Parameteroptimierung, Ex-post) oder für die Frage, welche Modell- oder Parameterkombinationen gewählt wurden. Auch die Aussagekraft des Prognosefehlers ist strittig, da es sich um einen absoluten Fehler handelt. Prozentuale Modelle wie der mittlere absolute prozentuale Fehler (engl. Mean Absolute Percentage Error, MAPE, siehe Abschnitt 7.3.6) würden vielleicht eine bessere Aussage liefern. Berechnet die Modellauswahl in jeder Prognoseperiode ein neues Modell, ist die Aussagekraft sehr gering und ein Prognosecontrolling unmöglich.

Verwenden Sie die automatische Modellauswahl daher nicht, um sich den Zeitaufwand einer manuellen Auswahl zu ersparen oder weil dieses Verfahren einfacher erscheint. Nutzen Sie die Modellauswahl vielmehr als Richtgröße für Vergleiche. Klassifizieren Sie Ihr Produktspektrum, und verwenden Sie automatische Verfahren dort, wo manuelle Verfahren an ihre Grenzen stoßen oder nur eine geringe Prognosegüte liefern. CY-Materialien könnten sich aufgrund ihrer geringen Werthaltigkeit und schwankenden Verläufe für die automatische Modellauswahl eignen.

Notwendige Parameter

Für die automatische Modellauswahl 1 benötigen Sie die Parameter Alphafaktor, Betafaktor, Gammafaktor, Perioden pro Saison und Trenddämpfungsprofil.

Für die automatische Modellauswahl 2 benötigen Sie den Parameter Perioden pro Saison.

Kausalprognose (SAP APO)

Das zweite statistische Prognosemodell neben der univariaten Prognose ist die Kausalprognose. Als Grundvoraussetzung für die Anwendung von Kausalmodellen muss der Absatz eines bestimmten Produkts oder Services eng mit Veränderungen einer anderen Variablen oder mehrerer anderer Variablen verknüpft sein. Sobald das Wesen dieser Verknüpfung oder Beziehung quantifizierbar ist, kann daher die Information über die andere(n) Variable(n) zur Erstellung einer Absatzprognose herangezogen werden. Sie können z. B. abschätzen, welchen Preis Sie setzen müssen, um ein bestimmtes Absatzvolumen zu erzielen.

Bei dieser Art von Prognose wird davon ausgegangen, dass die Nachfrage durch einige bekannte Faktoren bestimmt wird. Neben dem Preis können dies noch andere Faktoren sein. Diese Faktoren/Variablen werden nicht vom System berechnet, sondern Sie selbst entscheiden, welche Variablen zugrunde liegen sollen. Zum Beispiel hängt die Nachfrage nach Eis von der Temperatur eines bestimmten Tages ab. Daher ist in diesem Beispiel die Temperatur der Hauptindikator für die Nachfrage nach dem Produkt. Sind genügend Beobachtungen der Nachfrage und der Temperatur vorhanden, kann das zugrunde liegende Modell geschätzt werden.

Da für das Schätzen der Parameter in Kausalmodellen die vergangenen Nachfragezahlen und eine Zeitreihe von Indikatoren benötigt werden, ist die erforderliche Datenmenge um einiges höher als bei den univariaten Modellen. Diese einfachen Zeitreihenmodelle erzeugen dann bessere Prognosen als komplexe Kausalmodelle, wenn stochastische Schwankungen als Struktur interpretiert werden und sich so ein systematischer Fehler in das Modell einschleicht. Deshalb muss bei den Kausalmodellen besonderer Wert auf die Analyse gelegt werden. Grundsätzlich aber liefern Kausalmodelle bessere Ergebnisse als univariate Modelle, sofern ausreichend historische Daten vorhanden sind und diese Daten richtig genutzt werden (siehe Abbildung 7.12).

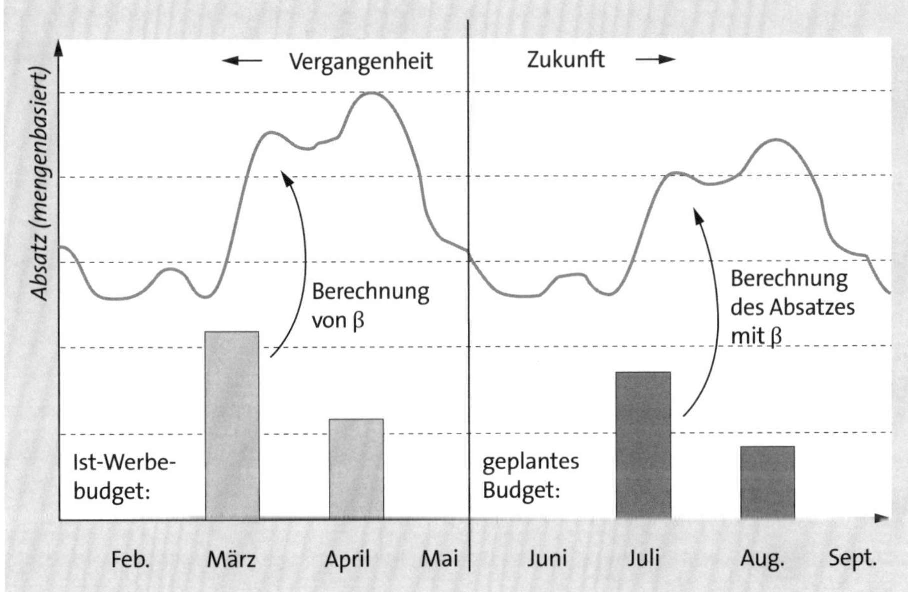

Abbildung 7.12 Kausalanalyse nach Werbebudget

In SAP ECC bzw. SAP S/4HANA ist eine Kausalanalyse nicht möglich, dafür gibt es in SAP APO das Prognosemodell der *multiplen linearen Regression* (MLR). Über ein MLR-Profil entscheiden Sie, welche Verteilung verwendet werden soll und ob die Varianz für alle Beobachtungen konstant oder variabel ist.

Kombinierte Prognose (SAP APO)

Eine weitere Möglichkeit zur Prognose von Produkten ist die *kombinierte Prognose*. Dies ist kein neues Modell, sondern eine Kombination aus den bereits erläuterten Modellen. Ziel dieses Prognosemodells ist es, die Stärken der einzelnen Prognosen in einer einzigen Prognose zu kombinieren. Sie können entweder den arithmetischen Mittelwert der Prognosen durch gleiche Gewichtung der Einzelprognosen bilden oder jede Prognose anders gewichten. Alternativ können Sie auch die Gewichtung der einzelnen Prognosen über die Zeit ändern. Durch die Kombination der Prognosemodelle soll eine möglichst gute Prognose für ein Unternehmen erzielt werden. Es hat sich gezeigt, dass die kombinierte Prognose, die auf verschiedenen mathematischen Verfahren und/oder Schätzverfahren beruht, häufig den Einzelprognosen und dem ihnen jeweils zugrunde liegenden Verfahren überlegen ist.

Mit SAP APO können Sie mehrere Prognosen erstellen und aus diesen eine kombinierte Prognose ermitteln. Dabei können Sie Durchschnittswerte bilden, aber auch unterschiedliche Gewichtungsfaktoren wählen (siehe Abbildung 7.13).

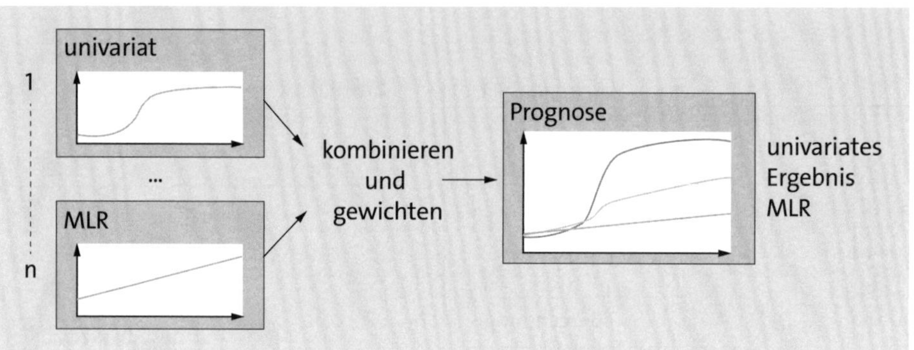

Abbildung 7.13 Kombiniertes Prognoseverfahren

Übersicht über die Prognosemodelle in den SAP-ERP-Systemen und SAP APO

In Tabelle 7.5 finden Sie noch einmal eine Zusammenfassung aller Prognosemodelle, die in SAP ECC bzw. SAP S/4HANA und in SAP APO zur Verfügung stehen.

Modelle	Methoden	Strategien	SAP-ERP-System/APO
univariate Prognose	Konstant	10 – Konstantmodell	ERP/APO
		11 – exp. Glättung erster Ordnung	ERP/APO
		12 – Konstantmodell mit autom. Alphaanpassung (erster Ordnung)	ERP/APO
		13 – gleitender Mittelwert	ERP/APO
		14 – gewichteter gleitender Mittelwert	ERP/APO
	Trend	20 – Prognose mit Trendmodell	ERP/APO
		21 – exp. Glättung erster Ordnung	ERP/APO

Tabelle 7.5 Übersicht über verfügbare Prognosemodelle in den SAP-ERP-Systemen und SAP APO

Modelle	Methoden	Strategien	SAP-ERP-System/APO
univariate Prognose (Forts.)	Trend	22 – exp. Glättung zweiter Ordnung	ERP/APO
		23 – Trendmodell mit autom. Alpha-anpassung (zweiter Ordnung)	ERP/APO
	Saison	30 – Prognose mit Saisonmodell	ERP/APO
		31 – Methode nach Winters	ERP/APO
		35 – saisonale lineare Regression	ERP/APO
	Trendsaison	40 – Prognose mit Trend-Saison-Modell	ERP/APO
		41 – exp. Glättung erster Ordnung	ERP/APO
	autom. Modell-auswahl 1	50 – Test auf Konstant, Trend, Sai-son und Trend-Saison	ERP/APO
		51 – Trendtest	ERP/APO
		52 – Saisontest	ERP/APO
		53 – Trendtest und Saisontest	ERP/APO
	autom. Modell-auswahl 2	56 – Parametervollsuche	ERP/APO
	manuelle Modellauswahl	54 – Saisonmodell und Trendtest	ERP/APO
		55 – Trendmodell und Saisontest	ERP/APO
		60 – Vergangenheitsdaten über-nehmen	ERP/APO
	manuelle Prognose	70 – manuelle Prognose	APO
	sporadisch	80 – Croston-Methode	ERP/APO
	lineare Regression	94 – einfache lineare Regression	APO
Kausal-prognose		multilineare Regression (MLR)	APO

Tabelle 7.5 Übersicht über verfügbare Prognosemodelle in den SAP-ERP-Systemen und SAP APO (Forts.)

Modelle	Methoden	Strategien	SAP-ERP-System/APO
kombinierte Prognose		Kombination zwischen univariaten Modellen und MLR möglich	APO
externe Prognose		Lebenszyklusplanfunktion und andere kundenindividuelle Modelle	APO

Tabelle 7.5 Übersicht über verfügbare Prognosemodelle in den SAP-ERP-Systemen und SAP APO (Forts.)

In den folgenden Abschnitten stellen wir Ihnen nun noch zwei weitere Prognosemodelle vor, die speziell für SPP entwickelt wurden. Schließlich gehen wir noch auf die Möglichkeit ein, kundeneigene Prognosemodelle zu verwenden.

Sporadisches Modell (SPP)

Das *sporadische Modell* wurde für SPP konzipiert und eignet sich wie die Croston-Methode für Produkte mit sporadischem Bedarf. Das System ermittelt die Prognose aus zwei Größen: aus dem Bedarf der Nicht-Nullperioden und der Zeit zwischen den Bedarfsperioden. Um den Bedarf zu berechnen, bildet das System den Mittelwert der Nicht-Nullperioden. Um die Zeit zwischen den Bedarfsperioden zu berechnen, glättet das System diese Bedarfslücken. Im Gegensatz zur Croston-Methode glättet das sporadische Modell den Bedarf und die Zeit zwischen den Bedarfsperioden.

Die *Ausreißerkorrektur* ist Bestandteil des sporadischen Prognosemodells und wird vor der eigentlichen Prognoseberechnung ausgeführt. In der Prognoseberechnung wird der prognostizierte Bedarf ermittelt, indem der durchschnittliche Bedarf (nach Ausreißerkorrektur) durch die geglättete Durchschnittszeit zwischen den Bedarfsperioden geteilt wird.

Verwenden Sie also das sporadische Modell, wenn Ihre Bedarfe meist zufällig auftauchen, und dort, wo statistische Prognosemodelle einen hohen Prognosefehler erzeugen. Ein solches Verhalten kann man z. B. bei Ersatzteilen oder bei Variantenkomponenten erkennen, die keine Gleichteile sind und keinen hohen Durchsatz aufweisen.

Notwendige Parameter

Für das sporadische Modell benötigen Sie die Parameter Alphafaktor und Sigmafaktor.

Dynamisch gleitender Mittelwert (SPP)

Das System führt die Prognose nach dem Modell *dynamisch gleitender Mittelwert* in vier Schritten durch. Dabei vollzieht es jeden dieser vier Schritte sowohl für die Prognose von Auftragspositionen als auch für die Prognose des durchschnittlichen Bedarfs pro Auftragsposition (Bedarf/Pos.) unterschiedlich.

Zuerst bestimmt es die optimale Anzahl der Vergangenheitsdaten, die für die Prognose relevant sind, dann korrigiert es Ausreißer und berechnet die Prognose. Zum Schluss wendet das System Stabilitätsregeln an. Das System verfährt dabei auf verschiedene Weise, abhängig davon, ob es Stabilitätsregeln auf die Prognose von Auftragspositionen, auf die Prognose des durchschnittlichen Bedarfs pro Auftragsposition (Bedarf/Pos.) oder auf die Prognose des Bedarfs anwendet. Die Stabilitätsregeln entscheiden, ob der neu errechnete Prognosewert übernommen werden soll oder ob die alten Prognosedaten bestehen bleiben. Die Basis für das Modell des dynamisch gleitenden Mittelwerts sind die Daten der letzten 52 wöchentlichen Perioden.

Dieses Prognosemodell eignet sich, wenn es in der Absatzhistorie große Abweichungen zum Durchschnittsbedarf gibt, z. B. für Langsamdreher. Die Vorteile der dynamisch gleitenden Mittelwertberechnung liegen in der Datenbasis – es werden nicht nur Bedarfe, sondern auch die entsprechenden Auftragspositionen analysiert, sodass besonders bei sporadischen Materialien bessere Ergebnisse erzielt werden können. Dennoch wird dieses Modell noch nicht so häufig in der Praxis angewandt, da es sich nicht um ein leicht durchschaubares statistisches Modell mit einfacher Formel handelt, sondern im Hintergrund verschiedene Tests und Analysen durchgeführt werden (z. B. die Bestimmung der optimalen Vergangenheitsdaten und die Verwendung von Stabilitätsregeln).

Notwendiger Parameter

Für den dynamisch gleitender Mittelwert benötigen Sie den Parameter Sigmafaktor.

Kundeneigene Prognosemodelle

Die genannten Prognosemodelle beziehen sich immer auf das ausgeprägte Modell im entsprechenden SAP-Prognoseinstrument: SAP ECC bzw. SAP S/4HANA oder DP und SPP in SAP APO. Die Modelle aus SAP ECC bzw. SAP S/4HANA wurden auch in SAP APO (in abgewandelter Form) mit übernommen.

Neben den zur Verfügung stehenden Modellen können weitere Prognosemodelle ohne Modifikation über einen User-Exit implementiert werden. Somit ist es möglich, ein eigenes Prognosemodell (und auch eigene Berechnung zum Prognosefehlerwert) im System zu hinterlegen oder bereits existierende Modelle eines anderen Prognoseinstruments zu verwenden, wie bspw. die Programmlogik eines SAP-APO-Prognosemodells in SAP ECC implementieren. Ein gängiges Beispiel ist die Verwendung der Croston-Methode in SAP ECC bzw. SAP S/4HANA. Damit auch sporadische Materialien in SAP ECC bzw. SAP S/4HANA nach der Croston-Methode geplant werden können, befindet sich auch der Programmcode in SAP ECC bzw. SAP S/4HANA; dieser muss nur über ein User-Exit als kundeneignes Prognosemodell aufgerufen werden.

[»]

Notwendige User-Exits und Business Add-ins

Folgende User-Exits und Business Add-ins (BAdIs) werden benötigt, um kundeneigene Prognosemodelle zu nutzen:

- SAP ECC bzw. SAP S/4HANA – User-Exit MM61W001
- SAP APO DP – siehe SAP-Hinweis 394076 (User-Exits und BAdIs im Prognoseumfeld)
- SAP APO SPP – BAdI /SAPAPO/BADI_FCST_STRATEGY zur Definition von kundeneigenen Prognosemodellen

7.2.2 Prognoseverfahren in SAP IBP

Die Möglichkeiten in SAP IBP in Bezug auf die statistischen Prognosen werden kontinuierlich erweitert und bietet Ihnen im Vergleich zu den Möglichkeiten in SAP ECC und SAP APO zusätzliche Optionen. Die statistische Prognose ist Teil des automatisierten und systemgestützten Absatzplanungsprozesses und gliedert sich in drei Phasen:

1. Vorverarbeitungsschritte
2. Prognoseschritte
3. Nachverarbeitungsschritte

Die *Vorverarbeitungsschritte* bzw. die Datenvorbereitung sind die Grundvoraussetzung für eine gute statistische Prognose. Historische Daten müssen so weit überarbeitet werden, dass sie zur Abbildung zukünftiger Bedarfe herangezogen werden können und mögliche einmalige Sondereffekte eliminieren. Diesen Prozessschritt können Sie als manuelle Korrektur vornehmen. In SAP IBP stehen Ihnen aber auch Algorithmen zur Verfügung, um die Historienkorrektur systemgestützt zu realisieren. Derzeit stehen Ihnen folgende Algorithmen zur Verfügung:

- **Fehlende Werte ersetzen**
  Für einen ausgewählten Zeitraum werden fehlende Werte mithilfe der beiden mathematischen Basismethoden Mittelwert und Median ersetzt, oder Sie können einen festen Ersetzungswert vorgeben.

- **Ausreißerkontrolle**
  Daten, die außerhalb eines akzeptierten Wertebereichs liegen, können korrigiert werden. Dabei können Sie wählen, wie solche Ausreißer ermittelt und korrigiert werden sollen.
- **Promotionsdatenbereinigung (neu in SAP IBP)**
  Sie können positive Ausreißer, die mit Promotionen verbunden sind, identifizieren und aus der Historie entfernen. Voraussetzung ist, dass die Verkaufs- und Promotionskennzahlen in Tag- oder Wochenwerten vorliegen.

In der Phase der statistischen Prognose verwendet das System die aufbereiteten historischen Daten und legt mithilfe von Prognoseverfahren Vorschlagswerte an. Die verfügbaren Funktionen werden in der App **Prognosemodell verwalten** auf der Registerkarte *Prognoseschritte* definiert. Um die Prognoseergebnisse zu verbessern, können Sie die Auswahl der Algorithmen durch die Verwendung von Funktionen wie Klassifizierung und Zeitreihenanalyse beeinflussen.

Sie haben auch die Möglichkeit, unterschiedliche Prognoseverfahren anzuwenden und auf Basis von Prognosefehlern das beste Prognoseverfahren auszuwählen oder einen gewichteten Durchschnitt aus mehreren Prognosen zu generieren. Für die einzelnen Bedarfsverläufe gibt es dedizierte Berechnungsalgorithmen, die aktuell in SAP IBP noch erweitert werden. In SAP IBP sind folgende Prognosealgorithmen verfügbar:

- Konstante Verläufe
  - einfache exponentielle Glättung (Alpha)
  - adaptive einfache exponentielle Glättung (Alpha) – neu in SAP IBP
  - automatische exponentielle Glättung
  - einfacher Durchschnitt
  - einfacher gleitender Durchschnitt
  - gewichteter Durchschnitt
  - gewichteter gleitender Durchschnitt
- Trendverläufe
  - doppelte exponentielle Glättung (Alpha + Beta + Phi für Trenddämpfung)
  - automatische exponentielle Glättung
  - automatisierter autoregressiver, integrierter, gleitender Durchschnitt (engl. Automated Autoregressive Integrated Moving Average, Auto-ARIMA) – neu in SAP IBP
  - Browns einfache exponentielle Glättung – neu in SAP IBP
- Saisonale Verläufe
  - automatische exponentielle Glättung
  - dreifache exponentielle Glättung (Alpha + Beta + Phi + Saisonalität)

  - automatisierter saisonaler, autoregressiver, integrierter, gleitender Durchschnitt (engl. Automated Seasonal Autoregressive Integrated Moving Average, Auto-SARIMA) – neu in SAP IBP
- Trendsaisonale Verläufe
- dreifache exponentielle Glättung (Alpha + Beta + Phi + Saisonalität)
- automatische exponentielle Glättung
- exponentielle Glättung nach Brown (Alpha + Delta)
- Sporadische Verläufe
  - Croston-Methode
- Regressionsmodelle/Machine Learning/Sonstige
  - multiple lineare Regression
  - Auto-ARIMA/SARIMA (Trend/Saison) – neu in SAP IBP
  - Auto-ARIMA/SARIMA mit exogenen Variablen (Trend/Saison) – neu in SAP IBP
  - Gradient Boosting von Entscheidungsbäumen (maschineller Lernalgorithmus für Regressions- und Klassifizierungsprobleme)
  - vergangene Perioden kopieren – neu in SAP IBP

Die dritte und letzte Phase der statistischen Prognose, *Nachverarbeitungsschritte*, soll eine kontinuierlichen Prognoseverbesserung etablieren, indem durch entsprechende Fehlermaßberechnungen ein Prognosecontrolling ermöglicht wird. Folgende Fehlermaße können Sie während des Prognoselaufs vom System errechnen lassen und mit ihrer Hilfe dann gezielt manuelle Aktivitäten zur Verbesserung der Prognose einleiten:

- mittlerer prozentualer Fehler (engl. Mean Percentage Error, MPE)
- mittlerer absoluter prozentualer Fehler (engl. Medium Absolute Percentage Error, MAPE)
- mittlerer quadratischer Fehler (engl. Mean Squared Error, MSE)
- Wurzel des mittleren quadratischen Fehlers (engl. Root Mean Square Error, RMSE)
- mittlere absolute Abweichung (engl. Mean Absolute Deviation, MAD)
- Fehlersumme (engl. Error Total, ET)
- mittlerer absoluter skalierter Fehler (engl. Mean Absolute Scaled Error, MASE)
- gewichteter mittlerer absoluter prozentualer Fehler (engl. Weighed Mean Absolute Percentage Error, WMAPE)

Die Fehlermaße können Sie entsprechend in Kennzahlen speichern und im Prozessverlauf weiterverwenden.

Sie können die statistische Prognose mit allen drei genannten Phasen in der Hintergrundverarbeitung als Job ausführen oder interaktiv als Simulation in Excel.

7.2.3 Prognoseparameter

Wie bereits in Abschnitt 7.2.1, »Prognoseverfahren«, beschrieben, bildet neben den Vergangenheitsdaten die richtige Einstellung der Prognoseparameter die Grundlage einer optimalen Prognose. Je nach Prognosemodell gibt es obligatorische und optionale Parameter; welche Parameter notwendig sind, wird vom System angegeben oder im Fehlerprotokoll dokumentiert.

Bevor Sie sich mit den Prognoseparametern beschäftigen, sollten Sie zunächst den Prognoseprozess mit SAP genau betrachten. Eine Prognose wird grundsätzlich in drei Schritten durchgeführt:

1. Anpassung der Vergangenheitswerte
2. Systemprognose
3. Anpassung der Prognoseergebnisse

Der zweite Schritt der Systemprognose untergliedert sich dabei nochmals in drei einzelne Prozessschritte, die sogenannten *Prognosephasen*. In der ersten Phase wird eine Initialisierung des Prognosemodells anhand der Vergangenheitswerte durchgeführt. Bei der zweiten Phase wird eine sogenannte Ex-post-Prognose erstellt, um die Prognosegenauigkeit des gewählten Prognosemodells anhand der tatsächlichen Vergangenheitswerte zu ermitteln. Abschließend werden je nach Modell die Prognosewerte ermittelt. Diese resultieren auch aus den Erkenntnissen der Initialisierungs- und der Ex-post-Phase (siehe Abbildung 7.14).

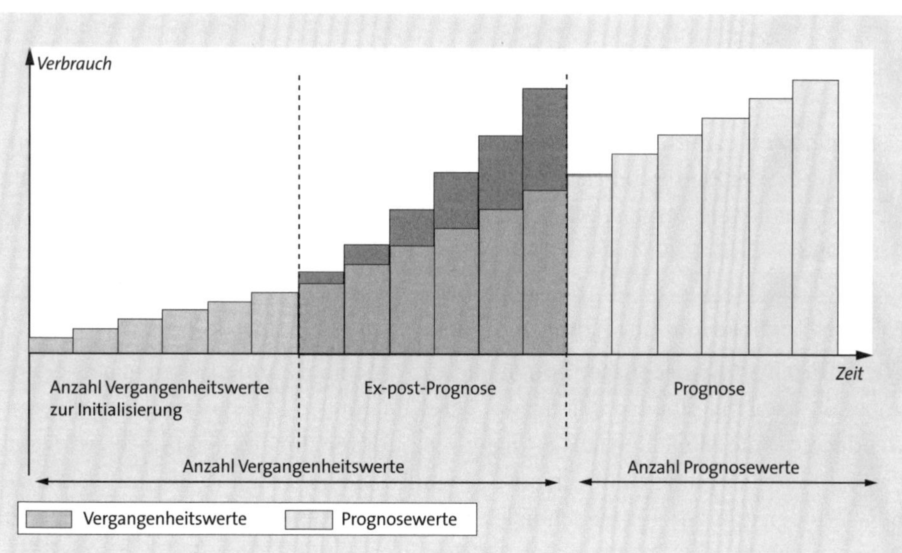

Abbildung 7.14 Prognosephasen

Initialisierungszeitraum

Der Initialisierungszeitraum (auch Modellinitialisierung) ist die Ermittlung der für das jeweilige Prognosemodell notwendigen Modellparameter, wie Grundwert, Trendwert und Saisonindizes. Die Initialisierung findet jeweils bei der ersten Prognose eines Materials statt. Außerdem muss sie bei einem Strukturbruch durchgeführt werden, wenn also das bisherige Prognosemodell seine Gültigkeit verliert.

In der Regel wird das Prognosemodell maschinell initialisiert. Dazu benötigt das System für das jeweilige Modell eine bestimmte Anzahl von Vergangenheitswerten. Dieser Zusammenhang ist in Tabelle 7.6 dargestellt.

Modell	Anzahl der Vergangenheitswerte
Durchschnitt	1
gleitender Durchschnitt	Ordnung des gleitenden Durchschnitts
gewichteter gleitender Durchschnitt	Ordnung des gleitenden Durchschnitts
lineare Regression	2
Konstantmodell	1
Trendmodell	3
Saisonmodell	1 Saisonlänge
Trend-Saison-Modell	2 Saisonlängen

Tabelle 7.6 Mindestzahl der Vergangenheitswerte pro Modell

Den *Grundwert* ermittelt das System auf der Basis der Mittelwertbildung, den *Trendwert* mithilfe der Regressionsanalyse. Die Saisonindizes ergeben sich als Quotient aus dem tatsächlichen Vergangenheitswert und dem um den Trendwert korrigierten Grundwert.

Ex-post-Prognose und Gewichtungsgruppe

Wie Sie in den Prognosephasen von Abbildung 7.14 sehen können, werden bei der Prognose die Vergangenheitsdaten in zwei Bereiche unterteilt. Der erste Bereich ist notwendig, um eine Modellinitialisierung durchzuführen. Im zweiten Bereich wird eine *Ex-post-Prognose* erstellt. Eine Ex-post-Prognose ist eine Prognose, die mit vergangenen Perioden operiert, für die schon Ist-Verbrauchsdaten existieren. Anhand der Differenzen zwischen Ist-Daten und Ex-post-Daten kann das System die Prognosegenauigkeit für das gewählte Prognosemodell berechnen und somit eine Aussage über die Prognosequalität in der Zukunft liefern.

Die Ex-post-Prognose ist im SAP-ERP-Standard ein wichtiges Verfahren, um die mittlere absolute Abweichung zu berechnen. Dieses berechnete Fehlermaß hat Auswirkungen auf den Sicherheitsbestand des Materials, falls Sie die automatische Sicherheitsbestandsberechnung verwenden. Neben der MAD werden bei jeder Ex-post-Prognose Grundwert, Trendwert und Saisonindex geändert. Diese Werte werden zur Berechnung der Ergebnisse der Zukunft herangezogen.

Bei der Ex-post-Prognose wird jede Periode anhand der Vergangenheitsdaten einzeln berechnet. Dies hört sich besser an, als es im Ergebnis ist. Die Ex-post-Prognose liefert eine exakte Aussage lediglich über die nächste Prognoseperiode. Wenn Sie eine rollierende Planung für jede Prognoseperiode verwenden und die aktuellen Planzahlen immer bedarfswirksam werden, ist diese Reichweite der Prognose ausreichend. Wollen Sie jedoch langfristig planen, kann sich die Ex-post-Prognose als ungenügend erweisen. Dieser Punkt ist nicht kritisch, Sie sollten allerdings besonders bei hochwertigeren Materialien zusätzliche Prüfregeln hinterlegen und ein individuelles Prognosecontrolling einsetzen.

Die *Gewichtungsgruppe* müssen Sie nur dann pflegen, wenn Sie das Prognosemodell gewichteter gleitender Mittelwert gewählt haben. Dieser Schlüssel gibt an, wie viele Vergangenheitswerte bei der Prognose berücksichtigt werden und mit welchem Gewicht diese in die Prognoserechnung eingehen.

Perioden pro Saisonzyklus

Die Angabe der Perioden pro Saison ist nur bei einem saisonalen Modell erforderlich oder dann, wenn das System einen Saisontest durchführen soll. Dieser Wert sollte natürlich mit der Anzahl der Perioden pro Saison der Vergangenheitsdaten kongruent sein. Wenn Ihre Saison über zwölf Monate geht und Sie »3 Monate« eingeben, wird der Saisontest negativ ausfallen. Ebenso sollten Sie sicherstellen, dass dem System ausreichend Saisonzyklen und Vergangenheitswerte zur Verfügung gestellt werden. Grundsätzlich sind zwei bis drei Saisonzyklen und zwei bis drei Jahre historische Werte (bei einer Prognose auf monatlicher Basis) erforderlich.

Dabei sollten Sie beachten, dass in SAP ECC bzw. SAP S/4HANA nur 60 Perioden als Vergangenheitsdaten gespeichert werden können, sodass der Zyklus schon allein aus technischen Gründen eingeschränkt ist und weitere Überlegungen notwendig sind. Es ist z. B. nicht möglich, bei einer Saison von zwölf Monaten zwei bis drei Jahre Vergangenheitsdaten vorzuhalten, wenn die Planung auf Tages- oder Wochenbasis durchgeführt wird.

Alpha-, Beta- und Gammafaktor

Den *Alphafaktor* verwendet das System zur Glättung des Grundwerts. Ein kleines Alpha glättet die Zeitreihe stärker als ein großes Alpha. Mit einem größeren Alphawert wird die nahe Vergangenheit (neue Vergangenheitswerte) stärker berücksichtigt, und Anpassungen am Verlauf können schneller erkannt werden. Geben Sie keinen Alphafaktor vor, verwendet das System automatisch den im Profil definierten Alphafaktor (0,2). Alpha kann anhand von Erfahrungswerten oder anhand des Prognosefehlers bestimmt werden. In SAP ECC bzw. SAP S/4HANA gibt es die Möglichkeit, Alpha mit Simulationen berechnen zu lassen und dabei den Faktor mit dem geringsten Prognosefehler auszuwählen. Als Obergrenze ist ein Alphafaktor von 1,00 vorgesehen, was bedeuten würde, dass die letzte Vergangenheitsperiode mit 100 % gewichtet wird. Die Untergrenze des Alphafaktors liegt bei 0,00 bzw. »leer«; ein solcher Alphafaktor hätte keinerlei Auswirkung auf das Prognoseergebnis.

In SAP APO kann der Alphafaktor in jeder Vergangenheitsperiode automatisch entsprechend der mittleren absoluten Abweichung und der Fehlersumme angepasst werden.

Den *Betafaktor* verwendet das System zur Glättung des Trendwerts. Ein kleiner Betafaktor glättet den Trendwert stärker als ein großer Betafaktor. Folglich werden Trendveränderungen bei einem kleinen Betafaktor langsamer durchgeführt als bei einem großen Faktor. Geben Sie keinen Betafaktor vor, verwendet das System automatisch den im Profil definierten Betafaktor (0,1). Die Ober- bzw. Untergrenze beim Betafaktor liegt ebenfalls bei 1,00 und 0,00.

Den *Gammafaktor* verwendet das System zur Glättung des Saisonindexes. Analog zu den ersten beiden Faktoren glättet ein kleiner Wert stärker, sodass auch die Änderungen im saisonalen Verhalten erst später realisiert bzw. langsamer durchgeführt werden.

Geben Sie keinen Gammafaktor vor, verwendet das System automatisch den im Profil definierten Gammafaktor (0,3). Die Ober- bzw. Untergrenze beim Gammafaktor liegt bei 1,00 und 0,00.

Delta- und Sigmafaktor (Ausreißerkorrektur)

Zur Glättung des absoluten Mittelwerts (Glättung des Prognosefehlers) verwendet das System den *Deltafaktor* 0,3. Die Ober- bzw. Untergrenze des Deltafaktors liegt bei 1,00 und 0,00.

Damit eine hohe Prognosequalität erzielt werden kann, muss die Datenbasis der Vergangenheitswerte korrigiert werden (siehe Abbildung 7.15). Dabei sollte man zuerst »Ausreißer« glätten oder aus den Vergangenheitsdaten löschen. Als »Ausreißer« bezeichnet man nicht wiederkehrende Bedarfsmengen (z. B. Produktionsausfälle) und andere ungewöhnliche Werte, die sich durch das gewählte Prognosemodell nicht erklären lassen. Solche Werte können das Prognoseergebnis stark verzerren und sollten daher entfernt werden.

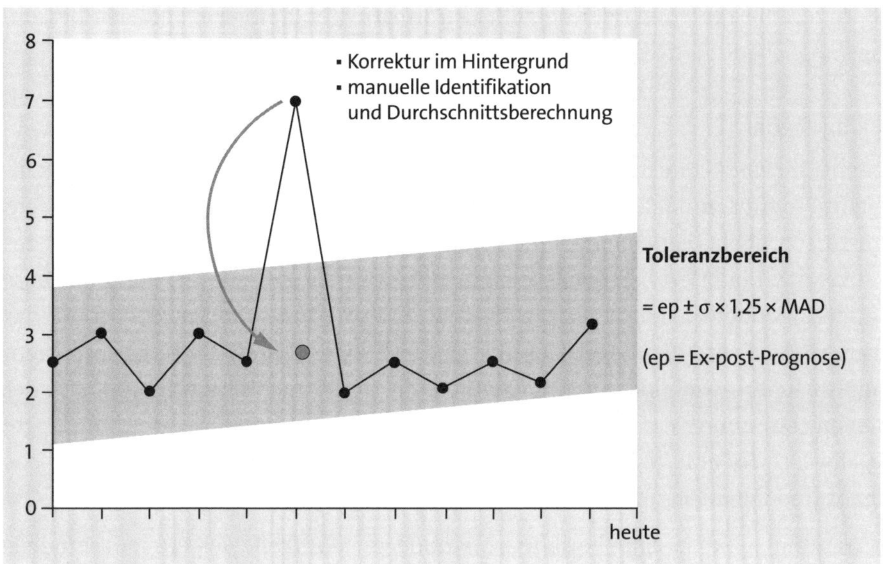

Abbildung 7.15 Ausreißerkorrektur

Das System kann Ausreißerwerte in den Vergangenheitsdaten identifizieren und ersetzen. Dabei berechnet das Prognoseverfahren Prognosewerte im Vergangenheitszeitraum und vergleicht diese mit den Beobachtungswerten. Wenn die Differenz, das sogenannte *Residuum*, einen bestimmten Grenzwert überschreitet, wird der Beobachtungswert durch den Ex-post-Prognosewert des zugehörigen Zeitpunkts ersetzt. Nach dieser Korrektur wird die Prognoseberechnung mit den berichtigten Vergangenheitsdaten erneut durchgeführt.

Für die Bestimmung der Grenzwerte (Toleranzbereich) können Sie den Sigmafaktor festlegen. Je kleiner der Sigmafaktor, desto geringer die Toleranz und größer die Anzahl ermittelter und korrigierter Ausreißer. Der Standardsigmafaktor beträgt 1,25. Wenn Sie Ihren eigenen Sigmafaktor einstellen, empfiehlt SAP eine Einstellung zwischen 0,6 und 2.

Abbildung 7.15 ist sehr hilfreich für das Verständnis der Ausreißerkorrektur, jedoch ist die Formel zur Berechnung des Toleranzbereiches abhängig vom verwendeten Prognoseinstrument und der kompletten Parametrisierung. Grundsätzlich wird der Toleranzbereich in SAP ECC bzw. SAP S/4HANA wie folgt berechnet:

$$Toleranzbereich = ep \pm \sigma \times 1{,}25 \times MAD$$

In SAP APO rechnet man ohne einen Festwert von 1,25, und in SPP wird anstatt MAD die Standardabweichung verwendet. Des Weiteren gibt es noch eine Vielzahl von anderen Einflussmöglichkeiten bzw. Berechnungsformeln. Aufgrund dieser Vielfalt und Intransparenz verwenden viele Kunden ihre eigenen Formeln zur Berechnung der Ausreißerkorrektur und binden diese via User-Exit in die Prognoseberechnung ein.

Eine weitere Betrachtung oder detaillierte Auflistungen der verschiedenen Berechnungsmöglichkeiten würden den Rahmen dieses Buchs sprengen.

Tracking-Signal

Mit dem *Tracking-Signal* wird in SAP ECC bzw. SAP S/4HANA und in SAP APO das eingesetzte Prognosemodells überwacht. Mithilfe dieses Signals ermittelt das System automatisch, ob das verwendete Prognosemodell noch zum historischen Verlauf des Produkts passt oder ob sich die Zeitreihencharakteristik so stark verändert hat, dass ein anderes Modell vielleicht bessere Resultate liefern würde. Der Schwellwert für das Tracking-Signal wird im Materialstamm oder im Prognoseprofil hinterlegt. In jedem Prognoselauf errechnet das System das Tracking-Signal neu. Ist der Quotient aus der Fehlersumme und der mittleren absoluten Abweichung größer als der hinterlegte Schwellwert, wird eine Warnmeldung in das Prognoseprotokoll geschrieben, dass das Prognosemodell überprüft werden muss.

Das Tracking-Signal ist eine bewährte Methode zur Kontrolle des Prognosemodells und definiert einen Fehlertoleranzbereich, in dem sich ein Modell aufhalten darf. Es kann aber keine Aussage über die wirkliche Prognosequalität liefern. Zu diesem Zweck sollten Sie ein passendes Verfahren zur Prognosefehlerberechnung auswählen und jeden Prognoselauf vergleichen.

Triggs-Tracking-Signal (SPP)

Das *Triggs-Tracking-Signal* dient dazu, die aktuell verwendeten Prognosemodelle automatisch zu überwachen und die Entscheidung zu unterstützen. Es besteht aus zwei Komponenten: dem Tracking-Schwellwert und dem Tracking-Signal. Sobald der Tracking-Schwellwert (konfigurierbar im Prognoseprofil) überschritten wird, wird ein Tracking-Signal erzeugt. Dazu vergleicht das System die letzten Prognoseergebnisse mit dem tatsächlichen Bedarf. Je nachdem, wie viele Tracking-Signale im Prognoseprofil zugelassen werden, kann das System für das betroffene Lokationsprodukt die automatische Modellauswahl starten und somit einen Prognosemodellwechsel erzwingen.

Im Vergleich zum Tracking-Signal in den SAP-ERP-Systemen wird in SPP ein Quotient aus der geglätteten Summe der absoluten Abweichungen und der geglätteten mittleren absolute Abweichung berechnet und mit dem Tracking-Schwellwert verglichen.

Tripping (SPP)

Das *Tripping* wird ebenfalls verwendet, um das Prognosemodell zu überwachen. Es prüft anders als das Tracking-Signal nicht nur Abweichungen beim Bedarf, sondern auch Auftragspositionen und den durchschnittlichen Bedarf pro Auftragsposition. Beim Tripping wird nicht entschieden, ob das Prognosemodell angepasst werden muss, sondern es wird die Prognosegrundlage angepasst, was bei gleichbleibendem

Prognosemodell zu einem geringeren Prognosefehler und damit auch zu einer höheren Prognosequalität führen soll. Werden die im Customizing hinterlegten Tripping-Grenzen (Ober- und Untergrenze) über- oder unterschritten, initialisiert das System die Basiswerte und die MAD für das geprüfte Lokationsprodukt und schränkt die Anzahl der Vergangenheitsperioden ein, die es zur Prognoseberechnung verwendet. Somit kann das System auf planmäßige Änderungen in der Absatzhistorie reagieren.

Beide Verfahren können einzeln, aber auch in Kombination verwendet werden. Dabei wird immer zuerst das Tracking-Signal ausgeführt, um eventuell ein neues Prognosemodell zu bestimmen, und anschließend wird Tripping in Abhängigkeit zu diesem Prognosemodell ausgeführt.

7.2.4 Datenbasis und Datenqualität

Neben dem richtigen Prognoseverfahren und passend konfigurierten Prognoseparametern sind die Datenbasis und vor allem die Qualität der Datenbasis entscheidend für das Prognoseergebnis und die Prognosegenauigkeit. Die Datenbasis, auch *Vergangenheitsdaten*, *Historie* oder *Nachfragemuster* genannt, ist die Grundlage eines jeden Prognoseverfahrens. Anhand der Datenbasis werden Grundwerte ermittelt, Parameter initialisiert und Muster erkannt (Trend, Saison). Sie können die besten mathematischen Verfahren anwenden und trotzdem sehr schlechte bzw. nicht wirklichkeitsnahe Ergebnisse erzielen, wenn die Qualität der Datenbasis nicht ausreicht.

Beschäftigt man sich näher mit der Datenbasis und deren Auswirkung, stellt sich zuerst die Frage, woher die Daten stammen und was die Grundlage für die Prognoseberechnung ist. Der Bereich Datenbeschaffung (auch Datenextraktion genannt) kümmert sich um diese Fragen und definiert die Datenquellen, Datentransformation und das Datenziel.

Datenquellen bestehen im SAP-System immer aus Tabellendaten wie z. B. der Tabelle MSEG (Materialbelegstabelle). In der Tabelle MSEG werden alle Materialbewegungen zum Material gespeichert, sodass sie beinahe die perfekte Datenquelle für die Planung ist. Leider jedoch nur beinahe, da sich in der Tabelle MSEG auch Umlagerungen befinden bzw. Sonderaufträge wie Messeaufträge oder Sonderaktionen. Für die Planung ist es wichtig, die unterschiedlichen Bewegungsarten zu identifizieren, damit die Daten je nach Bedarf bereinigt oder in die historischen Daten übernommen werden können. Des Weiteren handelt es sich bei der Tabelle MSEG um eine Tabelle für transaktionale Daten, in der Belege gespeichert werden; sie weist somit eine hohe Granularität auf. Für die Planung ist es neben der besseren Visualisierung und Navigation auch aus Performancegründen sinnvoller, die Daten auf Basis der Planungsperiodizität zu aggregieren. Datenquellen müssen nicht immer nur eine SAP-Tabelle umfassen, es besteht auch die Möglichkeit, mehrere Tabellen in einem View (als Tabellen-JOIN) zusammenzufassen oder mithilfe eines Funktionsbausteins eigene Datenquellen zu programmieren und zu verwenden.

Die Datentransformation (auch Datenfortschreibung genannt) ist das Bindeglied zwischen der Datenquelle und dem Datenziel. Bei der Datentransformation werden die Daten in das Format des Datenziels gebracht, dabei kann es sich um Datenkonvertierung, Datenaggregation oder komplexere Berechnungen handeln. Ein Beispiel für Datenkonvertierung ist die Verknüpfung von unterschiedlichen Datenelementen, wie z. B. die Konvertierung von einer SAP-ECC-Materialnummer (18 Stellen) in eine SAP-APO-Produktnummer (40 Stellen). In der Datentransformation können auch Regeln hinterlegt werden. In den sogenannten *Fortschreibungsregeln* können Datensätze bspw. ausgeschlossen oder angereichert werden, um die Datenqualität zu erhöhen. Somit ist es möglich, nach bestimmten Kriterien zu selektieren, ohne fehlende Informationen der Datenquelle über Programmlogik anzureichern. Schließlich können über die Datenfortschreibung auch komplexere Regeln hinterlegt werden, wie die Verrechnung von Retouren oder die Datenumorganisation (Lokations- oder Produktersetzung).

Das *Datenziel* ist die Grundlage der Datenberechnung und besteht meist aus einer Merkmalskombination (Schlüssel), einer Versionierung, der Periodizität und verschiedenen Kennzahlen. In der Materialstammplanung besteht der Schlüssel aus zwei (Material und Werk) bzw. maximal drei (Material, Werk und Dispositionsbereich) Merkmalen, zwei Kennzahlen (Vergangenheitswerte und korrigierte Vergangenheitswerte) sowie der Möglichkeit, auf Monats-, Wochen- und Tagesbasis zu planen. Die flexible Planung bietet die Optionen, auf bis zu sechs Merkmalen zu planen, unterschiedliche Versionen zu speichern und verschiedene Kennzahlen als Planungsunterstützung zu verwenden. Die Absatzplanung in SAP APO gleicht der flexiblen Planung, mit dem Unterschied, dass nicht auf Infostrukturen, sondern auf InfoCubes geplant wird. In SPP wird auf Produktlokation und der jeweiligen Distributionsstruktur geplant (InfoCubes).

Die Trennung zwischen Datenquelle, Datentransformation und Datenziel verwendet auch SAP. Zum Beispiel ist die Datenbasis in der Materialstammplanung die Tabelle MVER, und die flexible Planung verwendet als Datenbasis SAP-ECC-Infostrukturen. Die Tabelle MVER wird anhand von Customizing-Einstellungen und der Materialstammkonfiguration automatisch gefüllt (Datenfortschreibung), wobei als Grundlage die Tabelle MSEG verwendet wird. Der Ablauf ist folgender: Sobald ein neuer Materialbeleg im System angelegt wurde, prüft das System, ob dieser für die Tabelle MVER relevant ist (nach Bewegungsart etc.). Sollte dies der Fall sein, werden die Mengen aus dem Beleg in der Tabelle MVER fortgeschrieben (Aggregation anhand der vorliegenden Planungsperiodizität). Die Mengen aus der Tabelle MVER sind die Datenbasis für die Materialstammplanung und werden als Vergangenheitsdaten im Materialstamm angezeigt. In dem genannten Beispiel ist die Tabelle MSEG also eine Datenquelle. Über (teilweise starre) Fortschreibungsregeln, die im Customizing festgelegt wurden, werden die Daten aus dieser Datenquelle in das Datenziel, die Tabelle MVER, geschrieben und stehen dort zur Verfügung.

Bei der Datenfortschreibung werden die Vergangenheitsdaten aus MSEG in MVER geschrieben, und für genau diesen Fortschreibungsprozess gibt es z. B. eine Regel zum Filtern von Bewegungsarten. Im SAP-ERP-Standard werden keine Materialbelege im Bereich der Kundeneinzelfertigung in die Tabelle MVER geschrieben. Dadurch werden Kundeneinzelbedarfe nicht prognostiziert, was gewünscht sein kann, aber auch Probleme in der Planung bereiten kann.

In der flexiblen Planung hat man – wie der Name schon verrät – flexiblere Möglichkeiten, die Datenbasis zu gestalten und damit die Datenqualität zu erhöhen. Einerseits gibt es in der flexiblen Planung verschiedene Standardplanungsprozesse, jedoch auch unterschiedliche Möglichkeiten, diese anzupassen oder komplett neue Prozesse im System zu gestalten. Infostrukturen bilden die Grundlage zur Planung, d. h. das Datenziel, und können im Customizing definiert werden. Neben den Infostrukturen gibt es die Möglichkeit, Fortschreibungsregeln anzulegen und diese über Bedingungen und Formeln anzureichern. Zahlreiche Datenquellen stehen den Fortschreibungsregeln zur Extraktion zur Verfügung. Gegenüber dem SAP-Standard bietet sich zudem die Option, eigene generische Datenquellen anzulegen und im Datenbeschaffungsprozess zu verwenden.

Die Datenquelle in SAP APO kommt in 90 % aller Planungsszenarien auch aus dem jeweiligen SAP-ERP-System und wird via IDoc und SAP-ERP-Extraktoren an SAP APO übertragen. Alternativen zur SAP-ERP-Datenquelle sind SAP CRM, SAP BW und SAP SCM. Natürlich besteht auch die Möglichkeit, externe Datenquellen aus Fremdsystemen einzubinden. Aufgrund der Anzahl möglicher Fremdsysteme ist eine Standardisierung jedoch nicht möglich. In einem solchen Fall werden die Daten meist konvertiert (eigendefinierte Schnittstelle, SAP PI, Fileupload) und in einer SAP-Tabelle gespeichert, die anschließend als Datenquelle im SAP-System verwendet wird.

Die Datenfortschreibung und das Datenziel für DP und SPP befinden sich im BW von SAP APO. Für die Datenfortschreibung im BW existieren Standardobjekte für den jeweiligen Prognoseprozess (Business Content); es gibt aber auch die Möglichkeit, in den Standardprozess mithilfe von Regeln und Routinen einzugreifen und den jeweiligen Datenbeschaffungsprozess an die eigenen Anforderungen anzupassen.

Mit SAP-Planungsinstrumenten können zahlreiche Datenquellen und Fortschreibungsmöglichkeiten verwendet werden. Technisch gesehen gibt es bei der Datenbeschaffung in SAP kaum Grenzen, jedoch erhöht sich durch die Vielzahl von Möglichkeiten auch die Komplexität und die Gefahr von Intransparenz und fehlendem Wissen bei den Anwendern. Dadurch wird es schwieriger, die Datenbasis und auch die entsprechenden Prognoseergebnisse im Gesamtkontext einzuschätzen.

Um sicherzugehen, dass Ihre Daten die nötige Qualität haben, sollten Sie sich daher – falls nicht bereits geschehen – ein genaues Bild von den Datenquellen, Fortschreibungsregeln und Datenzielen machen, die in Ihrem System verwendet werden.

7.3 Prognosegenauigkeit

Die Prognosegenauigkeit eines Materials lässt sich über die Differenz zwischen Plan- und Ist-Werten darstellen. Treffen Sie mit Ihren Prognosewerten fast immer den zukünftigen Absatz, haben Sie eine hohe Prognosegenauigkeit erzielt. Damit Sie die Prognosegenauigkeit bzw. den Prognosefehler nicht immer manuell ermitteln müssen, können Sie mit SAP verschiedene Prognosefehler automatisch berechnen. Der Prognosefehler wird je nach Berechnung basierend auf den Vergangenheitsdaten bei der Ex-post-Prognose ermittelt. Damit Sie je nach Produkteigenschaften den geeigneten Prognosefehler wählen können, gibt es verschiedene Prognosefehler mit unterschiedlicher Aussagekraft.

Im SAP-ERP-Standard werden zwei Prognosefehler berechnet: die Fehlersumme (ET) und die mittlere absolute Abweichung. Jedoch können die anderen Methoden als kundeneigenes Fehlermaß nachgebildet werden. Wenn Sie die flexible Planung verwenden, kann über eine Makroberechnung auch das fehlende Fehlermaß als Kennzahl Ihrem Planungstableau hinzugefügt werden.

Grundsätzlich lassen sich die Prognosefehler je nach Prognosestrategie in univariate und MLR-Prognosefehler unterteilen. In diesem Abschnitt sollen nur einige ausgewählte Prognosefehler für die univariate Prognose vorgestellt werden; auf Formeln und weiterführende Verfahren wird verzichtet. Diese können Sie in der angegebenen Literatur nachlesen oder im SAP Help Portal nachschlagen. Fehlermaße für kausale Faktoren werden in diesem Buch nicht näher beschrieben.

7.3.1 Fehlersumme (ET)

Bei der *Fehlersumme* (engl. Error Total, ET) wird für jede Periode die Abweichung zwischen Prognosewert und tatsächlich eingetretenem Wert addiert (siehe Tabelle 7.7).

Ist-Wert	Prognose	absolute Abweichung	Fehlersumme
150	140	10	–
120	140	20	–
–	–	–	30

Tabelle 7.7 Fehlersummenberechnung

7.3.2 Mittlere absolute Abweichung (MAD)

Die *mittlere absolute Abweichung* (engl. Mean Absolute Deviation, MAD) bezeichnet den durchschnittlichen absoluten Prognosefehler. Die MAD bildet in SAP ECC bzw. SAP S/4HANA die Grundlage für die automatische Berechnung des Sicherheitsbestands. Abweichungen über und unter dem Prognoseergebnis heben sich nicht auf. Je kleiner die MAD, desto besser ist die Prognosequalität in der Vergangenheit. Dies impliziert für die Sicherheitsberechnung einen geringeren Bestand, da man auch in der Zukunft von einer sehr hohen Prognosequalität ausgeht.

Leider ist die Aussagekraft über die Höhe der MAD als relativ zu betrachten, da man das Gesamtvolumen mit in die Aussage einbeziehen muss. Die Vergleichbarkeit mit anderen Produkten ist in diesem Zusammenhang schwierig, andere Fehlermaße (prozentuale Fehler) liefern bessere Ergebnisse. Jedoch ist die MAD ein relativ leicht nachvollziehbares Instrument, um verschiedene Prognosemodelle an einem Produkt zu testen und in Bezug auf die Vergangenheit das bestmögliche Modell auszuwählen. Ein Rechenbeispiel finden Sie in Tabelle 7.8.

Ist-Wert	Prognose	absolute Abweichung	MAD
150	140	10	–
120	140	20	–
–	–	–	15

Tabelle 7.8 MAD-Berechnung

7.3.3 Mittlerer quadratischer Fehler (MSE)

Der *mittlere quadratische Fehler* (engl. Mean Squared Error, MSE) ist das Quadrat der Abweichungen, summiert über alle Perioden und geteilt durch die Anzahl der Perioden.

Neben der schwierigen Vergleichbarkeit analog zur MAD hat der MSE einen weiteren großen Nachteil: Ausreißer in einzelnen Perioden haben einen starken Einfluss auf das Ergebnis. Diese Eigenschaft liefert keine guten Ergebnisse in der Praxis, und auch in der Literatur wird von der Verwendung dieser Kennzahl abgeraten. Ein Rechenbeispiel finden Sie in Tabelle 7.9.

Ist-Wert	Prognose	absolute Abweichung	MSE
150	140	10	–
120	140	20	–
–	–	–	250

Tabelle 7.9 MSE-Berechnung

7.3.4 Wurzel des mittleren quadratischen Fehlers (RMSE)

Die *Wurzel des mittleren quadratischen Fehlers* (engl. Root Mean Square Error, RMSE) wird wie der MSE nicht für die Überwachung der Prognosegüte empfohlen. Der RMSE wird ebenfalls schnell von Ausreißern beeinflusst und liefert unbefriedigende Daten für den Vergleich von Prognosemodellen. Ein Rechenbeispiel finden Sie in Tabelle 7.10.

Ist-Wert	Prognose	absolute Abweichung	RMSE
150	140	10	–
120	140	20	–
–	–	–	15,81

Tabelle 7.10 RMSE-Berechnung

7.3.5 Absoluter prozentualer Fehler (APE)

Der *absolute prozentuale Fehler* (engl. Absolute Percentage Error, APE) ermittelt, um wie viel Prozent die Prognosen von den Ist-Werten abweichen. Abweichungen nach oben oder unten heben sich dabei nicht auf.

Durch seine einfache Berechnung ist der APE leicht nachzuvollziehen, interpretierbar und vor allem – im Gegensatz zur MAD – durch die prozentuelle Abweichung vergleichbar. Doch auch diese Aussage ist mit Vorsicht zu genießen, denn es handelt sich um einen asymmetrischen Prognosefehler, der Prognosen unter dem Ist-Wert stärker begünstigt als Prognosen über dem Ist-Wert. Dies führt zu eher konservativen Prognosen und kann gefährliche Fehlbestände zur Folge haben. Ein zweiter Nachteil ist, dass bei Ist-Werten nahe oder gleich null der Fehler sehr groß wird und dann nicht berechnet werden kann.

Das in Tabelle 7.11 gezeigte Rechenbeispiel veranschaulicht diesen Umstand (je kleiner der APE, desto besser die Prognose).

Ist-Verbrauch	Prognose	APE (Verbrauch – Prognose) ÷ Verbrauch × 100
120	100	16,67
100	120	20
0	10	– (Division durch null)

Tabelle 7.11 APE-Berechnung

Darüber hinaus findet man in der weiterführenden Literatur einen anderen Berechnungsansatz mit dem Prognosewert im Nenner. Mittels des APE kann derselbe Sachverhalt also unterschiedlich dargestellt werden.

Aufgrund seines asymmetrischen Verhaltens wurde der absolute prozentuale Fehler zum *angepassten absoluten prozentualen Fehler* (engl. Adjusted Absolute Percentage Error, APE-A) weiterentwickelt, und die genannten Nachteile wurden ausgeglichen. Beim APE-A wird nicht der Ist-Wert im Nenner verwendet, sondern der Durchschnitt aus Ist- und Prognosewert. Damit erzielt der APE-A vergleichbare Resultate, bevorzugt keine Richtung und liefert Ergebnisse bei Ist-Werten gleich null. Ein Rechenbeispiel finden Sie in Tabelle 7.12. Der APE-A liegt immer zwischen 0 und 2.

Ist-Verbrauch	Prognose	APE-A (Verbrauch – Prognose) ÷ Verbrauch × 100
120	100	0,18
100	120	0,18
0	10	2

Tabelle 7.12 APE-A-Berechnung

7.3.6 Mittlerer absoluter prozentualer Fehler (MAPE)

Der *mittlere absolute prozentuale Fehler* (engl. Mean Absolute Percentage Error, MAPE) berechnet auf Basis des APE oder APE-A das arithmetische Mittel der prozentualen Fehler über den ausgewählten Vergangenheitszeitraum. Somit wird zuerst der APE-A oder alternativ der APE für jede Periode berechnet und anschließend aus diesen Ergebnissen das arithmetische Mittel gebildet. Ein Rechenbeispiel finden Sie in Tabelle 7.13.

Bitte verwenden Sie nach Möglichkeit immer das optimierte Verfahren APE-A! Die Vorteile des APE-A gegenüber dem APE kennen Sie bereits.

Ist-Wert	Prognose	APE-A	MAPE
120	100	0,18	–
140	160	0,13	–
–	–	–	0,155

Tabelle 7.13 MAPE-Berechnung mit APE-A

Der mittlere absolute prozentuale Fehler ermöglicht einen generellen Vergleich zwischen Prognosen und unterscheidet nicht zwischen großen oder kleinen Fehlern.

Man erhält für eine Zeitreihe einen aussagekräftigen Fehlerwert. Der Nachteil ist jedoch, dass sich dadurch keine Aussagen über die Einflüsse auf Bestände treffen lassen. Solche Aussagen können erst aufgrund einer kontinuierlichen Beobachtung über mehrere Perioden getroffen werden.

Der MAPE ist ein wichtiger und leicht zu berechnender Indikator, um die Entwicklung der Prognosegenauigkeit eines Materials zu beobachten und, je nach Entwicklung, Maßnahmen zur Verbesserung zu treffen. Diese Eigenschaften haben dazu geführt, dass der MAPE als Fehlermaß bei den Unternehmen immer beliebter wurde und inzwischen verstärkt im Bereich des Prognosecontrollings zum Einsatz kommt.

7.3.7 Median des absoluten prozentualen Fehlers (MdAPE)

Der *Median des absoluten prozentualen Fehlers* (Median Absolute Percentage Error, MdAPE) ist der Wert, der – wenn man die Werte nach Größe sortiert – in der Mitte liegt. Bei einer geraden Anzahl von Werten nimmt man einen der beiden Werte, die in der Mitte liegen. Handelt es sich um unterschiedliche Werte, nimmt man das arithmetische Mittel dieser beiden Werte.

Beispiel:

10, 11, 15, 20, ***21***, 25, 30, 40, 100 → der Median ist 21

Zunächst wird der APE (oder APE-A) für jede Periode berechnet. Anschließend wird der Median wie beschrieben ermittelt.

Der Vorteil des Medians gegenüber dem arithmetischen Mittelwert ist, dass er robust gegen Ausreißer ist. Verwenden Sie den MdAPE, wenn Ihnen ausreichend Vergangenheitsdaten für die Auswahl des Prognosemodells zur Verfügung stehen. Verwenden Sie den MAPE für Ihr Prognosecontrolling, um die Entwicklung der Prognosequalität zu messen.

7.3.8 Relativer absoluter Fehler (RAE)

Beim *relativen absoluten Fehler* (engl. Relative Absolute Error, RAE) werden immer zwei alternative Prognosen miteinander verglichen (siehe Tabelle 7.14). Sie sehen, dass der RAE sehr groß wird, wenn der absolute Fehler der alternativen Prognose sehr klein wird. Dies bedeutet, dass die alternative Prognose begünstigt wird.

Ist-Wert	Prognose 1	Prognose 2	RAE
120	117	100	0,15
140	160	142	10

Tabelle 7.14 RAE-Berechnung

Da der RAE für jede Periode berechnet werden muss, können auch nur diese Perioden einzeln miteinander verglichen werden. Das Verfahren liefert somit keine qualitative Aussage und sollte daher in Kombination mit dem Median oder mit dem geometrischen Mittel angewendet werden.

Der *Median des relativen absoluten Fehlers* (engl. Median Relative Absolute Error, MdRAE) eignet sich sehr gut zur Auswahl von Prognosemodellen, wenn nur wenige Daten zur Verfügung stehen (im Gegensatz zum MdAPE). Auch er ist robust gegenüber Ausreißern und sollte zusammen mit dem MAPE verwendet werden.

Das *geometrische Mittel des relativen absoluten Fehlers* (engl. Geometric Mean Relative Absolute Error, GMRAE) wird zum Zusammenfassen von relativen Fehlern mit geringen Ausreißern verwendet. Der GMRAE fasst die relativen absoluten Fehler einer Zeitreihe zusammen. Dieses Fehlermaß sollte verwendet werden, wenn Parameter eines gewählten Prognosemodells optimiert werden sollen.

Zusammenfassend lässt sich sagen, dass der MdAPE für Zeitreihen mit vielen Daten und der MdRAE für Zeitreihen mit wenigen Daten die besten und aussagekräftigsten Ergebnisse liefert. In Kombination mit dem MAPE als Kontrollwert und dem GMRAE zur Feinkonfiguration der Prognoseparameter haben Sie alle notwendigen Voraussetzungen für optimierte Prognoseergebnisse. Wägen Sie jedoch stets den Aufwand der Modelle sorgsam gegen den zu erwartenden Nutzen ab.

[«]

Vergleich von Prognosefehlern

Wenn Sie Prognosefehler miteinander vergleichen wollen, sollten Sie dies auf einer konsistenten Ebene durchführen. Das bedeutet im Einzelnen:

- Es sollte eine einheitliche Datenbasis geben (Sondereffekte sollten Lieferengpässe oder Marketingaktionen geglättet werden, wenn sich diese Ereignisse in Zukunft nicht mehr wiederholen).
- Die Periodizität der Prognoseperioden sollte einheitlich sein (kein Wechsel zwischen Monat oder Woche).
- Der Prognosefehler sollte je nach Prognoseebene (Aggregationsebene) berechnet werden, und es müssen vergleichbare Prognosezeitpunkte definiert werden.

Diese Punkte sollten Sie bei der Konzeption des Prognosezyklus berücksichtigen und festlegen.

7.3.9 Prognosegenauigkeit mit dem Prognosemonitor messen

Der *Prognosemonitor* (engl. Forecast and Monitoring Tool, FMO) ist eine SCM-Beratungslösung von SAP, die Sie bei der Messung der Prognosegenauigkeit in Ihrem Unternehmen unterstützt. Der Prognosemonitor berechnet für einen vorgegebenen Vergangenheitshorizont den Prognosefehler aus der Abweichung zwischen prognostiziertem Wert und eingetretenem Wert. Der Prognosemonitor identifiziert zu diesem Zweck die Produkte, bei denen die Abweichung zwischen Prognose und tatsächlich eingetretenem Wert am größten ist. Dabei können verschiedene Prognosefehler herangezogen werden.

Über vergangenheitsorientierte Simulationsfunktionen können die Prognosefehler berechnet werden, die sich bei einem anderen Prognosemodell bzw. anderen Prognoseparametern ergeben hätten. Dies unterstützt Sie bei der Auswahl des besten Prognosemodells bzw. Prognoseparameters für ein Material.

Ziel des Monitors ist es, die errechneten (tatsächlichen) Fehlermaße mit denen aller gewählten Prognosemodelle zu vergleichen. Dies ist über die Simulation verschiedener Prognosemodelle möglich. Die Simulation führt eine Ex-post-Prognose mit den Parametern der jeweiligen Prognosemodelle innerhalb des Analysezeitraums durch. Für jede simulierte Prognose wird auch ein Vergleich mit den Vergangenheitswerten durchgeführt, und die ausgewählten Fehlermaße werden ermittelt. Das stellt die Grundlage für die Ermittlung des besten Modells dar.

Das Ergebnis der Prognosemessung, also der Prognosequalität, wird folgendermaßen dargestellt (siehe Abbildung 7.16):

- die selektierten Materialien auf der gewünschten organisatorischen Aggregationsebene (in der Abbildung die Spalten **Material** und **Werk**)
- der Materialkurztext (Spalte **Materialkurztext**)
- die kumulierten Verbrauchsmengen (Spalte **Verbrauch**) und Prognosemengen (Spalte **Prognose**) im selektierten Zeitraum
- die Einheit der Verbräuche und Prognosen in der Spalte **Einheit** (sollten sich die Einheiten unterscheiden, wird in die Basismengeneinheit umgerechnet)
- die selektierten Prognosefehler inklusive ihrer Einheit für den ausgewählten Zeitraum
- Spalte **Fehlerampel**, die sich aus der Höhe des Prognosefehlers und den eingestellten Schwellwerten ergibt
- Fehlertrends in den Spalten **Trend** und **Tren...**, sofern die Berechnung des Fehlertrends im Selektionsbild gewünscht wurde
- Anzeige des Bearbeitungsstatus in der Spalte **abgearbeitet**
- Anzeige der Dispositions- und Prognoseparameter: Dispomerkmal (**Dispomerkmal**), Beschaffungskennzeichen (**Beschaffung**), Planlieferzeit (**Planlieferzeit**), Sicherheitsbestand, Prognosemodell (**Prognmod.**) und Periodizität der Prognose (**Periodenkennz.**)
- Anzeige der der Spalte **Prognosefähigkeit**: Ein grüner Punkt wird angezeigt, wenn das Tracking-Signal unterhalb der Signalgrenze liegt. Ein roter Punkt wird angezeigt, wenn das Tracking-Signal oberhalb der Signalgrenze ist. Ein grauer Punkt

wird angezeigt, wenn das Tracking-Signal nicht berücksichtigt wird oder die Zeile nur Nullwerte hat.

Die Datensätze sollten nach dem Prognosefehler sortiert werden. Dies lässt sich im Selektionsbild einstellen.

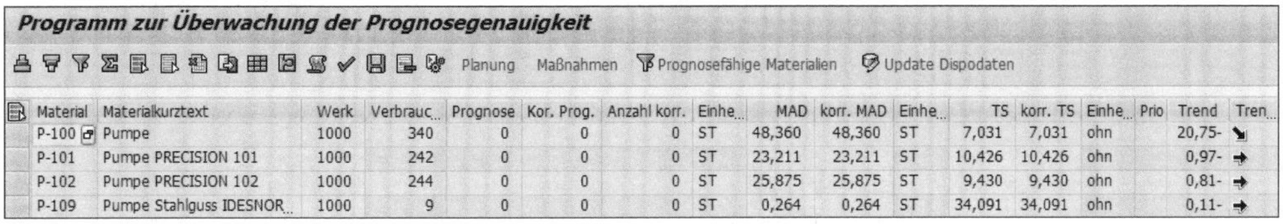

Programm zur Überwachung der Prognosegenauigkeit

Planung Maßnahmen Prognosefähige Materialien Update Dispodaten

Material	Materialkurztext	Werk	Verbrauc...	Prognose	Kor. Prog.	Anzahl korr.	Einhe...	MAD	korr. MAD	Einhe...	TS	korr. TS	Einhe...	Prio	Trend	Tren...
P-100	Pumpe	1000	340	0	0	0	ST	48,360	48,360	ST	7,031	7,031	ohn		20,75-	↘
P-101	Pumpe PRECISION 101	1000	242	0	0	0	ST	23,211	23,211	ST	10,426	10,426	ohn		0,97-	→
P-102	Pumpe PRECISION 102	1000	244	0	0	0	ST	25,875	25,875	ST	9,430	9,430	ohn		0,81-	→
P-109	Pumpe Stahlguss IDESNOR...	1000	9	0	0	0	ST	0,264	0,264	ST	34,091	34,091	ohn		0,11-	→

Abbildung 7.16 Ergebnis der Prognosemessung im Prognosemonitor

Für alle in dieser Analyse enthaltenen Materialien werden die drei besten Modelle berechnet, indem die Simulationen der gewählten Prognosemodelle mit ihren Parametern gegenübergestellt werden. Das beste Modell ist das, welches für die Gesamtheit der selektierten Materialien das beste Ergebnis hinsichtlich des ausgewählten statistischen Fehlermaßes geliefert hat.

Über die Schaltfläche **Planung** wechseln Sie in die Planungsfunktionalität des Prognosemonitors. Dort ist das Planungsgrid (die Planungstabelle) zu sehen (siehe Abbildung 7.17). Wenn Sie auf die Schaltfläche **Auswertung** klicken, können Sie wieder in die Auswertungssicht wechseln.

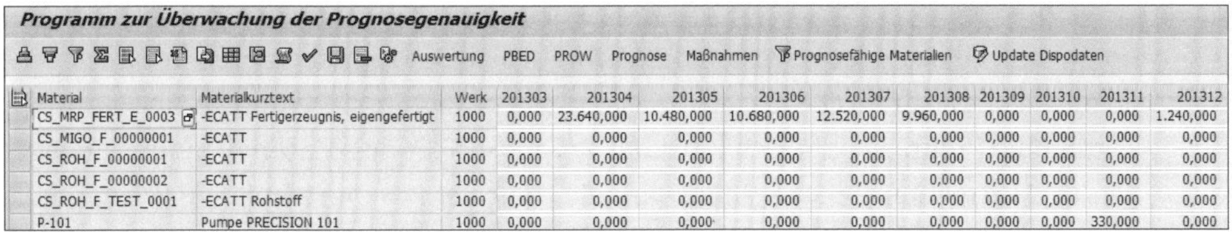

Programm zur Überwachung der Prognosegenauigkeit

Auswertung PBED PROW Prognose Maßnahmen Prognosefähige Materialien Update Dispodaten

Material	Materialkurztext	Werk	201303	201304	201305	201306	201307	201308	201309	201310	201311	201312
CS_MRP_FERT_E_0003	-ECATT Fertigerzeugnis, eigengefertigt	1000	0,000	23.640,000	10.480,000	10.680,000	12.520,000	9.960,000	0,000	0,000	0,000	1.240,000
CS_MIGO_F_00000001	-ECATT	1000	0,000	0,000	0,000	0,000	0,000	0,000	0,000	0,000	0,000	0,000
CS_ROH_F_00000001	-ECATT	1000	0,000	0,000	0,000	0,000	0,000	0,000	0,000	0,000	0,000	0,000
CS_ROH_F_00000002	-ECATT	1000	0,000	0,000	0,000	0,000	0,000	0,000	0,000	0,000	0,000	0,000
CS_ROH_F_TEST_0001	-ECATT Rohstoff	1000	0,000	0,000	0,000	0,000	0,000	0,000	0,000	0,000	0,000	0,000
P-101	Pumpe PRECISION 101	1000	0,000	0,000	0,000	0,000	0,000	0,000	0,000	0,000	330,000	0,000

Abbildung 7.17 Prognosemonitor – Planung

Als Historie wird der im Selektionsbild auf der Registerkarte **Periodenselektion** eingestellte Analysezeitraum angesehen (der Zeitraum, der die Vergangenheitsdaten repräsentiert), der Prognosezeitraum schließt sich direkt an. Historiendaten werden in Blau dargestellt, Prognosedaten in Weiß.

Die Historiendaten können manipuliert werden. Sie können Werte ändern und mit Klick auf die Schaltfläche **Sichern** überschreiben. Eine geänderte Historie erkennt man am grünen Hintergrund. Die Prognose lässt sich im Planungsgrid auf Basis der geänderten Historie ausführen. Die Prognosewerte können manuell überschrieben und an die Vorplanungsbedarfsplanung übergeben werden.

Zur Detailanalyse gelangen Sie, wenn Sie in der Überblicksansicht per Doppelklick ein Material auswählen, welches die Ergebnisse für alle selektierten Kombinationen enthält. Die Detailanalyse ermöglicht eine tiefergehende Analyse einer ausgewählten Kombination. In einem Splitscreen werden den Anwendern – grafisch aufbereitete – Detailinformationen bereitgestellt; zudem können sie eine Prognosesimulation durchführen (siehe Abbildung 7.18).

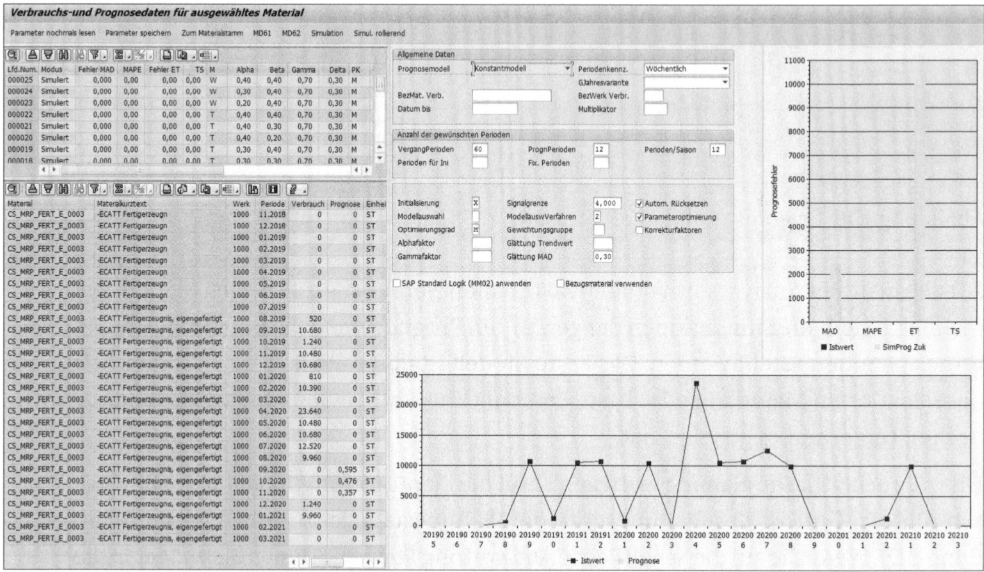

Abbildung 7.18 Simulation im Prognosemonitor

Im linken Teil des Bildes werden die Verbräuche den Prognosen pro Periode gegenübergestellt. Die grafische Anzeige dieser Werte erfolgt im unteren Teil. Im Hauptbild werden die Prognoseparameter aus der Prognosesicht des Materialstamms angegeben, und im rechten Teil des Bildes wird die Höhe der Prognosefehler visuell verdeutlicht.

Der Prognosemonitor bietet Simulationsfunktionalität. Dazu werden die auf dem Hauptbild eingestellten Prognoseparameter verwendet. Es ist also möglich, die Einstellungen aus dem Materialstamm simulativ zu verändern und eine Prognose auszuführen.

In SAP IBP können Sie die Ermittlung der Prognosegenauigkeit direkt in den Prognoseprozess integrieren und die Prognosefehler während der Nachbearbeitung der statistischen Prognose ermitteln. Wie in Abschnitt 7.1.5, »Klassische Absatzplanung in SAP IBP«, dargestellt, sind diese in den Excel-Sichten bzw. den Analysen und Dashboards integriert nutzbar.

7.4 Prognoseebene festlegen

Die meisten Unternehmen prognostizieren auf der Materialebene, auch *Stock Keeping Unit* (SKU) genannt. Auf dieser Ebene liegen oftmals die detailliertesten Verbrauchsdaten vor, und die Prognoseergebnisse dieser Ebene werden in der Regel auch an die Logistik bzw. die Programmplanung weitergegeben. Allerdings stellt sich bei vielen Unternehmen die Frage, ob die Materialebene auch wirklich die beste Ebene ist, auf der prognostiziert werden sollte. Es gibt Unternehmen, die eine Prognose auf der Produktgruppenebene durchführen und die Daten anschließend auf Materialebenen herunterbrechen, was insgesamt bessere Ergebnisse bringt. Dies führt unweigerlich zu der Frage, welches die dienlichste Prognoseebene ist.

Das Konzept der Prognose- oder auch der Planungsebenen (Aggregationsebenen) hängt von der sogenannten *Planungshierarchie* ab. In der Planungshierarchie sind alle Planungsebenen hierarchisch zusammengefasst. Zwischen den einzelnen Planungsebenen bestehen Abhängigkeiten, d. h., Änderungen, die Sie an einer Ebene vornehmen, wirken sich unmittelbar auf alle anderen Planungsebenen aus. Die Aggregation und Disaggregation von Daten erfolgt hier automatisch. Eine Planungshierarchie kann beispielhaft folgendermaßen aufgebaut sein:

- Planungsebene 1: Land (z. B. USA, Schweden, Norwegen)
- Planungsebene 2: Region (z. B. Nord, Mitte, Süd)
- Planungsebene 3: Produktgruppe (z. B. A, B, C, D)
- Planungsebene 4: Material (SKU; z. B. 4711, 4712, 4713)

Nun könnte die Prognose z. B. auf der Ebene »Land« durchgeführt werden, und auch die Materialebene könnte über alle Planungshierarchien hinweg disaggregiert werden. Ebenso könnte man die Prognose auf der Materialebene durchführen und diese Prognose dann mithilfe der Aggregation auf der Planungsebene »Land« zusammen führen.

So haben Sie also die Möglichkeit, in komplexen Planungshierarchien Top-down- und Bottom-up-Planungen durchzuführen. Hierdurch werden zentrale und dezentrale Planungen unterstützt. Die Methode, die Ihnen dies ermöglicht, ist die Aggregation bzw. die Disaggregation. Die Aggregation bezeichnet einen Vorgang, bei dem Plandaten durch das Summieren oder Kopieren von Kennzahlenwerten bzw. durch die Bildung von Durchschnittswerten auf einer Detailebene auf einer aggregierten Ebene generiert werden. Hingegen bezeichnet die Disaggregation einen Vorgang, bei dem Plandaten durch die Verteilung von Kennzahlenwerten einer aggregierten Ebene auf einer detaillierteren Ebene erzeugt werden. Plandaten sind also von jeder Ebene aus zugänglich.

Um die Prognoseebenenauswahl bzw. die Prognoseoptimierung zu verdeutlichen, definieren wir das folgende Beispiel:

- Innerhalb des Landes »D« werden die drei Produktgruppen »A«, »B« und »C« produziert.
- Die einzelnen Produktgruppen enthalten wiederum mehrere Produkte. So umfasst die Produktgruppe »A« bspw. die Produkte »1«, »2« und »3«.

Auf jeder Ebene gibt es eine historische Datenbasis, die den Absatz anzeigt. Somit lassen sich auf jeder Ebene Prognosen durchführen, bspw. um die Entwicklung von Produktgruppe »A« zu ermitteln.

Auf welcher Ebene eine Prognose aber nun erstellt werden soll, entscheiden die jeweiligen Anwender durch die Wahl der Zielaggregationsebene. So kann die Prognose für Produktgruppe »A« nicht nur auf der Ebene »Produktgruppe«, sondern auch auf den Ebenen »Land« oder »Produkt« erfolgen. Wird für die gewählte Produktgruppe eine Prognose auf der Ebene »Land« durchgeführt, wird danach der für die Produktgruppe »A« relevante Teil herausgerechnet (disaggregiert), und im Rahmen einer Prognose auf der Ebene »Produkt« müssen die dort erzielten Ergebnisse aller zur Produktgruppe gehörenden Produkte aufaddiert (aggregiert) werden.

Mittels der Prognose auf unterschiedlichen Aggregationsebenen sollen alle Möglichkeiten ausgeschöpft werden, um die besten Ergebnisse zu erhalten. So können starke Absatzschwankungen eines Produkts auf der Ebene der Produktgruppe ausgeglichen werden, da bspw. der Absatz eines Produkts mit dem Absatz eines anderen Produkts der gleichen Produktgruppe in Verbindung steht. Da beide Produkte sehr ähnlich sind, lohnt sich hier eine Prognose auf der Produktgruppenebene.

Der konzipierte Prozess der Prognose ist in Abbildung 7.19 dargestellt. Im ersten Schritt wird eine Prognose auf der Ebene »Land« erstellt und anschließend das Ergebnis für die Produktgruppe »A« disaggregiert.

Dies ergibt die erste Prognose für die Produktgruppe »A«. Im zweiten Schritt wird die zweite Prognose direkt auf der Produktgruppenebene generiert, während die dritte Prognose durch Aggregation der Einzelergebnisse der zur Produktgruppe gehörenden Produkte »1«, »2« und »3« ermittelt wird. Je nach gewähltem Fehlermaß (es sollen die SAP-unterstützten Standardfehlerindizes MAD, MAPE, MSE, RMSE und MPE berechnet werden), kann es unterschiedliche Empfehlungen für eine Aggregationsebene geben, auf der die Prognose in Zukunft stattfinden soll.

Um den Prozess der Prognoseoptimierung in SAP APO zu unterstützen, wurde eine SCM-Beratungslösung erarbeitet, der *Prognoseleveloptimierer* (engl. Forecast Level Optimizer, FLO).

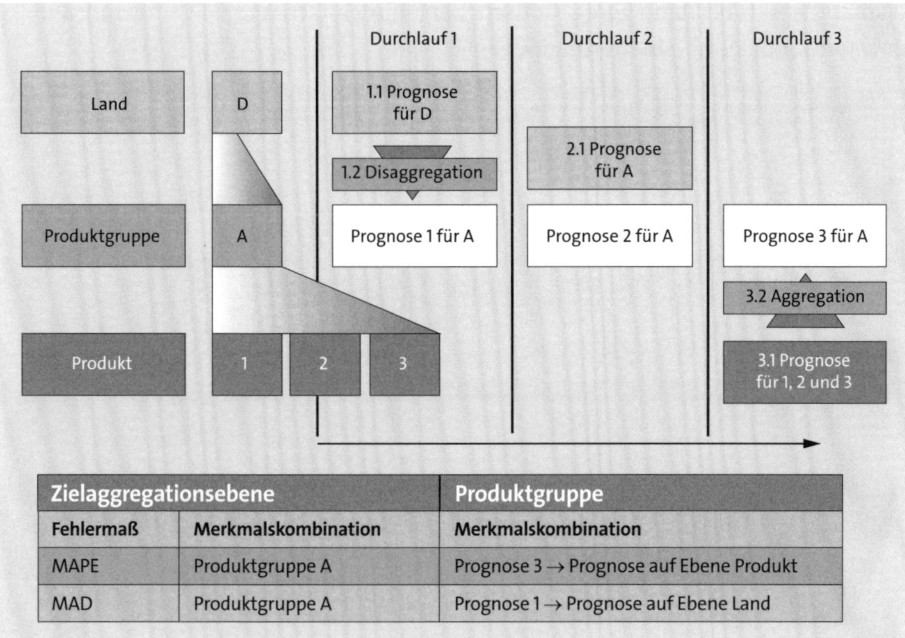

Zielaggregationsebene		Produktgruppe
Fehlermaß	**Merkmalskombination**	**Merkmalskombination**
MAPE	Produktgruppe A	Prognose 3 → Prognose auf Ebene Produkt
MAD	Produktgruppe A	Prognose 1 → Prognose auf Ebene Land

Abbildung 7.19 Ablauf der Prognoseebenenoptimierung

Der Prognoseleveloptimierer kann mit der Transaktion SAPLOM/FLO aufgerufen werden und soll die Absatzplaner eines Unternehmens dabei unterstützen, eine Prognosestrategie zu entwickeln. Hierzu werden – basierend auf historischen Absatzdaten – unterschiedliche statistische Prognoseverfahren mit variierenden Glättungsfaktoren im Rahmen einer Ex-post-Prognose angewendet, ähnlich der automatischen Modellauswahl 2. Allerdings ist es in dem Programm möglich, manuell zwischen allen statistischen Prognoseverfahren zu wählen, die in SAP APO zur Verfügung stehen.

Zudem können zu jedem Prognoseprofil – die Prognoseprofile werden durch das Programm automatisch aufgrund der gewählten Glättungsparameter und Prognoseverfahren generiert – auf unterschiedlichen wählbaren Aggregationsebenen Prognosen erstellt werden. Die Ergebnisse werden auf die Planungsebene (Aggregationsebene) heruntergerechnet, die die Planer zuvor als Zielaggregationsebene ausgewählt haben. Auf diese Weise lassen sich die Ergebnisse der Prognosen miteinander vergleichen. Neben der Detailanzeige zu jeder einzelnen Merkmalswertekombination stellt der Prognoseleveloptimierer auch grafische Massenauswertungen mithilfe von Diagrammen dar.

Genau wie die vorgeschlagenen Aggregationsebenen werden auch die ermittelten Prognoseverfahren in einem Kreisdiagramm dargestellt. In Abbildung 7.20 ist die

Wahl, anders als bei den Aggregationsebenen, sehr einfach und fällt eindeutig auf das Konstantmodell (mit einem Anteil über 60 %).

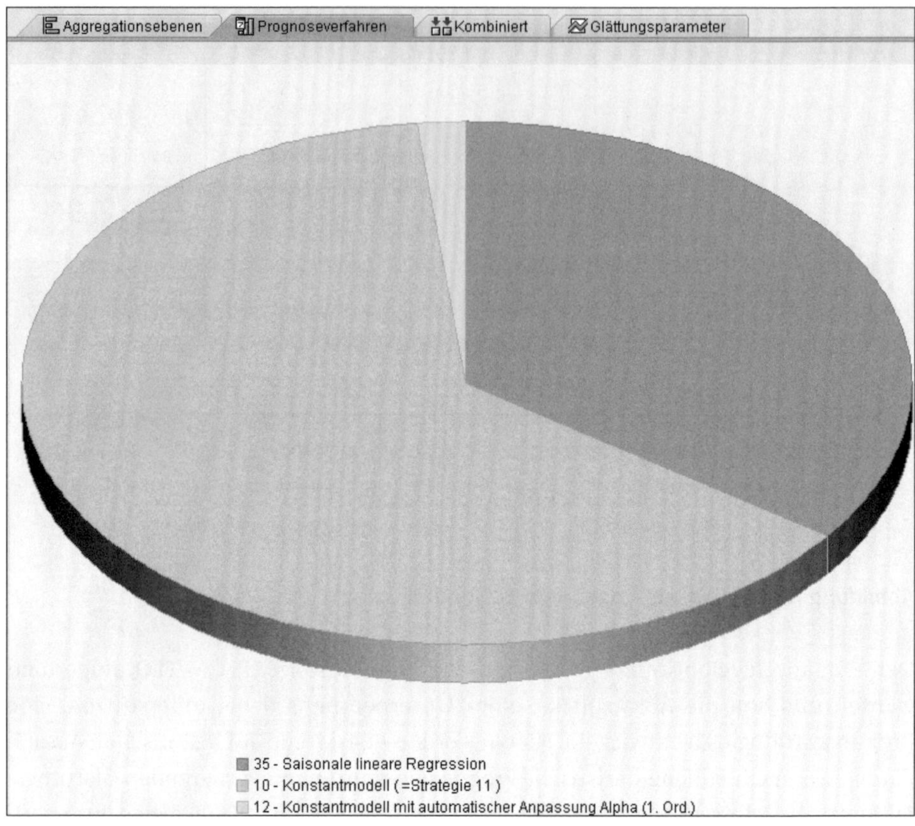

Abbildung 7.20 Ergebnis des Prognoseverfahrens im Prognoseleveloptimierer

Damit Sie nicht nur erfahren, welche Planungsebenen und welche Prognoseverfahren am häufigsten eingesetzt werden, sondern auch wissen, auf welcher Aggregationsebene welches Prognoseverfahren am häufigsten verwendet wird, gibt es auf der dritten Registerkarte **Kombiniert** eine entsprechende Auswertung (siehe Abbildung 7.21).

Das hier gezeigte Ergebnis deutet auf eine künftige Verwendung des Konstantmodells auf der Ebene »APO – Produkt Region« für den gewählten Selektionsbereich hin. Noch einmal sei erwähnt, dass der Selektionsbereich ausschließlich Materialien eines Werks enthält, wodurch die Aggregationsebene »APO – Lokation« ausgeschlossen werden konnte. Die Betrachtungen wurden in diesem Beispiel ausschließlich anhand des Fehlermaßes MAPE vorgenommen.

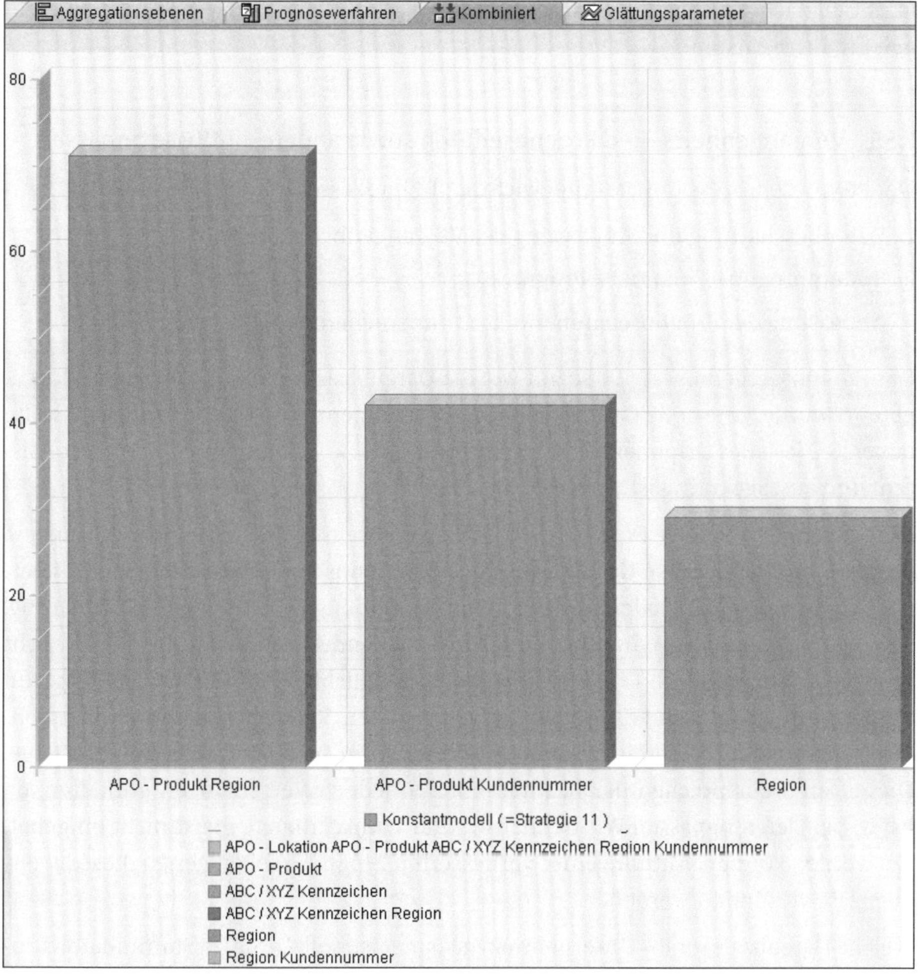

Abbildung 7.21 Ergebnis auf der Registerkarte »Kombiniert« im Prognoseleveloptimierer

[«]

Prognoseleveloptimierer

Mehr Informationen zum Einsatz des Prognoseleveloptimierers finden Sie in SAP-Hinweis 1366618 oder Sie schreiben eine E-Mail an *scm-consulting-solutions@sap.com.*

7.5 Prognoseergebnisse und Programmplanung

In diesem Abschnitt geht es um die Ergebnisse des Prognoselaufs und wie die Planer mit diesen Ergebnissen umgehen sollten. Manche Disponenten übernehmen Planergebnisse, ohne sie zu hinterfragen. Andere Disponenten rechnen die Ergebnisse akribisch nach, weil sie dem System nicht vertrauen. Beide Verhaltensmuster erzeugen unnötige Kosten.

7.5.1 Vergangenheits- und Prognosedaten sowie andere Einflüsse anpassen

Der Prognoseprozess umfasst drei wichtige Teilprozesse:

1. Datenbeschaffung und Anpassung der Vergangenheitsdaten
2. Systemprognose/manuelle Prognose
3. Anpassung der Prognosedaten mit kontinuierlichem Prognosecontrolling

Das Prognoseergebnis ist nur so gut wie die Datenbasis, auf der die Prognose durchgeführt wurde. Eine hohe Datenqualität der Vergangenheitswerte zu erreichen, sollte das erste Ziel jedes Disponenten sein. Dabei ist es wichtig, dass die Datenbasis konsistent und aussagekräftig ist.

Die beste und genaueste Datenbasis für die Prognose sind Auftragseingangsmengen, da diese die Bedürfnisse des Marktes, also die Wunschmenge zum Wunschlieferdatum, widerspiegeln. Jedoch ist deren Fortschreibung bei Rückstandsbearbeitung, ständigem Wechsel des Wunschlieferdatums oder anderen Restriktionen meist nicht möglich. Eine zweite und häufig verwendete Möglichkeit ist die Verwendung von Vergangenheitsdaten auf Basis von Verbrauchsdaten. Verbrauchsdaten sind tatsächliche entstandene Verbräuche zum Auslieferdatum und der versendeten Menge. Diese Daten entsprechen der Realität, können jedoch Verzerrungen enthalten, da bspw. bei Lieferengpässen Wunschdatum und Wunschmenge meist nicht eingehalten werden können. Mithilfe einer verbesserten Prognose sollen genau diese Lieferengpässe verhindert werden.

Welche Datenbasis für Ihr Unternehmen geeignet ist, sollten Sie im Stammdatenkonzept prüfen und beschreiben. Dafür ist eher die IT-Abteilung als der Disponent zuständig. Der Disponent muss anhand der Datenbasis seine Anpassungen vornehmen. Abbildung 7.22 zeigt ein typisches Szenario, bei dem der Disponent anhand von Informationen aufgrund von einmaligen Ereignissen wie Lieferproblemen oder Marketingaktionen den Vergangenheitsverlauf glättet und somit die Grundlage für die Prognose verbessert.

Ebenso wichtig ist die Berücksichtigung von Sonderprozessen wie die An- und Auslaufsteuerung von Materialien (Phase-in, Phase-out), Produktersetzung oder die Korrektur der Vergangenheitsdaten nach tatsächlichen Arbeitstagen.

Nach dem Anpassen der Vergangenheitsdaten kann die Systemprognose erfolgen (siehe Kapitel 6, »Planungsstrategien und Bedarfsverrechnung«). Neben der geeigneten Prognosestrategie ist auch die Prognoseebene für die Prognosequalität elementar.

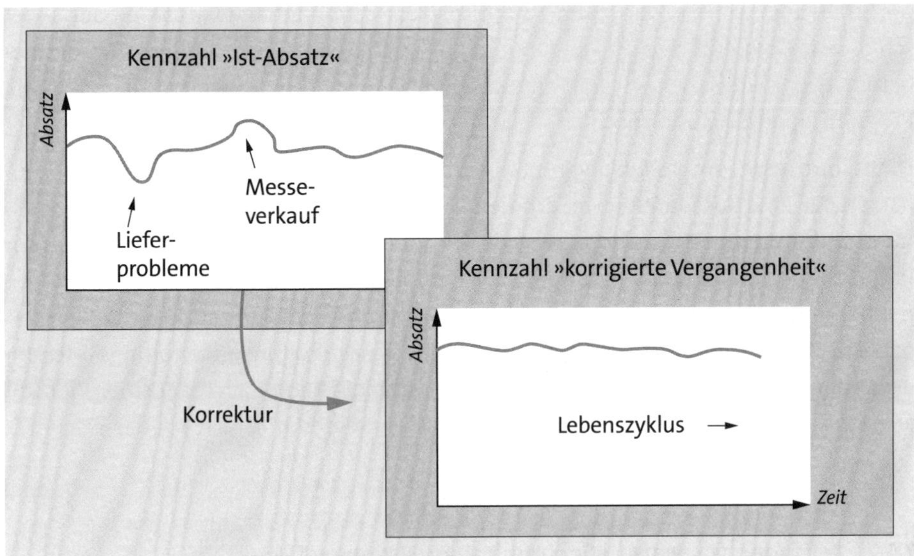

Abbildung 7.22 Anpassung der Vergangenheitsdaten durch Sonderprozesse

Die Prognoseebene beschreibt die Position in der Planungshierarchie, auf der aktiv geplant wird. Eine Planungshierarchie bildet die organisatorischen Ebenen und Einheiten Ihres Unternehmens ab (Werk, Land, Vertriebsorganisation, Material etc.), für die eine Planung durchgeführt werden soll. Eine Planungshierarchie ist eine Kombination von Merkmalswerten, die in SAP ECC auf den Merkmalen einer Informationsstruktur oder in SAP APO auf Merkmalen der Planungsobjektstruktur (besser bekannt als Merkmalswertekombinationen) basieren.

Meistens erfolgt die Planung nur auf einer Hierarchieebene. Bei der flexiblen Planung und im Demand Planning des SAP-APO-Systems ist es jedoch auch möglich, auf unterschiedlichen Ebenen gleichzeitig zu planen.

Grundsätzlich sollte immer auf Endproduktebene und mit den Merkmalen *Material* und *Werk* prognostiziert werden. Die Gründe dafür lauten: einfache Datenbeschaffung und Transparenz. Handelswaren, Materialien ohne Gleichteile und konstante Materialien lassen sich damit gut planen. Jedoch sollten Sie bei Materialien, die im Verbrauch stark schwanken oder viele Gleichteile beinhalten, eine aggregiertere Prognoseebene verwenden. Bestes Beispiel dafür sind Variantenfertiger: Würde man jede Variante planen, würde aufgrund des hohen Prognosefehlers der hohe Sicherheitsbestand durch jede Stücklistenstufe gereicht und es entstünde der sogenannte Peitscheneffekt. Eine Planung auf erster oder zweiter Stücklistenstufe oder die Verwendung eines Vorplanungsmaterials wären hier mögliche Lösungen.

Nach der Systemprognose können die Planer beginnen, diese Ergebnisse anzupassen, analog der Anpassung der Vergangenheitsdaten anhand von Informationen und ihrer Erfahrung, um die Plandaten zu optimieren. Bevorstehende Messen oder abgeschlossene Großaufträge und andere Ereignisse sollten in das zukünftige Absatzverhalten der Materialien einfließen. Anschließend sollten die Planzahlen an die Programmplanung und somit an die Materialdisposition übergeben werden.

Die Teilprozesse »Anpassen der Vergangenheitsdaten«, »Systemprognose« und »Anpassen der Prognosedaten« wiederholen sich jede Prognoseperiode. Mit Automatismen und anderen Hilfsmitteln, wie der Produktklassifizierung, vorkonfigurierten Prognoseprofilen und einem Prognosecontrolling, lässt sich der Aufwand des Disponenten minimieren und die Prognosegenauigkeit erhöhen. Eine wichtige Rolle spielt dabei die kontinuierliche Optimierung mithilfe eines Prognosecontrollings (Messen des Prognosefehlers, Alerting etc.). Nur so können die Planer auch bei einer Vielzahl an Materialien kritische von unkritischen unterscheiden und sich auf das Wesentliche konzentrieren.

7.5.2 Leitfaden für Materialien mit hohem Prognosefehler

Wie soll ein Disponent reagieren, wenn Materialien einen hohen Prognosefehler haben? Diese Frage wird den Beratern oft gestellt – in Erwartung einer einfachen Antwort oder eines universellen Regelwerks. Leider gibt es keine eindeutige Antwort; für jedes Material muss individuell nach der Ursache geforscht werden.

Es gibt mehrere mögliche Gründe für einen hohen Prognosefehler:

- schlechte Qualität der Vergangenheitsdaten
- Wahl des falschen Prognosemodells
- falsche Parametrisierung
- starke Änderungen im Verbrauchsverlauf (Strukturänderungen)
- Z-Material

Dazu gibt es wiederum verschiedene mögliche Lösungsansätze:

- keine Änderungen
- Vergangenheitsdaten anpassen
- Prognosedaten anpassen
- Prognosemodell wechseln
- Parametereinstellungen optimieren
- Material nicht prognostizieren

Die Entscheidung für einen Lösungsansatz sollte der Disponent auf der Grundlage seiner Erfahrung treffen. Jedoch ist es wichtig, ein einheitliches Vorgehen und eine Reihenfolge bei der Ursachenforschung festzulegen.

7.5.3 Ergebnisauswertung

Wie Sie bereits in Abschnitt 7.5.2 gelesen haben, ist es für manche Materialien nicht sinnvoll, eine Prognose durchzuführen. Die Erkenntnis ist aufgrund der Auswirkungen eines hohen Prognosefehlers auf den Bestand einleuchtend. Dieser Punkt wird jedoch von vielen Unternehmen nicht beachtet, da aus verschiedenen Gründen Planzahlen benötigt werden.

Eine Planung im Sinne der Materialdisposition ist keine Absatzplanung für den Lieferanten, sondern eine Planung für eine optimale Disposition. Sie kann eine Grundlage für die vertriebliche Absatzplanung sein, jedoch sollte man die Übergabe der Planzahlen an die Programmplanung von der Übergabe der Planzahlen an den Lieferanten trennen.

Verwenden Sie bei stark sporadischen Materialien eine verbrauchsgesteuerte Disposition, oder definieren Sie ein Regelwerk, wie in solchen Fällen mit dem Material umgegangen werden soll. So können spezielle Vereinbarungen mit dem Kunden getroffen werden, z. B. dass dieser eine genaue Bedarfsplanung gegen bessere Konditionen abgibt oder mit höheren Lieferzeiten rechnen muss – oder die Bestandsverantwortung wird komplett an den Lieferanten abgegeben.

Oft werden Materialien plangesteuert disponiert, damit die Sekundärbedarfe sauber auf die unteren Stücklistenstufen heruntergebrochen werden. Für solche Fälle ist es eher sinnvoll, die Planungsstrategie zu überdenken und eine Vorplanung auf Komponenten oder Baugruppenebene zu verwenden. Damit verlagert sich die Planung auf die besser prognostizierbaren unteren Stücklistenstufen.

Sie berücksichtigen alle Optimierungsvorschläge, klassifizieren Ihre Produkte und konnten mit Ihrem selbst definierten Regelwerk bereits Erfahrung sammeln – trotzdem sind Sie mit dem Ergebnis noch nicht zufrieden? Vielleicht haben Sie Ihre Ziele (Prognosegenauigkeit) zu hoch gesteckt. Es gibt leider keine Möglichkeit, bei schwankenden Materialien den zukünftigen Bedarf exakt vorherzusagen. Es ist sehr wichtig, mit einer gewissen Ungenauigkeit arbeiten und diese akzeptieren zu können. Die letzten Prozente sollten über die Disposition geglättet werden – es ergibt weniger Sinn, die Prognose- und Vorplanungswerte jeden Tag manuell anzupassen, um auf Situationen im täglichen Geschäft zu reagieren.

Ein Beispiel dafür wäre die Einflussgröße *Prognosefehlverteilung* (siehe Abbildung 7.23). Schwanken die Bedarfe um den errechneten Mittelwert, können sich die Schwankungen über die Zeit nivellieren (Normalverteilung). Gibt es überwiegend Ausschläge über- oder unterhalb des Mittelwerts, kann man mit Bestandsstrategien entgegenwirken. Liegen die Prognoseergebnisse unterhalb des Mittelwerts, sollte Bestand aufgebaut werden. Umgekehrt sollten Sie Bestände reduzieren, wenn sich das Prognoseergebnis überwiegend über dem Mittelwert befindet.

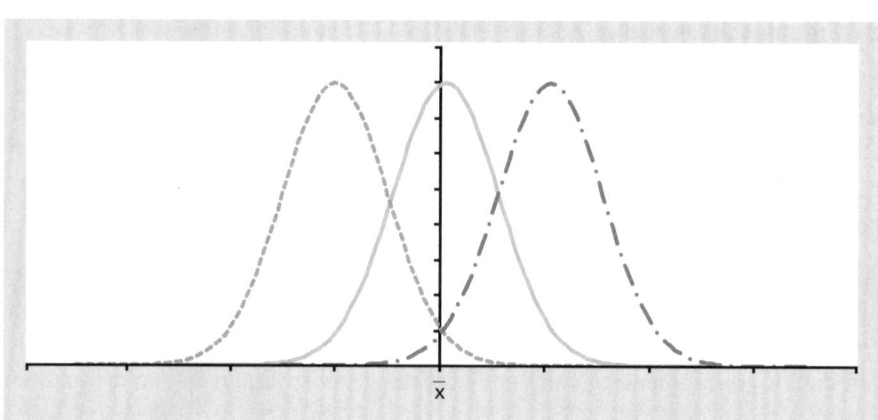

Abbildung 7.23 Prognosefehlverteilung

Vorplanung und Disposition profitieren voneinander. Die Disposition kann Schwächen in der Vorplanung ausgleichen und mit geringen Beständen einen hohen Lieferservicegrad garantieren. Ohne die Vorplanung kann die Disposition nur mit einem höheren Bestand auf zukünftigen Bedarf und auf Schwankungen reagieren.

7.5.4 Visualisierungsmöglichkeiten

Die stark begrenzte Ausgabe von Planungsergebnissen in tabellarischer Form auf dem Bildschirm in der schlechten Grafik einer veralteten SAP GUI gehört der Vergangenheit an. Zumindest was das Reporting anbelangt, legt SAP immer mehr Wert auf Visualisierung und benutzerfreundliche Oberflächen. In der Vergangenheit konnte im SAP-Planungsinstrument mangels Visualisierungsmöglichkeiten oft kein Reporting erfolgen. Um Auswertungen zu erstellen und diese grafisch zu visualisieren, wurden Planungsergebnisse nach Excel oder ein anderes Programm exportiert.

In den letzten SAP-APO-Releases wurden die Reporting-Transaktionen von Web-Dynpro-Anwendungen abgelöst; dadurch wurde das Reporting verbessert. Gegenüber den SAP-Standardtransaktionen gibt es durch das integrierte BW in SAP APO die Möglichkeit, eigene Auswertungen zu gestalten oder die Daten in das SAP-BW-System zu überführen. Im SAP-BW-System wiederum haben Sie die Möglichkeit, professionelle Dashboards mithilfe von SAP Crystal Reports, SAP Lumira oder SAP BusinessObjects Analysis zu erstellen. Damit haben Sie nicht nur alle Daten im Griff, sondern können auch Hochglanzfolien für das Management erstellen.

Auch im SAP-ECC-System haben Sie die Möglichkeit, Daten ins SAP-BW-System zu überführen, jedoch gibt es für die Planung in SAP ECC bzw. SAP S/4HANA auch Web-Dynpro-Anwendungen von SAP-Partnern, die den Planungsprozess unterstützen und die Daten zur Ergebnisauswertung in tabellarischer und grafischer Form aufbereiten.

Neben diesen und anderen Web-Dynpro- oder Apache-Flex-Anwendungen in SAP ECC und SAP APO gibt es noch weitere Auswertungsmöglichkeiten für SAP-Planungsinstrumente, sofern Sie in Ihrem Unternehmen SAP HANA einsetzen. Mit SAP HANA können Sie das SAP Supply Chain Info Center aufrufen und mit diesem u. a. Planungsobjekte aus dem SAP-APO-System überwachen und analysieren (siehe Abbildung 7.24).

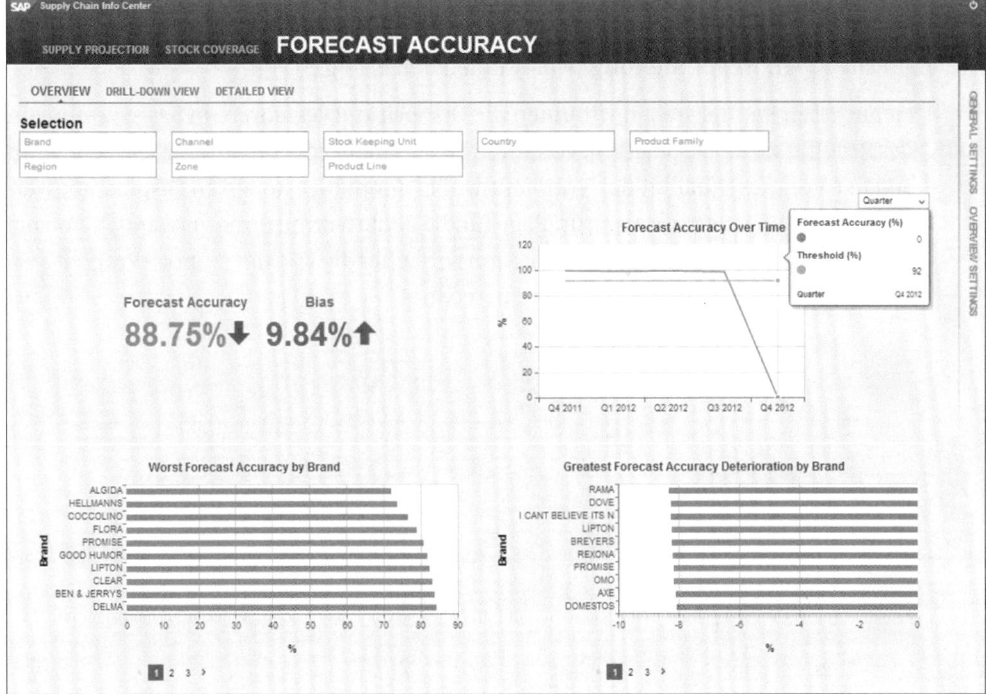

Abbildung 7.24 SAP Supply Chain Info Center

Die Visualisierungsmöglichkeiten in SAP IBP sind im Vergleich zu den Möglichkeiten in SAP ECC bzw. SAP S/4HANA und SAP APO deutlich umfangreicher. Dadurch kann die Lösung auch hohen Anforderungen an Benutzerfreundlichkeit gerecht werden. Darauf sind wir in Abschnitt 7.1.5, »Klassische Absatzplanung in SAP IBP«, bereits kurz eingegangen.

7.6 Fazit

Ein universelles Prognosemodell für alle Zeitverläufe gibt es nicht. Die Auswahl des Prognosemodells sowie der geeigneten Datenbasis für die Prognose sind somit die Erfolgsfaktoren einer optimalen Disposition. Darum gilt: Klassifizieren Sie Ihre Materialien. Prüfen Sie Ihre Datenbasis und deren Qualität, und investieren Sie Zeit in die

Auswahl der Prognosestrategie bei wertvollen und strategischen Materialien. Versuchen Sie die Prognose bei geringwertigen Materialien zu automatisieren, und nehmen Sie Materialien mit geringer Prognosegüte aus der Prognose. Disponieren Sie solche Materialien über ein Bestellpunktverfahren. Informieren Sie sich vor der Entscheidung für ein Modell über die Auswirkungen der notwendigen Parametereinstellungen. Verwenden Sie möglichst alle Hilfsmittel, die Ihnen das System bietet (Phase-in/Phase-out-Modellierung, Like-Modellierung, Datenumorganisation und Promotionsplanung), und implementieren Sie ein Prognosecontrolling. Nur eine kontinuierliche Prognoseoptimierung sichert Ihnen den Erfolg!

Im nächsten Kapitel stellen wir Ihnen die Dispositionsverfahren im SAP-System vor. Das Resultat vieler Dispositionsverfahren ist abhängig von den Prognoseergebnissen und der Prognosequalität der Vorplanung. Bei der plangesteuerten Disposition werden Vorplanungsbedarfe als Grundlage für die Bedarfsermittlung verwendet, und bei der maschinellen Bestellpunktdisposition wird über die von der Ex-post-Prognose ermittelte MAD der Sicherheitsbestand berechnet.

Kapitel 8
Dispositionsverfahren

Mithilfe des Dispositionsverfahrens wird über die Art der Nettobedarfsrechnung entschieden. Bei der Nettobedarfsrechnung handelt es sich um die grundsätzliche Interpretation der im System zu findenden Bedarfe in Relation zu den vorhandenen Zugangsmengen und Beständen. Somit bildet das Dispositionsverfahren den Ausgangspunkt bei der Bestimmung der Menge der durch die Materialbedarfsplanung anzulegenden Bedarfsdecker.

Dispositionsverfahren nehmen eine zentrale Stellung im Ablauf der Disposition ein. Mit ihnen wird sowohl die grundsätzliche Interpretationsweise der im System befindlichen Bedarfe festgelegt als auch das Systemverhalten im Rahmen der Disposition. Im Gegensatz zu den SAP-ERP-Systemen (SAP ECC und SAP S/4HANA), bei denen diese Einstellungen im Feld **Dispositionsmerkmal** in der Registerkarte **Disposition 1** gebündelt vorgenommen werden, ist im SAP-APO- bzw. im SAP-IBP-System jeweils eine Vielzahl von Systemparametern für die grundsätzliche Vorgehensweise der Disposition relevant.

8.1 Dispositionsverfahren in SAP ECC und SAP S/4HANA

Das Dispositionsverfahren nimmt eine zentrale Stellung in der Materialbedarfsplanung der SAP-ERP-Systeme ein. Die Bedarfsplanung soll auf Basis der im System vorhandenen Bedarfe die *Art*, die *Menge* und den *Zeitpunkt* von Bedarfen ermitteln und diese durch die Anlage entsprechender Beschaffungselemente decken. Das Dispositionsverfahren bestimmt dabei die Systematik, mit der das System die vorhandenen Bedarfe zeitlich und mengenmäßig beurteilt und in einem weiteren Schritt entsprechende Bedarfsdecker anlegt. Das Dispositionsverfahren wird durch Wahl des Dispositionsmerkmals in der Registerkarte **Disposition 1** des Materialstamms festgelegt.

Bereits im SAP-Standard steht eine Vielzahl möglicher Dispositionsmerkmale zur Verfügung. Darüber hinaus können die vorhandenen Dispositionsmerkmale durch Customizing den kundenspezifischen Wünschen angepasst werden oder mithilfe der SCM-Beratungslösungen von SAP neuartige Berechnungsvorgehensweisen implementiert werden. Wie bereits in Abschnitt 1.1, »Ziele und Aufgaben der Disposition«, erwähnt, lassen sich grundsätzlich zwei Arten von Dispositionsverfahren unterscheiden:

- verbrauchsgesteuerte Disposition
- plangesteuerte Disposition

Im Folgenden werden wir zunächst auf die verbrauchsgesteuerte Disposition näher eingehen und auch den bereits erwähnten Demand-Driven-Ansatz umreißen. Dieser stellt einen Spezialfall innerhalb der verbrauchsgesteuerten Disposition dar und wurde von SAP in den letzten Jahren an verschiedenen Stellen weiterentwickelt. Daher sollte der Demand-Driven-Ansatz, der mengenmäßig außerordentlich hohe Bedarfe zusätzlich berücksichtigt, nicht nur als ein weiterentwickeltes verbrauchsgesteuertes Dispositionsverfahren gesehen werden, auch wenn dies einen integralen Bestandteil der Methode darstellt. Im Anschluss beschreiben wir dann auch die plangesteuerte Disposition detailliert.

8.1.1 Verbrauchsgesteuerte Disposition

Die verbrauchsgesteuerte Disposition schließt mithilfe statistischer Verfahren auf zukünftige Bedarfe. Die Ermittlung einer Unterdeckungssituation wird durch die Unterschreitung eines vorab definierten Meldebestands oder durch Prognosebedarfe angestoßen. Anders als bei der plangesteuerten Disposition (siehe Abschnitt 8.1.3) sind demnach nicht zukünftige Primär- und Sekundärbedarfe für die Materialbedarfsplanung ausschlaggebend, sondern die in der Vergangenheit beobachteten Bedarfe.

Daher sind verbrauchsgesteuerte Dispositionsverfahren für Materialien geeignet, deren Vergangenheitsverbrauch als repräsentativ für die Zukunft angesehen werden kann und zusätzlich nicht zu großen Schwankungen unterlag, da die daraus resultierende Unsicherheit entweder durch einen erhöhten Sicherheitsbestand oder durch verminderte Lieferfähigkeit abgefangen werden muss. Verbrauchsgesteuerte Verfahren zeichnen sich durch ihre Einfachheit aus und werden vor allem für B- und C-Teile sowie für Hilfs- und Betriebsstoffe verwendet. Voraussetzung für diese Verfahren ist eine gut funktionierende und stets aktuelle Bestandsführung.

Die Dispositionsverfahren der verbrauchsgesteuerten Disposition sind:

- Bestellpunktdisposition
- stochastische Disposition
- rhythmische Disposition

Bestellpunktdisposition

Bei der Bestellpunktdisposition bildet der Vergleich zwischen dem dispositiv verfügbaren Bestand (Summe aus Werksbestand und festen Zugängen) mit dem sogenannten Bestellpunkt, also dem Meldebestand, den Ausgangspunkt für die Materialdisposition. Die Entscheidungsregel bei Verwendung der Bestellpunktdisposition als Dispositionsverfahren lautet:

> Ist der verfügbare Bestand zu einem Zeitpunkt kleiner als der Meldebestand, wird die Beschaffung angestoßen.

Der Meldebestand hat die Aufgabe, die Deckung des auf Basis von Vergangenheitsdaten zu erwartenden Bedarfs während der Wiederbeschaffungszeit sicherzustellen (siehe Abbildung 8.1).

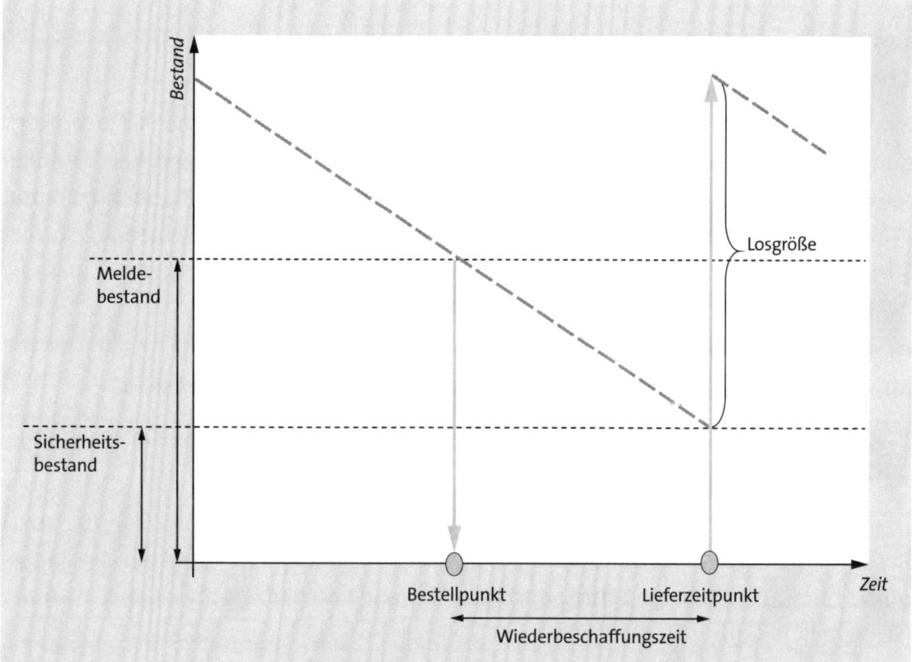

Abbildung 8.1 Bestellpunktdisposition

Es sind zwei Vorgehensweisen bei der Hinterlegung des Meldebestands im System möglich:

- **manuelle Bestellpunktdisposition (Dispositionsmerkmal VB)**
  Bei der manuellen Bestellpunktdisposition wird der Meldebestand ohne Systemunterstützung ermittelt und im Anschluss in der Registerkarte **Disposition 1** des Materialstamms hinterlegt.

- **maschinelle Bestellpunktdisposition (Dispositionsmerkmal VM)**
  Die maschinelle Bestellpunktdisposition greift zur Bestimmung von Melde- und Sicherheitsbestand auf das integrierte Prognoseprogramm der SAP-ERP-Systeme zurück. Der maschinell ermittelte Meldebestand wird im Anschluss an einen Prognoselauf in der Registerkarte **Disposition 1** des Materialstamms eingetragen.

Bei der Festlegung des Meldebestands wird auf folgende Werte zurückgegriffen:

- Sicherheitsbestand
- bisheriger durchschnittlicher Verbrauch
- Wiederbeschaffungszeit

Der Meldebestand wird bei der maschinellen Bestellpunktdisposition mit der folgenden Formel berechnet:

maschinell erstellter Meldebestand = Sicherheitsbestand
+ durchschnittlicher Tagesbedarf × Wiederbeschaffungszeit

Die Wiederbeschaffungszeit setzt sich bei Eigenfertigung additiv aus der Eigenfertigungs- und der Wareneingangsbearbeitungszeit zusammen, während bei Fremdbeschaffung auf die ebenfalls im Materialstamm zu findenden Felder **Planlieferzeit** und **Wareneingangsbearbeitungszeit** zurückgegriffen wird. Zusätzlich wird hier zur Bestimmung der Wiederbeschaffungszeit die im Customizing einzutragende Einkaufsbearbeitungszeit in die Summe einbezogen.

Ist der Meldebestand unterschritten, stößt der Planungslauf eine Nettobedarfsrechnung an. Der verfügbare Bestand berechnet sich aus der folgenden Formel:

verfügbarer Bestand = Werkbestand + Bestand (Bestellungen, fixierte Beschaffungsvorschläge)

Die resultierende Unterdeckungsmenge ist die Differenz zwischen dem verfügbaren Bestand und dem Meldebestand. Die Unterdeckungsmenge ist dabei der Ausgangspunkt für die im nächsten Schritt durchzuführende Beschaffungsmengenermittlung (siehe hierzu Kapitel 9).

Abbildung 8.2 verdeutlicht die Vorgehensweise der Bestellpunktdisposition bei der Ermittlung der Unterdeckungsmenge.

Bei jeder Materialbuchung wird durch das SAP-ECC- bzw. das SAP-S/4HANA-System geprüft, ob durch die Entnahme der Meldebestand unterschritten (bei Materialentnahme) oder überschritten (bei Materialrückgabe) wird. In beiden Fällen wird ein Eintrag in der Planungsvormerkdatei gesetzt. Werden durch Rücklieferungen fest eingeplante Zugänge überflüssig, werden diese Zugänge zur Stornierung vorgeschlagen.

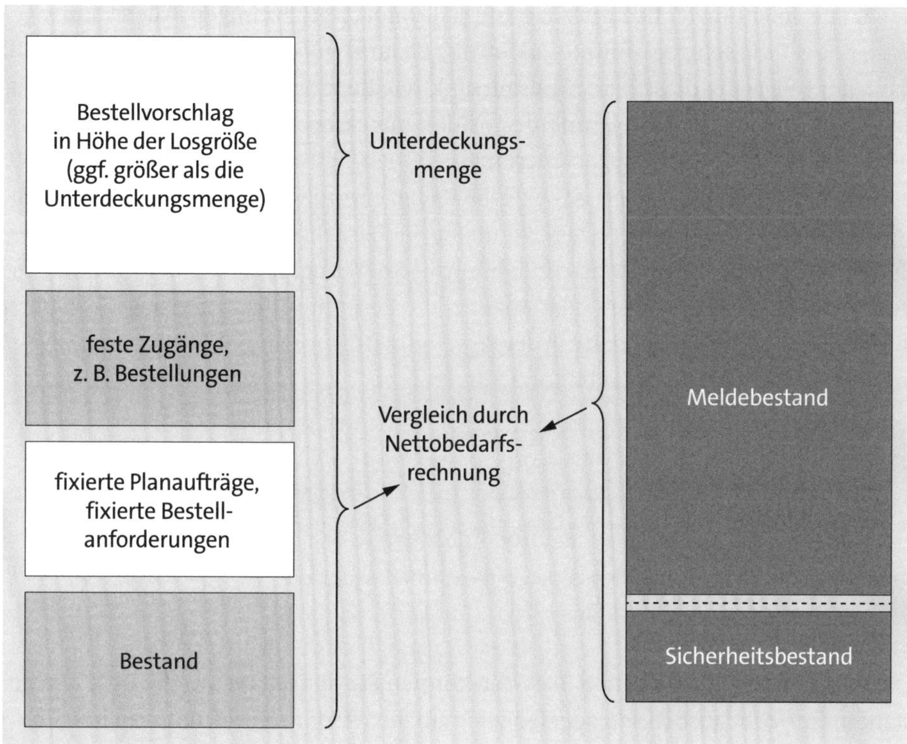

Abbildung 8.2 Nettobedarfsrechnung bei der Bestellpunktdisposition

Bei bestellpunktdisponierten Materialien ist der Unterdeckungstermin der Zeitpunkt des Planungslaufs: Lediglich für diesen Zeitpunkt wird auf eine eventuell vorliegende Unterdeckungssituation geprüft. Dies kann in einer mehrstufigen Stücklistenstruktur zu einer späten Absetzung von Sekundärbedarfen führen, die bei langen Wiederbeschaffungszeiten von Komponenten eine problematische Liefersituation zur Folge haben können.

Diesem Umstand sollten Sie bei der Auswahl der Bestellpunktdisposition in einer mehrstufigen Stücklistenstruktur Rechnung tragen. Das System terminiert bei der Bestellpunktdisposition vorwärts.

Vorhandene Kundenaufträge, Sekundärbedarfe und Reservierungen sind für die Bestellpunktdisposition nicht dispositiv relevant, da sie konzeptionell lediglich realisierte Bedarfe der Vergangenheit berücksichtigt. Folglich sollten die vorhandenen Bedarfe bereits durch die aus den Vergangenheitswerten resultierenden Prognosen und aus dem damit ermittelten Meldebestand abgedeckt sein. Im SAP-ECC- bzw. im SAP-S/4HANA-System werden Reservierungen zwar in der Bedarfs-/Bestandssituation angezeigt, sind jedoch nicht dispositiv relevant. Sekundärbedarfe und Beistellbedarfe für die Lohnbearbeitung sind für die Disposition ebenfalls nicht relevant und werden daher auch nicht in der Bedarfs-/Bestandsliste angezeigt. In einigen Fällen kann es jedoch notwendig sein, bestimmte zukünftige Bedarfe zu berücksichtigen. Dies ist z. B. dann der Fall, wenn diese Bedarfe als nicht durch die Prognose abgedeckt anzusehen sind. Hierfür steht die Bestellpunktdisposition mit externen Bedarfen zur Verfügung. Im Customizing des Dispositionsmerkmals können Sie einstellen, ob externe Bedarfe berücksichtigt werden sollen. Als externe Bedarfe werden Kundenaufträge und manuelle Reservierungen angesehen. Wenn Sie die Berücksichtigung von externen Bedarfen eingestellt haben, werden Planungsvormerkungen beim Anlegen oder Ändern von Kundenaufträgen oder manuellen Reservierungen erzeugt. Zusätzlich können weitere externe Bedarfe in der Bestellpunktdisposition als dispositiv relevant vorgesehen werden (siehe Abbildung 8.3).

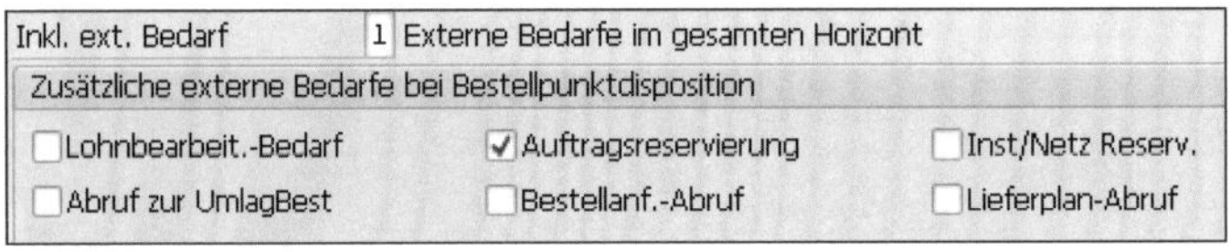

Inkl. ext. Bedarf 1 Externe Bedarfe im gesamten Horizont
Zusätzliche externe Bedarfe bei Bestellpunktdisposition
☐ Lohnbearbeit.-Bedarf ☑ Auftragsreservierung ☐ Inst/Netz Reserv.
☐ Abruf zur UmlagBest ☐ Bestellanf.-Abruf ☐ Lieferplan-Abruf

Abbildung 8.3 Bestellpunktdisposition mit externen Bedarfen, Ausschnitt aus dem Customizing

Die Wirksamkeit von externen Bedarfen können Sie optional entweder über den gesamten Horizont ausdehnen oder lediglich auf die Wiederbeschaffungszeit beschränken.

Neben der dispositiven Wirksamkeit bestimmter Bedarfe aus der Zukunft lässt sich auch die Anzeigelogik in einigen Fällen beeinflussen. Tabelle 8.1 verdeutlicht zusammenfassend die Sichtbarkeit und die dispositive Relevanz einzelner Bedarfe (siehe hierzu auch SAP-Hinweis 192954).

	nicht sichtbar + dispositiv nicht relevant	sichtbar + dispositiv nicht relevant	sichtbar + dispositiv relevant	nicht sichtbar + dispositiv relevant
Sekundärbedarfe	Standardverhalten	SAP-Hinweis 37697	plangesteuertes Dispositionsverfahren verwenden	–
Auftragsreservierungen	SAP-Hinweis 37697	Standardverhalten	SAP-Hinweis 53343	–
Lohnbearbeiter-Bedarfe	Standardverhalten	–	SAP-Hinweis 37697 und/oder 53343	–

Tabelle 8.1 Sichtbarkeit und dispositive Relevanz von Bedarfen

Der Sicherheitsbestand soll sowohl die Unsicherheit hinsichtlich der tatsächlichen Verbrauchshöhe als auch bezüglich der tatsächlichen Wiederbeschaffungszeit abdecken. Er ist daher als Bestandteil des Meldebestands zu interpretieren. Die Höhe des Sicherheitsbestands spielt bei der Ermittlung der Unterdeckungsmenge keine Rolle, jedoch erhalten die Disponenten bei einer Unterschreitung eine Ausnahmemeldung.

Bei der Bestellpunktdisposition bietet es sich an, Losgrößenverfahren zu wählen, die zur Bestellung konstanter Losgrößen führen, z. B. das Verfahren der *festen Losgröße* oder das Verfahren *Auffüllen bis zum Höchstbestand* (siehe hierzu Kapitel 9, »Beschaffungsmengenermittlung«).

[+]

Berücksichtigung von Sekundärbedarfen bei der verbrauchsgesteuerten Disposition in SAP ECC und SAP S/4HANA

Mit der SCM-Beratungslösung *Customized MRP Type-Demand-Driven Planning* (CMT-DDP) können Sie auch im Rahmen der verbrauchsgesteuerten Disposition Sekundärbedarfe dispositiv relevant berücksichtigen. Wir beschreiben CMT-DDP im Rahmen des Abschnitt 8.1.2, »Disposition auf Basis des Demand-Driven-MRP-Ansatzes«, näher.

Stochastische Disposition

Wie bei allen verbrauchsgesteuerten Dispositionsverfahren bildet der Materialverbrauch der Vergangenheit auch den Ausgangspunkt für die stochastische Disposition. Mithilfe einer Prognose werden Prognosewerte für zukünftige Bedarfe ermittelt, die die Bedarfsmengen für den Materialbedarfsplanungslauf bilden.

Bei Verwendung der stochastischen Disposition sollten Sie die Prognoserechnung regelmäßig durchführen, um den maschinell ermittelten Bedarf an die aktuelle Verbrauchsentwicklung anzupassen. Die Prognoserechnung erzeugt Prognosebedarfe, die in der Ermittlung der Unterdeckungsmengen dispositiv relevant sind. Abbildung 8.4 zeigt beispielhaft eine Bedarfs-/Bestandssituation bei Verwendung der stochastischen Disposition vor der Materialbedarfsplanung.

Sie können für jedes Material das Zeitraster für die Prognose (Tag, Woche, Monat oder Periode laut Geschäftsjahresvariante) und die Anzahl der Vorhersageperioden individuell festlegen. Außerdem können Sie festlegen, wie viele Prognoseperioden in der Disposition berücksichtigt werden sollen. Durch Materialentnahmen wird der Prognosebedarf reduziert, damit der schon realisierte Teil des vorhergesagten Bedarfs nicht erneut disponiert wird.

Die Höhe des verfügbaren Bestands bemisst sich bei der stochastischen Disposition wie folgt:

verfügbarer Bestand = Werksbestand – Sicherheitsbestand + Zugänge Bestellungen, fixierte Beschaffungsvorschläge – Bedarfsmenge (Prognosebedarf)

Z..	Datum	Dispo...	Daten zum Dispoelem.	Umterm. ...	A..	Zugang/Bedarf	Verfügbare Menge
	01.06.2021	W-BEST			96		0
	01.06.2021	ShBest	Sicherheitsbestand			12-	12-
	03.06.2021	PL-AUF	0000928028/LA		62	12	0
	25.06.2021	PL-AUF	0000928029/LA		62	71	71
	01.07.2021	PR-BED	M 07/2014			71-	0
	28.07.2021	PL-AUF	0000928030/LA		62	72	72
	01.08.2021	PR-BED	M 08/2014			72-	0
	26.08.2021	PL-AUF	0000928031/LA		62	73	73
	01.09.2021	PR-BED	M 09/2014			73-	0
	25.09.2021	PL-AUF	0000928032/LA		62	74	74
	01.10.2021	PR-BED	M 10/2014			74-	0
	28.10.2021	PL-AUF	0000928033/LA		62	75	75
	03.11.2021	PR-BED	M 11/2014			75-	0

Abbildung 8.4 Beispiel zur Transaktion MD04 bei stochastischer Disposition

Zu einer Unterdeckung kommt es folglich, wenn der verfügbare Bestand negativ wird, die Bedarfsmenge also größer ist als die Zugänge. Als Zugänge werden dabei neben dem Bestand fixierte Beschaffungsvorschläge (z. B. Bestellanforderungen) und feste Zugänge (z. B. Bestellungen) interpretiert. Diesen Zugängen stellt die Nettobedarfsrechnung im Rahmen der stochastischen Disposition die im System vorhandenen Prognosebedarfe gegenüber. Zusätzlich wird der Sicherheitsbestand auf der Bedarfsseite der Rechnung berücksichtigt. Dies ist auf die grundsätzliche Interpretation des Sicherheitsbestands als nicht dispositives Element zurückzuführen (siehe hierzu Kapitel 10, »Sicherheitsbestandsplanung«). Die detaillierte Vorgehensweise bei der Ermittlung der Unterdeckungsmengen entnehmen Sie Abbildung 8.5.

Im Rahmen der stochastischen Disposition werden ausschließlich die prognostizierten Bedarfsmengen als Abgänge betrachtet. Die Nettobedarfsrechnung vergleicht in jeder Periode die Höhe der Zugangselemente mit der Höhe des Sicherheitsbestands und den Prognosebedarfsmengen. Wird eine Unterdeckung identifiziert, wird mit dem Bedarfsdatum des Prognosebedarfs ein Beschaffungsvorschlag erzeugt. Die Höhe des Beschaffungsvorschlags ist auch bei der stochastischen Disposition von der Beschaffungsmengenermittlung abhängig, die in einem weiteren Schritt durchgeführt wird, der sich an die Nettobedarfsrechnung anschließt (siehe hierzu Kapitel 9, »Beschaffungsmengenermittlung«).

Im SAP-ECC- bzw. im SAP-S/4HANA-System wird davon ausgegangen, dass der Bedarfstermin der erste Arbeitstag der jeweiligen Periode ist. Diese Logik können Sie mittels Aufteilungsfunktion des Prognosebedarfs so beeinflussen, dass der Bedarf gleichmäßig über die Prognoseperiode verteilt wird.

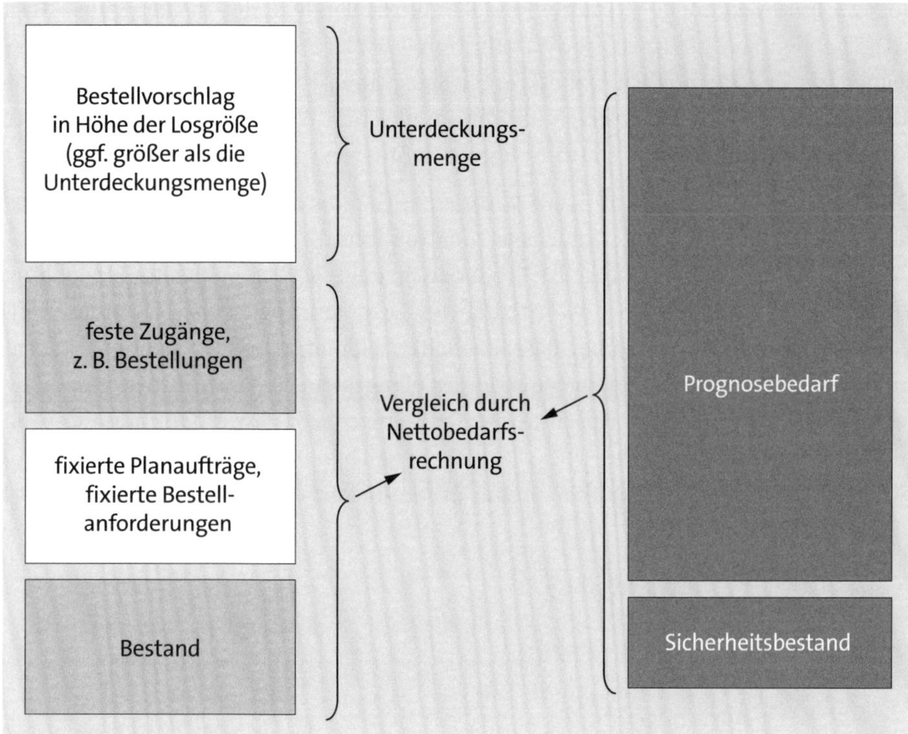

Abbildung 8.5 Nettobedarfsrechnung bei stochastischer Disposition

Anders als bei der Bestellpunktdisposition, bei welcher der aktuell verfügbare Lagerbestand zum Planungszeitpunkt eine Rolle in der Terminierung spielt, sind bei stochastisch disponierten Materialien die prognostizierten Bedarfstermine in der Zukunft bekannt. Daher verwendet sowohl das SAP-ECC- als auch das SAP-S/4HANA-System ausgehend vom Bedarfstermin eine Rückwärtsterminierung entsprechend der Customizing-Einstellungen zur Terminierungsrichtung.

Bei der stochastischen Disposition sind auch Vorplanungsbedarfe bedarfsrelevant; dies gilt darüber hinaus analog für Kundenbedarfe. Es gibt jedoch unabhängig von der Planungsstrategie keine Verrechnung.

Rhythmische Disposition

Bei der rhythmischen Disposition erfolgt die Disposition von Materialien in bestimmten Zeitintervallen. Dieses Dispositionsverfahren bietet sich insbesondere dann an, wenn ein Material immer an bestimmten Tagen geliefert wird.

Voraussetzung für die rhythmische Disposition eines Materials ist neben der Verwendung des entsprechenden Dispositionsmerkmals ein Dispositionsrhythmus, der in der Registerkarte **Disposition 1** des Materialstamms in Form eines Planungskalenders zu hinterlegen ist. Mithilfe eines Planungskalenders, der in der Transaktion MD25 gepflegt werden kann, ist die Definition flexibler Periodenlängen für die Materialbedarfsplanung möglich. Dabei können Sie optional regelmäßige Dispositionstermine einstellen (z. B. Disposition immer am gleichen Wochentag) oder bestimmte Dispositionstermine durch Datumseingabe definieren.

Die rhythmische Disposition kann verbrauchsgesteuert oder plangesteuert eingesetzt werden. Bei einem verbrauchsgesteuerten Einsatz der rhythmischen Disposition müssen die Bedarfe über die Prognose erzeugt werden. Über die Einstellung **Rhythmus m. Bedarfen** im Customizing des Dispositionsmerkmals (siehe Abbildung 8.6) kann erreicht werden, dass alle Bedarfselemente in der Nettobedarfsrechnung berücksichtigt werden, die auch in der plangesteuerten Disposition dispositiv relevant sind (siehe hierzu Abschnitt 8.1.3). Prognosebedarfe werden in diesem Fall nur berücksichtigt, wenn das Dispositionskennzeichen **Prognose** dies zulässt. Dabei müssen Sie darüber entscheiden, ob der Gesamtbedarf oder der ungeplante Bedarf einfließen soll.

Dispomerkmal	R1	Rhythmische Disposition
Dispoverfahren	R	Rhythmische Disposition
Steuerungsparameter		
Fixierungsart		
RollForward		Fixierte Planaufträge nicht löschen
	☐	Rhythmus m. Bedarfen
Verwendung der Prognose für die Disposition		
Prognosekennz	+	Mußprognose
Verbrauchsk. Progn	G	Gesamtverbrauch
Dispokennz. Progn		nicht mitdisponieren
Prognose reduzieren	2	ProgWert in der 1. Periode um Durchschnitt reduzieren

Abbildung 8.6 Rhythmische Disposition mit Bedarfen, Ausschnitt aus dem Customizing

Aufgrund der Verwendung des Planungskalenders benötigt das System keine Planungsvormerkungen zur Auslösung einer Bedarfsplanung. Bei der rhythmischen Disposition erfolgt also bei dispositiven Änderungen kein Eintrag in die Planungsvormerkdatei. Stattdessen werden rhythmisch disponierte Materialien mit einem Dispositionsdatum versehen, welches zunächst bei der Anlage des Materialstamms und später bei jedem Planungslauf neu gesetzt wird. Dieses Datum entspricht dem Tag, an dem das Material zum nächsten Mal disponiert wird. Es wird auf der Grundlage des im Materialstamm angegebenen Dispositionsrhythmus errechnet. Durch Vorgabe eines vom aktuellen Datum abweichenden Dispositionsdatums im Planungslauf kann die Planung eines rhythmisch disponierten Materials vorgezogen werden.

In einem Planungslauf prüft das System das Dispositionsdatum in der Planungsvormerkdatei. Ist ein Material im Bedarfsplanungslauf zu berücksichtigen, berechnet das System die Höhe des Bedarfs durch Ermittlung eines Zeitintervalls. Dabei wird folgende Formel genutzt:

Zeitintervall = Dispositionstermin + Dispositionsrhythmus
+ Wiederbeschaffungszeit

Der Bedarf dieses Zeitintervalls wird herangezogen, um ihn mit dem Bestand und den festen und fixierten Zugängen innerhalb dieses Intervalls zu vergleichen. Anhand dieses Vergleichs wird dann die Unterdeckungsmenge bestimmt. Dabei kalkuliert das System die terminliche Lage der fixierten Zugänge nicht ein. Eventuell auftretende temporäre Unterdeckungen werden dabei in Kauf genommen.

Über die Wahl eines entsprechenden Dispositionsmerkmals haben Sie die Möglichkeit, die rhythmische Disposition mit einem Meldebestand zu kombinieren. Damit wird das Material nicht nur zum Dispositionsdatum in der Planungsvormerkdatei disponiert, sondern auch dann, wenn der Meldebestand durch einen Warenausgang unterschritten wird. Durch Unterschreiten des Meldebestands wird in der Planungsvormerkdatei ein Eintrag abgesetzt, der zu einer Planung im nächsten Planungslauf führt. Die Unterdeckungsmenge wird jedoch unabhängig vom Meldebestand berechnet.

8.1.2 Disposition auf Basis des Demand-Driven-MRP-Ansatzes

Mit dem SAP-S/4HANA-Release 1709 wurde in der On-Premise-Umgebung die Durchführung einer *bedarfsorientierten Wiederbeschaffung* (engl. Demand-Driven MRP) ermöglicht.

Bei Demand-Driven MRP handelt es sich um einen ganzheitlichen Ansatz der Planung und Ausführung verschiedener Planungsschritte im Supply Chain Management. Dabei werden sämtliche von der Planung zu lösenden Fragestellungen durch fest definierte Herangehensweisen adressiert. Abbildung 8.7 zeigt die Übersicht der wesentlichen Charakteristika des Demand-Driven-MRP-Ansatzes.

Im Rahmen von Demand-Driven MRP erfolgt die Wiederbeschaffung in der Regel durch tatsächliche Bedarfe, weshalb in diesem Ansatz nicht zwingend eine Prognose notwendig ist. Der Ansatz kann demnach auch dann umgesetzt werden, wenn aufgrund der Verbrauchsverläufe auch mit hohem Aufwand keine ausreichend gute Prognose möglich ist. Falls jedoch eine entsprechende Prognose erzeugt werden kann, sind diese Werte dennoch im Demand-Driven-MRP-Kontext sinnvoll nutzbar.

Ein weiteres Charakteristikum des Demand-Driven-MRP-Ansatzes besteht in der Entkopplung verschiedener Teile der Lieferkette von negativen Einflüssen. Üblicherweise entstehen in Lieferketten Effekte, die durch Variabilität und Unsicherheit von außen bedingt sind und durch die Stufen in der Lieferkette verstärkt werden können.

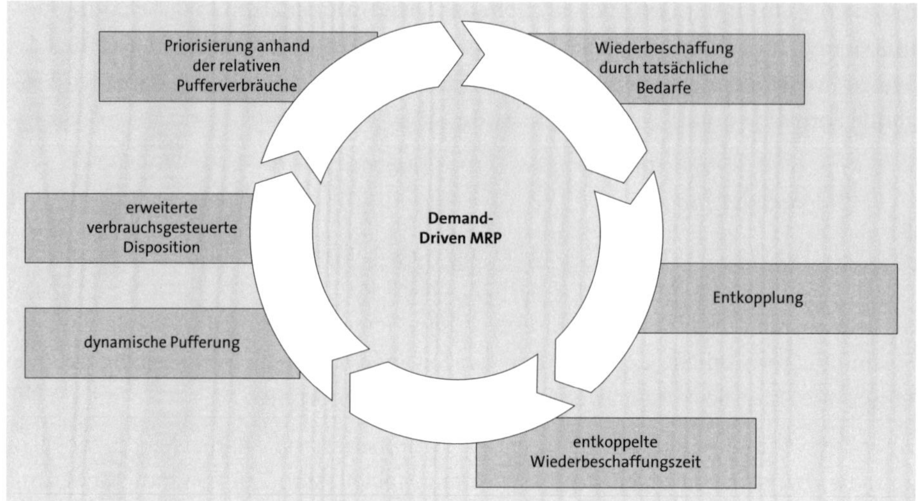

Abbildung 8.7 Charakteristika des Demand-Driven-MRP-Ansatzes

Von außen bedeutet dabei z. B., dass von Kundenseite die Bedarfsmenge oder auch die Bedarfstermine im Zeitablauf variieren. Auch von der Lieferantenseite kommt es in der Regel durch schwankende Wiederbeschaffungszeiten oder auch qualitätsbedingte Mengenschwankungen zu entsprechender Variabilität.

Diese von außen auf die Lieferkette wirkende Variabilität und Unsicherheit kann durch entsprechende Vorgehensweisen innerhalb der Lieferkette verstärkt werden. Zum einen kann die eigene Lieferkette z. B. durch Schwankungen der Qualität oder der Wiederbeschaffungszeiten durch hohe Auslastungen der Produktionskapazitäten beeinträchtigt werden. Zum anderen kann man in der Regel beobachten, dass z. B. durch Losgrößenbündelung auf einzelnen Stufen der Versorgungskette die Schwankungen von Stufe zu Stufe zunehmen, man spricht hier vom *Peitscheneffekt* (engl. Bullwhip Effect, siehe Abbildung 8.8).

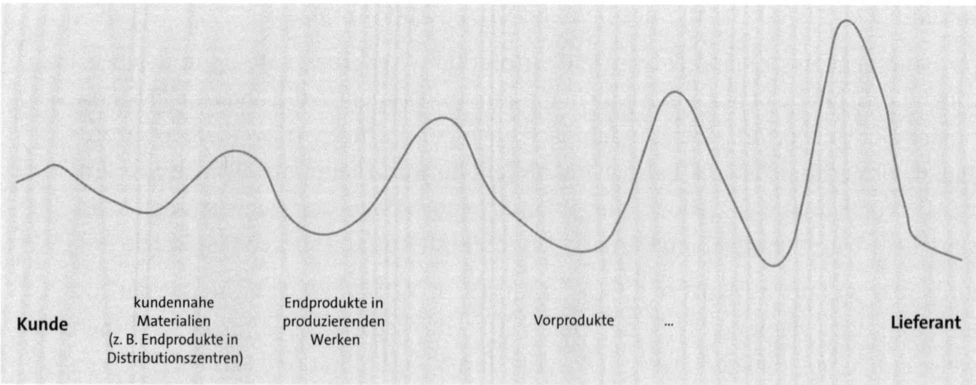

Abbildung 8.8 Peitscheneffekt

Der Ansatz von Demand-Driven MRP löst diese Thematik durch systematische *Entkopplung* (engl. Decoupling) einzelner Teile der Lieferkette von den Einflüssen der anderen Teile des Netzwerks. Systematisch bedeutet, dass es definierte Regeln gibt, wie die Entkopplungspunkte identifiziert werden (*Buffer Positioning*, siehe Kapitel 10, »Sicherheitsbestandsplanung«). Entkoppelt wird dabei durch einen Lagerbestand, der die Schwankungen und Unsicherheiten aus Richtung der Kunden (*Downstream*) bzw. der Lieferanten (*Upstream*) auffängt. Der Lagerbestand sorgt dafür, dass die einzelnen Teile der Lieferkette nicht unmittelbar auf solche Schwankungen reagieren müssen. Somit wird ein Aufschaukeln, wie man es beim Peitscheneffekt beobachten kann, unterbrochen und damit begrenzt oder gänzlich verhindert.

Um diesen Entkopplungseffekt zu erzielen, muss ein Puffer, der zur Sicherheit vorgehalten wird, um diese Variabilität und Unsicherheit aufzufangen, dispositiv verwendbar sein. Damit unterscheidet sich der im Rahmen von Demand-Driven MRP verwendete Puffer diametral von dem, der in einem Ansatz nach MRP zum Einsatz kommt. Hier wird der Sicherheitsbestand als ein der dispositiven Menge entzogener Bestand interpretiert. Näheres hierzu beschreiben wir in Kapitel 10, »Sicherheitsbestandsplanung«.

Um die Entkopplung auch in der *Berechnung der Pufferdimensionierung* (engl. Buffer Sizing) korrekt zu berücksichtigen, muss mit der entkoppelten Wiederbeschaffungszeit gerechnet werden. Dies bedeutet, dass nicht mehr einstufige Wiederbeschaffungszeiten zum Einsatz kommen, sondern jeweils die Länge der Wiederbeschaffungszeit des kritischen Pfads bis zum nächsten Entkopplungspunkt. Somit werden in allen Schritten des Supply Chain Planning diese mehrstufigen, entkoppelten Wiederbeschaffungszeiten eingesetzt, um die Entkopplung korrekt zu berücksichtigen.

Diese entkoppelten Wiederbeschaffungszeiten werden in einem durch die Demand-Driven-MRP-Methode definierten Berechnungsschritt in Puffergrößen umgerechnet. Somit wird sichergestellt, dass konsistent zu der systematischen Auswahl der Entkopplungspunkte die richtigen Bestände ermittelt werden, um die Entkopplung zu erreichen. Die Puffergrößen sind dabei in zweierlei Hinsicht als dynamisch anzusehen. Zum einen reagiert der Ansatz unmittelbar auf sich ändernde Rahmenparameter wie geänderte Verbrauchsmuster oder neue Entkopplungsstrukturen z. B. durch neu eingeführte Materialien. Zum anderen werden aber auch zukünftige Verläufe wie Saisonalitäten oder Sondereffekte frühzeitig antizipiert und in die Pufferermittlung einbezogen.

Die Inputs, die durch die Entkopplung ermittelt werden, werden dann in einem automatisierten Planungslauf genutzt, um Beschaffungsvorschläge zu erzeugen. Dabei kommt eine Berechnung zum Einsatz, die über die vorab beschriebene Meldebestandsberechnung hinausgeht, auch wenn die Grundzüge vergleichbar sind. Die wesentliche Zusatzfunktion im Vergleich zur Bestellpunktdisposition ist die geänderte Berücksichtigung von besonders hohen Bedarfen, die sowohl bei der Auslösung eines

Wiederbeschaffungsvorschlags als auch bei dessen Höhe zusätzlich miteinbezogen werden. Die Demand-Driven-MRP-Methode spricht hier von sogenannten *qualifizierten Spitzenbedarfen* (engl. qualified Spikes). Dabei handelt es sich um auf Tagesbasis aggregierte Bedarfe, die in einem zu definierenden Horizont liegen und eine zu definierende Höhe überschreiten. Der sogenannte *Spitzenhorizont* (engl. Spike Horizon) entspricht in der Regel der Länge der entkoppelten Wiederbeschaffungszeit, während die Höhe als *Spitzenschwellwert* (engl. Spike Threshold) bezeichnet wird und in der Praxis z. B. 50 % des Sicherheitsbestands beträgt.

Die Nettobedarfsrechnung, die in Demand-Driven MRP leicht abweichend als *Nettoflussberechnung* (engl. Net Flow Calculation) bezeichnet wird, ergibt sich dabei durch folgende Formel (*Nettoflussformel*, engl. Net Flow Equation):

Nettoflussposition = verfügbarer Bestand
+ offene Zugänge – offene Bedarfe – qualifizierte Spitzenbedarfe

Abbildung 8.9 zeigt die Nettoflussberechnung als Diagramm.

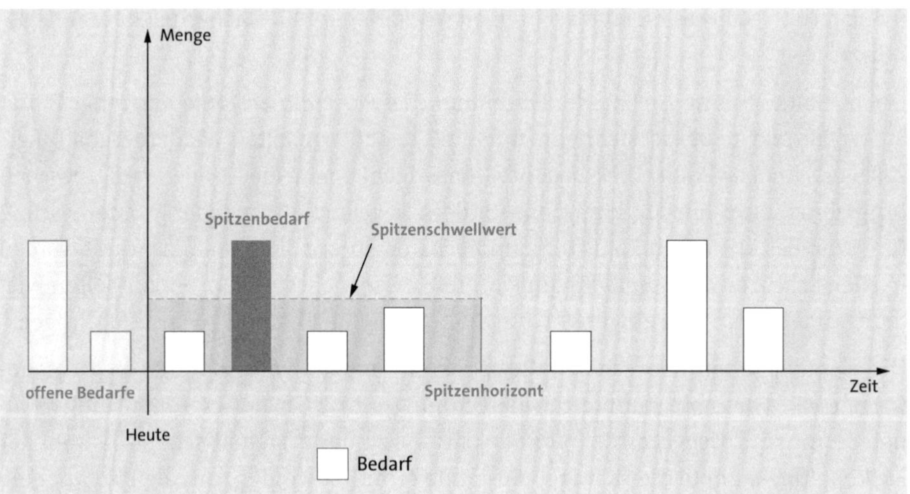

Abbildung 8.9 Nettoflussberechnung im Demand-Driven-MRP-Kontext

Als offene Bedarfe werden dabei Bedarfe am heutigen Tag sowie Bedarfe in der Vergangenheit interpretiert, offene Zugänge sind bereits erstellte Fertigungs- oder Prozessaufträge bzw. Bestellungen; auch fixierte Planaufträge und Bestellanforderungen werden in diese Kategorie gerechnet.

Die *Nettoflussposition* (engl. Net Flow Position) wird dabei dann im Rahmen des automatisierten Planungslaufs mit den Puffergrößen verglichen, falls ein zu großer Teil des Puffers bereits verbraucht ist, d. h. der *relative Pufferverbrauch* (engl. relative Buffer Consumption) groß ist, erfolgt die Anlage eines Beschaffungsvorschlags. Voraussetzung ist dabei, dass Sie entsprechende Funktionen lizenziert und implementiert sowie ein Dispositionsmerkmal im entkoppelten Material eingestellt haben, welches diese Logik aufweist (z. B. D1).

[«]

Optionen zur Nutzung des Dispositionsverfahrens im Demand-Driven-MRP-Kontext

Um die beschriebene Logik einzusetzen, müssen Sie mindestens eine der folgenden Optionen nutzen:

- Demand-Driven MRP in SAP S/4HANA (ab Release 1709 On-Premise)
- SAP IBP für Demand-Driven Replenishment (ab Release 1905 mit SAP ECC, nähere Informationen hierzu finden Sie in Abschnitt 8.3.2, »Zeitreihenbasierte Demand-Driven-Replenishment-Algorithmen«)
- SCM-Beratungslösung Customized MRP Type – Demand-Driven Planning (ab SAP ECC 6.0 EHP3 mit SAP NetWeaver 7.4 und SAP SCM Consulting Solutions Release 2018, nähere Informationen hierzu finden Sie in SAP-Hinweis 2888339 unter *http://s-prs.de/v858405*)

Näheres zur Vorgehensweise, wie entsprechende Beschaffungsvorschläge ermittelt werden, finden Sie in Kapitel 9, »Beschaffungsmengenermittlung«, und in Kapitel 10, »Sicherheitsbestandsplanung«.

In der klassischen meldebestandsgesteuerten Disposition entsteht der strukturelle Nachteil, dass die Nettobedarfsrechnung – bzw. im Demand-Driven-MRP-Kontext die Nettoflussberechnung – lediglich das aktuelle Datum berechnet. Es wird also keine Vorschau auf zukünftige Bedarfsdecker erzeugt. Daher ist es in diesem Kontext nicht möglich, eine mittel- bis langfristige Kapazitätsplanung durchzuführen oder eine Vorschau zukünftiger Mengen an Lieferanten weiterzugeben. Auch eine Verfügbarkeitsprüfung gegen Zugangselemente wird hierdurch erschwert bzw. verhindert. Um das zu umgehen, werden bei Verwendung von SAP IBP für Demand-Driven Replenishment und der SCM-Beratungslösungen von SAP *projizierte Nettoflussberechnungen* (engl. projected Net Flow Calculations) durchgeführt. Die obige Formel wird dann auch für zukünftige Perioden durchgeführt, um eine entsprechende Projektion über zukünftige Bedarfsmengen zu erhalten.

Die so erzeugten Beschaffungsvorschläge werden auf Basis eines eindeutigen prioritätsbasierten Ansatzes nachbearbeitet. Dies bedeutet, dass die Beschaffungsvorschläge durch die Umsetzung in Fertigungs- oder Prozessaufträge bzw. Bestellungen an die Ausführung übergeben oder auch in der Ausführung nach einem mit dem gesamten Ansatz konsistenten Muster priorisiert werden. Anders als in der plangesteuerten Disposition (siehe Abschnitt 8.1.3), die Bedarfsdaten (engl. Due Dates) als Grundlage einer Priorisierung verwendet, arbeitet Demand-Driven MRP dabei mit dem relativen Pufferverbrauch. Somit wird sichergestellt, dass die Priorität in der Planung und Ausführung die Entkopplungsfunktion der ausgewählten Entkopplungspunkte sicherstellt.

Bei der Demand-Driven-MRP-Vorgehensweise werden in der Planung mehrere Phasen durchlaufen, in denen verschiedene Teilschritte zum Einsatz kommen (siehe Abbildung 8.10).

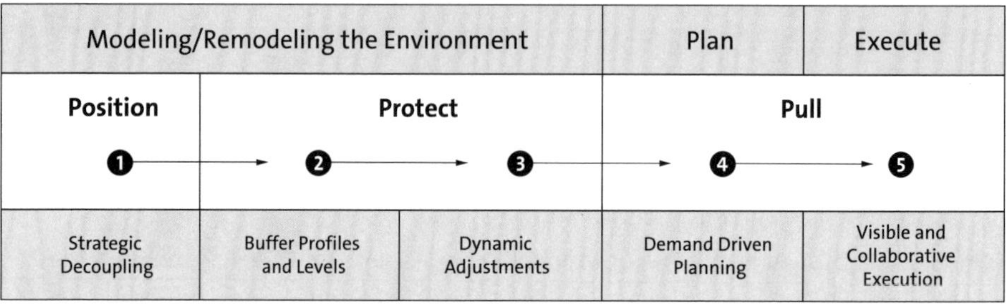

Abbildung 8.10 Phasen bzw. Schritte des Demand-Driven-MRP-Ansatzes

Die erste Phase ❶ (Position) besteht in der Festlegung der Entkopplungspunkte, d. h. der Identifizierung der Material-/Werkskombinationen im mehrstufigen Netzwerk, an denen Lagerbestand gehalten werden soll. Hier wird auch von *Bestandspositionierung* (engl. strategic Decoupling) gesprochen. Die entsprechenden Funktionen stellen wir Ihnen in Kapitel 10, »Sicherheitsbestandsplanung«, vor.

Die Entkopplungspunkte müssen dann in einer Phase von den negativen Einflüssen der restlichen Lieferkette beschützt werden ❷ (Protect), was durch eine systematische Festlegung der Puffergrößen passiert. Hierbei werden zwei Teilschritte durchlaufen, zunächst erfolgt die Ermittlung statischer Puffergrößen, dieser Schritt wird als *Buffer Profiles and Levels* bezeichnet. Auf Basis der Materialklassifizierung werden Pufferprofile zugeordnet, aus denen sich die Puffergrößen bestimmen. Im Anschluss werden Anpassungen vorgenommen ❸, zum einen wenn sich Rahmenparameter ändern, zum anderen um Events und zukünftige Verläufe frühzeitig zu antizipieren. Dieser Schritt wird als *Dynamic Adjustment* bezeichnet. Auch diese Funktionen werden in Kapitel 10, »Sicherheitsbestandsplanung«, näher erläutert.

Nachdem die Position- und die Protect-Phase abgeschlossen sind, stehen die Parameter fest, mit denen die Planung gefüttert wird. Daher wird hier auch zusammenfassend von der Modellierung bzw. laufend durchgeführten *Remodellierung der Umgebung* (engl. Modeling/Remodeling of the Environment) gesprochen.

Daran schließt sich die dritte Phase an, die mit Pull überschrieben wird. Diese Bezeichnung wird gewählt, weil bei Demand-Driven MRP, vergleichbar mit der Bestellpunktdisposition, Mengen durch Bedarfe aus einem Puffer entnommen werden und diese dann fehlende Menge im Puffer das Signal für eine Wiederauffüllung gibt. Die Bedarfe ziehen die Mengen aus der Lieferkette, im Gegensatz zu einer prognosebasierten Vorgehensweise, bei der die Prognose die Wiederauffüllungen veranlasst, sodass hier von Push gesprochen werden kann. Diese dritte Phase beginnt mit der Erzeugung des Plans (❹ – Demand-Driven Planning), also der oben beschriebenen Durchführung des Dispositionsverfahrens auf Basis der Nettoflussberechnung. Daran anschließend erfolgt eine Nachbearbeitung der Planung bzw. dann eine Ausführung (❺ – Visible und Collaborative Execution). Diesen Schritt stellen wir Ihnen in Kapitel 14, »Bearbeitung der Dispositionsergebnisse«, vor.

8.1.3 Plangesteuerte Disposition

Bei der plangesteuerten (auch: deterministischen) Disposition sind die geplanten Bedarfsmengen der Zukunft relevant für den Anstoß der Disposition. Bedarfselemente der plangesteuerten Disposition sind z. B. Kundenaufträge, Vorplanungsbedarfe, Materialreservierungen oder Sekundärbedarfe.

Die plangesteuerte Disposition bietet sich vor allem für die Planung von A-Produkten an. Durch die Verwendung von exakten Bedarfsmengen aus der Zukunft ohne die Unsicherheit einer Prognose können Sie hier abhängig vom Unsicherheitsgrad tendenziell mit niedrigeren Sicherheitsbeständen als bei der verbrauchsgesteuerten Disposition arbeiten.

Bei der plangesteuerten Disposition wird für alle zu planenden Bedarfsmengen eine Nettobedarfsrechnung durchgeführt. Diese vergleicht den verfügbaren Lagerbestand und die fest eingeplanten Zugänge aus Einkauf und Fertigung mit den Bedarfen. Der verfügbare Bestand wird pro Bedarf folgendermaßen ermittelt:

verfügbarer Bestand = Werksbestand – Sicherheitsbestand
+ Zugänge (Bestellungen, fixierte Beschaffungsvorschläge, Fertigungsaufträge)
– Bedarfsmenge (z. B. Kundenaufträge, Kundenprimärbedarfe, Vorplanungsbedarfe, Sekundärbedarfe)

Abbildung 8.11 verdeutlicht die Vorgehensweise des Systems im Rahmen der Nettobedarfsrechnung bei plangesteuerter Disposition.

Der Werksbestand wird für alle zum Werk gehörenden Lagerorte, die nicht von der Disposition ausgeschlossen sind bzw. separat disponiert werden, durch Zusammenfassung der folgenden Bestände ermittelt:

- frei verwendbarer Bestand
- Qualitätsprüfbestand
- frei verwendbarer Konsignationslagerbestand
- Konsignationslagerbestand in Qualitätsprüfung

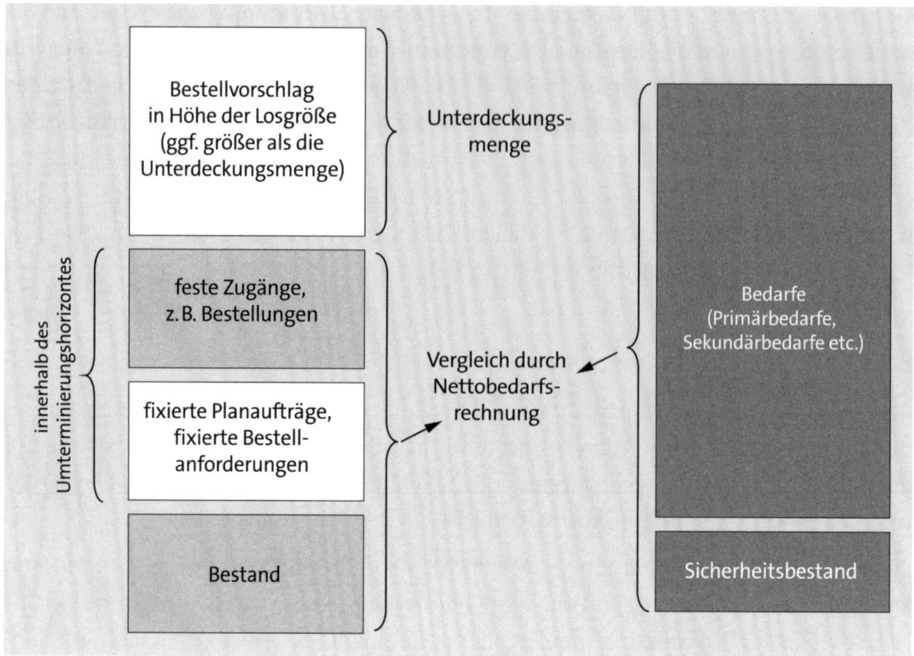

Abbildung 8.11 Nettobedarfsrechnung bei plangesteuerter Disposition

Im SAP-ECC- sowie im SAP-S/4HANA-System können Sie im Customizing bestimmen, ob die folgenden Bestände ebenfalls in den Werksbestand einbezogen werden sollen:

- Umlagerbestand
- Sperrbestand
- nicht freier Bestand für Chargen

Falls der verfügbare Bestand kleiner ist als die Bedarfsmenge, werden Beschaffungsvorschläge erzeugt. Der Bedarfstermin wird durch den Termin des jeweiligen Abgangs (z. B. Kundenauftrag, Kundenprimärbedarf, Vorplanungsbedarf etc.) repräsentiert.

Die Nettobedarfsrechnung bei plangesteuerter Disposition geht davon aus, dass keine nicht fixierten Beschaffungsvorschläge vor den fixierten Beschaffungsvorschlägen ausgeführt werden können. Diese Vorgehensweise basiert auf der Logik, dass ein noch nicht fixierter Planauftrag die gleichen Bearbeitungsschritte wie ein fixierter Planauftrag oder ein Fertigungsauftrag durchlaufen muss (z. B. die Fixierung oder die Umsetzung in einen Fertigungsauftrag). In der für diese Bearbeitungsschritte benötigten Zeit würden die fixierten Planaufträge bzw. die Fertigungsaufträge bereits an die Produktion übergeben. In einem solchen Szenario ist ein »Überholen« von fixierten Planaufträgen oder Fertigungsaufträgen für automatisiert im Planungslauf angelegte Planaufträge daher nicht möglich.

Eine Sonderform der plangesteuerten Disposition bildet die *Leitteileplanung*. Mit dieser Komponente werden Materialien mit einem sehr hohen Anteil am Wertschöpfungsprozess geplant. Die Bedeutung dieser Materialien besteht häufig über den reinen Anteil an der Wertschöpfung hinaus auch darin, dass ein bedeutender Teil des Teilespektrums als Inputmaterial für diese als Leitteile zu kennzeichnenden Materialien fungiert. Häufige Änderungen auf der Enderzeugnisebene führen somit zu einer Instabilität der gesamten Materialbedarfsplanung. Die als Leitteile gekennzeichneten Materialien werden mit einer Reihe spezieller Funktionalitäten separat geplant. Hierbei gelten jeweils die Grundsätze der plangesteuerten Disposition.

Um die Unabhängigkeit von der regulären Planung zu gewährleisten, werden als Leitteile gekennzeichnete Materialien von einem normalen Bedarfsplanungslauf nicht berücksichtigt. Für Leitteile steht daher ein separater Planungslauf zur Verfügung, der für die direkt untergeordnete Stücklistenstufe Sekundärbedarfe erzeugt, die Stücklistenstruktur jedoch nicht weiter plant. Somit ist es möglich, das Planungsergebnis der bedeutsamsten Teile manuell zu bearbeiten, bevor die abhängigen Teile von einer Materialbedarfsplanung erfasst werden.

Einen Sonderfall der plangesteuerten Disposition stellt die Planung mit der SAP-S/4HANA-Zusatzfunktion Predictive Material and Resource Planning (pMRP) dar. Es handelt sich dabei um eine mittel- bis langfristige Simulationsfunktion, bei der Sie die Machbarkeit einer Vorplanung mehrstufig im Hinblick auf Kapazitäten und Materialverfügbarkeiten überprüfen können. Auch eine Anpassung der Vorplanungsmengen zur Herstellung der Machbarkeit ist damit möglich.

Im Kern basiert pMRP auf einer vereinfachten plangesteuerten Disposition. Die Vereinfachung besteht z. B. darin, dass keine Losgrößenzusammenfassung zum Einsatz kommt, was den Peitscheneffekt (siehe Abschnitt 8.1.2, »Disposition auf Basis des Demand-Driven-MRP-Ansatzes«) reduziert.

Um pMRP ausführen zu können, ist kein Customizing notwendig. Sie können die Simulation mit der SAP-Fiori-App **pMRP-Simulationserstellung einplanen** vornehmen (siehe Abbildung 8.12).

In der App müssen Sie zum einen eindeutige IDs für die Simulation und den Referenzplan hinterlegen, sodass ein nachträglicher Vergleich möglich ist. Zum anderen müssen Sie festlegen, auf welcher Periodenbasis die Analyse ausgeführt werden muss, und durch Angabe des Start- und Enddatums den Horizont für die Simulation vorgeben. Zusätzlich müssen Sie die Objekte auswählen, die Bestandteil Ihrer Simulation sein sollen. Abschließend ist festzulegen, wie bei der Simulation mit Umlagerungen umgegangen und mit welchen Belegdaten gearbeitet werden soll, z. B. welcher Bestand der Simulation zugrunde gelegt werden soll.

Anlegen von pMRP-Daten über übergeordnete Materialien

ALLGEMEINE INFORMATIONEN EINPLANUNGSOPTIONEN LAUFDETAILS PARAMETER

ID für Referenzplan: PMRP_TLM_REF_001
Referenzbeschreibung: pMRP_TLM_REF_001
Periodentyp: M
Startdatum der Referenz: 18.11.2021
Enddatum der Referenz: 31.07.2022

Simulations-ID: PMRP_TLM_SIM_001
Simulationsbeschreibung: pMRP_TLM_SIM_001

Grenzen
Werksspezif. Materialstatus:
Werksübergreif. Materialstatus:
StücklVerwendung:
Planverwendung:
Stücklistenstatus:
Arbeitsplanstatus:

Objektauswahl
Werk: 1010
Material: T-F116
Disponent:
Materialart:
Dispositionsstufe:

Umlagerungsverhalten
Umlagerung von/an Werk:
Berücksichtigte Werke:
Berücksichtigte Arbeitsplätze:

Belegdaten
Anfangsbestand:
Inaktive PPB berücksichtigen:
Inaktive PPB-Bedarfsversionen:
Einfachauslauf berücksichtigen:

Abbildung 8.12 pMRP-Simulationsergebnis anlegen

Im Anschluss an den Simulationslauf können Sie die App **pMRP-Simulationen verarbeiten** nutzen, um die Datensimulation zu bearbeiten. Nach einer Übersichtsseite, auf der Sie die Analyse, die Sie bearbeiten wollen, aussuchen können, gelangen Sie zur Bedarfsplansimulation (siehe hierzu Abbildung 8.13).

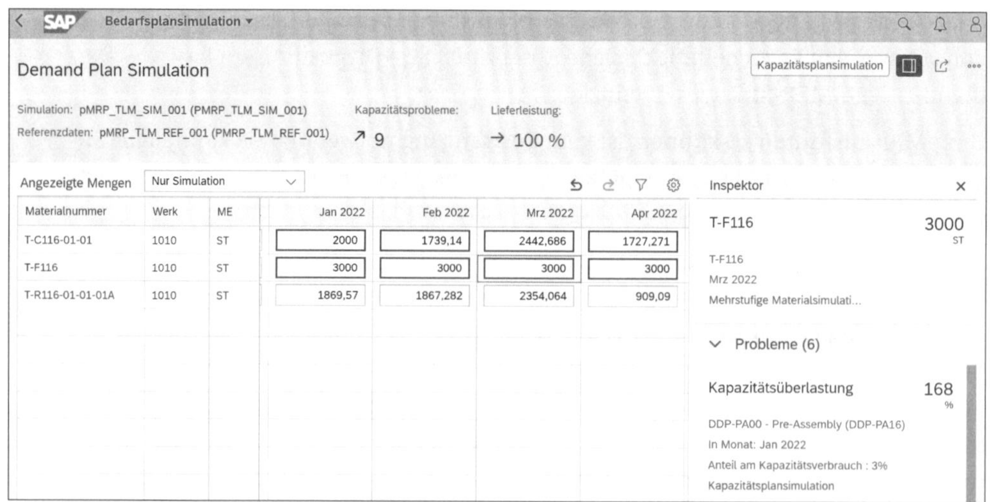

Abbildung 8.13 Bedarfsplansimulation

In dieser Ansicht sehen Sie die Vorplanbedarfe, die vorab im SAP-S/4HANA-System eingegeben werden müssen und auf deren Grundlage die Simulation durchgeführt wurde. Sie können hier interaktiv die Mengen anpassen. Dabei unterstützt Sie nicht nur die Farbgebung (z. B. rot für Problemsituationen) in den einzelnen Perioden, sondern auch der sogenannte *Inspektor*. Der Bereich **Inspektor** im oberen rechten Abschnitt der Bedarfsplansimulation liefert Detailinformationen zu den jeweiligen Problemsituationen. Im Beispiel in der Abbildung ist bspw. eine Kapazitätsüberlastung zu erkennen.

Weitergehende Details zu den einzelnen Problemen werden angezeigt, wenn Sie auf die entsprechende Schaltfläche klicken, z. B. **Kapazitätsplansimulation** in Abbildung 8.13. So gelangen Sie zur Übersicht der Kapazitätsauslastung der jeweils beteiligten Arbeitsplätze (siehe Abbildung 8.14).

8

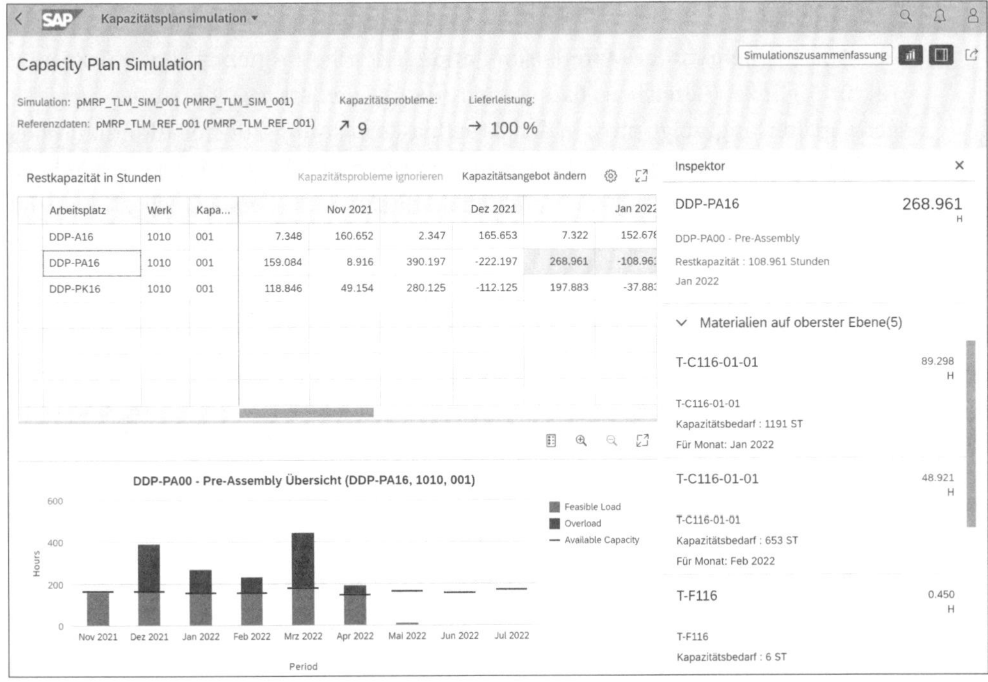

Abbildung 8.14 Kapazitätsplansimulation

In der Ansicht **Kapazitätsplansimulation** sehen Sie im oberen Bereich tabellarisch ausgewertet die beteiligten Arbeitsplätze. Dort werden der Kapazitätsbedarf sowie die Restkapazität pro Periode aufgelistet. Perioden mit Kapazitätsüberlast werden farblich hervorgehoben. Im unteren Bereich können Sie die Kapazitätsbelastung grafisch visualisieren, indem Sie auf einen der Arbeitsplätze in der Tabelle klicken. Im rechten Bereich findet sich erneut der Bereich **Inspektor** mit einer Auflistung der jeweiligen Problemsituationen.

Sie können nun durch Auswahl einer Periode in der tabellarischen Sicht und Betätigung der Schaltfläche **Kapazitätsprobleme ignorieren** die generelle Problemsituation beseitigen. Dies ist z. B. sinnvoll, wenn der jeweilige Arbeitsplatz kein Engpass ist, also davon auszugehen ist, dass im Zweifelsfall eine Anpassung der Kapazitäten vorgenommen werden kann.

Alternativ können Sie auch das Kapazitätsangebot ändern, wobei dies nur Einfluss innerhalb der Simulation hat. Die tatsächliche Arbeitsplatzkapazität bleibt unberührt, deshalb müssen Sie die Änderungen nach Abschluss der Simulation noch einmal separat in die operative Umgebung übertragen.

Neben dem Absprung in die Kapazitätsplansimulation können Sie aus der Bedarfsplansimulation durch Betätigung der Schaltfläche **Mehrstufige Materialsimulation** im Inspektor (siehe Abbildung 8.13) auch in die Übersicht wechseln, in der die Materialverfügbarkeit im Mittelpunkt steht.

In der Ansicht **Mehrstufige Materialsimulation** sehen Sie die mehrstufige Stücklistenstruktur im linken Bereich als Baumstruktur aufgegliedert. Zu jeder Stufe wird über eigene Spalten angezeigt, ob es in der aktuellen Vorplanungskonstellation zu Problemen bei der Materialversorgung kommen würde und wie hoch die jeweilige Fehlmenge wäre. Sie können einzelne Perioden markieren und über den Inspektor auf der rechten Seite auswerten. Als mögliche Eingriffsoptionen stehen Ihnen ein Wechsel auf einen anderen Arbeitsplatz über die Schaltfläche **Bezugsquelle ändern** oder eine vorgezogene Fertigung über die Schaltfläche **Vorfertigen** zur Verfügung (siehe Abbildung 8.15).

Abbildung 8.15 Mehrstufige Materialsimulation

Nach Abschluss Ihrer simulativen Anpassungen, die in Echtzeit von pMRP sofort bewertet werden, können Sie sich eine Zusammenfassung über alle gemachten Anpassungen und verbleibende Probleme anzeigen lassen. Zu dieser Übersicht gelangen Sie, wenn Sie in den verschiedenen Ansichten auf die Schaltfläche **Simulationszusammenfassung** im oberen rechten Teil des Bildschirms klicken.

Wenn Sie in die Übersichtsliste der Simulationen zurückkehren, können Sie die Simulation freigeben. Dadurch werden etwaige aktuelle Vorplanbedarfe auf untergeordneten Stufen erzeugt. Diese Information kann dann von Prozessen wie Demand-Driven Replenishment als Bedarfspropagierung zur Berechnung von Pufferleveln genutzt werden. Auf der Endproduktebene werden inaktive Vorplanbedarfe erzeugt, die im Anschluss auch über die Transaktion MD62 aktiviert werden können.

So nutzen Sie die Funktion pMRP, um die Machbarkeit eines Bedarfsplans im Hinblick auf die Material- und Kapazitätsverfügbarkeit zu erzeugen.

8.2 Dispositionsverfahren in SAP APO und im Add-on for Embedded PP/DS

Das SAP-APO-System bzw. das Add-on for Embedded PP/DS (ePP/DS) kennen keine direkte Entsprechung des Dispositionsmerkmals. Die mit dem Dispositionsverfahren zusammenhängenden Systemeinstellungen werden überwiegend über Systemparameter vorgenommen. Diese Parameter sind in den beiden folgenden Bereichen zu finden:

- PP-Planungsverfahren
- Heuristiken, insbesondere Produktheuristiken

Neben den Planungsverfahren für den kurzfristigen Horizont stehen im SAP-APO-System auch Planungsverfahren für den mittel- bis langfristigen Horizont zur Verfügung. Im Wesentlichen sind dies folgende drei Methoden:

- SNP-Heuristik
- Capable-to-Match (CTM)
- SNP-Optimierer

Die Planungsverfahren für die mittel- bis langfristige Planung verwenden dabei unterschiedliche Vorgehensweisen zur Problemlösung. Die SNP-Heuristik ähnelt in der Vorgehensweise den Funktionen der Materialbedarfsplanung des SAP-ECC- bzw. SAP-S/4HANA-Systems sowie den Funktionen in der kurzfristigen Planung des SAP-APO-Systems bzw. von ePP/DS. In all diesen Funktionen wird infinit pro Lokationsprodukt geplant.

Der SNP-Optimierer und CTM hingegen sind finite Planungsmethoden, die im Allgemeinen Restriktionen während der Planung berücksichtigen können und somit die Materialbedarfsplanung mit einer Kapazitätsplanung kombinieren. In den folgenden

Abschnitten gehen wir auf die grundlegenden Vorgehensweisen und Unterschiede der einzelnen Verfahren näher ein.

8.2.1 PP-Planungsverfahren

Das PP-Planungsverfahren wird im Lokationsproduktstamm (Registerkarte **PP/DS**) eingestellt und beinhaltet zwei für die Planung zentrale Einstellungen:

- Festlegung der Reaktion der Produktions- und Feinplanung auf planungsrelevante Ereignisse
- Festlegung der Pegging-relevanten Menge von Kundenbedarfen (anwendungsübergreifend)

Ist im Lokationsproduktstamm kein PP-Planungsverfahren eingestellt, kann das Produkt nicht mit der Produktions- und Feinplanung (PP/DS) des SAP-APO-Systems bzw. ePP/DS geplant werden.

Ein *planungsrelevantes Ereignis* ist eine Änderung, die eine Anpassung der Planung erfordert. Die Ereignisse lassen sich in die folgenden grundlegenden Arten einteilen:

- Stammdatenänderung (z. B. Änderung einer Produktionsdatenstruktur)
- Anlage bzw. Änderung des Zugangselements eines Eigenfertigungsauftrags (z. B. Planauftragsanlage in PP/DS)
- Anlage bzw. Änderung des Zugangselements eines Fremdbeschaffungsauftrags (z. B. Bestellanforderungsanlage in PP/DS)
- Änderung des Bestands im SAP-ECC- bzw. SAP-S/4HANA-System
- Anlage oder Änderung eines Bedarfselements, z. B.:
  - Anlage oder Änderung eines Kundenauftrags im SAP-ECC- bzw. SAP-S/4HANA-System
  - Ändern eines Sekundärbedarfs oder eines Umlagerungsbedarfs in PP/DS
  - Anlage oder Änderung eines Vorplanungsbedarf in PP/DS
  - Reduktion eines Vorplanungsbedarfs durch Verrechnung

In einer integrierten Systemlandschaft mit einem oder mehreren SAP-ECC- bzw. SAP-S/4HANA-Systemen und einem SAP-APO-System können durch planungsrelevante Ereignisse in einem der Systeme häufig entsprechende Ereignisse im SAP-APO-System ausgelöst werden. Um Mehrfachreaktionen auf planungsrelevante Ereignisse im SAP-ERP- bzw. im SAP-APO-System zu verhindern, können Sie zwischen Ereignissen aus dem SAP-ERP-System und denen aus dem SAP-APO-System unterscheiden und die Reaktion des SAP-APO-Systems auf Ereignisse festlegen. Analog ist dies auch in ePP/DS möglich. Die Reaktion wird als *Aktion* bezeichnet und bei Eintritt des Ereignisses automatisch ausgeführt. Folgende Aktionen und Aktionsgruppen stehen Ihnen zur Verfügung:

- keine Aktion durchführen
- Sekundär- und Umlagerungsbedarfe decken
  - bereits bestehende Zugänge verwenden
  - neue Zugänge anlegen
  - übergeordneten Bedarfsverursacher umplanen
- Produktheuristik starten
- Planungsvormerkung erzeugen
  Produkte mit Planungsvormerkung werden im Planungslauf geplant. Damit PP/DS die Aktion ausführt, muss in der Planversion das Kennzeichen **PP/DS: Veränderungsplanung aktiv** gesetzt sein. In der Veränderungsplanung werden nur die Produkte geplant, für die sich seit der letzten Planung eine planungsrelevante Änderung ergeben hat.

Es gibt eine Reihe von Standardszenarien, die als Reaktion auf bestimmte Ereignisse von SAP empfohlen werden. Sie können jedoch auch eigene Planungsverfahren definieren. Dabei sollten Sie allerdings vorsichtig vorgehen, da innerhalb eines Planungsverfahrens nur bestimmte Ereignis-Aktions-Kombinationen sinnvoll verwendbar sind.

Im Wiederverwendungsmodus, der für die Aktionen *Planungsvormerkung erzeugen* und *Produktheuristik sofort ausführen* relevant ist, wird festgelegt, wie eine Beschaffungsplanungsheuristik bereits vorhandene Beschaffungselemente in der Planung berücksichtigt. Bei beiden genannten Aktionen wird vom System eine Planungsvormerkung erzeugt, die im Falle einer sofortigen Ausführung der Produktheuristik anschließend abgearbeitet wird. Bei der Aktion *Planungsvormerkung erzeugen* führt diese Heuristik erst in einem später zu startenden Planungslauf zu einer Planung des Produkts. In beiden Fällen wird der Wiederverwendungsmodus in der Planungsvormerkdatei abgetragen. Im PP/DS-System existieren vier verschiedene Planungsvormerkungen, die auch die vier verschiedenen Wiederverwendungsmodi repräsentieren:

- **Planungsvormerkung 1: Passende Zugänge verwenden**
  Das System ermittelt durch Nettobedarfsrechnung, Beschaffungsmengenberechnung und Bezugsquellenermittlung die Daten der Beschaffungsvorschläge, die die ungedeckten Bedarfe decken können. Vor der Anlage eines neuen Beschaffungsvorschlags wird im Wiederverwendungsintervall nach einem bereits existierenden, nicht fixierten Beschaffungsvorschlag gesucht, der die gleiche Menge, die gleiche Bezugsquelle und die gleichen Merkmale beinhaltet. Bei Produkten mit diskreten Zugängen muss zusätzlich die Auftragspriorität übereinstimmen. Falls im Wiederverwendungsintervall mehrere passende Zugänge ermittelt werden, trifft das System auf Basis des Verfügbarkeitstermins und der eingestellten Wiederverwendungsstrategie eine Auswahl. Ein neuer Beschaffungsvorschlag wird

nur angelegt, wenn im Wiederverwendungsintervall kein passender Beschaffungsvorschlag gefunden wird.

- **Planungsvormerkung 2: Nicht fixierte Zugänge löschen**
  Nicht fixierte Beschaffungsvorschläge werden gelöscht. Im Anschluss führt das System analog zum Wiederverwendungsmodus *Passende Zugänge verwenden* eine Nettobedarfsrechnung, eine Bezugsquellenfindung und eine Beschaffungsmengenberechnung durch und legt für die ungedeckten Bedarfe Beschaffungsvorschläge an.
- **Planungsvormerkung 3: Plan neu auflösen**
  Das System führt die Planung analog zum Wiederverwendungsmodus *Passende Zugänge verwenden* durch und löst zusätzlich für die fixierten und die wiederverwendbaren Beschaffungsvorschläge den entsprechenden Plan (z. B. Produktionsprozessmodell oder Produktionsdatenstruktur) aus, sofern der Status des Beschaffungsvorschlags dies ermöglicht. Dabei darf der Eigenfertigungsauftrag keinen der folgenden Status tragen: **Input fixiert**, **Termin fixiert**, **freigegeben**, **angefangen**, **teilrückgemeldet**, **endrückgemeldet**.
- **Planungsvormerkung 4: Nicht fixierte Zugänge löschen, fixierte neu auflösen**
  Die Planung erfolgt analog zum beschriebenen Wiederverwendungsmodus *Nicht fixierte Zugänge löschen*. Zusätzlich wird bei allen fixierten Beschaffungsvorschlägen der Plan unter Berücksichtigung der gleichen Restriktionen wie bei dem Wiederverwendungsmodus *Plan neu auflösen* erneut aufgelöst.

Für jede Ereignis-Aktions-Kombination ist von SAP ein Wiederverwendungsmodus festgelegt. Durch den Eintritt einer Ereignis-Aktions-Kombination mit den Aktionen *Planungsvormerkung erzeugen* oder *Produktheuristik sofort ausführen* trägt das System den Wiederverwendungsmodus in die Planungsvormerkdatei ein. Falls im Anschluss vor der Abarbeitung der Planungsvormerkung ein Ereignis eintritt, dessen zugehörige Aktion einen anderen Wiederverwendungsmodus vorsieht, bestimmt das System mithilfe einer Matrix einen resultierenden Wiederverwendungsmodus, der wiederum in die Planungsvormerkdatei eingetragen wird. Die in Tabelle 8.2 gezeigte Matrix ist zusätzlich auch bei der Abmischung von Wiederverwendungsmodi durch Planungsheuristiken gültig.

Planungsvormerkung	1	2	3	4
1	1	2	3	4
2	2	2	4	4
3	3	4	3	4
4	4	4	4	4

Tabelle 8.2 Matrix für das Abmischen von Wiederverwendungsmodi

Im PP-Planungsverfahren kann zusätzlich der Einplanungsstatus eines Eigenfertigungsauftrags festgelegt werden (Status **Eingeplant**, **Ausgeplant** oder **Teilweise ausgeplant**), wenn ein Zugangselement im PP/DS oder in einem SAP-ERP-System angelegt wird oder wenn für ein Zugangselement eine mengen- oder produktbezogene Änderung durchgeführt wird.

[«]

Änderung des PP-Planungsverfahrens

Das PP-Planungsverfahren kann nicht direkt im Lokationsproduktstamm geändert werden, sondern lediglich durch Verwendung der Transaktion /SAPAPO/RRP_SET_RRPT.

8.2.2 Heuristiken

Eine zentrale Stellung bei der Disposition in SAP APO nimmt die Produktheuristik ein. Im SAP-Umfeld bezeichnet der Begriff der Heuristik eine Planungsfunktion, mit der ausgewählte Objekte beplant werden können. Je nach Planungsfokus handelt es sich bei den zu beplanenden Objekten um Produkte, Ressourcen, Aufträge oder Vorgänge. Die sowohl in der Hintergrundplanung als auch in der interaktiven Planung einsetzbaren Heuristiken bieten eine große Breite an Planungsfunktionen, die sich auf vielfältige Weise an kundenspezifische Gegebenheiten anpassen lassen. Eine Heuristik wird definiert durch einen Algorithmus, dessen Ablauf bereits im SAP-Standard gegebenenfalls durch bestimmte, für den jeweiligen Algorithmus vorgesehene ergänzende Steuerungsparameter in den Heuristikeinstellungen beeinflusst werden kann (siehe hierzu Abbildung 8.16).

Die Heuristiken definieren Sie im Customizing der Produktions- und Feinplanung, indem Sie einen SAP-Standardalgorithmus (Funktionsbaustein) eingeben und eigene Einstellungen in den ergänzenden Steuerparametern vornehmen. Über diese Steuerungsparameter hinaus, die in den Customizing-Einstellungen der Heuristiken verändert werden können, ist es möglich, mithilfe der von SAP zur Verfügung gestellten Algorithmen eigene Heuristiken zu definieren. Zur Erstellung von Heuristiken können zusätzlich auch eigene Algorithmen verwendet werden, wenn diese im SAP-APO-System integriert wurden.

Die im SAP-Standard angebotenen Heuristiken beziehen sich zum einen auf den Bereich *Produktionsplanung* und damit vornehmlich auf die Planung von Produkten. Dabei sind die Heuristiken mit einem Planungsfokus auf Losgrößenbestimmung von den Heuristiken zum Ablauf der Produktionsplanung zu unterscheiden. Die letztgenannten Heuristiken werden für die Planung in der interaktiven Planung oder im Produktionsplanungslauf eingesetzt. Die im Rahmen des Produktionsplanungslaufs verwendeten Heuristiken greifen auf die eventuell im Produktstamm eingetragene Heuristik zurück. Der zweite Bereich ist die *Feinplanung*.

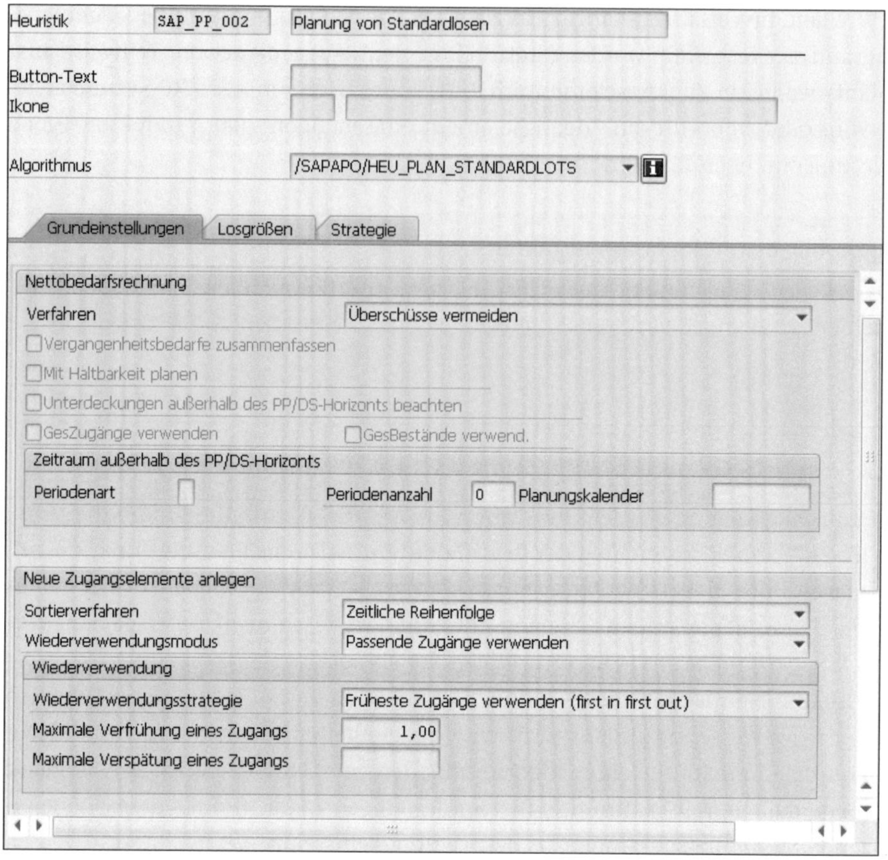

Heuristik
SAP_PP_002
Planung von Standardlosen
Button-Text
Ikone
Algorithmus
/SAPAPO/HEU_PLAN_STANDARDLOTS
Grundeinstellungen
Losgrößen
Strategie
Nettobedarfsrechnung
Verfahren
Überschüsse vermeiden
Vergangenheitsbedarfe zusammenfassen
Mit Haltbarkeit planen
Unterdeckungen außerhalb des PP/DS-Horizonts beachten
GesZugänge verwenden
GesBestände verwend.
Zeitraum außerhalb des PP/DS-Horizonts
Periodenart
Periodenanzahl
0
Planungskalender
Neue Zugangselemente anlegen
Sortierverfahren
Zeitliche Reihenfolge
Wiederverwendungsmodus
Passende Zugänge verwenden
Wiederverwendung
Wiederverwendungsstrategie
Früheste Zugänge verwenden (first in first out)
Maximale Verfrühung eines Zugangs
1,00
Maximale Verspätung eines Zugangs

Abbildung 8.16 Auszug der Heuristikeinstellungen der Produktheuristik SAP_PP_002

In diesem Bereich dienen Heuristiken der Einplanung; im Unterschied zu den Produktionsplanungsheuristiken liegt der Planungsfokus hier stärker auf Ressourcen und Vorgängen. Abbildung 8.17 gibt Ihnen einen grundsätzlichen Überblick über die im SAP-Standard angebotenen Heuristiken.

SAP-Standardheuristiken
Planungsobjekte
Produkte
Ressourcen
Aufträge
Vorgänge
Heuristiken der Produktionsplanung
Heuristiken der Feinplanung

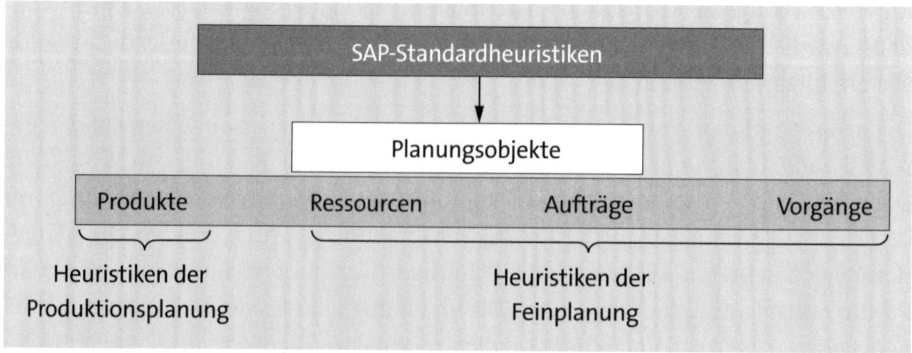

Abbildung 8.17 SAP-Standardheuristiken

In dem hier vorgestellten Planungskontext der Disposition kommen die Heuristiken der Produktionsplanung zum Einsatz. Die Heuristiken der Feinplanung werden in der Regel in den der Materialbedarfsplanung nachgelagerten Schritten eingesetzt.

Die Heuristiken für die Produktionsplanung lassen sich wiederum in drei unterschiedliche Gruppen gliedern (siehe Abbildung 8.18):

- **Produktheuristiken**
  Produktheuristiken können im Produktstamm eingetragen werden und bilden so die Grundlage der Planungen im Planungslauf.
- **Heuristiken zur Ablaufsteuerung**
  Diese beinhalten die Definition des Ablaufs eines Planungslaufs. So wird etwa bei einer Bedarfsplanung seitens des SAP-APO-Systems bzw. ePP/DS die Ablaufsteuerungsheuristik SAP_MRP_001 eingesetzt, die eine Bedarfsplanung nach Dispositionsstufenverfahren analog zur Materialbedarfsplanung im SAP-ECC- bzw. SAP-S/4HANA-System durchführt.
- **Serviceheuristiken**
  Auch durch die Verwendung von Serviceheuristiken im Produktionsplanungslauf kann Einfluss auf das Ergebnis der Produktionsplanung genommen werden. Diese Heuristiken bilden häufig ein Bindeglied zwischen den Ergebnissen der Materialbedarfsplanung und der nachgelagerten Feinplanung, da sie bestimmte Servicefunktionen zur Verfügung stellen, welche der Standard der Materialbedarfsplanung nicht bereithält, die jedoch als Grundlage für die Feinplanung benötigt werden.

  Ein Beispiel hierfür ist die Änderung von Auftragsprioritäten mittels der Heuristik SAP_PP_012. Diese Heuristik wird häufig angewendet, wenn die nachgelagerte Feinplanung auf Basis bestimmter Auftragsprioritäten erfolgen soll, die durch die Materialbedarfsplanung nicht im System verankert sind. Aufgrund ihrer Funktion als Bindeglied zwischen der Disposition und der eigentlichen Feinplanung sollen die Serviceheuristiken im Rahmen der Beschreibung der Disposition nicht näher erörtert werden.

Grundsätzlich ist es in einem Produktionsplanungslauf möglich und in vielen Fällen auch sinnvoll, mehrere Heuristiken sequenziell nacheinander zu verwenden. Dies ist insbesondere dann der Fall, wenn im Anschluss an die Materialbedarfsplanung Feinplanungsfunktionen des SAP-APO-Systems genutzt werden. In diesen Fällen werden an die Materialbedarfsplanung anschließend bspw. Serviceheuristiken zur Vorbereitung der Feinplanung (z. B. die Vererbung der Auftragsprioritäten ausgehend von den Primärbedarfen mittels der Heuristik SAP_PP_012) und daran anschließend Heuristiken der Feinplanung oder die PP/DS-Optimierung aufgerufen.

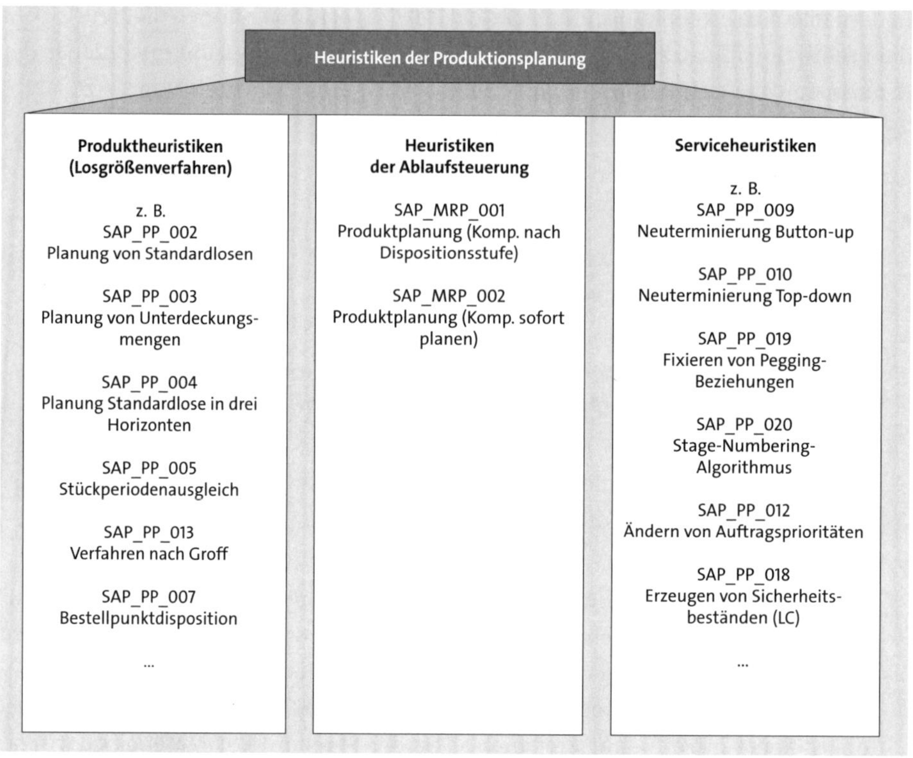

Abbildung 8.18 Heuristiken für die Produktionsplanung

Produktheuristiken betreffen die Planung eines Produkts während des Planungslaufs oder in der interaktiven Planung. Sie bilden somit den Ausgangspunkt der Materialbedarfsplanung. Mit den Produktheuristiken lassen sich insbesondere spezielle Losgrößenverfahren realisieren; die überwiegende Anzahl der Produktheuristiken folgt dem Vorgehen der plangesteuerten Disposition, die wir bereits in Abschnitt 8.1.3, beschrieben haben.

Grundsätzlich besteht für die Planung von Produkten mittels Produktheuristik eine Einstellungshierarchie. Auf der Registerkarte **PP/DS** des Produktstamms können Sie für jedes Produkt eine Produktheuristik hinterlegen. Im Customizing der Ablaufheuristiken SAP_MRP_001 und SAP_MRP_002 müssen Sie einstellen, ob die Produktheuristik aus dem Produktstamm oder eine davon abweichende Heuristik verwendet werden soll. Dabei ist zu beachten, dass diese Einstellung nur für Produkte relevant ist, die keinem Planungspaket zugeordnet sind. Für alle anderen Produkte ist in allen Fällen die Heuristik aus den Einstellungen zum Planungspaket relevant (Paketheuristik).

Die in der Beschaffungsplanung für ein Lokationsprodukt eingesetzten Heuristiken ermitteln die ungedeckten Produktbedarfe. Zu diesem Zweck verrechnet das System die Produktbedarfe mit den Produktbeständen und den bereits vorhandenen Produktzugängen. Dabei verwenden die meisten Beschaffungsplanungsheuristiken die Standardnettobedarfsrechnung, bei der die Bedarfe mit fixierten Zugängen verrechnet werden. Die Reihenfolge, in der die Bedarfe und die Zugänge miteinander verrechnet werden, kann im Verrechnungsverfahren in den Heuristikeinstellungen festgelegt werden (siehe Abbildung 8.19).

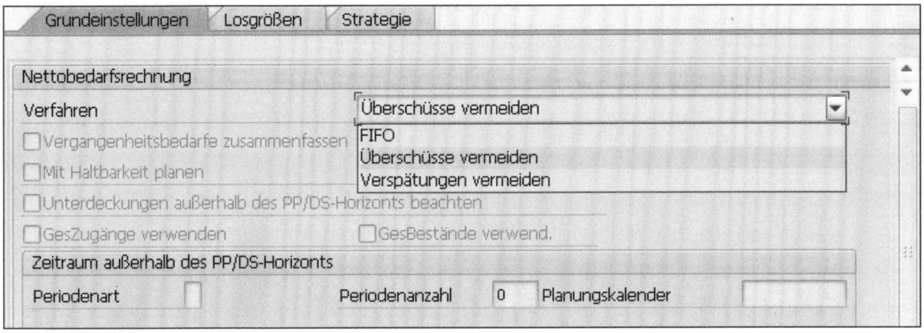

Abbildung 8.19 Verfahren der Nettobedarfsrechnung, Auszug aus den Heuristikeinstellungen am Beispiel der SAP_PP_002

Im Feld **Verfahren** werden drei verschiedene Vorgehensweisen zur Verrechnung angeboten, die Sie jeweils in den Heuristikeinstellungen festlegen müssen:

- **FIFO (First in, First out)**
  Die Bedarfe und fixierten Zugänge werden in zeitlicher Reihenfolge verrechnet. In diesem Fall sind die Vorgehensweisen der SAP-ERP-Systeme und des SAP-APO-Systems identisch. Dies bedeutet, dass der erste Bedarf durch den ersten fixierten Zugang gedeckt wird. Das gilt auch dann, wenn der Bedarf vor dem fixierten Zugang liegt.
- **Überschüsse vermeiden**
  Dieses Verfahren verwendet eine Zuordnungslogik, die möglichst wenige Überschüsse erzeugt. Zu diesem Zweck erfolgt die Zuordnung von Elementen, die in der Vergangenheit oder im Fixierungshorizont liegen (Bedarfe und fixierte Zugänge), gemäß der FIFO-Logik. In diesem Schritt wird die rechtzeitige Deckung von Bedarfen nicht sichergestellt, da innerhalb des Fixierungshorizonts bzw. in der Vergangenheit eine automatische Planung nicht zu einer rechtzeitigen Deckung führen kann.

  Fixierten Zugängen, die zeitlich nach dem Fixierungshorizont liegen, werden nur die Bedarfe zugeordnet, die rechtzeitig durch sie gedeckt werden können. Da in der Praxis ein Zugang auch als Bedarfsdecker für einen geringfügig (z. B. untertägig) früher liegenden Bedarf verwendet wird, wertet das System in diesem Schritt zusätzlich die Alert-Schwelle aus und erlaubt auch Verspätungen des Zugangs, sofern diese die Alert-Schwelle nicht überschreiten.

Nicht möglich ist die Verrechnung mit früher liegenden Bedarfen bei Kontiheuristiken wie z. B. SAP_PP_C001, denn diese Heuristiken unterstellen kontinuierlichen Materialfluss. Ausgeschlossen von dieser Methode sind auch Heuristiken, die Haltbarkeitsbedingungen berücksichtigen (z. B. SAP_PP_SL001). Diese Heuristiken bilden hier also eine Ausnahme. Um Überschüsse durch neue Zugangselemente zu vermeiden, werden verspätete Zugänge den restlichen Bedarfen zugeordnet. In diesem Fall werden Termin-Alerts ausgewiesen, sofern dies in den Alert-Einstellungen vorgesehen ist.

- **Verspätungen vermeiden**
  Die diesem Verrechnungsverfahren zugrunde liegende Zuordnungslogik erzeugt möglichst wenige Verspätungen. Analog zum Verfahren *Überschüsse vermeiden* werden in einem ersten Schritt Vergangenheitselemente und im Fixierungshorizont liegende Elemente nach dem FIFO-Prinzip einander zugeordnet. Zugänge, die zeitlich nach dem Fixierungshorizont liegen, werden nur dann den Bedarfen zugeordnet, wenn diese den Bedarf rechtzeitig decken können, wobei auch hier analog zum Verrechnungsverfahren *Überschüsse vermeiden* Verspätungen bis zur Alert-Schwelle in Kauf genommen werden.

  Verbleibende verspätete Zugänge werden nicht zugeordnet, d. h., das System legt neue Zugänge an, und die nicht verrechneten, fixierten Zugänge bleiben als Überschussmengen vorhanden. Abhängig von den Alert-Einstellungen wird in diesem Fall über das Anzeigen von Alerts auf diese Planungskonstellation hingewiesen.

Als relevante Bedarfe und Zugänge werden alle Produktbedarfe, -bestände und -zugänge angesehen, die innerhalb des Planungszeitraums liegen, Pegging-relevant sind und im selben Pegging-Bereich vorhanden sind.

Durch die Beschränkung auf den Pegging-Bereich, der innerhalb einer Planversion weitestgehend mit dem Planungsabschnitt des SAP-ECC- bzw. SAP-S/4HANA-Systems vergleichbar ist, werden folglich innerhalb einer Planversion die Bedarfe, Bestände und Zugänge eines Lokationsprodukts mit derselben Kontierung ins Kalkül gezogen, die entsprechend der Bedarfsstrategie miteinander verknüpfbar sind. Die Nettobedarfsrechnung ist somit immer lokationsbezogen. Eine lagerort- oder chargenspezifische Vorgehensweise ist nicht abgebildet.

Grundlage für die Nettobedarfsrechnung sind die Pegging-relevanten Mengen sowie die Bedarfstermine der Bedarfe und die Verfügbarkeitstermine der relevanten Zugänge. Innerhalb der Nettobedarfsrechnung wird die Sicherheitszeit durch die Beschaffungsplanungsheuristiken berücksichtigt (siehe hierzu Kapitel 10, »Sicherheitsbestandsplanung«). Der relevante Termin eines Bestands ist mit Ausnahme von Chargen immer der 1. Januar 1970); die Nettobedarfsrechnung verbraucht also immer zuerst den Bestand. Hierbei müssen Sie beachten, dass sich die Logik des dispositionsrelevanten Bestands zwischen dem SAP-ECC- bzw. dem SAP S/4HANA-System und dem SAP-APO-System bzw. ePP/DS unterscheidet. Im SAP-ECC- bzw. SAP-S/4HANA-System können Sie die Dispositionsrelevanz von Beständen durch das Customizing beeinflussen, dies ist jedoch im SAP-APO-System bzw. in ePP/DS nicht möglich. Hier sind im Standard lediglich der frei verfügbare Bestand sowie der Qualitätsprüfbestand dispositionsrelevant. Diese Logik kann jedoch über einen User-Exit angepasst werden.

Die Nettobedarfsrechnung bezieht nun im Anschluss an die Bestände in zeitlicher Reihenfolge die relevanten Zugänge in die Kalkulation der Unterdeckungsmenge ein.

Als fixiert werden innerhalb der Nettobedarfsrechnung in SAP APO bzw. in ePP/DS die Zugänge mit dem Status **PP-fixiert** angesehen. Die Zugangsmengen des Auftrags sind also fixiert. Dieser Status wird in den folgenden Fällen automatisch gesetzt:

- Der Verfügbarkeitstermin des Auftrags liegt innerhalb des Fixierungshorizonts.
- Der SNP-Auftrag liegt außerhalb des Produktionshorizonts.
- Der Auftrag ist hinsichtlich des Outputs, des Inputs oder des Termins fixiert.

Im Planungsablauf der Produktheuristiken bildet die Nettobedarfsrechnung den ersten Schritt, in dem die Bedarfe zunächst mit den fixierten Zugängen verrechnet werden. Wenn nicht alle Bedarfe durch fixierte Zugänge gedeckt werden können, führt die Produktheuristik auf der Basis der durch die Nettobedarfsrechnung ermittelten Unterdeckungsmengen eine Losgrößenrechnung durch. Zunächst wird unabhängig vom Wiederverwendungsmodus ein Zugang in Höhe der Losgröße angelegt. Wird der Wiederverwendungsmodus *Nicht fixierte Zugänge löschen* verwendet, werden die vor dem Heuristiklauf vorhandenen nicht fixierten Zugänge gelöscht. Der Wiederverwendungsmodus *Passende Zugänge verwenden* initiiert eine Prüfung, ob sich der neu angelegte Zugang vom alten, nicht fixierten Zugang unterscheidet. Ergibt diese Prüfung einen Unterschied, wird der alte Zugang gelöscht. Anderenfalls bleibt der alte Zugang unverändert erhalten und wird nicht durch den neuen Zugang ersetzt.

Die Standardnettobedarfsrechnung wird z. B. von den folgenden Produktheuristiken verwendet:

- Planung von Standardlosen (SAP_PP_002)
- Planung von Standardlosen in drei Horizonte (SAP_PP_004)
- Stückperiodenausgleich (SAP_PP_005)
- Least-Unit-Cost-Verfahren: Fremdbeschaffung (SAP_PP_006)
- Groff-Verfahren (SAP_PP_013)
- Quotierungsheuristik (SAP_PP_Q001)

Eine Ausnahme hinsichtlich der Ermittlung der Produktbedarfe bilden die Heuristik SAP_PP_003 zur Planung von Unterdeckungsmengen und die Aktionen, die neue oder geänderte Sekundärbedarfe sofort decken. Bei dieser Produktheuristik unterscheidet sich die Logik der Nettobedarfsrechnung von der beschriebenen Vorgehensweise, da zusätzlich zu den fixierten Zugängen auch nicht fixierte Zugänge verwendet werden können.

Zunächst wird die Nettobedarfsrechnung für alle Bedarfe mit dem Verrechnungsverfahren *Überschüsse vermeiden* durchgeführt. Konnten durch diese Vorgehensweise einzelne Bedarfe nicht mit fixierten Zugängen gedeckt werden, wird ein zweiter Verrechnungslauf durchgeführt, bei dem die ungedeckten Bedarfe vom System mit den nicht fixierten Zugängen verrechnet werden. In den Heuristikeinstellungen können Sie festlegen, ob das System für weiterhin ungedeckte Bedarfe eine Beschaffungsmengenberechnung durchführen und damit Zugänge anlegen soll. In diesem Fall müssen Sie in den Heuristikeinstellungen das Kennzeichen **Unterdeckungen planen** setzen. Bei den Aktionen für die sofortige Deckung von Sekundärbedarfen legt das SAP-APO-System bzw. ePP/DS dann für ungedeckte Bedarfe neue Zugänge an.

Liegen Überschüsse vor, kann das System bei entsprechenden Heuristikeinstellungen hier Löschungen vornehmen. Dafür müssen Sie in den Heuristikeinstellungen das Kennzeichen **Überschüsse reduzieren** gesetzt haben. Da die beschriebene Vorgehensweise auch nicht fixierte Zugangselemente erhält, ist sie unter Betrachtung von Performanceaspekten anderen Produktheuristiken überlegen. Jedoch sind hier unter Umständen im Anschluss an die Bedarfsplanung verstärkt Verspätungen in Kauf zu nehmen, da zur Vermeidung von Überschüssen durch neue Zugangselemente verspätete Zugänge den restlichen Bedarfen zugeordnet werden.

Für Produkte, die in Kundeneinzelfertigung produziert werden, können Sie eine Unterlieferungstoleranzmenge in der Kundenauftragsposition einstellen. Diese Toleranzmenge bezieht sich auf die Basismengeneinheit, nicht auf die Verkaufsmengeneinheit. In diesem Fall prüft das System im Planungslauf bzw. im Rahmen von *Capable-to-Promise* (CTP, siehe Kapitel 15, »Verfügbarkeitsprüfung«), ob bei einer Unterdeckung die offene Bedarfsmenge innerhalb der Unterlieferungstoleranzmenge liegt. Ist dies der Fall, wird auf die Erzeugung eines Beschaffungsvorschlags verzichtet. Entsprechend der Alert-Einstellungen wird gegebenenfalls ein Informations-Alert erzeugt, und es wird eine Meldung im Planungsprotokoll ausgewiesen. Das Kennzeichen **Unterlieferungstoleranz** wird im Planungslauf bzw. bei *Capable-to-Match* (CTM) produktspezifisch aus dem Produktstamm gelesen. Soll die Einstellung nicht produktspezifisch gesetzt werden, kann im Planungslauf diese Einstellung ebenfalls in der Planungsheuristik vorgesehen werden.

Neben den dargelegten Produktheuristiken, mit denen die plangesteuerten Dispositionsverfahren des SAP-ECC- und SAP-S/4HANA-Systems abgebildet und weiterentwickelt wurden, wurde mit der Produktheuristik SAP_PP_007 die Bestellpunktdisposition umgesetzt. Dabei müssen Sie berücksichtigen, dass SAP aus Performancegründen die Durchführung einer Bestellpunktdisposition im bestandsführenden System empfiehlt. Lediglich wenn die bestellpunktdisponierten Produkte im SAP-

APO-System bzw. in ePP/DS finit zu beplanende Ressourcen belasten, sollte die Bestellpunktdisposition dort durchgeführt werden. Diese Heuristik kann in den folgenden Bereichen nicht eingesetzt werden:

- Kundeneinzelfertigung
- konfigurierbare Produkte
- Quotierungsheuristik
- Planung mit Produktaustauschbarkeit

Die Bedarfsplanung mittels Heuristik SAP_PP_007 läuft in mehreren Schritten ab:

1. Abhängig von den Heuristikeinstellungen löscht das System alle nicht PP-fixierten Zugänge. In diesem Fall werden also neben dem Lokationsbestand lediglich die PP-fixierten Zugänge, Produktionsaufträge, Bestellungen sowie fixierte Planaufträge und Bestellanforderungen als verfügbarer Bestand berücksichtigt.
2. Der verfügbare Bestand wird mit dem im Lokationsproduktstamm einzutragenden Meldebestand verglichen. Liegt der verfügbare Bestand unter dem Meldebestand, wird durch das System ein Beschaffungsvorschlag angelegt. Je nach Heuristikeinstellungen ist die zu deckende Bedarfsmenge entweder
   - die Differenz zwischen dem verfügbaren Bestand und dem Meldebestand oder
   - die Differenz zwischen dem verfügbaren Bestand und dem Höchstbestand aus dem Lokationsproduktstamm

   Auf Basis der im zweiten Schritt ermittelten Bedarfsmenge ermittelt das System die Höhe des Beschaffungsvorschlags und die Bezugsquelle. Abhängig von den Heuristikeinstellungen zur Strategie versucht das System, einen Einplanungstermin zu finden. Bei Verwendung eines Fixierungshorizonts werden die Bedarfsdecker erst nach diesem eingeplant.

Neben der Umsetzung des Bestellpunktverfahrens in der oben beschriebenen Produktheuristik besteht auch die Möglichkeit, eine Bestellpunktdisposition im SAP-APO-System bzw. in ePP/DS zu erreichen, indem die Heuristik SAP_PP_002 (Planung von Standardlosen) als Produktheuristik im Planungslauf oder in der interaktiven Planung eingesetzt wird. Neben der bereits beschriebenen plangesteuerten Abwicklung der Bedarfsplanung bietet diese Heuristik ebenfalls die Option, in der Produktions- und Feinplanung zwei verschiedene Arten von Meldepunktverfahren abzubilden. Hierzu müssen Sie auf der Registerkarte **Losgrösse** das Kennzeichen **Meldepunkt** setzen und ein Meldepunktverfahren auswählen. Im Bereich der Produktions- und Feinplanung sind lediglich die Meldepunktverfahren 1 (*Meldebestand aus Lokationsproduktstamm*) und 2 (*Meldereichweite aus Lokationsproduktstamm*) auswählbar.

Das Meldepunktverfahren 1 erfordert die Eingabe eines Meldebestands im Lokationsproduktstamm und ist mit dem bereits beschriebenen Bestellpunktverfahren vergleichbar. Über die Funktionalität des Meldepunktverfahrens 1 hinaus, welches analog zur Bestellpunktabwicklung nach SAP_PP_007 bzw. zur Bestellpunktdisposition im SAP-ECC- und SAP-S/4HANA-System keine Bedarfe berücksichtigt, können Sie mit dem Meldepunktverfahren 2 die Bedarfe innerhalb einer separat im Lokationsproduktstamm einzutragenden Meldereichweite in Arbeitstagen berücksichtigen.

Die aus dem SAP-ECC- bzw. dem SAP-S/4HANA-System bekannten Dispositionsverfahren der stochastischen und der rhythmischen Disposition wurden im SAP-APO-System nicht umgesetzt. Abbildung 8.20 gibt einen Überblick, welche Dispositionsverfahren in welchem System zur Verfügung stehen.

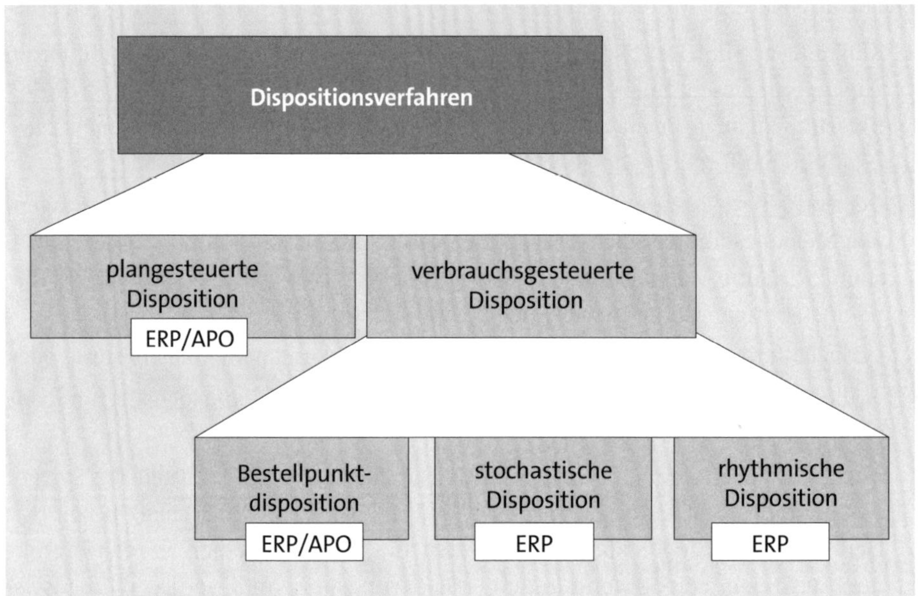

Abbildung 8.20 Dispositionsverfahren im SAP-ECC- bzw. im SAP-S/4HANA-System sowie im SAP-APO-System

Die Produktheuristiken werden in der Regel durch Verwendung in einer Ablaufsteuerungsheuristik in der Materialbedarfsplanung eingesetzt. Die einzige Ausnahme bildet hier die einstufige Planung, die durch eine isolierte Verwendung der Produktheuristik aus dem Planungslauf oder aus der interaktiven Planung erreicht werden kann. In allen anderen Fällen ist eine der beiden Heuristiken der Ablaufplanung in einem Schritt des Produktionsplanungslaufs anzusteuern, falls eine Bedarfsplanung für mehrere Produkte durchgeführt werden soll. Während die beschriebenen Produktheuristiken die Art der Planung eines einzelnen Produkts regulieren, betreffen die Heuristiken zur Ablaufsteuerung die Reihenfolge der Planungen verschiedener Produkte. In der Ablaufsteuerungsheuristik können Sie jedoch ebenfalls eine Produktheuristik eingeben, mit der alle Produkte eines Planungslaufs geplant werden, für die im Lokationsproduktstamm keine eigene Produktheuristik vorgesehen ist.

Die beiden Ablaufsteuerungsheuristiken im Rahmen der Disposition sind die Produktplanung SAP_MRP_001 (*Komponenten nach Dispostufe*) und Produktplanung SAP_MRP_002 (*Komponenten sofort planen*). Diese beiden Heuristiken unterscheiden sich lediglich bei Verwendung des PP-Planungsverfahrens *Sekundärbedarfe sofort decken* auf Komponentenebene:

- **SAP_MRP_001 (Komponenten nach Dispositionsstufe)**
  Alle Produkte werden gemäß ihrer Dispositionsstufe geplant. Von dieser Regel wird auch nicht bei Produkten mit dem PP-Planungsverfahren *automatische Planung sofort* abgewichen. Funktional ist der Ablauf mit dem Bedarfsplanungslauf im SAP-ECC- und SAP-S/4HANA-System identisch. Das Verfahren ist sehr schnell und eignet sich somit besonders für Massenanwendungen.
- **SAP_MRP_002 (Komponenten sofort planen)**
  Im Unterschied zu SAP_MRP_001 plant diese Heuristik die Komponenten, deren PP-Planungsverfahren die Aktion *Sekundärbedarfe sofort decken* vorsieht, wenn für sie aus der Planung des übergeordneten Produkts ein Sekundärbedarf erzeugt wurde. Kann dieser Sekundärbedarf nicht rechtzeitig gedeckt werden, wird auch der übergeordnete Auftrag verschoben und gegebenenfalls mit einem Alert versehen. Verspätungen werden hierbei optional auch über mehrere Dispositionsstufen hinweg weitergegeben. Sie können in den Alert-Einstellungen auch Termin-Alerts optional einstellen, die dann bei dieser Planung typischerweise auf Enderzeugnisebene auftreten.

Grundsätzlich müssen Sie vor der Durchführung eines Bedarfsplanungslaufs mittels einer der beiden Ablaufsteuerungsheuristiken die Heuristik *Stage-Numbering-Algorithmus* (SAP_PP_020) im Planungslauf vorsehen. Mithilfe dieses Algorithmus werden für die im Bedarfsplanungslauf selektierten Lokationsprodukte die Dispositionsstufen ermittelt. Dieser Algorithmus bildet daher die Grundlage für eine Planung nach Dispositionsstufen, die für die vollständige und fehlerfreie Deckung aller Sekundärbedarfe nötig ist. Auch bei der Heuristik SAP_MRP_002 empfiehlt sich die Verwendung des Stage-Numbering-Algorithmus vor der eigentlichen Bedarfsplanung, falls Komponenten geplant werden sollen, für die das PP-Planungsverfahren keine sofortige Planung vorsieht. Bei Verwendung dieser Heuristik – die im eigentlichen Sinne keine Ablaufsteuerungs-, sondern vielmehr eine Serviceheuristik ist – müssen Sie sich zwischen der Übernahme der Dispositionsstufen aus dem SAP-ECC- bzw. dem SAP-S/4HANA-System und einer Neuberechnung im SAP-APO-System entscheiden. Im Gegensatz zur werksbezogenen Vorgehensweise vollzieht der Algorithmus in diesem Fall eine lokationsübergreifende Betrachtung, falls dies erforderlich ist.

Nachdem Sie sich nun einen Überblick über die Dispositionsverfahren in SAP APO bzw. in ePP/DS der kurzfristigen Planung verschafft haben, folgt nun eine Erläuterung der mittel- bis langfristigen Verfahren im SAP-APO-System.

8.2.3 SNP-Heuristik

Die wesentliche Stärke von Supply Network Planning (SNP) ist die werksübergreifende Planung, die in Kombination mit der zeitlich aggregierten Planung, z. B. in Wochenrastern, eine schnelle mittel- bis langfristige Planung relevanter Aktivitäten in Ihrem logistischen Netzwerk ermöglicht. Die Heuristik entspricht dem Planungsverfahren, das gemäß dem MRP-II-Konzept die werksübergreifende Planung infinit durchführt und somit den Planungsverfahren der SAP-ERP- und SAP-APO-PP/DS-Systeme von der Vorgehensweise am ähnlichsten ist, ohne Restriktionen in der Material- und Kapazitätsverfügbarkeit zu berücksichtigen.

Abbildung 8.21 zeigt exemplarisch die Vorgehensweise der SNP-Heuristik bei einer werksübergreifenden Planung. Welche Lokationen in Ihrer Planung berücksichtigt werden sollen, können Sie entweder bei der Modellierung des für die SNP-Planung relevanten Modells festlegen oder über gezielte Selektionen während des Planungslaufs und des Planungsverfahrens.

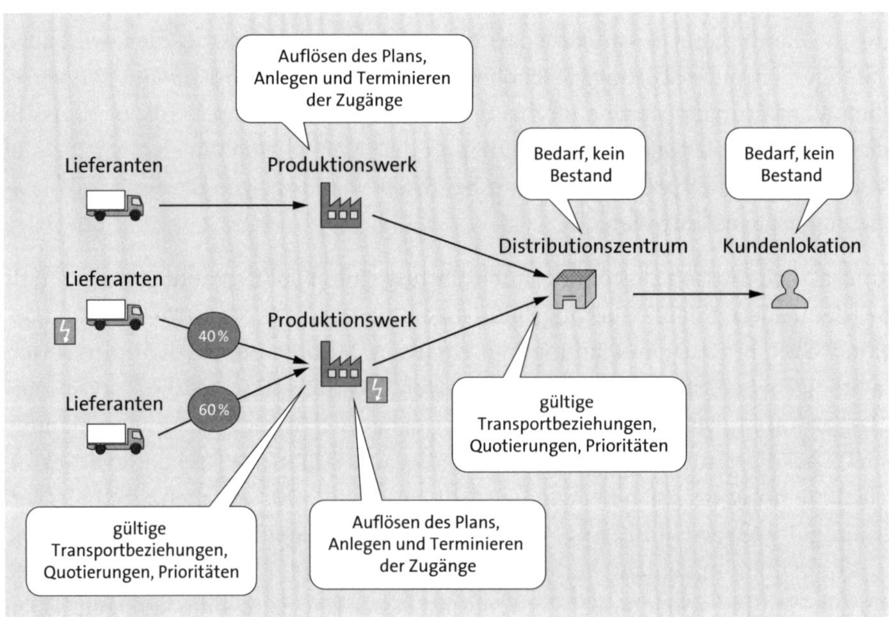

Abbildung 8.21 SNP-Planungsszenario

In unserem Beispiel wurden folgende Lokationen in SAP APO modelliert:

- Kunde
- Distributionszentrum
- produzierendes Werk
- zulieferndes Produktionswerk
- externe Lieferanten, die Komponenten liefern

Anhand dieser Lokationen und des beispielhaften Logistiknetzwerks stellen wir Ihnen nun das grundlegend mögliche Systemverhalten bei einer SNP-Heuristik vor:

- **Planungsreihenfolge über Dispositionsstufen ermitteln**
  Im ersten Schritt ermittelt das System die Reihenfolge der zu planenden Lokationen. Das Planungsergebnis und die Planungsreihenfolge der Heuristik werden in der Regel von der Dispositionsstufe der Lokationsprodukte beeinflusst. Daher sollte als vorgelagerter Schritt die Dispositionsstufe der relevanten Lokationsprodukte ermittelt werden. Die Heuristik beginnt mit der Lokation, die nur eingehende Transportbeziehungen hat (in unserem Beispiel aus Abbildung 8.21 die Kundenlokation).
- **Planung in Kundenlokation**
  In der Kundenlokation identifiziert die Heuristik Bedarfe, und über die Nettobedarfsrechnung in der Lokation findet das System keine Zugangselemente, um den Bedarf in der Lokation zu decken. Da das Produkt in der Kundenlokation als fremdbeschafft definiert ist, prüft das System die möglichen Transportbeziehungen (Quotierungen/Prioritäten) und findet über Transportbeziehungen das entsprechende Distributionszentrum, um dort den Bedarf über Umlagerung anzufragen.
- **Planung im Distributionszentrum**
  Da der Bedarf im Distributionszentrum nach einer Nettobedarfsrechnung ebenfalls nicht über vorhandene Bestände und geplante Umlagerungen gedeckt werden kann und das Produkt fremdbeschafft ist, analysiert das System gültige Transportbeziehungen unter Berücksichtigung von Quotierungen und Prioritäten und identifiziert so die beiden Werke.
- **Planung in Produktionswerk**
  Auch in den Werken gibt es nicht genügend Bestand, um die Bedarfe zu decken. Da SNP neben einer Distributionsplanung bei entsprechenden Stammdaten auch eine Produktionsplanung unterstützt, kann an dieser Stelle der SNP-Plan aufgelöst werden. Für die Enderzeugnisse kann somit ein Vorplanungsbedarf und für die Komponenten können entsprechende Sekundärbedarfe erzeugt werden. In diesem Beispiel ist die Produktion in dem Werk mit der höheren Quotierung kapazitativ nicht machbar und wird daher mit einem Überdeckungs-Alert markiert. Die SNP-Heuristik berücksichtigt keine Kapazitäten, sodass der Planer entsprechend über den Alert gezielt eingreifen kann (dies kann manuell oder automatisiert geschehen).
- **Planung von Lieferanten**
  Die Komponenten aus anderen Lokationen werden dann über mögliche Transportbeziehungen unter Berücksichtigung von Quotierungen und Prioritäten beschafft. In unserem Beispiel kann ein Lieferant nicht genug liefern. Auch dies wird über einen Alert angezeigt, und der Planer muss interaktiv reagieren.

An dieser Stelle kann konstatiert werden, dass die SNP-Heuristik alleine für eine schnelle werksübergreifende Distributions- und Beschaffungsplanung verwendet werden kann, wenn Restriktionen keine Rolle spielen bzw. manuell bearbeitet werden sollen.

Die dargestellte werksübergreifende Planung und das damit einhergehende Ergebnis ist wie beschrieben stark abhängig von der ermittelten Reihenfolge, in der die Lokationen prozessiert und die Bedarfe ermittelt werden, von der Terminierung und der Bezugsquellenfindung in SNP und von der verwendeten Selektion des Planungsverfahrens.

Um Ihnen darzustellen, wie die SNP-Heuristik ein werksübergreifendes Planungsergebnis systemtechnisch ermittelt, gehen wir nun noch auf die Vorgehensweise und die Verarbeitung der SNP-Heuristik ein (siehe auch Abbildung 8.22).

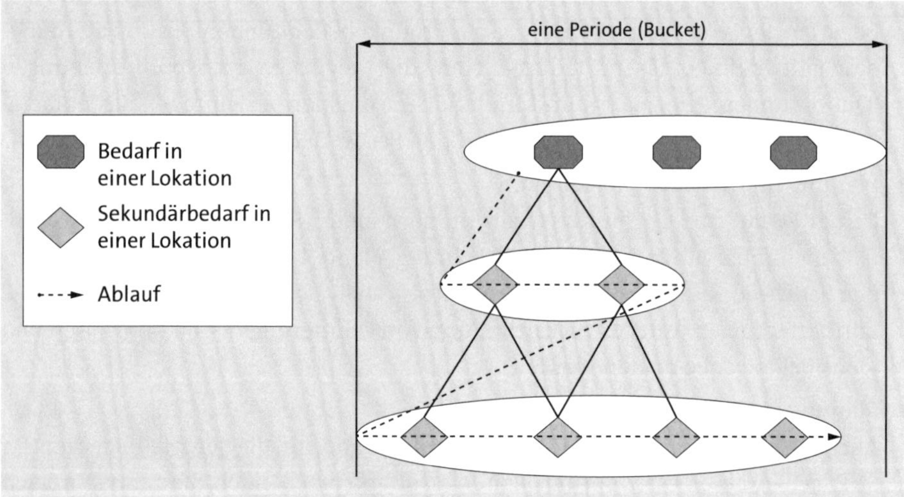

Abbildung 8.22 Verarbeitung SNP-Heuristik (Quelle: SAP)

Wie Sie sehen, plant die SNP-Heuristik immer nur eine Lokation. Auch bei einer werksübergreifenden Planung prozessiert die SNP-Heuristik die relevanten Lokationen nacheinander und fasst dabei alle Bedarfe einer Periode pro Produkt zu einem Gesamtbedarf in einer Lokation zusammen.

Gesamtbedarf

Der Gesamtbedarf wird in Abhängigkeit von der Bedarfsstrategie (Registerkarte **BEDARF**) und dem Prognosehorizont (Registerkarte **SNP2**) aus dem SAP-APO-Produktstamm ermittelt. Über die Bedarfsstrategie wird die Verrechnung von Prognosen mit Kundenaufträgen gesteuert. Vorplanungsbedarfe sind innerhalb des Prognosehorizonts nicht relevant.

Die Heuristik plant erst alle Distributionsbedarfe der obersten Lokationsstufe, bevor alle Produkte der nächsten Lokationsstufe geplant werden. Pro geplantem Lokationsprodukt geht die SNP-Heuristik folgendermaßen vor:

1. Lesen der Daten aus dem Live-Cache (technischer Schritt)
2. Berechnung des Nettobedarfs
3. Berücksichtigung der Losgrößenregeln
4. Ermittlung der Bezugsquelle
5. Anlage der Zugangselemente (Planaufträge und Umlagerungen)
6. Berechnung der Ressourcenbelastungen

Dabei stehen Ihnen einige Parameter bzw. Einstellungen zur Verfügung, die Sie zur Beeinflussung des Planungsergebnisses der SNP-Heuristik verwenden können.

- SNP-Stammdaten, die von der SNP-Heuristik verwendet werden, wie z. B. Einstellungen zum Produkt, Lokation, Transportbeziehungen, Ressourcen, Plan (PPM/PDS), Quotierungen, Kosten oder Kalender
- Nutzung von Profilen, die Parameter der SNP-Heuristik betreffen, wie z. B. SNP-Bedarfsprofil (Produktstamm), SNP-Angebotsprofil (Produktstamm), SNP-Rundungsprofil (Customizing), Losgrößenprofil (Produktstamm), SNP-Losgrößenprofil (Transportbeziehung), SNP-Bedarfsstrategie (laufende Einstellung), SNP-Planungsprofil (laufende Einstellung), Planungskalender oder Parallelverarbeitungsprofile
- Einstellungen in Planungsbereich, Planungsmappen/Datensichten bzw. Makros, die das Systemverhalten der SNP-Heuristik verändern

Im Anschluss an die Erläuterungen zur SNP-Heuristik erläutern wir Ihnen nun die SAP-APO-Funktionalität Capable-to-Match.

8.2.4 Capable-to-Match

Mit der heuristikbasierten Funktion CTM-Planung (Capable-to-Match) können Sie eine mehrstufige, finite Planung der Bedarfe Ihrer Lieferkette durchführen. Dazu werden priorisierte Kundenbedarfe und Prognosen mit dem kategorisierten Angebot unter Berücksichtigung gegenwärtiger Produktions- und Transportkapazitäten abgeglichen. Dies bedeutet, dass CTM im Gegensatz zum SNP-Optimierer keine Optimierung nach Kosten vornimmt, sondern über die von Ihnen festgelegten Prioritäten die Reihenfolge der Bedarfe und die Auswahl der Beschaffungsalternativen beeinflusst.

Dadurch kann CTM auch abhängig von den definierten Randbedingungen (wie z. B. möglicher verfrühter, verspäteter oder teilweiser Bedarfsdeckung) einen termingerechten, durchführbaren Plan erzeugen. Da CTM dabei auftragsorientiert arbeitet, können die zugehörigen Bestände und Zugänge – trotz der grundsätzlich Bucket-orientierten Planung in SNP – nach dem CTM-Planungslauf für jeden Bedarf über die Pegging-Beziehungen ermittelt werden. Dies stellt ein wesentliches Unterscheidungskriterium zu den mengenbezogenen Planungsverfahren des SNP-Optimierers und der Heuristik in SNP dar, die Bedarf und Angebot nicht miteinander verknüpfen.

CTM sucht abhängig von den definierten Regeln den ersten machbaren Plan und nicht den optimalen Plan, abhängig von Bewertungskriterien wie z. B. Kosten. In der Simulation können Sie mit CTM auch einen infiniten Plan erstellen.

Dabei betrachtet CTM die einzelnen Produktions- und Distributionsstufen nicht nacheinander wie der »klassische« MRP-Lauf, sondern sucht gleichzeitig nach machbaren Zugängen auf allen Produktions- und Distributionsstufen, um Bedarfe nach Ihrer Priorität durch sukzessive Prüfung nach festgelegten Regeln zu befriedigen.

Abbildung 8.23 zeigt exemplarisch die Vorgehensweise der CTM-Planung bei einer werksübergreifenden Planung. Über die benutzerdefinierte Stammdatenauswahl, wie z. B. Lokationsprodukte, PPM/PDS und Transportbeziehungen, kann das relevante Planungsszenario bzw. das CTM-Anwendungsmodell erzeugt werden, für das eine Lösung ermittelt werden soll.

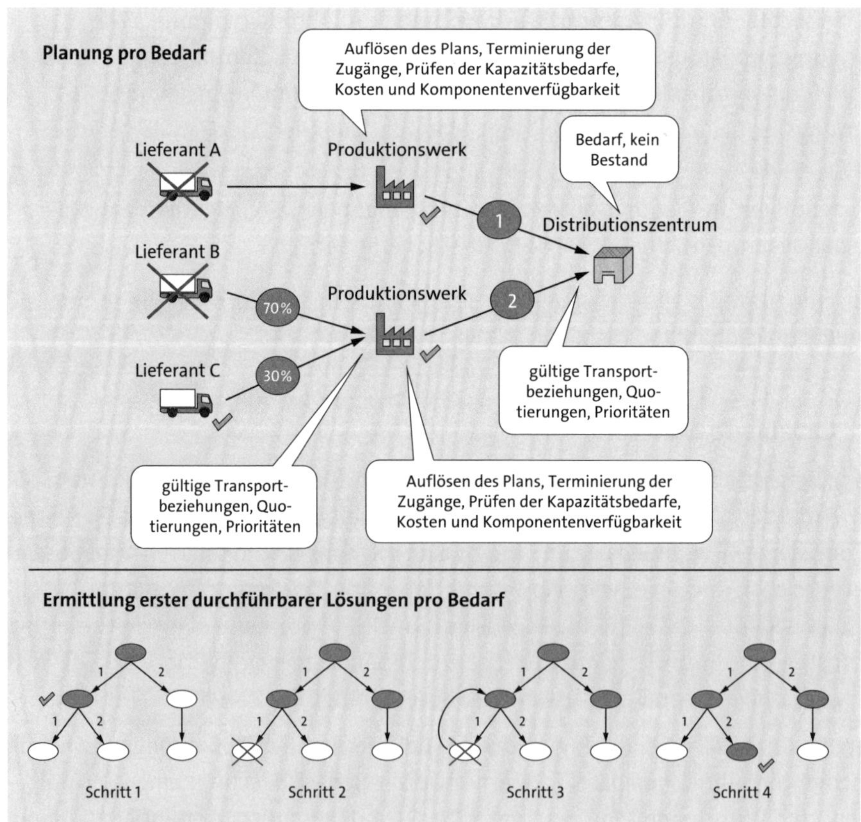

Abbildung 8.23 Planungsszenario CTM (Quelle: SAP)

In unserem Beispiel wurden folgende Lokationen berücksichtigt:

- Distributionszentrum
- zwei produzierende Werke
- externe Lieferanten, die Komponenten liefern

Anhand dieser Lokationen werden wir Ihnen das grundlegend mögliche Systemverhalten bei einer Planung mit CTM vorstellen:

1. CTM führt eine auftragsbasierte Planung durch, die Bedarfe priorisiert und einzeln über alle Vorstufen plant. Im ersten Schritt wird in unserem Beispiel ein priorisierter Bedarf, z. B. Kundenauftrag oder Vorplanungsbedarf, aus dem Distributionszentrum ermittelt. Während der Nettobedarfsrechnung im Distributionszentrum findet die CTM-Planung keinen verfügbaren Bestand und ermittelt für das fremdbeschaffte Endprodukt die möglichen Transportbeziehungen. Dabei werden Quotierungen berücksichtigt, die Beschaffung wird nach Machbarkeit aufgeteilt und über Umlagerungen an den Werken angefragt.
2. Wenn der Bedarf nicht über verfügbaren Bestand in den Werken gedeckt werden kann, werden die SNP-Pläne (PPM/PDS) aufgelöst und Planaufträge und Sekundärbedarfe für die Endprodukte und die Komponenten angelegt. In unserem Beispiel stellt die Produktion in den Werken keinen kapazitativen Engpass dar.
3. Die Komponenten müssen anschließend entsprechend nach Quotierungen oder Prioritäten beschafft werden. Die Lieferanten A und B können nicht liefern. Daher werden die Komponenten von dem Lieferanten C beschafft. Dies führt dazu, dass der CTM-Planungslauf die Produktion komplett in Werk 1 durchführt.

Die dargestellte werksübergreifende Planung und das damit einhergehende Ergebnis ist stark abhängig von dem verwendeten Regelwerk wie der Stammdatenselektion, der Planungsstrategie, der Bedarfspriorisierung und der Bestandskategorisierung.

In Abbildung 8.24 sehen Sie, wie der CTM-Planungsalgorithmus ausgehend von jedem einzelnen Bedarf über alle Produktions- und Distributionsstufen hinweg eine machbare Lösung ermittelt. Die CTM-Planung führt diese Planung für jeden einzelnen Bedarf durch und aggregiert die Bedarfe nicht zu einem Gesamtbedarf für eine Periode.

Dabei stehen Ihnen die folgenden Funktionen und Einstellungsmöglichkeiten in CTM zur Erstellung eines finiten lokationsübergreifenden sowie machbaren Plans zur Auswahl, die wir an dieser Stelle kurz benennen.

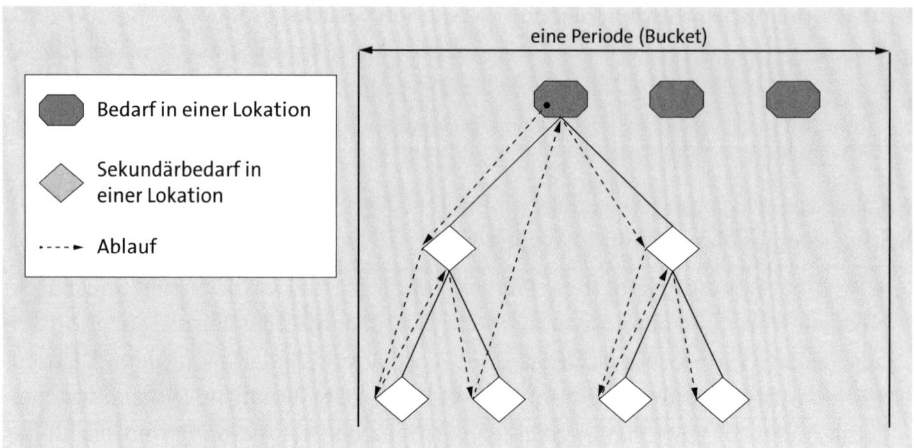

Abbildung 8.24 Verarbeitung CTM-Planung (Quelle: SAP)

- **Stammdatenselektion und Auftragsselektion**
  Mit der Stammdatenselektion (Transaktion /SAPAPO/CTMMSEL) und der Auftragsselektion (Transaktion /SAPAPO/CTMORDSEL) können Sie flexibel die Planung auf bestimmte Bereiche Ihrer Lieferkette beschränken. Dadurch können Sie den Gesamtplanungsprozess relativ einfach in kleinere Planungsschritte zerlegen, die CTM dann nacheinander ausführt.
- **Strategien für das Löschen und Selektieren von Bedarfen und Zugängen**
  Über die Strategien in der Transaktion /SAPAPO/CTM für das Löschen und Selektieren von Bedarfen und Zugängen können Sie sowohl eine komplette Neuplanung als auch eine Veränderungsplanung durchführen. Den Planungsumfang können Sie auch zeitlich oder lokationsproduktspezifisch einschränken.
- **Bedarfspriorisierung**
  Über die Transaktion /SAPAPO/CTM können Sie anhand von vordefinierten und deskriptiven Merkmalen Bedarfe priorisieren, die für die Planung relevant sind. CTM plant die Bedarfe dann in der Reihenfolge Ihrer Priorität.
- **Bestandskategorisierung**
  Sie können die Zugänge und Bestände, die für die Planung relevant sind, über die Transaktion /SAPAPO/CTM verschiedenen Kategorien zuordnen. Über die Suchstrategie können Sie festlegen, in welcher Reihenfolge CTM die Zugänge während der Planung verbrauchen soll.
- **Bestandssteuerung**
  Mit der Planung von Sicherheitsbestand oder Zielreichweite gewährleisten Sie, dass CTM auch unvorhergesehene Bedarfe decken kann. Den Aufbau zu großer Bestände können Sie im Rahmen der Bestandssteuerung mit CTM-Funktionen vermeiden.

- **CTM-Planung mit Regeln**
  Durch Berücksichtigung von SAP-ECC- bzw. SAP-S/4HANA-Attributen oder deskriptiven Merkmalen von Kunden- oder Prognosebedarfen können bedarfsabhängig Regeln für die Bedarfsdeckung und Produktersetzungen in der CTM-Planung abgeleitet werden.
- **fixierte Pegging-Beziehungen**
  Über die Transaktion /SAPAPO/CTM können Sie definieren, ob CTM fixierte Pegging-Beziehungen automatisch anlegen soll. Wenn automatisch fixierte Pegging-Beziehungen genutzt werden, dann können Sie auch nach dem CTM-Planungslauf nachvollziehen, für welchen Bedarf CTM einen bestimmten Auftrag angelegt hat.
- **Stammdatenprüfung**
  Sie können über die Transaktion /SAPAPO/CTM01 die Stammdaten des CTM-Planungslaufs auf ihre Konsistenz überprüfen. Dabei werden sowohl die Stammdaten selbst als auch die Semantik der Daten vom System geprüft.

Abgängig von den gewählten Einstellungen ermittelt der CTM-Planungslauf einen ersten machbaren Plan.

8.2.5 SNP-Optimierer

Der SNP-Optimierer ermöglicht ein kostenbasiertes Planungsverfahren, mit dem Sie einen zulässigen werksübergreifenden Plan entwickeln können, der hinsichtlich der Gesamtkostenbewertung der günstigste ist. Dabei werden während des Planungslaufs Restriktionen wie Kapazitäten sowie Materialverfügbarkeit berücksichtigt, und das Gesamtergebnis wird von den definierten Lenkungskosten beeinflusst.

Die vom SNP-Optimierer geplanten Gesamtkosten, die sich aus den von Ihnen definierten Lenkungskosten und Strafkosten ermitteln, setzen sich zusammen aus:

- Kosten für Produktion, Beschaffung, Lagerung und Transport
- Kosten für die Erhöhung der Produktions-, der Lager-, der Transport- und der Handling-Kapazität
- Kosten für die Unterschreitung des Sicherheitsbestands
- Kosten für verspätete Lieferung
- Fehlmengenkosten

Die Abstimmung der Kosten aufeinander ist ein wesentliches Kriterium zur erfolgreichen Anwendung des SNP-Optimierers. Kosten können Sie z. B. über den Produktstamm und/oder über den SAP-Menü-Pfad **Advanced Planning and Optimization • Stammdaten • Anwendungsspezifische Stammdaten • Supply Network Planning** pflegen. Neben den Kosten haben z. B. folgende Randbedingungen Einfluss auf das Ergebnis aus dem SNP-Optimierer:

- Produktpriorität
- Produktionskapazität
- Transportkapazität
- Handling-Kapazität
- Lagerkapazität
- Losgrößen
- Sicherheitsbestände
- Haltbarkeiten, Quotierungen und Produktaustauschbarkeit

Welche Randbedingungen im Planungslauf berücksichtigt werden, müssen Sie festlegen. Ein Plan ist aus Sicht des SNP-Optimierers zulässig, wenn alle harten Restriktionen, die Sie definiert haben, erfüllt worden sind. Fälligkeitstermine und Sicherheitsbestände zählen zu den weichen Restriktionen, deren Verletzung Kosten verursachen. Diese werden nur verletzt, wenn dadurch eine insgesamt kostengünstigere Lösung gefunden wird.

Der SNP-Optimierer optimiert dabei simultan alle Bedarfe der selektierten Lokationsprodukte im definierten Horizont. Es handelt sich hier um eine mengenbezogene Planung ohne Pegging, die keine direkte Zuordnung von Zugängen (Produktaufträgen oder Bestellanforderungen) zum ursprünglichen Bedarf (Kundenauftrag oder Vorplanung) ermöglicht. Je mehr Restriktionen relevant sind, umso komplexer wird das Optimierungsproblem und umso mehr Rechenzeit wird für die Lösung des Problems benötigt.

Abbildung 8.25 zeigt exemplarisch die Vorgehensweise des SNP-Optimierers bei einer werksübergreifenden Planung. Die relevanten Lokationsprodukte können Sie z. B. bei der Bildung des Modells festlegen oder bei der Einplanung des SNP-Optimierers selektieren. Unser Beispiel basiert auf einer Supply-Chain-Struktur mit einem Distributionszentrum, zwei alternativen Produktionswerken und drei alternativen Lieferanten. Der SNP-Optimierer geht bei der Planung wie folgt vor:

- **Planung im Distributionszentrum**
  Der Bedarf im Distributionszentrum kann im ersten Schritt durch eine Nettobedarfsrechnung durch bestehende Bestände nicht gedeckt werden. Das Produkt ist fremdbeschafft, und der SNP-Optimierer prüft die Möglichkeiten in den liefernden Werken. Der SNP-Optimierer untersucht alle Beschaffungsalternativen global, um in Bezug auf das gesamte Optimierungsproblem die günstigste Beschaffungsmöglichkeit für die Endprodukte und Komponenten zu finden.
- **Planung in den Produktionswerken**
  Dabei wird ermittelt, ob in den Werken Bestand existiert. Falls nicht, wird untersucht, ob die Produktionspläne aufgelöst werden können, und die Beschaffung der Komponenten wird überprüft. Jeder dieser Schritte sollte mit entsprechenden Len-

kungskosten belegt sein. Der SNP-Optimierer versucht den Bedarf je nach Konfiguration mit minimalen Gesamtkosten oder maximalem Gewinn zu decken.

Da die gesamte Menge wegen kapazitativer Engpässe und Verletzung von Restriktionen nicht komplett aus dem günstigsten Werk beschafft werden kann, wird die Beschaffung nach Machbarkeit und Kosten aufgeteilt.

- **Planung der Lieferanten**
  Die Komponenten können von den Lieferanten rechtzeitig geliefert werden. Dabei wird auch hier bei alternativen Lieferanten der kostengünstigere Lieferant bevorzugt.

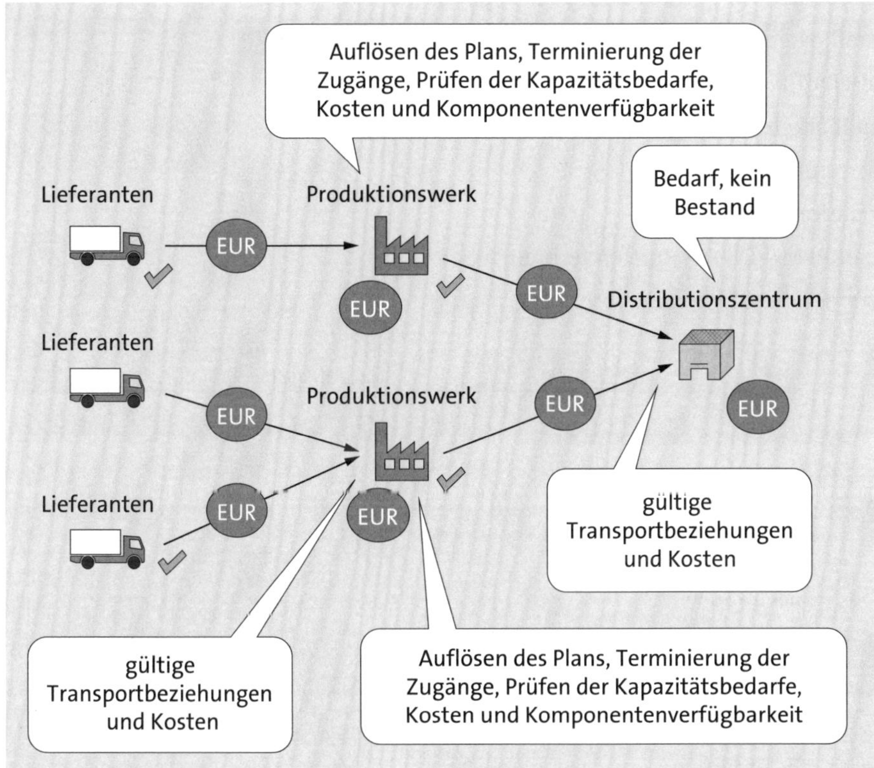

Abbildung 8.25 SNP-Optimierer-Szenario (Quelle: SAP)

In Abbildung 8.26 ist dargestellt, wie der SNP-Optimierer alle Distributionsbedarfe für alle Lokationen innerhalb des Distributionsnetzwerks plant, bevor die Stücklisten aufgelöst und die Sekundärbedarfe in den Produktionslokationen verarbeitet werden. Folgende Faktoren werden bei der Verarbeitung im SNP-Optimierer berücksichtigt:

- gültige Transportbeziehungen
- Durchlaufzeiten

- Transportkapazität und Transportkosten
- Handling-Kapazität und Handling-Kosten
- Produktionskapazität und Produktionskosten
- Lagerkapazität und Lagerkosten
- Zeitstrahl (Lokationsstammdaten)
- Losgröße (Mindest- und maximale Losgröße sowie Rundungswert)
- Ausschuss
- Alternativressourcen
- Strafkosten für Nichtdeckung des Bedarfs
- Strafkosten für Nichteinhaltung des Sicherheitsbestands
- Beschaffungskosten
- Haltbarkeit
- Kostenmultiplikatoren
- Lokationsprodukte
- fixer PPM/PDS-Ressourcenverbrauch
- fixer PPM/PDS-Materialverbrauch

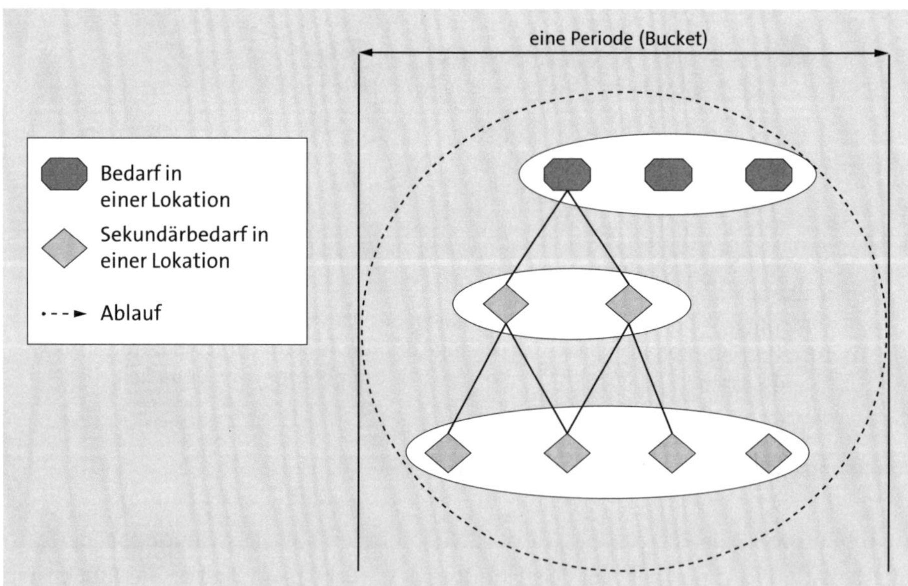

Abbildung 8.26 Verarbeitung mit dem SNP-Optimierer (Quelle: SAP)

Dabei berücksichtigt der SNP-Optimierer die gesamten global verfügbaren Kapazitäten und Alternativkapazitäten. Abhängig von den gewählten Optimierungsparametern kann der SNP-Optimierer bei einer Kapazitätsüberlastungssituation entweder keine Lösung anbieten oder die Kapazitäten auf Basis von Strafkosten erhöhen.

Die optimierungsbasierte Planung entscheidet somit nach Kosten, wann, wo und wie, welche Produkte und welche Mengen produziert, beschafft, transportiert, gelagert und ausgeliefert werden, und erzeugt machbare Zugänge, wie Planaufträge, Umlagerungen und Bestellanforderungen. Nicht selektierte Lokationsprodukte werden nicht geändert und stellen fixe Kapazitätsbelastungen dar.

An dieser Stelle lässt sich die Grundfunktionalität des SNP-Optimierers folgendermaßen zusammenfassen: Der SNP-Optimierer sucht unter Berücksichtigung aller Randbedingungen (definierte Kosten, Restriktionen) nach einem Planungsergebnis, das aus Gesamtsicht ein Kostenoptimum darstellt. Der SNP-Optimierer eignet sich hingegen nicht für die folgenden Anwendungsfälle:

- Ermittlung lokal optimierter Lösungen
- Priorisierung einzelner Bedarfe
- ausschließliche Deckung der Bedarfe mit den höchsten Strafkosten
- ausschließliche Verwendung der günstigsten Bezugsquellen

Dabei stehen Ihnen einige Parameter bzw. Einstellungen zur Verfügung, die Sie zur Beeinflussung des Planungsergebnisses des SNP-Optimierers verwenden können:

- SNP-Stammdaten, die vom SNP-Optimierer verwendet werden, wie z. B. Einstellungen zum Produkt, zur Lokation, zu Transportbeziehungen, Ressourcen, Plan (PPM/PDS), Quotierungen, Kosten oder Kalender
- Restriktionen und Kosten, die das Gesamtergebnis des SNP-Optimierers beeinflussen
- Nutzung von Profilen, die Parameter der SNP-Optimierung betreffen, wie z. B. das SNP-Optimiererprofil, in dem Sie zentrale Einstellungen zur Verwendung des SNP-Optimierers vorgeben, SNP-Kostenprofil, SNP-Losgrößenprofil (Transportbeziehung), SNP-Optimierungsschrankenprofil, SNP-Strafkostengruppenprofile, SNP-Prioritätsprofil, SNP-Planungsprofil

Nachdem wir Ihnen die dispositionsbezogenen Funktionen des SAP-APO-Systems vorgestellt haben, gehen wir nun auf entsprechende Funktionen in SAP IBP ein.

8.3 Dispositionsverfahren in SAP IBP

Auch in SAP IBP gibt es kein Dispositionsmerkmal im eigentlichen Sinne. Vielmehr gibt es eine Vielzahl von Dispositionsmechanismen und -algorithmen, die überwiegend auf einem Plan basieren. Begrifflich könnte man hier von plangesteuerter Disposition sprechen, wobei dieser Begriff von SAP nicht verwendet wird. Das ist auch darin begründet, dass bei dem Verfahren in SAP IBP – im Vergleich zur plangesteuerten Disposition der ERP-Systeme von SAP – teilweise unterschiedliche Vorgehensweisen angewendet werden. Folglich werden wir zunächst einen Überblick über die in SAP IBP genutzten Dispositionsalgorithmen geben.

Zu diesem Zweck gehen wir zunächst einmal auf die Funktionen ein, die SAP IBP für Inventory in Bezug auf die Disposition bereithält. Im Anschluss erhalten Sie einen Überblick über die dispositionsbezogenen Demand-Driven-Funktionen von SAP IBP, bevor wir auf die Funktionen der Nachschubplanung (Response and Supply) eingehen.

8.3.1 Zeitreihenbasierte Inventory-Algorithmen

Im Kern sind die Funktionen der Anwendung SAP IBP für Inventory (siehe Abschnitt 4.5.3) nicht unmittelbar mit denen anderer Dispositionsverfahren vergleichbar. Zielsetzung ist in dieser Anwendung nicht die Ermittlung von Beschaffungsvorschlägen, sondern von Bestandsverläufen und entsprechenden Komponenten des Bestands. Jedoch ist dies nicht möglich, ohne auch eine vereinfachte Dispositionsrechnung vorzunehmen. Diese ist dabei größtenteils mit der hier beschriebenen plangesteuerten Disposition vergleichbar.

Um die Disposition durchführen zu können, müssen Sie den Planungsoperator **Calculate Target Inventory Components** (vom Algorithmustyp IO_DETERMINISTIC) ausführen, wobei dieser in aller Regel Inputwerte benötigt, die von weiteren Planungsoperatoren des Inventory-Moduls bereitgestellt werden. Mehr dazu beschreiben wir in Kapitel 10, »Sicherheitsbestandsplanung«.

8.3.2 Zeitreihenbasierte Demand-Driven-Replenishment-Algorithmen

Im aktuellen Release 2108 von SAP IBP für Demand-Driven Replenishment liegt der Fokus auf den ersten drei Schritten des Demand-Driven-MRP-Ansatzes (siehe hierzu Abschnitt 8.1.2). Über eine Kennzahlenberechnung lassen sich jedoch sowohl die Nettoflussposition als auch die Auftragsempfehlung ermitteln. Hierfür stehen Ihnen im von SAP ausgelieferten Beispielplanungsbereich die Kennzahl DDNETFLOWPOSITION für die jeweilige Nettoflussposition der Periode sowie die Kennzahl DDORDERREC als sogenannte Auftragsempfehlung zur Verfügung.

Mit SAP ECC können Sie die in SAP IBP für Demand-Driven Replenishment ermittelten Inputwerte mittels installierbarem Add-on an das ausführende System übergeben und dort in Aufträge übersetzen. Die Nachbearbeitungsfunktionen stellen wir Ihnen in Kapitel 14, »Bearbeitung der Dispositionsergebnisse«, vor.

8.3.3 Zeitreihenbasierte Supply-Heuristiken

Es stehen Ihnen im zeitreihenbasierten Supply-Bereich mehrere Heuristiken zur Verfügung. Die grundlegende Vorgehensweise ist dabei immer plangesteuert, d. h., auf Basis zukünftiger Bedarfe oder Bedarfsprojektionen aus der Prognose wird ein Plan erzeugt. Nähere Informationen hierzu finden Sie in Abschnitt 4.5, »Dispositionsprozess in SAP IBP«.

8.3.4 Auftragsbasierte Response-Heuristiken

Die auftragsbasierten Response-Heuristiken basieren auf einer Grundheuristik, die als finite ABP-Heuristik (Auftragsbasierte Planung) bezeichnet wird.

Die finite ABP-Heuristik ermittelt unter Verwendung einer vorgegebenen Bedarfspriorisierung einen auftragsbasierten Beschaffungsplan, dabei werden entsprechende Restriktionen wie Kapazitätsbeschränkungen berücksichtigt. Der Ablauf gestaltet sich wie folgt:

1. Die Heuristik versucht, alle übergebenen Bedarfe zu befriedigen. Dabei werden die Bedarfe gemäß ihrer Priorität absteigend abgearbeitet.
2. Es wird versucht, jeden Bedarf zu befriedigen, indem in der Lokation, in der der Bedarf auftritt, nach verfügbarem Bestand gesucht wird. Kann kein ausreichender Bestand identifiziert werden, legt das SAP-IBP-System Zugänge an.
3. Die Bezugsquellen werden gemäß ihrer Priorität ermittelt.
4. Die Schritte 2 und 3 werden so lange wiederholt, bis alle abhängigen Bedarfe befriedigt sind. Falls keine vollständige Bedarfsdeckung zum geforderten Zeitpunkt möglich ist, erfolgt eine verspätete Anlage. Falls dies nicht möglich ist, kann es dazu kommen, dass der Bedarf nicht vollständig gedeckt wird.
5. Die Schritte 2 bis 4 werden für alle weiteren Bedarfe gemäß den vorgegebenen Prioritäten durchgeführt.
6. Nach Befriedigung aller Bedarfe versucht der Algorithmus, den Beschaffungsplan zu modifizieren, um Sicherheitsbestandsmengen befriedigen zu können. Änderungen an der Bedarfsdeckung werden dabei jedoch nicht zugelassen.

Dieses Vorgehen wird als *Tiefensuche* (engl. In-Depth Search) bezeichnet, da anders als bei der Materialbedarfsplanung nicht Material für Material gemäß Dispositionsstufe abgearbeitet wird, sondern priorisierter Bedarf für priorisierter Bedarf, und dies mehrstufig (wie z. B. das Capable-to-Match-Verfahren, siehe Abschnitt 8.2.4). So wird sichergestellt, dass die hochpriorisierten Bedarfe mit hoher Wahrscheinlichkeit auch auf den untergeordneten Stufen ausreichend Kapazität vorfinden, um rechtzeitig gedeckt werden zu können.

Die finite ABP-Heuristik wird im restriktionsbasierten Prognoselauf mit der prioritätsbasierten Heuristik, in der Auftragsbestätigungsplanung (engl. Response Planning) sowie im Deployment angewendet (siehe hierzu auch Abschnitt 4.5, »Dispositionsprozess in SAP IBP«).

8.3.5 Zeitreihenbasierte Optimierung

Mit SAP IBP können Sie eine Disposition auch direkt über Optimiererfunktionen durchführen. Mit dem *zeitreihenbasierten Beschaffungsoptimierer* lassen sich kostenoptimierte Produktions-, Distributions- und Beschaffungspläne für Ihr komplettes logistisches Netzwerk unter Berücksichtigung verschiedener Restriktionen generieren. Der Algorithmus liefert einen finiten und machbaren Beschaffungsplan, der verfügbare Kapazitäten berücksichtigt und auf Gewinn- oder Liefermaximierung basiert. Bei der *Gewinnmaximierung* werden dem Gesamterlös die Gesamtkosten gegenübergestellt. Produkte werden nur produziert, wenn sie profitabel sind. Bei der *Liefermaximierung* wird versucht, alle Kundenbedarfe bei minimalen Kosten zu decken. Lediglich die Restriktionen in der Lieferkette beeinflussen die Erfüllung des Kundenbedarfs.

Der Optimierer entscheidet, wann und wo produziert, beschafft, gelagert oder ausgeliefert wird. Die Beschaffungsoptionen werden abhängig von Ressourcenkapazitäten, Materialverfügbarkeit, definierten Kosten und Restriktionen ermittelt. Dabei wird der Lösungsplan identifiziert, der minimale Kosten aufweist. Eine zulässige Lösung berücksichtigt alle Planungsrestriktionen, wobei weiche Restriktionen, die mit Nichteinhaltungskosten bewertet werden, verletzt werden dürfen. Beispielsweise kann ein zulässiger Plan auch Nichtlieferungen enthalten, weil es aus Gesamtplanungssicht kostengünstiger sein kann, einen Bedarf nicht oder nur verspätet zu decken.

8.3.6 Auftragsbasierte Optimierung

Bei Verwendung des auftragsbasierten Optimierers (*ABP-Optimierer*) werden auf Tagesebene aggregierte Auftragsdaten herangezogen, um einen finiten Beschaffungsplan zu erzeugen. Dabei wird kostenoptimiert vorgegangen, d. h., der Planungslauf berücksichtigt Kosten, die in den Planungslaufprofilen, in den Kostenzeitreihen oder in einer Kombination aus beidem gepflegt wurden. Ergebnis des Optimierungslaufs ist dabei ein gesamtkostenoptimierter, machbarer Produktions-, Distributions- und Fremdbeschaffungsplan mit konkreten Aufträgen sowie die Verbindung der Aufträge zu Bedarfen (Pegging). Verwendet wird in diesem Zusammenhang die *gemischt-ganzzahlige lineare Programmierung* (engl. Mixed-Integer Linear Programming, MILP). Mehr Informationen zum ABP-Optimierer finden Sie in Abschnitt »Restriktionsbasierter Prognoselauf mit dem Optimierer« in Abschnitt 15.3.1, »Beschaffungs- und Kontingentierungsplanung«.

8.4 Fazit

Sie haben in diesem Kapitel einen Überblick über die Dispositionsverfahren in den ERP-Systemen von SAP, in SAP APO und in SAP IBP erhalten. Zunächst wurden die grundsätzlichen Interpretationsweisen von Bedarfen vorgestellt. In diesem Zusammenhang wurde erläutert, dass bei der Anlage von Bedarfsdeckern grundsätzlich entweder eine in die Vergangenheit gerichtete Sichtweise (verbrauchsgesteuerte Disposition) oder eine zukunftsorientierte Sichtweise (plangesteuerte Disposition) gewählt wird. Anhand einer Detaillierung der Möglichkeiten haben wir aufgezeigt, dass durch die vielfältigen Einflussmöglichkeiten auf das Systemverhalten durch das Customizing bzw. die Verwendung einer Prognose auch ein Mittelweg zwischen diesen beiden Extremen möglich ist (z. B. bei der Bestellpunktdisposition mit externen Bedarfen).

Nach der Vorstellung der Dispositionsverfahren des SAP-ECC- bzw. SAP-S/4HANA-Systems, die sich vor allem durch die Wahl des Dispositionsmerkmals beeinflussen lassen, haben wir mit dem PP-Planungsverfahren und den Produktheuristiken die Stellgrößen des SAP-APO-Systems bzw. von ePP/DS zur Beeinflussung des grundsätzlichen Dispositionsverhaltens erläutert. Anschließend haben Sie einen Überblick über die Funktionen der langfristigen und werksübergreifenden Planung in SAP APO und in SAP IBP erhalten.

Nach der Lektüre des Kapitels sollten Sie in der Lage sein, das Systemverhalten bei Wahl der dargestellten Optionen zu beurteilen und auf dieser Basis eine produktspezifische Auswahl der Dispositionsverfahren vorzunehmen.

Während durch das Dispositionsverfahren mit der Art der Nettobedarfsrechnung festgelegt wird, wie hoch die vom System identifizierte Unterdeckungsmenge ist, wird im nun folgenden Kapitel zur Beschaffungsmengenermittlung dargestellt, wie die verschiedenen Planungssysteme darauf aufbauend die Höhe des anzulegenden Bedarfsdeckers ermitteln.

Kapitel 9
Beschaffungsmengenermittlung

Die Beschaffungsmengenermittlung hat eine Schlüsselfunktion hinsichtlich der Bestandskosten im Unternehmen. Sie beeinflusst die Höhe der anzulegenden Bedarfsdecker und spielt somit auch bei der Optimierung der Dispositionseinstellungen eine wichtige Rolle.

Die Beschaffungsmengenermittlung schließt sich im klassischen Ablauf einer sukzessiven Planung direkt an die Ermittlung der Unterdeckungsmenge, also an die Nettobedarfsrechnung an. Die Unterdeckungsmenge wird zur Ermittlung der Höhe eines Beschaffungsvorschlags aus prozessualer Sicht gegebenenfalls erhöht. Dies ist z. B. bei prozessbedingtem Ausschuss oder Restriktionen wie Mindestlosgrößen der Fall. Neben einer prozessualen Erhöhung der Beschaffungsmenge kann die Höhe eines anzulegenden Bedarfsdeckers ebenfalls zur Optimierung reguliert werden.

9.1 Betriebswirtschaftlicher Hintergrund

Ausgangspunkt der Ermittlung der Beschaffungsmenge ist die *Losgroßenrechnung*, also die Zusammenfassung von Bedarfen zu einem gemeinsam zu produzierenden Los. In dieses Los sind je nach realen Gegebenheiten noch Ausschussmengen einzuberechnen, damit die tatsächlich verfügbare Menge, die sogenannte *Gutmenge*, ausreicht, um die auftretenden Bedarfe zu decken. Bei der Ausschussmengenermittlung geht es um die Abbildung von prozessbedingten Gegebenheiten, im Gegensatz dazu werden in der Losgrößenrechnung betriebswirtschaftlich optimierende Vorgehensweisen in die Überlegungen einbezogen. Dabei können drei grundsätzliche Zielrichtungen unterschieden werden:

1. kostenminimierende Ansätze
2. (durchlauf-)zeitminimierende Ansätze
3. rüstoptimierende Ansätze

In den SAP-Systemen werden keine (durchlauf-)zeitminimierenden Ansätze umgesetzt. Im Rahmen der Beschaffungsmengenermittlung ist lediglich eine auf die jeweilige Stücklistenstufe begrenzte Sichtweise verankert. Dies bedeutet, dass bei der Ermittlung der Beschaffungsmenge keine Aspekte anderer Produktionsstufen ins Kalkül gezogen werden.

[+]

Umsetzung rüstoptimierender Ansätze mit der SCM-Beratungslösung Every Part Every Interval

Wenn Sie Losgrößenentscheidungen auf Basis des zur Verfügung stehenden Rüstbudgets treffen möchten, können Sie sich dabei von der SCM-Beratungslösung *Every Part Every Interval* (EPEI) von SAP unterstützen lassen. Mit dieser Beratungslösung können Sie die Auswirkung von Losgrößenentscheidungen auf die vorhandene Kapazität simulieren und so Entscheidungen treffen, die zu maximal möglicher Flexibilität und minimalen Lagerbeständen führen.

Mehr Informationen zum Einsatz von EPEI finden Sie in SAP-Hinweis 2440800 oder Sie schreiben eine E-Mail an *scm-consulting-solutions@sap.com.*

Bei der Betrachtung der von Beschaffungsmengen abhängigen Kosten sind zwei Dimensionen von Bedeutung: Bei der Auflage eines Produktionsloses entstehen in der Regel Rüstkosten. Analog hierzu können auch bei Fremdbeschaffung fixe Kosten pro Beschaffungsvorgang identifiziert werden. Diese Kosten sind unabhängig von der jeweiligen Menge des zu erzeugenden Beschaffungsvorschlags. Im Rahmen der Eigenfertigung fallen sie bei der Vorbereitung der Produktionsmittel zur eigentlichen Bearbeitung an. Hier sind neben den konkret anfallenden Einrichtungskosten (z. B. Lohn des Einrichters) auch die Ausfallzeiten der Produktionsmittel zu berücksichtigen, also die produktiv durch Rüstvorgänge nicht nutzbaren Zeiten (sogenannte Rüstzeiten). Je größer eine Beschaffungsmenge ausfällt, desto seltener müssen Sie ein Produktionsmittel für die Produktion eines Materials vorbereiten. Demzufolge sinken mit steigender Losgröße die Rüstkosten je produzierter Mengeneinheit. Dem wirkt jedoch die zweite relevante Kostengröße entgegen, die der Lagerkosten. Je größer die Bedarfszusammenfassung ist (also je mehr zeitlich verteilt liegende Bedarfe durch ein großes Los abgedeckt werden sollen), desto höher sind die durch die Bedarfszusammenfassung entstehenden Lagerkosten. Die durch die Zusammenfassung früh produzierten Mengen müssen nämlich bis zu ihrem Verbrauch gelagert werden, wodurch neben den Kosten für das Lagerhandling vor allem Kapitalbindungskosten entstehen.

Insgesamt sind demnach bei der Beschaffungsmengenermittlung unter Kostengesichtspunkten zwei widerstreitende Ziele in Einklang zu bringen:

1. Reduktion der Rüstkosten durch Zusammenfassung von Bedarfen
2. Reduktion der Lagerkosten durch weitgehend bedarfsnahe Beschaffung

Aus diesen Zielen kann Optimierungspotenzial abgeleitet werden: Eine aus Kostengesichtspunkten optimale Losgröße muss durch »geschickte« Wahl der Beschaffungsmenge die beiden Kostendimensionen so berücksichtigen, dass sich hieraus ein Gesamtkostenminimum ergibt. Die in diesem Zusammenhang entwickelten betriebswirtschaftlichen Ansätze lassen sich anhand des klassischen Modells der optimalen Losgröße veranschaulichen. Dieses Modell basiert auf den folgenden Grundannahmen:

- Es gibt einen kontinuierlichen und konstanten Bedarf mit der Bedarfsrate D, der in Mengeneinheiten pro zugrunde liegender Zeiteinheit gemessen wird.
- Der Lagerzugang erfolgt unmittelbar ohne weitere Wareneingangsbearbeitungszeit.
- Es entstehen Rüstkosten in Höhe von s Geldeinheiten pro Rüstvorgang und je gelagerter Produkteinheit Lagerkosten in Höhe von h Geldeinheiten pro zugrunde liegender Zeiteinheit.

9

Unter diesen Annahmen lässt sich der Lagerbestandsverlauf im klassischen Losgrößenmodell auf einem Zeitstrahl darstellen (siehe Abbildung 9.1).

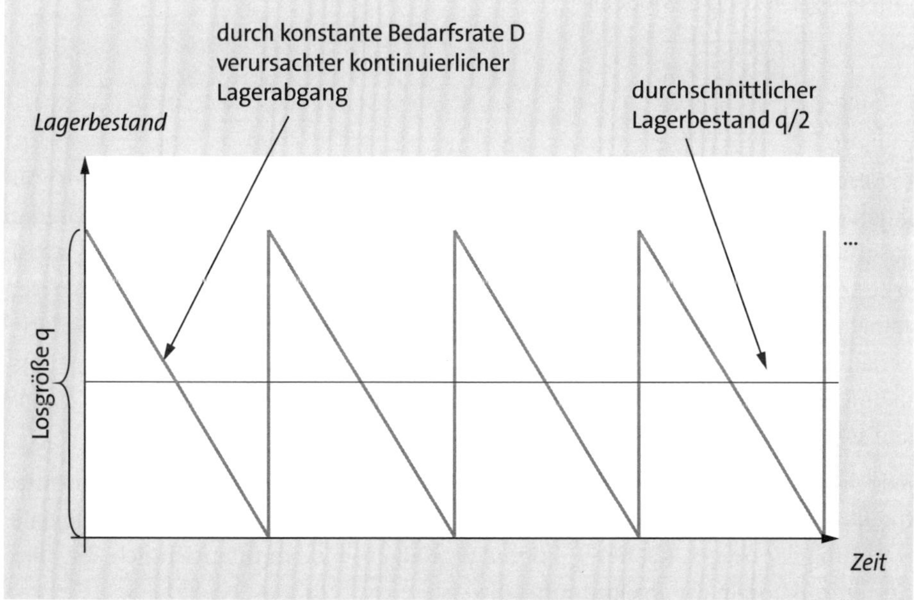

Abbildung 9.1 Bestandsverlauf im klassischen Losgrößenmodell

Die Entwicklung des Lagerbestands nimmt einen sägezahnartigen Verlauf. Bedingt wird dieser Verlauf durch einen konstanten Abfluss des Lagerbestands aufgrund des kontinuierlichen Bedarfs. Hinzu kommt in regelmäßigen Abständen eine Erhöhung des Lagerbestands durch eine Bestellung und den hierdurch bedingten Lagerzugang in Höhe der Losgröße. Aus diesen Zusammenhängen lässt sich nun eine optimale

Losgröße ableiten. Zu diesem Zweck werden die Gesamtkosten C als Summe aus Rüst- und Lagerkosten pro Zeiteinheit in Abhängigkeit der Losgröße q beschrieben (C(q)):

$$C(q) = \frac{D}{q} \times s + \frac{q}{2} \times h$$

Im ersten Teil der Formel wird die Anzahl der Rüstvorgänge ermittelt und mit dem Rüstkostensatz multipliziert, während im zweiten Teil der durchschnittliche Lagerbestand, der die halbe Losgröße beträgt, mit den Lagerkosten bewertet wird.

Durch Ableitung der Gesamtkosten C(q) nach der Losgröße q, also dC(q) ÷ dq, und durch Nullsetzen dieser Gleichung kann das Kostenminimum der Gesamtkostenfunktion ermittelt werden, aus dem sich die optimale Losgröße ableitet:

$$\frac{dC(q)}{dq} = \frac{D \times s}{q^2} + \frac{h}{2} \overset{!}{=} 0$$

Wird die Losgröße auf einer Seite der Gleichung isoliert, ergibt sich die optimale Losgröße des klassischen Modells q_{opt}:

$$q_{opt} = \sqrt{\frac{2 \times D \times s}{h}}$$

In Abschnitt 9.2.4, »Kostenoptimierte Losgrößenermittlung mit der Losgrößensimulation«, stellen wir Ihnen eine Möglichkeit vor, die Losgröße nach dem klassischen Losgrößenmodell in Ihre SAP-ERP- oder SAP-APO-Planung zu integrieren. Das klassische Losgrößenmodell ist jedoch für den Praxiseinsatz aufgrund seiner restriktiven Annahmen nur für einen bestimmten Teil der üblicherweise auftretenden Bedarfsverläufe geeignet. So sind konstante Bedarfsverläufe in der Realität häufig eine Ausnahme. In der Praxis liegen nicht selten dynamische Bedarfsverläufe, also im Zeitablauf schwankende Bedarfsmengen vor.

Jedoch lassen sich auch aus dem klassischen Losgrößenmodell wichtige Erkenntnisse für die Lösung von dynamischen Losgrößenproblemen gewinnen. So werden bei Betrachtung der obigen Kostenfunktion einige Eigenschaften offensichtlich, die diese Kostenfunktion in ihrem Optimum aufweist:

- Die Gesamtkosten pro Stück sind minimal (gleitende wirtschaftliche Losgröße).
- Es liegt ein Minimum der durchschnittlichen Kosten pro Zeiteinheit vor.
- Die Lagerkosten sind gleich den Rüstkosten (Stückperiodenausgleich).
- Der Anstieg der durchschnittlichen Lagerkosten pro Periode ist größer als die Verringerung der losgrößenfixen Kosten pro Periode (Verfahren nach Groff).

[zB]

Eigenschaften des klassischen Losgrößenmodells

Die Eigenschaften des klassischen Losgrößenmodells lassen sich am folgenden Beispiel verdeutlichen. Wir gehen dabei von folgenden Werten aus:

$s = 100; h = 0{,}1; D = 600$

Die optimale Losgröße wird gemäß der Formel berechnet:

$$q_{opt} = \sqrt{\frac{2 \times 600 \times 100}{0{,}1}} \approx 1{,}095$$

Der Bereich um die optimale Losgröße wird nun in einer Tabelle dargestellt (siehe gefettete Zeile in Tabelle 9.1).

q	Gesamtkosten	Rüstkosten	Lagerkosten	Grenz-Rüstkosten	Grenz-Lagerkosten
895	111,78	67,01	44,77	0,075	0,05
945	110,73	63,46	47,27	0,067	0,05
995	110,05	60,27	49,77	0,061	0,05
1.045	109,66	57,39	52,27	0,055	0,05
1.095	**109,54**	**54,77**	**54,77**	**0,050**	**0,05**
1.145	109,65	52,38	57,27	0,046	0,05
1.195	109,96	50,19	59,77	0,042	0,05
1.245	110,45	48,18	62,27	0,039	0,05
1.295	111,09	46,32	64,77	0,036	0,05

Tabelle 9.1 Kostenverläufe in der Nähe der optimalen Losgröße (Beispiel)

Diese Eigenschaften der Kostenfunktion des klassischen Losgrößenmodells können auf die dynamische Losgrößenbildung übertragen werden. In diesem Zusammenhang wird bei der Ermittlung der Höhe eines Beschaffungsvorschlags schrittweise für weiter in der Zukunft liegende Bedarfe geprüft, ob die Beschaffung der für die Deckung nötigen Mengen vorgezogen werden soll.

Als Entscheidungskriterium können dabei die beschriebenen Eigenschaften der Kostenfunktion des klassischen Modells im Optimum herangezogen werden (siehe Abschnitt 9.2.3, »Optimierende Losgrößenverfahren«).

9.2 Beschaffungsmengenermittlung in SAP ECC und SAP S/4HANA

Im Anschluss an die Ermittlung der Unterdeckungsmenge, die im Rahmen der Nettobedarfsrechnung abhängig vom Dispositionsverfahren erfolgt, bestimmt das jeweilige SAP-ERP-System (SAP ECC oder SAP S/4HANA) die Beschaffungsmenge der anzulegenden Zugangselemente. Bei der Ermittlung der Beschaffungsmenge müssen Sie sowohl die Losgrößen- als auch die Ausschusseinstellungen des Systems beachten.

Die Losgrößenrechnung hat zum Ziel, die richtigen Beschaffungsmengen zum richtigen Zeitpunkt einzuplanen. Die Ausschussmengenermittlung soll prozessbedingte Fehlmengensituationen antizipieren. Aus der Kombination der beiden Verfahren ermittelt das SAP-ECC- bzw. das SAP-S/4HANA-System automatisch im Planungslauf die Menge, die einem Beschaffungsvorschlag zugrunde liegt:

1. Die in der Nettobedarfsrechnung ermittelte Unterdeckungsmenge wird mit den Parametern des gewählten Losgrößenverfahrens abgeglichen und so die eigentliche Losgröße ermittelt.
2. Sofern erforderlich, wird eine Verrechnung des gepflegten Ausschusses vorgenommen, der die Beschaffungsmenge erhöhen kann.
3. Die eventuell im System gepflegten Losgrößenrestriktionen werden ins Kalkül gezogen, um die Beschaffungsmenge zu bestimmen.
4. Die Ausschussmenge wird erneut in die Berechnungen einbezogen, um die Gutmenge ermitteln zu können.

Das Ergebnis dieser Beschaffungsmengenberechnung ist die zu fertigende oder zu beschaffende Menge, die sich aus der erwarteten Gutmenge und dem Ausschuss zusammensetzt. Die Beschaffungsmenge kann im Beschaffungsvorschlag eingesehen werden, die erwartete Gutmenge und der Ausschuss sind in der aktuellen Bedarfs-/Bestandsliste sowie in der Dispositionsliste abgetragen.

Eine Dispositionslosgröße setzt sich zusammen aus einem Losgrößenverfahren und einem zu wählenden Losgrößenkennzeichen, welches das Losgrößenverfahren konkretisiert. Sowohl das Losgrößenverfahren als auch das Losgrößenkennzeichen müssen Sie im Customizing der Dispositionslosgröße definieren und dann bei der Materialstammsatzpflege oder im Dispositionsbereichssegment zuordnen. Hier bietet sich durch Kombination aus Losgrößenverfahren und -kennzeichen sowie einer Reihe weiterer Einstellungen die Option, neben der Vielzahl der bereits vorgegebenen Dispositionslosgrößen auch kundeneigene Vorgehensweisen zu implementieren, die dann im Stammsatz einem Material zugeordnet werden können.

Die SAP-ERP-Systeme kennen drei Gruppen von Losgrößenverfahren, die Sie durch entsprechende Losgrößenkennzeichen detaillieren können: statische, periodische und optimierende Losgrößenverfahren. Auf diese und weitere Verfahren gehen wir im Folgenden näher ein.

9.2.1 Statische Losgrößenverfahren

Statische Losgrößen sind im SAP-ECC- bzw. SAP-S/4HANA-System im Zeitablauf konstant auf einen einzigen Bedarf bezogen, wobei sich die Höhe der Losgröße je nach Verfahren unterschiedlich bestimmt. Dadurch unterscheiden sich diese Verfahren von den beiden anderen Gruppen von Losgrößenverfahren, den periodischen sowie den optimierenden Losgrößenverfahren. Bei letzteren Verfahren werden gegebenenfalls mehrere Bedarfe anhand bestimmter Kriterien zusammengefasst.

Bei Verwendung der *exakten Losgröße* weist die Losgröße die Höhe der Unterdeckungsmenge eines Bedarfs auf. Die exakte Losgröße entspricht einer Lot-for-Lot-Vorgehensweise und führt zu einer bedarfsgenauen Beschaffung.

Im Gegensatz zur exakten Losgröße, die auf die Unterdeckungsmenge zurückgreift, wird die *feste Losgröße* dem System exogen, d. h. als Input für die Planungen, vorgegeben. Falls die Unterdeckungsmenge geringer ist als die feste Losgröße, wird die feste Losgröße verwendet. Reicht die vorgegebene feste Losgröße zur Bedarfsdeckung nicht aus, werden vom System mehrere Bestellvorschläge in dieser Losgröße zum gleichen Termin angelegt.

Bei Auswahl der Option *Auffüllen bis zum Höchstbestand* muss im Materialstamm ein Höchstbestand eingetragen werden. Im Fall einer Unterdeckung ermittelt das System die Losgröße, die zu einer Auffüllung auf diesen Höchstbestand nötig wäre. Hierbei kann bei der Bestellpunktdisposition mit externen Bedarfen und bei der plangesteuerten Disposition im Customizing eingestellt werden, ob der Höchstbestand die absolute physische Obergrenze darstellen soll oder ob der Höchstbestand nach der Befriedigung aller bereits vorhandenen Bedarfe erreicht werden soll. Überschreitet die Unterdeckungsmenge eines Tages den Höchstbestand, ist die Unterdeckungsmenge für die Losgröße maßgeblich.

9.2.2 Periodische Losgrößenverfahren

Bei Verwendung von periodischen Verfahren fasst das System Bedarfsmengen eines Zeitabschnitts, der von Ihnen im Customizing festgelegt wird, zu einer Losgröße zusammen. Dabei müssen Sie eine Zeiteinheit und eine Periodenanzahl definieren, wodurch ein Zeitintervall zur Zusammenfassung von Bedarfsmengen zu einem Los definiert ist. Darüber hinaus können Sie im Customizing festlegen, zu welchem Zeitpunkt innerhalb des definierten Zeitabschnitts ein Los angelegt werden soll. Hierbei besteht die Möglichkeit, sowohl den Starttermin als auch den Verfügbarkeitstermin des Bedarfsdeckers auf den Periodenanfang zu legen. Daneben kann der Verfügbarkeitstermin auch auf das Periodenende oder auf den Bedarfstermin gelegt werden. Eine weitere Option besteht darin, den Starttermin des Beschaffungsvorschlags auf den Periodenanfang und den Verfügbarkeitstermin auf das Periodenende zu legen. In diesem Fall wird die Eigenfertigungszeit aus dem Materialstamm übersteuert.

Im SAP-ECC- sowie im SAP-S/4HANA-System haben Sie bei der Wahl von periodischen Losgrößenverfahren die folgenden Optionen:

- Tageslosgröße
- Wochenlosgröße
- Monatslosgröße
- flexible Perioden nach Planungskalender

Es besteht neben den genannten Möglichkeiten von Standardzeitabschnitten zusätzlich die Option, die Bedarfsmengen eines frei in einem Planungskalender zu pflegenden Zeitintervalls zusammenzufassen. Der Planungskalender kann im Customizing, aber ebenso aus der Anwendung heraus gepflegt werden und wird im Materialstamm (werksweise oder pro Dispositionsbereich) eingetragen. Der Planungskalender bietet so bspw. die Möglichkeit, Ferienzeiten bei einem Lieferanten in die Planungen einzubeziehen. Im Customizing des Losgrößenverfahrens können Sie einstellen, ob der Starttermin der Planungskalenderperioden als Liefertermin oder als Verfügbarkeitstermin interpretiert werden soll.

[»]

Berechnungsunterschiede bei periodischen Losgrößenverfahren in MRP Live

Bitte beachten Sie, dass es bei einer Planung in MRP Live zu leichten Berechnungsunterschieden im Vergleich zum klassischen MRP kommen kann. Details hierzu finden Sie in SAP-Hinweis 1914010.

9.2.3 Optimierende Losgrößenverfahren

Bei der Zusammenfassung von Bedarfsmengen zu Losen müssen Sie immer zwei Dimensionen berücksichtigen. Durch eine Zusammenfassung von mehreren Bedarfen zu einem Los lassen sich in der Regel losfixe Kosten einsparen, also Kosten, deren Höhe sich nicht in Abhängigkeit der Losgröße ermitteln lassen, sondern die pro Auflage eines Loses einmalig anfallen (z. B. Rüstkosten oder Bestellkosten). Dabei müssen jedoch gegebenenfalls höhere Lagerkosten in Kauf genommen werden, da Bedarfsmengen durch die Zusammenfassung früher beschafft werden als eigentlich nötig, was zu einer Lagerung der Bedarfsmengen führt.

Die optimierenden Losgrößenverfahren zielen auf eine Minimierung der Gesamtkosten, die sich aus den beiden oben genannten Komponenten zusammensetzen. Sie tragen die losfixen Kosten im Materialstamm ein, und das System ermittelt dann auf Basis des im Customizing gepflegten und im Anschluss im Materialstamm hinterlegten Lagerkostenkennzeichens die Lagerkosten. Das System berücksichtigt die proportional zur Lagermenge und zum Einzelpreis anfallenden Kosten und bezieht sich auf den durchschnittlichen Lagerwert; dabei wird Konstanz über die Eindeckungszeit vorausgesetzt. Ausgehend von dem in der Nettobedarfsrechnung ermittelten ersten Unterdeckungstermin werden Bedarfe so lange zusammengefasst, bis das dem jeweils verwendeten Verfahren zugrunde liegende Optimierungskriterium erreicht ist.

Die einzelnen Verfahren unterscheiden sich durch das verwendete Optimierungskriterium. Diese lassen sich auf die beschriebenen Eigenschaften der Kostenfunktion des klassischen Losgrößenmodells im Optimum zurückführen:

- **Stückperiodenausgleich**
  Dieses Verfahren basiert auf der Eigenschaft der klassischen Losgrößenformel, dass beim Kostenminimum die variablen Kosten (Lagerkosten) gleich den losgrößenfixen Kosten sind.
- **gleitende wirtschaftliche Losgröße**
  Aufeinanderfolgende Bedarfsmengen werden so lange zu einer Losgröße zusammengefasst, bis die Gesamtkosten pro Stück (Summe aus losgrößenfixen Kosten und gesamten Lagerkosten) ein Minimum bilden.
- **Verfahren nach Groff**
  Auch dieses Verfahren greift auf die klassische Losgrößenformel zurück. Dabei wird die Tatsache ausgenutzt, dass im Kostenminimum zusätzlich anfallende Lagerkosten gleich der Losfixkostenersparnis sind.
- **dynamische Planungsrechnung**
  Ausgehend vom Unterdeckungstermin werden Bedarfsmengen so lange zu einem Los zusammengefasst, bis die zusätzlich anfallenden Lagerkosten größer als die losgrößenfixen Kosten sind.

[zB]

Optimierendes Losgrößenverfahren

Im Folgenden möchten wir Ihnen das optimierende Losgrößenverfahren exemplarisch demonstrieren:

- Preis: 20 EUR
- Lagerkostenprozentsatz: 10 %
- losgrößenfixe Kosten: 100 EUR
- Bedarfe:
  - 6. Oktober 2021: 1.000 Stück
  - 20. Oktober 2021: 1.000 Stück
  - 24. Oktober 2021: 1.000 Stück
  - 31. Oktober 2021: 1.000 Stück

Wird die optimierte Losgröße nach dem Stückperiodenausgleichsverfahren bestimmt, wird der Bedarf vom 20. Oktober 2021 bereits mit der Losgröße am 6. Oktober

2021 beschafft. Eine weitere Aufnahme von später liegenden Bedarfen ist nicht sinnvoll, da die gesamten Lagerkosten die losgrößenfixen Kosten überschreiten (siehe Tabelle 9.2).

Bedarfstermin	Bedarfsmenge	Losgröße	logrößenfixe Kosten	Lagerkosten	Gesamtlagerkosten
06.10.2021	1.000	1.000	100	–	–
20.10.2021	1.000	2.000	–	76,71	76,71
24.10.2021	1.000	3.000	–	98,63	175,34
31.10.2021	1.000	4.000	–	136,99	312,33

Tabelle 9.2 Stückperiodenausgleich (Beispiel)

Nach der dynamischen Planungsrechnung wird der Bedarf vom 24. Oktober 2021 ebenfalls in die Losgröße vom 6. Oktober 2021 aufgenommen, da das dem Verfahren zugrunde liegende Optimierungskriterium eine Aufnahme dieses Bedarfs in die Losgröße vom 6. Oktober 2021 empfiehlt (siehe Tabelle 9.3).

Bedarfstermin	Bedarfsmenge	Losgröße	logrößenfixe Kosten	Lagerkosten
06.10.2021	1.000	1.000	100	–
20.10.2021	1.000	2.000	–	76,71
24.10.2021	1.000	3.000	–	98,63
31.10.2021	1.000	4.000	–	136,99

Tabelle 9.3 Dynamische Planungsrechnung (Beispiel)

Abbildung 9.2 zeigt beispielhaft Losgrößeneinstellungen auf der Registerkarte **Disposition 1** des Materialstamms.

Losgrößendaten

Dispolosgröße	GR	Losgrößenverfahren nach Groff	
Mindestlosgröße		Maximale Losgröße	25
Feste Losgröße		Höchstbestand	
Losfixe Kosten	10,00	Lagerkostenkennz	1
BaugrpAusschuß (%)		Taktzeit	
Rundungsprofil		Rundungswert	
MengeneinheitenGrp			

Abbildung 9.2 Losgrößeneinstellungen auf der Registerkarte »Disposition 1« des Materialstamms (Beispiel)

9.2.4 Kostenoptimierte Losgrößenermittlung mit der Losgrößensimulation

Mit der SCM-Beratungslösung *Losgrößensimulation* stellt SAP eine Funktionalität in SAP ECC und SAP S/4HANA bereit, mit der Sie auf Basis der beschriebenen Kostengrößen und bekannten Bedarfe alle im Customizing des jeweiligen Systems vorhandenen Losgrößenverfahren simulativ bewerten können. Die vorhandenen Verfahren werden dabei simulativ unter Berücksichtigung der gepflegten Losgrößenrestriktionen (siehe Abschnitt 9.2.5) durchgerechnet, die resultierenden Kosten werden in der Ergebnissicht als Spalten dargestellt. Dabei erfolgt ein Vergleich mit dem aktuell eingestellten Losgrößenverfahren, die möglichen Kosteneinsparungen werden separat in einer Deltaspalte ausgewiesen. Die Kosten, die bei einer Zuweisung eines Verfahrens zu einer Gruppe von Materialien insgesamt entstehen, werden als Summe unter jeder Spalte dargestellt. Abbildung 9.3 zeigt den Ergebnisbildschirm der Losgrößensimulation.

9

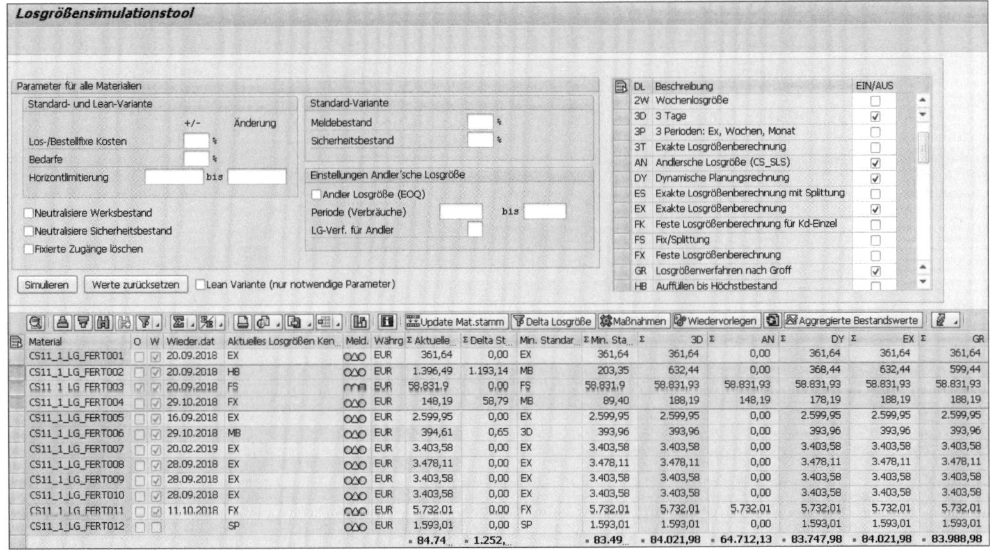

Abbildung 9.3 Ergebnisbildschirm der Losgrößensimulation

Mit diesem Tool ist es ab Release 2014 ebenfalls möglich, eine Losgrößenberechnung gemäß des klassischen Losgrößenmodells mit der sogenannten *Andler-Formel* (im englischen Sprachgebrauch als *Economic Order Quantity* (EOQ) bekannt) durchzuführen. Die so berechnete Losgröße ist auch Grundlage für eine weitere praxisrelevante Losgröße, die Staffelpreise in das Kalkül einbezieht und zusätzlich durch die Losgrößensimulation ermittelt wird. Sowohl die Losgröße nach Andler als auch die nach Staffelpreisen werden durch die Losgrößensimulation als fixe Losgröße in die Simulation einbezogen.

Neben der reinen Simulation der vorhandenen Verfahren, der auf dem klassischen Losgrößenmodell basierenden Andler-Losgröße sowie der Losgröße nach Staffelpreisen besteht die Möglichkeit, die Kostengrößen oder die Bedarfe simulativ prozentual zu variieren. So können Sie prüfen, ob eine getroffene Losgrößenentscheidung auch bei einem prognostizierten Anstieg der Bedarfe um bspw. 10 % noch valide ist oder wie reagibel die Losgrößenentscheidung bei sich verändernden Kostengrößen ist.

Auch Sicherheitsbestand und Werksbestand können simulativ neutralisiert werden, sodass eine Entscheidung unabhängig von den derzeit geltenden Parametern bzw. Konstellationen getroffen werden kann. Zusätzlich können individuell oder auch für eine größere Anzahl an Materialien vom Materialstamm abweichende Kostengrößen oder Losgrößenrestriktionen in die Simulation einbezogen werden.

Die Kostenkonstellationen eines Simulationsergebnisses können für jede Material-/Werkskombination und jedes Verfahren separat analysiert werden. Hierfür können einzelne Einträge der Ergebnisdarstellung markiert und mittels rechter Maustaste eine simulierte aktuelle Bedarfs-/Bestandssituation aufgerufen werden (die sogenannte *simulierte MD04*), die die für das Verfahren entstehende Kostenkonstellation erläutert. Abbildung 9.4 verdeutlicht die Kostenerläuterungen, die eine detaillierte Auswertung des Losgrößensimulationsergebnisses ermöglichen.

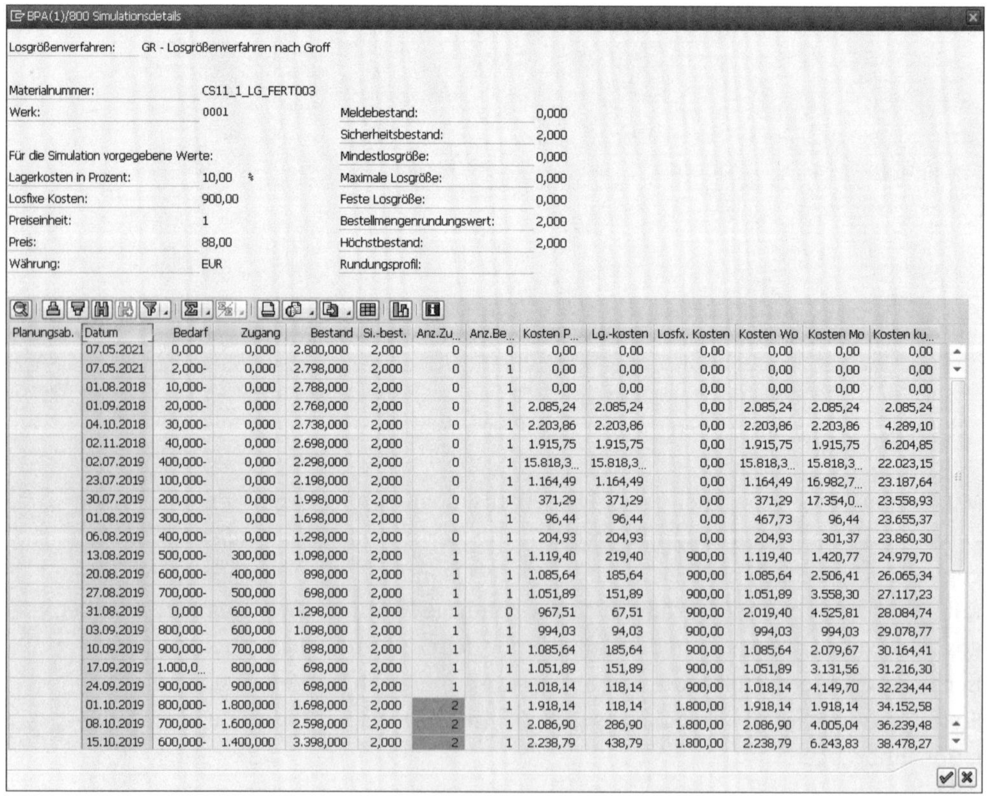
BPA(1)/800 Simulationsdetails

Losgrößenverfahren: GR - Losgrößenverfahren nach Groff

Materialnummer:	CS11_1_LG_FERT003		
Werk:	0001	Meldebestand:	0,000
		Sicherheitsbestand:	2,000
Für die Simulation vorgegebene Werte:		Mindestlosgröße:	0,000
Lagerkosten in Prozent:	10,00 %	Maximale Losgröße:	0,000
Losfixe Kosten:	900,00	Feste Losgröße:	0,000
Preiseinheit:	1	Bestellmengenrundungswert:	2,000
Preis:	88,00	Höchstbestand:	2,000
Währung:	EUR	Rundungsprofil:	

Planungsab.	Datum	Bedarf	Zugang	Bestand	Si.-best.	Anz.Zu...	Anz.Be...	Kosten P...	Lg.-kosten	Losfx. Kosten	Kosten Wo	Kosten Mo	Kosten ku...
	07.05.2021	0,000	0,000	2.800,000	2,000	0	0	0,00	0,00	0,00	0,00	0,00	0,00
	07.05.2021	2,000-	0,000	2.798,000	2,000	0	1	0,00	0,00	0,00	0,00	0,00	0,00
	01.08.2018	10,000-	0,000	2.788,000	2,000	0	1	0,00	0,00	0,00	0,00	0,00	0,00
	01.09.2018	20,000-	0,000	2.768,000	2,000	0	1	2.085,24	2.085,24	0,00	2.085,24	2.085,24	2.085,24
	04.10.2018	30,000-	0,000	2.738,000	2,000	0	1	2.203,86	2.203,86	0,00	2.203,86	2.203,86	4.289,10
	02.11.2018	40,000-	0,000	2.698,000	2,000	0	1	1.915,75	1.915,75	0,00	1.915,75	1.915,75	6.204,85
	02.07.2019	400,000-	0,000	2.298,000	2,000	0	1	15.818,3...	15.818,3...	0,00	15.818,3...	15.818,3...	22.023,15
	23.07.2019	100,000-	0,000	2.198,000	2,000	0	1	1.164,49	1.164,49	0,00	1.164,49	16.982,7...	23.187,64
	30.07.2019	200,000-	0,000	1.998,000	2,000	0	1	371,29	371,29	0,00	371,29	17.354,0...	23.558,93
	01.08.2019	300,000-	0,000	1.698,000	2,000	0	1	96,44	96,44	0,00	467,73	96,44	23.655,37
	06.08.2019	400,000-	0,000	1.298,000	2,000	0	1	204,93	204,93	0,00	204,93	301,37	23.860,30
	13.08.2019	500,000-	300,000	1.098,000	2,000	1	1	1.119,40	219,40	900,00	1.119,40	1.420,77	24.979,70
	20.08.2019	600,000-	400,000	898,000	2,000	1	1	1.085,64	185,64	900,00	1.085,64	2.506,41	26.065,34
	27.08.2019	700,000-	500,000	698,000	2,000	1	1	1.051,89	151,89	900,00	1.051,89	3.558,30	27.117,23
	31.08.2019	0,000	600,000	1.298,000	2,000	1	0	967,51	67,51	900,00	2.019,40	4.525,81	28.084,74
	03.09.2019	800,000-	600,000	1.098,000	2,000	1	1	994,03	94,03	900,00	994,03	994,03	29.078,77
	10.09.2019	900,000-	700,000	898,000	2,000	1	1	1.085,64	185,64	900,00	1.085,64	2.079,67	30.164,41
	17.09.2019	1.000,0...	800,000	698,000	2,000	1	1	1.051,89	151,89	900,00	1.051,89	3.131,56	31.216,30
	24.09.2019	900,000-	900,000	698,000	2,000	1	1	1.018,14	118,14	900,00	1.018,14	4.149,70	32.234,44
	01.10.2019	800,000-	1.800,000	1.698,000	2,000	2	1	1.918,14	118,14	1.800,00	1.918,14	1.918,14	34.152,58
	08.10.2019	700,000-	1.600,000	2.598,000	2,000	2	1	2.086,90	286,90	1.800,00	2.086,90	4.005,04	36.239,48
	15.10.2019	600,000-	1.400,000	3.398,000	2,000	2	1	2.238,79	438,79	1.800,00	2.238,79	6.243,83	38.478,27

Abbildung 9.4 »Simulierte MD04« für ein Simulationsergebnis

Sie können für eine beliebige Auswahl der simulierten Material-/Werkskombinationen eine Pflege der entsprechenden Simulationsergebnisse durchführen, indem Sie die Einträge in der Ergebnisdarstellung markieren und auf die Schaltfläche **Update Mat.stamm** klicken (siehe Abbildung 9.5). Dies gilt auch für die Losgröße nach Andler sowie die nach Staffelpreisen, die jeweils als fixe Losgröße in den Materialstamm und somit in die sich anschließende Materialbedarfsplanung übernommen werden können. Es ist ebenfalls möglich, dabei eine Prüfung auf die Einhaltung von Haltbarkeitsrestriktionen vorzunehmen.

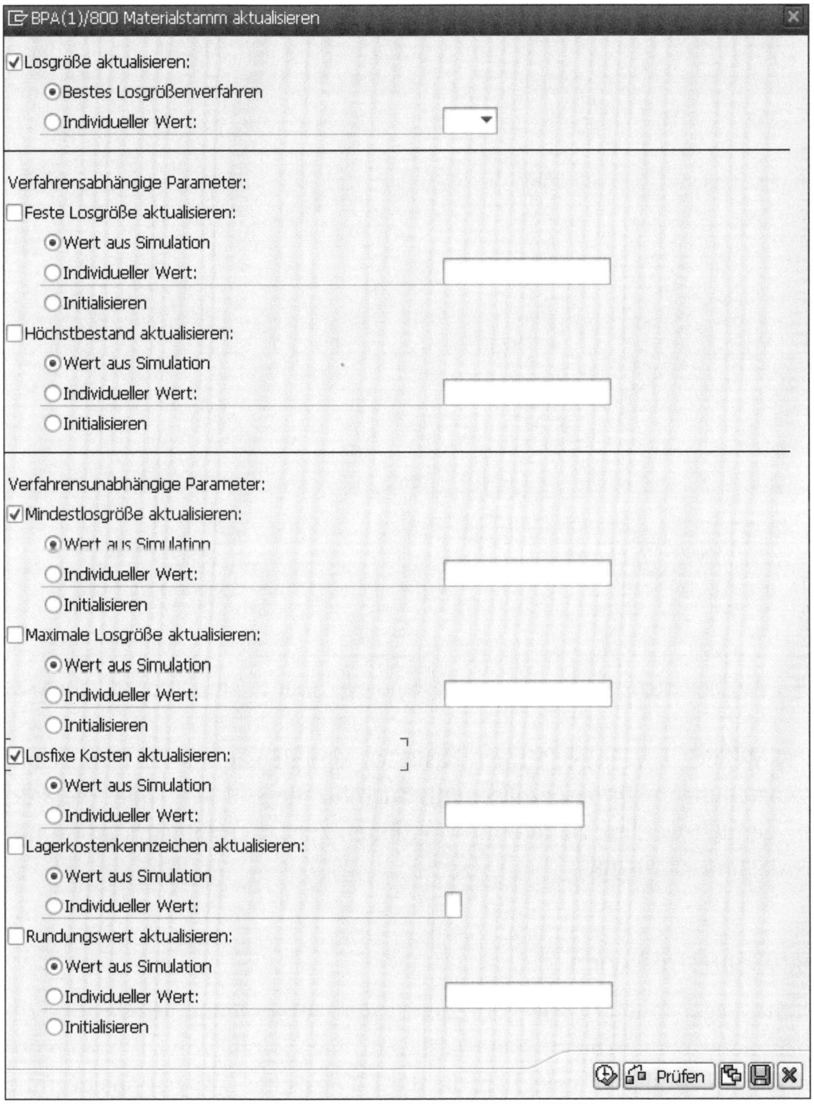

Abbildung 9.5 Updatedialog Materialstammpflege

Eine weitere Auswertungsoption besteht darin, sich die für ein Simulationsszenario errechneten Bestandsverläufe aggregiert auf einem bestimmten Aggregationsobjekt, wie z. B. der Warengruppe oder dem Disponenten, anzeigen zu lassen, d. h., die resultierenden Bestandsverläufe sowie zugehörigen Werte werden auf Basis des Aggregationsobjekts in einer Tabelle und einer entsprechenden Grafik ausgewiesen. Markieren Sie dazu die jeweiligen Einträge, und klicken Sie auf die Schaltfläche **Aggregierte Bestandswerte**. Abbildung 9.6 zeigt eine entsprechend auf der Warengruppe aggregierte und im Zeitverlauf dargestellte Bestandswertentwicklung.

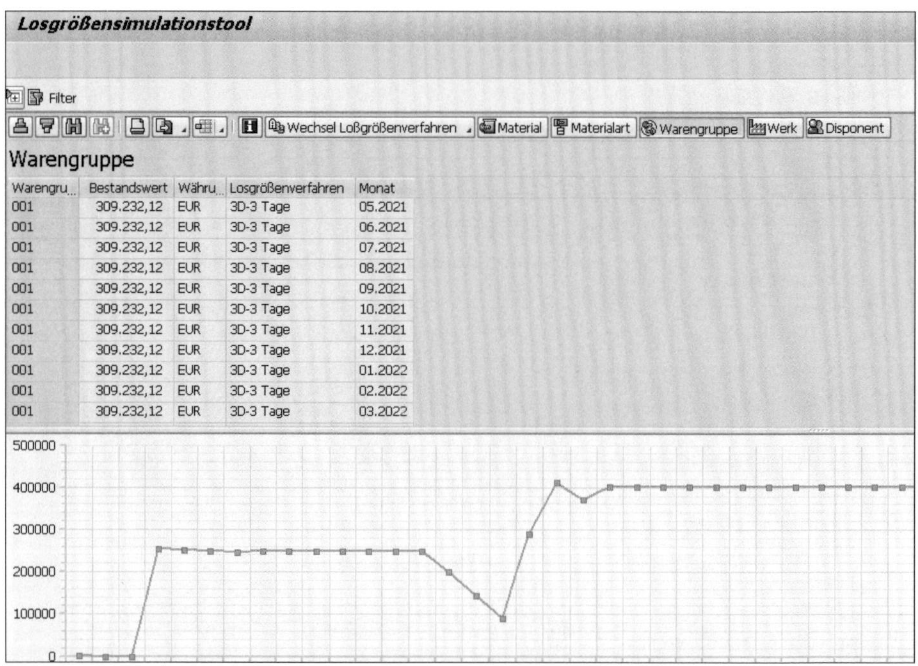

Warengru...	Bestandswert	Währu...	Losgrößenverfahren	Monat
001	309.232,12	EUR	3D-3 Tage	05.2021
001	309.232,12	EUR	3D-3 Tage	06.2021
001	309.232,12	EUR	3D-3 Tage	07.2021
001	309.232,12	EUR	3D-3 Tage	08.2021
001	309.232,12	EUR	3D-3 Tage	09.2021
001	309.232,12	EUR	3D-3 Tage	10.2021
001	309.232,12	EUR	3D-3 Tage	11.2021
001	309.232,12	EUR	3D-3 Tage	12.2021
001	309.232,12	EUR	3D-3 Tage	01.2022
001	309.232,12	EUR	3D-3 Tage	02.2022
001	309.232,12	EUR	3D-3 Tage	03.2022

Abbildung 9.6 Auf Warengruppe aggregierte Bestandswerte eines Simulationsergebnisses

Die über die SAP-ECC- bzw. SAP-S/4HANA-basierte Losgrößensimulation ermittelten Losgrößeneinstellungen können größtenteils auch für die SAP-APO- oder die SAP-IBP-Planung genutzt werden. Nähere Informationen zur Losgrößensimulation finden Sie in SAP-Hinweis 1363889.

9.2.5 Losgrößenrestriktionen

Um praktische Gegebenheiten wie vom Lieferanten vorgegebene Mindestbestellmengen abzubilden, können Sie im Materialstamm eine Vielzahl von Losgrößenmodifikatoren und -restriktionen vorsehen, die die auf Basis der Dispositionslosgröße ermittelte Menge nach bestimmten Kriterien abändern. Hier sind die folgenden Optionen möglich:

- **Mindestlosgröße**
  Alle vom System erzeugten Beschaffungsvorschläge weisen wenigstens die Höhe der Mindestlosgröße auf. Ermittelt das System auf Basis der Einflussgrößen Unterdeckungsmenge, Dispositionslosgröße und Ausschuss eine niedrigere potenzielle Beschaffungsmenge, wird ungeachtet dessen die Mindestlosgröße verwendet. Dies führt zu erhöhten Beständen. Aus diesem Grund sollten Mindestlosgrößen wie auch die weiteren Losgrößenmodifikatoren nur verwendet werden, wenn dies prozessbedingt unumgänglich ist.
- **maximale Losgröße**
  Kein vom Planungslauf angelegter Beschaffungsvorschlag überschreitet die maximale Losgröße. Wird aufgrund der genannten Einflussfaktoren eine größere Menge benötigt, legt das System mehrere Bedarfsdecker an.
- **Rundungswert**
  Wird im Materialstamm ein Rundungswert eingestellt, werden alle Beschaffungsvorschläge mengenmäßig auf diesen Wert oder auf das Vielfache dieses Werts gerundet. Dies bietet sich bspw. an, wenn eine Bestellung nur in bestimmten Verpackungsgrößen aufgegeben werden kann (z. B. bei Verwendung von genormten Paletten).
- **Rundungsprofil**
  Das Rundungsprofil, das im Customizing definiert und anschließend im Materialstamm zugeordnet wird, erweitert die Möglichkeiten des Rundungswerts. In einem Rundungsprofil werden Schwellwerte mit Rundungswerten kombiniert. Ab Erreichen eines Schwellwerts wird also auf den zugehörigen Rundungswert gerundet, wobei die Möglichkeit besteht, mehrere Kombinationen von Schwell- und Rundungswerten einzustellen. Somit kann die in der Praxis häufig anzutreffende differenzierte Staffelung von Verpackungseinheiten flexibel im System hinterlegt werden.

[zB]

Beschaffungsmengenermittlung mit Ausschuss und Losgrößenmodifikator

Im Folgenden geben wir Ihnen ein Beispiel für die Ermittlung der Beschaffungsmengen mit Ausschuss und Losgrößenmodifikator. Wir gehen dabei von folgenden Werten aus:

- Nettobedarf: 100 Stück
- Losgröße: exakt
- Ausschuss: 2 %
- Rundungswert: 100 Stück

Die Beschaffungsmengenermittlung läuft nun wie folgt ab:

1. **Losgröße bestimmen**
   exakte Losgröße à 100 Stück

2. **Ausschussmenge bestimmen**
   2 % von 100 Stück à 2 Stück
3. **Ausschussmenge verrechnen**
   100 Stück + 2 Stück = 102 Stück
4. **Losgrößenmodifikator einbeziehen**
   200 Stück (kleinstes mögliches Vielfaches der mit der Ausschussmenge verrechneten Beschaffungsmenge)
5. **Ausschuss neu bestimmen**
   2 % von 200 Stück à 4 Stück
6. **erwartete Gutmenge bestimmen**
   200 Stück – 4 Stück Ausschuss = 196 Stück erwartete Gutmenge

9.2.6 Zusätzliche Losgrößenoptionen

Neben der Option, über die komplette Zeitachse mit einem Losgrößenverfahren zu arbeiten, können Sie die Zeitachse auch in maximal drei Abschnitte aufteilen, in denen unterschiedliche Losgrößeneinstellungen dispositiv relevant sein sollen. Dabei wird der Zeitstrahl in einen kurzfristigen und einen langfristigen Bereich gegliedert. Hierdurch kann bspw. in der kurzen Frist mit kleineren Losgrößen (z. B. Tageslose) detailliert geplant werden, während im langfristigen Horizont zur Abbildung von groben Kapazitäts- und Mengenbelastungen auch sehr viel größere Lose (z. B. Monatslose) ausreichend sein können.

Vor dem kurzfristigen Horizont können Sie zusätzlich eine Zeitspanne vorsehen, in der unabhängig von den Einstellungen der beiden Horizonte die exakte Losgröße verwendet wird. Auf diesem Weg ist es möglich, im langfristigen Bereich eine grobe Vorausschau auf den zukünftigen Produktionsplan zu erhalten und gleichzeitig im kurzfristigen Bereich eine exakte Analyse durchzuführen. Im Customizing der Dispositionslosgröße können Sie ebenfalls festlegen, ob Mindest- und/oder Maximallosgrößen bei der Langfristlosgröße beachtet werden sollen. Die Bildung von größeren Losen im langfristigen Bereich wirkt sich vor allem hinsichtlich der Performance positiv aus.

Bei der Verwendung der Verarbeitungsschlüssel **NetChange** oder **NetPL** müssen Sie jedoch im Planungslauf einen besonderen Umstand berücksichtigen: Bei diesen Verarbeitungsschlüsseln werden lediglich die Materialien geplant, die aufgrund einer planungsrelevanten Änderung (z. B. Stammdatenänderungen oder neue Kundenbedarfe) mit einer Planungsvormerkung versehen wurden. Bei diesen Verarbeitungsschlüsseln wird für ein mit der Langfristlosgröße geplantes Material nicht automatisch eine Planungsvormerkung gesetzt. Daraus resultiert die Gefahr, dass die in der Regel größeren Langfristlose vom Planungslauf unverändert gelassen werden. Um dies zu verhindern, können Sie die regelmäßige Disposition durchführen, bei der das Material nach Ablauf eines maximalen Dispositionsintervalls automatisch an der Planung teilnimmt und dann gegebenenfalls mit der Kurzfristplanung geplant wird. Diese Einstellung können Sie im Customizing des dem Material zugeordneten Dispositionsmerkmals bzw. der Dispositionsgruppe vornehmen.

Vorhandensein des Verarbeitungsschlüssels NetPL bei Planung mit MRP Live

Bitte beachten Sie, dass der Verarbeitungsschlüssel **NetPL** nur im klassischen MRP-Lauf zur Verfügung steht, in MRP Live ist er aus Performancegründen der Simplifizierung zum Opfer gefallen.

Für die Kundeneinzelfertigung kann in der Dispositionslosgröße eine vom Lagerabschnitt abweichende Vorgehensweise gewählt werden. Hierbei besteht die Möglichkeit, die exakte Losgröße mit oder ohne Berücksichtigung von Restriktionen vorzusehen oder das Losgrößenverfahren des kurzfristigen Bereichs zu wählen.

Neben den in diesem Kapitel aufgeführten Losgrößenrestriktionen erreichen Sie im Customizing der Dispositionslosgröße mit der *Splittungsquote* eine Aufteilung der Beschaffungsmenge auf verschiedene Bezugsquellen. Diese Splittungsquote kommt in Verbindung mit der Quotierung zum Einsatz. Mit der Splittungsquote werden Bedarfsmengen nicht entsprechend der geringsten Quotenzahl genau einer Bezugsquelle zugeordnet, sondern mit der folgenden Formel auf verschiedene Bezugsquellen verteilt (siehe hierzu auch Kapitel 11, »Ermittlung der Bezugsquellen«):

$$\textit{Menge für Beschaffungsquelle } x = \frac{\textit{Quote Bezugsquelle } x \times \textit{Bedarfsmenge}}{\textit{Summe aller Quoten}}$$

Neben der Definition der Splittungsquote im Customizing müssen Sie im Stammsatz des Materials das Quotierungsverwendungskennzeichen sowie die entsprechenden Anteile der Bezugsquellen in den Stammdaten des Einkaufs in der Quotierung pflegen.

In einigen Planungsszenarien kann es bspw. aus Kapazitätsplanungsgesichtspunkten sinnvoll sein, zwischen Losen Zeitspannen zu verankern. Dies ist z. B. bei der Verwendung einer Maximallosgröße sinnvoll, die durch vorhandene Kapazitätsrestriktionen nötig geworden ist. Sie wird durch die Verwendung einer Taktzeit erreicht. Diese ist im Materialstamm in Arbeitstagen zu hinterlegen und sorgt gemeinsam mit dem im Customizing einzustellenden Überlappungskennzeichen dafür, dass die durch die Maximallosgröße entstandenen Zugänge zeitlich versetzt angelegt werden. Sie können über das Überlappungskennzeichen einstellen, ob sich die Planaufträge vorwärts oder rückwärts überlappen dürfen.

Im Customizing der Dispositionslosgröße besteht die Möglichkeit, die Option **Letztes Los exakt** zu wählen. Dabei wird unabhängig von der ermittelten Losgröße durch Anlage eines exakten Loses eine Überdeckung am Ende des Planungszeitraums vermieden. Bei diesem letzten Los des Planungshorizonts werden somit die Einstellungen des Losgrößenverfahrens und der Rundungsparameter übersteuert. Die Losgröße entspricht demnach der verbleibenden Unterdeckungsmenge nach Berücksichtigung aller zeitlich vorgelagerten Zugangselemente. Somit ist die verfügbare Menge zum Ende des Planungszeitraums exakt null, was insbesondere für Auslaufmaterialien sinnvoll ist. Bei der Bestellpunkt- und der rhythmischen Disposition wird dieses Customizing-Kennzeichen jedoch ignoriert.

Abbildung 9.7 gibt einen Überblick über die Möglichkeiten des SAP-ECC-Customizings zur Beeinflussung des Systemverhaltens hinsichtlich der Losgrößenberechnung. Die Optionen des SAP-S/4HANA-Systems sind analog.

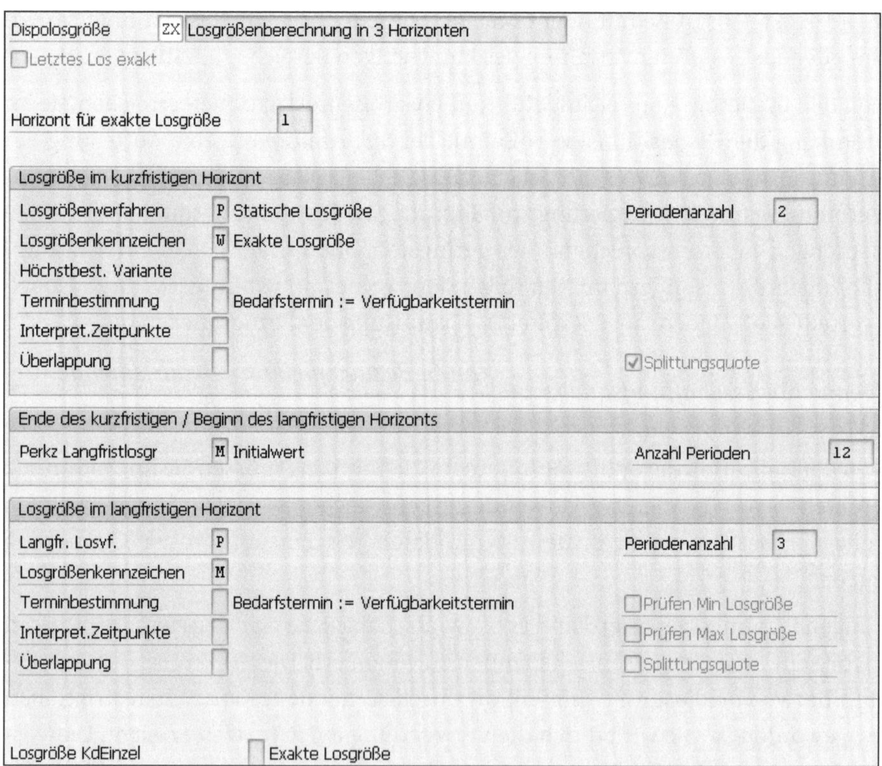

Abbildung 9.7 Zusatzoptionen für Losgrößen im SAP-ECC-System, Ausschnitt aus dem Customizing

9.2.7 Berechnung der Ausschussmenge

Nach Ermittlung der Losgröße eines Beschaffungsvorschlags auf Basis der Dispositionslosgröße berechnet das System die Ausschussmenge und verrechnet diese mit der Losgröße. Die Beschaffungsmenge wird in einem weiteren Schritt unter Einbeziehung von eventuell vorgesehenen Losgrößenmodifikatoren bestimmt. Um die resultierende Gutmenge zu ermitteln, verrechnet das System die Beschaffungs- mit der Ausschussmenge.

Im SAP-ECC- bzw. SAP-S/4HANA-System haben Sie mehrere Möglichkeiten, Ausschuss zu hinterlegen, der sowohl dispositiv als auch kalkulatorisch wirksam ist. Hierbei stehen Ihnen drei alternative Berechnungsverfahren zur Verfügung:

- **Baugruppenausschuss**
  Fällt der Ausschuss bei der Fertigung der Baugruppe an, wird für das Kopfmaterial im Materialstamm der Baugruppenausschuss prozentual gepflegt. In diesem Fall erhöht das System die zu fertigende Menge automatisch um den prozentualen Ausschuss. Somit erhöht der Baugruppenausschuss die Auftragsmenge der Baugruppen und überträgt sich über die Sekundärbedarfsmengen auf die für die Baugruppe benötigen Komponenten. Bei der Verfügbarkeitsrechnung wird mit der erwarteten Gutmenge gerechnet, die auch in der aktuellen Bedarfs-/Bestandsliste bzw. in der Dispositionsliste angezeigt wird.
- **Komponentenausschuss**
  Die Funktion des Komponentenausschusses wird verwendet, wenn der Ausschuss bei der Fertigung einer Baugruppe auf Ebene der Komponente anfällt. Der Komponentenausschuss muss auf der Ebene der Komponente entweder im Materialstamm oder in der Stückliste gepflegt werden, wobei der in der Stückliste gepflegte Wert den des Materialstamms bei konkurrierenden Einstellungen übersteuert. Der Komponentenausschuss erhöht die Sekundärbedarfsmenge der Komponente, lässt die Beschaffungsmenge der Baugruppe jedoch unberührt. Ist für die übergeordnete Baugruppenebene ebenfalls ein Ausschuss gepflegt, wird der Komponentenausschuss auf die bereits durch den Baugruppenausschuss erhöhte Beschaffungsmenge berechnet. Diese Logik kann durch Setzen des Nettokennzeichens geändert werden. In diesem Fall wird der Komponentenausschuss auf die Nettoeinsatzmenge der Baugruppe berechnet.
- **Vorgangsausschuss**
  Eine exaktere Ausschussbestimmung wird im Allgemeinen durch die Verwendung des Vorgangsausschusses erreicht. Dieser wird auf die in einem Vorgang zu bearbeitende Menge einer Komponente berechnet und ermöglicht so eine exaktere Disposition, da anders als bei den oben dargestellten Berechnungsverfahren ein prozessbezogener Mengenverbrauch zugrunde liegt. Vorgangsausschuss muss in der Stückliste gepflegt werden, zusätzlich muss das Nettokennzeichen gesetzt wer-

den. Dieses bewirkt, dass ein von einer übergeordneten Komponente weitergereichter Baugruppenausschuss vom Vorgangsausschuss übersteuert wird.

Im SAP-ECC- sowie im SAP-S/4HANA-System repräsentiert der Baugruppenausschuss die Summe der Vorgangsausschüsse aus dem Arbeitsplan. Wird im Materialplanungslauf der Arbeitsplan nicht aufgelöst, kann mittels Baugruppenausschuss die Summe der Vorgangsausschüsse pauschal berücksichtigt werden. Daher dürfen Anwendungen in den SAP-ERP-Systemen nur eine der beiden Ausschussarten verwenden. Den Baugruppenausschuss des Materialstamms können Sie aus den Vorgangsausschüssen berechnen und aktualisieren (Transaktion CA96).

Optimierte Ausschussmengenberechnung mit Customized Lot Size and Scrap Calculation

Die Ausschussmengenberechnung weist bei einem Vergleich der SAP-ERP-Systeme mit SAP APO einen Berechnungsunterschied auf (siehe hierzu Abschnitt 9.3.7). Mit der SCM-Beratungslösung *Customized Lot Size and Scrap Calculation* (CLS) können Sie die Berechnungslogik von SAP APO auch in Ihrem SAP-ERP-System anwenden.

Mehr Informationen zum Einsatz von CLS finden Sie in SAP-Hinweis 1962072 oder Sie schreiben eine E-Mail an *scm-consulting-solutions@sap.com*.

9.3 Beschaffungsmengenermittlung in SAP APO und ePP/DS

Die Beschaffungsmengenberechnung im SAP-APO-System wird sowohl von Supply Network Planning (SNP) als auch von der Komponente Production Planning and Detailed Scheduling (PP/DS) genutzt und automatisch bei den folgenden Aktionen durchgeführt:

- automatische Planung
- manuelle Anlage von Zugängen
- Umsetzung von SNP-Aufträgen in PP/DS-Aufträge
- Umsetzung von ATP-Baumstrukturen (Available-to-Promise)

Beschaffungsmengenermittlung in ePP/DS

Die Beschaffungsmengenermittlung im Add-on for Embedded PP/DS (ePP/DS) entspricht der aus SAP APO PP/DS. Aus diesem Grunde werden wir hier für die Beschreibung dieser Funktionen als Systemfunktionalität jeweils von »PP/DS« sprechen und damit sowohl die Funktionen von SAP APO PP/DS als auch von ePP/DS im SAP-S/4HANA-System beschreiben.

Das System führt im Planungslauf zunächst die Losgrößenrechnung unter Beachtung aller Modifikatoren durch. In einem anschließenden Schritt wird die Bezugsquelle mit der in der Losgrößenrechnung ermittelten Menge ausgewählt. Abschließend erfolgt auf dieser Basis die Planauflösung. Analog zu den SAP-ERP-Systemen unterscheidet man im Rahmen der Beschaffungsmengenberechnung auch im SAP-APO-System zwischen der Ermittlung der Losgröße und der Ausschussberechnung.

Im Rahmen der Losgrößenrechnung wird bestimmt, wie das System bei der Anlage eines Auftrags die Beschaffungsmenge ermitteln soll. Dabei wird über die Verwendung von Losgrößenmodifikatoren eine Anpassung an fertigungs- oder planungstechnische Randbedingungen wie Mindestbestellmengen erreicht.

Die Einstellungen für die vom System zu verwendenden Losgrößen können dabei je nach Konstellation an verschiedenen Stellen vorgesehen werden. Zum einen können im Lokationsproduktstamm auf der Registerkarte **Losgröße** Einstellungen vorgenommen werden, die viele der für das SAP-ECC- bzw. das SAP-S/4HANA-System beschriebenen Optionen bereithalten. Zum anderen können in der verwendeten Produktheuristik in den zugehörigen Heuristikeinstellungen Vorgehensweisen zur Bildung von Losen im System hinterlegt werden. Diese werden vom System berücksichtigt, wenn in den Heuristikeinstellungen das Kennzeichen **Losgrößeneinstellungen aus Heuristik** gesetzt ist. Bestimmte Parameter, wie bspw. die aus dem SAP-ECC- bzw. SAP-S/4HANA-System bekannte exakte Restlosgröße oder die Parameter zur Ermittlung von Sicherheitsbeständen, werden jedoch auch bei Verwendung dieser Option aus dem Lokationsproduktstamm gezogen, da sie nicht heuristikspezifisch sind.

Eine in der Praxis häufig eingesetzte Heuristik ist SAP_PP_002 (*Planung von Standardlosen*). Mit dieser Heuristik lassen sich viele der aus dem SAP-ECC- bzw. SAP-S/4HANA-System bekannten Optionen umsetzen. Für Kuppelprodukte, die bei der Produktion eines Materials entstehen, ohne dabei das eigentliche Outputprodukt darzustellen (z. B. der Gewinnung von Brennholz bei der Nutzholzproduktion), existiert eine spezifische Abwandlung dieser Heuristik: SAP_PP_017 (*Planung v. Standardlosen für Kuppelprod.*).

Insgesamt wurden im SAP-APO-System viele der aus dem SAP-ECC- bzw. SAP-S/4HANA-System bekannten Optionen umgesetzt:

- statische Losgrößenverfahren
- periodische Losgrößenverfahren
- optimierende Losgrößenverfahren

9.3.1 Statische Losgrößenverfahren

Analog zu den SAP-ERP-Systemen sind auch im SAP-APO-System verschiedene statische Losgrößenverfahren umgesetzt worden:

- **exakte Losgröße**
  Falls keine prozessbedingten Einschränkungen vorhanden sind, wird ein Zugang genau in der Höhe des unterdeckten Bedarfs angelegt, wobei der Baugruppenausschuss berücksichtigt wird. Beachten Sie, dass eine Reihe von Anwendungen die exakte Losgröße nicht berücksichtigt (z. B. das Bestellpunktverfahren sowie bestimmte Heuristiken, in denen ein eigenes Losgrößenverfahren hinterlegt ist).
- **feste Losgröße**
  Dieses Losgrößenverfahren kann nicht mit Losgrößenmodifikatoren kombiniert werden. Dabei müssen Sie beachten, dass im SAP-APO-System die feste Losgröße anders definiert ist als im SAP-ECC- bzw. SAP-S/4HANA-System, wenn bei einem eigengefertigten Produkt Baugruppenausschuss vorgesehen ist (siehe SAP-Hinweis 390850). Während im SAP-ECC- bzw. SAP-S/4HANA-System die Gutmenge als feste Losgröße angesehen wird, legt das SAP-APO-System Beschaffungsvorschläge an, bei denen die Gesamtmenge der fixen Losgröße entspricht. Dies ist in der Annahme begründet, dass die feste Losgröße aus einer prozessbedingten Einschränkung resultiert, die auch durch eine ausschussbedingte Erhöhung nicht angepasst werden kann.
- **Zielbestandsverfahren Höchstbestand**
  Aus den SAP-ERP-Systemen ist das statische Losgrößenverfahren *Auffüllen bis zum Höchstbestand* als Zielbestandsverfahren übernommen worden. Dabei gibt es in der Produktions- und Feinplanung die Möglichkeit, den im Lokationsproduktstamm zu pflegenden Höchstbestand zusätzlich mit der als periodisches Losgrößenverfahren zu interpretierenden Zielreichweite zu kombinieren (additiv bzw. Verwendung des Maximums aus Höchstbestand und Zielreichweite).

Abbildung 9.8 gibt einen Überblick über mögliche Losgrößeneinstellungen des Lokationsproduktstamms (Registerkarte **Verfahren**).

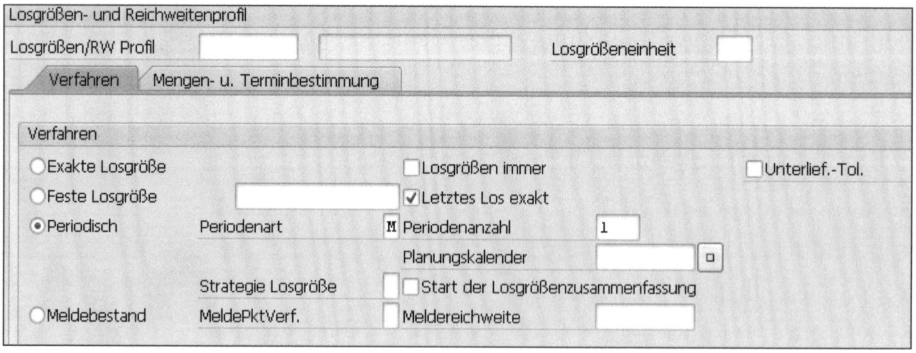

Abbildung 9.8 Einstellung des Losgrößenverfahrens auf der Registerkarte »Verfahren« im Lokationsproduktstamm

9.3.2 Periodische Losgrößenverfahren

Bei Verwendung von periodischen Losgrößenverfahren werden alle ungedeckten Bedarfe eines vorzugebenden Zeitabschnitts zusammengefasst. Dabei kann einerseits eine Periodenart (z. B. Stunde, Tag) und eine Periodenanzahl angegeben werden. Andererseits kann ebenfalls eine Periodenanzahl in Verbindung mit einem Planungskalender bestimmt werden, in dem die Dauer und die Abfolge von Perioden flexibel gewählt wird. Standardmäßig werden die Zugänge zum ersten Bedarfstermin in einer Periode eingeplant. Es kann jedoch davon abweichend im Lokationsproduktstamm festgelegt werden, dass der Wunschverfügbarkeitstermin auf einen anderen Termin innerhalb der vorgegebenen Periode fällt. Hierfür muss das Kennzeichen **Periodenfaktor verwenden** gesetzt sein, und es muss als Periodenfaktor ein Wert zwischen »0« und »1« vorgegeben werden. Dabei wird der Verfügbarkeitstermin vom System aus der Periodendauer sekundengenau ermittelt. So wird bspw. bei einer Periodendauer von »1« und einem Periodenfaktor von »0,75« eine Verfügbarkeitszeit von 18 Uhr zugrunde gelegt. Arbeitsfreie Zeiten werden dabei nicht berücksichtigt. Im Produktionsprozessmodell (PPM) bzw. in den Transportbeziehungen können ebenfalls Periodenfaktoren gepflegt werden. Diese sind jedoch für die Produktions- und Feinplanung nicht relevant.

Periodische Losgrößenverfahren können nur im Zusammenhang mit den Standardheuristiken zur Planung von Standardlosen genutzt werden, nicht jedoch für die Aktionen zur sofortigen Deckung von Sekundärbedarfen. Für diese Aktionen können nur feste oder exakte Losgrößen verwendet werden.

Durch Zusammenfassung der Bedarfsmengen der zugrunde liegenden Periode ergibt sich jeweils eine Gesamtmenge, die das System mit einem Zugang oder mehreren Zugängen innerhalb der Periode deckt. Ausschussmengen werden bei eigengefertigten Produkten in der Gesamtbeschaffungsmenge der periodischen Losgröße genauso wie vorzugebende Losgrößenmodifikatoren berücksichtigt.

In der Produktions- und Feinplanung kann zwischen verschiedenen periodischen Ziellagerbestandsverfahren gewählt werden. Zum einen besteht die Möglichkeit, eine Zielreichweite in Arbeitstagen im Lokationsproduktstamm zu hinterlegen. Diese Zielreichweite können Sie optional mit dem statischen Zielbestandsverfahren *Höchstbestand* kombinieren, indem Sie entweder das Maximum oder die Summe aus Höchstbestand und Zielreichweite verwenden. Der Höchstlagerbestand selbst wiederum kann als eine weitere Option mit dem Sicherheitsbestand additiv verknüpft werden. Um Ziellagerbestandsverfahren bei der Planung von Lokationsprodukten zu verwenden, muss die Heuristik SAP_PP_002 zur Planung von Standardlosen eingesetzt werden, die Verfahren stehen nicht für die Aktionen zur sofortigen Deckung von Sekundärbedarfen zur Verfügung. Losgrößenrestriktionen werden berücksichtigt. Abbildung 9.9 zeigt beispielhaft die Pflege eines Ziellagerbestandsverfahrens auf der Registerkarte **Mengen- u. Terminbestimmung** im Lokationsproduktstamm, die auf der Registerkarte **Losgröße** des Lokationsproduktstamms zu finden ist.

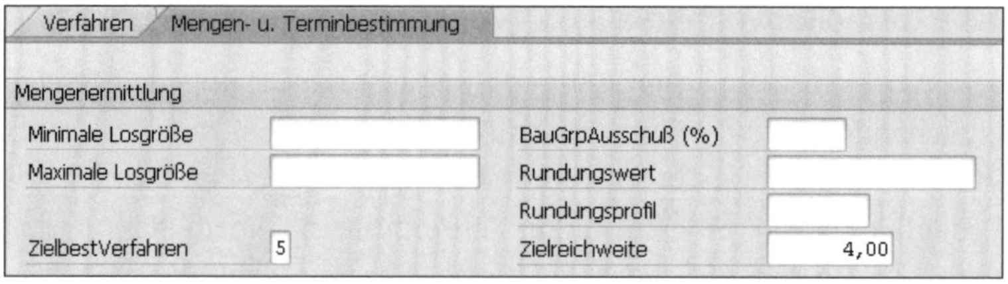

Abbildung 9.9 Einstellung des Zielbestandsverfahrens im Lokationsproduktstamm

9.3.3 Optimierende Losgrößenverfahren

Die optimierenden Losgrößenverfahren sind über entsprechende Heuristiken im SAP-APO-System abgebildet. Hier müssen Sie darauf achten, dass die im jeweiligen SAP-ERP-System gepflegten Kosteneinstellungen nicht im SAP-Standard an das SAP-APO-System übertragen werden. Der Grund ist, dass sich die Definitionen der verwendeten Felder in den beiden Systemen unterscheiden. Im SAP-APO-System werden die produktabhängigen Lagerkosten im Lokationsproduktstamm auf der Registerkarte **Beschaffung** gepflegt. Dabei wird anders als im SAP-ECC- bzw. im SAP-S/4HANA-System kein prozentualer Anteil vom Wert des zu lagernden Materials verwendet, sondern es werden die tatsächlichen Kosten für die Lagerung einer Basismengeneinheit des Produkts pro Tag verwendet. In der Transaktion /SAPAPO/TMREF können Sie den Zeitbezug auch auf andere Zeiteinheiten einstellen. Die losfixen Beschaffungskosten können ebenfalls in der Registerkarte **Beschaffung** des Lokationsproduktstamms festgelegt werden. Dabei kann eine Abbildung sowohl über das Feld **Beschaffungskosten** als auch über eine detaillierte Kostenfunktion erfolgen, wobei das System bei Doppelpflege eine höhere Priorität auf die genauer ausdifferenzierte Kostenfunktion legt. Die Kostenfunktion bietet die Möglichkeit, für verschiedene Losgrößenbereiche unterschiedliche Kosten zu hinterlegen, um bspw. bestimmte Rabattsysteme abzubilden. Abbildung 9.10 verdeutlicht die Optionen zur Pflege einer Kostenfunktion im SAP-APO-System.

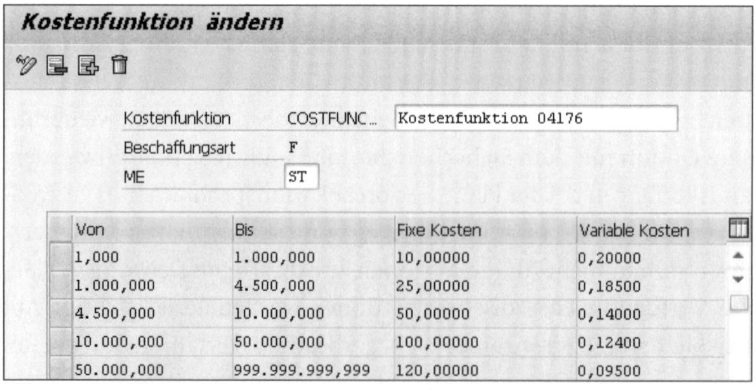

Von	Bis	Fixe Kosten	Variable Kosten
1,000	1.000,000	10,00000	0,20000
1.000,000	4.500,000	25,00000	0,18500
4.500,000	10.000,000	50,00000	0,14000
10.000,000	50.000,000	100,00000	0,12400
50.000,000	999.999.999,999	120,00000	0,09500

Abbildung 9.10 Kostenfunktion für optimierende Losgrößenverfahren

Die Beschaffungskosten sind mengenabhängig. In der Kostenfunktion besteht die Möglichkeit, eine mengenabhängige und eine mengenunabhängige Komponente zu verankern. Das SAP-APO-System bietet die folgenden optimierenden Verfahren mit einer eigenen Heuristik an.

Stückperiodenausgleichsverfahren (SAP_PP_005)

Beim Stückperiodenausgleichsverfahren werden aufeinanderfolgende Bedarfsmengen zu einem Los zusammengefasst, bis die Summe der Lagerkosten die Rüstkosten übersteigt. Die Beschaffungskosten werden für die zu beschaffende Menge akkumuliert. Die anfallenden Lagerkosten werden absolut und in Sekunden gemessen. Die im Produktstamm angegebenen Kosten werden also auf die Sekundenbasis umgerechnet. Zur Ermittlung der Gesamtlagerkosten werden die Lagerkosten von jedem Periodenabschnitt addiert.

Verfahren nach Groff (SAP_PP_013)

Das Verfahren nach Groff entspricht in seiner Funktion der SAP-ECC- bzw. SAP-S/4HANA-Disposition. Im Gegensatz zum Stückperiodenausgleichsverfahren bezieht diese Heuristik aber Lagerkosten tagesgenau ins Kalkül. Die im SAP-APO-System umgesetzten optimierenden Losgrößenverfahren berücksichtigen die folgenden Parameter und Einstellungen:

- Produktaustauschbarkeit
- Losgrößenrestriktionen
- fixierte Pegging-Beziehungen
- Merkmalsbewertung im Pegging
  (engl. Characteristic-Dependent Planning, CDP)
- Ausschuss
- Fixierungshorizont
- (dynamische) Sicherheitsbestände
- Sicherheitszeit

Die folgenden Parameter werden nicht berücksichtigt:

- Unter-/Überlieferungstoleranz
- Zielreichweite
- Meldereichweite
- Reifezeit/Haltbarkeit

Least-Unit-Cost-Verfahren Fremdbeschaffung (SAP_PP_006)

Die Heuristik *Least Unit Cost Verf.: Fremdbeschaffung* (SAP_PP_006) plant Bestellmengen für ein Produkt unter Beachtung der Bedarfe und optional der Lagerkosten (tages- oder sekundengenau). Zusätzlich wird die spezifische Lieferantenkonstellation beachtet. Für jeden Lieferanten werden die Stückkosten ermittelt, wobei Lieferperioden und Rabattstaffeln berücksichtigt werden können.

Der zugrunde liegende Algorithmus fasst Bedarfe so lange zusammen, bis die Stückkosten ansteigen bzw. die beste Rabattklasse erreicht ist. Hierbei kann es durch die Bedarfszusammenfassung je nach Konstellation dazu kommen, dass Rabattstufen übersprungen werden. Das System ermittelt in diesem Fall auch für alle übersprungenen Rabattstufen die Stückkosten.

Aus den ermittelten Alternativen wird die Bestellmenge bestimmt, bei der die Stückkosten minimal sind. In einem folgenden Schritt werden neue Zugangselemente zur Deckung der Bedarfsmengen angelegt. Dieser Algorithmus berücksichtigt die folgenden Parameter und Einstellungen:

- Produktaustauschbarkeit
- Rundungsparameter
- Baugruppenausschuss
- Planlieferzeiten (aus der Transportbeziehung oder aus dem Lokationsprodukt der Ziellokation)
- Kostenfunktion/Produktbeschaffungskosten aus der Transportbeziehung
- Gültigkeitszeitraum der Transportbeziehung
- Versandkalender aus der Quelllokation

Folgende Parameter werden vom Algorithmus hingegen nicht berücksichtigt:

- Losgrößenverfahren
- Mindest- und Maximallosgröße
- Sicherheitsbestandsparameter, Melde- und Zielreichweiten
- Unter- und Überlieferungstoleranz
- Reifezeit und Haltbarkeit
- Gesamtauftragsmenge/-bestand verwenden

Nach diesem Überblick über die optimierenden Losgrößenverfahren des SAP-APO-Systems gehen wir nun auf die verwendbaren Losgrößenrestriktionen ein.

9.3.4 Losgrößenrestriktionen

Im SAP-APO-System sind die Losgrößenmodifikatoren analog zu den SAP-ERP-Systemen umgesetzt. Die folgenden Restriktionen unterliegen somit den gleichen Gegebenheiten:

- Mindestlosgröße
- Maximallosgröße
- Rundungswert
- Rundungsprofil

9.3.5 Zusätzliche Losgrößenoptionen

Genau wie in den SAP-ERP-Systemen gibt es im SAP-APO-System ebenfalls die Möglichkeit, eine Losgrößenbildung in drei Horizonten vorzunehmen. Hierzu kann die Produktheuristik SAP_PP_004, *Planung von Standardlosen*, in drei Horizonten verwendet werden.

9.3.6 Herkunft der Losgrößeneinstellungen

Ein genereller Unterschied zwischen den SAP-ERP-Systemen und SAP APO besteht hinsichtlich der Losgrößenrechnung: Viele der Losgrößeneinstellungen müssen in SAP ECC bzw. SAP S/4HANA zunächst im Customizing definiert (z. B. periodische Losgrößen, Planung in mehreren Horizonten) und dann dem Materialstamm zugeordnet werden. Demgegenüber werden die Einstellungen zur Losgrößenberechnung im SAP-APO-System ausnahmslos in der Anwendung definiert. In SAP APO ist also keine Customizing-Berechtigung zur Konfiguration von Losgrößeneinstellungen notwendig.

In der Transaktion /SAPAPO/MAT1 können Sie ein Losgrößen- und Reichweitenprofil definieren. Mithilfe dieses Profils, das Sie im Produktstamm zuordnen, können Losgrößeneinstellungen gebündelt vorgenommen werden. Diese erscheinen nach Zuordnung im Produktstamm, können jedoch nicht geändert werden. Diese Funktion ist in Ansätzen mit einem Dispositionsprofil in den SAP-ERP-Systemen vergleichbar, wobei hier nur Losgrößeneinstellungen gebündelt werden und auch keine Vorschlagswerte hinterlegt werden können. Abbildung 9.11 zeigt beispielhaft die Anlage eines Losgrößenprofils im Lokationsproduktstamm.

Bei Verwendung von Produktheuristiken im Planungslauf müssen Sie darauf achten, dass die Losgrößeneinstellungen der Produktheuristik gegebenenfalls die Einstellungen des Lokationsproduktstamms übersteuern. Setzen Sie hierzu in den Heuristikeinstellungen das Kennzeichen **Losgrößeneinstellung aus Heuristik verwenden** in den Heuristikeinstellungen auf der Registerkarte **Losgrößen**, und pflegen Sie die entsprechenden Losgrößeneinstellungen. Abbildung 9.12 zeigt beispielhaft die Verwendung von Losgrößeneinstellungen aus einer Heuristik bei der Planung von Produkten.

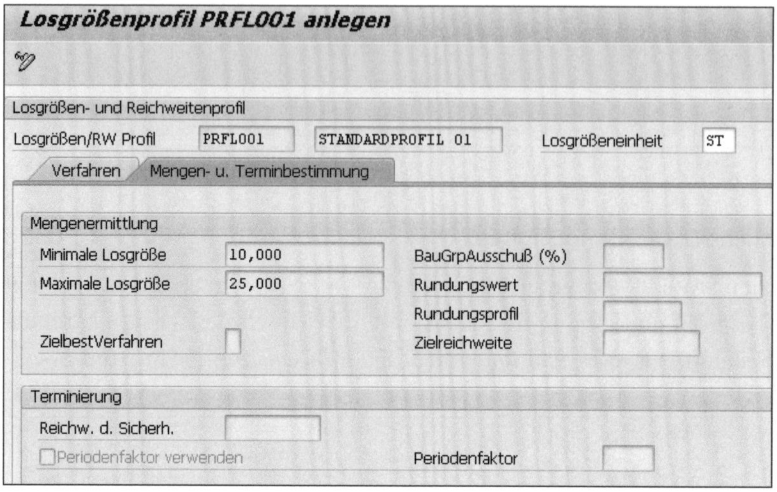

Abbildung 9.11 Anlage eines Losgrößenprofils

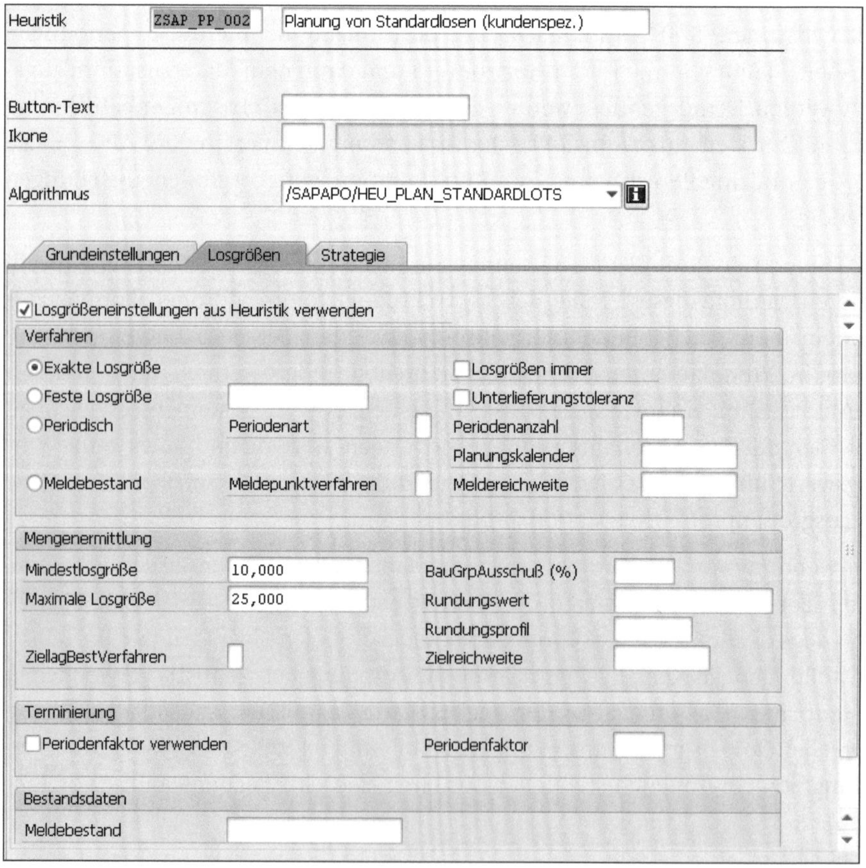

Abbildung 9.12 Verwendung von Losgrößeneinstellungen aus der Produktheuristik

9.3.7 Berechnung der Ausschussmenge

Analog zu den SAP-ERP-Systemen beinhaltet die Beschaffungsmengenermittlung im SAP-APO-System neben der Losgrößenbestimmung auch die Berechnung der Ausschussmenge. Im Gegensatz zu den genannten Systemen, die mit dem Baugruppen-, dem Komponenten- und dem Vorgangsausschuss drei Ausschussarten kennen, haben Sie im SAP-APO-System lediglich die Wahl zwischen zwei verschiedenen Berechnungsoptionen für Ausschuss. Zur Abbildung von Ausschussmengen im Produktionsprozess kennt das SAP-APO-System die folgenden beiden Verfahren:

- Baugruppenausschuss
- Aktivitätsausschuss

Baugruppenausschuss

Die Definition des Baugruppenausschusses im SAP-APO-System unterscheidet sich von der Definition im SAP-ECC- bzw. SAP-S/4HANA-System. Während der Baugruppenausschuss dort als Prozentsatz der Gutmenge angegeben wird, ist er in SAP APO als Prozentsatz der Gesamtmenge zu verstehen. Hierdurch können extreme Werte wie z. B. eine Produktion von reinem Ausschuss flexibler abgebildet werden. Hier müsste im jeweiligen SAP-ERP-System ein unendlicher Wert eingetragen werden, während im SAP-APO-System »100 %« einzugeben wäre. Im SAP-APO-System kann es daher anders als in SAP-ERP-Systemen nicht zu einem Ausschuss von mehr als 100 % kommen. Der SAP-APO-Ausschussfaktor kann folgendermaßen aus dem SAP-ERP-Ausschussfaktor bestimmt werden:

$$BaugrAusschuss\_APO = 100 \times BaugrAusschuss\_ERP \div (100 + BaugrAusschuss\_ERP)$$

Da die Konvertierung entsprechend dieser Formel bei der CIF-Übertragung der Materialstämme vorgenommen wird, unterscheiden sich die im Materialstamm des jeweiligen SAP-ERP-Systems eingetragenen Werte von denen des SAP-APO-Produktstamms. Durch Verwendung dieser Konvertierungsformel kommt es zu unvermeidlichen Rundungsunterschieden zwischen den Systemen (siehe hierzu SAP-Hinweis 390850).

Der Baugruppenausschuss gilt auch im SAP-APO-System unabhängig vom Herstellungsverfahren. Im Planungslauf berechnet das System aus der gewünschten Gutmenge und dem Baugruppenausschuss in Prozent die zu fertigende Beschaffungsmenge nach folgender Formel:

$$Beschaffungsmenge = Gutmenge \times 100\,\% \div (100\,\% - Ausschuss\ in\ \%)$$

Mit der Beschaffungsmenge erhöhen sich zum einen über die Sekundärbedarfe entsprechend die Komponentenmengen. Zum anderen werden die mengenabhängigen Bearbeitungszeiten und der mengenabhängige Ressourcenverbrauch entsprechend beeinflusst. Der Baugruppenausschuss muss im Lokationsproduktstamm in Prozent eingetragen werden, damit das System den Baugruppenausschuss berücksichtigt. Zur Ermittlung des Baugruppenausschusses gemäß der SAP-APO-Einstellung wird zusätzlich eine Bezugsquelle (PPM/PDS) benötigt, da der Auftrag anderenfalls nicht im SAP-APO-System angelegt werden kann.

Aktivitätsausschuss

Im Unterschied zur Funktionalität des Baugruppenausschusses ist mit dem Verfahren des Aktivitätsausschusses eine Möglichkeit im System verankert, einen vom Herstellungsverfahren abhängigen Ausschuss zu hinterlegen. Im Plan der Bezugsquelle kann detailliert angegeben werden, wie viel Prozent Ausschuss bei jeder Aktivität anfällt. Die Berechnung des Aktivitätsausschusses bezieht sich wie beim Baugruppenausschuss auf die Gesamtmenge des durch die Aktivität zu bearbeitenden Auftragsprodukts. Den Aktivitätsausschuss berücksichtigt das System erst bei der Planauflösung und nicht schon bei der Losgrößenrechnung. Eine nachträgliche Anpassung der Losgröße ist aus Gründen der Performance und zur Verhinderung von Endlosschleifen nicht möglich. Das System bestimmt die Gesamtmenge aus der durch die Aktivität bereitzustellenden Gutmenge und dem Aktivitätsausschuss:

$$\textit{Gesamtmenge} = \textit{Gutmenge} \times 100\,\% \div (100\,\% - \textit{Ausschuss in}\ \%)$$

Dabei ist die gewünschte Gutmenge entweder die Beschaffungsmenge des Auftrags oder die von der Nachfolgeaktivität geforderte Gutmenge. Für jede Aktivität kann wahlweise festgelegt werden, dass die von der Aktivität bereitzustellende Gutmenge die Beschaffungsmenge des Auftrags ist oder die von der Nachfolgeraktivität benötigte Gesamtmenge. Letzteres ist dann relevant, wenn die Nachfolgeaktivität ebenfalls Ausschuss produziert. Die Vorgängeraktivität muss demnach eine Gutmenge bereitstellen, die der von der Nachfolgeraktivität benötigten Gesamtmenge entspricht. So wird eine ausschussbedingte Mengenerhöhung an die Vorgängeraktivität weitergereicht.

Zur Berücksichtigung von Aktivitätsausschuss muss im Plan für die Aktivität ein Ausschuss in Prozent angegeben sein. Zur Weitergabe einer ausschussbedingten Mengenerhöhung an eine vorgelagerte Aktivität muss für die *Anordnungsbeziehung* (AOB) zwischen diesen beiden Aktivitäten das Kennzeichen **Materialfluss** gesetzt sein.

Anders als im jeweiligen SAP-ERP-System, wo der Baugruppenausschuss eine pauschale Abbildung der Summe der Vorgangsausschüsse ermöglicht, wird der Aktivitätsausschuss im SAP-APO-System als zusätzlicher Ausschuss interpretiert. Im SAP-APO-System können die vorgangsbezogenen Ausschussfaktoren auch bereits während des Planungslaufs berücksichtigt werden. Wird ein integriertes Szenario mit einem SAP-ERP-System und SAP APO genutzt, empfiehlt sich im SAP-APO-System eine isolierte Verwendung entweder des Baugruppen- oder des vorgangsbezogenen Ausschusses. So kann ausgeschlossen werden, dass es bei der Ermittlung von Ausschussmengen zwischen den beiden Systemen zu Differenzen über die angesprochenen Rundungsprobleme hinauskommt.

Falls der vorgangsbezogene Ausschuss in SAP APO nicht berücksichtigt werden soll, kann die Übertragung in der Schnittstelle durch einen Exit unterbunden werden. Analog dazu kann auch die Übertragung des Baugruppenausschusses verhindert werden (siehe zur Verhinderung der Übertragung der beiden Ausschussarten SAP-Hinweis 390850).

9.4 Beschaffungsmengenermittlung in SAP IBP

Bezüglich der Beschaffungsmengenermittlung unterscheidet sich SAP IBP nicht von den bereits erläuterten SAP-Systemen, d. h., es bietet teilweise die gleichen Losgrößenvorgehensweisen wie die SAP-ERP-Systeme und SAP APO. Im Zusammenhang dieses Kapitels sind nur die Module SAP IBP für Inventory und SAP IBP für Response and Supply von Relevanz, da Sie nur mit diesen Funktionen Beschaffungsmengen berechnen können. Es bestehen im Vergleich zu SAP APO jedoch einige Einschränkungen, auf die wir in der Folge eingehen werden.

9.4.1 Statische Losgrößenverfahren

Die Verwendung der exakten Losgröße ist sowohl in SAP IBP für Inventory als auch in SAP IBP für Response and Supply möglich. Eine feste Losgröße wird ebenfalls von beiden Modulen unterstützt, jedoch müssen Sie bei SAP IBP für Response and Supply dafür die Losgrößenrestriktionen einsetzen und für die minimale sowie die maximale Losgröße den gleichen Wert vorgeben (siehe auch Abschnitt 9.4.3, »Losgrößenrestriktionen«). Mit SAP IBP für Inventory können Sie die fixe Losgröße im Bereich der Produktion bzw. der Transporte ebenfalls einsetzen, diese wird dort als *inkrementelle Losgröße* (engl. incremental Lot Size) bezeichnet.

9.4.2 Periodisches Losgrößenverfahren

In SAP IBP für Inventory können Sie im Rahmen der Produktionsplanung periodische Losgrößen einsetzen. Dies gilt nicht für Transporte. Analog verhält es sich auch in der zentreihenbasierten Response-and-Supply-Planung, wobei hier der Begriff *Produktionszykluslosgröße* verwendet wird. Diese Vorgehensweise wird von allen Algorithmen des Moduls unterstützt, lediglich die finite Heuristik unterstützt diese Losgrößenvorgehensweise nicht.

9.4.3 Losgrößenrestriktionen

Losgrößenrestriktionen wie die minimale und die maximale Losgröße lassen sich in der auftragsbasierten Planung (engl. Order-based Planning, OBP) von SAP IBP für Response and Supply verwenden. Grundsätzlich gilt dies auch für die zeitreihenbasierte Response-and-Supply-Planung, jedoch existieren bei einigen Algorithmen bzw. Bezugsquellen Einschränkungen, wie Tabelle 9.4 zeigt.

<table>
<tr><th>Bezugs-quelle</th><th>Infinite Beschaffungsplanungs-heuristik</th><th>Haltbarkeits-heuristik</th><th>Optimierer</th><th>Finite Heuristik</th></tr>
<tr><td>Kunde</td><td colspan="4">Rundungswert</td></tr>
<tr><td>Lokation</td><td colspan="2" rowspan="2">minimale Losgröße + Rundungswert</td><td colspan="2" rowspan="2">minimale + maximale Losgröße + Rundungswert</td></tr>
<tr><td>Produktion</td></tr>
<tr><td>extern</td><td>–</td><td>–</td><td>–</td><td>–</td></tr>
</table>

Tabelle 9.4 Losgrößenrestriktionen in SAP IBP für Response and Supply in Abhängigkeit der Bezugsquellen

Das Fehlen der Losgrößenrestriktionen führt dabei auch zu Einschränkungen im Hinblick auf die feste Losgröße, da diese lediglich – wie in Abschnitt 9.4.1, »Statische Losgrößenverfahren«, beschrieben – über minimale und maximale Losgrößen modelliert werden kann.

Auch in SAP IBP für Inventory bestehen Einschränkungen bezüglich der Losgrößenrestriktionen. Hier stehen zwar eine minimale Losgröße sowie der Rundungswert für die Produktion bzw. Transporte zur Verfügung, jedoch besteht nicht die Möglichkeit, eine maximale Losgröße zu hinterlegen.

9.4.4 Weitere Losgrößenvorgehensweisen

SAP IBP unterstützt aktuell weder optimierende Losgrößen noch zusätzliche Losgrößenoptionen. Über eine individuelle Modellierung von Kennzahlen ist es jedoch möglich, bspw. optimierende Losgrößen wie die Economic Order Quantity (EOQ) zu ermitteln (siehe hierzu Abschnitt 9.1, »Betriebswirtschaftlicher Hintergrund«).

9.4.5 Berechnung der Ausschussmenge

Die Einbeziehung von Ausschuss ist aktuell lediglich in der auftragsbasierten Planung in SAP IBP für Response and Supply möglich. Jedoch können auch in SAP IBP für Inventory bzw. in der zeitreihenbasierten Response-and-Supply-Planung durch die

Konfiguration von Kennzahlen Ausschussmengenberechnungen vorgenommen werden.

[!]

Änderungen bei neuen Releases

Bitte beachten Sie, dass es im Releaseprozess der SAP-IBP-Lösung zu Änderungen der genannten Einschränkungen kommen kann.

9.5 Fazit

In diesem Kapitel haben wir die Optionen der Beschaffungsmengenermittlung in SAP ECC, SAP S/4HANA, SAP APO und SAP IBP dargestellt. Dabei sind wir auf den betriebswirtschaftlichen Hintergrund eingegangen, der insbesondere aufgrund der Schlüsselfunktion der Beschaffungsmengenermittlung für die Bestandshöhe und damit für optimale Dispositionsprozesse relevant ist.

Nach der Lektüre des Kapitels sollten Sie in der Lage sein, die Möglichkeiten der SAP-Systeme hinsichtlich der Ermittlung der Beschaffungsmengen sowie deren Bedeutung für die Bestandskosten einzuschätzen und auf dieser Grundlage eine produktspezifische Auswahl der Verfahren entsprechend Ihren Dispositionszielen zu treffen.

Im folgenden Kapitel wird mit der Sicherheitsbestandsplanung eine weitere bedeutende Stellschraube zur Regulierung der Bestandshöhe im Unternehmen erläutert.

Kapitel 10
Sicherheitsbestandsplanung

Als Sicherheitsbestand bezeichnet man jenen Warenbestand, den der Lagerbestand planerisch nie unterschreiten sollte. Der Sicherheitsbestand fängt mengenmäßige und terminliche Schwankungen der Lagerzugänge und -abgänge auf. In diesem Kapitel erfahren Sie, wie Sie mit den ERP- und den Planungssystemen von SAP die Sicherheitsbestandsplanung vornehmen.

Die *Sicherheitsbestandsplanung* ist ein wichtiger Bestandteil der Disposition. Eine gute Planung des Sicherheitsbestands kann Lieferengpässe vermeiden und die Lagerkosten senken, indem Unsicherheiten durch zusätzliche Puffer abgedeckt werden. In diesem Kapitel erläutern wir die Sicherheitsbestandsplanung. Zunächst geben wir Ihnen einen Überblick über die Definition und die Aufgabe des Sicherheitsbestands. Anschließend stellen wir verschiedene Servicegraddefinitionen vor. Ein Verständnis der Servicegraddefinitionen ist notwendig, da dieser Inputfaktor die Höhe des Sicherheitsbestands maßgeblich beeinflusst. Im Weiteren gehen wir kurz auf die Problematik der Festlegung von Sicherheitsbeständen in mehrstufigen MRP-Systemen ein. Schließlich werden die Mechanismen zur Sicherheitsbestandsplanung in den SAP-ERP-Systemen (SAP ECC und SAP S/4HANA) und anschließend in den Planungssystemen von SAP (SAP APO und SAP IBP) vorgestellt. Zusätzlich erläutern wir die mehrstufigen Vorgehensweisen.

10.1 Aufgabe des Sicherheitsbestands

Aufgabe des Sicherheitsbestands ist es, Unsicherheiten in der Disposition abzufangen, die zu einem Mehrverbrauch während der Wiederbeschaffungszeit führen. Seine Aufgabe ist es somit, Fehlmengen zu verhindern. Aus diesem Grund wird der Sicherheitsbestand nicht zur Deckung der Planbedarfe herangezogen, sondern wird vielmehr bei der Berechnung des Meldebestands zum Verbrauch während der Wiederbeschaffungszeit addiert oder bei der Nettobedarfsrechnung vom verfügbaren Lagerbestand abgezogen. Dies bedeutet jedoch nicht, dass Sie im Fall von auftretenden Planabweichungen versuchen sollten, ein Absinken des Bestands unter den Sicherheitsbestand durch Notmaßnahmen zu verhindern. Gerade für diese Ausnahmesituationen ist der Sicherheitsbestand per Definition vorgesehen.

Die Entscheidung über die Höhe des Sicherheitsbestands ist durch einen Zielkonflikt gekennzeichnet. Je größer der Sicherheitsbestand ist, desto größer sind die durch ihn verursachten Bestandskosten. Gleichzeitig sinken mit steigendem Sicherheitsbestand jedoch die Fehlmengenkosten, da sich der Servicegrad des Lagers erhöht. Ziel ist es, den Sicherheitsbestand so zu bemessen, dass das Minimum aus Bestands- und Fehlmengenkosten erreicht wird (siehe Abbildung 10.1). Der Sicherheitsbestand bestimmt somit die Strategie zur Sicherung der Lieferfähigkeit.

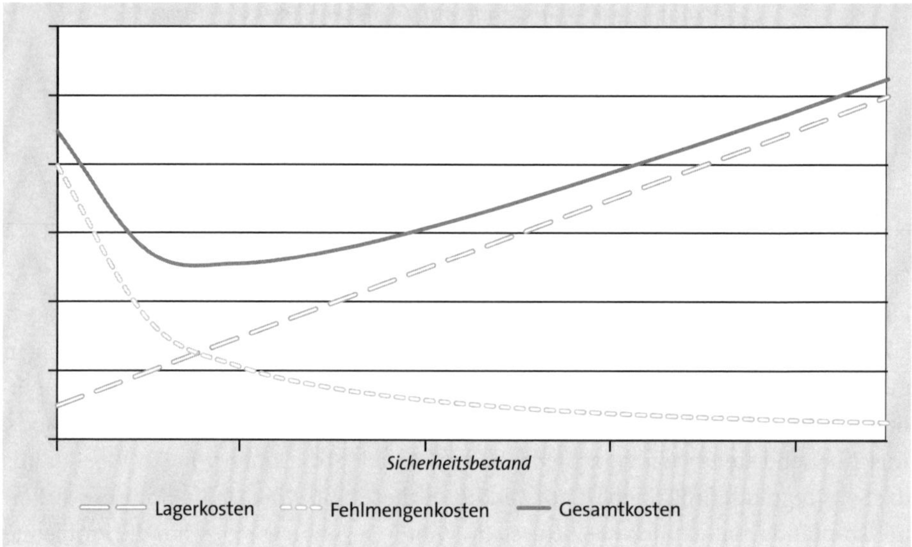

Abbildung 10.1 Zusammenhang zwischen Fehlmengen- und Lagerkosten sowie Sicherheitsbestand

10.2 Unsicherheiten in der Disposition

In der Materialdisposition herrschen gewisse Unsicherheiten, die die Bestimmung des Sicherheitsbestands beeinflussen. Diese Unsicherheitsfaktoren bei der Materialdisposition können unterteilt werden in Unsicherheiten seitens des Angebots, des Lagers selbst und Unsicherheiten der Nachfrage.

Auf der Angebotsseite ergibt sich einerseits eine zeitliche Unsicherheit, dass Lieferzeiten durch den Lieferanten oder Eigenfertigungszeiten der Produktion nicht eingehalten werden und so ein verspäteter Lagerzugang eintritt. Gleichzeitig besteht eine mengenmäßige Unsicherheit, wenn die gelieferte Menge von der geplanten Bestell- oder Produktionsmenge abweicht oder wenn Ausschuss auftritt. Die Ursachen für Unsicherheiten auf der Angebotsseite sind vielfältig: Begrenzte Rohstoffverfügbarkeit, knappe Produktionskapazitäten, mangelnde Prozesssicherheit oder Transportverzögerungen sind nur einige Beispiele.

Bezüglich des Lagerbestands kann eine mengenmäßige Unsicherheit über dessen aktuelle Höhe auftreten. So können z. B. aufgrund von Schwund, Qualitätsproblemen oder fehlerhaften Bestandsbuchungen Abweichungen zwischen dem tatsächlichen Lagerbestand und dem verbuchten Bestand auftreten. Es ist jedoch möglich, diese Unsicherheit durch interne Maßnahmen zu reduzieren.

Schließlich ergibt sich auf der Nachfrageseite eine Unsicherheit bezüglich der Bedarfsabweichungen. Diese Unsicherheit tritt dann auf, wenn der tatsächliche Verbrauch in einer Periode vom prognostizierten oder geplanten Bedarf abweicht. Eine zeitliche Abweichung tritt auf, wenn es zu Auftragsverschiebungen durch Kunden kommt. Ausschließen lassen sich diese Unsicherheiten auf der Nachfrageseite nur bei einer rein auftragsgesteuerten Kundeneinzelfertigung. Abbildung 10.2 stellt die Auswirkungen der beschriebenen Unsicherheiten auf den Lagerbestand dar.

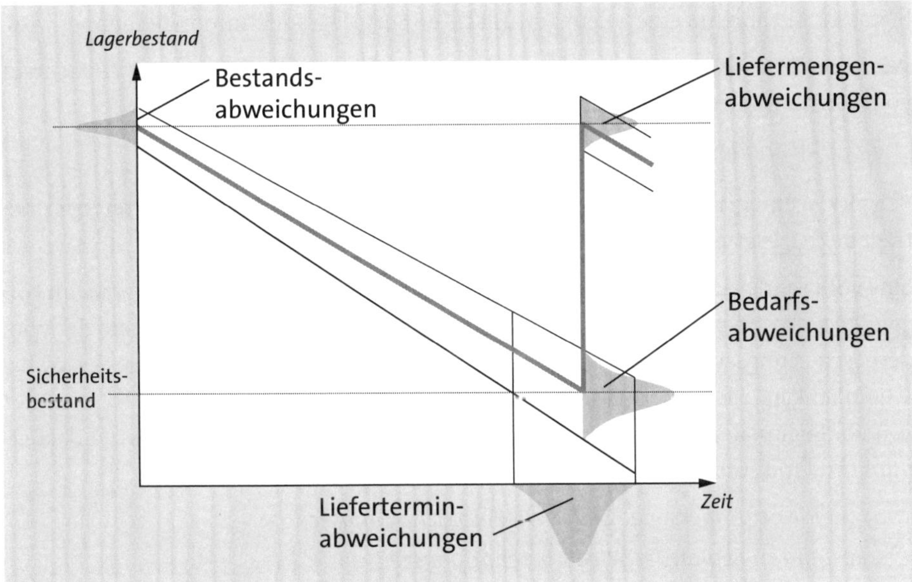

Abbildung 10.2 Unsicherheiten in der Disposition und ihre Auswirkungen auf den Lagerbestand

10.3 Auswahl und Festlegung des Servicegrads

In der Literatur und in der Praxis trifft man auf eine Vielzahl unterschiedlicher Definitionen des Servicegrads und des Lieferbereitschaftsgrads. Da die Festlegung des gewünschten Servicegrads die Höhe des Sicherheitsbestands direkt beeinflusst, ist es entscheidend, den Servicegrad exakt zu definieren. Wenn Sie sich für eine Definition entschieden haben, können Sie eine Berechnungsmethode auswählen, die auch diese Definition des Servicegrads berücksichtigt. Beispielsweise gibt Hans-Christian Pfohl

(Logistiksysteme, 2018, 8. Auflage, Springer Verlag) einen Überblick über 19 verschiedene Formeln zur Berechnung des Servicegrads. In den folgenden Abschnitten erklären wir die beiden Formeln der in den Planungssystemen von SAP verwendeten Servicegrade: den α-Servicegrad und den β-Servicegrad. Außerdem erhalten Sie Hinweise zur Auswahl einer geeigneten Servicegraddefinition.

10.3.1 α-Servicegrad

Der ereignisorientierte α-Servicegrad (*Alpha-Servicegrad*) gibt die Wahrscheinlichkeit an, dass ein eintreffender Bedarf vom Lager gedeckt werden kann. Dabei wird die Höhe der eventuellen Fehlmenge nicht berücksichtigt. Wichtig ist in diesem Zusammenhang der Bezugszeitraum, für den die Wahrscheinlichkeit der fehlmengenfreien Lieferung angegeben werden soll. Dies wird oftmals nicht beachtet, sodass der Sicherheitsbestand anhand einer nicht gewünschten Servicegraddefinition berechnet wird.

Wird eine Nachfrageperiode als Zeitrahmen ausgewählt (z. B. Monat), spricht man vom zeitnormierten α-Servicegrad, im Folgenden als α_{Per} bezeichnet:

$$\alpha_{\text{Per}} = P\{\textit{Periodennachfragemenge} \leq \textit{Bestand zu Beginn der Periode}\}$$

Beispiel: Wenn in zwei Monaten des letzten Jahres eine Fehlmenge aufgetreten ist, beträgt der α_{Per}-Servicegrad 10 ÷ 12 = 83,33 %.

Eine völlig andere Aussage trifft der beschaffungszeitnormierte α-Servicegrad, im Folgenden als α_{Zyk} bezeichnet. Er gibt die Wahrscheinlichkeit an, dass innerhalb der Wiederbeschaffungszeit keine Fehlmenge auftritt. Dies entspricht gleichzeitig der Wahrscheinlichkeit, dass innerhalb eines Lieferzyklus keine Fehlmenge auftritt, da in der Zeit vor Beginn der Wiederbeschaffungszeit (WZB) der Bestand größer als der Bestellpunkt ist, und somit keine Fehlmengen auftreten. Die Formel lautet:

$$\alpha_{Zyk} = P\{\textit{Nachfragemenge in der Wiederbeschaffungszeit}$$
$$\leq \textit{Bestand zu Beginn der Wiederbeschaffungszeit}\}$$

Bei Verwendung der in der Literatur oft angegebenen Standardformel zur Berechnung des Sicherheitsbestands wird der Sicherheitsbestand auf Grundlage des α_{Zyk}-Servicegrads berechnet. Die Standardformel zur Berechnung des Sicherheitsbestands lautet:

$$SB = k \times \sigma_{\text{WBZ}}$$

(*k*: *Sicherheitsfaktor*
σ_{WBZ}: *Standardabweichung des Bedarfs in der WBZ*)

Dies wird oftmals nicht erläutert, sodass der später nach einer anderen Definition gemessene Servicegrad nicht mit dem übereinstimmt, der zur Berechnung verwendet wurde. Auch die automatische Berechnungsmethode des SAP-ECC- bzw. SAP-S/4HANA-Systems und die erweiterten Methoden des SAP-APO-Systems verwenden

den α_{Zyk}-Servicegrad. In SAP IBP können Sie zwischen verschiedenen Servicegraddefinitionen wählen.

Ein konstanter α_{Zyk}-Servicegrad für das gesamte Artikelspektrum eines Lagers ist jedoch oft keine sinnvolle Kennzahl. Er bestimmt lediglich, mit welcher Wahrscheinlichkeit eine Fehlmengensituation in einem Lieferzyklus auftritt. Da die Länge der Lieferzyklen von Lagerartikeln oft variiert, legt er nicht fest, wie oft eine Fehlmengensituation in einer bestimmten Zeitperiode auftritt. Beträgt z. B. die Nachschubfrequenz für einen Artikel 50 pro Jahr, ist bei einem α_{Zyk}-Servicegrad von 98 % bereits in einem Jahr ein Lieferzyklus mit Fehlmenge zu erwarten. Wird ein Artikel jedoch nur einmal pro Jahr beschafft, ist ein solcher Lieferzyklus erst innerhalb von 50 Jahren zu erwarten.

10.3.2 β-Servicegrad

Der β-Servicegrad (*Beta-Servicegrad*) ist eine mengenorientierte Kennziffer, bei deren Errechnung der Anteil der Gesamtnachfrage pro Periode gemessen wird, der ohne Verzug vom Lager bedient werden kann. Der Beta-Servicegrad wird mit folgender Formel berechnet:

$$\beta = 1 - \frac{E\{Fehlmenge\ pro\ Periode\}}{E\{Periodennachfragemenge\}}$$

Diese Servicegraddefinition ist grundsätzlich periodenbezogen, da die Fehlmenge während einer bestimmten Zeitdauer stets durch die gesamte Nachfrage in dieser Zeitdauer dividiert wird. Sowohl das SAP-APO- als auch das SAP-IBP-System bieten die Möglichkeit, den Sicherheitsbestand auf der Grundlage des β-Servicegrads zu berechnen.

Beispiel: Wenn in einem Jahr 1.000 Stück eines Materials ohne Verzug ausgeliefert werden konnten und bei 20 Stück Fehlmengen auftraten, beträgt der β-Servicegrad 1.000 ÷ 1.020 = 98,04 %.

10.3.3 Festlegung des Servicegrads

Eine Entscheidungshilfe für die Wahl des Servicegrads bietet die Antwort auf die Frage, ob mit der Nachlieferung einer Fehlmenge fehlmengenunabhängige oder fehlmengenabhängige Kosten verbunden sind. Überwiegen die fehlmengenunabhängigen (fixen) Kosten einer Nachlieferung, empfiehlt sich ein α-Servicegrad. Überwiegen die fehlmengenabhängigen (variablen) Kosten einer Nachlieferung, ist die Verwendung eines β-Servicegrads sinnvoll.

Eine Berechnung des kostenoptimalen Servicegrads durch Minimierung der Summe aus Fehlmengenkosten und Bestandskosten ist in der Praxis oft nicht möglich, da eine exakte Bestimmung der Fehlmengenkosten schwierig ist. Daher wird der Servicegrad oft vom Management vorgegeben. Dieses Vorgehen beruht im Wesentlichen auf der Annahme von Fehlmengenkosten und Bestandskosten. Die Gleichung zur Errechnung des optimalen Servicegrads lautet wie folgt:

$$\alpha_{Zyk} = 1 - \frac{Losgröße \times Preis \times Bestandskostensatz}{Jahresbedarf \times Fehlmengenkosten\ pro\ Verbrauchseinheit}$$

Aus dieser Gleichung lassen sich einige Handlungsempfehlungen ableiten:

- Für Artikel mit hohen Lagerkosten (z. B. hoher Wert, Speziallager) sollte ein niedriger Servicelevel angesetzt werden und umgekehrt.
- Für kritische Artikel mit hohen Fehlmengenkosten (z. B. Artikel zur Versorgung von Engpassmaschinen) sollte ein hoher Servicelevel gewählt werden.
- Artikel, die in großen Losgrößen beschafft werden, benötigen einen geringeren Alpha-Zyklus-Servicelevel. Dieses Vorgehen entspricht dem beschriebenen Nachteil des Alpha-Zyklus-Servicelevels.
- Sind die Fehlmengenkosten unabhängig vom Wert eines Artikels (wie z. B. in einem Lager zur Versorgung der Produktion), ist es sinnvoll, für Artikel mit geringerem Wert einen höheren Servicegrad anzusetzen als für teurere Artikel.

Nach diesen Ausführungen zum Servicegrad gehen wir auf mehrstufige Abhängigkeiten der Sicherheitsbestandsplanung ein.

10.4 Sicherheitsbestände bei mehrstufigen Abhängigkeiten

Bei der verbrauchsgesteuerten Disposition wird die Sicherheitsbestandsberechnung isoliert von einem übergeordneten Produktionsprogramm gesehen. Der Periodenbedarf wird lediglich aus den Verbrauchsdaten des Artikels prognostiziert. Die Bestimmung des Sicherheitsbestands reduziert sich auf ein einstufiges System, da eine Dispositionsentscheidung lediglich auf Grundlage der Daten einer Dispositionsstufe getroffen wird.

In vielen Unternehmen wird ein Großteil der Sekundärbedarfe jedoch plangesteuert disponiert. In diesen Fällen sind die abhängigen Sekundärbedarfsmengen und -termine durch das Zusammenwirken von Produktionsprogramm, Stücklistenbeziehungen und Wiederbeschaffungszeiten fixiert. In einem solchen mehrstufigen MRP-System wird die Dispositionsentscheidung für alle Stufen durch die zentrale Nettobedarfsrechnung bestimmt. Zwar befassen sich viele aktuelle Studien mit einer gleichzeitigen Optimierung der Sicherheitsbestände auf allen Ebenen des MRP-Systems, jedoch ist dies aufgrund der Komplexität zurzeit in der Praxis weder mit SAP ECC, SAP S/4HANA oder SAP APO durchführbar.

Jedoch bietet SAP seit 2013 mit dem ehemaligen Partnerprodukt SAP Enterprise Inventory and Service Level Optimization (SAP EIS) und dessen Nachfolgeprodukt SAP IBP für Inventory nun auch aus eigener Hand eine Möglichkeit an, mehrstufige Abhängigkeiten bei der automatisierten Sicherheitsbestandsplanung zu berücksichtigen. In Abschnitt 10.7, »Mehrstufige Sicherheitsbestandsplanung mit SAP IBP«, gehen wir näher auf die mehrstufige Sicherheitsbestandsermittlung mit SAP IBP ein.

Eine Art Mittelweg zwischen einer reinen einstufigen Berücksichtigung und einer optimierten Herangehensweise unter Berücksichtigung der mehrstufigen Abhängigkeiten wird durch den Demand-Driven-MRP-Ansatz repräsentiert. Dieser bringt die mehrstufigen Aspekte durch Verwendung der entkoppelten Wiederbeschaffungszeit ein (siehe Abschnitt 8.1.2, »Disposition auf Basis des Demand-Driven-MRP-Ansatzes«). Die entkoppelte Wiederbeschaffungszeit repräsentiert den kritischen Pfad zwischen zwei Entkopplungspunkten. Durch die Verwendung dieser Zeit anstelle der einstufigen Wiederbeschaffungszeit wird erreicht, dass der durch die Mehrstufigkeit entstehende, verlängerte unsichere Zeitraum korrekt berücksichtigt wird.

[«]

Einstufige und mehrstufige Sicherheitsbestandsplanung

Bei der einstufigen Sicherheitsbestandsplanung ermittelt das System die Sicherheitsbestandshöhe für ein vorab definiertes Material bzw. Produkt. Dagegen ist die Entscheidung, für welche Materialien oder Produkte ein Sicherheitsbestand gehalten werden soll, bei der mehrstufigen Vorgehensweise nicht vorab vorzugeben, sondern Ergebnis des Sicherheitsbestandsalgorithmus. Die mehrstufige Sicherheitsbestandsplanung erstreckt sich daher über eine zusätzliche Dimension, da sie nicht nur die Entscheidung über die Höhe des Sicherheitsbestands treffen muss, sondern gleichzeitig auch die Entscheidung darüber, für welche Materialien bzw. Produkte im mehrstufigen Netzwerk ein Sicherheitsbestand gehalten werden soll. Idealerweise wird diese Entscheidung nicht nur unter Einbeziehung der Stücklistenstruktur getroffen, sondern vielmehr unter Berücksichtigung der gesamten Wertschöpfungskette, also unter Beachtung von z. B. Rohstoff- und Distributionslagern außerhalb werksinterner Stücklistenstrukturen.

Die beiden genannten Entscheidungen, d. h. die über die Höhe des zu haltenden Bestands und die über die Sicherheitsbestand führenden Objekte, sind dabei als interdependent anzusehen, sie hängen also voneinander ab. Dies lässt sich einfach anhand des folgenden Beispiels erläutern:

Wenn in einer mehrstufigen Kette bereits ein Sicherheitsbestand auf Ebene der Baugruppe vorgehalten wird, hat dies eindeutig Einfluss auf die Höhe eines für das Endprodukt vorzuhaltenden Sicherheitsbestands, da im Falle einer erhöhten Nachfrage für das Endprodukt aufgrund vorhandener Baugruppen schnell eine zusätzliche Menge des Endprodukts bereitgestellt werden kann. Ein optimierendes Vorgehen berücksichtigt also bei der Sicherheitsbestandsplanung des Endprodukts, ob und wie viel Sicherheitsbestand auf den anderen Stufen gehalten wird. Aufgrund der daraus resultierenden Komplexität ist eine solche Abwägung jedoch in der Praxis nur eingeschränkt möglich, wenn keine automatisierte Planungsunterstützung wie z. B. durch SAP IBP vorliegt.

Für den Fall, dass die Disponenten die Entscheidung über die Sicherheitsbestand führenden Materialien und Produkte selbst treffen müssen, d. h. kein mehrstufig optimierender Algorithmus wie bei SAP EIS bzw. SAP IBP die Planungen unterstützt, existiert eine Reihe von Empfehlungen. In der Logistikliteratur wird empfohlen, Sicherheitsbestände nur für Endprodukte, Kaufteile und Rohmaterialien vorzuhalten, da Unsicherheiten insbesondere vom Beschaffungsmarkt oder vom Absatzmarkt herrühren. Sicherheitsbestände können insbesondere für folgende Teile sinnvoll sein:

- Teile mit direktem externen Verbrauch, z. B. Endprodukte und Ersatzteile, wenn eine zeitnahe Endmontage nicht möglich ist
- Teile, die von Prozessen mit stark schwankenden Ausbringungsmengen hergestellt werden
- Teile, die von Engpassprozessen hergestellt werden
- halbfertige Teile, die in vielen Stücklisten verwendet werden
- Rohmaterialien

Oftmals wird diese Fragestellung nicht umfassend geklärt, sodass auf allen Dispositionsstufen Sicherheitsbestände und gegebenenfalls noch zusätzliche zeitliche Puffer im SAP-System eingestellt werden. Durch die Aggregation über alle Ebenen führt dies dann zu überhöhten Beständen.

10.5 Einstufige Sicherheitsbestandsplanung in SAP ECC und SAP S/4HANA

In den SAP-ERP-Systemen (SAP ECC und SAP S/4HANA) gibt es zwei Arten von Sicherheitspuffern, die eingeplant werden können, um Unsicherheiten in der Disposition zu berücksichtigen. Als Mengenpuffer bietet SAP ECC die folgenden Funktionen:

- manueller Sicherheitsbestand
- automatisch berechneter Sicherheitsbestand
- Erweiterung durch teilweise verfügbaren Sicherheitsbestand
- dynamischer Sicherheitsbestand

Als zeitlicher Puffer bietet sich die Bedarfsvorlaufzeit an.

Bevor die Entscheidung über die Bestandshöhe getroffen werden kann, ist festzulegen, für welche Materialien überhaupt ein Sicherheitsbestand notwendig ist. Sowohl das SAP-ECC-System bzw. der Standard des SAP-S/4HANA-Systems als auch SAP APO bieten den Planern hierbei kaum weitergehende Entscheidungsunterstützung. Stattdessen können die Planer dafür den in den Dispositionsmonitor eingebetteten Stock Level Monitor nutzen oder sich über die bereits in Kapitel 3, »Klassifizierungen von Materialien als Basis für Dispositionsentscheidungen«, beschriebene Klassifizierung entsprechende Vorschläge zum Sicherheitsbestand erzeugen lassen. Auch eine Übertragung des Sicherheitsbestands an SAP APO oder SAP IBP ist möglich und kann – je nach genutzter Systemkonstellation – sinnvoll sein.

10.5.1 Bestandspositionierung in SAP ECC und SAP S/4HANA

In diesem Abschnitt werden wir Ihnen zunächst die Bestandspositionierungsfunktionen des Dispositionsmonitors vorstellen, bevor wir auf die Bestandsdimensionierungsfunktionen eingehen, die Ihnen in SAP ECC bzw. SAP S/4HANA zur Verfügung stehen.

Bestandspositionierung mit dem Stock Level Monitor

Der *Stock Level Monitor* ist eine Unterfunktion des Dispositionsmonitors, die entwickelt wurde, um Ihnen Vorschläge für die Positionierung von Sicherheitspuffern zu erstellen. Früher wurde sie als eigene Beratungslösung angeboten, seit 2016 ist sie integraler Bestandteil des Dispositionsmonitorpakets.

Dabei werden die durch den Stock Level Monitor erzeugten Vorschläge mit denen des Dispositionsmonitor kombiniert und über das bereits in Abschnitt 3.4.2, »Erweiterte Klassifizierung mit dem Dispositionsmonitor«, beschriebene Regelwerk bzw. eine vom Planer manuell angestoßene Pflege gemeinsam in einem Ansatz eingebunden. Abbildung 10.3 zeigt die Funktionen von Stock Level Monitor und Dispositionsmonitor in Bezug auf die Bestandspositionierung.

Der Stock Level Monitor bietet Bevorratungsvorschläge auf Basis der folgenden Charakteristika:

- Stücklistencharakteristika
- Bedarfscharakteristika
- Kapazitätscharakteristika

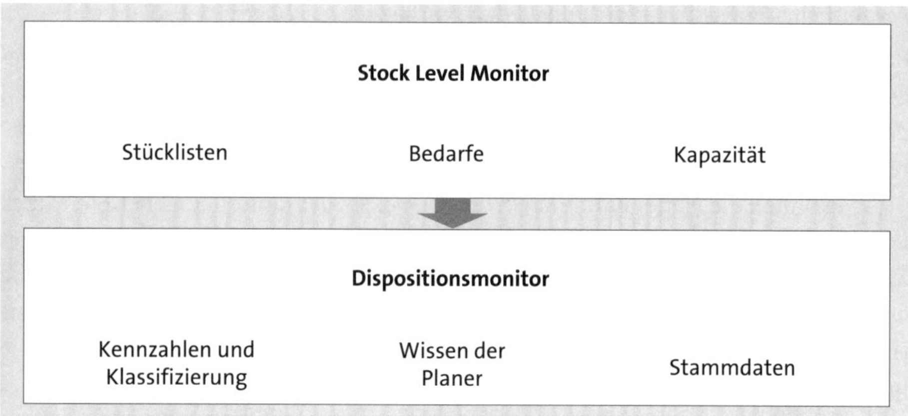

Abbildung 10.3 Bestandspositionierungsfunktionen von Stock Level Monitor und Dispositionsmonitor

Sowohl die Stücklisten- als auch die Bedarfscharakteristika kann der Stock Level Monitor dabei unter Verwendung des Sonderbeschaffungsschlüssels der Dispositionssicht 2 im Materialstamm auch mehrstufig über Werksgrenzen auswerten.

Die grundlegende Vorgehensweise bei der Ermittlung von *Bevorratungsvorschlägen auf Basis von Stücklistencharakteristika* ist der Vergleich von *akzeptierter Marktlieferzeit* (engl. Accepted Market Delivery Time) und mehrstufig kumulierter Wiederbeschaffungszeit

Im Demand-Driven-MRP-Kontext wird die akzeptierte Marktlieferzeit auch Customer Tolerance Time bzw. Market Potential Lead Time genannt. Sie repräsentiert die Zeitspanne zwischen Bestellung und Lieferung, die von Kundenseite als akzeptabel angesehen wird. Alternativ können Sie diese Zeit auch als Vorgabe ansehen, die innerhalb Ihrer Lieferkette als Lieferzeit erreicht werden soll, z. B. um durch eine relativ kurzfristige Belieferung einen Wettbewerbsvorteil im Vergleich zur Konkurrenz erreichen zu können. Die akzeptierte Marktlieferzeit kann dabei im Materialstamm auf der Registerkarte **SCM CS 1**, die mit der Implementierung der SCM-Beratungslösungen von SAP zur Verfügung steht, gepflegt werden (siehe hierzu Abbildung 10.4). Es ist jedoch auch möglich, die Zeit mit dem Stock Level Monitor aus Historiendaten zu ermitteln und dann als Input für die Ermittlung von Bevorratungsvorschlägen zu verwenden.

Die kumulierte Wiederbeschaffungszeit ist die Zeit, die mehrstufig über jeden einzelnen Pfad der Stückliste vom Material bis zum Kunden anfällt.

Wir wollen die Berechnung eines Bevorratungsvorschlags anhand eines einfachen Beispiels erläutern. Für ein Endprodukt ist die akzeptierte Marktlieferzeit z. B. acht Kalendertage, wobei es für die Berechnung der Bevorratungsvorschläge unerheblich ist, ob es sich dabei um eine gemessene Zeit, eine mit dem Kunden vereinbarte grundlegende Lieferzeit oder eine Vorgabe zur Erlangung von Wettbewerbsvorteilen handelt.

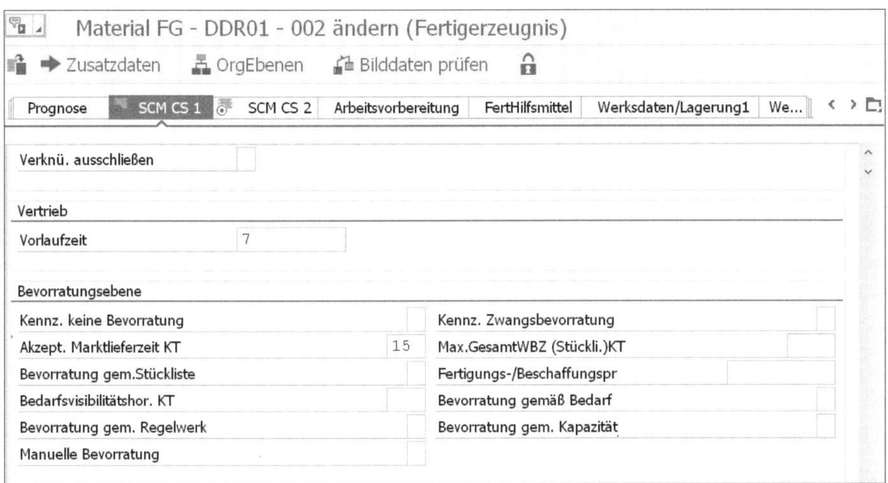

Abbildung 10.4 Einstellung der akzeptierten Marktlieferzeit

Falls nun dieses Endprodukt eine einstufige Wiederbeschaffungszeit, die bei Endprodukten identisch mit der kumulierten Wiederbeschaffungszeit ist, von fünf Kalendertagen aufweist, muss dieses Endprodukt nicht bevorratet werden. Falls es sich jedoch um ein eigengefertigtes Material handelt, kann es notwendig sein Inputprodukte zu bevorraten, um bei Eintreffen eines Kundenbedarfs die Zielvorgabe von acht Kalendertagen akzeptierter Marktlieferzeit einhalten zu können. Daher muss der Stock Level Monitor die Stückliste auflösen und für die Inputprodukte jeweils die kumulierten Wiederbeschaffungszeiten ermitteln. Hierfür wird die Wiederbeschaffungszeit des Endprodukts jeweils für alle Inputprodukte einzeln auf die jeweilige einstufige Wiederbeschaffungszeit addiert, diese wird im Anschluss mit der akzeptierten Marktlieferzeit verglichen. Abbildung 10.5 zeigt einen vom Stock Level Monitor erzeugten Bevorratungsvorschlag, der sich an der akzeptierten Marktlieferzeit orientiert.

Neben der akzeptierten Marktlieferzeit steht Ihnen mit der *maximalen Gesamtwiederbeschaffungszeit* ein zweiter Algorithmus für die Erzeugung von Bevorratungsvorschlägen im Stock Level Monitor auf Basis der Stücklistencharakteristik zur Verfügung. Die grundlegende Vorgehensweise ist identisch. Auch hier erfolgt ein Vergleich mit dem auf der Registerkarte **SCM CS 1** des Materials gepflegten Input mit der jeweiligen kumulierten Wiederbeschaffungszeit. In der Regel wird dieser zweite Algorithmus eingesetzt, um – falls die Dimensionierung des Bestands gemäß akzeptierter Lieferzeit nicht ausreichend war – eine zweite Sicherungsebene einzuziehen. Diese Sicherungsebene kann die oftmals sehr langen kumulierten Gesamtwiederbeschaffungszeiten reduzieren.

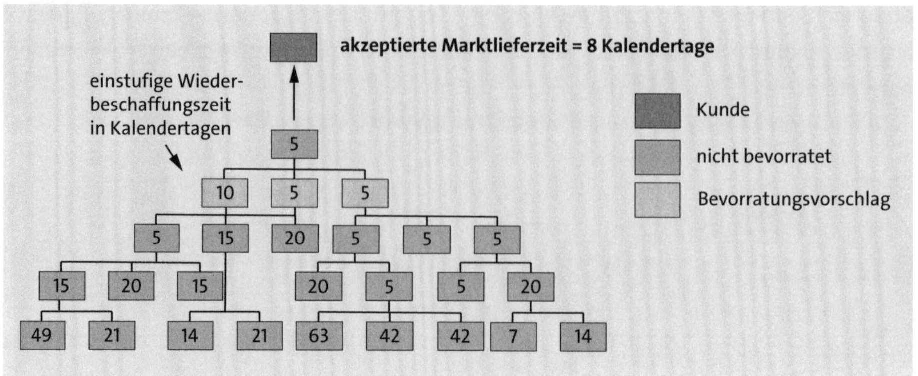

Abbildung 10.5 Bevorratungsvorschlag des Stock Level Monitors auf Basis der akzeptierten Marktlieferzeit

Nach Erzeugung der Bevorratungsvorschläge gemäß Stücklistencharakteristik können Sie diese in das Kennzeichen Bevorratungsvorschlag gemäß Stückliste auf der Registerkarte **SCM CS 1** des Materialstamms (siehe hierzu Abbildung 10.4) eintragen und im Dispositionsmonitor anzeigen lassen bzw. bei einer regelwerksbasierten Pflege berücksichtigen.

Abbildung 10.6 zeigt beispielhaft einen Ergebnisbildschirm des Stock Level Monitors auf Basis des Algorithmus zur akzeptierten Marktlieferzeit (engl. Accepted Market Delivery Time, AMDT).

Stock Level Monitor

Aggregierte Daten AMLZ | Aggregierte Daten BVH | Flexibel

Material	Sonderfall-Indikator 9	Bev.g.BOM	vWBZ	AkzMLZ KT	Fe/Be-Pri
FG - DDR01 - 001	1 Finished Good	M	13	1	MTS-FG
FG - DDR01 - 002	1 Finished Good		13	15	ATO-FG
FG - DDR01 - 003	1 Finished Good		13		ATO-FG
FG - DDR01 - 004	1 Finished Good		7		ATO-FG
FG - DDR01 - 006	1 Finished Good		17		ATO-FG
SFG - DDR01 - 001	2 Semi-Finished Good		13		MTO
SFG - DDR01 - 002	2 Semi-Finished Good		17		ATO-FG
SFG - DDR01 - 003	2 Semi-Finished Good	M	13		MTS-SFG
SFG - DDR01 - 004	2 Semi-Finished Good	M	17		MTS-SFG
SFG - DDR01 - 005	2 Semi-Finished Good	M	13		MTS-SFG
SFG - DDR01 - 006	2 Semi-Finished Good		195		ATO-SFG
SFG - DDR01 - 007	2 Semi-Finished Good		14		ATO-SFG
COMP - DDR01 - 001	3 Component	M	7		MTS-SFG
COMP - DDR01 - 002	3 Component	M	7		MTS-SFG
COMP - DDR01 - 003	3 Component	M	7		MTS-SFG
COMP - DDR01 - 004	3 Component		7		ATO-SFG
COMP - DDR01 - 005	3 Component		7		ATO-SFG
COMP - DDR01 - 006	3 Component		7		ATO-SFG
COMP - DDR01 - 007	3 Component		17		ATO-SFG
COMP - DDR01 - 008	3 Component		13		ATO-SFG
COMP - DDR01 - 009	3 Component		13		ATO-FG
RAW - DDR01 - 001	4 Raw Material	M	210		PTS
RAW - DDR01 - 002	4 Raw Material		35		PTO
RAW - DDR01 - 003	4 Raw Material		74		PTO
RAW - DDR01 - 004	4 Raw Material		74		PTO
RAW - DDR01 - 005	4 Raw Material		65		PTO
RAW - DDR01 - 006	4 Raw Material		65		PTO
RAW - DDR01 - 007	4 Raw Material		65		PTO

Abbildung 10.6 Ergebnisbildschirm des Stock Level Monitors

Die Erzeugung von *Bevorratungsvorschlägen gemäß Bedarfscharakteristika* folgt einem ähnlichen Muster wie die oben beschriebene stücklistenbezogene Analyse. Auch hier erfolgt ein Vergleich mit der kumulierten Wiederbeschaffungszeit, jedoch ist das Vergleichskriterium nicht die akzeptierte Marktlieferzeit oder die maximale Gesamtwiederbeschaffungszeit, sondern der *Bedarfsvisibilitätshorizont* (engl. Requirement Visibility Horizon, RVH). Im Demand-Driven-MRP-Umfeld wird dafür auch Sales Order Visibility Horizon als Begriff verwendet.

Der RVH ist die Zeitspanne, in der in der Regel die Bedarfe eines Materials bekannt sind. Wenn also z. B. ein Automobilzulieferer von dem Fahrzeughersteller für die nächsten Wochen verlässlichen Bedarf gemeldet bekommt, kann dies als RVH in die Analyse eingebunden werden. Sie können diese Zeit im Feld **Bedarfsvisibilitätshor. KT** in der Registerkarte **SCM CS 1** des Materialstamms pflegen. Es besteht – analog zur akzeptierten Marktlieferzeit – die Möglichkeit, über den Stock Level Monitor eine Analyse von Vergangenheitsdaten durchzuführen, um den Bedarfsvisibilitätshorizont zu ermitteln und in den Materialstamm fortschreiben zu lassen (siehe Abbildung 10.4).

10

Die *kapazitätsbezogenen Bevorratungsvorschläge* basieren auf der Theorie der engpassorientierten Planung (engl. Theory of Constraint, TOC). Gemäß dieser Planungsphilosophie, die Beobachtungen der Physik auf die Lieferkettenplanung überträgt, bestimmt der Engpass die Ausbringungsmenge aus dem gesamten System der Wertschöpfungskette. Durch verschiedene Mechanismen wird der Engpass in verschiedene Planungsschritten berücksichtigt.

[«]

Theorie der engpassorientierten Planung (TOC) in SAP-Systemen

Mit einer Kombination verschiedener SCM-Beratungslösungen von SAP können Sie eine ganzheitliche Planung im Sinne der TOC-Logik in SAP ECC bzw. SAP S/4HANA verankern, auch in Verbindung mit SAP APO oder SAP IBP. Die hier beschriebene Bevorratung übernimmt gemäß Kapazitätscharakteristik die Funktion der Engpassberücksichtigung bei der Bestimmung der Make-to-Stock-Materialien (MTS).

Durch den Dispositionsmonitor, den WBZ-Monitor, die Sicherheitsbestandssimulation und Advanced MD04, die auch im Rahmen dieses Buchs beschrieben wurden, und die Zusatzlösung *Customized MRP Type für TOC* kann der TOC-Ansatz implementiert werden. Mehr Informationen hierzu finden Sie in SAP-Hinweis 2572662 oder Sie schreiben eine E-Mail an *scm-consulting-solutions@sap.com*.

Bei Verwendung des Stock Level Monitors zur Erstellung von Bevorratungsvorschlägen gemäß Kapazitätscharakteristik wird die Stückliste nicht durch einen Vergleich eines Zielwerts mit kumulierten Wiederbeschaffungszeiten herangezogen, wie dies bei den beiden vorgenannten Vorgehensweisen der Fall ist. Stattdessen ist die Idee, zukünftige Ressourcenauslastungen auszuwerten, um so einen Engpass zu identifizieren. Gemäß TOC bestimmt zu jedem Zeitpunkt immer genau ein Engpass die Ausbringungsmenge eines Materials. Besonders gravierende Engpässe werden dabei als *Critical Constraint Resource* (CCR) bzw. aufgrund Ihrer Funktion als Taktgeber als *Drum* (engl. für Trommel) bezeichnet. Diese Engpassressourcen sind gemäß dieser Vorgehensweise besonders zu schützen, indem vor dem Engpass ein Puffer an Material vorgehalten wird. Dieser Puffer soll dafür sorgen, dass der Engpass auch dann weiter produzieren kann, wenn bspw. die vor dem Engpass liegenden Bearbeitungsmaschinen durch einen Ausfall nicht mehr in der Lage sind, den Engpass mit Inputmaterialien zu versorgen. Mit diesem Bestand wird dafür gesorgt, dass der Engpass die maximal mögliche Ausbringungsmenge leisten kann.

Abbildung 10.7 zeigt beispielhaft die Produktion eines Materials 4711 auf sechs Arbeitsplätzen (A bis F).

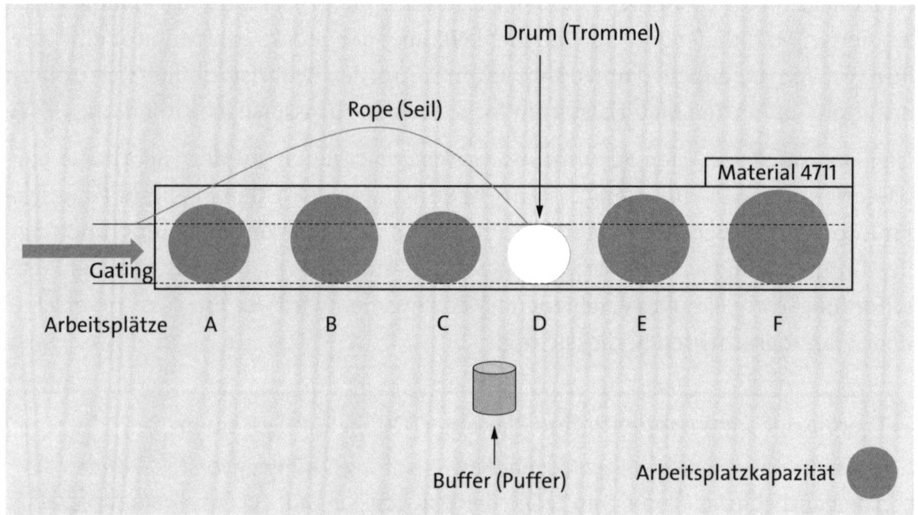

Abbildung 10.7 Produktionsplanungssystem Drum Buffer Rope

Durch eine vorgelagerte Kapazitätsauswertung, die dem Stock Level Monitor als Input dient, wird der Arbeitsplatz D als kritischer Engpass (CCR) identifiziert, da er die geringste Bearbeitungskapazität verfügbar hat. Dabei handelt es sich also um die Drum (Trommel) des abgebildeten Prozesses. Mit dem Stock Level Monitor können Sie über den Bevorratungsvorschlag gemäß Kapazitätscharakteristik die Materialien identifizieren, die bevorratet werden müssen, um den Engpass bzw. die Ausbringungsmenge vor ungeplanten Ausfällen zu beschützen. Diese würden entstehen, wenn einer der Arbeitsplatz D vorgelagerten Arbeitsplätze (A bis C), die alle grundsätzlich größere Kapazität aufweisen als D, ungeplant ausfallen. Daher wird eine Bevorratung (Puffer bzw. engl. Buffer) vorgeschlagen.

[«]

Drum-Buffer-Rope-Methode in SAP ECC und SAP S/4HANA

In Abbildung 10.7 wird neben den beiden Aspekten Drum und Buffer auch noch ein dritter Bestandteil dargestellt. Unter *Rope* versteht man den Mechanismus einer Begrenzung der Menge, die in diese Wertschöpfungskette eingeschleust wird. Diese wird sinnbildlich an die Kette gelegt bzw. mit dem Seil eingefangen, im Englischen wird daher der Begriff Rope verwendet. Es handelt sich dabei um eine Begrenzung, die auf der Kapazität basiert, die der Engpass verarbeiten kann. Hier wird auch der Begriff *Gating* verwendet, da die Kapazität des Engpasses die Größe des Tors darstellt, durch die eingeschleuste Produktionsmenge passen muss.

Die hier dargestellten Funktionen des Stock Level Monitors bildet lediglich den Arbeitsschritt der Pufferung der Drum-Buffer-Rope-Vorgehensweise ab. Der vorgelagerte Drum-Teil, die Kapazitätsauswertung zur Identifikation von Engpässen, kann mit der Beratungslösung Capacity Requirements Planning Cockpit (CRP, siehe SAP-Hinweis 1907791) erzeugt werden. Sie können die Analyse jedoch auch durch andere Lösungen erzeugen, es müssen lediglich entsprechende Kapazitätsauslastungen in die Tabelle /SAPLOM/CEH_CR01 geladen werden.

Der Arbeitsschritt Rope lässt sich mit der Beratungslösung Advanced MD04 realisieren, die wir in Kapitel 14, »Bearbeitung der Dispositionsergebnisse«, erläutern. Die Umsetzung der ganzheitlichen TOC-Planungsmethode in SAP ECC bzw. SAP S/4HANA ist jedoch nicht Bestandteil dieses Buchs.

Mehr Informationen hierzu finden Sie in SAP-Hinweis 2572662 oder Sie schreiben eine E-Mail an *scm-consulting-solutions@sap.com*.

Die Bevorratungsvorschläge gemäß Kapazitätscharakteristik lassen sich – analog zu denen gemäß Stücklisten- bzw. Bedarfscharakteristik – in die Registerkarte **SCM CS 1** des Materialstamms (Feld **Bevorratung gemäß Kapazität**, siehe Abbildung 10.4) eintragen.

An den oben beschriebenen, einfachen Beispielen lässt sich das Vorgehen des Stock Level Monitors zur Ermittlung der Bevorratungsvorschläge gut nachvollziehen. In der Realität weisen die Distributions- und Stücklistenstrukturen sowie die auszuwertenden Arbeitspläne eine weitaus höhere Komplexität auf als diese einfachen Beispiele. So werden Inputkomponenten in unterschiedlichen Endprodukten eingesetzt, die ggf. unterschiedliche akzeptierte Marktlieferzeiten aufweisen. Durch die unterschiedlichen Stücklistenpfade, auf denen ein Inputmaterial für verschiedene Endprodukte verwendet werden kann, wird ein Material in aller Regel auch unterschiedliche kumulierte Wiederbeschaffungszeiten aufweisen. Dies bedeutet, dass in Praxiskonstellationen eine Systemunterstützung, wie sie durch den Stock Level Monitor möglich ist, unerlässlich für eine systematische Bevorratungsstrategie ist.

Erschwerend kommt hinzu, dass in der Praxis oftmals Materialien existieren, die unbedingt auf Lager vorgehalten werden sollen, oder solche, die keinesfalls entsprechend gelagert werden können. Diese beiden Umstände bezeichnet man als *Zwangsbevorratung* (engl. mandatory Stocking) und *Nichtbevorratung* (engl. prohibited Stocking). Dies kann z. B. bei nicht lang lagerbaren Stoffen der Fall sein, aber auch Haltbarkeitsrestriktionen spielen hier eine Rolle. Beides erhöht die Komplexität der Berechnung noch einmal erheblich, da die Bevorratung auch unter Berücksichtigung dieser Charakteristika die Einhaltung der Zielvorgaben, z. B. der akzeptierten Marktlieferzeit, sicherstellen soll.

Sie können Materialien vor Ausführung des Stock Level Monitors über die Registerkarte **SCM CS 1** des Materials entsprechend kennzeichnen und auf der Registerkarte **Bevorratungskennzeichen** des Stock Level Monitors wählen, ob diese Restriktionen bei der Ermittlung des Bevorratungsvorschlags Berücksichtigung finden sollen (siehe Abbildung 10.8).

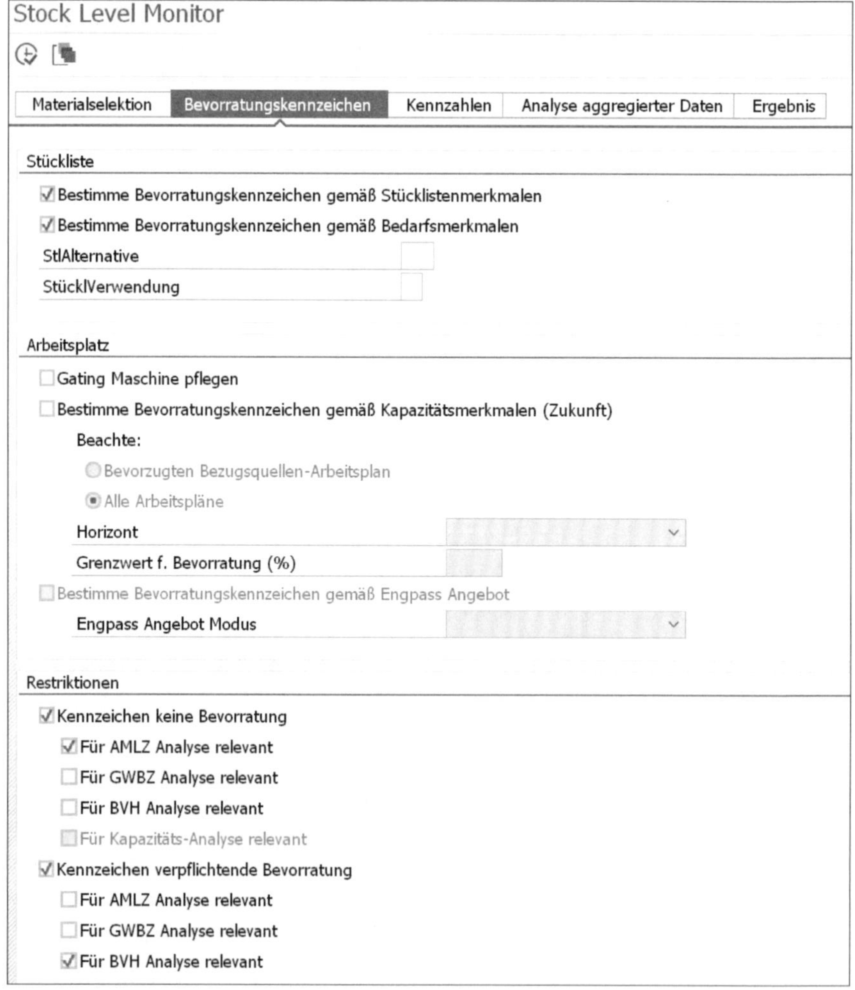

Abbildung 10.8 Selektionsbildschirm des Stock Level Monitors

Neben den beschriebenen Bevorratungskennzeichen bietet der Stock Level Monitor noch eine Reihe weiterer Analysen an, deren Ergebnisse für den Dispositionsmonitor genutzt werden können:

- Anzahl gültiger Stücklisten
- Anzahl gültiger Stücklistenverwendungen (einstufig, mehrstufig, in Endprodukten)
- Anzahl gültiger Arbeitspläne
- Anzahl gültiger Fertigungsversionen
- Beschaffungsrisikoanalyse
- Fertigungs-/Beschaffungsprinzip

Die ersten vier Analysen können als Input für Klassifizierungen im Dispositionsmonitor verwendet werden (z. B. PQR-Analyse, siehe hierzu auch Abschnitt 3.4.2, »Erweiterte Klassifizierung mit dem Dispositionsmonitor«). Die *Beschaffungsrisikoanalyse* (engl. Supply Risk Analysis) ermöglicht es, das Versorgungsrisiko eines Materials zu ermitteln. Dabei werden die Stammdaten eines Materials daraufhin untersucht, wie viele Bezugsquellen beim Material selbst bzw. auch in der mehrstufigen Stücklistenstruktur (z. B. Infosätze) vorhanden sind und wie diese regional verteilt sind. Diese Analyse ist als Reaktion auf die globalen Auswirkungen der Corona-Pandemie auf die Lieferketten entwickelt worden, sie kann jedoch auch unabhängig davon eingesetzt werden. Ausfuhrbeschränkungen unterschiedlicher Staaten für Güter, wie z. B. medizinische Produkte, haben die globalen Lieferketten teilweise massiv beeinträchtigt. Über die Zuordnung eines Beschaffungsrisikoprofils (Feld **Besch.RisikoProfil**) auf der Registerkarte **SCM CS 2** des Materialstamms können Sie festlegen, wie viele verschiedene Bezugsquellen für ein Endprodukt über die einzelnen Stufen hinweg vorhanden sein sollen und welche regionale Verteilung unkritisch bzw. kritisch eingeschätzt werden soll (siehe Abbildung 10.9).

Das *Fertigungs-/Beschaffungsprinzip* ermöglicht die Einordnung der Bevorratungsvorschläge in den mehrstufigen Stücklistenkontext, um bestimmte Planungsstrategien wie z. B. die Baugruppenvorplanung oder die Vorplanung ohne Endmontage zu ermöglichen (siehe hierzu Kapitel 6, »Planungsstrategien und Bedarfsverrechnung«). Dabei wird für jedes Material analysiert, ob es sich oberhalb der Bevorratungsebene befindet, also dem System Assemble-to-Order (ATO) folgt, oder ob es sich um ein bevorratetes Material (Make-to-Stock, MTS; Procure-to-Stock, PTS oder Stock-Transfer-to-Stock, STTS) handelt. Auch die Ausprägungen Make-to-Order (MTO), Procure-to-Order (PTO) oder Stock-Transfer-to-Order (STTO) werden abgeleitet. Zusätzlich wird ermittelt, ob das Material ein Endprodukt ist oder sich in Stücklisten auf untergeordneter Stufe befindet.

Abbildung 10.9 Beschaffungsrisikoanalyse – Felder im Materialstamm

Im Anschluss an die Analyse kann der Stock Level Monitor alle weiteren Analyseergebnisse zentral auf der Registerkarte **SCM CS 2** ablegen und diese so zur nachfolgenden Verwendung z. B. im Dispositionsmonitor zur Verfügung stellen.

Bestandspositionierung mit dem Dispositionsmonitor

Der Dispositionsmonitor kann die oben beschriebenen Analyseergebnisse des Stock Level Monitors durch Lesen der in den SCM-CS-Registerkarten abgespeicherten Daten übernehmen und mit eigenen Feldern in der Ergebnissicht darstellen. Die Ergebnisse werden dort mit den bereits im Rahmen von Abschnitt 3.4.2, »Erweiterte Klassifizierung mit dem Dispositionsmonitor«, beschriebenen Klassifizierungs-, Kennzahlen- und Stammdateninformationen angereichert dargestellt und können durch die Regelwerksfunktion oder auch interaktiv unter Nutzung zusätzlichen Planerwissens verarbeitet werden.

Bestandspositionierung im Demand-Driven-MRP-Kontext in SAP S/4HANA

Die Demand-Driven-MRP-Methode weist explizit die folgenden Bestandspositionierungsmethoden aus, die wir bereits im Kontext des Stock Level Monitors und des Dispositionsmonitors kennengelernt haben:

- Customer Tolerance Time
- Market Potential Lead Time
- Sales Order Visibility Horizon
- External Reliability

- Inventory Leverage and Flexibility
- Critical Operation Protection

Während mit den Bevorratungsalgorithmen auf Basis der Stücklistencharakteristika im Stock Level Monitor die Thematiken der Customer Tolerance Time und Market Potential Lead Time abgedeckt werden, können Sie die Bevorratung basierend auf Bedarfscharakteristika nutzen, um den Sales Order Visibility Horizon abzubilden. Unter External Reliability wird im bedarfsorientierten Kontext die Schwankung der Bedarfe bzw. der Wiederbeschaffungszeiten verstanden. Diese Aspekte können über die Klassifizierungen im Dispositionsmonitor abgebildet werden, ggf. unter Zuhilfenahme des WBZ-Monitors, der in diesem Szenario zur Messung der Schwankungen der Wiederbeschaffungszeit herangezogen wird. Auch Inventory Leverage und Flexibility sowie Critical Operation Protection lassen sich mit den SCM-Beratungslösungen von SAP abbilden. Somit können Sie alle Standardkriterien mit dem Dispositionsmonitor sowie der zugeordneten Stock-Level-Monitor-Komponente abbilden. Aber auch darüberhinausgehende Kriterien lassen sich mit dieser Lösung realisieren.

In SAP S/4HANA können Sie über die Nutzung von Demand-Driven Replenishment die klassifizierungsbasierten Kriterien ebenfalls abbilden. Dort stehen die ABC-, die XYZ-, die PQR- und die EFG-Klassifizierung ebenfalls zur Verfügung.

[!]

Lizenzierung von Demand-Driven Replenishment in SAP S/4HANA

Bitte prüfen Sie die Einsetzbarkeit von Demand-Driven Replenishment in SAP S/4HANA mit Ihrem Lizenzansprechpartner von SAP bzw. dem zuständigen SAP-Partner.

Für die drei erstgenannten Methoden steht Ihnen die Fiori-App **Produktklassifikation einplanen** zur Verfügung (engl. **Schedule Product Classification (DD)**).

Das eigentliche Setzen der Entkopplungspunkte auf dieser Basis und zusätzlichem Wissen des Planers erfolgt im Anschluss an die Durchführung der Klassifizierung in der App **Massenpflege von Produkten (BWB)** (engl. **Mass Maintenance of Products (DD)**).

Eine Nachbearbeitung dieser Entkopplungspunkte erfolgt in der App **Puffer Positionierung** (engl. **Buffer Positioning**). Diese App stellt Ihnen Funktionen zur Verfügung, mit denen Sie simulativ einzelne Entkopplungspunkte setzen und die daraus resultierende *Wiederbeschaffungszeitkompression* (engl. Lead Time Compression) zu bestimmen, d. h. um wie viele Tage die Wiederbeschaffungszeit durch diese Entkopplung reduziert werden kann.

Erst dann kann eine Ermittlung der entkoppelten Wiederbeschaffungszeiten erfolgen, da jetzt erst jetzt abschließend die Entkopplungspunkte bekannt sind. Demnach können erst jetzt die kritischen Pfade zwischen ebendiesen ermittelt werden. Diese werden in der Demand-Driven-MRP-Methode auch als *längste ungeschützte Pfade* (engl. longest unprotected Paths) bezeichnet. Für die Ermittlung dieser Pfade können Sie die App **Durchlaufzeitklassifikation von Produkten einplanen (BWB)** nutzen (engl. **Schedule Lead Time Classification (DD)**). Diese Vorgehensweise ermöglicht, wie der Name der App es bereits suggeriert, auch die Durchführung einer EFG-Klassifizierung.

10.5.2 Bestandsdimensionierung in SAP ECC und SAP S/4HANA

Sie können in SAP ECC und SAP S/4HANA verschiedene Funktionen für die Ermittlung der Bestandshöhen nutzen. Wir werden Ihnen zunächst die Option des manuell zu setzenden Sicherheitsbestands erläutern, bevor wir auf automatisiert durchführbare Berechnungsoptionen eingehen. Auch die Bedarfsvorlaufzeit werden wir in diesem Rahmen erläutern, bevor wir Ihnen die SCM-Beratungslösung Sicherheitsbestandssimulation vorstellen.

Manueller Sicherheitsbestand

Die einfachste Möglichkeit der Sicherheitsbestandsplanung ist, einen Sicherheitsbestand pro Material in der Registerkarte **Disposition 2** je Werk oder je Dispobereich manuell einzutragen. So gelangen Sie zum Fenster in Abbildung 10.10, in dem Sie den Sicherheitsbestand manuell eintragen können.

Nettobedarfsrechnung			
Sicherheitsbestand	100	Lieferbereitsch.(%)	96,0
min Sicherheitsbest	4	Reichweitenprofil	
BedarfsvorlaufKennz	1	Bedvorlzeit/ Ist-RW	4 Tage
BedVorl-PeriodProfil			

Abbildung 10.10 Sicherheitsbestand manuell eintragen

Bei den Dispositionsverfahren, bei denen eine Nettobedarfsrechnung durchgeführt wird, z. B. bei der plangesteuerten und der stochastischen Disposition, wird der Sicherheitsbestand vom verfügbaren Bestand abgezogen. Diese Bestandsmenge steht somit planerisch nicht zur Verfügung. Die Bedarfsplanung füllt den Sicherheitsbestand im Normalfall bei Unterschreiten wieder auf. Dies ist auch dann der Fall, wenn der Sicherheitsbestand nur um eine geringe Menge unterschritten wird. Dieser Sicherheitsbestand ist statisch, also unabhängig von den Bedarfsmengen. Er wird in einer eigenen Zeile (Dispositionselement **ShBest**) in der aktuellen Bedarfs- und Bestandsliste angezeigt (siehe Abbildung 10.11).

Wird die Disposition per Meldebestand getroffen, spielt der Sicherheitsbestand bei der Berechnung der Unterdeckungsmenge keine Rolle, da der Meldebestand bereits den Sicherheitsbestand beinhaltet. Der Meldebestand ist die Summe aus dem Bedarf in der Wiederbeschaffungszeit und dem Sicherheitsbestand. Bei Unterschreitung des Sicherheitsbestands erhalten die Disponenten jedoch eine Ausnahmemeldung.

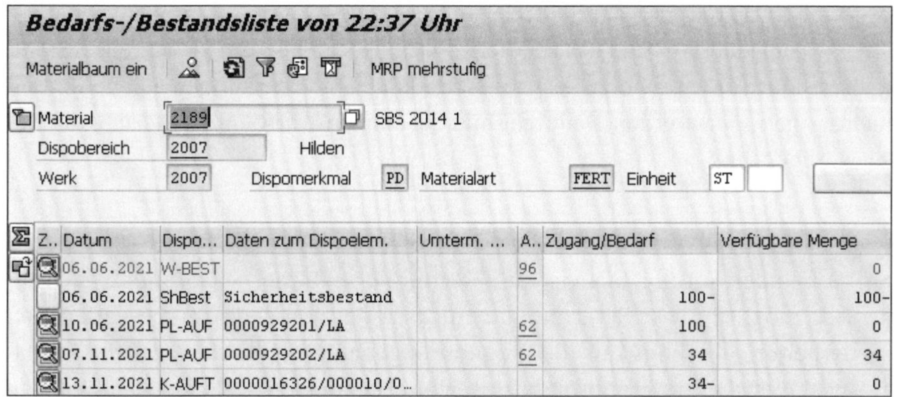

Abbildung 10.11 Statischer Sicherheitsbestand in der Transaktion MD04

Im Normalfall ist der Sicherheitsbestand nicht dispositiv verfügbar. Das bedeutet, dass bei einer Unterdeckung von 1 Stück und keinem anderen Bedarf eine Menge von 1 beschafft wird, um den Sicherheitsbestand wieder aufzufüllen (siehe Abbildung 10.12).

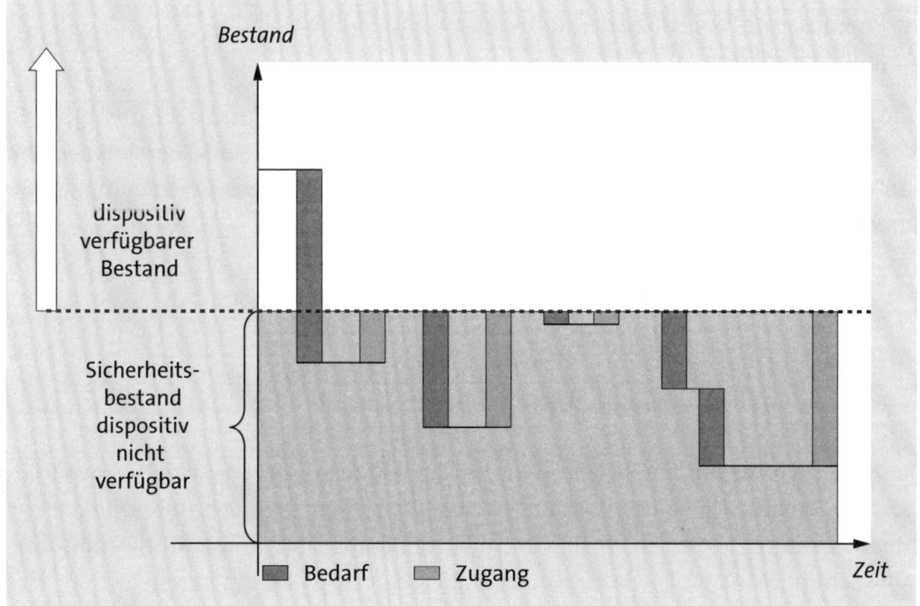

Abbildung 10.12 Nicht dispositiv verfügbarer Sicherheitsbestand

Da dieses Verhalten zu sehr kleinen Beschaffungsvorschlägen führen kann, gibt es die Möglichkeit, im Customizing der Bedarfsplanung pro Werk und Dispositionsgruppe einen prozentualen Anteil des Sicherheitsbestands dispositiv verfügbar zu machen (Customizing-Schritt **Verfügbarkeit des Sicherheitsbestands festlegen**). Erst wenn der verfügbare Anteil des Sicherheitsbestands unterschritten wird, wird ein neuer Bestellvorschlag generiert, und das Lager wird mindestens bis zum Sicherheitsbestand aufgefüllt. So wird vermieden, dass für sehr kleine Unterdeckungen eigene Bestellvorschläge generiert werden. Dadurch sinkt der administrative Aufwand, und die Planung wird beruhigt.

Automatisch berechneter Sicherheitsbestand auf Basis statistischer Methoden

In SAP ECC und in SAP S/4HANA ist die Berechnung des Sicherheitsbestands auch automatisch möglich. Diese Berechnung berücksichtigt von den oben beschriebenen Unsicherheiten allerdings nur die Prognoseungenauigkeit (in den genannten Planungssystemen als mittlere absolute Abweichung gemessen und in der Registerkarte **Prognose** im Materialstamm zu sehen). Folgende Punkte sind Voraussetzung für eine automatische Berechnung:

- Aktivierung der automatischen SB-Berechnung im Customizing des Dispositionsmerkmals
- Pflege des Lieferbereitschaftsgrads in der Registerkarte **Disposition 2**
- Pflege der Wiederbeschaffungszeit im Materialstamm
- Prognose zur Ermittlung der mittleren absoluten Abweichung (z. B. Transaktion MPBT)

Die automatische Berechnung des Sicherheitsbestands erfolgt mit der Durchführung der Prognose. Der ermittelte Wert wird automatisch in das Feld **Sicherheitsbestand** auf der Registerkarte **Disposition 2** eingetragen. Die Formel zur Berechnung des Sicherheitsbestands lautet wie folgt:

$$Sicherheitsbestand = Sicherheitsfaktor\ (LBG) \times \sqrt{\frac{WBZ\ in\ Tagen}{Prognoseperiode\ in\ Tagen}} \times MAD$$

Bei der Durchführung der Prognose wird zusätzlich zu den prognostizierten Bedarfen auch die Prognosegenauigkeit mit der Kennzahl *mittlere absolute Abweichung* (engl. Mean Absolute Deviation, MAD) berechnet (siehe Abschnitt 7.3.2, »Mittlere absolute Abweichung (MAD)«). Die MAD wird mithilfe einer Ex-post-Prognose berechnet. Das bedeutet, dass während der Materialprognose für einen Vergangenheitszeitraum nochmals eine Prognose durchgeführt wird. Anschließend können Sie für diesen Zeitraum anhand der Prognosewerte und der wahren Verbrauchswerte die MAD berechnen. Das Ergebnis können Sie einsehen, wenn Sie auf der Registerkarte **Prognose** die Schaltfläche **Prognosewerte** auswählen (siehe Abbildung 10.13).

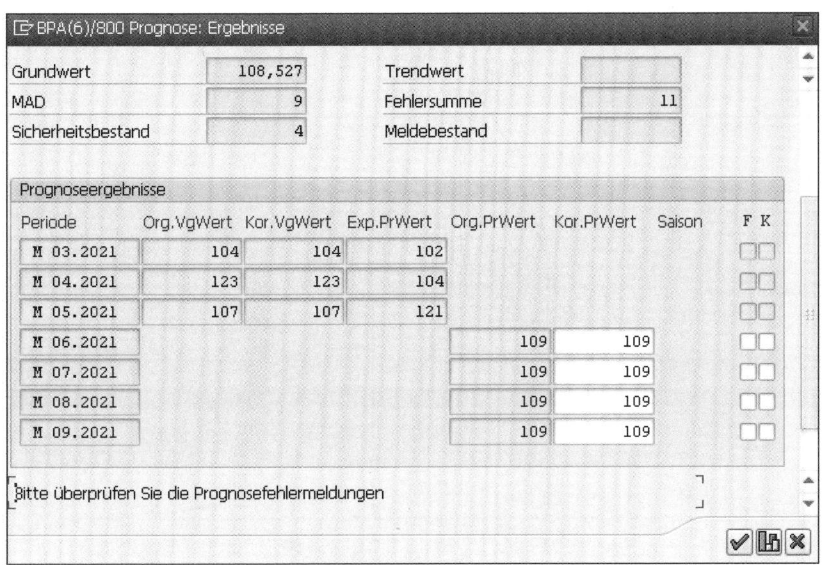

Abbildung 10.13 Prognoseergebnis mit der Kennzahl MAD

Der *Lieferbereitschaftsgrad* (LBG), der im SAP-ECC- bzw. SAP-S/4HANA-System zum Einsatz kommt, basiert auf der oben beschriebenen Definition des α_{Zyk}-Servicegrads. Der Lieferbereitschaftsgrad gibt die Wahrscheinlichkeit an, mit der innerhalb der Wiederbeschaffungszeit (= Lieferzyklus) keine Fehlmenge auftritt. Beachten Sie, dass dieser Lieferbereitschaftsgrad keine mengenorientierte Größe ist (so können 98 % der Bedarfsmenge ohne Fehlmengen bedient werden), sondern immer auf die Periode der Wiederbeschaffungszeit bezogen ist. Wird z. B. ein Produkt in sehr kleinen Losen und damit täglich bestellt, ergeben sich statistisch pro Jahr öfter Fehlmengen als bei einem Produkt, das in sehr großen Losen und somit halbjährlich bestellt wird.

Mithilfe der Annahme, dass der Prognosefehler normalverteilt ist, ist es nun möglich, den Sicherheitsbestand als Vielfaches der Standardabweichung (oder der MAD) anzugeben. Dieser Bestand bietet dann eine Absicherung gegen den Mehrverbrauch in der Wiederbeschaffungszeit mit der gewünschten Wahrscheinlichkeit. Abbildung 10.14 zeigt, dass ohne jeglichen Sicherheitsbestand die Kundenbedarfe zu 50 % gedeckt werden können. Ferner ist ersichtlich, dass es nahezu unmöglich ist, den Kundenbedarf 100 % der Zeit zu decken. Soll der Lieferbereitschaftsgrad 97,72 % betragen, muss der Sicherheitsbestand das Zweifache der Standardabweichung der Prognose betragen.

Das Vielfache der Standardabweichung wird oftmals als Sicherheitsfaktor bezeichnet. Tabelle 10.1 gibt einen Überblick über die Sicherheitsfaktoren (SF), abhängig vom gewünschten Lieferbereitschaftsgrad (LBG).

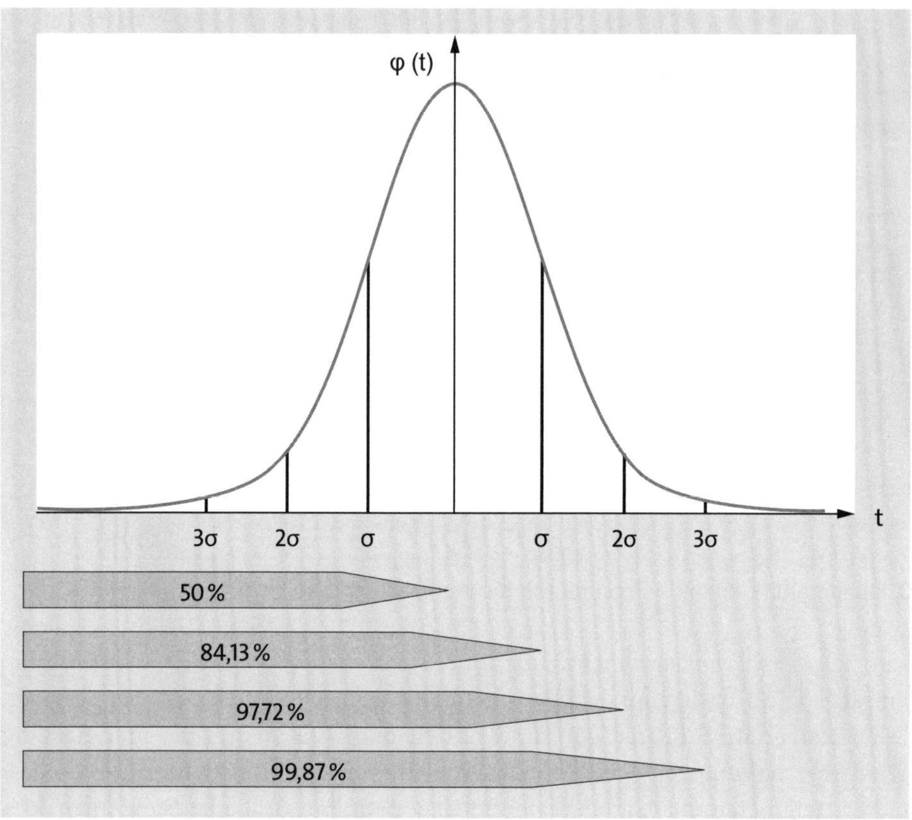

Abbildung 10.14 Normalverteilung

LBG	70 %	80 %	85 %	90 %	93 %	95 %	97 %	98 %	99 %	99,5 %
SF	0,52	0,84	1,04	1,28	1,44	1,64	1,88	2,05	2,33	2,58

Tabelle 10.1 Sicherheitsfaktoren bei verschiedenen Lieferbereitschaftsgraden

Die Wiederbeschaffungszeit (WBZ) ist ebenfalls Teil der Sicherheitsbestandsformel, da der α_{Zyk}-Servicegrad die Wahrscheinlichkeit von Fehlmengen in der Wiederbeschaffungszeit angibt. Daher muss die MAD, die sich auf eine Prognoseperiode bezieht (also je nach Periodenkennzeichen im Materialstamm auf eine Woche oder einen Monat), auf die Länge der Wiederbeschaffungszeit umgerechnet werden:

$$MAD_{WBZ} = \sqrt{\frac{Anzahl\ der\ Arbeitstage\ der\ Wiederbeschaffungszeit}{Anzahl\ der\ Arbeitstage\ der\ Prognoseperiode}} \times MAD$$

Die Lieferzeit berechnet das System bei Eigenfertigung aus Eigenfertigungszeit (in Arbeitstagen) und Wareneingangsbearbeitungszeit. Bei Fremdbeschaffung ist die Lieferzeit die Summe aus Wareneingangsbearbeitungszeit, Planlieferzeit (in Kalendertagen) und Bearbeitungszeit des Einkaufs.

Zusätzlich können Sie in der Registerkarte **Disposition 2** mit dem minimalen Sicherheitsbestand eine Untergrenze angeben, die der automatisch berechnete Sicherheitsbestand nicht unterschreiten darf.

Automatisch berechneter Sicherheitsbestand auf Basis der Demand-Driven-MRP-Methode

Im Rahmen der Demand-Driven-MRP-Methode werden die Sicherheitspuffer auf einer grundlegend anderen Basis ermittelt, als dies bei der oben beschriebenen automatischen Sicherheitsbestandsplanung der Fall ist. Die automatische Planung wird durch die Vorgabe eines Ziellieferbereitschaftsgrads geprägt, von dem unter Hinzuziehung statistisch begründeter Muster ein Sicherheitsbestand abgeleitet wird.

In der bedarfsorientierten Materialbedarfsplanung basieren die Sicherheitspuffer hingegen auf den folgenden Inputwerten:

- durchschnittlicher Tagesverbrauch (engl. Average Daily Usage, ADU)
- bedeutsame Charakteristik bzgl. der Entkopplungspunkte

Der durchschnittliche Tagesverbrauch ist dabei eine wichtige Inputgröße. Sie können ihn mit dem Dispositionsmonitor, der Sicherheitsbestandssimulation oder den Demand-Driven-Apps des SAP-S/4HANA-Systems ermitteln. Bei allen drei Methoden besteht die Möglichkeit, den Zeitraum zur Ermittlung des durchschnittlichen Tagesverbrauchs individuell festzulegen. Da es hier auch möglich ist, zukünftige Zeiträume zu nutzen oder einen überlappenden, teilweise in der Vergangenheit und teilweise in der Zukunft liegenden Horizont zu verwenden (den sogenannten *Blended Horizon*), können Sie im Falle von ausreichend guten Prognosezahlen diese auch in den Prozess einfließen lassen. Dies bedeutet, Sie können eine vorhandene Prognose auch in den Demand-Driven-Ansatz einbinden, benötigen diese jedoch nicht zwingend.

Der zweite wesentliche Inputwert ergibt sich durch die Eigenschaften der Materialien, die als Entkopplungspunkte definiert wurden. Die Eigenschaften werden genutzt, um dem Material Steuerungsparameter in sogenannten *Pufferprofilen* (engl. Buffer Profiles) für die Bestandsdimensionierung zuzuordnen. Dabei werden die Charakteristika aus der Klassifizierung abgeleitet. Die zuvor erläuterten XYZ-, EFG- und PQR-Klassifizierungen werden also herangezogen, um diese Steuerungsparameter zuzuordnen.

Wenn Sie die SCM-Beratungslösung Dispositionsmonitor zusammen mit der Sicherheitsbestandssimulation nutzen, können Sie noch weitere Kriterien einfließen und diese genauer aussteuern lassen.

Sie können die App **Puffervorschlagsberechnung einplanen** (engl. **Schedule Buffer Proposal Calculation**) nutzen, um entsprechende Vorschläge zur Bestandsdimensionierung gemäß der Demand-Driven-MRP-Methode zu erhalten. Dafür müssen Sie zunächst in der App **Pufferprofile pflegen** (engl. **Buffer Profile Maintenance**) entsprechende Steuerungsparameter pro Klassifizierungskombination anlegen und die im Abschnitt 10.5.1 genannten Demand-Driven-MRP-bezogenen Bestandspositionierungs-Apps durchführen.

Verwendung des Farbschemas im Demand-Driven-MRP-Ansatz

Der Demand-Driven-MRP-Ansatz verwendet eine simple Farblogik (gelb, rot und grün). Diese wird nicht nur für die Bezeichnung der Puffer (Yellow, Red und Green) während der Pufferberechnung verwendet, sondern auch in den Schritten der Nachbearbeitung der Dispositionsergebnisse (siehe hierzu Kapitel 14, »Bearbeitung der Dispositionsergebnisse«).

Die Berechnung des Puffervorschlags basiert dabei auf der folgenden Vorgehensweise:

1. **Berechnung der Pufferzone Yellow**

   Die gelbe Pufferzone (engl. Buffer Zone) bildet die erwartete Nachfrage während der entkoppelten Wiederbeschaffungszeit ab und wird zuerst berechnet. Hierfür wird die folgende Berechnung durchgeführt:

   Pufferzone Yellow = entkoppelte Wiederbeschaffungszeit × durchschnittlicher Tagesverbrauch

2. **Berechnung der Pufferzone Red (Red Base + Red Safety)**

   Die rote Pufferzone ist als Sicherheitspuffer konzipiert, um Unsicherheiten abzufedern, und wird in zwei Zone unterteilt: die rote Basiszone (Red Base Zone) und die rote Sicherheitszone (Red Safety Zone). Zur Berechnung der Zone benötigen Sie die beiden Faktoren:

   - Wiederbeschaffungszeitfaktor (WBZ-Faktor, engl. Lead Time Factor)
   - Variabilitätsfaktor (engl. Variability Factor)

   Sie können innerhalb der bereits erläuterten Pufferprofile hinterlegen, wie hoch der mit der roten Pufferzone hinterlegte Sicherheitspuffer für Materialien mit stärker schwankenden Nachfragewerten oder kürzeren oder längeren Wiederbeschaffungszeiten sein soll. Sie können die beiden Faktoren in den Pufferprofilen so einsetzen, dass Sie über diese Berechnung die unterschiedlichen Unsicherheiten (Nachfrage, Wiederbeschaffungszeit) entsprechend je nach ihrem Ausmaß in die Pufferberechnung einbeziehen können.

Zuerst wird die rote Basiszone, die den Basis-Puffer darstellt, nach folgender Formel berechnet:

Red Base = Yellow Zone × WBZ Faktor

Nach der roten Basiszone wird die rote Sicherheitszone berechnet, die den minimalen Sicherheitsbestand darstellt, ermittelt. Dazu wird folgende Formel genutzt:

Red Safety = Red Base × Variabilitätsfaktor

3. **Berechnung der Pufferzone Green**

   Als letzte Pufferzone wird die grüne berechnet. Diese spiegelt den Losgrößenaspekt wider, d. h., neben den bereits ermittelten Bestandskomponenten Zyklusbestand (Gelb) und Sicherheitspuffer (*rote Basiszone + rote Sicherheitszone = rote Pufferzone*) legen Sie hier fest, wieviel Sie bestellen wollen, um z. B. Bedarfe über einen längeren Zeitraum zusammenzufassen.

   Für die Berechnung der grünen Zone gibt es drei Möglichkeiten:

   Maximum aus

   - Pufferzone Yellow × WBZ Faktor
   - Mindestlosgröße
   - durchschnittlicher Tagesverbrauch × Bestellzyklus

4. **Berechnung der Pufferebenen auf Basis der Pufferzonen**

   In einem abschließenden Schritt werden die Pufferzonen genutzt, um die für die Planung benötigten Pufferebenen zu berechnen. Diese stellen die pufferbezogenen Inputs dar, die in der Disposition zum Einsatz kommen. Diese ergeben sich wie folgt:

   - Sicherheitsbestand: *Top of Red (ToR) = Red Safety + Red Base = Red*
   - Meldebestand: *Top of Yellow (ToY) = ToR + Yellow*
   - Höchstbestand: *Top of Green (ToG) = ToY + Green*
   - Der Bereich über Top of Green wird als Over the Top of Green (OTOG) bezeichnet, er zeigt Überbestand im Puffer an.

Abbildung 10.15 zeigt überblicksartig die Bestandsdimensionierung gemäß dem Demand-Driven-MRP-Ansatz.

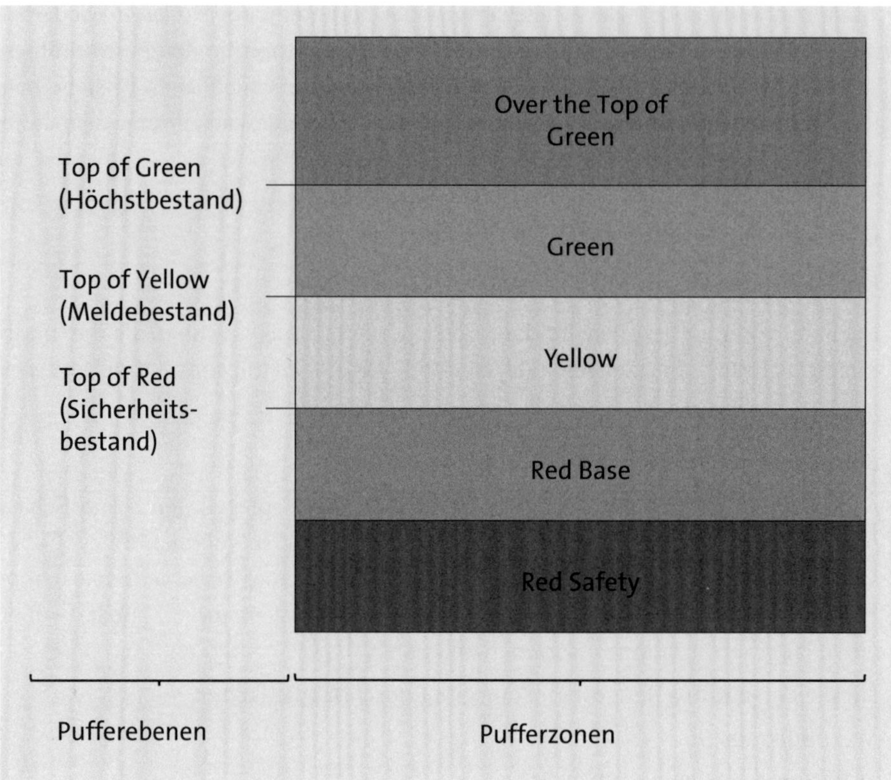

Abbildung 10.15 Bestandsdimensionierung auf Basis des Demand-Driven-MRP-Ansatzes

Die derart berechneten Puffervorschläge werden in der App **Puffer verwalten** (engl. **Manage Buffer Levels**) angezeigt und können durch den Planer dort angenommen, überarbeitet oder verworfen werden. Sie können auch die App **Übersicht für den Planer** (engl. **Planner Overview**) einen Überblick über die Vorschläge erhalten und von dort in die Details der App **Puffer verwalten** abspringen.

Dynamischer Sicherheitsbestand

Die Reichweitenrechnung bietet die Möglichkeit, einen dynamischen, also einen auf dem durchschnittlichen Tagesbedarf basierenden Sicherheitsbestand zu verwenden. Beim Planungslauf wird pro Dispositionselement überprüft, ob die verfügbare Menge unter dem Mindestbestand liegt. Ist dies der Fall, erzeugt das System einen Bestellvorschlag, um die verfügbare Menge mindestens bis zum Soll-Bestand aufzufüllen. Der Soll-Bestand stellt somit den dynamischen Sicherheitsbestand dar. Bei Überschreitung des Maximalbestands wird die Menge angepasst, wenn es sich um einen nicht fixierten Bestellvorschlag handelt (siehe Abbildung 10.16). Bei fixierten Bestellvorschlägen wird eine Ausnahmemeldung ausgegeben. Ein zusätzlich hinterlegter statischer Sicherheitsbestand und der dynamische Sicherheitsbestand addieren sich.

Die Berechnung berücksichtigt nur die Bedarfe, die in der Bedarfs-/Bestandsliste im Nettoabschnitt oder im Bruttoabschnitt aufgelistet sind, jedoch nicht Bedarfe in anderen Dispositionsabschnitten, wie z. B. Vorplanung ohne Endmontage.

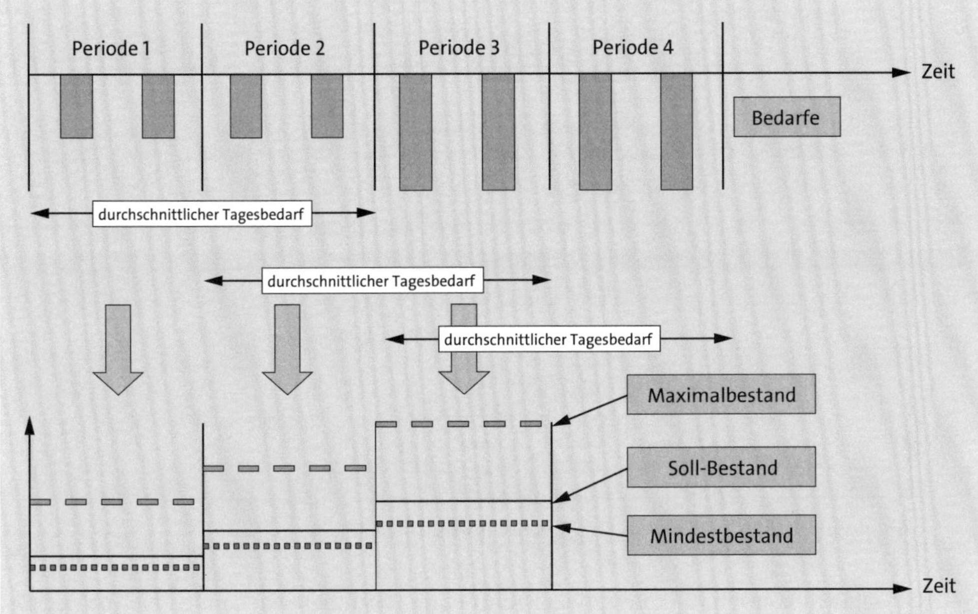

Abbildung 10.16 Dynamischer Sicherheitsbestand

Die Mindest-, Soll- und Maximalbestände werden anhand eines Reichweitenprofils berechnet, das im Customizing-Schritt **Reichweitenprofil festlegen** der Bedarfsplanung erstellt wird (siehe Abbildung 10.17). Anschließend kann dieses Profil in der Registerkarte **Disposition 2** im Feld **Reichweitenprofil** einem Material zugewiesen werden. In dem Beispielprofil in Abbildung 10.17 wird die Reichweitenrechnung pro Monat durchgeführt (»Monat« im Feld **Periodenkennzeichen**). Zur Berechnung des durchschnittlichen Tagesbedarfs werden die Bedarfe der nächsten drei Monate summiert (»3« in Feld **Anzahl Perioden**) und anschließend durch 60 Tage geteilt (»3« in Feld **Art Periodenlänge**, was für die sogenannten Normtage steht, **Anzahl** »20« in Feld **Tage pro Periode**).

In diesem Beispiel haben wir eine Mindestreichweite (Feld **Min**) von zwei Tagen, eine Soll-Reichweite (Feld **Soll**) von fünf Tagen und eine Maximalreichweite (Feld **Max**) von zehn Tagen angegeben. Zur Ermittlung der Mindest-, Soll- und Maximalbestände wird der errechnete durchschnittliche Tagesbedarf mit den Reichweiten multipliziert. Es ist zusätzlich möglich, für drei Intervalle unterschiedliche Reichweiten zu definieren. Dies ist dann sinnvoll, wenn die Unsicherheit in Perioden höher ist, die weiter in der Zukunft liegen.

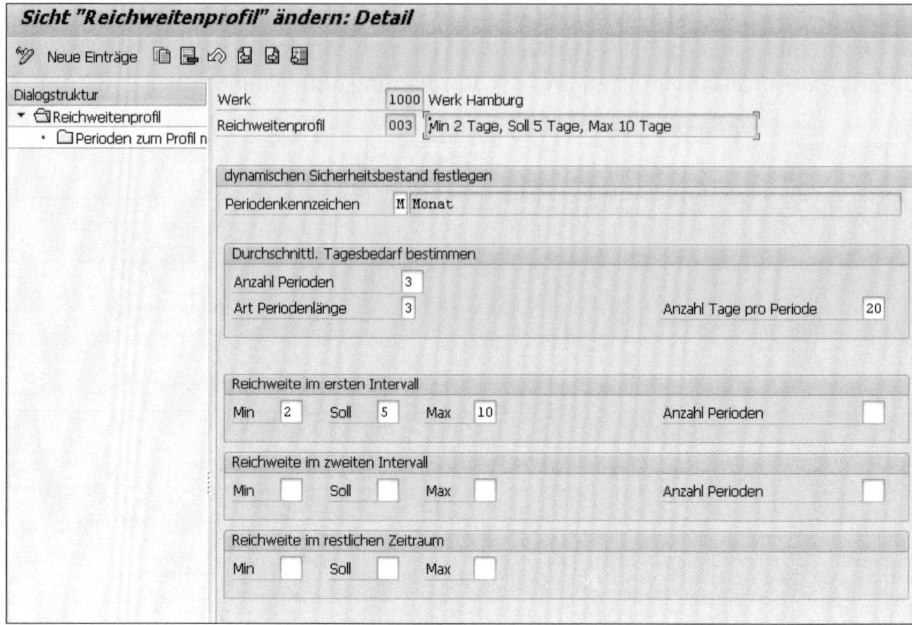

Abbildung 10.17 Customizing des Reichweitenprofils

Zusätzlich können für konkrete Zeiträume per Datum abweichende Reichweiten angegeben werden. Die Reichweitenrechnung während des Planungslaufs läuft wie folgt ab:

1. Das System berechnet den durchschnittlichen Tagesbedarf anhand der im Reichweitenprofil festgelegten Parameter.
2. Das System liest die festgelegten Reichweiten und berechnet den Mindest-, Maximal- und Soll-Bestand.
3. Das System überprüft für jedes Dispositionselement, ob die verfügbare Menge unter dem Mindestbestand liegt. Wird der Mindestbestand durch einen Bedarf unterschritten, erzeugt das System einen Beschaffungsvorschlag, sodass die verfügbare Menge wieder bis zum Soll-Bestand aufgefüllt wird.

Das Ergebnis der Reichweitenrechnung können Sie in der Periodensicht der Bedarfs-/Bestandsliste überprüfen. Hier werden der berechnete Tagesbedarf und die sich daraus ergebenden Mindest-, Soll- und Maximalbestände angezeigt. Im Beispiel in Abbildung 10.18 beträgt der durchschnittliche Tagesbedarf in den Perioden 09/21 – 02/22 5 Stück (300 Stück ÷ 60 Tage). Aufgrund einer Soll-Reichweite von fünf Tagen ergibt sich ein Soll-Bestand von 25 Stück. Der verfügbare Bestand wird also innerhalb dieser Perioden nicht unter 25 Stück sinken.

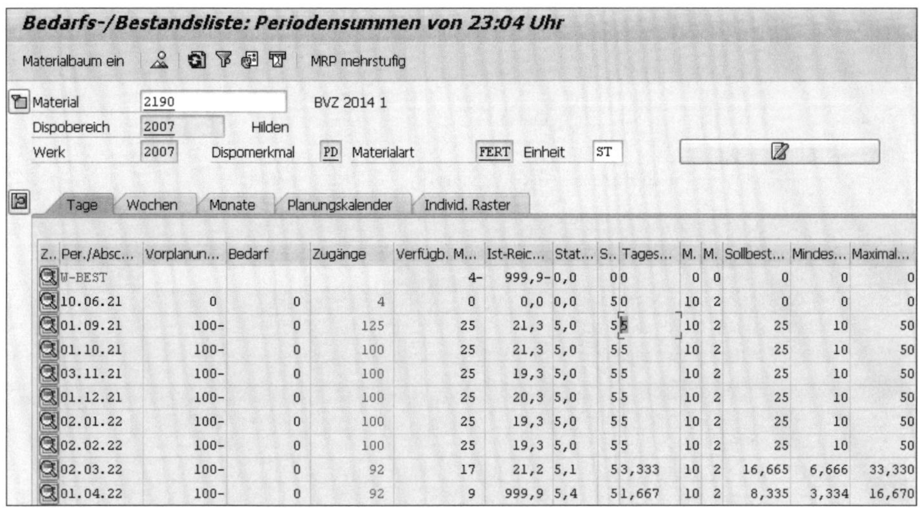

Bedarfs-/Bestandsliste: Periodensummen von 23:04 Uhr

Materialbaum ein | MRP mehrstufig

Material 2190 BVZ 2014 1
Dispobereich 2007 Hilden
Werk 2007 Dispomerkmal PD Materialart FERT Einheit ST

Tage | Wochen | Monate | Planungskalender | Individ. Raster

Z..	Per./Absc...	Vorplanun...	Bedarf	Zugänge	Verfügb. M...	Ist-Reic...	Stat...	S..	Tages...	M.	M.	Sollbest...	Mindes...	Maximal...
	W-BEST				4-	999,9-	0,0	0	0	0	0	0	0	0
	10.06.21	0	0	4	0	0,0	0,0	5	0	10	2	0	0	0
	01.09.21	100-	0	125	25	21,3	5,0	5	5	10	2	25	10	50
	01.10.21	100-	0	100	25	21,3	5,0	5	5	10	2	25	10	50
	03.11.21	100-	0	100	25	19,3	5,0	5	5	10	2	25	10	50
	01.12.21	100-	0	100	25	20,3	5,0	5	5	10	2	25	10	50
	02.01.22	100-	0	100	25	19,3	5,0	5	5	10	2	25	10	50
	02.02.22	100-	0	100	25	19,3	5,0	5	5	10	2	25	10	50
	02.03.22	100-	0	92	17	21,2	5,1	5	3,333	10	2	16,665	6,666	33,330
	01.04.22	100-	0	92	9	999,9	5,4	5	1,667	10	2	8,335	3,334	16,670

Abbildung 10.18 Periodensummen bei der Reichweitenrechnung

In den Perioden 03/22 und 04/22 nimmt der Tagesbedarf ab, da keine weiteren Bedarfe nach diesen Perioden vorliegen. Daher nimmt auch der Soll-Bestand ab.

Bedarfsvorlaufzeit

Zusätzlich zum mengenmäßigen Sicherheitsbestand bieten SAP ECC und SAP S/4HANA die Möglichkeit, zeitliche Unsicherheiten mit Puffern abzusichern. Hierfür steht Ihnen zum einen die *Sicherheitszeit* zur Verfügung, die im Horizontschlüssel zu pflegen und dem Materialstamm zuzuordnen ist. Mit der Sicherheitszeit können Verspätungen unzuverlässiger Lieferanten oder in der eigenen Fertigung ausgeglichen werden (siehe hierzu Kapitel 12, »Terminierungsparameter«). Zum anderen besteht die Möglichkeit, mit der *Bedarfsvorlaufzeit* einen weiteren zeitlichen Puffer einzusetzen. Die Bedarfsvorlaufzeit bewirkt, dass die Bestellanforderungen oder Planaufträge so terminiert werden, dass deren Verfügbarkeitstermine um die angegebene Anzahl an Arbeitstagen vor den Bedarfsterminen liegen. Die tatsächlichen Bedarfstermine werden nicht geändert. Wie Sie in Abbildung 10.19 sehen können, liegen die Verfügbarkeitstermine der Planaufträge immer fünf Arbeitstage vor den Bedarfsterminen der Sekundärbedarfe.

Die Bedarfsvorlaufzeit wird in der Registerkarte **Disposition 2** des Materialstamms je Werk in Arbeitstagen gepflegt (siehe Abbildung 10.20). Mit dem Bedarfsvorlaufkennzeichen (Feld **BedarfsvorlaufKennz**) wird festgelegt, ob die Bedarfsvorlaufzeit nicht berücksichtigt (»blank«), nur im Falle von Primärbedarfen (»1«) oder bei allen Bedarfen berücksichtigt werden soll (»2«).

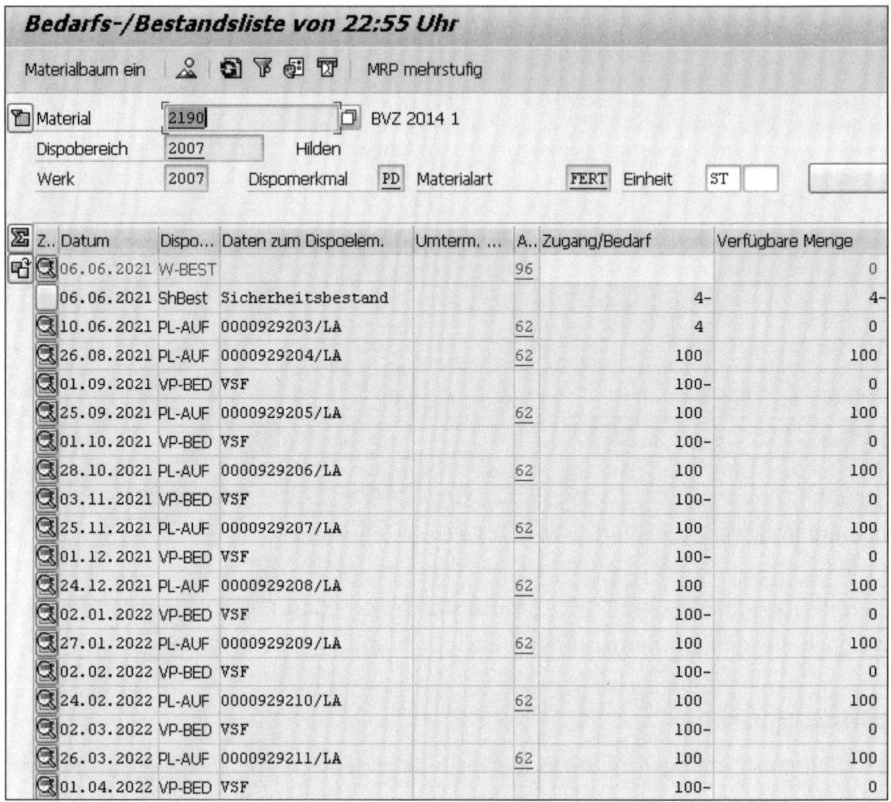

Bedarfs-/Bestandsliste von 22:55 Uhr

Materialbaum ein | MRP mehrstufig

Material 2190 BVZ 2014 1
Dispobereich 2007 Hilden
Werk 2007 Dispomerkmal PD Materialart FERT Einheit ST

Z..	Datum	Dispo...	Daten zum Dispoelem.	Umterm. ...	A..	Zugang/Bedarf	Verfügbare Menge
	06.06.2021	W-BEST			96		0
	06.06.2021	ShBest	Sicherheitsbestand			4-	4-
	10.06.2021	PL-AUF	0000929203/LA		62	4	0
	26.08.2021	PL-AUF	0000929204/LA		62	100	100
	01.09.2021	VP-BED	VSF			100-	0
	25.09.2021	PL-AUF	0000929205/LA		62	100	100
	01.10.2021	VP-BED	VSF			100-	0
	28.10.2021	PL-AUF	0000929206/LA		62	100	100
	03.11.2021	VP-BED	VSF			100-	0
	25.11.2021	PL-AUF	0000929207/LA		62	100	100
	01.12.2021	VP-BED	VSF			100-	0
	24.12.2021	PL-AUF	0000929208/LA		62	100	100
	02.01.2022	VP-BED	VSF			100-	0
	27.01.2022	PL-AUF	0000929209/LA		62	100	100
	02.02.2022	VP-BED	VSF			100-	0
	24.02.2022	PL-AUF	0000929210/LA		62	100	100
	02.03.2022	VP-BED	VSF			100-	0
	26.03.2022	PL-AUF	0000929211/LA		62	100	100
	01.04.2022	VP-BED	VSF			100-	0

Abbildung 10.19 Transaktion MD04 mit Bedarfsvorlaufzeit

Nettobedarfsrechnung			
Sicherheitsbestand		Lieferbereitsch.(%)	
min Sicherheitsbest		Reichweitenprofil	
BedarfsvorlaufKennz	1	Bedvorlzeit/ Ist-RW	5 Tage
BedVorl-PeriodProfil			

Abbildung 10.20 Stammdaten der Sicherheitszeit

Zusätzlich können Sie mithilfe eines Bedarfsvorlaufperiodenprofils (Feld **BedVorl-PeriodProfil**) frei definierbare Perioden mit abweichenden Bedarfsvorlaufzeiten definieren. So können z. B. für Perioden, in denen eine spezielle Marketingkampagne durchgeführt wird oder besondere hohe Verzögerungen zu erwarten sind, längere Sicherheitszeiten definiert werden. Bedarfsvorlaufperiodenprofile können Sie ebenfalls auf der Registerkarte **Disposition 2** eines Materials eintragen. Die Profile müssen Sie jedoch vorher im Customizing definieren (siehe Abbildung 10.21). Häufig tritt in Projekten das Problem auf, dass sowohl auf Endprodukt- als auch auf Baugruppenebene eine Bedarfsvorlaufzeit definiert wird.

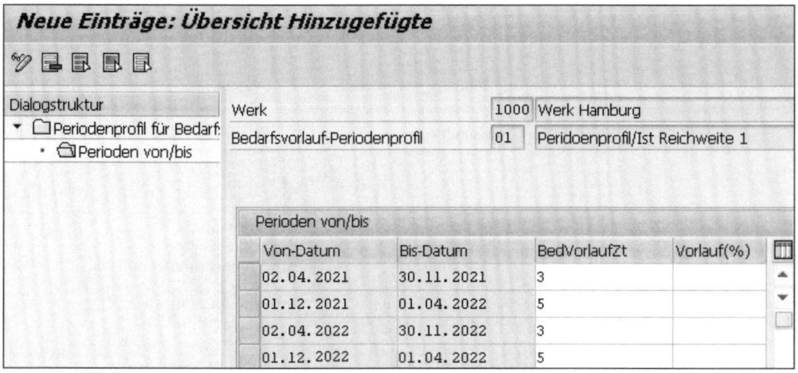

Neue Einträge: Übersicht Hinzugefügte

Dialogstruktur
- Periodenprofil für Bedarf:
  - Perioden von/bis

Werk: 1000 Werk Hamburg
Bedarfsvorlauf-Periodenprofil: 01 Peridoenprofil/Ist Reichweite 1

Perioden von/bis

Von-Datum	Bis-Datum	BedVorlaufZt	Vorlauf(%)
02.04.2021	30.11.2021	3	
01.12.2021	01.04.2022	5	
02.04.2022	30.11.2022	3	
01.12.2022	01.04.2022	5	

Abbildung 10.21 Periodenprofil der Bedarfsvorlaufzeit

Zusätzlich enthalten die Planlieferzeiten oder Eigenfertigungszeiten oftmals bereits Sicherheitspuffer. Des Weiteren gibt es noch andere Pufferzeiten im SAP-ECC- bzw. SAP-S/4HANA-System, wie z. B. Wareneingangsbearbeitungszeit, Bearbeitungszeit des Einkaufs, Horizontschlüssel und Pufferzeiten bei der Eigenfertigung. Diese Zeiten addieren sich über alle Dispositionsstufen. Dies führt dazu, dass Komponenten auf den unteren Dispositionsstufen deutlich früher beschafft werden, als sie benötigt werden. Daher sollten Sie im Rahmen einer Dispositionsoptimierung genau festlegen, auf welchen Dispositionsstufen (z. B. nur auf Kaufteilen oder nur auf Endprodukten) Sicherheitszeiten und auch Sicherheitsbestände für Ihre spezifischen Prozesse sinnvoll sind (siehe Kapitel 20, »Dispositionsoptimierung«).

10.5.3 Sicherheitsbestandssimulation

Mit der Sicherheitsbestandssimulation (engl. Safety Stock Simulation, SSS), einem Add-on für das SAP-ECC-System bzw. das SAP S/4HANA System haben Sie die Möglichkeit, einen halbautomatischen Sicherheitsbestand sowie andere Bestandsgrößen in den SAP-ERP-Systemen zu verankern. Diese Option wird als halbautomatisch charakterisiert, weil die Disponenten anders als bei der geschilderten automatischen Sicherheitsbestandsberechnung die Möglichkeit haben, das Ergebnis der Berechnung vor der Verankerung im Materialstamm zu prüfen und gegebenenfalls anzupassen.

Es sind verschiedene Optionen zur Pufferoptimierung denkbar, einen Überblick finden Sie in Abbildung 10.22.

Im Folgenden gehen wir näher auf die in der Abbildung dargestellten Funktionen ein. Hierzu erläutern wir zunächst die Optionen zur statischen Puffermengensimulation sowie zur statischen Pufferzeitensimulation, bevor wir Ihnen die Funktionen der dynamischen Puffermengenberechnung vorstellen. An dieser Stelle möchten wir jedoch einleitend auf den Unterschied zwischen statischen und dynamischen Methoden eingehen.

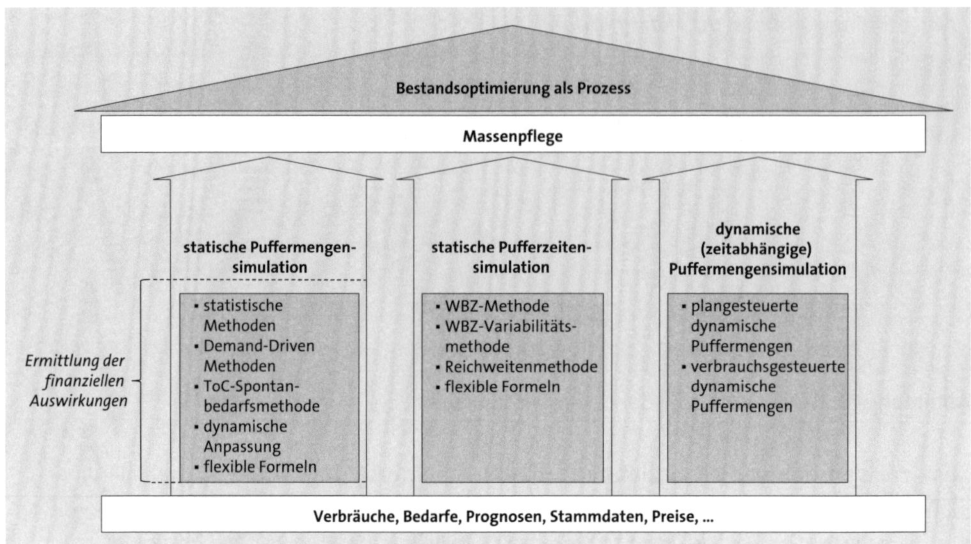

Abbildung 10.22 Überblick Sicherheitsbestandssimulation

Statische Vorgehensweisen ermitteln Puffergrößen wie z. B. Sicherheitsbestände, die nicht zeitabhängig sind. Das heißt, dass für einen Planungslauf eine sich nicht ändernde Pufferkonstellation unterstellt wird. Ein Sicherheitsbestand wird also für alle Planungsläufe in einer Periode (z. B. bei monatlicher Neuberechnung des Sicherheitsbestands für jeweils einen Monat, siehe Abbildung 10.23) als konstant über den kompletten Planungshorizont unterstellt.

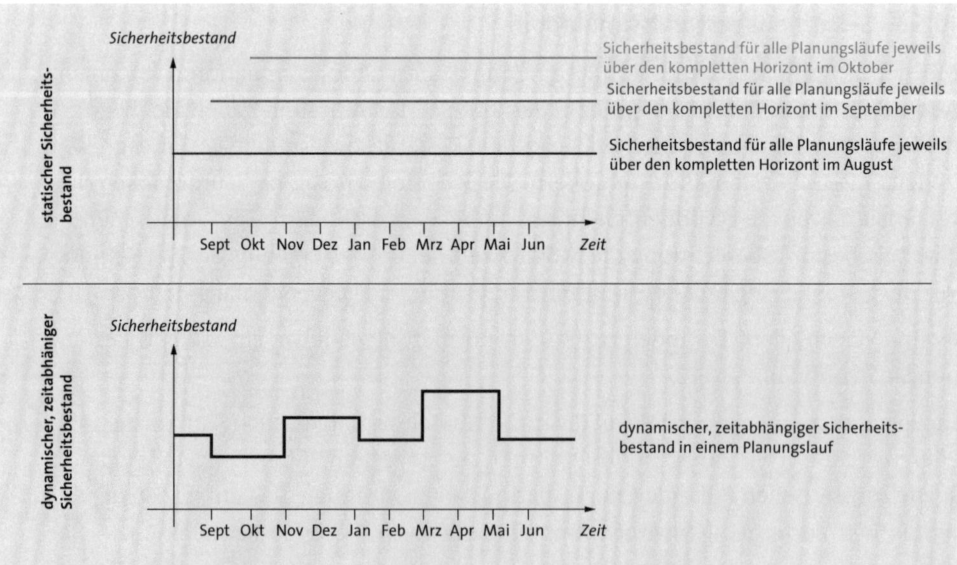

Abbildung 10.23 Statischer vs. zeitabhängiger Sicherheitsbestand

Nach einem nächsten Sicherheitsbestandsberechnungslauf kann sich der Sicherheitsbestand zwar ändern, er wird dann jedoch entsprechend in der kompletten Periode als zeitunabhängig über den kompletten Planungshorizont als gültig angesehen.

Statische Puffermengensimulation

Bei der statischen Puffermengensimulation werden die folgenden Pufferfelder durch die Anwendung verschiedener Methoden optimiert:

- minimaler Sicherheitsbestand
- Sicherheitsbestand
- maximaler Sicherheitsbestand
- Meldebestand
- Höchstbestand

Es stehen hierzu verschiedene Methoden zur Verfügung. Die statischen Methoden basieren analog zur oben geschilderten Vorgehensweise ebenfalls auf einer einstufigen Methodik unter Berücksichtigung der Bereiche Prognosegenauigkeit, Wiederbeschaffungszeit und Sicherheitsfaktor. Jedoch sind hier drei Variationen möglich:

- SAP-ERP-Methode
- optimierte SAP-ERP-Methode
- erweiterte Methode

Die Sicherheitsbestandsberechnung auf Basis der SAP-ERP-Methode gleicht der oben beschriebenen automatischen Sicherheitsbestandsberechnung, sie liefert analoge Ergebnisse.

Bei der optimierten SAP-ERP-Methode hingegen sind auf Basis der gleichen Formel Änderungen vorgenommen worden, die in vielen Fällen zu einer besseren Sicherheitsbestandsberechnung führen. So wird die aus dem System stammende Planlieferzeit nicht wie bei der Standardformel der automatischen Sicherheitsbestandsberechnung und der SAP-ERP-Methode in Arbeitstage umgerechnet, sondern es erfolgt eine Umrechnung aller Zeitkomponenten in Kalendertage. Dieses Vorgehen führt zu geringeren Rundungsdifferenzen und ist zusätzlich näher an der Realität, da an allen Kalendertagen Nachfrage an ein Unternehmen gerichtet werden kann. Zusätzlich wurden mit dieser Formel Verbesserungen bezüglich des verwendeten Sicherheitsfaktors umgesetzt. Auch lassen sich mit dieser Vorgehensweise verlängerte Unsicherheitszeiträume aufgrund von periodischer Beschaffung realisieren.

Die erweiterte SAP-ERP-Methode basiert auf der optimierten Vorgehensweise und berücksichtigt zusätzlich den aus der Praxis resultierenden Umstand, dass auch die Wiederbeschaffungszeit unsicher ist. Somit besteht hier die Möglichkeit, neben der Unsicherheit bezüglich der Nachfrage eine weitere Unsicherheitsdimension einzubeziehen, die des Nachschubs. Zusätzlich verwendet die erweiterte Methode keinen absoluten Prognosefehler, sondern mit dem Prognosefehler mittlerer absoluter prozentualer Fehler ein relatives Fehlermaß. Abbildung 10.24 verdeutlicht die unterschiedlichen Sicherheitsbestandsoptionen, die in der Sicherheitsbestandssimulation ausgewählt werden können.

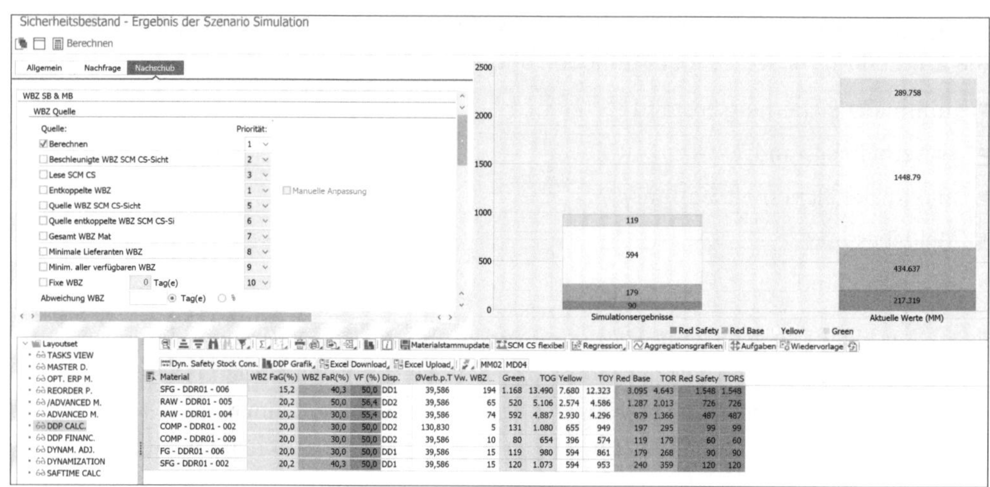

Abbildung 10.24 Ergebnisse der Szenariosimulationsfunktion in der Sicherheitsbestandssimulation

Neben den statistischen Methoden stehen Ihnen auch bedarfsorientierte Methoden zur Verfügung. Hier verwenden wir bewusst den Begriff Methoden im Plural, da Ihnen über die in Abschnitt 10.5.2 beschriebene Demand-Driven-Methode hinaus fortgeschrittene Methoden zur Verfügung stehen, die anstelle der einfachen Durchschnittsbildung zur Berechnung der Average Daily Usage (ADU) genutzt werden können. Hierzu zählt bspw. eine über den vorgegebenen Analysezeitraum rollierend ermittelte Bedarfshöhe innerhalb der Wiederbeschaffungszeit (siehe Abbildung 10.25).

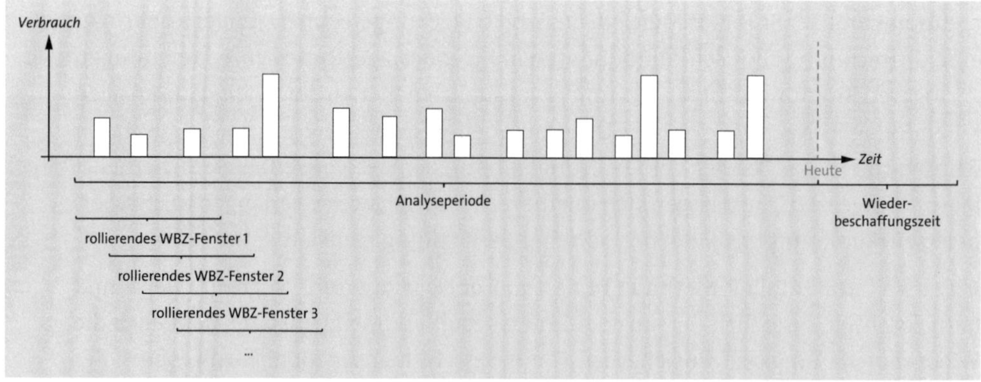

Abbildung 10.25 Rollierend ermittelte Bedarfshöhe in der Wiederbeschaffungszeit

Ähnlich geht auch die aus der engpassorientierten Planung (engl. Theorie of Constraints, ToC) stammende Spontanbedarfsmethode vor. Bei dieser Methode wird die Bedarfshöhe jedoch nicht rollierend ermittelt. Stattdessen wird die jeweilige Höhe des spontan entstandenen Bedarfs berechnet. Ein *Spontanbedarf* ist eine Bedarfsmenge, die innerhalb der Wiederbeschaffungszeit entstanden ist, d. h. für deren Befriedigung auf den Bestandspuffer zurückgegriffen werden muss.

Die Methode der dynamischen Anpassung hingegen basiert auf einer Überwachung einer Zielkennzahl wie z. B. dem Servicegrad. Wobei hier eine Vielzahl von alternativen oder auch additiv eingesetzten Kriterien möglich ist. Wird bei Auswertung der Ist-Zahlen eine Abweichung von einem vorab zu definierenden Zielkorridor identifiziert, kann die Sicherheitsbestandssimulation über zugeordnete Anpassungsfaktoren eine entsprechende Änderung vornehmen. Bei diesem selbstlernenden Vorgehen wird automatisch im Zeitablauf das anvisierte Zielkriterium erreicht.

Neben diesen mitausgelieferten Methoden ist es möglich, über eine eingebettete Formelfunktion auch individuelle Berechnungsmethoden zu verankern.

Abgesehen von der Tatsache, dass Sie in der Sicherheitsbestandssimulation auch Methoden berücksichtigen können, die über den Standard hinausgehen, stehen für die oben genannten statischen Puffermengenberechnungen zusätzliche Simulationsmöglichkeiten zur Verfügung.

So ist es mit der sogenannten *Szenariosimulation* bspw. möglich, unterschiedliche Lieferbereitschaftsgrade oder aber auch Schwankungen der Nachfrage bzw. der Wiederbeschaffungszeit (bei der erweiterten Methode) zu simulieren. Zusätzlich kann durch eine *Regression* ermittelt werden, welcher implizite Lieferbereitschaftsgrad z. B. bei einer manuellen Sicherheitsbestandsfestlegung verwendet worden ist. Hierfür visualisiert die Sicherheitsbestandssimulation eine Kurve mit optimierten Sicherheitsbeständen. Der Schnittpunkt mit der Geraden des aktuellen Sicherheitsbestands bietet die Möglichkeit, auf der X-Achse den implizit zugrunde gelegten Lieferbereitschaftsgrad zu ermitteln. Abbildung 10.26 verdeutlicht die Ermittlung des impliziten Lieferbereitschaftsgrads beispielhaft.

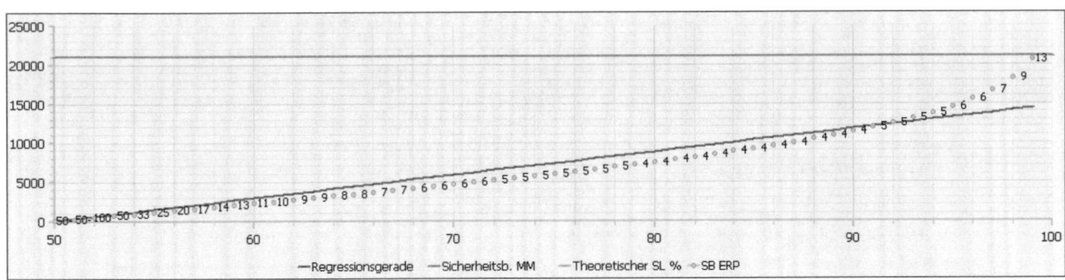

Abbildung 10.26 Ermittlung des impliziten Lieferbereitschaftsgrads

Neben dieser Szenariosimulation steht Ihnen in der Sicherheitsbestandssimulation mit der *Lieferbereitschaftsgradoptimierung* (LBG-Optimierung) eine weitere Funktionalität zur Verfügung, um Ihre Sicherheitsbestandsplanung zu optimieren. Mit der LBG-Optimierung können Sie den Lieferbereitschaftsgrad, der ja eigentlich ein Planungsinput ist, im Rahmen vorzugebender Grenzen so variieren, dass ein möglichst kostengünstiges Ergebnis erzielt werden kann. Somit wird der ansonsten durch die Disponenten vorgegebene Lieferbereitschaftsgrad zu einem Planungsergebnis (Output), die Disponenten müssen dabei lediglich Zielservicegrade sowie Unter- und Obergrenzen für Gruppen von Materialien vorgeben, und der Algorithmus der LBG-Optimierung ermittelt im Anschluss die kostenoptimierten Lieferbereitschaftsgrade und resultierende Sicherheitsbestände. Sonderfälle können dabei gezielt aus der Berechnung ausgeschlossen werden. Abbildung 10.27 verdeutlicht beispielhaft die möglichen Optionen zur Festlegung der Berechnungslogik der LBG-Optimierung.

Sicherheitsbestandssimulation mit Lieferbereitschaftsgradoptimierung

Allgemeines | LBG-Optimierung

Sicherheitsbestandssimulation

- (•) Im Hintergrund ausführen — Speichern unter: STANDARD
- ( ) Online ausführen
- ( ) Ergebnis einer Sim. anzeigen
- ( ) Eine Simulation aus DB löschen

LBG-Optimierung

(•) LBG Optimierung	( ) Szenariosimulation	( ) LBG-Opt. von Ausnahmegruppen
(•) Obergruppen	( ) Untergruppen	
(•) Nach ABCD-Obergruppe	( ) Nach XYZN-Obergruppe	
(•) Einfache Variation	( ) Komplexe Variation	
(•) Einfache Durchschnittsbildung	( ) Aggr. über Verbrauchsmengen	
(•) Nach Preis sortieren	( ) Nach Preis * MAD sortieren	

Alle Werte in Prozent

	A	B	C	D
Max.-SG	99,9	99,9	99,9	99,9
Ziel-SG	95,0	93,0	91,0	89,0
Mind.-SG	93,0	89,0	87,0	95,0

	X	AX	BX	CX	DX
Max.-SG	99,9	99,9	99,9	99,9	99,9
Ziel-SG	0,0	0,0	0,0	0,0	0,0
Mind.-SG	0,0	0,0	0,0	0,0	0,0

	Y	AY	BY	CY	DY
Max.-SG	99,9	99,9	99,9	99,9	99,9
Ziel-SG	0,0	0,0	0,0	0,0	0,0
Mind.-SG	0,0	0,0	0,0	0,0	0,0

	Z	AZ	BZ	CZ	DZ
Max.-SG	99,9	99,9	99,9	99,9	99,9
Ziel-SG	0,0	0,0	0,0	0,0	0,0
Mind.-SG	0,0	0,0	0,0	0,0	0,0

Abbildung 10.27 Sicherheitsbestandssimulation mit LBG-Optimierung

Sowohl die Ergebnisse der Szenariosimulation als auch die der LBG-Optimierung können auch für eine große Zahl von Materialien zur Stammsatzpflege der Standardfelder genutzt werden.

Statische Pufferzeitensimulation

Auch die Bedarfsvorlaufzeiten (siehe Kapitel 12, »Terminierungsparameter«) lassen sich mit der Sicherheitsbestandssimulation optimieren. Hierfür stehen Ihnen die folgenden vier Methoden zur Verfügung (siehe auch Abbildung 10.22):

- WBZ-Methode
- WBZ-Variabilitätsmethode
- Reichweitenmethode
- flexible Formeln

Die WBZ-Methode errechnet dabei einen Vorschlag für die Bedarfsvorlaufzeit, indem ein Faktor mit der ausgewählten Wiederbeschaffungszeit multipliziert wird. Dieser Faktor lässt sich auf der Registerkarte **SCM CS** des Materialstamms materialindividuell, per Werk oder zentral für den Sicherheitsbestandssimulationslauf festlegen.

Das gleiche gilt für den Faktor der WBZ-Variabilitätsmethode. Dieser wird bei dieser Methode jedoch nicht mit der Wiederbeschaffungszeit multipliziert, sondern mit der Schwankung der Wiederbeschaffungszeit.

Die Reichweitenmethode übernimmt die statischen Puffermengenberechnungen der statistischen Methoden oder der Basismethode des Demand-Driven-Ansatzes und rechnet diese in eine Zielreichweite um, die im Anschluss als Bedarfsvorlaufzeit vorgeschlagen wird.

Die im Rahmen der statischen Puffermengensimulation beschriebene Option der Verwendung von individuellen Formeln steht auch für Pufferzeiten zur Verfügung.

Nutzung der Pufferberechnungen der Sicherheitsbestandssimulation im SAP-APO- bzw. im SAP-IBP-System

Auch wenn es sich bei der Sicherheitsbestandssimulation um eine SAP-ECC- bzw. SAP-S/4HANA-basierte Funktion handelt, können die Ergebnisse in der SAP-APO- bzw. der SAP-IBP-Planung verwendet werden. Dies erfolgt durch die standardmäßige Übertragung des Sicherheitsbestands aus den SAP-ERP-Systemen über die Standardschnittstellen an den SAP-APO- bzw. den SAP-IBP-Produktstamm.

Dynamische Puffermengenberechnung

Zeitabhängige Puffermengen lassen sich mit der zur Sicherheitsbestandsimulation gehörenden Unterkomponente *Dynamic Safety Stock Consideration* (DSS) ermitteln und an den MRP-Lauf übergeben. Sie können – bei vorhandener Installation der Sicherheitsbestandssimulation – die DSS-Unterkomponente durch die Schaltfläche **Dynamischer Sicherheitsbestand** aus der Szenariosimulation heraus oder über die Transaktion /SAPLOM/DSS aufrufen.

Dabei können zeitabhängige Inputs wie Prognosen eingelesen werden, um mittels der Basismethode des Demand-Driven-Ansatzes zeitabhängige Pufferebenen zu ermitteln. Abbildung 10.28 zeigt beispielhaft den Ergebnisbildschirm der Unterkomponente DSS.

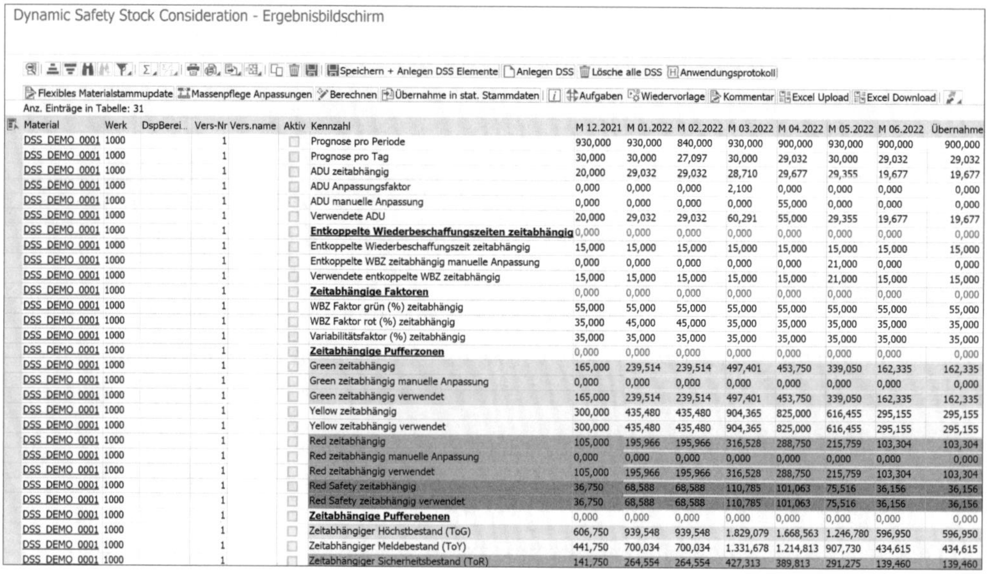

Dynamic Safety Stock Consideration - Ergebnisbildschirm

Speichern + Anlegen DSS Elemente | Anlegen DSS | Lösche alle DSS | Anwendungsprotokoll

Flexibles Materialstammupdate | Massenpflege Anpassungen | Berechnen | Übernahme in stat. Stammdaten | Aufgaben | Wiedervorlage | Kommentar | Excel Upload | Excel Download

Anz. Einträge in Tabelle: 31

Material	Werk	DspBerei...	Vers-Nr	Vers.name	Aktiv	Kennzahl	M 12.2021	M 01.2022	M 02.2022	M 03.2022	M 04.2022	M 05.2022	M 06.2022	Übernahme
DSS_DEMO_0001	1000		1			Prognose pro Periode	930,000	930,000	840,000	930,000	900,000	930,000	900,000	900,000
DSS_DEMO_0001	1000		1			Prognose pro Tag	30,000	30,000	27,097	30,000	29,032	30,000	29,032	29,032
DSS_DEMO_0001	1000		1			ADU zeitabhängig	20,000	29,032	29,032	28,710	29,677	29,355	19,677	19,677
DSS_DEMO_0001	1000		1			ADU Anpassungsfaktor	0,000	0,000	0,000	2,100	0,000	0,000	0,000	0,000
DSS_DEMO_0001	1000		1			ADU manuelle Anpassung	0,000	0,000	0,000	0,000	55,000	0,000	0,000	0,000
DSS_DEMO_0001	1000		1			Verwendete ADU	20,000	29,032	29,032	60,291	55,000	29,355	19,677	19,677
DSS_DEMO_0001	1000		1			**Entkoppelte Wiederbeschaffungszeiten zeitabhängig**	0,000	0,000	0,000	0,000	0,000	0,000	0,000	0,000
DSS_DEMO_0001	1000		1			Entkoppelte Wiederbeschaffungszeit zeitabhängig	15,000	15,000	15,000	15,000	15,000	15,000	15,000	15,000
DSS_DEMO_0001	1000		1			Entkoppelte WBZ zeitabhängig manuelle Anpassung	0,000	0,000	0,000	0,000	0,000	21,000	0,000	0,000
DSS_DEMO_0001	1000		1			Verwendete entkoppelte WBZ zeitabhängig	15,000	15,000	15,000	15,000	15,000	21,000	15,000	15,000
DSS_DEMO_0001	1000		1			**Zeitabhängige Faktoren**	0,000	0,000	0,000	0,000	0,000	0,000	0,000	0,000
DSS_DEMO_0001	1000		1			WBZ Faktor grün (%) zeitabhängig	55,000	55,000	55,000	55,000	55,000	55,000	55,000	55,000
DSS_DEMO_0001	1000		1			WBZ Faktor rot (%) zeitabhängig	35,000	45,000	45,000	35,000	35,000	35,000	35,000	35,000
DSS_DEMO_0001	1000		1			Variabilitätsfaktor (%) zeitabhängig	35,000	35,000	35,000	35,000	35,000	35,000	35,000	35,000
DSS_DEMO_0001	1000		1			**Zeitabhängige Pufferzonen**	0,000	0,000	0,000	0,000	0,000	0,000	0,000	0,000
DSS_DEMO_0001	1000		1			Green zeitabhängig	165,000	239,514	239,514	497,401	453,750	339,050	162,335	162,335
DSS_DEMO_0001	1000		1			Green zeitabhängig manuelle Anpassung	0,000	0,000	0,000	0,000	0,000	0,000	0,000	0,000
DSS_DEMO_0001	1000		1			Green zeitabhängig verwendet	165,000	239,514	239,514	497,401	453,750	339,050	162,335	162,335
DSS_DEMO_0001	1000		1			Yellow zeitabhängig	300,000	435,480	435,480	904,365	825,000	616,455	295,155	295,155
DSS_DEMO_0001	1000		1			Yellow zeitabhängig verwendet	300,000	435,480	435,480	904,365	825,000	616,455	295,155	295,155
DSS_DEMO_0001	1000		1			Red zeitabhängig	105,000	195,966	195,966	316,528	288,750	215,759	103,304	103,304
DSS_DEMO_0001	1000		1			Red zeitabhängig manuelle Anpassung	0,000	0,000	0,000	0,000	0,000	0,000	0,000	0,000
DSS_DEMO_0001	1000		1			Red zeitabhängig verwendet	105,000	195,966	195,966	316,528	288,750	215,759	103,304	103,304
DSS_DEMO_0001	1000		1			Red Safety zeitabhängig	36,750	68,588	68,588	110,785	101,063	75,516	36,156	36,156
DSS_DEMO_0001	1000		1			Red Safety zeitabhängig verwendet	36,750	68,588	68,588	110,785	101,063	75,516	36,156	36,156
DSS_DEMO_0001	1000		1			**Zeitabhängige Pufferebenen**	0,000	0,000	0,000	0,000	0,000	0,000	0,000	0,000
DSS_DEMO_0001	1000		1			Zeitabhängiger Höchstbestand (ToG)	606,750	939,548	939,548	1.829,079	1.668,563	1.246,780	596,950	596,950
DSS_DEMO_0001	1000		1			Zeitabhängiger Meldebestand (ToY)	441,750	700,034	700,034	1.331,678	1.214,813	907,730	434,615	434,615
DSS_DEMO_0001	1000		1			Zeitabhängiger Sicherheitsbestand (ToR)	141,750	264,554	264,554	427,313	389,813	291,275	139,460	139,460

Abbildung 10.28 DSS-Ergebnisbildschirm

10.6 Einstufige Sicherheitsbestandsplanung in SAP APO

Im folgenden Abschnitt erläutern wir Ihnen die Optionen zur Bestandspositionierung und -dimensionierung des SAP-APO-Systems.

10.6.1 Bestandspositionierung in SAP APO

Das SAP-APO-System hat keine eigenen Funktionen zur Entscheidungsunterstützung der Bestandspositionierung. Sie können jedoch die Funktionen des Dispositionsmonitors und der zugehörigen Unterfunktion Stock Level Monitor auch in einem SAP-APO-Kontext einsetzen, um zu entscheiden, welche Produkte mit Sicherheitspuffern versehen werden sollen.

10.6.2 Bestandsdimensionisierung in SAP APO

Die Methoden der Sicherheitsbestandsplanung in den Komponenten PP/DS (Produktions- und Feinplanung) sowie SNP (Supply Network Planning) von SAP APO werden unterschieden in Standardmethoden, bei denen die Disponenten die notwendigen Informationen zur Bestimmung des Sicherheitsbestands direkt vorgeben muss, und erweiterte Methoden, die den Sicherheitsbestand auf Basis von Lieferbereitschaftsgrad, aktueller Bedarfsprognose und historischen Daten berechnen.

Im Modell-/Planversionsverwalter in der Planversion im Feld **Berücksichtigung Sicherheitsbestand** muss eine Berücksichtigung des Sicherheitsbestands in der PP/DS-Planung festgelegt sein (siehe Abbildung 10.29). Standardmäßig können Sicherheitsbestände im LiveCache nur bei Verwendung von statischen Sicherheitsbeständen (Methode SB and SM) erzeugt werden.

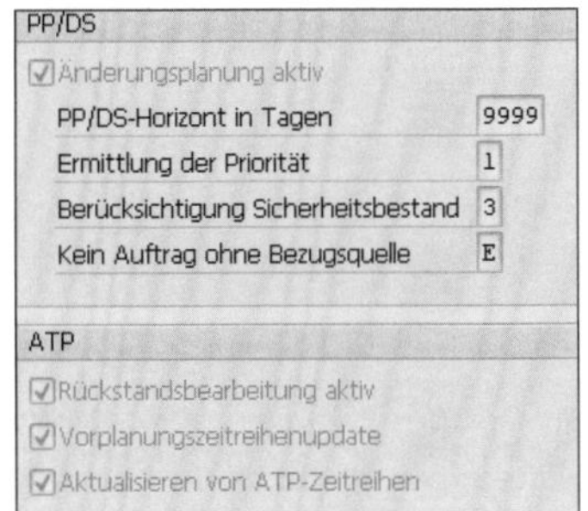

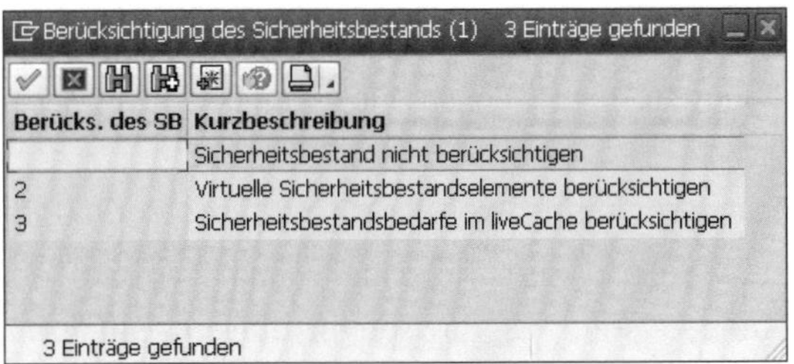

Abbildung 10.29 Kennzeichen »Sicherheitsbestand« in der Planversion

Virtuelle und LiveCache-Sicherheitsbestände

Zur Erklärung des Unterschieds zwischen virtuellen und LiveCache-Sicherheitsbeständen und zur Frage, bei welchen Methoden welche Einstellung genutzt werden kann, verweisen wir auf folgende SAP-Dokumentation: *http://s-prs.de/v858407*.

10.6.3 Statische Standardmethoden

Tabelle 10.2 gibt Ihnen einen Überblick über die Standardmethoden der Sicherheitsbestandsplanung in SAP APO.

Methode	Bezeichnung
SB	Sicherheitsbestand aus Lokationsproduktstamm
SZ	Sicherheitsreichweite aus Lokationsproduktstamm
SM	Maximum aus SB und SZ

Tabelle 10.2 Standardmethoden der Sicherheitsbestandsplanung

SB, SZ und SM sind statische Methoden, deren Parameter zeitunabhängig im Lokationsproduktstamm (Registerkarte **Losgrösse**) festgelegt werden.

SB – Sicherheitsbestand aus Lokationsproduktstamm

Diese Methode entspricht dem statischen Sicherheitsbestand des SAP-ECC- bzw. SAP-S/4HANA-Systems. Sie müssen hierfür im Lokationsproduktstamm auf der Registerkarte **Losgröße** die SB Methode »SB« und im Feld **SicherhBestand** den gewünschten Sicherheitsbestand eintragen (siehe Abbildung 10.30). Für ein Material, bei dem im SAP-ECC- bzw. SAP-S/4HANA-System ein Sicherheitsbestand gepflegt ist, wird per Core Interface (CIF) im Feld **SB Methode** »SB« eingetragen und auch der Sicherheitsbestand wird übertragen.

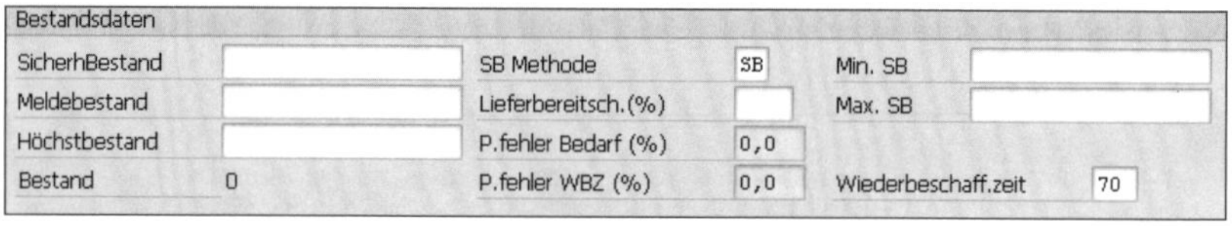

Bestandsdaten					
SicherhBestand		SB Methode	SB	Min. SB	
Meldebestand		Lieferbereitsch.(%)		Max. SB	
Höchstbestand		P.fehler Bedarf (%)	0,0		
Bestand	0	P.fehler WBZ (%)	0,0	Wiederbeschaff.zeit	70

Abbildung 10.30 Lokationsproduktstamm mit SB-Methode »SB«

SZ – Sicherheitsreichweite aus Lokationsproduktstamm

Diese Methode entspricht der Bedarfsvorlaufzeit aus dem SAP-ERP- bzw. SAP-S/4HANA-System. Es müssen in diesem Fall im Feld **Reichw. d. Sicherh.** die gewünschte Sicherheitszeit und im Feld **SB Methode** die Methode »SZ« eingetragen werden (siehe Abbildung 10.31). Für ein Material mit einem im SAP-ECC- bzw. SAP-S/4HANA-System gepflegten Bedarfsvorlaufkennzeichen und mit Bedarfsvorlaufzeit werden die Felder **SB Methode** »SZ« und die **Bedarfsvorlaufzeit** per CIF automatisch in den Lokationsproduktstamm übertragen.

Die Sicherheitsreichweite ist die Anzahl von Arbeitstagen zwischen dem Verfügbarkeitstermin eines neu anzulegenden Zugangselements und dem Bedarfstermin eines Bedarfselements. Im SAP-APO-System können auch Bruchteile von Tagen angegeben werden. Als Grundlage für die Terminierung dient der Produktionskalender aus der Lokation.

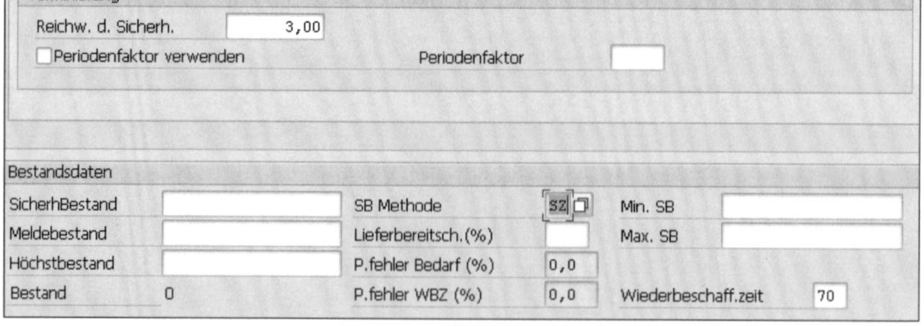

Terminierung			
Reichw. d. Sicherh.	3,00		
☐ Periodenfaktor verwenden		Periodenfaktor	

Bestandsdaten					
SicherhBestand		SB Methode	SZ	Min. SB	
Meldebestand		Lieferbereitsch.(%)		Max. SB	
Höchstbestand		P.fehler Bedarf (%)	0,0		
Bestand	0	P.fehler WBZ (%)	0,0	Wiederbeschaff.zeit	70

Abbildung 10.31 Lokationsproduktstamm mit SB-Methode »SZ«

SM – Maximum aus SB und SZ aus Lokationsproduktstamm

Diese SB-Methode ist eine Kombination aus der SB- und der SZ-Methode. Jedoch ist die Bezeichnung »Maximum« irreführend, da kein Maximum gebildet wird, sondern beide Methoden gleichzeitig ausgeführt werden. Bei der Bedarfsrechnung wird ein Sicherheitsbestand abgezogen, und die Zugänge um die Sicherheitszeit werden früher eingeplant. Für diese Methode müssen die Felder **Sicherheitsbestand** und **Reichw. d. Sicherh.** mit den gewünschten Puffern gepflegt und im Feld **SB Methode** muss »SM« eingetragen sein (siehe Abbildung 10.32).

Terminierung
Reichw. d. Sicherh. 3,00
Periodenfaktor verwenden
Periodenfaktor

Bestandsdaten

SicherhBestand	500	SB Methode	SM	Min. SB	
Meldebestand		Lieferbereitsch.(%)		Max. SB	
Höchstbestand		P.fehler Bedarf (%)	0,0		
Bestand	0	P.fehler WBZ (%)	0,0	Wiederbeschaff.zeit	70

Abbildung 10.32 Lokationsproduktstamm mit SB-Methode »SM«

Ein Material, für das im SAP-ECC- bzw. SAP-S/4HANA-System ein statischer Sicherheitsbestand eingetragen und gleichzeitig ein Bedarfsvorlauf aktiv ist, wird per CIF mit der SB-Methode »SM« übertragen. Auch die Felder **Sicherheitsbestand** und **Bedarfsvorlaufzeit** werden in das SAP-APO-System übertragen. Grundsätzlich werden auch die Felder **Meldebestand**, **Höchstbestand** und **Lieferbereitschaftsgrad** per CIF aus dem jeweiligen SAP-ERP-System übertragen.

10.6.4 Dynamische Standardmethoden

Im Folgenden beschreiben wir die dynamischen Sicherheitsbestandsmethoden MB, MZ und MM sowie die erweiterten Methoden AS, AT, BS und BT (siehe Tabelle 10.3).

Methode	Bezeichnung
MB	Sicherheitsbestand (zeitabhängige Pflege)
MZ	Sicherheitsreichweite (zeitabhängige Pflege)
MM	Maximum aus MB und MZ (zeitabhängige Pflege)
AS	α-Servicelevel und Bestellpunktpolitik

Tabelle 10.3 Dynamische SB-Standardmethoden und erweiterte SB-Methoden

Methode	Bezeichnung
AT	α-Servicelevel und Bestellzykluspolitik
BS	β-Servicelevel und Bestellpunktpolitik
BT	β-Servicelevel und Bestellzykluspolitik

Tabelle 10.3 Dynamische SB-Standardmethoden und erweiterte SB-Methoden (Forts.)

Die Planung der dynamischen und der erweiterten Sicherheitsbestandsmethoden erfolgt in SNP. So werden bei diesen Methoden der Sicherheitsbestand und die Sicherheitszeit direkt in einer SNP-Planungsmappe erfasst. Bei den erweiterten Methoden muss zuerst eine Berechnung des Sicherheitsbestands aus den Inputfaktoren mit der Transaktion /SAPAPO/MSDP_SB durchgeführt werden. Die Einstellungen der Berechnung werden in einem Sicherheitsbestandsprofil hinterlegt. Das Ergebnis der Berechnung wird automatisch in eine SNP-Planungsmappe geschrieben. Anschließend werden die Kennzahlen aus SNP in der Komponente PP/DS automatisch veröffentlicht.

Um die Werte anschließend in der Produktions- und Feinplanung (PP/DS) nutzen zu können, sind einige Customizing-Einstellungen notwendig, die wir Ihnen im Folgenden beschreiben.

In den globalen Parametern und Vorschlagswerten von PP/DS (Customizing-Schritt **Globale Parameter und Vorschlagswerte pflegen**) müssen Sie den SNP-Planungsbereich angeben, in dem die Sicherheitsbestands- oder Sicherheitszeitwerte eingegeben werden. Im Beispiel in Abbildung 10.33 wird der Planungsbereich **9ASNP05** verwendet. Dieser enthält bereits die Kennzahlen **9ASAFETY** und **9ASVTTY**, die zur Übergabe des Sicherheitsbestands und der Sicherheitszeit verwendet werden.

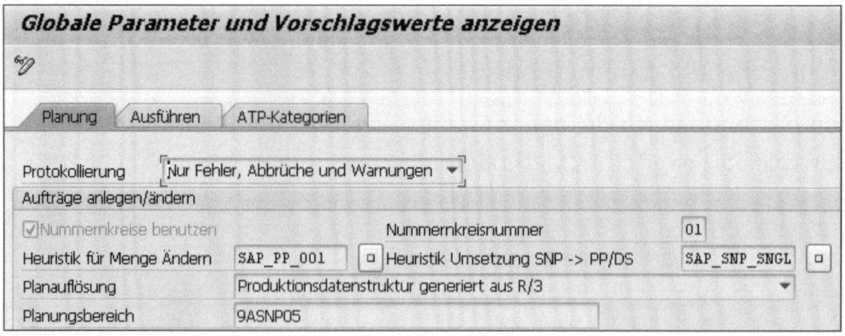

Abbildung 10.33 SNP-Planungsbereich in den globalen Parametern von PP/DS

Zusätzlich müssen Sie im Customizing-Schritt **SNP-Kennzahlen verfügbar machen** die Kennzahlen pflegen, die in PP/DS als Sicherheitsbestand und Sicherheitszeit verwendet werden sollen. Hier sind das die Kennzahlen **9ASAFETY** und **9ASVTTY** (siehe Abbildung 10.34).

Sicht "Zuordnung (PlanBer-PlanObjStruktur-Objekt) zu Funktion" ändern:

Neue Einträge

Zuordnung (PlanBer-PlanObjStruktur-Objekt) zu Funktion

Plgbereich	Plg.objstr	Kennzahl	Funktion
9ASNP05	9AMALO	9ASAFETY	Sicherheitsbestand
9ASNP05	9AMALO	9ASVTTY	Sicherheitsreichweite

Abbildung 10.34 Veröffentlichung der SNP-Kennzahlen

MB – Sicherheitsbestand (zeitabhängige Pflege)

Der Sicherheitsbestand wird analog zur SB-Methode ermittelt, anstelle des Felds **Sicherheitsbestand** aus dem Produktlokationsstamm wird jedoch der periodenabhängige Wert einer vorgegebenen Kennzahl von SNP verwendet. In unserem Beispiel ist dies die Kennzahl **9ASAFETY**. Somit sind die Disponenten in der Lage, den Sicherheitsbestand periodengenau zu pflegen. Eine Erhöhung des Sicherheitsbestands führt zu einem Bedarfselement in der Produktsicht. Eine Senkung des Sicherheitsbestands führt zu einem Zugang in der Produktsicht. Dies kann für Anwender anfänglich verwirrend sein. Letztendlich entspricht aber die Absenkung des Sicherheitsbestands einem Zugang, da der vormals reservierte Bestand nun für die Nettobedarfsrechnung zur Verfügung steht.

In der Planungsmappe **9ASNP_SSP**, die auf dem Planungsbereich **9ASNP05** basiert, kann in der Zeile **Sicherheitsbestand (geplant)** der gewünschte Sicherheitsbestand pro Periode hinterlegt werden. Im Beispiel wurden die folgenden Sicherheitsbestände in der SNP-Planungsmappe erfasst (siehe Abbildung 10.35):

- 19.6.2021 bis 19.6.2021: 500 Mengeneinheiten
- 20.6.2021 bis 23.6.2021: 700 Mengeneinheiten
- 24.6.2021 bis W27 2021: 900 Mengeneinheiten

Planungsmappe: [Live] SNP SICHERHEITSBESTANDSPLANUNG / SNP PLAN (SSP)

SNP PLAN	Ein	19.06.20	20.06.20	21.06.20	22.06.20	23.06.20	24.06.20	25.06.20	26.06.20	27.06.20	28.06.20	29.06.20	W 27.2014
Gesamtbedarf	4												
DistrZugang (geplant)	4												
DistrZugang (bestätigt)	4												
DistrZugang (TLB-bestätigt)	4												
In Transit	4												
Produktion (geplant)	4												
Produktion (bestätigt)	4												
Kuppelproduktion	4												
Gesamtzugang	4												
Lagerbestand	4												
Bedarfsunterdeckung	4												
Sicherheitsbestand (geplant)	4	500	700	700	700	700	900	900	900	900	900	900	900
Sicherheitsreichweite	T												
Sicherheitsbestand	4	500	700	700	700	700	900	900	900	900	900	900	900
Meldebestand	4												
Zielreichweite	T												
Ziellagerbestand	4	500	700	700	700	700	900	900	900	900	900	900	900
Reichweite	T												
ATD-Zugänge	4												
ATD-Abgänge	4												

Abbildung 10.35 Pflege des dynamischen Sicherheitsbestands in SNP

Daher werden in der Produktsicht die folgenden Dispositionselemente mit der Kategorie **EISBE** (eiserner Bestand) angelegt (siehe Abbildung 10.36):

- 17.6.2021: –500 (Bedarf zum Aufbau des Sicherheitsbestands auf 500 Mengeneinheiten)
- 20.6.2021: –200 (Bedarf zur Erhöhung des Sicherheitsbestands auf 700 Mengeneinheiten)
- 24.6.2021: –200 (Bedarf zur Erhöhung des Sicherheitsbestands auf 900 Mengeneinheiten)
- 7.7.2021: +900 (Zugang zur Reduzierung des Sicherheitsbestands auf 0 Mengeneinheiten)

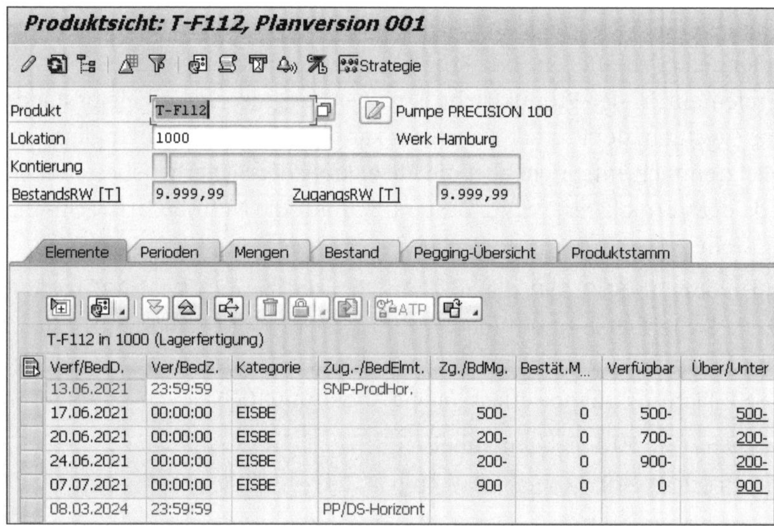

Verf/BedD.	Ver/BedZ.	Kategorie	Zug.-/BedElmt.	Zg./BdMg.	Bestät.M...	Verfügbar	Über/Unter
13.06.2021	23:59:59		SNP-ProdHor.				
17.06.2021	00:00:00	EISBE		500-	0	500-	500-
20.06.2021	00:00:00	EISBE		200-	0	700-	200-
24.06.2021	00:00:00	EISBE		200-	0	900-	200-
07.07.2021	00:00:00	EISBE		900	0	0	900
08.03.2024	23:59:59		PP/DS-Horizont				

Abbildung 10.36 Produktsicht bei dynamischem Sicherheitsbestand

MZ – Sicherheitsreichweite (zeitabhängige Pflege)

Bei der MZ-Methode werden die Zugangselemente analog zur SZ-Methode entsprechen der Sicherheitszeit früher terminiert. Die verwendete Sicherheitszeit wird jedoch wieder periodenabhängig in einer Kennzahl in SNP angegeben. Diese Möglichkeit ähnelt der Funktion des Reichweitenprofils in SAP ECC bzw. SAP-S/4HANA. In der Planungsmappe **9ASNP_SSP**, die auf dem Planungsbereich **9ASNP05** basiert, kann in der Zeile **Sicherheitsreichweite** die gewünschte Sicherheitszeit pro Periode hinterlegt werden.

Im Beispiel aus Abbildung 10.37 wurden die folgenden Sicherheitszeiten in der SNP-Planungsmappe erfasst:

- 20.6.2021: 5 Tage
- 21.6.2021: 5 Tage

- 22.6.2021: 5 Tage
- 23.6.2021: 5 Tage

Planungsmappe: [Live] SNP SICHERHEITSBESTANDSPLANUNG / SNP PLAN (SSP)

SNP PLAN	Ein	Initial	14.06.20	15.06.20	16.06.20	17.06.20	18.06.20	19.06.20	20.06.20	21.06.20	22.06.20	23.06.20
Gesamtbedarf	4				100							100
DistrZugang (geplant)	4				100							100
DistrZugang (bestätigt)	4											
DistrZugang (TLB-bestätigt)	4											
In Transit	4											
Produktion (geplant)	4											
Produktion (bestätigt)	4											
Kuppelproduktion	4											
Gesamtzugang	4				100							100
Lagerbestand	4											
Bedarfsunterdeckung	4											
Sicherheitsbestand (geplant)	4											
Sicherheitsreichweite	T								5	5	5	5
Sicherheitsbestand	4											
Meldebestand	4											
Zielreichweite	T											
Ziellagerbestand	4											
Reichweite	T											
ATD-Zugänge	4											
ATD-Abgänge	4											

Abbildung 10.37 Pflege der dynamischen Sicherheitszeit in SNP

In der Produktsicht in Abbildung 10.38 sehen Sie, dass die Bestellanforderung am 18.6.2021 fünf Tage früher als der Bedarf am 23.6.2021 terminiert wurde. Die anderen Bestellanforderungen liegen exakt auf dem Datum des zugehörigen Bedarfs, da hier keine Sicherheitszeit eingegeben worden ist.

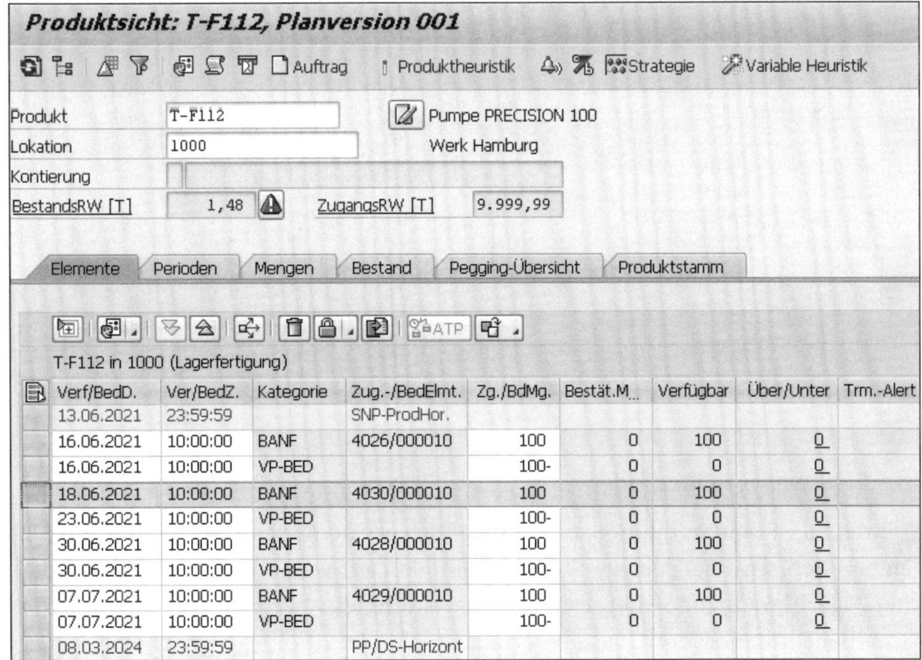

Produktsicht: T-F112, Planversion 001

Produkt: T-F112 — Pumpe PRECISION 100
Lokation: 1000 — Werk Hamburg
Kontierung:
BestandsRW [T]: 1,48 — ZugangsRW [T]: 9.999,99

Elemente | Perioden | Mengen | Bestand | Pegging-Übersicht | Produktstamm

T-F112 in 1000 (Lagerfertigung)

Verf/BedD.	Ver/BedZ.	Kategorie	Zug.-/BedElmt.	Zg./BdMg.	Bestät.M...	Verfügbar	Über/Unter	Trm.-Alert
13.06.2021	23:59:59		SNP-ProdHor.					
16.06.2021	10:00:00	BANF	4026/000010	100	0	100	0	
16.06.2021	10:00:00	VP-BED		100-	0	0	0	
18.06.2021	10:00:00	BANF	4030/000010	100	0	100	0	
23.06.2021	10:00:00	VP-BED		100-	0	0	0	
30.06.2021	10:00:00	BANF	4028/000010	100	0	100	0	
30.06.2021	10:00:00	VP-BED		100-	0	0	0	
07.07.2021	10:00:00	BANF	4029/000010	100	0	100	0	
07.07.2021	10:00:00	VP-BED		100-	0	0	0	
08.03.2024	23:59:59		PP/DS-Horizont					

Abbildung 10.38 Produktsicht mit dynamischer Sicherheitszeit

MM – Maximum aus MB und MZ (zeitabhängige Pflege)

Bei der MM-Methode werden wieder gleichzeitig die Sicherheitszeit bei der Terminierung der Zugänge und der Sicherheitsbestand bei der Nettobedarfsrechnung verwendet. Beide Werte können pro Periode in der SNP-Planungsmappe angegeben werden. In Abbildung 10.39 gilt weiterhin die dynamische Sicherheitszeit von fünf Tagen zwischen dem 20.6.2021 und dem 23.6.2021. Zusätzlich wurde ein Sicherheitsbestand von 600 Mengeneinheiten ab dem 17.6., von 500 Mengeneinheiten ab dem 18.6. und von 450 Mengeneinheiten ab dem 22.6. erfasst; der Sicherheitsbestand sinkt auf 0 Mengeneinheiten ab dem 25.6.

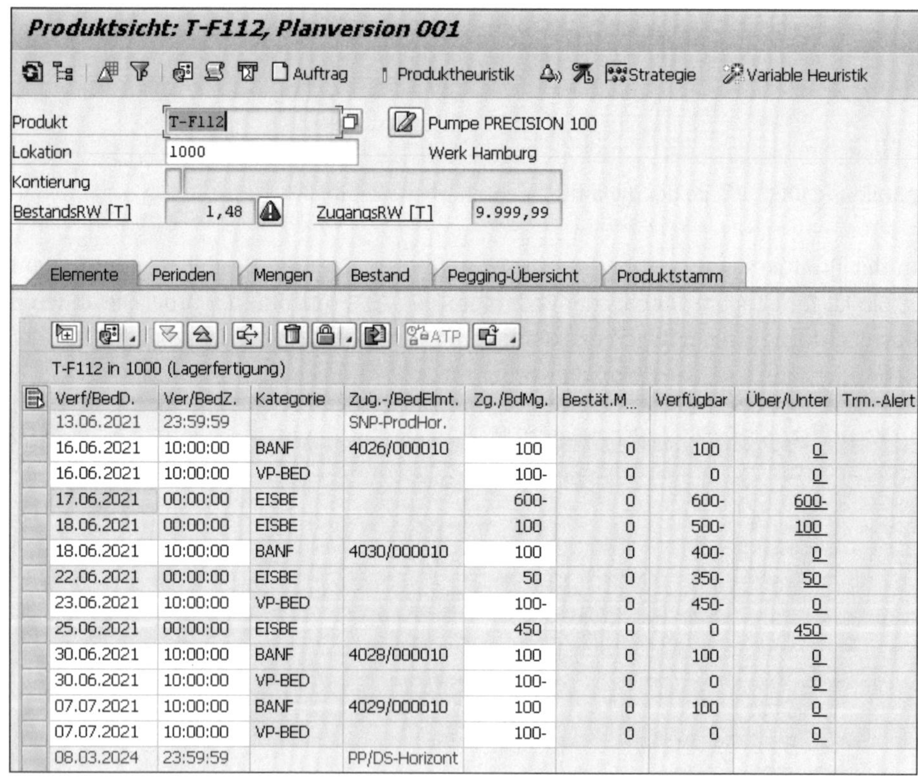

Verf/BedD.	Ver/BedZ.	Kategorie	Zug.-/BedElmt.	Zg./BdMg.	Bestät.M...	Verfügbar	Über/Unter	Trm.-Alert
13.06.2021	23:59:59		SNP-ProdHor.					
16.06.2021	10:00:00	BANF	4026/000010	100	0	100	0	
16.06.2021	10:00:00	VP-BED		100-	0	0	0	
17.06.2021	00:00:00	EISBE		600-	0	600-	600-	
18.06.2021	00:00:00	EISBE		100	0	500-	100	
18.06.2021	10:00:00	BANF	4030/000010	100	0	400-	0	
22.06.2021	00:00:00	EISBE		50	0	350-	50	
23.06.2021	10:00:00	VP-BED		100-	0	450-	0	
25.06.2021	00:00:00	EISBE		450	0	0	450	
30.06.2021	10:00:00	BANF	4028/000010	100	0	100	0	
30.06.2021	10:00:00	VP-BED		100-	0	0	0	
07.07.2021	10:00:00	BANF	4029/000010	100	0	100	0	
07.07.2021	10:00:00	VP-BED		100-	0	0	0	
08.03.2024	23:59:59		PP/DS-Horizont					

Abbildung 10.39 Produktsicht bei Verwendung der SB-Methode »MM«

10.6.5 Erweiterte Methoden

Während die Standardmethoden ausschließlich auf den Erfahrungen der Disponenten beruhen, wird bei den erweiterten Methoden auf der Grundlage wissenschaftlicher Algorithmen zur Sicherheitsbestandsplanung ein Vorschlag für die Höhe des Sicherheitsbestands vom System ermittelt, der den vorgegebenen Lieferbereitschaftsgrad ermöglicht.

In Verbindung mit den beiden Interpretationen des Lieferbereitschaftsgrads, die bereits in Abschnitt 10.3, »Auswahl und Festlegung des Servicegrads«, beschrieben wurden, ergeben sich die vier in Tabelle 10.4 dargestellten modellgestützten Sicherheitsbestandsmethoden.

	Bestellzykluspolitik	Bestellpunktpolitik
α-Lieferbereitschaftsgrad	AT	AS
β-Lieferbereitschaftsgrad	BT	BS

Tabelle 10.4 Übersicht der erweiterten SB-Methoden

[«]

Lieferzyklusorientierte Servicegrad

Es sei an dieser Stelle noch einmal darauf hingewiesen, dass es sich bei dem α-Servicegrad um den lieferzyklusorientierten Servicegrad und nicht den periodenorientierten α-Servicegrad handelt.

Voraussetzung für den Einsatz dieser Methoden ist, dass Fehlmengen nachgeliefert werden (»Back Order Case« im Gegensatz zum »Lost Sales Case«). Wenn diese Voraussetzung erfüllt ist, kann das System Sicherheitsbestände auf beliebigen Stufen der Logistikkette und für jede Periode des Planungszeitraums berechnen.

Im Folgenden werden die Inputparameter für die vier erweiterten SB-Methoden beschrieben.

Bestellpunktpolitik mit β-Servicegrad (BS)

Im Rahmen der BS-Methode wird eine Bestellpunkt-Bestellgrenzen-Lagerhaltungspolitik (siehe Kapitel 4, »Ablauf der Disposition in SAP«) in Verbindung mit einem β-Servicegrad verfolgt. Die zur Berechnung notwendigen Parameter sind in Tabelle 10.5 beschrieben.

Inputparameter	Beschreibung
β-Servicegrad	Dieser Wert wird im Lokationsproduktstamm gepflegt.
Erwartungswert der Nachfrage (Prognose m)	Dieser Erwartungswert der Nachfrage ist die Summe der planungsrelevanten Prognosen in der Periode, für die ein Sicherheitsbestand ermittelt wird.
Standardabweichung der Nachfrage (Prognosefehler s)	Standardabweichung der planungsrelevanten Prognosefehler in der Periode, für die ein Sicherheitsbestand ermittelt wird

Tabelle 10.5 Inputparameter der SB-Methode »BS«

Inputparameter	Beschreibung
Wiederbeschaffungszeit (l)	Summe der planungsrelevanten Lieferzeiten
relativer Prognosefehler der Wiederbeschaffungszeit	Die Standardabweichung der Wiederbeschaffungszeit ergibt sich aus der Aggregation der einzelnen Prognosefehler auf dem kritischen Pfad.
Bestellmenge	Die Bestellmenge ist das Produkt der Zielreichweite aus dem Lokationsproduktstamm und dem Prognosewert in der Periode, für die ein Sicherheitsbestand ermittelt wird.

Tabelle 10.5 Inputparameter der SB-Methode »BS« (Forts.)

Bestellzykluspolitik mit β-Servicegrad (BT)

Im Rahmen der Sicherheitsbestandsmethode BT wird eine Bestellzyklus-Bestellgrenzen-Lagerhaltungspolitik in Verbindung mit einem β-Servicegrad verfolgt. Die Inputfaktoren sind bis auf die Bestellmenge identisch mit denen der BS-Methode. Das Feld **Zielreichweite** wird in diesem Fall nicht zur Berechnung der Bestellmenge benutzt, sondern als Bestellzyklus interpretiert.

Bestellzykluspolitik mit α-Servicegrad (AT)

Im Rahmen der Sicherheitsbestandsmethode AT wird eine Bestellzyklus-Bestellgrenzen-Lagerhaltungspolitik in Verbindung mit einem α-Servicegrad verfolgt. Die Inputfaktoren sind identisch mit der BT-Methode, jedoch wird die Losgröße nicht berücksichtigt. Es wird jedoch nicht der mengenorientierte β-Servicegrad verwendet, sondern der ereignisorientierte α-Servicegrad.

Bestellpunktpolitik mit α-Servicegrad (AS)

Im Rahmen der Sicherheitsbestandsmethode AS wird eine Bestellpunkt-Bestellgrenzen-Lagerhaltungspolitik in Verbindung mit einem α-Servicegrad verfolgt. Die Inputfaktoren sind wieder identisch mit der BT-Methode, jedoch wird auch hier die Losgröße nicht berücksichtigt. Der ereignisorientierte α-Servicegrad wird als Input berücksichtigt.

Bestimmung des Bedarfs

Im Rahmen der Sicherheitsbestandsplanung muss eine SNP-Kennzahl als Bedarfsprognose ausgewählt werden. Aus Konsistenzgründen sollten Sie dazu die gleiche Kennzahl verwenden, die auch im Rahmen der SNP-Heuristik bzw. der SNP-Optimierung als Bedarfsprognosekennzahl verwendet wird. Im Allgemeinen ist diese Kennzahl das Ergebnis der Absatzplanung (Demand Planning, DP), die durch eine Freigabe an Supply Network Planning übergeben wird.

Der prognostizierte Bedarf für ein Produkt in einer Lokation ergibt sich aus der Summe der Primär- und Sekundärbedarfe in der Lokation und allen nachgelagerten Lokationen. Die Primärbedarfe werden dem System als Kennzahl für die Bedarfsprognose vorgegeben. Die Sekundärbedarfe ermittelt das System anhand von Transportbeziehungen und Produktionsprozessmodellen (PPM) oder Produktionsdatenstrukturen (PDS). Dabei werden auch eingehende Quotierungen berücksichtigt.

Bestimmung der Wiederbeschaffungszeit

Die Wiederbeschaffungszeit für ein Produkt in einer Lokation ist die Gesamtzeit für die Eigenfertigung oder Fremdbeschaffung des Produkts (einschließlich seiner Komponenten). Hier bietet das System die Möglichkeit, die Wiederbeschaffungszeit im Produktstamm vorzugeben oder vom System errechnen zu lassen. Wenn das System die Wiederbeschaffungszeit anhand des Supply-Chain-Modells ermittelt, addiert es die entsprechenden Produktions-, Warenausgangs-, Transport-, Wareneingangs- und Planlieferzeiten. Wenn alternative Beschaffungsmöglichkeiten vorhanden sind, berücksichtigt das System immer die zeitlich längste Option. Unter Berücksichtigung der Beschaffungsart wird dabei so lange vorgegangen, bis wiederum ein sicherheitsbestandsführendes Lokationsprodukt oder ein externer Lieferant erreicht wird.

[«]

Beschaffungszeit berechnen

Die Beschaffungszeit bei Eigenfertigung lässt sich wie folgt berechnen:

Summe der Aktivitätendauern innerhalb eines PPM
+ Wareneingangsbearbeitungszeit

Die Beschaffungszeit bei Fremdbeschaffung über eine Transportbeziehung ergibt sich aus folgender Formel:

Warenausgangsbearbeitungszeit + Transportzeit
+ Wareneingangsbearbeitungszeit

Bei Fremdbeschaffung ohne Transportbeziehung wird folgende Formel genutzt:

Planlieferzeit + Wareneingangsbearbeitungszeit

Bestimmung des Bestellzyklus und der Losgröße

Im Produktstamm muss im Feld **Zielreichweite** die gewünschte Zielreichweite in Tagen angegeben werden. Diese spezifiziert den Bestellzyklus in die Methoden AT und BT. Bei der BS-Methode dient dieser Wert zusätzlich zur Berechnung der Bestellmenge: Hierbei wird die Zielreichweite mit der Nachfrageprognose in der Periode multipliziert.

Bestimmung der Unsicherheit des Bedarfs und der Wiederbeschaffungszeit

Die erweiterten Methoden können sowohl eine Unsicherheit bezüglich des Bedarfs (Standardabweichung der Nachfrage) als auch der Wiederbeschaffungszeit (Standardabweichung der Wiederbeschaffungszeit) berücksichtigen. Der Prognosefehler bezüglich der Nachfrage beschreibt die erwarteten Abweichungen zwischen der prognostizierten Bedarfsmenge und der tatsächlich realisierten Bedarfsmenge durch die Kunden. Der Prognosefehler bezüglich der Wiederbeschaffungszeit beschreibt die erwarteten Abweichungen zwischen der geplanten und der realisierten Wiederbeschaffungszeit durch den Lieferanten.

Am einfachsten ist es, den prozentualen Prognosefehler des Bedarfs und der Wiederbeschaffungszeit direkt im Lokationsproduktstamm anzugeben (siehe Abbildung 10.40).

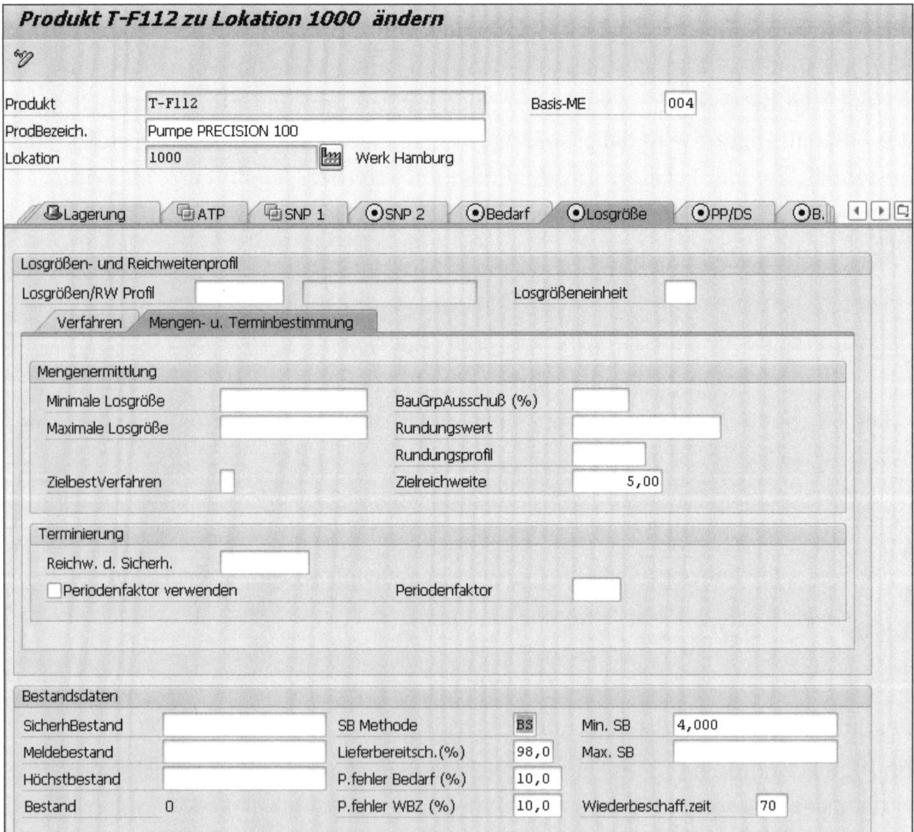

Abbildung 10.40 Lokationsproduktstamm bei der BS-Methode

Dies ist insbesondere dann sinnvoll, wenn keine historischen Daten zur automatischen Berechnung vorliegen oder der Umfang der historischen Daten so gering ist, dass ein statistisch signifikanter Prognosefehler nicht berechnet werden kann. Sinnvoll ist dies ebenfalls, wenn der Prognosefehler konstant ist. Der prozentuale Fehler muss als Variationskoeffizient (relative Standardabweichung) angegeben werden, da der Wert bei der Berechnung wie folgt interpretiert wird:

$$Variationskoeffizient = \frac{\sigma}{\mu}$$

$$\sigma: Standardabweichung\ der\ Zeitreihe\ (prognostizierter\ Wert - realer\ Wert)$$
$$\mu: Mittelwert\ der\ prognostizierten\ Werte$$

Zusätzlich bietet das System auch die Möglichkeit, diese Werte automatisch zu berechnen. So kann das System mit statistischen Methoden aus den Vergangenheitsdaten einen Prognosefehler ermitteln. Diese Kennzahlen können aus einem InfoCube oder einem Zeitreihen-LiveCache innerhalb eines SNP- oder DP-Planungsbereichs gelesen werden. Aus der Kennzahl für die realisierten Bedarfe und der Kennzahl für die prognostizierten Bedarfe wird die Differenzzeitreihe gebildet. Dasselbe gilt für die Kennzahlen der realisierten Wiederbeschaffungszeiten und der prognostizierten Wiederbeschaffungszeiten.

Wie bereits erwähnt, kann die Sicherheitsbestandsplanung sowohl den Prognosefehler der Beschaffungszeit als auch den Prognosefehler der Nachfragemenge berücksichtigen.

Unter der Annahme, dass die Beschaffungszeit und die Nachfragemenge stochastisch voneinander unabhängig sind, kann der gemeinsame Prognosefehler so ermittelt werden, dass der Prognosefehler der Beschaffungszeit auf den Prognosefehler der Nachfragemenge transformiert wird. Dafür wird folgende Formel angewendet:

$$\sigma = \sqrt{(\sigma_1^2 + \frac{(\mu^2 \times \sigma_2^2)}{\lambda})}$$

μ: *Prognose der Nachfrage pro Periode*
σ_1: *relativer Prognosefehler der Nachfrage pro Periode*
λ: *Wiederbeschaffungszeit in Perioden*
σ_2: *relativer Prognosefehler der Wiederbeschaffungszeit*
σ: *korrigierter relativer Prognosefehler der Nachfrage pro Periode*

Sicherheitsbestandsplanungsprofil

Um die Berechnung der Sicherheitsbestände in SNP mit der Transaktion /SAPAPO/MSDP_SB durchzuführen, muss ein Sicherheitsbestandsprofil angegeben werden. In diesem Profil müssen Sie einige wichtige Einstellungen zur Berechnung des Sicherheitsbestands vornehmen (siehe Abbildung 10.41).

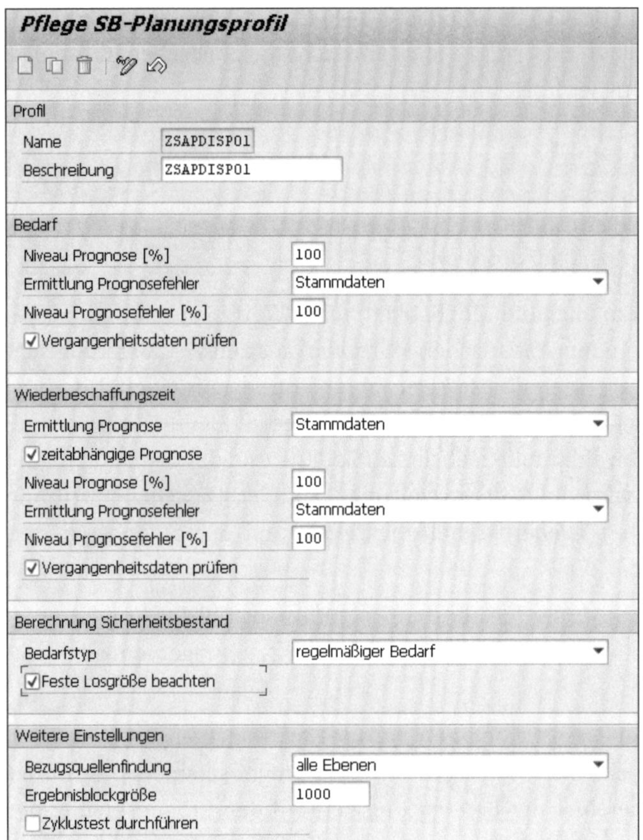

Abbildung 10.41 SB-Planungsprofil

Im Bereich **Bedarf** wird festgelegt, wie das System den Prognosefehler des Bedarfs ermittelt (entweder aus dem Lokationsproduktstamm oder aus den Vergangenheitszeitreihen). Außerdem kann das Niveau der Bedarfsprognose und des Prognosefehlers des Bedarfs nach oben oder unten korrigiert werden.

Im Bereich **Wiederbeschaffungszeit** wird festgelegt, wie das System die Wiederbeschaffungszeit ermittelt (entweder aus den Stammdaten des Lokationsprodukts oder anhand der Bezugsquellen der Supply Chain). Auch hier können die Wiederbeschaffungszeit und der Fehler nach oben oder unten korrigiert werden.

Im Bereich **Berechnung Sicherheitsbestand** wird angegeben, welchen Bedarfstyp die erweiterte Sicherheitsbestandsplanung als Basis für ihre Berechnungen verwenden soll (»regelmäßig«, »sporadisch« oder »automatisch«).

Außerdem können Sie noch angeben, dass das System bei der Berechnung von Beschaffungsmengen (betrifft nur die BS-Methode) die im Lokationsproduktstamm definierte feste Losgröße des Lokationsprodukts berücksichtigt, anstatt die Losgröße über die Zielreichweite zu berechnen.

Beispielberechnung

In diesem Abschnitt führen wir eine Beispielberechnung zur Ermittlung des Sicherheitsbestands mittels der erweiterten Methode durch. Folgende wichtige Stammdaten sind hinterlegt:

- SB-Methode: BS
- Lieferbereitschaftsgrad: 98 %
- Prognosefehler Bedarf: 10 %
- Prognosefehler WBZ: 10 %
- WBZ: 70 Tage
- Zielreichweite: 5 Tage
- Minimaler SB: 4 Stück

Diese Daten werden im Lokationsproduktstamm eingetragen (siehe Abbildung 10.42). Als Bedarfsprognose wurden die in Abbildung 10.43 gezeigten Werte erfasst.

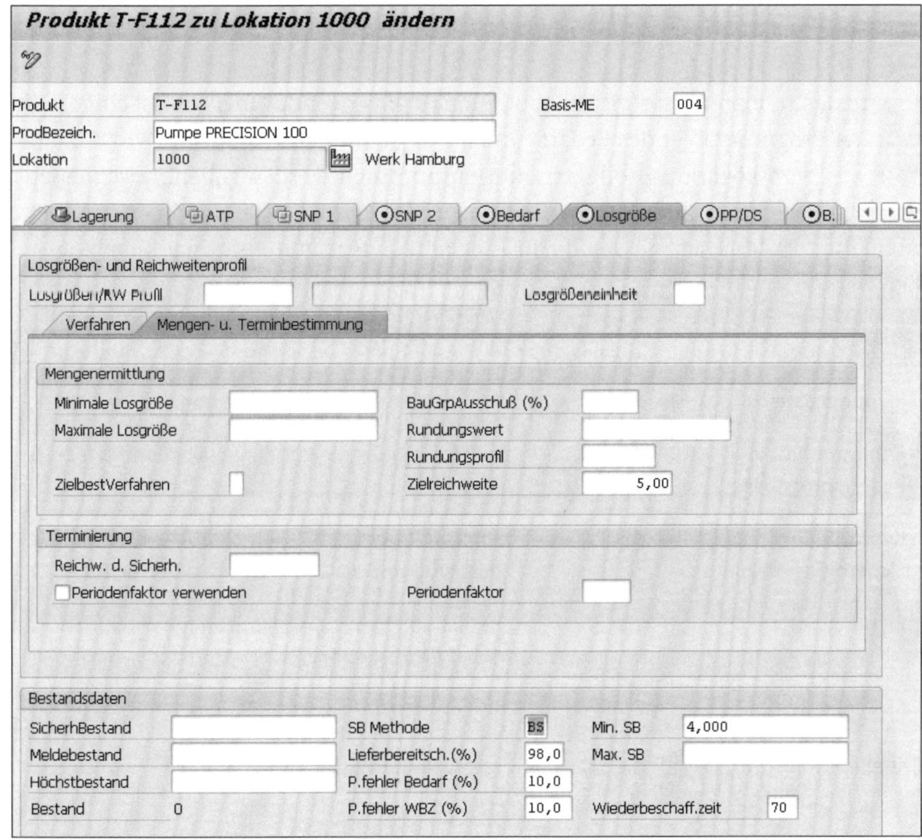

Abbildung 10.42 Stammdaten zur Beispielrechnung mit der BS-Methode

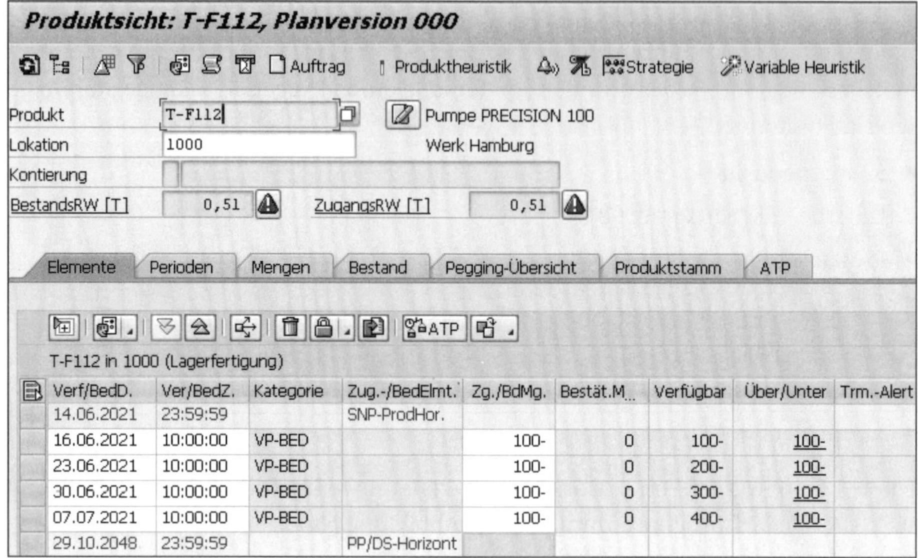

Abbildung 10.43 Vorplanungsbedarfe der SB-Rechnung

Es wird das SB-Planungsprofil aus Abbildung 10.41 verwendet. Im Profil ist eingestellt, dass der Prognosefehler des Bedarfs und der Wiederbeschaffungszeit (WBZ) und die WZB aus dem Lokationsproduktstamm entnommen werden sollen. Anschließend wird die Berechnung mit der Transaktion /SAPAPO/MSDP_SB durchgeführt (siehe Abbildung 10.44). Hier müssen die in Tabelle 10.6 gezeigten Informationen angegeben werden.

Feld	Inhalt	Beschreibung
Planungsbereich	9ASNP05	Planungsbereich, der in PP/DS angegeben wurde
Kennzahl für die Bedarfsprognose	9ADFCST	Kennzahl, in der die Vorplanungsbedarfe erfasst werden
Kennzahl für Sicherheitsbestand	9ASAFETY	Kennzahl, in der der Sicherheitsbestand gespeichert wird und die an PP/DS übergeben wird
Planungsraster	9AMONTH	Die Sicherheitsbestandsberechnung wird pro Monat durchgeführt.
SB-Profil	ZSAPDISPO1	das gewünschte SB-Profil

Tabelle 10.6 Parameter für die Transaktion /SAPAPO/MSDP_SB

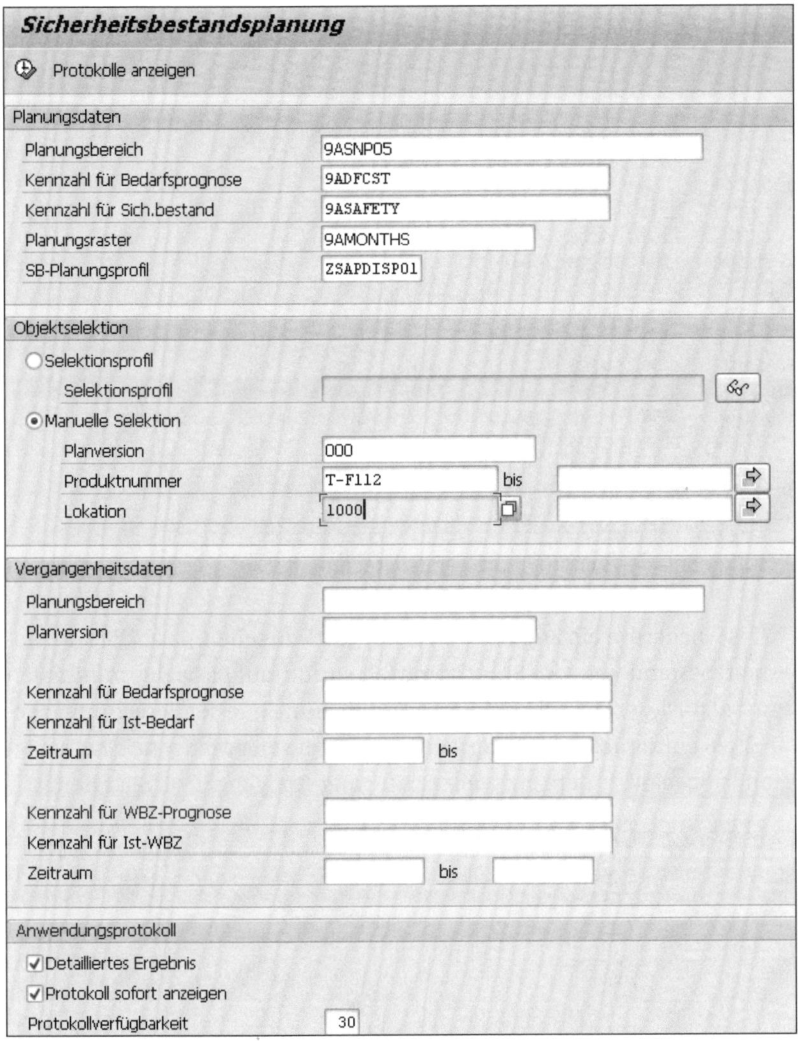

Sicherheitsbestandsplanung

Protokolle anzeigen

Planungsdaten

Planungsbereich	9ASNP05
Kennzahl für Bedarfsprognose	9ADFCST
Kennzahl für Sich.bestand	9ASAFETY
Planungsraster	9AMONTHS
SB-Planungsprofil	ZSAPDISP01

Objektselektion

○ Selektionsprofil

Selektionsprofil	

◉ Manuelle Selektion

Planversion	000		
Produktnummer	T-F112	bis	
Lokation	1000		

Vergangenheitsdaten

Planungsbereich			
Planversion			
Kennzahl für Bedarfsprognose			
Kennzahl für Ist-Bedarf			
Zeitraum		bis	
Kennzahl für WBZ-Prognose			
Kennzahl für Ist-WBZ			
Zeitraum		bis	

Anwendungsprotokoll

☑ Detailliertes Ergebnis

☑ Protokoll sofort anzeigen

Protokollverfügbarkeit 30

Abbildung 10.44 Transaktion zur Berechnung der Sicherheitsbestände

Im Protokoll wird die Berechnung nun detailliert beschrieben (siehe Abbildung 10.45). Im Beispiel wurde für den Monat 06/2021 ein Sicherheitsbestand von 42 Stück und für den Monat 07/2021 ein Sicherheitsbestand von 13 Stück berechnet. In den anderen Perioden greift der minimale Sicherheitsbestand von vier Stück. Dieser Wert wurde nun in die Kennzahl 9ASAFETY geschrieben und ist somit in der SNP-Planungsmappe und in der Produktsicht sichtbar.

Wie Sie in der Produktsicht in Abbildung 10.46 sehen, wird erst ein Bedarf über 42 Stück zum Aufbau des Sicherheitsbestands eingeplant. Anschließend ist zum 01.07.2021 ein Zugang von 29 Stück aus dem Sicherheitsbestand angelegt, da der Sicherheitsbestand auf 13 Stück reduziert wird.

Produkt T-F112 in Lokation 1000

Per.beginn	Periodenende	WBZ	Pf. WBZ	Bedarf	Pf. Bedarf	Gem. Pf.	S.bestand	Modif.
01.06.2021	30.06.2021	2,333	0,233	300,000	30,000	54,772	42,000	
01.07.2021	31.07.2021	2,258	0,226	100,000	10,000	18,050	13,000	
01.08.2021	31.08.2021	2,258	0,226	0,000	0,000	0,000	4,000	L
01.09.2021	30.09.2021	2,333	0,233	0,000	0,000	0,000	4,000	L
01.10.2021	31.10.2021	2,258	0,226	0,000	0,000	0,000	4,000	L
01.11.2021	30.11.2021	2,333	0,233	0,000	0,000	0,000	4,000	L
01.12.2021	31.12.2021	2,258	0,226	0,000	0,000	0,000	4,000	L
01.01.2022	31.01.2022	2,258	0,226	0,000	0,000	0,000	4,000	L
01.02.2022	28.02.2022	2,500	0,250	0,000	0,000	0,000	4,000	L
01.03.2022	31.03.2022	2,258	0,226	0,000	0,000	0,000	4,000	L
01.04.2022	30.04.2022	2,333	0,233	0,000	0,000	0,000	4,000	L
01.05.2022	31.05.2022	2,258	0,226	0,000	0,000	0,000	4,000	L
01.06.2022	30.06.2022	2,333	0,233	0,000	0,000	0,000	4,000	L
01.07.2022	31.07.2022	2,258	0,226	0,000	0,000	0,000	4,000	L
01.08.2022	31.08.2022	2,258	0,226	0,000	0,000	0,000	4,000	L
01.09.2022	30.09.2022	2,333	0,233	0,000	0,000	0,000	4,000	L
01.10.2022	31.10.2022	2,258	0,226	0,000	0,000	0,000	4,000	L
01.11.2022	30.11.2022	2,333	0,233	0,000	0,000	0,000	4,000	L

Abbildung 10.45 Ergebnis der Sicherheitsbestandsberechnung

Zum 01.08.2021 ist wiederum ein Zugang über neun Stück zu sehen, da ab diesem Monat ein Sicherheitsbestand von vier Stück ermittelt wurde (auf Basis des minimalen Sicherheitsbestands). Dieser Sicherheitsbestand ist bis zum Ende der Berechnungsperiode am 01.01.2028 gültig, an diesem Tag werden auch die vier Mengeneinheiten Sicherheitsbestand abgebaut, indem ein weiterer Zugang von vier zu verzeichnen ist.

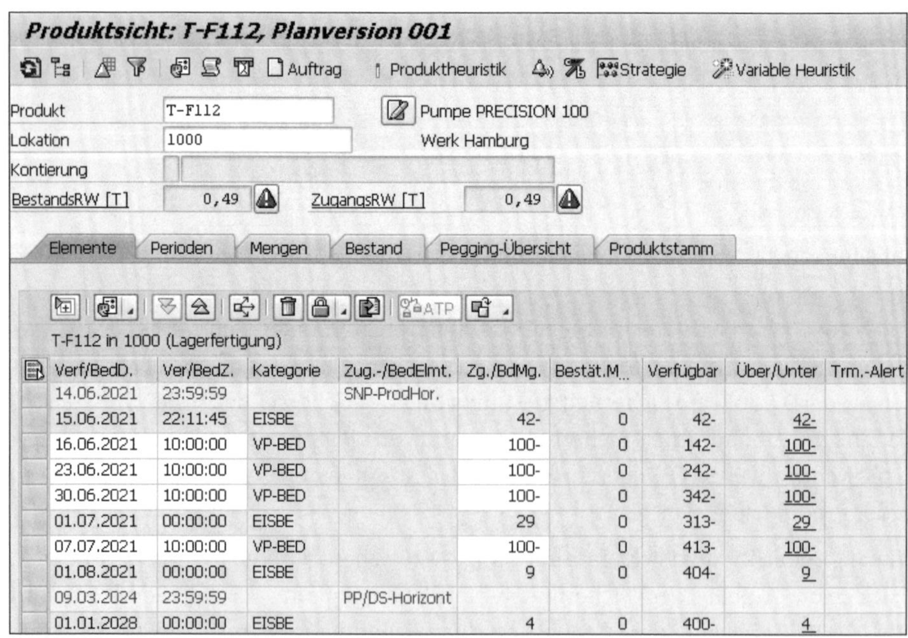

Produktsicht: T-F112, Planversion 001

Auftrag | Produktheuristik | Strategie | Variable Heuristik

Produkt: T-F112 — Pumpe PRECISION 100
Lokation: 1000 — Werk Hamburg
Kontierung:
BestandsRW [T]: 0,49 — ZugangsRW [T]: 0,49

Elemente | Perioden | Mengen | Bestand | Pegging-Übersicht | Produktstamm

T-F112 in 1000 (Lagerfertigung)

Verf/BedD.	Ver/BedZ.	Kategorie	Zug.-/BedElmt.	Zg./BdMg.	Bestät.M...	Verfügbar	Über/Unter	Trm.-Alert
14.06.2021	23:59:59		SNP-ProdHor.					
15.06.2021	22:11:45	EISBE		42-	0	42-	42-	
16.06.2021	10:00:00	VP-BED		100-	0	142-	100-	
23.06.2021	10:00:00	VP-BED		100-	0	242-	100-	
30.06.2021	10:00:00	VP-BED		100-	0	342-	100-	
01.07.2021	00:00:00	EISBE		29	0	313-	29	
07.07.2021	10:00:00	VP-BED		100-	0	413-	100-	
01.08.2021	00:00:00	EISBE		9	0	404-	9	
09.03.2024	23:59:59		PP/DS-Horizont					
01.01.2028	00:00:00	EISBE		4	0	400-	4	

Abbildung 10.46 Produktsicht des Beispiels zur SB-Planung

10.7 Mehrstufige Sicherheitsbestandsplanung mit SAP IBP

In SAP IBP stehen Ihnen zwei Methoden für mehrstufige Sicherheitsbestände zur Verfügung. Zum einen sind hier die Demand-Driven-MRP-bezogenen Bestandspuffer zu nennen, die über den Zusammenhang der entkoppelten Wiederbeschaffungszeiten mehrstufige Abhängigkeiten einbeziehen. Zum anderen stehen Ihnen mit SAP IBP für Inventory entsprechende Algorithmen zur Verfügung, die einen mehrstufigen Sicherheitsbestand im eigentlichen Sinne ermöglichen.

10.7.1 Bestandspositionierung bzw. -dimensionierung mit SAP IBP für Demand-Driven Replenishment

Die in Abschnitt 10.5.1 bzw. Abschnitt 10.5.2 beschriebene Demand-Driven-MRP-Bestandspositionierung und -dimensionierung können Sie auch in SAP IBP durchführen. Hierfür stehen Ihnen die folgenden Planungsoperatoren zur Verfügung.

- Recommend DDMRP Buffer Levels
- Calculate Average Daily Usage
- Calculate DDMRP Buffer Levels
- Map to Decoupling Points

Die Logik baut dabei auf den vorab beschriebenen Methoden auf, wobei das SAP-IBP-System – anders als SAP S/4HANA ohne die SCM-Beratungslösungen – Bevorratungsvorschläge durch Auswertung der mehrstufigen Stücklisten- und Distributionsstrukturen erzeugt.

10.7.2 Simultane Bestandspositionierung und -dimensionierung mit SAP IBP für Inventory

Wie bereits in Abschnitt 10.4, »Sicherheitsbestände bei mehrstufigen Abhängigkeiten«, ausgeführt, bietet sich auch mit SAP-Software die Möglichkeit, im Rahmen der Disposition mehrstufige Sicherheitsbestandsberechnungen durch automatisiert ablaufende Algorithmen einfließen zu lassen. Hierfür benötigen Sie jedoch neben SAP ECC bzw. S/4HANA und/oder SAP APO auch SAP IBP für Inventory. Abbildung 10.47 zeigt die systemübergreifenden Abhängigkeiten bei der Verwendung von SAP IBP auf.

Bei Anwendung dieser Funktionalität ist der Begriff der Mehrstufigkeit nicht nur als Abbildung von Stücklistenabhängigkeiten zu verstehen, sondern es werden auch die werksübergreifenden Abhängigkeiten, wie z. B. die Lieferbeziehungen zu Distributionslagern, berücksichtigt. Dies setzt voraus, dass die entsprechenden Stücklisten sowie die Transportbeziehungen an SAP IBP übertragen worden sind, was in der Regel durch Übernahme von Stammdaten aus dem SAP-ECC- bzw. SAP-S/4HANA- bzw. SAP-

APO-System erfolgt; auch eine Übertragung über das Business Warehouse (BW) ist möglich.

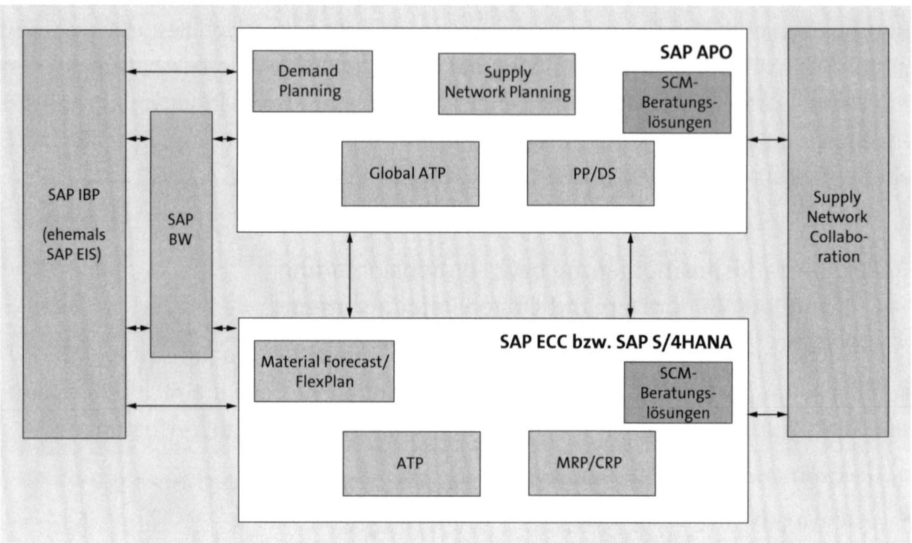

Abbildung 10.47 Systemübergreifende Abhängigkeiten beim Einsatz von SAP IBP

SAP IBP verfährt bei seiner Sicherheitsbestandsberechnung analog zu den beschriebenen Vorgehensweisen in Abschnitt 10.5, »Einstufige Sicherheitsbestandsplanung in SAP ECC und SAP S/4HANA«, und Abschnitt 10.6, »Einstufige Sicherheitsbestandsplanung in SAP APO«, auf Basis einer einstufigen Optimierung. Jedoch werden diese einstufigen Sicherheitsbestandsberechnungen durch diverse zusätzliche Berechnungen qualitativ angereichert. Hier sind insbesondere die folgenden Punkte zu nennen:

- Berücksichtigung von Nachfrageunsicherheit
  Dabei sind folgende Punkte zu berücksichtigen:
  - Korrelation der Nachfrage
  - sporadische Nachfrage
  - zeitabhängige Prognosefehler
  - Korrektur systematischer Unter- oder Überprognose
  - differenzierte Nachfragekanäle (z. B. Großhandel, Einzelhandel, Internethandel)
- Berücksichtigung von Unsicherheit bezüglich des Nachschubs (Wiederbeschaffungszeit)
- Losgrößenabhängigkeiten
- quantitative Nachschubrestriktionen
- Lagerrestriktionen

- Nachfolgeabhängigkeiten im Rahmen der Auslaufsteuerung
- zeitabhängige Stücklistenabhängigkeiten

Darüber hinaus wird programmintern ein entsprechender Algorithmus angewendet, der es ermöglicht, die oben bereits beschriebene interdependente Entscheidung über die Sicherheitsbestand führenden Objekte und die entsprechend resultierende Sicherheitsbestandshöhe simultan durch SAP IBP treffen zu lassen.

Die Ergebnisse der mehrstufigen Sicherheitsbestandsberechnung mit SAP IBP können an das jeweilige SAP-ERP-System und/oder an das SAP-APO-System zurückgegeben und dort als Grundlage für die Disposition verwendet werden. Dabei ist jedoch anzumerken, dass der volle Genauigkeitsgrad der von SAP IBP ermittelten Daten nur mit dem SAP-APO-System bzw. mit der Sicherheitsbestandssimulation vollumfänglich in die Disposition einbezogen werden kann, da SAP IBP für Inventory optimierte Sicherheitsbestände auch pro Periode liefert. Wie oben beschrieben, ist jedoch nur SAP APO bzw. die SCM-Beratungslösung Sicherheitsbestandssimulation in der Lage, diese dynamischen Sicherheitsbestände in die Disposition einfließen zu lassen.

Tabelle 10.7 gibt einen Überblick über die Unterschiede zwischen der einstufigen Sicherheitsbestandsberechnung, wie sie mit SAP ECC bzw. SAP S/4HANA und SAP APO möglich ist, und einer additiven Verwendung von SAP IBP für Inventory.

einstufige Sicherheitsbestandsplanung (SAP ECC bzw. SAP S/4HANA und SAP APO)	mehrstufige Sicherheitsbestandsplanung (SAP IBP)
Die Sicherheitsbestandshöhe wird für jede Ebene isoliert ermittelt.	Die Sicherheitsbestandshöhe wird unter Berücksichtigung der mehrstufigen Abhängigkeiten ermittelt.
Die Entscheidung über die sicherheitsbestandsführenden Objekte (Materialien bzw. Produkte) muss systemextern vom Planer getroffen werden, ist folglich Input für die Planung.	Die Entscheidung, für welche Objekte Sicherheitsbestand vorzuhalten ist, wird von SAP IBP getroffen und ist daher ein Ergebnis der Planung.
Sicherheitsbestandshöhen werden statisch ermittelt.	Sicherheitsbestandshöhen können unter Berücksichtigung der zugrunde liegenden Stochastik zeitabhängig ermittelt werden.
Eine Optimierung der Inputparameter für die Sicherheitsbestandsplanung wie z. B. der einfließenden Prognosefehler ist nur mithilfe zusätzlicher Funktionen wie dem Demand Planning möglich.	Eine Optimierung der Inputparameter für die Sicherheitsbestandsplanung wie z. B. der einfließenden Prognosefehler ist teilweise auch direkt in SAP IBP möglich.

Tabelle 10.7 Vergleich zwischen ein- und mehrstufiger Sicherheitsbestandsberechnung

10.8 Fazit

In diesem Kapitel haben wir zuerst die Aufgabe des Sicherheitsbestands, Unsicherheiten in der Disposition abzufangen, erläutert. Im Anschluss haben wir die Unsicherheiten im Dispositionsprozess beschrieben, die durch Sicherheitsbestände oder Sicherheitszeiten ausgeglichen werden müssen, um Fehlmengen zu vermeiden. Weiterhin haben wir die unterschiedlichen Servicegraddefinitionen erläutert, die bei der Berechnung des Sicherheitsbestands berücksichtigt werden können. Oftmals werden die Unterschiede zwischen den Definitionen nicht berücksichtigt, sodass die Sicherheitsbestandsberechnung auf falschen Annahmen basiert. In diesem Zusammenhang sind wir auch auf die Problematik zur Festlegung von Sicherheitsbeständen in mehrstufigen MRP-Systemen eingegangen und haben hier Entscheidungshilfen gegeben.

Des Weiteren haben wir die unterschiedlichen Möglichkeiten der Sicherheitsbestandsplanung in SAP ECC bzw. SAP S/4HANA erläutert. Dabei sind wir auf die Optionen eingegangen, den Sicherheitsbestand manuell oder automatisch zu ermitteln. Mit der Sicherheitsbestandssimulation wurde auch eine Funktion vorgestellt, mittels derer Sie eine halbautomatische Sicherheitsbestandsberechnung sowie eine Lieferbereitschaftsgradoptimierung simulativ bzw. zur Materialstammpflege einsetzen können. Ebenfalls haben wir Ihnen den zeitlichen Puffer der Bedarfsvorlaufzeit sowie die Demand-Driven-MRP-bezogenen Funktionen des SAP S/4HANA vorgestellt.

Wir sind darüber hinaus auf die Methoden eingegangen, die SAP APO bietet. Hier können die statistischen Standardmethoden, die dynamischen Standardmethoden und die erweiterten Methoden unterschieden werden. Da die Stammdaten, die Customizing-Einstellungen sowie die Berechnung bei den erweiterten Methoden sehr komplex sind, haben wir eine ausführliche Beispielrechnung eingefügt. Abschließend haben wir überblicksartig die Möglichkeiten vorgestellt, die Ihnen SAP IBP zur Verankerung einer mehrstufigen Sicherheitsbestandslogik in der Disposition bietet.

Sie sollten nun die Aufgabe des Sicherheitsbestands ebenso erfassen können wie die Unsicherheiten in der Disposition, die die Höhe des notwendigen Sicherheitsbestands beeinflussen. Auch sollten Sie in der Lage sein, eine für Ihren Anwendungsfall geeignete Servicegraddefinition auszuwählen. Sie wissen nun, dass es wichtig ist, Sicherheitsbestände nicht auf jeder Stufe Ihrer Produktstruktur zu pflegen, sondern gezielt Stufen auszuwählen. Anderenfalls können schnell überhöhte Bestände entstehen.

Dieses Wissen ist ein wichtiger Baustein für ein umfassendes Verständnis der SAP-Dispositionsparameter, die in den folgenden Kapiteln dieses Teils beschrieben werden.

Kapitel 11
Ermittlung der Bezugsquellen

Mit den Parametern der Bezugsquellenfindung geben Sie dem System vor, mit welchen der vorhandenen Bezugsquellen die auftretenden Bedarfe befriedigt werden sollen. In diesem Kapitel lernen Sie, worauf Sie bei der Bezugsquellenfindung in den unterschiedlichen SAP-Systemen achten müssen.

SAP bietet zahlreiche Systeme und Funktionen, die Sie bei der *Bezugsquellenfindung* unterstützen können. So legen Sie die Herkunft grundlegender Terminierungs- und Kostenparameter in der Disposition fest.

In diesem Kapitel stellen wir Ihnen die Beschaffungsarten in den SAP ERP-Systemen (SAP ECC und SAP S/4HANA) und in den Planungssystemen von SAP (SAP APO und SAP IBP) vor. Wir gehen dabei auf die verschiedenen Formen der Sonderbeschaffung ein und zeigen Ihnen, wie Sie die Bezugsquellenfindung automatisch vom System durchführen lassen können. Dazu erklären wir die Stammdaten der Bezugsquellen der Eigenfertigung und Fremdbeschaffung sowie die Mechanismen zur Steuerung der automatischen Auswahl.

11.1 Bezugsquellenfindung in SAP ECC und SAP S/4HANA

Im folgenden Abschnitt erklären wir die Bezugsquellenfindung in SAP ECC und SAP S/4HANA mit den verschiedenen Beschaffungsarten, den vorhandenen Stammdaten und den Auswahlmechanismen.

11.1.1 Überblick über die Beschaffungsarten in SAP ECC und SAP S/4HANA

In den SAP-ERP-Systemen gibt es drei grundsätzliche Beschaffungsarten:

- Eigenfertigung (E),
- Fremdbeschaffung (F)
- Eigen- und Fremdbeschaffung (X)

Diese können wiederum durch Sonderbeschaffungsarten genauer spezifiziert werden. Die Beschaffungsart können Sie im Customizing des Materialstamms für jede

Materialart festlegen. Damit wird beim Anlegen eines neuen Materialstamms das Feld **Beschaffungsart** auf der Registerkarte **Disposition 2** automatisch gefüllt. Anschließend kann die Beschaffungsart dort manuell überschrieben werden (siehe Abbildung 11.1).

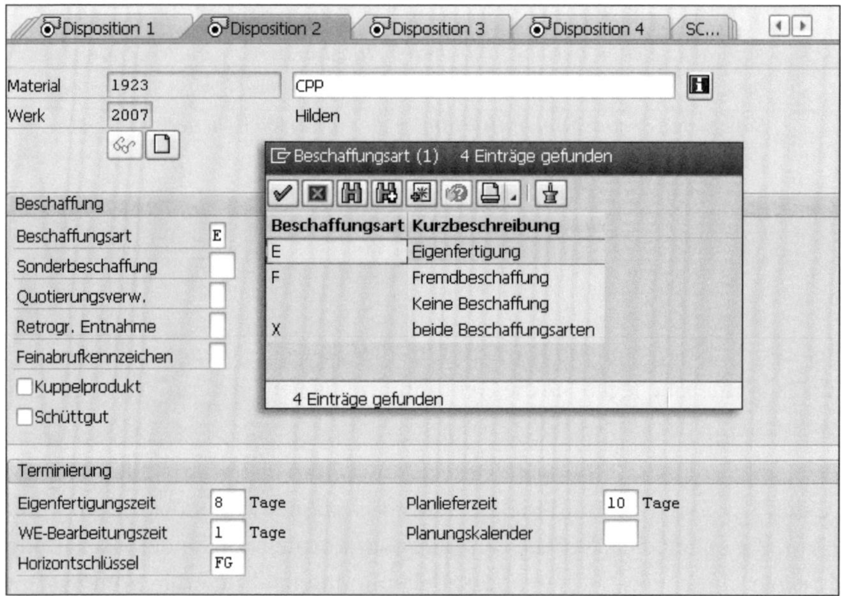

Abbildung 11.1 Beschaffungsart im Materialstamm

Im Fall der *Eigenfertigung* (E) erstellt das jeweilige SAP-ERP-System Planaufträge mit der Auflösung von Stückliste und Arbeitsplan zur Planung der Produktionsmengen. Ist die Planung abgeschlossen, können die Planaufträge durch die Disponenten in Fertigungsaufträge umgesetzt werden.

Bei der *Fremdbeschaffung* (F) erzeugt die Materialbedarfsplanung entweder einen Planauftrag oder direkt eine Bestellanforderung zur Planung der externen Beschaffung. Wird ein Planauftrag erzeugt, kann das Material erst fremdbeschafft werden, wenn die Disponenten den Planauftrag überprüft und in eine Bestellanforderung umgesetzt haben. Wird kein Planauftrag erzeugt, steht der Bestellvorschlag dem Einkauf sofort zur Verfügung. Existiert für ein Material ein Lieferplan und ist dieser im Orderbuch dispositionsrelevant gekennzeichnet, besteht zudem die Möglichkeit, bei dem Bedarfsplanungslauf direkt Lieferplaneinteilungen erzeugen zu lassen. Lieferplaneinteilungen sind im Gegensatz zu Planauftrag und Bestellanforderung feste Elemente mit verbindlichem Charakter. Ob Planaufträge, Bestellanforderungen oder Lieferplaneinteilungen erzeugt werden, hängt von verschiedenen Steuerungsparametern ab (z. B. vom Erstellungskennzeichen im Planungslauf).

Sind für ein Material sowohl Eigenfertigung als auch Fremdbeschaffung (X) möglich, kann die Beschaffungsart manuell durch Umsetzen des vom Planungslauf erzeugten Planauftrags entweder in einen Fertigungsauftrag oder in eine Bestellanforderung bestimmt werden. In diesem Fall ist es auch möglich, mithilfe einer Quotierung anteilig eine Fremdbeschaffung und eine Eigenfertigung für ein Material festzulegen. Existiert für ein Material mit Beschaffungsart X keine Quotierung, geht das System zunächst von Eigenfertigung aus, indem Planaufträge durch die Disposition erzeugt werden.

11.1.2 Formen der Sonderbeschaffung

Über den Sonderbeschaffungsschlüssel (SOBSL) in der Registerkarte **Disposition 2** können Sie für jedes Material die Beschaffungsart spezifizieren. Die Sonderbeschaffungsarten werden für Materialien in Eigenfertigung und für Materialien in Fremdbeschaffung unterschieden.

Sonderbeschaffung bei Eigenfertigung

Im Folgenden werden die Sonderbeschaffungsformen beschrieben, die für eigengefertigte Materialien verwendet werden können. Einige Sonderbeschaffungsschlüssel können für beide Beschaffungsarten verwendet werden. Diese Fälle werden ebenfalls dargestellt.

Eine *Dummy-Baugruppe* ist eine logische Zusammenfassung von Materialien. Die Gruppe von Materialien wird aus bestimmten Gründen (z. B. aus Sicht der Konstruktion) zusammengefasst und verwaltet; sie wird jedoch nicht gefertigt. Daher existieren im Normalfall keine Fertigungsaufträge, keine Rückmeldungen, und es gibt auch keine Bestandsbewegung für diese Baugruppe. Bei der Stücklistenauflösung im Plan- und Fertigungsauftrag werden Dummy-Baugruppen direkt weiter aufgelöst. Der Sekundärbedarf wird also direkt an die darunterliegende Stücklistenstufe weitergeleitet. Als Komponente wird im Fertigungsauftrag also nicht die Dummy-Baugruppe angegeben, sondern die Komponenten der Dummy-Baugruppe werden direkt angegeben. Das Customizing des Sonderbeschaffungsschlüssels für Dummy-Baugruppen ist in Abbildung 11.2 dargestellt.

Eine weitere Form der Sonderbeschaffung in Eigenfertigung ist die *Produktion in anderem Werk*. Bei dieser Art der Sonderbeschaffung werden Erzeugnisse in einem vom Planungswerk abweichenden Produktionswerk produziert. Dazu muss pro Beziehung *Planungswerk – Produktionswerk* ein Sonderbeschaffungsschlüssel gepflegt werden (siehe Abbildung 11.3).

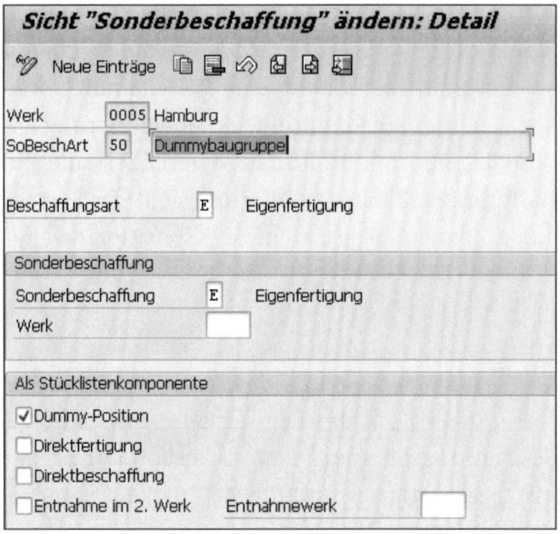

Sicht "Sonderbeschaffung" ändern: Detail

Neue Einträge

Werk 0005 Hamburg
SoBeschArt 50 Dummybaugruppe

Beschaffungsart E Eigenfertigung

Sonderbeschaffung
Sonderbeschaffung E Eigenfertigung
Werk

Als Stücklistenkomponente
☑ Dummy-Position
☐ Direktfertigung
☐ Direktbeschaffung
☐ Entnahme im 2. Werk Entnahmewerk

Abbildung 11.2 Sonderbeschaffungsschlüssel für Dummy-Baugruppe

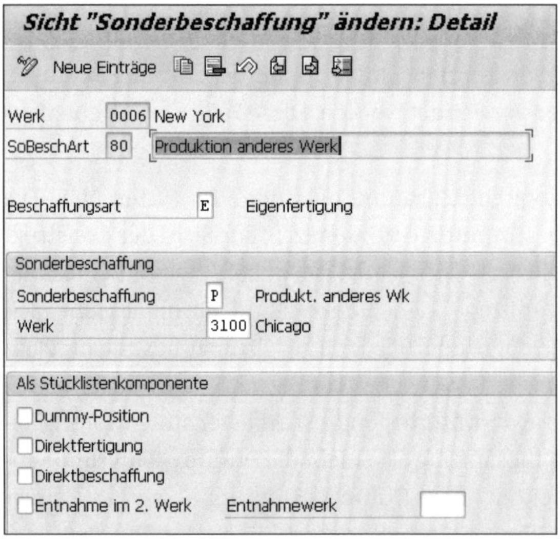

Sicht "Sonderbeschaffung" ändern: Detail

Neue Einträge

Werk 0006 New York
SoBeschArt 80 Produktion anderes Werk

Beschaffungsart E Eigenfertigung

Sonderbeschaffung
Sonderbeschaffung P Produkt. anderes Wk
Werk 3100 Chicago

Als Stücklistenkomponente
☐ Dummy-Position
☐ Direktfertigung
☐ Direktbeschaffung
☐ Entnahme im 2. Werk Entnahmewerk

Abbildung 11.3 Sonderbeschaffungsschlüssel für die Produktion in einem anderen Werk

Die Planung des Erzeugnisses wird dann im Planungswerk durchgeführt. Dabei erzeugt das System bei Bedarf einen Planauftrag für die Baugruppe im Planungswerk. Die Herstellung der Komponenten erfolgt im Produktionswerk. Somit wird die Stückliste der Baugruppe im Produktionswerk aufgelöst, und die Sekundärbedarfe werden ermittelt. Im Produktionswerk sind also Sekundärbedarfe für einen Planauftrag im Planungswerk zu sehen. Nun kann im Planungswerk der Planauftrag in einen Fertigungsauftrag umgesetzt werden. Im Produktionswerk werden Sekundärbedarfe in Reservierungen umgewandelt und die Komponenten entnommen. Der Wareneingang zum Fertigungsauftrag erfolgt jedoch im Planungswerk. Dieser Ablauf ist schematisch in Abbildung 11.4 dargestellt.

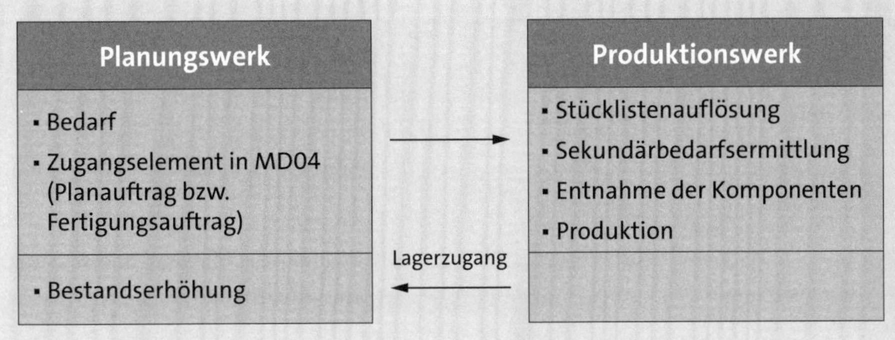

Abbildung 11.4 Ablauf bei der Produktion in anderem Werk

Eine weitere Möglichkeit der Sonderbeschaffung ist über die *Entnahme in einem anderen Werk*. Diese Art der Sonderbeschaffung ähnelt der Produktion in einem anderen Werk. Jedoch muss dieser Sonderbeschaffungsschlüssel für Komponenten und nicht für Erzeugnisse gepflegt werden. Somit werden nur bestimmte Stücklistenkomponenten einer Baugruppe in einem vom Planungswerk abweichenden Werk entnommen. Bei der Bedarfsplanung im Planungswerk erzeugt das System einen Planauftrag für die Baugruppe. Für Komponenten mit dem Sonderbeschaffungsschlüssel Entnahme in anderem Werk wird automatisch ein Sekundärbedarf im Entnahmewerk angelegt. Bei der Umsetzung des Planauftrags der Baugruppe in einen Fertigungsauftrag werden die Sekundärbedarfe der Komponenten in abhängige Reservierungen umgesetzt. Die Entnahme zum Fertigungsauftrag erfolgt für diese Komponente im Entnahmewerk. Auch in diesem Fall muss pro Beziehung *Planungswerk – Entnahmewerk* ein Sonderbeschaffungsschlüssel gepflegt werden (siehe Abbildung 11.5). Dieser ist aber nur bei der Stücklistenauflösung relevant.

Liegt ein Primärbedarf für die Komponente vor (z. B. Ersatzteilbedarf durch Kunden), wird das Material anhand der regulären Beschaffungsart entweder fremdbeschafft oder eigengefertigt. Aus diesem Grund kann der Sonderbeschaffungsschlüssel für beide Beschaffungsarten angelegt werden.

Eine weitere Form der Sonderbeschaffung bei Eigenfertigung ist die *Direktfertigung*. Bei der Auftragsanlage für ein Material, dessen Stückliste Komponenten mit einer Sonderbeschaffungsart für die Direktfertigung enthält, werden automatisch weitere Aufträge zur Fertigung dieser Komponenten angelegt. Diese Verknüpfung von Plan- oder Fertigungsaufträgen über mehrere Fertigungsstufen hinweg bezeichnet man als *Auftragsnetz*. Sekundärbedarfe und Direktfertigungsplanaufträge werden in der aktuellen Bedarfs-/Bestandsliste in einem separaten Direktfertigungsabschnitt angezeigt (siehe Abbildung 11.6).

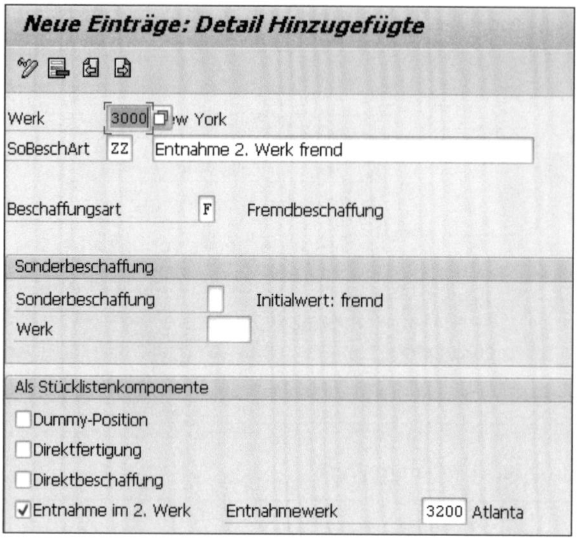

Neue Einträge: Detail Hinzugefügte

Werk 3000 New York
SoBeschArt ZZ Entnahme 2. Werk fremd

Beschaffungsart F Fremdbeschaffung

Sonderbeschaffung
Sonderbeschaffung Initialwert: fremd
Werk

Als Stücklistenkomponente
☐ Dummy-Position
☐ Direktfertigung
☐ Direktbeschaffung
☑ Entnahme im 2. Werk Entnahmewerk 3200 Atlanta

Abbildung 11.5 Sonderbeschaffungsschlüssel für Entnahme in anderem Werk

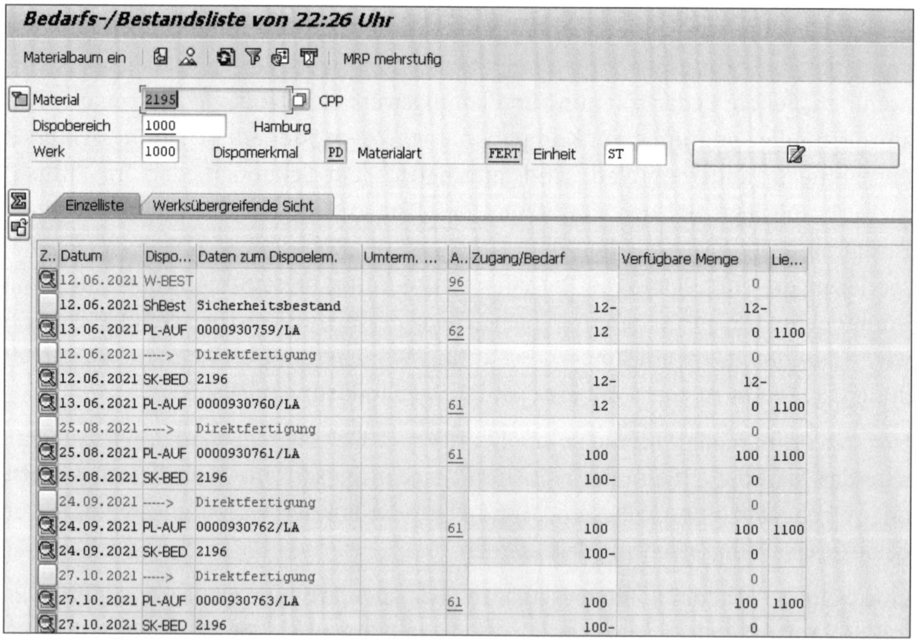

Bedarfs-/Bestandsliste von 22:26 Uhr

Materialbaum ein MRP mehrstufig

Material 2195 CPP
Dispobereich 1000 Hamburg
Werk 1000 Dispomerkmal PD Materialart FERT Einheit ST

Einzelliste | Werksübergreifende Sicht

Z..	Datum	Dispo...	Daten zum Dispoelem.	Umterm. ...	A..	Zugang/Bedarf	Verfügbare Menge	Lie...
	12.06.2021	W-BEST			96		0	
	12.06.2021	ShBest	Sicherheitsbestand			12-	12-	
	13.06.2021	PL-AUF	0000930759/LA		62	12	0	1100
	12.06.2021	----->	Direktfertigung				0	
	12.06.2021	SK-BED	2196			12-	12-	
	13.06.2021	PL-AUF	0000930760/LA		61	12	0	1100
	25.08.2021	----->	Direktfertigung				0	
	25.08.2021	PL-AUF	0000930761/LA		61	100	100	1100
	25.08.2021	SK-BED	2196			100-	0	
	24.09.2021	----->	Direktfertigung				0	
	24.09.2021	PL-AUF	0000930762/LA		61	100	100	1100
	24.09.2021	SK-BED	2196			100-	0	
	27.10.2021	----->	Direktfertigung				0	
	27.10.2021	PL-AUF	0000930763/LA		61	100	100	1100
	27.10.2021	SK-BED	2196			100-	0	

Abbildung 11.6 Transaktion MD04 bei Direktfertigung

Mit der Umsetzung des Planauftrags für das Enderzeugnis in einen Fertigungsauftrag werden automatisch auch alle Planaufträge für darunterliegende direktgefertigte Komponenten in Fertigungsaufträge umgesetzt. Die Direktfertigungsaufträge werden (selbst wenn sie fixiert sind) bei Termin- und Mengenveränderungen der übergeordneten Baugruppe angepasst, um die Konsistenz des Auftragsnetzes zu erhalten. Manuelle Änderungen werden rückgängig gemacht. Die Direktfertigung kann dabei mit der Sonderbeschaffung *Produktion in anderem Werk* kombiniert werden. Das Customizing des Sonderbeschaffungsschlüssels für Direktfertigung ist in Abbildung 11.7 dargestellt.

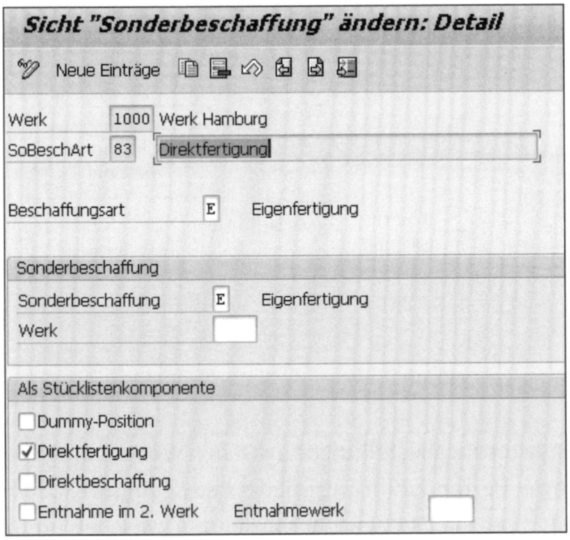

Abbildung 11.7 Sonderbeschaffungsschlüssel bei Direktfertigung

Sonderbeschaffung bei Fremdbeschaffung

In diesem Abschnitt werden die Sonderbeschaffungsarten beschrieben, die in Verbindung mit der Fremdbeschaffung relevant sind.

Bei der *Umlagerung mit Umlagerungsbestellung* werden Waren innerhalb eines Unternehmens beschafft und geliefert. Das Werk, das die Materialien benötigt, bestellt intern bei einem anderen Werk, das die Materialien liefern kann. Somit ist an diesem Umlagerungsprozess nicht nur die Bestandsführung, sondern auch der Einkauf im empfangenden Werk beteiligt. Der Prozess beginnt damit, dass im empfangenden Werk eine Umlagerungsbestellung erfasst wird (siehe Abbildung 11.8). Dann wird im abgebenden Werk ein Warenausgang mit Bezug zu dieser Umlagerungsbestellung erfasst. Die ausgebuchte Menge wird zunächst in einem speziellen Bestand, dem *Transitbestand* des empfangenden Werks, geführt. Beendet wird der Prozess durch die Buchung des Wareneingangs zur Umlagerungsbestellung im empfangenden Werk. Dabei wird die Menge vom Transitbestand in den Lagerortbestand des Werks umgebucht.

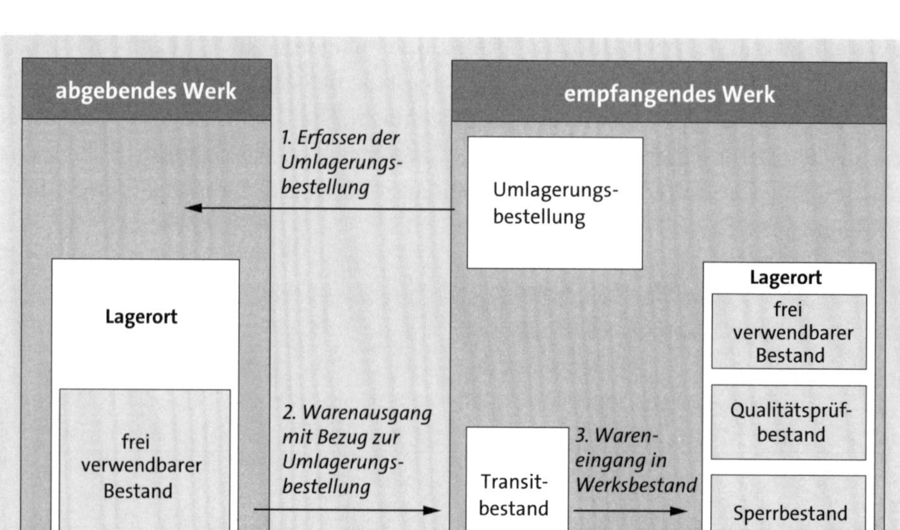

Abbildung 11.8 Ablauf mit Umlagerungsbestellung

Materialien können auch ohne Umlagerungsbestellungen zwischen Werken umgelagert werden. In diesem Fall wird in der Bestandsführung mit der Bewegungsart 301 direkt von Werk zu Werk umgebucht. Für jede Umlagerungsbeziehung zwischen empfangendem und abgebendem Werk muss wieder ein Sonderbeschaffungsschlüssel im Customizing angelegt werden (siehe Abbildung 11.9).

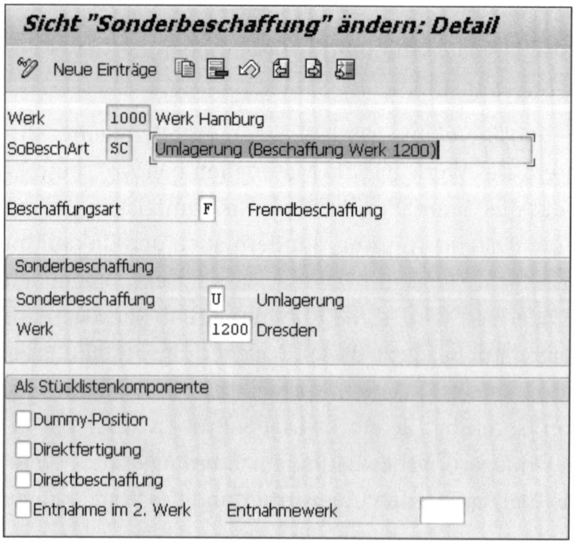

Sicht "Sonderbeschaffung" ändern: Detail

Neue Einträge

Werk 1000 Werk Hamburg
SoBeschArt SC Umlagerung (Beschaffung Werk 1200)

Beschaffungsart F Fremdbeschaffung

Sonderbeschaffung

Sonderbeschaffung U Umlagerung
Werk 1200 Dresden

Als Stücklistenkomponente

☐ Dummy-Position
☐ Direktfertigung
☐ Direktbeschaffung
☐ Entnahme im 2. Werk Entnahmewerk

Abbildung 11.9 Sonderbeschaffungsschlüssel für Umlagerung

Mit der SAP-ECC- bzw. SAP-S/4HANA-basierten SCM-Beratungslösung *Werksübergreifende Planung* (engl. Cross-Plant Planning, CPP) besteht die Möglichkeit, ohne eine explizite Zuordnung von Sonderbeschaffungsschlüsseln im Materialstamm automatisiert auf Basis der aktuellen Bestandssituation und vergangenen Verbrauchscharakteristik Umlagerungsbestellungen anzulegen (engl. *Inventory (Re-)Balancing*).

SCM-Beratungslösung Werksübergreifende Planung

Mehr Informationen zum Einsatz der SCM-Beratungslösung Werksübergreifende Planung finden Sie in SAP-Hinweis 1649107 oder Sie schreiben eine E-Mail an *scm-consulting-solutions@sap.com*.

Diese Funktion, die als Nachläuferreport zum Materialbedarfsplanungslauf eingesetzt wird, identifiziert durch eine vorgelagerte Analyse, welche Bestände anderer Werke potenziell für eine Umlagerung in Frage kommen. Hier kann bspw. das Kriterium des *Lagerhüterbestands* eingesetzt werden. Auf diese Weise wird Bestand identifiziert, der sich seit einem bestimmten Datum in einem Werk nicht mehr geändert hat. Von diesem Bestand wird angenommen, dass er im entsprechenden Werk (kurzfristig) nicht mehr benötigt wird, sodass er potenziell für eine Umlagerung zur Verfügung steht.

Die Funktion der werksübergreifenden Planung identifiziert nun im Falle einer extern gerichteten Bestellanforderung oder eines entsprechenden Planauftrags für das gleiche Material in einem anderen Werk diesen potenziell verfügbaren Bestand, legt im Anschluss an den MRP-Lauf automatisch eine Umlagerungsbestellung anstelle der extern gerichteten Bestellanforderungen oder Planaufträge an und erneuert die Dispositionsliste. Die Lieferzeiten zwischen den Werken können Sie vorab im System hinterlegen. In Abbildung 11.10 sehen Sie den Ergebnisbildschirm der werksübergreifenden Planung.

CPP Tabellen

- CPP Tabellen
  - Planauftrag
  - Bestellanforderung
  - Summe der Planaufträge und Bes
  - verfügbare Materialien aus MAR
  - MATERIALIEN DEREN LETZTE BEW.
  - verfügbarer Bestand aus MARD
  - Lieferzeiten von Werk zu Werk
  - umgelagerte Materialien

Lieferzeiten von Werk zu Werk

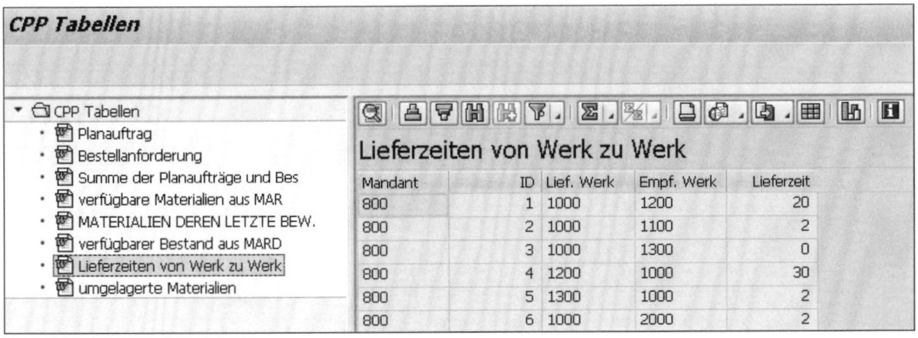

Mandant	ID	Lief. Werk	Empf. Werk	Lieferzeit
800	1	1000	1200	20
800	2	1000	1100	2
800	3	1000	1300	0
800	4	1200	1000	30
800	5	1300	1000	2
800	6	1000	2000	2

Abbildung 11.10 Ergebnisbildschirm der werksübergreifenden Planung

Die Disponenten des abgebenden Werkes haben allerdings die Möglichkeit, den Bestand einer Material-Werkskombination als strategisch zu kennzeichnen und somit gewissermaßen vorab ihr Veto gegen die Umlagerung auszusprechen. Somit ist sichergestellt, dass diese Zusatzfunktion zum MRP nicht ungewollt Bestand umlagert, der im aktuellen Werk verbleiben soll.

Bei der Sonderbeschaffungsart *Lohnbearbeitung* wird ein Material von einem externen Lieferanten bezogen. Im Gegensatz zu einem normalen Fremdbeschaffungsprozess müssen dem Lieferanten, auch Lohnbearbeiter genannt, die Komponenten für die Fertigung des Materials teilweise oder vollständig zur Verfügung gestellt werden.

Für das Endprodukt wird eine *Lohnbearbeitungsbestellung* erstellt, die nicht nur Informationen über das zu liefernde Material, sondern auch Angaben über die dem Lohnbearbeiter beizustellenden Komponenten enthält.

Die Beistellung wird im jeweiligen SAP-ERP-System über eine Umbuchung abgebildet. Die beigestellten Materialien befinden sich zwar physisch nicht mehr im Unternehmen, werden aber trotzdem im Bestand geführt. Die Anzeige dieses Bestands erfolgt unter der Sonderbestandsform *Lieferantenbeistellbestand*. Wenn der Lohnbearbeiter seine Leistung erbracht hat, liefert er das gefertigte oder veredelte Material. Der Wareneingang wird auch hier mit Bezug zur (Lohnbearbeitungs-)Bestellung erfasst. Dadurch kann nicht nur der Zugang der Endprodukte, sondern auch der Verbrauch der Komponenten aus dem Lohnbeistellbestand korrekt verbucht werden. Abschließend stellt der Lohnbearbeiter seine erbrachte Leistung in Rechnung. In diesem Fall muss nur ein Sonderbeschaffungsschlüssel pro Werk angelegt werden (siehe Abbildung 11.11). Der Lieferant wird später über die Bezugsquellen der Fremdbeschaffung bestimmt.

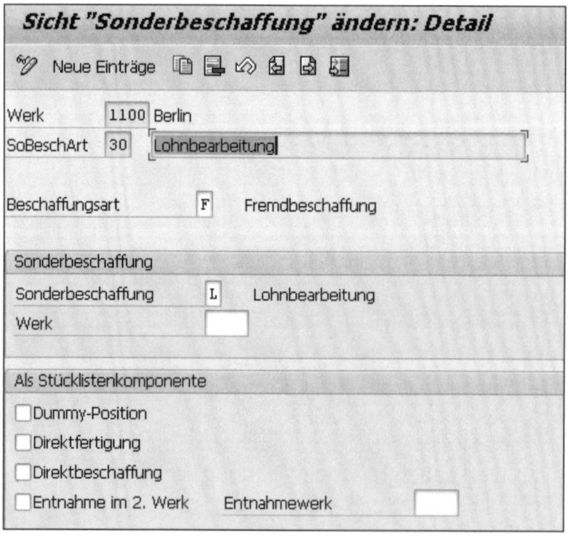

Abbildung 11.11 Sonderbeschaffungsschlüssel für Lohnbearbeitung

Eine weitere Form der Sonderbeschaffung bei Fremdbeschaffung ist die *Lieferantenkonsignation*. Dabei stellt ein Lieferant Material zur Verfügung, das bereits vor Ort im Werk lagert, aber noch nicht bezahlt werden muss. Der Lieferant bleibt so lange Eigentümer des Materials, bis etwas aus dem Konsignationslager entnommen wird. Erst durch die Entnahme entsteht eine Verbindlichkeit gegenüber dem Lieferanten. Die Abrechnung der Entnahmen wird nach vereinbarten Perioden fällig, z. B. monatlich.

Material kann vom Lieferanten per Konsignationsbestellung angefordert werden. Wenn die Lieferung des Materials erfolgt, wird der Wareneingang mit Bezug auf die Konsignationsbestellung gebucht. Damit ist der Beschaffungsprozess abgeschlossen, da die Bezahlung des Materials nicht mit der Lieferung, sondern erst mit der Entnahme fällig wird. Auch in diesem Fall muss nur ein Sonderbeschaffungsschlüssel für die Konsignation angelegt werden (siehe Abbildung 11.12).

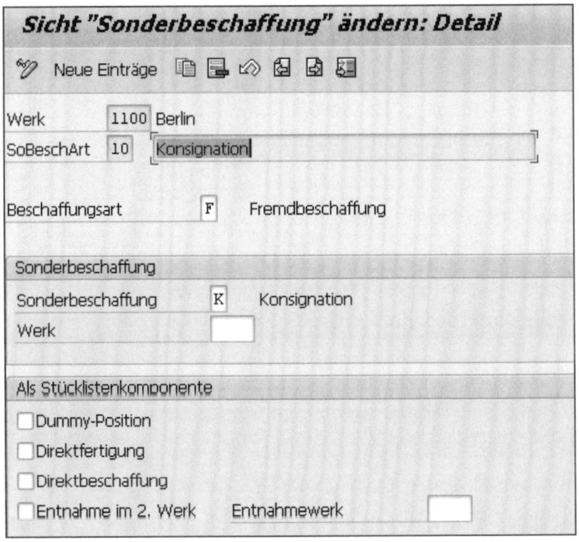

Abbildung 11.12 Sonderbeschaffungsschlüssel für Konsignation

Mit der *Direktbeschaffung* können Stücklistenkomponenten am Lager vorbei direkt für einen Planauftrag bestellt werden. Die Bedarfsplanung erzeugt hierbei für Materialien Sekundärbedarfe und gleichzeitig Direktbeschaffungsplanaufträge oder Direktbeschaffungsbestellanforderungen. Diese werden in der Bedarfs-/Bestandsliste in einem separaten Direktbeschaffungsabschnitt angezeigt (siehe Abbildung 11.13). Dieses Verfahren ähnelt der Direktfertigung bei der Eigenfertigung.

Mit der Umsetzung des Planauftrags für das Enderzeugnis in einen Fertigungsauftrag werden automatisch auch alle Planaufträge für darunterliegende direktbeschaffte Komponenten in Bestellanforderungen umgesetzt. Direktbeschaffungsplanaufträge und Direktbeschaffungsbestellanforderungen werden, selbst wenn sie fixiert sind, an Termin- und Mengenveränderungen bei der übergeordneten Baugruppe angepasst, um Inkonsistenzen in der Planung zu vermeiden. Manuelle Änderungen werden damit rückgängig gemacht. Abbildung 11.14 zeigt das Customizing des Sonderbeschaffungsschlüssels für die Direktbeschaffung.

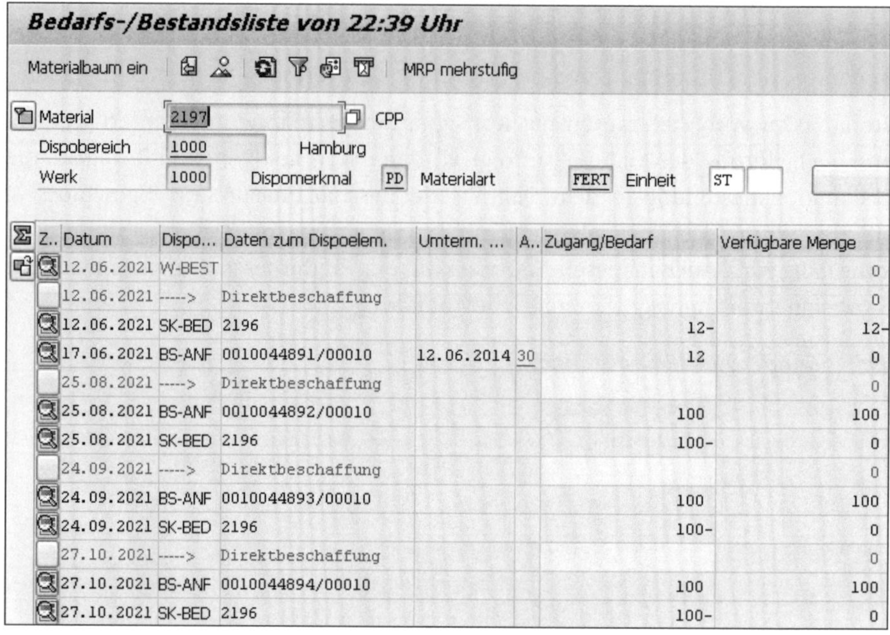

Bedarfs-/Bestandsliste von 22:39 Uhr

Materialbaum ein | MRP mehrstufig

Material 2197 CPP
Dispobereich 1000 Hamburg
Werk 1000 Dispomerkmal PD Materialart FERT Einheit ST

Z..	Datum	Dispo...	Daten zum Dispoelem.	Umterm. ...	A..	Zugang/Bedarf	Verfügbare Menge
	12.06.2021	W-BEST					0
	12.06.2021	----->	Direktbeschaffung				0
	12.06.2021	SK-BED	2196			12-	12-
	17.06.2021	BS-ANF	0010044891/00010	12.06.2014	30	12	0
	25.08.2021	----->	Direktbeschaffung				0
	25.08.2021	BS-ANF	0010044892/00010			100	100
	25.08.2021	SK-BED	2196			100-	0
	24.09.2021	----->	Direktbeschaffung				0
	24.09.2021	BS-ANF	0010044893/00010			100	100
	24.09.2021	SK-BED	2196			100-	0
	27.10.2021	----->	Direktbeschaffung				0
	27.10.2021	BS-ANF	0010044894/00010			100	100
	27.10.2021	SK-BED	2196			100-	0

Abbildung 11.13 Transaktion MD04 bei Direktbeschaffung

Sicht "Sonderbeschaffung" ändern: Detail

Neue Einträge

Werk 1000 Werk Hamburg
SoBeschArt 51 Direktbeschaffung / Fremdbezug

Beschaffungsart F Fremdbeschaffung

Sonderbeschaffung
Sonderbeschaffung Initialwert: fremd
Werk

Als Stücklistenkomponente
☐ Dummy-Position
☐ Direktfertigung
☑ Direktbeschaffung
☐ Entnahme im 2. Werk Entnahmewerk

Abbildung 11.14 Sonderbeschaffungsschlüssel für Direktbeschaffung

11.1.3 Bezugsquellen in der Eigenfertigung

Für jeden neuen Planauftrag werden bei der Eigenfertigung die Stückliste und der Arbeitsplan im Planungslauf aufgelöst. Alternativ kann auch eine Fertigungsversion bestimmt werden, in der sowohl der zu verwendende Arbeitsplan als auch die Stückliste festgelegt sind.

Auswahl der Stückliste

Bei der Stücklistenauswahl prüft das System im Planungslauf zunächst, welche Stücklistenverwendung die höchste Priorität hat. Die Prioritätenreihenfolge kann im Customizing der Bedarfsplanung pro Werk festgelegt werden. Eine typische Reihenfolge ist, dass zuerst nach einer Fertigungsstückliste und dann nach einer Universalstückliste gesucht wird. Für die festgelegten Verwendungen wird der Reihe nach geprüft, ob es eine gültige Stückliste zum Auflösungstermin gibt. Ist dies nicht der Fall, wird eine Ausnahmemeldung erzeugt.

Falls es verschiedene Stücklisten gibt, muss geprüft werden, welche Liste die Voraussetzungen der Alternativenauswahl erfüllt. In SAP ECC stehen drei Möglichkeiten zur Verfügung, die im Materialstamm auf der Registerkarte **Disposition 4** der Baugruppe ausgewählt werden können (siehe Abbildung 11.15).

- **Auswahl nach Auftragsmenge**
  Die Auftragsmenge orientiert sich an der Losgröße entsprechend dem gewählten Losgrößenverfahren. Der Losgrößenbereich der Alternative einer Mehrfachstückliste wird im Stücklistenkopf festgelegt.
- **Auswahl nach Auflösungstermin**
  Der Auflösungstermin ist der Termin, mit dem für einen Planauftrag die gültige Stückliste (bzw. der gültige Arbeitsplan) ermittelt wird. Im Customizing kann definiert werden, ob als Auflösungstermin der Eckstarttermin, Eckendtermin oder der Bruttotermin der Seriennummer gewählt wird.
- **Auswahl (zwingend) nach Fertigungsversion**
  Die Fertigungsversion bestimmt die verschiedenen Fertigungstechniken, nach denen ein Material gefertigt werden kann. Die Fertigungsversion enthält somit einen Arbeitsplan und eine Stückliste. Das System prüft beim Planungslauf, ob eine Fertigungsversion zur Menge und zum Termin des Planauftrags passt. Dabei werden zwei Fälle unterschieden:
  - Auswahl nach Fertigungsversion
    Bei dieser Option erfolgt die Auswahl gemäß Fertigungsversion. Ist jedoch keine gültige Fertigungsversion selektierbar, wird eine Auswahl nach Auftragsmenge durchgeführt.

- Auswahl zwingend nach Fertigungsversion
  Bei dieser Option erfolgt die Auswahl zwingend nach Fertigungsversion. Kann keine gültige Fertigungsversion gefunden werden, wird keine Stückliste zugeordnet.

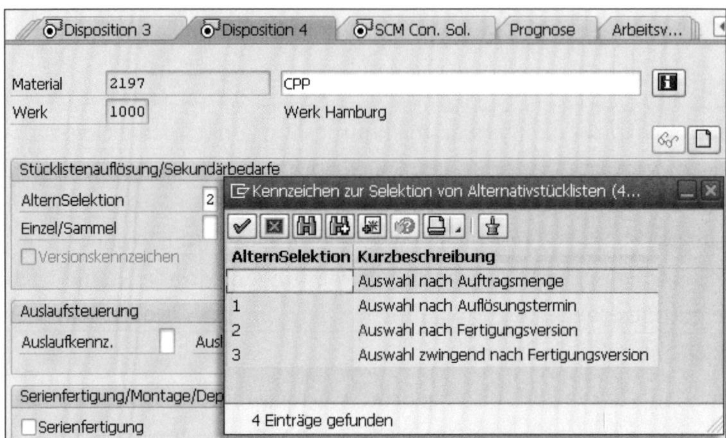

Abbildung 11.15 Alternativenselektion bei Mehrfachstücklisten

Eine andere Möglichkeit besteht darin, mithilfe der Quotierung, die im Rahmen der Fremdbeschaffung in Abschnitt 11.1.4, »Bezugsquellen in der Fremdbeschaffung«, näher beschrieben wird, die Auswahl der Fertigungsversion festzulegen. Mit dem Kennzeichen 3 erfolgt die Selektion dabei zwingend nach Fertigungsversion. Mit dem Kennzeichen 2 wird, wenn möglich, nach Fertigungsversion ausgewählt, sonst gemäß der Losgröße.

[»]

Fertigungsversionspflicht in SAP S/4HANA

In SAP S/4HANA erfolgt die Auswahl der Bezugsquelle immer zwingend über die Fertigungsversion.

Zur ausgewählten Stücklistenalternative wird nun bei änderungsverwalteten Stücklisten der Änderungsstand zum Auflösungstermin bestimmt.

Auswahl des Arbeitsplans

Für die Auswahl des Arbeitsplans ist ebenfalls das bereits beschriebene Kennzeichen Alternativenselektion im Materialstamm (Registerkarte **Disposition 4**) entscheidend.

Ist dieses Kennzeichen mit dem Wert »2« oder »3« besetzt (Stücklistenalternativenauswahl nach Fertigungsversion), wird auch der Arbeitsplan wie bei der Stückliste gemäß der selektierten Fertigungsversion ausgewählt. Ist das Kennzeichen »blank« oder »1«, entscheidet die Selektions-ID der Arbeitsplanselektion, die im Customizing der Bedarfsplanung für die Feinterminierungsebene der Planaufträge festgelegt ist. Für eine bestimmte Selektions-ID können Sie im Customizing wiederum eine Reihenfolge aus Plantyp, Verwendung und Status vorgeben. Dieser Ablauf ist in Abbildung 11.16 noch einmal zusammengefasst.

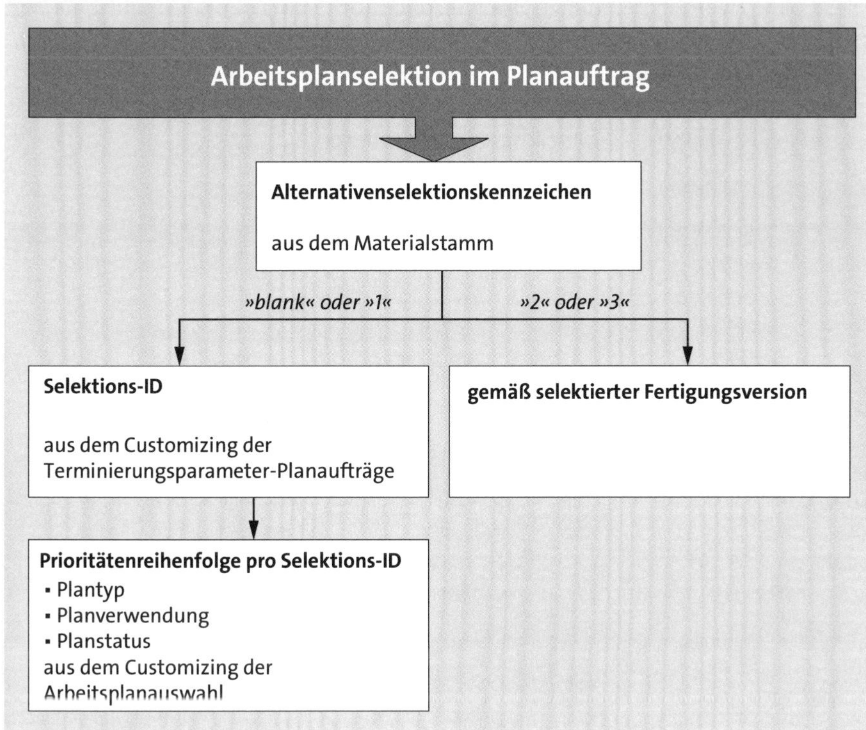

Abbildung 11.16 Arbeitsplanselektion bei der Bedarfsplanung

Die Auflösungstermine der Stückliste und des Arbeitsplans sind identisch. Im Falle eines änderungsverwalteten Arbeitsplans wird der Änderungsstand zum Auflösungstermin herangezogen.

Um die Arbeitsplanauswahl überprüfen zu können, werden auf der Sicht **Feinterminierung** eines Planauftrags die ausgewählte Plangruppe und der Plangruppenzähler des Arbeitsplans sowie dessen Terminierungs- und Kapazitätsbedarfe angezeigt.

11.1.4 Bezugsquellen in der Fremdbeschaffung

Es gibt in SAP ECC und SAP S/4HANA für die Fremdbeschaffung verschiedene Stammdaten, um die Verbindung von einem Material zu einem bestimmten Lieferanten abzubilden. Die einfachste Möglichkeit bietet der Einkaufsinformationssatz. Als weitere Möglichkeiten gibt es die Rahmenverträge mit den Formen *Lieferplan* und *Kontrakt*. Diese Möglichkeiten werden im Folgenden beschrieben.

Einkaufsinformationssatz

Ein *Einkaufsinformationssatz* (kurz: Infosatz) gehört zu den einfachsten Stammdaten des Einkaufs (Modul MM). Er stellt eine Verbindung von einem Material zu einem Lieferanten her und enthält wichtige Daten für diese Beziehung, wie z. B. Planlieferzeiten. Diese Daten werden bei Anlage einer Bestellanforderung oder Bestellung als Vorschlagswerte in den Beleg übernommen. In Abbildung 11.17 sehen Sie ein Beispiel für einen Einkaufsinformationssatz.

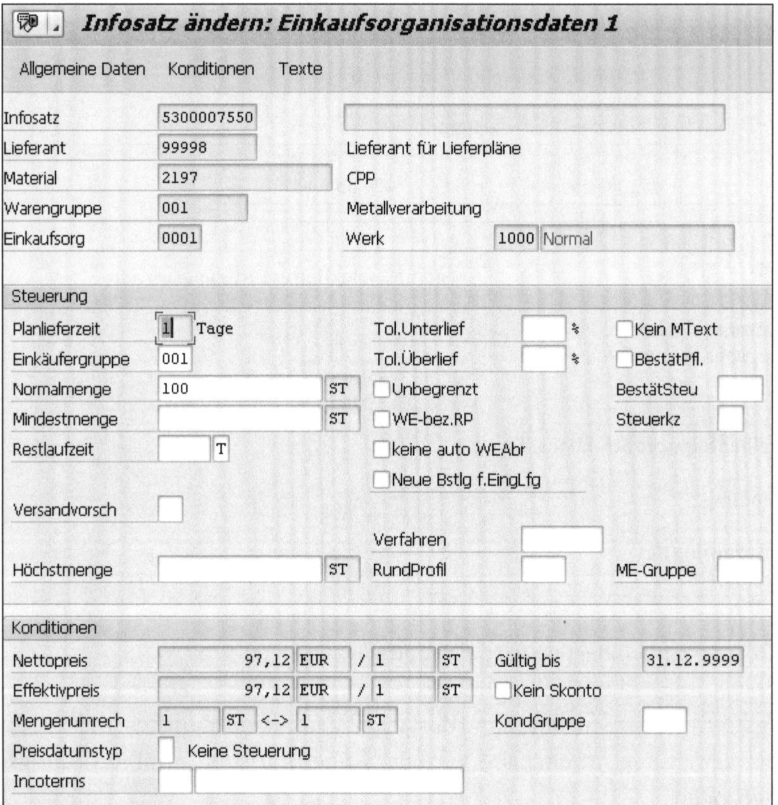

Abbildung 11.17 Einkaufsinformationssatz

Rahmenverträge

Mit einem *Rahmenvertrag* schließen Sie eine längerfristige Vereinbarung mit einem Lieferanten über die Lieferung von Materialien oder die Erbringung von Dienstleistungen zu festgelegten Konditionen. Diese gelten für einen definierten Zeitraum und eine definierte Gesamtabnahmemenge oder für einen bestimmten Gesamtabnahmewert. Ein Rahmenvertrag kann ein Kontrakt oder ein Lieferplan sein. Es gibt zwei wesentliche Unterschiede zwischen den beiden Bezugsquellen: das Belegvolumen und die Verwendung in der automatischen Disposition.

Beim *Kontrakt* wird für jeden Abruf in der Regel eine neue Bestellung im System angelegt. Beim *Lieferplan* hingegen gibt es zusätzlich zum Vertragsbeleg nur noch einen weiteren Beleg: die Lieferplaneinteilung (siehe Abbildung 11.18). Diese ist Bestandteil des Lieferplans und wird immer um die neuen Bedarfsmengen und -termine erweitert. Das Arbeiten mit Lieferplänen bedeutet somit weniger Bearbeitungszeit und weniger Belegvolumen. Zusätzlich haben die Lieferanten langfristige Abnahmezusagen und können dadurch günstigere Konditionen mit ihren Vorlieferanten aushandeln und weitergeben. Außerdem können sie kontinuierlich produzieren und ihre Prozesse automatisieren.

Lieferplaneinteilung pflegen : Einteilungen Position 00010

Vertrag	5500002175	Menge	697 ST
Material	2198	CPP	
Letzte Übermtlg	00:00:00	Nächste Übermittlg-Nr.	1
WareneingangsFZ	0	Alte WE-FZ	0

T	Lieferdatum	Einteilungsmenge	Uhr...	F	E	Stat.LfDat	Banf	Pos.	Einteilungs-FZ	Vorige FZ	Ein...	Vorige Menge	WE-Menge	A...	Fi...	Offene Menge
T	31.08.2021	100			R	31.08.2021			100		1				☑	100
T	30.09.2021	95			R	30.09.2021			195		2				☑	95
T	31.10.2021	88			R	31.10.2021			283		3				☑	88
T	30.11.2021	109			R	30.11.2021			392		4				☑	109
T	05.01.2022	130			R	05.01.2022			522		5				☑	130
T	31.01.2022	76			R	31.01.2022			598		6				☑	76
T	.02.2022	99			R	28.02.2022			697		7				☑	99

Abbildung 11.18 Lieferplaneinteilungen

Lieferplaneinteilungen können automatisch im Bedarfsplanungslauf erzeugt werden. Das manuelle Umwandeln von Beschaffungsvorschlägen entfällt dadurch. Die Lieferplaneinteilung kann dabei so gesteuert werden, dass automatisch eine Nachricht erzeugt und an den Lieferanten übermittelt wird. Es gibt einige Voraussetzungen für die automatischen Lieferplaneinteilungen.

- Der Lieferplan muss im Orderbuch als Bezugsquelle für die Disposition eindeutig gekennzeichnet sein (Dispokennzeichen 2).
- In den Dispositionsdaten des Materialstammsatzes muss das Beschaffungskennzeichen »F« gesetzt sein (in Verbindung mit einer Quotierung ist auch »X« möglich).
- Im Planungslauf müssen automatische Lieferplaneinteilungen zugelassen sein. Das Kennzeichen **Automatische Lieferplaneinteilungen** steuert, für welchen Zeitraum Lieferplaneinteilungen erzeugt werden sollen.

Bezugsquellenfindung

Existieren für ein Material mehrere Bezugsquellen, ist eine automatische Bezugsquellenfindung entweder über das Orderbuch oder über die Kombination von

Quotierung und Orderbuch möglich. Dies ist insbesondere dann sinnvoll, wenn z. B. unterschiedliche Planlieferzeiten bei den Bezugsquellen vorliegen.

Daher beschreiben wir im Folgenden zunächst die Stammdaten Orderbuch und Quotierung. Anschließend erklären wir, wie die automatische Bezugsquellenfindung im Planungslauf mithilfe dieser Stammdaten abläuft.

Mithilfe des *Orderbuchs* werden Bezugsquellen eines Materials für ein Werk verwaltet. In einem Orderbuch können für ein Werk die für einen bestimmten Zeitraum erlaubten Bezugsquellen eines Materials eingetragen werden. Orderbucheinträge werden bei der automatischen Bezugsquellenermittlung im Einkauf bei der Bestellungsanlage und auch bei der Bedarfsplanung berücksichtigt. Im Materialstamm unter den Einkaufsdaten kann für ein Material die Orderbuchpflicht eingestellt werden. Dieses Material darf dann nur bei Bezugsquellen beschafft werden, die im Orderbuch als gültig eingetragen sind. Die Orderbuchpflicht kann im Customizing auch für ein Werk definiert werden, sodass für alle fremdbeschafften Materialien Orderbücher gepflegt werden müssen.

Für die Bezugsquellenermittlung im Einkauf können Sie entscheiden, ob eine Bezugsquelle in einem bestimmten Zeitraum bevorzugt werden soll (Kennzeichen **Fix**) oder ob ein Lieferant gesperrt ist. Für den Planungslauf ist jedoch das Kennzeichen **Disporelevant** bedeutend. Bei der maschinellen Bedarfsplanung kann nur dann eine Bestellanforderung mit Bezugsquelle erzeugt werden, wenn im Orderbuch des Materials ein gültiger Eintrag mit dem Kennzeichen **Disporelevant** gleich »1« oder »2« enthalten ist (siehe Abbildung 11.19).

Abbildung 11.19 Beispiel »Orderbuch«

Mithilfe der *Quotierung* erweitern sich die Möglichkeiten der Bezugsquellenzuordnung bei der automatischen Bezugsquellenfindung. Über das Quotierungsverwendungskennzeichen im Materialstammsatz (Registerkarte **Einkauf** bzw. **Disposition 2**) wird festgelegt, dass ein Material quotiert werden kann und in welchen betriebswirtschaftlichen Anwendungsbereichen die Quotierung verwendet wird. Das Quotierungsverwendungskennzeichen definieren Sie im Customizing des Einkaufs. Zusätzlich sind die Parameter der Quotierung in der Quotendatei zu pflegen. Bei Bezugsquellen der Fremdbeschaffung ist außerdem ein Orderbucheintrag notwendig; hierbei ist das Kennzeichen **Disporelevant** zu beachten. Wenn es eine Quotierung für ein Material gibt, hat sie bei der Bezugsquellenermittlung im SAP-ECC-System die höchste Priorität.

Mögliche Bezugsquellen im Rahmen der Quotierung können sowohl Fremdbeschaffungs- als auch Eigenfertigungsbezugsquellen sein:

- Lieferanten
- Rahmenverträge (mit Orderbucheintrag)
- andere Werke
- Sonderbeschaffungsarten
- Fertigungsversionen

Soll ein bestimmtes Material innerhalb eines Zeitraums von verschiedenen Bezugsquellen bezogen werden, können Sie die Auswahl der einzelnen Bezugsquellen mittels der Quote steuern. Die Quote gibt an, welcher Anteil des anfallenden Bedarfs von welcher Bezugsquelle beschafft werden soll. Die Mengenanteile werden dabei als eine dimensionslose Zahl in der Quotierungsposition der Quotendatei gepflegt. Das folgende Beispiel verdeutlicht, wie die Quote verwendet wird, um den Mengenanteil einer Bezugsquelle festzulegen.

Quotierung von Lieferanten mittels Quote

In einer Quotierung soll die Auswahl von zwei Lieferanten über bestimmte Anteile gesteuert werden. Lieferant A soll dabei zwei Drittel der auftretenden Bedarfsmengen befriedigen, während Lieferant B lediglich ein Drittel der Bedarfsmengen abdecken soll. In der Quotierung werden nun die folgenden Daten hinterlegt:

- Quote Lieferant A: 2
- Quote Lieferant B: 1

Das gleiche Quotierungsergebnis würde erzielt, wenn für Lieferant A eine Quote von 6 und für Lieferant B eine Quote von 3 gepflegt würde. Der Anteil einer Bezugsquelle innerhalb einer Quotierung kann demnach mittels nachfolgender Formel berechnet werden:

$$\textit{Mengenanteil der Bezugsquelle} = \frac{\textit{Quote der Bezugsquelle}}{\textit{Summe der Quoten aller Bezugsquellen}}$$

Wenn auf Basis einer Quotierung einem Beschaffungsvorschlag eine Bezugsquelle zugeordnet wird, aktualisiert das jeweilige SAP-ERP-System (SAP ECC bzw. SAP S/4HANA) automatisch die quotierte Menge, also die gesamte bisher einer Bezugsquelle zugeordnete Menge. Diese bildet die Berechnungsgrundlage für eine Entscheidung über die Zuordnung weiterer Beschaffungsvorschläge.

Bei der Quotierung im SAP-ERP-System (SAP ECC bzw. SAP S/4HANA) wird unterschieden zwischen der Zuteilungsquotierung und der Splittungsquotierung. Die *Zuteilungsquotierung* ordnet jedes Los exakt einer Bezugsquelle zu, wobei die Entscheidung über die Zuteilung anhand der niedrigsten Quotenzahl getroffen wird. Die Quotenzahl wird gemäß folgender Formel berechnet:

$$Quotenzahl = \frac{Quotierte\ Menge + (Quotenbasismenge)}{Quote}$$

Ermittlung der Quotenzahlen

Das folgende Beispiel verdeutlicht die Vorgehensweise bei der Bestimmung der Quotenzahl.

Es tritt ein Bedarf in Höhe von 60 Mengeneinheiten auf. Tabelle 11.1 zeigt die Quoten und quotierten Mengen für die Lieferanten A und B sowie die errechnete Quotenzahl:

Lieferant	Quote	quotierte Menge	Quotenbasis	Quotenzahl
A	10	50	–	5
B	30	300	–	10

Tabelle 11.1 Ermittlung einer Quotenzahl (Beispiel)

Der Lieferant A würde aufgrund seiner niedrigeren Quotenzahl höher priorisiert. Ein weiterer eintreffender Bedarf in Höhe von 100 Mengeneinheiten würde wie in Tabelle 11.2 beurteilt:

Lieferant	Quote	quotierte Menge	Quotenbasis	Quotenzahl
A	10	110	–	11
B	30	300	–	10

Tabelle 11.2 Ermittlung einer Quotenzahl 2 (Beispiel)

Da Lieferant B nun die niedrigere Quotenzahl aufweist, würde dieser Lieferant höher priorisiert.

Die *Quotenbasismenge* kann in der Quotierungsposition gepflegt werden. Mit ihr lässt sich die Quotierung steuern, ohne eine Änderung der eigentlichen Quote zu verursachen. Diese Art der Steuerung ist notwendig, wenn eine neue Bezugsquelle in die Quotierung aufgenommen wird, zur nachträglichen Steuerung bei bereits vorhandenen quotierten Mengen oder zum Ausgleich bei sich ändernden Quoten.

[zB]

Nachträgliche Aufnahme einer neuen Bezugsquelle

Das folgende Beispiel verdeutlicht, wie die nachträgliche Aufnahme einer neuen Bezugsquelle über die Quotenbasis gesteuert wird.

In einer Quotierung sind zu einem Lokationsprodukt drei Lieferanten mit einem Einsatzverhältnis von jeweils 33,3 % eingetragen, die jeweils bereits 100 Mengeneinheiten des betreffenden Produkts geliefert haben. Hierdurch ergibt sich eine quotierte Menge von jeweils 100 Mengeneinheiten. Nun soll nachträglich ein vierter Lieferant in die Quotierung aufgenommen werden. Da dieser Lieferant aufgrund seiner verspäteten Aufnahme eine quotierte Menge von »0« aufweist, wird für ihn im nächsten Bezugsquellenfindungslauf die niedrigste Quotenzahl aller vier Lieferanten ermittelt. Daher würde für die folgenden Beschaffungsvorschläge dieser Lieferant so lange ausgewählt, bis er mindestens eine quotierte Menge von 100 Mengeneinheiten aufweist.

Soll jedoch das Einsatzverhältnis der Lieferanten für die nachfolgend anzulegenden Beschaffungsvorschläge jeweils 25 % betragen, muss für den neu hinzugefügten Lieferanten über die Quotenbasis erreicht werden, dass die Quotenzahl dieses Lieferanten nicht niedriger ist als bei den anderen vorhandenen Bezugsquellen. Daher müssen in diesem Fall als Quotenbasis für den vierten Lieferanten ebenfalls 100 Mengeneinheiten eingetragen werden.

Die *Splittungsquotierung* verteilt die Menge eines anzulegenden Beschaffungsvorschlags auf verschiedene Bezugsquellen. Den Materialien, die mit dieser Quotierungsart geplant werden sollen, müssen Sie im Materialstamm ein Losgrößenverfahren mit Splittungsquote zuordnen (siehe hierzu Kapitel 9, »Beschaffungsmengenermittlung«). Welche Menge einer Bezugsquelle zugeteilt wird, ermittelt man anhand der folgenden Formel:

$$\textit{Menge für Beschaffungsquelle } x = \frac{\textit{Quote Bezugsquelle } x \times \textit{Bedarfsmenge}}{\textit{Summe aller Quoten}}$$

Dabei wird in der durch die Quote festgelegten Reihenfolge absteigend gesplittet.

Pro Quotenposition können die Losgrößenrestriktionen, minimale und maximale Losgröße sowie ein Rundungsprofil gepflegt werden, die jeweils nur für die Bezugsquelle der Quotenposition gültig sind und die Einstellungen des Materialstamms übersteuern.

Um Bedarfsmengen nicht zu kleinteilig aufzusplitten, kann im System eine Mindestmenge hinterlegt werden. Falls die Bedarfsmenge kleiner ist als die Mindestmenge, wird nur die Bezugsquelle ausgewählt, die über die Quotenrechnung gemäß der Zuteilungsquotierung ermittelt wurde.

Die durch die Quotenzahl ermittelte Reihenfolge kann durch Verwendung einer in der Quotenposition zu pflegenden Priorität übersteuert werden. Quotenpositionen mit gepflegter Priorität werden in aufsteigender Reihenfolge gemäß Priorität bedient. Bezugsquellen ohne Priorität werden erst nach der Zuordnung der priorisierten Bezugsquellen berücksichtigt.

Neben der Priorität kann in die durch die Quotierung vorgegebene Logik durch Eingabe einer maximalen Abrufmenge eingegriffen werden, die für einen bestimmten Zeitraum gepflegt wird und damit die maximale Kapazität einer Bezugsquelle determiniert. Das jeweilige SAP-ERP-System prüft bei einer Quotierung, ob in der betrachteten Periode bereits feste Zugänge für die Bezugsquelle existieren, und gleicht diese Menge mit der maximalen Abrufmenge ab. Dabei ist bei vorhandenen Dispositionselementen das Verfügbarkeitsdatum relevant, während für neu zu erzeugende Beschaffungsvorschläge das Bedarfsdatum des verursachenden Bedarfs herangezogen wird.

Übersteigt lediglich ein Teil eines zu befriedigenden Bedarfs die maximale Abrufmenge, wird der Anteil des Bedarfs, der die maximale Abrufmenge nicht überschreitet, der Bezugsquelle zugeteilt. Die restliche Bedarfsmenge wird der Bezugsquelle zugeschlagen, die nach der Quotenzahllogik ermittelt wird.

Beim Bedarfsplanungslauf kann auch für die Fremdbeschaffung eine automatische Zuweisung einer Bezugsquelle zu einer Bestellanforderung erfolgen. Eine *automatische Bezugsquellenfindung* im Planungslauf ist insbesondere dann sinnvoll, wenn Bezugsquellen mit unterschiedlichen Planlieferzeiten für ein Material existieren. Diese Werte können dann bei der Terminierung der Bestellanforderungen berücksichtigt werden. Dieses Vorgehen stellen Sie im Customizing der Werksparameter oder der Dispositionsgruppe im Bereich **Fremdbeschaffung** mit dem Kennzeichen **Terminbest. Infosatz/Vertrag** (Terminierung gemäß Infosatz oder Vertrag) ein. Abbildung 11.20 zeigt das Customizing der Werksparameter.

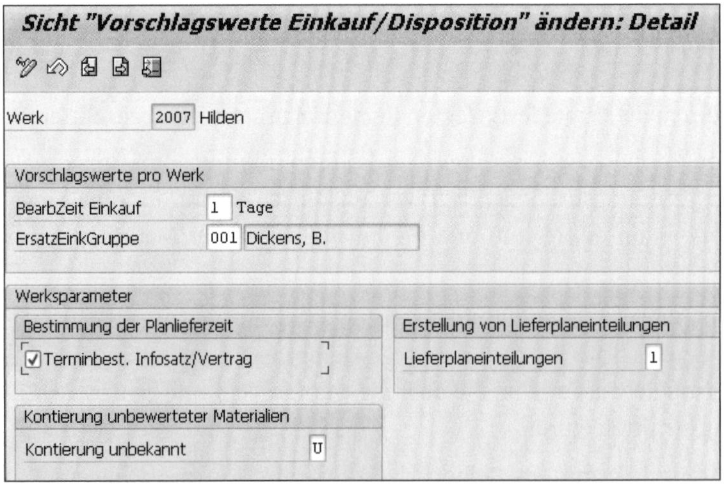

Abbildung 11.20 Werksparameter zur Bestimmung der Planlieferzeit

Zusätzlich muss im Rahmen der automatischen Bezugsquellenfindung ein Lieferant eindeutig zugeordnet werden können. Diese Zuweisung erfolgt bei der Bedarfsplanung vom System nach folgenden Kriterien:

- **Quotierung**
  Existiert zu einem Material eine Quotierung, hat diese die höchste Priorität. In der Quotierung können nur Lieferanten und Werke eingetragen werden, jedoch keine Rahmenvertragspositionen wie im Orderbuch. Somit wird über die Quotierung zuerst nur der Lieferant gefunden.

  Sollen Rahmenvertragspositionen oder Einkaufsinfosätze als Bezugsquellen gefunden werden, müssen diese zusätzlich im Orderbuch mit dem Dispositionskennzeichen »1« (Satz ist disporelevant) bzw. »2« (Satz ist disporelevant und automatische Lieferplaneinteilungen erfolgen) eingetragen sein. Soll ein Rahmenvertrag als Bezugsquelle gefunden werden, muss das Feld **Vertrag** im Orderbuch gefüllt sein. Ist dieses Feld leer, wird der Einkaufsinformationssatz verwendet. Falls das Orderbuch mehr als einen gültigen Eintrag enthält, wird einer der Einträge zufällig ausgewählt (nicht immer der erste Eintrag im Orderbuch).
- **Orderbuch**
  Liegt keine Quotierung vor, prüft das System direkt die vorhandenen Orderbucheinträge, bei denen das Dispositionskennzeichen »1« oder »2« gesetzt ist. Der so gefundene Rahmenvertrag oder Einkaufsinformationssatz wird als Bezugsquelle gewählt und die entsprechende Planlieferzeit verwendet.

Für Materialien, für die weder eine Quotierung noch ein Orderbuch angelegt ist, werden die Beschaffungsvorschläge ohne Bezugsquelle erzeugt.

11.2 Bezugsquellenfindung in SAP APO und ePP/DS

Wie in den SAP-ERP-Systemen wird auch in SAP APO, eine Bezugsquelle benötigt, damit die Materialbedarfsplanung einen detaillierten Beschaffungsvorschlag anlegen kann. Im SAP-APO-System bzw. im Add-on for Embedded PP/DS (ePP/DS) kann eine Vielzahl an möglichen Bezugsquellen gepflegt werden. Die grundlegenden Entscheidungskriterien zur Bezugsquellenfindung werden von allen Planungsverfahren in SAP APO und auch von ePP/DS genutzt, wobei sich die Vorgehensweise der Bezugsquellenfindung abhängig von der verwendeten Planungsfunktion unterscheidet.

11.2.1 Überblick über die Beschaffungsarten in SAP APO und ePP/DS

Zentraler Begriff der Bezugsquellenfindung ist auch im SAP-APO-System bzw. in ePP/DS die Beschaffungsart, die in der Registerkarte **Beschaffung** des Lokationsproduktstamms festzulegen ist. Dabei wird zwischen vier alternativen Beschaffungsarten unterschieden:

- **Beschaffungsart E (Eigenfertigung)**
  Das Produkt wird in der betreffenden Lokation eigengefertigt.
- **Beschaffungsart F (Fremdbeschaffung)**
  Das Produkt wird über Fremdbeschaffungsbezugsquellen bezogen.
- **Beschaffungsart X (Fremd- oder Eigenfertigung)**
  Sowohl die Eigen- als auch die Fremdbeschaffung sind für Produkte mit der Beschaffungsart X zugelassen. Die Logik der Beschaffungsart X kommt zum Einsatz, wenn das Feld **Beschaffungsart** im SAP-APO-System bzw. in ePP/DS nicht gepflegt ist.
- **Beschaffungsart P (externe Beschaffungsplanung)**
  Für das Produkt wird kein Eigenfertigungs- oder Fremdbeschaffungsauftrag angelegt. Die Beschaffungsplanung erfolgt für diese Produkte in der Regel im SAP-ECC- bzw. SAP-S/4HANA-System.

Die Beschaffungsart steuert, welche Bezugsquellen im Rahmen der Bezugsquellenfindung potenziell zur Auswahl stehen. Bezugsquellen sind dabei eigene Stammdatenobjekte, die je nach Beschaffungsart bestimmte Ausprägungen annehmen können.

11.2.2 Bezugsquellen der Eigenfertigung

Analog zu den Beschaffungsarten wird auch bei den Bezugsquellen zwischen Eigenfertigung und Fremdbeschaffung unterschieden. Bei der Eigenfertigung sind grundsätzlich zwei Alternativen zu nennen: Produktionsdatenstrukturen und Produktionsprozessmodelle.

Produktionsdatenstrukturen

Bei Eigenfertigung ist die primäre Bezugsquelle die sogenannte *Produktionsdatenstruktur* (PDS). Diese wird über das Core Interface (CIF) in der Regel aus einer SAP-ECC- bzw. SAP-S/4HANA-Fertigungsversion heraus angelegt, die wiederum die Zusammenfassung von Arbeitsplan und Materialstückliste bildet. Eine PDS besteht aus den folgenden Teilen (siehe hierzu Kapitel 12, »Terminierungsparameter«):

- Liste der Komponenten
- Liste der Kapazitätsbedarfe mit Bezug zu den benötigten Ressourcen
- Liste der Aktivitäten (Rüsten, Produzieren, Abrüsten)
- Liste der Modi mit Angaben zur Dauer und zur Zuordnung zu Aktivitäten
- Anordnungsbeziehungen

Abbildung 11.21 zeigt das Beispiel einer PDS in SAP APO.

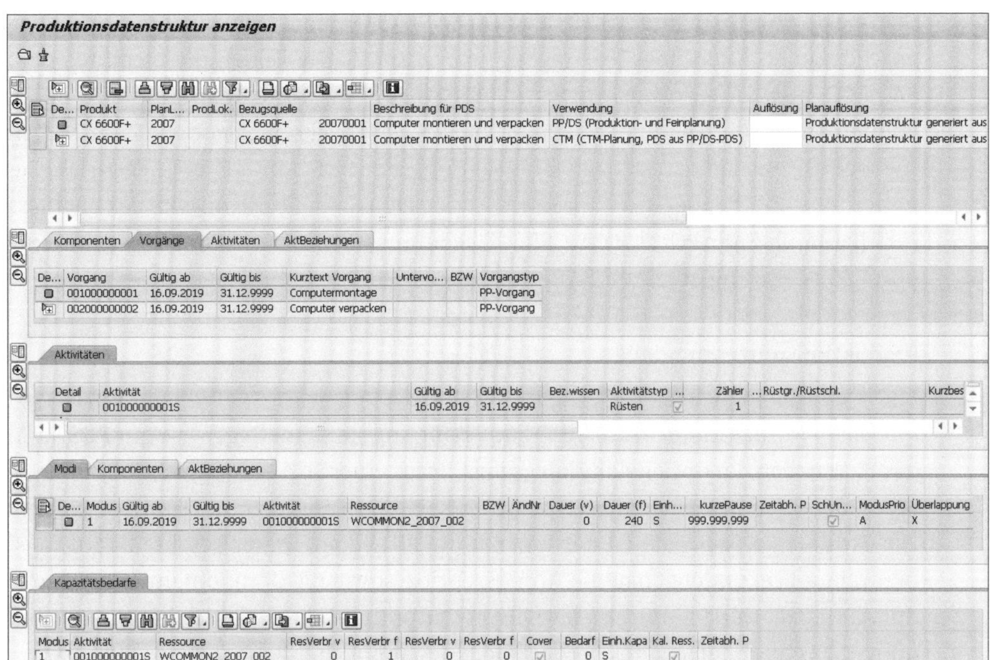

Abbildung 11.21 Produktionsdatenstruktur in SAP APO

Eine Ausnahme in Bezug auf die PDS bildet die Dummy-Baugruppe, die im SAP-ECC- bzw. SAP-S/4HANA-System mittels Sonderbeschaffungsschlüssel 50 abgebildet wird. Dummy-Baugruppen weisen in der Regel keinen Arbeitsplan auf, daher muss für sie vor der Integration in das SAP-APO-System bzw. in ePP/DS keine Fertigungsversion angelegt werden. In diesem Falle genügt die Anlage eines Integrationsmodells für das Objekt *Stückliste* (engl. Bill of Materials, BOM). Im SAP-APO-System bzw. in ePP/DS wird eine sogenannte PDS-BOM angelegt.

Im SAP-APO-System bzw. in ePP/DS können Sie auch kundenauftragsspezifische Stücklisten in der Materialbedarfsplanung verwenden; dieser Prozess wird allerdings nur für die Kundeneinzelfertigung unterstützt. Hierfür müssen Sie nach Eingang des Kundenauftrags im jeweiligen SAP-ERP-System eine Kundenauftragsstückliste anlegen (Transaktion CS61). Diese wird im Anschluss mittels der SAP-ECC- bzw. SAP-S/4HANA-Transaktion CURTO_CREATE_FOCUS oder per Report CURTO_CIF_CREATE_FOCUS_RTO als Kundenauftrags-PDS an das SAP-APO-System bzw. an ePP/DS übertragen; für die erfolgreiche Übertragung muss jedoch die entsprechende Kundenauftragsposition bereits im SAP-APO-System bzw. in ePP/DS vorhanden sein. Eine existierende kundenauftragsspezifische PDS wird im Rahmen der Materialbedarfsplanung immer einer unspezifischen PDS vorgezogen.

Eine PDS kann im SAP-APO-System bzw. in ePP/DS nicht geändert werden. Die Pflege der in einer PDS enthaltenen Daten erfolgt also über die entsprechenden Stammdatenobjekte Stückliste und Arbeitsplan im SAP-ECC-System bzw. in ePP/DS und eine anschließende Änderungsübertragung über das CIF. Die Felder, die nicht aus dem SAP-ECC- bzw. SAP-S/4HANA-Arbeitsplan bzw. der Stückliste übernommen werden können, sind in der SAP-ECC- bzw. SAP-S/4HANA-Transaktion Pflege von Zusatzdaten für Produktionsdatenstrukturen (Transaktionscode PDS_MAINT) zu pflegen. Die Generierung der PDS über das CIF können Sie zusätzlich in PP/DS mithilfe des Business Add-in (BAdI) /SAPAPO/CURTO_CREATE beeinflussen. Die Auflösung veranlassen Sie durch Verwendung des BAdI /SAPAPO/CULLRTOEXPL.

Produktionsprozessmodelle

Eine weitere mögliche Eigenfertigungsbezugsquellenart ist das *Produktionsprozessmodell* (PPM), das Ihnen in SAP APO zur Verfügung steht. Im Gegensatz zur PDS kann das PPM neben der optionalen Anlage via CIF aus einer SAP-ECC- bzw. SAP-S/4HANA-Fertigungsversion auch manuell im SAP-APO-System angelegt und gepflegt werden. Die Grundlage eines PPM ist der sogenannte PPM-Plan. Dieser beschreibt auftragsneutral und sekundengenau die Arbeitsschritte sowie die Komponenten (Inputprodukt), die zur Herstellung des jeweiligen Outputprodukts erforderlich sind. Abbildung 11.22 gibt Ihnen einen Überblick über den möglichen Aufbau eines PPM.

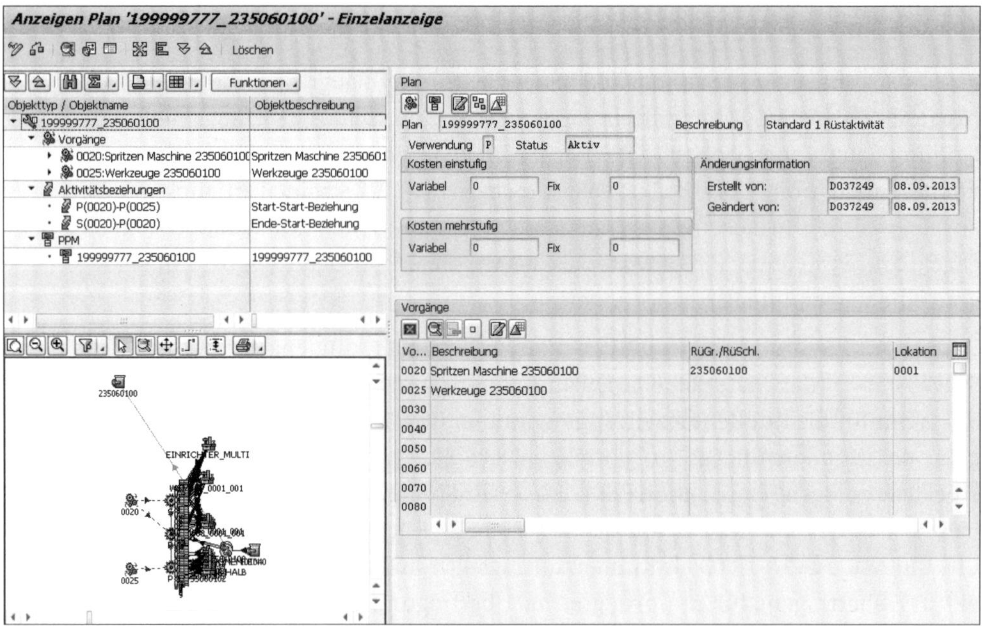

Abbildung 11.22 Produktionsprozessmodell (Beispiel)

[«]

Produktionsprozessmodelle in ePP/DS

In ePP/DS stehen Ihnen Produktionsprozessmodelle (PPM) nicht zur Verfügung.

[«]

PDS versus PPM

SAP empfiehlt seit dem SAP-APO-Release 4.0 die Verwendung von PDS statt PPM, dennoch ist es grundsätzlich möglich, PPM im aktuellen Release zu nutzen.

Welche der Eigenfertigungsbezugsquellenarten, PDS oder PPM, bei der Auflösung zur Erzeugung eines Beschaffungsvorschlags in PP/DS in der Regel verwendet wird, stellen Sie im Lokationsproduktstamm auf der Registerkarte **PP/DS** im Feld **Planauflösung** ein. Sie können aber auch in den globalen Parametern einen Default-Wert pflegen, der immer dann wirkt, wenn im Lokationsproduktstamm keine Spezifizierung der Eigenfertigungsbezugsquelle vorgesehen ist.

Ein Spezialfall bei Eigenfertigung ist die Produktion in einer anderen Lokation. Dabei findet die Herstellung in einem Produktionswerk statt, das keine Planungsverantwortung trägt. Das Planungswerk dagegen hat die Planungshoheit. Dort wird zum einen die Bedarfsplanung für dieses Produkt durchgeführt und zum anderen der Wareneingang des mit dieser Sonderbeschaffungsart gefertigten Produkts verzeichnet. Planung und Beschaffung der Komponenten liegen jedoch beim Produktionswerk. Die Abwicklung stellt gewissermaßen die Abbildung des SAP-ECC- bzw. SAP-S/4HANA-Sonderbeschaffungsschlüssels Produktion in anderem Werk dar (siehe Abschnitt 11.1.2, »Formen der Sonderbeschaffung«), wobei im SAP-APO-System bzw. in ePP/DS keine direkte Entsprechung des Objekts Sonderbeschaffungsschlüssel existiert. Vielmehr wird automatisch eine entsprechende Bezugsquelle, also eine PDS, in einer Lokation angelegt, wenn der entsprechende SAP-ECC- bzw. SAP-S/4HANA-Sonderbeschaffungsschlüssel vorliegt. Diese Eigenfertigungsbezugsquelle enthält neben der Planungslokation auch eine Produktionslokation, die aus dem SAP-ECC- bzw. SAP-S/4HANA-Customizing zum entsprechenden Sonderbeschaffungsschlüssel entnommen wird. Bei einer Änderung dieses Customizings erfolgt jedoch keine automatische Änderungsübertragung. Neben dieser Bezugsquelle können noch weitere Eigenfertigungsbezugsquellen im SAP-APO-System bzw. in ePP/DS existieren, deren zeitliche Gültigkeit sowie Losgrößenintervall eingeschränkt sein können. Die aus dem Sonderbeschaffungsschlüssel automatisch generierte Bezugsquelle wird nur dann verwendet, wenn keine genauer definierte Bezugsquelle existiert.

Abbildung 11.23 verdeutlicht den Zusammenhang zwischen Planungs- und Produktionslokation bei Verwendung der Produktion in einer anderen Lokation.

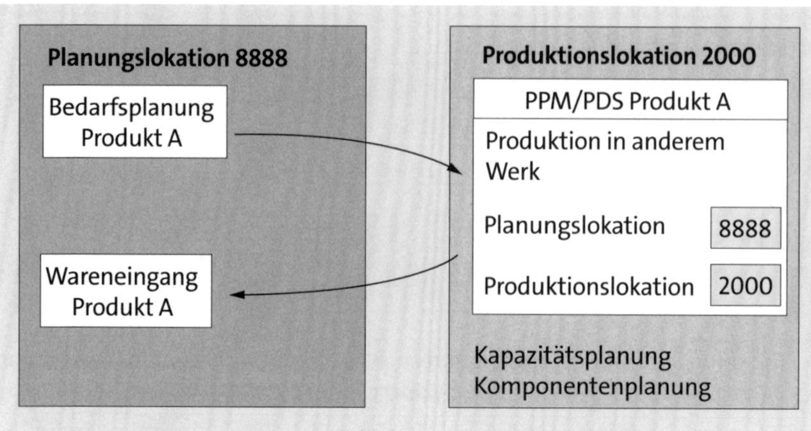

Abbildung 11.23 Produktion in einer anderen Lokation

11.2.3 Bezugsquellen der Fremdbeschaffung

Im Rahmen der Fremdbeschaffung zählen *Transportbeziehungen* sowie *Fremdbeschaffungsbeziehungen* zu den Bezugsquellen. Diese werden automatisch angelegt, wenn Lieferpläne, Kontrakte oder Einkaufsinformationssätze übertragen werden. Abbildung 11.24 zeigt ein Beispiel einer Fremdbeschaffungsbeziehung.

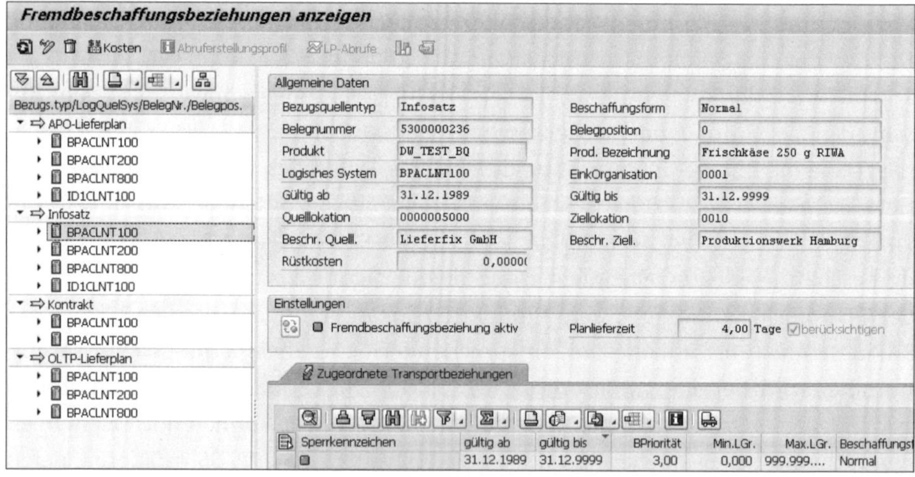

Abbildung 11.24 Fremdbeschaffungsbeziehung

Die Übertragung dieser Objekte ist dabei nur möglich, wenn Sie das empfangende und das liefernde Werk oder den Lieferanten sowie die Material-Werkskombination für das empfangende Werk bereits ins SAP-APO-System bzw. in ePP/DS übertragen haben. Zur Fremdbeschaffung im Sinne des SAP-APO-Systems bzw. von ePP/DS sind neben Bestellvorgängen bei externen Lieferanten auch Umlagerungen eines Produkts aus einer anderen Lokation zu rechnen, in der das Produkt gelagert oder produziert wird. Ist im SAP-ECC- bzw. SAP-S/4HANA-Stammsatz eines Materials neben der Beschaffungsart der Sonderbeschaffungsschlüssel *Umlagerung* eingetragen, wird als Bezugsquelle eine Transportbeziehung angelegt, wobei die Quelllokation der SAP-APO- bzw. SAP-S/4HANA-Transportbeziehung den Einstellungen des Sonderbeschaffungsschlüssels dem SAP-ECC- bzw. SAP-S/4HANA-Customizing entnommen wird. Auch hier erfolgt bei einer Customizing-Änderung keine automatische Änderungsübertragung. Analog zur Sonderbeschaffungsart *Produktion in anderem Werk* wird diese Bezugsquelle jedoch nur dann verwendet, wenn keine andere Bezugsquelle existiert, die manuell oder in der oben geschilderten Art und Weise aus Einkaufsdaten über das CIF erzeugt wurde. Daher wirkt sich die automatische Anlage von Transportbeziehungen nicht negativ auf die Planungen aus, wenn andere Bezugsquellen existieren. Möchten Sie dennoch die automatische Anlage einer Bezugsquelle unterbinden, konsultieren Sie bitte SAP-Hinweis 1054749.

Die im SAP-ECC- bzw. SAP-S/4HANA-System über einen Sonderbeschaffungsschlüssel abgebildeten speziellen Planungsabwicklungen *Konsignation* und *Lohnbearbeitung* werden im SAP-APO-System bzw. in ePP/DS über eine entsprechende Transportbeziehung gesteuert, die nicht über den Sonderbeschaffungsschlüssel des jeweiligen SAP-ERP-Systems generiert werden kann. Dies bedeutet, dass die Transportbeziehung entweder manuell angelegt oder aus den Infosätzen des ERP-Systems erzeugt werden muss. Eine Abbildung der Direktfertigung und der Direktbeschaffung ist im Standard des SAP-APO-Systems bzw. in ePP/DS nicht vorgesehen.

Abbildung 11.25 gibt Ihnen einen Überblick über die Beschaffungsarten in SAP APO bzw. in ePP/DS.

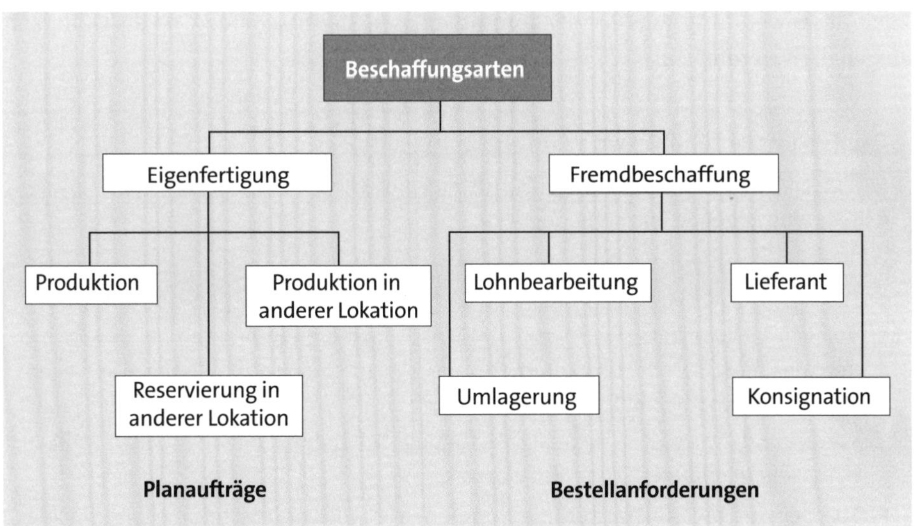

Abbildung 11.25 Beschaffungsarten in SAP APO bzw. in ePP/DS

11.2.4 Gültigkeit von Bezugsquellen

Die Gültigkeitsdefinitionen des SAP-APO-Systems bzw. von ePP/DS unterscheiden sich von denen der SAP-ERP-Systeme grundlegend. In SAP ECC bzw. SAP S/4HANA wird nach der Beschaffungsmengenberechnung im Rahmen der Terminierung bei Eigenfertigungsaufträgen der Auflösungstermin ermittelt (siehe hierzu Kapitel 12, »Terminierungsparameter«). Dabei wird auf das Customizing der Bedarfsplanung zurückgegriffen, in welchem der Auflösungstermin festgelegt werden kann (z. B. Eckstart- oder Eckendtermin). Wird mit Fertigungsversionen gearbeitet, erfolgt deren Auswahl zwar über den Eckendtermin, die Logik der Auflösung ist jedoch ebenfalls von der beschriebenen Einstellung im Customizing abhängig.

Das SAP-ECC- bzw. SAP-S/4HANA-System ermittelt auf dieser Basis im Materialbedarfsplanungslauf die Stücklisten, die zum Auflösungstermin gültig sind, und wählt aus der jeweiligen Stückliste die zum Auflösungstermin gültigen Komponenten aus.

Da das SAP-APO-System bzw. ePP/DS weder Ecktermine noch Durchlaufzeiten kennt, kann die aus dem jeweiligen SAP-ERP-System bekannte Logik nicht zum Einsatz kommen. Der Auflösungszeitpunkt wird daher im SAP-APO-System sowie in ePP/DS über eine infinite, also von unbegrenzten Kapazitäten ausgehende Terminierung über die Vorgänge des Plans bestimmt. Dabei wird der Produktionskalender aus der Lokation verwendet. Auf der Ebene der Aktivität kann bei der Pflege des Plans entschieden werden, ob eine Aktivität komplett oder lediglich mit ihrem Start- bzw. alternativ mit dem Endzeitpunkt innerhalb des aus dem Plan stammenden Gültigkeitsintervalls liegen soll. Dies wird im PPM im Feld **Auftragsgültigkeit** der Aktivität festgelegt. Bei Verwendung einer PDS müssen Sie diese Gültigkeit per BAdI /SAPAPO/CULLRTOEXPL im Feld **Gültigkeitsmodus** im SAP-APO-System verankern. Im Strategieprofil, das in der Planungsanwendung zum Einsatz kommt, müssen Sie entscheiden, ob die Gültigkeit eingehalten werden soll.

Empfehlungen für das Feld »Auftragsgültigkeit«

SAP gibt hinsichtlich des PPM-Felds **Auftragsgültigkeit** bzw. des PDS-Felds **Gültigkeitsmodus** folgende Empfehlungen:

- Die Option »Aktivität muss ganz im Gültigkeitszeitraum liegen« ist mit großer Vorsicht einzusetzen, da es sonst zu nicht auflösbaren Konflikten bei der Erstellung des machbaren Plans kommen kann, die zu einem Abbruch der Planungen führen können. Dies ist insbesondere dann der Fall, wenn der Gültigkeitszeitraum kurz ist und die dadurch nicht zur Verfügung stehenden Freiheitsgrade in der Planung kein machbares Ergebnis zulassen.
- Soll der Auftragsstarttermin die Komponentenauswahl bestimmen, ist für die erste der Bearbeitungsaktivitäten anzugeben, dass deren Starttermin im Gültig-

keitsintervall des Auftrags liegen soll. In diesem Fall sollte im Customizing der Bedarfsplanung im SAP-ECC- bzw. SAP-S/4HANA-System die Verwendung des Eckstarttermins für den Auflösungszeitpunkt eingestellt werden.

- Soll der Auftragsendtermin die Komponentenauswahl determinieren, ist für die zeitlich letzte Aktivität anzugeben, dass deren Endtermin innerhalb des Gültigkeitsintervalls des Auftrags liegen soll.

In beiden Fällen, also bei der Verwendung sowohl des Auftragsstarttermins als auch des Auftragsendtermins, sollten die jeweils anderen Aktivitäten das Gültigkeitsintervall des Auftrags nicht beachten.

Diese Empfehlung geht nicht zuletzt auf die sehr einschränkende Wirkung zurück, die eine Beachtung der Gültigkeit mehrerer Aktivitäten im Rahmen der Terminierung und der Feinplanung hat. Hier besteht gegebenenfalls die Gefahr, dass Aufträge nicht angelegt werden können.

Das Gültigkeitsintervall des gesamten Auftrags wird durch Bildung der Schnittmenge der ausgewählten Komponenten ermittelt. Die Aktivitäten, in deren zugehörigen Plan (PDS oder PPM) eine Beachtung dieses Intervalls verankert ist, können innerhalb des Gültigkeitsintervalls frei verschoben werden, ohne dass es zu einer Neuauflösung des Plans kommt. Der Auflösungszeitpunkt muss jedoch in der Regel innerhalb des Gültigkeitszeitraums der Bezugsquelle liegen. Diese Logik kann mittels BAdI /SAPAPO/RRP_SRC_EXIT angepasst werden.

Grundsätzlich unterscheidet sich die interne Struktur der Fremdbeschaffungsaufträge in SAP APO bzw. in ePP/DS nicht von jener der Eigenfertigungsaufträge. Während bei letzteren die Aktivitäten des Auftrags aus dem jeweiligen Plan abgeleitet werden, stammen die Aktivitäten eines Fremdbeschaffungsauftrags je nach Konstellation aus dem Lokationsproduktstamm und aus der Transportbeziehung. Das Gültigkeitsintervall ist bei Fremdbeschaffung auf Einteilungsebene gepflegt; sämtliche Aktivitäten müssen innerhalb des Gültigkeitsintervalls der Einteilung liegen. Dabei bildet das Ende des Gültigkeitsintervalls gleichzeitig das Ende der zugeordneten Bezugsquelle.

Der Gültigkeitsbeginn wird bei der Anlage des Fremdbeschaffungsauftrags mittels folgender Formel abgeleitet:

Gültigkeitsbeginn = Heutedatum + Planlieferzeit – Transportdauer – Warenausgangsbearbeitungszeit

Der so ermittelte Termin entspricht dem frühestmöglichen Starttermin der Einteilung, bei gleichzeitiger Berücksichtigung der Lieferzeit des Lieferanten.

11.2.5 Ablauf der Bezugsquellenfindung

Bei Eigenfertigung erzeugt das System Planaufträge. Bei Fremdbeschaffung werden Bestellanforderungen mit Bezug auf Einkaufsinformationssätze, Kontrakte, Lieferpläne angelegt, bei SAP-APO- bzw. ePP/DS-Lieferplänen werden Einteilungen erzeugt. Ist sowohl die Eigenfertigung als auch die Fremdbeschaffung zugelassen, kann das System entweder Planaufträge zur Eigenfertigung oder Bestellanforderungen, Einteilungen zum Lieferplan in SAP APO bzw. in ePP/DS oder Umlagerungsbestellanforderungen anlegen.

Im SAP-APO-System bzw. in ePP/DS ist die Anlage von mehreren verschiedenen Bezugsquellen gleichzeitig möglich. Aus diesen wird im Rahmen der interaktiven bzw. der automatischen Planung nach bestimmten Kriterien eine Bezugsquelle ausgewählt. Auf diese Weise können Sie flexibel auf die Anforderungen aus der Praxis reagieren. So kann ein eigengefertigtes Produkt im Fall eines Kapazitätsengpasses z. B. von einem Lieferanten bezogen oder aus einer anderen Lokation umgelagert werden. Vor der Einleitung solch externer Beschaffungen kann auch die Verwendung einer alternativen Bezugsquelle derselben Beschaffungsart vorgesehen werden. Im Fall der Eigenfertigung würde demnach eine alternative Eigenfertigungsbezugsquelle bestimmt.

Um eine solche Hierarchie von Bezugsquellen im System zu verankern, bieten das SAP-APO-System sowie ePP/DS die *Priorisierung von Bezugsquellen* an. In einer Bezugsquelle kann so die Beschaffungspriorität angegeben werden, mit der die Bezugsquelle verwendet werden soll. Neben der Festlegung der Beschaffungspriorität ist es möglich, die bei Verwendung der Bezugsquelle anfallenden Kosten zu hinterlegen. Als weitere Möglichkeit kann über eine Quotierung eine Zuordnung von Mengen zu Bezugsquellen vorgenommen werden. Dabei ist es jedoch von der Anwendung abhängig, welche der alternativen Bezugsquellen zur Auswahl stehen. Die Produktions- und Feinplanung berücksichtigt im Gegensatz zu anderen Anwendungen neben dem zusätzlichen Kriterium der Termintreue in der Regel alle genannten Kriterien.

Unabhängig von den genannten Kriterien spielt bei der Bezugsquellenfindung die der Bezugsquelle zugeordnete Gültigkeit eine Rolle. Die Gültigkeit kann dabei in mengenmäßiger und zeitlicher Hinsicht der Bezugsquelle zugeordnet werden (siehe hierzu auch Abschnitt 11.2.4, »Gültigkeit von Bezugsquellen«).

Der detaillierte Ablauf der Bezugsquellenfindung lässt sich in drei Schritte unterteilen, auf die wir im Folgenden näher eingehen.

1. Schritt: Ermittlung der zulässigen Bezugsquellen

Die Bezugsquellenfindung beginnt mit einem automatischen Aufruf aus der Planungsanwendung. Unter einer Planungsanwendung wird in diesem Zusammenhang bspw. die Planung mittels einer Heuristik oder die manuelle Anlage eines Auftrags aus der Produktsicht verstanden. Mit welchen Selektionskriterien die Bezugsquelle dabei ermittelt wird, hängt von der Planungsanwendung ab, mit der die Bezugsquellenfindung aufgerufen wird. Von der Planungsanwendung hängt auch ab, welche Bezugsquellen bei der Evaluierung potenziell zur Auswahl stehen. In der Regel hängen diese zur Auswahl stehenden Bezugsquellen von der im Lokationsproduktstamm eingetragenen Beschaffungsart ab. Bei Produkten, die sowohl die Eigenfertigung als auch die Fremdbeschaffung erlauben, kann gegebenenfalls durch die Planungsanwendung vorbestimmt werden, welche der beiden grundlegenden Beschaffungsarten bei der Zusammenstellung der zulässigen Bezugsquellen in Frage kommt. Darüber hinaus kann die Planungsanwendung bestimmte Bezugsquellentypen ausschließen.

2. Schritt: Ermittlung einer Rangliste der Bezugsquellen

Das SAP-APO-System bzw. ePP/DS bestimmt für die im ersten Schritt ermittelten zulässigen Bezugsquellen auf Basis des gewünschten Endtermins eines Auftrags, ob diese Bezugsquellen hinsichtlich der zeitlichen und der mengenmäßigen Gültigkeit für die Anlage des Beschaffungsvorschlags in Frage kommen. Unter den zulässigen Bezugsquellen, die diese Gültigkeitskriterien erfüllen, wird eine Rangliste ermittelt. Dabei wird die Reihenfolge in Abhängigkeit von vier Kriterien gebildet:

- Quotierung
- Beschaffungspriorität
- Beschaffungskosten
- Beschaffungsart

Mittels einer *Quotierung* wird – analog zum SAP-ECC- bzw. SAP-S/4HANA-System – definiert, zu welchen Anteilen ein Produkt bei alternativen Bezugsquellen beschafft werden soll. Man spricht in diesem Fall von einer eingehenden Quotierung. Diese kann die folgenden Arten von Bezugsquellen innehaben:

- Lokationen (Transportbeziehungen)
- Fremdbeschaffungsbeziehungen
- Eigenfertigungsbezugsquellen (z. B. PDS)

In diesem Zusammenhang ist es ebenfalls möglich, über eine sogenannte ausgehende Quotierung den Anteil festzulegen, zu dem eine alternative Ziellokation beliefert werden soll. Abbildung 11.26 verdeutlicht den Unterschied zwischen eingehenden und ausgehenden Quotierungen.

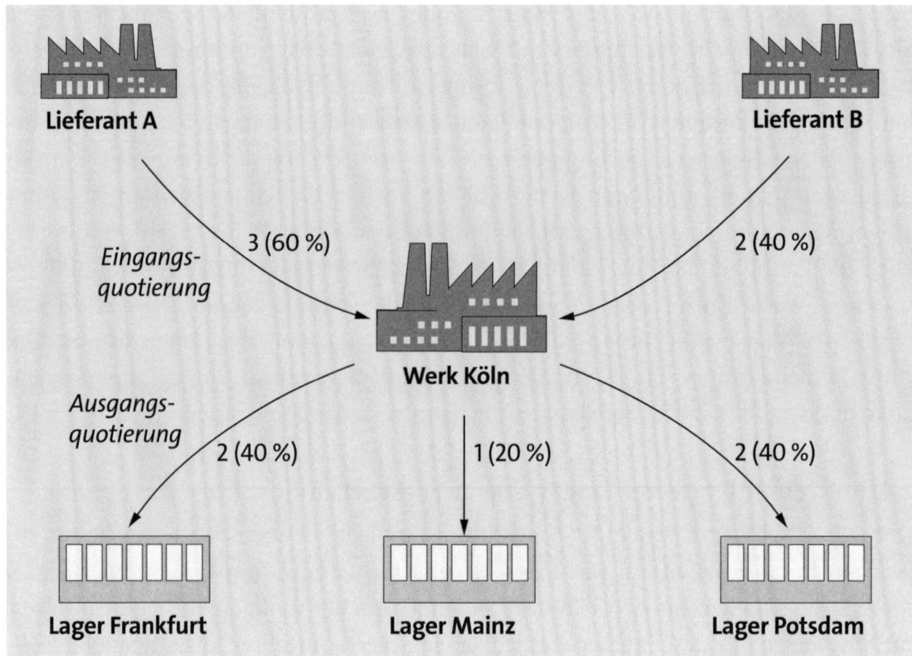

Abbildung 11.26 Unterschied zwischen eingehenden und ausgehenden Quotierungen

Quotierungen können versions- oder modellabhängig definiert werden, produktabhängig oder -unabhängig. Neben diesen Definitionen wird für eine Quotierung immer ein bestimmter zeitlicher Gültigkeitsbereich festgelegt, den Sie für ein Lokationsprodukt im sogenannten *Quotierungskopf* pflegen. In den zu einem Quotierungskopf gehörenden Quotierungspositionen werden dann die Mengenanteile der einzelnen Bezugsquellen erfasst. Die Mengenanteile erfassen Sie so wie in den SAP-ERP-Systemen als Quote. Diese Quote wird auch im SAP-APO-System bzw. in ePP/DS als dimensionslose Zahl dargestellt.

Der Ablauf der Planungen von eingangsquotierten Bezugsquellen ist davon abhängig, ob bei der Planung die Quotierungsheuristik (SAP_PP_Q001) verwendet wird. Bei dieser Heuristik findet die Aufteilung der Bedarfe bereits zur Bedarfsanalyse statt. Die in den Quotierungspositionen definierten Anteile des Bedarfs werden also durch die definierte Positionsheuristik separat geplant. Die Positionsheuristik ist eine Produktheuristik, die in der Quotierungsposition einzutragen ist und die somit eine detaillierte Planung gemäß der dem Produkt zugrunde liegenden Planungsparameter berücksichtigt (z. B. Losgrößenverfahren, Rundungswerte oder Lieferantenkalender). Wird keine Quotierungsheuristik eingesetzt, erfolgt die Losgrößenbildung vor der Bezugsquellenfindung. Die Parameter, die bei der Quotierungsheuristik zum Einsatz kommen, werden dann nicht berücksichtigt, und die Bezugsquellenfindung verteilt die Lose lediglich auf die verschiedenen Bezugsquellen. Diese Vorgehensweise entspricht der Zuteilungsquotierung.

Eine Quotierung kann grundsätzlich mit oder ohne Splittung durchgeführt werden. Ob ein Bedarf gesplittet wird, muss im Quotierungskopf eingestellt werden. Zusätzlich müssen Sie die Quotierungsheuristik im Produktstammsatz pflegen. Sie können auch eine Mindestmenge für die Durchführung einer Splittung vorgeben.

Abbildung 11.27 verdeutlicht den Unterschied zwischen der Quotierung mit und der Quotierung ohne Splittung. Im Beispiel wurden den beiden Lieferanten A und B jeweils 50 % der Mengen über die Quotierung zugeordnet.

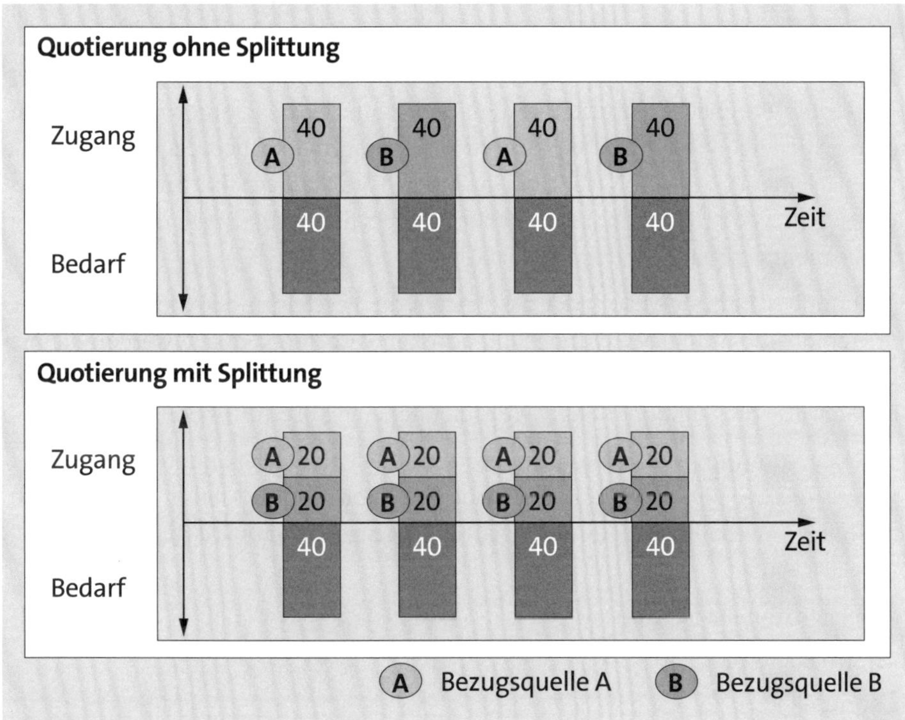

Abbildung 11.27 Quotierung mit und ohne Splittung

Ist das Feld **Bedarfssplittung** im Quotierungskopf nicht markiert, hat die Bezugsquelle mit der niedrigsten Quotenzahl Priorität. Die Quotenzahl wird dabei analog zum SAP-ECC- bzw. SAP S/4HANA-System berechnet (siehe Abschnitt 11.1, »Bezugsquellenfindung in SAP ECC und SAP S/4HANA«), die Elemente *Quotenbasismenge* und *quotierte Menge* entsprechen ebenfalls denen des SAP-ECC- bzw. SAP-S/4HANA-Systems.

Innerhalb der quotierten Bezugsquellen ohne Splittung werden nach der Quotenzahl die übrigen genannten Kriterien einbezogen.

Das zweite Kriterium bei der Bestimmung der Reihenfolge der zulässigen und gültigen Bezugsquellen ist die in den Bezugsquellen zu pflegende *Beschaffungspriorität*. Diese wird bei der Bezugsquellenfindung zum einen herangezogen, wenn es keine Quotierungen gibt. Zum anderen ermitteln das SAP-APO-System sowie ePP/DS innerhalb der gleichrangig quotierten Bezugsquellen die Reihenfolge zunächst nach der eingetragenen Beschaffungspriorität, bevor die Kriterien Beschaffungskosten und Beschaffungsart verwendet werden.

Die Beschaffungspriorität wird dabei absteigend einbezogen: Ein Wert von »0« repräsentiert die höchste Priorität, während der Wert »9.999.999.999.999,99« die niedrigste Beschaffungspriorität widerspiegelt. Initial wird für die Beschaffungspriorität der Wert »0« verwendet.

Das sich an die Beschaffungspriorität anschließende Kriterium ist das der *Beschaffungskosten*. Bei gleicher Priorität werden Bezugsquellen im Rahmen der Ranglistenbildung aufsteigend nach Kosten sortiert. Bei Eigenfertigungsbezugsquellen sind die Kosten in einer PDS gleich 0, während in einem PPM detailliert fixe und variable Kosten gepflegt werden können. Es werden jedoch bei der Bezugsquellenfindung lediglich die mehrstufigen Kosten berücksichtigt.

Bei Fremdbeschaffung verwendet das System die Beschaffungskostenfunktion aus der Fremdbeschaffungsbeziehung. Sind dort keine Kosten gepflegt, werden die manuell in der Transportbeziehung gepflegten Kostendaten herangezogen. Hier können Sie wahlweise mengenunabhängige Kosten oder eine Kostenfunktion angeben.

Das letzte Kriterium ist die *Beschaffungsart*. Bei Gleichheit aller anderen Kriterien erhalten zunächst Eigenfertigungsbezugsquellen Vorrang vor denen der Fremdbeschaffung. Innerhalb von Fremdbeschaffungsbezugsquellen wird die folgende Reihenfolge gebildet:

- Konsignationslieferplan
- Normallieferplan
- Kontrakt
- Einkaufsinformationssatz

Die Bildung dieser Rangliste lässt sich per BAdI /SAPAPO/PWB_SOS in Inhalt und Reihenfolge modifizieren. Nach der Bildung der Rangliste wird diese an die jeweilige Planungsanwendung zurückgegeben.

3. Schritt: Auswahl der Bezugsquelle aus der Rangliste

In der jeweiligen Planungsanwendung erfolgt die Auswahl der Bezugsquelle für die Anlage des Beschaffungsvorschlags aus der vorher gebildeten Rangliste. Dabei wird zwischen der interaktiven und der automatischen Planung unterschieden.

In der interaktiven Planung wird bei der Anlage eines Beschaffungsvorschlags ein Dialogfenster mit den Informationen für eine manuelle Auswahl angezeigt. Dabei können Sie sich außer der Rangliste der zulässigen und gültigen Bezugsquellen auch eine Vielzahl weiterer Informationen anzeigen lassen. Hierzu zählt neben einer Auflistung aller im Rahmen der Bezugsquellenfindung analysierten Bezugsquellen eine terminliche Analyse, ob die rechtzeitige Bereitstellung zum Wunschverfügbarkeitstermin mit einer Bezugsquelle überhaupt möglich ist. Dabei wird neben einem zur Einhaltung dieses Termins erforderlichen spätesten Liefertermins auch ein voraussichtlicher Verfügbarkeitstermin angezeigt. Bei der Ermittlung des voraussichtlichen Verfügbarkeitstermins wird eine infinite Planung unter Einbeziehung aller für die Terminierung nötigen Kalender unterstellt. Neben der Anzeige terminlicher Informationen werden auch Kostengesichtspunkte dargestellt.

Aus der interaktiven Planung heraus können Sie zudem Bezugsquellen von bestehenden Aufträgen ändern. Dabei wird unter bestimmten Voraussetzungen der bestehende Auftrag gelöscht und komplett neu angelegt, sodass er eine neue Auftragsnummer erhält. Beim Wechsel einer Eigenfertigungsbezugsquelle kann es je nach Status des bestehenden Auftrags zu einer Neuauflösung mit der neuen Eigenfertigungsbezugsquelle kommen. In den Benutzereinstellungen der Produktsicht ist in der Registerkarte **Produkt 2** eine Einschränkung auf Bezugsquellen möglich, für die bereits Aufträge vorliegen. Abbildung 11.28 verdeutlicht beispielhaft die manuelle Bezugsquellenauswahl in der interaktiven Planung.

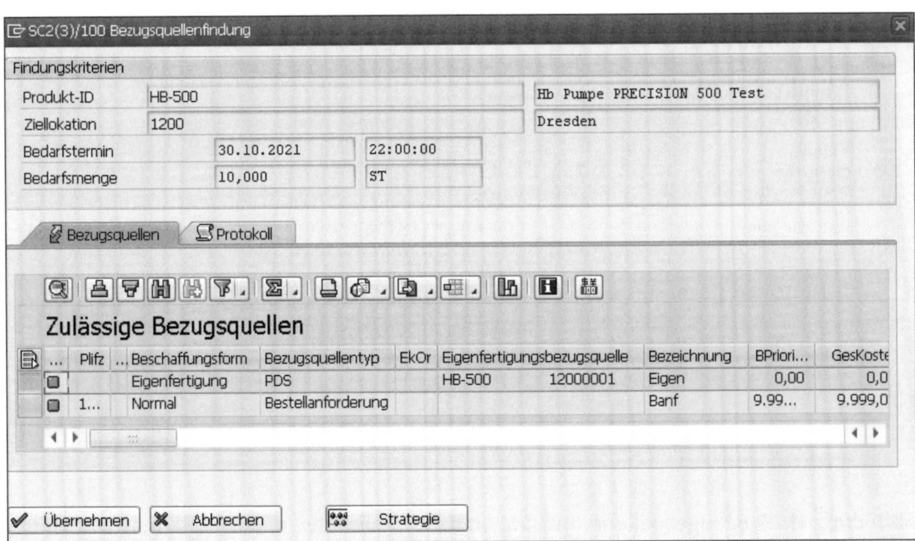

Abbildung 11.28 Interaktive Bezugsquellenauswahl (Beispiel)

In der automatischen Planung werden bei der Bezugsquellenfindung anwendungsspezifische Selektionskriterien genutzt, wobei die Planungsanwendung in der Regel die Bezugsquelle mit der höchsten Position in der Rangliste verwendet. Je nach Planungsanwendung können aber abweichend auch weitere Kriterien in die Auswahl einfließen. So wählen PP/DS-Planungsanwendungen wie die PP/DS-Produktheuristik *Planung von Standardlosen* (SAP_PP_002) in der Regel die Bezugsquelle mit der höchsten Position in der Rangliste, die den Bedarfstermin garantiert (Fristeinhaltung). Wenn mit keiner der Bezugsquellen eine bedarfstermingerechte Einplanung möglich ist, wählt das System im Rahmen der automatischen Bezugsquellenfindung die Bezugsquelle mit der geringsten Verspätung aus. Das spezifische Auswahlkriterium ist bei den genannten Anwendungen demnach die Termintreue. Abbildung 11.29 verdeutlicht den Zusammenhang der Kriterien bei der Auswahl der Bezugsquellen in der Produktions- und Feinplanung.

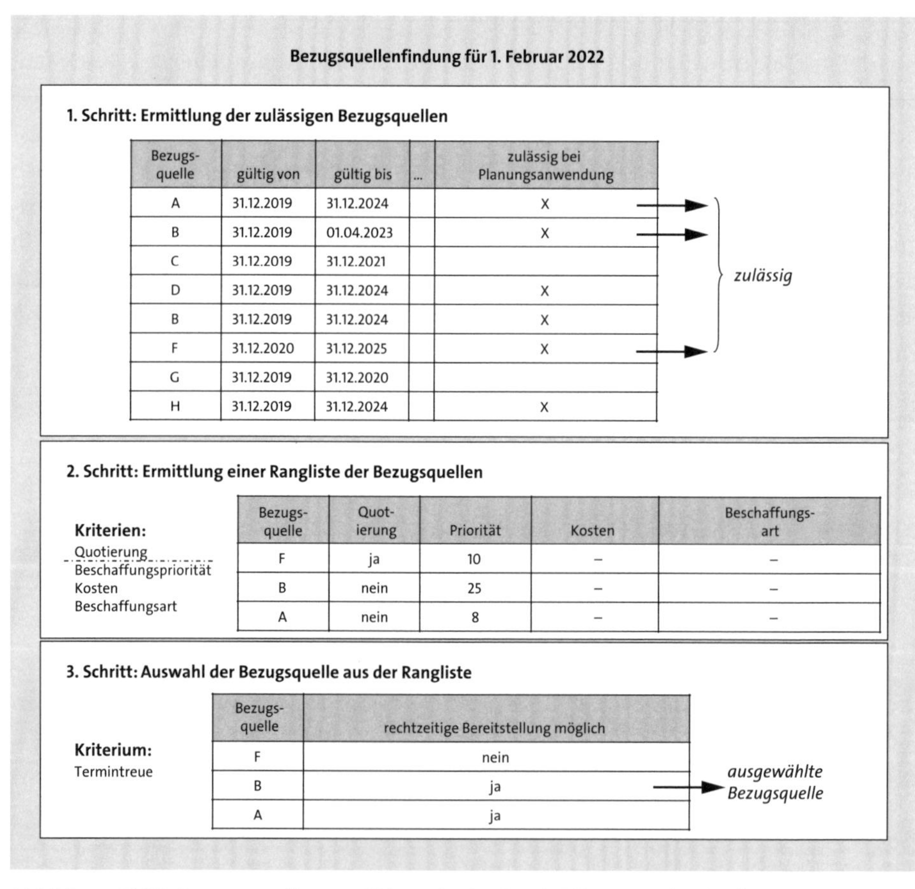

Abbildung 11.29 Bezugsquellenermittlung in der Produktions- und Feinplanung

Die Bezugsquellenauswahl basiert im Falle der Eigenfertigung auf der Bestimmung des Auflösungszeitpunkts und der Ermittlung der gültigen Komponenten. Dieser

Vorgang wird genutzt, um zu überprüfen, ob alle Komponenten der Bezugsquelle gültig sind und verwendet werden können.

Nachdem dem Plan auf der Basis der zuvor beschriebenen Systematik eine Bezugsquelle zugeordnet wurde, wird er durch das SAP-APO-System bzw. durch ePP/DS zum gewünschten Endtermin aufgelöst; Zeitpunkt dieser Auflösung ist also der Endtermin. Es wird geprüft, ob alle Komponenten zu diesem Auflösungszeitpunkt gültig sind. Daraus ergibt sich das Gültigkeitsintervall der Auflösung. Die Vorgänge des zugrunde liegenden Plans werden infinit über den Produktionskalender terminiert. Der Starttermin der ersten Aktivität dieser Terminierung, die bei der Behandlung von Gültigkeiten berücksichtigt werden muss, bildet den neuen Auflösungszeitpunkt. Liegt dieser innerhalb des Gültigkeitsintervalls der aktuellen Auflösung und damit auch innerhalb des Intervalls der Bezugsquelle, kann der Eigenfertigungsauftrag mit dieser Auflösung angelegt werden. Alle Komponenten sind gültig. Es erfolgt eine Anlage im LiveCache, und der Auftrag wird mit dem zugrunde liegenden Strategieprofil auf die Ressourcen des Plans eingeplant.

Falls die Bezugsquelle zum Auflösungszeitpunkt nicht mehr gültig ist, versucht das System, einen Auftrag mit der gemäß Rangliste nächsten Bezugsquelle anzulegen. Ist auch diese Bezugsquelle eine Eigenfertigungsbezugsquelle, wiederholt sich die Ermittlung des Auflösungstermins mittels infiniter Terminierung über den Produktionskalender. Dieser Vorgang wiederholt sich gegebenenfalls so oft, bis keine weiteren Bezugsquellen mehr vorhanden sind.

Die Produktheuristik *Least-Unit-Cost-Verfahren: Fremdbeschaffung* (SAP_PP_006) bildet in diesem Zusammenhang eine Ausnahme. Sie versucht, optimale Bestellmengen unter Berücksichtigung von Lager- und Beschaffungskosten zu ermitteln. Daher werden unabhängig von der Beschaffungsart im Lokationsproduktstamm nur Fremdbeschaffungsbezugsquellen einbezogen. Die anwendungsspezifischen Kriterien sind hierbei Lager- und Beschaffungskosten.

Ermittelt das System im ersten Schritt keine Bezugsquelle und enthält die Rangliste demnach keine Optionen, hängt es von der Anwendung ab, ob ein Beschaffungsvorschlag generiert wird. In der Produktions- und Feinplanung kann im Planversionsmanagement pro Planversion und Beschaffungsart entschieden werden, ob das System Beschaffungsvorschläge ohne Bezugsquelle anlegen darf. Wird dies gestattet, werden für die Fremdbeschaffung Bestellanforderungen ohne Bezugsquelle angelegt. Im Falle der Beschaffungsart Eigenfertigung oder wenn sowohl die Eigenfertigung als auch die Fremdbeschaffung laut Beschaffungsart aus dem Lokationsproduktstamm zulässig sind, werden Planaufträge ohne Bezugsquelle erzeugt.

Eine Ausnahme bei der Auswahl von Bezugsquellen bildet die Erzeugung von PP/DS-Beschaffungsvorschlägen aus ATP-Baumstrukturen im SAP-APO-System (siehe Kapitel 15, »Verfügbarkeitsprüfung«). Dabei kommt die beschriebene Vorgehensweise zur

Bezugsquellenfindung nicht zum Einsatz, da die Bezugsquelle durch Global ATP (Available to Promise) vorgegeben wird. Ebenso stellt in diesem Zusammenhang die Erzeugung von Beschaffungsvorschlägen der Produktions- und Feinplanung aus SNP-Aufträgen eine Sondersituation dar. Hier kann in den Einstellungen zur Umsetzung vorgesehen werden, dass die automatische Bezugsquellenfindung von PP/DS angesteuert oder die Bezugsquelle in Abhängigkeit des SNP-Auftrags verwendet werden soll. Falls diese Option gewählt wird, muss jedoch für Eigenfertigung mit PPMs geplant werden.

11.2.6 Ablauf der Bezugsquellenfindung mit Capable-to-Match

Die Planung mit Capable-to-Match (CTM) basiert auf der Nutzung der Bedarfspriorisierung und der Bestandskategorisierung. Die Auswahl der Beschaffungsalternativen können Sie dabei über die Suchstrategie (Transaktion /SAPAPO/CTMSSTRAT) beeinflussen, in der Sie die Reihenfolge der zu verbrauchenden Bestände und Zugänge über CTM-Bestandskategorien für den CTM-Planungslauf festlegen.

Die Suchstrategie wird immer lokal für ein Lokationsprodukt ausgeführt, sodass die Zugänge und Bestände von anderen Lokationsprodukten zunächst keine Rolle spielen. Dabei kann das System sowohl eine systeminterne Reihenfolge als auch eine benutzerdefinierte Reihenfolge verwenden. Wenn Sie keine benutzerdefinierte Suchstrategie mit Bestandskategorien verwenden, verhält sich das System entsprechend der systeminternen Reihenfolgeermittlung:

1. Zugänge und Bestände der vordefinierten Standardkategorie 00 werden verbraucht.
2. Zugänge und Bestände der Standardkategorie 00 werden über Auswertung vorhandener Regeln ersetzt.
3. Bezugsquellenfindung wird durchgeführt, und Bestellanforderungen werden angelegt.

Der Standardkategorie 00 werden immer alle Bestände und Zugänge zugewiesen, die Sie keiner Bestandskategorie zugeordnet haben. Sobald Sie eine benutzerdefinierte Reihenfolge verwenden, kann CTM neben der Standardkategorie 00, die immer verwendet werden kann, nur die in der Bestandskategorie definierten Bestände und Zugänge in der Suchstrategie verwenden. Sobald Sie eine benutzerdefinierte Suchstrategie mit Bestandskategorien verwenden, wird diese vom System berücksichtigt.

Der CTM-Algorithmus geht während des Planungslaufs so vor: Zuerst wertet er die Suchstrategie aus und konsumiert entsprechend der definierten Reihenfolge lokal erst die existierenden Bestände und Zugänge. Wenn die Bedarfe lokal nicht gedeckt werden können, dann wird die Bezugsquellenfindung ausgeführt. Sobald die Bezugsquellenfindung vorgesehen ist, geht das System folgendermaßen vor:

1. **Termingerechte Bedarfsdeckung**
   Höchste Priorität hat die termingerechte Bedarfsdeckung, auch wenn dabei Quotierungen oder Beschaffungsprioritäten verletzt werden müssen.
2. **Quotierung, Beschaffungspriorität und Kosten**
   Sobald alle Bezugsquellen den Bedarf termingerecht decken können, werden zuerst Quotierungen, falls vorhanden, und dann Beschaffungsprioritäten berücksichtigt. Bei den Quotierungen kann CTM ein prozentuales Bedarfssplitting für jeden Bedarf oder eine zeitliche Quotierung für den gesamten Planungslauf berücksichtigen. Kann über die Priorität keine eindeutige Bezugsquelle ermittelt werden, dann werden die Kosten verwendet.
3. **Gültigkeitsbeginn und Gültigkeitsende**
   Kann über die Quotierung, Priorisierung und die Kosten keine eindeutige Bezugsquelle ermittelt werden, wird die Gültigkeit der Bezugsquelle herangezogen. Bei Rückwärtsterminierung wird die Bezugsquelle verwendet, die dem Bedarfstermin am nächsten liegt, und bei Vorwärtsterminierung die Bezugsquelle mit dem frühesten Gültigkeitsbeginn.
4. **Losgrößenangaben**
   Falls eine weitere Differenzierung erforderlich ist, wird die Losgrößenangabe bei Eigenfertigungsbezugsquellen berücksichtigt.
5. **Zufallsergebnis**
   Kann auch mithilfe der Losgrößenangabe kein Ergebnis bestimmt werden, dann ermittelt CTM ein zufälliges Ergebnis.

Damit die Bezugsquellenfindung während des CTM-Laufs durchgeführt werden kann, müssen folgende Voraussetzungen erfüllt sein:

- Die Beschaffungsart und die Planauflösung im Lokationsproduktstamm sind gepflegt.
- Im CTM-Profil sind die Eigenfertigungsbezugsquellen vom Typ SNP oder PP/DS gewählt.
- Die Bezugsquelle ist dem Modell zugeordnet, das Sie im CTM-Profil verwenden.
- Wenn Sie die Stammdatenselektion verwenden, müssen die Bezugsquellen dort selektiert worden sein.

Über die Funktion des Bestandsaufbrauchs in CTM, die ab SAP SCM 7.0 EHP 2 über die Business-Funktion SCM_APO_CTM_SUPPLY_CONS aktiviert werden kann, ist es möglich, die Bezugsquellenfindung des CTM-Laufs so anzupassen, dass die Prioritäten der Bezugsquelle nicht mehr an erster Stelle ausschlaggebend sind, um die Quelle zu definieren. Mit dieser Funktion können Sie während des CTM-Planungslaufs zuerst die vorhandenen Zugangselemente in allen Lokationen Ihres Logistiknetzwerks verbrauchen, bevor das System zusätzliche Zugangselemente erzeugt. Dabei werden nur Zugangselemente auf der entsprechenden Ebene der Logistikkette berücksichtigt.

11.2.7 Ablauf der Bezugsquellenfindung in der SNP-Heuristik

Die grundlegende Vorgehensweise bei der Bezugsquellenfindung und Ermittlung der Rangfolge ähnelt dem auf Grundlage von PP/DS in Abschnitt 11.2.5, »Ablauf der Bezugsquellenfindung«, beschriebenen Verfahren. In diesem Abschnitt gehen wir auf die Besonderheiten der Bezugsquellenfindung in der SNP-Heuristik ein.

Bei der Bezugsquellenfindung in der SNP-Heuristik werden die Beschaffungsart (Eigen-, Fremdbeschaffung), die Gültigkeit der Bezugsquelle (Transportbeziehung, PDS oder PPM) sowie die Losgrößenregeln (exakte und feste Losgröße, Zielreichweite, Rundungsprofile, Rundungswerte, Sicherheitsbestand und Ausschuss) berücksichtigt. Über folgende weitere Parameter wird die Bezugsquellenfindung grundsätzlich beeinflusst:

- Quotierungen (prozentuale Aufteilung der Bedarfe, Multi-Sourcing)
- Prioritäten (Bezug über einen Lieferanten, Single-Sourcing)
- Kosten (Single-Sourcing)

Die Bezugsquellenfindung in der SNP-Heuristik berücksichtigt die Quotierungen, Prioritäten, Kosten und die Gültigkeit der Bezugsquelle in dieser Reihenfolge. Falls keine Quotierungen gepflegt sind, werden Prioritäten geprüft, und wenn keine Prioritäten gepflegt sind, werden Kosten berücksichtigt. Die Kosten spielen im Kontext der Heuristik eine untergeordnete Rolle. Dieses Vorgehen entspricht der allgemeinen Vorgehensweise der Bezugsquellenfindung in SAP APO.

Sie können die automatische Bezugsquellenfindung in der SNP-Heuristik primär über folgende Parameter steuern:

- **Quotierungen für Lokationen, Fremdbeschaffungsbeziehungen, Eigenfertigung (PDS, PPM)**
  Mit der Bezugsquellenfindung über Quotierungen ist es möglich, über prozentuales Aufteilen ein Multi-Sourcing zu definieren. Sie können bspw. die Fremdbeschaffung und die Eigenfertigung (70 % zu 30 %) quotieren, indem Sie z. B. für die Fremdbeschaffung 30 % aus Lokation A und 40 % aus Lokation B festlegen und für die Eigenfertigung 30 % aus einer PDS bzw. einem PPM decken lassen.
- **Beschaffungsprioritäten für Transportbeziehungen und Eigenfertigung (PDS, PPM)**
  Die Bezugsquellenfindung mit Beschaffungsprioritäten können Sie für bestimmte Bezugsquellen wie Transportbeziehungen und PDS/PPM festlegen. Folgende Voraussetzungen müssen erfüllt sein, damit die SNP-Heuristik die Prioritäten berücksichtigt:

- Die Bezugsquelle muss gültig sein.
- Der Auftrag muss innerhalb der festgelegten Losgrößenparameter liegen.
- Für Transportmittel muss das Kennzeichen **Aggr. Planung** aktiviert sein.
- Es dürfen keine Transportzyklen definiert sein.

Bei Transportzyklen, die Transportbeziehungen in beide Richtungen zwischen zwei Lokationen beschreiben, greift die SNP-Heuristik nur auf die festgelegten Quotierungen zurück und verwendet keine Prioritäten. Bei mehreren Transportmittelalternativen wird das Transportmittel mit den geringsten Kosten ermittelt. Bei gleichen Kosten gelten die allgemeinen Richtlinien der Bezugsquellenfindung.

Wenn bei Fremdbeschaffung keine gültige Transportbeziehung vorliegt bzw. das Produkt in der Quelllokation nicht bekannt ist oder bei definierter Eigenfertigung keine gültige PDS bzw. kein gültiges PPM vorhanden ist, legt das System in der SNP-Heuristik SNP-Umlagerungen oder SNP-Planaufträge ohne Bezugsquelle an.

11.2.8 Ablauf der Bezugsquellenfindung im SNP-Optimierer

Sobald unterschiedliche Bezugsquellen zur Verfügung stehen, können Sie den SNP-Optimierer verwenden, um die Auswahl zwischen verschiedenen Bezugsquellen auf Basis von definierten Kosten zu treffen. Dabei können neben Transportbeziehungen auch die Eigenfertigungsbezugsquellen PPM oder PDS verwendet werden. Der SNP-Optimierer versucht dann das Gesamtkostenoptimum zu erreichen und trifft Entscheidungen über folgende Faktoren:

- Eigenfertigung vs. Fremdfertigung (Wo?)
- Produktmix (Welche Produkte und Menge?)
- Technologiemix (Welche Ressourcen und welche alternativen Bezugsquellen?)
- Zeitpunkt (Wann?)
- Umlagerungen (Transport von Lokation A nach Lokation B?)

Das Ziel der Bezugsquellenfindung im SNP-Optimierer ist, die Produktionsstandorte festzulegen und die Umlagerungen zu reduzieren, um die Gesamtkosten zu minimieren.

Neben den für die optimierungsbasierte Planung wichtigen Kosten kann der SNP-Optimierer auch eingehende zeitabhängige Quotierungen aus den Stammdaten für Eigenfertigung, Fremdfertigung und Umlagerungen von anderen Lokationen berücksichtigen. Die Quotierungen können Sie für Produkte oder Produktgruppen festlegen. Die Quotierung bezieht sich dann auf den Gesamtzugang der entsprechenden Produktgruppe, die Sie im Produktstamm auf der Registerkarte **Eigenschaften 2** zugeordnet haben, wobei alle Produkte der Produktgruppe die gleiche Basismengeneinheit haben müssen. Dabei können Sie für das Über- oder Unterschreiten von Quotierungen generell Strafkosten festlegen, die der SNP-Optimierer dann neben den anderen für die Bezugsquellenfindung relevanten Kosten berücksichtigt.

Die Bezugsquellenfindung mit dem SNP-Optimierer wird allerdings dadurch eingeschränkt, dass im Rahmen der Fremdbeschaffung keine Lieferpläne, Kontrakte oder Einkaufsinformationssätze berücksichtigt werden. Der SNP-Optimierer verwendet die aus den Fremdbeschaffungsbeziehungen generierten Transportbeziehungen mit Transportmitteln, legt aber z. B. keine Aufträge für einen Lieferplan an. Bestehende vorhandene Aufträge werden als fixiert berücksichtigt.

An dieser Stelle lässt sich konstatieren, dass die Bezugsquellenfindung im SNP-Optimierer von der generellen Vorgehensweise in SNP abweicht, da eine Steuerung der Bezugsquellenfindung primär über die Kosten realisiert wird. Eine Priorisierung der Produktionsressourcen ist über alternative Produktionskosten möglich, eine Priorisierung des Beschaffungsorts über die Transportkosten. Für die bevorzugte Beschaffungsalternative sollten geringe Kosten hinterlegt werden. Bei der Vorgehensweise ist aber zu beachten, dass der SNP-Optimierer sämtliche Bedingungen eines Optimierungsproblems berücksichtigt und eine globale kostenoptimale Lösung ermittelt. Das bedeutet, dass neben den Produktions- oder Transportkosten auch weitere Faktoren, wie z. B. Lagerkosten und Kapazitätsangebot der belegten Ressourcen, im Gesamtkontext immer einen Einfluss auf die Bezugsquellenfindung haben.

11.3 Bezugsquellenfindung in SAP IBP

Innerhalb der Bezugsquellenfindung in SAP IBP unterscheidet man zwischen zeitreihenbasierten und auftragsbasierten Funktionen. Wir werden zunächst die Funktionen der Bezugsquellenfindung im Rahmen der zeitreihenbasierten Planung erläutern, bevor wir die Funktionen der auftragsbasierten Planung erläutern.

11.3.1 Bezugsquellenfindung in der zeitreihenbasierten Planung von SAP IBP

In der zeitreihenbasierten Planung von SAP IBP basiert die Bezugsquellenfindung im Kontext der Planung mit SAP IBP für Response and Supply bzw. SAP IBP für Sales and Operations Planning auf Quoten. Dabei stehen die folgenden Arten von Bezugsquellen zur Verfügung:

- **Kundenbezugsquelle**
  Bei einer Kundenbezugsquelle handelt es sich um eine Lokation, die Kunden mit bestimmten Produkten versorgt.

- **Lokationsbezugsquelle**
  Lokationsbezugsquellen sind die Basis für Umlagerungen, mit denen der Bedarf anderer Lokationen befriedigt wird.
- **Produktionsbezugsquelle**
  Diese Bezugsquellen stehen für die Modellierung von Produktions- bzw. Montageprozessen zur Verfügung.
- **externe Bezugsquelle**
  Bei einer externen Bezugsquelle handelt es sich um einen noch unbestimmten externen Lieferanten.

Während die Kundenbezugsquelle nach außen gerichtet ist, wird über die drei anderen Bezugsquellen der Bedarf innerhalb des Logistiknetzwerks behandelt. Sie können dabei mit diesen Bezugsquellen sowohl Single-Sourcing-Szenarien, wenn Sie mit einem einzelnen Lieferanten arbeiten, als auch Multi-Sourcing-Szenarien, wenn Sie mit mehreren Lieferanten arbeiten, umsetzen.

Zeitreihenbasierte Heuristiken nutzen von außen vorgegebene Quoten zur Verteilung der Mengen im Netzwerk. Eine Ausnahme bildet hier nur die finite Heuristik, die Quoten zwar berücksichtigt, jedoch die Bedarfsdeckung als höchstes Kriterium aufweist und somit unter Umständen nicht alle gegebenen Quoten zwangsläufig erfüllt. Die zeitreihenbasierte Optimierung ignoriert an sie übergebene Quoten und ermittelt diese als Planungsergebnis auf Basis von Kostengrößen.

11.3.2 Bezugsquellenfindung in der auftragsbasierten Planung des SAP IBP

Die auftragsbasierte Planung arbeitet mit Produktionsdatenstrukturen, die mit denen des SAP-APO-Systems vergleichbar sind. Ferner können Transportbeziehungen genutzt werden.

Über ein Planungslaufprofil (engl. Planning Run Profile) können Sie dem Planungslauf Regeln mitgeben, wie die Bezugsquellenauswahl bei der auftragsbasierten Heuristik durchgeführt werden soll. Sie können dabei zwischen den Modi *Priorität* und *Alternierend* auswählen. Die Bezugsquellen werden also entweder nach ihrer Priorität ausgewählt oder in alternierender Reihenfolge.

Bei der alternierenden Vorgehensweise kann von einer Bezugsquelle auf eine andere gewechselt werden, wenn die Kapazität ausgelastet ist. Neben dem Auswahlmodus berücksichtigt die auftragsbasierte Heuristik auch die Gültigkeit der Bezugsquelle. Anders als die auftragsbasierte Heuristik arbeitet der auftragsbasierte Optimierer grundsätzlich nicht auf Basis der Auswahlmodi, sondern versucht, kostenbasiert einen optimierten Plan abzuleiten.

11.4 Fazit

Zu Beginn dieses Kapitels haben wir die Beschaffungsarten in den SAP-ERP-Systemen (SAP ECC und SAP S/4HANA) erklärt und sind dabei auch detailliert auf die Sonderbeschaffungsarten eingegangen, mit denen besondere Beschaffungsprozesse wie Lohnbearbeitung und Konsignation abgebildet werden können. Für die Eigenfertigung haben wir Ihnen die Auswahl von Stückliste und Arbeitsplan im Planungslauf beschrieben. Für die Fremdbeschaffung haben wir die möglichen Bezugsquellen kurz beschrieben und anschließend erläutert, wie Sie mithilfe der Quotierung und des Orderbuchs die automatische Bezugsquellenauswahl im Planungslauf steuern können.

Im zweiten Teil des Kapitels sind wir auf die Besonderheiten in SAP APO und im Add-on for Embedded PP/DS eingegangen. Auch hier haben wir die Beschaffungsarten erläutert und anschließend einen Überblick über die Bezugsquellen der Eigenfertigung und der Fremdbeschaffung gegeben, da sich diese Quellen von den SAP-ERP-Systemen unterscheiden. Schließlich haben wir die Bezugsquellenfindung in SAP APO und ePP/DS erklärt, bei der die Kriterien Quotierung, Beschaffungspriorität, Beschaffungskosten und Beschaffungsart vom System berücksichtigt werden können. Im Anschluss haben wir Ihnen auch die Bezugsquellenfindung von SAP IBP nähergebracht.

Sie sind nun in der Lage, die Beschaffungsprozesse und insbesondere die Sonderbeschaffungsprozesse in Ihrem Unternehmen mit den Möglichkeiten der SAP-Systeme sinnvoll abzubilden. Auch sollten Sie bei mehreren Bezugsquellen das System so einstellen können, dass die von Ihnen gewünschte Bezugsquelle automatisch im Planungslauf ermittelt wird.

Schließlich haben Sie erfahren, welche Auswirkung die Bezugsquellenfindung bei Lieferanten mit unterschiedlichen Planlieferzeiten auf die Terminierung hat. Auf diese gehen wir im folgenden Kapitel 12, »Terminierungsparameter«, im Detail ein.

Kapitel 12
Terminierungsparameter

Neben den Parametern der Beschaffungsmengenermittlung und der Sicherheitsbestandsplanung, die einen bedeutenden Einfluss auf die mengenmäßige Ausgestaltung von Bedarfsdeckern ausüben, wirken die Terminierungsparameter entscheidend auf den Erfolg der Disposition ein, da durch sie die zeitliche Lage der anzulegenden Dispositionselemente festgelegt wird.

Die Terminierung ist der abschließende Schritt der Materialbedarfsplanung. Zu Beginn der Planungen wurde in der Nettobedarfsrechnung die Unterdeckungsmenge ermittelt. Auf dieser Basis wurde im Rahmen der Beschaffungsmengenermittlung eine konkrete Menge für die Höhe des anzulegenden Bedarfsdeckers definiert. Bei der Terminierung erfolgt nun je nach Beschaffungsart die Bestimmung der zeitlichen Lage des anzulegenden Bedarfsdeckers.

Bei der Auswahl der Parameter der Beschaffungsmengenermittlung und der Sicherheitsbestandsplanung müssen Sie in der Regel gegenläufige Ziele miteinander vereinbaren. Einerseits sind bei der Ermittlung der Beschaffungsmengen auf Seiten der Losgrößenrechnung Lagerkosten durch möglichst kleine Beschaffungsmengen einzusparen, andererseits verleitet die Wirkung von bestellfixen Kosten eher zu möglichst großen Losen. Bei den Terminierungsparametern sieht es dagegen anders aus. Hier gilt es nicht, widerstreitende Ziele durch eine Optimierung in Einklang zu bringen. Vielmehr müssen Sie die Systemparameter nah an die Realität anpassen, damit das Terminierungsergebnis möglichst optimal umgesetzt werden kann.

Dies bedeutet nicht, dass Terminierungsparameter keinen Einfluss auf den Erfolg der Disposition hätten – ganz im Gegenteil. Die korrekte Wahl der Terminierungsparameter hat neben der rechtzeitigen Befriedigung von Bedarfen entscheidenden Einfluss auf die Höhe von Beständen. Weichen die im System hinterlegten Daten stark von denen der Realität ab, werden gegebenenfalls Produktionsmengen zu früh oder zu spät bereitgestellt. Im ersten Fall entstehen Lagerkosten, im zweiten Fall Fehlmengenkosten. Bei mehrstufigen Stücklistenstrukturen können sich diese Probleme potenzieren.

Der Erfolg Ihrer Disposition hängt also auch im Hinblick auf die Höhe von Beständen stark davon ab, dass die im System hinterlegten Terminierungsparameter denen der Realität möglichst genau entsprechen.

12.1 Terminierung in SAP ECC und SAP S/4HANA

In den SAP-ERP-Systemen (SAP ECC und SAP S/4HANA) werden zwei grundsätzliche Terminierungsarten unterschieden: die Eckterminierung und die Durchlaufterminierung.

Die *Eckterminierung* ermittelt auf Basis von Materialstammfeldern grobe Eckstart- und Eckendtermine der Beschaffungselemente. Die *Durchlaufterminierung* liefert auf der Grundlage der Arbeitspläne und -plätze detaillierte Terminierungsergebnisse für Eigenfertigungsaufträge. Ob das System im Materialplanungslauf die Eckterminierung oder die detaillierte Durchlaufterminierung nutzt, legen Sie in den Steuerungsparametern des Materialplanungslaufs über das Terminierungskennzeichen fest.

12.1.1 Eckterminierung bei Eigenfertigung

Durch die Ecktermine wird der Rahmen für die Lage der Bearbeitungsvorgänge eines Bedarfsdeckers festgelegt. Bei der plangesteuerten und der stochastischen Disposition werden Eckstart- und Eckendtermin sowie Auftragseröffnungstermine bestimmt. Dabei nutzt das jeweilige SAP-ERP-System zunächst die Rückwärtsterminierung, d. h., die zeitliche Lage der Ecktermine wird vom Bedarfstermin aus in Richtung des aktuellen Datums berechnet. Fällt der so ermittelte Eckstarttermin in die Vergangenheit, schaltet das System im Standard auf Vorwärtsterminierung um. Dieses Verhalten können Sie jedoch im Customizing in der Vergangenheit übersteuern. Es können also bereits aus dem Materialplanungslauf heraus Ecktermine in der Vergangenheit zugelassen werden.

Eigenfertigungszeit

Die Zeit, die Materialien in der Eigenfertigung zur Erstellung benötigen, wird *Eigenfertigungszeit* genannt. Dabei unterscheidet man zwischen der losgrößenunabhängigen und der losgrößenabhängigen Eigenfertigungszeit. Sie können immer nur entweder die eine oder die andere Eigenfertigungszeit auswählen.

Die losgrößenunabhängige Eigenfertigungszeit können Sie pauschal für alle möglichen Losgrößen in Arbeitstagen in der Registerkarte **Disposition 2** oder der Registerkarte **Arbeitsvorbereitung** des Materialstamms pflegen (siehe Abbildung 12.1).

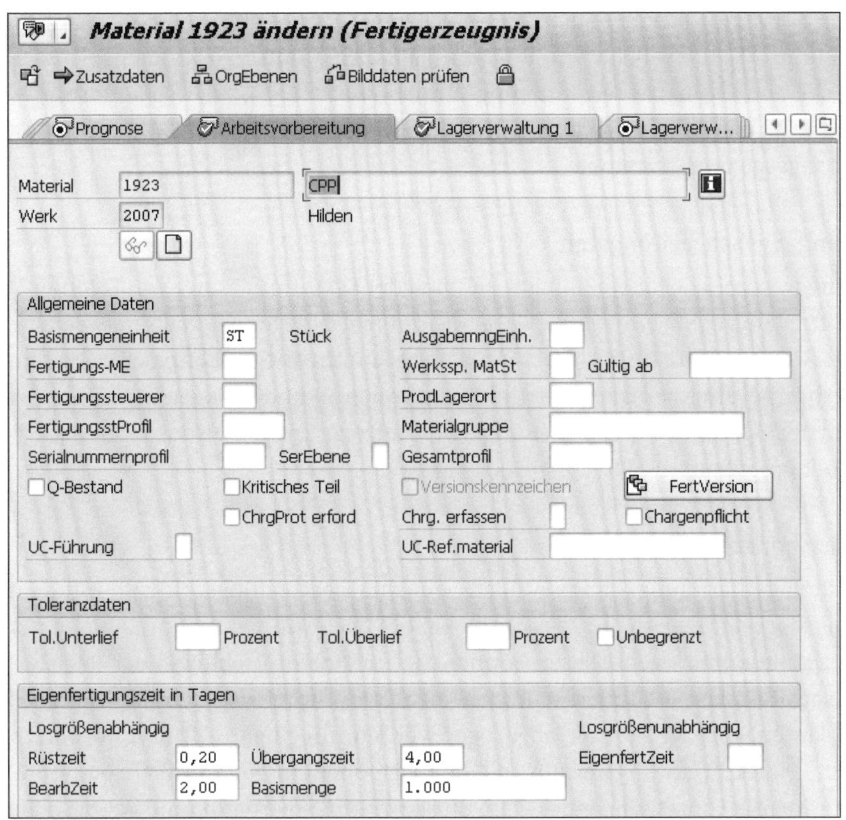

Abbildung 12.1 Eigenfertigungszeiten auf der Registerkarte »Arbeitsvorbereitung« des Materialstamms

Die losgrößenabhängige Eigenfertigungszeit dagegen besteht aus einer Kombination mehrerer Feldinhalte der Registerkarte **Arbeitsvorbereitung**. Hier ist es möglich, neben den ebenfalls losgrößenunabhängigen Rüst- und Übergangszeiten separat eine auf eine Basismenge bezogene Bearbeitungszeit im Feld **BearbZeit** zu hinterlegen. Die Rüstzeit (Feld **Rüstzeit**) ist die Anzahl an Arbeitstagen, die pro Auftrag für Rüst- und Abrüstvorgänge insgesamt benötigt wird. Wegen des groben Charakters der Eckterminierung wird nicht in die Überlegungen einbezogen, ob aufgrund der Bearbeitungsreihenfolge tatsächlich Rüstvorgänge anfallen. Im Feld **Übergangszeit** werden die an sich unproduktiven Schritte zwischen der eigentlichen Bearbeitung, wie Warte-, Liege- und Transportzeiten sowie Vorgriffs- und Sicherheitszeiten, abgebildet. Auch die oben genannten Angaben zur losgrößenabhängigen Eigenfertigungszeit in den Feldern **Rüstzeit**, **Bearbeitungszeit** und **Übergangszeit** werden in Arbeitstagen gepflegt. Im Gegensatz zur losgrößenunabhängigen Alternative können Sie hierbei auch Dezimalzahlen verwenden.

Sie haben die Möglichkeit, die Feldinhalte der losgrößenabhängigen Eigenfertigungszeit aus dem Arbeitsplan fortzuschreiben (siehe Abschnitt »Zusammenspiel zwischen Eck- und Durchlaufterminierung« in Abschnitt 12.1.4, »Durchlaufterminierung«). Die Eckterminierung ermittelt jedoch auch bei der Wahl dieser Option lediglich tagesgenaue Termine.

Wareneingangsbearbeitungszeit

Die zweite wesentliche Einstellung im Rahmen der Eckterminierung von Eigenfertigungsaufträgen ist die *Wareneingangsbearbeitungszeit*, die Sie ebenfalls in Arbeitstagen in der Registerkarte **Disposition 2** im Materialstamm pflegen können. Die Wareneingangsbearbeitungszeit dient der Abbildung von Prüf- und Einlagerungszeiten, die zwischen der eigentlichen Fertigstellung eines Auftrags und der dispositiven Verfügbarkeit der produzierten Mengen im Lager anfallen.

Eröffnungshorizont

Neben der Eigenfertigungs- und der Wareneingangsbearbeitungszeit wird mit dem *Eröffnungshorizont* eine dritte Zeitspanne bei der Eckterminierung im Rahmen der Eigenfertigung einbezogen. Diesen können Sie im Horizontschlüssel der Registerkarte **Disposition 2** im Materialstamm als Anzahl von Arbeitstagen hinterlegen, die vom geplanten Start des Auftrags abgezogen werden, um einen Eröffnungstermin zu ermitteln. Dieser Eröffnungstermin soll dem Disponenten einen Anhaltspunkt liefern, ab wann die Umsetzung eines Planauftrags in einen Fertigungsauftrag, also die Fertigungsauftragseröffnung, angestrebt werden sollte. Innerhalb des Eröffnungshorizonts sollten Sie die zur Vorbereitung der Umsetzung nötigen Maßnahmen eingeleitet haben. Eine gemäß den Planungen vorgesehene zeitliche Durchführung der Produktion ist also nur zu gewährleisten, wenn die Umsetzung innerhalb des Eröffnungshorizonts erfolgt ist.

Ablauf der Terminierung

Bei plangesteuerter und bei stochastischer Disposition wird ausgehend von dem aus dem Bedarf resultierenden Verfügbarkeitstermin nun im Rahmen der Materialbedarfsplanung rückwärts zunächst die Wareneingangsbearbeitungszeit verrechnet, um den Eckendtermin des Auftrags zu ermitteln. Vom Eckendtermin wird ebenfalls über Rückwärtsrechnung die Eigenfertigungszeit abgezogen, um den geplanten Eckstarttermin des Eigenfertigungsauftrags zu erhalten. Der Eckstarttermin bildet den Endpunkt des Eröffnungshorizonts, der zeitlich vor den Eckterminen des Eigenfertigungsauftrags liegt und dessen Beginn durch den Eröffnungstermin bestimmt ist (siehe Abbildung 12.2).

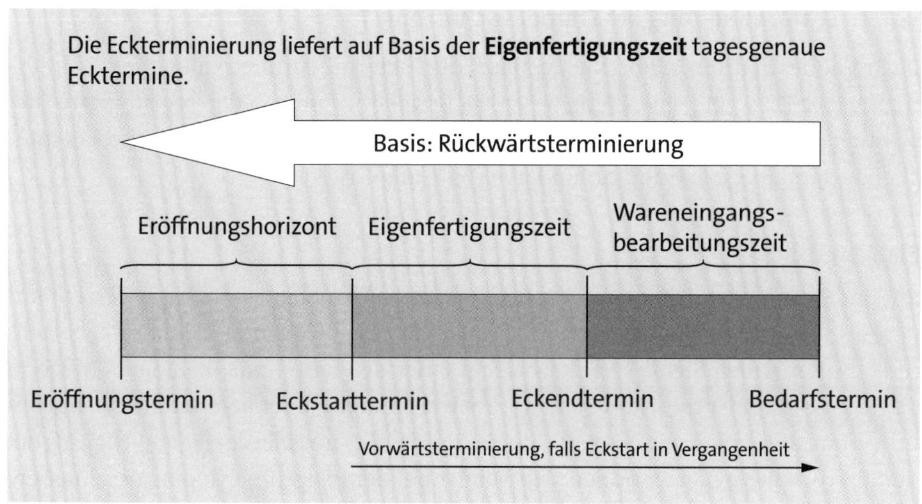

Abbildung 12.2 Eckterminierung bei Eigenfertigung

Wie bereits erwähnt, schaltet das System im Standard von Rückwärts- auf Vorwärtsterminierung um, wenn der Eckstarttermin in der Vergangenheit liegt. Falls dies nicht im Customizing übersteuert wird, wird der Eckstarttermin auf die Heutelinie gelegt; auf die Verwendung eines Eröffnungshorizonts wird also verzichtet (siehe Abbildung 12.3). Die Bestellpunktdisposition verläuft analog.

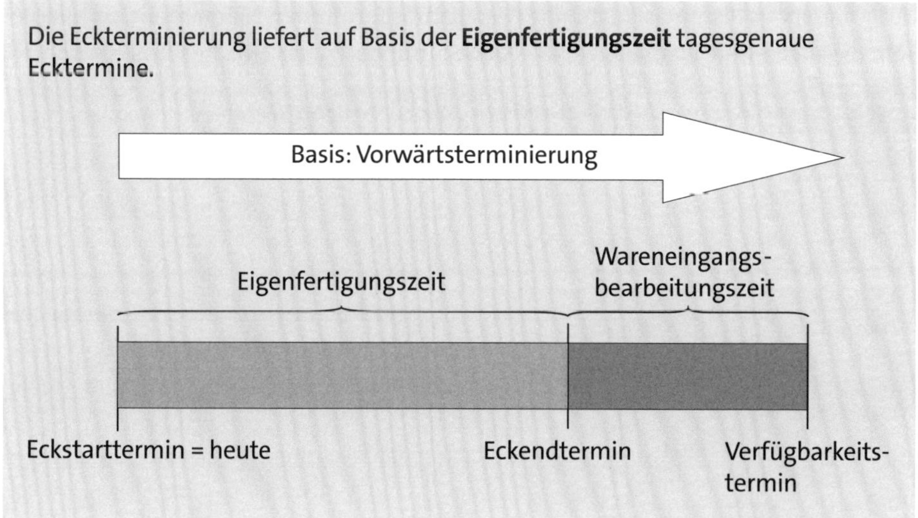

Abbildung 12.3 Vorwärtsterminierung bei Eckstarttermin in der Vergangenheit

12.1.2 Eckterminierung bei Fremdbeschaffung

Bei fremdbeschafften Materialien verläuft die Eckterminierung analog zum Eigenfertigungsfall. Dies gilt bspw. dann, wenn die Beschaffungsart in der Registerkarte **Disposition 2** im Materialstamm auf »F« eingestellt ist und nicht über eine entsprechende Sonderbeschaffungsart anderweitig konkretisiert wird.

Planlieferzeit

Mit der Eigenfertigungszeit in ihrer Bedeutung vergleichbar ist die *Planlieferzeit*. Anders als die Eigenfertigungszeit wird die Planlieferzeit jedoch in Kalendertagen hinterlegt. Hier haben Sie die Wahl zwischen einer lieferantenunabhängigen Pflege in der Registerkarte **Disposition 2** im Materialstamm und einer lieferantenabhängigen Pflege im Rahmenvertrag oder im Infosatz. Anders als im Falle der Eigenfertigung, bei der die verschiedenen Optionen sich bereits bei der Pflege im System ausschließen, können für die Fremdbeschaffung konkurrierende Planlieferzeiten hinterlegt werden, die je nach Systemeinstellungen und Verwendungskontext zum Einsatz kommen. Welche der beiden Optionen im Materialplanungslauf verwendet wird, hängt von einer Vielzahl von Einstellungen ab. Auf Werks- oder Dispositionsgruppenebene muss das Kennzeichen **Terminbest. Infosatz/Vertrag** gesetzt sein (siehe Abbildung 12.4), damit bereits der Materialplanungslauf auf den detaillierteren lieferantenspezifischen Wert für die Planlieferzeit zurückgreift. Zusätzlich muss aus dem Orderbuch ein eindeutiger Lieferant hervorgehen, damit die automatische Bezugsquellenfindung bereits im Planungslauf für die Bestellanforderung den Lieferanten und mit diesem die zugehörige Planlieferzeit aus den Stammdaten des Einkaufs finden kann.

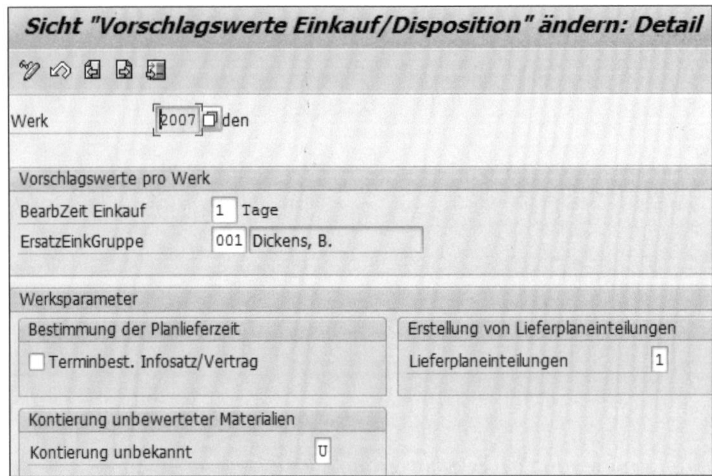

Abbildung 12.4 Werksparameter der Fremdbeschaffung, Ausschnitt aus dem Customizing

Im SAP-ECC- bzw. SAP-S/4HANA-System wird die Planlieferzeit bei Umlagerungen zur Berechnung des Bedarfstermins im Lieferwerk in Kalendertagen verwendet. Bei Lohnbearbeitung wird die Planlieferzeit zur Ermittlung der Bedarfstermine für die Beistellteile verwendet. Der Bedarfstermin ergibt sich in beiden Fällen aus der folgenden Formel:

Bedarfstermin = Lieferdatum – Planlieferzeit

Einkaufsbearbeitungszeit

Mit der Einkaufsbearbeitungszeit wird die Zeitspanne abgebildet, die der Einkauf zur Umwandlung einer Bestellanforderung in eine Bestellung benötigt. Sie wird pro Werk im Customizing in Arbeitstagen gepflegt und im Rahmen der Terminierung der Planlieferzeit vorangestellt (siehe Abbildung 12.5).

Terminierung unter Berücksichtigung von Ex Works Incoterms

In den Planungssystemen von SAP existieren keine besonderen Terminierungsoptionen für Ex-Works-Szenarien. SAP stellt mit den SCM-Beratungslösungen *Ex Works External Supplier* (EXE) und *Ex Works Internal Stock Transfer* (EXI) Optionen bereit, die die Terminierung explizit in Szenarien optimieren, in denen die Übergabe von Materialien bereits am Werkstor des Lieferanten bzw. liefernden Werks erfolgt.

Ablauf der Terminierung

Auch bei fremdbeschafften Bedarfsdeckern wird im Rahmen der plangesteuerten sowie der stochastischen Disposition der Eckendtermin rückwärts ermittelt, ausgehend von dem aus dem Bedarf stammenden Termin über eine Einbeziehung der Wareneingangsbearbeitungszeit. Der Eckendtermin wird in diesem Zusammenhang auch als Liefertermin bezeichnet. Anstelle der Eigenfertigungszeit wird nun bei der Fremdbeschaffung die Summe aus der Einkaufsbearbeitungszeit in Arbeitstagen und der jeweils zugrunde liegenden Planlieferzeit in Kalendertagen vom Liefertermin abgezogen, um den Eckstarttermin zu bestimmen, der ebenfalls als Freigabetermin bezeichnet werden kann. Vor dem Eckstarttermin liegt analog zum Eigenfertigungsfall der Eröffnungshorizont. Dieser dient der Disposition als Hinweisgeber für die anstehende Umsetzung eines internen Beschaffungselements (hier die Bestellanforderung) in ein externes Beschaffungselement (hier die Bestellung). Abbildung 12.5 veranschaulicht diesen Zusammenhang.

Bei der Bestellpunktdisposition wird vorwärts vom Zeitpunkt des Planungslaufs disponiert. Dabei kommen ebenfalls die oben genannten Bestandteile der Terminierung (Einkaufsbearbeitungszeit, Planlieferzeit und Wareneingangsbearbeitungszeit) zur Anwendung.

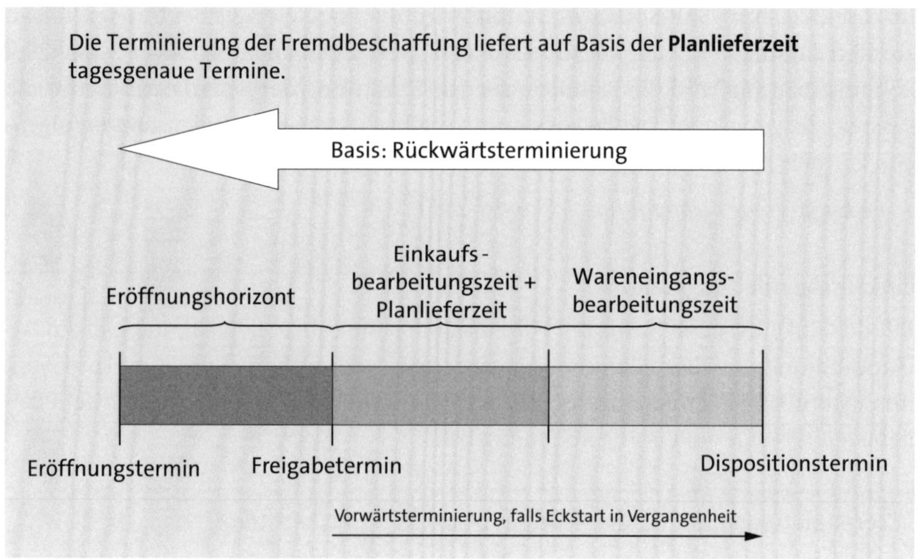

Abbildung 12.5 Terminierung bei Fremdbeschaffung

[»]

Wiederbeschaffungszeit-Monitor

Mit dem *Wiederbeschaffungszeit-Monitor* (WBZ-Monitor) steht Ihnen ein Add-on in SAP ECC und in SAP S/4HANA zur Verfügung, mit dem durch die Analyse historischer Elemente, wie bspw. Fertigungsaufträge oder Bestellungen, Wiederbeschaffungszeiten ermittelt und in der Planung verankert werden können. Auch eine mehrstufige Auswertung zur Ableitung von Gesamtwiederbeschaffungszeiten unter Beachtung des kritischen Pfads ist mit diesem Tool möglich. Details zu dieser Funktionalität finden Sie in Abschnitt 20.4.2, »Wiederbeschaffungszeit-Monitor«, dieses Buchs.

12.1.3 Stücklistenübergreifende Eckterminierung

Bei mehrstufiger Produktion gibt im Standard der Eckstarttermin eines verursachenden Eigenfertigungsauftrags den Ausschlag für den Sekundärbedarfstermin der jeweils untergeordneten Komponente (siehe Abbildung 12.6).

Dieses Verhalten können Sie jedoch isoliert für die Eckterminbestimmung mittels der Nachlaufzeit übersteuern. Dabei pflegen Sie in der Positionssicht der Stückliste die Nachlaufzeit in Arbeitstagen. Geben Sie die Anzahl der Arbeitstage an, um die die Komponentenbereitstellungstermine verschoben werden sollen. Dabei ist sowohl eine Verschiebung in die Zukunft als auch in Richtung Heutedatum möglich.

Darüber hinaus gibt es mit der Option des Verteilungsschlüssels die Möglichkeit, Sekundärbedarfsmengen kontinuierlich zwischen Eckstart- und Eckendtermin einfließen zu lassen. Der Verteilungsschlüssel muss ebenfalls in der Positionssicht der Stückliste gepflegt werden.

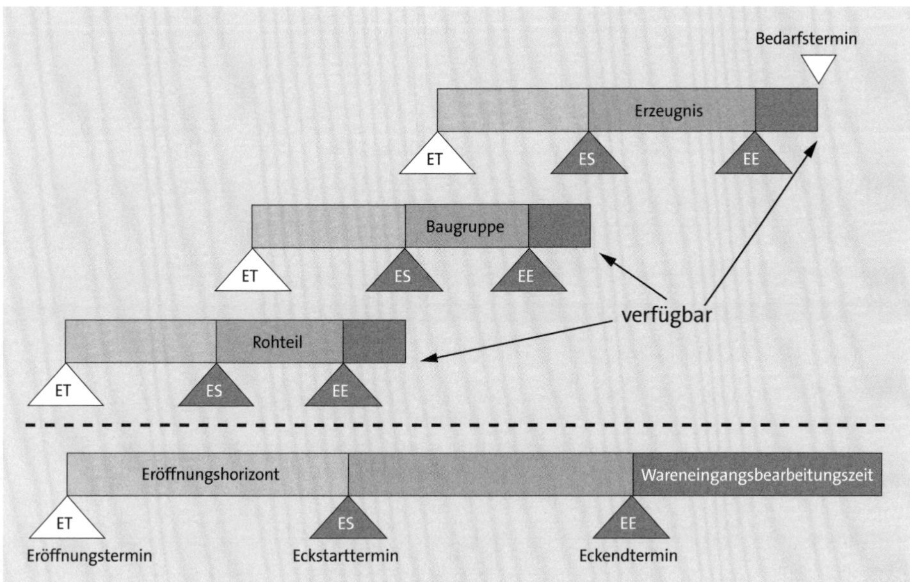

Abbildung 12.6 Stücklistenübergreifende Eckterminierung

12.1.4 Durchlaufterminierung

Die Durchlaufterminierung basiert auf der Eckterminierung und konkretisiert im Eigenfertigungsfall die Eigenfertigungszeit. Ob eine Durchlaufterminierung bereits im Materialplanungslauf für Planaufträge durchgeführt werden soll, wird in den Steuerungsparametern des Planungslaufs über das Terminierungskennzeichen bestimmt. Unabhängig von den Terminierungseinstellungen des Planungslaufs wird bei der Umsetzung eines Planauftrags in einen Fertigungsauftrag stets die Durchlaufterminierung angestoßen. Im Gegensatz zur groben Eckterminierung werden bei der Durchlaufterminierung sekundengenaue Termine auf Vorgangsebene bestimmt. Zu diesem Zweck greift die Durchlaufterminierung unter anderem auf Arbeitsplan- und auf Arbeitsplatzdaten zurück.

Abfangen von Störungen mittels Sicherheitszeit (Auftragspuffer)

Die erste zentrale Einstellung im Rahmen der Durchlaufterminierung bildet die *Sicherheitszeit*. Diese definieren Sie im Horizontschlüssel im Customizing in Arbeitstagen und ordnen Sie dann im Materialstamm in der Registerkarte **Disposition 2** zu (siehe Abbildung 12.7).

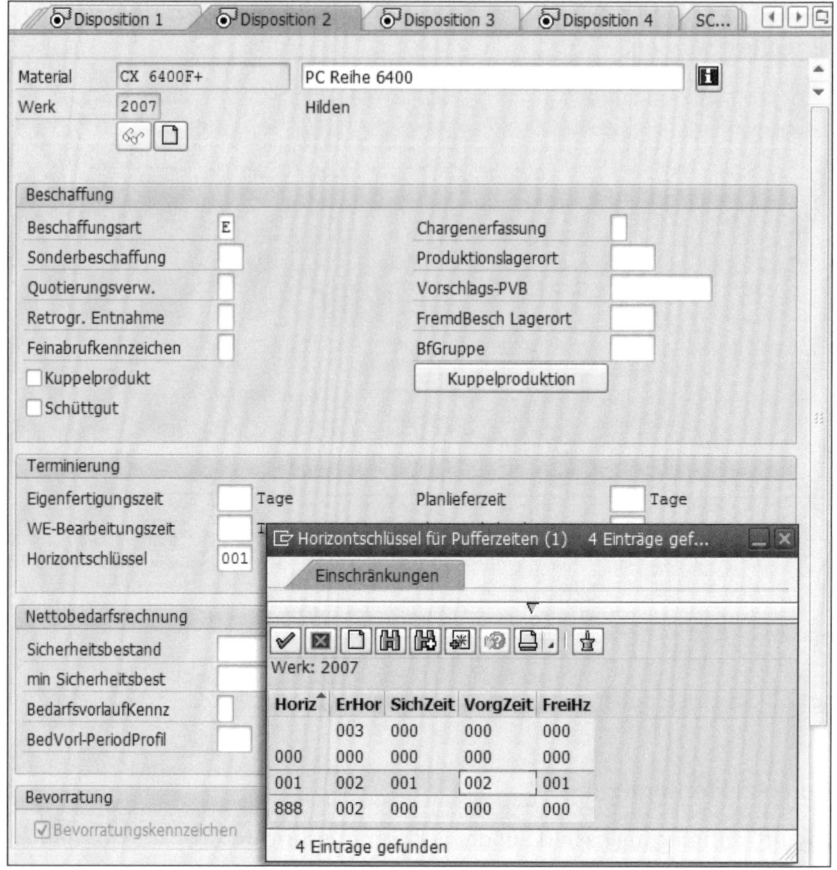

Abbildung 12.7 Pflege des Horizontschlüssels auf der Registerkarte »Disposition 2« des Materialstamms

Bei der Sicherheitszeit handelt es sich um einen sogenannten Auftragspuffer. Zu den Auftragspuffern zählt neben der Sicherheitszeit auch die *Vorgriffszeit*. Auftragspuffer tragen dem Umstand Rechnung, dass die genaue Lage der Bearbeitungsvorgänge innerhalb der Ecktermine gegebenenfalls aufgrund bestimmter praxisrelevanter Umstände verschoben werden muss.

Die Sicherheitszeit liegt bei Durchführung der Durchlaufterminierung direkt vor dem Eckendtermin und soll die Möglichkeit geben, ungeplante Störungen von Ressourcen abzufangen. Somit können Sie Maschinenausfällen kurz vor geplantem Produktionstermin eines Vorgangs in einem bestimmten Rahmen begegnen, ohne dass die Auftragsecktermine automatisch verletzt werden müssen. Der Beginn der Sicherheitszeit wird als Produktionsendtermin bezeichnet, da er durch das Ende des letzten Produktionsvorgangs vorgegeben wird.

Die Lage der Ecktermine muss gewährleisten, dass das Material am Bedarfstermin zu Arbeitsbeginn zur Verfügung steht, daher liegt der Eckendtermin grundsätzlich nach dem Produktionsendtermin. Ist keine Sicherheitszeit gepflegt, liegt der Eckendtermin immer einen Tag nach dem Produktionsendtermin.

Vorgangszeiten

Die Durchlaufterminierung greift zur Konkretisierung der Eigenfertigungszeit auf Arbeitsplan- und Arbeitsplatzdaten zurück, womit detaillierte Produktionstermine ermittelt werden können.

Zu den bei der Durchlaufterminierung ermittelten Zeiten zählen die sogenannten *Produktionstermine*, also das terminierte Start- und Endedatum des Eigenfertigungsauftrags. Diese Termine werden durch Zugriff auf Arbeitsplan- und Arbeitsplatzdaten sekundengenau berechnet. Die Ermittlung dieser Termine erfolgt bspw. bei der plangesteuerten und der stochastischen Disposition durch Rückwärtsterminierung vom Beginn der Sicherheitszeit in der umgekehrten Reihenfolge der Vorgänge aus der Stammfolge des Arbeitsplans. Ausschlaggebend für die Dauer von Rüst- und Bearbeitungsvorgängen sind dabei in der Regel die *Vorgabewerte*. Dabei handelt es sich um Planwerte für die Durchführung von Produktionsaktivitäten, deren Wert im Vorgang gepflegt wird. Über den *Vorgabewertschlüssel* aus dem Arbeitsplatz, der im Customizing definiert werden muss, werden einem Vorgang bis zu sechs Datenfelder und Schlüsselwörter für die Vorgabewerte zugeordnet. Diese Felder stehen somit bei der Pflege des Arbeitsplans durch die Arbeitsplatzzuordnung zum Vorgang zur Verfügung.

Bei der Bestimmung der zeitlichen Dauern von Rüst- oder Bearbeitungstätigkeiten wird auf die Terminierungsformeln des Arbeitsplatzes zurückgegriffen, sofern im Vorgang ein terminierungsrelevanter Steuerschlüssel gepflegt ist. Anderenfalls erfolgt keine Terminierung des Vorgangs. In den Terminierungsformeln kann die Durchführungszeit für einen Vorgang durch Verwendung von Formelparametern flexibel den realen Gegebenheiten angepasst werden. Als Formelparameter können Sie dabei neben den bereits beschriebenen Vorgabewerten auch allgemeine Vorgangsdaten und Benutzerfelder aus dem Arbeitsplan einsetzen – oder auch Formelkonstanten aus dem Arbeitsplatz. Die Durchführungszeiten der Vorgangsabschnitte *Rüsten*, *Bearbeiten* und *Abrüsten* lassen sich jeweils durch die Verwendung einer eigenen Formel getrennt ermitteln. Die Durchführungszeit eines gesamten Vorgangs bestimmt sich als die Summe der Durchführungszeiten der einzelnen Vorgangsabschnitte.

Bei der terminlichen Lage von Vorgängen im Rahmen der Durchlaufterminierung werden die Einsatzzeiten der Produktionskapazitäten berücksichtigt. Ein durchlaufterminierter Vorgang kann also nur innerhalb der Arbeitszeit der zugrunde liegenden Kapazität liegen. In einem Arbeitsplatz können gleichzeitig mehrere Kapazitäten eingetragen sein. Welche der eingetragenen Kapazitäten für die Terminierung herangezogen wird, entscheiden Sie durch einen Eintrag im Bereich **Terminierungsbasis** auf der Registerkarte **Terminierung** des Arbeitsplatzes (siehe Abbildung 12.8).

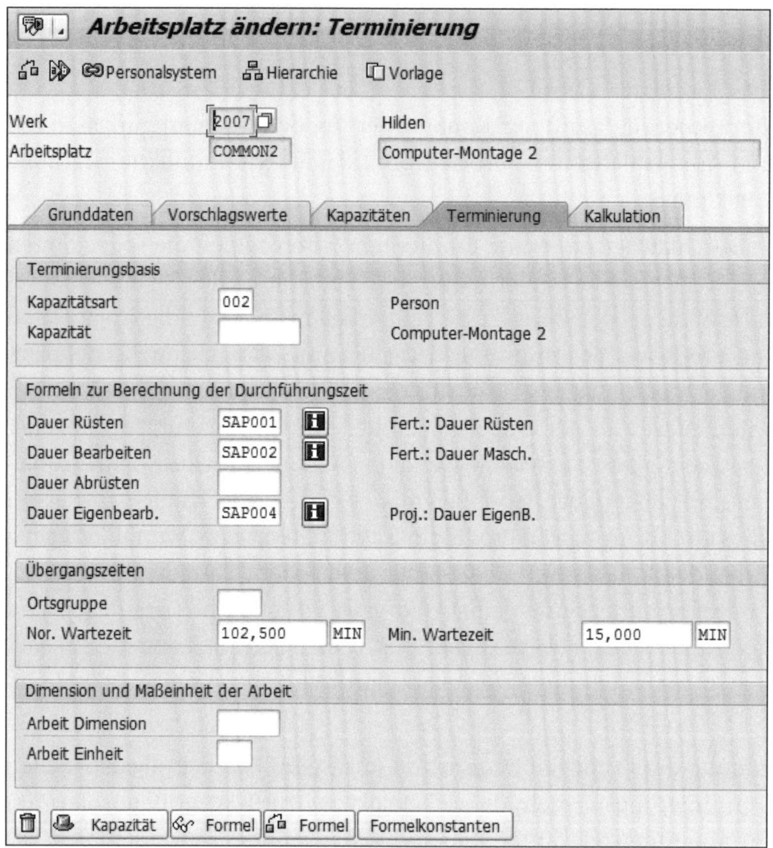

Abbildung 12.8 Registerkarte »Terminierung« des Arbeitsplatzes

Auf einem Zeitstrahl können verschiedene Nutzungsgrade in verschiedenen Intervallen sukzessiv aufeinander folgen. Der zum Zeitpunkt der terminlichen Lage eines anzulegenden Planauftrags geltende Nutzungsgrad wird bei der Ermittlung der Zeitdauer der Vorgänge berücksichtigt. Er gibt das prozentuale Verhältnis zwischen tatsächlicher Kapazität und theoretischer (aufgrund der reinen Arbeitszeit zur Verfügung stehender) Kapazität an. Bei einem Nutzungsgrad von 100 % entspricht die Dauer eines Vorgangs 1:1 den in den Terminierungsformeln verwendeten Werten. Bei einer Reduktion des Nutzungsgrads unter 100 % verlängert sich die Dauer entsprechend. Es ist jedoch auch eine Erhöhung des Nutzungsgrads auf bis zu 400 % möglich – hier wird also die Vorgangsdauer entsprechend reduziert.

Vom Nutzungsgrad zu unterscheiden ist die Funktionalität des Zeitgradschlüssels. Dieser muss im Customizing definiert und dann einem Vorgabewert zugeordnet werden. Der Zeitgradschlüssel gibt das Verhältnis zwischen tatsächlicher und geplanter durchschnittlicher Arbeitsleistung an. Die Vorgabewerte des Arbeitsplans beziehen sich immer auf einen Zeitgrad von 100 %.

Bei der Durchlaufterminierung erfolgt trotz der Berücksichtigung der in der Kapazität gepflegten Arbeitszeiten keine Einplanung gemäß des vorhandenen Kapazitätsangebots. Bei der terminlichen Lage eines Vorgangs werden folglich weder der durch andere Aufträge verursachte Kapazitätsbedarf noch das zum Zeitpunkt zur Verfügung stehende Kapazitätsangebot gegengeprüft. Man spricht daher bei der Durchlaufterminierung auch von einer infiniten Planungsart: Der Anfangstermin des ersten Vorgangs bildet den Produktionsstarttermin des Auftrags.

Übergangszeiten in SAP ECC und SAP S/4HANA

Zeiten, die zwischen den eigentlichen Aktivitäten von aufeinanderfolgenden Vorgängen liegen, werden als *Übergangszeiten* bezeichnet. Hierzu zählen die Wartezeiten, die Sie im Vorgangsdetail des Arbeitsplans oder im Arbeitsplatz auf der Registerkarte **Terminierung** pflegen können. Die Wartezeit ist die Zeitspanne, die ein Auftrag standardmäßig vor der Bearbeitung an einem Arbeitsplatz liegt. Im SAP-ERP-System kann neben der normalen Wartezeit auch eine minimale Wartezeit gepflegt werden. Hierunter versteht man die Zeitspanne, die ein Auftrag noch im Idealfall warten muss. Eine Reduzierung unter den in diesem Feld angegebenen Wert ist also nicht möglich.

Im Gegensatz zur Wartezeit, die vor einem Bearbeitungsschritt angesiedelt ist, kann mittels Verwendung einer *Liegezeit* eine zeitlich nachgelagerte Übergangszeit verankert werden. Hier können Sie eine maximale Liegezeit im Vorgangsdetail des Arbeitsplans pflegen. Dies ist z. B. dann sinnvoll, wenn zur Bearbeitung am nachfolgenden Arbeitsplatz nur eine maximale Zeitspanne verstreichen darf, damit eine Weiterverarbeitung möglich ist (z. B. bei Abkühlprozessen). Neben der maximalen Liegezeit kann mit der prozessbedingten Liegezeit auch eine zeitliche Untergrenze für die Liegezeit gepflegt werden.

Eine weitere Übergangszeit ist die sogenannte *Transportzeit*, die für den Transport der produzierten Materialien von einem Arbeitsplatz zum nächsten verstreicht. Die Transportzeit kann analog zur Wartezeit als normal oder minimal im Vorgangsdetail des Arbeitsplans gepflegt werden. Darüber hinaus können Sie auch im Arbeitsplatz eine Transportdauer hinterlegen. Dabei müssen Sie zunächst im Customizing eine Transportzeitmatrix pflegen, in der die Transportzeiten zwischen verschiedenen Gruppen von Arbeitsplätzen, den sogenannten **Ortsgruppen**, festgelegt werden. Hier können Sie auch definieren, welche Kalendereinstellungen bei der Terminierung zugrunde gelegt werden sollen. In der Registerkarte **Terminierung** ordnen Sie den Arbeitsplatz einer Ortsgruppe zu.

Bei der Bestimmung der Vorgangstermine mittels Durchlaufterminierung werden die Arbeitsplan- bzw. Arbeitsplatzdaten in der höchsten Detaillierungsstufe verwendet. Somit werden Warte-, Liege- und Transportzeiten wie auch die Rüst- und Abrüstzeiten neben der eigentlichen, in der Regel mengenabhängigen Bearbeitungszeit (Personen, Maschinen) in die Berechnungen einbezogen. Die Warte- und die Transportzeit können wie beschrieben je nach Konstellation sowohl im Arbeitsplan als auch im Arbeitsplatz gepflegt werden. Hinsichtlich der Verwendung dieser Übergangszeiten gilt die Grundregel, dass allgemeinere Einstellungen von spezifischen übersteuert werden. Da der Arbeitsplan materialbezogen definiert ist, wird eine hier eingetragene Übergangszeit als spezifischer angesehen als eine eventuell im Arbeitsplatz gepflegte und übersteuert diese somit (siehe Abbildung 12.9).

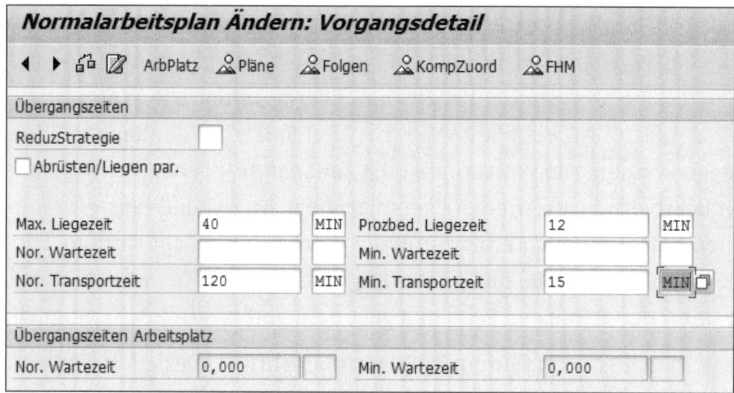

Abbildung 12.9 Pflege der Übergangszeiten im Vorgangsdetail des Arbeitsplans

Terminverschiebungen und Kapazitätsplanung mittels Vorgriffszeit (Auftragspuffer)

Neben der beschriebenen Sicherheitszeit repräsentiert die *Vorgriffszeit* den zweiten Auftragspuffer. Sie hinterlegen die Vorgriffszeit analog zur Sicherheitszeit im Customizing in Arbeitstagen im Horizontschlüssel und ordnen sie dann im Materialstamm zu. Auch mittels Vorgriffszeit können Sie einen planerischen Puffer auf Ebene des Auftrags schaffen. Anders als die Sicherheitszeit, die dem Abfangen von Störungen wichtiger Produktionskapazitäten dient, schafft die Vorgriffszeit Flexibilität, um Terminverschiebungen (etwa aus Kapazitätsplanungsgründen) vornehmen zu können, ohne die durch die Eckterminierung gesetzten Rahmenbedingungen verlassen zu müssen.

Ablauf der Terminierung in SAP ECC und SAP S/4HANA

Basierend auf den im Rahmen der Eckterminierung ermittelten Terminen verrechnet die Durchlaufterminierung bei der plangesteuerten und der stochastischen Disposition zunächst rückwärts vom Eckendtermin die Sicherheitszeit, um so den Produktionsendtermin zu ermitteln. Dieser bildet die Grundlage für die Ermittlung der Vorgangstermine, die ebenfalls rückwärts unter Einbeziehung der Arbeitsplan- und Arbeitsplatzdaten feinterminiert werden. Der Anfangstermin des ersten Vorgangs markiert den Produktionsstarttermin, von dem aus per Rückwärtsrechnung durch Einbeziehung der Vorgriffszeit aus dem Horizontschlüssel die Konkretisierung der Eigenfertigungszeit komplettiert wird (siehe Abbildung 12.10).

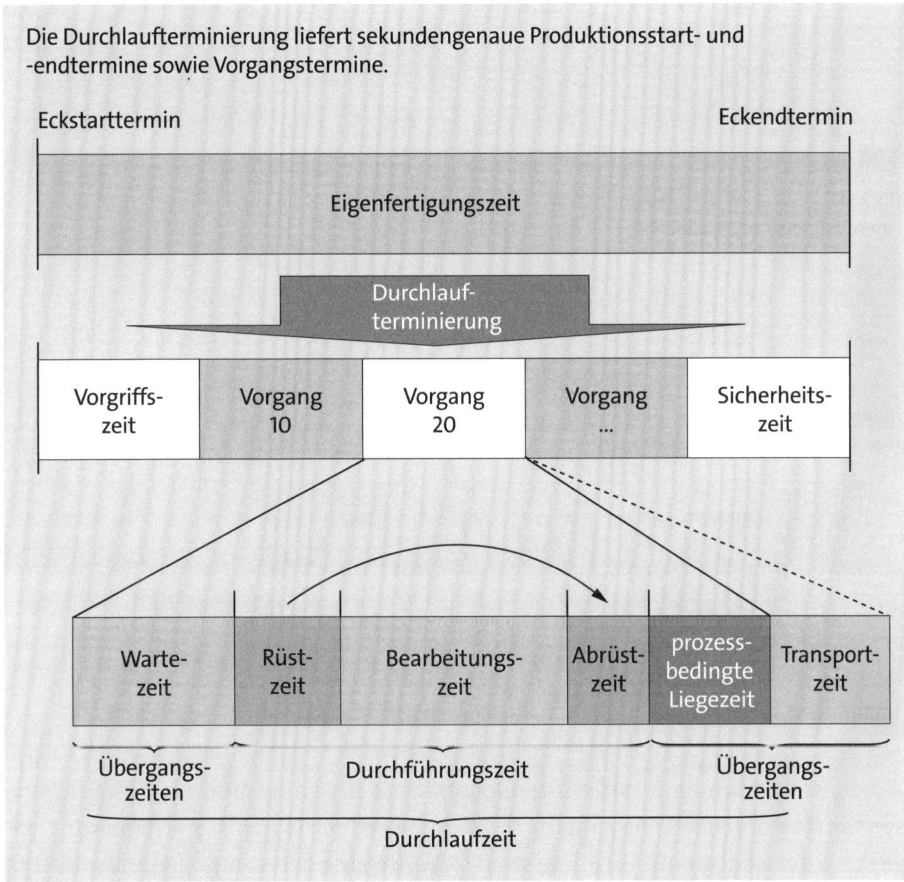

Abbildung 12.10 Durchlaufterminierung bei Eigenfertigung

Stücklistenübergreifende Durchlaufterminierung

Im Gegensatz zur Eckterminierung, bei der die Komponentenbereitstellung standardmäßig auf dem Eckstarttermin des Auftrags liegt, ermöglicht die Ermittlung der Vorgangszeiten bei der Durchlaufterminierung eine wesentlich detailliertere Bestimmung von Komponentenbedarfsterminen. In vielen Fällen führt dies zu einer beachtlichen Reduktion des *Work in Process* (WIP). So liegen die Sekundärbedarfstermine auf dem konkreten Vorgangsbedarfstermin, wenn im Arbeitsplan konkret die einzelnen Stücklistenpositionen den Vorgängen zugeordnet worden sind (siehe Abbildung

12.11). Haben Sie im Arbeitsplan für eine oder mehrere Komponenten eine Zuordnung vorgesehen, liegen alle nicht zugeordneten Stücklistenkomponenten auf dem Eckstarttermin. Sie können jedoch ebenfalls im Customizing einstellen, dass Stücklistenkomponentenbedarfe generell auf den Eckstarttermin gelegt werden sollen.

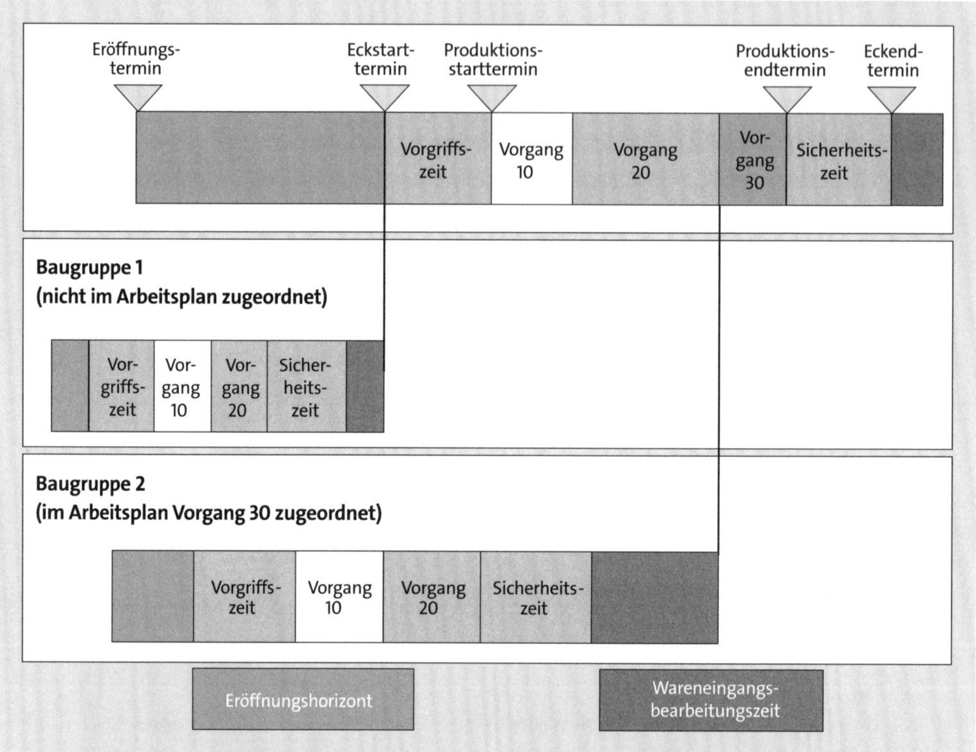

Abbildung 12.11 Stücklistenübergreifende Durchlaufterminierung

Die bereits im Rahmen der stücklistenübergreifenden Eckterminierung beschriebene Funktion der Nachlaufzeit kann auch im Rahmen der Durchlaufterminierung genutzt werden, jedoch nur im Sinne einer Vorverlegung der Komponentenbereitstellungstermine Richtung Heutedatum. In diesem Fall ist eine negative Nachlaufzeit zu pflegen, die auch häufig als Vorlaufzeit bezeichnet wird.

Zusammenspiel zwischen Eck- und Durchlaufterminierung

Die im Rahmen der Durchlaufterminierung durchgeführte Konkretisierung der Eigenfertigungszeit greift in der beschriebenen Art und Weise auf Arbeitsplan- bzw. Arbeitsplatzdaten zurück. Diese müssen nicht zwangsläufig mit der Eigenfertigungszeit übereinstimmen, die die Basis für die Bestimmung der Ecktermine bildet. In mehreren Konstellationen kann es zu Problemen führen, wenn die durch die Eigenfertigungszeit bestimmten Ecktermine und die aus den Arbeitsplan- und Arbeitsplatzdaten hervorgehenden Termine voneinander abweichen. Ein wichtiges Beispiel ist hier die Planauftragsumsetzung in einen Fertigungsauftrag. Wenn Sie Planaufträge lediglich eckterminieren und die Sekundärbedarfstermine dabei auf dem Eckstarttermin liegen, kann es im Fall abweichender Daten bei der anschließenden Durchlaufterminierung im Rahmen der Planauftragsumsetzung in einen Fertigungsauftrag zu einem »Hüpfen« der Sekundärbedarfstermine kommen.

Im schlimmsten Fall ist dann eine rechtzeitige Herstellung der Komponenten plötzlich nicht mehr möglich. Im SAP-ECC- bzw. im SAP-S/4HANA-System gibt es nun mehrere Vorgehensweisen, um das reibungslose Zusammenspiel zwischen Eck- und Durchlaufterminierung zu gewährleisten.

- **Terminanpassung**
  Das jeweilige SAP-ERP-System prüft, ob der Produktionsstarttermin später als der Eckstarttermin liegt oder ob beide identisch sind. Trifft eine dieser Bedingungen zu, kann das System optional je nach Customizing-Einstellung den Eckstarttermin an den Produktionsstarttermin aus der Durchlaufterminierung anpassen. Dabei wird die Vorgriffszeit berücksichtigt. Analog zur beschriebenen Vorgehensweise bei der Rückwärtsterminierung kann für Fertigungsaufträge auch bei der Vorwärtsterminierung der Eckendtermin angepasst werden.
- **Reduzierung**
  Liegt der Produktionsstarttermin vor dem Eckstarttermin und soll dieser als bindend angesehen werden, kann das System über eine Reduzierung der vorgesehenen Puffer versuchen, die Produktionstermine anzupassen. Hierbei sind zwei alternative Vorgehensweisen denkbar: Zum einen kann eine Reduzierung der Auftragspuffer (Vorgriffs- und Sicherheitszeit) vorgenommen werden. Zum anderen können Sie die Vorgangspuffer (z. B. Wartezeiten) schrittweise um einen prozentualen Anteil verringern (siehe Abbildung 12.12).

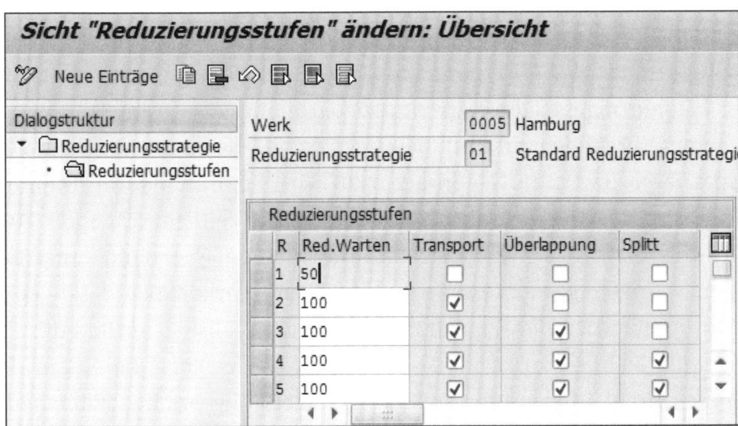

Abbildung 12.12 Pflege der Reduzierungsstrategie, Ausschnitt aus dem Customizing

Außerdem können Sie eine Reduzierung durch Splittung oder Überlappung erzielen. Eine Kombination der Terminanpassung mit der Reduzierung ist ebenfalls möglich.

- **Fortschreibung von Arbeitsplandaten in den Materialstamm**
  Um die Materialstammwerte mit den Werten aus dem Arbeitsplan synchron zu halten, können Sie mittels Report RCPMAU03 bzw. der Transaktion CA97N eine Fortschreibung der Arbeitsplanwerte in die losgrößenabhängige Eigenfertigungszeit erreichen.

12.1.5 Vergleich der beiden Terminierungsarten Eck- und Durchlaufterminierung

Die beiden Terminierungsarten unterscheiden sich hauptsächlich durch ihren Detaillierungsgrad. Während die Eckterminierung lediglich tagesgenaue Termine auf Auftragsebene ermittelt, erfolgt über die Durchlaufterminierung eine Konkretisierung dieser Ecktermine auf Sekundenbasis unter Einbeziehung von Arbeitsplan- und Arbeitsplatzdaten. Die Eckterminierung ist zwar systemtechnisch performanter, aufgrund der detaillierteren Daten ermöglicht die Durchlaufterminierung jedoch eine betriebswirtschaftlich sinnvollere Komponentenbereitstellung. Da die Durchlaufterminierung bei der Eröffnung eines Fertigungsauftrags ohnehin durchgeführt wird, ist bei Verwendung der Eckterminierung im Planungslauf auf Konsistenz der verwendeten Planungsdaten zu achten. Ansonsten kann es aufgrund unterschiedlicher Grundlagen zu Terminierungssprüngen und somit zu Planungsproblemen kommen. Beiden Terminierungsarten ist gemeinsam, dass keine finiten Produktionskapazitäten in die Betrachtung einfließen. Während die Eckterminierung jedoch nur die Arbeitstage in die Betrachtung einbezieht, werden bei der Durchlaufterminierung die Einsatzzeiten der Ressourcen beachtet.

Neben dem Detaillierungsgrad besteht ein weiterer Unterschied zwischen diesen beiden Terminierungsarten in der Absetzung von Kapazitätsbedarfen. Lediglich durchlaufterminierte Planaufträge setzen Kapazitätsbedarfe ab; eckterminierte Planaufträge weisen keine Vorgänge auf und belasten daher die zugrunde liegenden Produktionskapazitäten nicht. Im Gegensatz dazu wird bei durchlaufterminierten Planaufträgen auf der Registerkarte **Feinterminierung** die zeitliche Lage der zugehörigen Planauftragsvorgänge sichtbar. Diese können dementsprechend Kapazitätsbedarfe absetzen, je nach gewählten Arbeitsplatz- und Arbeitsplandaten sowie Stammdaten. Um im Rahmen der Kapazitätsplanung ein realistisches Bild des Produktionsgeschehens zeichnen zu können, müssen Sie in der Regel bereits im Planungslauf über die Durchlaufterminierung für eine Erzeugung von Kapazitätsbedarfen bei Planaufträgen sorgen.

[«]

Terminierungsmodifikator – Bedarfsvorlaufzeit

Die geschilderten Vorgehensweisen bei der Terminierung sind als bedarfsterminbezogen zu bezeichnen: Der bei der plangesteuerten bzw. der stochastischen Disposition bekannte Bedarfstermin wird also bei der Terminierung in den Verfügbarkeitstermin übertragen. Dieses Verhalten lässt sich durch Verwendung eines zeitlichen Puffers beeinflussen. Über die in der Registerkarte **Disposition 2** in Arbeitstagen zu pflegende Bedarfsvorlaufzeit können Sie eine relative zeitliche Verschiebung der Bedarfsdecker in Bezug auf den Bedarf in Richtung des aktuellen Datums erreichen (siehe Kapitel 10, »Sicherheitsbestandsplanung«).

12.2 Ableitung abhängiger Bedarfe

In der heutigen Zeit werden die Produktlebenszyklen immer kürzer, d. h., es werden immer schneller immer neuere Produkte auf den Markt gebracht. Das führt in der Logistik und der Disposition dazu, dass häufiger neue Produkte (und dadurch auch deren Komponenten) eingeführt und alte Produkte nicht mehr benötigt werden, was wiederum bei der Terminierung in besonderem Maße beachtet werden muss. Auf dieses Problem gehen wir im Folgenden näher ein.

Wir gehen von folgendem Szenario aus: Ein Material, das sowohl eine Komponente einer Baugruppe als auch ein Endprodukt sein kann, soll ab einem bestimmten Datum nicht mehr weiterverwendet werden. Auf diese Weise wird in der Regel in der Konstruktion festgelegt, dass ein Material zu einem bestimmten Zeitpunkt durch ein anderes ersetzt werden soll. Ein solcher Austausch von Komponenten kann in den folgenden Fällen erforderlich sein:

- wenn ein Bauteil durch ein technisch ausgereifteres Bauteil ersetzt wird
- wenn ein kostenintensives Bauteil durch ein günstigeres Bauteil ersetzt wird
- wenn eine Komponente aufgrund von technischen Rahmenbedingungen nicht mehr beschafft werden kann

Bei einem solchen Austausch von Komponenten soll, um toten Lagerbestand zu vermeiden, zunächst der Bestand des alten Materials aufgebraucht werden, bevor das neue Material verwendet wird. Die Aufgabe der Bedarfsplanung bei dieser sogenannten *Auslaufsteuerung* ist es, den Sekundärbedarf für das Auslaufmaterial auf das Nachfolgematerial umzuleiten, nachdem der Bestand vollständig aufgebraucht ist. Das künftig nicht mehr zu verwendende Material wird als *Ausläufer* bezeichnet. Der *Einläufer* stellt hingegen den Nachfolger dieses auslaufenden Materials dar. Im Rahmen der Disposition wird nun über die Auslaufsteuerung der Sekundärbedarf, der für eine Materialkomponente nicht mehr durch den Lagerbestand gedeckt ist, auf eine oder mehrere Nachfolgepositionen übertragen. Darüber hinaus können die Mengen des Nachfolgematerials auch anhand der Stückliste bestimmt werden. Auslaufendes Material wird generell wie folgt unterschieden:

- **Einfachausläufer**
  Einem Auslaufmaterial wird ein direktes Nachfolgematerial zugeordnet, und die Fehlmenge des Auslaufmaterials wird direkt auf den Nachfolger umgeleitet. Die Zuordnung des Nachfolgematerials erfolgt hier im Materialstammsatz des Auslaufmaterials.
- **Parallelausläufer**
  Ein führendes Material (Hauptausläufer) bestimmt den Aus- und Einlauf von weiteren Materialien anhand eines Gruppenbegriffs. Die Fehlmenge des Auslaufmaterials wird hier mengenproportional zur geplanten Menge weitergeleitet. Die parallel auslaufenden und einlaufenden Positionen können nur in der Stückliste gepflegt werden.

Für das Auslauf- und das Nachfolgematerial müssen die folgenden Voraussetzungen erfüllt sein:

- Beide Materialien müssen plangesteuert geplant werden.
- Die Basismengeneinheit des Nachfolgematerials muss mit der Basismengeneinheit des Auslaufmaterials identisch sein.
- Das Nachfolgematerial ist keine Dummy-Baugruppe.
- In der Stückliste erfassen Sie für die Auslaufposition verschiedene Auslaufdaten und für ein Nachfolgematerial verschiedene Einlaufdaten. Das System überprüft dabei die folgenden Positionsdaten:
  - Sie können nur eine Lagerposition oder Rohmaßposition als Auslauf- oder Nachfolgematerial erfassen.
  - Falls die Lagerposition oder die Rohmaßposition einer Alternativpositionsgruppe zugeordnet ist, können Sie keine Daten für die Auslaufsteuerung pflegen.
  - Eine Position, für die bereits Ein- bzw. Auslaufdaten gepflegt worden sind, kann keiner Alternativpositionsgruppe zugeordnet werden.
  - Für ein Kuppelprodukt sind keine Ein- bzw. Auslaufdaten vorgesehen.

In SAP ECC bzw. SAP S/4HANA ist keine mehrstufige Auflösungssteuerung vorgesehen. Wenn also ein Material in der Dispositionssicht des Materialstammsatzes mit dem Auslaufkennzeichen 1 (Einfach-/Parallelausläufer) gekennzeichnet und somit bereits ein Nachfolgematerial erfasst ist, kann dieses Material nicht mehr als Nachfolgematerial angegeben werden. Im Materialstamm lassen sich in der Registerkarte **Disposition 4** die folgenden Daten pflegen, wie es auch in Abbildung 12.13 zu sehen ist:

- **Auslaufkennzeichen**
  Dieses Kennzeichen identifiziert ein Material als Auslaufmaterial und bewirkt bei der Disposition die Auslaufsteuerung. Wenn dieses Kennzeichen gesetzt ist, leitet das System bei der Disposition den Sekundärbedarf, der nicht mehr durch den Lagerbestand des Materials gedeckt ist, auf das Nachfolgematerial um.
- **Auslaufdatum**
  Dies ist das Datum, ab dem ein Material ausläuft und durch das Nachfolgematerial ersetzt wird, sobald der Bestand dieses Materials aufgebraucht ist. Ab diesem Datum leitet das System bei der Bedarfsplanung Sekundärbedarf, der nicht mehr durch den Lagerbestand des Auslaufmaterials gedeckt ist, auf das Nachfolgematerial um. Das System erzeugt die Bestellvorschläge also nur noch für das Nachfolgematerial.

  Die Eingabe eines solchen Datums ermöglicht es Ihnen, den Auslauf eines Materials langfristig zu planen.

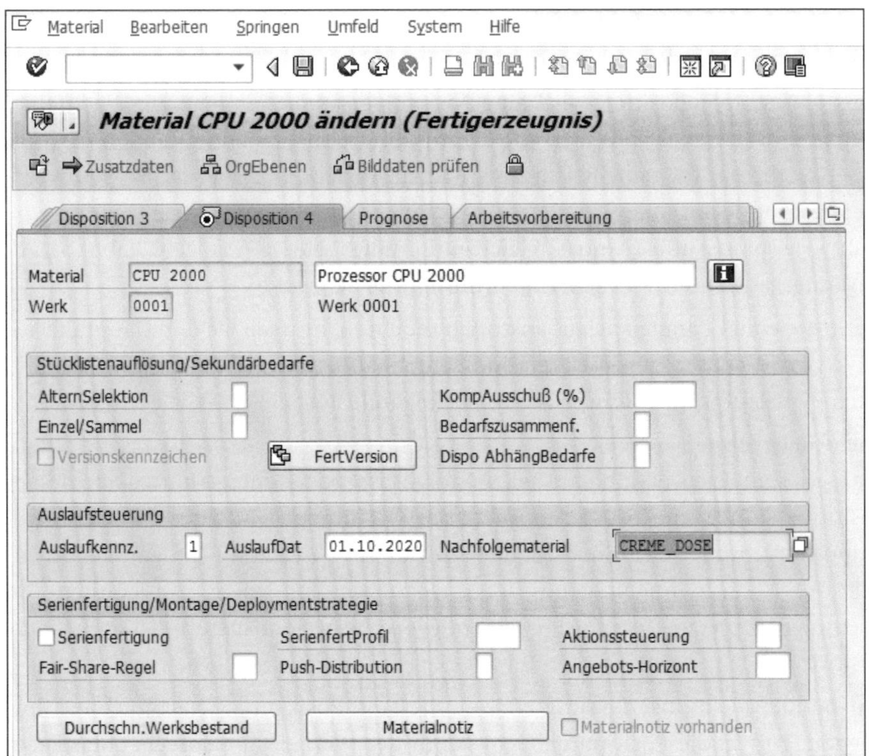

Abbildung 12.13 Auslaufsteuerung – Materialstammdaten

- **Nachfolgematerial**
  In dieses Feld wird die Materialnummer eingegeben, mit dem das System im Rahmen der Disposition das Auslaufmaterial ersetzt, sobald dessen Lagerbestand aufgebraucht ist.

  Sowohl im Materialstammsatz als auch in der Stückliste können Sie für ein Material, das auslaufen soll, ein Nachfolgematerial festlegen. Das in der Stückliste bestimmte Nachfolgematerial hat eine höhere Priorität als das im Materialstammsatz festgelegte Nachfolgematerial. Im Materialstammsatz müssen Sie immer ein Nachfolgematerial angeben, damit das System auch dann ein Nachfolgematerial findet, wenn dazu in der Stückliste kein Eintrag vorliegt.

In den Positionsdetails der Stückliste können Sie für die Auslaufsteuerung die folgenden Daten pflegen (siehe Abbildung 12.14):

- **Auslaufgruppe**
  Diese frei wählbare Zeichenfolge fasst zusammengehörige auslaufende Positionen einer Stückliste zusammen. Eine Auslaufgruppe können Sie nur für eine Position erfassen, deren Auslaufkennzeichen einen Auslauf vorsieht (Dispositionssicht im Materialstammsatz). Diese auslaufende Position wird dann durch eine Nachfolgeposition (einlaufende Position) ersetzt.

  Für die Nachfolgeposition wird eine Nachfolgegruppe gepflegt. Die Nachfolgegruppe sollte den gleichen Wert wie die Auslaufgruppe der auslaufenden Position haben (siehe das folgende Beispiel »Einfacher Ausläufer«). Über das Feld **Auslaufgruppe** können Sie einen Parallelauslauf realisieren; d. h., wenn eine Position ausläuft (Hauptausläufer), muss gleichzeitig eine andere Position (abhängiger Ausläufer) auslaufen, z. B. Schraubenmutter und Schraube.

  Wenn Sie einen Parallelauslauf anstoßen möchten, müssen Sie den Hauptausläufer in der Stückliste identifizieren und den abhängigen Parallelausläufer über die gleiche Auslaufgruppe steuern (siehe das folgende Beispiel »Paralleler Ausläufer«).

- **Nachfolgegruppe**
  Die in diesem Feld frei wählbare Zeichenfolge fasst zusammengehörige Nachfolgepositionen einer Stückliste zusammen. Darüber hinaus wird über die Nachfolgegruppe bestimmt, welche auslaufende Position bzw. welche auslaufenden Positionen durch diese Nachfolgeposition ersetzt werden sollen. Sie können die Nachfolgegruppe nur für eine Position pflegen, die bestandsgeführt ist (z. B. Lagerposition).

  Nur bei der Positionserfassung können Sie eine Position als Nachfolgeposition pflegen. Wurde die Position gebucht, kann der Wert des entsprechenden Felds nicht mehr geändert werden. Die Nachfolgeposition löst die auslaufende Position ab, deren Auslaufgruppe mit dem Wert dieser Nachfolgegruppe identisch ist.

- **Auslaufkennzeichen**
  Ebenso wie im Materialstamm können Sie auch in den Positionsdetails der Stückliste das Auslaufkennzeichen pflegen. Es identifiziert ein Material als Auslaufmaterial und bewirkt bei dessen Disposition die Art der Auslaufsteuerung. Die Auslaufart kann z. B. ein einfacher oder ein paralleler Ausläufer sein.

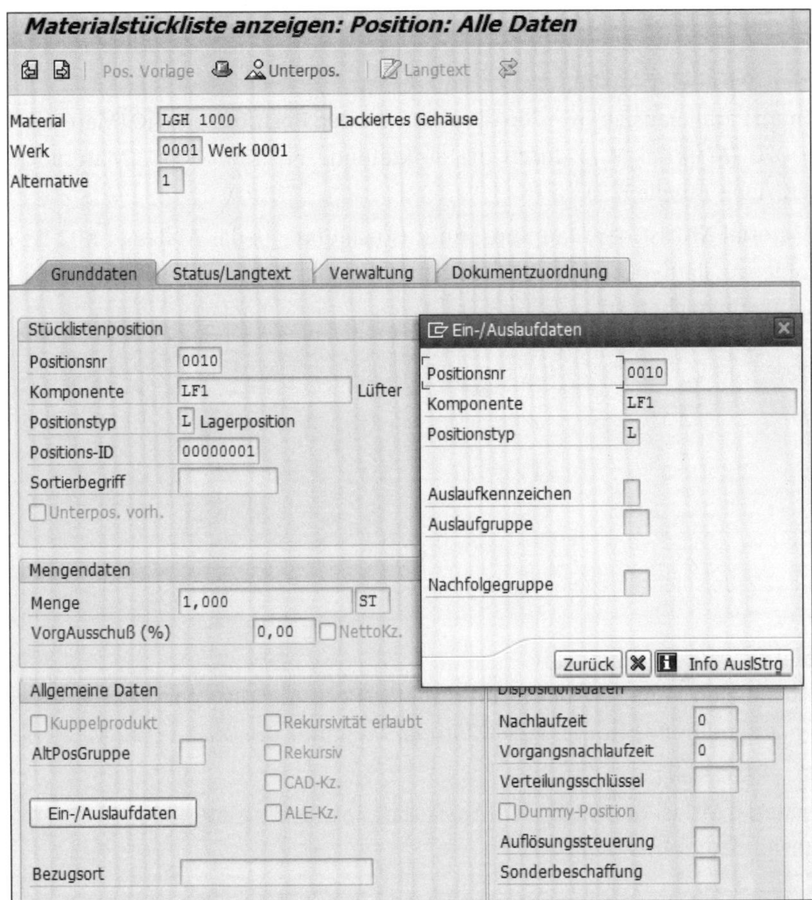

Abbildung 12.14 Auslaufsteuerung – Stücklistendaten

Nachfolgend geben wir Ihnen einige Beispiele für ein- und auslaufende Materialpositionen.

- **Beispiel »Einfacher Ausläufer«**
  Bei einem einfachen Materialauslauf ersetzt die Position 0010 (Material M-2) die Position 0010 (Material M-1). Hier muss weder die Auslaufgruppe noch die Nachfolgegruppe definiert werden (siehe Tabelle 12.1).

Position	Material	Auslaufart	Auslaufgruppe	Nachfolgegruppe
0010	M-1	1		
0010	M-2	1		

Tabelle 12.1 Beispiel »Einfacher Ausläufer«

- **Beispiel »Paralleler Ausläufer«**
  Bei einem Parallelauslauf werden die auslaufenden Positionen 0010 (Material M-1) und 0020 (Material M-2) durch die einlaufende Position 0030 (Material M-3) ersetzt (siehe Tabelle 12.2).

  Das Material M-1 ist der Hauptausläufer (Auslaufart 2), das Material M-2 ist der abhängige Ausläufer (Auslaufart 3), und das Material M-3 ist die Nachfolgeposition (Auslaufkennzeichen 5).

Pos.	Material	Auslaufart	Auslaufgruppe	Nachfolgegruppe
0010	M-1	2	A1	
0020	M-2	3	A1	
0030	M-3	5		A1

Tabelle 12.2 Beispiel »Paralleler Ausläufer«

- **Beispiel »Paralleler Einläufer«**
  Beim parallelen Einlauf wird die auslaufende Position 0010 (Material M-1) durch die einlaufenden Positionen 020 (Material M-2) und 0030 (Material M-3) ersetzt (siehe Tabelle 12.3).

  Das Material M-1 ist der Ausläufer (Auslaufart 2), und die Materialien M-2 und M-3 sind die Einläufer (Auslaufart 5).

Position	Material	Auslaufart	Auslaufgruppe	Nachfolgegruppe
0010	M-1	2	A1	
0020	M-2	5		A1
0030	M-3	5		A1

Tabelle 12.3 Beispiel »Paralleler Einläufer«

Im Rahmen der Disposition überprüft der Planungslauf die Auslaufkennzeichen und das Auslaufdatum im Materialstamm und leitet die Bedarfe entsprechend um. Die Bedarfsumleitung erfolgt erst bei der Planung des Auslaufmaterials und nicht schon bei der Stücklistenauflösung. Umgeleitet werden nur Sekundärbedarfe und abhängige Reservierungen.

Nachdem die Stammdaten für die Ein- und Auslaufsteuerung gesetzt sind, soll nun erläutert werden, wie diese auf die Bedarfs- und Bestandssituation einwirken.

12.2.1 Umleitung der Sekundärbedarfe

Ab dem Auslaufdatum werden für Auslaufmaterialien keine neuen Beschaffungsvorschläge mehr erzeugt. Sobald der Materialbestand aufgebraucht ist, wird der Sekundärbedarf auf das Nachfolgematerial umgeleitet. Reicht der Bestand noch für einen Teil des Sekundärbedarfs aus, wird dieser Teil vom Auslaufmaterial bedient, und die Restmenge wird auf das Nachfolgematerial umgeleitet.

Beim Parallelauslauf wird über die Kennzeichen im Materialstamm und die Verknüpfung in der Stückliste erreicht, dass zum Auslaufzeitpunkt des Hauptauslaufmaterials alle betroffenen Materialien aufgebraucht werden. Die abhängigen Teile richten sich dabei nach dem Bestand des Hauptauslaufmaterials. Sie werden dann ersetzt, wenn der Bestand für das Hauptauslaufmaterial aufgebraucht ist; die Sekundärbedarfe werden dann auf die Nachfolgematerialien umgeleitet.

12.2.2 Zusätzliche Bedarfe

Zusätzliche Bedarfe, die nach dem Auslaufdatum hinzugefügt werden, werden nicht umgeleitet, und es werden keine neuen Beschaffungsvorschläge mehr für sie erzeugt. Für solche Bedarfe wird die Meldung »Ungedeckter Bedarf jenseits des Auslaufdatums« ausgegeben. Dies kommt für die folgenden Bedarfe in Frage:

- manuell angelegte Reservierungen
- Primärbedarfe und Prognosebedarfe
- Kundenaufträge
- Beistellbedarfe für die Lohnbearbeitung

Nach diesem Blick in die Abbildung zusätzlicher Bedarfe erläutern wir nun die Vorgehensweise zum Sicherheitsbestand.

12.2.3 Sicherheitsbestand

Der Sicherheitsbestand für ein Material wird nach dessen Auslaufdatum nicht aufgebraucht, da auch weiterhin ein Sicherheitsbestand vorgehalten werden soll, um einen ungeplanten Verbrauch, z. B. aufgrund von Ersatzteilbedarf, abdecken zu können.

Daher wird der Sekundärbedarf schon dann auf das Nachfolgematerial umgeleitet, wenn noch Sicherheitsbestand vorhanden ist. Bei Unterschreitung des Sicherheitsbestands wird auch nach dem Auslaufdatum noch ein Beschaffungsvorschlag für das Auslaufmaterial erzeugt. Solche Beschaffungsvorschläge erhalten die Ausnahmemeldung »Zugang nach Auslaufdatum«.

Wenn Sie den Sicherheitsbestand aufbrauchen möchten, sollten Sie den Sicherheitsbestand im Materialstamm zum Auslaufdatum auf den Wert 0 setzen.

12.2.4 Feste Zugänge

Feste Zugänge nach dem Auslaufdatum, wie z. B. Bestellungen und Fertigungsaufträge, werden bei der Auslaufsteuerung nicht berücksichtigt und erhalten die Ausnahmemeldungen »Bitte stornieren« und »Zugang nach Auslaufdatum«.

12.2.5 Schwächen der Auslaufsteuerung von SAP ECC und SAP S/4HANA ausgleichen

Neben den guten Funktionen der Auslaufsteuerung gibt es in SAP ECC bzw. SAP S/4HANA aber auch einige Schwachstellen. So existiert bspw. keine Übersicht über alle Ein- und Ausläufer. Damit fehlt es an Transparenz darüber, welche Materialien zu einem Disponenten bzw. innerhalb eines Werks aus- und einlaufen. Dies erschwert wiederum den Abteilungen Disposition und Einkauf den Überblick. Auch die Pflege von Materialstammdaten, Stücklistendaten und gegebenenfalls dem Änderungsdienst bedeutet, dass Anwender mehrere Transaktionen aufrufen und dabei die entsprechenden Eingaben in den einzelnen Bereichen auch abstimmen müssen. So müssen die Anwender bspw. sicherstellen, dass das Auslaufdatum im Materialstamm mit dem Datum der Stücklistenänderung abgestimmt ist.

Die Vielzahl der unterschiedlichen Transaktionen verkompliziert wiederum den Prozess der Ein- und Auslaufsteuerung und sorgt auch hier für Intransparenz. In jeder einzelnen Stückliste können eine oder mehrere Ausläufer- bzw. Einläufergruppen definiert werden. Hierzu muss allerdings die Auslaufsteuerung im Materialstamm aktiviert sein. Ob dies der Fall ist, muss einzeln nachgeprüft werden, weil es keine globale Sicht über alle Daten innerhalb der Ein- und Auslaufsteuerung gibt.

Um diese Schwachstellen auszuräumen, hat SAP eine Beratungslösung entwickelt, die den Prozess der Auslaufsteuerung besser unterstützt. Die SCM-Beratungslösung ist der *Auslaufsteuerungsmonitor* (engl. Discontinuation Controlling Cockpit, DCC), der in Abbildung 12.15 zu sehen ist.

Mithilfe des Auslaufsteuerungsmonitor können die Anwender das Auslaufmaterial mit Datum und Nachfolger zentral in einer Sicht erfassen. Dabei wird die Verfügbarkeit des Nachfolgematerials eindeutig gekennzeichnet. Für alle Ausläufer kann ein Materialverwendungsnachweis angezeigt werden, der die Baugruppen auflistet, in denen das entsprechende Material als Komponente verwendet wird. Zusätzlich können die Baugruppen in Form einer Baumstruktur angezeigt werden. Jedem Ausläufer kann direkt aus dem Auslaufsteuerungsmonitor heraus eine bereits vorhandene oder neue Änderungsnummer zugeordnet werden. Bei einer Änderung des Auslaufdatums kann das Gültigkeitsdatum der zugeordneten Änderungsnummer synchronisiert und auf den Wert des Auslauftermins gesetzt werden. Auch besteht hier die Möglichkeit, Materialen, für die es noch keine Stammdaten gibt und die somit nicht im System sind, als Nachfolger festzulegen. Für jeden Ausläufer kann festgehalten werden, wer ihn zu welchem Zeitpunkt erstellt hat und wann er zuletzt durch wen bearbeitet wurde. Werksbezogene, bereits definierte Ausläufer, die in einer Baugruppe als Komponente auftreten, können separat in einer Liste angezeigt werden.

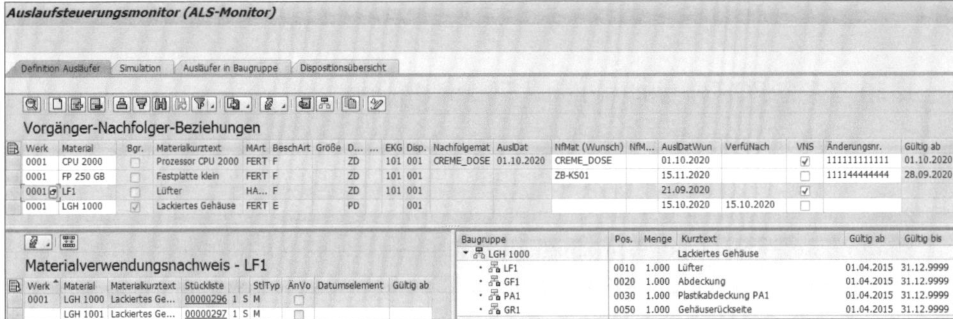

Abbildung 12.15 Auslaufsteuerungsmonitor

Des Weiteren kann eine Simulation der Bedarfssituation mit aktiver Auslaufsteuerung in der Registerkarte **Simulation** durchgeführt werden. Das Ergebnis der Simulation zeigt die Bedarfs- und Bestandssituation mit dem gesetzten Auslaufdatum in den Stammdaten von SAP ECC bzw. SAP S/4HANA an; zu jedem ausgewählten Material kann so die aktuelle Bedarfs- und Bestandsliste angezeigt werden.

Auslaufsteuerungsmonitor einsetzen

Mehr Informationen zum Einsatz des Auslaufsteuerungsmonitor finden Sie in SAP-Hinweis 1560053 oder Sie schreiben eine E-Mail an *scm-consulting-solutions@sap.com.*

12.3 Terminierung in SAP APO bzw. ePP/DS

Das SAP-APO-System wird im Rahmen der Produktionsplanung als Feinplanungsinstrument eingesetzt, in den aktuellen SAP-S/4HANA-Systemen können Sie diese Feinplanungsfunktionen mit dem Add-on for Embedded PP/DS (ePP/DS) einsetzen. In Bezug auf die Terminierungsvorgehensweise sind ePP/DS und PP/DS im SAP-APO-System identisch.

Dabei werden Eigenfertigungsaufträge in diesem System grundsätzlich feinterminiert; in SAP APO bzw. ePP/DS existiert also kein Äquivalent zu der in Abschnitt 12.1 beschriebenen Eckterminierung. Darüber hinaus müssen Sie in SAP APO Auftragspuffer nicht mehr pflegen, denn das ist durch das Feinplanungsergebnis obsolet geworden. Wenn Sie für Ihre Aufträge im Anschluss an die Materialbedarfsplanung SAP-APO-Feinplanungsfunktionen nutzen, brauchen Sie also keine Puffer für die weitere Kapazitätsplanung vorzusehen. Vielmehr sollten Sie auf die Nutzung dieser Optionen verzichten, da es ansonsten zu negativen Auswirkungen auf die systemübergreifende Terminierung kommen kann, d. h., die Termine in den SAP-ERP-Systemen unterscheiden sich von denen in der Feinplanungsumgebung (SAP APO PP/DS bzw. ePP/DS).

12.3.1 SAP-APO-Terminierung bei Eigenfertigung

Die Bestimmung der Vorgangstermine bei der SAP-APO-Feinterminierung ist grundsätzlich mit der Durchlaufterminierung der SAP-ERP-Systeme vergleichbar. Aufgrund der Trennung der Systeme werden im Folgenden jedoch unterschiedliche Stammdatenobjekte angesprochen, die mit ihren jeweiligen Besonderheiten beachtet werden müssen. Auf SAP-APO-Seite sind dies im Wesentlichen der Plan (Produktionsprozessmodell oder Produktionsdatenstruktur) und die Ressourcen. Neben diesen Stammdatenobjekten unterscheidet sich die Systemlogik von SAP APO in einigen Spezialfällen von der der SAP-ERP-Systeme.

Produktionsprozessmodell (PPM) und Produktionsdatenstruktur (PDS)

Ausschlaggebend für die Terminierungsaktivitäten im Rahmen der Materialbedarfsplanung im SAP-APO-System ist der Plan, also je nach Konstellation das *Produktionsprozessmodell* (PPM) oder die *Produktionsdatenstruktur* (PDS) (siehe Kapitel 11, »Ermittlung der Bezugsquellen«).

Abbildung 12.16 zeigt den Aufbau einer Produktionsdatenstruktur. Für die Terminierung ist zunächst der jeweilige Vorgang relevant. Dieser wird entweder als PPM-Vorgang manuell im SAP-APO-System gepflegt. Oder, wenn er einen terminierungsrelevanten Steuerschlüssel trägt und für mindestens eine der Aktivitäten (Rüsten, Produzieren, Abrüsten) gemäß Terminierungsformel eine Zeitspanne größer null vorgesehen ist, wird der Vorgang aus dem SAP-ECC- bzw. SAP-S/4HANA-Arbeitsplan übertragen.

In diesem Fall werden auf SAP-APO-Seite zu einem Vorgang separat Aktivitäten erzeugt, die Rüst- bzw. Abrüsttätigkeiten oder Bearbeitungsschritte abbilden. Alternative Bearbeitungsmöglichkeiten, die im SAP-ECC- bzw. SAP-S/4HANA-System als alternative Folgen zur Stammfolge in einem Arbeitsplan verankert werden, können im Plan als alternative Modi zu einer Aktivität abgebildet werden.

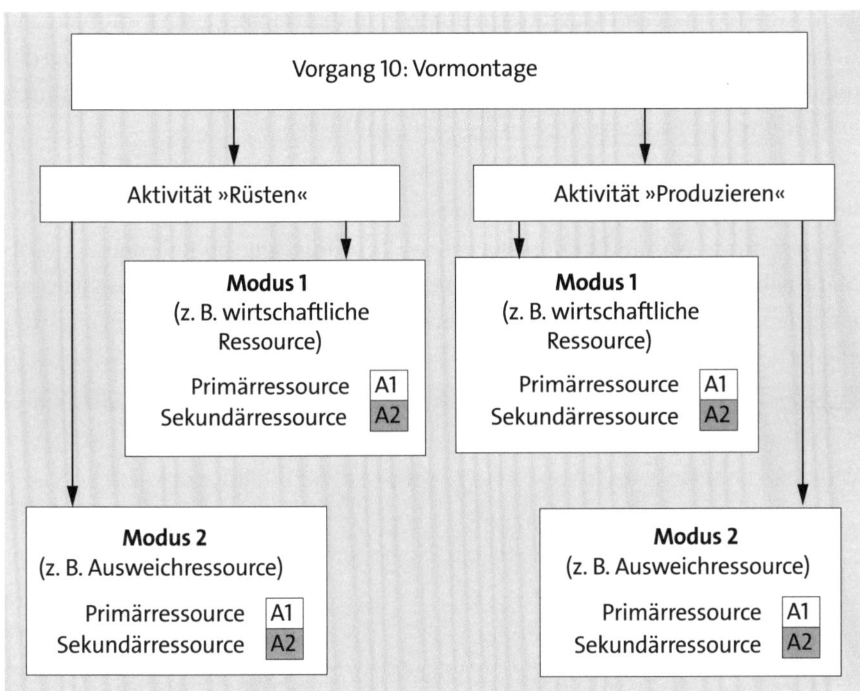

Abbildung 12.16 Beispielhafter Aufbau eines PDS-Vorgangs

Für die automatische Übertragung aus dem jeweiligen SAP-ERP-System ist jedoch die Aktivierung eines User-Exits nötig (siehe zur Vorgehensweise und zu möglichen Einschränkungen SAP-Hinweis 217210). Die Ressource, die im Modus als Primärressource verwendet wird, ist im Falle einer PDS in der Registerkarte **Terminierung** des SAP-ECC- bzw. SAP-S/4HANA-Arbeitsplatzes als Terminierungsbasis eingetragen.

Die in der Aktivität festgelegte Dauer wird mit der Terminierungsformel aus dem Arbeitsplatz und mit den in den Formelparametern verwendeten Werten automatisch bei der Übertragung eines Plans ermittelt. Nach jeder Änderung einer dieser Einstellungen muss also eine erneute Übertragung des Plans vorgesehen werden. Dabei kann die Dauer der Aktivität sowohl losgrößenabhängig als auch losgrößenunabhängig vorliegen.

Verbunden werden die Aktivitäten über sogenannte *Aktivitätsbeziehungen*, die ebenfalls automatisch bei der Planübertragung angelegt werden. Die Aktivitätsbeziehungen, die immer eine Vorgängeraktivität und eine Nachfolgeraktivität als Information in sich tragen, enthalten neben einer Anordnungsbeziehung (z. B. Ende-Start-Beziehung) auch die Übergangszeit. Die Übergangszeit bezeichnet die Zeitspanne zwischen der Vorgänger- und der Nachfolgeraktivität. Hier werden die SAP-SECC- bzw. SAP-S/4HANA-Begriffe der Transportzeit, der Liegezeit sowie der sonstigen Puffer umgesetzt. Durch entsprechende Einstellung in den korrespondierenden Arbeitsplan- bzw. Arbeitsplatzfeldern lassen sich durch Planübertragung auch minimale und maximale Übergangszeiten in einer Aktivitätsbeziehung verankern. Die Logik bei der Übertragung der Übergangszeiten können Sie vielfältig und äußerst flexibel durch die Verwendung von Business Add-ins (BAdI) beeinflussen.

Ressource

Das zweite zentrale Stammdatenobjekt bei der Terminierung im Rahmen der SAP-APO-Materialbedarfsplanung ist die *Ressource* (siehe Abbildung 12.17). Diese wird im hier beschriebenen Planungskontext per Core Interface (CIF) an das SAP-APO-System übertragen.

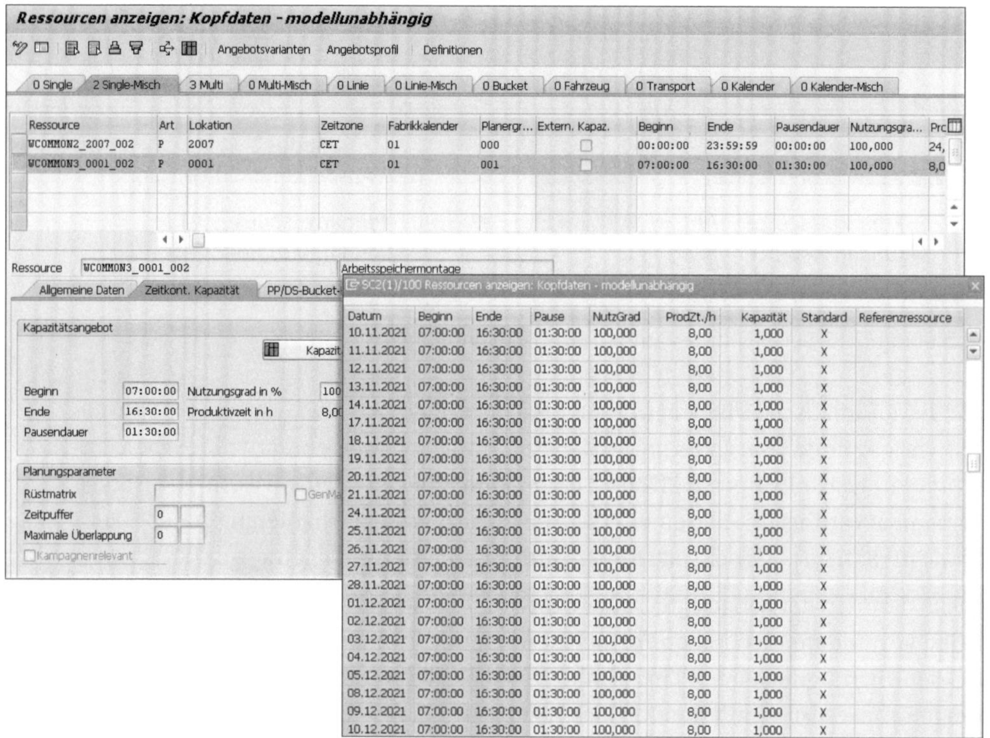

Abbildung 12.17 Ressource im SAP-APO-System

Das entsprechende SAP-ECC- bzw. SAP-S/4HANA-Objekt ist in diesem Fall nicht der Arbeitsplatz, sondern die Kapazität. Das heißt, für jede über das CIF übertragene Kapazität wird im SAP-APO-System eine Ressource angelegt. Als Primärressource in der PDS wird die Ressource verwendet, die in der Registerkarte **Terminierung** des SAP-ECC- bzw. SAP-S/4HANA-Arbeitsplatzes als Terminierungsbasis eingetragen ist. Die Daten dieser Ressource sind also für die Terminierung ausschlaggebend.

Im SAP-APO-System besteht ebenfalls die Möglichkeit, Ressourcen direkt anzulegen, Sie müssen diese Ressourcen also nicht zwangsläufig aus den Daten des jeweiligen SAP-ERP-Systems übertragen. Daten, die nur im SAP-APO-System vorliegen, können durch die mangelnde Änderbarkeit der PDS im Allgemeinen nur im Zusammenhang mit dem PPM eingesetzt werden.

Wareneingangsbearbeitungszeit

Die *Wareneingangsbearbeitungszeit* im SAP-APO-System entspricht in ihrer Funktion der der SAP-ERP-Systeme, jedoch sind einige spezifische Gegebenheiten zu beachten. Um Wareneingangsprozesse planerisch detaillierter abbilden zu können, werden diese im SAP-APO-System als eigene Aktivitäten abgebildet, die auf einer speziell für diese Prozesse definierten Ressource eingeplant werden. Diese Ressource muss separat definiert und in den Stammdaten der Lokation eingetragen werden. Diese Ressource wird als Handling-Ressource bezeichnet, da es um das Handling der Wareneingänge geht. Bei dieser Ressource besteht die Möglichkeit, detailliert Arbeitszeiten zu pflegen.

Die Wareneingangsbearbeitungszeit aus dem SAP-ECC- bzw. SAP-S/4HANA-System wird standardmäßig über das CIF übertragen (siehe Abbildung 12.18).

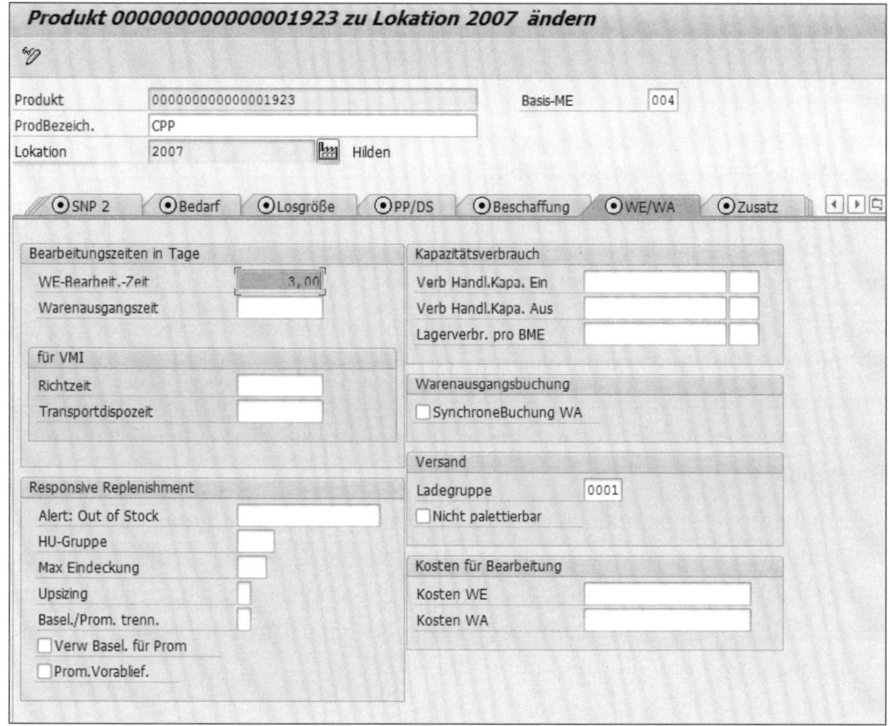

Abbildung 12.18 Pflege der Wareneingangsbearbeitungszeit auf der Registerkarte »WE/WA« des Lokationsproduktstamms

Sie müssen jedoch beachten, dass die Logik des SAP-APO-Systems von der des SAP-ECC- bzw. SAP-S/4HANA-Systems abweicht. Während die Wareneingangsbearbeitungszeit der SAP-ERP-Systeme in ganzen Arbeitstagen gepflegt werden muss, bezieht sich der Wert im SAP-APO-System auf eine 24-Stunden-Basis. Ist die Wareneingangsressource demnach an einem Tag weniger als 24 Stunden verfügbar, kann eine Wareneingangsbearbeitungszeit über mehr als die im Feld vorgesehene Zeitspanne verteilt liegen – bei einer verfügbaren Arbeitszeit auf der Wareneingangsressource von zwölf Stunden pro Tag bspw. über vier Tage, wenn im Feld **Wareneingangsbearbeitungszeit** zwei Tage vorgesehen sind.

Übergangszeiten in SAP APO

Übergangszeiten aus dem jeweiligen SAP-ERP-System werden bei der Übertragung an das SAP-APO-System als Anordnungsbeziehung (AOB) berücksichtigt. Dabei sind zwei Arten von Anordnungsbeziehungen zu unterschieden:

- **terminierte AOB**
  Die terminierte Anordnungsbeziehung wird anhand des Werkskalenders der Vorgängerressource terminiert. Nichtarbeitszeiten werden berücksichtigt. Dies ist bei der Verwendung von Warte- und/oder Transportzeiten der Fall.
- **nicht terminierte AOB**
  Wenn eine Liegezeit gepflegt ist, liegt eine nicht terminierte AOB vor. Die Liegezeit wird über den gregorianischen Kalender terminiert, d. h., Nichtarbeitszeiten werden nicht berücksichtigt.

Die Eigenschaft einer AOB kann sowohl im Eigenfertigungsauftrag als auch im Plan eingesehen werden. Eine AOB ist immer entweder terminiert oder nicht terminiert, beide Eigenschaften sind nicht innerhalb einer AOB abbildbar. Die Liegezeit hat eine höhere Priorität als eine Transport- oder eine Wartezeit.

Im SAP-ECC- bzw. SAP-S/4HANA-System liegt die Wartezeit vor der eigentlichen Bearbeitungstätigkeit, die Transportzeit danach. Dieses Verhalten ist im SAP-APO-System nicht äquivalent abgebildet, die Warte- und Transportzeit wird hier als Summe beider Zeiten am Ende des Vorgangs über eine gemeinsame und zugleich terminierte AOB abgebildet.

Da eine AOB immer über einen definierten Beginn (Vorgängervorgang) und ein definiertes Ende (Nachfolgevorgang) verfügen muss, werden Übergangszeiten am letzten Vorgang eines Auftrags nicht berücksichtigt. Soll z. B. eine Liegezeit nach dem letzten Vorgang berücksichtigt werden, müssen Sie dies etwa in Form einer Wareneingangsbearbeitungszeit für die Outputkomponente vorsehen.

Eine weitere Einschränkung besteht im SAP-APO-System bei der Verwendung der Transportzeitmatrix. Im Gegensatz zum SAP-ECC- bzw. SAP-S/4HANA-System, in dem in der Transportzeitmatrix im Customizing explizit Kalender und Uhrzeiten angegeben werden können, wird im SAP-APO-System immer von einer 24-stündigen Verfügbarkeit ausgegangen.

Ablauf der Terminierung

Im SAP-APO-System wird analog zur Durchlaufterminierung in den SAP-ERP-Systemen eine Terminierung der Vorgänge rückwärts vorgenommen. Eine Ausnahme bildet hierbei wie im SAP-ECC- bzw. SAP-S/4HANA-System die Bestellpunktdisposition, bei der ausgehend vom Dispositionsdatum vorwärts terminiert wird.

Aufgrund der SAP-APO-Planungsphilosophie liegt zwischen dem Bedarfsdatum und dem terminierten Endedatum des letzten SAP-APO-relevanten Vorgangs keine Auftragspufferzeit. Das Ende des letzten Vorgangs markiert also das Ende des gesamten Eigenfertigungsauftrags. Die Vorgänge werden unter Berücksichtigung der in der PDS festgelegten Zeiten in absteigender Reihenfolge terminiert.

Stücklistenübergreifende SAP-APO-Terminierung

Im SAP-APO-System erfolgt eine Sekundärbedarfsweitergabe an die Komponenten entsprechend den jeweiligen Aktivitätsterminen; eine sehr zeitgenaue Weitergabe von Komponentenmengen ist also möglich (siehe Abbildung 12.19).

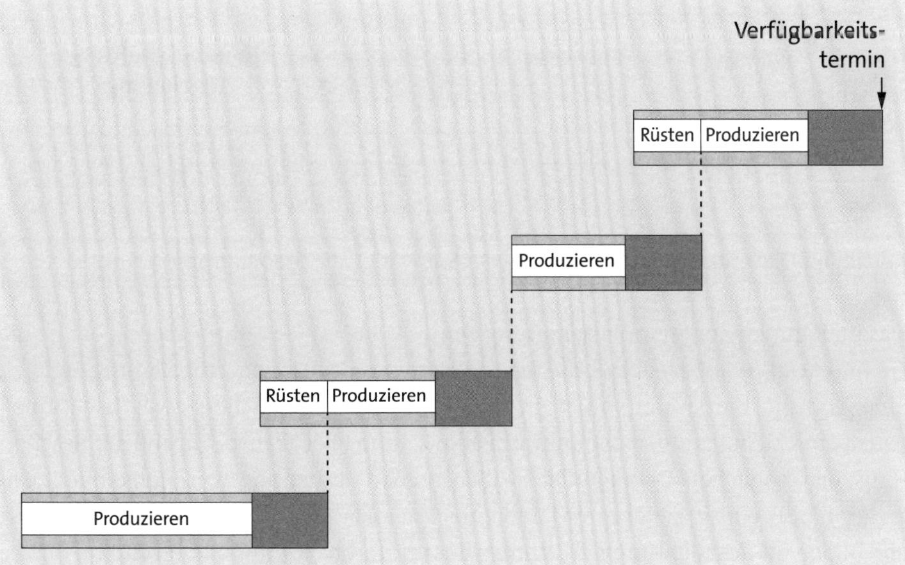

Abbildung 12.19 Stücklistenübergreifende SAP-APO-Feinterminierung

12.3.2 SAP-APO-Terminierung bei Fremdbeschaffung

Nachdem wir uns das Vorgehen der Terminierung in SAP APO bei der Eigenfertigung angesehen haben, möchten wir Ihnen nun das Vorgehen bei Fremdbeschaffung vorstellen. Vor der Nutzung der Fremdbeschaffung im SAP-APO-System müssen die relevanten Stammdatenobjekte über das CIF an das SAP-APO-System übergeben werden. In Abbildung 12.20 sehen Sie, welche Stammdatenobjekte im SAP-APO-System benötigt werden.

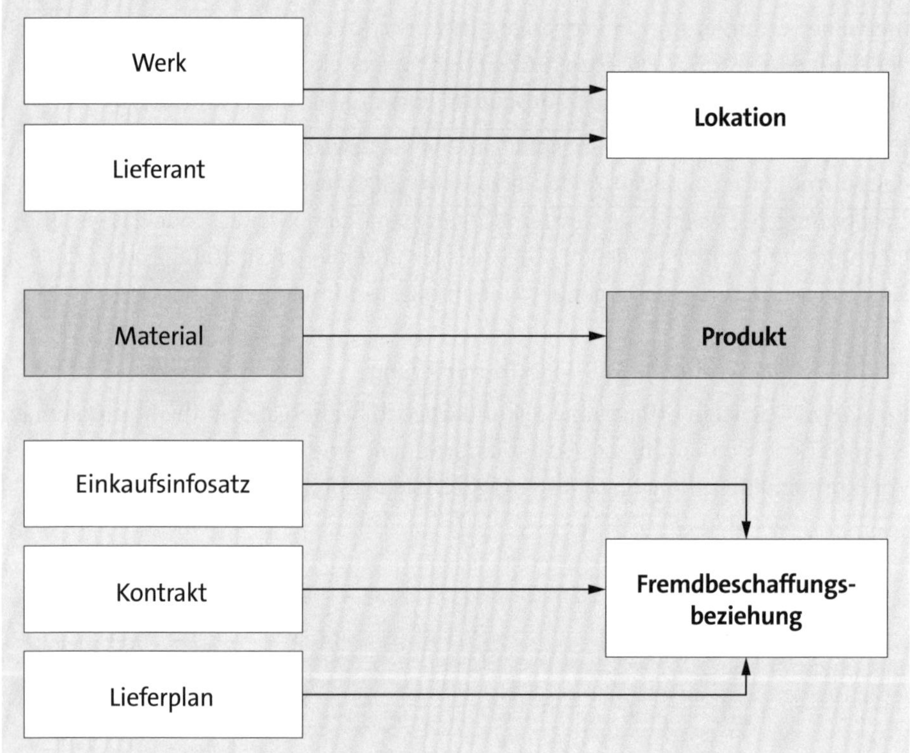

Abbildung 12.20 Stammdatenobjekte in der SAP-APO-Fremdbeschaffung

Das im Rahmen der Fremdbeschaffung zentrale SAP-APO-Stammdatenobjekt ist die *Fremdbeschaffungsbeziehung*, die die Angaben aus der Transportbeziehung ergänzt. Eine Transportbeziehung muss im SAP-APO-System zwischen zwei Lokationen (Quell- und Ziellokation) existieren, um eine Planung des Transports und der Beschaffung zu ermöglichen. Dabei bildet sie die Geschäftsbeziehung zwischen einer Quelllokation (z. B. einem Lieferanten) und einer Ziellokation (z. B. einem Werk) ab. Sie ist abhängig von der Richtung des Produktflusses und bekommt alle Produkte, für die eine Lieferbeziehung zwischen den genannten Lokationen existiert, gemeinsam mit den zur Verfügung stehenden Transportmitteln zugeordnet. Wird ein SAP-ECC- bzw.

SAP-S/4HANA-Fremdbeschaffungsstammdatenobjekt (Lieferplan, Kontrakt oder Infosatz) an das SAP-APO-System übertragen, wird neben einer Fremdbeschaffungsbeziehung auch eine entsprechende Transportbeziehung angelegt, falls diese noch nicht existiert.

Im SAP-APO-System ist die Terminierung von Fremdbeschaffungsaufträgen ein zweistufiger Prozess:

1. Prüfung auf den frühestmöglichen Verfügbarkeitstermin
2. Bestimmung von Start- und Endtermin des Auftrags durch Terminierung von
   - Warenausgangsaktivität beim Lieferanten
   - Transport
   - Wareneingangsaktivität im Werk

Im ersten Schritt wird der früheste Verfügbarkeitstermin mittels der folgenden Formel berechnet:

Verfügbarkeitstermin = heutiges Datum + Planlieferzeit
+ Wareneingangsbearbeitungszeit

Dabei wird die Planlieferzeit der Fremdbeschaffungsbeziehung entnommen. Falls dort kein Eintrag vorhanden ist, verwendet das System die Planlieferzeit aus dem Produktstamm. Die folgende Formel verdeutlicht die Definition der Planlieferzeit:

Planlieferzeit = Produktionszeit beim Lieferanten
+ Wareneingangsbearbeitungszeit + Transportdauer

Anders als im SAP-ECC- bzw. im SAP-S/4HANA-System wird die Planlieferzeit nicht automatisch in Kalendertagen hinterlegt. Falls hier eine abweichende Logik gewünscht ist, kann in der Lieferantenlokation ein Produktionskalender hinterlegt werden, über den das System die Planlieferzeit automatisch terminiert. Nur falls in der Lieferantenlokation kein Produktionskalender gepflegt ist, wird die Planlieferzeit analog zu den SAP-ERP-Systemen in Kalendertagen angenommen.

Liegt der gewünschte Verfügbarkeitstermin vor dem vom SAP-APO-System ermittelten frühesten Verfügbarkeitstermin, wird letzterer als Ausgangsbasis für die Terminierung verwendet (Fall 1). Anderenfalls bildet der gewünschte Verfügbarkeitstermin die Grundlage weiterer Terminierungsaktivitäten (Fall 2). Abbildung 12.21 zeigt beispielhaft die beiden möglichen Konstellationen.

Im zweiten Schritt terminiert das SAP-APO-System nun die Aktivitäten *Warenausgang*, *Transport* und *Wareneingang*. Dabei werden Start-, End- und Eröffnungstermin des Fremdbeschaffungsauftrags ermittelt.

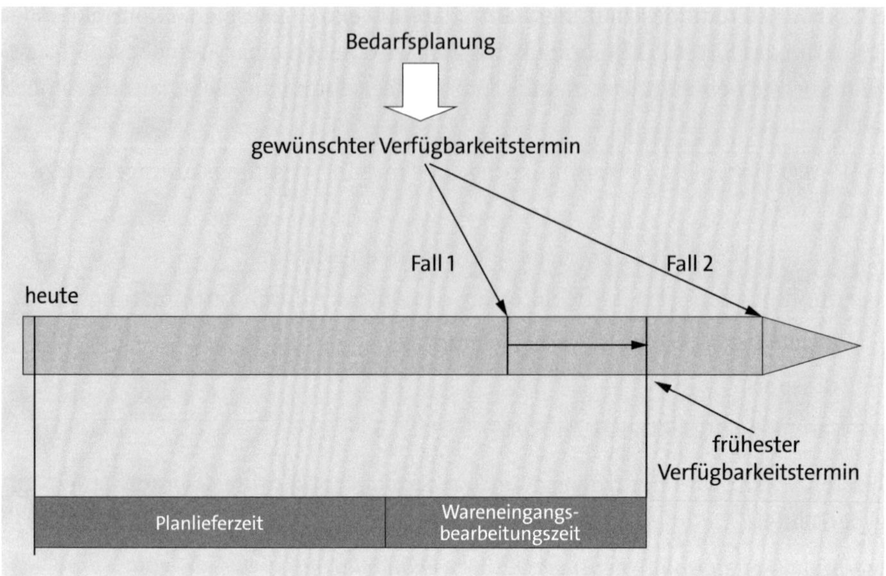

Abbildung 12.21 Frühester Verfügbarkeitstermin

Zum Starttermin muss der Lieferant das Material zur Auslieferung bereitstellen, zum Endtermin ist die Verfügbarkeit im empfangenden Werk geplant (siehe Abbildung 12.22). Wird ein neuer Termin für einen Fremdbeschaffungsauftrag zugrunde gelegt, werden die Aktivitäten neu terminiert.

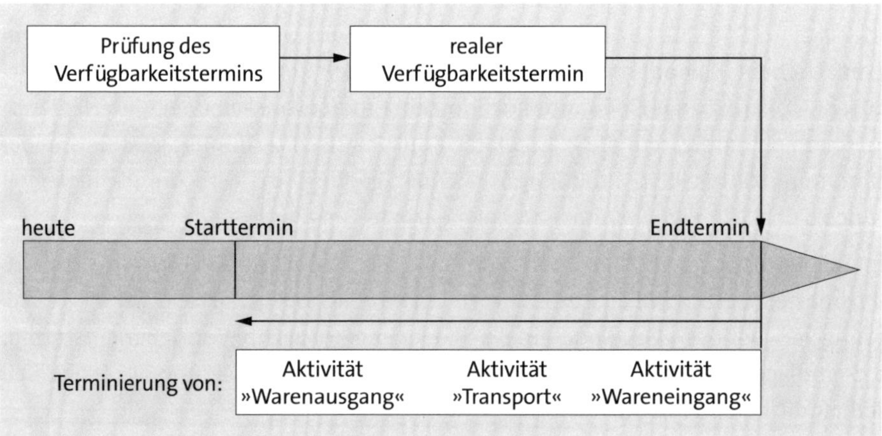

Abbildung 12.22 APO-Terminierung der Fremdbeschaffung

Die Terminierung der genannten Aktivitäten kann über Bucket-Ressourcen erfolgen, wenn für die jeweiligen Aktivitäten mit einer Dauer größer null eine Ressource definiert ist. Ist dies nicht der Fall, wird über den Planungskalender terminiert. Ist dieser ebenfalls nicht definiert, wird in Kalendertagen gerechnet. Tabelle 12.4 gibt Ihnen einen Überblick über die zu pflegenden Werte der Dauern und der terminierungsrelevanten Ressourcen.

	Dauer	Ressource
Warenausgangs-bearbeitungszeit	Produktstamm der Quelllokation	Handling-Ressource aus dem Lokationsstamm der Quelllokation (engl. Handling Ressource Outbound)
Transportzeit	Transportbeziehung pro Transportmittel	Ressource aus dem Transportmittel der Transportbeziehung
Wareneingangs-bearbeitungszeit	Produktstamm der Ziellokation	Handling-Ressource aus dem Lokationsstamm der Ziellokation (engl. Handling Ressource Inbound)

Tabelle 12.4 Pflege der Dauern und der Ressourcen für die SAP-APO-Fremdbeschaffung

Die beschriebene Terminierungslogik gilt sowohl bei der Fremdbeschaffung bei externen Lieferanten als auch bei der Terminierung von Umlagerungsaufträgen und Lohnbearbeitungsbeistellteilen. Dies bedeutet, dass im SAP-APO-System anders als im SAP-ECC- bzw. SAP-S/4HANA-System nicht über die Planlieferzeit, sondern über die Transportdauer aus der Transportbeziehung zwischen den Lokationen terminiert wird. Das BAdI /SAPAPO/PWB_SOS kann genutzt werden, um im SAP-APO-System über die Planlieferzeit zu terminieren.

12.3.3 Besonderheiten SAP-APO-Terminierung in SNP

Grundsätzlich gelten die im vorigen Abschnitt beschriebenen Funktionsweisen bezüglich der Terminierung auch für eine Terminierung in Supply Network Planning (SNP). Da es sich bei SNP allerdings um eine Bucket-orientierte und nicht um eine zeitkontinuierliche Planung handelt, sind einige Besonderheiten in Bezug auf die Terminierung zu berücksichtigen.

Die kleinste mögliche zeitliche Einheit ist ein Tag; diese Art der aggregierten Planung hat auch Auswirkungen auf die Terminierung. Abbildung 12.23 zeigt beispielhaft den Unterschied zwischen der zeitkontinuierlichen Terminierung in PP/DS und der Bucket-(Perioden)-orientierten Terminierung in SNP.

SNP aggregiert alle Bedarfe, die innerhalb einer definierten Periode liegen, wobei ein Bucket mindestens einen Tag abbildet, und erzeugt für diese summierten Bedarfe die Zugänge in den Buckets. Im Vergleich zu der zeitkontinuierlichen Planung richtet sich die Ermittlung der Dauer nicht nach der Menge oder der Kapazitätsbelastung, sondern jeder Vorgang wird mit einer fixen Dauer von mindestens einem Tag eingeplant.

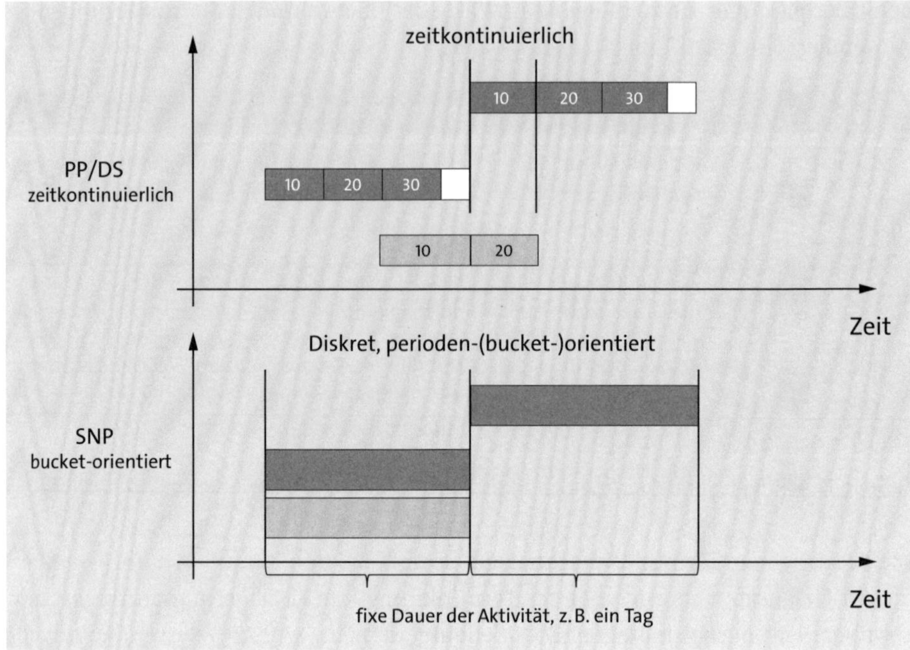

Abbildung 12.23 Vergleich von zeitkontinuierlicher und Bucket-orientierter Terminierung (Quelle: SAP)

Parallel dazu wird die Kapazitätsbelastung auf der Ressource jedoch sekundengenau ermittelt. So kann es in SNP dazu kommen, dass ein Vorgang mit einer Länge von einem Tag abgebildet wird und gleichzeitig eine Kapazitätsbelegung von nur einer Stunde aufweist.

Dies kann zu unterschiedlichen Ergebnissen in der zeitkontinuierlichen und Bucket-orientierten Terminierung führen. Ein Prozessschritt, der z. B. mit drei Aktivitäten zeitkontinuierlich innerhalb von zwei Stunden durchgeplant wird, wird auch in SNP eine Kapazitätsbelastung von insgesamt nur zwei Stunden reservieren, der Planauftrag in SNP wird sich jedoch durch die drei Aktivitäten über drei Tage erstrecken. Diese Problematik der Terminierung verschärft sich, sobald in gröberen Perioden geplant wird, z. B. Wochen oder Monaten, und Aktivitäten mit einer Dauer von z. B. einem Tag terminiert werden müssen. Hier kann über den Periodenfaktor oder den Bucket-Versatz im SNP-Plan beeinflusst werden, ob der Auftrag an den Anfang oder das Ende der Periode terminiert wird.

Diese grundlegenden Erläuterungen zur Terminierung in SNP und das einfache Beispiel sollen zusätzlich unterstreichen, dass es meist nicht sinnvoll und zielführend ist, die zeitkontinuierlichen Arbeitspläne aus SAP ECC bzw. SAP S/4HANA in eine Planung in SNP zu übernehmen. Die Prämisse für eine zielführende Planung in SNP ist die sinnvolle Verdichtung der Aktivitäten auf Tagesraster und Fokussierung auf wichtige Engpassressourcen und -aktivitäten. Dies kann über gezielte Filterparameter z. B. bei der Auswahl der SNP-relevanten Produkte und Ressourcen erzielt werden.

Des Weiteren gibt es einige Besonderheiten, die von dem gewählten Planungsverfahren (SNP-Heuristik, Capable-to-Match, SNP-Optimierer) in SNP abhängen. Auf diese Unterschiede gehen wir im Folgenden kurz ein.

Terminierung in der SNP-Heuristik

Die kleinste mögliche zeitliche Einheit, die als Periode bezeichnet wird, ist ein Tag. Die Terminierung in der SNP-Heuristik erzeugt im Standard die Zugangselemente in der Mitte der Periode. Abbildung 12.24 zeigt beispielhaft die Standardterminierung in einem Wochen-Bucket mit dem Periodenfaktor 0,5, der die Zugangselemente in der Mitte der Periode anlegt. Über den Periodenfaktor können Sie über den Wunschverfügbarkeitstermin der Zugänge bestimmen, ob der Zugang eher am Anfang einer Periode oder eher am Ende der Periode erzeugt werden soll. Bei einem Periodenfaktor von 1 werden die Zugänge am Ende der Periode erzeugt. Je mehr der Periodenfaktor sich 0 annähert, desto näher werden die Zugänge am Anfang der Periode erzeugt. Innerhalb von Tagesperioden legt das System das Wunschverfügbarkeitsdatum im Standard (Faktor 0,5) auf 12:00 Uhr.

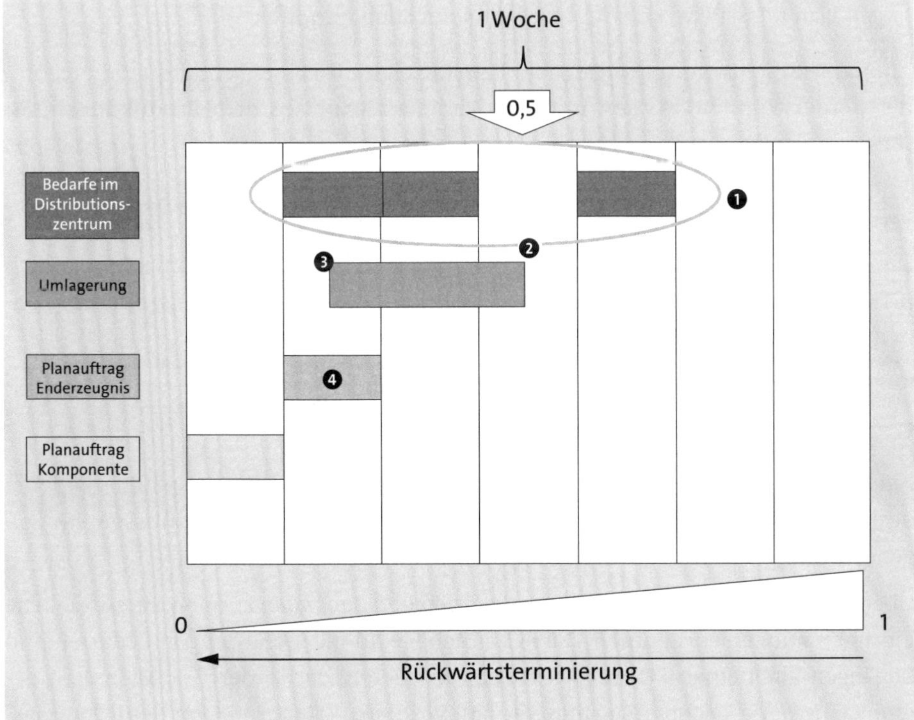

Abbildung 12.24 Terminierung in der SNP-Heuristik (Quelle: SAP)

Damit die SNP-Heuristik den Periodenfaktor berücksichtigen kann, müssen Sie im Produktlokationsstamm das Kennzeichen **Periodenfaktor verwenden** setzen, ansonsten verwendet das System immer den Standardwert 0,5. Den Periodenfaktor selbst können Sie ebenfalls im Produktlokationsstamm pflegen. Der Periodenfaktor aus dem Produktlokationsstammsatz kann für Eigenfertigungsaufträge mit dem Periodenfaktor in den Plänen (PDS oder PPM) und für die Fremdbeschaffungsaufträge in der Transportbeziehung übersteuert werden.

In dem Beispiel in Abbildung 12.24 geht die SNP-Heuristik im Standard mit einem Periodenfaktor von 0,5 folgendermaßen vor:

❶ Alle Bedarfe der Periode werden zu einem Gesamtbedarf im Distributionszentrum zusammengefasst.

❷ Es wird eine Umlagerung für den Gesamtbedarf angelegt, deren Endtermin unter Berücksichtigung des Periodenfaktors der Transportbeziehung in der Mitte der Woche liegt.

❸ Durch Rückwärtsterminierung mit Berücksichtigung der Transportzeiten sowie der Wareneingangs- und Warenausgangsbearbeitungszeiten wird der Bereitstellungstermin im Werk ermittelt.

❹ Die Endtermine für die Planaufträge werden über den Periodenfaktor im jeweiligen Plan (PDS/PPM) ermittelt und entsprechend terminiert.

Anonyme Bestellanforderungen oder Planaufträge, die keiner Bezugsquelle zugeordnet werden können, werden mit dem Periodenfaktor aus dem Produktlokationsstammsatz terminiert.

Terminierung in der CTM-Funktion

Die für die Terminierung relevanten Parameter in der Funktion Capable-to-Match (CTM) werden im CTM-Profil festgelegt. Den so definierten Planungszeitraum können Sie über weitere Zeiträume und Horizonte einschränken:

- Zeitraum zur Selektion von Bedarfen und Zugängen
- Zeitraum zum Anlegen und Löschen von Aufträgen

Auch über Vorgaben mit dem Umgang von Verspätungen bzw. verspäteter Bedarfsdeckung können Sie die Terminierung im CTM-Planungslauf beeinflussen. Im Folgenden stellen wir Ihnen die beiden genannten Zeiträume näher vor.

Über den *Zeitraum zur Selektion von Bedarfen und Zugängen* können Sie zusätzliche Einschränkungen vornehmen. Dabei können Sie für die Selektion von Bedarfen und Zugängen auch einen Planungszeitraum definieren, der in der Vergangenheit beginnt. CTM berücksichtigt Zugänge, die laut Verfügbarkeitstermin vor dem Planungsbeginn liegen. Bedarfe jedoch müssen innerhalb des Planungszeitraums liegen.

Wenn Sie keine Einschränkungen vornehmen, werden alle Bedarfe und Zugänge berücksichtigt, die mit dem Bedarfs- und Verfügbarkeitstermin innerhalb des Planungshorizonts liegen. Den Selektionszeitraum für Bedarfe und Zugänge legen Sie in der Auftragsselektion (Transaktion /SAPAPO/CTMORDSEL) fest und ordnen diese dem CTM-Profil zu.

Des Weiteren können Sie einen produktspezifischen Selektionszeitraum für Bedarfe festlegen, um produktspezifischen Anforderungen, wie z. B. Wiederbeschaffungs-/ Durchlaufzeiten, Rechnung zu tragen und den Selektionszeitraum für die Bedarfe entsprechend zu wählen. Um den produktspezifischen Selektionszeitraum zu verwenden, müssen Sie im Lokationsproduktstamm auf der Registerkarte **SNP2** im Feld **SelZeitraum Bedarfe** den Selektionszeitraum entsprechend Ihren Anforderungen anpassen.

Auch den *Zeitraum zum Anlegen und Löschen von Aufträgen* können Sie abweichend vom definierten Planungszeitraum festlegen und so die Terminierung der Aufträge, wie z. B. Planaufträge, Bestellanforderungen und Umlagerungen, beeinflussen. Beachten Sie dabei jedoch, dass Aufträge zwar vor dem Planungsbeginn gelöscht, jedoch nur innerhalb des Planungshorizonts angelegt werden können. Dabei haben Sie mehrere Möglichkeiten, den Horizont zur Anlage und zum Löschen von Aufträgen zu beeinflussen. Im CTM-Profil können Sie über die Felder **Beginn Auftragsanlage** und **Löschbeginn vor Auftragsanlage** den Zeitraum für das Anlegen und das Löschen von Aufträgen für den Planungslauf festlegen. CTM berücksichtigt die im Lokationsproduktstamm bzw. im Modell oder in der Version festgelegte Produktionshorizonte (SNP und PP/DS), Umlagerungshorizonte und Planlieferzeiten. Innerhalb dieser Horizonte verhält sich das CTM entsprechend der SNP-Anwendung und löscht bzw. legt keine entsprechenden Aufträge an. Produktionsaufträge dürfen nicht im Produktionshorizont liegen, sondern müssen komplett außerhalb liegen, damit CTM diese löschen und anlegen kann. Umlagerungen, die komplett innerhalb des Umlagerungshorizonts der Ziellokation liegen, betrachtet CTM als fixiert und löscht diese nicht. Sobald aber das Zugangselement außerhalb des Umlagerungshorizonts liegt (auch wenn der Auftrag innerhalb des Umlagerungshorizonts liegt), kann CTM diese Aufträge neu planen. Innerhalb der Planlieferzeit plant SNP keine Bestellanforderungen ohne Quelllokation.

Neben den bisher beschriebenen Faktoren zur Beeinflussung der Terminierung, die definieren, welche Aufträge im Planungslauf relevant sind und in welchen Horizonten Aufträge angelegt werden können, können Sie die Terminierung im CTM-Planungslauf auch dadurch beeinflussen, dass Sie eine verspätete Bedarfsdeckung erlauben. Grundsätzlich versucht der CTM-Lauf die Bedarfe termingerecht zu decken. In den globalen Einstellungen im Customizing in CTM (Transaktion /SAPAPO/ CTMCUST) oder über die Regelpflege bei CTM-Planung mit Regeln können Sie über die Registerkarte **bedarfsabhängige Constraints** folgende Einstellungen vornehmen:

- verspätete Bedarfsdeckung zulassen
- verfrühte Bedarfsdeckung einschränken
- Unterdeckungen zulassen

Im Feld **verspätete Bedarfsdeckung zulassen** legen Sie in Tagen fest, in welchem Zeithorizont innerhalb des Planungszeitraums das Zugangselement nach dem Fälligkeitsdatum des Bedarfs angelegt werden darf. Dabei können zwei Strategien zur verspäteten Bedarfsdeckung unterschieden werden:

- die Domino-Strategie
- die Airline-Strategie

Abbildung 12.25 zeigt die unterschiedlichen Strategien. Die *Domino-Strategie* ordnet einem verspäteten Bedarf, der nicht rechtzeitig gedeckt werden kann, das nächste Zugangselement zu, sodass sich unter Umständen nachfolgende Bedarfe auch verspäten werden. Bei der *Airline-Strategie* werden verspätete Bedarfe, die nicht rechtzeitig gedeckt werden können, ans Ende der Bedarfsprioritätenliste gestellt. Dies führt dazu, dass diese Bedarfe sich noch mehr verspäten oder gar nicht mehr befriedigt werden.

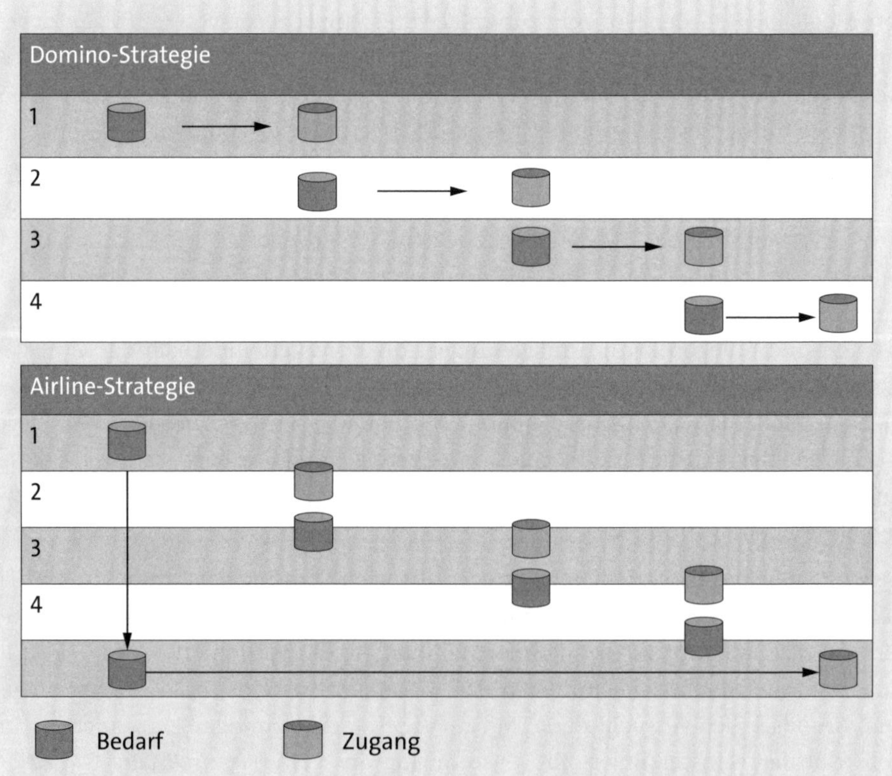

Abbildung 12.25 Domino- und Airline-Strategie zur verspäteten Bedarfsdeckung (Quelle: SAP)

Die verwendete Strategie führt im Zusammenspiel mit den alternativen Vorgehensweisen aus dem CTM-Profil zu unterschiedlichen Ergebnissen. So können Sie entweder vorgeben, dass das System versuchen soll, die Verspätung zu minimieren bzw. den Bedarfstermin nach vorgegebener Schrittweise zu verschieben und diesen möglichst verspätet zu decken, oder Sie können festlegen, dass das Standardverfahren zur Terminierung gewählt werden soll. Das Standardverfahren verwendet dieselbe Vorgehensweise wie auch zur Deckung nicht verspäteter Bedarfe mithilfe der Suchstrategie, der Terminierungsrichtung und der Bezugsquellenfindung.

Im Feld **verfrühte Bedarfsdeckung einschränken** können Sie einen Zeitraum in Tagen definieren, in dem CTM-Aufträge vor dem Bedarfstermin anlegen darf. Den Horizont in Tagen für die Anlage von Aufträgen können Sie differenziert entweder für die erste Stücklistenstufe und die Anlage für Planaufträge oder für die Anlage aller Aufträge zur Deckung eines Bedarfs festlegen. Falls erforderlich, können Sie den Zeitraum zur Anlage der Aufträge auch produktspezifisch im Lokationsproduktstamm auf der Registerkarte **SNP2** im Feld **Zeitr. Auftragsanlg.** festlegen.

Im Feld **Unterdeckung zulassen** legen Sie fest, ob das System Teile des Gesamtbedarfs decken darf. Somit gilt dann ein Bedarf als gedeckt, auch wenn er nur teilweise gedeckt wurde. Ein Bedarf gilt nur dann als nicht gedeckt, wenn kein Zugangselement für den Bedarf eingeplant wurde.

Nachdem Sie nun die wichtigsten Parameter, die eine Terminierung während einer Planung mit CTM beeinflussen, kennengelernt haben, stellen wir Ihnen im Folgenden die Terminierung im SNP-Optimierer vor.

Terminierung im SNP-Optimierer

Der Verfügbarkeitstermin der Zugangselemente im Rahmen der SNP-Heuristik wird durch den Periodenfaktor beeinflusst. Der SNP-Optimierer verwendet den Bucket-Versatz, um den Verfügbarkeitstermin von Zugängen zu steuern. Der Bucket-Versatz ist eine prozentuale Angabe, die innerhalb eines Buckets eine Grenzlinie zieht. Ein Bucket-Versatz von 0,5 teilt eine Wochenperiode in der Mitte nach 3,5 Tagen (Donnerstagmittag 12:00 Uhr wird als Grenzwert verwendet).

Abbildung 12.26 zeigt die Vorgehensweise des SNP-Optimierers, der unter Verwendung der entsprechenden Kalender zunächst den exakten Verfügbarkeitstermin ermittelt. Wenn der so errechnete Endtermin vor dem Bucket-Versatz liegt, dann wird der Auftrag mit den errechneten Terminen eingeplant. Wenn der so ermittelte Endtermin hinter dem Bucket-Versatz liegt, dann wird der Auftrag im vorherigen Bucket eingeplant, sodass er am Anfang des aktuellen Buckets verfügbar ist.

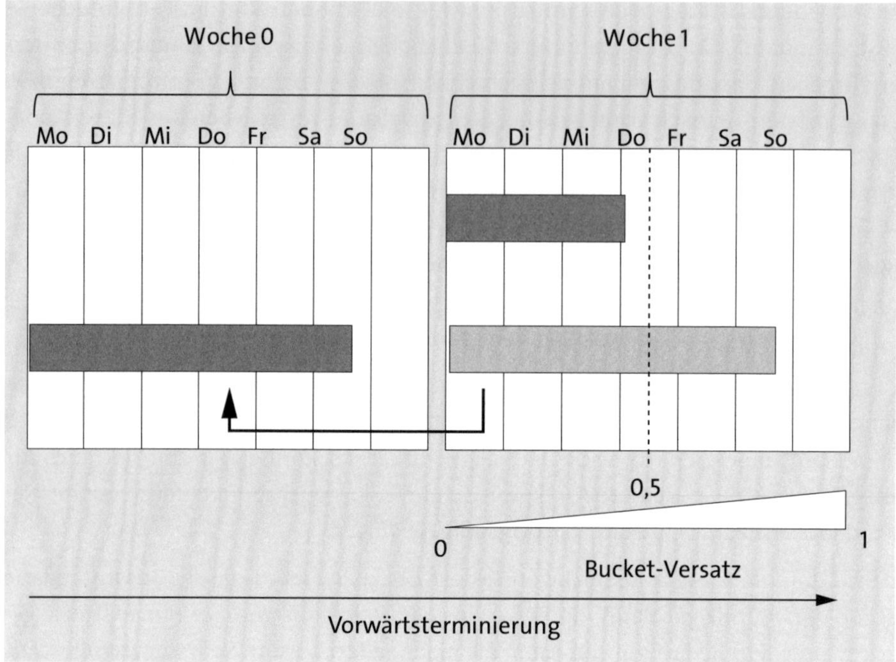

Abbildung 12.26 Terminierung mit dem Bucket-Versatz im Optimierer (Quelle: SAP)

Bei der Verwendung des Bucket-Versatzes können Sie folgende Faustregel nutzen:

- Hohe Werte für den Bucket-Versatz implizieren eine optimistische Annahme, die davon ausgeht, dass die Produkte eher früher als festgelegt zur Verfügung stehen.
- Niedrige Werte für den Bucket-Versatz gehen hingegen von einer konservativeren Sichtweise aus, da die Zugänge bereits zum Ende der Vorperiode eingeplant werden.

Den Faktor für den Bucket-Versatz können Sie im Optimierprofil hinterlegen. Es werden Rundungsfaktoren für produzierte und für transportierte Produkte unterschieden. SAP empfiehlt für den Bucket-Versatz-Transport (z. B. für Umlagerungen) den Wert 1 zu verwenden, da es sonst zu Inkonsistenzen zwischen interaktiver Planung und den Ergebnissen im Optimiererlog kommen kann. Der allgemeine Bucket-Versatz aus dem Optimiererprofil wird von den Einstellungen in der Transportbeziehung für das Transportmittel und den Plänen übersteuert, sobald dort etwas gepflegt wurde. Bestellanforderungen werden immer am Anfang der Periode angelegt.

Wie in diesem Abschnitt beschrieben, wird über den Bucket-Versatz das Terminierungsergebnis bei der Nutzung des SNP-Optimierers beeinflusst. Nachdem Sie nun die wichtigsten Parameter für eine Terminierung in SNP kennengelernt haben, wird deutlich, dass jedes Planungsverfahren in SNP seine eigenen Parameter zur Beeinflussung der Terminierung hat.

12.4 Terminierung in SAP IBP

Die Terminierung in SAP IBP ist vergleichbar mit der Terminierung in SAP ECC und SAP APO. Planaufträge, Umlagerungen und Bestellanforderungen werden basierend auf Produktions-, Versand-, Transport- und Empfangskalendern und der definierten Dauer für Produktion, Lieferung und Wareneingang terminiert. Jede Zugangsmenge einer Periode wird als nutzbar für jeden Bedarf derselben Periode interpretiert. Die Zeitdauer für Fertigung, Transport und Beschaffung werden als Periodenanzahl in Abhängigkeit von der Periodendefinition festgelegt. Die Durchlaufzeiten für Fertigung, Transport und Fremdbeschaffung werden entsprechend im Netzwerk als Periodenanzahl kalkuliert. Dabei wird die Terminierung in SAP IBP, je nachdem welcher Planungsansatz verwendet wird – zeitreihenbasierte oder auftragsbasierte Planung –, unterschiedlich vorgenommen.

12.4.1 Terminierung bei zeitreihenbasierter Planung

Die zeitreihenbasierte Planung ist eine Planung in Perioden. Perioden können in verschiedenen Periodenarten wie z. B. Tag, Woche, Monat, Quartal oder Jahr definiert werden. Die Zeitdauer für Fertigung, Transport oder Fremdbeschaffung wird als Periodenzahl im Kontext der verwendeten Periodendefinition festgelegt. Der Planungsansatz verwendet als Grundlage, dass alle Zugänge einer Periode nutzbar sind, um die Bedarfe derselben Periode zu decken. Die Durchlaufzeit für Fertigung, Transport und Fremdbeschaffung wird ausgehend vom Bedarf und den definierten Periodenanzahl in den Stammdaten kalkuliert.

Die Produktionsbeschaffungszeit wird im Stammdatenattribut Production Lead Time (**PLEADTIME**) dem Stammdatentyp **SOURCEPRODUCTION**, also dem Kopf der Produktionsbezugsquelle, zugeordnet. Auch die Kapazitätsverbräuche und Komponenten-Offsets können Sie in entsprechenden Stammdatenattributen definieren. Der Komponenten-Offset beschreibt die Periodenverschiebung von abhängigen Bedarfen auf die Komponenten. Die Transportdispositionsvorlaufzeit legen Sie im Stammdatenattribut Lead Time (**LEADTIME**) fest, das dem Stammdatentyp **SOURCELOCATION**, dem Lokationsbezugsquellenkopf, zugeordnet ist. Beschaffungszeiten können auch für die Kundenbezugsquellen entsprechend im Attribut **LEADTIME** des Stammdatentyps **SOURCECUSTOMER** definiert werden. Auch die Kapazitätsverbräuche können Sie in entsprechenden Stammdatenattributen für Produktion und Transport definieren und planen.

Eingangskalender, Transportkalender und Produktionskalender legen Arbeits- und Nichtarbeitstage fest und werden in den unterstützten Planungsalgorithmen berücksichtigt. Die genannten Kalender werden von der zeitreihenbasierten finiten und infiniten Beschaffungsplanungsheuristik und dem zeitreihenbasierten Beschaffungsoptimierer unterstützt und beeinflussen die Terminierung.

12.4.2 Terminierung bei auftragsbasierter Planung

Die auftragsbasierte Planung führt eine zeitkontinuierliche Planung unter Berücksichtigung von Zeitzonen und Kalendern durch. Durchlaufzeiten sind in ganzen Tagen definiert. Die Primärbedarfe, Sekundärbedarfe und Beschaffungsmengen bzw. Zugangsmengen werden zwar in Zeitreihen verwaltet, aber im Kontext der auftragsbasierten Planung mit einem speziellen Zeitstempel (Zeitzone der Lokation) versehen und einzeln als Aufträge angelegt. Zugangsmengen werden unter Berücksichtigung von Parametern wie Losgrößen angelegt. Somit können einzelne Bedarfs- und Zugangselemente unter Berücksichtigung von genauen Terminen und Zeiten verknüpft werden, was als Pegging bezeichnet wird.

In Abbildung 12.27 sehen Sie, wie die Terminierung im Kontext der Eigenfertigung abläuft. Auf Grundlage der Bedarfsdaten/Verfügbarkeitsdaten wird unter Verwendung der Wareneingangsbearbeitungszeit das Wareneingangsdatum ermittelt und unter Verwendung der Aktivitätsdauer das Startdatum des Auftrags determiniert. Bei Eigenfertigung kann der Produktionskalender eine Rolle spielen. Der Kapazitätsverbrauch erfolgt dabei zum ermittelten Wareneingangsdatum.

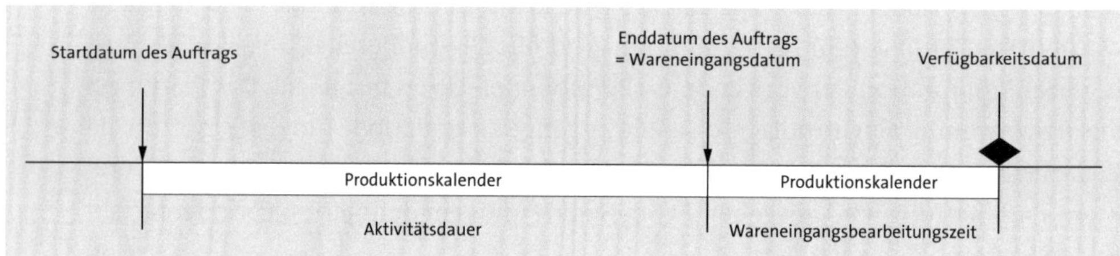

Abbildung 12.27 Ablauf der Terminierung bei Eigenfertigung in SAP IBP

In Abbildung 12.28 sehen Sie, wie die Terminierung im Kontext der Fremdbeschaffung für Umlagerungsbestellanforderungen und Bestellanforderungen funktioniert. Bei Umlagerungsbestellanforderungen wird das Wareneingangsdatum mithilfe des Empfangskalenders aus dem Lokationsmaterial und der Wareneingangsbearbeitungszeit ausgehend vom Verfügbarkeitsdatum determiniert, die Planlieferzeit wird basierend auf dem Transportkalender kalkuliert, und letztlich wird bei der Festlegung des Bedarfstermins der Versandkalender hinzugezogen.

Die Terminierung von Bestellanforderungen funktioniert identisch. Jedoch wird bei der Bestimmung des Bedarfstermins der Versandkalender nicht verwendet.

Als Grundregel gilt, dass Aktivitäten innerhalb der Arbeitszeiten des verwendeten Kalenders beginnen und enden müssen. Nichtarbeitszeiten werden aus der Terminierung ausgeschlossen und verlängern die Gesamtdauer der Terminierung.

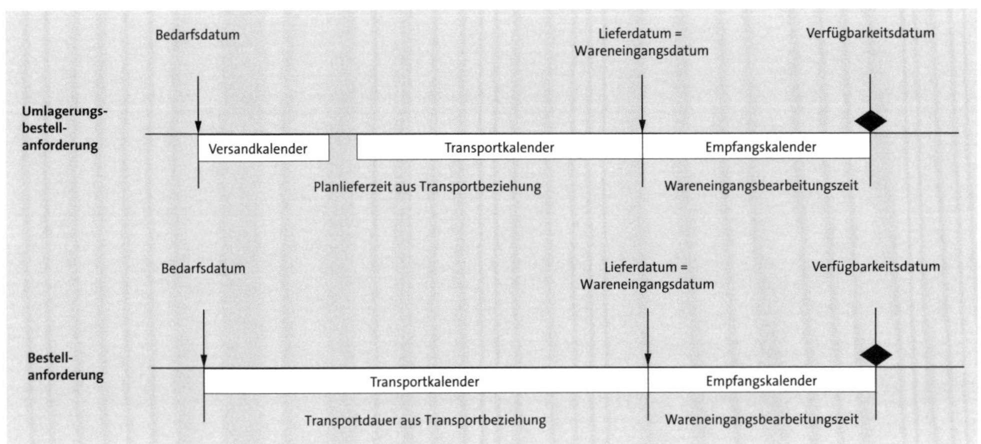

Abbildung 12.28 Ablauf der Terminierung bei Fremdbeschaffung in SAP IBP

Rückwärtsterminierung und Vorwärtsterminierung können eingesetzt werden, um Aufträge zu terminieren. Ausgangspunkt aller Planungsaktivitäten ist immer der Wunschtermin der Bedarfe, von dem aus rückwärts geplant wird, um den Endpunkt der Rückwärtsterminierung zu definieren. Die Kompaktplanung benötigt dann eine Vorwärtsterminierung, die als Startpunkt den Endpunkt der Rückwärtsterminierung verwendet, um die Dauer nicht länger als notwendig zu planen.

12.5 Fazit

In diesem Kapitel haben wir Ihnen einen Überblick über die relevanten Terminierungsparameter der SAP-Systeme gegeben. Erläutert wurden die Unterschiede zwischen einer Eck- und einer Durchlaufterminierung – auch in einer mehrstufigen Stücklistenstruktur. Dabei sind wir auch jeweils auf die Unterschiede zwischen der Eigenfertigung und der Fremdbeschaffung eingegangen. Im Anschluss haben wir aufgezeigt, wie Sie mit sogenannten Ausläufermaterialien umgehen und wie Sie die Schwächen der Auslaufsteuerung in den SAP-ERP-Systemen mit der passenden Beratungslösung ausgleichen. Auch die Terminierung in den Planungssystemen SAP APO und SAP IBP haben wir Ihnen für die Eigenfertigung sowie die Fremdbeschaffung erläutert und sind dabei auf die zeitreihen und die auftragsbasierte Planung eingegangen. Dabei haben wir immer wieder auf Unterschiede zwischen den einzelnen Systemen verwiesen.

Sie sollten nun in der Lage sein, die richtigen Terminierungsparameter produktspezifisch auszuwählen und ihre Bedeutung für den Erfolg Ihrer Disposition einzuschätzen.

Kapitel 13
Wechselwirkungen

Dieses Kapitel befasst sich mit den Wechselwirkungen der einzelnen Dispositionsparameter. Sie erhalten einen Überblick über die Verknüpfung einzelner Parameter und lernen die Zusammenhänge zwischen verschiedenen Einflussgrößen und den Parametereinstellungen kennen.

In diesem Kapitel beschreiben wir die Wechselwirkungen der in den vorherigen Kapiteln erläuterten Dispositionsparameter. Dabei möchten wir die folgenden Fragen beantworten: Welche Auswirkungen haben bestimmte Parameterkonstellationen auf das Dispositionsergebnis? Welche Parameter sind erlaubt, und wie beeinflussen Parameter sich gegenseitig?

Neben den vom System vorgegebenen Restriktionen werden wir auch betriebswirtschaftliche Faktoren untersuchen und deren Einfluss auf die Parameterauswahl darstellen.

Ein umfangreiches Wissen über die Wechselwirkungen einzelner Systemparameter ist notwendig für die Optimierung der Disposition. Mehr Informationen hierzu finden Sie in Kapitel 20, »Dispositionsoptimierung«.

13.1 Parameterabhängigkeiten

Die Planungssysteme von SAP bieten eine Vielzahl von Funktionen, die den kompletten Prozess der Materialdisposition unterstützen. Durch diesen Funktionsumfang ist es möglich, die Software unternehmensspezifisch anzupassen und somit die ganze Materialdisposition zu begleiten. Diese Flexibilität ist jedoch auch mit einer hohen Komplexität der Parametereinstellungen verbunden. Die bisherigen Kapitel beschäftigten sich mit den verschiedenen Möglichkeiten, ein Material zu disponieren, und mit den notwendigen Parametereinstellungen; hier soll es deshalb vor allem um die Abhängigkeiten zwischen den Parametern gehen.

Auf der Grundlage der behandelten Verfahren und Parameter lässt sich ein Regelwerk (z. B. eine ABC/XYZ-Matrix) erstellen, das alle dispositionsrelevanten Verfahren und dazugehörigen Parameter berücksichtigt (siehe Abschnitt 20.3.2, »Dispositionsmatrix«). Ein solches Regelwerk kann die Grundlage für Ihre Dispositionsstrategie auf

Prozessebene bilden. Neben den verschiedenen Einstellungen und Kombinationsmöglichkeiten der Parameter anhand von unternehmensspezifischen Faktoren sollten Sie auch die Wechselwirkungen der Parameter beachten, um unerwünschte Konstellationen zu vermeiden.

In Abbildung 13.1 sehen Sie die fünf Bereiche der Dispositionsparameter:

❶ Planungsstrategie

❷ Dispositionsverfahren

❸ Losgrößenverfahren

❹ Sicherheitsbestandsberechnung

❺ Prognose

Jeder Bereich hat Einfluss auf den folgenden. Eine Auswahl in einem Bereich kann somit die mögliche Auswahl an Einstellungsmöglichkeiten in einem anderen Bereich einschränken.

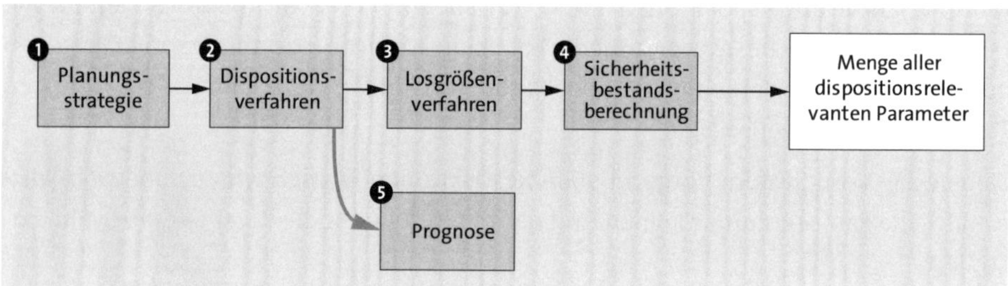

Abbildung 13.1 Ablauf der Materialdisposition

[»]

Wechselwirkungen sind abhängig von den Bedingungen und Begebenheiten aus der Praxis

Die folgenden Beispiele sollen Ihnen einen Überblick über die wichtigsten Zusammenhänge und Wechselwirkungen zwischen den einzelnen Parametern verschaffen. Da es in der Praxis hierfür sehr unterschiedliche Bedingungen gibt, findet eine intensivere Auseinandersetzung mit diesem Thema in diesem Buch nicht statt. In der Praxis ist meist Beratungsleistung im Bereich der Dispositionsoptimierung gefordert, die durch umfangreiches Fach- und Projektwissen nicht nur Dispositionsstrategien entwickelt, sondern zudem prüft, ob die entwickelten Konzepte auch realisierbar sind.

Schon die Planungsstrategie kann bestimmen, welche Dispositionsart und welches Losgrößenverfahren verwendet werden müssen. Verwenden Sie z. B. die Planungsstrategie Vorplanung ohne Endmontage (Strategie 50; siehe Abschnitt 6.2.2, »Kundenauftragsbezogene Endmontage«), so kann das Material nur mit einer exakten Losgröße und einem plangesteuerten Dispositionsverfahren geplant werden. Abweichende Verfahren könnten inkompatibel sein und Fehler bei der Verfügbarkeitsprüfung und Prognose verursachen, was sich wiederum negativ auf die Planung auswirkt. Das eigentliche Problem liegt nicht in dieser Konstellation, sondern in der Tatsache, dass die Disponenten alle Einstellungen manuell vornehmen müssen, ohne dass vom System Fehlermeldungen angezeigt werden. Fehlt den Disponenten das Wissen über diesen Zusammenhang, werden sie die Einstellungen nicht vornehmen, und es kann zu Planungsfehlern kommen. Durch den hohen Grad der Automatisierung verlassen sich viele Disponenten auf das System, was jedoch oft zu schlechteren Ergebnissen führt.

Die Planungsstrategieparameter stehen in der Hierarchie der Dispositionsparameter auf höchster Stufe und grenzen die Konfigurationsmöglichkeiten sehr stark ein. Durch den sequenziellen Ablauf des MRP-Laufs werden die Parameter der nachgelagerten Stufen von der Planungsstrategie beeinflusst. Wählt man eine Strategie mit Verrechnung, so müssen neben der Strategiegruppe auch die Verrechnungsparameter beachtet werden, damit es zu einer korrekten Verrechnung der Bedarfe kommt. Darüber hinaus müssen Sie die Prognoseparameter der Planungsstrategie anpassen, damit die Vorplanungsbedarfe zeit- und mengenoptimal geplant werden. Die Verrechnungsparameter sollten wiederum an den Prognoseparametern ausgerichtet werden, um Prognosefehler auszugleichen. Im Fall einer Verrechnung bei der Bedarfsklasse des Vorplanungsbedarfs sollte das dort definierte Verrechnungskennzeichen mit dem Zuordnungskennzeichen der Bedarfsklasse des Kundenprimärbedarfs übereinstimmen.

Die Dispositionsart ist eng mit der Planungsstrategie verknüpft und beeinflusst die Prognose, den Sicherheitsbestand und das zu wählende Losgrößenverfahren. Die Dispositionsart engt die Bandbreite der wählbaren Verfahren stark ein. Es ist z. B. nicht sinnvoll, ein Material der Einzelfertigung verbrauchsgesteuert zu disponieren. Ebenso wirkt sich das Einzelbedarfskennzeichen auf die Dispositionsart aus. Einzelplanungen lassen sich nicht verbrauchsgesteuert planen, während Sammelplanungen mit allen Verfahren der Disposition geplant werden können. Je nach gewählter Dispositionsart kann oder muss mit Prognose oder Vorplanungsbedarfen gearbeitet werden. Das manuelle Bestellpunktverfahren macht eine Prognose überflüssig, da weder Sicherheitsbestand noch Lieferzeiten automatisch generiert werden und die Planungsparameter keine Auswirkungen auf die Materialdisposition haben. Bei einer Bestellpunktdisposition ist es wichtig, dass die Losgröße ausreicht, um zum Lieferzeitpunkt mindestens den Meldebestand zu erreichen. Periodische und optimierte Losgrößenverfahren können nur verwendet werden, wenn dem Dispositionsverfahren eine Prognose zugrunde liegt, da diese Verfahren den zukünftigen Bedarf benötigen. Wie schon in den vorhergehenden Kapiteln beschrieben, ist die Dispositionsart besonders für den Sicherheitsbestand ausschlaggebend. Sie bestimmt, ob der Sicherheitsbestand manuell gepflegt werden muss oder automatisch über das System ermittelt wird.

Die Prognose steht ebenso wie die anderen Verfahren in direkter Abhängigkeit zu allen Funktionsgruppen der Materialdisposition. Die Planungsstrategien, besonders Strategien mit Vorplanung, sind auf eine optimale Einstellung der Prognoseparameter angewiesen. Dabei spielen die Parameter *Periodenkennzeichen* und *Prognoseperioden* eine besondere Rolle. Neben der Planungsstrategie sind sie auch für die Verrechnungsparameter wichtig: Sie können gezielt verwendet werden, um Langläufer zu planen und sich je nach Durchlaufzeit des Materials diesen anzupassen. So sollten Sie für Materialien mit langen Durchlaufzeiten große Prognoseperioden und Verrechnungshorizonte verwenden, um den Prognosefehler zu minimieren. Wählt man einen kleinen Verrechnungshorizont bei großen Prognoseperioden, läuft man Gefahr, Materialien mit hoher Durchlaufzeit nicht mehr rechtzeitig produzieren zu können. Die Auswirkungen einer fehlerhaften Prognose können je nach Dispositionsart unterschiedlich sein.

Bei der plangesteuerten Disposition (PD) geben die geplanten und exakten Bedarfsmengen (Sekundärbedarf, Kundenbedarf, Reservierungen etc.) den Anstoß für die Bedarfsrechnung. Die Prognose kann dabei für die Ermittlung des Gesamtbedarfs oder der ungeplanten Bedarfe verwendet werden. Wenn Sie überwiegend mit Prognosewerten arbeiten, benötigen Sie eine hohe Prognosegenauigkeit, um den Sicherheitsbestand niedrig zu halten und nicht durch einen hohen Prognosefehler in Fehlbestand zu geraten.

Auch die stochastische Disposition verwendet die Prognosewerte direkt als Bedarfe für die Bestandsplanung, jedoch ohne zusätzliche Bedarfe mit zu berücksichtigen. Anhand dieser Eigenschaft müssen Sie besonders auf die Prognosequalität achten und sollten dieses Verfahren nur bei konstanten Materialien mit geringer Wiederbeschaffungszeit verwenden.

Weniger Fehlsteuerungspotenzial besitzen Bestellpunktverfahren, da sie nach jeder Bestandsentnahme die jeweilige Bestandssituation überprüfen. Prognosewerte können als Information für die Disponenten angezeigt werden, sind aber nicht für die Nettobedarfsrechnung relevant. Nur für die automatische Berechnung von Melde- und Sicherheitsbestand (bei maschinellen Bestellpunktverfahren) wird die mittlere absolute Abweichung (engl. Mean Absolute Deviation, MAD) aus der Ex-post-Prognose herangezogen und beeinflusst somit direkt die Bestandshöhe.

Das Losgrößenverfahren steht in einer starken Wechselwirkung mit dem Sicherheitsbestand. So wird bei großen Losen der mittlere Bestand erhöht, was einer Erhöhung des Sicherheitsbestands gleichkommt. Folgerichtig müsste der eigentliche Sicherheitsbestand verringert werden. In der Praxis wird dies oft nicht berücksichtigt, was wiederum zu unnötig hohen Beständen führt. Die Parameter des Losgrößenverfahrens können sich auch untereinander beeinflussen. Eine zu hohe Mindestlosgröße und eine zu niedrige maximale Losgröße können zu einer kleinen Spannweite führen, die das Losgrößenverfahren nivelliert und die wie eine feste Losgröße fungiert.

Der Rundungswert sollte stets kleiner sein als die minimale Losgröße, damit nicht zu extrem aufgerundet wird. Die Losgröße hat auch Auswirkungen auf die Verfügbarkeitsprüfung: Je größer das Los, desto geringer ist die Wahrscheinlichkeit von Fehlmengen.

Der Sicherheitsbestand steht in Wechselwirkung mit den Prognoseparametern in Abhängigkeit vom Dispositionsverfahren. Wird der Sicherheitsbestand automatisch ermittelt, kann man bei diesem die Auswirkungen einer ungenauen Prognose erkennen. Die Planungsstrategie entscheidet, ob für ein Material überhaupt ein Sicherheitsbestand notwendig ist. Für Kundeneinzelfertigungen wird bei besonders individuellen Produkten empfohlen, auf den Sicherheitsbestand zu verzichten. Ist das Material von geringer Individualität und existieren Mehrfachverwendungen, so kann es auch sinnvoll sein, das Material trotz Kundeneinzelfertigung mit Sicherheitsbestand zu planen.

Eine umfangreiche Auflistung der Dispositionsparameter und Einflussgrößen in SAP ECC bzw. SAP S/4HANA finden Sie im Zusatzkapitel »Dispositionsparameter und Einflussgrößen« auf der Seite *http://www.sap-press.de/5382* unter **Materialien**.

13.2 Beziehungsmodell der Parameteroptimierung

In diesem Abschnitt werden die Zusammenhänge zwischen den Einflussgrößen und der Parametereinstellung visualisiert und beschrieben. Bei der Dispositionsoptimierung geht es grundlegend darum, die individuellen Strukturen und Eigenschaften des Unternehmens zu erfassen und daraus, unter Berücksichtigung der Wechselwirkungen, eine systemunterstützte Dispositionsstrategie zu entwickeln. Dieses Vorgehen kann durch ein Beziehungsmodell unterstützt werden. Das Beziehungsmodell in Abbildung 13.2 dokumentiert die verschiedenen Einflussgrößen. Es verdeutlicht, dass verschiedene Parametereinstellungen andere Parameter beeinflussen. Sie erkennen aber auch, dass die Unternehmensstruktur, die Produkteigenschaften und andere Kriterien Einfluss auf die Parameterauswahl insgesamt haben.

Für eine bessere Verständlichkeit wurden die einzelnen Beziehungen im Schaubild über Pfeile dargestellt und mit Kürzeln versehen. Diese Kürzel tragen die Anfangsbuchstaben des Quellobjekts und sind fortlaufend nummeriert (Beispiel: Die Pfeile von den Produkteigenschaften sind mit PE1 und PE2 beschriftet). Das Beziehungsmodell besteht aus drei Phasen, die wir Ihnen im Folgenden vorstellen werden:

- **Phase 1**
  Phase 1 beinhaltet produkt- und unternehmensspezifische Einflussgrößen wie Produkteigenschaften, Unternehmensstruktur und den Absatzmarkt. Diese Größen werden durch unterschiedliche Analysemethoden ermittelt. Die Produktei-

genschaften beeinflussen direkt die De-facto-Kriterien (PE1) und die relativen Kriterien (PE2).

Der Absatzmarkt und die Kundenpräferenzen haben Einfluss auf die die Unternehmensstruktur (MW1) und Unternehmensstrategie (MW2). Die Unternehmensstruktur wirkt sich wiederum auf alle Kriterien aus (US1, US2, US3).

- **Phase 2**

  In Phase 2 werden relative und De-facto-Kriterien gewichtet (DK, RK) und bewertet. Das ist notwendig, da Wechselwirkungen bzw. Überlappungen zwischen den Kriterien existieren können. Die gewichteten Kriterien (BK), die Unternehmensziele und die Unternehmensstrategie (SZ) beeinflussen die Einstellung der einzelnen Parameter.

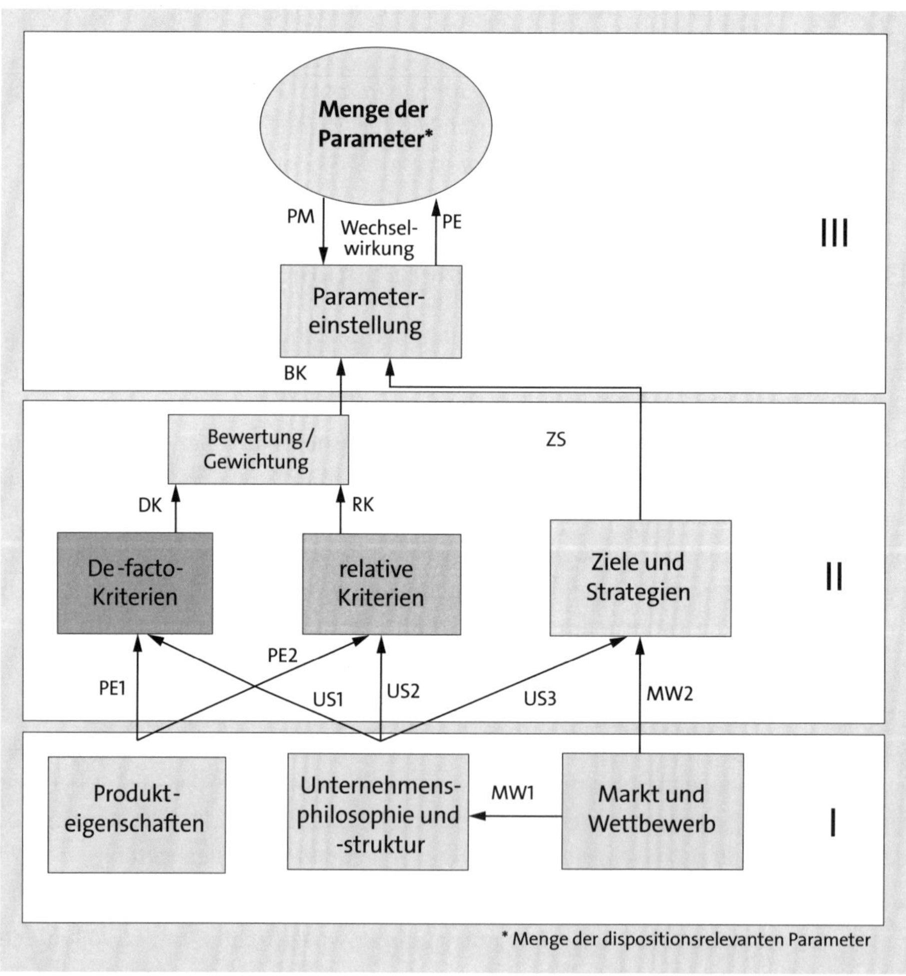

Abbildung 13.2 Beziehungsmodell

- **Phase 3**
  Phase 3 beschreibt die Wechselwirkungen zwischen den ermittelten Parametereinstellungen. Einzelne Parametereinstellungen können das Verhalten aller dispositionsrelevanten Parameter verändern oder Einfluss auf die Parametermenge nehmen (PE). So müssen bei der maschinellen Bestellpunktdisposition Melde- und Sicherheitsbestand nicht berücksichtigt werden. Umgekehrt wirkt sich eine bestimmte Konfiguration der Parameter auf einen einzelnen Parameter aus (PM), was durch gegenseitige Abhängigkeiten oder Einstellungsvoraussetzungen geschieht. Bezogen auf das Beispiel lässt sich der Sicherheitsbestand von der Dispositionsart und den Prognoseergebnissen beeinflussen.

Ein Praxisbeispiel soll im Folgenden die Anwendung des Beziehungsmodells besser verdeutlichen.

Phase 1: Produktspezifische Einflussgrößen

In unserem Beispiel gehen wir von folgenden produktspezifischen Einflussgrößen aus:

- **Produkteigenschaften**
  Es handelt sich um ein AX-Material mit hohen Beschaffungskosten, hohen Lagerkosten und geringer Lagerfähigkeit. Die Wiederbeschaffungszeit ist höher als die akzeptierte Lieferzeit. Vergangenheitsdaten von älteren Produkten sind vorhanden (Referenzprodukte). Das Produkt wird nicht in Varianten gefertigt und hat eine geringe Individualität.
- **Unternehmensstruktur**
  Das Unternehmen besitzt eine schlanke Struktur und flexible Prozesse.
- **Markt und Wettbewerb**
  Der Kunde ist markenfixiert, aber kauft nur die innovativsten Produkte. Es herrscht starker Konkurrenz- und Innovationsdruck. Produkte können sehr schnell veralten.
- **Unternehmensziel**
  Das Unternehmen möchte seine Kunden schnell mit innovativen und qualitativ hochwertigen Produkten versorgen. Seine Marktstrategien basieren auf Innovationsführerschaft, einem hohen Servicegrad und einer fokussierten Differenzierungsstrategie.

Phase 2: Gewichtung der Kriterien

Die im Beispiel aufgezählten Informationen sind Erkenntnisse aus der Analysephase (Phase 1) und müssen in der zweiten Phase evaluiert werden. Die De-facto-Kriterien Materialklassifizierung (AX) und die Lagerfähigkeit (gering) lassen zu einer Kundeneinzelfertigungsstrategie tendieren. Die hohen Lagerkosten als relatives Kriterium verstärken diese Annahme. Der ausschlaggebende Punkt ist jedoch die Wiederbeschaffungszeit, die größer als die akzeptierte Lieferzeit des Kunden ist. Auch die hohen Beschaffungskosten neigen zu einer Fertigung mit großen Losen, was eine reine Kundeneinzelfertigung unmöglich macht. Das Unternehmensziel einer schnellen Kundenversorgung erfordert eine Lagerfertigungsstrategie.

Auf Grundlage der vorhandenen Informationen würde man sich für eine Mischstrategie (Vorplanung ohne Endmontage – Strategie 50) entscheiden. Als Dispositionsart empfehlen wir die stochastische oder eine plangesteuerte Disposition, da es sich um ein wertvolles Material mit konstantem Verbrauch handelt. Damit die Prognosedaten für das Material eine hohe Qualität haben, müssen sie regelmäßig überwacht und modifiziert werden. Dies muss notfalls – wenn der Umsatz durch neue innovative Produkte einbricht – mit Vergangenheitswerten von Referenzmaterialien geschehen. In solch einem Fall ist es auch sinnvoll, die Disposition auf ein manuelles Bestellpunktverfahren umzustellen. Die Losgröße sollte aufgrund der hohen Beschaffungs- und Lagerkosten durch ein optimiertes Verfahren ermittelt werden. Ein exaktes Losgrößenverfahren ist in diesem Beispiel ebenfalls möglich. Als Sicherheitsbestandsstrategie eignet sich die Ermittlung des Sicherheitsbestands über ein Reichweitenprofil.

Phase 3: Wechselwirkungen zwischen den ermittelten Parametereinstellungen

In Phase 3 werden die abhängigen Parameter ergänzt und die Wechselwirkungen betrachtet. Besonders in diesem Beispiel werden die Abhängigkeiten und die Komplexität der Materialdisposition deutlich. Durch die Auswahl der Planungsstrategie 50 ist es nicht sinnvoll, das Material stochastisch und mit optimalen Losen zu disponieren. Eine plangesteuerte Disposition und ein exaktes Losgrößenverfahren werden bevorzugt, da es sonst zu Fehlern bei der Verfügbarkeitsprüfung kommen kann. Durch diese neue Konstellation ist es wichtig, den Sicherheitsbestand zu pflegen. Für dieses Beispiel eignet sich ein dynamischer Sicherheitsbestand. Aufgrund der hohen Lagerkosten und der geringen Lagerfähigkeit ist es sinnvoll, die Lose zu splitten und zeitversetzt je nach Fertigungskapazität eintreffen zu lassen. Dafür müssen noch der Parameter *Taktzeit* und die maximale Losgröße im Materialstamm gepflegt werden. Für die Prognose von AX-Materialien eignet sich das K-Modell *Optimierung der Glättungsfaktoren*. Als Prognosezeitraum sollten bei einem konstanten, aber schnelllebigen Absatzmarkt ein kürzerer Zeitraum oder vergleichbare Daten von einem Referenzmaterial betrachtet werden.

Tabelle 13.1 zeigt Ihnen die empfohlenen Parametereinstellungen für das beschriebene Beispiel.

Planungsstrategie-gruppe	50	Einzel-/Sammelkenn-zeichen	2
Verfügbarkeits-prüfungskennzeichen	02	Verrechnungs-kennzeichen	Ein
Dispositionsmerkmal	PD	Positionstypengruppe	NORM
Losgrößenverfahren	ES	Taktzeit	individuell
minimale Losgröße	individuell	maximale Losgröße	individuell
Prognosestrategie	12	Periodenkennzeichen	W
Reichweitenprofil	muss gepflegt werden	Wiederbeschaffungs-zeit	muss gepflegt werden

Tabelle 13.1 Beispiel für die Auswahl der optimalen Dispositionsparameter

13.3 Fazit

Das vorgeführte Beispiel zeigt, wie wichtig und komplex die Themen »Wechselwirkungen« und »Parametereinflussgrößen« für die Disposition sind. Lassen Sie sich aber nicht entmutigen: Wie detailliert Sie ein solches Beziehungsmodell aufbauen oder diese Entscheidungen in Ihre Dispositionsstrategie einfließen lassen, entscheiden Sie selbst. Es gibt keine optimale Dispositionsstrategie, sondern verschiedene Einstellungsmöglichkeiten, die je nach produkt- und unternehmensspezifischen Eigenschaften das optimale Ergebnis erzielen.

Dieses Kapitel sollte Ihnen einen Einstieg in die optimierte Disposition verschaffen und ein Gefühl für verschiedene Entscheidungsmöglichkeiten vermitteln. In den folgenden Kapiteln lernen Sie Hilfsmittel kennen, um Probleme in der Disposition rechtzeitig zu registrieren und entsprechend darauf zu reagieren. Außerdem erfahren Sie, wie diese Hilfsmittel die Disponenten bei der täglichen Arbeit unterstützen können.

Die Themen »Wechselwirkungen« und »Parametereinflussgrößen« greift auch das Kapitel 11, »Ermittlung der Bezugsquellen«, auf. Hier werden verschiedene Modelle zur Ableitung der Dispositionsstrategie vorgestellt.

TEIL III
Dispositionsoptimierung

In diesem Teil des Buchs zeigen wir Ihnen, wie Sie Ihren Dispositionsprozess mithilfe von effektiven Werkzeugen und zusätzlichen Funktionen der SAP-Planungssysteme optimieren können. Wir beschreiben, wie Sie ein regelmäßiges Bestandscontrolling durchführen und wie Sie Ihre tägliche Arbeit durch einfache persönliche Einstellungen erleichtern. Außerdem erfahren Sie, wie Sie sich einen aggregierten Überblick über Ausnahmemeldungen im Dispositionsprozess verschaffen und Problemsituationen effektiv lösen. Als zusätzliche Funktionen zur Dispositionsoptimierung geben wir einen Überblick über die Verfügbarkeitsprüfung, kollaborative Dispositionsverfahren, die Ersatzteilplanung und das Kanban-Verfahren. Darüber hinaus beschreiben wir klassische Probleme und Optimierungspotenziale, mit denen wir in unseren Projekten häufig konfrontiert wurden. Abschließend beschreiben wir den generellen Ablauf eines Optimierungsprojekts, skizzieren die einzelnen Schritte und geben Ihnen einen Überblick über Add-on-Tools zur Bestandsoptimierung.

Kapitel 14

Bearbeitung der Dispositionsergebnisse

Dieses Kapitel befasst sich mit den Aufgaben der Disponenten im SAP-System. Es werden Einstellungen zur Erleichterung der täglichen Dispositionsarbeit vorgestellt sowie die verschiedenen Möglichkeiten, das Dispositionsergebnis zu überwachen.

Die Disponenten (abgeleitet aus dem Lateinischen *disponere* = verteilen, einteilen) koordinieren und überwachen den Materialfluss. Sie reagieren auf Bedarfe, indem sie Materialien bevorraten oder deren Beschaffung direkt einleiten. Dabei soll stets eine hohe Verfügbarkeit bei geringer Kapitalbindung der Materialien garantiert werden. In den folgenden Abschnitten zeigen wir die systemseitigen Unterstützungsmöglichkeiten auf und stellen die verschiedenen Aufgaben und Pflichten der Disponenten dar.

14.1 Aufgaben der Disponenten und Unterstützung durch die SAP-Systeme

Die Aufgaben von Disponenten in der Materialwirtschaft liegen primär in der Zuteilung und Überwachung von Materialien innerhalb des Unternehmens. SAP ECC und SAP S/4HANA bieten verschiedene Hilfsmittel, die die Disponenten bei der täglichen Arbeit und bei der Langfristplanung von Materialien quantitativ und qualitativ unterstützen.

Gerade bei einer beständig wachsenden Anzahl von Materialien ist es wichtig, einen Großteil automatisch disponieren zu lassen, um sich auf die wichtigen und wertvollen Materialien konzentrieren zu können. Damit das gelingt, gehören zu den Hilfsmitteln der SAP-Systeme verschiedene Dispositionsstrategien und statistische Berechnungen wie die Prognose, um unbekannte und sporadische Bedarfe besser berechnen und einschätzen zu können.

In der Aufbau- und Ablauforganisation sind die Disponenten das Bindeglied zwischen Einkauf, Vertrieb und Fertigung. Der Einkauf übernimmt die Preisverhandlungen sowie die Vertragsabwicklung (Kontrakte, Lieferpläne etc.) und ist die erste Kontaktstelle bzw. der erste Ansprechpartner der Lieferanten. Der Vertrieb schätzt die Erwartungen und Bedürfnisse des Absatzmarktes ein und erfüllt diese. Die Fertigung stellt die Daten für die Produktionskapazität, Engpassressourcen sowie für Rüst- und andere Kosten zur Verfügung, die Dispositionsentscheidungen beeinflussen können. Man kann die zentrale Funktion der Disponenten auf die verschiedenen Bereiche verteilen, jedoch sollte eine solche Verteilung genau definiert werden. Ohne genaue Definition der Aufgaben werden oft die übergreifende Stammdatenpflege und die Überwachung vernachlässigt. Die Aufgaben von Disponenten in der Materialwirtschaft umfassen:

- Stammdatenpflege (siehe Abschnitt 14.1.1)
- Überwachung des Dispositionszyklus (siehe Abschnitt 14.2)
- Disposition nach Regelwerk (siehe Kapitel 20)
- qualitative Disposition/quantitative Disposition (siehe Abschnitt 14.1.2)

Im folgenden Abschnitt werden zunächst die Aufgaben der Stammdatenpflege beschrieben.

14.1.1 Stammdatenpflege

Die Stammdatenpflege und die kontinuierliche Überwachung der Stammdatenqualität ist eine der wichtigsten Aufgaben der Disponenten. Stammdaten bilden die Grundlage der Disposition. Über die jeweiligen Stammdatenparameter definieren Sie in der Nettobedarfsrechnung, ob und wie ein Bedarfsdeckungselement generiert wird. Ändert sich das Verhalten eines Materials, sollten die Stammdaten entsprechend angepasst werden. Wird z. B. ein Material mit festem Sicherheitsbestand und einer festen Losgröße disponiert, hat dies Auswirkungen, wenn sich das Material zum Lagerhüter entwickelt: Der feste Sicherheitsbestand und die Losgröße erhöhen die Bestandsreichweite; es wird unnötig Kapital gebunden, und Verschrottungskosten können entstehen. Wenn Disponenten regelmäßig eine Stammdatenprüfung oder -klassifizierung vornehmen, können sie das Entstehen solcher Probleme frühzeitig verhindern.

Wie wir bereits in Kapitel 5, »Allgemeine Dispositionsstammdaten«, beschrieben haben, bieten SAP ECC und SAP S/4HANA verschiedene Hilfsmittel im Bereich der Stammdatenpflege. Mithilfe von Dispositionsgruppen, Profilen und verschiedenen Massenpflegemöglichkeiten können wiederkehrende Aufgaben und viele Materialstämme schnell und einfach angepasst werden.

Für die Überwachung des Dispositionszyklus stehen Ihnen im SAP-ECC- bzw. im SAP-S/4HANA-System verschiedene Hilfsmittel zur Verfügung, die wir im Abschnitt 14.2 »Dispositionstransaktionen in SAP ECC und SAP S/4HANA«, näher beschreiben.

14.1.2 Quantitative und qualitative Disposition

Die Unterscheidung zwischen quantitativer und qualitativer Disposition ist der erste wichtige Schritt zu einer optimierten Disposition in Ihrem Unternehmen. Denn auf diese Weise trennt man das Wesentliche, z. B. wertvolle und strategisch wichtige Materialien, die stärker berücksichtigt werden, vom Unwesentlichen, z. B. Schüttgut, das automatisch disponiert werden kann. Wenn Disponenten dispositionsrelevante Entscheidungen auf der Grundlage ihrer Erfahrung treffen, sollten diese zu einer hohen Ergebnisqualität führen. Dabei sollten sie sich auf wichtige oder kritische Materialien konzentrieren – bei den übrigen Materialien sollten sie einem optimal konfigurierten System vertrauen können.

Bei der quantitativen Disposition versucht man, über verschiedene Systemeinstellungen das Material weitgehend automatisch zu steuern, um nur in Ausnahmesituationen (Fehlermeldungen) eingreifen zu müssen. Ein Beispiel für eine quantitative Dispositionssteuerung sind CX-Materialien, also Materialien mit geringem Wert und konstantem Verbrauch. Diese eignen sich für ein automatisches Bestellpunktverfahren und periodische Losgrößen.

Bei der qualitativen Disposition versucht man hingegen den Ausnahmesituationen vorzugreifen, indem man das Material und dessen Verbrauch regelmäßig prüft und vorausschauend plant. Die plangesteuerte Disposition mit exakten Losgrößen eignet sich besonders für AX-Materialien. Die Disponenten können dann über die Prognosequalität und Losgrößenmodifikatoren das Ergebnis beeinflussen.

Damit die Disponenten im SAP-System zwischen den beiden Ansätzen unterscheiden können, ist eine Klassifizierung des Materialspektrums im Vorfeld notwendig. Der Nutzen einer Klassifizierung liegt darin, dass die Disponenten eine Grundlage für die Entscheidung erhalten, ob ein Material wichtig, kritisch oder unkritisch ist.

Unterschied zwischen quantitativer und qualitativer Disposition

Der Unterschied zwischen quantitativer und qualitativer Disposition lässt sich wie folgt auf den Punkt bringen:

- Die quantitative Disposition entspricht einer automatischen Disposition und der Bearbeitung von Ausnahmemeldungen.
- Die qualitative Disposition entspricht einer teilweise manuellen Disposition, die sich auf Erfahrungswerte stützt.

Anhand der Unterscheidung innerhalb der Disposition können Sie Ihre Disponenten entlasten und die Qualität der Disposition erhöhen. Eine erhöhte Qualität bedeutet einen höheren Lieferservicegrad und niedrigere Bestände. Sie erhöhen also die Gesamtqualität, indem Sie einen Teil der Materialien vernachlässigen und einzelnen Materialien besondere Aufmerksamkeit schenken.

14.2 Dispositionstransaktionen in SAP ECC und SAP S/4HANA

In diesem Abschnitt stellen wir Ihnen einige Instrumente für die Nachbearbeitung des Dispositionsergebnisses vor, die Ihren Disponenten die tägliche Arbeit erleichtern. Neben dem Steuern des Materialflusses im Unternehmen ist die Überwachung ein weiterer wichtiger Punkt der Disposition. SAP ECC und SAP S/4HANA On-Premise unterstützen Disponenten mit Transaktionen wie der Bedarfs-/Bestandsliste und der Dispositionsliste, aber auch mit verschiedenen Standardanalysen, mit denen Bestandskennzahlen ausgewertet werden können, z. B. die Bodensatz- oder Reichweitenanalyse.

14.2.1 Dispositionsliste und Bedarfs-/Bestandsliste

Disponenten können die jeweilige Planungssituation bzw. das Ergebnis eines Planungslaufs (MRP-Lauf) mithilfe der aktuellen *Bedarfs-/Bestandsliste* bzw. der *Dispositionsliste* auswerten. In Abbildung 14.1 sehen Sie den grundlegenden Aufbau der Liste und deren Versorgung mit unterschiedlichen dispositionsrelevanten Informationen aus verschiedenen Quellen (aktueller Systemstatus und Informationen aus dem letzten Planungslauf).

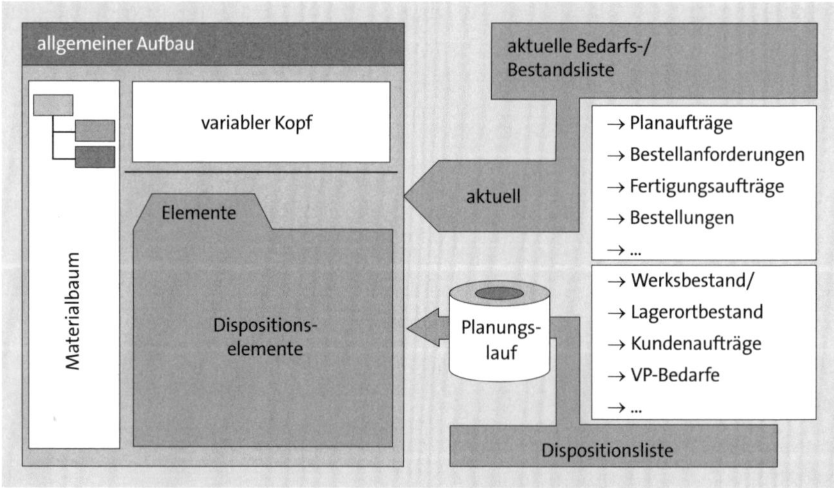

Abbildung 14.1 Dispositionsliste und Bedarfs-/Bestandsliste

Die aktuelle Bedarfs-/Bestandsliste ist eine dynamische Liste, die den aktuellen Stand der Bestände, Bedarfe und Zugänge zeigt (siehe Abbildung 14.2).

Änderungen werden sofort sichtbar und können immer wieder »aufgefrischt« werden, wobei die Informationen stets aktuell von der Datenbank gelesen werden. Die aktuelle Bedarfs-/Bestandsliste stellt eine Vielzahl von Anzeigeoptionen zur Verfügung.

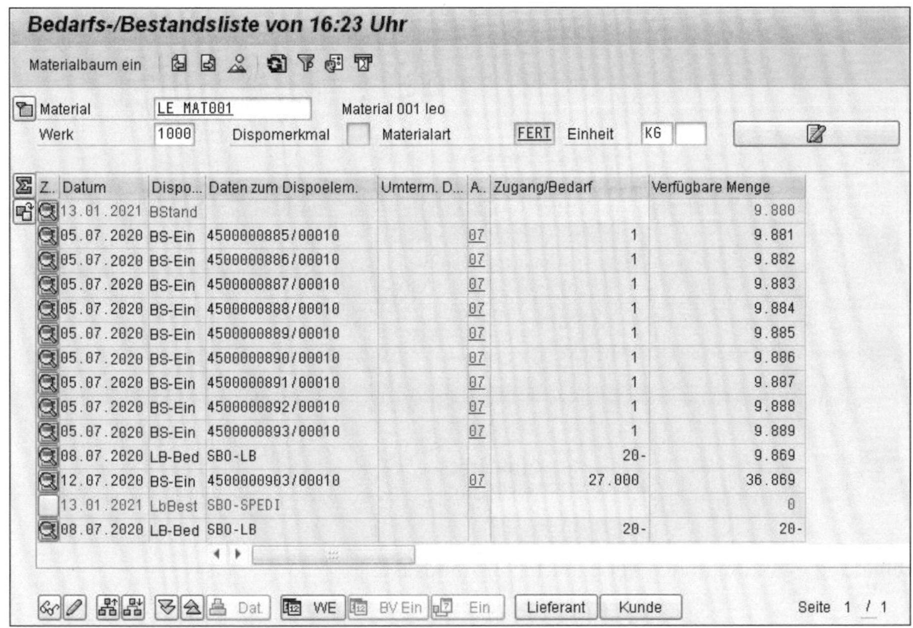

Abbildung 14.2 Systembeispiel: Bedarfs-/Bestandsliste

Sie können sich unterschiedliche Termine anzeigen lassen (den Verfügbarkeitstermin oder den Wareneingangstermin, mit oder ohne Bedarfsvorlaufzeit). Darüber hinaus können Sie mit Anzeigefiltern und Einleseregeln oder in der Periodensummenanzeige arbeiten. Sie können auch aus der Liste heraus einzelne Dispositionselemente bearbeiten und die Kapazitätssituation analysieren. Dazu werden Ihnen je Arbeitsplatz und Kapazitätsart das Kapazitätsangebot, der materialunabhängige Gesamtkapazitätsbedarf und der Kapazitätsbedarf dieses Materials periodenweise ausgewiesen. Abbildung 14.3 stellt die verschiedenen Funktionen der Bedarfs- und Bestandsliste dar.

Seit Enhancement Package 4 (EHP 4) besteht in SAP ECC die Möglichkeit, eine werksübergreifende aktuelle Bedarfs-/Bestandsliste aufzurufen. In dieser Liste werden die Bestände, Bedarfe und Zugänge aller Werke zum gleichen Material in einer konsolidierten Liste aufrufbar. Abbildung 14.4 zeigt beispielhaft eine werksübergreifende Bedarfs-/Bestandsliste (Transaktion MD04).

Die Dispositionsliste stellt das Ergebnis des letzten Planungslaufs dar und ist damit statistischer Natur. Sie ist vom Aufbau weitgehend mit der Bedarfs-/Bestandsliste identisch. Im Unterschied zur Bedarfs-/Bestandsliste kann die Dispositionsliste mit einem Bearbeitungskennzeichen versehen werden, das der Markierung bereits abgearbeiteter Listen dient. Wie bei der aktuellen Bedarfs-/Bestandsliste ist es auch hier möglich, sich die Liste über einen Sammeleinstieg mit einer Vielzahl von Selektionskriterien individuell anzeigen zu lassen.

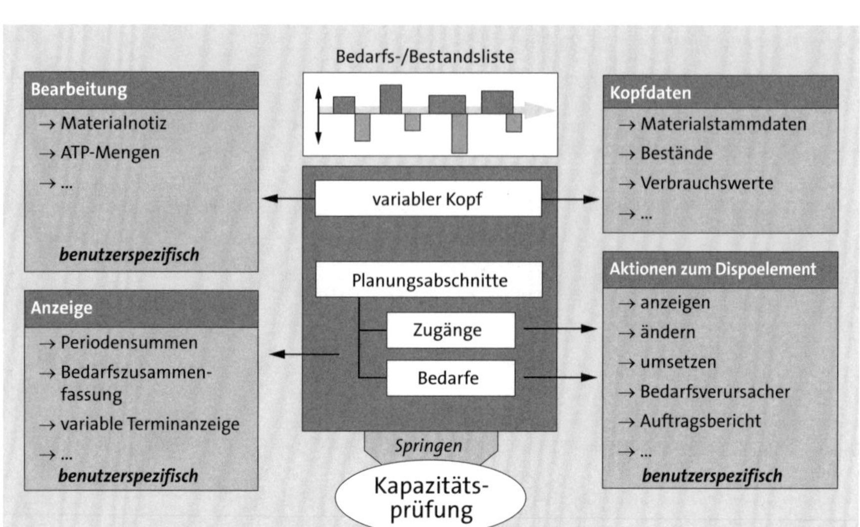

Abbildung 14.3 Funktionen der Bedarfs-/Bestandsliste

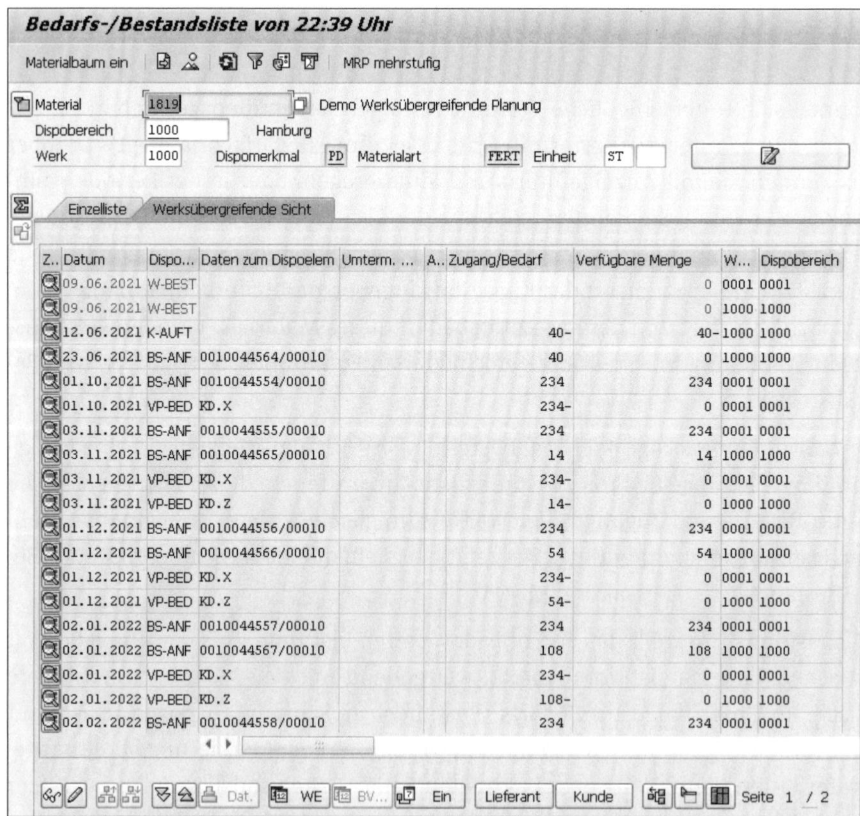

Z..	Datum	Dispo...	Daten zum Dispoelem	Umterm. ...	A..	Zugang/Bedarf	Verfügbare Menge	W...	Dispobereich
	09.06.2021	W-BEST					0	0001	0001
	09.06.2021	W-BEST					0	1000	1000
	12.06.2021	K-AUFT				40-	40-	1000	1000
	23.06.2021	BS-ANF	0010044564/00010			40	0	1000	1000
	01.10.2021	BS-ANF	0010044554/00010			234	234	0001	0001
	01.10.2021	VP-BED	KD.X			234-	0	0001	0001
	03.11.2021	BS-ANF	0010044555/00010			234	234	0001	0001
	03.11.2021	BS-ANF	0010044565/00010			14	14	1000	1000
	03.11.2021	VP-BED	KD.X			234-	0	0001	0001
	03.11.2021	VP-BED	KD.Z			14-	0	1000	1000
	01.12.2021	BS-ANF	0010044556/00010			234	234	0001	0001
	01.12.2021	BS-ANF	0010044566/00010			54	54	1000	1000
	01.12.2021	VP-BED	KD.X			234-	0	0001	0001
	01.12.2021	VP-BED	KD.Z			54-	0	1000	1000
	02.01.2022	BS-ANF	0010044557/00010			234	234	0001	0001
	02.01.2022	BS-ANF	0010044567/00010			108	108	1000	1000
	02.01.2022	VP-BED	KD.X			234-	0	0001	0001
	02.01.2022	VP-BED	KD.Z			108-	0	1000	1000
	02.02.2022	BS-ANF	0010044558/00010			234	234	0001	0001

Abbildung 14.4 Werksübergreifende Bedarfs-/Bestandsliste in SAP ECC

Die Funktionalität der werksübergreifend konsolidierten Liste steht für die Dispositionsliste nicht zur Verfügung.

14.2.2 Standardanalysen

SAP ECC und SAP S/4HANA bieten die Möglichkeit, verschiedene Kennzahlen auszuwerten und auf Basis dieser Auswertung Dispositionsentscheidungen zu treffen (siehe Abschnitt 19.5, »Wichtige Bestandskennzahlen«). In SAP ECC und auch in SAP S/4HANA können Sie Standardanalysen verwenden oder flexible Auswertungen im System selbstständig anlegen. Noch flexibler sind Sie in SAP APO. Dort können Sie über das integrierte Business Warehouse ein großes Spektrum an Standardanalysen (aus dem BI Content) durchführen oder schnell und dynamisch eigene Analysen/Querys anlegen. Auch die Lösung SAP IBP bietet mit dem SAP Supply Chain Control Tower Optionen, mit denen Sie detailliert Kennzahlen auswerten können. Im Folgenden konzentrieren wir uns auf die SAP-ECC- bzw. SAP-S/4HANA-Standardanalysen.

Bodensatzanalyse

Der Bodensatz ist der Teil des Lagerbestands, der über einen bestimmten Zeitraum der Vergangenheit nicht bewegt wurde (siehe Abbildung 14.5).

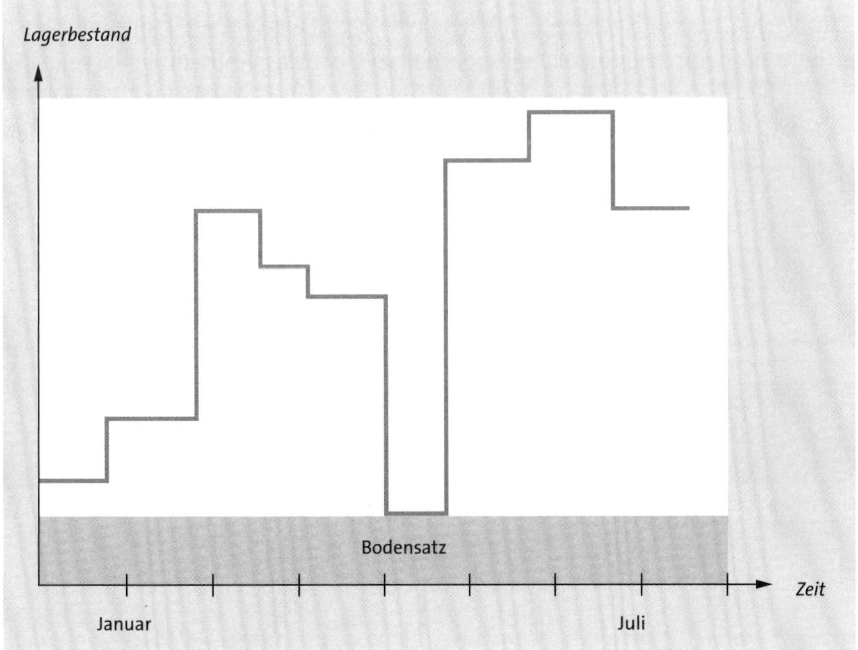

Abbildung 14.5 Bodensatzanalyse

Eine Analyse zur Kennzahl *Bodensatz* ermöglicht Ihnen die Selektion von Materialien mit einem ineffizienten Bestandsanteil. Zu hohe Bestände eines Materials werden sichtbar, und wichtige Steuerparameter wie der Sicherheitsbestand können überprüft werden. Die Differenz zwischen Bodensatz und Sicherheitsbestand markiert das Potenzial zur Bestandsoptimierung.

In der Regel tritt Bodensatz in folgenden Fällen auf:

- zu große Sicherheitsbestände
- zu große Losgrößen
- falsches Prognoseverfahren (hoher Prognosefehler)
- falsche Wiederbeschaffungszeiten

Als Ergebnis der Bodensatzanalyse erhalten Sie eine Materialliste mit folgenden Informationen: Bodensatzwert, aktueller Bestand/Bestandswert, mittlerer Bestand/Bestandswert, Bodensatz, prozentualer Anteil am Gesamtbodensatz, kumulierter Prozentanteil am Gesamtbodensatz, Disponent, Dispomerkmal, ABC-Kennzeichen, Warengruppe, Materialart, Einkäufergruppe.

Reichweitenanalyse

Die *Reichweite* eines Materials gibt Auskunft über die relative Höhe des Lagerbestands im Verhältnis zur Nachfrage. Die Reichweite gibt also an, wie lange ein Lagerbestand bei einem durchschnittlichen Tagesbedarf ausreicht. Abbildung 14.6 zeigt die Entwicklung des Lagerbestands im Zeitverlauf. Für den Zeitraum Juli bis Oktober (Zukunft) wird der zukünftige Bedarf vom heutigen Bestand abgezogen. Es ergibt sich eine Bestandsreichweite von circa drei Monaten.

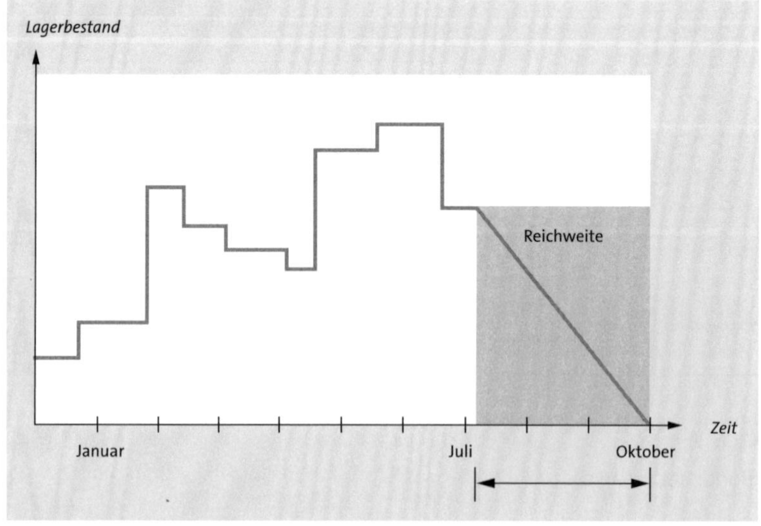

Abbildung 14.6 Reichweitenanalyse

Die Analyse nach dem Kriterium Reichweite ermöglicht die Selektion von Materialien mit Überreichweiten und dient damit der Anpassung an veränderte Verbrauchssituationen. Die Reichweitenanalyse kann für Verbräuche und Bedarfe mit folgenden Formeln durchgeführt werden:

Verbrauchsreichweite = aktueller Bestand ÷ mittlerer Bedarf pro Tag

Bestandsreichweite = aktueller Bestand ÷ mittlerer Bedarf pro Tag

Die ermittelte Reichweite sollte bei einer Lagerstrategie grundsätzlich größer als die Wiederbeschaffungszeit sein – ist sie jedoch um ein Vielfaches größer, ist dies ein Anzeichen für Überbestand.

Analyse der Umschlagshäufigkeit

Die *Umschlagshäufigkeit* gibt an, wie oft ein durchschnittlicher Lagerbestand umgeschlagen wurde (siehe Abbildung 14.7). Die Umschlagshäufigkeit ergibt sich aus dem Quotienten von kumuliertem Verbrauch (oberer Kurvenverlauf) und mittlerem Bestand (gestrichelte Linie).

14

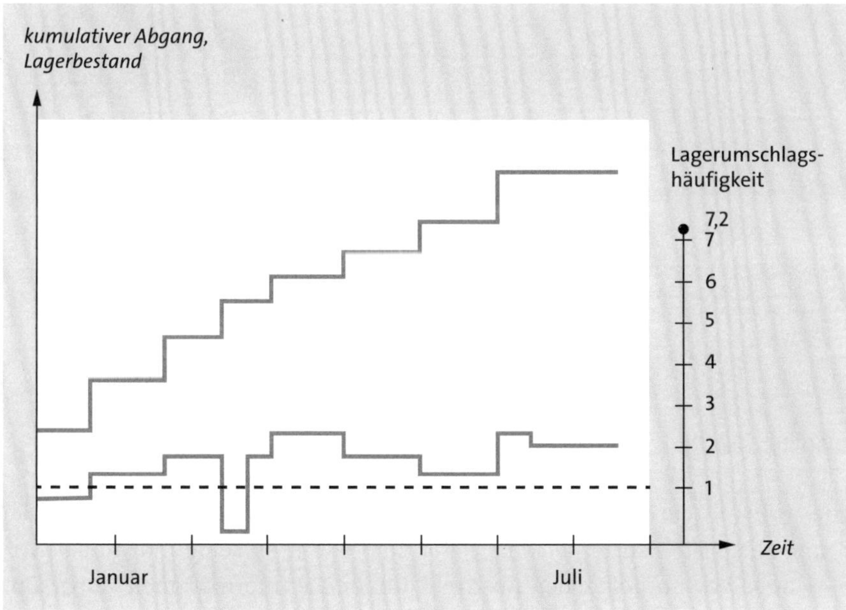

Abbildung 14.7 Umschlagshäufigkeit

Eine Analyse nach der Umschlagshäufigkeit ermöglicht eine Selektion der sogenannten »Slow-Moving Items«. Diese Analyse bildet u. a. die Grundlage für eine Bewertung der Effizienz des gebundenen Kapitals in der Vergangenheit.

Je höher die Umschlagshäufigkeit, desto wirtschaftlicher ist die Lagerhaltung, denn je öfter sich ein Lager umschlägt, desto geringer muss der Lagerbestand sein. Um die

Umschlagshäufigkeit zu verbessern, muss entweder der Umsatz schneller steigen als der Lagerbestand oder der Lagerbestand wird bei konstantem Umsatz abgebaut.

Lagerhüteranalyse

Als *Lagerhüter* werden Materialien bezeichnet, bei denen seit längerer Zeit kein Verbrauch verzeichnet wurde. Die Lagerhüteranalyse dient dazu, Materialien ohne aktuelle Verwendung ausfindig zu machen. Nicht benötigte Bestände können somit festgestellt und beseitigt werden (siehe Abbildung 14.8).

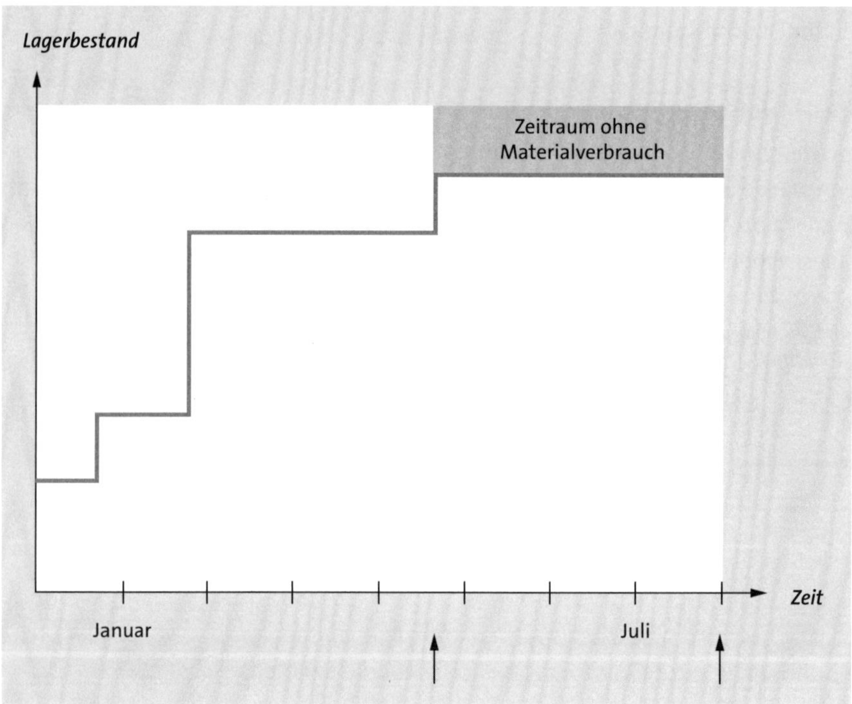

Abbildung 14.8 Lagerhüteranalyse

Neben den Hilfsmitteln der Standardanalysen kann der Anwender seine Bedarfs-/Bestands- und Dispositionsliste personalisieren und somit an seine individuelle Arbeitsweise anpassen. Im folgenden Abschnitt finden Sie Informationen zu persönlichen Einstellungsmöglichkeiten in der Disposition.

14.2.3 Persönliche Einstellungen

Für die Bedarfs-/Bestandsliste und für die Dispositionsliste sind benutzerspezifische Einstellungen möglich. Mit diesen Einstellungen können die Disponenten die Listen nach ihren persönlichen oder nach unternehmensspezifischen Eigenschaften anpassen. Sie können z. B. neue Spalten hinzufügen (per User-Exit EXIT_SAPLM61R_001) und mit Filtern, Favoriten sowie Navigationsprofilen arbeiten. Somit können Sie die aktuelle Bedarfs-/Bestandsliste oder Dispositionsliste als zentralen Anlaufpunkt für die Disposition verwenden und in die jeweils notwendigen Transaktionen verzweigen.

Filter

Sie können beim Start in die Listen über benutzerspezifische Filter (Anzeigefilter und Einleseregel) einsteigen. Anzeigefilter verwendet man in der aktuellen Bedarfs-/Bestandsliste und in der Dispositionsliste. Es handelt sich hierbei um eine reine Anzeigefunktion, Anzeigefilter haben also keinen Einfluss auf die Dispositionselemente, die in die Berechnung der verfügbaren Menge einfließen. Einleseregeln gelten nur für die aktuelle Bedarfs-/Bestandsliste. Sie legen fest, welche Dispositionselemente angezeigt werden und welche dieser Elemente in die Berechnung der verfügbaren Menge einfließen. Sie ermöglichen in der aktuellen Bedarfs-/Bestandsliste die Analyse verschiedener Planungssituationen, die sich hinsichtlich der berücksichtigten Dispositionselemente unterscheiden. Einleseregeln haben keinen Einfluss auf die Bedarfsrechnung.

Navigationsprofile und Favoriten

Ein Navigationsprofil enthält Transaktionsaufrufe für Transaktionen, die direkt aus der aktuellen Bedarfs-/Bestandsliste oder aus der Dispositionsliste aufgerufen werden können. Die Transaktionen sind entweder allgemein (also Aktionen auf Materialebene) oder sie beziehen sich auf ein bestimmtes Dispositionselement. Ein Navigationsprofil wird im Customizing definiert, und die Disponenten ordnen sich über ihre benutzerspezifischen Einstellungen einem Profil zu. In einem Navigationsprofil können Sie eine beliebige Zahl von Transaktionsaufrufen festlegen. Die einzelnen Transaktionsaufrufe werden aus dem Navigationsprofil mit in die Menüleiste aufgenommen und können kontextsensitiv angezeigt werden. Des Weiteren können Sie Transaktionsaufrufe pro Dispositionselement hinterlegen, um diese analog zu den allgemeinen Transaktionsaufrufen je nach aktueller Situation anzeigen zu lassen (siehe Abbildung 14.9). Die Anzeige in der Liste ist jedoch begrenzt auf fünf allgemeine Transaktionsaufrufe und zwei Transaktionsaufrufe pro Dispositionselement. Sie können pro Transaktionsaufruf drei Parameter für das Einstiegsbild dieser Transaktion vorbelegen. Außerdem können Sie das Anbieten einer Transaktion an folgende Parameter aus dem Materialstamm knüpfen: *Beschaffungsart, Materialart, Dispositionsgruppe, Dispomerkmal.*

Eine den Navigationsprofilen ähnliche Funktion steht mit der Auswahl eigener Favoriten zur Verfügung. Hier können Sie benutzerspezifisch zusätzlich bis zu fünf allgemeine Transaktionsaufrufe aktivieren.

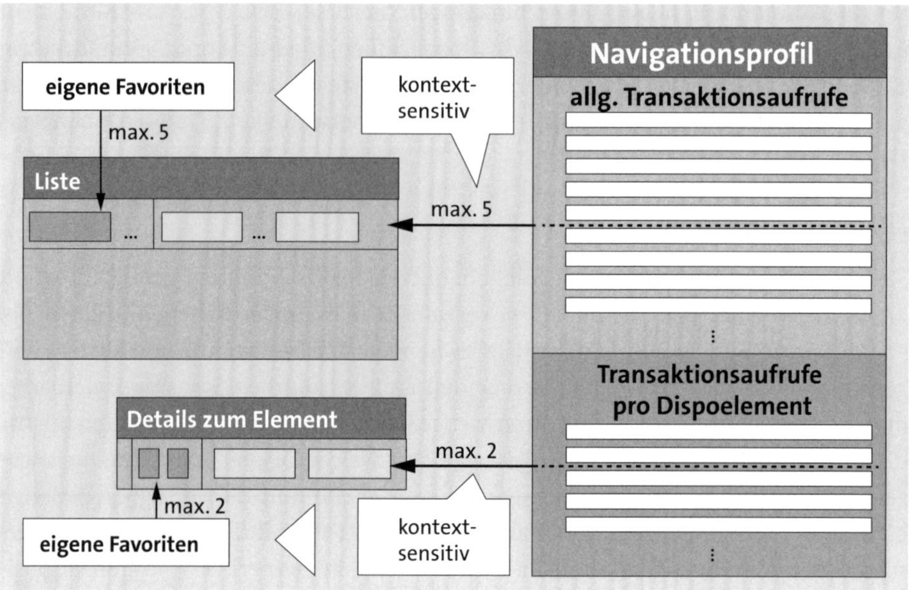

Abbildung 14.9 Navigationsprofil

Daneben können Sie noch bis zu zwei eigene Favoriten als Transaktionsaufrufe pro Dispositionselement benutzerspezifisch aktivieren.

Neben den Navigationsprofilen können Sie zusätzlich mit Ihren persönlichen Einstellungen eine Vielzahl von Anzeigeoptionen der aktuellen Bedarfs-/Bestandsliste und der Dispositionsliste vorbelegen. Mit den persönlichen Einstellungen bestimmen Sie das Erscheinungsbild beim Einstieg in die Listen. Aus den Listen können Sie die diversen Einstellungen jederzeit ändern, bspw. können Sie den Material-/Übersichtsbaum ein- oder ausschalten.

14.2.4 Ausnahmemeldungen und Fehlerbehandlung im SAP-ECC- und SAP-S/4HANA-System

Die Überwachung der Dispositionsergebnisse erfolgt mithilfe von Ausnahmemeldungen. Ausnahmemeldungen sind vorgangsabhängige Informationen, die auf einen zu beachtenden Sachverhalt (z. B. Starttermin des Planauftrags in Vergangenheit, Unterschreitung des Sicherheitsbestands) hinweisen. Dadurch können die Disponenten solche Materialien gezielt aus dem Planungsergebnis aussondern, um eine manuelle Bearbeitung vorzunehmen. Ausnahmemeldungen weisen in der Regel auf folgende Sachverhalte hin:

- Bestellvorschläge, die von der Disposition neu erzeugt wurden
- Termine in der Vergangenheit (z. B. Eröffnungstermin)

- Probleme bei der Stücklistenauflösung oder mit der Terminierung
- Umterminierungsvorschläge

Im Customizing können die Eigenschaften der Ausnahmemeldungen mandantenübergreifend festgelegt werden. Hierunter fällt die Priorität (falls mehrere Ausnahmemeldungen auftreten), die Aufteilung in Ausnahmegruppen für die Selektion und die Erstellung der Dispositionsliste in Abhängigkeit der aufgetretenen Ausnahmemeldungen. Bei mehreren Ausnahmemeldungen, die für ein Dispositionselement zutreffen würden, entscheidet die jeweils zugeordnete Priorität, welche Meldungen angezeigt werden. Pro Dispositionselement werden maximal zwei Ausnahmemeldungen angezeigt. Bei Terminierungsproblemen wird neben einer entsprechenden Ausnahmemeldung in der aktuellen Bedarfs-/Bestandsliste und der Dispositionsliste ein Vorschlag zur Umterminierung angegeben. Soll dieser Vorschlag akzeptiert werden, müssen die Termine des Zugangselements manuell angepasst werden.

Abbildung 14.10 veranschaulicht den Einstieg in die Dispositionsliste, mit der Sie die unterschiedlichen Meldungen sehen und bearbeiten können. Damit Sie nicht alle Informationen erhalten, können Sie im Einstieg Meldungen nach verschiedenen Kriterien vorselektieren (z. B. Disponent oder Produktgruppe) oder über Filterfunktionen verschiedene Meldungen ausblenden.

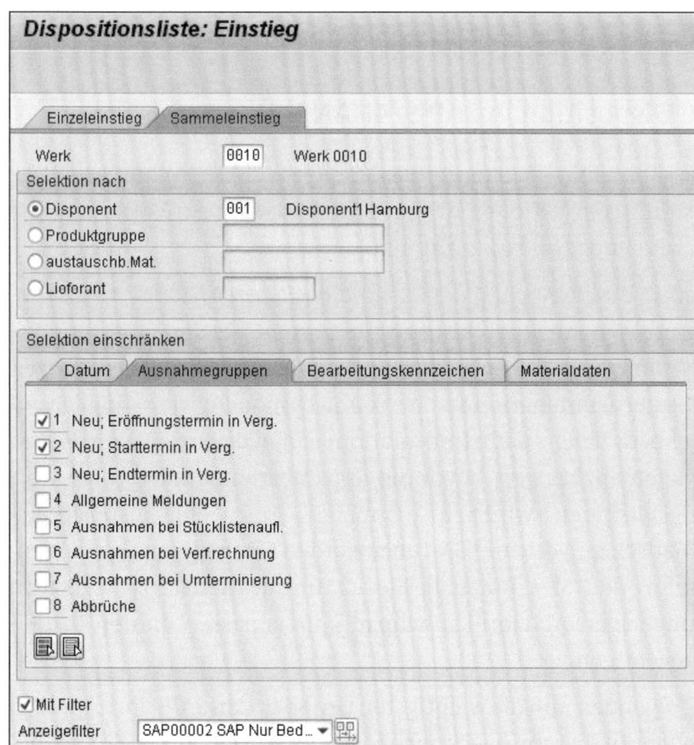

Abbildung 14.10 Sammeleinstieg in die Ausnahmemeldungen zur Dispositionsliste

Die Ergebnisse der Selektion werden in tabellarischer Form als Dispositionsliste dargestellt (siehe Abbildung 14.11). Aufgrund der einfachen Darstellung und Navigation (Übersicht, Absprünge etc.) wird die Dispositionsliste als zentrales Instrument für die Bearbeitung verwendet.

Dispositionsliste: Materialliste

Markierte Dispolisten | Ampel festlegen | Ausnahmegruppen

Werk 1000 Werk 1000 (SBr)

Am...	Valid From ...	Material	Materialkurztext	Disp.	BD	N	1	2	3	4	5	6	7	8	Best...	1.ZRW	2.ZRW	Dispodatum	W...	B...	MArt	B..	S..	A..	D..	DSt
		DE-HIBE1		002										1	0,0	0,0	0,0	24.06.2001	0	ST	HIBE	F			VV	999
		DE-ERSA1		001											0,0	0,0	0,0	24.06.2001	0	ST	ERSA	F			VM	999
		DE-ROH03		002											0,0	0,0	0,0	24.06.2001	0	ST	ROH	F			VB	999
		FERT_01	FERTIG Erzeugnis 1	SBR							5				999,9	999,9	999,9	24.06.2019	0	ST	FERT	E			PD	000

Abbildung 14.11 Bearbeitung der Dispositionsliste

[+]

Individuelle Ausnahmemeldungen mit Customized Exception Messages

Sie können die SCM-Beratungslösung *Customized Exception Messages* (CEM) nutzen, um individuelle Ausnahmemeldungen im klassischen MRP-Lauf zu generieren. Mehr Informationen zum Einsatz der Lösung finden Sie in SAP-Hinweis 3041738 oder Sie schreiben eine E-Mail an *scm-consulting-solutions@sap.com*.

14.3 Apps für die Disposition in SAP S/4HANA

In SAP S/4HANA stehen Ihnen für ein alternatives Vorgehen zu den in Abschnitt 14.2 beschriebenen Dispositionstransaktionen diverse SAP-Fiori-Apps zur Verfügung, die Sie über das SAP Fiori Launchpad aufrufen können.

Die zentrale Einstellung in diesen Apps ist der *Zuständigkeitsbereich* (engl. Area of Responsibility, AOR). Sie müssen ihn vorab festlegen, er besteht aus der Zuordnung einer oder mehrerer Kombinationen aus Werk und Disponent zum eigenen Nutzer. Durch diese Zuordnung der Kombination aus Werk und Disponent ist es möglich auf den Kacheln des Launchpads bereits dann Informationen über die Anzahl von dort zu bearbeitenden Materialien anzuzeigen, bevor die Apps überhaupt aufgerufen worden sind. Der Zuständigkeitsbereich wird beim erstmaligen Aufruf einer dispositionsbezogenen App automatisch eingerichtet. Darüber werden Sie in einem erscheinendem Pop-up-Fenster informiert. Sie können die Einrichtung des Bereichs jedoch auch in den Nutzereinstellungen der SAP-Fiori-Launchpad-Apps anpassen, die den Zuständigkeitsbereich berücksichtigen.

Wir werden Ihnen im Folgenden nun die wichtigsten Gruppen von SAP-Fiori-Apps für die Disposition vorstellen. Zu diesem Zweck gehen wir zunächst auf Apps ein, die aggregierte Daten zu MRP-Läufen anzeigen, bevor wir die Apps zur Auftragsverarbeitung erläutern. Im Anschluss gehen wir auf spezifische Apps ein, die zur Ermittlung der Materialdeckung eingesetzt werden, bevor wir auf die Apps eingehen, die dem Demand-Driven-MRP-Ansatz folgen.

14.3.1 Dispositionsbezogene Apps zu aggregierten Daten

Die Überwachung der MRP-Läufe aus Sicht der Systemadministration erfolgt mit der App **MRP-Kennzahlen anzeigen** (engl. **Display MRP Key Figures**). Diese zeigt im Anschluss an den MRP-Lauf detaillierte Informationen zu MRP-Läufen an. Sie können von dem Übersichtsbild, auf dem Sie nach dem Aufruf gelangen, in die Details einzelner MRP-Läufe zu springen. Diese Ansicht zeigt Ihnen Informationen zu den gewählten Einstellungen, den verarbeiteten Materialien und der Dauer des Laufs an. Auch die Anzahl fehlerhafter Materialien wird dort angezeigt.

Speziell für den MRP-Live-Lauf wird in der App **MRP-Stammdatenprobleme anzeigen** (engl. **Display MRP Master Data Issues**) aufgeführt, ob stammdatenbezogene Probleme aufgetreten sind. Es ist dabei möglich, bestimmte Fehler zu filtern oder auch Fehler zu akzeptieren.

14

Beachten Sie, dass eine erneute Durchführung eines MRP-Live-Laufs zu einer Auffrischung der Liste führt. Abbildung 14.12 zeigt beispielhaft die App **MRP-Stammdatenprobleme anzeigen**.

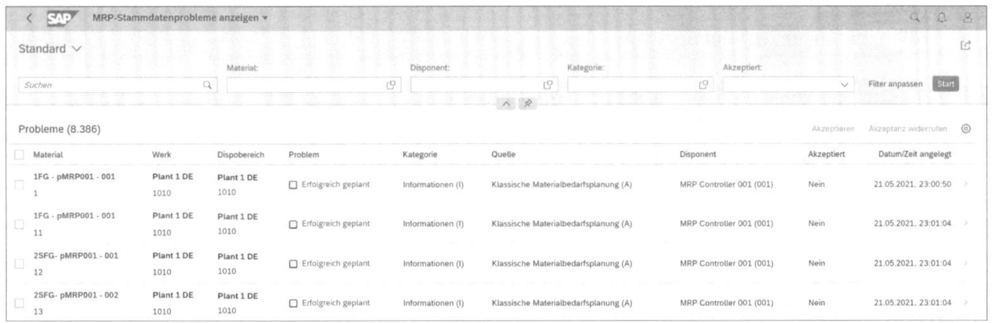

Abbildung 14.12 SAP-Fiori-App »MRP-Stammdatenprobleme anzeigen«

14.3.2 Apps zur Auftragsverarbeitung

Es stehen Ihnen eine Reihe von Apps zur Verfügung, mit denen Sie aus dem SAP Fiori Launchpad heraus Aufträge anlegen, ändern oder umsetzen können. Hierzu gehören auf Planauftragsseite die folgenden Apps:

- Planaufträge verwalten (engl. Manage Planned Orders)
- Planaufträge anlegen (engl. Create Planned Orders)
- Planaufträge ändern (engl. Change Planned Orders)
- Planaufträge anzeigen (engl. Display Planned Orders)

- Planaufträge umsetzen (engl. Convert Planned Orders)
- Planaufträge in Fertigungsaufträge umsetzen (engl. Convert Planned Orders to Production Orders)

In Abbildung 14.13 sehen Sie z. B. die App **Planaufträge umsetzen**, mit der Sie Planaufträge einzeln oder gesammelt umsetzen können.

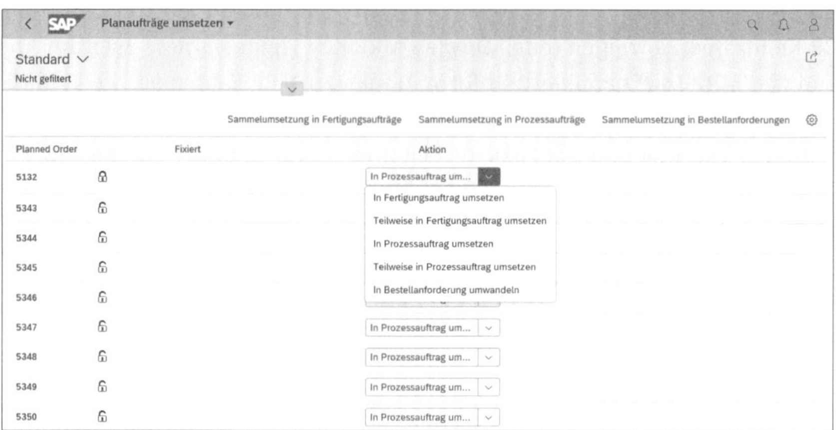

Abbildung 14.13 SAP-Fiori-App »Planaufträge umsetzen«

Ebenso wie für die Planaufträge stehen auch für Fertigungsaufträge diverse Apps zur Bearbeitung zur Verfügung:

- Fertigungsauftrag anlegen (engl. Create Production Order)
- Fertigungsauftrag ändern (engl. Change Production Order)
- Fertigungsauftrag anzeigen (engl. Display Production Order)

Auch verspätete Aufträge können mit eigens hierfür erstellten Apps ermittelt und bearbeitet werden:

- Verzögerte Fertigungs- oder Prozessaufträge ermitteln (engl. Monitor Production Orders or Process Orders)
- Verzögerte Fertigungs- oder Prozessaufträge bearbeiten (engl. Manage Production Orders or Process Orders)

Für die Bearbeitung von fremdbeschafften Objekten werden ebenfalls verschiedene Apps zur Auswahl bereitgestellt:

- Bestellanforderungen übergeben (engl. Handover Purchase Requisitions)
- MRP-Änderungsanfragen anlegen (engl. Create MRP Change Requests)
- Transportoptimiert bestellen (engl. Create Optimal Orders for Shipments)

Im Anschluss an den Überblick der Apps zur Auftragsverarbeitung gehen wir nun auf die Apps zur Ermittlung der Materialdeckungssituation ein.

14.3.3 Apps zur Ermittlung der Materialdeckung

Für die Ermittlung von Materialdeckungen stehen Ihnen die folgenden Apps zur Verfügung:

- Materialdeckungen ermitteln: Nettoabschnitte
  (engl. Monitor Material Coverage – Net Segments)
- Materialdeckungen ermitteln: Netto- und Einzelabschnitte
  (engl. Monitor Material Coverage – Net and Individual Segments)
- Materialdeckungen ermitteln: Nettoabschnitte
  (engl. Monitor Material Coverage – Net Segments)
- Ungedeckte externe Bedarfe ermitteln (engl. Monitor External Requirements)
- Ungedeckte externe Bedarfe bearbeiten (engl. Manage External Requirements)
- Ungedeckte interne Bedarfe ermitteln (engl. Monitor Internal Requirements)
- Ungedeckte interne Bedarfe bearbeiten (engl. Manage Internal Requirements)

Bei diesen Apps stehen – anders als bei der Dispositionsliste bzw. der aktuellen Bedarfs-/Bestandsliste – nicht Ausnahmemeldungen im Mittelpunkt, sondern die Unterdeckungssituation. Die grundsätzliche Herangehensweise ist daher von der der klassischen SAP-GUI-Umgebung, in der die Transaktionen zur Dispositionsliste und der aktuellen Bedarfs-/Bestandsliste angesiedelt sind, zu unterscheiden.

In Abbildung 14.14 sehen Sie die App **Materialdeckung ermitteln: Netto- und Einzelabschnitte**, mit der Sie einen Zuständigkeitsbereich auswählen und darin die Materialdeckung ermitteln lassen können. Das System listet die Materialien dabei mit einem Nettobedarfsabschnitt und mit Einzelabschnitten auf.

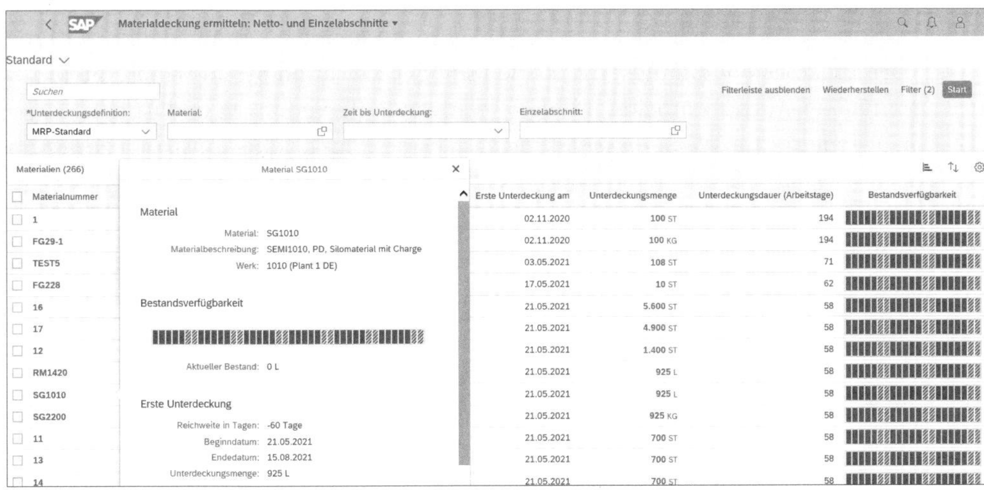

Abbildung 14.14 SAP-Fiori-App »Materialdeckung ermitteln: Netto- und Einzelabschnitte«

14.3.4 Apps zur Nachbearbeitung auf Basis des Demand-Driven-MRP-Ansatzes

Für die Nachbearbeitung gemäß Demand-Driven MRP stehen Ihnen zwei Apps zur Verfügung, deren Grundprinzip der relative Pufferverbrauch ist. Dies bedeutet, dass – anders als bei den Dispositionstransaktionen bzw. den Dispositions-Apps – nicht Fehlermeldungen oder Unterdeckungssituationen im Fokus stehen, sondern der Anteil, der an einem Entkopplungspunkt noch vom vorgesehenen Puffer vorhanden ist.

In der direkten Nachbearbeitung des Planungslaufs wird anhand der Planungspriorität sortiert, d. h. nach dem Anteil, den die Nettoflussposition (Nettoflussposition = verfügbarer Bestand + offener Zugang - offener Bedarf) am Höchstbestand aus dem Materialstamm (Top of Green) aufweist. Sie zeigt die Dringlichkeit auf, mit der die Planung für dieses Material durchgeführt werden muss bzw. eine Umsetzung des Beschaffungsvorschlags in einen Fertigungs- oder Prozessauftrag erfolgen soll. Hierfür können Sie die App **Wiederbeschaffung nach Planungspriorität** (engl. **Replenishment Planning by Planning Priority**) verwenden, die in Abbildung 14.15 zu sehen ist.

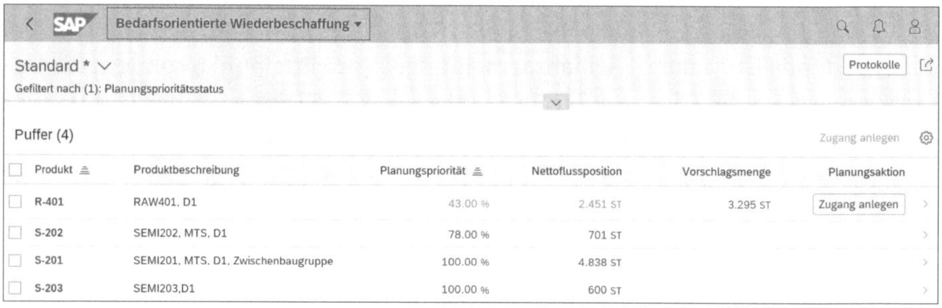

Bedarfsorientierte Wiederbeschaffung

Standard *

Gefiltert nach (1): Planungsprioritätsstatus

Protokolle

Puffer (4)

Zugang anlegen

Produkt	Produktbeschreibung	Planungspriorität	Nettoflussposition	Vorschlagsmenge	Planungsaktion
R-401	RAW401, D1	43.00 %	2.451 ST	3.295 ST	Zugang anlegen
S-202	SEMI202, MTS, D1	78.00 %	701 ST		
S-201	SEMI201, MTS, D1, Zwischenbaugruppe	100.00 %	4.838 ST		
S-203	SEMI203,D1	100.00 %	600 ST		

Abbildung 14.15 SAP-Fiori-App »Wiederbeschaffung nach Planungspriorität«

Für die Priorisierung im Rahmen der Ausführung steht die App **Wiederbeschaffung nach Lagerbestandsstatus** (engl. **Replenishment Execution by On-Hand Status**) zur Verfügung. Auch sie arbeitet mit dem relativen Pufferverbrauch und ist daher – genauso wie die App **Wiederbeschaffung nach Planungspriorität** – konsistent zu den im Rahmen des Demand-Driven-MRP-Ansatzes vorab durchgeführten Schritten der Entkopplung und Bestandsdimensionierung. Hier wird jedoch nicht auf die Nettoflussposition, sondern auf den Lagerbestand ohne Zugänge (engl. On-Hand Status) abgezielt.

14.4 Operative Disposition mit der erweiterten MRP-Nachbearbeitung

Im Bereich der SCM-Beratungslösungen bietet SAP eine Kombination aus der erweiterten Dispositionsliste (dem sogenannten *MRP Exception Monitor*, auch erweiterte MD06 genannt) und einer erweiterten Bedarfs-/Bestandsliste (erweiterte MD04, engl.

Advanced MD04) an. Zusammenfassend spricht man von *erweiterter MRP-Nachbearbeitung* (engl. advanced MRP Postprocessing). Der Einsatz ist mit SAP ECC, SAP S/4HANA und im Add-on Embedded PP/DS (ePP/DS) möglich. Die erweiterte MRP-Nachbearbeitung ermöglicht alle drei genannten Vorgehensweisen zur Nachbearbeitung der Dispositionsergebnisse:

- Ausnahmemeldungsbearbeitung
- Bearbeitung von Unterdeckungsmengen
- Priorisierung anhand von relativen Pufferverbräuchen

Wir werden nun zunächst erläutern, wie die grundsätzliche Bearbeitung mit der erweiterten MRP-Nachbearbeitung vorgenommen wird, bevor wir auf die Funktionen der erweiterten Dispositionsliste aus Sicht der Materialplanung bzw. der Fertigungssteuerung eingehen. Abschließend werden wir die erweiterte Bedarfs-/Bestandsliste vorstellen.

14.4.1 Übersicht über die Bearbeitungsprozesse mit der erweiterten MRP-Nachbearbeitung

Die Bearbeitung der Dispositionsergebnisse mit der erweiterten MRP-Nachbearbeitung gliedert sich in unterschiedliche Schritte, wie Abbildung 14.16 zeigt.

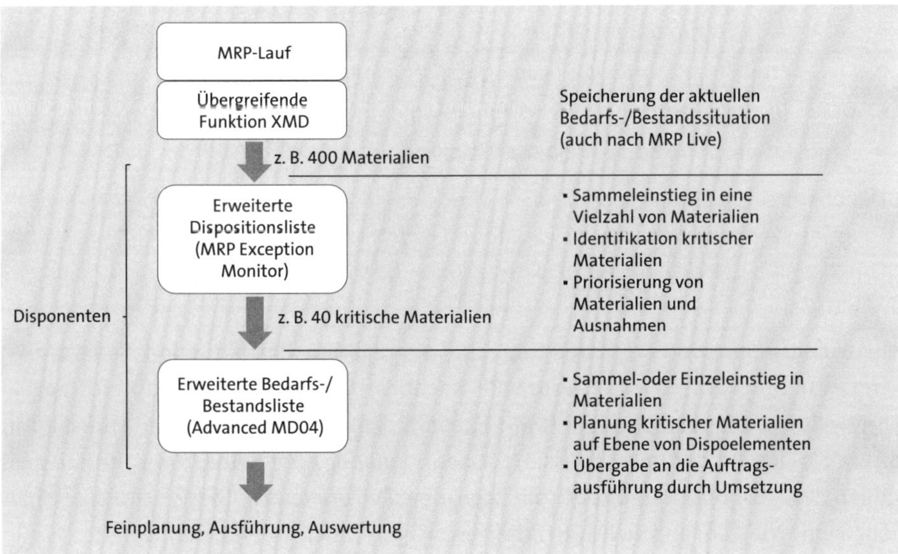

Abbildung 14.16 Ablauf der Planungen in der erweiterten MRP-Nachbearbeitung

Im Anschluss an den MRP-Lauf kann die optionale Komponente Aggregation der Bedarfs-/Bestandssituation (/SAPLOM/XMD) verwendet werden. Die Aggregation der Bedarfs-/Bestandssituation ermöglicht die Erstellung einer individuell anpassbaren

Dispositionsliste, die dann der erweiterten MRP-Nachbearbeitung zugrunde gelegt wird. Sie können dabei beliebig viele Dispositionslisten vorhalten, um auf alte Stände zurückspringen zu können. Diese Funktion kann zudem nicht nur im klassischen MRP verwendet werden, sie steht Ihnen auch in Kombination mit der Lösung MRP Live zur Verfügung. MRP Live erzeugt ohne Verwendung der hier beschriebenen Beratungslösung keine Dispositionsliste.

Die erzeugten Snapshots der aktuellen Bedarfs-/Bestandssituation können periodenweise (z. B. pro Monat) aggregiert werden, um mit anderen SCM-Beratungslösungen wie dem Dispositionsmonitor (siehe Abschnitt 20.4.1, »Dispositionsmonitor«) eine Vielzahl an zusätzlichen Kennzahlen generieren zu können, welche ohne diese Funktion nicht ermittelt werden könnten. Dabei handelt es sich also um eine *übergreifende Funktion*.

[»]

Übergreifende Funktionen der SCM-Beratungslösungen von SAP

Mit jeder SCM-Beratungslösung in den SAP-ERP-Systemen werden automatisch die übergreifenden Funktionen (engl. *Comprehensive Functions*) implementiert. Diese bieten Funktionen, die in mehreren SCM-Beratungslösungen zum Einsatz kommen und die übergreifende Nutzung der Beratungslösungen erleichtern. Dazu zählen z. B. diese Funktionen:

- übergreifende Aufgabenverwaltung
- zusätzliche Stammdatensichten
- erweiterte Varianten-/Layout- und Navigationsprofilfunktionen
- Datenaggregationsfunktionen wie die Materialbelegaggregation
- Aggregation der Bedarfs-/Bestandssituation

Die übergreifenden Funktionen werden implementiert, sobald eine der SCM-Beratungslösung importiert wird. Detailliertere Informationen zu den übergreifenden Funktionen finden Sie im SAP Help Portal unter *http://s-prs.de/v858408*.

Im Anschluss an die Fortschreibung und Aggregation der aktuellen Bedarfs-/Bestandssituation kann die erweiterte MRP-Nachbearbeitung erfolgen. Dafür öffnen Sie die erweiterte Dispositionsliste (MRP Exception Monitor) mittels der Transaktion /SAPLOM/ERM. In der Regel müssen Sie beim Einstieg eine Reihe von Kriterien auswählen, wie Disponenten oder Produktgruppe. Die erweiterte Dispositionsliste hält jedoch eine Vielzahl an Selektionskriterien, wie z. B. auch Lieferanten, bereit.

Der Einstieg ist rollenbasiert, Sie können also als Materialplaner nur in eine materialbezogene Umgebung einsteigen. Sie sehen dies bspw. daran, dass die Ausnahmemeldungen oder die Unterdeckungen bzw. der relative Pufferverbrauch pro Material, Material/Werk oder Dispositionsbereich angezeigt werden. Auch Aggregationen auf andere Objekte wie Produktgruppen oder Lieferanten sind möglich.

Alternativ steht auch die Rolle des Fertigungssteuerers zur Verfügung. Hier basiert die Vorgehensweise auf Arbeitsplätzen, d. h., es werden entsprechende Unterdeckungen in Abhängigkeit zu den selektierten Arbeitsplätzen angezeigt. Jedoch ist auch hier eine Verbindung zu den jeweiligen Materialien möglich, die zu den auf einem Arbeitsplatz geplanten Aufträgen gehören.

Aus der erweiterten Dispositionsliste, in der kritische Objekte wie Materialien identifiziert und priorisiert werden, wird dann mit einer kleineren Selektion direkt in die erweiterte Bedarfs-/Bestandsliste abgesprungen. Hier erfolgt die finale Nachbearbeitung auf Dispositionselementebene durch Anpassung und Umsetzung der Beschaffungsvorschläge. Somit ist in der erweiterten MRP-Nachbearbeitung ein hierarchischer Prozess möglich, in dem Daten schrittweise detailliert werden. Dabei kann von den aggregierten Informationen bis in die Details der Dispositionselemente verzweigt werden.

Die beiden Unterkomponenten der erweiterten MRP-Nachbearbeitung, MRP Exception Monitor und erweiterte MD04, lassen sich auch unabhängig voneinander einsetzen. Sie können direkt aus der erweiterten Dispositionsliste heraus auf die Ebene der Dispositionselemente wie z. B. auf Kundenaufträge oder Fertigungsaufträge verzweigen, um Anpassungen und Umsetzungen vorzunehmen, oder alternativ in der erweiterten Bedarfs-/Bestandsliste per Sammeleinstieg mit aggregierten Daten arbeiten. Dies bedeutet, dass die beiden Unterkomponenten auch einzeln eingesetzt werden können, wenn der Nachbearbeitungsprozess der Materialien es erfordert.

14.4.2 Erweiterte Dispositionsliste aus Sicht der Materialplanung

Um als Materialplaner in die erweiterte Dispositionsliste einzusteigen, müssen Sie die Transaktion /SAPLOM/ERM bzw. /SAPLOM/ERM_U aufrufen. Die beiden Transaktionen sind dabei weitgehend identisch, letztere weist jedoch zusätzlich Massenpflegefunktionen für Stammdaten auf.

Die Rolle des Materialplaners können Sie auf der Registerkarte **Analysebereich** des Selektionsbildschirms der erweiterten Dispositionsliste auswählen (siehe Abbildung 14.17).

Die erweiterte Dispositionsliste kann auch für die Langfristplanung (engl. Long Term Planning, LTP) eingesetzt werden. Hierfür müssen Sie in der Zeile **Planungsszenario** ein entsprechendes Planungsszenario auswählen.

Es stehen weitere Registerkarten zur Verfügung, die explizit für die Detaillierung der Einstellungen für die Rolle des Materialplaners konzipiert sind. Neben der Selektion von Materialien können Sie auf der Registerkarte **Kritische Belege** kritische Belege und auf der Registerkarte **Ausnahmegruppen** über den Standardumfang von SAP ECC bzw. SAP S/4HANA hinausgehende Ausnahmemeldungen auswählen.

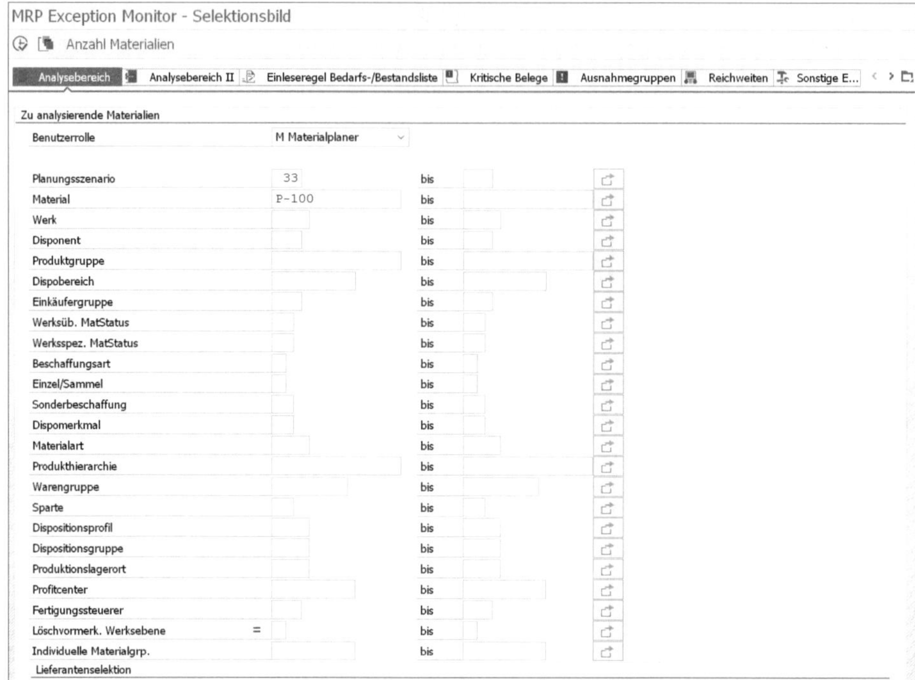

Abbildung 14.17 Selektionsbildschirm der erweiterten Dispositionsliste – Rolle Materialplaner

Übersicht der erweiterten Dispositionsliste

Im MRP Exception Monitor ist es ebenfalls möglich, aus einer Reihe von Aggregationsobjekten auszuwählen. Diese werden nach Ausführung der erweiterten Dispositionsliste genutzt, um auf der Registerkarte **Übersicht** des Ergebnisbildschirms nach diesen Objekten aggregierte Ausnahmemeldungen einsehen zu können (siehe Abbildung 14.18).

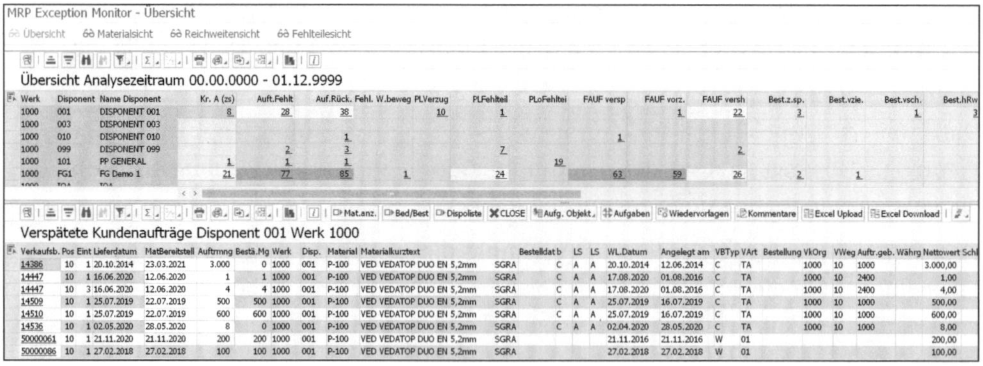

Abbildung 14.18 Ergebnisbildschirm des MRP Exception Monitor – Registerkarte »Übersicht«

Im oberen Teil werden – in Abhängigkeit von den ausgewählten Aggregationsobjekten – Ausnahmemeldungen angezeigt. Diese beziehen sich dabei sowohl auf die Ausnahmemeldungen des MRP-Laufs als auch auf die der Prognose. Im Vergleich zu den Optionen der Dispositionsliste stehen zusätzliche Ausnahmemeldungen zu SD-, MM- und PP-Objekten zur Verfügung. Wenn Sie mit der Maus auf eine der Spalten klicken, sehen Sie im unteren Bereich des Bildschirms Details zu den jeweiligen Ausnahmemeldungen. Hier können Sie wiederum per Doppelklick in weitere Transaktionen abspringen. Auch eine Bearbeitung von Dispoelementen wie Planaufträgen oder Bestellanforderungen in Microsoft Excel mit anschließendem Upload ist möglich. Bei der Bearbeitung in Excel handelt es sich um eine übergreifende Funktion, die auch an anderen Stellen dieser Lösung bzw. in anderen SCM-Beratungslösungen zur Verfügung steht. Auch eine direkte Bearbeitung von z. B. Mengen- oder Termininformationen von bestimmten Dispositionselementen ist direkt aus der Ergebnisliste heraus möglich.

Materialsicht der erweiterten Dispositionsliste

Wenn Sie eine Zeile in der Übersicht markieren, gelangen Sie in die nächste Detailebene der Daten, welche Ihnen auf der Registerkarte **Materialsicht** des Ergebnisbildschirms angezeigt wird. Ihnen werden hier zeilenweise entsprechende Materialinformationen angezeigt, auch eine Aggregation bspw. pro Material für eine werksübergreifende Sicht ist möglich.

Die Liste enthält Hunderte von Spalten mit Informationen, aus denen Sie diejenigen auswählen können, welche für die Nachbearbeitung der Dispositionsergebnisse benötigt werden (siehe Abbildung 14.19). Die Spalten können dabei zum einfacheren Verständnis an dieser Stelle in verschiedene Gruppen eingeteilt werden.

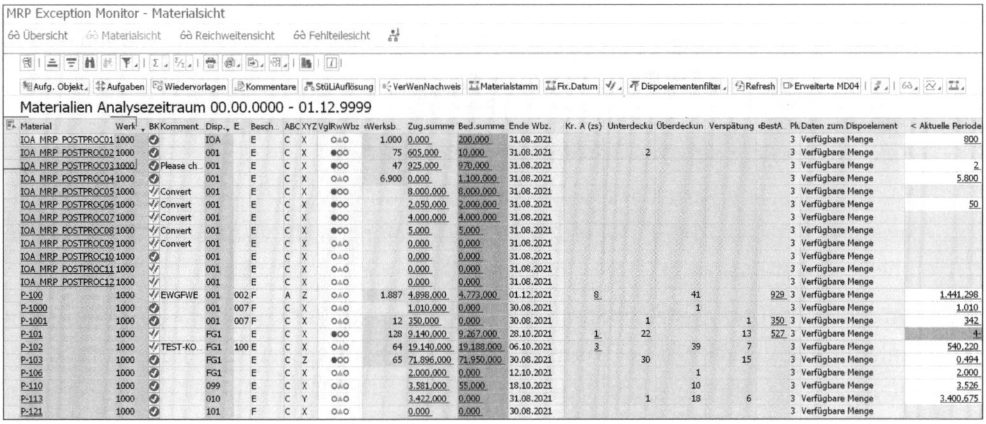

MRP Exception Monitor - Materialsicht

Übersicht | Materialsicht | Reichweitensicht | Fehlteilesicht

Aufg. Objekt | Aufgaben | Wiedervorlagen | Kommentare | StüLiAuflösung | VerWenNachweis | Materialstamm | Fix.Datum | Dispoelementenfilter | Refresh | Erweiterte MD04

Materialien Analysezeitraum 00.00.0000 - 01.12.9999

Material	Werk	BK	Komment.	Disp.	E.	Besch.	ABC	XYZ	VglRwWbz	Werksb.	Zug.summe	Bed.summe	Ende Wbz.	Kr. A (zs)	Unterdecku	Überdeckun	Verspätung	BestA	Pl.	Daten zum Dispoelement	< Aktuelle Periode
IOA_MRP_POSTPROC01	1000			IOA		E	C	X		1.000	0,000	200,000	31.08.2021						3	Verfügbare Menge	800
IOA_MRP_POSTPROC02	1000			001		E	C	X		75	605,000	10,000	31.08.2021		2				3	Verfügbare Menge	
IOA_MRP_POSTPROC03	1000		Please ch...	001		E	C	X		47	925,000	970,000	31.08.2021						3	Verfügbare Menge	2
IOA_MRP_POSTPROC04	1000			001		E	C	X		6.900	0,000	1.100,000	31.08.2021						3	Verfügbare Menge	5.800
IOA_MRP_POSTPROC05	1000		Convert	001		E	C	X			8.000,000	8.000,000	31.08.2021						3	Verfügbare Menge	
IOA_MRP_POSTPROC06	1000		Convert	001		E	C	X			2.050,000	2.000,000	31.08.2021						3	Verfügbare Menge	50
IOA_MRP_POSTPROC07	1000		Convert	001		E	C	X			4.000,000	4.000,000	31.08.2021						3	Verfügbare Menge	
IOA_MRP_POSTPROC08	1000		Convert	001		E	C	X			5,000	5,000	31.08.2021						3	Verfügbare Menge	
IOA_MRP_POSTPROC09	1000		Convert	001		E	C	X			0,000	0,000	31.08.2021						3	Verfügbare Menge	
IOA_MRP_POSTPROC10	1000			001		E	C	X			0,000	0,000	31.08.2021						3	Verfügbare Menge	
IOA_MRP_POSTPROC11	1000			001		E	C	X			0,000	0,000	31.08.2021						3	Verfügbare Menge	
IOA_MRP_POSTPROC12	1000			001		E	C	X			0,000	0,000	31.08.2021						3	Verfügbare Menge	
P-100	1000		EWGFWE	001	002	F	A	Z		1.887	4.898,000	4.773,000	01.12.2021	8		41		929	3	Verfügbare Menge	1.441,298
P-1000	1000			001	007	F	C	X			1.010,000	0,000	30.08.2021			1			3	Verfügbare Menge	1.010
P-1001	1000			001	007	F	C	X		12	350,000	0,000	30.08.2021		1		1	350	3	Verfügbare Menge	342
P-101	1000			FG1		E	C	X		128	9.140,000	9.267,000	28.10.2021	1	22		13	527	3	Verfügbare Menge	4-
P-102	1000		TEST-KO...	FG1	100	E	C	X		64	19.140,000	19.188,000	06.10.2021	3		39	7		3	Verfügbare Menge	540,220
P-103	1000			FG1		E	C	Z		65	71.896,000	71.950,000	30.08.2021		30		15		3	Verfügbare Menge	0,494
P-106	1000			FG1		E	C	X			2.000,000	0,000	12.10.2021			1			3	Verfügbare Menge	2.000
P-110	1000			099		E	C	X			3.581,000	55,000	18.10.2021			10			3	Verfügbare Menge	3.526
P-113	1000			010		E	C	Y			3.422,000	0,000	31.08.2021		1	18	6		3	Verfügbare Menge	3.400,675
P-121	1000			101		F	C	X			0,000	0,000	30.08.2021						3	Verfügbare Menge	

Abbildung 14.19 Ergebnisbildschirm der erweiterten Dispositionsliste – Registerkarte »Materialsicht«

- Stammdaten
- Klassifizierungsdaten aus dem Dispositionsmonitor
- zusätzliche Stammdaten der SCM-Beratungslösungen
- Kennzahlen
- Ausnahmemeldungen
- Periodensummensicht pro Material, Dispoelement bzw. Kennzahl

Zusätzlich können Sie – analog zum Dispositionsmonitor – über die übergreifende Alert-Funktion eigene Ausnahmemeldungen und durch die Nutzung von Formeln zusätzliche Spalten erzeugen.

Auch in der Materialsicht können Sie durch das Auswählen einzelner Zeilen mit der Maus eine Detailsicht der jeweiligen Dispositionselemente im unteren Teilbild öffnen. Genauso wie in der Übersicht können Sie hier – mit der ebenfalls übergreifend in den SCM-Beratungslösungen zur Verfügung stehenden Funktion des erweiterten Navigationsprofils – eigene Absprünge einbinden. Dadurch sind Massenbearbeitungen wie z. B. Umsetzungen möglich.

Eine weitere Massenbearbeitungsfunktion steht Ihnen im oberen Teilbild der Materialsicht zur Verfügung. Zur Massenpflege von Stammdatengelangen Sie, wenn Sie über die Transaktion /SAPLOM/ERM_U eingestiegen sind.

Es ist ebenfalls möglich, mehrstufige Abhängigkeiten durch eine Stücklistenauflösung bzw. -verwendung zu analysieren. Hierfür müssen Sie die Schaltflächen **Stücklistenauflösung** bzw. **Stücklistenverwendung** betätigen. Die Analyse erlaubt Ihnen einen detaillierten Einblick in die Ausnahmemeldungen, Unterdeckungssituationen oder relativen Demand-Driven-MRP-Pufferverbräuche der übergeordneten bzw. der untergeordneten Materialien.

Aus dieser Sicht können Sie auch die jeweils kritischen Materialien auswählen und in die erweiterte Bedarfs-/Bestandssicht abspringen.

Reichweitensicht der erweiterten Dispositionsliste

Die dritte Registerkarte der erweiterten Dispositionsliste ist die Registerkarte **Reichweitensicht** (siehe Abbildung 14.20). Zu dieser gelangen Sie, wenn Sie in die Schaltfläche **Reichweitensicht** betätigt.

Im oberen Teil der Ansicht steht Ihnen eine Matrix zur Verfügung, die die Materialien anhand des Verhältnisses zwischen Wiederbeschaffungszeit und Reichweite gruppiert. Dies macht es möglich, sehr schnell einen Überblick über kritische Materialien aufgrund von Fehlteilkonstellationen bzw. von Überbestand zu bekommen. Im unteren Teil ist eine Detailliste zu finden, die verschiedene Informationen einer reichweitenbasierten Planung aufführt.

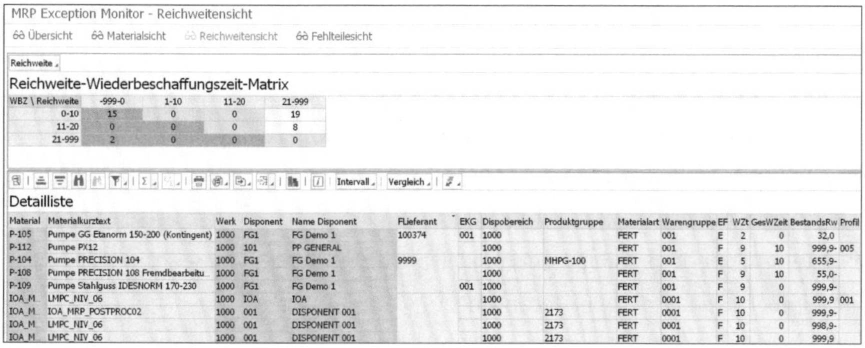

MRP Exception Monitor - Reichweitensicht

Übersicht | Materialsicht | Reichweitensicht | Fehlteilesicht

Reichweite

Reichweite-Wiederbeschaffungszeit-Matrix

WBZ \ Reichweite	-999-0	1-10	11-20	21-999
0-10	15	0	0	19
11-20	0	0	0	8
21-999	2	0	0	0

Intervall | Vergleich

Detailliste

Material	Materialkurztext	Werk	Disponent	Name Disponent	FLieferant	EKG	Dispobereich	Produktgruppe	Materialart	Warengruppe	EF	WZt	GesWZeit	BestandsRw	Profil
P-105	Pumpe GG Etanorm 150-200 (Kontingent)	1000	FG1	FG Demo 1	100374	001	1000		FERT	001	E	2	0	32,0	
P-112	Pumpe PX12	1000	101	PP GENERAL			1000		FERT	001	F	9	10	999,9-	005
P-104	Pumpe PRECISION 104	1000	FG1	FG Demo 1	9999		1000	MHPG-100	FERT	001	E	5	10	655,9-	
P-108	Pumpe PRECISION 108 Fremdbearbeitu...	1000	FG1	FG Demo 1			1000		FERT	001	F	9	10	55,0-	
P-109	Pumpe Stahlguss IDESNORM 170-230	1000	FG1	FG Demo 1		001	1000		FERT	001	F	9	0	999,9-	
IOA_M...	LMPC_NIV_06	1000	IOA	IOA			1000		FERT	0001	F	10	0	999,9	001
IOA_M...	IOA_MRP_POSTPROC02	1000	001	DISPONENT 001			1000	2173	FERT	0001	F	10	0	999,9-	
IOA_M...	LMPC_NIV_06	1000	001	DISPONENT 001			1000	2173	FERT	0001	F	10	0	998,9-	
IOA_M...	LMPC_NIV_06	1000	001	DISPONENT 001			1000	2173	FERT	0001	F	10	0	999,9	

Abbildung 14.20 Ergebnissicht der erweiterten Dispositionsliste – Registerkarte »Reichweitensicht«

Von hier aus können Sie durch einen Klick auf die Felder der Matrix in die gefilterte Materialliste eines anhand der Reichweitenauswertung als kritisch identifiziertes Material zurückspringen, um die Nachbearbeitung vornehmen zu können.

14

Fehlteilesicht der erweiterten Dispositionsliste

Die letzte Registerkarte des Ergebnisbildschirms der erweiterten Dispositionsliste ist die **Fehlteilesicht** (siehe Abbildung 14.21).

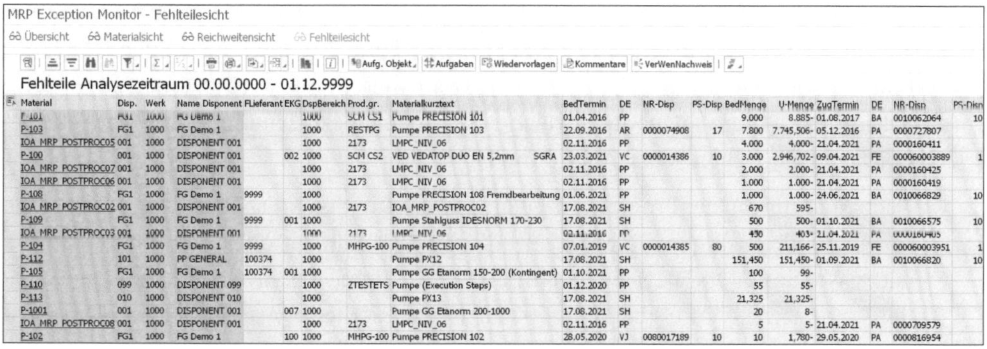

MRP Exception Monitor - Fehlteilesicht

Übersicht | Materialsicht | Reichweitensicht | Fehlteilesicht

Aufg. Objekt | Aufgaben | Wiedervorlagen | Kommentare | VerWenNachweis

Fehlteile Analysezeitraum 00.00.0000 - 01.12.9999

Material	Disp.	Werk	Name Disponent	FLieferant	EKG	DspBereich	Prod.gr.	Materialkurztext
P-101	FG1	1000	FG Demo 1			1000	SCM CS1	Pumpe PRECISION 101
P-103	FG1	1000	FG Demo 1			1000	RESTPG	Pumpe PRECISION 103
IOA_MRP_POSTPROC05	001	1000	DISPONENT 001			1000	2173	LMPC_NIV_06
P-100	001	1000	DISPONENT 001		002	1000	SCM CS2	VED VEDATOP DUO EN 5,2mm SGRA
IOA_MRP_POSTPROC07	001	1000	DISPONENT 001			1000	2173	LMPC_NIV_06
IOA_MRP_POSTPROC06	001	1000	DISPONENT 001			1000	2173	LMPC_NIV_06
P-108	FG1	1000	FG Demo 1	9999		1000		Pumpe PRECISION 108 Fremdbearbeitung
IOA_MRP_POSTPROC02	001	1000	DISPONENT 001			1000	2173	IOA_MRP_POSTPROC02
P-109	FG1	1000	FG Demo 1	9999	001	1000		Pumpe Stahlguss IDESNORM 170-230
IOA_MRP_POSTPROC03	001	1000	DISPONENT 001			1000	2173	LMPC_NIV_06
P-104	FG1	1000	FG Demo 1	9999		1000	MHPG-100	Pumpe PRECISION 104
P-112	101	1000	PP GENERAL	100374		1000		Pumpe PX12
P-105	FG1	1000	FG Demo 1	100374	001	1000		Pumpe GG Etanorm 150-200 (Kontingent)
P-110	099	1000	DISPONENT 099			1000	ZTESTETS	Pumpe (Execution Steps)
P-113	010	1000	DISPONENT 010			1000		Pumpe PX13
P-1001	001	1000	DISPONENT 001		007	1000		Pumpe GG Etanorm 200-1000
IOA_MRP_POSTPROC08	001	1000	DISPONENT 001			1000	2173	LMPC_NIV_06
P-102	FG1	1000	FG Demo 1		100	1000	MHPG-100	Pumpe PRECISION 102

Material	BedTermin	DE	NR-Disp	PS-Disp	BedMenge	U-Menge	ZugTermin	DE	NR-Disp	PS-Disp
P-101	01.04.2016	PP			9.000	8.885-	01.08.2017	BA	0010062064	10
P-103	22.09.2016	AR	0000074908	17	7.800	7.745,506-	05.12.2016	PA	0000727807	
IOA_MRP_POSTPROC05	02.11.2016	PP			4.000	4.000-	21.04.2021	PA	0000160411	
P-100	23.03.2021	VC	0000014386	10	3.000	2.946,702-	09.04.2021	FE	000060003889	1
IOA_MRP_POSTPROC07	02.11.2016	PP			2.000	2.000-	21.04.2021	PA	0000160425	
IOA_MRP_POSTPROC06	02.11.2016	PP			1.000	1.000-	21.04.2021	PA	0000160419	
P-108	01.06.2021	PP			1.000	1.000-	24.06.2021	BA	0010066829	10
IOA_MRP_POSTPROC02	17.08.2021	SH			670	595-				
P-109	17.08.2021	SH			500	500-	01.10.2021	BA	0010066575	10
IOA_MRP_POSTPROC03	02.11.2016	PP			430	403-	21.04.2021	PA	0000160405	
P-104	07.01.2019	VC	0000014385	80	500	211,166-	25.11.2019	FE	000060003951	1
P-112	17.08.2021	SH			151,450	151,450-	01.09.2021	BA	0010066820	10
P-105	01.10.2021	PP			100	99-				
P-110	01.12.2020	PP			55	55-				
P-113	17.08.2021	SH			21,325	21,325-				
P-1001	17.08.2021	SH			20	8-				
IOA_MRP_POSTPROC08	02.11.2016	PP			5	5-	21.04.2021	PA	0000709579	
P-102	28.05.2020	VJ	0080017189	10	10	1,780-	29.05.2020	PA	0000816954	

Abbildung 14.21 Ergebnisbildschirm der erweiterten Dispositionsliste – Registerkarte »Fehlteilesicht«

Auf dieser Registerkarte finden Sie die Informationen, die zur Nachbearbeitung der jeweiligen Materialien benötigt werden. Sie müssen also – anders als bei der Dispositionsliste – nicht mehr die Detailsicht der aktuellen Bedarfs-/Bestandssituation analysieren, um herauszufinden, welche Objekte eine Unterdeckung verursachen oder angepasst werden müssen, um eine Beseitigung der Unterdeckung möglich zu machen. Diesen Suchaufwand übernimmt die erweiterte Dispositionsliste für Sie, es werden Spalten angezeigt, welche die zur Nachbearbeitung nötigen Informationen zeigen, z. B.:

- das Bedarfselement, das eine Unterdeckung in der Wiederbeschaffungszeit ausgelöst hat
- die zugeordnete Menge
- das geeignete Dispositionselement, welches durch Anpassung der Menge oder des Termins die Unterdeckung beseitigen würde
- die benötigte Änderung, z. B. die Menge
- der Lieferant, der dem anzupassenden Dispositionselement zugeordnet ist
- der Ansprechpartner beim Lieferanten

Somit kommt es mit der Fehlteilesicht nicht nur zu einem reduzierten Suchaufwand bzgl. der im Rahmen der Disposition anzupassenden Daten, auch können Sie durch eine entsprechende Sortierung dafür sorgen, dass zusammengehörende Materialien gemeinsam bearbeitet werden können. Dies heißt, dass der Umstand einer nicht nach Ansprechpartner sortierten Materialiste, die zu einem ständigen Hin- und Herspringen zwischen Materialien unterschiedlicher Lieferanten führt und der in der Dispositionsliste in aller Regel nicht zu verhindern ist, mit dieser Vorgehensweise umgangen wird.

14.4.3 Erweiterte Dispositionsliste aus Sicht der Fertigungssteuerung

Wenn Sie die Nachbearbeitung aus Arbeitsplatzsicht durchführen möchten, können Sie auf dem Selektionsbildschirm die Rolle Fertigungssteuerer auswählen (siehe Abbildung 14.17 in Abschnitt 14.4.2). Nach Auswahl dieser Rolle werden Ihnen angepasste Selektionskriterien angeboten, welche eine rollenspezifische Auswahl der Analyseobjekte ermöglichen (siehe Abbildung 14.22).

Nach Ausführung des Programms gelangen Sie zum Ergebnisbildschirm, auf dem Sie in einem dreistufigen Prozess Unterdeckungskonstellationen erkennen können (siehe Abbildung 14.23). Dabei beginnen Sie auf Ebene des Arbeitsplatzes: Die Perioden, in denen die Verfügbarkeit von Aufträgen auf diesen Arbeitsplätzen problematisch ist, werden farblich hervorgehoben.

Von der Arbeitsplatzsicht aus können Sie die jeweiligen Aufträge auswählen und sich die Verfügbarkeitssituation der zugehörigen Komponenten anzeigen lassen. Eine periodenorientierte Zeitachse, die ebenfalls in dieser Sicht aufgerufen werden kann, zeigt Ihnen etwaige Unterdeckungssituationen an.

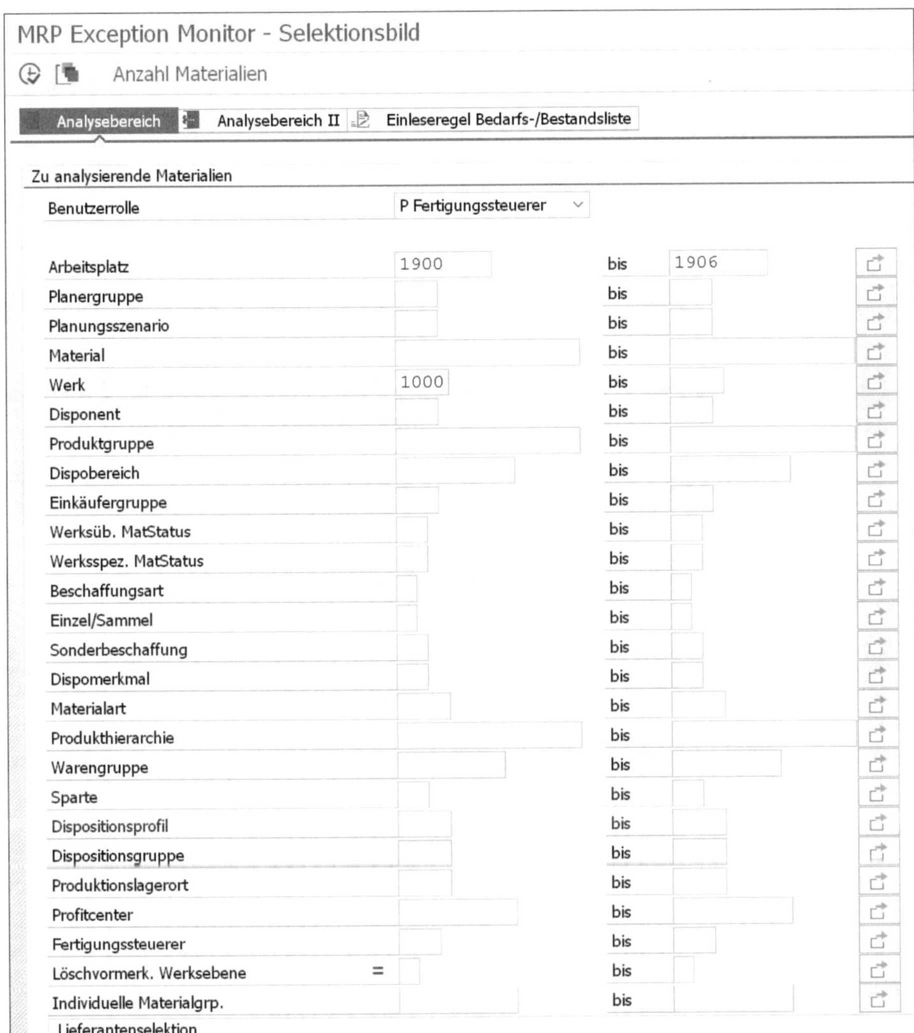

Abbildung 14.22 Selektionsbildschirm der erweiterten Dispositionsliste – Benutzerrolle Fertigungssteuerer

Die Anzeige der Unterdeckungsprobleme wird über eine weitere übergreifende Funktion ermöglicht, die werksübergreifende mehrstufige Auftragsverknüpfung (engl. Cross-Plant/Multi-Level Link, Transaktion /SAPLOM/XCL). Diese ist in der Grundkonzeption mit der PP/DS-Funktion des Pegging vergleichbar, auch hier werden Aufträge unterschiedlicher Stufen miteinander verbunden, sodass mehrstufig zeitliche und mengenmäßige Zusammenhänge propagiert werden können.

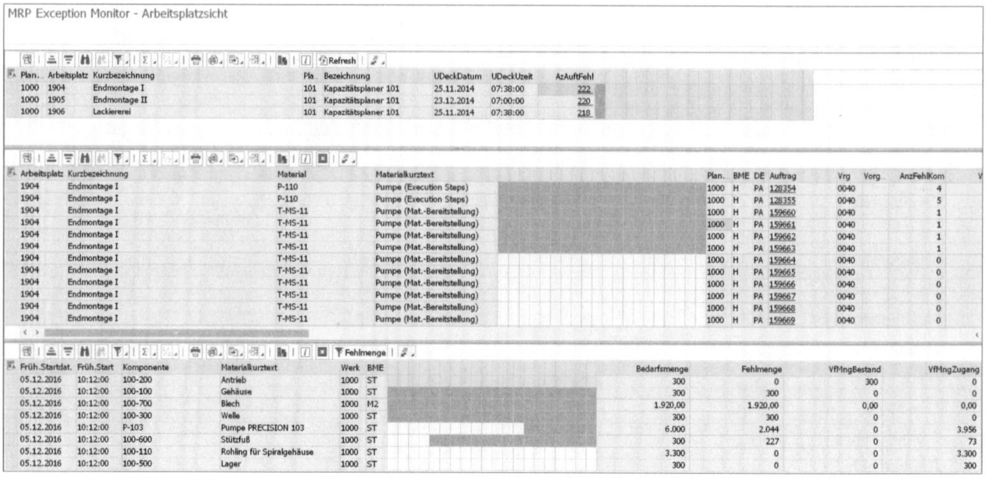

Abbildung 14.23 Ergebnisbildschirm der erweiterten Dispositionsliste – Arbeitsplatzsicht

14.4.4 Erweiterte Bedarfs-/Bestandsliste

Der zweite Teil der erweiterten MRP-Nachbearbeitung mit den SCM-Beratungslösungen wird durch die erweiterte Bedarfs-/Bestandsliste (erweiterte MD04, engl. Advanced MD04) ermöglicht. Diese bietet eine Detailsicht auf Dispositionselementebene, die jedoch auch gleichzeitig für mehrere Materialien aufgerufen werden kann. Das ermöglicht wiederum eine aggregierte Anzeige. Wie auch die erweiterte Dispositionsliste können Sie auch in der erweiterten Bedarfs-/Bestandsliste Demand-Driven-MRP-bezogene Nachbearbeitung (siehe hierzu Abschnitt 14.3.3, »Apps zur Ermittlung der Materialdeckung«) auf Basis des relativen Pufferverbrauchs durchführen.

Grundlegende Konstruktionsprinzipien dieser Beratungslösung sind – in Abgrenzung zur aktuellen Bedarfs-/Bestandsliste (Transaktion MD04) – die folgenden:

- weitgehende Reduzierung der notwendigen Klicks zur Durchführung der in der Disposition häufig durchgeführten Prozesse (Umterminierung, Umsetzung)
- direkte Änderbarkeit der zentralen Felder von Dispositionselementen wie Plan- und Fertigungsaufträgen, Bestellanforderungen und Bestellungen
- Anzeige von Zusatzinformationen wie mehrstufige Wiederbeschaffungszeiten, monetären Werten oder zusätzlichen Kennzahlen
- Anzeige von Kapazitätsbedarfskonstellationen (mit der SCM-Beratungslösung Theory of Constraints, ToC)
- Reduktion der Notwendigkeit, zwischen verschiedenen Bildschirmen zu wechseln

Somit stellt die erweiterte Bedarfs-/Bestandsliste die Vereinfachung der täglichen dispositiven Tätigkeiten in den Mittelpunkt. Vor allem die Aktivitäten, die über viele Stunden oder über die Woche verteilt wiederholt durchgeführt werden müssen, sollen weitestgehend beschleunigt und vereinfacht werden, um Anwendern eine Konzentration auf die Erkennung und Behebung von Problemen zu ermöglichen.

Ein wichtiges Werkzeug dabei sind Pop-up-Fenster mit Zusatzinformationen, die auf mehreren Bildschirmen verteilt angezeigt und für die grundlegende Navigation zwischen den einzelnen Materialien genutzt werden können. Es stehen Ihnen die folgenden Informationen zur Verfügung:

- Dispositionselemente aggregiert
- Dispositionselemente aufgeschlüsselt
- Materialien
- Statistik
- Demand-Driven Planning
- Theory of Constraints
- Kennzahlen im Zeitablauf
- Materialklassifizierung
- Chargeninformationen

Beispielhaft zeigt Abbildung 14.24 die erweiterte Bedarfs-/Bestandsliste mit dem Pop-up-Fenster **Demand-Driven Plng. / Theory of Constr.**.

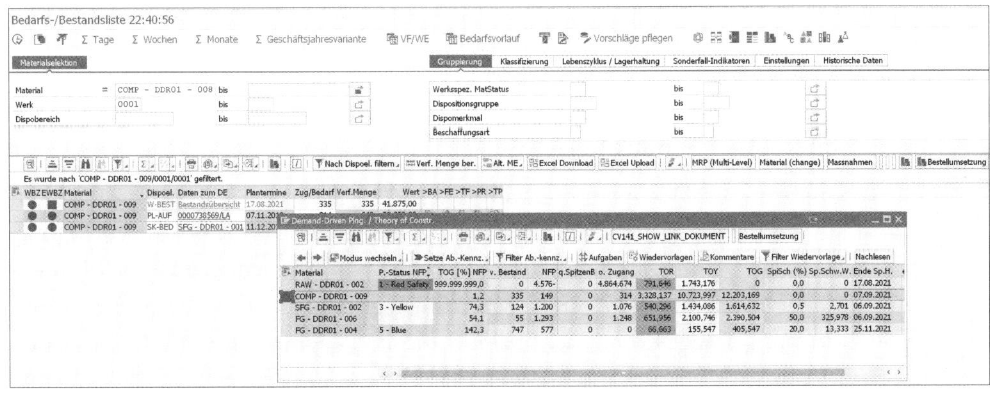

Abbildung 14.24 Erweiterte Bedarfs-/Bestandsliste

14.5 Alert-Bearbeitung in SAP APO und im Add-on for Embedded PP/DS

In SAP APO bzw. im Add-on for Embedded PP/DS (ePP/DS) wird für die Ausnahmebearbeitung der Begriff der *interaktiven Planung* verwendet. Darunter werden manuelle Eingriffsmöglichkeiten verstanden, mit deren Hilfe die Planer bei Planungsproblemen wie Verspätungen, Kapazitätsüberlastungen oder Auftragsanlage systemgestützt in die Erstellung eines machbaren Plans eingreifen können. Dabei sind die beiden Schlüsselbegriffe *manuell* und *systemgestützt* hervorzuheben, die nur scheinbar einen Widerspruch darstellen:

- **manuell**
  Eine manuelle Bearbeitung steht bei diesen Funktionen im Mittelpunkt, mithilfe derer ein Planungsergebnis, das bspw. durch die Materialbedarfsplanung oder automatisierte Kapazitätsplanungsfunktionen wie die PP/DS-Optimierung ermittelt wurde, nachbearbeitet werden kann. Die interaktive Planung muss demnach in der Regel der automatisierten Planung zeitlich nachgelagert für alle in der Planung auftretenden Konfliktsituationen angewendet werden, die automatisiert nicht auflösbar sind.
- **systemgestützt**
  Systemgestützt bedeutet in diesem Zusammenhang, dass das SAP-APO-System bzw. ePP/DS auch bei manuellen Maßnahmen, wie z. B. einer Umplanung, Funktionen bereitstellt, welche die dem System mitgegebenen Restriktionen, wie die begrenzte Kapazität oder die Materialverfügbarkeit, berücksichtigen.

Das SAP-APO-System sowie ePP/DS unterstützen demnach durch automatisierte Mechanismen die interaktive Erstellung bzw. Abrundung eines machbaren oder gar optimierten Produktionsplans. Wir werden Ihnen in der Folge zunächst die Funktionen von PP/DS vorstellen, die in der Regel einen kurzfristigen Charakter aufweisen, bevor wir auf die SNP-Funktionen eingehen, die mittel- bis langfristig ausgerichtet sind.

14.5.1 Interaktive Planung in PP/DS

Die Produktions- und Feinplanungskomponente PP/DS von SAP APO bzw. das Add-on for Embedded PP/DS in SAP S/4HANA stellt eine Reihe von Tools zur Verfügung, die die manuelle Planung unterstützen. Dabei wird zum einen der Fokus auf die Identifikation der Problemsituationen gelegt. Für diese steht bspw. mit dem Alert-Monitor eine leistungsfähige Komponente bereit, die auf Pegging zurückgreift und in den anderen Transaktionen der interaktiven Planung durch Bereitstellen von Informationen bei der Problemlösung hilft.

Zum anderen stellen das SAP-APO-System bzw. ePP/DS im Bereich der interaktiven Planung eine Reihe von Transaktionen zur Verfügung, die direkt bei der Beseitigung dieser Ausnahmesituationen unterstützen. Typische Planungsaktionen der interaktiven Planung sind dabei z. B.:

- Verspätungen durch Umterminierung beseitigen
- Unterdeckungen durch Anlage von Zugangselementen beseitigen
- Kapazitätsüberlastungen durch Umterminierung oder Wechsel auf alternative Ressourcen bzw. Fremdbeschaffung beseitigen

- Rüstzeiten durch Zusammenlegen von Aufträgen einsparen
- automatische Planungsalgorithmen wie Heuristiken und PP/DS-Optimierung erneut aufrufen

Abbildung 14.25 enthält eine Übersicht der in der kurzfristigen Kapazitätsplanung von PP/DS nutzbaren Funktionen.

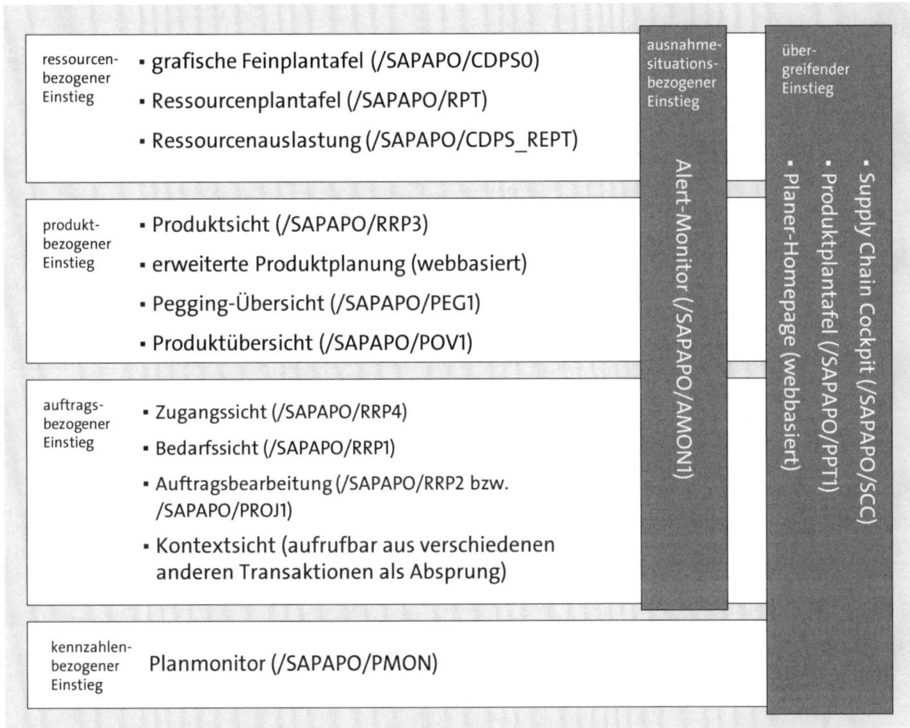

Abbildung 14.25 Übersicht über Funktionen der interaktiven kurzfristigen Planung im SAP-APO-System bzw. in ePP/DS

Die Funktionen unterscheiden sich dabei nach ihrer grundsätzlichen Stoßrichtung. Es existieren fünf verschiedene Gruppen von Funktionen, die sich im Hinblick auf ihren Einstieg differenzieren lassen:

- **ressourcenbezogener Einstieg**
  Die ressourcenbezogene Auswertung ist die zentrale Vorgehensweise im Rahmen der kurzfristigen Kapazitätsplanung. Dafür stehen Ihnen die grafische Feinplanungstafel (aufrufbar u. a. über die Transaktion /SAPAPO/CDPSO) und die tabellarisch aufgebaute Ressourcenplantafel (Transaktion /SAPAPO/RPT) zur Verfügung. In diesen Transaktionen werden Ihnen die eigentlichen Planungsobjekte der kurzfristigen Kapazitätsplanung, d. h. die Aufträge bzw. die Vorgänge, als Träger der Kapazitätsbedarfe angezeigt. Jedoch sind auch hier teilweise Sichten mit Produkt-

bezug verfügbar. Sie finden in der grafischen Feinplanungstafel z. B. Teilbilder über den Produktbestand und können in produkt- oder auftragsorientierte Sichten abspringen.

- **produktbezogener Einstieg**
  Der produktbezogene Einstieg spielt im Rahmen der Materialbedarfsplanung, die der Kapazitätsplanung vorgelagert ist, eine bedeutende Rolle.
- **auftragsbezogener Einstieg**
  Falls die Planer nur mit einzelnen Aufträgen einsteigen, können auch nur die Informationen transparent abgerufen werden, die diesen Auftrag betreffen. Daher sind sie in der Regel nur als Detailsichten in den Prozessablauf der Disposition eingebunden.
- **kennzahlenbezogener Einstieg**
  Der kennzahlenbezogene Einstieg kann nur indirekt für die interaktive kurzfristige Planung eingesetzt werden. Sie können den kennzahlenbezogenen Weg über die Funktion des Planmonitors (Transaktion /SAPAPO/PMON) nutzen, um verschiedene Planalternativen zu simulieren und in Bezug auf resultierende Kennzahlen zu vergleichen.
- **ausnahmesituationsbezogener Einstieg**
  Wenn Sie die Bearbeitung des automatisiert erzeugten Planungsergebnisses über eine Analyse der Ausnahmesituationen beginnen möchten, können Sie dies über den Alert-Monitor realisieren. Diese Funktion, die sich über die Transaktion /SAPAPO/AMON1 aufrufen lässt, bietet eine Vielzahl an wählbaren Ausnahmesituationen, die wiederum hinsichtlich ihrer Orientierung ressourcen-, produkt- oder auftragsbezogen sein können. Mehr zum Alert-Monitor erfahren Sie in Abschnitt 14.5.2, »Interaktive Planung in SNP«.

Die Kategorisierung hinsichtlich des Einstiegs bedeutet, dass dabei jeweils unterschiedliche Objekte ausgewertet werden. Die Planer nutzen demnach die jeweilige Funktion, um die in der Regel automatisiert erzeugten Ergebnisse des Planungslaufs interaktiv zu bearbeiten. Dies bedeutet nicht zwingend, dass sich dies auch in den Selektionsoptionen der jeweiligen Transaktionen niederschlagen muss. So ist es auch möglich, die interaktive kurzfristige Kapazitätsplanung mittels grafischer Feinplanungstafel ressourcenbezogenen durchzuführen, für die Selektion jedoch Produkte zu verwenden.

Neben den genannten Einstiegen gibt es in der kurzfristigen Kapazitätsplanung jedoch auch mit dem Supply Chain Cockpit (Transaktion /SAPAPO/SCC) und der Produktplantafel (Transaktion /SAPAPO/PPT1) übergreifende Funktionen, in denen mehrere Einstiegsmöglichkeiten realisiert werden können.

[«]

Empfehlung für die interaktive kurzfristige Disposition

Wenn Sie das SAP-APO-System bzw. ePP/DS für die interaktive kurzfristige Disposition einsetzen möchten, empfehlen wir Ihnen als zentralen Einstiegspunkt die produktbezogenen Sichten. Hierfür bieten sich insbesondere die Produktsicht, der entsprechende Sammeleinstieg Produktübersicht sowie die produktbezogenen Ausnahmesituationen an. Ebenso können Sie die Produktplantafel verwenden, wobei die Konfiguration dabei vornehmlich produktbezogen sein sollte, d. h., hier sollten Sie die genannten ressourcenbezogenen Sichten in den Mittelpunkt stellen.

Den kennzahlenbezogenen Planmonitor können Sie idealerweise für den Vergleich von Planalternativen, für Entscheidungen über die Konfiguration von Planungsvorgehensweisen oder für grundlegende Stammdatenanpassungen verwenden.

Einige dieser interaktiven Transaktionen des SAP-APO-Systems bzw. von ePP/DS weisen Äquivalente im SAP-ECC- bzw. SAP-S/4HANA-System auf. Tabelle 14.1 zeigt überblicksartig vergleichbare Transaktionen auf.

SAP ECC bzw. SAP S/4HANA	SAP APO
aktuelle Bedarfs-/Bestandsliste (MD04) – Einzeleinstieg	Produktsicht (/SAPAPO/RRP3)
aktuelle Bedarfs-/Bestandsliste (MD07) – Sammeleinstieg	Produktübersicht (/SAPAPO/POV1)
Dispositionsliste (MD05; MD06)	–
Auftragsbericht (z. B. aus der aktuellen Bedarfs-/Bestandsliste)	Kontextsicht (z. B. aus der Auftragsbearbeitung oder der Produktsicht)
grafische Feinplanungstafel (z. B. CM25)	grafische Feinplanungstafel (z. B. /SAPAPO/CDPS0)
Kapazitätsauswertung (z. B. CM01)	Ressourcenauslastung (/SAPAPO/CDPS_REPT)
tabellarische Plantafel (z. B. CM22)	Ressourcenplantafel (/SAPAPO/RPT)
z. B. Fertigungsauftrag (COOIS), Planauftrag (MD16), Bestellanforderungen (ME5A), Bestellungen (ME2N)	Zugangssicht (/SAPAPO/RRP4)
z. B. Kundenaufträge (VA05), Vorplanungsbedarfe (MD63)	Bedarfssicht (/SAPAPO/RRP1)

Tabelle 14.1 Vergleichbare Transaktionen der interaktiven kurzfristigen Planung in den Planungssystemen von SAP

SAP ECC bzw. SAP S/4HANA	SAP APO
z. B. Planauftrag (MD13), Fertigungsauftrag (CO03), Bestellanforderung (ME53N), Bestellung (ME23N)	Auftragsbearbeitung (/SAPAPO/RRP2)
–	Pegging-Übersicht (/SAPAPO/PEG1)
–	Alert-Monitor (/SAPAPO/AMON1)
–	Planmonitor (/SAPAPO/PMON)
–	Supply Chain Cockpit (/SAPAPO/SCC)
–	erweiterte Produktplanung (webbasiert)
–	Planer-Homepage (webbasiert)

Tabelle 14.1 Vergleichbare Transaktionen der interaktiven kurzfristigen Planung in den Planungssystemen von SAP (Forts.)

Im Folgenden gehen wir nun auf die verschiedenen Funktionen ein, die Sie im Rahmen der interaktiven kurzfristigen Disposition einsetzen können.

Alert-Monitor in PP/DS

Der Alert-Monitor ist die zentrale Monitoring-Komponente im Rahmen der interaktiven kurzfristigen Disposition im SAP-APO-System bzw. in ePP/DS, wenn Sie über eine Analyse der Ausnahmesituationen beginnen möchten.

[»]

Begriffsunterscheidung Ausnahmemeldung vs. Alert

Während die Planer im SAP-ECC- bzw. SAP-S/4HANA-System durch sogenannte *Ausnahmemeldungen* auf Problemsituationen hingewiesen werden, verwendet man im SAP-APO-System bzw. in ePP/DS die englische Bezeichnung *Alerts*. Damit finden sich die systembezogen definierten Begrifflichkeiten, die bereits im Umfeld der Stammdaten erläutert wurden, auch im Rahmen der interaktiven Planung wieder. Sie können daher bereits an den Begriffen erkennen, in welchem der Planungssysteme Sie sich bewegen. Doch der Unterschied zwischen Ausnahmesituationen und Alerts liegt nicht nur in der Bezeichnung, sondern auch im Funktionsumfang: Alerts im SAP-APO-System bzw. in ePP/DS bieten mehr Funktionen und sind dynamischer als Ausnahmemeldungen in den ERP-Systemen von SAP.

Der Alert-Monitor ermöglicht es Ihnen, einen einheitlichen Blick auf die Problemsituation unter klar definierbaren Regeln zu werfen. Dabei steht der Alert-Monitor grundsätzlich nicht nur in der Produktions- und Feinplanungskomponente PP/DS zur Verfügung; auch andere Anwendungen des SAP-APO-Systems greifen auf den Alert-Monitor zurück. Sie können den Alert-Monitor entweder über die Transaktion /SAPAPO/AMON1 oder über das Menü **Advanced Planning and Optimization • Supply Chain Monitoring • Alert-Monitor • Alert-Monitor** aufrufen.

Neben dieser Option steht auch ein Einstieg nach Objekten unter der Transaktion /SAPAPO/AMON3 bzw. im Menü unter **Advanced Planning and Optimization • Supply Chain Monitoring • Alert-Monitor • Alert-Übersicht nach Objekten** zur Verfügung.

Die Aufgabe des Alert-Monitors besteht darin, die Planer mithilfe von Alerts über bearbeitungswürdige Ausnahmesituationen zu informieren. Was eine bearbeitungswürdige Ausnahmesituation ist, legen Sie im Alert-Profil fest. Angezeigt werden die entstehenden Alerts im Alert-Monitor, jedoch auch in den anderen Transaktionen der interaktiven Planung, wie bspw. der grafischen Feinplanungstafel, der Produktplantafel oder der Produktsicht.

Die Einstellungen zu den Alerts werden wie in anderen Anwendungen der interaktiven Planung über Profile gesteuert. Im Gegensatz zu den ERP-Systemen SAP ECC und SAP S/4HANA, in denen die Ausnahmemeldungen nur zentral auf Mandantenebene und im Customizing eingestellt werden können, handelt es sich beim Alert-Monitor des SAP-APO-Systems bzw. von ePP/DS um eine Funktion, in der jeder Benutzer bei Bedarf auch mehrere Profile anlegen kann, selbst wenn er keine Customizing-Berechtigungen besitzt. Hier ist zunächst das Alert-Gesamtprofil zu nennen (siehe Abbildung 14.26), in dem einige Einstellungen vorgenommen werden müssen, die bei der Anzeige der Alerts mit dem Alert-Monitor selbst eine Rolle spielen.

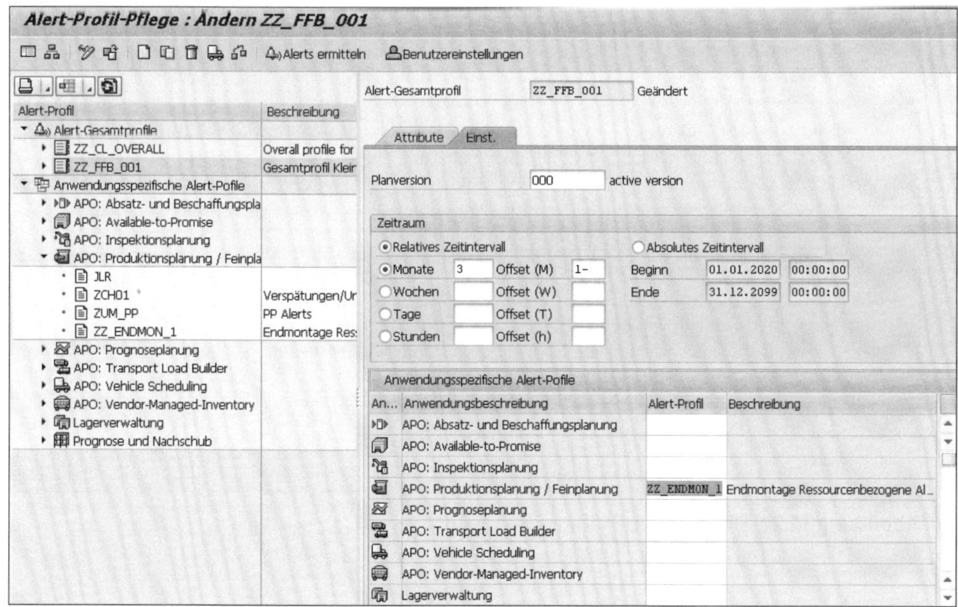

Abbildung 14.26 Gesamtprofil des Alert-Monitors

Einerseits können Sie im Bereich **Zeitraum** den Zeitraum definieren, in dem Alerts ausgewertet werden sollen. Hier können Sie relative oder absolute Zeitintervalle hinterlegen. Zusätzlich müssen Sie die **Planversion** spezifizieren, in der die Alerts ermittelt werden sollen. Wie bereits gesagt, sind diese Einstellungen lediglich für den Alert-Monitor selbst relevant. Sollen Alerts in anderen Anwendungen, wie z. B. der grafischen Feinplanungstafel, angezeigt werden, wird hier kein Alert-Gesamtprofil zugeordnet, sondern ein anwendungsspezifisches Unterprofil (in der grafischen Feinplanungstafel z. B. das PP/DS-Alert-Profil).

Andererseits fungiert das Alert-Gesamtprofil auch als Sammelkonstrukt für verschiedene anwendungsspezifische Alert-Konfigurationen, die in Unterprofilen festgelegt werden. Wie bereits gesagt, ist für die integrierte Projekt- und Produktionsplanung das PP/DS-Alert-Profil ausschlaggebend. Im PP/DS-Alert-Profil können Sie eine Selektion für ATP-Kategorien bzw. Produkte vornehmen – diese Einstellungen sind nur für den Aufruf von Alerts im Alert-Monitor selbst relevant (siehe Abbildung 14.27). Wenn Sie Alerts mit einem PP/DS-Alert-Profil in anderen Anwendungen der interaktiven Planung, wie bspw. der grafischen Feinplantafel, verwenden, sind die in der entsprechenden Anwendung durchgeführten Selektionen relevant, nicht die Einschränkungen bezüglich der ATP-Kategorien und der Produkte aus dem Alert-Profil.

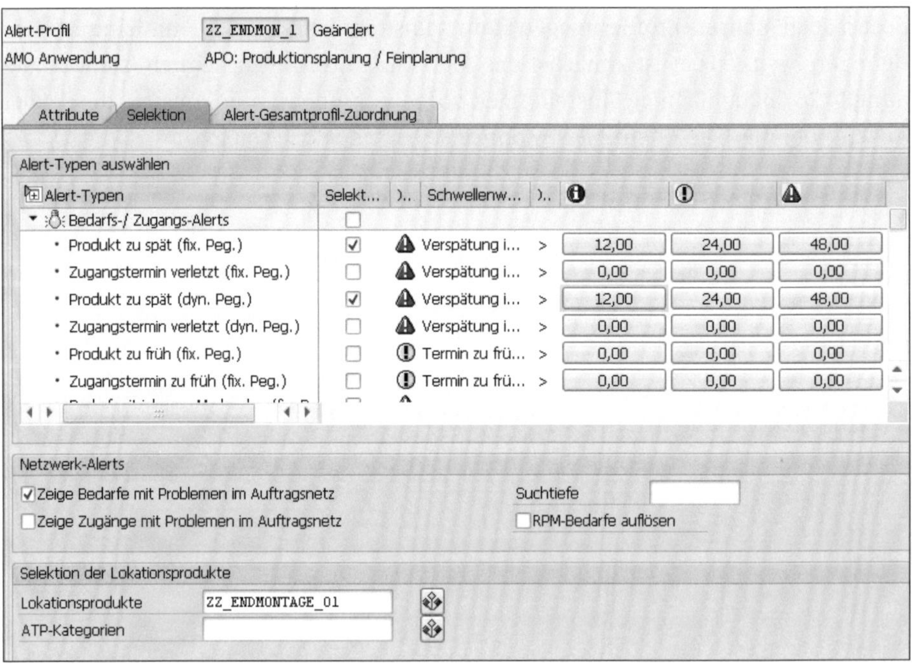

Abbildung 14.27 PP/DS-Alert-Profil

Übersicht über unterschiedliche Alert-Typen

Im Alert-Monitor oder in den auf den Alert-Monitor zugreifenden Anwendungen des SAP-APO-Systems werden jeweils unterschiedliche Alert-Typen angezeigt. Ein Alert-Typ spiegelt dabei eine mögliche betriebswirtschaftliche Problemsituation, wie z. B. eine Bedarfsunterdeckung, wider, der Alert (technisch als ATID für Alert-Typ-ID bezeichnet) wird dann bei einer konkreten Realisierung dieser Problemsituation, also in diesem Falle beim Auftreten eines konkreten unterdeckten Kundenbedarfs, angezeigt. Alert-Typen werden wiederum zu Alert-Objekttypen (AOT) zusammengefasst. Dabei handelt es sich um eine Gruppe von Alert-Typen, die betriebswirtschaftlich zusammengehören und aus diesem Grunde technisch im SAP-APO-System und auch in ePP/DS zusammenfasst und angezeigt werden. Es stehen 26 Alert-Objekttypen bzw. 72 Alert-Typ-IDs in PP/DS von SCM 7.03 zur Verfügung. Details finden Sie in SAP-Hinweis 500051. Weitere interessante Informationen zum Alert-Monitor finden Sie in SAP-Hinweisen 495166, 521639, 390055, 519070, 781319.

Für eine Vielzahl dieser Alerts können Sie im PP/DS-Alert-Profil Schwellenwerte hinterlegen, die überschritten werden müssen, damit ein Alert angezeigt wird (siehe hierzu SAP-Hinweise 367103 und 373434).

Produktsicht

Die Funktion *Produktsicht*, die sowohl in SAP APO als auch in ePP/DS verfügbar ist, stellt – wie die Bezeichnung bereits aussagt – das Produkt in den Mittelpunkt der Planungen. Abbildung 14.28 zeigt beispielhaft eine Planungskonstellation in der Produktsicht, die Sie über die Transaktion /SAPAPO/RRP3 aufrufen können, mit einer Reihe von Alerts.

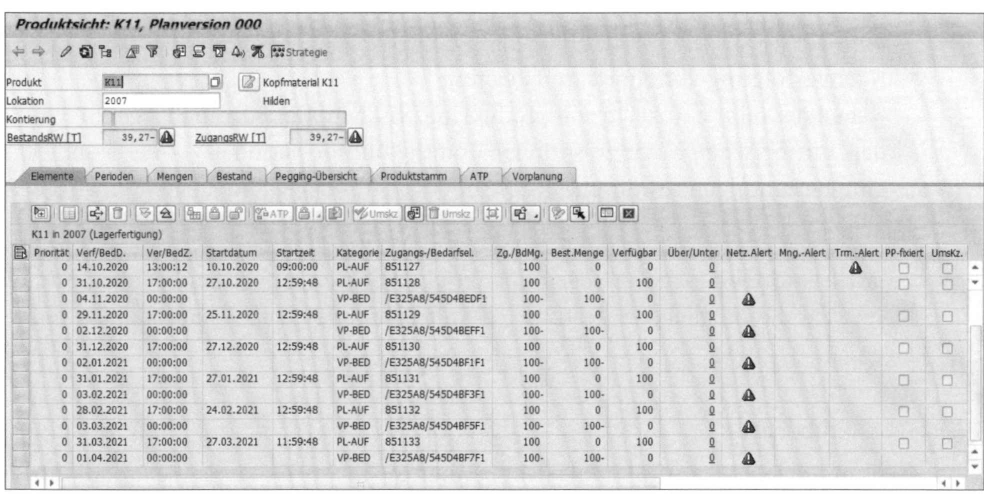

Priorität	Verf/BedD.	Ver/BedZ.	Startdatum	Startzeit	Kategorie	Zugangs-/Bedarfsel.	Zg./BdMg.	Best.Menge	Verfügbar	Über/Unter	Netz.Alert	Mng.-Alert	Trm.-Alert	PP-fixiert	UmsKz.
0	14.10.2020	13:00:12	10.10.2020	09:00:00	PL-AUF	851127	100	0	0	0			⚠	☐	☐
0	31.10.2020	17:00:00	27.10.2020	12:59:48	PL-AUF	851128	100	0	100	0				☐	☐
0	04.11.2020	00:00:00			VP-BED	/E325A8/545D4BEDF1	100-	100-	0	0	⚠				
0	29.11.2020	17:00:00	25.11.2020	12:59:48	PL-AUF	851129	100	0	100	0				☐	☐
0	02.12.2020	00:00:00			VP-BED	/E325A8/545D4BEFF1	100-	100-	0	0	⚠				
0	31.12.2020	17:00:00	27.12.2020	12:59:48	PL-AUF	851130	100	0	100	0				☐	☐
0	02.01.2021	00:00:00			VP-BED	/E325A8/545D4BF1F1	100-	100-	0	0	⚠				
0	31.01.2021	17:00:00	27.01.2021	12:59:48	PL-AUF	851131	100	0	100	0				☐	☐
0	03.02.2021	00:00:00			VP-BED	/E325A8/545D4BF3F1	100-	100-	0	0	⚠				
0	28.02.2021	17:00:00	24.02.2021	12:59:48	PL-AUF	851132	100	0	100	0				☐	☐
0	03.03.2021	00:00:00			VP-BED	/E325A8/545D4BF5F1	100-	100-	0	0	⚠				
0	31.03.2021	17:00:00	27.03.2021	11:59:48	PL-AUF	851133	100	0	100	0				☐	☐
0	01.04.2021	00:00:00			VP-BED	/E325A8/545D4BF7F1	100-	100-	0	0	⚠				

Abbildung 14.28 Produktsicht

Die Produktsicht ist in ihrer Funktion mit der aktuellen Bedarfs-/Bestandsliste aus dem SAP-ECC- bzw. SAP-S/4HANA-System (Transaktion MD04) vergleichbar. Jedoch können Sie die vielfältigen weitergehenden Möglichkeiten des SAP-APO-Systems und von ePP/DS nutzen, um auch die Nachbearbeitung des MRP-Ergebnisses zielgerichteter durchzuführen, als dies in den SAP-ERP-Systemen mit den statischen und in der Regel einstufigen Ausnahmemeldungen möglich ist.

Erweiterte Produktplanung (EPP)

Mit SCM 7.03 steht Ihnen zusätzlich zur genannten Produktsicht, die im SAP GUI aufgerufen werden kann, die Funktion der *erweiterten Produktplanung* (EPP) zur Verfügung. Dabei handelt es sich um eine webbasierte Sicht der interaktiven Planung auf Basis von SAP NetWeaver Business Client 4.0 for Desktop, die im Vergleich zur Produktsicht eine größere Flexibilität bezüglich der folgenden Funktionen bietet:

- **Selektion von Lokationsprodukten**
  Sie können verwendete Auswahlkriterien für eine Wiederverwendung speichern und nach Bedarf ändern. Zudem können vorhandene Selektionen aus der langfristigen interaktiven Planung verwendet werden. In einer Trefferliste, in der Sie benutzerspezifisch Kennzahlen anzeigen lassen können, kann zwischen den Lokationsprodukten gewechselt werden.
- **Anlegen und Verwalten von Aufträgen**
  Die Auftragsliste kann gleichzeitig mit den Details zum Auftrag angezeigt werden. Neben der Funktion der Anlage, Bearbeitung und Löschung von Aufträgen besteht die Möglichkeit, Merkmalswerte für ein Lokationsprodukt zu definieren. Sie können in der EPP ebenfalls mittels Massenbearbeitungsfunktion mehrere Aufträge fixieren bzw. defixieren, SNP- in PP/DS-Aufträge umwandeln und die Mengeneinheiten ändern. Aus einem SAP-APO-Auftrag kann direkt in den Auftrag des SAP-ERP-Systems in den Bearbeitungsmodus gesprungen werden.
- **Nachverfolgung von Alerts und Pegging**
  Neben der reinen Anzeige von produktspezifischen Alerts kann EPP genutzt werden, um zwischen Alerts zu springen und Detailinformationen zu Alerts und Pegging-Beziehungen bzw. nur teilweise oder gar unverpeggten Elementen anzuzeigen.

Zusätzlich können lokationsspezifische Produktsichten aufgerufen werden, und es bietet sich die Möglichkeit, Notizen zu Aufträgen oder Lokationsprodukten anzulegen.

Produktübersicht

Den Sammeleinstieg zur Produktsicht können Sie in SAP GUI über die Produktübersicht mittels Transaktion /SAPAPO/POV1 realisieren (siehe Abbildung 14.29).

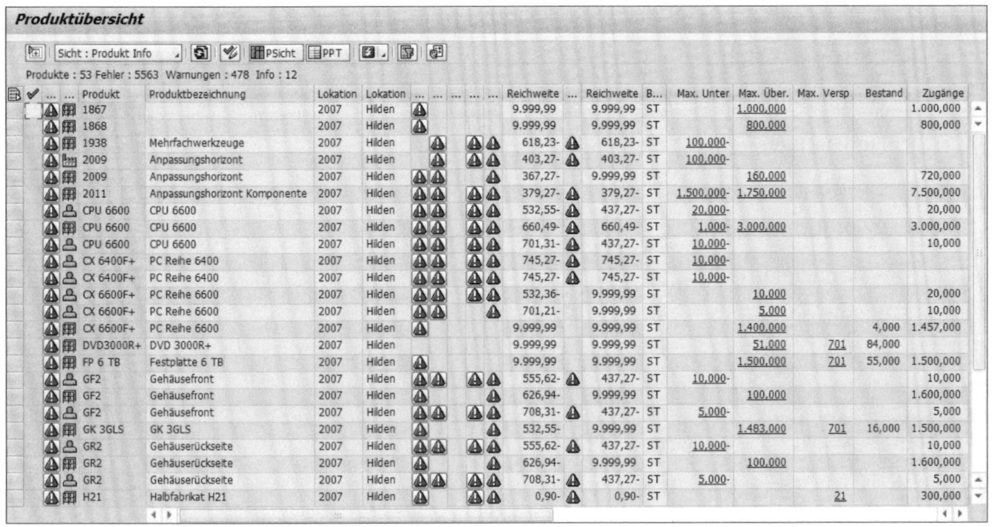

Produktübersicht

Sicht : Produkt Info | PSicht | PPT

Produkte : 53 Fehler : 5563 Warnungen : 478 Info : 12

Produkt	Produktbezeichnung	Lokation	Lokation	Reichweite	Reichweite	B...	Max. Unter	Max. Über.	Max. Versp	Bestand	Zugänge
1867		2007	Hilden	9.999,99	9.999,99	ST		1.000,000			1.000,000
1868		2007	Hilden	9.999,99	9.999,99	ST		800,000			800,000
1938	Mehrfachwerkzeuge	2007	Hilden	618,23-	618,23-	ST	100,000-				
2009	Anpassungshorizont	2007	Hilden	403,27-	403,27-	ST	100,000-				
2009	Anpassungshorizont	2007	Hilden	367,27-	9.999,99	ST		160,000			720,000
2011	Anpassungshorizont Komponente	2007	Hilden	379,27-	379,27-	ST	1.500,000-	1.750,000			7.500,000
CPU 6600	CPU 6600	2007	Hilden	532,55-	437,27-	ST	20,000-				20,000
CPU 6600	CPU 6600	2007	Hilden	660,49-	660,49-	ST	1,000-	3.000,000			3.000,000
CPU 6600	CPU 6600	2007	Hilden	701,31-	437,27-	ST	10,000-				10,000
CX 6400F+	PC Reihe 6400	2007	Hilden	745,27-	745,27-	ST	10,000-				
CX 6400F+	PC Reihe 6400	2007	Hilden	745,27-	745,27-	ST	10,000-				
CX 6600F+	PC Reihe 6600	2007	Hilden	532,36-	9.999,99	ST		10,000			20,000
CX 6600F+	PC Reihe 6600	2007	Hilden	701,21-	9.999,99	ST		5,000			10,000
CX 6600F+	PC Reihe 6600	2007	Hilden	9.999,99	9.999,99	ST		1.400,000		4,000	1.457,000
DVD3000R+	DVD 3000R+	2007	Hilden	9.999,99	9.999,99	ST		51,000	701	84,000	
FP 6 TB	Festplatte 6 TB	2007	Hilden	9.999,99	9.999,99	ST		1.500,000	701	55,000	1.500,000
GF2	Gehäusefront	2007	Hilden	555,62-	437,27-	ST	10,000-				10,000
GF2	Gehäusefront	2007	Hilden	626,94-	9.999,99	ST		100,000			1.600,000
GF2	Gehäusefront	2007	Hilden	708,31-	437,27-	ST	5,000-				5,000
GK 3GLS	GK 3GLS	2007	Hilden	532,55-	9.999,99	ST		1.483,000	701	16,000	1.500,000
GR2	Gehäuserückseite	2007	Hilden	555,62-	437,27-	ST	10,000-				10,000
GR2	Gehäuserückseite	2007	Hilden	626,94-	9.999,99	ST		100,000			1.600,000
GR2	Gehäuserückseite	2007	Hilden	708,31-	437,27-	ST	5,000-				5,000
H21	Halbfabrikat H21	2007	Hilden	0,90-	0,90-	ST			21		300,000

Abbildung 14.29 Produktübersicht

Da die PP/DS-Alerts dynamisch entstehen (im Gegensatz zu den statischen Ausnahmemeldungen des SAP-ECC- bzw. SAP-S/4HANA-Systems, die teilweise an den Planungslauf gebunden sind), existiert im SAP-APO-System bzw. in ePP/DS kein Äquivalent zur Dispositionsliste (Transaktion MD05). Jedoch haben Sie in der Produktübersicht über die Schaltfläche **Sicht: Planungslauf Info** die Möglichkeit, sich Informationen über den letzten Planungslauf anzeigen zu lassen.

Produktplantafel

Auch die Produktplantafel stellt, wie schon der Name suggeriert, die Planung eines Produkts in den Mittelpunkt. Allerdings ist sie eher eine Sammlung verschiedener anderer Transaktionen, die wir bereits vorab angesprochen haben, als eine eigene Funktion.

Sie können in der Produktplantafel bis zu drei verschiedene Sichten gleichzeitig einblenden. Dabei haben Sie die Wahl aus bis zu elf unterschiedlichen Einzelfunktionen, die Sie per Drag-and-Drop einblenden können (siehe Abbildung 14.30):

- Alert-Monitor
- Produktsicht
  - Einzelelemente
  - periodisch
  - Mengengrafik
- Produktübersicht
- Pegging-Übersicht

- lokationsübergreifende Sicht: periodisch
- Ressourcensicht
- Feinplanungstafel
- Heuristiken
- Optimierer
- Produktionssicht
  - Einzelelemente
  - periodisch
- Planmonitor

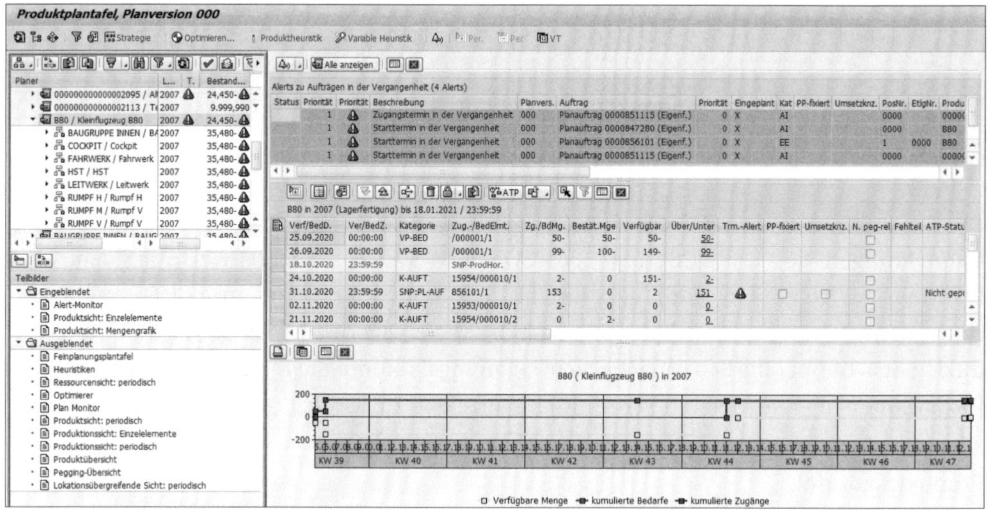

Abbildung 14.30 Produktplantafel

Trotz des Produktfokus in der Planung kann in der Produktplantafel auch eine ressourcenbezogene Sicht verwirklicht werden. Dies ist bspw. über das Einblenden der Feinplanungstafel, der Ressourcensicht sowie der Produktionssicht möglich. Jedoch bleibt auch in diesem Fall der Einstieg produktorientiert, d. h., Sie selektieren und navigieren im Rahmen der Planung prinzipiell durch die einzelnen Produkte.

Planer-Homepage

Als zentraler Einstiegspunkt für eine interaktive Planung mit dem SAP-APO-System kann die Planer-Homepage verwendet werden. Dabei handelt es sich um eine mit SCM 7.02 bereitgestellte Funktion, die in einer webbasierten Sicht einen Einstieg in die Planung ermöglicht. Dieser Einstieg, den Sie mit dem SAP NetWeaver Business Client for Desktop ab Version 3.5 realisieren können, steht nicht nur der kurzfristigen Kapazitätsplanung zur Verfügung. Ebenso kann diese Funktion von Absatzplanern,

ATP-Planern oder auch Planern der langfristigen Kapazitätsplanung in SNP verwendet werden.

Die als Startseite in die Planung konzipierte Seite enthält die folgenden Informationsblöcke:

- **Alert-Übersicht**
  Die Alert-Übersicht ermöglicht Ihnen einen Überblick über die relevanten Ausnahmesituationen.
- **Objekte des Planers**
  Zu den Objekten können z. B. Lokationsprodukte, Ressourcen oder Merkmalswertekombinationen zählen. Für diese Objekte können Kennzahlen angezeigt werden.
- **Notizen**
  Es können Notizen für die Planung festgehalten und angezeigt werden.
- **Favoritenselektion**
  Die Favoritenselektion bietet die Möglichkeit, Ihre favorisierten Transaktionen auszuwählen.
- **Favoritenreports**
  Analog zur Favoritenselektion bezüglich der Transaktionen wird Ihnen in diesem Informationsblock die Option geboten, Ihre favorisierten Reports aufzurufen.

Mithilfe dieser inhaltlichen Blöcke, die in Bezug auf ihren Inhalt und ihr Layout personalisiert werden können, ist eine Navigation in die oben genannten SAP-APO-Planungsfunktionen möglich.

14.5.2 Interaktive Planung in SNP

Für die Planung stehen Ihnen in SNP, wie in Abschnitt 4.4.2, »Supply Network Planning (SNP)«, vorgestellt, mehrere Planungsfunktionen bzw. Algorithmen zur Verfügung, über die Sie eine Materialbedarfsplanung mit einer Kapazitätsplanung kombiniert durchführen können: die SNP-Heuristik (evtl. im Zusammenspiel mit dem Kapazitätsabgleich, Capacity Leveling), der SNP-Optimierer oder Capable-to-Match (CTM). Der Prozessschritt der interaktiven Planung beschreibt die Möglichkeit der Planer, manuell sowie systemgestützt in die Planung einzugreifen und das Planungsergebnis entsprechend den individuellen Anforderungen anzupassen. Dabei sind unterschiedliche Einstiege in die Planungssituation möglich und sinnvoll. Eine interaktive Planung ist z. B. produktweise oder evtl. ressourcenweise möglich. Auch eine ausnahmebasierte Planung ist während der Planung mit SNP möglich und in den meisten Fällen sinnvoll, damit die Planer sofort auf die kritischen Problemsituationen hingewiesen werden und konzentriert an diesen arbeiten können. Aus Bedarfsplanungssicht ist meist ein Einstieg über die Produkte sinnvoll, wobei im Rahmen der

Kapazitätsplanung die Planung über die Ressourcen und im Speziellen über die Engpassressourcen geeignet ist.

Um die unterschiedlichen Einstiegsmöglichkeiten bei der Planung mit SNP zu unterstützen, gibt es verschiedene Funktionen, wie z. B. die SNP-Planungsmappen oder den Alert-Monitor, die für alle Planungsverfahren in SNP verwendet werden können. Einige der Planungsfunktionen, wie z. B. der Alert-Monitor oder die Produktsicht, werden nicht nur in SNP verwendet, sondern stehen ebenfalls für die Planung mit anderen SAP-APO-Funktionen zur Verfügung.

In diesem Abschnitt erhalten Sie einen Überblick über die allgemein zur Verfügung stehenden Funktionen der interaktiven Planung in SNP. SNP stellt neben verschiedenen Protokollen und Auswertungen primär die Planungsmappen und Datensichten sowie den Alert-Monitor als Benutzeroberfläche für die Planer zur Verfügung. Auch die Pflege bzw. Anpassung der Stammdaten ist ein wesentlicher Bestandteil der Planung in SNP.

Interaktive SN-Planung (/SAPAPO/SDP94)

Das Hauptwerkzeug des Supply Network Planers in SAP APO ist die Transaktion /SAPAPO/SDP94 (Supply Network Planning interaktiv), mit der Sie manuell in die Bedarfs- sowie Kapazitätsplanung eingreifen können. Diese Transaktion ermöglicht über entsprechende Layouts bzw. Planungsmappen und Datensichten eine produktweise, ressourcenweise oder ausnahmeorientierte Planung.

Das in Abbildung 14.31 dargestellte Planungslayout zeigt eine SNP-Standarddatensicht, die sich immer aus den folgenden Kernelementen zusammensetzt: Links sehen Sie den Selektionsbereich ❶, rechts den Arbeitsbereich ❷ und oben die Kopfzeile ❸.

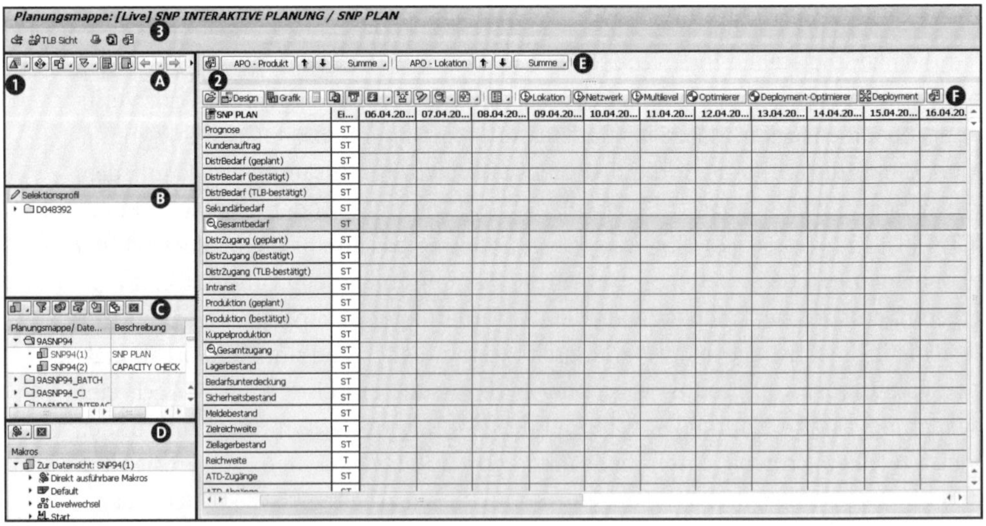

Abbildung 14.31 Planungsmappe/Datensicht SNP PLAN

- **Selektionsbereich**
  Der Selektionsbereich lässt sich noch einmal in die folgenden vier Bereiche untergliedern:
  - *Shuffler* Ⓐ: Der Shuffler ist der Bereich, in dem Sie die Planungsebenen selektieren. Ihnen stehen die in der Planungsmappe definierten Merkmale als Planungs-/Selektionsebenen zur Verfügung, und Sie können aus den vorhandenen Merkmalswerten auswählen. Aus dem Shuffler laden Sie die relevanten Planungsobjekte in den Arbeitsbereich. Indem Sie mit der rechten Maustaste auf ein markiertes Lokationsprodukt klicken, können Sie weitere Funktionen aufrufen, wie z. B. den Absprung in die Produktsicht, die Produkt-, Lokations- oder Lokationsproduktstammdaten. Es ist auch möglich, häufig verwendete Selektionen in sogenannten Selektionsprofilen abzuspeichern.
  - *Selektionsprofil* Ⓑ: In diesem Bereich können Sie die Selektionen anzeigen, die Sie häufig verwenden und als Selektionsprofil abgespeichert haben. Ihnen wird die Selektionsprofil-ID angezeigt, die Sie ausgewählt haben, und Sie können einfach über einen Doppelklick auf die Selektionsprofil-ID die selektierten Planungsobjekte in den Shuffler laden.
  - *Planungsmappen/Datensichten* Ⓒ: In diesem Bereich werden Ihnen die Planungsmappen und Datensichten angezeigt, für die Sie Berechtigungen besitzen. In der Regel werden für verschiedene Planungsprozesse optimierte Sichten verwendet. Es gibt eine Vielzahl von Datensichten, die im Standard für die einzelnen Planungsschritte, wie z. B. eine Sicherheitsbestandsplanung, eine aggregierte Planung, eine Planung mit Haltbarkeiten oder Produktaustauschbarkeit, bereitgestellt werden. Eine grundlegende Standardplanungsmappe ist z. B. die Mappe 9ASNP94 mit der Datensicht SNP94(1) – SNP PLAN für die Bedarfsplanung und der Datensicht SNP(2) – CAPACITY CHECK für die Kapazitätsplanung. Entsprechend Ihren Anforderungen können Sie auch individuelle Planungslayouts definieren.
  - *Makros* Ⓓ: Dieses Teilfenster zeigt alle Makros, die für die Datensicht bzw. für die Planungsmappe zur Verfügung stehen und einem bestimmten Event, z. B. Start, Level-Wechsel, Default, zugeordnet sind oder direkt ausgeführt werden können.
- **Arbeitsbereich**
  Der Arbeitsbereich nimmt den größten Teil des Planungslayouts ein und ist der wesentliche Darstellungsbereich zur Planung. Er besteht aus bis zu zwei Tabellen (auch *Grids* genannt), bzw. alternativ kann eine Grafik verwendet werden. Sie können die Tabelle oder die Grafik zur manuellen Planung nutzen. Welche Kennzahlen Sie in dem Arbeitsbereich in der Tabelle verwenden oder anzeigen, können Sie individuell entscheiden. In SNP werden in der Regel Kennzahlen unterschieden, die dem Gesamtbedarf oder dem Gesamtzugang zuzuordnen sind oder sich aus diesen Informationen und weiteren Stammdaten sowie Planungsfunktionen berechnen

lassen. Durch das Ändern der eingabebereiten Kennzahlen können Sie Kennzahlenwerte und somit die dahinterliegenden Aufträge ändern.

Über einen Klick mit der rechten Maustaste auf eine Zelle können Sie weitere Funktionen aufrufen, z. B. die Anzeige von Auftragsdetails. In der Kopfzeile (E) des Arbeitsbereichs können Sie die Merkmale bzw. Planungsebenen wie Lokationsprodukte oder Ressourcen einblenden. Es ist möglich, SNP-Planungsfunktionen wie z. B. die Heuristik sowie den Kapazitätsabgleich, den Optimierer oder das Deployment für die selektierten Lokationsprodukte anzustoßen (F). In der interaktiven Planung zur Unterstützung der ausnahmebasierten Planung können Sie sich Alerts zur aktuellen Planungsmappe, zur aktuellen Version oder zur aktuellen Selektion anzeigen lassen und abarbeiten. Neben der Anzeige der Alerts in einem separaten Abschnitt im Arbeitsbereich können Sie über eine Farbgebung auch wichtige Ausnahmesituationen in den Datensichten bzw. Zellen des Planungslayouts direkt hervorheben.

- **Kopfzeile**
  In der Kopfzeile können Sie einige grundlegende Einstellungen vornehmen, z. B. Selektionsbereich oder Kopfzeile ein-/ausblenden, Benutzereinstellungen pflegen, oder in weitere SNP-Sichten und -Funktionen abspringen.

Alert-Monitor in SNP

Alerts können Sie entweder direkt in SNP interaktiv anzeigen lassen, oder Sie verwenden den Alert-Monitor als zentralen Einstieg, um eine ausnahmebasierte Planung zu unterstützen. Welche im System vorhandenen Alerts für einen bestimmten Planer relevant sind, können Sie über die Zuordnung von einem Alert-Gesamtprofil und einem anwendungsspezifischen Alert-Profil steuern. Für die Planung in SNP ist das anwendungsspezifische Alert-Profil **SAP APO: Absatz- und Beschaffungsplanung** relevant. Im SAP-Standard werden im Rahmen der Bedarfsplanung einige Alerts mitausgeliefert, wie die Alerts zur Bedarfsunterdeckung, zum Sicherheitsbestand oder zum Ziellagerbestand. Grundsätzlich können Sie auch individuelle Alerts definieren und verwenden.

Im Alert-Monitor sehen Sie alle Ausnahmesituationen auf einen Blick. Sie können den Status einzelner Alerts setzen und über einen Doppelklick in die interaktive Planungssituation in SNP springen. Zu unterscheiden sind dabei Informationen, Warnung und Fehler. Der Alert-Monitor ist ein wichtiges Werkzeug, um ein Management-by-Exception-Konzept zu etablieren und den manuellen Planungsaufwand zu minimieren. Weitere Informationen hierzu finden Sie im Unterabschnitt »Alert-Monitor in PP/DS« in Abschnitt 14.5.1, »Interaktive Planung in PP/DS«.

Allgemeine Funktionen der interaktiven Planung

Neben den SNP-spezifischen Planungsfunktionen können auch einige Funktionen für die interaktive Planung in SNP verwendet werden, die auch in der kurzfristigen Planung bzw. Auswertung und Planung mit anderen SAP-APO-Funktionen relevant sind:

- Das Supply Chain Cockpit wird als zentrales Monitoring-Tool für alle SAP-APO-Anwendungen verwendet.
- Die Produktsicht, die erweiterte Produktsicht und die Produktübersicht werden als produktbezogene Benutzeroberflächen genutzt, die im Rahmen der Gesamtplanungsprozesse eine wesentliche Informationsfunktion haben.
- Die Bedarfs- und Zugangssicht können wichtige Bestandteile der interaktiven Planung in SNP sein.
- Die Planer-Homepage kann als zentraler Einstieg verwendet werden, damit der SNP-Planer alle notwendigen Informationen zur Priorisierung der aktuellen Aufgaben gebündelt anzeigen kann.

Stammdaten in der interaktiven Planung

Neben der Prüfung der Planungsergebnisse und manuellen Ausführung bzw. Korrektur der Planung im Hintergrund ist die Anpassung der Stammdaten eine wesentliche Aufgabe der interaktiven Planung. Die Qualität der Planungsergebnisse ist abhängig von gepflegten Stammdaten. Neben den Stammdaten, die in SAP ECC für die Planung zur Verfügung stehen, sind hier auch SNP-Stammdaten besonders zu betrachten, die nur in SAP APO verwendet werden. Welche Stammdaten für Sie relevant sind, hängt vom gewählten Planungsverfahren ab. Somit gibt es Stammdaten, die in SAP ECC existieren und dort gepflegt werden müssen, aber auch Stammdaten, die direkt in SAP APO eingestellt werden müssen.

14.6 Benutzeroberflächen für die Disposition in SAP IBP

SAP IBP bietet im Bereich der Bearbeitung der Dispositionsergebnisse verschiedene Funktionen, die auf unterschiedlichen Oberflächentechnologien basieren. Zum einen gibt es für die Nachbearbeitung der zeitreihenbasierten Planung eine in Microsoft Excel eingebettete Funktion, die Sie über SAP IBP, Add-in for Microsoft Excel aktivieren können. Zum anderen gibt es eine Reihe von Apps, die die Nachbearbeitung der Planungsergebnisse unterstützen.

14.6.1 Nachbearbeitung der Dispositionsergebnisse in Microsoft Excel

Planungssichten (engl. *Planning Views*) stellen in der Excel-basierten Planung mit SAP IBP die grundlegenden Sichten dar, mit denen Daten angezeigt, verändert und gelöscht werden können. Sie sind damit in gewisser Weise das Äquivalent zu den SAP-GUI-Transaktionen von SAP S/4HANA, SAP ECC oder auch SAP APO. Dabei weisen sie eine sehr hohe Flexibilität bezüglich der individuellen Gestaltung auf. Mit ihnen können also die vielfältigen Optionen von Excel samt VBA-Code genutzt werden, um maßgeschneiderte Sichten zu erzeugen. Daher können sich Planungssichten stark unterscheiden; anders als bei den Transaktionen der anderen genannten SAP-Systeme gibt es hier weniger von SAP ausgelieferten Standard. Die in diesem Buch gezeigten Planungssichten stellen lediglich Beispiele dar und können von denen in Ihrem SAP-IBP-System abweichen (siehe Abbildung 14.32).

Webbasierte Planung

Seit dem Release 1908 bietet SAP-Planungssichten mit der SAP-Fiori-App **Webbasierte Planung** auch über einen browserbasierten Aufruf an. Details hierzu finden Sie im SAP Help Portal unter *http://s-prs.de/v858409* (über den Pfad **Anwendungshilfe für SAP Integrated Business Planning 2108 • Benutzeroberfläche • Arbeiten mit Webanwendungen • Webbasierte Planung**).

Die Planungssichten in SAP IBP enthalten immer ein oder mehrere Arbeitsblätter, in denen in einem bestimmten Teil Daten aus der SAP-IBP-Datenbank dargestellt werden. Es ist jedoch auch möglich, spezifische Funktionen von Excel allgemein oder des Add-ins im Speziellen zu nutzen, um die direkt mit der SAP-IBP-Datenbank synchronisierten Daten erweitert auszuwerten bzw. die Planung mit zusätzlichen Informationen anzureichern.

Excel-Funktionen, die zur Anreicherung genutzt werden können, sind bspw. das vielfältige Formelwerk, das die Microsoft-Excel-Software zur Verfügung stellt. Ebenso kann VBA-Code genutzt werden. Wir werden auf diese Standardfunktionen von Excel in diesem Buch aber nur am Rande eingehen, wenn es für das Verständnis der Möglichkeiten in SAP IBP sinnvoll ist.

Weiterführende Literatur

Da ein vollständiger Überblick über die Microsoft-Excel-Funktionen im Rahmen dieses Buchs nicht geleistet werden kann, empfehlen wir Ihnen gerne weiterführende Literatur:

- Theis, Thomas (2020), *Einstieg in VBA mit Excel*, 5. Auflage, Rheinwerk Verlag
- Held, Bernd (2019), *VBA mit Excel*, 4. Auflage, Rheinwerk Verlag
- Siegmann, Dirk (2021), *Datenvisualisierung mit Excel*, Rheinwerk Verlag

Neben der Möglichkeit, Daten aus der SAP-IBP-Datenbank direkt in Excel anzuzeigen und zu verändern, bietet das Add-in auch spezielle Formatierungsoptionen (siehe Abbildung 14.32).

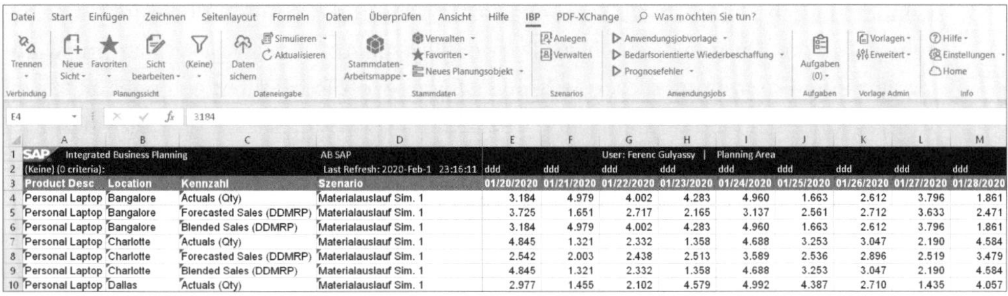

SAP Integrated Business Planning — AB SAP — User: Ferenc Gulyassy | Planning Area
(Keine) (0 criteria): — Last Refresh: 2020-Feb-1 23:16:11

Product Desc	Location	Kennzahl	Szenario	01/20/2020	01/21/2020	01/22/2020	01/23/2020	01/24/2020	01/25/2020	01/26/2020	01/27/2020	01/28/2020
Personal Laptop	Bangalore	Actuals (Qty)	Materialauslauf Sim. 1	3.184	4.979	4.002	4.283	4.960	1.663	2.612	3.796	1.861
Personal Laptop	Bangalore	Forecasted Sales (DDMRP)	Materialauslauf Sim. 1	3.725	1.651	2.717	2.165	3.137	2.561	2.712	3.633	2.471
Personal Laptop	Bangalore	Blended Sales (DDMRP)	Materialauslauf Sim. 1	3.184	4.979	4.002	4.283	4.960	1.663	2.612	3.796	1.861
Personal Laptop	Charlotte	Actuals (Qty)	Materialauslauf Sim. 1	4.845	1.321	2.332	1.358	4.688	3.253	3.047	2.190	4.584
Personal Laptop	Charlotte	Forecasted Sales (DDMRP)	Materialauslauf Sim. 1	2.542	2.003	2.438	2.513	3.589	2.536	2.896	2.519	3.479
Personal Laptop	Charlotte	Blended Sales (DDMRP)	Materialauslauf Sim. 1	4.845	1.321	2.332	1.358	4.688	3.253	3.047	2.190	4.584
Personal Laptop	Dallas	Actuals (Qty)	Materialauslauf Sim. 1	2.977	1.455	2.102	4.579	4.992	4.387	2.710	1.435	4.057

Abbildung 14.32 Beispiel einer Planungssicht in Excel

In Planungssichten können generell die folgenden Bestandteile enthalten sein:

- Kopfdaten
- Zeiteinstellungen
- Planungsebenen
- Kennzahlen
- Layout
- Filter
- Alerts

Die vom SAP-IBP-System angebotenen Optionen hängen von der Konfiguration ab, bspw. können einzelne der genannten Bereiche aufgrund von bestimmten Vorgaben fehlen.

Mit Ausnahme der Layouts und Alerts handelt es sich bei den oben genannten Punkten um Pflichteinstellungen, ohne deren Festlegung keine Planungssicht genutzt werden kann. Sie können Filter per globaler Konfiguration zu einer Pflichteinstellung erklären; tun Sie das nicht, bleiben sie optional.

Sie können aus dem Excel-Interface auch Planungsoperatoren anstoßen und die Ergebnisse im Anschluss in Excel nachbearbeiten. Dies kann simulativ passieren, die Ergebnisse lassen sich jedoch auch mit der SAP-IBP-Datenbank abgleichen.

14.6.2 Nachbearbeitung der Dispositionsergebnisse in SAP-Fiori-Apps

Die zeitreihenbasierte Planung wird im Wesentlichen mithilfe der Planungssichten in Microsoft Excel durchgeführt. Mit der webbasierten Planung können Sie die Planungssichten in vereinfachter Form auch über die browserbasierten Benutzeroberflächen verwenden. Die webbasierte Planung im Internetbrowser ist jedoch in den wesentlichen Grundzügen absolut identisch mit den Excel-basierten Sichten.

In der auftragsbasierten Planung ist die grundlegende Situation eine andere. Sie verwendet auch in Teilen die zeitreihenbasierten Planungssichten, jedoch sind – wie bereits durch den Namen deutlich wird – vor allem die Aufträge in dieser Planung wichtig. Für eine Darstellung dieser Aufträge ist Microsoft Excel nicht geeignet, u. a. weil Auftragsdaten einen hierarchischen Charakter aufweisen. Aus diesem Grund gibt es eine Reihe von browserbasierten Apps explizit für die auftragsbasierte Planung, die wir Ihnen im Folgenden genauer vorstellen.

SAP-Fiori-App »Projizierten Bestand anzeigen«

Eine zentrale Anwendung im Bereich der auftragsbasierten Planung stellt die App **Projizierten Bestand anzeigen** (engl. **View Projected Stock**) dar. Sie repräsentiert die Übersicht, die Sie in den ERP-Systemen GUI-basiert über die aktuelle Bedarfs-/Bestandssituation (Transaktion MD04) bzw. über Ihren Sammeleinstieg mit der Transaktion MD07 erreichen können. Auch in SAP APO sowie in ePP/DS gibt es mit der Produktsicht (Transaktion /SAPAPO/RRP3) bzw. der Produktübersicht ein entsprechendes Äquivalent.

Im oberen Teil der App sehen Sie die Sammelliste aller Lokationsmaterialien (siehe Abbildung 14.33). Kritische Bestandskonstellationen werden über Spalten ausgewiesen, es ist alternativ möglich auf einem Zeitstrahl im rechten Teil des oberen Bildschirmabschnitts eine farbliche Visualisierung der kritischen Konstellation vorzunehmen.

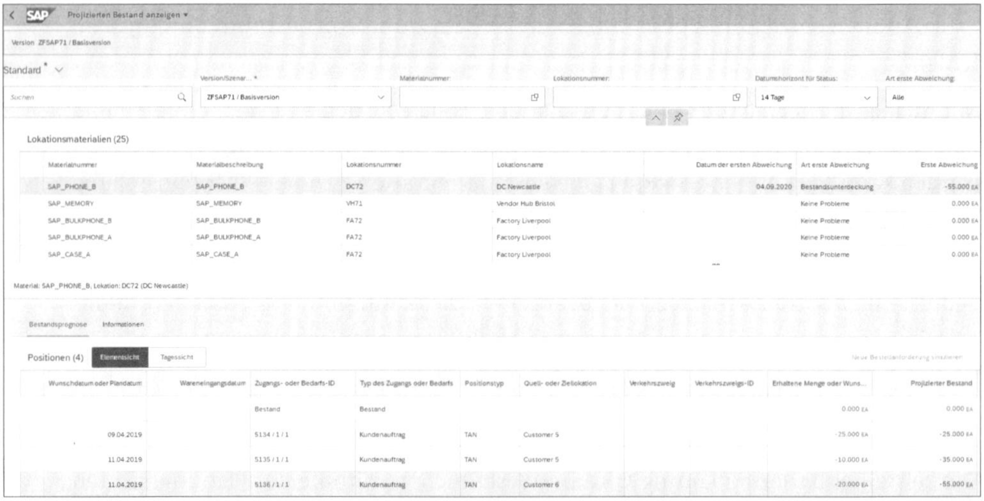

Abbildung 14.33 Einstiegsbild der SAP-Fiori-App »Projizierten Bestand anzeigen«

Der Zeitstrahl ergibt sich dann aus dem Datumshorizont, den Sie im oberen Bereich der App einstellen können und in dem das SAP-IBP-System nach ebendiesen Bestandsunterdeckungen sucht. Sicherheitsbestandsunterdeckungen und Bestandsunterdeckungen werden im System in der Spalte **Art erste Abweichung** angezeigt.

Wenn Sie mit einem Mausklick ein Lokationsmaterial in der Sammelliste auswählen, wird im unteren Teil des Bildschirms die Elementsicht angezeigt. Hier finden Sie eine Übersicht über alle Bedarfs- und Zugangselemente. Über die Schaltfläche **Tagessicht** über den Einzelelementen können Sie in die Tagessicht wechseln und sehen dort die entsprechende Bedarfsbestandssituation auf Tagesbasis aggregiert. Diese Sicht, die mit der Periodensummensicht der aktuellen Bedarfs-/Bestandssituation des ERP-Systems auf Tagesbasis vergleichbar ist, empfiehlt sich insbesondere, wenn Sie viele Einzelelemente für ein Material anzeigen wollen.

Die Materialliste als übergreifender Sammeleinstieg sowie die Elementsicht der Bedarfe und Zugänge, also die mit den oben genannten Transaktionen vergleichbaren Informationen, stellen lediglich das Einstiegsbild der App **Projizierten Bestand anzeigen** dar. Über die Registerkarte **Informationen** können Sie sich detaillierte Informationen zum ausgewählten Lokationsmaterial anzeigen lassen, und Informationen zum letzten Planungslauf können visualisiert werden.

Ferner können Sie für eingekaufte Materialien Änderungen an einem bestehenden Bestellbeleg oder auch neue Bestellanforderungen simulieren. Hierfür steht Ihnen im oberen Teil der Einzelelementsicht die Schaltfläche **Bestellanforderung simulieren** zur Verfügung.

Für einzelne Elemente finden Sie in der Spalte **Zugangs- oder Bedarfs-ID** einen Link, der auf weitere Apps der auftragsbasierten Planung verweist. Ein Klick auf den Link eines Kundenauftrags führt z. B. zur App **Bestätigungen anzeigen**, wohingegen Sie mit dem Klick auf einen Link eines Zugangselements in der App **Verwendung der Zugänge analysieren** landen.

SAP-Fiori-App »Bestätigungen anzeigen«

Wenn Sie die App **Bestätigungen anzeigen** aus der App **Projizierten Bestand anzeigen** heraus aufrufen, ist die Anzeige direkt nach einer bestimmten Kundenauftragsposition gefiltert. Falls der Aufruf aus dem SAP Fiori Launchpad erfolgt, müssen Sie über die im oberen Teilbereich der App zu findenden Filteroptionen eine Selektion vornehmen.

Hier können Sie *Engpasstypen* auswählen. Ein Engpasstyp ist eine Restriktion, die für eine Kundenauftragsposition kritisch ist. In der auftragsbasierten Planung können folgende Engpasstypen verwendet werden:

- angepasste Menge
- Fixierungshorizont

- Kontingentierung
- Lieferanteneinschränkung
- projizierter Bestand
- Ressource
- Supply-Chain-Modell
- Wiederbeschaffungszeit

Nach der Identifikation einer Kundenauftragsnummer können Sie die Liste der konkurrierenden Kundenaufträge anzeigen (siehe Abbildung 14.34). In dieser Sicht sehen Sie neben Informationen zu Auftragsdaten, Wunsch- und Bestätigungsmenge auf Positionsebene auch die zugeordnete Bedarfspriorität. Ein Klick auf die Segmentbeschreibung ermöglicht Ihnen detaillierte Informationen zu den Priorisierungsinformationen und zur Pegging-Strategie. Diese werden im unteren Bereich des Bildschirms aufgelistet.

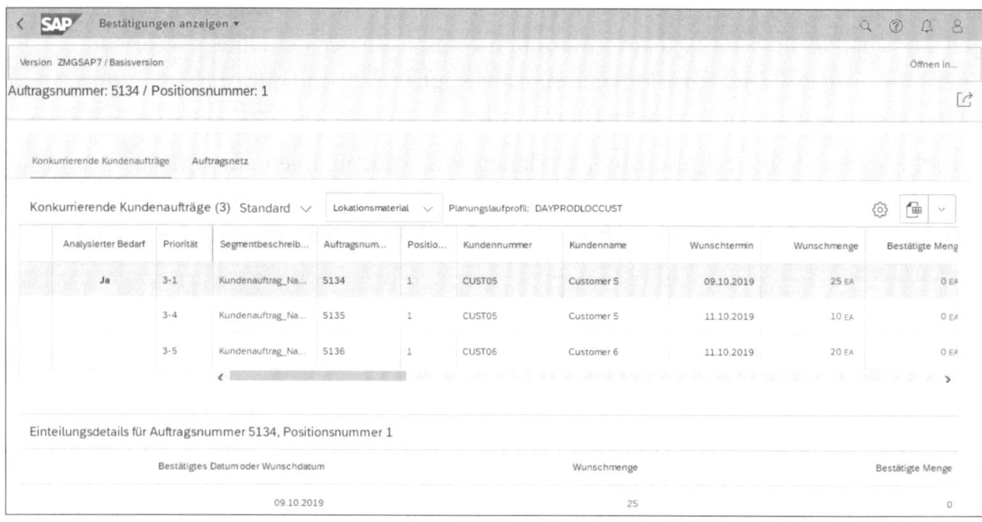

Abbildung 14.34 Sicht auf konkurrierende Kundenaufträge in der SAP-Fiori-App »Bestätigungen anzeigen«

Über die Schaltfläche **Kontingentierungsdetails anzeigen** im unteren rechten Bereich des Bildschirms (nicht in der Abbildung zu sehen) lässt sich ein Pop-up-Fenster mit den Details zur Auftragskontierung öffnen. Ferner steht Ihnen die Möglichkeit zur Verfügung, einen simulativen Planungslauf für die Auftragsposition auszuführen. Dafür können Sie das Wunschdatum und die Wunschmenge anpassen. Eine analoge Funktion steht Ihnen auch für noch nicht vorhandene Kundenaufträge mit der App **Kundenauftrag simulieren** zur Verfügung.

Neben der Anzeige der konkurrierenden Kundenaufträge gibt es in der App **Bestätigungen anzeigen** auch die Möglichkeit, sich das mehrstufige Auftragsnetz, d. h. die mehrstufig mit der Kundenauftragsposition verpeggten Zugänge, anzeigen zu lassen. Diese Sicht repräsentiert demnach die Pegging-Sicht (Top-down) der auftragsbasierten Planung. Dabei wird Ihnen im linken Teilbereich der App angezeigt, welche Engpasstypen für das jeweilige Element relevant sind, also z. B. ob eine Ressourcenüberlast zu beobachten ist.

SAP-Fiori-App »Verwendung der Zugänge analysieren«

Das Äquivalent zur App **Bestätigungen anzeigen** auf Zugangsseite ist die App **Verwendung der Zugänge analysieren**. Auch diese App können Sie entweder aus der App **Projizierten Bestand anzeigen** oder direkt aus dem SAP Fiori Launchpad heraus erreichen.

In dieser App finden Sie die Information, zu welchen Bedarfen die Zugänge verpeggt sind; hierfür steht Ihnen die Sicht **Verwendung der Zugänge** zur Verfügung (Abbildung 14.35). Anders als in der App **Bestätigungen anzeigen** wird Ihnen hier das Pegging in der Bottom-up-Richtung angezeigt, d. h. von den Zugängen in Richtung der Bedarfe.

Über die Registerkarte **Verwendung der Ressourcen** können Sie zur ressourcenbezogenen Analyse wechseln.

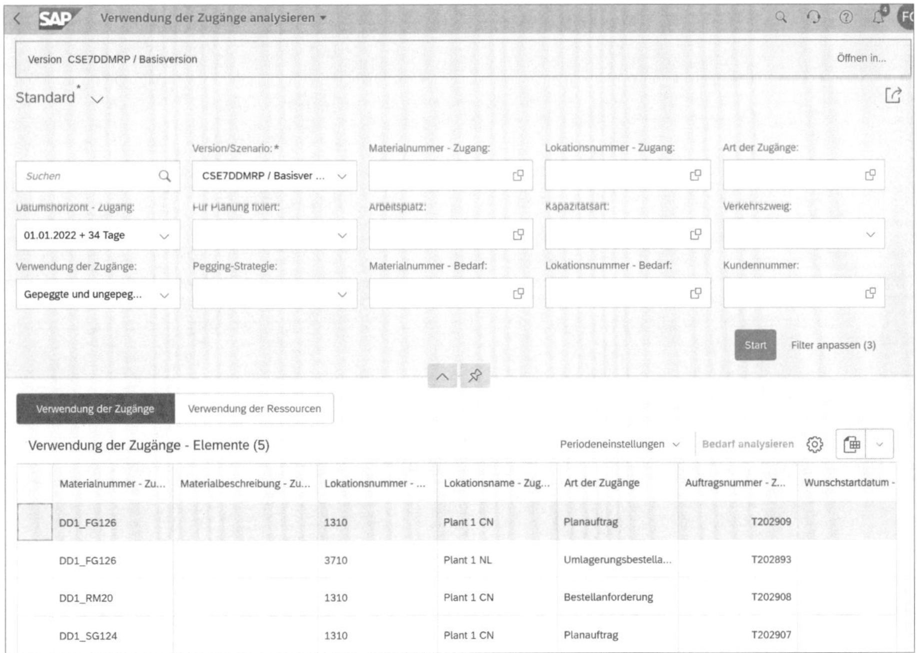

Abbildung 14.35 SAP-Fiori-App »Verwendung der Zugänge analysieren«

14.7 Fazit

Nach der Lektüre dieses Kapitels sollten Ihnen die Aufgaben und Möglichkeiten der Disponenten im Zusammenspiel mit dem SAP-System verständlich sein. Sie sollten ermitteln können, wie die Disponenten in Ihrem Unternehmen arbeiten und wie Sie ihnen mit den vorgestellten Hilfsmitteln die tägliche Arbeit erleichtern können. Haben Ihre Disponenten einen genau definierten Arbeitsablauf oder Tätigkeitsbereich? Wer trägt die Verantwortung für die Stammdatenpflege – die Disponenten oder die IT-Abteilung? Werden Probleme ad hoc gelöst oder schon bevor sie entstehen?

Welche weiteren Möglichkeiten die Disponenten haben, um das Dispositionsergebnis zu beeinflussen, und wie sie die gewonnenen Informationen aus dem Dispositionscontrolling effektiv einsetzen können, lesen Sie in Kapitel 3, »Klassifizierungen von Materialien als Basis für Dispositionsentscheidungen«, und Kapitel 20, »Dispositionsoptimierung«, nach.

Kapitel 15
Verfügbarkeitsprüfung

Die Verfügbarkeitsprüfung stellt wichtige Hilfsfunktionen für die Disposition bereit. Mit dem Bestätigungsdatum von Kundenauftragspositionen setzt sie wesentliche Inputrahmenbedingungen für die Disposition. Zudem ist die Verfügbarkeitsprüfung eine entscheidende Einflussgröße für die Ermittlung des Auftragsstatus.

Die Verfügbarkeitsprüfung im Rahmen der Disposition ist von der Verfügbarkeitsprüfung aus dem Kundenauftrag zu unterscheiden. Während es bei letzterer um die Ermittlung eines Bestätigungstermins geht, der an den Kunden kommuniziert werden kann und somit ein Inputdatum für die Disposition darstellt, ermittelt die Verfügbarkeitsprüfung im Rahmen der Disposition in der Regel den Status eines Produktionsauftrags.

SAP bietet einige Möglichkeiten an, um die Verfügbarkeitsprüfung durchführen zu können. In diesem Kapitel stellen wir Ihnen die Verfügbarkeitsprüfung mit den ERP-Systemen SAP ECC und SAP S/4HANA (siehe Abschnitt 15.1) und mit den SAP-Planungssystemen SAP APO (siehe Abschnitt 15.2) und SAP IBP (siehe Abschnitt 15.3) vor.

15.1 Verfügbarkeitsprüfung in SAP ECC und SAP S/4HANA

In den Standard-ERP-Systemen ist die Verfügbarkeitsprüfung in der Disposition eine einstufige Prüfung auf die terminliche Verfügbarkeit von Material. Es werden in diesem Zusammenhang drei Vorgehensweisen unterschieden:

- Verfügbarkeitsprüfung nach ATP-Logik
- Verfügbarkeitsprüfung gegen Vorplanung
- Verfügbarkeitsprüfung gegen Kontingente

Neben der materialbezogenen Verfügbarkeitsprüfung ist in diesem Zusammenhang auch die Verfügbarkeitsprüfung auf Kapazität bedeutsam. Zusätzlich existiert im SAP-ECC- bzw. SAP-S/4HANA-System die Möglichkeit, die Verfügbarkeit von Fertigungshilfsmitteln zu prüfen. Auf diese Option soll hier jedoch nicht näher eingegangen werden, da dies in der Regel weniger für die Disposition als für die Durchführung des Fertigungsauftrags relevant ist.

15.1.1 Verfügbarkeitsprüfung nach ATP-Logik

Die *Verfügbarkeitsprüfung nach ATP-Logik* (Available-to-Promise) kann aus einer Vielzahl von Komponenten im SAP-ECC- und SAP-S/4HANA-System aufgerufen werden:

- Vertriebsabwicklung (SD-SLS)
- Planauftragsbearbeitung (PP-MRP)
- Fertigungsauftragsabwicklung (PP-SFC)
- Einkauf (MM-PUR)
- Programmplanung (PP-MP-DEM)
- Bestandsführung (MM-IM)
- Chargenverwaltung (LO-BM)

Somit betrifft die ATP-Verfügbarkeitsprüfung sowohl die Kundenauftragsbearbeitung zur Ermittlung eines Bestätigungstermins für einen Kundenauftrag als auch das dispositive Einsatzgebiet zur Ermittlung des Fertigungsauftragsstatus.

Dabei wird ausgehend von einem Bedarf geprüft, ob dieser zu seinem Bedarfstermin eingedeckt werden kann. Falls diese Prüfung negativ endet, wird ein möglicher Termin ermittelt. So kann schon frühzeitig die Notwendigkeit zusätzlicher planerischer Aktivität im Dispositionsprozess abgeleitet werden.

Ausschlaggebend für die Prüfung ist die sogenannte ATP-Methode. Bei dieser Methode werden noch frei verfügbare Mengenanteile von Zugangselementen ermittelt, die als *ATP-Mengen* bezeichnet werden.

Es erfolgt eine dynamische Zuordnung von Ab- und Zugängen. In diesem Rahmen wird einem Abgang der Zugang mit positiver ATP-Menge zugeordnet, der den geringsten zeitlichen Abstand aufweist. Falls die positive ATP-Menge eines Zugangs nicht ausreicht, um den Bedarf vollständig zu decken, wird auf der Zeitachse rückwärts wandernd der nächstliegende Zugang auf eine positive ATP-Menge geprüft. Abbildung 15.1 verdeutlicht die grundlegende Vorgehensweise bei der Berechnung von ATP-Mengen.

	Zugangsmenge	Abgangsmenge	ATP-Menge
Werksbestand	1.000 Stück		300 Stück
Zugang 1	500 Stück		0 Stück
Abgang 1		1.200 Stück	

Abbildung 15.1 Beispiel für ATP-Mengen

Die Steuerung der Verfügbarkeitsprüfung können Sie durch die im Materialstamm zuzuordnende Prüfgruppe vornehmen. Die Prüfgruppe ist dabei vorab im Customizing zu definieren, wobei Sie ebenfalls einen Vorschlagswert pro Werk und Materialart hinterlegen können. Die Prüfgruppe dient der Zusammenfassung von Materialien, die nach gleichen Kriterien auf Verfügbarkeit geprüft werden sollen. Über die Prüfgruppe ist ebenfalls eine Sperrung von Materialien für die Verfügbarkeitsprüfung möglich. Abbildung 15.2 zeigt die Einstellungen des Materialstamms zur Verfügbarkeitsprüfung.

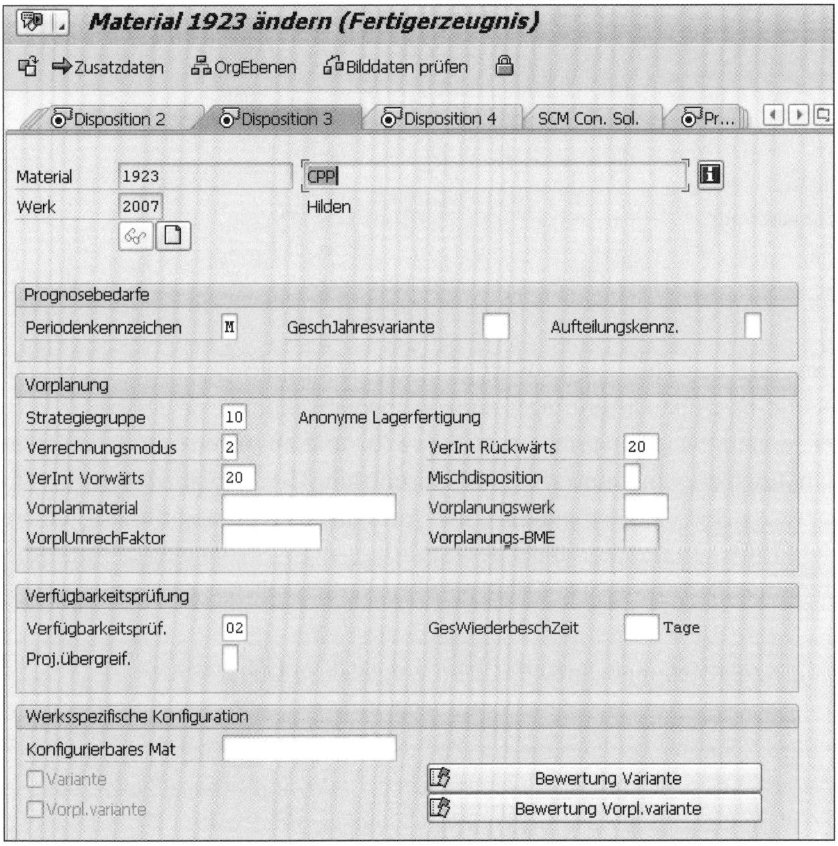

Abbildung 15.2 Einstellungen zur Verfügbarkeitsprüfung in der Registerkarte »Disposition 3« des Materialstamms

Über die Prüfgruppe bestimmen Sie gemeinsam mit der ihr zuzuordnenden Prüfregel den Umfang der Verfügbarkeitsprüfung. Abbildung 15.3 verdeutlicht den Zusammenhang wichtiger ATP-Customizing-Elemente.

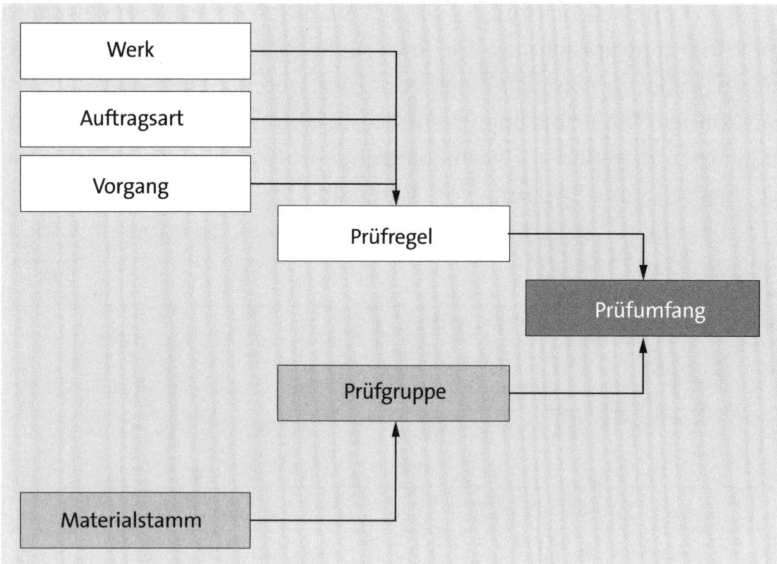

Abbildung 15.3 Zusammenhang zwischen ATP-Customizing-Elementen

Die Prüfregel legt dabei fest, wie die Verfügbarkeitsprüfung durchgeführt werden soll. Dies bedeutet, dass über die Prüfregel explizit eine Verwendung von Beständen (z. B. Sicherheitsbestand, Qualitätsprüfbestand) sowie Zu- und Abgängen (z. B. Verkaufsbedarfe, Plan- und Fertigungsaufträge) für die Ermittlung der Verfügbarkeitssituation zu definieren ist. Bei der Konfiguration der Verfügbarkeitsprüfung hinterlegen Sie also in der Prüfregel einmalig, ob bei der Ermittlung der ATP-Mengen z. B. alle oder nur die fixierten Planaufträge ins Kalkül gezogen werden sollen.

Customizing-Einstellungen in SAP ECC im Vergleich zu SAP S/4HANA

Bitte beachten Sie, dass es im Customizing der Verfügbarkeitsprüfung auf erster Gliederungsebene zu einer Umsortierung der Absprünge gekommen ist. In manchen Fällen lassen sich im SAP-S/4HANA-System nicht mehr 1:1 die gleichen Pfade verwenden, die in SAP ECC zu den jeweiligen Einstellungen geführt haben. Die Funktion selbst ist von dieser Umstellung jedoch nicht betroffen. Auch unterscheiden sich die jeweiligen Detaileinstellungen auf der hier beschriebenen Ebene nicht zwischen den beiden Systemen.

Folgende Bestände können optional in der Prüfregel für eine Verwendung bei der ATP-Mengen-Ermittlung einbezogen werden:

- Sicherheitsbestand
- Umlagerbestand
- Qualitätsprüfbestand

- gesperrter Bestand
- nicht freier Bestand
- Lohnbearbeitungsbestand

Die folgenden Zu- und Abgänge können im Rahmen der Prüfregel für eine Verwendung in der Verfügbarkeitsprüfung vorgesehen werden (siehe hierzu auch Abbildung 15.4):

- Bestellungen
- Bestellanforderungen
- Sekundärbedarfe
- (abhängige) Reservierungen (nur entnahmefähige, alle Reservierungen)
- Verkaufsbedarfe
- Lieferschein
- Lieferavis
- Planaufträge (nur fixierte/nur voll bestätigte/alle Planaufträge)
- Abrufbedarfe (nur aus Umlagerungsbestellungen/sowohl als Umlagerungsbestellungen als auch aus Umlagerungsbestellanforderungen)
- Fertigungsaufträge (nur freigegebene/alle Fertigungsaufträge)

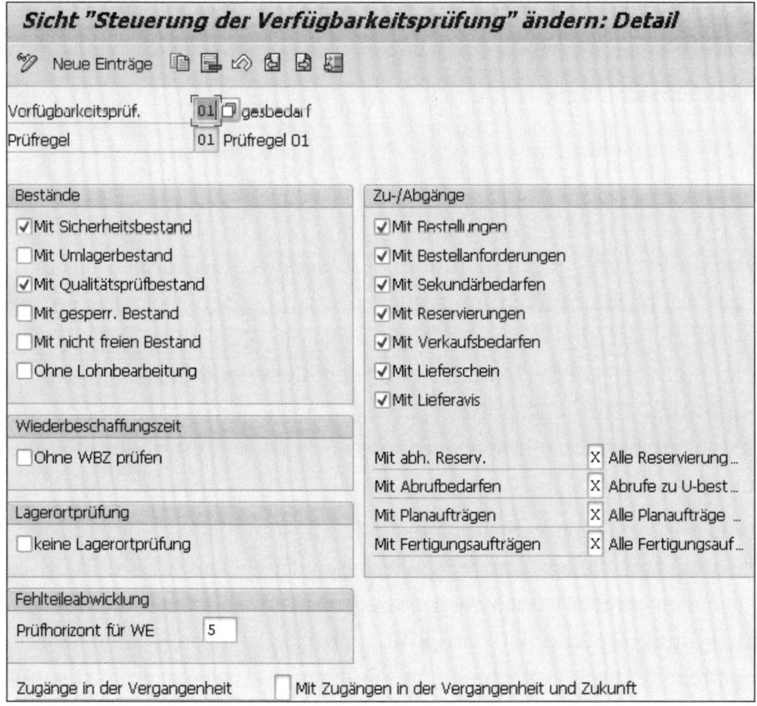

Abbildung 15.4 Möglichkeiten des Prüfumfangs, Ausschnitt aus dem Customizing

In der Prüfregel können Sie über Setzen des Kennzeichens **Zugänge in der Vergangenheit** Zugänge in der Vergangenheit oder in der Zukunft mit einem gesonderten Verhalten versehen (z. B. keine Verwendung von Zugängen aus der Vergangenheit oder gesonderte Nachrichtenausgabe in bestimmten Fällen).

Neben der Definition der zu verwendenden Zu- und Abgänge sowie der verwendeten Bestände müssen Sie in der Prüfregel ebenfalls festlegen, ob eine Verfügbarkeitsprüfung mit oder ohne Wiederbeschaffungszeit durchzuführen ist. Bei einer Einbeziehung der Wiederbeschaffungszeit werden Bedarfe, die außerhalb dieses Zeithorizonts liegen, automatisch bestätigt. Abbildung 15.5 verdeutlicht den Zusammenhang von Verfügbarkeit und Wiederbeschaffungszeit.

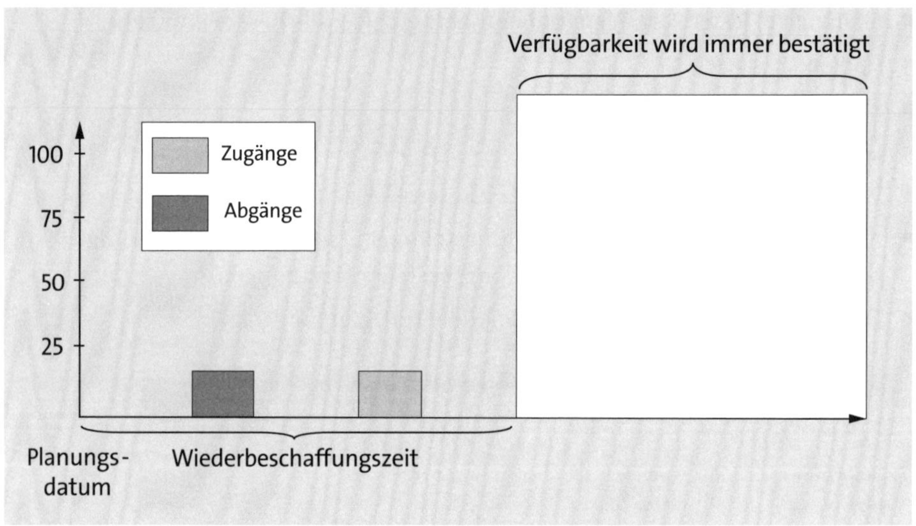

Abbildung 15.5 Verfügbarkeitsprüfung mit Wiederbeschaffungszeit

In diesem Fall wird die Prüfung nur im Zeitraum der Wiederbeschaffungszeit durchgeführt. Hierbei gibt die Wiederbeschaffungszeit die Zeit an, die benötigt wird, um ein bestimmtes Material zu bestellen oder zu fertigen. Falls die Wiederbeschaffungszeit einbezogen werden soll, wird auf das Materialstammfeld **GesWiederbeschZeit** aus der Registerkarte **Disposition 3** zurückgegriffen. Hier ist die Wiederbeschaffungszeit in Arbeitstagen als die Zeitspanne zu hinterlegen, die nötig ist, um ein Material komplett bereitzustellen.

Im Extremfall ist es nötig, eine Betrachtung über den längsten Pfad aller Stücklistenstufen durchzuführen, um die maximale Wiederbeschaffungszeit zu ermitteln. Je nach Vorplanungsebene kann es jedoch auch sinnvoll sein, im Feld **GesWiederbeschZeit** nur einen Ausschnitt der Stücklistenstruktur zugrunde zu legen. Planen Sie z. B. auf der Baugruppenebene direkt unterhalb eines Enderzeugnisses vor und ist somit davon auszugehen, dass diese Baugruppe ständig verfügbar ist, können Sie die Wiederbeschaffungszeit der Baugruppe bei der Gesamtwiederbeschaffungszeit des Endprodukts außer Acht lassen. Abbildung 15.6 zeigt beispielhaft zwei unterschiedliche Interpretationen der Gesamtwiederbeschaffungszeit.

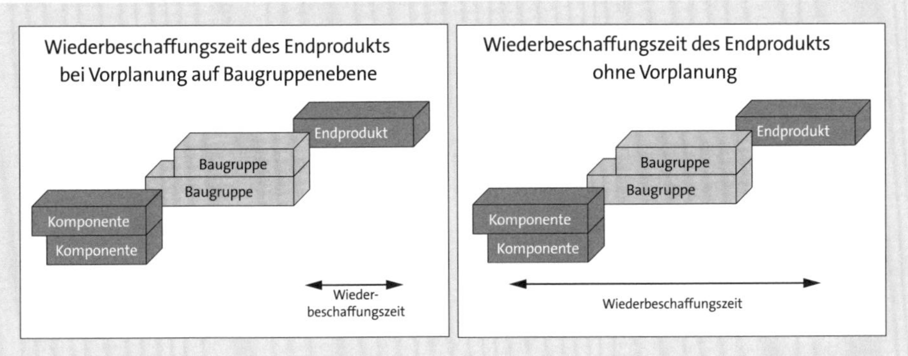

Abbildung 15.6 Unterschiedliche Interpretationen der Gesamtwiederbeschaffungszeit

Ist keine Gesamtwiederbeschaffungszeit gepflegt, verwenden die SAP-ERP-Systeme jeweils die einstufige Wiederbeschaffungszeit, die es mehreren Customizing- bzw. Materialstammfeldern entnimmt. Bei Eigenfertigung handelt es sich dabei um die Materialstammfelder **Eigenfertigungszeit** und **Wareneingangsbearbeitungszeit**, bei Fremdbeschaffung um die **Einkaufsbearbeitungszeit** aus dem Customizing, die **Planlieferzeit** (aus dem Materialstamm oder den Stammdaten des Einkaufs, siehe hierzu Kapitel 14, »Bearbeitung der Dispositionsergebnisse«) und die **Wareneingangsbearbeitungszeit** (aus dem Materialstamm), die jeweils additiv verknüpft werden.

Zur Verhinderung einer Lieferblockade ist es ratsam, bei Einbeziehung der Wiederbeschaffungszeit eine regelmäßige Disposition durchzuführen. Anderenfalls können Bedarfe, die zur Wiederbeschaffungszeit bestätigt wurden und vor einer erneuten Disposition in den Wiederbeschaffungshorizont hineinwandern, zu einer Unterdeckungssituation führen.

Über die Prüfregel können Sie zusätzlich einen Horizont angeben, für den bei Wareneingängen auf Fehlmengen geprüft werden soll. Innerhalb des hier zu definierenden Horizonts wird für ein Fehlteil eine Mitteilung an die Fehlteiledisponenten gesendet, die über den Wareneingang informiert.

Die Verfügbarkeitsprüfung kann auf Werks- oder auf Lagerortebene erfolgen. Die jeweilige Ebene hängt neben dem Prüfumfang auch davon ab, welche Daten in den Materialkomponenten gepflegt sind. Falls z. B. in einer Reservierung ein Lagerort angegeben ist, wird auf dieser Ebene geprüft, es sei denn in der Prüfregel ist eine Beschränkung der Prüfung auf Werksebene vorgesehen.

In der Prüfungssteuerung kann pro Werk und Auftragsart definiert werden, ob eine Prüfung bei der Eröffnung eines Fertigungsauftrags oder erst bei dessen Freigabe erfolgen soll. Neben diesen Optionen ist eine manuelle Prüfung der Verfügbarkeit möglich, sofern die entsprechenden Felder gepflegt sind. Mithilfe des Auftragsinformationssystems kann auch eine Gesamtprüfung für mehrere Aufträge gleichzeitig durchgeführt werden (Sammelverfügbarkeitsprüfung), während über das Fertigungssteuerungsprofil eine Teilmengenbestätigung vorgesehen werden kann. In diesem Fall werden für alle Komponenten nur die Mengen bestätigt, die sich aus der Komponente mit der geringsten Verfügbarkeit ergeben.

Abbildung 15.7 zeigt eine aus der Verfügbarkeitsprüfung gegen ATP-Mengen hervorgegangene Fehlteileliste bei der Fertigungsauftragseröffnung.

Verfügbarkeitsprüfung

Anzahl geprüfte Komponenten: 3
Fehlteile: 3
Gesamtbestätigungstermin: 11.04.2016

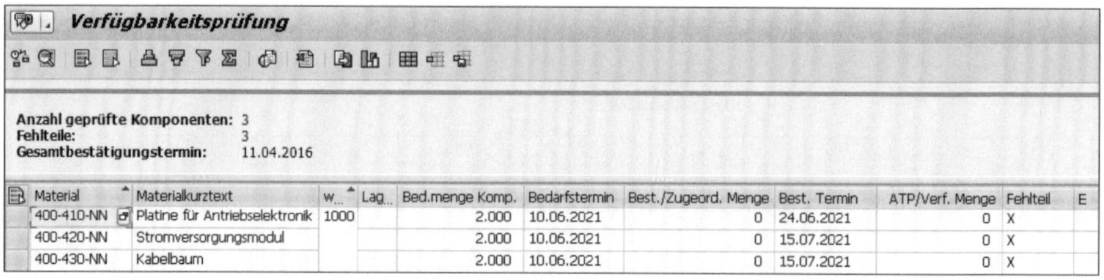

Material	Materialkurztext	W...	Lag...	Bed.menge Komp.	Bedarfstermin	Best./Zugeord. Menge	Best. Termin	ATP/Verf. Menge	Fehlteil	E
400-410-NN	Platine für Antriebselektronik	1000		2.000	10.06.2021	0	24.06.2021	0	X	
400-420-NN	Stromversorgungsmodul			2.000	10.06.2021	0	15.07.2021	0	X	
400-430-NN	Kabelbaum			2.000	10.06.2021	0	15.07.2021	0	X	

Abbildung 15.7 Fehlteileliste bei der Fertigungsauftragseröffnung (Beispiel)

Die Verfügbarkeitsübersicht (Transaktion CO09) bietet einen Überblick über die ATP-Verfügbarkeitssituation einer Material-Werks-Kombination.

15.1.2 Verfügbarkeitsprüfung gegen Vorplanung

Wie auch die Verfügbarkeitsprüfung gegen ATP-Mengen können Sie die *Verfügbarkeitsprüfung gegen Vorplanung* sowohl zur Ermittlung eines bestätigten Kundenauftragstermins als auch aus der Disposition heraus ansteuern. Im Gegensatz zur Verfügbarkeitsprüfung gegen ATP-Mengen wird bei einer Vorplanungsprüfung ausschließlich auf offene Vorplanungsbedarfsmengen der Komponenten geprüft. Es werden demnach weder Zugänge oder Bestände herangezogen noch ATP-Mengen berechnet.

Diese Art der Prüfung ist insbesondere dann zu empfehlen, wenn für Komponenten die Baugruppenvorplanung oder die Dummy-Baugruppenvorplanung durchgeführt wird und die durch eine Prüfung auf Vorplanungsbedarfe erreichte Genauigkeit im Prozess als ausreichend angesehen werden kann.

Bei dieser Prüfung wird nur eine Gesamtbestätigungsmenge ermittelt; ein Gesamtbestätigungstermin oder Teilbestätigungstermin und eine Teilbestätigungsmenge werden nicht ermittelt. Zusätzlich sollten Sie berücksichtigen, dass im Gegensatz zur ATP-Prüfung in den Sekundärbedarf keine Bestätigungsmenge übernommen wird und dass die Vorplanungsbedarfe der Komponenten nicht mit der bestätigten, sondern mit der gesamten Sekundärbedarfsmenge verrechnet werden.

15.1.3 Verfügbarkeitsprüfung gegen Kontingente

Die *Verfügbarkeitsprüfung gegen Kontingente* kann nur aus der Kundenauftragsbearbeitung heraus genutzt werden; ein Einsatz im Rahmen der Disposition ist nicht möglich.

Eine Prüfung gegen Kontingente aus dem Kundenauftrag heraus ist besonders bei knappen Materialien ratsam, also immer dann, wenn der potenzielle Bestätigungstermin weniger von der Komponentenverfügbarkeit als von den bereits einem begrenzten Kontingent zugeordneten Mengen bestimmt wird. Dies ist z. B. dann der Fall, wenn von einem Material aufgrund knapper Produktionskapazitäten weniger zur Verfügung steht, als am Markt nachgefragt wird, und den Kunden nur über eine Zuteilung der knappen Mengen ein bestimmter Anteil der Nachfrage zugeordnet wird.

Die bei der Auftragsbearbeitung angestoßene Verfügbarkeitsprüfung gegen Kontingente ermittelt, ob der Auftragsbedarf gemäß noch nicht anderen Mengen zugeteiltem Kontingent bestätigt werden kann. Somit ist für eine Auftragsbestätigung nicht mehr allein die zeitliche Abfolge der Auftragseingänge entscheidend – es werden gleichzeitig auch die jeweils gültigen Kontingente berücksichtigt.

15.1.4 Verfügbarkeitsprüfung gegen Kapazität

Die *Verfügbarkeitsprüfung gegen Kapazität* betrifft die Schnittmenge zwischen dispositiven und kapazitativen Planungsaktivitäten – es fließen in diesem Schritt also bereits Aspekte der Kapazitätsplanung ein. Die Verfügbarkeitsprüfung ermittelt, ob für die Vorgänge eines Auftrags zu den geplanten Terminen ausreichend Kapazität vorhanden ist. Sie kann bei den folgenden Aktionen aufgerufen werden:

- bei Auftragseröffnung
- bei Auftragsänderung
- bei Auftragsfreigabe

Bei dieser Prüfung werden Kapazitätsangebot und Kapazitätsbedarf periodisch miteinander verglichen. Das freie Kapazitätsangebot einer Kapazität ist dabei die Differenz zwischen dem gesamten Kapazitätsangebot der Kapazität inklusive der erlaubten Überlast und der bestehenden Kapazitätsbelastung, der sogenannten Grundlast. Das System interpretiert im Standard die Feinplanungskapazitätsbedarfe als Grundlast, die eingeplant bzw. kapazitiv bestätigt sind. Eine genaue Differenzierung dieser Vorgänge ist über das Selektionsprofil im Customizing anzugeben. Die Grundlast muss vor der regelmäßigen Durchführung einer Kapazitätsverfügbarkeitsprüfung mittels des Reports RCCYLOAD initialisiert werden.

Wird zu einem geplanten Termin fehlende Kapazität diagnostiziert, kann optional isoliert für den betrachteten Auftrag eine Kapazitätsterminierung angestoßen werden. Wenn das System bei der Prüfung fehlende Kapazität feststellt, kann für den Auftrag eine Kapazitätsterminierung durchgeführt werden. Dabei versucht das jeweilige SAP-ERP-System auf der Basis des Periodenrasters einen kapazitiv machbaren Termin zu ermitteln.

15.1.5 Verfügbarkeitsprüfungen nach Advanced-Available-to-Promise-Logik

Im SAP-S/4HANA-System können Sie über den Standardumfang der ATP-Prüfung hinaus auch die Funktion *Advanced Available-to-Promise* (kurz aATP, im Deutschen gelegentlich auch *erweitertes ATP* genannt) implementieren. Diese Funktion stellt eine Erweiterung der vorhandenen ATP-Prüfungen dar und beinhaltet auch Funktionen, die aus dem auslaufenden SAP-APO-System übernommen wurden. Bei dieser Übernahme handelt es sich jedoch – anders als im Bereich des Add-ons Embedded PP/DS – um eine Neuprogrammierung, in die jedoch entsprechend einzelne Aspekte der SAP-APO-Funktionen übernommen wurden.

Ihnen stehen folgende aATP-Funktionen zur Verfügung:

- Produktverfügbarkeitsprüfung (engl. Product Availability Check, PAC)
- Kontingentierung (engl. Product Allocation, PAL)
- Rückstandsbearbeitung (engl. Backorder Processing, BOP)
- Bestandszuteilung (engl. Supply Assignment, ARun)
- alternativenbasierte Bestätigung (engl. Alternative-Based Confirmation, ABC)
- Verfügbarkeitsschutz (engl. Supply Protection, SUP)
- Stammdaten – Produktersetzung (engl. Master Data – Product Substitution)

Produktverfügbarkeitsprüfung

Bei der *Produktverfügbarkeitsprüfung* (engl. Product Availability Check, PAC) wird bestimmt, welche Mengen zu welchen Zeitpunkten bestätigt werden können. Dabei kann definiert werden, welche Belegarten sowie welche Bestände dabei Berücksichtigung finden sollen. Falls es nicht möglich ist, zum Wunschdatum zu bestätigen, können die folgenden Lieferoptionen vorgeschlagen werden:

- **Einmallieferung**
  Es wird ermittelt, welcher Anteil der Wunschmenge zum Wunschtermin bestätigt werden kann. Zusätzliche Wunschmengen werden dabei ignoriert.
- **Volllieferung**
  Das frühestmögliche Datum, zu dem die volle Wunschmenge geliefert werden kann, wird ermittelt.
- **Liefervorschlag**
  Es werden Teillieferungen für die komplette Wunschmenge ermittelt.

Ferner stehen verschiedene Dialogfenster zur Verfügung. Das SAP-S/4HANA-System erstellt bei dieser Vorgehensweise temporäre Mengenbelegungen, die bereits während der Prüfung zu einer Reservierung der jeweiligen Mengen führen.

Falls Sie eine Liefergruppe mit mehreren Positionen zum identischen Liefertermin prüfen, kann ein gemeinsames Datum für alle Bedarfe der Liefergruppe ermittelt werden.

Kontingentierung

Die *Kontingentierung* (engl. Product Allocation, PAL) ermöglicht es bestimmte Materialien für definierte Zeiträume, bestimmte Regionen oder Kunden zuzuteilen. Somit werden Szenarien vermieden, in denen einzelne Kunden die vorhandene Menge komplett konsumieren und dann im Nachgang keine Mengen mehr für andere Kunden zur Verfügung steht.

Bezüglich des zugrunde liegenden Prozesses sind einige Parallelen zur Verfügbarkeitsprüfung gegen Kontingente zu beobachten. In SAP S/4HANA stehen Ihnen verschiedene SAP-Fiori-Apps zur Verfügung, um diesen Prozess zu unterstützen. Weitere Informationen zu den SAP-Fiori-Apps der Kontingentierung finden Sie im SAP Help Portal.

Rückstandsbearbeitung

Auch im aATP steht Ihnen eine *Rückstandsbearbeitung* (engl. Backorder Processing, BOP) zur Verfügung. Diese Funktion wird genutzt, wenn sich bspw. die Bedarfs-/Bestandssituation geändert hat und eine entsprechende Neuprüfung erfolgen soll. Sie können dabei bspw. die Wunschmenge eines wichtigeren Kunden, für die sonst keine Bestätigung vorgenommen werden kann, durch Reallokation der bestehenden Bestätigung von weniger wichtigen Kunden gegebenenfalls doch bestätigen. Dabei kommt es dazu, dass bestimmte Bedarfe aus dem Rückstandsbearbeitungsprozess als Gewinner hervorgehen, d. h., es können zusätzliche Mengen wunschgemäß bestätigt werden. Andere schneiden durch die Neuberechnung eventuell schlechter ab.

Sie können in der SAP-Fiori-App **BOP-Segment konfigurieren** Segmente anlegen und ändern. Über die App **Benutzerdefinierte BOP-Sortierung konfigurieren** können Sie Reihenfolgen anlegen, bspw. auf Basis des Attributs *Auftraggeber*.

Bestandszuteilung

Die Prüfmethode Bestandszuteilung (engl. Supply Assignment, ARun) wird im Rahmen der Rückstandsbearbeitung eingesetzt. Mit dieser Vorgehensweise erreichen Sie, dass der jeweils bestmögliche Bestand zur Zuteilung verwendet wird. Auf diese Weise wird das Rückstandsbearbeitungsergebnis optimiert. Damit Sie diese Option einsetzen können, ist die Business Function `SUPPLY_ASSIGNMENT_01` zu aktivieren.

Alternativenbasierte Bestätigung

Die *alternativenbasierte Bestätigung* (engl. Alternative-Based Confirmation, ABC) erlaubt es, im Falle einer nicht möglichen Bestätigung nach möglichen Alternativen zu suchen. Während ATP- oder PAC-Prüfungen standardmäßige lediglich die Menge oder den Termin einer Bestätigung beeinflussen, geht ABC einen Schritt weiter und wählt ein alternatives Werk (sogenannte *Inline-Ersetzung*) oder legt Unterpositionen für alternative Material-/Werkskombinationen an. Auch eine Kombination aus einer Inline-Ersetzung und der Generierung der Unterposition ist möglich.

Verfügbarkeitsschutz

Den *Verfügbarkeitsschutz* (engl. Supply Protection, SUP) können Sie einsetzen, um Materialien nicht in Abhängigkeit der Reihenfolge eingehender Kundenaufträge zu bestätigen. Vielmehr können Sie Mengen vor Abzug durch bestimmte Objekte schützen, um sie z. B. über jeden Vertriebskanal anbieten zu können. Dabei spricht man von einem *Kernschutz* (auch horizontaler Schutz), wenn ganze Gruppen voneinander geschätzt werden, von *priorisiertem Schutz* (auch *vertikaler Schutz*), wenn der Schutz nur gegen niedrig priorisierte Bedarfe einer bestimmten Gruppe besteht. Es ist ebenfalls möglich, Kernschutz und priorisierten Schutz zu kombinieren.

Stammdaten – Produktersetzung

Die aATP-Funktion *Stammdaten – Produktersetzung* (engl. Master Data – Product Substitution) wird eingesetzt, um Produkte zu definieren, die im Falle einer fehlenden Bestätigung ersatzweise geliefert werden können. Ein ebenfalls übliches Szenario ist, dass es eine verbesserte Version eines Produkts gibt. Als Produktersetzungsszenarien stehen Ihnen 1:1-Ersetzungen oder 1:n-Ersetzungen zur Verfügung, ein einzelnes Produkt kann also auch durch mehrere Produkte ersetzt werden.

15.2 Verfügbarkeitsprüfung in SAP APO

Die Funktionen der Verfügbarkeitsprüfung sind im SAP-APO-System mit der sogenannten globalen ATP-Prüfung umgesetzt. Aus technischer Sicht werden die für die Verfügbarkeitsprüfung nötigen Daten im SAP liveCache in Form von ATP-Zeitreihen abgelegt. Diese Zeitreihen enthalten die selektierten Bestandsarten sowie Zu- und Abgänge und stellen somit die zeitliche Abfolge von Terminen und Mengen dar. Anhand dieser Zeitreihen wird ermittelt, ob ein Bedarfstermin bestätigt werden kann.

Die Verfügbarkeitsprüfung kann zur Bestätigung eines Bedarfs auf mehrere Methoden zurückgreifen. Einzelne Prüfmethoden sind bereits aus dem SAP-ECC- bzw. SAP-S/4HANA-System bekannt; das SAP-APO-System wurde jedoch um einige neue Methoden erweitert:

- Kombination von Basismethoden
- regelbasierte ATP-Prüfung
- Capable-to-Promise (CTP)
- mehrstufige ATP-Prüfung (MATP)

Im Folgenden werden wir Ihnen diese vier Methoden näher vorstellen.

15.2.1 Kombination von Basismethoden

Als Basismethoden werden die aus dem SAP-ECC- und SAP-S/4HANA-System bekannten materialbezogenen Verfügbarkeitsprüfungen bezeichnet:

- Verfügbarkeitsprüfung gegen ATP-Mengen (Produktverfügbarkeitsprüfung)
- Verfügbarkeitsprüfung gegen Vorplanung
- Verfügbarkeitsprüfung gegen Kontingente

Diese Basismethoden lassen sich über die Prüfvorschrift beliebig miteinander kombinieren. Dabei werden die jeweils durchzuführenden Schritte nacheinander in einer frei wählbaren Reihenfolge ausgeführt. Sie können für jeden gewählten Schritt einstellen, ob das Ergebnis der Einzelschrittprüfung für das Endergebnis ausschlaggebend sein soll. Falls eines der so neutralisierten Ergebnisse kleiner ist als das reguläre (also nicht neutralisierte) Endergebnis, wird eine Meldung ausgegeben.

15.2.2 Regelbasierte ATP-Prüfung

Die regelbasierte ATP-Prüfung bietet die Möglichkeit, die Basismethode der ATP-Prüfung mittels vordefinierter Regeln zu erweitern und so bestimmte Sachverhalte abzubilden. Die vordefinierten Regeln werden in einem iterativen Prozess durchlaufen. Nach jedem der Schritte ist je nach Konstellation ein Abbruch der Prüfung möglich. Die sehr flexibel gestaltbaren Regeln ermöglichen z. B. im Anschluss an eine reguläre ATP-Prüfung das Auffinden von verfügbaren Mengen des gleichen Produkts in anderen Lokationen, von Alternativprodukten in der gleichen Lokation oder von alternativen Beschaffungsmethoden.

Ein beispielhafter Ablauf einer regelbasierten ATP-Prüfung könnte wie folgt aussehen:

1. Prüfe Produkt 1000 in Lokation 1000 gemäß ATP-Logik.
   → Falls Bestätigung nicht möglich, gehe zu Schritt 2.
2. Prüfe Produkt 1000 in Lokation 2000 gemäß ATP-Logik.
   → Falls Bestätigung nicht möglich, gehe zu Schritt 3.
3. Prüfe Produkt 1001 in Lokation 1000 gemäß ATP-Logik.
   → Falls Bestätigung nicht möglich, gehe zu Schritt 4.

4. Prüfe Produkt 1001 in Lokation 2000 gemäß ATP-Logik.
   → Falls Bestätigung nicht möglich, gehe zu Schritt 5.
5. Prüfe alternative Beschaffungsmethode.

Die Funktionen der regelbasierten ATP-Prüfung ähneln dabei denen der alternativenbasierten Bestätigung (engl. Alternative-Based Confirmation, ABC) in aATP.

15.2.3 Capable-to-Promise

Der Begriff *Capable-to-Promise* (CTP) bezeichnet eine um Aspekte der Kapazitätsplanung erweiterte Verfügbarkeitsprüfung. Aus der Bezeichnung geht hervor, dass es dabei nicht wie bei der Available-to-Promise-Prüfung um die Ermittlung von Verfügbarkeit (engl. *Availability*) von Mengen geht, sondern um die Prüfung auf die Tauglichkeit (engl. *Capability*), bestimmte Mengen avisieren zu können. Es wird demnach nicht auf verfügbares Material geprüft, sondern auf die Befähigung, das benötigte Material zum entsprechenden Termin bereitzustellen. Somit sind in diesem Zusammenhang nicht nur Bestände sowie bereits bestehende Zu- und Abgangselemente zu prüfen, sondern gegebenenfalls auch, inwiefern ausreichend Produktionskapazität zur Verfügung steht, um einen entsprechenden Termin aus dem Kundenauftrag heraus bestätigen zu können. Um eine solche Aussage treffen zu können, muss bereits bei der Erfassung einer Kundenauftragsposition im SAP-ECC- bzw. SAP-S/4HANA-System ein entsprechendes SAP-APO-Zugangselement (z. B. Planauftrag) angelegt und zeitgleich kapazitiv eingeplant werden. Mit der Eingabe der Kundenauftragsposition erfolgt ein Absprung aus dem SAP-ECC- bzw. SAP-S/4HANA-System in das SAP-APO-System, in dem ein temporärer Planauftrag angelegt wird. Dieser Planauftrag belegt zunächst temporär die entsprechenden finiten Ressourcen, und die relevanten Planungsdaten werden in Echtzeit an die Verfügbarkeitsprüfung in der Kundenauftragsposition im SAP-ECC- bzw. SAP-S/4HANA-System zurückgegeben. Somit steht bereits während der Erfassung der Kundenauftragsposition ein kapazitiv abgeglichener Verfügbarkeitstermin zur Verfügung. Der SAP-APO-Planauftrag besitzt so lange einen temporären Status, bis der gesamte Kundenauftrag gespeichert wird. Im Anschluss an die Speicherung wird das temporäre Objekt in einen regulären Planauftrag umgewandelt.

Bei Bedarf kann die CTP-Prüfung auch mehrstufig durchgeführt werden. In diesem Fall werden die durch die temporären Planaufträge abgesetzten Sekundärbedarfsmengen sofort durch eigene temporäre Zugangselemente gedeckt, die bei Bedarf ebenfalls finit eingeplant werden können. Falls dies prozessbedingt nötig ist, kann die gesamte Stücklistenstruktur geprüft werden. In diesem Fall werden entsprechende Terminverschiebungen aufgrund mangelnder Kapazität über alle übergeordneten

Stücklisten hinweg bis hin zur SAP-ECC- bzw. SAP-S/4HANA-Kundenauftragsposition weitergegeben. Somit berücksichtigt die CTP-Prüfung simultan und mehrstufig sowohl die Produkt- als auch die Kapazitätsverfügbarkeit bereits im Bestätigungstermin einer Kundenauftragsposition.

Die CTP-Funktionalität ist durch die temporäre Anlage und kapazitive Einplanung von Zugangselementen eng mit der Produktions- und Feinplanung im SAP-APO-System (PP/DS) verzahnt und kann daher lediglich bei zusätzlichem Einsatz der entsprechenden Feinplanungsfunktionen effektiv genutzt werden.

Der genaue Ablauf einer beispielhaften CTP-Prüfung sieht wie folgt aus:

1. Für ein Enderzeugnis wird im SAP-ECC- bzw. SAP-S/4HANA-System ein Kundenauftrag erfasst.
2. Es wird eine ATP-Prüfung ausgelöst, die im SAP-APO-System stattfindet. Falls die Wunschmenge nicht oder nur zum Teil bestätigt werden kann, wird die SAP-APO-Systemkomponente PP/DS aufgerufen.
3. Das SAP-APO-System legt für das in der Kundenauftragsposition vorgegebene Produkt einen temporären Bedarf sowie ein temporäres Zugangselement (z. B. Planauftrag) in Höhe der fehlenden Menge an.
   - Das Zugangselement wird gegebenenfalls finit auf die entsprechende Ressource eingeplant.
   - Je nach Systemeinstellungen werden für die Komponenten ebenfalls temporäre Bedarfe sowie Zugangselemente angelegt und Letztere auf den entsprechenden Ressourcen gegebenenfalls finit eingeplant. Dieser Prozess erfolgt je nach Einstellung mehrstufig.
   - Durch die temporären Bedarfe werden die temporären Zugangselemente vor einem Zugriff durch andere Bedarfe geschützt.
   - Die Zugangselemente belegen bereits während der Prüfung die entsprechende Ressourcenkapazität, sodass hier ein Zugriff durch andere Elemente nicht möglich ist.

   Das Ergebnis wird als bestätigte Menge und bestätigter Termin im Liefervorschlagsbild der Kundenauftragserfassung angezeigt. Abbildung 15.8 zeigt beispielhaft den durch die CTP-Prüfung angelegten temporären Planauftrag 2565479 in der Produktsicht.
4. Der Kundenauftrag wird gesichert.
5. Durch die Sicherung erfolgt eine Verbuchung des Kundenauftrags im SAP-APO-System. Das temporäre Zugangselement wird in ein reguläres umgewandelt.

15

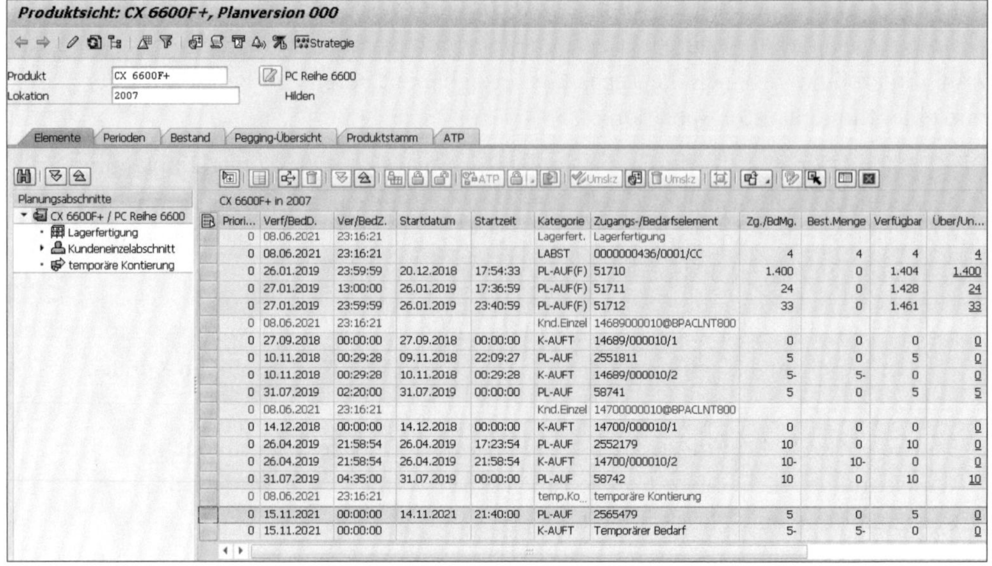

Priori...	Verf/BedD.	Ver/BedZ.	Startdatum	Startzeit	Kategorie	Zugangs-/Bedarfselement	Zg./BdMg.	Best.Menge	Verfügbar	Über/Un...
0	08.06.2021	23:16:21			Lagerfert.	Lagerfertigung				
0	08.06.2021	23:16:21			LABST	0000000436/0001/CC	4	4	4	4
0	26.01.2019	23:59:59	20.12.2018	17:54:33	PL-AUF(F)	51710	1.400	0	1.404	1.400
0	27.01.2019	13:00:00	26.01.2019	17:36:59	PL-AUF(F)	51711	24	0	1.428	24
0	27.01.2019	23:59:59	26.01.2019	23:40:59	PL-AUF(F)	51712	33	0	1.461	33
0	08.06.2021	23:16:21			Knd.Einzel	14689000010@BPACLNT800				
0	27.09.2018	00:00:00	27.09.2018	00:00:00	K-AUFT	14689/000010/1	0	0	0	0
0	10.11.2018	00:29:28	09.11.2018	22:09:27	PL-AUF	2551811	5	0	5	0
0	10.11.2018	00:29:28	10.11.2018	00:29:28	K-AUFT	14689/000010/2	5-	5-	0	0
0	31.07.2019	02:20:00	31.07.2019	00:00:00	PL-AUF	58741	5	0	5	5
0	08.06.2021	23:16:21			Knd.Einzel	14700000010@BPACLNT800				
0	14.12.2018	00:00:00	14.12.2018	00:00:00	K-AUFT	14700/000010/1	0	0	0	0
0	26.04.2019	21:58:54	26.04.2019	17:23:54	PL-AUF	2552179	10	0	10	0
0	26.04.2019	21:58:54	26.04.2019	21:58:54	K-AUFT	14700/000010/2	10-	10-	0	0
0	31.07.2019	04:35:00	31.07.2019	00:00:00	PL-AUF	58742	10	0	10	10
0	08.06.2021	23:16:21			temp.Ko...	temporäre Kontierung				
0	15.11.2021	00:00:00	14.11.2021	21:40:00	PL-AUF	2565479	5	0	5	0
0	15.11.2021	00:00:00			K-AUFT	Temporärer Bedarf	5-	5-	0	0

Abbildung 15.8 Temporärer CTP-Planauftrag in der Produktsicht (Beispiel)

15.2.4 Mehrstufige ATP-Prüfung

Aus der Kundenauftragsbearbeitung heraus wird für ein Enderzeugnis eine mehrstufige ATP-Prüfung aufgerufen. Im Unterschied zur einstufigen ATP-Prüfung der SAP-ERP-Systeme ist es in diesem Rahmen möglich, eine komplette Stücklistenauflösung inklusive der Berücksichtigung einer eventuell vorhandenen Konfiguration durchzuführen.

Eine mehrstufige ATP-Prüfung läuft wie folgt ab:

1. Für ein Enderzeugnis wird im SAP-ECC- bzw. SAP-S/4HANA-System ein Kundenauftrag erfasst.
2. Es wird eine ATP-Prüfung ausgelöst, die im SAP-APO-System stattfindet.
   - Falls die Bedarfsmenge nicht vollständig bestätigt werden kann, erfolgt eine mehrstufige ATP-Prüfung.
   - In PP/DS erfolgt eine Bezugsquellenfindung, eine Planauflösung sowie eine Terminierung.
   - Für die eingestellten Komponentenbedarfe wird eine ATP-Prüfung gemäß der eingestellten Prüfvorschrift für die Komponenten durchgeführt.
   - Falls für eine Komponente keine ausreichende Menge vorhanden ist, wird der beschriebene Prozess mehrstufig durchgeführt.

   Das Ergebnis der Prüfung wird übernommen, d. h., die Kundenauftragsposition im SAP-ECC- bzw. SAP-S/4HANA-System enthält eine bestätigte Menge und einen

Termin, falls ein Bestätigungstermin ermittelt werden kann. Die Bestätigungen für die Komponenten werden nicht an das SAP-ECC- bzw. SAP-S/4HANA-System übertragen.

3. Der Kundenauftrag wird gesichert.
4. Im SAP-APO-System wird eine ATP-Baumstruktur auf der Datenbank abgelegt. Abhängig von den Systemeinstellungen wird die Baumstruktur sofort in konkrete Beschaffungselemente (Planaufträge, Bestellanforderungen) umgewandelt. Ist dies nicht der Fall, muss eine Umsetzung zu einem späteren Zeitpunkt in PP/DS erfolgen.

Im Unterschied zur CTP-Prüfung werden in der mehrstufigen ATP-Prüfung keine Zugangselemente im SAP-APO-System angelegt. Die Prüfungsergebnisse werden jedoch als sogenannte ATP-Baumstruktur im System verankert. Diese kann zu einem späteren Zeitpunkt in Zugangselemente umgewandelt werden. Eine ATP-Baumstruktur enthält alle Daten, die nach einer mehrstufigen ATP-Prüfung nicht an das SAP-ECC- bzw. SAP-S/4HANA-System zurückgegeben, vom SAP-APO-System aber noch benötigt werden. Solange die Umsetzung in konkrete Zugangselemente nicht erfolgt, bestehen die ATP-Baumstrukturen auf der SAP-APO-Datenbank. Die Bedarfe auf Komponentenebene werden als aggregierte Mengenbelegungen abgelegt. Auf dieser Grundlage ist eine performantere Prüfung möglich, jedoch sind die daraus erhaltenen Verfügbarkeitsaussagen viel ungenauer als bei der CTP-Prüfung.

15.3 Verfügbarkeitsprüfung in SAP IBP

In der Lösung SAP IBP stehen Ihnen keine Verfügbarkeitsprüfungsalgorithmen im eigentlichen Sinne zur Verfügung. Hier ist es also nicht möglich, in einem interaktiven Prozess einen Kundenauftrag direkt zu bestätigen. Jedoch können Sie Planungsergebnisse nutzen, um Bestätigungen bzw. Kontingente anzulegen. Die entsprechenden Funktionen dafür lassen sich in den auftragsbasierten Funktionen von SAP IBP für Response und Supply finden, hier stehen Ihnen die Beschaffungs- und Kontingentierungsplanung bzw. die Bestätigungsplanung zur Verfügung.

15.3.1 Beschaffungs- und Kontingentierungsplanung

Input für die *Beschaffungs- und Kontingentierungsplanung* ist die Prognose. Die Prognosemengen berücksichtigen vor der Beschaffungs- und Kontingentierungsplanung noch keine Restriktionen (engl. *Constraints*) wie etwa das Kapazitätsangebot. Deshalb wird diese Form der Prognose auch als uneingeschränkte Vorhersage bezeichnet (engl. *unconstrained Forecast*). Kundenaufträge oder Vorplanungsverrechnungen werden in die Planungsläufe der Beschaffungs- und Kontingentierungsplanung nicht einbezogen.

Neben der Prognose werden auch fixierte Zugänge wie Fertigungsaufträge und Bestellungen berücksichtigt. Abbildung 15.9 zeigt den Ablauf der Beschaffungs- und Bestätigungsplanung im Überblick.

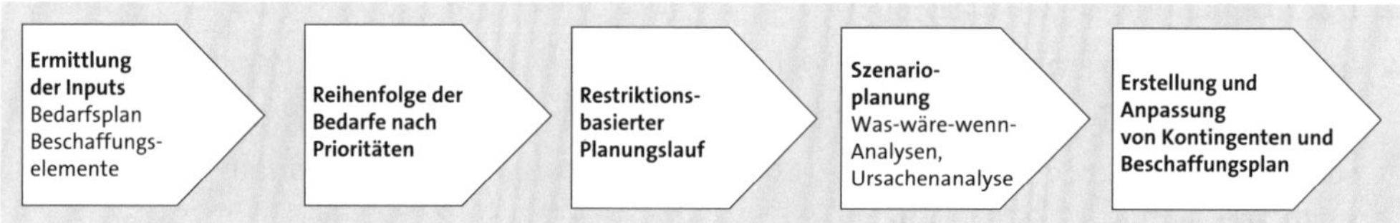

Abbildung 15.9 Ablauf der Beschaffungs- und Bestätigungsplanung

Zunächst erfolgt die Ermittlung der oben genannten Inputs. Daraufhin erfolgt die Bedarfspriorisierung. Diese wird dann durch den Planungslauf berücksichtigt, der entsprechende Restriktionen wie bspw. die Kapazitäten berücksichtigt. Der Planungslauf wird dabei durch die sogenannte *finite ABP-Heuristik* ausgeführt.

Die finite ABP-Heuristik ermittelt unter Verwendung der vorgegebenen Bedarfspriorisierung einen auftragsbasierten Beschaffungsplan, dabei werden entsprechende Restriktionen wie Kapazitätsbeschränkungen berücksichtigt. Der Ablauf gestaltet sich wie folgt:

1. Die Heuristik versucht, alle übergegeben Bedarfe zu befriedigen. Dabei werden die Bedarfe gemäß ihrer Priorität absteigend abgearbeitet.
2. Es erfolgt der Versuch der Befriedigung jedes Bedarfs durch die Suche nach verfügbarem Bestand in der Lokation, in der der Bedarf auftritt. Kann kein ausreichender Bestand identifiziert werden, legt das System auf Basis von Produktionsdatenstrukturen bzw. Transportbeziehungen Zugänge an.
3. Die Bezugsquellen werden gemäß Priorität ermittelt, je nach Art der Bezugsquelle erfolgen die folgenden Schritte:
   - *Produktionsdatenstrukturen*: Anlage der Zugangselemente (Planaufträge) und Erzeugung der abhängigen Bedarfe
   - *Umlagerungstransportbeziehungen*: Anlage der Zugangselemente (Umlagerungsbestellanforderungen) in der Ziellokation und entsprechende Bedarfselemente in der Quelllokation
   - *Beschaffungstransportbeziehung*: Anlage der Zugangselemente (Bestellanforderungen)
4. Die Schritte 2 und 3 werden so lange wiederholt, bis alle abhängigen Bedarfe befriedigt sind. Falls keine vollständige Bedarfsdeckung zum geforderten Zeitpunkt möglich ist, erfolgt eine verspätete Anlage. Falls auch dies nicht möglich ist, kann es dazu kommen, dass der Bedarf nicht vollständig befriedigt wird.
5. Die Schritte 2 bis 4 werden für alle weiteren Bedarfe entlang der vorgegebenen Prioritäten durchgeführt.

6. Nach Befriedigung aller Bedarfe versucht der Algorithmus, den Beschaffungsplan zu modifizieren, um Sicherheitsbestandsmengen zu befriedigen. Änderungen an der Bedarfsdeckung werden dabei jedoch nicht zugelassen.

Dieses Vorgehen wird als *Tiefensuche* (engl. In-Depth Search) bezeichnet. Denn anders als bei der Materialbedarfsplanung wird nicht Material für Material gemäß der Dispositionsstufe abgearbeitet, sondern priorisierter Bedarf für priorisierter Bedarf, und dies mehrstufig (vergleiche hierzu die Vorgehensweise von Capable-To-Match, die wir in Abschnitt 8.2.4 beschrieben haben). So wird sichergestellt, dass die hochpriorisierten Bedarfe mit hoher Wahrscheinlichkeit auch auf den untergeordneten Stufen ausreichend Kapazität vorfinden, um rechtzeitig erfüllt zu werden. Vergleicht man das Vorgehen der Tiefensuche mit der klassischen Sukzessivplanung, bei der zunächst die Materialbedarfsplanung zur Auftragsanlage und dann eine anschließende Feinplanung erfolgt, erkennt man, dass hier anders vorgegangen wird.

An die Durchführung des finiten Planungslaufs kann sich eine Szenarioplanung anschließen, bei der Was-wäre-wenn- bzw. Ursachenanalysen durchgeführt werden. Abschließend wird die Beschaffungsplanung final erstellt bzw. angepasst, das Ergebnis kann zur Kontingentierung verwendet werden.

[«]

Bedeutung des Begriffs »Beschaffungsplan«

Im englischen Sprachgebrauch wird das Ergebnis der Planungen im SAP-IBP-Modul Response and Supply als *Supply Plan* bezeichnet. Daran angelehnt finden sich im Deutschen Begriffe wie Nachschub- oder Beschaffungsplanung. Damit ist jedoch auch die Planung der Produktion gemeint. Der Begriff *Beschaffungsplan* bezieht sich also nicht allein auf die Fremdbeschaffung.

In den folgenden Abschnitten stellen wir Ihnen die beiden Optionen vor, die in der auftragsbasierten Kapazitätsplanung des SAP-IBP-Systems für die Durchführung der Beschaffungs- und Bestätigungsplanung verwendet werden können.

Restriktionsbasierter Prognoselauf mit der prioritätsbasierten Heuristik

Der *restriktionsbasierte Prognoselauf* (engl. Constrained Forecast Run) mit der prioritätsbasierten Heuristik ermöglicht es Ihnen, einen machbaren Beschaffungsplan zu erzeugen, der die relevanten Restriktionen bei der Erstellung des Plans berücksichtigt. Hierzu zählen die folgenden Constraints:

- Ressourcenkapazität
- Lieferantenmengen
- Kalender
- Bestand

- minimale und maximale Losgrößen bzw. Rundungswerte
- Start des Plans (Planungsstart)
- Maximalzugänge und -bedarfe
- Fixierungshorizonte

Dabei ist es möglich, die obigen Constraints – mit Ausnahme des Kalenders – zu deaktivieren. Die Deaktivierung können Sie in der SAP-Fiori-App **Planungslaufprofile** vornehmen. Deaktivierbare Constraints werden auch als *schaltbare Constraints* bezeichnet.

Wie bereits oben erwähnt, werden auch fixierte Zugänge wie fixierte Planaufträge oder Bestellanforderungen bzw. feste Zugänge wie Fertigungsaufträge und (Umlagerungs-)Bestellungen berücksichtigt, auch Bestand wird in die Planungen einbezogen.

Falls die Heuristik auf Basis der gegebenen Inputwerte eine Unterdeckung durch ein internes planerisches Zugangselement wie einen Planauftrag oder eine (Umlagerungs-)Bestellanforderung decken muss, werden gültige Bezugsquellen für Produktion, Fremdbeschaffung und Transport berücksichtigt. Dabei haben Sie die Möglichkeit, die Bezugsquellenauswahl zu beeinflussen, indem Sie eine Bezugsquellenpriorität und Gültigkeiten in den Bezugsquellen hinterlegen. Für die Planung sind zusätzlich weitere Angaben aus der Bezugsquelleninformation von Bedeutung, z. B. die Dauer der Beschaffung (Wiederbeschaffungszeiten) sowie der Kapazitätsbedarf pro Mengeneinheit.

Im Anschluss an den Heuristiklauf können Sie die Engpassfaktoren des machbaren Plans analysieren und über Anpassungskennzahlen Änderungen vornehmen.

Restriktionsbasierter Prognoselauf mit dem Optimierer

Der restriktionsbasierte Prognoselauf mit dem auftragsbasierten Optimierer (auch *ABP-Optimierer* genannt, siehe Abschnitt 8.3.6, »Auftragsbasierte Optimierung«) verwendet die gleichen Inputs wie die prioritätsbasierte Heuristik der Beschaffungs- und Bestätigungsplanung, d. h. Prognosebedarfe, fixierte und feste Zugänge sowie Sicherheitsbestände.

Bei Verwendung des ABP-Optimierers werden auf Tagesebene aggregierte Auftragsdaten verwendet, um einen finiten Beschaffungsplan zu erzeugen. Dabei wird kostenoptimiert vorgegangen, d. h., der Planungslauf berücksichtigt Kosten, die sowohl in den Planungslaufprofilen oder Kostenzeitreihen als auch in Kombinationen aus beidem gepflegt wurden. Ergebnis des Optimierungslaufs ist dabei ein gesamtkostenoptimierter, machbarer Produktions-, Distributions- und Fremdbeschaffungsplan mit konkreten Aufträgen und einer Verbindung der Aufträge zu den Bedarfen (Pegging). Verwendet wird in diesem Zusammenhang die gemischte ganzzahlige lineare Programmierung (engl. Mixed Integer Linear Programming, MILP).

Der ABP-Optimierer wählt aus den vorhandenen Bezugsquellen unter Berücksichtigung der Kapazität, der Materialverfügbarkeit sowie der definierten Kosten die gesamtkostenminimierte Lösung. Dabei kann es dazu kommen, dass Bedarfe nicht vollständig befriedigt werden, auch können Sicherheitsbestands-Constraints oder andere sogenannte weiche Constraints verletzt werden. Dies geschieht, wenn sie im Widerspruch zu harten, nicht verletzbaren Constraints wie beispielweisen maximalen Losgrößen stehen.

Ergebnis ist auch hier eine restriktionsbasierte Prognose (engl. Constraint Forecast). Dabei ist die Vorgehensweise anders als bei der finiten ABP-Heuristik. Denn der ABP-Optimierer erzeugt einen gesamtkostenoptimierten Produktions-, Distributions- und Beschaffungsplan auf Basis der gemischten ganzzahligen linearen Programmierung.

Die Berechnung erfolgt dabei auf Basis der folgenden Parameter:

- maximale Optimiererlaufzeit in Sekunden
- maximale Verspätung von Zugängen im Vergleich zu den jeweiligen Bedarfen
- Planungshorizont für die Optimiererplanung
- Losgrößenhorizont
- Kostenrate für Nichtbelieferung (pro Einheit)
- Kostenrate für verspätete Belieferung (pro Einheit und Verspätungstag)
- Lagerkostenrate (pro Einheit und Tag im Bestand)
- Kostenrate für die Verletzung des Bestandsziel
- Kostenrate für die Produktion (pro produzierter Einheit)
- fixe Produktionskosten
- Kostenrate für die Beschaffung (pro beschaffter Einheit)
- Kostenrate für den Transport (pro transportierter Einheit)
- fixe Produktionskosten

Nach diesen Erläuterungen zu den Beschaffungs- und Kontingentierungsplanungsfunktionen gehen wir in der Folge auf die Bestätigungsplanung ein.

15.3.2 Bestätigungsplanung

Die Bestätigungsplanung basiert, wie auch der restriktionsbasierte Prognoselauf mit der prioritätsbasierten Heuristik, auf der finiten ABP-Heuristik (siehe Abschnitt 15.3.1). Sie arbeitet prioritätsbasiert und erstellt einen finiten Beschaffungsplan. Der entscheidende Unterschied zwischen der hier verwendeten Heuristik und dem restriktionsbasierten Prognoselauf mit der prioritätsbasierten Heuristik ist, dass erstere Kundenaufträge berücksichtigt. Diese spezifische Ausprägung der finiten ABP-Heuristik wird als *Auftragsbestätigungsheuristik* bzw. als *Bestätigungslauf* bezeichnet. Der Ablauf der Bestätigungsplanung (siehe Abbildung 15.10) sieht demnach angepasste Inputs sowie die Verwendung der spezifischen Ausprägung der finiten ABP-Heuristik vor.

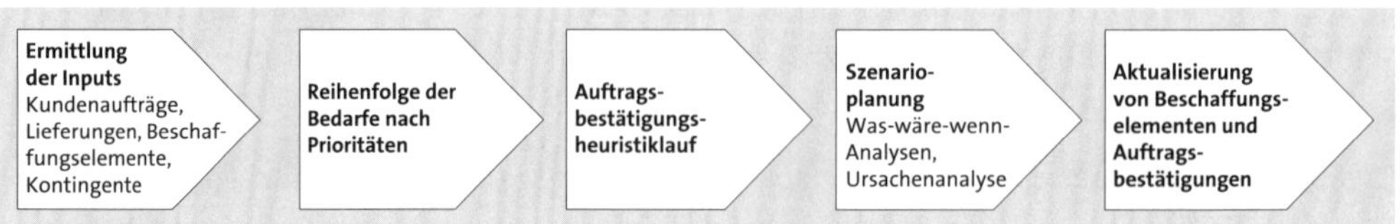

Abbildung 15.10 Ablauf der Bestätigungsplanung

Ein weiterer Unterschied besteht darin, dass auf Basis der zuvor erstellten Kontingente unter Berücksichtigung der bereits im Rahmen der Beschaffungs- und Kontingentierungsplanung genannten Restriktionen ein machbarer Plan erzeugt wird, der zu Kundenauftragsbestätigungsmengen führt.

Im Rahmen der Beschaffungs- und Kontingentierungsplanung haben wir Ihnen bereits die Funktion der schaltbaren Constraints vorgestellt, die beim restriktionsbasierten Prognoselauf mit der prioritätsbasierten Heuristik deaktiviert werden können. In der Bestätigungsplanung können Sie zusätzlich die Kontingente deaktivieren.

Wie der restriktionsbasierte Prognoselauf mit der prioritätsbasierten Heuristik berücksichtigt auch die Auftragsbestätigungsheuristik fixierte und feste Zugänge und legt bei Bedarf Aufträge (Planaufträge, Bestellanforderungen und Umlagerungsbestellanforderungen) an.

Durch den Bestätigungslauf kann sich die Bedarfssituation durch Verschiebungen ändern.

15.4 Fazit

In diesem Kapitel haben Sie einen Überblick über die Möglichkeiten der Verfügbarkeitsprüfung mit SAP erhalten, die aus Sicht der Disposition bedeutsame Hilfsfunktionen zur Verfügung stellt. Hierbei wurden neben der Funktion zur Ermittlung eines Kundenauftragstermins vor allem die Prüfungen zur Bestimmung eines Auftragsstatus erläutert.

Zunächst wurden die drei grundsätzlichen Möglichkeiten einer materialbezogenen Verfügbarkeitsprüfung in den ERP-Systemen von SAP vorgestellt. Zusätzlich haben wir einen kurzen Überblick über die Kapazitätsverfügbarkeitsprüfung und die erweiterte ATP-Prüfung des SAP-S/4HANA-Systems gegeben. Anschließend erfolgte mit den vier grundsätzlichen Optionen der Verfügbarkeitsprüfung im SAP-APO-System ein allgemeiner Überblick über fortgeschrittene Methoden zur Prüfung auf Verfügbarkeit. Einige dieser Methoden ziehen bereits Produktionskapazitäten ins Kalkül (z. B. Capable-to-Promise). Zu guter Letzt haben wir Ihnen die Beschaffungs- und Kontingentierungsplanung sowie die Bestätigungsplanung als Möglichkeiten der Verfügbarkeitsprüfung mit SAP IBP gezeigt.

Nach der Lektüre des Kapitels zur Verfügbarkeitsprüfung sollten Sie die Möglichkeiten der Verfügbarkeitsprüfung in SAP-Systemen grob einschätzen und die Optionen hinsichtlich ihrer spezifischen Anforderungen bewerten können.

Kapitel 16
Kollaborative Dispositionsverfahren

Kollaborative Dispositionsverfahren wie Vendor-Managed Inventory (VMI) oder Supplier-Managed Inventory (SMI) bergen große Optimierungspotenziale. Leider werden sie noch zu selten eingesetzt. Die engere Bindung an Geschäftspartner bietet jedoch für beide Seiten ein hohes Maß an Transparenz, sodass Sicherheitspuffer automatisch abnehmen.

Der Peitscheneffekt (engl. Bullwhip Effect) stellt ein zentrales Problem im Lieferkettenmanagement (engl. Supply Chain Management) dar. Der Effekt ergibt sich aus dynamischen Prozessen der Lieferketten. Er bezeichnet den Umstand, dass unterschiedliche Bedarfsverläufe bzw. kleine Veränderungen der Endkundennachfrage zu Schwankungen der Bestellmengen führen, die sich entlang der logistischen Kette aufschaukeln können. Meistens führt ein unzureichender Informationsfluss zwischen den beteiligten Unternehmen in der logistischen Kette zu vielfältigen Problemen – zu hohe Bestände, geringe Planungsgenauigkeit und schlechter Servicegrad sind hier nur einige Beispiele. Gegenmaßnahmen zielen daher auf den verbesserten Austausch von Informationen ab. Eine erste Initiative, um diesen Effekt zu vermeiden, ist die Efficient Consumer Response.

Der Begriff *Efficient Consumer Response* (dt. effiziente Konsumentenresonanz) bezeichnet eine Initiative zur Zusammenarbeit zwischen Herstellern und Händlern, die auf Kostenreduktion und bessere Befriedigung von Konsumentenbedürfnissen abzielt. Durch diese Kooperation kann die Transparenz in der Wertschöpfungskette gesteigert und es können Kostenpotenziale erreicht werden, die durch eine isolierte interne Betrachtung nicht ausgeschöpft würden.

Mit dem Konzept *Collaborative Planning, Forecasting and Replenishment* (CPFR) wurde der Efficient-Consumer-Response-Ansatz mit der Grundidee der gemeinsamen Nutzung und Zusammenführung von Informationen auf Hersteller- und Handelsseite konsequent weiterentwickelt. Kernstück von CPFR ist die Bereitschaft mehrerer beteiligter Geschäftspartner, die Planungs-, Prognose- und Bevorratungsprozesse gemeinsam zu steuern. Dabei werden die strategischen, taktischen und operativen Teilprozesse auf ein gemeinsames Ziel hin ausgerichtet und miteinander verknüpft. Wie beim Joint Forecasting arbeiten die beteiligten Partner eng zusammen. Darüber hinaus werden gemeinsame Ziele und Maßnahmen zur Optimierung einzelner Sortimente formuliert. Dazu gehört u. a. die partnerschaftliche Erstellung von Aktions- und Promotionsplänen, die in die Prognoseerstellung und die Lieferplanung einbezogen werden. Die Partner nutzen eine Vielzahl von Datenquellen, z. B. Geschäftspläne, Daten über vergangene Abverkaufsaktionen, POS-Abverkaufsdaten und Lagerbestandsdaten. Beide Partner bringen zusätzlich ihr Wissen über die Sortimente, Produkte und Kunden ein. Dabei werden z. B. Absatzdaten direkt vom Kunden als Informationsquelle für den Hersteller genutzt. Ein Hersteller ist dann nicht auf indirekte Informationen durch Bestellungen von Zwischenkunden wie Großhändlern angewiesen, sondern kann direkt auf Endkundennachfragen reagieren.

Der Hersteller kann so seine Lagerhaltung und seine Produktion optimieren. In der gesamten Prozesskette können zudem Bestände und Kapitalbindung deutlich gesenkt werden. Obwohl bereits seit 1997 bekannt, gilt das Geschäftsmodell CPFR noch als relativ neu.

Für die Umsetzung von CPFR in der Praxis haben sich Prozesse wie Vendor-Managed Inventory (VMI) und Supplier-Managed Inventory (SMI) etabliert. Diese beiden Prozesse und ihre Möglichkeiten in Verbindung mit einem SAP-System stellen wir daher im Folgenden dar.

16.1 Vendor-Managed Inventory (VMI)

Unter *Vendor-Managed Inventory* (VMI) versteht man ein herstellergesteuertes Bestandsmanagement (Kooperationsstrategie zwischen Hersteller und Kunde). VMI ermöglicht Unternehmen die unternehmensübergreifende Zusammenarbeit mit wichtigen Kunden. Ein Hersteller kann dabei einem Kunden eine Leistung mit Wertschöpfungspotenzial anbieten, indem er dessen Bestandsführung übernimmt. Der Hersteller erhält also Einsicht in den Endkundenbedarf des Kunden. Darüber hinaus wird berücksichtigt, dass Hersteller oft bessere Planungssysteme einsetzen und ein tieferes Verständnis logistischer Prozesse haben als ihre Kunden. Prinzipiell gibt es drei verschiedene VMI-Konzepte:

- Im ersten Konzept besucht der Lieferant in regelmäßigen Abständen den Kunden, ermittelt dort den Fehlbestand für die nächste Lieferung und liefert die beim letzten Besuch ermittelten Fehlbestände (typisch z. B. für Verbindungselemente in der Industrie). Hier wird also der Nachschub auf Basis einer Bestandssteuerung mit minimalen und maximalen Bestandsgrenzen gelenkt.
- In der zweiten Form (*klassisches VMI*) ermittelt der Kunde seinen Verbrauch (z. B. durch Verkaufsdatenerfassung) und übermittelt diese Daten an den Lieferanten, der mithilfe von vereinbarten Daten den Zeitpunkt bestimmt, zu dem weitere Lieferungen erfolgen. Bei diesem Konzept wird der Nachschub auf Basis von abver-

kauften Mengen beim Kunden gesteuert. Der Bestand wird also prognostiziert und entsprechend den vereinbarten Bestandsgrenzen aufgefüllt.

- In der dritten Form (*Konsignation*) ist der Händler faktisch Inhaber eines Teils des Händlerlagers, das er nach Bedarf bestücken kann. Die Ware liegt beim Händler (Kunden), und dieser kann jederzeit so viel Ware entnehmen, wie er benötigt. Allerdings gehört die Ware so lange dem Lieferanten, bis der Händler sie entnimmt. Anders als beim normalen Bestellprozess, bei dem der Kunde eine Bestellung auslöst, wenn er Ware benötigt, wird hier die Bestellung des Kunden beim Lieferanten ausgelöst. Die nachgelagerten kaufmännischen Prozesse (Rechnungsstellung) werden durch VMI im Allgemeinen nicht verändert.

Alle drei Formen können mit SAP abgebildet werden. Im Folgenden gehen wir auf das klassische VMI ein.

Beispiel für ein VMI-Szenario

Ein Unternehmen wie z. B. Henkel kennt das Absatzmuster von Waschmittel viel besser als z. B. Edeka, da Henkel auch andere Einzelhändler (Metro, REWE etc.) beliefert und deren Informationen mitberücksichtigen kann. Die Transparenz der tatsächlichen Bedarfe und Bestände des Kunden ermöglichen es dem Hersteller, bessere Entscheidungen bezüglich der Verteilung ihrer Produkte an die Kunden zu treffen.

Wichtige Voraussetzung für das VMI-Szenario ist, dass der Kunde dem Hersteller seine Vergangenheitsdaten, Bestandssituation und bei Bedarf auch seine Absatzprognose zur Verfügung stellt. Das prinzipielle VMI-Szenario umfasst folgende Schritte:

1. Der Kunde schickt dem Hersteller für die vereinbarten Produkte die aktuellen Bestandsdaten sowie eine aktuelle Bedarfs-/Absatzprognose.
2. Der Hersteller führt eine langfristige Absatzplanung sowie eine kurzfristige Nachschubplanung durch.
3. Der Hersteller plant die Liefermengen und den Liefertermin und legt für die berechneten Mengen einen Kundenauftrag an.
4. Der Kunde erhält den Kundenauftrag und legt eine Bestellung dazu an.
5. Im Kundenauftrag wird nun automatisch die Bestellnummer ergänzt.

Abbildung 16.1 zeigt mögliche VMI-Szenarien. Das Szenario der VMI-Belieferung zwischen einem Distributionszentrum des Herstellers und einem Zentrallager des Kunden wäre das *VMI-DC-Szenario* (DC = Distribution Center) (❶). Hier werden lediglich die Bedarfe des Kunden im Zentrallager als Basis für eine Belieferung verwendet. Zwischen dem Zentrallager des Kunden und dem Distributionszentrum des Herstellers werden Bestandsregeln vereinbart, und die Beschaffungsdisposition des Zentrallagers erfolgt bereits im Distributionslager des Herstellers bzw. des Lieferanten.

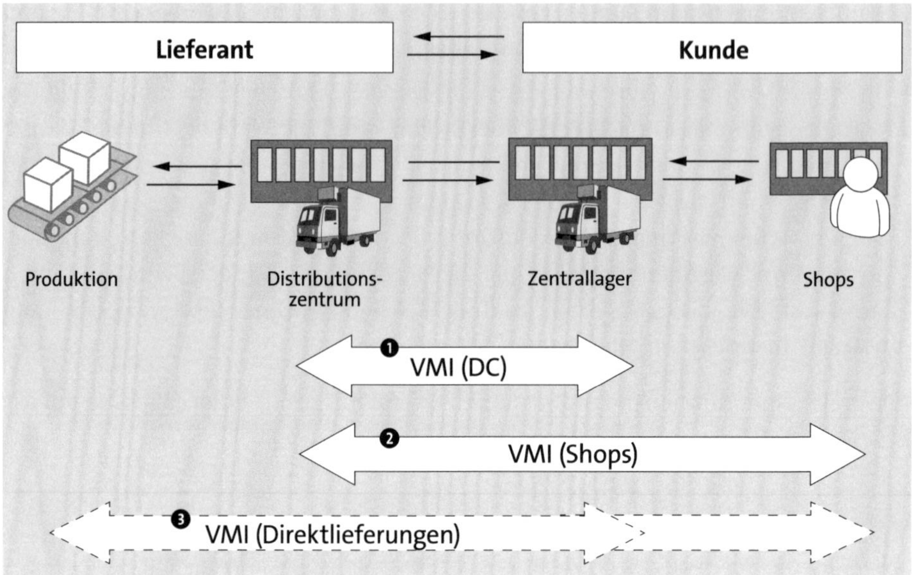

Abbildung 16.1 VMI-Szenarien

Die Belieferung der kundeneigenen Shops vom Distributionslager wäre das *VMI-Shop-Szenario* (❷). Hier werden in der Regel die VMI-Artikel direkt vom Distributionslager des Herstellers an die Shops des Kunden geliefert. Die Disposition der Shops erfolgt also ebenfalls schon beim Hersteller. Dieser ist für die Sicherheitsbestände und teilweise für die Regalauffüllung in den Shops verantwortlich.

Es ist auch möglich, mit dem *VMI-Direktlieferungsszenario* vom Produktionswerk aus das Zentrallager oder sogar die Shops des Kunden direkt zu beliefern (❸). Für besonders eilige VMI-Artikel kann also der normale Belieferungsweg über das Distributionszentrum umgangen werden, und es wird direkt vom Produktionswerk eine Lieferung zum Shop initiiert. Alle drei Szenarien können auch miteinander kombiniert werden.

Im SAP-System gibt es drei Möglichkeiten, VMI zu nutzen:

- **traditioneller VMI-Prozess (SAP ECC und SAP S/4HANA)**
  Basierend auf Bestandsinformationen des Kunden wird in den SAP-ERP-Systemen eine Nachschubplanung angestoßen. Daraufhin werden Kundenaufträge durch den Hersteller angelegt; optional können auch gleich beim Hersteller Bestellungen angelegt werden (siehe Abschnitt 16.1.1).
- **erweiterter VMI-Prozess (SAP APO)**
  Aufbauend auf dem SAP-ECC- bzw. SAP-S/4HANA-Szenario stehen in SAP APO für die Nachschubplanung die Funktionen DP und SNP für den VMI-Prozess zur Verfügung. Dazu gehören fortgeschrittene Prognoseverfahren, um den Nachschub

besser planen zu können, eine einfachere und benutzeroptimierte Planungsoberfläche, die Berücksichtigung von Promotionen im VMI-Umfeld oder die Transportoptimierung für die VMI-Transportabwicklung (siehe Abschnitt 16.1.2).

- **Responsive Replenishment (RR)**
  Das Responsive Replenishment ist das VMI-Business-Szenario von SAP Supply Network Collaboration (SAP SNC). Es bezeichnet eine zeitnahe, absatzgetriebene Nachschubsteuerung, die Absatzspitzen und Schwankungen berücksichtigt und zu kürzeren Durchlaufzeiten führt. Im Unterschied zu früheren VMI-Lösungen erfolgt der Anstoß für Nachschubaufträge aufgrund von tatsächlichen Bedarfen (siehe Abschnitt 16.1.3).

  Responsive Replenishment wurde in Zusammenarbeit mit Konsumgüterherstellern entwickelt. Diesen geht es in erster Linie darum, Stock-outs im Ladenregal zur vermeiden. Das extrem volatil gewordene Kaufverhalten der Konsumenten muss daher bei der Nachschubplanung berücksichtigt werden. Dies ist mit den herkömmlichen VMI-Prozessen nicht realisierbar, Responsive Replenishment ermöglicht aber z. B. eine untertägige Planung.

16.1.1 Traditioneller VMI-Prozess mit SAP ECC und SAP S/4HANA

Wie bereits erwähnt, übernimmt in diesem Szenario ein Lieferant die Disposition für seine Artikel im Unternehmen eines Kunden als Dienstleistung. Voraussetzung für diese Dienstleistung ist, dass der Lieferant Zugriff auf Bestands- und Abverkaufsdaten aus dem Unternehmen des Kunden hat. Ein typischer Anwendungsfall für VMI ist z. B. die Disposition von Konsumgütern in einem Handelsunternehmen durch den Hersteller dieser Güter.

Es wird angenommen, dass der Kunde und der Lieferant jeweils ein SAP-ERP-System einsetzen. Abbildung 16.2 veranschaulicht die einzelnen Schritte dieses VMI-Prozesses mit dem jeweiligen SAP-ERP-System.

❶ **Senden von Bestands- und Abverkaufsdaten über EDI**
Der Kunde sendet per *Electronic Data Interchange* (EDI) historische oder prognostizierte Abverkaufsdaten und den aktuellen Bestand eines bestimmten Artikels an den Lieferanten (Speicherung in Infostruktur bzw. Kundenbestandssegment). Der Lieferant kann für einen Artikel z. B. die offene Bestellmenge in seinem System mit der im System des Kunden vergleichen. Anhand von historischen Abverkaufsdaten kann er eine Prognose über die zukünftigen Abverkäufe beim Kunden erstellen. Alternativ kann der Kunde auch prognostizierte Abverkäufe übermitteln, wenn er selbst schon eine Prognose durchgeführt hat. Ist der Lieferant gleichzeitig auch der Hersteller des Artikels, kann er die Daten zur Planung und Steuerung seiner Produktion verwenden.

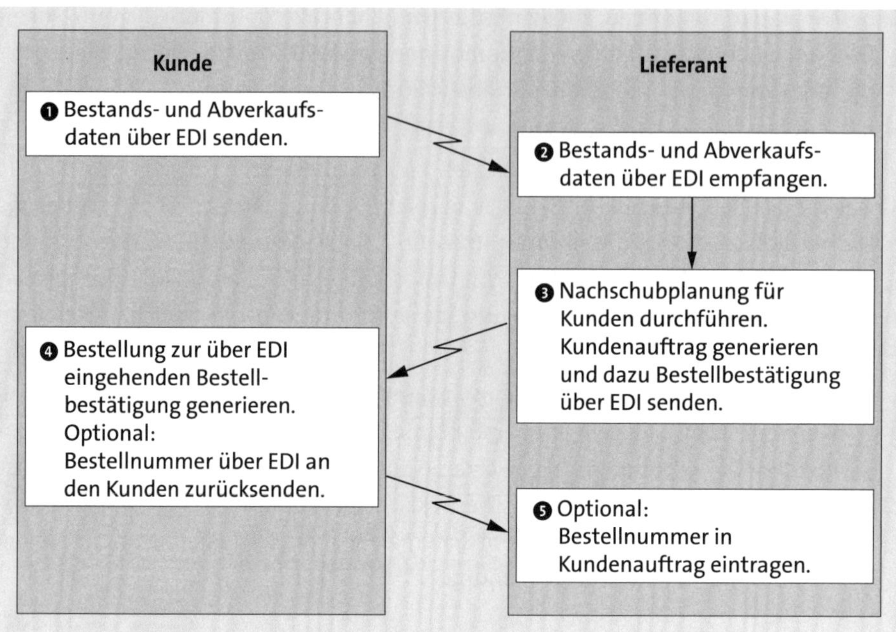

Abbildung 16.2 VMI mit SAP ECC bzw. SAP S/4HANA

❷ Empfangen von Bestands- und Abverkaufsdaten über EDI
Im System des Lieferanten werden die Abverkaufsdaten des Artikels in Informationsstrukturen fortgeschrieben. Die Bestandsdaten werden in den Nachschubdaten dieses Artikels eingetragen.

❸ Durchführen der Nachschubplanung für Kunden
Anhand der Abverkaufsdaten kann der Lieferant eine Prognose der zu erwartenden Abverkäufe im Unternehmen des Kunden durchführen. Er kann alternativ auch auf Prognosewerten aufbauen, die ihm der Kunde übermittelt hat. Auf Basis der aktuellen Bestände und gegebenenfalls der Prognosewerte führt der Lieferant eine Nachschubplanung für den Artikel durch. Die Nachschubplanung errechnet den Bedarf und generiert einen Kundenauftrag als Folgebeleg. Die Kundenauftragsdaten werden als Bestellbestätigung per EDI an den Kunden gesendet.

❹ Generieren einer Bestellung zu einer per EDI eingehenden Bestellbestätigung
Die empfangene Bestellbestätigung des Lieferanten wird im System des Kunden verarbeitet und in eine entsprechende Bestellung umgesetzt. Wenn keine Bestellung generiert werden kann, etwa weil die Daten unvollständig sind, wird ein Workflow angestoßen. Wenn zu einem späteren Zeitpunkt Folgenachrichten zu diesem Vorgang vom Lieferanten an den Kunden gesendet werden sollen (z. B. Auftragsänderungsmitteilungen oder Lieferavise), muss die Bestellnummer dem System des Lieferanten bekanntgegeben werden.

❺ Eintragen der Bestellnummer in den Kundenauftrag
Die Bestellnummer aus dem System des Kunden wird als Referenz in den zugehörigen Kundenauftrag eingetragen.

16.1.2 Erweiterter VMI-Prozess mit SAP APO

Der VMI-Prozess in SAP APO zeichnet sich gegenüber der SAP-ERP-Lösung durch erweiterte Funktionen aus. Diese Erweiterung ergibt sich aus dem Funktionsumfang des SAP-APO-Systems, das z. B. die Prognoseverfahren in Demand Planning umfasst sowie unterschiedliche Planungsverfahren in SNP (Heuristik, Optimierer), Nachschubplanung (Deployment) und Transportplanung (Transport Load Builder, TLB). Bei der Lösung in SAP APO ist die Planung von der Ausführung getrennt, die Nachschubplanung kann also vor der Übertragung an das SAP-ERP-System interaktiv abgestimmt werden. Darüber hinaus gibt es Unterschiede in der Datenspeicherung und der Übermittlung sowie in der Performance.

Abbildung 16.3 zeigt den Ablauf von VMI mit SAP APO:

1. Die Bestands- und Abverkaufsdaten im SAP-ERP-System des Kunden werden an den Lieferanten versendet, der mithilfe dieser Daten das Lager des Kunden selbstständig bevorratet.
2. Auf Lieferantenseite ist der Kunde mit seinen Verteilzentren durch Lokationen abgebildet. Für diese Lokationen werden in SAP APO die Daten als Bestände und historische oder prognostizierte Verbräuche gespeichert.

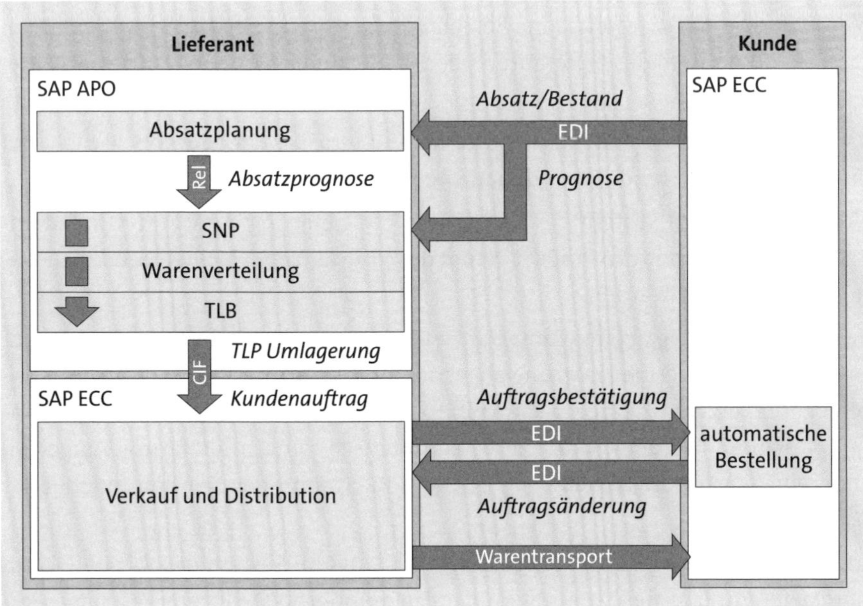

Abbildung 16.3 VMI mit SAP APO

3. Anschließend generiert der Lieferant Vorplanungsbedarfe basierend auf den historischen Abverkaufsdaten des Kunden. Dabei verwendet er die statistischen Prognoseverfahren in der Absatzplanung (Demand Planning).
4. Ausgehend vom Absatzplan ermittelt SNP einen zulässigen kurz- bis mittelfristigen Plan zur Deckung der geschätzten Absatzmengen. Damit werden auch die vom Kunden übertragenen aktuellen Bestandszahlen in der Kundenlokation berücksichtigt.
5. Die Deployment-Funktion innerhalb von SNP ermittelt optimierte Distributionspläne. Sie gibt darüber Aufschluss, wann und wie die in der Lieferantenlokation verfügbaren Produkte zu den VMI-Kunden geliefert werden sollen.
6. Die im Deployment erzeugten Transportempfehlungen für einzelne Produkte können im Transport Load Builder (TLB) zu Transportaufträgen für mehrere Produkte zusammengefasst werden. Ziel ist dabei eine bessere Ausnutzung des Transportmittels.
7. Auf Basis der bestätigten Transportaufträge werden in SAP ECC bzw. SAP S/4HANA automatisch Kundenaufträge angelegt.
8. Die Kundenauftragsnummer wird dem SAP-APO-System durch eine Änderungsübertragung mitgeteilt.
9. Parallel zur Änderungsübertragung vom SAP-ERP-System an SAP APO wird eine Auftragsbestätigung per EDI (Electronic Data Interchange) oder ALE (Application Link Enabling) an den Kunden übermittelt. Im SAP-ERP-System des Kunden wird maschinell eine Bestellung auf Basis der Auftragsbestätigung angelegt.
10. Wurde im SAP-APO-System keine Bestellnummer vergeben, wird diese per EDI an das SAP-ERP-System des Lieferanten übermittelt und im Kundenauftrag als Referenz eingetragen.
11. Nachdem der Kundenauftrag im SAP-ERP-System des Lieferanten aktualisiert wurde, erfolgt die Standardkundenauftragsabwicklung.
12. Wurde im SAP-ERP-System des Lieferanten die Lieferung zum VMI-Kundenauftrag angelegt, kann im SAP-APO-System der VMI-Auftrag abgebaut und die VMI-Lieferung angelegt werden.
13. Nach der Warenausgangsbuchung zur Lieferung im SAP-ERP-System des Lieferanten wird in SAP APO die Lieferung abgebaut, und Transitbestand wird in der Kundenlokation erzeugt. Optional kann ein Lieferavis zum SAP-ERP-System des Kunden geschickt werden. Dort wird automatisch eine Anlieferung angelegt. Anderenfalls wird die Anlieferung im SAP-ERP-System des Kunden manuell erfasst.
14. Erfolgte die Buchung des Wareneingangs im SAP-ERP-System des Kunden, kann eine Lieferempfangsbestätigung an das Lieferanten-APO-System gesendet werden. Dort wird der Transitbestand in der Kundenlokation abgebaut.

16.1.3 VMI-Prozess mit SAP SNC (Responsive Replenishment)

Wie bereits erwähnt, ist *Responsive Replenishment* ein VMI-Business-Szenario von SAP und eine Teilkomponente der SAP-Lösung SAP SNC. Ein wichtiger Erfolgsfaktor für Hersteller etwa von Konsumgüterprodukten ist die Verfügbarkeit der Produkte in den Geschäften. Im Konsumgüterbereich ist eine hohe Verfügbarkeit entscheidend für die Kundenbindung, da Kunden sonst ein Konkurrenzprodukt kaufen. Früher lag dies im Verantwortungsbereich des Einzelhändlers, und Lieferanten waren an möglichen Verfügbarkeitsproblemen häufig nicht interessiert. Konsumgüterhersteller belieferten die Einzelhändler, basierend auf Plänen und Bestellungen, die längerfristig platziert wurden. Aufgrund der starken Absatzschwankungen der Konsumenten, auf die die bisherige Nachschubplanung nicht reagieren konnte, kam es häufig zu Stock-outs.

Die Konsumgüterhersteller legten daher ihren Schwerpunkt bei der Nachschubplanung auf die Endkunden und deren Kaufverhalten. Dies führte zu einem Re-Engineering der Lieferkette mit dem Ziel, schneller auf die Bedarfsschwankungen der Endkunden zu reagieren.

Hier kommt die entscheidende Funktionalität des Responsive Replenishments zum Einsatz: Neben mehr Transparenz bezüglich Nachfragesignalen geht es hauptsächlich darum, noch schneller auf Bedarfs- bzw. Bestandsänderungen des Kunden zu reagieren und somit Fehlmengen zu vermeiden. Der Paradigmenwechsel vom Push- zum Pull-Prozess ist im Responsive Replenishment deutlich ausgeprägt.

Basierend auf tatsächlichen Bedarfen werden Bestände der Kunden kurzfristig aufgefüllt (Pull-Prinzip aus Sicht des Kunden) und nicht aufgrund von langfristigen ungenauen Prognosen oder statischen Bestandsparametern.

Abbildung 16.4 zeigt auf, wie das Responsive Replenishment die bisherige Lücke im VMI-Prozess schließt.

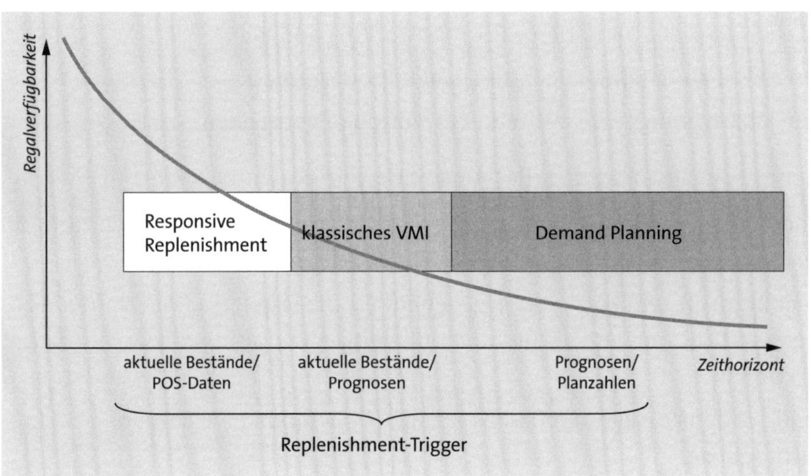

Abbildung 16.4 Kurzfristiges VMI

Das klassische VMI spielt sich im mittleren Bereich ab (VMI-Horizont). Basierend auf Prognosen und Bestandsinformationen werden Nachschubaufträge angelegt und beliefert. Wenn der Artikel beim Kunden eintrifft, kann sich aber die tatsächliche Nachfrage nach dem Artikel so verändert haben, dass es möglicherweise zu Stock-outs kommt (geringe Regalverfügbarkeit). Der Beschaffungszyklus ist im Vergleich zum Responsive Replenishment lang (z. B. zehn Tage).

Das Responsive Replenishment spielt sich dagegen im »unsicheren Horizont« ab. Tatsächliche Bedarfe am Point of Sale (POS) werden berücksichtigt, und auf Schwankungen kann schneller reagiert werden. Wird ein Artikel z. B. kurzfristig stark nachgefragt, kann dies berücksichtigt und der Artikel schneller nachgeschoben werden. Dadurch wird eine hohe Regalverfügbarkeit sichergestellt. Dies wird durch zwei Maßnahmen erreicht: Zum einen wird der Beschaffungszyklus von zehn Tagen auf bis zu einem Tag reduziert, und zum anderen wird basierend auf tatsächlichen Bedarfen und weniger basierend auf Prognosen geplant.

Das Responsive Replenishment hilft Ihnen dabei, die folgenden Fragen zu beantworten:

- Wie kann ich kurzfristige Bedarfsänderungen erkennen und darauf reagieren, um die kurzfristige Forecast-Genauigkeit zu erhöhen?
- Wie kann ich die Nachschubdurchlaufzeit minimieren, um die Lagerbestände meiner Kunden zu reduzieren?
- Wie kann ich POS-Daten bei der Nachschubplanung berücksichtigen?
- Sind die Daten, die mir mein Kunde gesendet hat, korrekt?
- Wie kann ich falsche Daten korrigieren?
- Wie kann ich dringende Ausnahmen erkennen?
- Wie bilde ich optimale Transportladungen für meine Kunden?
- Wie kann ich spezielle Szenarien wie Cross-Docking abbilden?
- Welchen Anteil an erhöhten Bedarfen haben Promotionen?
- Wie kann ich Lagerengpässe während Promotionen vermeiden?

Abbildung 16.5 zeigt den Ablauf des Responsive Replenishments als VMI mit SAP SNC.

1. Der Kunde sendet Bestände, Verkaufsdaten und Promotionen periodisch zum Lieferanten.
2. Der Lieferant prüft und korrigiert gegebenenfalls die Daten im Data Import Controller, einem Tool, mit dem die Inputdaten überwiegend automatisiert bearbeitet werden können.
3. Basierend auf den korrigierten Daten erzeugt der Lieferant eine Baseline bzw. Promotionsprognose.

4. Der Lieferant plant die Nachschubaufträge in den Kundenlokationen (inklusive Transportplanung).
5. Im jeweiligen SAP-ERP-System des Lieferanten werden Kundenaufträge erzeugt.
6. Die Kundenaufträge inklusive Bestellnummer des Kunden werden an den Kunden übertragen.
7. Im Kundensystem werden basierend auf den Kundenaufträgen Bestellungen erzeugt.

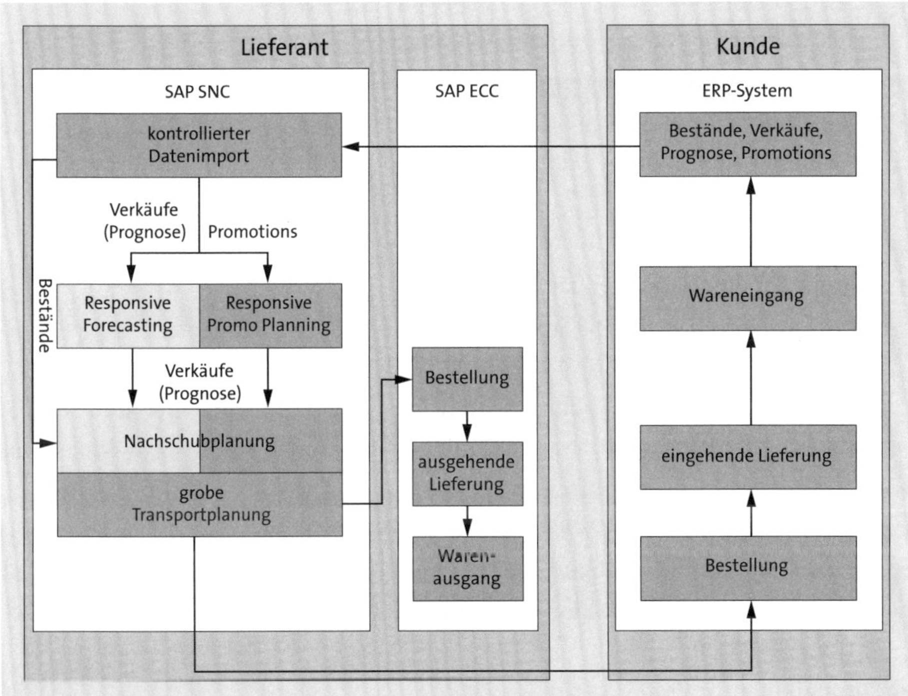

Abbildung 16.5 VMI mit SAP SNC (Responsive Replenishment)

Der Responsive-Replenishment-Prozess findet in SAP SNC und in SAP ECC statt, wobei die Planung im SAP-SNC-System erfolgt und die Kundenauftragsabwicklung im SAP-ERP-System. Achtung: Es gibt hier keine Integration zur SAP-APO-Absatzplanung (engl. Demand Planning, DP)! Sämtliche Planungsfunktionen (Prognose, Promotionsplanung, Nachschubplanung, Transportplanung) stehen in SAP SNC zur Verfügung.

16.1.4 Bewertung von VMI

Die Einführung von VMI reduziert Sicherheitsbestände, vermeidet unnötige Kapitalbindung durch gelagerte Ware und erhöht gleichzeitig die Warenverfügbarkeit beim Händler. Beide Partner profitieren von einem gesteigerten Umsatz – der Händler spart darüber hinaus Kosten der Warendisposition. Folgende Vorteile können durch den Kunden und den Lieferanten erzielt werden:

- **Vorteile für den Händler/Kunden:**
  - schlanker Beschaffungsprozess, da die Bestellung durch den Lieferanten ausgelöst wird
  - Konzentration auf das Kerngeschäft, da einige interne Aufgaben, wie die Dispositionsaufgaben für die VMI-gesteuerten Artikel, entfallen
  - Reduzierung von Stock-out-Situationen
  - mengenoptimierte und termingerechte Lieferung durch den Lieferanten
  - Senkung der Lagerhaltungskosten durch Reduzierung der Bestände, denn die Sicherheitspuffer in der Planung entfallen durch die enge Kooperation mit dem Lieferanten
  - Gewinn durch umfassendere Planungssysteme des Lieferanten
- **Vorteile für den Hersteller/Lieferanten:**
  - bessere Grundlage für die langfristige Planung durch Transparenz von Vergangenheitsdaten und der Bestandssituation des Kunden
  - Reduzierung von Produktionskosten, da man termingerechter und losgrößenoptimierter produzieren kann, denn die Genauigkeit der Planung steigt enorm
  - höhere Kundenzufriedenheit durch größere Liefertreue
  - effizienteres und kostengünstigeres Transportwesen für den Lieferanten
  - verbesserte Produktpositionierung und einfachere Durchführung von Marketingaktivitäten
- **Einsatzfelder für VMI:**
  - wichtige Kunden, durch die ein Großteil des Umsatzes erreicht wird
  - standardisierte Produkte, die regelmäßig nachgefragt werden (keine sporadische Nachfrage)
  - hohe Transaktionskosten für Auftragsabwicklung und Produktionsplanungsprozess

Das VMI wird häufig mit dem Supplier-Managed Inventory (SMI) verwechselt. Grundsätzlich unterscheiden sich SMI und VMI im Hinblick auf die Lieferkette. Aus Sicht des Unternehmens findet VMI immer mit dem Kunden statt (Kundenkollaboration). SMI dagegen impliziert die Kollaboration mit dem Lieferanten.

Beim VMI plant und steuert ein Unternehmen die Bestände seiner Kunden (Fertigprodukte). Durch SMI dagegen wird der Nachschub seiner Roh- bzw. fremdbeschafften Materialien durch die Lieferanten unterstützt. Dazu gehören Generierung von Abrufen zu Lieferplänen und Austausch von ASN (Advanced Shipping Notification).

Gemeinsam ist beiden Prozessen jedoch, dass der Empfänger der Ware dem Lieferanten Abverkaufs- bzw. Bestandsdaten zur Verfügung stellt. Im folgenden Abschnitt gehen wir im Detail auf das Supplier-Managed Inventory ein.

16.2 Supplier-Managed Inventory (SMI)

Beim *Supplier-Managed Inventory* (SMI) handelt es sich um einen Beschaffungsprozess, der auf Minimal- und Maximalgrenzen zur Steuerung der Wiederbeschaffung basiert. In diesem Szenario übernimmt der Lieferant die Nachschubplanung, die Verantwortung liegt somit vollständig beim Lieferanten des Kunden.

Die MRP-Planung findet nur noch bis zur Ermittlung der Bruttobedarfe im SAP-ERP-Backend-System des Kunden statt (die Arbeit bezieht sich immer nur auf ein SAP-ERP- und nicht auf ein SAP-APO-Planungssystem). Diese Bruttobedarfe und die Lagerbestände, aus welchen sich die Nettobedarfe berechnen lassen, werden aus dem SAP-ERP-Backend-System an das SAP-SNC-System des Lieferanten übermittelt. Der Lieferant berechnet dann in der Weboberfläche des SAP-SNC-Systems die geplanten Zugänge aufgrund von Daten wie der Minimal-/Maximalgrenze und etwaigen Rundungsfaktoren. Die geplanten Zugänge nutzt der Lieferant als Grundlage für die Erstellung von Lieferavisen im SAP-SNC-System. Diese werden anschließend an das SAP-ERP-System des Kunden geschickt.

Für die Buchung des Wareneingangs benötigt man im SAP-ERP-Backend-System normalerweise ein Buchungsobjekt (z. B. eine Bestellung oder einen Kundenauftrag). Dafür gibt es in SAP SNC zwei Möglichkeiten: Lieferplaneinteilungen und Bestellabwicklung. Auf diese beiden Optionen werden wir im Folgenden näher eingehen.

16.2.1 SMI mit Lieferplaneinteilungen

In einem *Lieferplan* wird eine längerfristige Rahmenvereinbarung zwischen Kunde und Lieferant geschlossen. Der Lieferplan beinhaltet Vereinbarungen über die Lieferung von Materialien zu festgelegten Konditionen in einem bestimmten Zeitraum. Eine solche Vereinbarung kann sowohl mit internen Lieferanten (Umlagerung) als auch mit externen Lieferanten geschlossen werden. In regelmäßigen Abständen führt der Kunde eine genaue Planung durch und ermittelt seine exakten Bedarfsmengen, die er zu bestimmten Terminen vom Lieferplan abrufen will. Um den Lieferanten über die aktuellen Bedarfe zu informieren, schickt der Kunde für ein Produkt oder mehrere Produkte einen *Lieferplanabruf*. Lieferplanabrufe oder auch Lieferplaneinteilungen informieren den Lieferanten also kurzfristig darüber, welche Mengen des Materials zu welchem Termin tatsächlich geliefert werden sollen.

In einem ersten Schritt erzeugt man aus den Ergebnissen eines Planungslaufs einen Abruf in Form von (freigegebenen) Einteilungen mit Mengen und Terminen. Dazu werden die Parameter aus dem Abruferstellungsprofil berücksichtigt. Anschließend werden Zeitpunkt und Medium (EDI, Internet) der Übermittlung des Lieferplanabrufs an den Lieferanten übermittelt.

Der Lieferant kann entweder den gesamten Lieferabruf bestätigen bzw. ablehnen oder er kann eine Lieferabrufeinteilung einzeln bestätigen. Bei der Bestätigung einer Lieferabrufeinteilung kann der Lieferant abweichend vom Wunschtermin und der Wunschmenge bestätigen. Lieferantenbestätigungen gelten häufig als unverbindliche Zugangselemente, die auf Basis der Produktions- und Kapazitätsplanung beim Lieferanten erstellt werden.

Kurz vor dem physischen Versenden der Ware kann der Lieferant *Lieferavise* erstellen und dem Kunden somit verbindliche Liefermengen und -termine mitteilen. Darüber hinaus kann ein Lieferavis Informationen zum eingesetzten Transportmittel, zur Transportdauer und zur Art der Verpackung enthalten. Die avisierten Mengen können mit den Mengen in den Lieferantenbestätigungen und in den Lieferplaneinteilungen verrechnet werden. Mit dem physischen Empfang der Ware und deren Einlagerung beim Kunden erfolgt die Wareneingangsbuchung.

Zur Überwachung der Lieferabrufabwicklung zwischen Kunde und Lieferant werden Fortschrittzahlen und/oder Alerts zum Aufdecken von Ausnahmesituationen eingesetzt.

Abbildung 16.6 stellt den SMI-Prozess mit Lieferplaneinteilungen im SAP-ERP-Backend-System dar:

❶ Im SAP-ERP-System des Kunden werden zuerst die aktuellen Bruttobedarfe und Lagerbestände an das SAP-SNC-System übertragen. Die Daten sollten direkt nach jedem MRP-Lauf übertragen werden.

❷ Die Daten werden in SAP SNC empfangen.

❸ Falls durch die Aktualisierung der Bruttobedarfe und der aktuellen Lagerbestände im SAP-SNC-System eine Über- oder Unterdeckung oder sogar ein Fehlbestand ermittelt wird, erzeugt das System einen Alert. Der Lieferant kann sich über diese Ausnahmemeldung automatisch z. B. per E-Mail informieren lassen, oder er prüft regelmäßig im Alert-Monitor (Anzeige aller Ausnahmemeldungen) des SAP-SNC-Systems, ob es Handlungsbedarf bei der Planung gibt.

❹ Der Lieferant muss die Verfügbarkeit prüfen.

❺ Bei Unterdeckungen sind geplante Zugänge im SAP-SNC-Bestandsmonitor anzulegen.

❻ Anschließend nimmt der Lieferant den Versand und den Warenausgang vor.

❼ Ebenso ist der Lieferant dafür verantwortlich, dass bei einem physischen Warenausgang des Materials ein Lieferavis im SAP-SNC-Lieferavismonitor eingestellt wird.

❽ Das Lieferavis wird automatisch an das SAP-ERP-Backend-System versendet.

❾ Der Wareneingang im SAP-ERP-System des Kunden muss mit Bezug zu den Lieferplaneinteilungen gebucht werden.

❿ Automatisch erfolgt auch eine Änderung des Lieferavis im SAP-SNC-System.

⓫ Auf diese Weise wird für den Lieferanten im SAP-SNC-System eine Lieferbestätigung sichtbar.

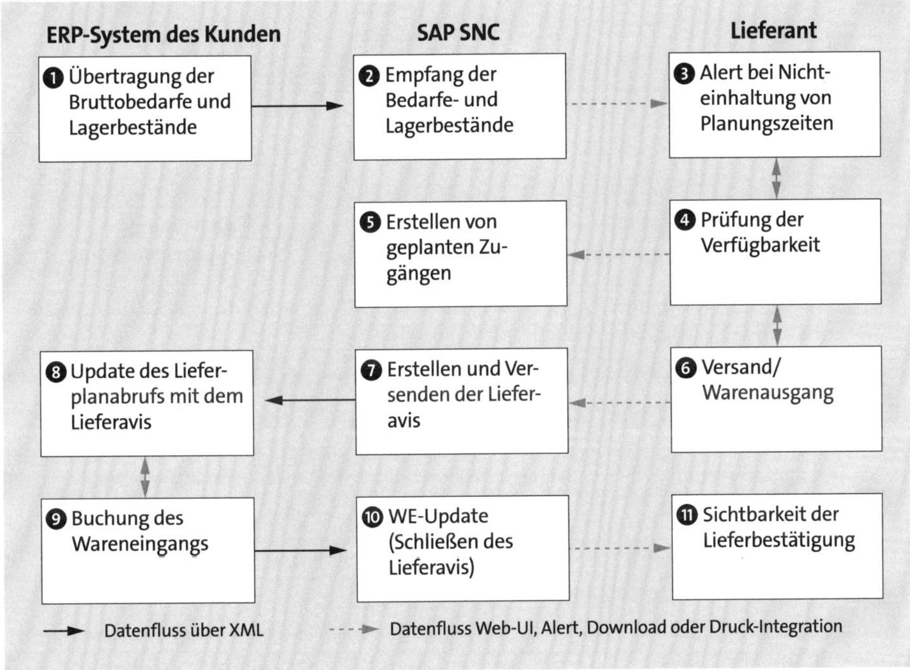

Abbildung 16.6 SMI mit Lieferplaneinteilungen

16.2.2 SMI mit Bestellabwicklung

Ein Kunde kann auch eine Bestellabwicklung für die kooperative Abwicklung von Beschaffungsprozessen mit Bestellungen einsetzen. Eine Bestellung ist ein Beschaffungsauftrag, mit dem ein Kunde einen Lieferanten auffordert, zu bestimmten Terminen bestimmte Mengen von Produkten zu liefern. Die Bestellung ist z. B. das Ergebnis eines Bedarfsplanungsprozesses, den der Kunde in seinem SAP-ERP-Backend-System durchführt. Um den Lieferanten über seine Bedarfe zu informieren, sendet der Kunde die Bestellung an SAP SNC. In Abbildung 16.7 sehen Sie den Ablauf eines SMI-Prozesses mit einer Bestellung in SAP SNC.

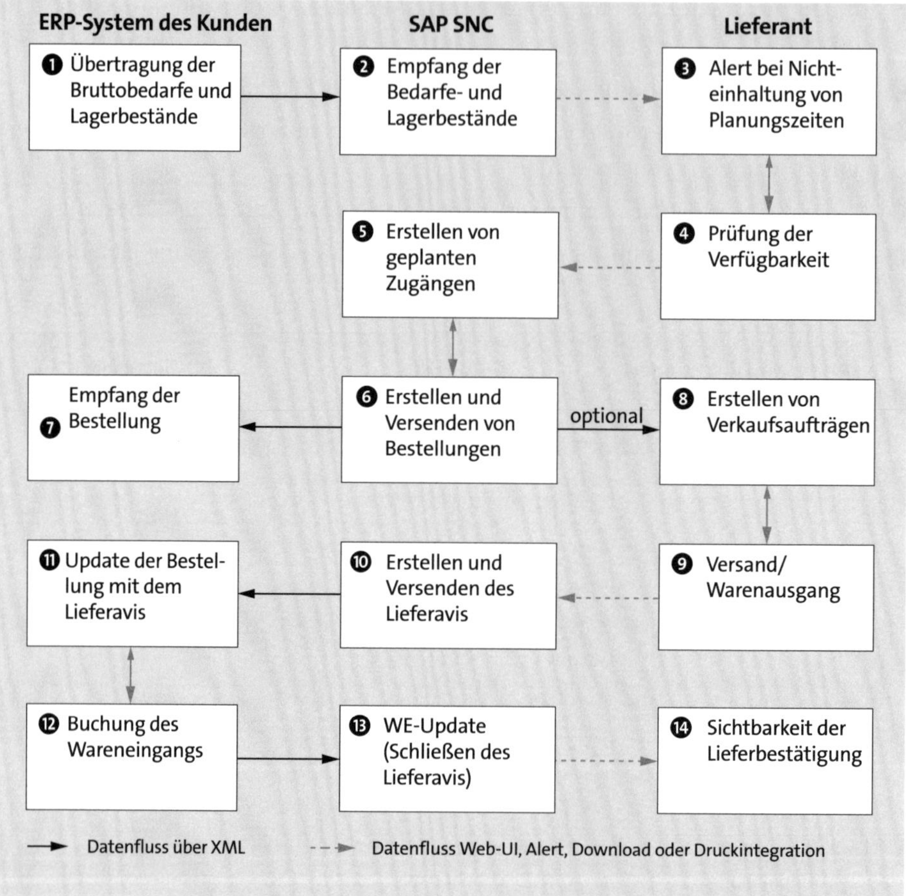

Abbildung 16.7 SMI mit Bestellabwicklung

❶ Im SAP-ERP-System des Kunden werden zuerst die aktuellen Bruttobedarfe und Lagerbestände an das SAP-SNC-System übertragen. Die Daten sollten direkt nach jedem MRP-Lauf übertragen werden.

❷ In SAP SNC werden die Daten empfangen.

❸ Falls durch die Aktualisierung der Bruttobedarfe und der aktuellen Lagerbestände im SAP-SNC-System eine Über- oder Unterdeckung oder sogar ein Fehlbestand ermittelt wird, erzeugt das System einen Alert (Ausnahmemeldung). Der Lieferant kann sich über diesen Alert automatisch z. B. per E-Mail informieren lassen, oder er prüft regelmäßig im Alert-Monitor (Anzeige aller Ausnahmemeldungen) des SAP-SNC-Systems, ob es Handlungsbedarf bei der Planung gibt.

❹ Der Lieferant muss die Verfügbarkeit prüfen.

❺ Bei Unterdeckungen sind geplante Zugänge im SAP-SNC-Bestandsmonitor anzulegen.

❻ Allerdings erstellt der Lieferant in diesem Fall eine Bestellung im SAP-SNC-Webbrowser aufgrund dieser geplanten Zugänge.

❼ Diese Bestellung wird in das SAP-ECC-System des Kunden übertragen.

❽ Optional kann diese Bestellung als Kundenauftrag beim Lieferanten angelegt werden.

❾ Anschließend nimmt der Lieferant den Versand und den Warenausgang vor.

❿ Der Lieferant ist auch dafür verantwortlich, dass bei einem physischen Warenausgang des Materials ein Lieferavis im SAP-SNC-Lieferavismonitor eingestellt wird.

⓫ Dieses Lieferavis wird automatisch an das SAP-ERP-Backend-System versendet.

⓬ Der Wareneingang im SAP-ERP-System des Kunden muss mit Bezug zu den Lieferplaneinteilungen gebucht werden.

⓭ Automatisch erfolgt auch eine Änderung des Lieferavis im SAP-SNC-System.

⓮ Auf diese Weise wird für den Lieferanten im SAP-SNC-System eine Lieferbestätigung sichtbar.

16.2.3 Bewertung von SMI

Beide Geschäftspartner profitieren von dieser Zusammenarbeit. Zusammengefasst bietet SMI folgende Vorteile für den Hersteller/Kunden:

- optimierte, zuverlässige und termingerechte Bestandsführung durch Lieferanten
- keine eigene Nachschubplanung nötig
- schlanker Beschaffungsprozess ohne eigene Beschaffungsplanung
- steigende Attraktivität des Fertigungsunternehmens als Geschäftspartner für Lieferanten durch Offenlegung der Bedarfsdaten
- höherer Lagerumschlag

Für den Lieferanten bietet SMI folgende Vorteile:

- optimierte kurz- und mittelfristige Planung durch transparente Bedarfsdaten des Kunden
- kostengünstige, benutzerfreundliche Internetanwendung
- bessere Planbarkeit der eigenen Kapazitäten durch die Übernahme der Nachschubplanung für den Kunden
- höherer Lagerumschlag

Für folgende Einsatzfelder bietet sich SMI an:

- wichtige Lieferanten, mit denen ein Großteil des Umsatzes erreicht wird
- hochwertige Artikel, die kritisch für den Produktionsprozess sind oder bei denen in der Regel hohe Beschaffungskosten anfallen
- begrenzte Lagerflächen; Artikel, die ein hohes Lagervolumen beanspruchen

Für den SMI-Prozess ist es wichtig, dass der Lieferant eine Single Source ist, also die einzige Beschaffungsquelle für das Produkt. Dieser Prozess ergibt nämlich nur dann Sinn, wenn das Produkt von einem einzelnen Lieferanten beschafft wird, da Bruttobedarf und Lagerbestände im Normalfall nicht auf verschiedene Lieferanten gesplittet werden können. Die aktuellen Bruttobedarfe – auch im Mittelfristbereich – und die Lagerbestände können gut in einfachen webbasierten Ansichten visualisiert werden.

16.3 Kollaboration mit SAP IBP

Heutzutage werden Unternehmen mit immer schnelleren Innovationszyklen und volatilen On-Demand-Anforderungen ihrer Kunden konfrontiert. Die dadurch entstehenden Herausforderungen an das logistische Netzwerk erfordern Kollaboration nicht nur innerhalb eines Unternehmens, sondern über Unternehmensgrenzen hinweg. Der Austausch von Informationen ermöglicht es Ihnen, schneller und effizienter auf Kundenwünsche und Nachfrageschwankungen zu reagieren. Damit kommt im Kontext der integrierten Business-Planung dem Aspekt der Geschäftspartnerkollaboration eine immer stärkere Bedeutung zu. Planungsinformationen über eine Plattform mit Ihren Geschäftspartnern zu teilen, führt zu einer besseren Auslastung Ihrer Kapazitäten und der eingesetzten Ressourcen. Im Planungssystem SAP Integrated Business Planning for Supply Chain (SAP IBP) können Sie in allen Teilanwendungen die *webbasierte Planung* für die Zusammenarbeit mit Kunden und Lieferanten freischalten.

Mithilfe des SAP Supply Chain Control Towers können Sie die Zusammenarbeit mit Ihren Lieferanten intensivieren. Die Kollaboration zwischen Unternehmen und Kunden und auch innerhalb des Unternehmens stärker zu unterstützen, ist ein Fokus der zukünftigen SAP-IBP-Roadmap.

16.3.1 Kollaboration mit webbasierter Planung

Die webbasierte Planung ermöglicht die direkte Integration von Lieferanten und Kunden in den unternehmensinternen Planungsprozess. SAP IBP stellt für die webbasierte Planung folgende SAP-Fiori-Apps zur Verfügung:

- Webbasierte Planung
- Webbasierte Planung – Kunden
- Webbasierte Planung – Lieferanten

Mit diesen Apps zur webbasierten Planung eröffnet SAP IBP die Möglichkeit, Kollaboration auch unternehmensübergreifend über webbasierte Planungssichten zu verwirklichen. Abbildung 16.8 zeigt beispielhaft Vertriebsdaten auf den Ebenen **Product Family** und **Cust Region**, die dann zur Abstimmung mit Kunden oder Lieferanten genutzt werden können. Über die webbasierten Planungssichten können Sie Kennzahlenwerte manuell anpassen, simulieren und Szenarios verwalten.

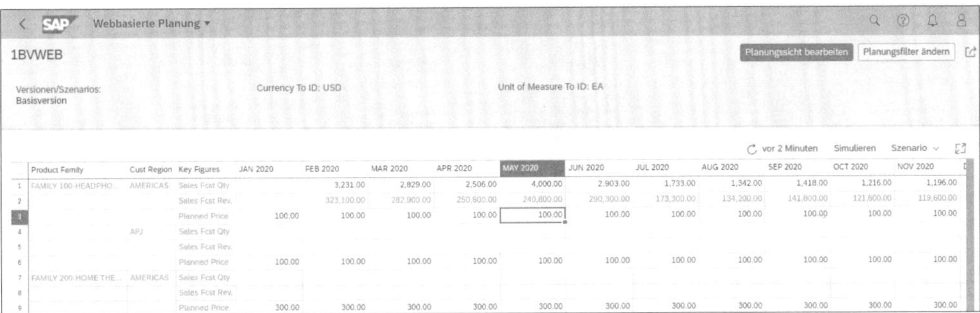

Abbildung 16.8 Benutzeroberfläche der SAP-Fiori-App »Webbasierte Planung«

16.3.2 Kollaboration im Business-Netzwerk mit SAP Ariba

Um Unternehmen die Zusammenarbeit mit Lieferanten zu erleichtern, unterstützt SAP IBP ein Integrationsszenario mit der Lösung SAP Ariba. Über diese Integration können die Lösungen unterschiedlicher Informationen austauschen, wie z. B.:

- Prognosemengen
- Bestandsmengen
- Produktionsmengen
- benutzerdefinierte Zusatzkennzahlen

Dieser Austausch lässt sich beispielhaft am Prozess der Lieferantenbestätigung nachvollziehen (siehe Abbildung 16.9). Der Prozess besteht aus mehreren Schritten:

1. In SAP IBP planen Sie zunächst einen restriktionsfreien, am Marktbedarf ausgerichteten Bedarfsplan auf Ebene der fremdbeschafften Produkte oder Komponenten. Dies kann z. B. über einen infiniten Planungslauf erfolgen.
2. Dem Lieferanten wird über die Schnittstellen aus SAP IBP der restriktionsfreie Bedarfsplan als Prognose über SAP Ariba mitgeteilt.
3. Der Lieferant kann diese restriktionsfreie Prognose in seinen Planungsläufen berücksichtigen und notwendige Anpassungen vornehmen. Entsprechend den Da-

tenaustauschvereinbarungen kann der Lieferant Ihnen eine der oben aufgeführten Informationen über SAP Ariba zurückspielen. Beispiele sind Prognosemengen oder Produktions- bzw. Liefermengen. Der Lieferant könnte auch Bestandsinformationen für Sie bereitstellen.

4. Die Lieferanteninformationen werden in Ihr SAP-IBP-System in die dafür vorgesehenen Kennzahlen zurückgespielt.
5. Die Lieferantenbestätigungen werden in der weiteren Planung, z. B. bei der Ermittlung eines restriktiven Bedarfsplans, berücksichtigt.
6. Als Ergebnis erhalten Sie einen restriktiven Bedarfsplan, der Restriktionen und weitere Informationen des Lieferanten bei der internen Planung berücksichtigt.

Abbildung 16.9 Prozessablauf der Lieferantenkollaboration

Grundsätzlich können Sie den hier skizzierten Kollaborationsprozess auch über den Austausch von Dateien realisieren. Aber die Lieferantenkollaboration im Zusammenspiel von SAP IBP und SAP Ariba ermöglicht Ihnen eine integrierte und damit unmittelbarere Lösung. Dafür muss die Kommunikation mit dem Lieferanten jedoch bereits über SAP Ariba strukturiert sein, und Sie benötigen eine Lizenz für den SAP Supply Chain Control Tower. Weitere Details zu den notwendigen Einstellungen finden Sie im folgenden Abschnitt.

16.3.3 Einstellungen zum kollaborativen Verfahren in SAP IBP

Für die Organisation der Lieferkette ist wichtig, dass alle Beteiligten – seien es Lieferanten, Kunden oder Ihre Mitarbeitenden – über das Business-Netzwerk zusammenarbeiten können. Die Funktionen des SAP Supply Chain Control Towers ermöglichen eine unternehmensübergreifende Kollaboration und die Synchronisation von Aktivitäten über die gesamte Wertschöpfungskette hinweg, was einen signifikanten Wettbewerbsvorteil bedeuten kann.

Um Daten mit Geschäftspartnern austauschen zu können, müssen Sie folgende Objekte anlegen:

- **Datenaustauschmodell**
  Im Datenaustauschmodell, das Sie in der App **Datenaustauschmodelle verwalten** erstellen, legen Sie die allgemeinen Vereinbarungen mit Ihren Geschäftspartnern

fest: Wann werden welche Daten mit wem ausgetauscht? Der Modelltyp bestimmt, ob Sie Daten für Ihren Geschäftspartner bereitstellen (*Sender-Modell*) oder ob Sie Daten von Ihrem Geschäftspartner erhalten (*Empfänger-Modell*). Diese Vorgabe gilt für alle Geschäftspartner. Das Datenaustauschmodell enthält dann wiederum eine oder mehrere Datenaustauschvereinbarungen, die jeweils für einen Geschäftspartner gelten.

- **Datenaustauschvereinbarung**
  In der Datenaustauschvereinbarung legen Sie fest, welche Daten wie mit den Geschäftspartnern ausgetauscht werden. Eine Datenaustauschvereinbarung gilt immer für einen Geschäftspartner und ist immer einem Datenaustauschmodell zugeordnet. Datenaustauschvereinbarungen werden aus dem Datenaustauschmodell heraus angelegt.

Die App **Datenaustauschmodelle verwalten** ist in die Bereiche **Kopfzeile**, **Allgemeine Informationen**, **Modellattribute**, **Zuordnungen** und **Vereinbarungen** untergliedert.

Abbildung 16.10 zeigt Ihnen die Parameter, die Sie bei der Konfiguration des Datenaustausches im Bereich **Kopfzeile** und **Allgemeine Informationen** hinterlegen können.

Abbildung 16.10 Bereich »Kopfzeile« in der App »Datenaustauschmodelle verwalten«

In der Kopfzeile legen Sie die Pflichtfelder wie **ID**, **Name**, **Planungsbereich** und den **Modelltyp** fest. Es werden die Modelltypen Sender und Empfänger unterschieden.

Im Bereich **Allgemeine Informationen** legen Sie folgende Parameter fest:

- **Standardaustauschmodus**
  Diese Parameter legen den Standardmodus fest, in dem Ihre Daten geteilt werden (z. B. als XML-Message) und werden an die einzelnen Vereinbarungen propagiert. Sie können aber für jede einzelne Verbindung geändert werden.
- **Standard-Kommunikationsvereinbarung**
  Diese Parameter legen die Standard-Kommunikationsvereinbarung fest, wie SAP Ariba, und werden an die einzelnen Vereinbarungen propagiert. Diese können aber für jede einzelne Verbindung geändert werden.
- **Standard-Zeitfilter**
  Die Parameter zum Standard-Zeitfilter legen den Zeitraum fest, für den Sie Daten mit Geschäftspartnern austauschen möchten.

Im Bereich **Modellattribute** legen Sie die Attribute fest, wie z. B. den Lieferanten, die Sie zu Übermittlung von Informationen mit Ihren Geschäftspartnern teilen. Im Bereich **Zuordnungen** legen Sie die Zuordnung der Quell- und Zieldatenstrukturen fest und wie Ihre Daten in das Zieldatenformat konvertiert werden müssen. Im Bereich **Vereinbarungen** können Sie nun pro Geschäftspartner entsprechende Vereinbarungen hinterlegen. Um eine Vereinbarung anzulegen, müssen Sie die Einstellung zuvor im Bereich **Zuordnungen** eintragen.

Datenaustausch zwischen Unternehmen und Lieferanten

Das Zusammenspiel möchten wir an einem kleinen Beispiel deutlich machen. Für Ihre Produktion beziehen Sie die Komponenten A und B. Die Komponente A wird von Lieferant 1A und die Komponente B von Lieferant 1B geliefert. Zum einen möchten Sie den Lieferanten Ihren restriktionsfreien Bedarf mitteilen. Hierfür benötigen Sie ein Sender-Modell. Zum anderen möchten Sie eine Bestätigung von Ihren Lieferanten erhalten. Hierfür benötigen Sie ein Empfänger-Modell. Da Sie also Daten mit unterschiedlichen Lieferanten austauschen möchten, legen Sie in beiden Modellen für jeden der Lieferanten eine Datenaustauschvereinbarung an.

Die grundlegende Kommunikation zwischen SAP IBP und SAP Ariba müssen Sie über die App **Anmeldeinformationen und Endpunkte für Ariba Network verwalten** anlegen.

16.4 Fazit

Mit den hier angesprochenen kollaborativen Dispositionsverfahren erhalten alle Zulieferer des Liefernetzes unternehmensübergreifend und in Echtzeit Einblick in die Lagerbestände des Herstellers. Diese Transparenz kommt allen Beteiligten im Netzwerk zugute. Sie ermöglicht es, zeitnah und rechtzeitig zu handeln und gleichzeitig die Lagerbestände niedrig zu halten. Besonders bei hochwertigen oder kritischen Artikeln können Sie die hier aufgezeigten Optimierungspotenziale leicht umsetzen.

Die kollaborative Planung mit SAP IBP ermöglicht es Ihnen, den Planungsprozess mit Lieferanten und Kunden zu fokussieren und eine abgestimmte gemeinsame Planung zu realisieren. Neben der webbasierten Planung haben wir Ihnen auch die Kollaboration über SAP Ariba vorgestellt.

Im nächsten Kapitel stellen wir mit der Kanban-Steuerung ein weiteres Dispositionsverfahren vor, das für bestimmte Artikel weitere Optimierungspotenziale bereithält.

Kapitel 17
Disposition mit Kanban-Steuerung

Mit der Methode Kanban kann die Produktion selbst den Fertigungsprozess steuern, wodurch der manuelle Buchungsaufwand weitgehend reduziert wird. Durch die Selbststeuerung wird außerdem eine Verkürzung der Durchlaufzeit und eine Reduktion der Bestände erreicht. In diesem Kapitel erfahren Sie, wie diese Funktionen in den SAP-ERP-Systemen eingesetzt werden können.

Das *Kanban-System* wurde in den 1940er Jahren vom japanischen Automobilhersteller Toyota entwickelt. Der aus dem Japanischen stammende Begriff »Kanban« bedeutet »Karte« oder »Schild«; häufig bezeichnet man auch die Behälter als Kanban.

Kanban ist ein sich selbst steuerndes Verfahren zur Produktions- und Materialflusssteuerung und basiert auf dem physischen Materialbestand in der Fertigung. Regelmäßig benötigtes Material wird dabei ständig in kleinen Mengen in der Produktion bereitgehalten. Der Nachschub und die Fertigung eines Materials werden mit Kanban erst dann in die Wege geleitet, wenn eine bestimmte Menge des Materials verbraucht worden ist; in diesem Zusammenhang wird von Pull-Prinzip gesprochen. In der Kanban-Steuerung kommen verschiedene Elemente zum Einsatz, z. B. die Kanban-Karten. Sie dienen als zentraler Informationsträger. Wesentliche Merkmale des Verfahrens sind sehr kurze Rüstzeiten, Teileflussorganisation nach One-Piece-Flow- und First-in-First-out-Prinzipien, funktionierende Prozesse und eine detailliert durchgeführte Produktionsplanung.

17.1 Elemente der Kanban-Steuerung

Ein Kanban-System besteht aus fünf Bestandteilen, die wir im Folgenden ausführlicher vorstellen.

17.1.1 Kanban-Regelkreis

Die prinzipielle Kanban-Funktionsweise setzt voraus, dass der Produktionsbereich in ein System miteinander verbundener Regelkreise aufgeteilt ist. Ein *Regelkreis* besteht aus einer produzierenden Arbeitsstation und einer nachfolgenden verbrauchenden

Arbeitsstation, zwischen denen in der Regel ein Pufferlager (»Supermarkt«) installiert ist. Zwischen den beiden Stationen besteht eine informationelle Kopplung, die dem Materialfluss entgegengesetzt ist. Somit entsteht eine Kunden-Lieferanten-Verbindung entlang der Wertschöpfungskette, die das Material physisch durchläuft.

17.1.2 Kanban-Karten

Kanban-Karten sind der zentrale Informationsträger in Kanban-Regelkreisen. Zu jedem Behälter oder Gebinde gehört genau eine Kanban-Karte (siehe Abbildung 17.1), die auf der einen Seite das Behältnis eindeutig identifiziert und auf der anderen Seite nach dessen Entleerung als Auftrag zur Nachproduktion gilt.

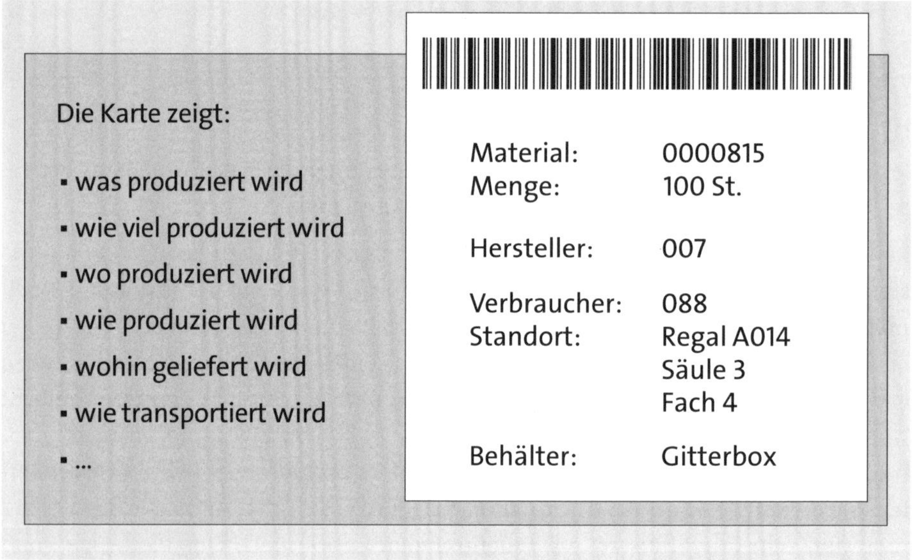

Abbildung 17.1 Kanban-Karte

Aus dem SAP-ECC- bzw. SAP-S/4HANA-System heraus können Kanban-Karten gedruckt werden. Formulare legen hierbei Inhalt und Form der Karte fest. Im Standard wird das Formular PSFC_KANBAN ausgeliefert, das einen Barcode beinhaltet. Das Einlesen dieses Barcodes mit einem handelsüblichen Lesegerät genügt, um alle zur Beschaffung notwendigen Daten zu übermitteln und bei Erhalt der Materialien den Wareneingang zu buchen. Für das Einlesen von Kanban-Barcodes steht eine eigene Transaktion im SAP-ECC- bzw. SAP-S/4HANA-System unter **Logistik • Produktion • Kanban • Steuerung • Kanbanimpuls • Barcode** zur Verfügung. Zusätzliche Treibersoftware oder Schnittstellen sind nicht notwendig.

Karten und Behälter müssen nicht immer physisch miteinander verbunden sein. Der Rückweg des Leerguts kann so vom Informationsfluss entkoppelt werden.

17.1.3 Kanban-Tafel

Die *Kanban-Tafel* dient dazu, den Produktionsprozess zu visualisieren. Da bereits eine einzelne Karte einen Fertigungsauftrag zur Nachproduktion darstellt, kann man mit der Kanban-Tafel mehrere Karten zu einer wirtschaftlichen Losgröße sammeln, um dann erst die Nachfertigung auszulösen. Um den Prozess nicht starr werden zu lassen, arbeitet man mit sogenannten Freigabebereichen statt mit einer bestimmten, vorgegebenen Menge. Dadurch erreicht man eine Nivellierung der vorhandenen Kapazitäten und kann somit flexibel steuern.

17.1.4 Regelkarten

Auf *Regelkarten* werden alle Abweichungen vom Standard vermerkt. Kein realer Materialfluss ist mit einem anderen identisch. Für eine optimale Konfiguration muss somit erst der optimale Ablauf selektiert werden. Das Tool hilft, den Prozess systematisch, effizient und zielorientiert umzusetzen. Störgrößen, Sonderbedarfe und Sonderfreigaben werden dokumentiert und können zu einer Veränderung des Standards führen. Mithilfe der Regelkarten erreicht man Prozesssicherheit.

17.1.5 Prioritätsfindung im Arbeitssystem

Das Kanban-System zeichnet sich grundsätzlich durch eine dezentrale Steuerung aus. Die Mitarbeitenden in der Fertigung entscheiden eigenverantwortlich, wann die erforderliche Sammelmenge für die Nachfertigung erreicht ist. Sollte es zu einer Überschneidung der Bedarfe kommen, muss nach Kriterien wie etwa niedrigem Lagerbestand oder niedriger Bestandsreichweite priorisiert werden.

17.2 Pull-Prinzip

Die Wirkungsweise der Kanban-Steuerung beruht auf dem sogenannten *Supermarktprinzip*: Ein Kunde nimmt bei Bedarf eine gewünschte Ware aus dem Regal. Wenn die Ware verbraucht, also der Einlagerungsplatz im Regal leer ist, wird dieser Platz selbstständig wieder aufgefüllt. Dieses Prinzip wird nun auf den Materialfluss zwischen den einzelnen Arbeitsstationen in einer Fertigung übertragen. Das in einem Behälter befindliche Material wird verbraucht, bis der Behälter leer ist. Der Behälter wandert danach zusammen mit der Kanban-Karte, die einen Produktionsauftrag darstellt, zur Nachschubquelle (produzierende Arbeitsstation) zurück, wo er neu gefüllt wird. Anschließend wird er wieder zum Verbraucher oder zum Kunden (verbrauchende Arbeitsstation) zurückgeschickt. Dieser Ablauf ist sehr einfach und übersichtlich und erreicht durch seine Transparenz eine enorme Prozesssicherheit. Auffallend ist, dass bei dieser Art der Produktionssteuerung Material- und Informationsflüsse entgegengesetzt zur klassischen Produktionsplanung verlaufen (siehe Abbildung 17.2).

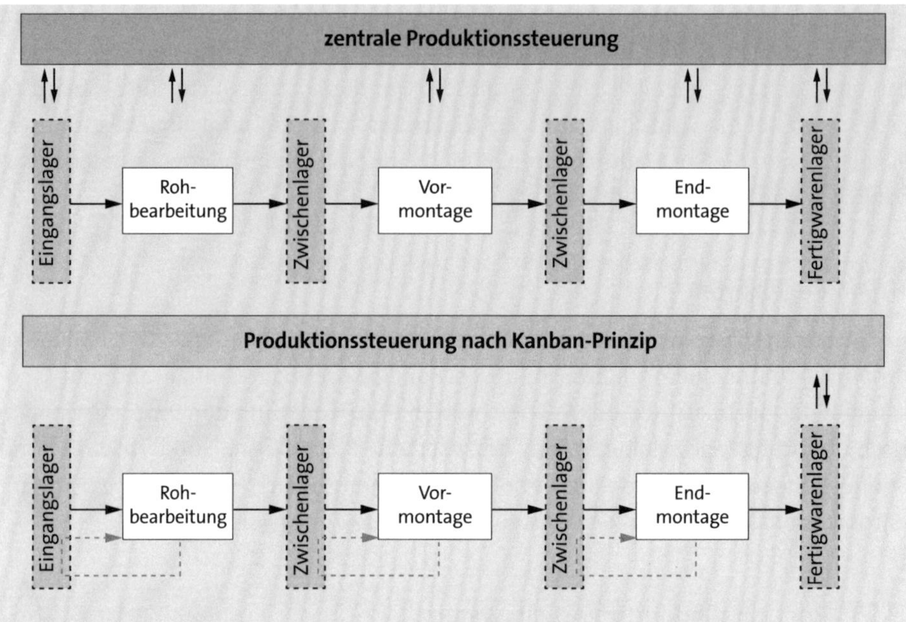

Abbildung 17.2 Zentrale Produktionsplanung versus Kanban-Steuerung

Bei der traditionellen Produktions- und Bedarfsplanung werden die Produktionsmengen und Termine in Abhängigkeit vom aktuellen Kunden- oder Vorplanungsbedarf auf Erzeugnisebene berechnet. Über die Stücklistenauflösung werden die Einsatzmengen und die Bereitstellungstermine der Komponenten ermittelt. Die Losgrößenbildung orientiert sich bei dieser Verfahrensweise am gewählten Losgrößenverfahren. Pro Fertigungsstufe werden Lose in der Regel komplett fertiggestellt, bevor sie der folgenden Fertigungsstufe zur Verfügung stehen.

Die mittels der Bedarfsplanung errechneten Termine für die Komponentenbereitstellung bilden die Grundlage für die Feinterminierung der Fertigung oder für die Bestelltermine für Kaufteile – obwohl zum Zeitpunkt der Terminierung oft nicht genau bekannt ist, wann genau das Material für die nächste Fertigungsstufe benötigt wird. Das Material wird auf der Grundlage der ermittelten Termine durch die Fertigung geschoben (*Push-Prinzip*). Bei dieser Verfahrensweise können sich Wartezeiten bis zum Beginn der Fertigung ergeben. Diese Wartezeiten werden in der Regel durch erhöhte Durchlaufzeiten oder mithilfe von Sicherheitszeiten abgebildet (Auftragspuffer). Hierdurch ergeben sich häufig auch erhöhte Sicherheitsbestände, um die Lieferbereitschaft jederzeit zu gewährleisten.

Bei Kanban wird das Material nicht mittels einer übergelagerten Planung durch die Fertigung geschoben, sondern durch die nachfolgende Fertigungsstufe dann von der Quelle abgerufen, wenn es gebraucht wird (Pull-Prinzip). Ist ein Behälter leer, wird der Kanban-Impuls erzeugt. Der Impuls zur Lieferung des Materials mit Kanban kann z. B. darin bestehen, dass der Arbeitsplatz, der ein Material benötigt (Verbraucher), eine Karte an den Arbeitsplatz sendet, der das Material herstellt (Quelle). Die Karte beschreibt, welches Material in welcher Menge wohin geliefert werden soll. Beim Empfang der Materialien kann durch einen weiteren Kanban-Impuls per Barcode der Wareneingang beim Verbraucher automatisch gebucht werden. Abbildung 17.3 veranschaulicht das Kanban-Prinzip.

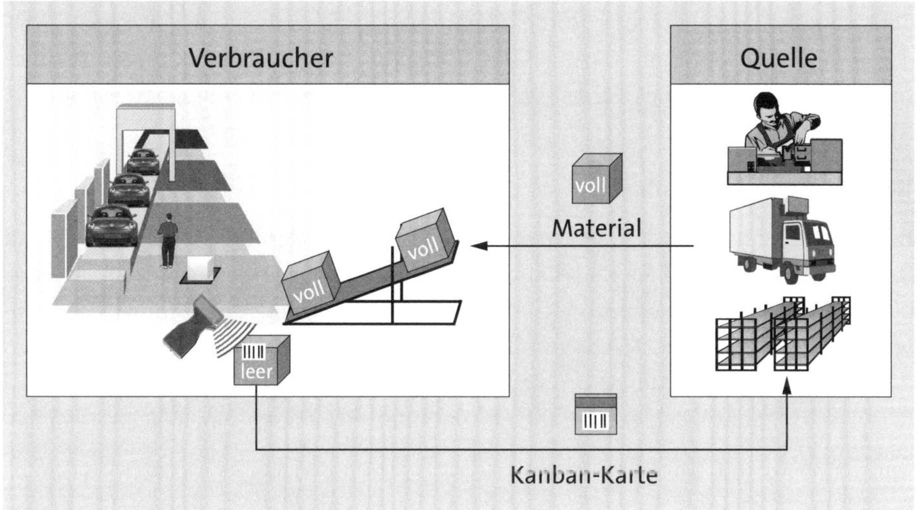

Abbildung 17.3 Kanban-Regelkreis

Der Materialfluss wird bei Kanban über Behälter organisiert, die sich in der Fertigung vor Ort an den Arbeitsplätzen befinden. Sie beinhalten jeweils die für einen bestimmten Zeitraum notwendige Materialmenge, die die Mitarbeitenden in der Fertigung an ihrem Arbeitsplatz benötigen. Sobald ein Behälter durch den Verbraucher geleert ist, wird der Nachschub in die Wege geleitet. Quelle des angeforderten Materials kann eine andere Fertigungseinheit, ein externer Lieferant oder ein Lager sein. Bis zum Eintreffen des gefüllten Behälters kann sich der Verbraucher aus weiteren Behältern bedienen.

Ziel ist es, dass die Produktion den Fertigungsprozess selbst steuert und der manuelle Buchungsaufwand für die Mitarbeitenden weitestgehend reduziert wird. Effekte dieser Selbststeuerung sowie der zeitnah am tatsächlichen Verbrauch erzeugten Nachschubelemente sind die Reduktion der Bestände sowie die Verkürzung der Durchlaufzeit (Nachschub wird erst dann angestoßen, wenn Material benötigt wird und nicht vorher).

Zusammengefasst kann das Kanban-Prinzip wie folgt beschrieben werden: Material wird in der Fertigung dort bereitgestellt, wo es gebraucht wird. Das Material steht dort in kleinen Materialpuffern immer zur Verfügung. Die Bereitstellung des Materials muss daher nicht geplant werden. Stattdessen wird verbrauchtes Material sofort mit Kanban wiederbeschafft.

17.3 Kanban-Verfahren

Wer vom Kanban-Verfahren spricht, meint in der Regel das klassische Kanban-Verfahren, bei dem eine feste Anzahl von Kanbans im Regelkreis definiert ist. Im Laufe der Zeit haben sich aber Varianten des klassischen Verfahrens entwickelt, um auf Sondereinflüsse zu reagieren. Dazu zählt z. B. das ereignisgesteuerte Kanban. Die verschiedenen Varianten des Kanban-Verfahrens werden im Folgenden dargestellt.

17.3.1 Klassisches Kanban

Im klassischen Kanban definiert man im Regelkreis den Verbraucher, die Quelle und das Verfahren für die Wiederbeschaffung des Materials sowie die Anzahl der Kanbans, die zwischen Verbraucher und Quelle umlaufen bzw. die Menge pro Kanban. Der *Kanban-Impuls* erzeugt den Nachschub im klassischen Kanban immer nur für die im Regelkreis festgelegte Menge pro Kanban. Ebenso ist es ohne eine Veränderung im Regelkreis nicht möglich, mehr Kanbans umlaufen zu lassen, als im Regelkreis festgelegt sind.

17.3.2 Ereignisgesteuertes Kanban

Beim ereignisgesteuerten Kanban orientiert sich die Materialbereitstellung nicht an einer festgelegten Anzahl von Kanbans oder an einer festgelegten Kanban-Menge, sondern am tatsächlichen Materialbedarf. Das Material wird nicht an einem Produktionsversorgungsbereich stetig bereitgestellt und nachgefüllt, sondern nur auf explizite Anforderung beschafft. Hier sollen die Vorteile der SAP-Kanban-Abwicklung dazu genutzt werden, den Nachschub mit einer vereinfachten Abwicklung durchzuführen. Im Unterschied zum klassischen Kanban wird ein Kanban nur bei Bedarf erzeugt (bzw. angestoßen durch ein bestimmtes Ereignis). Für jede angeforderte Materialmenge wird ein Kanban angelegt, der nach erfolgter Wiederbeschaffung wieder gelöscht wird (siehe Abbildung 17.4).

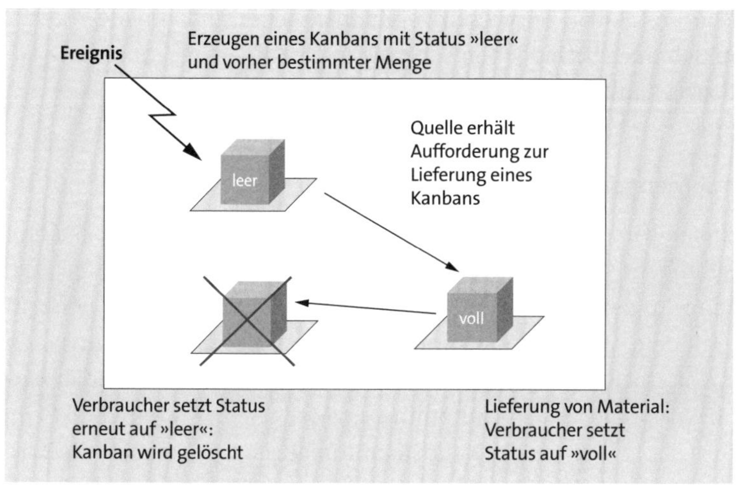

Abbildung 17.4 Ereignisgesteuertes Kanban

17.3.3 Einkarten-Kanban

Steht in der Produktion zu wenig Platz zur Verfügung, um ständig zwei Kisten beim Verbraucher vorrätig zu haben, bietet sich das sogenannte *Einkarten-Kanban* an. Damit werden zwei Kanbans in einem Regelkreis abgebildet. Dadurch, dass ein Kanban zeitweise auf dem inaktiven Status »wartet« steht, lassen sich die Bestände beim Verbraucher weiter reduzieren, besonders für den Fall, dass das Material zeitweise nicht gebraucht wird. Der Nachschub wird bei dieser Verfahrensweise immer dann angestoßen, wenn der Kanban, aus dem aktuell entnommen wird, circa halb entleert ist. Der neue Kanban kommt an, bevor der aktuelle Kanban vollständig entleert ist. Abbildung 17.5 verdeutlicht dieses Prinzip.

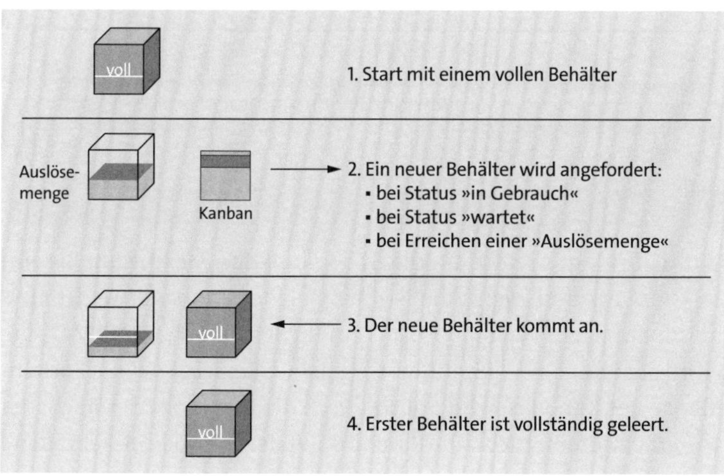

Abbildung 17.5 Einkarten-Kanban

Da auch beim Einkarten-Kanban zeitweise zwei Kanbans aktiv sind, um die Wiederbeschaffung des in Gebrauch befindlichen Kanbans zu gewährleisten, muss diese Logik im System mit zwei Kanbans abgebildet werden.

17.3.4 Kanban mit Mengenimpuls

Im klassischen Kanban wird der Kanban-Impuls Status »leer« nach dem vollständigen Entleeren des Kanbans von Mitarbeitenden – bspw. mit dem Barcode – gesetzt. Vor dem Leersetzen wird dem System nicht mitgeteilt, welche Menge sich noch im Kanban befindet. Mit dem Mengenimpuls wird der Kanban-Impuls nicht durch den Statuswechsel vom Mitarbeiter gesetzt, sondern der Werker bzw. ein Betriebsdatenerfassungssystem (BDE) gibt die jeweils entnommenen Mengen im System direkt ein, und das System führt das Leersetzen des Kanbans automatisch durch, sobald die Kanban-Menge erreicht ist (siehe Abbildung 17.6).

Abbildung 17.6 Kanban – Mengenimpuls

Die Ist-Menge wird um die Menge reduziert, die in der Funktion *Mengenimpuls* eingegeben wird. Das System erkennt, wenn die Ist-Menge eines Kanbans »0« ist, und setzt den Kanban automatisch auf »leer«. Wird aus einem Behälter das erste Mal eine Menge ausgefasst, wird der Status »in Gebrauch« vergeben. Überschreitet die Entnahmemenge die Ist-Menge des Kanbans, wird automatisch die Ist-Menge des nächsten Kanbans reduziert. Hierbei werden zuerst die Kanbans mit dem Status »in Gebrauch« reduziert und dann die Kanbans, die am längsten den Status »voll« aufweisen.

Beim Mengenimpuls wird nur die Ist-Menge der Kanbans fortgeschrieben, jedoch keine Bestandsbuchung durchgeführt. Die Bestandsbuchung erfolgt weiterhin, wenn das Material retrograd entnommen wird.

17.4 Kanban-Ablauf

Der Kanban-Ablauf wird im jeweiligen SAP-ERP-System (SAP ECC oder SAP S/4HANA) gesteuert und sichtbar gemacht, indem die Kanbans auf entsprechende Status gesetzt werden. Im Normalfall werden nur die Status »leer« und »voll« verwendet. Wird ein Behälter vom Verbraucher auf den Status »leer« gesetzt, wird damit ein Nachschubelement erzeugt und die Quelle des Materials zur Lieferung aufgefordert. Das Leermelden eines Kanbans führt nicht zur Buchung eines Warenausgangs (siehe Abbildung 17.7). Warenausgänge werden im Kanban-Ablauf typischerweise retrograd bei der Rückmeldung des darüber liegenden Auftrags gebucht (oder aber bei der manuellen Warenausgangsbuchung zum darüberliegenden Auftrag).

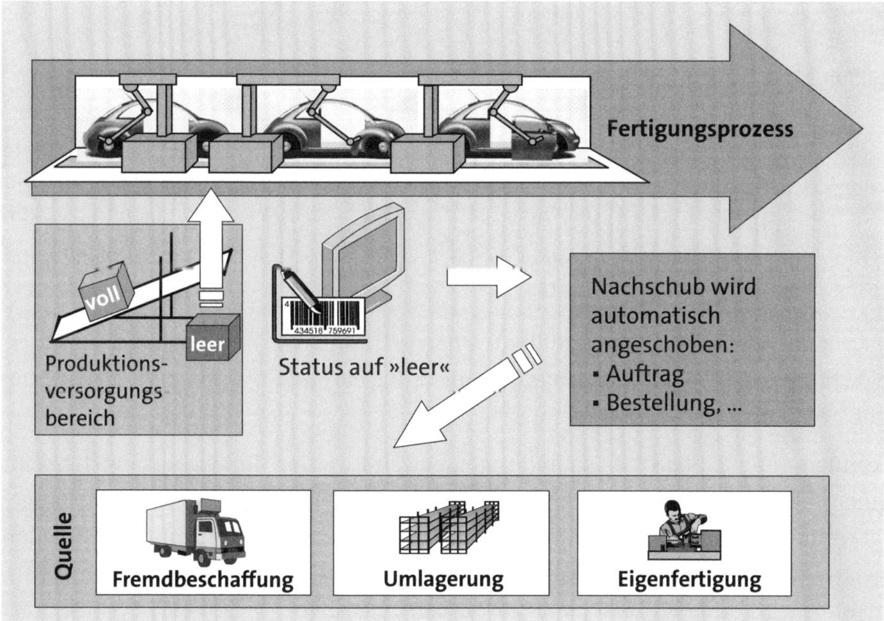

Abbildung 17.7 Kanban leermelden

Wird der Status vom Verbraucher auf »voll« gesetzt (siehe Abbildung 17.8), wird automatisch der Wareneingang für das Material mit Bezug zum Beschaffungselement gebucht.

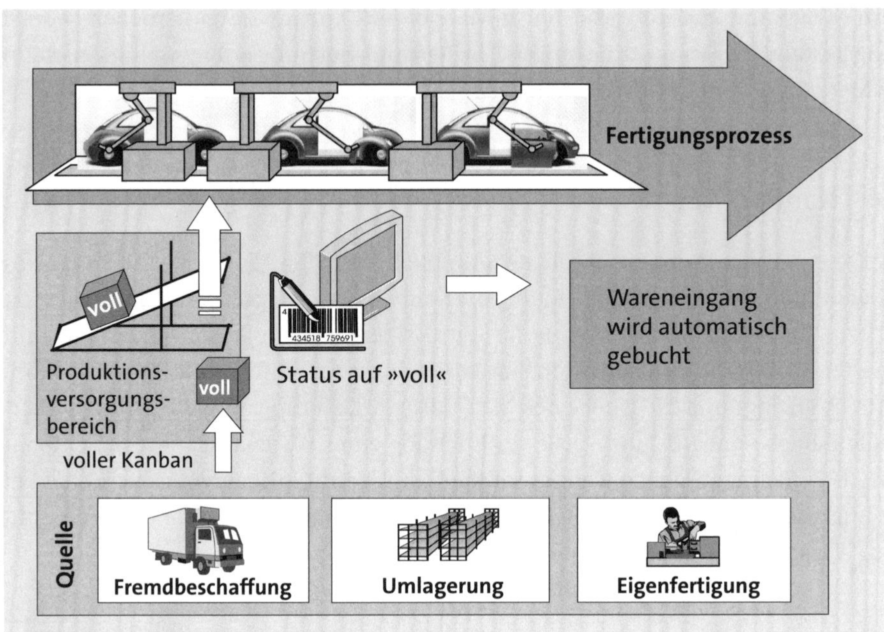

Abbildung 17.8 Kanban vollmelden

Das Leer- und Vollmelden kann über das Einlesen des Barcodes auf der Kanban-Karte erfolgen. Status können auch über ein BDE-System bzw. indirekt über die Wareneingangs- oder Rückmeldetransaktion gesetzt werden. Darüber hinaus ist das Leermelden über die Transaktion Manueller Kanban-Impuls oder über die Kanban-Tafel möglich.

Die Kanban-Tafel zeigt eine detaillierte Übersicht über den Behälterumlauf und ermöglicht es zusätzlich, den Kanban-Impuls (z. B. Leer- und Vollmelden) auszulösen (siehe Abbildung 17.9).

Es können unterschiedliche Darstellungen gewählt werden. In der Verbrauchersicht können die Regelkreise nach den Produktionsversorgungsbereichen sortiert angezeigt werden (hierfür stehen zahlreiche Selektionskriterien zur Verfügung). Für jeden Regelkreis sehen Sie alle im Umlauf befindlichen Kanbans mit dem aktuellen Status. Der Status wird durch unterschiedliche Farben angezeigt:

- Grün: voll
- Rot: leer
- Blau: in Gebrauch
- Gelb: in Transport
- Violett: in Wartestellung
- roter Rand: fehlerhaft

Kanbantafel Verbrauchersicht von 17:17 Uhr

Auf leer   Auf voll

ProdVersBereich	Material	Bezeichnung	Mng. je Kanban					
PVB_L1	R-1180C	CD-ROM-Laufwerk mit Label	30	168	169			
PVB_L1	R-1190C	Modem	10	174	175	176	177	
PVB_L2	R-1180C	CD-ROM-Laufwerk mit Label	30	172	171			
PVB_L2	R-1190C	Modem	10	181	179	180	178	
PVB_L3	R-1230	BIOS	20	182	186	183	185	184
PVB_L3	R-1240	Prozessor-Kühleinheit	20	158	162	160	161	159
PVB_L4	R-1230	BIOS	20	217	214	215	216	213
PVB_L4	R-1240	Prozessor-Kühleinheit	20	163	165	166	167	164
PVB_L5	R-1310	Aluminium-Kühlkörper	20	198	200	202	201	199
PVB_L5	R-1320	CONN, COM 1	100	207	203	206	204	205
PVB_L5	R-1330	Lüfter 5 V	50	208	210	212	211	209
PVB_PC	R-1250C	CD-ROM-LAUFWERK, NO NAME	30	187	189	191	190	188
PVB_PC	R-1260C	Gehäuse für Modem	40	195	194	192	193	
PVB_PC	R-1270C	Platine für Modem X.25	80	196	197			
T-P300	T-B700	Prozessor-Kühleinheit	20	270	272	269	271	268
T-P300	T-T700	BIOS	20	282	281	279	278	280
T-P301	T-B701	Prozessor-Kühleinheit	20	293	290	291	294	292
T-P301	T-T701	BIOS	20	300	304	303	301	302
T-P302	T-B702	Prozessor-Kühleinheit	20	312	314	315	316	313
T-P302	T-T702	BIOS	20	326	322	323	324	325
T-P303	T-B703	Prozessor-Kühleinheit	20	[illegible]	[illegible]	[illegible]	[illegible]	[illegible]
T-P303	T-T703	BIOS	20	344	345	346	347	348
T-P304	T-B704	Prozessor-Kühleinheit	20	356	357	358	359	360

Abbildung 17.9 Kanban-Tafel

Der Verbraucher kann auch ohne Nutzung der Barcodeabwicklung aus der Verbrauchersicht der Kanban-Tafel die Kanbans leer- und vollmelden. Die Quellensicht ermöglicht der Quelle, ihren Arbeitsvorrat zu überblicken (es stehen zahlreiche Selektionskriterien zur Verfügung). Die Quelle sieht hier, welche Behälter noch voll sind und welche Behälter wieder aufgefüllt werden müssen.

Quelle kann Status »leer« und »voll« nicht setzen

Es ist nicht Aufgabe der Quelle, die Behälter auf »leer« und »voll« zu setzen, folgerichtig kann die Quelle diese beiden Status nicht setzen.

17

In der Werksübersicht erhalten Sie entweder für ein Werk oder aber pro Werk einen Überblick über den Arbeitsfortschritt auf den Regelkreisen (auch hier stehen zahlreiche Selektionskriterien zur Verfügung).

Der Nachschub mit Kanban ist sowohl mit Eigenfertigung, mit Fremdbeschaffung als auch mit Umlagerung möglich. Für jede dieser drei Möglichkeiten gibt es eine Reihe von Nachschubstrategien. So kann z. B. bei Fremdbeschaffung mit Normalbestellungen, Lieferplänen oder mit Umlagerungsbestellungen gearbeitet werden.

17.5 Automatische Kanban-Berechnung

Um einen geringen Materialbestand bei ausreichender Versorgungssicherheit zu gewährleisten, müssen die Anzahl der Kanbans sowie die Menge pro Kanban optimal ausgewählt werden. Da in vielen Industriebereichen die Bedarfssituation oft Schwankungen unterworfen ist, müssen die Anzahl der Kanbans sowie die Menge pro Kanban regelmäßig überprüft und angepasst werden (siehe Abbildung 17.10).

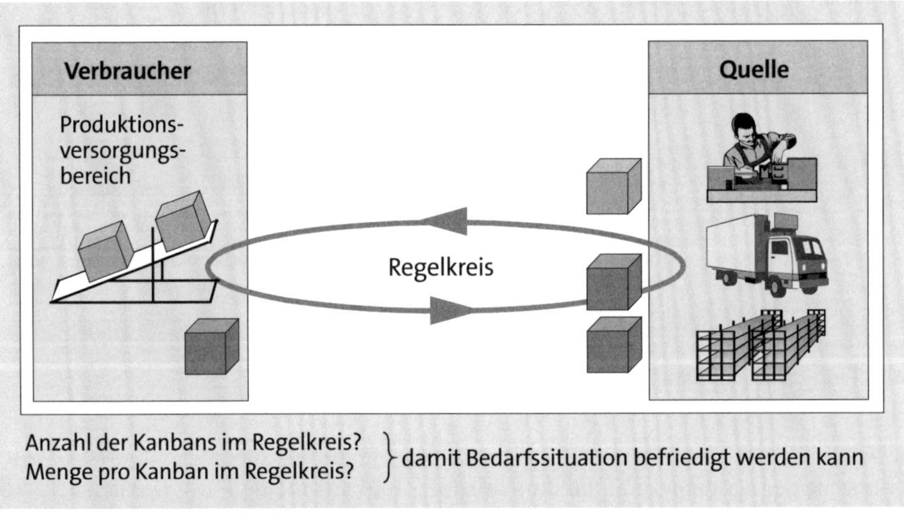

Abbildung 17.10 Kanban-Berechnung

Mit der *automatischen Kanban-Berechnung* können in den SAP-Systemen Vorschläge für die Anzahl der Kanbans sowie die Menge pro Kanban erstellt werden. Die automatische Kanban-Berechnung wird auf Basis von Sekundärbedarfen erstellt. Dabei können verschiedene Fälle unterschieden werden.

Oberhalb des Kanban-Materials, für dessen Regelkreis Sie die Kanban-Berechnung durchführen, erfolgt der Nachschub über die Bedarfsplanung. In diesem Fall liegen für das Kanban-Material Sekundärbedarfe vor, die von Vorplanungsbedarfen bzw. Kundenaufträgen des Enderzeugnisses herrühren. Die Kanban-Berechnung können

Sie in diesem Fall auf Basis von Sekundärbedarfen der Bedarfsplanung durchführen (siehe Abbildung 17.11, linke Seite).

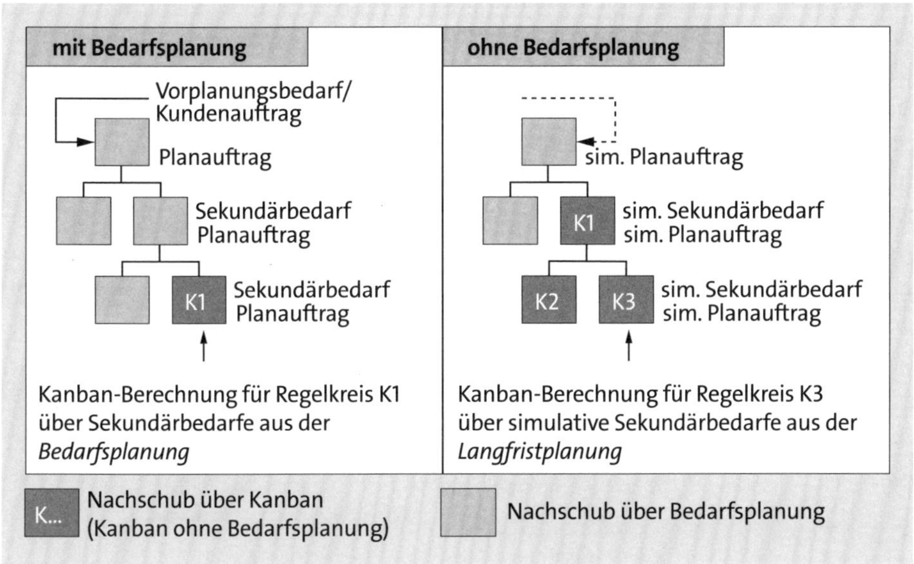

Abbildung 17.11 Sekundärbedarfe als Basis der Kanban-Berechnung

Oberhalb des Kanban-Materials, für dessen Regelkreis Sie die Kanban-Berechnung durchführen, erfolgt der Nachschub auch über Kanban (mit der Nachschubstrategie *Kanban ohne Bedarfsplanung*). Da die Bedarfsplanung bei Kanban-Materialien abbricht, liegen in diesem Fall für das Kanban-Material keine Sekundärbedarfe vor, die von Vorplanungsbedarfen bzw. Kundenaufträgen des Enderzeugnisses herrühren, wie in Abbildung 17.11 auf der rechten Seite zu sehen. 17

Sie müssen daher in diesem Fall das Enderzeugnis mit der Langfristplanung planen. Die Langfristplanung ist eine simulative Bedarfsplanung: Mit ihr können Sie auch für Kanban-Materialien simulative Sekundärbedarfe sowie simulative Planaufträge entlang der gesamten Stückliste erzeugen. Diese simulativen Sekundärbedarfe und Planaufträge sind in der operativen Planung nicht sichtbar; sie liegen lediglich in einem simulativen Langfristplanungsszenario vor. Die Kanban-Berechnung können Sie in diesem Fall auf Basis von simulativen Sekundärbedarfen eines Langfristplanungsszenarios durchführen.

Wird die Bedarfsplanung in SAP APO durchgeführt, werden die hierbei abgesetzten Sekundärbedarfe in der Kanban-Berechnung berücksichtigt.

Die Langfristplanung können Sie auch einsetzen, wenn der Nachschub oberhalb des Kanban-Materials über die Bedarfsplanung erfolgt. Dies wird dann durchgeführt, wenn Sie die Kanban-Berechnung auf Basis einer Simulationsplanung durchführen wollen.

Wenn die automatische Kanban-Berechnung auf Basis der Sekundärbedarfe erstellt wird, die aus der Bedarfsplanung oder der Langfristplanung kommen, können die Sekundärbedarfe auch geglättet werden. Die Sekundärbedarfstermine werden in der Bedarfsplanung/Langfristplanung aufgrund der Annahme, dass alle Komponenten bei Beginn des Auftrags vorliegen müssen, zum Eckstarttermin des verursachenden Auftrags eingeplant. Die Komponenten liegen also mit ihrem Bedarfstermin auf einem bestimmten Tag, obwohl der Bedarfsverursacher über einen Zeitraum hinweg (häufig mehrere Tage) produziert wird. Bei Kanban kann in der Regel davon ausgegangen werden, dass nicht alle Komponenten zum Starttermin des Auftrags gleichzeitig bereitgestellt werden müssen. Daher ergibt sich die Forderung, die Sekundärbedarfe zu glätten, bevor die Regelkreise berechnet werden. Die Anzahl der Kanbans wird mit folgender Berechnungsart ermittelt (siehe Abbildung 17.12).

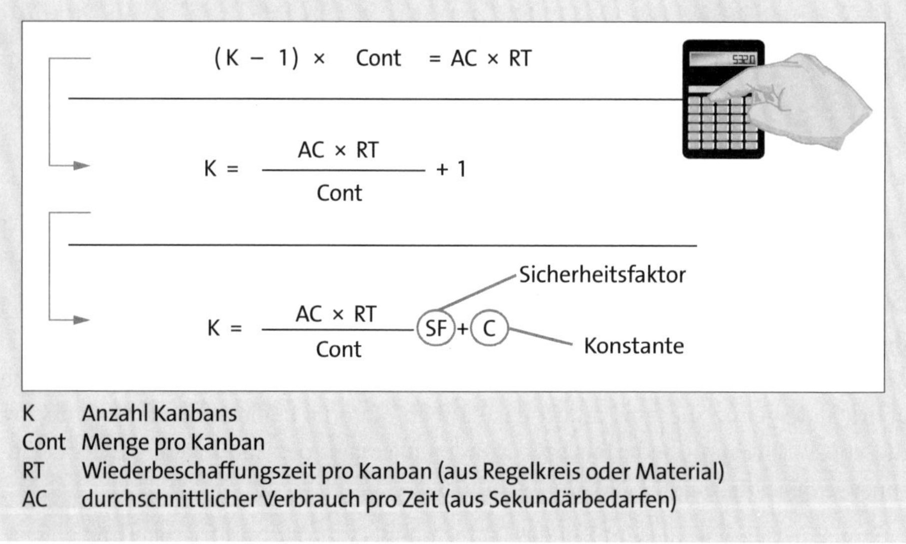

Abbildung 17.12 Formel zur automatischen Kanban-Berechnung

Ist das Material des ersten Kanbans verbraucht, muss die verbleibende Materialmenge ausreichen, um den Materialbedarf so lange zu decken, bis das Material für diesen Kanban wiederbeschafft worden ist. Die verbleibende Materialmenge berechnet sich wie folgt:

[(*Anzahl Kanbans* – 1) × *Menge pro Kanban*]

Die verbleibende Materialmenge muss daher gleich dem Verbrauch in der Wiederbeschaffungszeit eines Kanbans [AC × RT] sein.

Zusätzlich sind Schwankungen in der Wiederbeschaffungszeit und im Verbrauch über den Sicherheitsfaktor zu berücksichtigen. Der Sicherheitsfaktor wird im Regelkreis angegeben (Vorschlagswert 1). Abschließend kann über eine Konstante C die Anzahl an Kanbans beeinflusst werden.

Abhängig davon, wie Kanban in der Fertigung genutzt wird, setzen Sie die Konstante wie folgt:

- Wird ein Kanban leergemeldet, wenn das komplette Material des Kanbans verbraucht ist, wird die Konstante auf »1« gesetzt.
- Wird dagegen schon leergemeldet, wenn das erste Teil entnommen wird, ist die Konstante 0.
- Die Konstante wird im Regelkreis angegeben (Vorschlagswert 1).
- Soll die Anzahl der Kanbans konstant sein (z. B. 2), lässt sich analog auch die Menge pro Kanban errechnen.

Die Berechnung von Regelkreisen setzt die Kenntnis des Materialbedarfs auf Regelkreisebene voraus.

Mit der automatischen Kanban-Berechnung können Vorschläge für die Anzahl Kanbans sowie für die Menge pro Kanban erstellt werden. Das SAP-ECC- bzw. SAP-S/4HANA-System rundet stets auf ganze Behältermengen auf, sodass eine Plausibilitätsüberprüfung sinnvoll ist (siehe Abbildung 17.13).

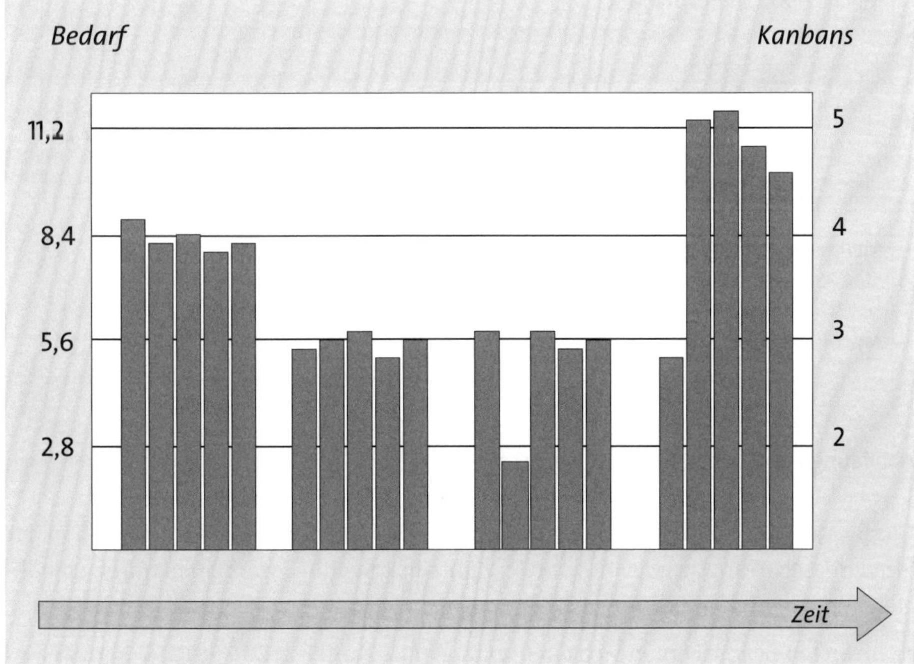

Abbildung 17.13 Grafik zur automatischen Kanban-Berechnung

Da im Betrachtungszeitraum theoretisch an jedem Tag eine andere Anzahl Kanbans notwendig sein kann, speichert das System die folgenden drei Werte ab:

- die nächste Änderung, die aufgrund der Daten notwendig ist
- die maximale Anzahl Kanbans, die im Betrachtungszeitraum nötig ist
- die minimale Anzahl Kanbans, die im Betrachtungszeitraum nötig ist

Die Berechnung der Kanban-Behälter ist ein Vorschlag und sollte auch als solcher behandelt werden. Damit stellt die Menge pro Kanban die Losgröße dar, in der das Material wiederbeschafft (produziert, transportiert) wird. Die Disponenten oder Fertigungssteuerer kennen die Materialien und deren Rahmenbedingungen genau.

Sie kennen auch kurzfristige Sondereinflüsse und womöglich auch schon Kundenanfragen, die dem System noch nicht bekannt sind. Daher ist es nicht immer sinnvoll ist, diese Werte »blind« zu übernehmen. Die Fertigungssteuerer können sich zur einfachen Prüfung den Bedarfsverlauf auch grafisch anzeigen lassen.

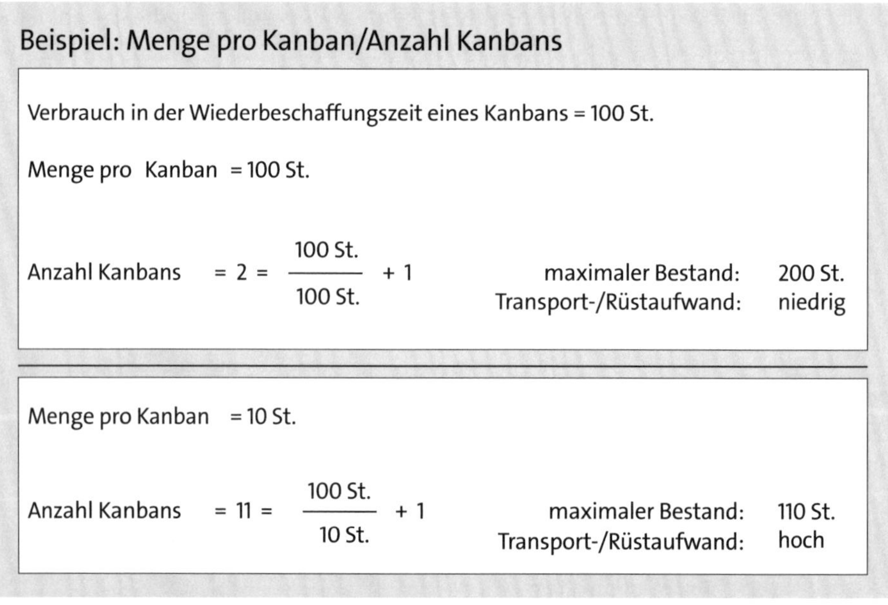

Abbildung 17.14 Beispiel zur Kanban-Berechnung

Das Beispiel in Abbildung 17.14 zeigt, wie sich bei einem gegebenen Verbrauch in der Wiederbeschaffungszeit die Anzahl der Kanbans errechnet, wenn man unterschiedliche Mengen pro Kanban verwendet:

- Im ersten Beispiel ergibt sich ein maximaler Bestand von 200 Stück (2 Kanbans zu je 100 Stück). Der Transport- bzw. Rüstaufwand ist gering.
- Im zweiten Beispiel ergibt sich ein maximaler Bestand von 110 Stück (11 Kanbans zu je 10 Stück). Der Transport- bzw. Rüstaufwand ist jedoch höher.

Zur Abschätzung der notwendigen Sicherheitsbestände ist zunächst die Wiederbeschaffungszeit zu ermitteln. Diese Wiederbeschaffungszeit wird um die Reaktions- und gegebenenfalls um die Transportzeit erweitert. Die Transportzeit sollte die wirkliche Dauer der Transporte berücksichtigen und nicht die klassische Übergangszeit zwischen den Arbeitsplätzen, die den Arbeitsvorrat mit umfasst.

Zur Gewährleistung einer optimalen Liefersicherheit ist als zweiter Schritt der Bedarf zu ermitteln, der während der Wiederbeschaffungszeit auftritt. Dieser Bedarf entspricht dem zur Überbrückung der Wiederbeschaffungszeit benötigten Sicherheitsbestand, eventuell erweitert um Zuschläge für unvorhergesehene Ereignisse. Der erforderliche Bestand, dem die Zahl der Kanban zugrunde gelegt wird, ergibt sich schließlich aus der Losgröße und dem Sicherheitsbestand.

Kleine Mengen pro Kanban senken den durchschnittlichen Umlaufbestand, erhöhen jedoch den Rüst-, Transport- und Überwachungsaufwand. Ist die Wiederbeschaffungszeit pro Kanban bei kleineren Losen kürzer, kann im obigen Beispiel die Anzahl der Kanbans weiter reduziert werden. Große Mengen pro Kanban erhöhen den durchschnittlichen Umlaufbestand, senken jedoch den Rüst-, Transport- und Überwachungsaufwand.

17.6 Auswahlverfahren der Kanban-geeigneten Materialien

Die Auswahl geeigneter Kanban-Materialien trifft man am besten anhand der ABC/XYZ-Analyse (siehe Kapitel 3, »Klassifizierungen von Materialien als Basis für Dispositionsentscheidungen«). Mithilfe der ABC-Analyse wird das Materialsortiment in A-Teile, B-Teile und C-Teile entsprechend ihrem relativen Wertanteil am Gesamtwert der beschafften Materialien eingeteilt. Dabei findet eine Untersuchung des *Mengen-Wert-Verhältnisses* statt. Diese Untersuchung beruht auf der Erkenntnis, dass in der Regel die Materialbedarfsstruktur eines Unternehmens so gekennzeichnet ist, dass ein regelmäßig geringer Anteil der verwendeten Materialarten (A-Teile) den Hauptanteil am Wert der insgesamt beschafften Materialien bildet. Materialarten mit geringerem Anteil am Gesamtwert, dafür aber höherem Mengenanteil werden als B- und C-Teile klassifiziert.

Betrachtet man den Verbrauch einzelner Materialien über einen längeren Zeitraum, ist festzustellen, dass es einerseits Materialien gibt, deren Verbrauch nahezu konstant ist, andererseits Materialien, deren Verbrauch bestimmten Schwankungen unterliegt, und schließlich solche mit völlig unregelmäßigem Verbrauch. Die nach dem ABC-Verfahren gewichteten Materialien könnten demnach auch entsprechend der Vorhersagegenauigkeit ihres Verbrauchs geordnet werden. Dabei bedeuten die Klassifizierungssymbole Folgendes:

- **X-Teile**
  Verbrauch ist konstant bei nur gelegentlichen Schwankungen; hohe Vorhersagegenauigkeit
- **Y-Teile**
  Verbrauch unterliegt stärkeren Schwankungen, ist trendmäßig steigend oder fallend oder unterliegt saisonalen Schwankungen; mittlere Vorhersagegenauigkeit
- **Z-Teile**
  Verbrauch verläuft völlig unregelmäßig; niedrige Vorhersagegenauigkeit

Die Durchführung der ABC-Analyse im Zusammenhang mit der XYZ-Analyse ist die Voraussetzung zur Ermittlung der Kanban-geeigneten Materialien. Eine Anwendung des Kanban-Systems bietet sich aufgrund der niedrigen Wertigkeit (bereits erfolgte Wertschöpfung am Produkt) in erster Linie für C-Teile an. Die Stetigkeit des Verbrauchs wird mittels der XYZ-Analyse überprüft. Eine hohe Vorhersagegenauigkeit des Verbrauchs weisen hierbei die X-Produkte aus. Demzufolge sind C-Teile, die auch in der Kategorie X zu finden sind, in hohem Maße Kanban-tauglich.

Das eigentliche Problem bei Kanban besteht häufig nicht in der Steuerung des Produktionsprozesses, sondern darin, die notwendigen Einsatzvoraussetzungen zu schaffen. Eventuell können notwendige Bedingungen nur für bestimmte Teilbereiche der Produktion hergestellt werden.

[+]

Kanban-Stammdaten und -Monitoring

Der in Abschnitt 3.4.2, »Erweiterte Klassifizierung mit dem Dispositionsmonitor«, beschriebene Dispositionsmonitor ermöglicht mit der Unterkomponente *Kanban-Monitor* eine Funktion zur Steuerung der Kanban-bezogenen Stammdaten auf Basis der Klassifizierung sowie zur Überwachung von Kanban-bezogenen Kennzahlen.

Mehr Informationen zum Einsatz des Kanban-Monitors finden Sie im SAP Help Portal unter *http://s-prs.de/v858406*.

Möchten Sie das Kanban-Verfahren sinnvoll nutzen, sollten Sie einige wesentliche Punkte beachten:

- Der Verbrauch der Kanban-Teile sollte innerhalb eines Zeitraums, der größer als die Wiederbeschaffungszeit eines Kanbans ist, relativ konstant sein. Wird ein Material zeitweise in großen Mengen und dann wieder eine Zeitlang gar nicht benötigt, braucht man sehr viele Kanbans, um die Materialversorgung sicherzustellen und hat damit relativ hohe Bestände, wenn das Material nicht gebraucht wird.
- Die Quelle sollte in der Lage sein, in kurzer Zeit viele kleine Lose zu fertigen. Dazu müssen die Rüstzeiten in der Fertigung auf ein Mindestmaß gesenkt und die Zu-

verlässigkeit der Produktion gesteigert werden. Es ist nicht im Sinne einer Produktionssteuerung mit Kanban, an der Quelle mehrere Kanbans für ein Material zu sammeln und erst dann mit der Produktion zu beginnen. Ebenso wenig ist es im Sinne der Kanban-Steuerung, dass Material im Voraus produziert wird, da sonst unnötig Materialien beschafft bzw. gelagert würden.

- Bei schwankenden Bedarfen wird es notwendig, die Anzahl der Kanban-Karten dynamisch nachzuführen. Dies erfolgt oft durch einen hohen Sicherheitsbestand, der auf Bedarfsspitzen ausgelegt ist, was jedoch dem Grundsatz widerspricht, Verschwendung zu vermeiden. Diese Schwankungen können nur dann berücksichtigt werden, wenn die Anzahl der Karten/Kanbans permanent neu berechnet wird. Das aber bedeutete zugleich die ständige Ein- und Ausphasung der Karten in den Gesamtprozess. Bei starken Bedarfsschwankungen muss sich das Kanban-System über die Veränderung der Auflagefrequenz der Standardlose anpassen. Dies hat den Nachteil, dass es für die momentan benötigten Teile zu langen Lieferzeiten kommt. Abhilfe schafft eine Erhöhung der Teilemenge in den Kanban-Behältern durch die Ermittlung des optimalen Sicherheitsbestands bei allen Kanban-Produkten. Bei Teilen mit starken Bedarfsschwankungen muss ein höherer Sicherheitsbestand in den Kanban-Behältern zugrunde gelegt werden. Eine Mengenerhöhung im Kanban-Behälter hat eine längere Reichweite zur Folge. Dadurch können lange Lieferzeiten vermieden werden.
- Häufige technische Änderungen von Produkten führen ebenfalls zu Umgestaltungen im Arbeitsablauf und schaden somit dem kontinuierlichen Produktionsfluss, da eine Umgestaltung direkten Einfluss auf die Regelkreise nimmt. Auf diesen Umstand geht die Forderung zurück, die häufig in der Praxis zu vernehmen ist, dass ein Produktlebenszyklus ein Jahr umfassen soll, um die mit Kanban zu erzielenden Effekte voll ausschöpfen zu können.
- Beim Anlauf und Auslauf von Produkten gibt es weitere Einzelheiten zu beachten. Mit einer hohen Fertigungstiefe ist eine lange Durchlaufzeit der Kanban-Kette verbunden, bevor mit der Fertigung des ersten Teils begonnen werden kann. Diese Phase sollte sorgfältig geplant werden. Andererseits besteht beim Auslauf eines Produkts die Gefahr, dass in allen Fertigungsstufen nicht mehr benötigte Restbestände in Höhe der Kanban-Menge verbleiben. Auch hier müssen Sie geeignete Maßnahmen vorsehen.
- Die Fertigung kleiner Mengen eines Produkts ist grundsätzlich möglich, bedingt aber den Einsatz gesonderter Organisationshilfen, bspw. den begrenzten Kanban, der nur so lange bedient wird, bis eine definierte Menge produziert ist. Auch hierfür wäre ein erhöhter manueller Aufwand erforderlich.

Grundsätzlich lässt sich feststellen, dass das Kanban-Prinzip innerbetrieblich erfolgreich eingesetzt werden kann, wenn die folgenden Voraussetzungen erfüllt sind:

- harmonisierte Kapazitäten
- produktionsstufenbezogenes Fertigungslayout
- geringe Variantenvielfalt
- geringe Bedarfsschwankungen
- störungsarmer Produktionsprozess
- hohe Fertigungsqualität
- weitgehend konstante Losgrößen
- kurze Rüstzeiten

Wie Sie sehen können, eignet sich das Kanban-System vor allem für eine Fließfertigung. Im Folgenden fassen wir nochmals die Vorteile und Chancen des Kanban-Verfahrens zusammen:

- Das Verfahren wird durch seine Einfachheit schnell akzeptiert.
- Die Produktionsmenge entspricht dem aktuellen Bedarf. Die Effekte dieser Selbststeuerung und der zeitnah am tatsächlichen Verbrauch erzeugten Nachschubelemente sind die Reduktion der Bestände sowie die Verkürzung der Durchlaufzeit (der Nachschub wird erst dann angestoßen, wenn Material benötigt wird und nicht vorher).
- Der manuelle Buchungsaufwand wird reduziert.
- Wenn der Kanban-Prozess stabil läuft, kann von hoher Lieferbereitschaft und Termineinhaltung ausgegangen werden.
- Es gibt eine höhere Transparenz des Materialflusses innerhalb der Fertigung (aber nicht außerhalb der Fertigung).
- Die Mitarbeitereinbindung ist gut, insbesondere in Verbindung mit der Gruppenarbeit.
- Das Regelkreisprinzip minimiert den Steuerungsaufwand.

Schließlich möchten wir auch die Nachteile und Risiken des Kanban-Verfahrens noch einmal erwähnen:

- Bedarfsschwankungen können nur in geringem Umfang ausgeglichen werden.
- Bei Störungen kann der geringe Pufferbestand zum Ausfall aller nachfolgenden Fertigungsstufen führen.
- Stark schwankende Produktionsmengen sind nicht steuerbar, folglich ist Kanban nur bei kontinuierlichem Verbrauch (X-Artikel) einsetzbar.
- Für Kanban ist eine geringe Variantenvielfalt erforderlich (mehr Varianten führen zu größerem Planungs- und Koordinationsaufwand), folglich sollte umgekehrt ein hoher Gleichteileanteil gegeben sein.

- Die Bestandstransparenz nimmt ab, da unbekannt ist, wie voll ein »voller« Kanban-Behälter ist. (Sind noch 100 Stück im Behälter oder befindet sich nur noch ein Stück darin?)
- Die Transparenz in der Produktionssteuerung nimmt ab, da die Kanban-Steuerung aus Sicht der Produktions- und Bedarfsplanung als Black Box fungiert.
- Es besteht die Gefahr, dass die Kanban-Regelkreise durch operative Steuerungsentscheidungen aufgeweicht werden.
- Das System ist relativ starr und verkettet, z. B. durch die konstante Größe der Abruflose.
- Das Verfahren ist ungeeignet für die Einzel- und Spezialfertigung.
- Die Umsetzung ist komplex.
- Es werden Leerlaufzeiten erzeugt, wenn die Maschinen nur auf Anforderung produzieren.
- Das Verfahren lässt sich bei langen Rüst- und Anlaufzeiten bestimmter Maschinen nicht einsetzen.
- Ein Nullbestand kann aufgrund von Sicherheitsfaktoren nicht realisiert werden.

Nach der Erläuterung der Auswahlverfahren für Kanban-geeignete Materialien gehen wir nun überblickartig auf den Vergleich zwischen einer Steuerung nach dem Kanban-Prinzip und der Bedarfsplanung ein.

17.7 Vergleich der Kanban-Steuerung mit der klassischen Produktionsplanung

Tabelle 17.1 zeigt einen zusammenfassenden Vergleich zwischen der Kanban-Steuerung und der klassischen Produktions- bzw. Bedarfsplanung.

Schwerpunkte von Kanban	Schwerpunkte der Bedarfsplanung
kurzfristige Nachschubsteuerung	Planungsinstrument
verbrauchsorientiert	kurz- bis langfristige Bedarfsvorhersage
impulsgesteuert	terminorientiert
dezentrale Beschaffungs- und Bestandsverantwortung	Stücklistenauflösung
einfache Organisationsform	Losgrößenberechnung/Losgrößenoptimierung
Produktionsmenge = aktueller Bedarf	zentrale Planung und Steuerung

Tabelle 17.1 Vergleich zwischen Kanban und Bedarfsplanung

Schwerpunkte von Kanban	Schwerpunkte der Bedarfsplanung
Direktanlieferung zum Verbraucher	zentrale Bestandsverantwortung
Pull-Prinzip	Push-Prinzip

Tabelle 17.1 Vergleich zwischen Kanban und Bedarfsplanung (Forts.)

Die Merkmale von Kanban sind:

- Kanban ist eine einfache Form der Produktionssteuerung: Die Produktion steuert den Nachschub weitgehend selbst.
- Das Material liegt direkt in der Fertigung bereit, die Materialbereitstellung muss daher nicht organisiert werden. Insgesamt ist der Steuerungsaufwand also geringer als bei der zentralen Planung.
- Die Kanban-Artikel werden bedarfsgerecht durch die unter Umständen mehrstufige Fertigung gesteuert.
- Bei Datenverarbeitung und Betriebsdatenerfassung ist der Aufwand gering.
- Die Mitarbeitenden tragen mehr Verantwortung.
- Die geringen Bestände erfordern mehr Sorgfalt der Mitarbeitenden.

Im Anschluss an diesen Vergleich des Kanban-Prinzips mit der Bedarfsplanung werden wir nun ein Fazit zu den geschilderten Funktionen ziehen.

17.8 Fazit

Die Kanban-Steuerung ist im Grunde ein gutes Instrument, um für bestimmte Materialien Kosteneinsparungen zu erzielen – das haben zahlreiche Implementierungsprojekte bewiesen. Leider wird Kanban in Unternehmen häufig überdimensioniert, also zu pauschal auf eine Vielzahl von Materialien angewendet. Es werden zu oft zu viele Materialien mit Kanban gesteuert – auch solche, die nicht für Kanban geeignet sind. Diese falsche Anwendungsweise führt dann zu insgesamt höheren Beständen. Das wird wiederum häufig nicht erkannt, weil das Pull-Prinzip die Transparenz verringert. Bestände können nicht mehr exakt gemessen werden, da niemand weiß, wie viel ein Kanban-Behälter noch enthält. Die Produktion wird damit zu einer Black Box – für die Produktion ist dies sogar wünschenswert, in anderen Unternehmensteilen kann es hingegen zu Problem führen.

Um die potenziellen Vorteile der Kanban-Steuerung auszunutzen, müssen Sie das Verfahren also sehr gezielt einsetzen. Eine Materialklassifizierung ist hierfür in jedem Fall sinnvoll (siehe Kapitel 3, »Klassifizierungen von Materialien als Basis für Dispositionsentscheidungen«).

Kapitel 18
Ersatzteilplanung mit SAP

Dieses Kapitel befasst sich mit der Ersatzteilplanung in SAP APO und SAP S/4HANA und liefert einen generellen Überblick: Was kann die SAP-Ersatzteilplanung und welche Planungsprozesse werden unterstützt?

Die Ersatzteilplanung (engl. Service Parts Planning, SPP) in SAP APO und in SAP S/4HANA ist ein eigenständiges Planungsmodul, welches speziell konzipiert und entwickelt wurde, um den Anforderungen der Ersatzteilwirtschaft gerecht zu werden.

Im Unterschied zu anderen Planungsinstrumenten in SAP stellt die Ersatzteilplanung spezielle Planungsfunktionen für Ersatzteile und Ersatzteildienste zur Verfügung, berücksichtigt Produkteigenschaften und globale Liefernetzwerke. Eine transparente Planung der kompletten Logistikkette – von der Analyse des historischen Absatzes über die Bedarfsentstehung bis zur Auslieferung des Produkts. Mithilfe von SPP werden alle Geschäftsprozesse für die Ersatzteilabwicklung im Bereich der Planung unterstützt, damit die richtigen Produkte und Produktionsmittel zur richtigen Zeit am richtigen Ort sind. In diesem Kapitel machen wir Sie mit den Möglichkeiten von SPP bekannt.

18.1 Überblick

Im folgenden Abschnitt geben wir Ihnen zunächst einen Überblick über die Möglichkeiten von SPP, stellen Ihnen die Vor- und Nachteile der Ersatzteilplanung mit SPP vor. Im Anschluss erläutern wir die Möglichkeiten einer erweiterten Ersatzteilplanung (engl. extended Service Parts Planning, eSPP) mit SAP S/4HANA.

18.1.1 Aufbau und Möglichkeiten von SPP

Die Planung der Produkte in SPP findet in *Distributionsstrukturen* (engl. Bill of Distribution, BOD) statt, welche alle für das Produkt planungs- bzw. lagerrelevanten Lokationen enthält. Lokationen können z. B. Distributionszentren, aber auch Verpackungsdienstleister für Lagerung sein.

Mithilfe der Distributionsstrukturen ist es möglich, Produkte effektiver und auch globaler zu planen und individuelle Produkteigenschaften wie die Region, Kostenarten und unterschiedliches Absatzverhalten zu berücksichtigen. Eine ganzheitliche Planung muss Schnell- oder einen Langsamdreher unterscheiden können und auch beim Thema Kosten (Beschaffungskosten, Lagerhaltungskosten etc.) die unterschiedlichen Charakteristika aufzeigen und die Planungsstrategie entsprechend ausrichten.

SPP unterscheidet also bei der Planung zwischen Produkten mit konstantem, trendförmigem, saisonalem Bedarfsverlauf und Produkten mit sporadischem Bedarf. Dabei verbindet SPP die Bestände optimal mit den auftretenden Bedarfen und automatisiert einen Großteil der Freigabe-, Genehmigungs- und Abrufprozesse. Dadurch können Bestands- und Lagerhaltungskosten gesenkt, der Servicegrad erhöht und dabei die Lieferzeiten verkürzt werden.

Abbildung 18.1 zeigt einen Überblick über SPP, den Prozessfluss und welche Module bzw. Planungsservices aufeinander aufbauen. Grundsätzlich wird bei SPP zwischen der Planung und der Umsetzung der Planungsergebnisse (Execution) unterschieden. Bei der Planung wird zwischen *taktischer Planung* (Historie, Bestandsentscheidungen, Prognose, Losgrößen- und Sicherheitsbestandsberechnung usw.) und *operativer Planung* (Distributionsbedarfsplanung, Deployment und Bestandsausgleich) weiter unterschieden. In der operativen Planung werden auf Basis der taktischen Planung Bedarfe berechnet und erzeugt sowie anschließend über die entsprechenden Schnittstellen (SAP ECC, SAP SNC) umgesetzt und an den Lieferanten bzw. Kunden kommuniziert. Zur Planungsunterstützung stellt SPP den Anwendern verschiedene Analyse-, Auswertungs- und Simulationsmöglichkeiten zur Verfügung.

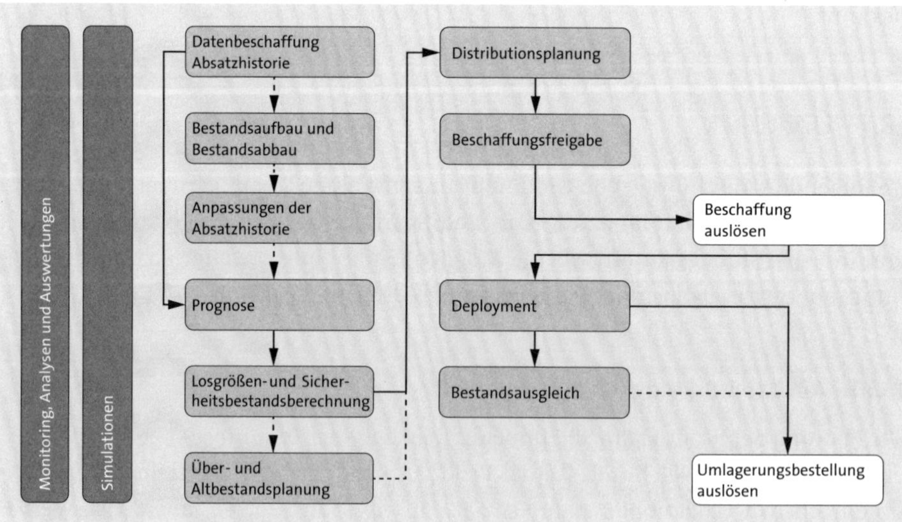

Abbildung 18.1 Überblick über Service Parts Planning (SPP)

18.1.2 Vor- und Nachteile von SPP

Die wichtigsten Vorteile von SPP sind detaillierte Planungsmöglichkeiten, eine umfangreiche Integration von anderen SAP-Modulen (SAP ECC, SAP CRM, SAP SNC, SAP EWM, SAP BW etc.) und ein hoher Automatisierungsgrad aller Planungsservices. Die Möglichkeit zur Integration von anderen SAP-Modulen und die vielen Planungsmöglichkeiten (Parametrisierung und Customizing) stellen sich für Kunden jedoch auch immer wieder als Nachteile heraus, besonders durch die Komplexität von SPP. Die Komplexität ist also zugleich Vor- und Nachteil von SPP, da einerseits viele Prozesse mit der Standardsoftware abgedeckt werden können, andererseits die Einführung und Betreuung von SPP einen höheren Aufwand erfordert. So ist u. a. mit einer längeren Implementierungsphase als z. B. in der Absatzplanung (Demand Planning, DP) und einem erhöhten Schulungsbedarf für die Anwender zu rechnen. In Sachen Funktionalität, Integration und Automatisierung übertrifft SPP andere Lösungen und Planungsinstrumente wie DP jedoch um Längen. Im Folgenden stellen wir Ihnen einige der wichtigsten Vorteile von SPP näher vor.

- **detaillierte Planungsmöglichkeiten**
  Jeder Planungsservice in SPP kann über eine Fülle von Customizing-Einstellungen individuell konfiguriert werden. Ebenfalls ist es möglich, unterschiedliche Profile für einen Planungsservice zu erstellen und in Kombination mit einem Planungsprofil nur für bestimmte Produkte einen Planungslauf zu starten. Als Anwendungsbeispiel können Produkte nach Regionen klassifiziert werden, was wiederum eine globale Planung ermöglicht. Je nach Region und Zeitzone könnten Planungsservices wie Prognoselauf und Deployment eingeplant werden, um dem Anwender genügend Zeit zu geben, die Planungsergebnisse zu analysieren und rechtzeitig Bestellungen zu generieren. Neben den Hauptprozessen in der Ersatzteilplanung unterstützt SPP mit dem Service *Supersession* komplexe Ersetzungsszenarien, Repair-or-Buy-Funktionen in der Distributionsbedarfsplanung, die Abwicklung von Retouren, Verschrottungen, Bedarfsvorzug und vieles mehr.
- **umfangreiche Integration**
  Stammdaten wie Materialien, Lieferanten, Werke, Bezugsquellen sowie Bewegungsdaten wie Kundenaufträge, Umlagerungen oder Produktionsaufträge werden über das Core Interface (CIF) aus dem SAP-ECC-System übertragen. Daneben besteht in SPP auch die Möglichkeit, Daten aus SAP CRM (z. B. Business Partner) zu übernehmen und Informationen zu übertragen (Kundenaufträge, Ersetzungsinformationen etc.). Ebenso ist die Datenbeschaffung für die Absatzhistorie in SPP sehr flexibel moduliert. Neben der Möglichkeit, Standardextraktoren (SAP ECC, SAP CRM, SAP BW) für die Datenbeschaffung zu verwenden, ist es auch möglich, generische Datenquellen zu generieren und auch Nicht-SAP-Systeme an SPP anzubinden (z. B. via Fileupload, IDoc), ohne den Standardextraktionsprozess in SPP zu ändern.

18

Nicht nur im Bereich der Datenbeschaffung bietet SPP verschiedene Schnittstellen und Extraktoren. Ebenso existieren umfangreiche Analyse- und Überwachungsfunktionen in SPP mit Schnittstellen zu SAP SNC, SAP BW und SAP EWM. Dabei partizipieren die verschiedenen Module am Gesamtprozess und profitieren voneinander. SPP kann Funktionen der genannten Module verwenden, um den Prozess der Ersatzteilplanung zu komplettieren und den Anwendern umfangreiche Funktionen zur Verfügung zu stellen. Die Module haben dafür eine geeignete Datenbasis (standardisierte Objekte).

Ein Beispiel dafür ist die Integration von SAP Supply Network Collaboration (SNC) und SPP. SPP kann Funktionen von SAP SNC wie die Lieferantenabbindung verwenden, um z. B. Unterdeckungen, Prognosen oder Fehlermeldungen an Lieferanten zu übermitteln. Statt hierfür neue Programme zu schreiben, nutzt SPP die Grundfunktionen von SAP SNC. Im Gegenzug stehen den Lieferanten im SAP-SNC-Portal Informationen, wie Prognosewerte, optimale Bestellmengen und optimierte Lagerentscheidungen, zur Verfügung, die von der SPP-Datenbasis bezogen werden.

- **hoher Automatisierungsgrad**
  Aufgrund des modularen Aufbaus der Planungsservices ist es möglich, die Prozesse zu parallelisieren und diese z. B. nur auf Trigger laufen zu lassen. Diese Möglichkeit grenzt das zu bearbeitende Volumen ein, und es werden nur Daten verarbeitet, die wirklich geändert wurden bzw. geändert werden müssen. Ein weiterer Vorteil von SPP im Bereich der Automatisierung ist die Option, Freigabeverfahren zu verwenden. Dadurch kann das System viele Massendaten generieren und automatisch freigeben. Manuelle Eingriffe sind dann nur nötig, wenn bestimmte Grenzwerte, wie z. B. ein hoher Prognosefehler im Prognoseservice oder ein überschrittener Schwellwert bei der Erzeugung und Freigabe von Lieferplanabrufen, überschritten werden.

18.1.3 Ersatzteilplanung in SAP S/4HANA

Für SAP S/4HANA wird seit dem Release 2020 die erweiterte Ersatzteilplanung (engl. extended Service Parts Planning, eSPP) bereitgestellt. Die grundlegende Logik wie Planungsablauf, Struktur und Planungskonzepte wurden von SPP in SAP APO übernommen. Somit sind die in diesem Kapitel beschriebenen Funktionen der Ersatzteilplanung sowohl für SAP APO als auch für SAP S/4HANA gültig.

Für eSPP kommt ein neues Oberflächendesign zum Einsatz (SAP Fiori 3.0), und verschiedene Transaktionen können über das SAP Fiori Launchpad aufgerufen werden. Laut SAP soll der Umfang von eSPP in den nächsten Jahren sukzessiv erweitert werden. Neue Funktionen, welche bisher nicht in SPP existieren, sind geplant. Besonders die Integrationen zu anderen SAP-S/4HANA-Komponenten und die Möglichkeit, große Datenmengen schnell zu verarbeiten, macht eSPP zukunftssicher und relevant für Ihre Ersatzteilplanung. Weitere Informationen zu eSPP erhalten Sie in Abschnitt 18.11, »Die erweiterte Ersatzteilplanung (eSPP)«.

Nachdem Sie nun einen allgemeinen Überblick über die Ersatzteilplanung mit SAP gewonnen haben, werden wir Ihnen im Folgenden zunächst die wichtigsten Stammdaten und Konzepte von SPP vorstellen.

18.2 Stammdaten und Netzwerkkonzept

SPP ist eine Komponente von SAP APO und verwendet sowohl die allgemeinen SAP-APO-Stammdaten, wie z. B. Lokation und Produkt, als auch eigene Stammdatenkonstrukte, die nur für SPP relevant sind, wie die Distributionsstruktur und die Regionsstruktur. Identisch mit der Stammdatenbeschaffung in DP können die allgemeinen Stammdaten via CIF von SAP ERP in das SAP-APO-System übertragen oder direkt im SAP-APO-System angelegt werden. Der einzige Unterschied zu den allgemeinen Stammdaten ist die Aktivierungsmöglichkeit von SPP-spezifischen Stammdaten über das Customizing, über das SPP-spezifische Registerkarten in den Stammdaten sichtbar werden.

18.2.1 BOD-Logik

Die Distributionsstruktur (engl. Bill of Distribution, BOD) ist ein hierarchisch angeordnetes Netz aus Lokationen, das die Verteilungswege von Produkten innerhalb der Ersatzteilplanung fest vorgibt. Die BOD definiert, wie ein Produkt nach der Anlieferung durch den Lieferanten in Ihrem Unternehmen weiter verteilt wird, bevor es an den Kunden abgegeben wird.

Der Knoten der obersten Ebene einer BOD ist die *Eingangslokation* (siehe Abbildung 18.2). Hier trifft das Produkt vom Lieferanten ein. Eine BOD kann mehrere Eingangslokationen mit oder ohne untergeordnete Lokationen haben, die unabhängig nebeneinander bestehen. Von der Eingangslokation erfolgt die Verteilung an die Lokationen der nächstunteren Ebenen. Untergeordnete Lokationen werden als *Unterlokationen*, übergeordnete als *Oberlokationen* bezeichnet. Die Lokationen der mittleren Ebenen sind immer gleichzeitig Unter- und Oberlokationen. Die Lokationen der untersten Ebene einer BOD sind nur Unterlokationen, jedoch keine Oberlokationen. Von hier aus werden Produkte nicht mehr weiter verteilt, sondern direkt an Kunden abgegeben. Es ist möglich, dass Produkte auch von Lokationen der mittleren Ebenen direkt an Kunden abgegeben werden. Solche Lokationen werden als *virtuelle Unterlokationen* bezeichnet.

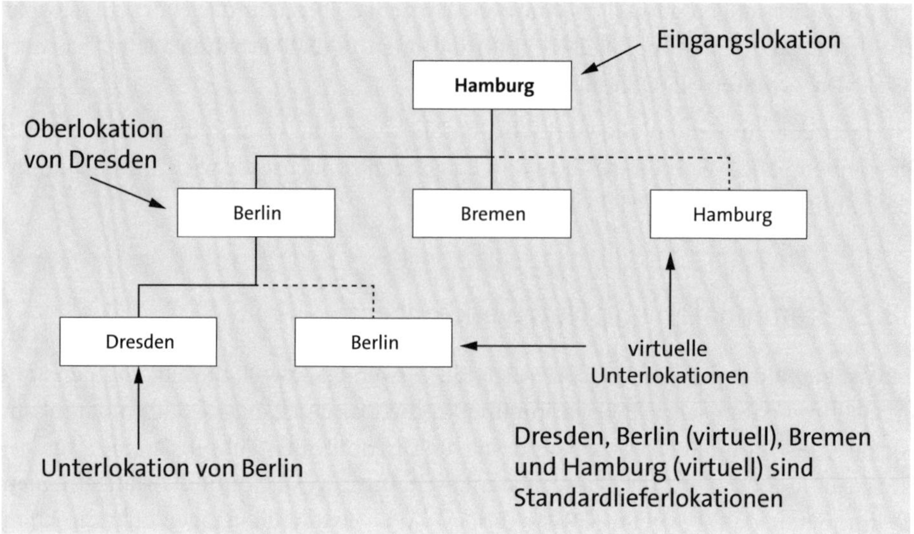

Abbildung 18.2 Aufbau einer BOD

Da die Verteilungswege durch die BOD fest vorgegeben sind, können Sie mit der BOD eine Ersatzteilplanung ohne aufwendige Bezugsquellenfindung durchführen.

18.2.2 Regionsstruktur

Eine *Regionsstruktur* ist eine Lokationshierarchie ähnlich der BOD, die Lokationen in Regionen gruppiert. Die Regionsstruktur kann einem Produkt zugeordnet werden. Jede Lokation kann nur einer Region zugeordnet sein. Eine Region kann jedoch in einer anderen enthalten sein.

Über die Regionsstruktur ermittelt das System die virtuelle Lokation für konsolidiertes Bestellen und kann dabei innerhalb einer Region, im Gegensatz zur BOD, auch benachbarte Unterlokationen zu einer virtuellen Lokation zusammenfassen. Regionsstrukturen werden bei der Bestands- und Distributionsplanung sowie bei der Berechnung des Bestandsausgleichs berücksichtigt.

18.2.3 Planungsservice-Manager

Der *Planungsservice-Manager* (PSM) dient der Einplanung im Hintergrund oder der direkten Ausführung der Planungsprofile. Der komplette Planungszyklus in SPP wird über Planungsservices definiert. Sie können die Planungsservices, die Sie benötigen, um einen Geschäftsprozess abzudecken, in einem Planungsprofil des Planungsservice-Managers einplanen. Ein *Planungsprofil* ist eine Art anpassbarer Prozessablauf, welcher über das Customizing individuell eingestellt werden kann. Das Planungsprofil beinhaltet eine Selektion, ein Prozessprofil, eine Triggergruppe und die relevanten Planungsservices. Die Selektion gibt an, über welche Produktlokationen geplant werden sollen. Im Prozessprofil können technische Einstellungen, wie parallele Prozesse, Servergruppe und auch der Detailgrad des Anwenderprotokolls, hinterlegt werden. Wenn vordefinierte Ereignisse (Trigger) stattgefunden haben, können Triggergruppen verwendet werden, um die Planungsservices nur für bestimmte Lokationsprodukte auszuführen. So ist es z. B. nicht notwendig, die Prognose für alle Materialien täglich durchzuführen, sondern nur, wenn sich etwa die Absatzhistorie oder das Prognosemodell geändert haben.

Aufbau eines Planungsprofils für die Prognose

Im Bereich der Ersatzteilprognose gibt es sieben verschiedene Planungsservices:

- Prognoseservice
- Prognose-Disaggregationsservice
- Prognoseservice zur Berechnung der Standardabweichung
- Prognosefreigabe
- Phase-in-Planungsservice
- Phase-out-Planungsservice
- Neuberechnung der Prognose in der Vergangenheit

Alle Services können zusammengefasst oder nur teilweise in einem Planungsprofil ausgeführt werden und beschreiben dadurch den Geschäftsprozess der Prognose.

18.2.4 Trigger

Ein Selektionskriterium für einen Planungsservice sind die sogenannten *Trigger*. Trigger fungieren als Planungsvormerkung, um infolge bestimmter Ereignisse, wie z. B. bei Änderungen der Stammdaten (Nachschubkennzeichen) oder einer Änderung der Planungshistorie, weitere (abhängige) Ereignisse zu erzeugen; dies kann etwa die Neuberechnung von Prognosedaten sein. Auf Basis dieser Trigger reagieren die Planungsservices und prozessieren z. B. nur die Lokationsprodukte, die einen Trigger aufweisen.

Ein gutes Beispiel für Trigger bzw. eine Triggerkette ist die Änderung der Absatzhistorie: Wird ein neuer Auftrag in die Absatzhistorie übernommen, generiert das System den Trigger. Der Bestandsaufbau-/abbau-Planungsservice prüft auf Basis dieses Triggers, ob das Nachschubkennzeichen geändert werden muss. Ändert sich das Nachschubkennzeichen, wird ein neuer Trigger erzeugt, der für die Datenumorganisation relevant ist. Nach der Datenumorganisation muss für das Produkt die Prognose neu berechnet werden, was auch Änderungen für die Losgrößen- und Sicherheitsbestandsberechnung sowie für die Distributionsbedarfsplanung (engl. Distribution Requirements Planning, DRP) zur Folge hat. Trigger sind logisch aufeinander aufgebaut und versuchen somit, den Anwender bei dem kompletten Planungsprozess zu unterstützen. Trigger sind jedoch nicht zwangsläufig für den Planungsservice relevant. Sie können jeden Planungsservice auch ohne Trigger starten, was jedoch Auswirkungen auf die Performance hat, da alle planungsrelevanten Lokationsprodukte geplant werden.

In den folgenden Abschnitten erhalten Sie einen detaillierteren Einblick in die Hauptprozesse von SPP und lernen die jeweilige Logik und die verschiedenen Abhängigkeiten der Prozesse untereinander kennen.

18.3 Datenbeschaffung – Absatzhistorie

Der Prozess der *Datenbeschaffung* ist in SPP sehr stark ausgeprägt und wird von vielen standardisierten Prozessabläufen im SAP-APO-eigenen Business Warehouse (BW) unterstützt (siehe Abbildung 18.3). Das Ergebnis der Datenbeschaffung bildet nicht nur die Basis zur Berechnung der Prognose und für weiterführende Prozesse wie Losgrößen und Sicherheitsbestandsplanung, sondern ist auch wichtig für Bestandsaufbau- und Bestandsabbauentscheidungen.

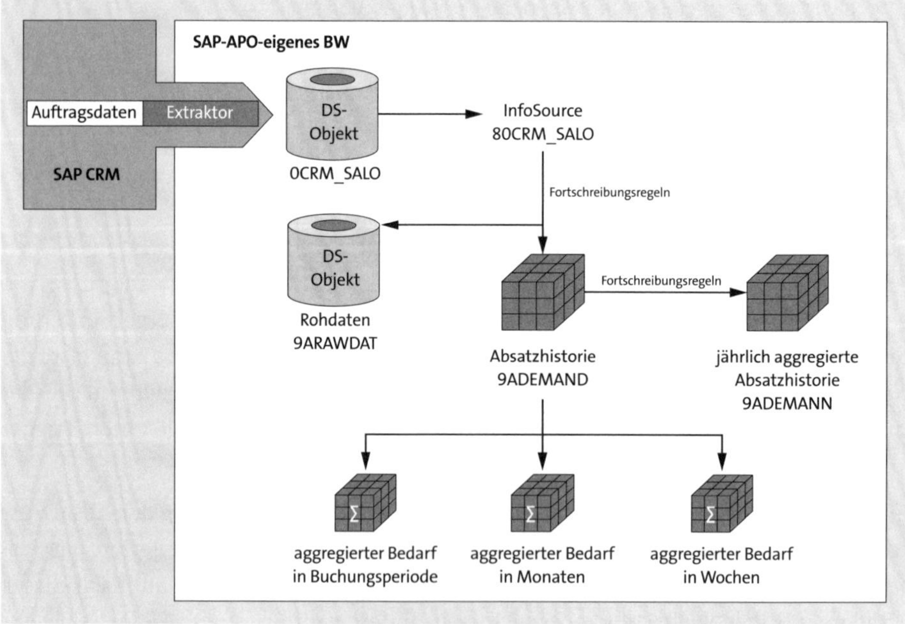

Abbildung 18.3 Prozessfluss Datenbeschaffung

Die Datenbeschaffung ist getrennt von der CIF-Integration zwischen SAP ECC und SPP zu sehen. Das CIF versorgt den SPP-Planungsprozess mit Echtzeitdaten und bildet die

Grundlage für die Distributionsbedarfsplanung. Die eigentliche Absatzhistorie in SPP wird jedoch im SAP-APO-eigenen BW erstellt und über standardisierte Schnittstellen aus externen Systemen geladen. Dabei unterstützt der Standard die Datenextraktion aus SAP CRM sowie SAP ECC und bietet auch die Möglichkeit, Planungsdaten über einen Fileupload (Datenformat **CSV**) zu laden. Neben dem Standard kann man auch andere Datenquellen zum Aufbau der Absatzhistorie verwenden und muss diese nur mit den SPP-Business-Intelligence-Objekten verknüpfen.

Die Datengrundlage für die SPP-Prozesse bilden immer die BW-Objekte 9ARAWDAT und 9ADEMAND (bzw. deren MultiProvider 9ARAWMUL und 9ADEMMUL). 9ARAWDAT beinhaltet dabei die Rohdaten, d. h. alle planungsrelevanten Datensätze. Welche Datensätze relevant sind oder von den Routinen herausgefiltert werden, kann im Customizing festgelegt werden. Sie können z. B. definieren, welche Belegarten für eine Planung verwendet werden, oder welche Auswirkungen »Absagen« haben. In dem InfoCube 9ADEMAND wird die aggregierte Absatzhistorie gespeichert. Dabei werden nicht nur die Rohdaten nach Periodizität aggregiert und die Historie nach Kalender skaliert, sondern alle Bedarfe auch entlang der BOD aggregiert. Somit erfasst das System sowohl eine Absatzhistorie eines Produkts an jeder bestandsführenden Lokation als auch an jeder Eingangslokation.

Bei der Datenbeschaffung wird geprüft, ob für die entsprechende Produktlokation eine Bestandsentscheidung vorliegt, und erst dann der Bedarf zugeordnet. Handelt es sich um eine nichtlagerrelevante Lokation, wird der Bedarf nach bestimmten Regeln einer anderen Lokation des Produkts als bestandsführende Lokation zugeordnet; die ursprüngliche Standardlieferlokation bleibt im Datensatz erhalten. Der gesamte Originalbeleg bleibt in SPP erhalten. Änderungen werden immer über zusätzliche Einträge in den BW-Objekten 9ARAWCRT und 9ADEMCRT gespeichert. Dabei kann es sich um manuelle Änderungen direkt in den SPP-Transaktionen oder um automatische Datenumorganisation, wie Bestandsentscheidungen oder einen Ersetzungsprozess (Supersession), handeln. Mit diesem Aufbau bzw. dieser Systematik unterscheidet sich SPP von anderen SAP-Planungsinstrumenten. Diese Logik wird RDA (*Real-time Data Acquisition*) oder vielleicht noch treffender CRT (*Close Real Time*) genannt, was bedeutet, dass die Daten zeitnah in den entsprechenden BW-Objekten verarbeitet werden. Somit werden Änderungen fast in Echtzeit vom System prozessiert und sind für den Anwender schnell sichtbar.

Ein weiteres wichtiges Thema im Bereich der Absatzhistorie ist die *Datenumorganisation*. Um zu gewährleisten, dass die Absatzhistorie den auftretenden Änderungen entspricht, passt das System die Absatzhistorie bei vordefinierten Ereignissen an. Dies erfolgt über die bereits beschriebenen Trigger: Erfolgt z. B. eine Änderung des Nachschubkennzeichens, erzeugt SPP einen Trigger zum Umorganisieren der Absatzhistorie, da sich aufgrund des geänderten Nachschubkennzeichens auch die Historie ändern muss. Initial und im regelmäßigen Deltaverfahren wird die Bedarfshistorie in den InfoCube 9ARAWDAT auf Positionsebene geladen. Jegliche Änderungen – ob manuelle Anpassungen oder vom System getriggerte Prozesse – werden im InfoCube 9ARAWCRT fortgeschrieben, d. h., die Datenbasis bleibt unverändert und konsistent. Der wichtigste Anwendungsfall für eine Datenumorganisation in SPP ist neben Ersetzungen (Supersession) die Umorganisation der Absatzhistorie aufgrund von Bestandsaufbau- und Bestandsabbauentscheidungen. Dadurch werden historische Bedarfe, wie Kundenaufträge, je nach Bestandsentscheidung umorganisiert. Bedarfe, welche einer nichtlagerhaltigen Lokation zugeordnet sind, werden je nach Regelwerk auf eine Lagerlokation, wie z. B. die Oberlokation, umorganisiert. Die Datenumorganisation wird auch bei Anpassung bzw. einer Neuzuordnung der BOD zum Produkt und bei Änderungen von Promotionen verwendet.

18.4 Bestandsaufbau- und Bestandsabbauentscheidungen

Bestandsaufbau- und Bestandsabbauentscheidungen werden auf Basis der Absatzhistorie und Entscheidungstabellen im Customizing getroffen. Dabei soll bestimmt werden, an welchen Lokationen es sinnvoll ist, Bestand zu halten oder die Lokation als nichtlagerrelevant zu definieren. Ziel ist es, die Kosten so niedrig wie möglich zu halten und trotzdem einen hohen Servicegrad gegenüber den Kunden zu gewährleisten.

Wann eine Lokation Bestand führen soll oder nicht, können Sie über Entscheidungstabellen zweidimensional pflegen. Sinnvoll ist es, bspw. die Beschaffungskosten für ein Material und die Bestellhäufigkeit in die Entscheidung einfließen zu lassen. Als Ergebnis der Bestandsaufbau- und Bestandsabbauentscheidung wird für jedes Lokationsprodukt der BOD ein Nachschubkennzeichen gesetzt. Das Nachschubkennzeichen ist elementar für alle folgenden Planungsprozesse und bestimmt deren Berechnungen.

18.5 Prognose

Der *Prognoseservice* umfasst den gesamten Lebenszyklus eines Produkts von der Phase-in-Planung für neue Produkte über verschiedene Formen der Produktersetzung bis hin zur *Phase-out-Planung* für Produkte im Auslauf. Die Prognose in SPP bietet den Anwendern eine Vielzahl von Prognosemodellen und Parametrisierungsmöglichkeiten besonders für saisonale und sporadische Bedarfe, um flexibel auf geänderte Nachfragen reagieren zu können. Aufgrund der Anforderungen im Ersatzteilgeschäft ist SPP sehr facettenreich und komplex konzipiert – so gibt es neben den Prognoseparametern wie z. B. Alpha oder Sigma auch verschiedene Entscheidungstabellen, Grenzwerte und Plausibilitätsregeln. Des Weiteren bietet die Prognose in SPP verschiedene Möglichkeiten zur Planungsunterstützung, wie eine Prognosefehlerberechnung, Ausreißerkorrektur, eine automatische Prognosemodellauswahl und verschiedene Optionen, das Prognoseergebnis zu verbessern (Feinabstimmung).

Die Prognose kann in SPP weitestgehend automatisiert ablaufen, sobald alle wichtigen Parameter erst einmal hinterlegt wurden. Über einen automatisierten Freigabeprozess können die Prognoseergebnisse selbstständig freigegeben werden. Eine manuelle Prüfung und Freigabe ist nur für die Prognoseergebnisse nötig, die stark von vorherigen Prognoseergebnissen abweichen. Abbildung 18.4 zeigt den Aufbau der SPP-Prognosetransaktion.

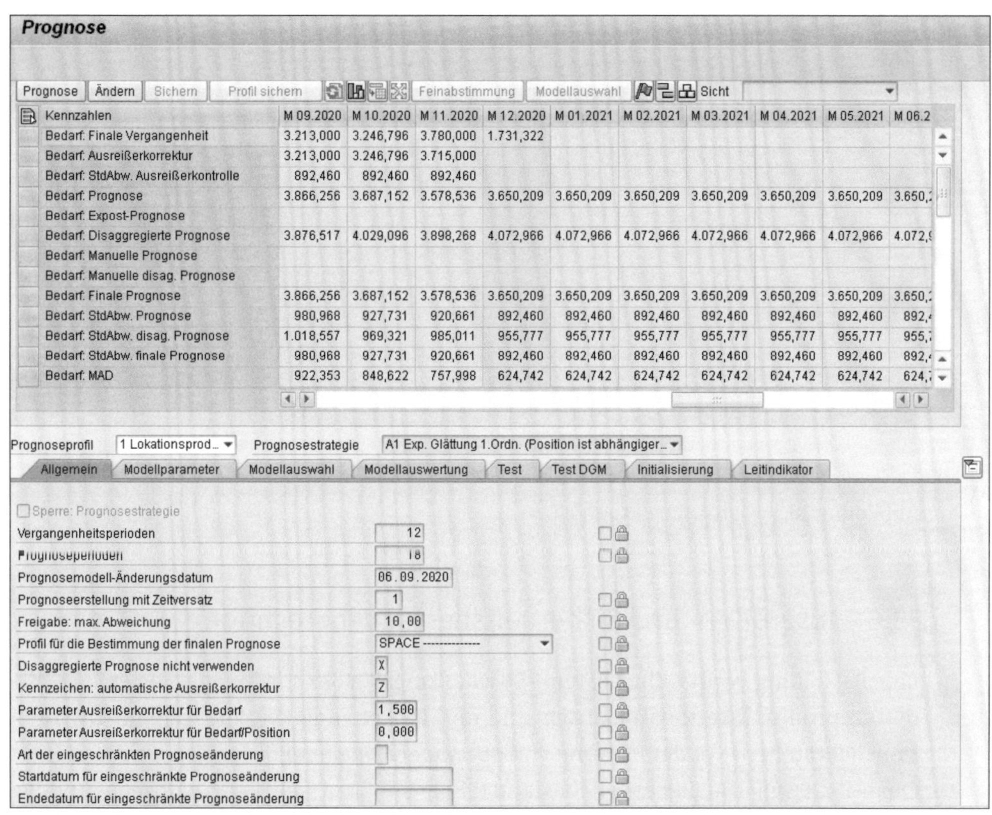

Abbildung 18.4 SPP-Prognosetransaktion

Neben den Prognosedaten speichert SPP auch vergangene Prognosen (siehe Abbildung 18.5). Diese sogenannten *historischen Prognosen* sind nicht nur wichtig, um Messungen der Prognosequalität auszuwerten, sondern sie sind auch für zukünftige Prognosen relevant. Mit jedem Prognoselauf überschreibt das System die Prognoseergebnisse, dadurch würde jeder Bezug zu früheren Prognosen verloren gehen. Um jedoch exakt planen zu können, werden auch die historischen Prognosen benötigt, wenn z. B. die Wiederbeschaffungszeit des Lokationsprodukts größer als eine Prognoseperiode ist. Ebenso wichtig sind die historischen Prognosen für die Berechnung bzw. den Vergleich der Standardabweichung von historischen Daten und den aktuellen Prognosewerten, damit große Abweichungen zwischen den Prognoseläufen erkannt und gemeldet (Alert, Freigabeverfahren) werden können.

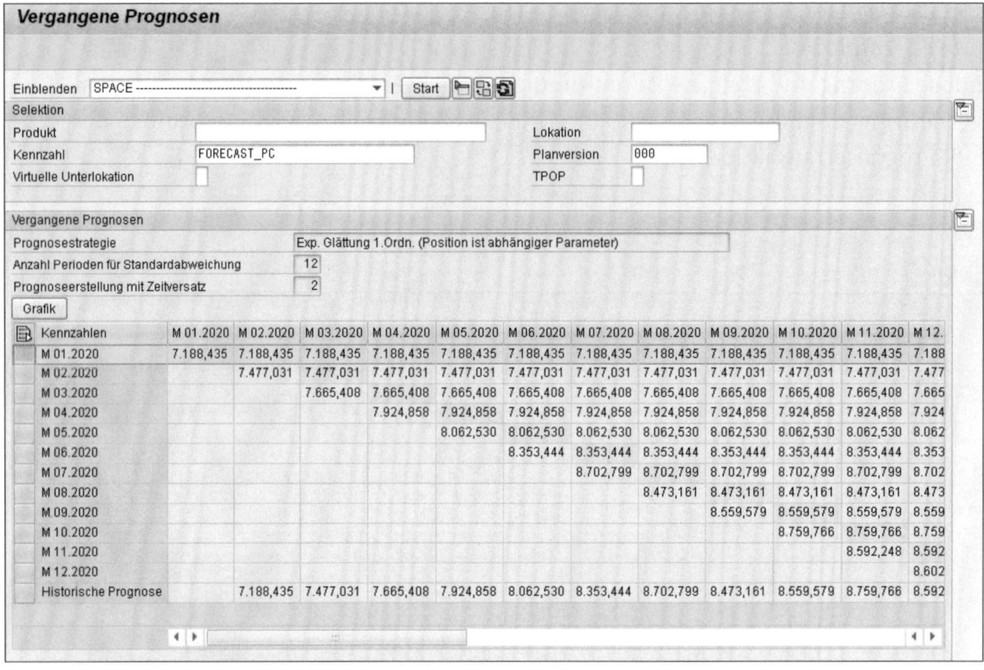

Kennzahlen	M 01.2020	M 02.2020	M 03.2020	M 04.2020	M 05.2020	M 06.2020	M 07.2020	M 08.2020	M 09.2020	M 10.2020	M 11.2020	M 12.
M 01.2020	7.188,435	7.188,435	7.188,435	7.188,435	7.188,435	7.188,435	7.188,435	7.188,435	7.188,435	7.188,435	7.188,435	7.188
M 02.2020		7.477,031	7.477,031	7.477,031	7.477,031	7.477,031	7.477,031	7.477,031	7.477,031	7.477,031	7.477,031	7.477
M 03.2020			7.665,408	7.665,408	7.665,408	7.665,408	7.665,408	7.665,408	7.665,408	7.665,408	7.665,408	7.665
M 04.2020				7.924,858	7.924,858	7.924,858	7.924,858	7.924,858	7.924,858	7.924,858	7.924,858	7.924
M 05.2020					8.062,530	8.062,530	8.062,530	8.062,530	8.062,530	8.062,530	8.062,530	8.062
M 06.2020						8.353,444	8.353,444	8.353,444	8.353,444	8.353,444	8.353,444	8.353
M 07.2020							8.702,799	8.702,799	8.702,799	8.702,799	8.702,799	8.702
M 08.2020								8.473,161	8.473,161	8.473,161	8.473,161	8.473
M 09.2020									8.559,579	8.559,579	8.559,579	8.559
M 10.2020										8.759,766	8.759,766	8.759
M 11.2020											8.592,248	8.592
M 12.2020												8.602
Historische Prognose		7.188,435	7.477,031	7.665,408	7.924,858	8.062,530	8.353,444	8.702,799	8.473,161	8.559,579	8.759,766	8.592

Abbildung 18.5 Historische Prognose

18.6 Losgrößen- und Sicherheitsbestandsberechnung

Eine Bestellung verursacht Kosten – Beschaffungskosten sowie Lagerkosten, die wiederum produktlokationsspezifisch sind und in Abhängigkeit zur Lage im Distributionsnetz stehen. Mit der Planung von *optimaler Bestellmenge* (engl. Economic Order Quantity, EOQ) und Sicherheitsbestand (SB) ermöglicht SPP, Lagerhaltungs- und Bestellkosten sowie den Zielservicegrad zu optimieren (siehe Abbildung 18.6).

Wird z. B. die Bestellmenge erhöht, reduziert sich die Anzahl der Bestellungen, und dadurch verringern sich auch die Bestellkosten. Gleichzeitig erhöht sich jedoch der durchschnittliche Bestand, damit steigen die Lagerhaltungskosten an. Indem das System die Bestellmenge flexibel anpasst und so die optimale Bestellmenge berechnet, ermöglicht es eine Minimierung der Gesamtkosten.

Um gleichzeitig einen bestimmten Zielservicegrad sicherzustellen, muss das System die Standardabweichung der Prognose mit einem Sicherheitsbestand absichern, sodass die Produkte möglichst immer lieferbar sind.

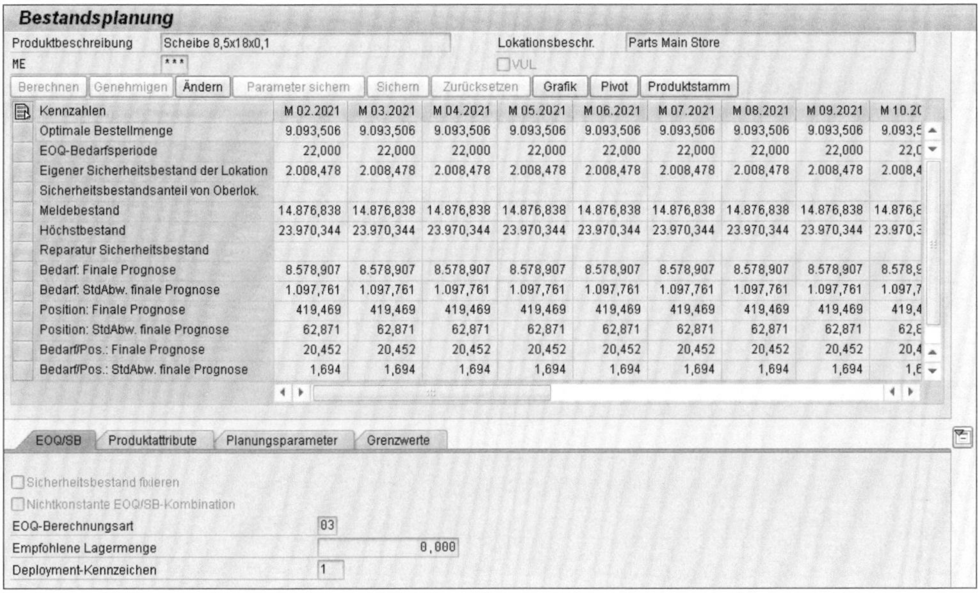

Bestandsplanung

Produktbeschreibung: Scheibe 8,5x18x0,1 | Lokationsbeschr.: Parts Main Store
ME: *** | VUL

Berechnen | Genehmigen | Ändern | Parameter sichern | Sichern | Zurücksetzen | Grafik | Pivot | Produktstamm

Kennzahlen	M 02.2021	M 03.2021	M 04.2021	M 05.2021	M 06.2021	M 07.2021	M 08.2021	M 09.2021	M 10.20
Optimale Bestellmenge	9.093,506	9.093,506	9.093,506	9.093,506	9.093,506	9.093,506	9.093,506	9.093,506	9.093,5
EOQ-Bedarfsperiode	22,000	22,000	22,000	22,000	22,000	22,000	22,000	22,000	22,0
Eigener Sicherheitsbestand der Lokation	2.008,478	2.008,478	2.008,478	2.008,478	2.008,478	2.008,478	2.008,478	2.008,478	2.008,4
Sicherheitsbestandsanteil von Oberlok.									
Meldebestand	14.876,838	14.876,838	14.876,838	14.876,838	14.876,838	14.876,838	14.876,838	14.876,838	14.876,8
Höchstbestand	23.970,344	23.970,344	23.970,344	23.970,344	23.970,344	23.970,344	23.970,344	23.970,344	23.970,3
Reparatur Sicherheitsbestand									
Bedarf: Finale Prognose	8.578,907	8.578,907	8.578,907	8.578,907	8.578,907	8.578,907	8.578,907	8.578,907	8.578,9
Bedarf: StdAbw. finale Prognose	1.097,761	1.097,761	1.097,761	1.097,761	1.097,761	1.097,761	1.097,761	1.097,761	1.097,7
Position: Finale Prognose	419,469	419,469	419,469	419,469	419,469	419,469	419,469	419,469	419,4
Position: StdAbw. finale Prognose	62,871	62,871	62,871	62,871	62,871	62,871	62,871	62,871	62,8
Bedarf/Pos.: Finale Prognose	20,452	20,452	20,452	20,452	20,452	20,452	20,452	20,452	20,4
Bedarf/Pos.: StdAbw. finale Prognose	1,694	1,694	1,694	1,694	1,694	1,694	1,694	1,694	1,6

EOQ/SB | Produktattribute | Planungsparameter | Grenzwerte

Sicherheitsbestand fixieren
Nichtkonstante EOQ/SB-Kombination
EOQ-Berechnungsart: 03
Empfohlene Lagermenge: 0,000
Deployment-Kennzeichen: 1

Abbildung 18.6 Bestellmengen- und Sicherheitsbestandsberechnung

Den Sicherheitsbestand legt das System so fest, dass es einen im Customizing definierten Zielservicegrad gewährleisten kann. Ein hoher Sicherheitsbestand wiederum erhöht den Bestand und die damit verbundenen Kosten. Neben der Höhe des entsprechenden Sicherheitsbestands in Relation zum Zielservicegrad kann das System auch entscheiden, ob der errechnete Sicherheitsbestand bei der Oberlokation verbleiben soll oder an die Unterlokationen verteilt werden kann.

Für die Realisierung der festgelegten Ziele betrachtet SPP die Losgrößenberechnung und Sicherheitsbestandsberechnung nicht getrennt voneinander wie in anderen Planungsinstrumenten, sondern berücksichtigt die Abhängigkeit von beiden Kenngrößen (siehe Abbildung 18.7). So werden auf der einen Seite die Bestell- und Lagerhaltungskosten optimiert, ohne auf der anderen Seite den Servicegrad zu vernachlässigen. Diese Berechnungslogik ist besonders im Ersatzteilgeschäft notwendig, damit den Kunden immer ein hoher Servicelevel mit schnellstmöglicher Verfügbarkeit gewährt werden kann, ohne unnötigen Lagerbestand aufzubauen, der am Ende des Lebenszyklus verschrottet werden muss.

Je nach Absatzverhalten eines Lokationsprodukts verwendet SPP zur Berechnung der Losgröße und des Sicherheitsbestands entweder die Normal- oder die Poisson-Verteilung:

- **Normalverteilung**
  Bei der Normalverteilung legt das System für die kombinierte Berechnung des optimalen Bestands und des Sicherheitsbestands die Prognosewerte für den Bedarf in Stück zugrunde.

- **Poisson-Verteilung**
  Bei der Poisson-Verteilung legt das System die Prognosewerte für die Anzahl an Auftragspositionen zugrunde und ermittelt dann über die Prognose für den durchschnittlichen Bedarf pro Auftragsposition (Bedarf/Pos.) den Bedarf in Stück.

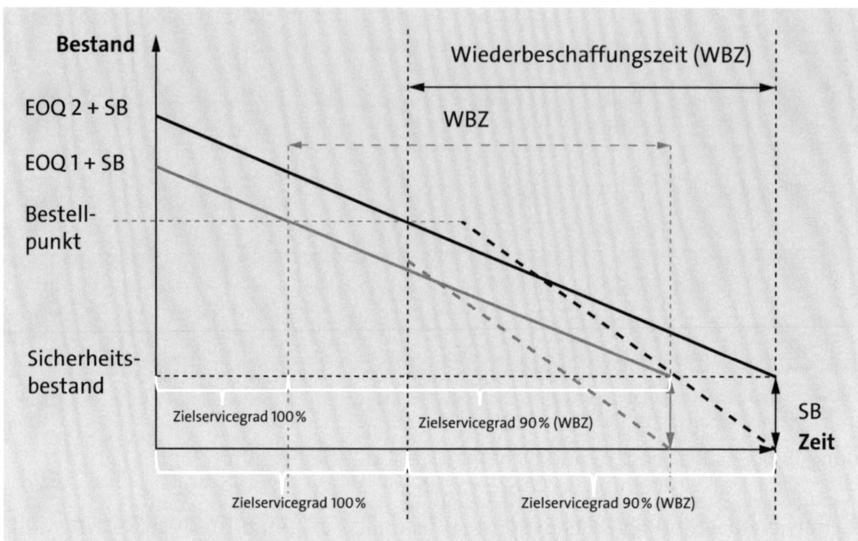

Abbildung 18.7 Wechselwirkung Losgröße und Sicherheitsbestand

Im Bereich der Bestandsplanung gibt es noch weitere Services, die den Planungsprozess unterstützen. Ein Beispiel dafür ist die ABC-Klassifizierung, die Produkte abhängig von ihrem Absatzverhalten in ABC-Klassen einteilt und auf diese Weise Schnell- und Langsamdreher identifiziert. Ein anderes Beispiel ist die HML-Klassifizierung (Cycle-Counting-Methode), die Produkte in Abhängigkeit ihres Wertanteils an einer Lokation klassifiziert.

18.7 Distributionsbedarfsplanung

Die *Distributionsbedarfsplanung* (engl. Distribution Requirements Planning, DRP) organisiert die Nachschubplanung innerhalb einer BOD. Auf der Basis prognostizierter Bedarfe, der Bestände der Lokationen und der aktuellen Bedarfssituation erstellt die DRP in Abhängigkeit der hinterlegten Beschaffungsbeziehungen Lieferplaneinteilungen und Bestellanforderungen. Zusätzlich berücksichtigt die Distributionsbedarfsplanung bei der Planung Stillstände bei Lieferanten, berücksichtigt saisonale Bedarfsverläufe, Rundungen sowie Verpackungsspezifikationen und plant Produktersetzungen wie auch den Auslauf von Produkten ein. Neben diesen Planungsfunktionen ermöglicht die DRP eine effiziente Überprüfung der Planungsergebnisse und einen auf Wunsch mehrstufigen Freigabeprozess.

Innerhalb einer BOD gibt es keine Bezugsquellenfindung. Die Distributionsbedarfsplanung aggregiert die Nettobedarfe jeder Unterlokation zur nächsten Oberlokation, sodass alle Bedarfe entlang der BOD bei der Eingangslokation ankommen. Das Datum, an dem Sie die Bedarfe der Unterlokationen decken können, ermittelt die DRP durch eine Rückwärtsterminierung um die jeweilige Beschaffungszeit der Transportbeziehung zwischen den Lokationen.

Im Kopfbereich der DRP-Matrix werden das selektierte Produkt und die aktuell zugeordnete BOD angezeigt. Über die BOD kann immer nur ein Lokationsprodukt ausgewählt und im Detailbereich angezeigt werden. Die DRP-Matrix (siehe Abbildung 18.8) besteht neben dem Kopfbereich zur Selektion und den Funktionsschaltflächen hauptsächlich aus Kennzahlen (Zeilen) und einer periodischen Einteilung (Spalten). Die Kennzahlen lassen sich unterteilen in Bedarfskennzahlen (Prognose, Kundenbedarfe, Distributionsbedarfe, Ersetzungsbedarfe, Nettobedarfe etc.), Bestandskennzahlen (initialer Lagerbestand, Transitbestand, Sicherheitsbestand, projizierter Bestand etc.) und Zugangskennzahlen (Distributionszugänge, Ersetzungszugänge etc.). Die periodische Einteilung ist abhängig vom Planungskalender und der gewählten Planungsperiodizität. Durch diesen Aufbau erkennen die Anwender mit einem Blick, woher die Bedarfe und Zugänge kommen, wie der aktuelle Nettobedarf ist bzw. wann eine Bedarfsunterdeckung erreicht wird.

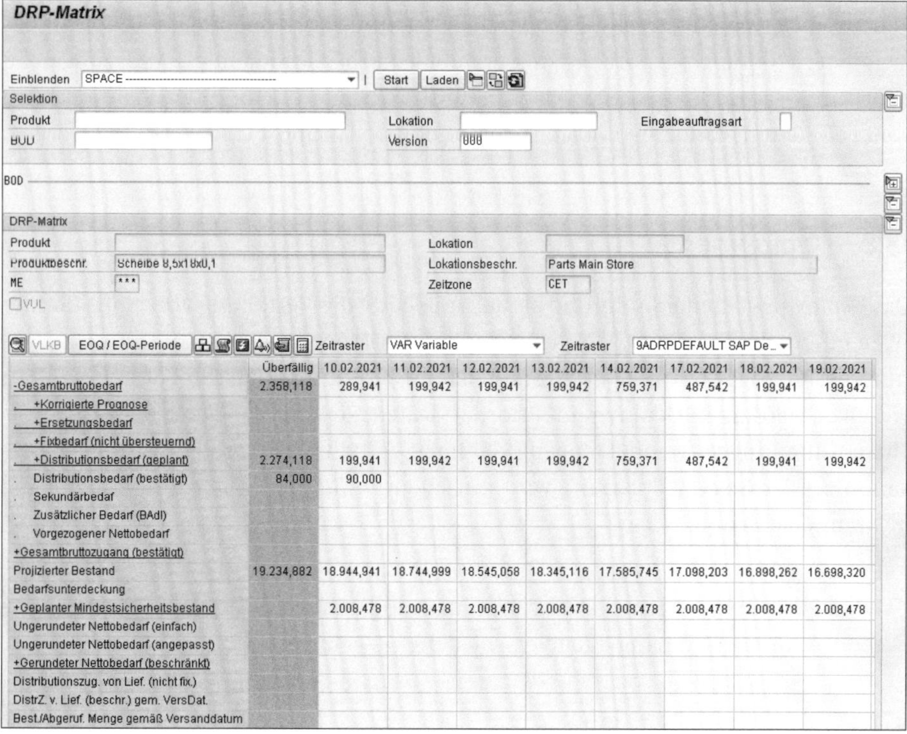

	Überfällig	10.02.2021	11.02.2021	12.02.2021	13.02.2021	14.02.2021	17.02.2021	18.02.2021	19.02.2021
-Gesamtbruttobedarf	2.358,118	289,941	199,942	199,941	199,942	759,371	487,542	199,941	199,942
+Korrigierte Prognose									
+Ersetzungsbedarf									
+Fixbedarf (nicht übersteuernd)									
+Distributionsbedarf (geplant)	2.274,118	199,941	199,942	199,941	199,942	759,371	487,542	199,941	199,942
Distributionsbedarf (bestätigt)	84,000	90,000							
Sekundärbedaf									
Zusätzlicher Bedarf (BAdI)									
Vorgezogener Nettobedarf									
+Gesamtbruttozugang (bestätigt)									
Projizierter Bestand	19.234,882	18.944,941	18.744,999	18.545,058	18.345,116	17.585,745	17.098,203	16.898,262	16.698,320
Bedarfsunterdeckung									
+Geplanter Mindestsicherheitsbestand		2.008,478	2.008,478	2.008,478	2.008,478	2.008,478	2.008,478	2.008,478	2.008,478
Ungerundeter Nettobedarf (einfach)									
Ungerundeter Nettobedarf (angepasst)									
+Gerundeter Nettobedarf (beschränkt)									
Distributionszug. von Lief. (nicht fix)									
DistrZ. v. Lief. (beschr.) gem. VersDat.									
Best./Abgeruf. Menge gemäß Versanddatum									

Abbildung 18.8 DRP-Matrix

Innerhalb der DRP-Matrix ist es möglich, einen Planungslauf zu simulieren und die entsprechenden Ergebnisse (Bedarfe, Zugänge und Bestandsänderungen) auf jeder Produktlokation zu visualisieren.

Eine weitere wichtige Funktion in der Distributionsbedarfsplanung sind die *DRP-Stabilitätsregeln*. Stabilitätsregeln in der DRP gleichen einem Regelwerk, mit dessen Hilfe entschieden wird, ob Bestellungen und Lieferplanabrufe in definierten Zeithorizonten (DRP-Horizonte, siehe Abbildung 18.9) verändert werden dürfen.

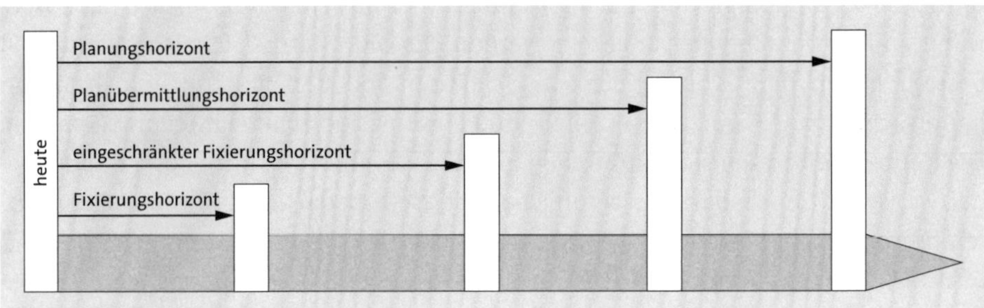

Abbildung 18.9 DRP-Horizonte

Der Fixierungshorizont erlaubt keine automatischen Änderungen und beinhaltet die Kernbearbeitungszeit im Unternehmen und die Transportzeit. Der eingeschränkte Fixierungshorizont erstreckt sich über den Fixierungshorizont und der Lieferzeit des Lieferanten (ohne Transportzeit) und erlaubt je nach Stabilitätsregel Änderungen an den Planungsergebnissen. Der Planübermittlungshorizont und der Planungshorizont beinhalten Plandaten und können im DRP-Lauf grundsätzlich geändert werden.

18.8 Deployment

Das *Deployment* steuert aufgrund aktueller Bedarfe die Verteilung von eintreffender Ware innerhalb einer BOD. Für die Verteilung der Mengen wird in SPP eine Umlagerungsbestellung bzw. Umlagerungsbestellanforderung erzeugt. Um Ware sinnvoll zu verteilen, werden im Deployment Prioritätsstufen, Reihenfolgeregeln sowie die Fair-Share-Aufteilung verwendet. Zugang, der nicht verteilt wird, verbleibt an der Oberlokation. In der Ersatzteilplanung wird zwischen *Push-Deployment* und *Pull-Deployment* unterschieden:

- **Push-Deployment**
  Beim Push-Deployment wird der Warenzugang von der Oberlokation auf die Unterlokationen in Abhängigkeit verschiedener Regeln verteilt.

- **Pull-Deployment**
  Anders als beim Push-Deployment, bei dem das System auf Bedarfe reagiert, sind beim Pull-Deployment die Bedarfe der einzelnen Lokationen ausschlaggebend. Wird an einer oder mehreren Unterlokation eine Bedarfsunterdeckung festgestellt, wird dieser Bedarf an die Oberlokation gemeldet und je nach Bestandssituation, Wiederbeschaffungszeit und Konfiguration werden die entsprechenden Mengen an die Unterlokationen verteilt.

Neben der Verteillogik kann das Deployment auch entscheiden, ob es sich um einen normalen oder Eilauftrag handelt und dementsprechend das richtige Transportmittel zuordnen. Eine Darstellung der Deployment-Transaktion finden Sie in Abbildung 18.10.

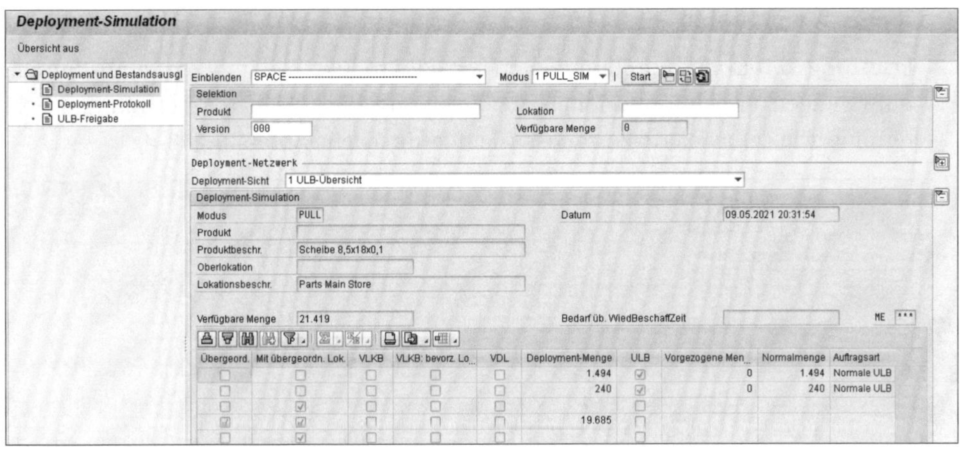

Abbildung 18.10 Deployment-Transaktion

18.9 Produktersetzung

SPP unterstützt die *Ersetzung von Produkten* für unterschiedliche Ersetzungsstrategien und übernimmt dabei auch die Berechnung der prozessrelevanten Datumswerte. In SPP ist es z. B. möglich, Produkte eins zu eins zu ersetzen oder ein Vorgängerprodukt durch mehrere Nachfolgeprodukte auszutauschen. Ebenso kann ein Bedarfsprozentsatz angegeben werden, um zu definieren, wie sich ein Produkt auf seine Nachfolger verteilt.

Produktersetzung

Ein Beispiel ist die Ersetzung eines veralteten Fotoapparats (Produkt A) durch ein neues Modell, welches in drei verschiedenen Ausfertigungen angeboten wird (Produkte B, C und D), wovon man sich eine höhere Nachfrage verspricht. Produkt A wird in dem Fall durch die Produkte B (60 %), C (50 %) und D (5 %) ersetzt.

Darüber hinaus berechnet SPP auch wichtige Ecktermine wie das Bestandsauslaufdatum und das Nachfolgeproduktzugangsdatum innerhalb der BOD, welche bei der Planung des Produkts berücksichtigt werden. Ziel ist es, den Bestand des Vorgängerprodukts bis zum Anlauf des Nachfolgeprodukts zu reduzieren, um Verschrottungen zu vermeiden, und den Bestand des Nachfolgers aufzubauen, bis die ersten Bestellungen eintreffen.

Wichtig für eine erfolgreiche Produktersetzung ist die Anlage von Stammdaten, den sogenannten *Ersetzungsketten*. Ersetzungsketten enthalten neben der Ersetzungsstrategie und dem Datum weitere Daten, wie die Verknüpfung zur ATP-Prüfung und die Möglichkeit einer mehrstufigen Ersetzung (A → B → C).

18.9.1 Stammdaten

Ersetzungsketten sind die Stammdaten der SPP-Produktersetzung, sie beinhalten alle notwendigen Basisinformationen zur Ersetzung und die bereits erwähnten Ecktermine, wie das avisierte Bestandsauslaufdatum (siehe Abbildung 18.11).

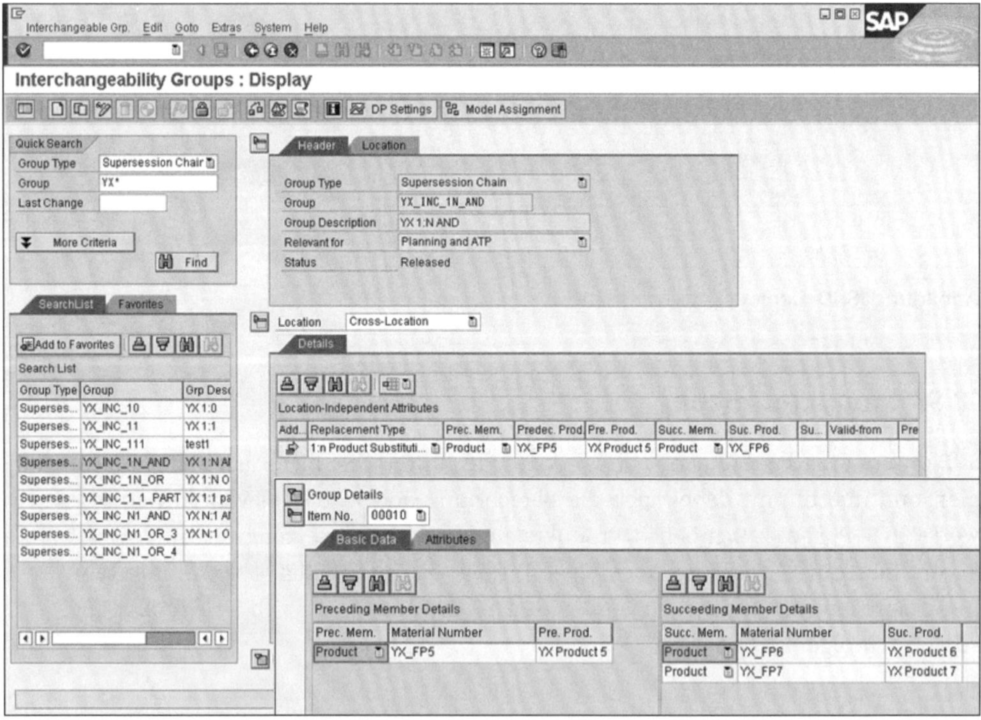

Abbildung 18.11 Stammdatenproduktersetzung

Zu den Basisinformationen der Ersetzung gehören auch der *Ersetzungstyp* und die entsprechende *Ersetzungsstrategie*. Die Ersetzungsstrategie entscheidet, wann eine

Ersetzung relevant ist und wie diese durchgeführt wird. Entweder wird bei der Produktersetzung der Bestand des Vorgängers und die Verfügbarkeit des Nachfolgers berücksichtigt, um einen reibungslosen und effizienten Übergang zu gewährleisten. Oder es erfolgt eine Ersetzung ohne Berücksichtigung der Bestandslevel, z. B. bei Qualitäts- oder Sicherheitsproblemen des Vorgängerprodukts.

Der Ersetzungstyp bestimmt wie die Absatzdaten der Vorgängerdaten auf die entsprechenden Nachfolgeprodukte verteilt werden. Mögliche Arten der Ersetzung sind:

- Ein Produkt ersetzt ein Produkt (1 zu 1).
- Ein Produkt ersetzt teilweise ein Produkt (1 zu 1 Part.).
- Ein Produkt ersetzt mehrere Produkte gemeinsam (1:N UND).
- Ein Produkt ersetzt alternativ mehrere Produkte (1:N ODER).
- Mehrere Produkte ersetzen gemeinsam ein Produkt (N:1 UND).
- Mehrere Produkte ersetzen alternativ ein Produkt (N:1 ODER).
- Ein oder mehrere Produkte laufen aus und werden nicht ersetzt (1:0, N:0).

Es besteht die Möglichkeit, Ersetzungsketten nach Region bzw. unterschiedlich zu steuern. Eine Unterstützung von markenspezifischen Produktersetzungen wird aktuell nicht vom Standard unterstützt.

Ersetzungsketten können direkt in der Komponente SPP angelegt werden oder die Anlage erfolgt auf externer Datenbasis, dafür gibt es in dem Bereich standardisierte Business Application Programming Interfaces (BAPIs).

18.9.2 Planung

Auf Basis der Ersetzungsketten berechnet der SPP-Planungsservice für die Produktersetzung das Bestandsauslaufdatum und andere dafür notwendige Planungsdaten in Abhängigkeit zur Ersetzungsstrategie. Neben dem Startdatum des Auslaufzeitraums und dem Tag des Bestandsauslauf ist das wichtigste Datum das Planungsdatum des Nachfolgeprodukts. An dem Tag wird die Absatzhistorie auf den Nachfolger umorganisiert, das neue Produkt in allen relevanten SPP Modulen geplant und diese neue Konstellation in der Distribution berücksichtigt.

Zusammengefasst und in Bezug zueinander sehen Sie die relevanten Datumswerte der Produktersetzung in Abbildung 18.12.

Der SPP-Planungsservice für die Produktersetzung läuft nicht nur einmalig, sondern in Abhängigkeit der Daten – regelmäßig, bis die wichtigen Eckpunkte erreicht wurden.

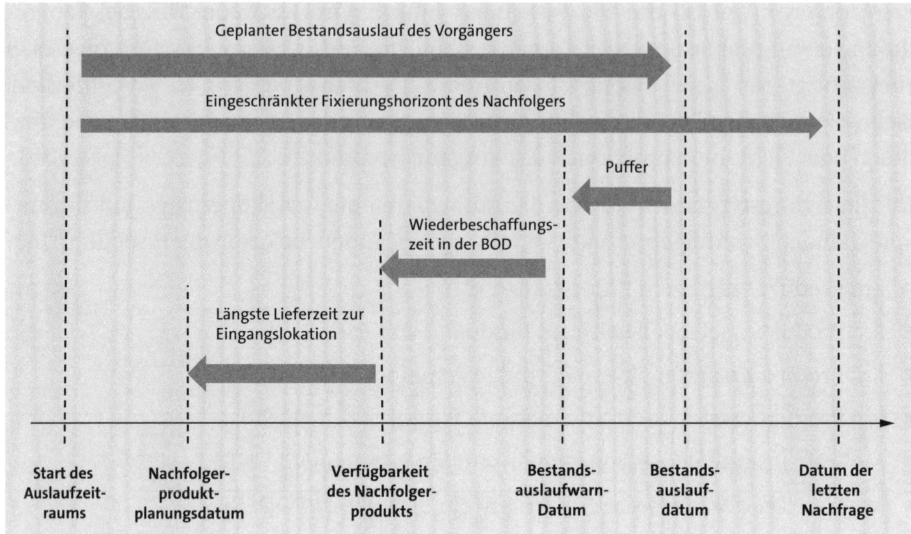

Abbildung 18.12 Eckdaten der Produktersetzung

Bestand und Planungssituation können sich ändern, und durch die regelmäßige Überwachung des Bestandsabbaus und Verfügbarkeit des Nachfolgers werden die Datumswerte der Produktersetzung angepasst. Dadurch soll verhindert werden, dass zu viel Bestand des Vorgängers entsorgt werden muss oder es zu Lieferengpässen bei dem Nachfolgeprodukt kommt.

18.9.3 Datenumorganisation

Sobald das Datum für die Planung des Nachfolgeprodukts erreicht wurde, beginnt die Datenumorganisation und die Planung des neuen Produkts.

Dabei wird die aggregierte Absatzhistorie, auf Basis der Informationen in den Ersetzungsketten, auf das Nachfolgerprodukt oder die Nachfolgerprodukte transferiert. Die Stammdaten der Ersetzungskette entscheiden, welche Mengen transferiert werden. Es sind verschiedene Optionen möglich, von einer partiellen Übertragung bis zu einer Datenumorganisation von einem Vielfachen des Vorgängers.

18.9.4 Auswirkungen auf andere Planungsbereiche

Neben der Datenumorganisation und der taktischen Planung des Nachfolgeprodukts spielt die Produktersetzung auch in der Distributionsplanung eine wichtige Rolle. Sobald das Datum für die Planung des Nachfolgeprodukts erreicht wurde, plant der DRP-Lauf mit allen aktiven Produkten der Ersetzungskette. Primäres Ziel ist es, den Bestand des Vorgängerprodukts auf null zu reduzieren und dabei die Versorgung des

Nachfolgers zu gewährleisten. Die Distributionsplanung berücksichtigt die Planungsdaten aus der Ersetzungskette und die aktuelle Bedarfssituation. So werden auf Basis von Produktersetzungsaufträgen schon Kundenaufträge oder Lieferabrufe für das Nachfolgerprodukt erstellt, wenn die Planung dem Bestand des Vorgängers übersteigt. In Abbildung 18.13 sehen Sie ein Beispiel einer Produktersetzung in der DRP-Matrix mit Vorgänger und Nachfolger.

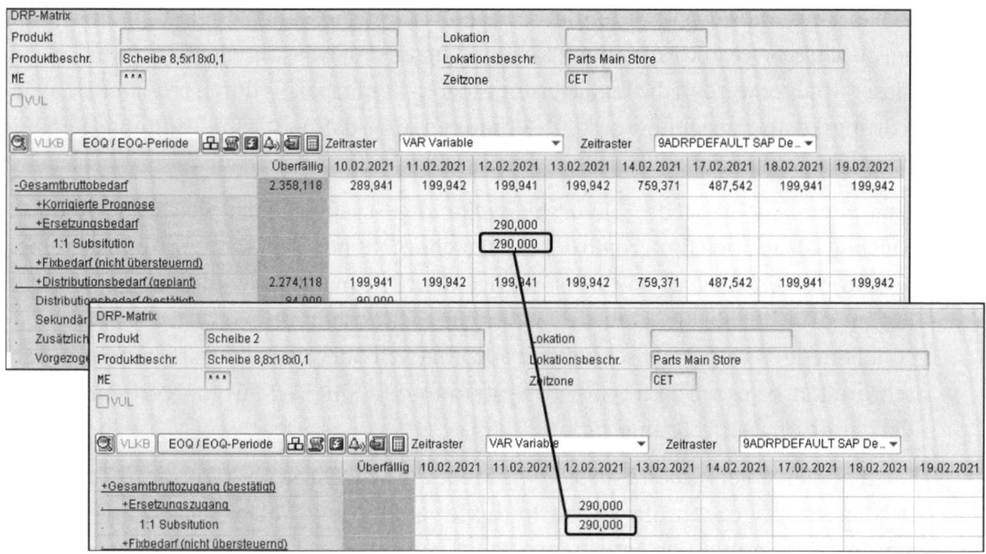

Abbildung 18.13 Produktersetzungsauftrag von Produkt 1 zu Produkt 2

Auch die Ersetzungsketten und der Status der Produktersetzung sind für die globale Verfügbarkeitsprüfung (engl. Global ATP). In dem Zusammenhang sind die Ersetzungsketten meist für Planung und ATP relevant. Wenn ein neuer Kundenauftrag im SAP CRM angelegt wird, prüft das System, ob eine Ersetzungskette existiert. Ist dies der Fall, wird je nach Status and Ersetzungsstrategie das Nachfolgeprodukt automatisch vorgeschlagen oder die Anwender über die Produktersetzung informiert.

Des Weiteren ist ein Datenaustausch zu SAP Extended Warehouse Management und SAP ECC sinnvoll, um eine konsistente Planung zwischen allen beteiligten Systemen zu gewährleisten.

18.10 Weitere Bereiche der Ersatzteilplanung

Zum Abschluss des Kapitels stellen wir Ihnen noch einige weitere Bereiche der Ersatzteilplanung vor.

Ein Teilbereich der Ersatzteilplanung ist der *Bestandsausgleichservice*, er wird im PSM realisiert. Dieser Service gleicht Unter- und Überdeckungen einzelner Lokationen aus und sorgt so dafür, dass Bestände innerhalb einer BOD gleichmäßig verteilt werden. Dafür werden *Bestandsausgleichsgebiete* verwendet, die nur Lokationen aus der BOD beinhalten dürfen. Mit den Bestandsausgleichsgebieten ist es möglich, Bestand zwischen Lokationen einer Distributionsebene auszutauschen.

Der Bestandsausgleich ist ein optionaler Service und kann sich durch richtige Planung in der DRP und im Deployment erübrigen. Sie sollten daher immer prüfen, ob sich ein Bestandsausgleich rentiert. Diese Prüfung kann auch direkt vom Bestandsausgleichsservice mithilfe einer Kosten-Nutzen-Analyse durchgeführt werden. In dieser Analyse werden die Umlagerungskosten der Ersparnis durch reduzierte Lagerhaltungskosten gegenübergestellt. Voraussetzung dafür ist eine ordnungsgemäße Pflege der Stammdaten.

Ein weiterer Service ist die *Überbestandsplanung*. Sie entscheidet, welche Produkte an welchen Lokationen (innerhalb der BOD) nicht mehr benötigt werden. Auf Basis einer Kosten-Nutzen-Analyse kann der Service deutlich machen, wo die Lagerung eines Produkts in hohen Mengen nicht oder gar nicht mehr sinnvoll ist. Diese Überbestandsmengen werden anschließend automatisch oder nach Freigabeverfahren verschrottet, d. h., es wird im SAP-ECC-System und in SAP EWM (wenn vorhanden) ein Verschrottungsauftrag angelegt.

Auch am Ende der *Altbestandsplanung* steht ein Verschrottungsauftrag, jedoch wird bei diesem Service geprüft, welche Produkte veraltet sind. Mit »veraltet« (im Produktstamm als »veraltet vormerken« markiert) werden meist Produkte bezeichnet, welche komplett ersetzt wurden (Produktersetzung) oder bei denen die Gewährleistung (bzw. rechtliche Ersatzteilversorgung) ausgelaufen und eine Lagerhaltung nicht mehr zwingend notwendig ist.

Auch verkaufsfördernde Maßnahmen, *Promotionen* genannt, können in SPP miteinbezogen werden. Promotionen ändern den Produktabsatz und haben Einfluss auf die historischen Daten. In der Theorie erhöht sich die Produktnachfrage im Zeitraum der Promotion und sinkt anschließend unter die durchschnittliche Nachfrage. Diese Tatsache wirkt sich wiederum auf das Prognoseergebnis aus, welches dadurch verfälscht werden kann. Um dies zu verhindern und die Bedarfshistorie entsprechend zu glätten, gibt es in SPP die Möglichkeit, Promotionen zu identifizieren und als nicht prognoserelevant zu klassifizieren.

Dafür müssen in SPP Perioden der Promotion gekennzeichnet und mithilfe der *Datenreorganisation* (engl. Realignment) angepasst werden. Die Identifikation der Promotion kann über ein entsprechendes Kampagnenmanagement in SAP ECC oder SAP CRM und eine Integration im Bereich der Absatzdatenbeschaffung erfolgen oder wird manuell vom Produktplaner im System eingepflegt.

Eine Darstellung der Promotion in der Absatzhistorie finden Sie in Abbildung 18.14.

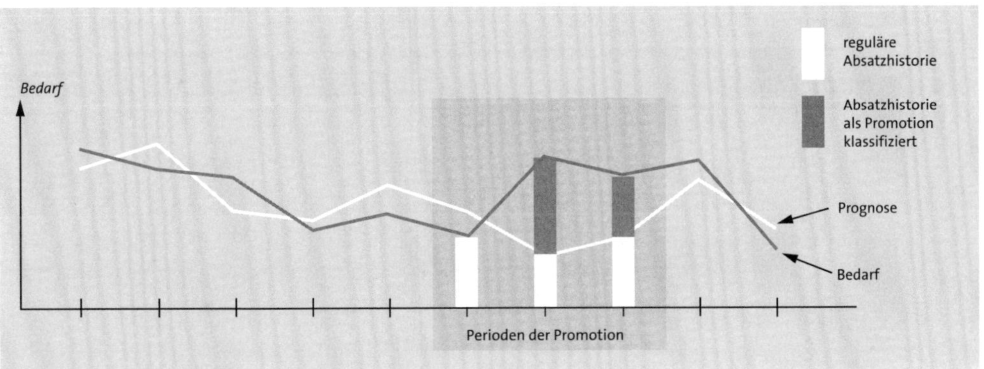

Abbildung 18.14 Identifikation von Promotionen

Weiter ist es in SPP möglich, neben den Standardplanungsservices auch *Simulationen* durchzuführen, um z. B. zu testen, welche Auswirkungen ein neues Prognosemodell hat oder wie sich eine Lagerentscheidung auf den Bestand auswirkt. Sogenannte *What-if-Analysen* werden in SPP für verschiedene Planungsservices angeboten. Im operativen Betrieb arbeitet SPP mit der aktiven Version »000«, jedoch ist es möglich, diese Version zu kopieren, anzupassen und die Ergebnisse ebenfalls zu speichern. Anschießend können die verschiedenen Versionen im SAP-APO-BW ausgewertet werden.

SPP bietet Ihnen neben den verschiedenen Planungsservices auch die Möglichkeit zur Analyse, zum Monitoring und zur Auswertung von Daten und Planungsprozessen. Hierfür stehen verschiedene Analyse- und Überwachungsfunktionen zur Verfügung, wie z. B. eine Lieferleistungsbewertung, ein Anliefermonitor, ein Fehlermonitor und Servicegradanalysen. Der hohe Automatisierungsgrad der Prozesse in SPP erfordert diese verschiedenen Auswertungsinstrumente, um die Planer im Problemfall zügig zu benachrichtigen und die Ursachen schneller zu visualisieren.

Neben den Auswertungstransaktionen in SAP APO stellt SPP auch verschiedene Schnittstellen zu anderen Systemen bereit, um wichtige Informationen weiterzuleiten bzw. eine bessere Analyse zu ermöglichen. So werden Extraktoren für die Datenübertragung an das SAP-APO-eigene Business Warehouse oder SAP BW zur Verfügung gestellt. Ebenso sind verschiedene Auswertungsmöglichkeiten von SPP in den Weboberflächen von SAP SNC integriert. In Abbildung 18.15 sehen Sie z. B. die aktuellen Produktdetails wie Ergebnisse der Prognose- und Bestandsplanung. Darüber hinaus gibt es eine Schnittstelle zu EWM. Somit können z. B. Prioritätspunkte an SAP EWM übermittelt und Statusinformationen in SPP ausgewertet werden.

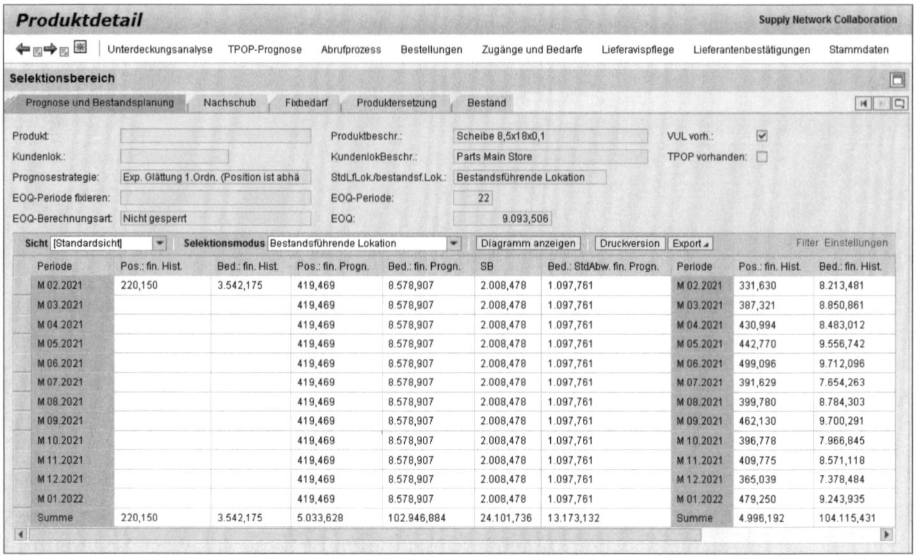

Periode	Pos.: fin. Hist.	Bed.: fin. Hist.	Pos.: fin. Progn.	Bed.: fin. Progn.	SB	Bed.: StdAbw. fin. Progn.	Periode	Pos.: fin. Hist.	Bed.: fin. Hist.
M 02.2021	220,150	3.542,175	419,469	8.578,907	2.008,478	1.097,761	M 02.2021	331,630	8.213,481
M 03.2021			419,469	8.578,907	2.008,478	1.097,761	M 03.2021	387,321	8.850,861
M 04.2021			419,469	8.578,907	2.008,478	1.097,761	M 04.2021	430,994	8.483,012
M 05.2021			419,469	8.578,907	2.008,478	1.097,761	M 05.2021	442,770	9.556,742
M 06.2021			419,469	8.578,907	2.008,478	1.097,761	M 06.2021	499,096	9.712,096
M 07.2021			419,469	8.578,907	2.008,478	1.097,761	M 07.2021	391,629	7.654,263
M 08.2021			419,469	8.578,907	2.008,478	1.097,761	M 08.2021	399,780	8.784,303
M 09.2021			419,469	8.578,907	2.008,478	1.097,761	M 09.2021	462,130	9.700,291
M 10.2021			419,469	8.578,907	2.008,478	1.097,761	M 10.2021	396,778	7.966,845
M 11.2021			419,469	8.578,907	2.008,478	1.097,761	M 11.2021	409,775	8.571,118
M 12.2021			419,469	8.578,907	2.008,478	1.097,761	M 12.2021	365,039	7.378,484
M 01.2022			419,469	8.578,907	2.008,478	1.097,761	M 01.2022	479,250	9.243,935
Summe	220,150	3.542,175	5.033,628	102.946,884	24.101,736	13.173,132	Summe	4.996,192	104.115,431

Abbildung 18.15 Produktdetails im SPP-Cockpit über SAP SNC

18.11 Die erweiterte Ersatzteilplanung (eSPP)

Die *erweiterte Ersatzteilplanung* (eSPP) wurde im Jahr 2020 als Teil von SAP S/4HANA bereitgestellt und bietet den SAP-S/4HANA-Anwendern die Möglichkeit einer Ersatzteilplanung, wie Sie in diesem Kapitel bereits kennengelernt haben. Grundsätzlich wurden alle wichtigen Planungsfunktionen und Besonderheiten von SAP-APO-SPP übernommen. Sowohl die Distributionsstruktur (engl. Bill of Distribution, BOD), die Möglichkeiten der Datenbeschaffung als auch der Planungsservice-Manager (PSM) wurden auf eSPP übertragen. Es handelt sich bei dem Wechsel von SAP-APO-SPP zu SAP S/4HANA um ein Replatforming. Der Wechsel war nicht nur notwendig, um perspektivisch eine neue Plattform für SPP zu finden, sondern auch um die Möglichkeiten der Cloud-Technologien und besonders die Performanceverbesserungen der In-Memory-Datenbanktechnologie von SAP S/4HANA zu nutzen.

18.11.1 Was ist der Unterschied zu APO-SPP?

Bei der ersten Anwendung von eSPP fällt das neue Benutzeroberflächendesign auf. Es kommt das bereits erwähnte SAP Fiori 3.0 zum Einsatz und die gewohnten SPP-Transaktionen können über Kacheln im SAP Fiori Launchpad aufgerufen werden. In Abbildung 18.16 sehen Sie die Startseite von eSPP. Die Startseite und auch alle anderen Bereiche können Sie individuell und nach Ihren Vorlieben und Anforderungen anpassen.

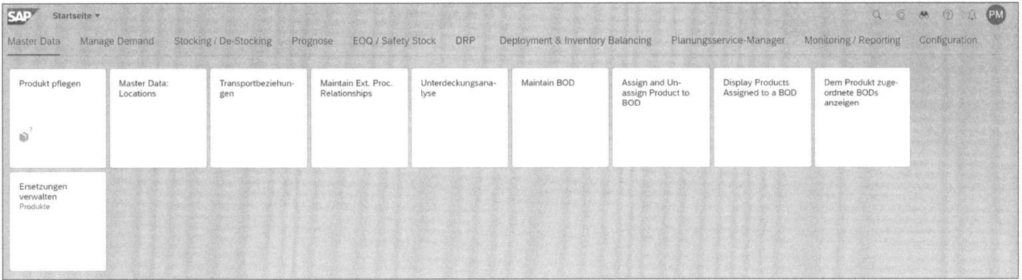

Abbildung 18.16 eSPP Startseite im SAP-Fiori-Design

Obwohl das SAP-Fiori-Design angepasst wurde, wurden die Struktur und der Aufbau aller wichtigen SPP-Benutzeroberflächen grundsätzlich beibehalten. Das sehen Sie exemplarisch in Abbildung 18.17 für die Prognosetransaktion.

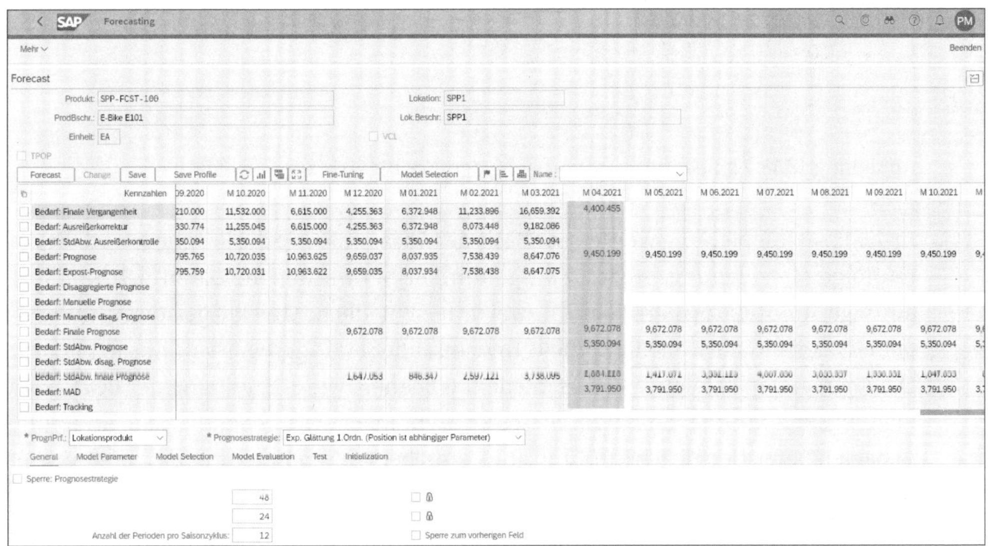

Abbildung 18.17 Prognosetransaktion im SAP-Fiori-Design

Eine wichtige Neuerung befindet sich im Bereich Produktersetzung. Die Benutzeroberfläche für die Anlage und Bearbeitung der Ersetzungsketten wurde komplett erneuert (siehe Abbildung 18.18). Diese Neuerung steht im Zusammenhang mit der Integration der erweiterten Verfügbarkeitsprüfung (engl. advanced ATP, aATP) in SAP S/4HANA, die somit auch für eSPP verfügbar ist.

Neben dieser Neuerung gibt es auch eine wesentliche Änderung im Bereich Datenbeschaffung und Absatzhistorie. Ein neues Modell zur Bedarfserfassung und -verarbeitung wurde eingeführt. Dieses Modell kann optional zur »alten« Logik verwendet werden.

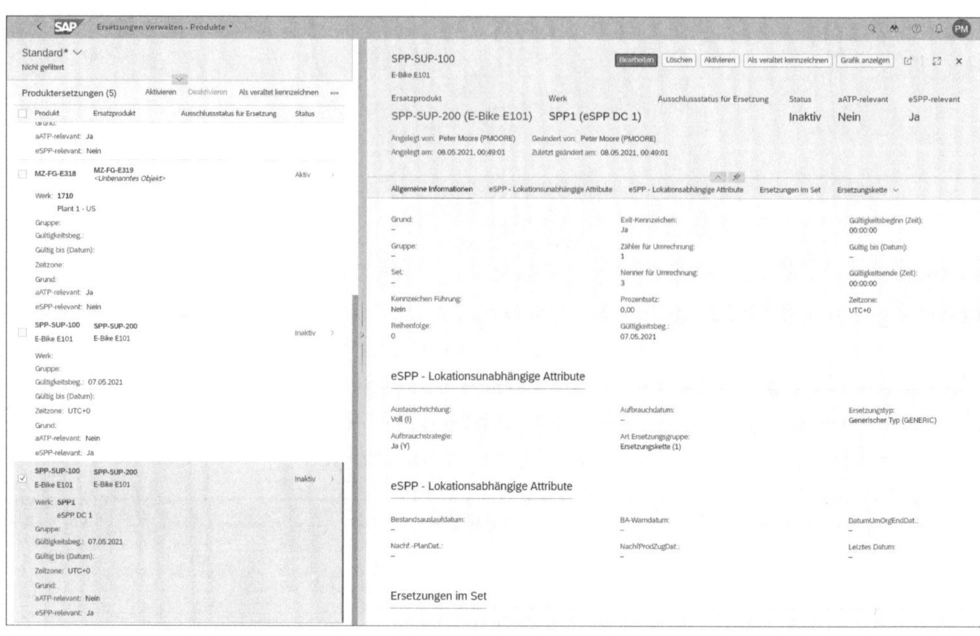

Abbildung 18.18 Neue Benutzeroberfläche der Produktersetzung in eSPP

In der Ersatzteilplanung werden auf Basis der Absatzhistorie die Prognose und die darauffolgenden Planungsprozesse ausgeführt. Bisher wurden die Daten, d. h. Kundenaufträge, Abrufe, Stornierungen, in zwei unterschiedliche Objekte geladen und verarbeitet. Zuerst in die Rohdatentabelle und anschließend aggregiert als Absatzhistorie. Die Aggregation erfolgte auf verschiedenen Ebenen, wie z. B. entlang der BOD, nach Planungsperiode oder Lokation. Dieses Konzept macht es notwendig, jede Änderung in beiden Bereichen durchzuführen, und kann bei großen Datenmengen die Laufzeit der Berechnungen beeinträchtigen. Um dieses Problem zu lösen, gibt es in eSPP einen virtuellen Modus, mit dem die historischen Daten direkt aus der Rohdatentabelle gelesen werden. Das verhindert die aggregierte Absatzhistorie und reduziert die Komplexität.

18.11.2 Vorteile von eSPP

Für viele Anwender und Berater im Bereich der Ersatzteilplanung ist ein besonders wichtiger Vorteil, dass eSPP ein Teil von SAP S/4HANA ist und somit viele bisherige Schnittstellen obsolet werden und neue Integrationsmöglichkeiten genutzt werden können. Gleichzeitig kann auch ein Großteil der Funktionen übernommen werden. Außerdem gibt es einheitliche Stammdaten, wodurch das CIF komplett entfällt und die Prozesse insgesamt weniger komplex und fehleranfällig sind. Auch die Verhinderung redundanter Datenhaltung sowie die verbesserte Performance und Bedienbarkeit sollten nicht unerwähnt bleiben.

18.11.3 Integration

Das Replatforming von SPP nach SAP S/4HANA hilft den Unternehmen nicht nur durch eine bessere Performance und eine intuitivere Benutzeroberfläche, sondern bringt von Haus aus auch gleich eine Integration zu anderen SAP-S/4HANA-Modulen und -Prozessen. Dazu gehören z. B. die Integration zur erweiterten Verfügbarkeitsprüfung (engl. advanced Available-to-Promise, aATP), zu den Stammdaten und zu anderen Bereichen der Logistik wie Beschaffung, Verkauf und der Lagerverwaltung.

Die Standardersatzplanung SPP führt die Bestandsplanung auf Basis von heuristischen Modellen durch, welche keine Mehrstufigkeit in der Optimierung zulässt. Mit eSPP und der dadurch möglichen Integration mit SAP Integrated Business Planning (SAP IBP) steht den Anwendern eine echte mehrstufige Bestandsoptimierungsfunktion zu Verfügung. Diese Bestandsoptimierung beinhaltet auch Funktionen zur Simulation, Ergebnisvergleichen und Was-wäre-wenn-Analysen.

In SAP S/4HANA ist es mithilfe der Integration von eSPP zur SAP Analytics Cloud möglich, eigene Analysen und Visualisierungen auf Basis der SPP-Planungsdaten zu erstellen. Durch die Live-Verbindung zu eSPP werden die Daten in Echtzeit gelesen, was den Entscheidern einen besseren Überblick verschafft und bei der Fehler- bzw. Ergebnisanalyse hilft. In Abbildung 18.19 sehen Sie ein Dashboard mit Übersicht auf relevante Kennzahlen zur Absatzhistorie.

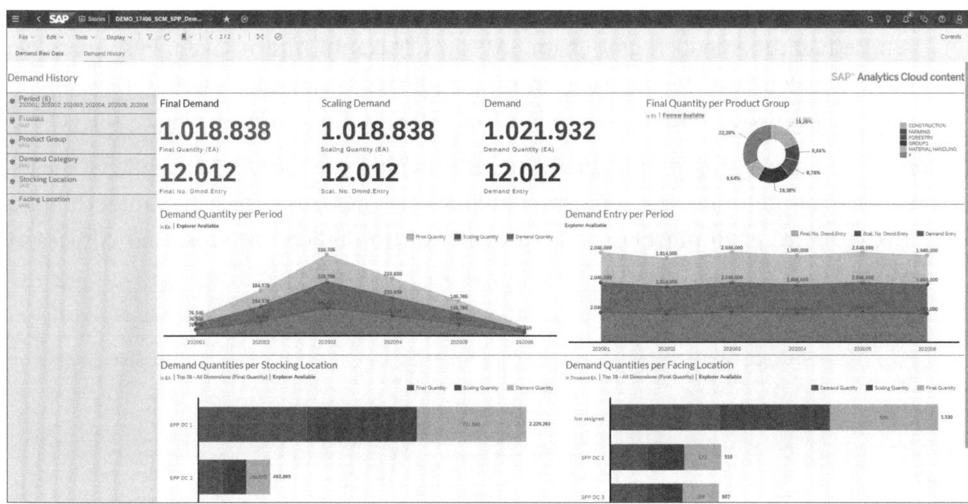

Abbildung 18.19 Dashboard in SAP Analytics Cloud

18.11.4 Die Zukunft der Ersatzteilplanung

Durch die enge Integration mit den Logistikmodulen und anderen Planungsbereichen von SAP S/4HANA bietet die Ersatzteilplanung von SAP gute Möglichkeiten für zukünftige Erweiterungen.

In den nächsten Jahren plant SAP die Funktionen der Ersatzteilplanung sukzessiv weiterzuentwickeln. Neben Verbesserungen in der Bedienbarkeit und am Design gibt es Pläne, die bestehenden Prognosefunktionen und Logiken der Bestands- und Distributionsplanung zu erweitern. Wichtige Kernthemen wie maschinelles Lernen und künstliche Intelligenz werden dabei ebenfalls eine Rolle spielen. Auch Bereiche, die in der Vergangenheit eher oberflächlich behandelt wurden und aktuell nur rudimentär oder mit manuellen Eingriffen möglich sind, wie z. B. eine neue Promotionsplanung und verbesserte und übergreifende Simulationsmöglichkeiten, stehen auf der Liste zukünftiger Erweiterungen.

18.12 Fazit

In dieses Kapitel haben wir den Versuch unternommen, Ihnen einen Überblick über die Ersatzteilplanung mit SAP zu vermitteln und dabei immer wieder schlaglichtartig einzelne Bereiche zu beschreiben, um Ihnen ein Gefühl für den Umfang und die Komplexität der Materie zu geben. Es gibt durchaus noch weitere Bereiche, die von SPP abgedeckt werden, wie allein der Umfang der SAP-Hilfe zu SPP belegt, die circa 600 Seiten umfasst.

SPP ist ein vollwertiges Planungsinstrument, welches den komplexen Planungsprozess von Ersatzteilen komplett abdeckt. Viele Anwender scheuen sich vor einer näheren Betrachtung, jedoch gibt es im SAP-Umfeld kaum Alternativen. Besonders bei einer globalen Ersatzteilplanung, unterschiedlichen Distributionsnetzwerken, sporadischen Produkten und einem großen Produktportfolio führt kein Weg an SPP vorbei.

Auch wenn der Support und die Weiterentwicklung von SAP APO ausläuft, ist die Ersatzteilplanung mit eSPP auf Basis von SAP S/4HANA zukunftssicher aufgestellt. In Zukunft wird eSPP mit neuen Funktionen kontinuierlich erweitert und verbessert werden.

Kapitel 19
Bestandscontrolling

Disposition und Einkauf stehen unter Hochdruck: Einerseits sollen Bestände konsequent verringert werden, andererseits soll die Lieferbereitschaft erhöht werden. Diese beiden Ziele sind nur dann zu erreichen, wenn die Disponenten methodisch unterstützt werden. Wie Sie Ihre Bestände und Ihre Disposition überwachen können, erläutert dieses Kapitel.

Angesichts erhöhter Komplexität, gewachsener Leistungsanforderungen und eines steigenden Kosten- und Zeitdrucks wird ein funktionierendes und aussagekräftiges *Logistikcontrolling*, das Transparenz schafft über Logistikperformance und -kosten sowie über Kostentreiber, immer wichtiger. Das Logistikcontrolling verfolgt dabei vor allem zwei Ziele:

- permanente Wirtschaftlichkeitskontrolle durch Soll-Ist-Vergleiche von Kosten und Leistungen
- Beschaffung, Verdichtung und Bereitstellung entscheidungsbezogener Informationen

Wichtiger Teil des Logistikcontrollings ist auch das *Bestandscontrolling*, auf das in diesem Kapitel eingegangen werden soll.

19.1 Warum Bestandscontrolling?

In der Vergangenheit wurden Logistikprozesse in vielen Unternehmen häufig in eigenständigen Funktionsbereichen vollzogen. Dieses abteilungsbezogene Denken führte zu einer isolierten Betrachtung des logistischen Leistungsprozesses: Beispielsweise kann die Senkung von Bestandskosten in einem Funktionsbereich zur Folge haben, dass sich diese in einem anderen Unternehmensbereich erhöhen. Hinzu kommen Wechselwirkungen z. B. des Bestands mit anderen logistischen Leistungen wie Lieferservice oder Durchlaufzeiten. Deshalb ist es notwendig, das Logistikcontrolling und im Rahmen der Disposition das Bestandscontrolling unter integrativen Aspekten zu steuern und die Wechselwirkungen auf andere Leistungskennzahlen zu überblicken. Denn das Logistikcontrolling in der Disposition fokussiert im Wesentlichen die Bestandskosten.

Es ist außerdem wichtig, dass Kennzahlen im gesamten Unternehmen einheitlich definiert und erhoben werden, damit ihre Vergleichbarkeit gewährleistet wird. Bestandscontrolling ist notwendig, um suboptimale Einzellösungen zu vermeiden und die Supply-Chain-Prozesse ganzheitlich und prozessorientiert zu steuern.

Am Beispiel der Bestelldisposition sollen einige relevante Kennzahlen genannt werden. Die Bestelldisposition hat die Aufgabe, Roh-, Hilfs- und Betriebsstoffe bei den einzelnen Lieferanten abzurufen. Der Leistungsumfang wird wesentlich durch die Zahl der verschiedenen Lieferanten bestimmt. Geeignete Leistungskennzahlen zur Messung des Erfüllungsgrads der Aufgabe sind:

- Zahl der zu disponierenden A-, B- und C-Teile
- Lieferantenzahl
- Zahl der zu betreuenden Materialien
- Anteil neuer Materialien und neuer Lieferanten
- Zahl der Spezialmaterialien
- Zahl der Reklamationen
- Fehlmengenzahl
- geleistete Personalstunden

Das Logistikcontrolling hat also zwei Aufgaben: Es dient einerseits der langfristigen Kursbestimmung und Kurskorrektur, andererseits decken Controller Brandherde und Schwachstellen auf und beseitigen sie. Zu den Aufgaben des Bestandscontrollings zählen:

- Optimierung der Bestandskosten
- Minimierung der administrativen Kosten
- Definition und Überwachung der Dispositionsparameter
- Vorgabe von Richtwerten

Im Anschluss an die Erläuterung der Grundlage, warum Bestandscontrolling sinnvoll ist, gehen wir nun auf mögliche Vorgehensweisen bei der Einführung von Bestandscontrolling ein.

19.2 Einführung in das Logistikcontrolling

Das Logistikcontrolling hat die Aufgabe, die Leistung der logistischen Prozesse innerhalb der Lieferkette eines Unternehmens zu analysieren, zu messen und zu bewerten. In der Literatur werden gegenwärtig einzelne Instrumente für das Supply-Chain-Controlling, wie z. B. die Kennzahlen des Supply-Chain-Operations-Reference-Modells (SCOR), diskutiert. Die Ansätze von Syska, Weber et al., Kaplan/Norton und dem Supply Chain Council (SCC) bieten Vorgehensweisen zur Generierung von Kennzahlensystemen an. Dabei konzentriert sich nur der Ansatz des SCC auf die gesamte Supply Chain.

Um Kennzahlen im Logistikcontrolling erfolgreich einsetzen zu können, muss man zunächst wissen, was Kennzahlen genau sind und wie sie verwendet werden können. Kennzahlen sind numerische Größen, die als bewusste Verdichtung der komplexen Realität über quantitativ messbare Sachverhalte und Zusammenhänge informieren sollen.

19.2.1 Statistische Differenzierung von Kennzahlen

Zur Systematisierung von Kennzahlen wird in der betriebswirtschaftlichen Literatur oft die mathematisch-statistische Form als Systematisierungsmerkmal herangezogen. Sie gliedert die Kennzahlen in absolute Zahlen und Verhältniszahlen (siehe Abbildung 19.1). Absolute Zahlen können z. B. Messzahlen, Summen, Differenzen oder Produkte sein. Auch statistisch ermittelte Maßgrößen wie der Mittelwert werden den absoluten Zahlen zugeordnet. Absolute Zahlen in Feststellungen wie »Der Bestandswert beträgt 2 Mio. EUR« oder »Die Logistikkosten betragen 1 Mio. EUR« haben leider oftmals nur eine geringe Aussagekraft. Man muss diese Aussagen ins Verhältnis setzen, z. B. den Bestandswert zum Umsatz oder die Logistikkosten zu den Gesamtkosten.

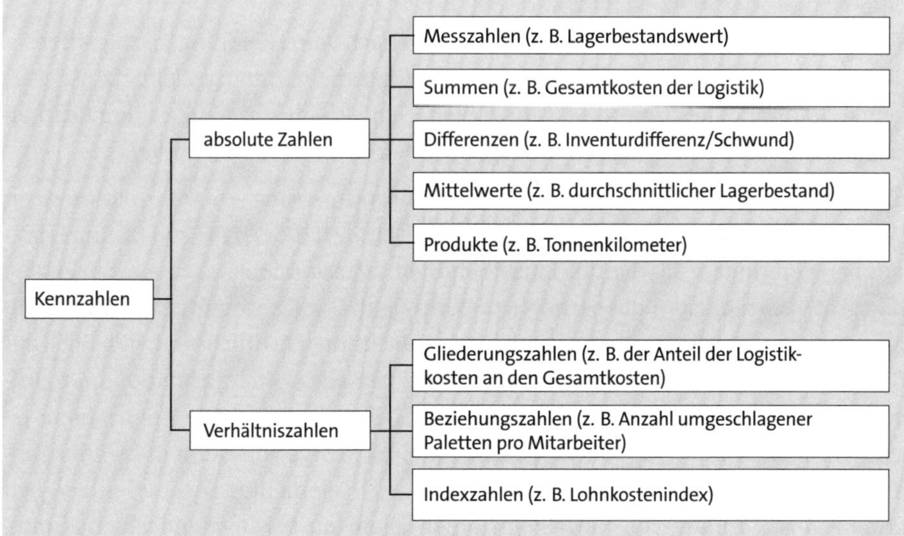

Abbildung 19.1 Statistische Differenzierung von Kennzahlen

Verhältniszahlen liegen als Beziehungszahlen, Gliederungszahlen und als Indexzahlen vor. Bei der Bildung von Gliederungszahlen werden ungleichrangige, aber gleichartige Größen zueinander ins Verhältnis gesetzt. Beziehungszahlen sind Relationen aus ungleichartigen Größen, die in einem sachlogischen Zusammenhang zueinander stehen. Die Größen der Gliederungs- und Beziehungszahlen beziehen sich alle auf den gleichen Zeitraum. Relationen aus gleichartigen, aber zeitlich verschiedenen Größen werden als *Indexzahlen* bezeichnet. Sie messen die betrachtete Zahlengröße an einer Basisgröße und zeigen somit signifikante Abweichungen in der zeitlichen Entwicklung auf. Allerdings muss man auch bei den Verhältniszahlen beachten, dass die Vergleichbarkeit von Kennzahlen problematisch sein kann, wenn z. B. unterschiedliche Definitionen eingesetzt werden. Vergleicht man also die Logistikkosten von Unternehmen 1 mit den Logistikkosten von Unternehmen 2, dann ist darauf zu achten, dass beide Unternehmen ihren Angaben dieselbe Definition der Logistikkosten zugrunde legen.

Neben der mathematisch-statistischen Form werden verschiedene betriebswirtschaftliche Kriterien zur Differenzierung von Kennzahlen herangezogen. Dazu gehören u. a. die Informationsbasis, die Zielorientierung, der Handlungsbezug und der Objektbereich. Die Informationsbasis bezeichnet den Ursprungsort einer Kennzahl, z. B. die Bilanz oder die Ertrags- und Kostenrechnung. Werden Kennzahlen nach ihrer Zielorientierung eingeteilt, lassen sich z. B. Rentabilitäts- und Liquiditätskennzahlen unterscheiden. Ein Beispiel für eine *Liquiditätskennzahl* ist der Liquiditätsgrad 1, der den prozentualen Anteil der Zahlungsmittel an den kurzfristigen Verbindlichkeiten angibt. Ein Beispiel für eine *Rentabilitätskennzahl* ist die Eigenkapitalrentabilität; sie ist als Quotient aus dem Jahresüberschuss und dem Eigenkapital definiert.

Normative und deskriptive Kennzahlen werden nach dem Handlungsbezug differenziert. Normative Soll-Kennzahlen werden als zukunftsorientierte Zielvariablen verwendet, während deskriptive Ist-Kennzahlen Sachverhalte, die eine weitere Bearbeitung bzw. Entscheidung erfordern, vergangenheitsorientiert beschreiben.

Einzelne Kennzahlen haben durch die starke Komprimierung von Informationen im Allgemeinen nur eine begrenzte Aussagekraft. Damit ist die Gefahr von Fehlinterpretationen verbunden, da wichtige Einzelheiten und Zusammenhänge verloren gehen. Eine große Anzahl kann die betriebliche Komplexität zwar wesentlich besser abbilden, führt aber häufig zu »Zahlenfriedhöfen«, die unübersichtlich sind, den Blick auf die wesentlichen Sachverhalte verstellen und einen geringen Informationswert aufweisen. Als Ausweg aus diesem Dilemma bieten sich Supply-Chain-Kennzahlensysteme an. Ein Kennzahlensystem setzt sich aus einer Menge von Elementen (Kennzahlen) und einer Menge von Beziehungen zwischen den Elementen zusammen. Folglich ist eine Ansammlung von Einzelkennzahlen allein noch kein Kennzahlensystem. Kennzahlensysteme informieren als Gesamtheit vollständig über betriebswirtschaftlich relevante Sachverhalte und Zusammenhänge.

19.2.2 Betriebswirtschaftliche Differenzierung von Kennzahlen

Kennzahlen innerhalb des Supply Chain Managements müssen neben der statistischen Gliederung auch nach betriebswirtschaftlichen Aspekten strukturiert werden. So sind Kennzahlen nach den verschiedenen Prozessgebieten zu unterscheiden:

- Kennzahlen zu den Vertriebsprozessen
- Kennzahlen zu den Beschaffungsprozessen
- Kennzahlen in den Planungsprozessen
- Kennzahlen zu den Prozessen des Materialflusses und des Transports
- Kennzahlen zum Thema Lager und Kommissionierung
- Kennzahlen zu den Produktionsplanungs- und -steuerungsprozessen
- Kennzahlen in der Distribution

Des Weiteren gliedern sich Kennzahlen in vier unterschiedliche Typen:

- **Strukturkennzahlen**
  Strukturkennzahlen beschreiben generisch den Charakter eines Prozesses (z. B. Bestellvolumen oder Anzahl Kunden).
- **Produktivitätskennzahlen**
  Produktivitätskennzahlen beschreiben eine Input-Output-Beziehung (z. B. Anzahl Positionen pro Bestellung oder Transportzeit pro Auftrag)
- **Wirtschaftlichkeitskennzahlen**
  Wirtschaftlichkeitskennzahlen bewerten die Produktivität (z. B. Beschaffungskosten pro Bestellung oder Transportkosten je Gewichtseinheit)
- **Qualitätskennzahlen**
  Qualitätskennzahlen versuchen, die Qualität eines Prozesses oder Prozessschritts zu messen bzw. auszudrücken (z. B. Beispiel Liefertreue, Fehllieferungen).

Tabelle 19.1 listet mögliche Kennzahlen auf, gegliedert nach den oben genannten betriebswirtschaftlichen Aspekten.

Diese betriebswirtschaftliche Gliederung strukturiert die Kennzahlen und hilft, die Kennzahlen im richtigen Kontext zu ermitteln. Damit lassen sich komplexe Zusammenhänge im Supply Chain Management relativ einfach darstellen. Allerdings fehlen die Beziehungen der Kennzahlen untereinander, wie z. B. der Einfluss der Durchlaufzeit pro Auftrag in der Produktion auf die Liefertreue in der Distribution. Diese Zusammenhänge sind wichtig, um Optimierungspotenziale zu erkennen. Ein weiterer Nachteil ist auch, dass planungsrelevante Kennzahlen (z. B. Prognosegenauigkeit) gänzlich fehlen. Gerade diese Kennzahlen sind jedoch wichtig, um die Leistungsfähigkeit einer Supply Chain zu bewerten und deren Optimierungspotenziale zu erkennen. Das Kennzahlensystem des Supply Chain Councils versucht, genau dies etwas besser zu machen.

	Beschaffung	Materialfluss und Transport	Lager und Kommissionierung	Produktionsplanung und -steuerung	Distribution
Strukturkennzahlen	▪ Anzahl Kaufteile ▪ Materialeinkaufsvolumen ▪ Anzahl Lieferanten ▪ Rahmenvertragsquote ▪ Beschaffungskosten Positionen pro Bestellung	▪ Transportstrecke ▪ mengenmäßiges Transportvolumen ▪ Anzahl Fördermittel ▪ Kapazität der Flurförderzeuge ▪ Transportkosten	▪ Anzahl Lagermaterial ▪ ABC/XYZ-Analyse ▪ Anzahl Verpackungseinheiten ▪ Anzahl Ein- und Auslagerungsvorgänge ▪ Lagerkosten insgesamt ▪ Mitarbeitende im Lagerbereich	▪ Anzahl Produktionsaufträge ▪ Anzahl Vorgänge ▪ Anzahl Ressourcen ▪ Kapazitätsauslastung ▪ Mitarbeitende im Produktionsbereich ▪ Umlaufbestand (engl. Work-in-Process, WIP)	▪ Anzahl Auftragseingänge ▪ Wert pro Auftragseingang ▪ Anzahl Kunden ▪ Umsatz je Kunde ▪ Anzahl Lagerstufen ▪ durchschnittliches Auftragsvolumen
Produktivitätskennzahlen	▪ Sendungen pro Stunde ▪ Auslastungsgrad der Entladeeinrichtungen ▪ Warenannahmezeit je Sendung ▪ Beschaffungskosten	▪ Transportzeit je Auftrag ▪ Auslastungsgrad der Transportmittel ▪ durchschnittliche Reparaturzeit pro Fördermittel ▪ Transportstrecke je Fahrer ▪ Transportleistung	▪ Kapazitätsauslastung der Förderzeuge ▪ Flächennutzungsgrade ▪ Picks pro Mitarbeiter ▪ Kommissionierzeit je Auftrag	▪ Durchlaufzeit pro Auftrag ▪ Durchlaufzeit pro Ressource ▪ Dispositionsvorgänge pro Mitarbeiter ▪ Bestandskonten pro Mitarbeiter ▪ Auslastungsgrad der Ressource	▪ Transportzeit je Auftrag ▪ Durchlaufzeit je Kundenauftrag ▪ Distributionskosten ▪ Anzahl Lieferungen pro Tag ▪ Anzahl Transporte pro Tag

Tabelle 19.1 Mögliche Kennzahlen

	Beschaffung	Materialfluss und Transport	Lager und Kommissionierung	Produktionsplanung und -steuerung	Distribution
Wirtschaftlichkeitskennzahlen	■ Warenannahmekosten je Sendung ■ Beschaffungskosten je Bestellung ■ Beschaffungskosten in % des Einkaufsvolumens ■ Bestellfixkosten	■ Transportkosten je Auftrag ■ Kosten je Tonnenkilometer ■ Transportkosten je Gewichtseinheit	■ Kosten pro Lagerbewegung ■ Kommissionierkosten je Auftrag ■ Lagerkostensatz ■ durchschnittliche Kosten je Lagerplatz ■ Umschlagshäufigkeit	■ Ausschusskosten ■ Kosten je Dispositionsvorgang ■ Anzahl Stock-out-Situationen ■ Rüstkosten ■ variable Fertigungskosten	■ Auftragsabwicklungskosten je Auftrag ■ Distributionskosten pro Auftrag ■ Umschlagshäufigkeit der Fertigwarenbestände ■ Eigentransportkosten zu Fremdtransportkosten
Qualitätskennzahlen	■ Quote an Fehllieferungen ■ Verweilzeit im Wareneingang ■ Beanstandungsquote ■ Lieferverzögerungsquote ■ Liefertreue des Lieferanten	■ Lieferservicegrad ■ Liefertreue ■ Lieferfähigkeit ■ Unfallhäufigkeit ■ Schadenshäufigkeit	■ Fehlerquote ■ Termintreue ■ Lagerschwund ■ Lagerservicegrad ■ Lagerhüter	■ Ausschussmenge ■ Bestandsreichweiten ■ Nacharbeitsquote	■ Lieferservicegrad ■ Liefertreue ■ Lieferfähigkeit ■ Anzahl von Nachlieferungen ■ Anzahl Retouren

Tabelle 19.1 Mögliche Kennzahlen (Forts.)

19.2.3 Logistikkosten und Kosten der Disposition

Auf Basis der dargelegten theoretischen Ansätze soll nun genauer auf die Definition und Abgrenzung der Logistikkosten und -leistung eingegangen werden, um die Logistikkosten, die im Rahmen der Disposition entstehen, genau zu ermitteln.

Die Logistik selbst lässt sich in unterschiedliche Prozesse unterteilen. Aus funktionsorientierter Sicht unterscheidet man folgende innerbetriebliche Logistikprozesse:

- **Beschaffungslogistik**
Die Beschaffungslogistik stellt die Verbindung zwischen der Distributionslogistik der Lieferanten und der Produktionslogistik des beschaffenden Unternehmens dar. Sie umfasst alle Aktivitäten, die einer bedarfsgemäßen, also nach Art, Menge, Qualität, Raum, Zeit und Kosten abgestimmten Bereitstellung der für die betriebliche Leistungserstellung benötigten Materialien dienen.
- **Produktionslogistik**
Die Produktionslogistik verbindet die Beschaffungslogistik mit der Distributionslogistik. Sie umfasst alle Aktivitäten im Zusammenhang mit der Versorgung der einzelnen Produktionsstufen mit den benötigten Einsatzgütern sowie der Abgabe der erzeugten Produkte an das Absatzlager.
- **Distributionslogistik**
Die Distributionslogistik verbindet die Produktionslogistik eines Unternehmens mit der Beschaffungslogistik der Kunden und umfasst somit alle Aktivitäten zur Belieferung der Kunden mit den jeweils nachgefragten Produkten. Die Belieferung kann dabei direkt aus dem Produktionsprozess heraus oder aber über eine oder mehrere Absatzlagerstufen (Zentrallager, Regionallager) erfolgen.
- **Ersatzteillogistik**
Die Ersatzteillogistik verbindet den Vertriebsbereich des Unternehmens mit dem Servicebereich. Sie umfasst alle Aktivitäten, die mit dem Service und Ersatzteilmanagement zu tun haben, also von der Planung über die Beschaffung bis zur Auslieferung der Ersatzteile.
- **Entsorgungslogistik**
Die Entsorgungslogistik umfasst das Sammeln, Sortieren, Verpacken, Lagern und Abtransportieren aller im Zusammenhang mit der Herstellung, dem Vertrieb und dem Konsum der betrieblichen Produkte anfallenden Nebenprodukte (Rückstände). Dazu zählen etwa nicht mehr verwendbare Roh-, Hilfs- und Betriebsstoffe, unerwünschte Kuppelprodukte, Ausschuss, ausgediente Produkte, Produktrückstände, Verpackungen, Leergut oder Retouren.

Die Disposition selbst wirkt in allen diesen Prozessbereichen mit. Sie ist also ein zentrales Element der Logistik im Unternehmen. Auch lassen sich die Logistikkosten nach unterschiedlichen Funktionen und der Verantwortung für die Leistungserbringung in verschiedene Gruppen aufteilen:

- eigene und fremde Logistikkosten
- Transport-, Lager-, Umschlags-, Kommissionier- und Verpackungskosten
- Beschaffungs-, Distributions- und Entsorgungskosten
- operative und administrative Logistikkosten
- innerbetriebliche und außerbetriebliche Logistikkosten
- direkte und indirekte Logistikkosten

Die Logistikkosten werden in den Unternehmen individuell definiert, deshalb ist es kaum möglich, in der Praxis eine standardisierte Erfassungsbasis zu finden. Aufgrund unterschiedlicher Verständnisse der Logistik weichen die Logistikkosten in der gleichen Branche zum Teil stark voneinander ab. Gleiche Kennzahlen werden unterschiedlich gemessen und erfasst.

Logistikkosten hängen vom Verständnis der Logistik ab. Dieses Verständnis ist von Unternehmen zu Unternehmen verschieden. Bei manchen Unternehmen werden z. B. Produktionsplanung und -steuerung in die Produktion einbezogen, bei anderen werden sie als Logistikkosten berechnet. Die Erfassungsgenauigkeit entscheidet über die Höhe der Logistikkosten. Beispielsweise werden nicht bei allen Unternehmen die Bestandskosten vom »Work in Process« erfasst.

Logistikkosten ändern sich zudem ständig und müssen daher dynamisch betrachtet werden. Weil die Logistikleistung eng mit der Produktionsleistung verbunden ist, kann eine Integration von neuen Anlagen zu einer Änderung sowohl der Logistikkosten als auch der Produktionskosten führen.

Sonderaspekte wie Abschreibung und Zinsen beeinflussen auch die Höhe der Logistikkosten. Obwohl sie in der Praxis standardmäßig erfasst werden, wirken sie sich direkt auf die Kapitalbindungskosten aus. Die Logistikkosten sind letztlich auch durch die verschiedenen Lieferungsbedingungen wie »frei Haus« oder »ab Werk« beeinflussbar.

Logistikkosten sind also nur sehr schwer und immer individuell zu definieren. Deshalb wollen wir im Folgenden auf die Bestandteile der Logistikkosten eingehen. Die Logistikkosten setzen sich aus den folgenden Bestandteilen zusammen, die in der Regel von der Kostenrechnung gesondert erfasst werden:

- **Bestandskosten**
  Verzinsung des gebundenen Kapitals, also Zinsen und Abschriften auf Material und Waren in der gesamten Logistikkette, sowohl in Lagern als auch in Bewegung. Hier gehören die Wertverluste, der Verderb, der Schwund der Bestände und die Verschrottung zu den Abschriften. Die Abschriften auf die Bestände sind manchmal derart hoch, dass man sie nicht vernachlässigen kann.
- **Betriebsmittelkosten**
  Hierzu zählen kalkulatorische Kosten aus Mobilien und Umlaufvermögen, z. B. Anschaffungskosten eines Fördermittels, Reinigungs- und Instandsetzungskosten für eigene sowie Mieten und Leasingkosten für fremde Betriebsmittel wie Regale, Stapler, Transportmittel, Krananlagen, Fördertechnik, Rechner einschließlich zugehöriger Steuerungstechnik und die von den Betriebsmitteln verursachten Kosten für Energie, Wartung und Reparatur.

- **Personalkosten**
Löhne und Gehälter für gewerbliche und angestellte Mitarbeitende mit logistischen Aufgaben einschließlich Rückstellungen und sonstige Personalnebenkosten wie Steuern, Abgaben, Urlaub, Krankheit, Überstunden, Abwesenheit etc.
- **Ladungsträgerkosten**
Abschreibungen und Zinsen für eigene Ladungsträger sowie Miete und Leasingkosten für fremde Ladungsträger, wie Paletten, Behälter, Gestelle und Container. Sowohl Vollgut als auch Leergut sollten berücksichtigt werden.
- **Strecken- und Netzkosten**
Abschreibungen, Mietzinsen und Gebühren für die Nutzung der eigenen und fremden Fahrwege, Transportstrecken sowie Straßen, Schienen, Schiff oder Luftwege
- **Raum- und Flächenkosten**
Abschreibungen auf eigene und fremde Bauten, Hallen, Flächen und Außenanlagen sowie Regal-, Heizungs-, Lüftungs-, Beleuchtungs- und Brandschutzeinrichtungen und damit verbundene Kosten für Instandhaltung und Bewachung
- **Transportverpackungs- und Konservierungskosten**
Verpackungskosten, Kosten für Transport und Konservierungsverfahren, für Lagerung und Etiketten, die in Verbindung mit den Logistikleistungen verbraucht werden
- **Fremdleistungskosten**
Vergütungen für fremde Logistikleistungen, Frachten sowie Miete für Lagerplätze oder Betriebsmittel
- **Datenverarbeitungskosten**
Abschreibungen und Zinsen auf eigene und fremde Hard- und Software, die im logistischen Einsatz sind
- **Vorlauf- und Anlaufkosten**
Abschreibungen und Zinsen für Planung und Projektmanagement sowie Kosten, um ein Logistiksystem oder eine Leistungsstelle bis zur wirtschaftlichen Nutzung zu erstellen
- **Steuern, Abgaben, Versicherungen und sonstige Kosten**
alle Kosten, die zur Erbringung der logistischen Leistungen anfallen
- **Lizenzen und andere Rechte**
rechtliche Kosten, die für behördliche Genehmigungen z. B. zur Errichtung eines Lagergebäudes anfallen

Da die Bestandskosten von der Disposition am besten beeinflusst werden können, wollen wir uns im Folgenden auf diese Kosten konzentrieren. Zuvor geben wir Ihnen im nächsten Abschnitt jedoch einen kurzen Überblick über die Probleme, die bei der Datenbeschaffung auftreten können.

19.3 Probleme bei der Datenbeschaffung

Dem großen Vorteil von Kennzahlen, große und schwer überschaubare Datenmengen zu aussagekräftigen Größen verdichten zu können, steht die Schwierigkeit gegenüber, aus der Menge der zur Verfügung stehenden Informationen das Optimum herauszuholen. Bei der Beschaffung der richtigen Datenbasis müssen verschiedene Probleme bewältigt werden:

- **Erzeugung einer Kennzahleninflation**
  Es werden zu viele Kennzahlen gebildet, deren Aussagewert im Verhältnis zum Erstellungsaufwand zu gering ist bzw. schon von anderen Kennzahlen abgedeckt wird.
- **Fehler bei der Kennzahlenaufstellung**
  Die zur Bildung der Kennzahlen herangezogenen Basisdaten müssen genau spezifiziert und exakt abgegrenzt werden. Eine Standardisierung von Kennwerten ist erforderlich, um deren Vergleichbarkeit im Zeitablauf und über Abteilungsgrenzen hinweg zu gewährleisten. Falsches Zahlenmaterial, das sich im Zeitverlauf ergeben kann, oder unterschiedliche Interpretationen der gleichen Kennzahl in verschiedenen Unternehmensbereichen könnten anderenfalls zu Fehlentscheidungen führen.
- **mangelnde Konsistenz von Kennzahlen**
  Die Verwendung mehrerer Kennzahlen in einem Kennzahlensystem darf keinen Widerspruch auslösen. Es sollten nur Größen zueinander in Beziehung gesetzt werden, zwischen denen ein Zusammenhang besteht. Fehlende Konsistenz kann zu gravierenden Entscheidungsfehlern führen.
- **Probleme der Kennzahlenkontrolle**
  Generell sollten nur Kennzahlen gebildet werden, deren Werte bei Abweichungen beeinflusst werden können. Dabei wird zwischen direkt und indirekt kontrollierbaren Kennzahlen unterschieden. Im ersten Fall kann ein Soll-Wert durch die Wahl einer oder mehrerer Aktionsvariablen beeinflusst werden. Bei indirekt kontrollierbaren Kennzahlen ist dies nicht möglich.
- **Kausalzusammenhänge sollten bekannt sein.**
  Es ist wichtig zu wissen, wie ein Prozess auf eine Kennzahl wirkt und mit welchen Parametern oder Entscheidungen eine Kennzahl beeinflusst werden kann. Nur so können die entsprechenden Stellen und Personen die Kennzahlen zielgerichtet verbessern.
- **Zielsysteme sollten mit dem Kennzahlensystem verbunden sein.**
  Damit im Unternehmen alle an der Verbesserung von entsprechenden Zielen arbeiten, müssen die Zielwerte in das Zielsystem des Unternehmens integriert werden.

- **Ein Alarmsystem für die Kennzahlenüberwachung ist notwendig.**
  Damit die Kennzahlenüberwachung nach einheitlichen Regeln und vor allem automatisch erfolgt, ist ein Alarmsystem notwendig, das die entsprechenden Stellen und Personen sowohl regelmäßig als auch bei Bedarf auf Ausnahmesituationen hinweist.

Im folgenden Abschnitt geben wir Ihnen einen Überblick über die Beurteilung der Bestandsqualität.

19.4 Unterscheidung von »gutem« und »schlechtem« Materialbestand

Das Ziel des Bestandscontrollings ist es, den aktuellen Materialbestand zu analysieren und zu überwachen. Der Materialbestand darf nicht zu hoch sein, damit nicht zu viel Liquidität im Bestand gebunden wird. Er darf jedoch auch nicht zu gering sein, damit kein Umsatz durch Lieferschwierigkeiten verloren geht. Zu diesem Zweck wird der Materialbestand im Bestandscontrolling mithilfe wichtiger Kennzahlen überwacht. Dabei muss auch bewertet werden, ob Bestand benötigt wird oder nicht.

Um »guten« vom »schlechten« Materialbestand unterscheiden zu können, muss der Bestand zunächst klassifiziert werden. Die Bestandsklassifizierung kann mithilfe der *IQR-Methode* (Inventory Quality Ratio, dt. Bestandsqualitätskennzahl) durchgeführt werden. Die IQR-Methode ist eine einfache, unkomplizierte Methode zur Messung der Bestandsqualität bzw. zur Bewertung von Bestandspotenzialen.

Die IQR-Logik wurde gemeinsam von Disponenten (Materialmanagern) aus 35 Unternehmen entwickelt, mit dem Ziel, Bestände zu reduzieren und die Lieferfähigkeit zu erhöhen. Diese Methode ist heute weltweit in Fertigungs- und Vertriebsgesellschaften im Einsatz und verspricht eine Bestandsreduzierung zwischen 20 % und 40 %.

Die IQR-Logik unterteilt den Materialbestand in drei Gruppen:

- Bestand von Materialien, inklusive der zukünftigen Bedarfe
- Bestand von Materialien ohne zukünftige Bedarfe, aber mit Verbräuchen der jüngsten Vergangenheit
- Bestand von Materialien ohne zukünftige Bedarfe und ohne Verbräuche in der Vergangenheit

Die Bestände dieser drei Gruppen werden in vier Klassen eingeteilt und bewertet. Zusätzlich wird eine Zielreichweite gesetzt, und der vorhandene Bestand wird mit dieser Zielreichweite verglichen. Die Zielreichweite kann pro Werk gesetzt werden. Das Ergebnis ist die Einteilung in die folgenden Kategorien:

- **aktiver Bestand**
  Dies ist der Bestand, der aufgrund zukünftiger Bedarfe noch verwendet wird.
- **Excess-Bestand**
  Mit Excess-Bestand ist der Bestand gemeint, der einerseits noch verwendet wird, weil es zukünftige Bedarfe gibt, der aber andererseits über der definierten Zielreichweite liegt (Überbestand).
- **Lagerhüterbestand**
  Der Lagerhüterbestand ist ein sich langsam bewegender Bestand, weil aktuell keine zukünftigen Bedarfselemente vorliegen, es jedoch in der jüngsten Vergangenheit Verbräuche des entsprechenden Materials gab.
- **toter Bestand**
  Zu diesem Bestand liegen weder zukünftige Bedarfe noch Verbräuche in der Vergangenheit vor.

Diese Einteilungen werden als Bestandsqualitätskategorien definiert und sind beispielhaft in Abbildung 19.2 zu sehen. Die A1- und die E1-Bestandskategorie beschreiben hier den Bestand eines Materials, für den es keine zukünftigen Bedarfe gibt, für den es jedoch in den letzten sechs Monaten Verbräuche gegeben hat. Der Bestand dieses Materials beträgt insgesamt 300.000 EUR.

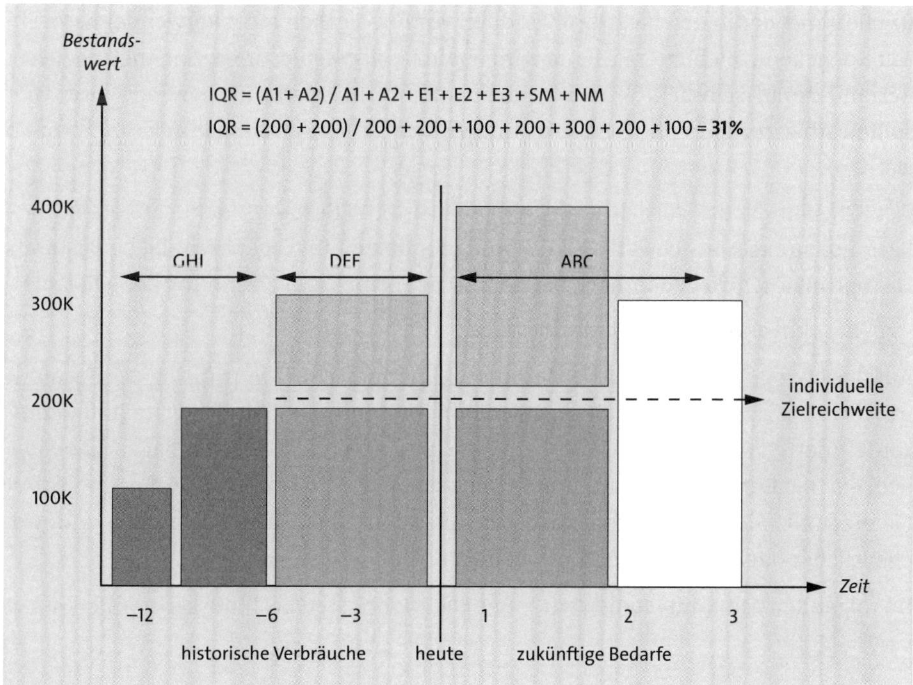

Abbildung 19.2 IQR-Methode

Durch die Zielreichweite von 200.000 EUR wird der Materialbestand in die beiden Kategorien A1 und E1 unterteilt, wobei davon auszugehen ist, dass der A1-Bestand aufgrund der Historie in den nächsten Perioden benötigt wird, wohingegen es für den Bestand E1 aufgrund der zu hohen Ist-Reichweite voraussichtlich keine Verwendung geben wird.

Darüber hinaus gibt es die Bestandskategorien A2 und E2 für ein Material, für das es künftige Bedarfe geben wird, dessen Bestandshöhe jedoch über den Ziellagerbestand hinausgeht. Daher wird der Bestand des Materials ebenfalls in zwei Kategorien eingeteilt. Für Materialien, deren zukünftige Bedarfe erst weiter in der Zukunft liegen und deren Bestandshöhe auch über die Zielreichweite hinausgeht, wird die Klasse E3 verwendet.

Einem Material ohne künftige Bedarfe und ohne Verbrauch in den letzten zwölf Monaten wird die Kategorie NM (Non-Mover, dt. toter Bestand) zugewiesen. Materialien ohne künftige Bedarfe und ohne Verbräuche in den letzten sechs Monaten, aber mit Verbräuchen innerhalb des letzten Jahres werden in die Kategorie SM (Slow Mover, dt. Lagerhüter oder Langsamdreher) einsortiert.

Die grünen Bestandskategorien werden demnach als »guter Bestand« bezeichnet, der in der nächsten Zeit benötigt wird. Der Bestand der gelben Kategorien wird als »schlecht« bezeichnet, weil es sich hierbei eindeutig um Überbestand handelt, also um Bestand, der in den nächsten Perioden voraussichtlich nicht verwendet wird. Ein mit Rot gekennzeichneter Bestand wird ebenfalls als »schlecht« bezeichnet, da dieser Bestand voraussichtlich überhaupt nicht mehr vom Markt nachgefragt wird. Hier sollten Abwertungen und Verschrottungen bzw. sonstige Maßnahmen angestoßen werden.

Der IQR-Wert ist das Verhältnis des aktiv bewerteten Bestands (der derzeit benötigte Bestand) zum gesamtbewerteten Bestand (der derzeit im Lager befindliche Bestand). Der optimale IQR liegt demnach bei 100 %. Die Formel zur Errechnung des IQR lautet:

$$IQR = aktiver\ Bestand \div Gesamtbestand$$

Auf diese Weise vereint die IQR-Methode die periodische Überprüfung des Bestands mit der klassischen ABC-Analyse in Kombination mit der Zielreichweite und benutzerdefinierten Parametern. Diese Vorgehensweise bietet Materialmanagern die Möglichkeit, die Bestände mithilfe einer dynamischen Methode zu überprüfen und damit Lieferzeiten, Sicherheitsbestände, Bestellmengen und Nachschubzyklen auf wöchentlicher oder monatlicher Basis zu überprüfen.

Im folgenden Abschnitt stellen wir Ihnen die wichtigsten Bestandskennzahlen näher vor.

[+]

Bestandscontrollingcockpit

Die Bestandskategorisierung mittels der IQR-Methode wird in der SCM-Beratungslösung *Bestandscontrollingcockpit* (engl. Inventory Controlling Cockpit, IOC) von SAP abgebildet. Mehr Informationen zum Einsatz des Bestandscontrollingcockpit finden Sie in SAP-Hinweis 1363888 oder Sie schreiben eine E-Mail an *scm-consulting-solutions@sap.com*.

19.5 Wichtige Bestandskennzahlen

Im Folgenden möchten wir die wichtigsten Kennzahlen im Bereich der Disposition mit einigen Beispielen aus der Praxis vorstellen. Insbesondere die strategische Disposition benötigt neben der in Kapitel 3, »Klassifizierungen von Materialien als Basis für Dispositionsentscheidungen«, erläuterten ABC/XYZ-Klassifizierung diese Kennzahlen, um Dispositions- bzw. Planungsentscheidungen aus ihnen abzuleiten. Aber auch die operative Disposition benötigt diese Kennzahlen, um die kurzfristige Steuerung der Verfügbarkeit sicherzustellen.

19.5.1 Kennzahl »Reichweite«

Die Kennzahl *Reichweite* gibt relativ zur Nachfrage Auskunft über die Höhe des Lagerbestands. Sie gibt an, wie lange ein Lagerbestand bei einem durchschnittlichen Tagesbedarf ausreicht (siehe Abbildung 19.3).

19

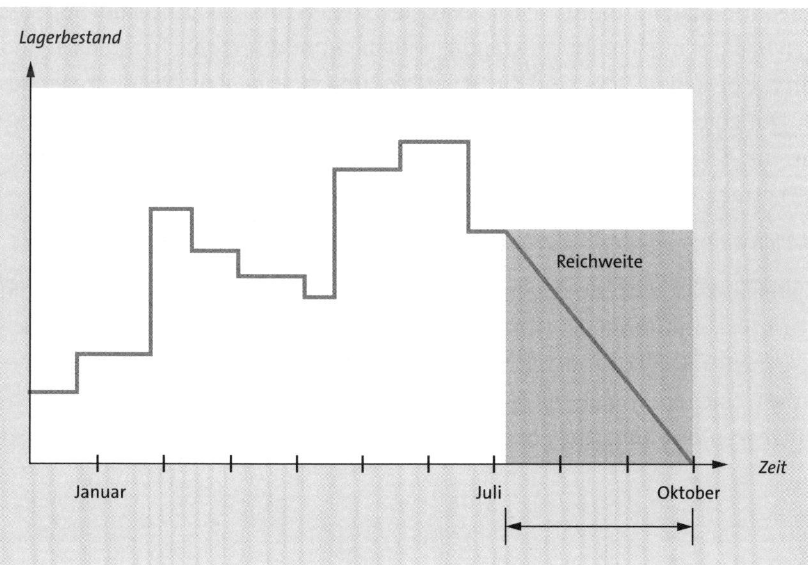

Abbildung 19.3 Kennzahl »Reichweite«

Abbildung 19.3 zeigt den Verlauf des Lagerbestands im Zeitablauf. Für den Zeitraum Juli bis Oktober (Zukunft) wird der zukünftige Bedarf vom heutigen Bestand abgezogen. Daraus ergibt sich dann die Kennzahl *Reichweite*. Die Analyse mit diesem Kriterium ermöglicht die Selektion von Materialien mit Überreichweiten und dient damit der Anpassung an veränderte Verbrauchssituationen.

Es gibt unterschiedliche Methoden zur Ermittlung der Reichweite bzw. der Lagerreichweite:

- Verbrauchsreichweite
- Bedarfsreichweite
- Zugangsreichweite

Die *Verbrauchsreichweite* oder auch Ist-Reichweite berücksichtigt die Verbräuche der Vergangenheit und versucht, aus deren Durchschnitt die Reichweite zu ermitteln. Sie geht also davon aus, dass aus den Verbräuchen der Vergangenheit auch die Verbräuche der Zukunft abgeleitet werden können. Wenn diese aber ganz anders eintreffen, greift die Verbrauchsreichweite zu kurz. Hierbei kann man auch noch unterscheiden, wie viele Vergangenheitsperioden berücksichtigt werden sollen: Sind die letzten sechs Wochen oder die letzten sechs Monate zur Ermittlung des durchschnittlichen Verbrauchs zu berücksichtigen? Die Verbrauchsweite errechnet sich durch folgende Formel:

Verbrauchsreichweite = aktueller Bestand ÷ (mittlerer Verbauch/Tag)

Die *Bedarfsreichweite* oder auch Bestandsreichweite hingegen berücksichtigt die tatsächlichen Bedarfe der Zukunft. Damit ist die Bedarfsreichweite wesentlich genauer, wenn die Bedarfe in der Zukunft schon exakt feststehen und bekannt sind. Sind die zukünftigen Bedarfe noch nicht vollständig, weil die Kunden erst nach und nach und eher kurzfristig bestellen, oder sind die Bedarfe zu ungenau, weil die Prognosegenauigkeit nicht gut genug ist, dann greift die Bedarfsreichweite zu kurz. Auch bei der Bedarfsreichweite können unterschiedliche Periodenlängen, wie bei der Verbrauchsreichweite, betrachtet werden. Die entsprechende Formel lautet:

Bedarfsreichweite = aktueller Bestand ÷ (mittlerer Bedarf/Tag)

Die Bedarfsreichweite kann noch genauer ermittelt werden, indem die zukünftigen Zugänge zum Bestand hinzugerechnet werden – in diesem Fall wird sie Zugangsreichweite genannt. Die Zugangsreichweite ist also größer als die Bedarfsreichweite, birgt aber die Unsicherheit zukünftiger Zugänge. Somit ist abzuwägen, welche Reichweite genutzt werden sollte. Gegebenenfalls können auch beide ergänzend genutzt werden.

Die *Zugangsreichweite* sagt aus, wie lange der aktuelle Bestand noch ausreichen wird unter Berücksichtigung der zu erwartenden Zugänge. Die Zugangsreichweite errechnet sich wie folgt:

Zugangsreichweite = aktueller Bestand + Zugänge ÷ zukünftiger Bedarf

Die *Lagerreichweite* sollte pro Material oder bei gleichartigen Materialien pro Materialgruppe aggregiert ausgewertet werden. Sie gibt die Reichweite für die komplette Menge in aggregierter Art und Weise an, d. h., es werden Objekte gemeinsam ausgewertet. Hierbei sollten Sie jedoch darauf achten, dass es meistens nicht sinnvoll ist, eine Lagereichweite für das komplette Lager auszuwerten, weil die Materialien eines Lagers oft nicht miteinander vergleichbar sind. Die Angebots- und Nachfrageverläufe unterscheiden sich zu sehr, um eine Reichweite für alle Materialien zu ermitteln.

Bei der Ermittlung der Reichweite gilt es folgende Fragen zu beantworten:

- Welche Periode soll ausgewertet werden (Tag, Woche oder Monat)?
- Über welchen Zeitraum sollen die Verbrauchswerte berechnet werden?
- Soll der durchschnittliche Verbrauch aus Vergangenheitswerten oder aus zukünftigen Bedarfen berechnet werden?

Bei saisonalen Materialien sollte die Verbrauchsperiode mindestens eine volle Saison umfassen. Die Lagerreichweite sollte am Anfang und am Ende der Saison gleich sein.

Bei sporadischen Materialien ist die Bedarfsreichweite nicht empfehlenswert, weil sie oftmals zu hohe Reichweiten ausgibt. Auch die Verbrauchsreichweite ist bei sporadischen Materialien mit Vorsicht anzuwenden. Hier kommt es darauf an, den durchschnittlichen Verbrauch richtig zu berechnen, etwa indem man die Vergangenheitsperioden lang genug wählt. Wichtig ist außerdem, dass Sie regelmäßig die Soll-Reichweite mit der Ist-Reichweite vergleichen und beide gegebenenfalls anpassen. Weitere wichtige Reichweitenkennzahlen sind:

- Reichweite des geplanten Sicherheitsbestands
- Reichweite des Bodensatzes
- Reichweite des Meldebestands
- Reichweite des Höchstbestands

Reichweiten-Wiederbeschaffungszeiten-Matrix

In der Reichweiten-Wiederbeschaffungszeiten-Matrix werden die Bestandsreichweiten und die Wiederbeschaffungszeiten (WBZ) von Materialien gegenübergestellt. Tabelle 19.2 zeigt hierzu ein Praxisbeispiel.

		Bestandsreichweite							
		kein Bestand	bis 7 Tage	7–14 Tage	15–20 Tage	21–60 Tage	61–110 Tage	kein Verbrauch	gesamt
Wiederbeschaffungszeiten	bis 14 Tage	9	18	22	35	33	34	52	203
	15–20 Tage	3	22	25	56	88	41	66	301
	21–60 Tage	0	26	28	26	143	48	33	304
	61–110 Tage	1	30	31	17	14	35	45	173
	keine Daten	27	28	17	19	0	31	23	145
	gesamt	40	124	123	153	278	189	219	1.126

Tabelle 19.2 Bestandsreichweiten zu Wiederbeschaffungszeiten

Diese Gegenüberstellung erlaubt eine Bewertung der Bestände. Ein Bestandspotenzial besteht besonders dort, wo die Wiederbeschaffungszeit kürzer ist als die Bestandsreichweite. Dort, wo die Wiederbeschaffungszeit deutlich länger ist als die Bestandsreichweite, muss zum einen die Wiederbeschaffungszeit überprüft werden und zum anderen muss darauf geachtet werden, dass keine Stock-out-Situationen entstehen. Ein Beispiel zum Bestandspotenzial sehen Sie in Abbildung 19.4.

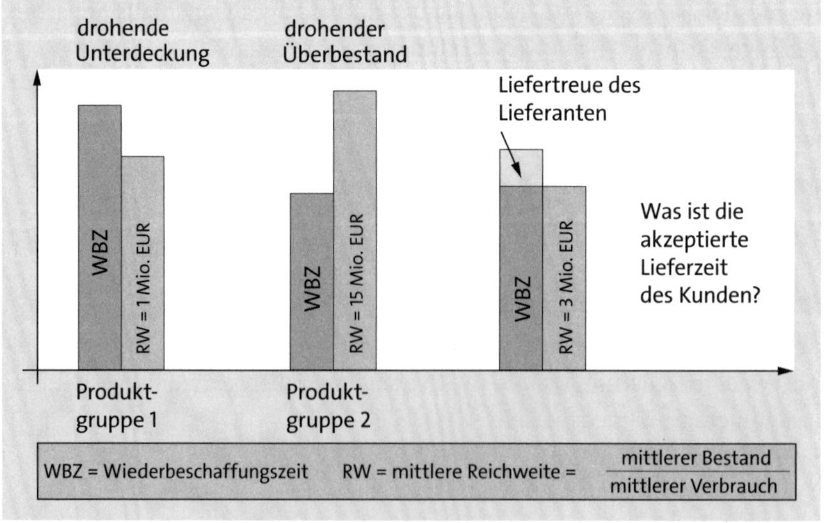

Abbildung 19.4 Vergleich von Wiederbeschaffungszeit und Bestandsreichweite

Die WBZ der Produktgruppe 1 auf der linken Seite ist höher als die mittlere Bestandsreichweite, somit besteht eine drohende Unterdeckungssituation. Denn wenn nun kontinuierlich Bestellungen für diese Produktgruppe eingehen, besteht die Gefahr, dass der Bestand nicht rechtzeitig wiederbeschafft werden kann. Die aktuelle Bestandsreichweite kann nicht den vollen Bedarf innerhalb der WBZ abdecken. Im Fall der Produktgruppe 2 (Bildmitte) sieht die Situation anders aus. Hier reicht die Bestandsreichweite länger als die WBZ. Es besteht eine Überdeckung. Diese Überdeckung wäre nicht notwendig, weil ja innerhalb der WBZ wiederbeschafft werden kann. In diesem Beispiel kann also ein Teil der bewerteten mittleren Bestandsreichweite von 15 Mio. EUR eingespart werden.

Ganz rechts in der Abbildung ist die Problematik der Liefertreue des Lieferanten im Zusammenhang mit der WBZ angedeutet. Ist die Liefertreue des Lieferanten schlecht, kann es sein, dass die WBZ zum Nachschub nicht ausreicht. Ein Sicherheitsbestand muss also diese Unsicherheit auffangen, damit die schlechte Liefertreue des Lieferanten sich nicht auf die eigene Liefertreue auswirkt.

Reichweiten-Verbrauchsmengen-Matrix

Wenn Sie die Reichweiten ins Verhältnis zu den Verbrauchswerten der einzelnen Materialien setzen, können Sie sehr gut unproduktive von produktiven Materialien unterscheiden. Abbildung 19.5 zeigt, wie dies im Rahmen einer Materialanalyse in SAP ECC aussehen kann (Transaktion MCBE).

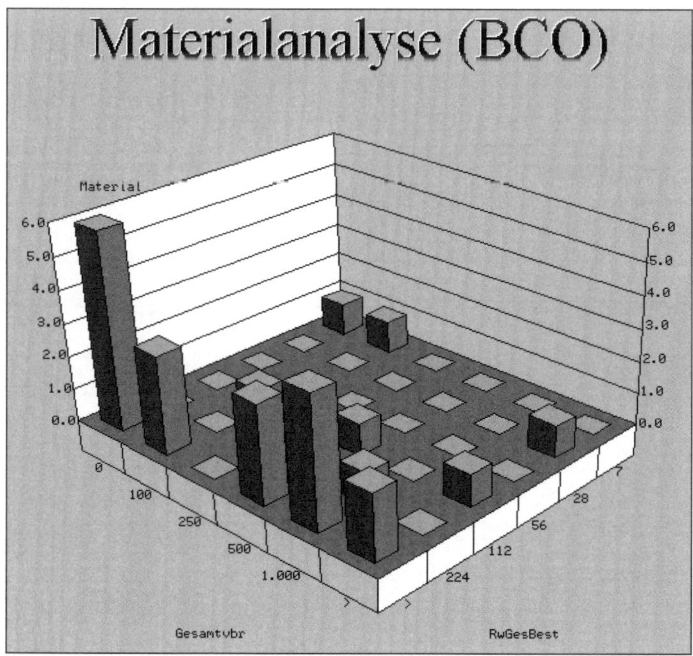

Abbildung 19.5 Reichweiten-Verbrauchsmengen-Matrix in SAP ECC

Materialien mit einem Verbrauchswert von null und einer sehr hohen Reichweite (links unten) sind zumeist die Lagerhüter. Materialien mit einem Verbrauch von null und einer Reichweite von null (links oben) sind in diesem Praxisbeispiel als Karteileichen identifiziert worden. Materialien mit einer hohen Reichweite (rechts unten) sind die sogenannten unproduktiven Materialien. Hier besteht wahrscheinlich Potenzial für eine Bestandsoptimierung. Bei diesen Materialien sollte die Soll-Reichweite überprüft werden. Materialien mit einer geringen Reichweite und einem relativ hohen Verbrauch sind die produktiven Materialien. Sie weisen wahrscheinlich auch eine sehr hohe Umschlagshäufigkeit auf. Auf diese Materialien sollten Disponenten ihre Aufmerksamkeit richten.

19.5.2 Kennzahl »Umschlagshäufigkeit«

Die Kennzahl *Umschlagshäufigkeit* gibt an, wie oft ein durchschnittlicher Lagerbestand umgeschlagen wurde. Die Kennzahl bezieht sich also auf die Vergangenheit. Die Umschlagshäufigkeit ergibt sich aus dem Quotienten von kumuliertem Verbrauch (oberer Kurvenverlauf) und mittlerem Bestand (gestrichelte Linie; siehe Abbildung 19.6).

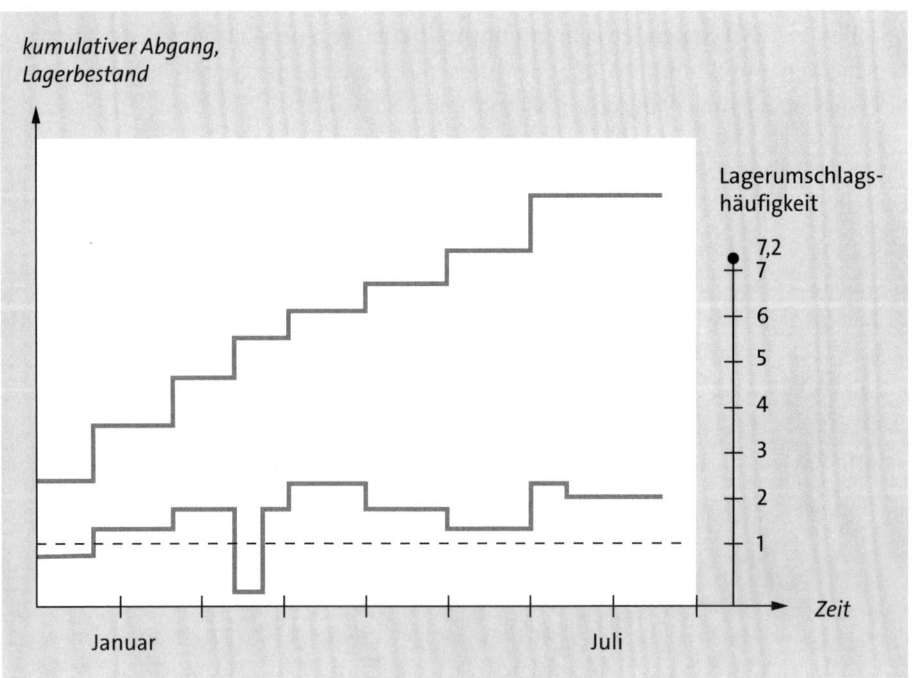

Abbildung 19.6 Kennzahl »Umschlagshäufigkeit«

Eine Analyse nach dieser Kennzahl ermöglicht eine Selektion der Lagerhüter (auch *Slow Moving Items* oder Langsamdreher genannt). Diese Analyse bildet u. a. die

Grundlage für eine Bewertung der Effizienz des gebundenen Kapitals in der Vergangenheit. Die Umschlagshäufigkeit eines Bestands errechnet sich wie folgt:

Umschlagshäufigkeit = Gesamtverbrauch ÷ mittlerer Bestand

Je größer der Wert, desto wirtschaftlicher ist die Lagerhaltung, denn je öfter sich das Lager umschlägt, desto geringer muss der Lagerbestand sein. Hinter dem Gesamtverbrauch steht letztendlich der Umsatz des Unternehmens. Normalerweise sollte bei steigendem Verbrauch auch der Umsatz steigen. Um die Kennzahl zu verbessern, muss also entweder der Umsatz schneller steigen als der Lagerbestand oder der Lagerbestand wird bei konstantem Umsatz abgebaut.

[zB]

Berechnung der Umschlagshäufigkeit

Bei einem Jahresumsatz von 10 Mio. EUR und einem Lagerbestand von 1 Mio. EUR beträgt die Umschlagshäufigkeit 10. Der gesamte Bestand ist also zehnmal pro Jahr vollständig umgeschlagen worden. Wenn Sie durch eine Preissteigerung von 10 % den Jahresumsatz auf 11 Mio. EUR steigern konnten und der Lagerbestand gleichgeblieben ist, beträgt die Umschlagshäufigkeit 11. Die physischen Mengen haben sich jedoch nicht geändert. Messen Sie die Umschlagshäufigkeit in Stück, beträgt die Umschlagshäufigkeit in beiden Fällen – mit und ohne Preissteigerung – jeweils 10. Da die Umschlagshäufigkeit eine Bestandskennzahl ist, empfehlen wir Ihnen, sie in Stück zu messen. Währungsschwankungen würden dann auch nicht diese logistische Kennzahl verfälschen.

19.5.3 Kennzahl »Lagerhüter«

Als *Lagerhüter* werden solche Materialien bezeichnet, bei denen seit längerer Zeit kein Verbrauch stattgefunden hat (siehe Abbildung 19.7). Die Abbildung zeigt, dass von Ende Mai bis Ende August die Verbrauchskurve keinen Verbrauch mehr aufweist.

Eine Analyse dieser Kennzahl dient der Selektion von Materialien ohne aktuelle Verwendung, da diese nur unnötig Kosten verursachen. Nicht benötigte Bestände können so festgestellt und beseitigt werden.

Es werden die Kennzahlen *Wert letzter Verbrauch* und *Tage ohne Verbrauch* gegenübergestellt. Die Tage ohne Verbrauch ergeben sich aus der zeitlichen Differenz zwischen dem Datum des letzten Verbrauchs und dem aktuellen Zeitpunkt. Handlungsbedarf besteht bei Materialien, die bezüglich beider Kennzahlen hohe Werte aufweisen.

Empfehlenswert ist es, die Lagerhüteranalyse nach den verschiedenen Materialarten (Rohstoffe, Halbfabrikate und Fertigmaterialien) zu untergliedern. Auch eine Kombination mit der ABC-Klassifizierung ist hier sinnvoll, da Materialien mit einem hohen Materialwert priorisiert bereinigt werden sollten.

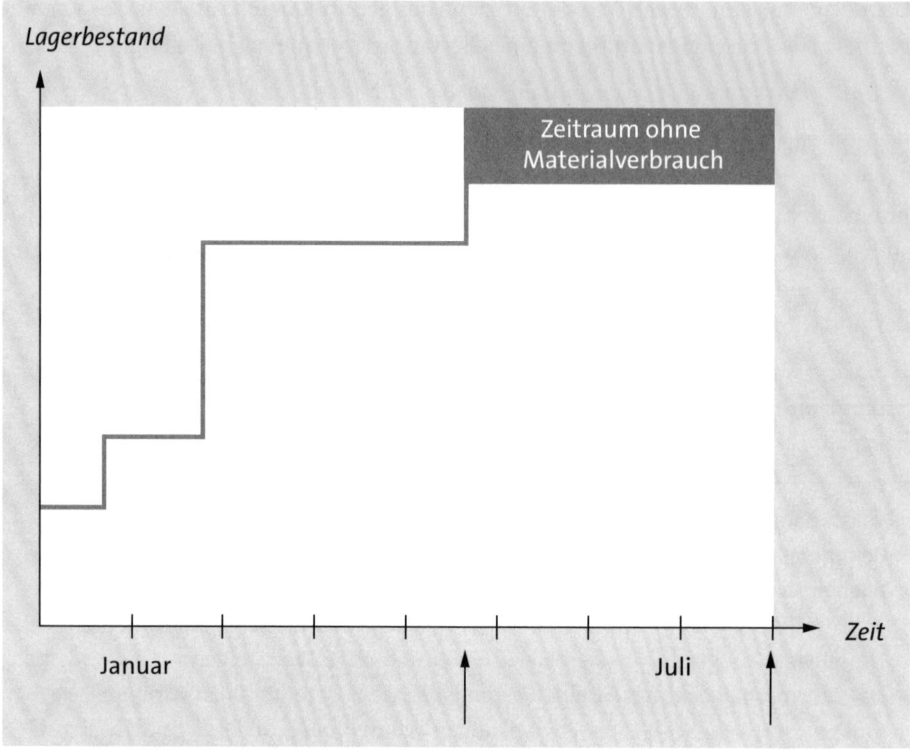

Abbildung 19.7 Kennzahl »Lagerhüter«

Filtern Sie unbedingt vor der Analyse Ersatzteile heraus, weil diese anderen Bevorratungsstrategien unterliegen. So ist es vielfach notwendig, z. B. aufgrund von Wartungsverpflichtungen, Ersatzteile längere Zeit verfügbar zu haben, auch wenn über einen längeren Zeitraum hinweg kein Verbrauch festgestellt worden ist.

19.5.4 Kennzahl »Bestandswert«

Die Analyse mit der Kennzahl *Bestandswert* basiert auf dem Wert des bewerteten Bestands eines Materials und ermöglicht die Selektion von Materialien mit einer hohen Kapitalbindung (siehe Abbildung 19.8). Der Kurvenverlauf zeigt den Bestandswert des selektierten Materials und im Verhältnis dazu den durchschnittlichen Lagerverbrauch (gestrichelte Linie) an.

Für die Analyse können Sie den aktuellen oder den mittleren Lagerbestand heranziehen. Der aktuelle Bestandswert bestimmt sich aus dem Produkt von Lagerbestand und aktuellem Preis. Der durchschnittliche Bestandswert errechnet sich aus dem Produkt von durchschnittlichem Lagerbestand und aktuellem Preis.

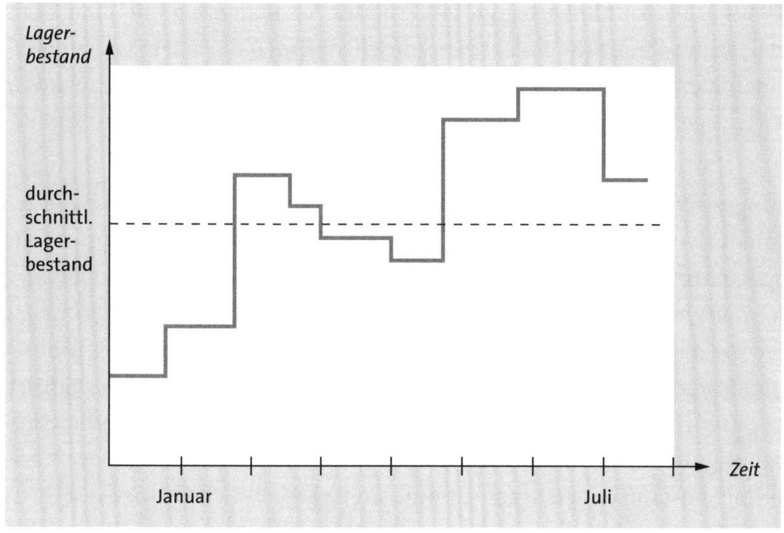

Abbildung 19.8 Kennzahl »Bestandswert«

19.5.5 Kennzahl »Bodensatz«

Unter *Bodensatz* wird der Teil des Lagerbestands verstanden, der über einen bestimmten Zeitraum der Vergangenheit nicht bewegt wurde (siehe Abbildung 19.9). In der Abbildung ist der Bodensatz im farbig unterlegten Bereich zu erkennen. Dieser Lagerbestand wurde im selektierten Zeitraum nicht benutzt.

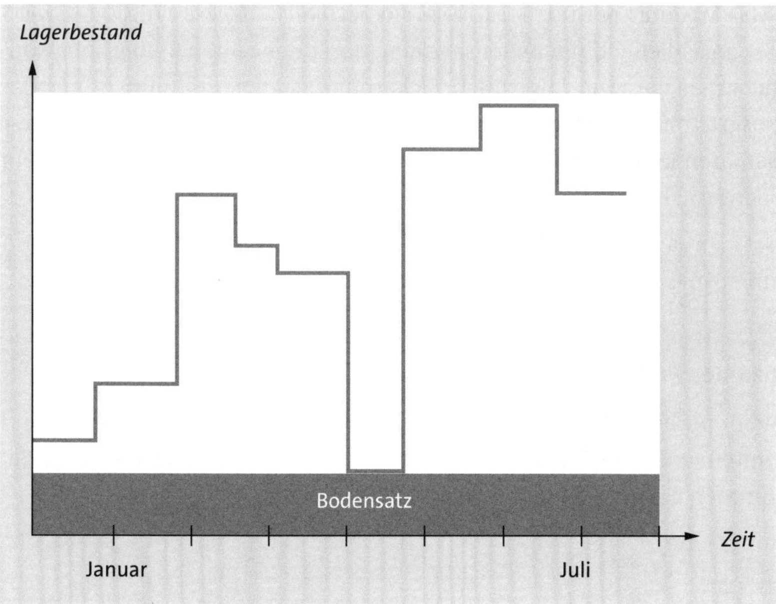

Abbildung 19.9 Kennzahl »Bodensatz«

Der Wert des Bodensatzes ergibt sich aus dem Produkt von Bodensatz und aktuellem Preis. Eine Analyse zur Kennzahl *Bodensatz* ermöglicht Ihnen die Selektion von Materialien mit ineffizientem Bestandsanteil. Zu hohe Bestände eines Materials werden sichtbar, und wichtige Steuerparameter wie z. B. der Sicherheitsbestand können überprüft werden.

Der Betrachtungszeitraum für die Bodensatzanalyse hängt vom Produktlebenszyklus ab, empfehlenswert ist jedoch mindestens ein Betrachtungszeitraum von einem Jahr oder länger. Grundsätzlich gilt allerdings: je länger der Betrachtungszeitraum, desto geringer der gefundene Bodensatz. Die Wahl des Betrachtungszeitraums ist also wesentlich für die Bodensatzanalyse. Die Differenz zwischen Bodensatz und Sicherheitsbestand kann als Potenzial zur Bestandsoptimierung angesehen werden. Ist der Bodensatz wesentlich größer als der Sicherheitsbestand, wurde der Sicherheitsbestand nicht benötigt und kann damit reduziert werden. Liegt der Bodensatz weit unter dem Sicherheitsbestand oder ist er sogar null, sind wahrscheinlich Stock-out-Situationen im Betrachtungszeitraum aufgetreten. Die Verfügbarkeit hat gelitten.

In der Regel tritt Bodensatz in folgenden Fällen auf:

- zu lange Dispositionsrhythmen
- zu große Sicherheitsbestände
- zu große Losgrößen
- falsche Wiederbeschaffungszeiten
- nicht bedarfsgerechte Beschaffung

Sortieren Sie das Ergebnis der Bodensatzanalyse nach absteigendem Bestandswert. Vergleichen Sie anschließend die Bodensatzmenge mit relevanten Steuerungsparametern wie Sicherheitsbestand, Losgrößen, Sicherheitszeiten, Rundungswerten oder den Mindestlosgrößen. Zuletzt vergleichen Sie die tatsächlichen Lieferzeiten Ihrer Lieferanten bei Ihren Kaufteilen, da auch verfrühte Lieferungen in der Praxis oft ein Grund für Bodensatz sind.

Insgesamt lässt sich sagen, dass diese Kennzahl sehr wichtig für die Erkennung von Bestandsoptimierungspotenzialen ist.

19.5.6 Kennzahlen »mittlerer Bestand«, »Verbrauch« und »Reichweite«

Die Kennzahlen *mittlerer Bestand*, *Verbrauch* und *Reichweite* werden benötigt, um Kennzahlen miteinander ins Verhältnis zu setzen und so Aufschluss über den Bestand zu bekommen. Sie werden in den folgenden Kennzahlen verwendet:

- absolute Reichweite
- absoluter Bestand
- Sicherheitsbestand

- Meldebestand
- absoluter Verbrauch
- Höchstbestand
- Wiederbeschaffungszeiten

Für die Ermittlung des mittleren Bestands (siehe Abbildung 19.10) können die folgenden vier Formeln verwendet werden:

1. **Einmal-Berechnung**
   (Anfangsbestand + Endbestand) ÷ 2

   Diese Formel ist am leichtesten zu ermitteln, da der Bestand nur zweimal gemessen werden muss. Die Kennzahl ist dadurch aber nicht aktuell und ungenauer als bei den anderen Formeln.
2. **Einmal-Berechnung**
   (Anfangsbestand + n Monatsendbestände) ÷ (n + 1)

   Diese Formel benötigt deutlich mehr Daten und ist dadurch auch genauer als Formel 1. Allerdings leidet die Aktualität des Ergebnisses, weil die Berechnung nicht rollierend stattfindet.
3. **monatlich rollierende Berechnung**
   (Bestand Monat 1 + Bestand Monat 2 + ... Bestand Monat 12) ÷ 12

   Diese Formel benötigt ebenfalls eine große Datenmenge, ist dadurch sehr genau und wesentlich aktueller, weil sie im Gegensatz zu Formel 2 auf rollierender Basis stattfindet.
4. **monatlich rollierende Berechnung (nur der letzten drei Monate)**
   (Bestand Monat 1 + Bestand Monat 2 + Bestand Monat 3) ÷ 3

   Diese Formel benötigt zwar wesentlich weniger Daten als Formel 3, ist bei einer hohen Umschlagshäufigkeit aber nicht ungenauer als diese und zudem aktueller, da nur die letzten drei Monate als Datenbasis herangezogen werden. Die Monate davor werden nicht betrachtet, somit werden also bei Formel 4 die letzten drei Monate höher gewichtet als bei Formel 3.

   Es empfiehlt sich in der Regel, die Formel 3 zu verwenden, da diese am genauesten ist. In manchen Fällen bietet allerdings Formel 4 das bessere Ergebnis.

Diese Unterscheidungen können auch bei den übrigen Kennzahlen getroffen werden, allerdings beschränken wir uns hier auf eine einzige Berechnungsweise.

Die Formel für den mittleren Verbrauch lautet:

mittlerer Verbrauch = Gesamtverbrauchsmenge ÷ Anzahl der Gesamtverbräuche

Die Formel für die mittlere Reichweite eines Bestands lautet:

mittlere Reichweite = mittlerer Bestand ÷ (mittlerer Gesamtverbrauch/Tag)

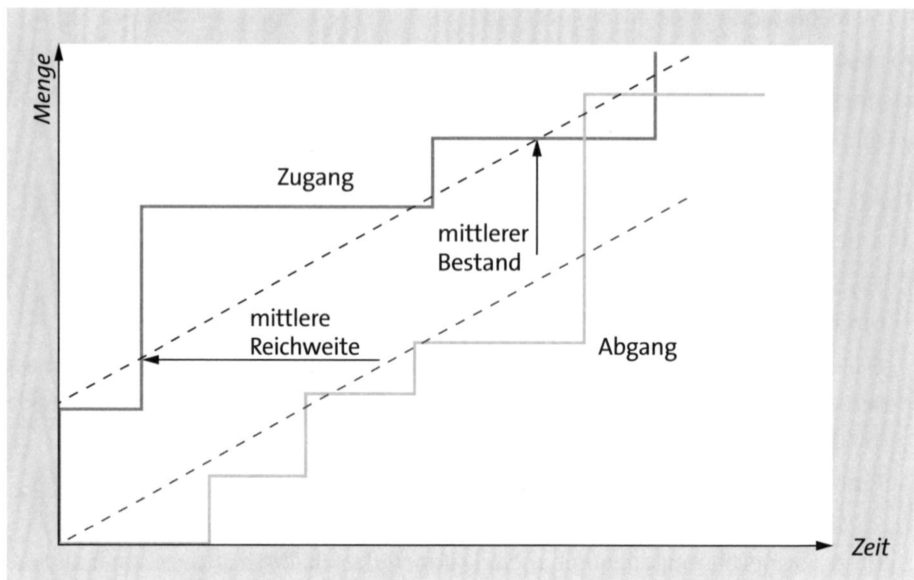

Abbildung 19.10 Kennzahlen »mittlere Reichweite« und »mittlerer Bestand«

Der mittlere Bestand ergibt sich dabei aus der halben Summe von Anfangs- und Endbestand im Analysezeitraum. Der mittlere Gesamtverbrauch errechnet sich aus dem Quotienten von Gesamtverbrauch und Anzahl der Tage im Analysezeitraum (siehe Abbildung 19.10).

Sie können Materialien bezüglich der Kennzahlen *Wert des mittleren Bestands bei Zugang* und *Reichweite des mittleren Bestands bei Zugang* in Klassen einteilen. Auf diese Weise erkennen Sie Zusammenhänge zwischen den beiden Kennzahlen und können Problembereiche identifizieren, z. B. Materialien, die bezüglich beider Kennzahlenwerte in den oberen Klassen liegen. Außerdem können Sie erkennen, welche Materialien eine höhere Kapitalbindung verursachen als andere. Des Weiteren können Sie auch den Sicherheitsbestand mit dem mittleren Bestand vergleichen und so größere Unterschiede feststellen.

19.5.7 Kennzahl »Zugangswert bewerteter Bestand«

Der *Zugangswert des bewerteten Bestands* ergibt sich aus der gelieferten Menge an Bestand, der mit dem Standardpreis oder dem gleitenden Durchschnittspreis bewertet ist. Bei einem Wareneingang zur Bestellung ergibt sich der Zugangswert aus der mit dem Bestellnettopreis bewerteten gelieferten Menge. Ist zur Bestellung eine Rechnung vor Wareneingang gebucht worden, wird zur Bewertung der Rechnungspreis herangezogen.

19.5.8 Kennzahl »Sicherheitspolster«

Die beiden Kennzahlen *Reichweite des mittleren Zugangs* und *Reichweite des mittleren Bestands bei Zugang* repräsentieren das *Sicherheitspolster* und werden bei der Analyse gegenübergestellt.

Die Vermeidung von Fehlmengen ist ein wichtiges Ziel der Bestandsführung. Um dieses Ziel zu erreichen, können Sie zwei Strategien verfolgen:

1. hoher Sicherheitsbestand und damit ein hoher mittlerer Bestand bei Zugang
2. große Losgröße und damit eine hohe Reichweite bei Zugang

Haben Sie sich für die erste Strategie entschieden, sollten Sie überprüfen, ob die Losgröße und damit der mittlere Bestand bei Zugang reduziert werden kann. Haben Sie sich aus Kostengründen für eine große Losgröße entschieden, sollten Sie eine Senkung des Sicherheitsbestands und damit des mittleren Bestands erwägen.

Besondere Beachtung verdienen Merkmalswerte, die hinsichtlich beider Kennzahlen hohe Werte aufweisen: Das gemeinsame Auftreten einer hohen Losgröße (Reichweite des mittleren Zugangs) und eines hohen Sicherheitsbestandes (Reichweite des mittleren Bestandes bei Zugang) deutet auf eine fehlerhafte Disposition hin. Denn wird eine hohe Losgröße angestrebt, genügt in der Regel ein geringer Sicherheitsbestand. Wird dagegen ein hoher Sicherheitsbestand angestrebt, genügen geringere Losgrößen. Empfehlenswert ist folglich die Verwendung nur einer Strategie, also entweder eine hohe Losgröße oder ein hoher Sicherheitsbestand.

19.5.9 Kennzahl »Sicherheitsbestand«

Aus dem Vertrieb kommt oft die Forderung nach einer hundertprozentigen Lieferbereitschaft. Dies würde bedeuten, dass jede eingehende Kundenanforderung ohne zeitliche Verzögerung erfüllt wird. In der betrieblichen Praxis ist jedoch im Allgemeinen davon auszugehen, dass die Erfüllung einer hundertprozentigen Lieferbereitschaft mit nicht mehr zu rechtfertigenden Kosten verbunden wäre. Je höher der angestrebte Lieferbereitschaftsgrad gewählt wird, desto niedriger sind zwar einerseits die möglichen Fehlmengenkosten, desto höher sind aber andererseits auch die mit den hohen Beständen verbundenen Lagerkosten. Der Servicegrad im Unternehmen hängt daher von der Bestandshöhe ab, die die Bestandskosten darstellen. Soll ein Lager für ein Material zu jedem Zeitpunkt zu 100 % lieferbereit sein, würde dies bedeuten, dass wegen des nicht auszuschließenden Voraussagefehlers ein sogenannter *Sicherheitsbestand* in beträchtlicher Höhe und zu den entsprechenden Kosten bereitzuhalten wäre. Der Sicherheitsbestand soll diese Unsicherheit abdecken und ist daher abhängig von den folgenden Faktoren:

- dem gewünschten Lieferbereitschaftsgrad
- der tatsächlichen Wiederbeschaffungszeit
- der erreichten Prognosegüte

Zur weiteren Bestandsoptimierung nach dem Sicherheitsbestand werden die Kennzahlen *Wert mittlerer Bestand bei Zugang* und *Bestandsfaktor* gegenübergestellt.

Die Kennzahl Bestandsfaktor ergibt sich aus dem Quotienten von mittlerem Bestand bei Zugang und Sicherheitsbestand. Sie sollte im optimalen Fall bei »1« liegen. Um Bestände zu optimieren und gleichzeitig den Sicherheitsfaktor zu beachten, ist es sinnvoll, den mittleren Bestand bei Zugang auf den Sicherheitsbestand zu senken. Ein Optimum liegt dann vor, wenn die Kennzahlen mittlerer Bestand bei Zugang und Sicherheitsbestand identisch sind. Ist der mittlere Bestand bei Zugang größer als der Sicherheitsbestand, wird unnötig viel Bestand gehalten; ist er kleiner, besteht die Gefahr einer Unterdeckung. Um den mittleren Bestand bei Zugang zu optimieren, sollten Sie folgende Fragen klären:

- Entspricht die Durchlaufzeit im Materialstamm der tatsächlichen Durchlaufzeit?
- Liefern Prognose oder Planung realistische Bedarfe?

Bei der Bestellpunktdisposition wird immer dann eine Bestellung ausgelöst, wenn der Meldebestand unterschritten wird. Der Meldebestand setzt sich zusammen aus dem Sicherheitsbestand und dem Verbrauch in der Lieferzeit. Ist z. B. der mittlere Bestand bei Zugang stets höher als der Sicherheitsbestand, kann dies ein Hinweis darauf sein, dass die Lieferzeiten falsch geschätzt wurden, dass zu früh bestellt wird oder aber der Sicherheitsbestand zu hoch ist.

Achten Sie auf Materialien, die bezüglich der beiden Kennzahlen stark voneinander abweichen und einen Bestandsfaktor aufweisen, der deutlich über 1 liegt. Verbesserungspotenziale liegen hier u. a. in der Verbrauchsprognose oder in der Lieferzeiteinstellung.

SCM-Beratungslösung Sicherheitsbestandssimulation

SAP stellt mit der SCM-Beratungslösung *Sicherheitsbestandssimulation* (engl. Safety Stock Simulation, SSS) eine Funktion als zusätzliches Add-on bereit, mit der Sie neben der Berechnung von Puffergrößen wie Melde-, Sicherheits- oder Höchstbeständen sowie Sicherheitszeiten auch diverse Kennzahlen rund um diese Puffergrößen berechnen können.

Mehr Information zu dieser Lösung finden Sie in Kapitel 10, »Sicherheitsbestandsplanung«, bzw. in SAP-Hinweis 1363890 oder Sie schreiben eine E-Mail an *scm-consulting-solutions@sap.com*.

19.5.10 Kennzahl »Lieferbereitschaftsgrad«

Unter dem *Lieferbereitschaftsgrad* versteht man die Fähigkeit, einen Bedarf termingerecht zu befriedigen. Aus Kundensicht wird die Logistikleistung eines Unternehmens anhand der Komponenten Lieferzeit, Lieferzuverlässigkeit, Lieferqualität und Lieferflexibilität gemessen. Diese werden in der Regel unter dem Begriff des Lieferservice, des Lieferbereitschaftsgrads oder des Servicegrads subsumiert. Im Folgenden verwenden wir den Begriff des Lieferbereitschaftsgrads. Die Lieferbereitschaft kann unterschiedlich gemessen werden, je nachdem, welchen Fokus Sie setzen wollen:

Wollen Sie die Lieferbereitschaft nach der Anzahl der verkauften Stückeinheiten messen, berechnen Sie diese nach folgender Formel:

LBG = Anzahl der termingerecht gelieferten Mengen
÷ Anzahl der Gesamtmenge der Nachfrage

Tabelle 19.3 führt weitere Berechnungsformeln des Lieferbereitschaftsgrads (LBG) auf.

Kriterium	Formel	Service
Fehlmenge	LBG = Anzahl der termingerecht gelieferten Mengen ÷ Anzahl der Gesamtmenge der Nachfrage	Mengenservice
Fehlhäufigkeit	LBG = Anzahl der termingerecht gelieferten Kundenaufträge ÷ Anzahl der Gesamtmenge der Kundenaufträge	Nachfrageservice
Fehlhäufigkeit	LBG = Anzahl der termingerecht gelieferten Kundenauftragspositionen ÷ Anzahl der Gesamtmenge der Kundenauftragspositionen	Nachfrageservice
Umsatzverlust	LBG = Wert der termingerecht gelieferten Mengen ÷ Wert der Gesamtmenge der Nachfrage	Umsatzmengenservice
Fehldauer	LBG = Anzahl der Perioden (Tage) ohne Fehlbestände ÷ Gesamtzahl der Perioden	Periodenservice

Tabelle 19.3 Möglichkeiten der Berechnung des Lieferbereitschaftsgrads

Abbildung 19.11 zeigt anhand eines Beispiels, zu welchen unterschiedlichen Ergebnissen verschiedene Methoden bei der Berechnung des Lieferbereitschaftsgrads führen können.

Im oberen Teil der Abbildung sehen Sie drei Kundenaufträge. Die Aufträge 1 und 2 sind vom selben Kunden »A« und umfassen jeweils zehn Auftragspositionen mit unterschiedlichen Materialien. Der Auftrag 3 ist von einem Kunden »B« und umfasst 20 Auftragspositionen. Der Gesamtbedarf über alle Kundenaufträge beträgt 10.000 kg, wobei nur 8.500 kg befriedigt werden können, da die erste Position des letzten Auftrags nicht erfüllt werden kann. Insgesamt wurden 100 Materialien angefragt.

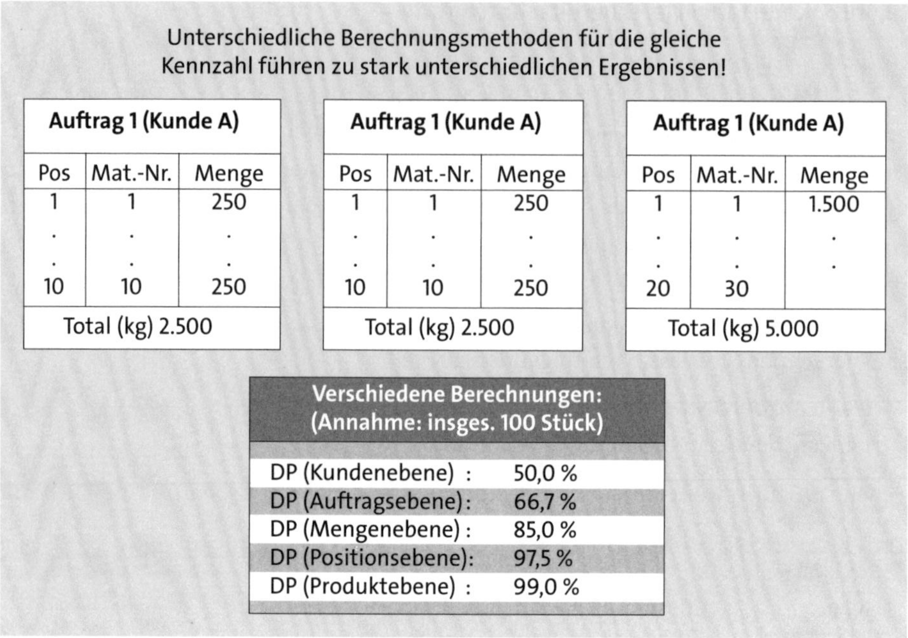

Unterschiedliche Berechnungsmethoden für die gleiche Kennzahl führen zu stark unterschiedlichen Ergebnissen!

Auftrag 1 (Kunde A)		
Pos	Mat.-Nr.	Menge
1	1	250
.	.	.
.	.	.
10	10	250
Total (kg) 2.500		

Auftrag 1 (Kunde A)		
Pos	Mat.-Nr.	Menge
1	1	250
.	.	.
.	.	.
10	10	250
Total (kg) 2.500		

Auftrag 1 (Kunde A)		
Pos	Mat.-Nr.	Menge
1	1	1.500
.	.	.
.	.	.
20	30	
Total (kg) 5.000		

Verschiedene Berechnungen: (Annahme: insges. 100 Stück)	
DP (Kundenebene) :	50,0 %
DP (Auftragsebene):	66,7 %
DP (Mengenebene) :	85,0 %
DP (Positionsebene):	97,5 %
DP (Produktebene) :	99,0 %

Abbildung 19.11 Berechnungsmöglichkeiten des Lieferbereitschaftsgrads

Die *Lieferbereitschaft* (engl. Fill Rate) kann nun auf unterschiedlichen Ebenen gemessen werden und führt zu jeweils unterschiedlichen Ergebnissen:

- **Fall 1: Lieferbereitschaft auf Ebene Kunde = 50 %**
  Der LBG wird berechnet, indem die Prozentzahl der Kunden ermittelt wird, deren Aufträge befriedigt worden sind. Alle Aufträge von Kunde A sind befriedigt worden, die Aufträge von Kunde B wurden nicht vollständig befriedigt.
- **Fall 2: Lieferbereitschaft auf Ebene Kundenauftrag = 66,67 %**
  Der LBG wird berechnet, indem die Prozentzahl der Kundenaufträge ermittelt wird, die befriedigt worden sind. Von drei Kundenaufträgen wurden zwei vollständig erfüllt.
- **Fall 3: Lieferbereitschaft auf Ebene Menge = 85 %**
  Der LBG wird berechnet, indem die Prozentzahl der Menge ermittelt wird, die insgesamt bereitgestellt werden konnte. Von insgesamt 10.000 kg konnten 8.500 kg geliefert werden.
- **Fall 4: Lieferbereitschaft auf Ebene Material = 96,7 %**
  Der LBG wird berechnet, indem die Prozentzahl der Materialien ermittelt wird, die erfüllt werden konnten. Von insgesamt 30 Materialien über alle drei Aufträge hinweg konnten 29 Positionen geliefert werden.

- **Fall 5: Lieferbereitschaft auf Ebene Kundenauftragsposition = 97,5 %**
  Der LBG wird berechnet, indem die Prozentzahl der Kundenauftragspositionen ermittelt wird, die bereitgestellt werden konnte. Von insgesamt 40 Positionen in allen drei Aufträgen konnten 39 Positionen ausgeliefert werden.

Die abweichenden Ergebnisse im Beispiel verdeutlichen, dass Sie sehr genau definieren sollten, wie in Ihrem Unternehmen der LBG ermittelt werden soll, damit es eine einheitliche Sichtweise auf diese Kennzahl gibt.

Neben der Lieferbereitschaft gibt es weitere Kennzahlen im Umfeld des Lieferbereitschaftsgrads oder des Servicelevels. Da oftmals in der Praxis verschiedene Definitionen derselben Kennzahlen verwendet werden, soll kurz auf die Unterschiede der verschiedenen Lieferbereitschaftskennzahlen eingegangen werden.

Die *Liefertreue* (engl. on-time Delivery) beinhaltet den Grad der Übereinstimmung zwischen dem bestätigten und dem tatsächlichen Auftragserfüllungstermin (Liefertermin). Der Unterschied zwischen Lieferbereitschaft und Liefertreue hängt davon ab, zu welchem Termin die Auslieferung an den Kunden tatsächlich stattgefunden hat. Die Lieferfähigkeit beinhaltet den Grad der Übereinstimmung zwischen dem Kundenwunschtermin und dem bestätigten Auftragserfüllungstermin (Liefertermin).

Der *Lieferservicegrad* (engl. *Cycle Service Level*) zeigt den Grad der Übereinstimmung zwischen dem Kundenwunschtermin und dem tatsächlichen Auftragserfüllungstermin. Der Lieferservicegrad ist somit die übergreifende Leistungsgröße, die Lieferfähigkeit und Liefertreue vereint.

Die Lieferbereitschaft wird auf Basis der Lieferfähigkeit berechnet. Ein Unternehmen ist zu dem Termin lieferfähig, zu dem es dem Kunden die Lieferung versprochen hat und den der Kunde auch akzeptiert hat. Das ist der bestätigte Liefertermin. Hält ein Unternehmen diesen Termin ein, ist auch die Liefertreue zu 100 % erreicht. Die Liefertreue sinkt, wenn der bestätigte Termin nicht eingehalten wird. Die gesamte Lieferzeit wird vom Eingang des Kundenauftrags bis zur Auslieferung errechnet (siehe Abbildung 19.12).

Die Liefertreue wird berechnet als Differenz zwischen dem tatsächlichen Auftragserfüllungstermin und dem bestätigten Termin. Dabei ist zu beachten, dass in SAP ECC der bestätigte Termin geändert werden kann. Hier muss der erste bestätigte Termin zur Berechnung der Liefertreue herangezogen werden. Die Differenz zwischen dem tatsächlichen Auslieferungstermin und dem Kundenwunschtermin ist die sogenannte Kundenwunschtreue. In dieser wird also die Liefertreue dem Markt gegenüber gemessen, während die Liefertreue das Versprechen bewertet, das dem Kunden gegeben wurde.

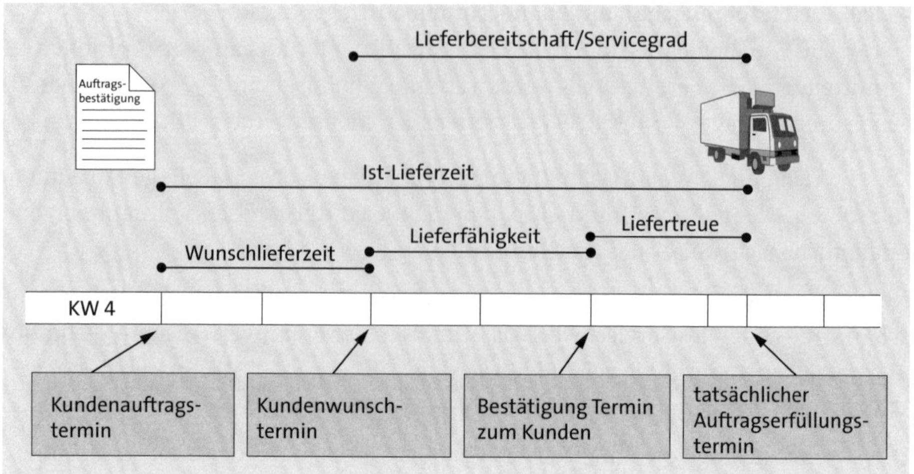

Abbildung 19.12 Lieferzeit, Lieferfähigkeit und Liefertreue

Die Liefertreue sollte immer in Kombination mit der Kundenwunschtreue betrachtet werden, da sonst die Gefahr besteht, dass die bestätigten Liefertermine zur Zielerreichung zu großzügig festgelegt werden. Großzügige Lieferterminbestätigungen verringern die Gefahr, die von der Unternehmensführung geforderte Liefertreue zu verfehlen. Der Unterschied zwischen Liefertreue und Kundenwunschtreue kann in der Praxis durchaus beachtlich sein.

Lieferfähigkeit und Liefertreue sollten unbedingt mithilfe der ABC/XYZ-Klassifizierung unterschieden werden. Es hat keinen Sinn, für alle Produkte dieselbe Lieferfähigkeit erreichen zu wollen.

In SAP ECC bzw. SAP S/4HANA gibt es leider keine Standardanalyse bzw. keinen Standardreport, der die vorgestellten Lieferservicegrade misst. Daher hat SAP ein Werkzeug zur Messung der Lieferservicegrade auf Basis von SAP ECC bzw. SAP S/4HANA und SAP NetWeaver entwickelt, das aber auch in Verbindung mit SAP APO oder SAP IBP genutzt werden kann. Der *Servicegradmonitor* stellt eine Möglichkeit dar, die Lieferservicegrade im SAP-ECC- bzw. SAP-S/4HANA-System, also dort, wo der Datenursprung liegt, zu ermitteln und anzuzeigen. Der Servicegradmonitor ermittelt zu den ausgewählten Kundenauftragspositionen alle Bestätigungen und Lieferungen. Zusätzlich zu Kundenaufträgen können auch für Umlagerungsbestellungen, Bestellungen und Reservierungen Servicegrade ermittelt werden. Es wird zusammengestellt, welche Mengen zu welchen Terminen bestätigt und geliefert wurden. Folgende Kennzahlen werden ermittelt und ausgegeben:

- **Lieferservice**
  - Wurde die Wunschmenge zum Wunschdatum vollständig geliefert?
  - Welcher Anteil der Wunschmenge ist zum Wunschdatum geliefert?

- **Lieferfähigkeit**
  - Wurde die Wunschmenge zum Wunschdatum vollständig bestätigt?
  - Welcher Anteil der Wunschmenge ist zum Wunschdatum bestätigt?
- **Liefertreue**
  - Wurde die bestätigte Menge zum bestätigten Datum vollständig geliefert?
  - Welcher Anteil der bestätigten Menge ist zum bestätigten Datum geliefert?
- **Ist-Lieferzeit**
  Welche Lieferzeit wurde tatsächlich benötigt?
- **offene Aufträge**
  Welche Aufträge sind noch offen?

Zu jeder Kennzahl gibt es pro Auftragsposition eine Ja-/Nein-Angabe und eine prozentuale Angabe. Damit können Teil- und Volllieferungen ausgewertet werden. Die Zahlen können auch pro Auftrag, Kunde oder Material verdichtet werden. Ausgewertet werden alle Kundenaufträge und Umlagerungsbestellungen, die zu den eingegebenen Selektionskriterien passen. Bei der Ausgabe erscheint zunächst eine nach Perioden aggregierte Darstellung der Kennzahlen (siehe Abbildung 19.13).

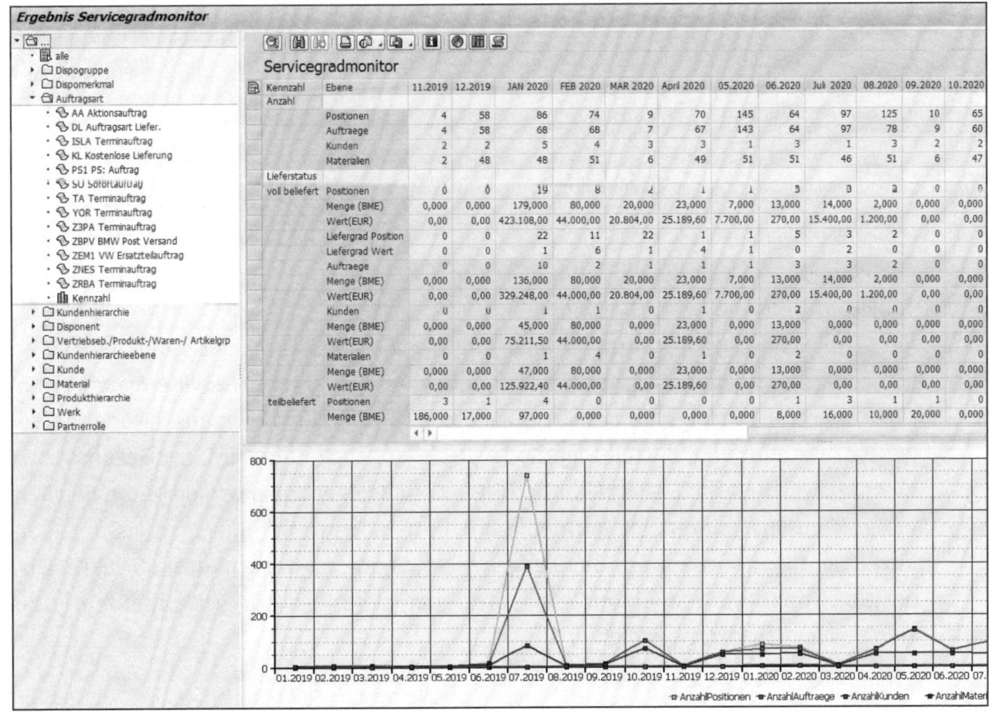

Kennzahl	Ebene	11.2019	12.2019	JAN 2020	FEB 2020	MAR 2020	April 2020	05.2020	06.2020	Juli 2020	08.2020	09.2020	10.2020
Anzahl													
	Positionen	4	58	86	74	9	70	145	64	97	125	10	65
	Auftraege	4	58	68	68	7	67	143	64	97	78	9	60
	Kunden	2	2	5	4	3	3	1	3	1	3	2	2
	Materialien	2	48	48	51	6	49	51	51	46	51	6	47
Lieferstatus													
voll beliefert	Positionen	0	0	19	8	2	1	1	3	0	2	0	0
	Menge (BME)	0,000	0,000	179,000	80,000	20,000	23,000	7,000	13,000	14,000	2,000	0,000	0,000
	Wert(EUR)	0,00	0,00	423.108,00	44.000,00	20.804,00	25.189,60	7.700,00	270,00	15.400,00	1.200,00	0,00	0,00
	Liefergrad Position	0	0	22	11	22	1	1	5	3	2	0	0
	Liefergrad Wert	0	0	1	6	1	4	1	0	2	0	0	0
	Auftraege	0	0	10	2	1	1	1	3	3	2	0	0
	Menge (BME)	0,000	0,000	136,000	80,000	20,000	23,000	7,000	13,000	14,000	2,000	0,000	0,000
	Wert(EUR)	0,00	0,00	329.248,00	44.000,00	20.804,00	25.189,60	7.700,00	270,00	15.400,00	1.200,00	0,00	0,00
	Kunden	0	0	1	1	0	1	0	2	0	0	0	0
	Menge (BME)	0,000	0,000	45,000	80,000	0,000	23,000	0,000	13,000	0,000	0,000	0,000	0,000
	Wert(EUR)	0,00	0,00	75.211,50	44.000,00	0,00	25.189,60	0,00	270,00	0,00	0,00	0,00	0,00
	Materialien	0	0	1	4	0	1	0	2	0	0	0	0
	Menge (BME)	0,000	0,000	47,000	80,000	0,000	23,000	0,000	13,000	0,000	0,000	0,000	0,000
	Wert(EUR)	0,00	0,00	125.922,40	44.000,00	0,00	25.189,60	0,00	270,00	0,00	0,00	0,00	0,00
teilbeliefert	Positionen	3	1	4	0	0	0	0	1	3	1	1	0
	Menge (BME)	186,000	17,000	97,000	0,000	0,000	0,000	0,000	8,000	16,000	10,000	20,000	0,000

Abbildung 19.13 Servicegradmonitor – Kennzahlensicht

Von dieser Liste aus kann in die folgenden Ansichten verzweigt werden:

- in ein Pop-up mit grafischer Darstellung der Daten einer Zeile, indem Sie eine Zelle markieren und auf die Grafikschaltfläche klicken
- in eine Positionsliste mit den Daten zu den Einzelaufträgen (siehe Abbildung 19.14), indem Sie doppelt auf eine Zelle klicken

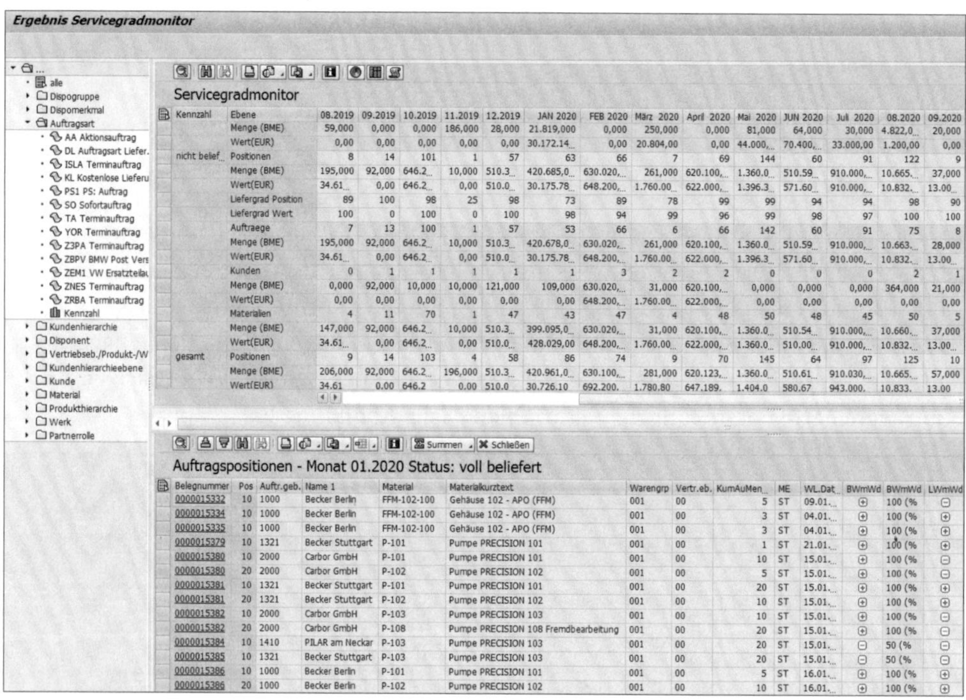

Abbildung 19.14 Servicegradmonitor – Positionsliste

Mit dem Servicegradmonitor können Sie die wichtigsten Servicegradkennzahlen Kunden und Material integriert im SAP-ECC- bzw. SAP-S/4HANA-System auswerten. Die Auswertung erfolgt auf der Grundlage von Kundenaufträgen aus SD oder Umlagerungsbestellungen, Bestellungen oder Reservierungen aus MM. Im Gegensatz zu einer Auswertung mit SAP BW können Sie bis auf Belegebene navigieren, um den Servicegrad zu analysieren. Sie können die Reports auch in BW anzeigen lassen, allerdings nicht von dort aus auf die Belegebene navigieren oder von dort aus aktiv Dispositionsfunktionen anstoßen. Ein Vorteil des Liefermonitors ist außerdem, dass kein Customizing notwendig ist.

19.5.11 Kennzahl »Zugangsbestand«

Für die Kennzahl *Zugangsbestand* werden die Kennzahlen *Reichweite des mittleren Bestands bei Zugang* und *Wert des mittleren Bestands bei Zugang* gegenübergestellt.

Erfolgt ein Materialzugang regelmäßig zu einem Zeitpunkt, zu dem noch eine große Menge des Materials im Lager vorhanden ist, wird ein unverhältnismäßig hoher mittlerer Bestand aufgebaut, der hohe Kosten zur Folge hat. Die Höhe des Bestands bei Zugang kann jedoch nur im Verhältnis zum Verbrauch beurteilt werden. Maßgebende Kennzahl ist deshalb die Reichweite des mittleren Bestands bei Zugang.

Ein unnötig hoher Bestand bei Zugang entsteht, wenn zu früh beschafft oder zu früh produziert wird. Sie sollten folgende Überprüfungen vornehmen, um die Ursache für einen überhöhten Bestand bei Zugang zu finden:

- Entspricht die Durchlaufzeit im Materialstamm der tatsächlichen Durchlaufzeit?
- Bei manuell eingegebenem Sicherheitsbestand: Kann der Sicherheitsbestand reduziert werden?
- Bei berechnetem Sicherheitsbestand: Ist der vorgegebene Servicegrad gerechtfertigt?
- Liefern Prognose bzw. Planung realistische Bedarfe?

Materialien, die sowohl eine große Reichweite des mittleren Bestands bei Zugang als auch einen hohen Wert des mittleren Zugangs aufweisen, haben gemessen am Verbrauch hohe Lagerbestände bei Zugang und sollten deshalb genauer überprüft werden.

19.5.12 Kennzahl »Losgröße«

Für die Kennzahl *Losgröße* werden die Kennzahlen Reichweite des mittleren Zugangs und Wert des mittleren Zugangs gegenübergestellt. Wird ein Material in zu großen Losgrößen bestellt oder produziert, führt dies zu einem überhöhten mittleren Bestand, der unnötige Kosten verursacht. Die Losgröße muss jedoch im Verhältnis zum Verbrauch gesehen werden: Ein hoher Verbrauch rechtfertigt eine hohe Losgröße. Aus diesem Grund braucht man eine Kennzahl, die sowohl die Losgröße als auch den Verbrauch berücksichtigt: die *Reichweite des mittleren Zugangs in Tagen*. Ist die Reichweite des mittleren Zugangs groß, kann die Losgröße und damit der mittlere Bestand verringert werden.

Auffällig sind Materialien, die bezüglich beider Kennzahlen den oberen Klassen zugeordnet sind, die also eine hohe Reichweite des mittleren Zugangs besitzen und einen hohen mittleren Zugangswert aufweisen. Empfehlenswert ist in einem solchen Fall die Reduzierung der Losgröße, da die bisherige Losgröße über einen hohen Zugangswert zu einem hohen Bestandswert und damit zu einer hohen Kapitalbindung führte.

SCM-Beratungslösung Losgrößensimulation

SAP stellt mit der SCM-Beratungslösung *Losgrößensimulation* (engl. Simulation Lot Size, SLS) eine Funktion als zusätzliches Add-on bereit, mit der Sie sich optimierte Losgrößeneinstellungen vorschlagen lassen können. Daneben können Sie auch diverse Kennzahlen rund um diese Losgrößeneinstellungen berechnen lassen. Mehr Information zu dieser Lösung finden Sie in Kapitel 9, »Beschaffungsmengenermittlung«, bzw. in SAP-Hinweis 1363889 oder Sie schreiben eine E-Mail an *scm-consulting-solutions@sap.com*.

19.6 Hilfsmittel zur Bestandsanalyse

Für eine Verbesserung in der Disposition müssen Sie sich zunächst einen Überblick über Ihr Teilesortiment verschaffen und es segmentieren. Dazu wurden in Kapitel 3, »Klassifizierungen von Materialien als Basis für Dispositionsentscheidungen«, bereits Analyseverfahren wie die ABC-Analyse und die XYZ-Analyse vorgestellt. Im Folgenden wird auf weitere Verfahren eingegangen.

19.6.1 LMN-Analyse

Die *LMN-Analyse* ist mit der ABC-Analyse zu vergleichen, nur dass hierbei nicht nach Wertigkeit, sondern nach Volumen klassifiziert wird. Diese Analyse nennt man daher auch Lagervolumenanalyse:

- L = großvolumiges Teil
- M = mittelvolumiges Teil
- N = kleinvolumiges Teil

Sowohl in der Disposition als auch in der Logistik ist von Interesse, ob ein kleinvolumiges Teil (z. B. eine Schraube) oder ein großvolumiges Teil (z. B. einen Motor) eingelagert, disponiert oder transportiert wird. Hat z. B. die Reichweitenanalyse ergeben, dass ein C-Teil mit einer Reichweite von fünf Monaten disponiert werden soll, würden die Disponenten laut Reichweitenstrategie auch für ein großvolumiges Teil eine entsprechende Menge bevorraten. Dies ist jedoch aus logistischer Sicht nicht sehr sinnvoll: Die Lagerhaltungskosten würden enorm ansteigen, und im schlechtesten Fall wäre für A- oder B-Teile nicht mehr ausreichend Lagerplatz verfügbar. Deshalb ist es wichtig, neben der ABC- und der XYZ-Analyse auch die LMN-Analyse durchzuführen. Sie folgt der gleichen Logik wird die ABC-Analyse.

19.6.2 Flussdiagramme für die Materialflussanalyse

Durchlaufdiagramme, auch Flussdiagramme genannt, wurden von Prof. Hans-Peter Wiendahl entwickelt. Sie basieren auf der gleichen Darstellungsform wie Fortschrittszahlen. Ein Durchlauf- oder Flussdiagramm mit seinen Kennzahlen ist in Abbildung 19.15 zu sehen.

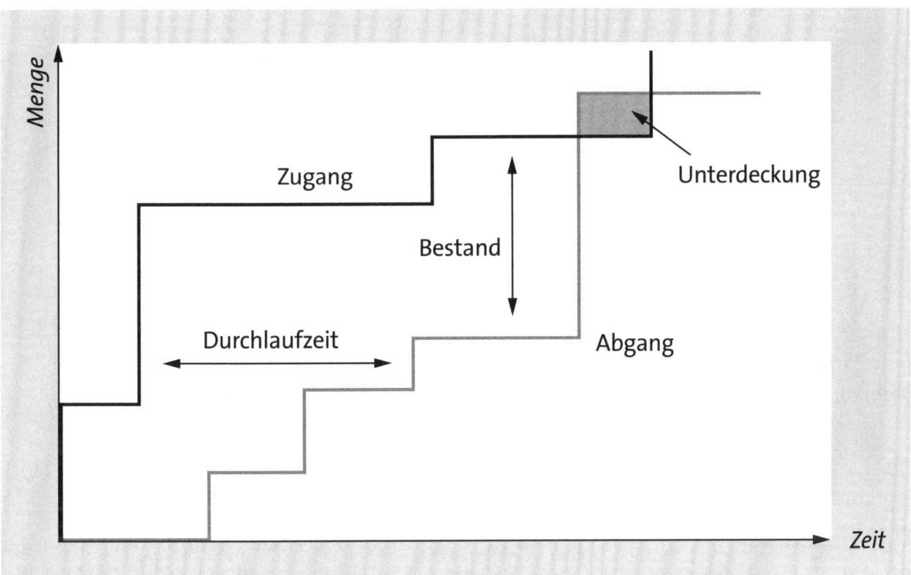

Abbildung 19.15 Flussdiagramm – Kennzahlen für die Materialflussanalyse

Ausgehend vom Anfangsbestand werden für jeden Zeitpunkt alle Warenzugänge und Warenabgänge eingetragen. Die Durchlaufzeit ist der waagerechte Abstand zwischen der Abgangskurve der Quellressource und der Zugangskurve der Zielressource. Der Lagerbestand ist der senkrechte Abstand zwischen der Zuflusskurve und der Abflusskurve eines Materials, einer Materialgruppe oder eines gesamten Sortiments.

Liegt die Zugangskurve über der Abgangskurve, besteht eine Überdeckung. Liegt die Abgangskurve über der Zugangskurve, besteht eine Unterdeckung. Soll-Vorgaben des Managements können mithilfe von Flussdiagrammen mit der tatsächlichen Ist-Leistung verglichen werden, sodass der Betrachter erkennt, ob die Vorgaben erfüllt werden.

Die Termintreue geht aus einem Vergleich der Soll- und Ist-Termine der Zugänge hervor (siehe Abbildung 19.16). Negative Flächen kennzeichnen Verzug, positive Flächen verfrühte Lieferungen, durch die ein sogenannter zeitlicher Puffer entsteht.

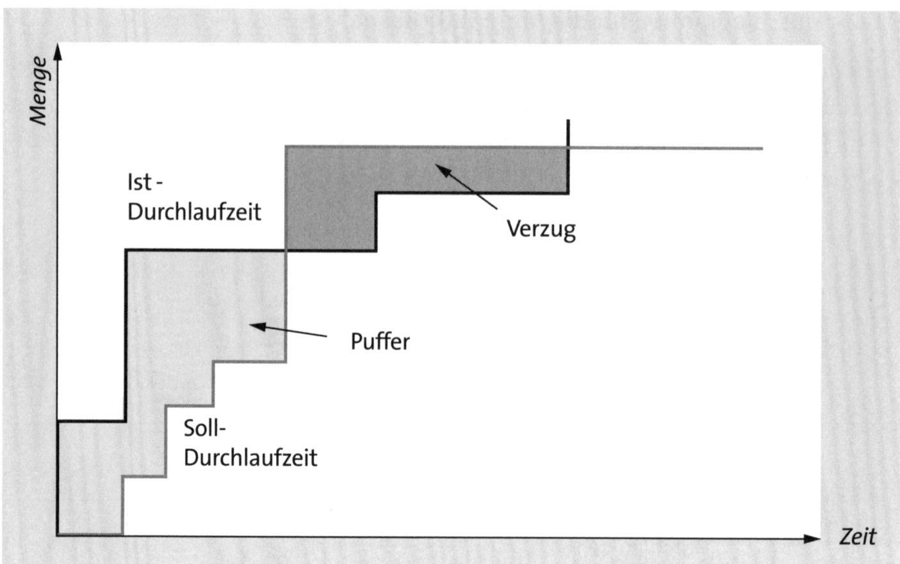

Abbildung 19.16 Flussdiagramm – Termintreue

Die Darstellung im Flussdiagramm zeigt auch, ob Disposition, Produktion und Logistik aufeinander abgestimmt arbeiten. Sie gibt einen Überblick über Abteilungs- und Unternehmensgrenzen hinweg und ist besonders bei virtuellen Partnern wichtig. Sind Puffer zwischen den Partnern einmal erkannt, können sie minimiert und dadurch Risiken abgebaut werden. Die Durchlaufzeit kann entlang der gesamten Supply Chain visualisiert und mit der Lieferzeit verglichen werden (siehe Abbildung 19.17).

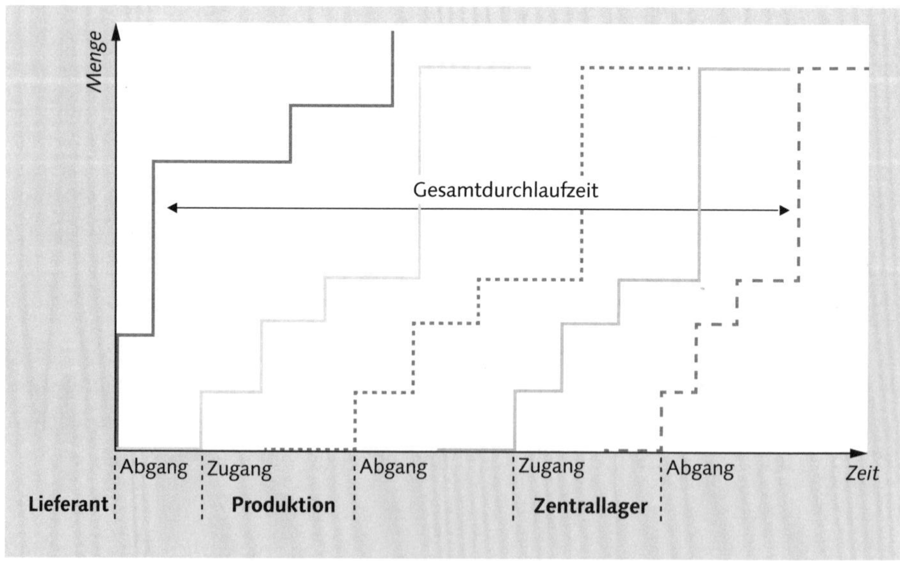

Abbildung 19.17 Flussdiagramm – Gesamtdurchlaufzeit

19.6.3 Beschaffungs- und Verbrauchsrhythmus

Die Synchronisation des Beschaffungs- und Verbrauchsrhythmus für bestimmte Materialien sollte kontinuierlich überwacht und abgeglichen werden. Der Beschaffungsrhythmus ist dabei die Zeitspanne, in der Materialien beschafft werden, z. B. alle 14 Tage. Der *Verbrauchsrhythmus* ist die Zeitspanne, in der die Materialien verbraucht werden, z. B. jede Woche. Abbildung 19.18 zeigt eine beispielhafte Gegenüberstellung.

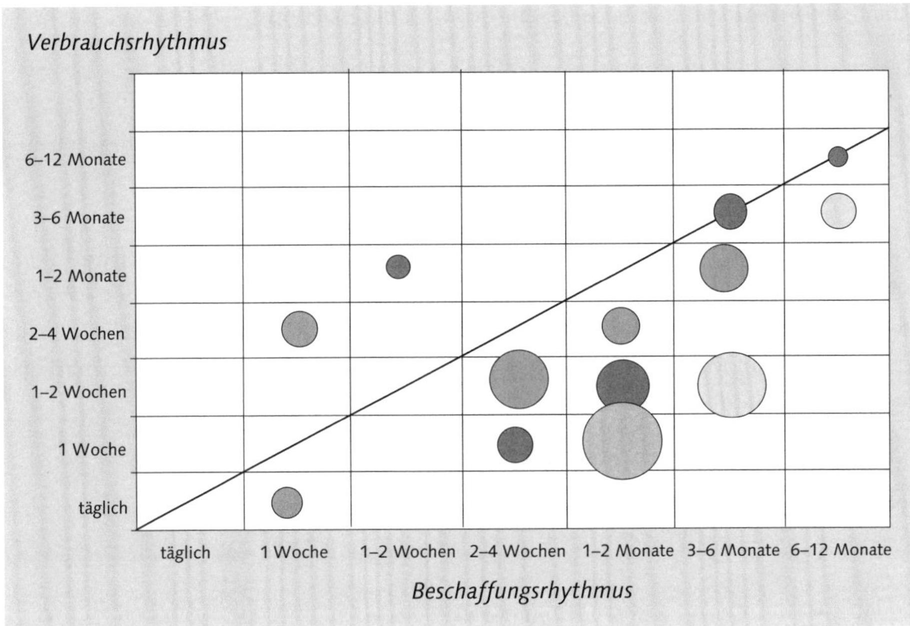

Abbildung 19.18 Beschaffungs- und Verbrauchsrhythmus

Der *Beschaffungsrhythmus* ist auf der y-Achse, der Verbrauchsrhythmus auf der x-Achse dargestellt. Die Größe der Kreise stellt die Anzahl der Materialien dar. So weisen die meisten Materialien einen Verbrauchsrhythmus von einer Woche auf, werden jedoch nur alle ein bis zwei Monate beschafft. Grund hierfür ist meist die Bündelung von einzelnen Bestellungen zu einer Gesamtbestellung, etwa um Bestellkosten zu minimieren.

Anhand einer solchen Matrix können Sie schnell einen Handlungsbedarf im Bestandscontrolling und in der Disposition erkennen. Bei Materialien, die oberhalb der Diagonalen liegen, also einen längeren Verbrauchs- als Beschaffungsrhythmus aufweisen, sollte das Dispositionsverfahren überprüft werden. In der Praxis liegt die letzte Überprüfung des Dispositionsverfahrens oft schon mehrere Jahre zurück, und das Verbrauchsverhalten hat sich in der Zwischenzeit verändert.

Liegen die meisten Materialien, wie in Abbildung 19.18 dargestellt, unterhalb der Diagonalen, sollten Sie mithilfe der ABC-Analyse feststellen, ob darunter auch A-Materialien sind. A-Materialien sollten möglichst verbrauchssynchron beschafft werden, also im besten Fall auf der Diagonalen liegen – im Einzelfall auch darüber.

19.7 Bestandscontrolling in SAP ECC und SAP S/4HANA

In SAP ECC können Sie im Logistikinformationssystem (LIS) Auswertungen zu Bestandsinformationen über das *Bestandscontrolling* machen.

Logistikinformationssystem in SAP S/4HANA

Das Logistikinformationssystem ist in SAP S/4HANA grundsätzlich noch nutzbar, gehört jedoch nicht zu den strategischen Funktionen.

Gehen Sie dazu im SAP-Menü zu **Logistik • Logistik-Controlling • Bestandscontrolling • Standardanalysen**. Dort können Sie Standardanalysen zum Werk, zu Ihren Lagerorten, Ihren Materialien und Ihren Chargen vornehmen. In Abbildung 19.19 sehen Sie den Aufruf einer Materialanalyse im SAP-Menü über **Logistik • Logistik Informationssystem • Standardanalysen • Material**.

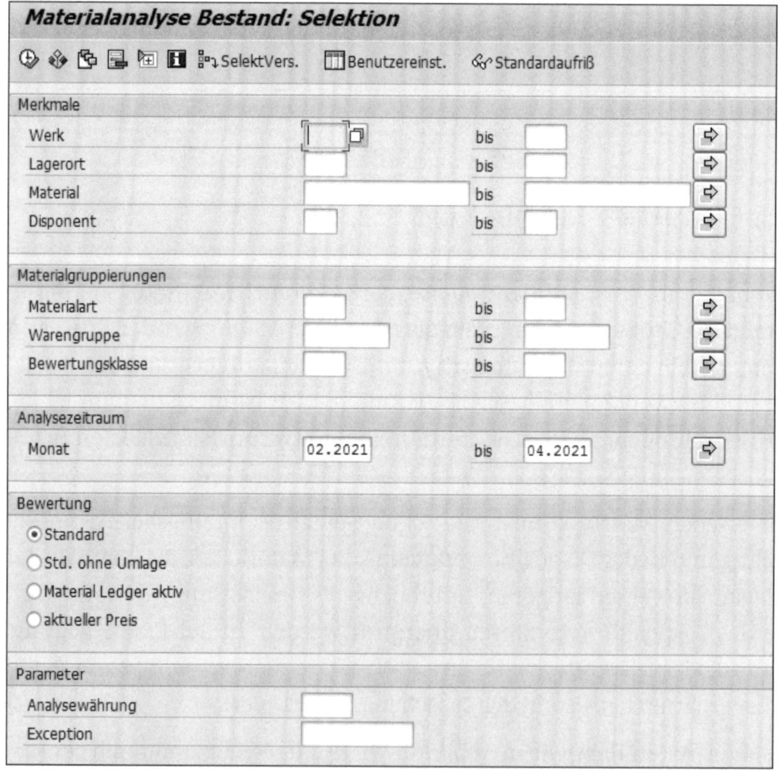

Abbildung 19.19 SAP ECC – Selektion für die Materialanalyse

In der Feldgruppe **Merkmale** geben Sie die Merkmale an, die Sie für Ihre Analyse auswählen wollen. Sie können die Selektion nach Werken, Lagerorten, Materialien oder Chargen eingrenzen. In der Feldgruppe **Materialgruppierungen** können Sie weitere Einschränkungen vornehmen, wenn Sie z. B. nur Materialien einer bestimmten Warengruppe selektieren möchten. Im Bereich **Analysezeitraum** geben Sie an, welche Perioden Sie für die Analyse auswählen wollen. Für die Ermittlung von Bestandswerten müssen Sie in der Feldgruppe **Bewertung** angeben, wie der Bestandswert für die Analyse ermittelt werden soll. In diesem Beispiel wird die Standardbewertung genutzt. Zuletzt können Sie in der Feldgruppe **Parameter** noch die Analysewährung angeben und festlegen, ob Ihnen das System bei Überschreitungen von vorher definierten Schwellwerten (Exceptions) Hinweise geben soll. Abbildung 19.20 zeigt das Ergebnis Ihrer Bestandsanalyse.

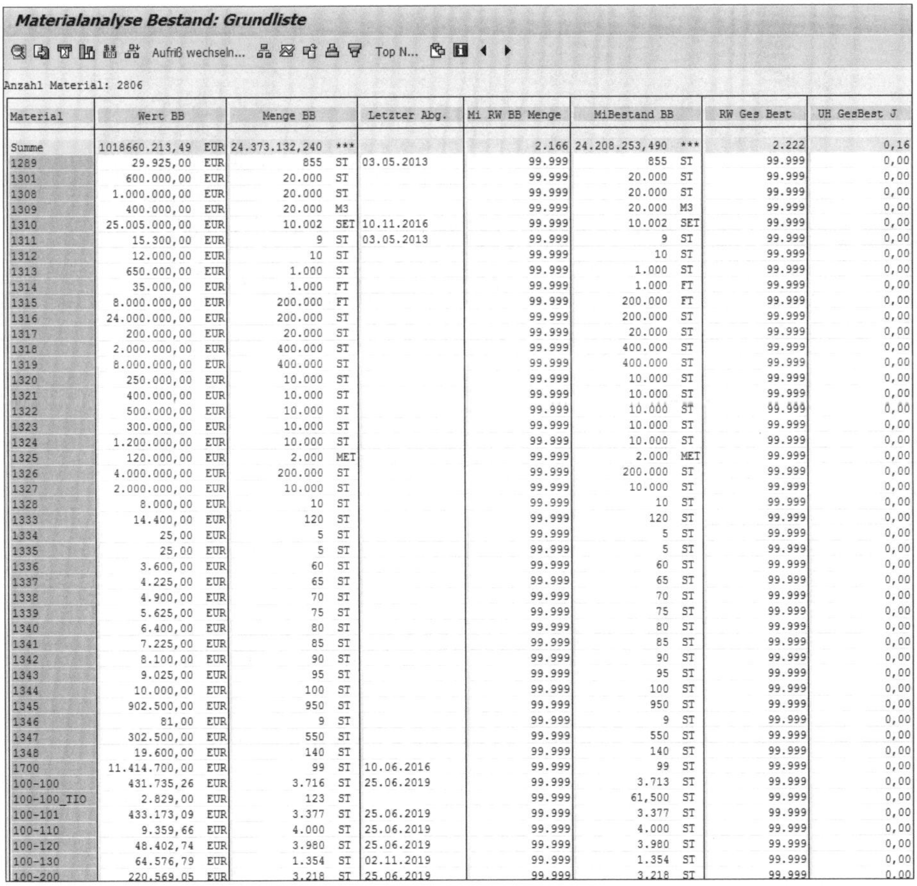

Materialanalyse Bestand: Grundliste

Aufriß wechseln... Top N...

Anzahl Material: 2806

Material	Wert BB	Menge BB	Letzter Abg.	Mi RW BB Menge	MiBestand BB	RW Ges Best	UH GesBest J
Summe	1018660.213,49 EUR	24.373.132,240 ***		2.166	24.208.253,490 ***	2.222	0,16
1289	29.925,00 EUR	855 ST	03.05.2013	99.999	855 ST	99.999	0,00
1301	600.000,00 EUR	20.000 ST		99.999	20.000 ST	99.999	0,00
1308	1.000.000,00 EUR	20.000 ST		99.999	20.000 ST	99.999	0,00
1309	400.000,00 EUR	20.000 M3		99.999	20.000 M3	99.999	0,00
1310	25.005.000,00 EUR	10.002 SET	10.11.2016	99.999	10.002 SET	99.999	0,00
1311	15.300,00 EUR	9 ST	03.05.2013	99.999	9 ST	99.999	0,00
1312	12.000,00 EUR	10 ST		99.999	10 ST	99.999	0,00
1313	650.000,00 EUR	1.000 ST		99.999	1.000 ST	99.999	0,00
1314	35.000,00 EUR	1.000 FT		99.999	1.000 FT	99.999	0,00
1315	8.000.000,00 EUR	200.000 FT		99.999	200.000 FT	99.999	0,00
1316	24.000.000,00 EUR	200.000 ST		99.999	200.000 ST	99.999	0,00
1317	200.000,00 EUR	20.000 ST		99.999	20.000 ST	99.999	0,00
1318	2.000.000,00 EUR	400.000 ST		99.999	400.000 ST	99.999	0,00
1319	8.000.000,00 EUR	400.000 ST		99.999	400.000 ST	99.999	0,00
1320	250.000,00 EUR	10.000 ST		99.999	10.000 ST	99.999	0,00
1321	400.000,00 EUR	10.000 ST		99.999	10.000 ST	99.999	0,00
1322	500.000,00 EUR	10.000 ST		99.999	10.000 ST	99.999	0,00
1323	300.000,00 EUR	10.000 ST		99.999	10.000 ST	99.999	0,00
1324	1.200.000,00 EUR	10.000 ST		99.999	10.000 ST	99.999	0,00
1325	120.000,00 EUR	2.000 MET		99.999	2.000 MET	99.999	0,00
1326	4.000.000,00 EUR	200.000 ST		99.999	200.000 ST	99.999	0,00
1327	2.000.000,00 EUR	10.000 ST		99.999	10.000 ST	99.999	0,00
1328	8.000,00 EUR	10 ST		99.999	10 ST	99.999	0,00
1333	14.400,00 EUR	120 ST		99.999	120 ST	99.999	0,00
1334	25,00 EUR	5 ST		99.999	5 ST	99.999	0,00
1335	25,00 EUR	5 ST		99.999	5 ST	99.999	0,00
1336	3.600,00 EUR	60 ST		99.999	60 ST	99.999	0,00
1337	4.225,00 EUR	65 ST		99.999	65 ST	99.999	0,00
1338	4.900,00 EUR	70 ST		99.999	70 ST	99.999	0,00
1339	5.625,00 EUR	75 ST		99.999	75 ST	99.999	0,00
1340	6.400,00 EUR	80 ST		99.999	80 ST	99.999	0,00
1341	7.225,00 EUR	85 ST		99.999	85 ST	99.999	0,00
1342	8.100,00 EUR	90 ST		99.999	90 ST	99.999	0,00
1343	9.025,00 EUR	95 ST		99.999	95 ST	99.999	0,00
1344	10.000,00 EUR	100 ST		99.999	100 ST	99.999	0,00
1345	902.500,00 EUR	950 ST		99.999	950 ST	99.999	0,00
1346	81,00 EUR	9 ST		99.999	9 ST	99.999	0,00
1347	302.500,00 EUR	550 ST		99.999	550 ST	99.999	0,00
1348	19.600,00 EUR	140 ST		99.999	140 ST	99.999	0,00
1700	11.414.700,00 EUR	99 ST	10.06.2016	99.999	99 ST	99.999	0,00
100-100	431.735,26 EUR	3.716 ST	25.06.2019	99.999	3.713 ST	99.999	0,00
100-100_TIO	2.829,00 EUR	123 ST		99.999	61,500 ST	99.999	0,00
100-101	433.173,09 EUR	3.377 ST	25.06.2019	99.999	3.377 ST	99.999	0,00
100-110	9.359,66 EUR	4.000 ST	25.06.2019	99.999	4.000 ST	99.999	0,00
100-120	48.402,74 EUR	3.980 ST	25.06.2019	99.999	3.980 ST	99.999	0,00
100-130	64.576,79 EUR	1.354 ST	02.11.2019	99.999	1.354 ST	99.999	0,00
100-200	220.569,05 EUR	3.218 ST	25.06.2019	99.999	3.218 ST	99.999	0,00

Abbildung 19.20 Materialanalyse – Kennzahlensicht

Sie sehen eine Reihe von Bestandskennzahlen, z. B. den Gesamtverbrauch, die aktuelle Bestandsmenge, das Datum des letzten Bestandsabgangs, die mittlere Reichweite in Tagen, den mittleren Bestand, die aktuelle Bestandsreichweite sowie die Umschlagshäufigkeit des Bestands. Über das Symbol [icon] (**Weitere Kennzahlen**) können Sie beliebig viele weitere Kennzahlen einblenden. Detailinformationen können Sie sich auch grafisch oder tabellarisch anzeigen lassen. Zusätzlich können Sie in die Bestandsübersicht der Bestandsführung verzweigen.

Zu den oben genannten Kennzahlen können Sie sich für einen Merkmalswert ein Zugangsdiagramm, ein Abgangsdiagramm und ein Diagramm über den Bestandsverlauf anzeigen lassen. Navigieren Sie dazu im Menü unter dem Punkt **Springen** in das Zu- und Abgangsdiagramm. In diesem Diagramm erhalten Sie einen Überblick über den Bestandsverlauf und die kumulierten Zugangs- und Abgangsdaten pro Material (siehe Abbildung 19.21).

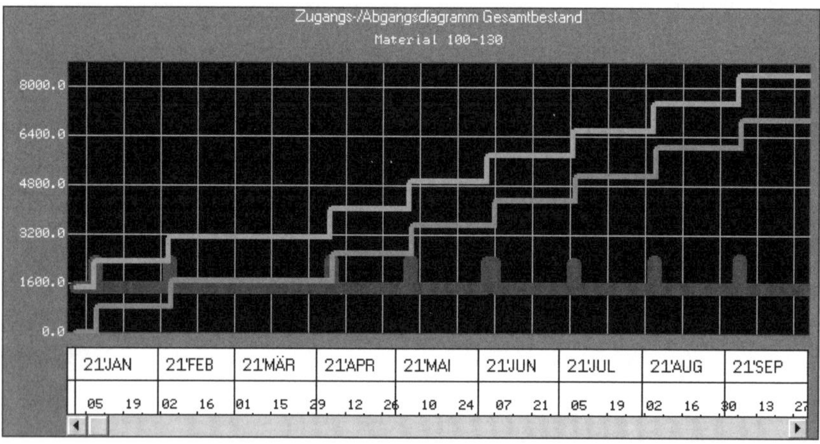

Abbildung 19.21 Zugangs- und Abgangsdiagramm in SAP ECC

Sie können für jeden Merkmalswert eine Tabelle mit den Lagerbewegungen für die oben genannten Kennzahlen anzeigen lassen. Die Tabelle stellt die Bewegungen dar, die im Analysezeitraum der Standardanalyse stattgefunden haben. Bei einem einfachen Doppelklick erscheinen die Einzelbewegungen des Tages mit der entsprechenden Belegnummer. Durch erneuten Doppelklick auf die Belegnummer verzweigen Sie in den Beleg.

Zusätzlich können Sie folgende Kennzahlen tabellarisch anzeigen lassen:

- Anfangsbestand
- Mittelwert
- Minimum
- Maximum
- Endbestand
- letzter Verbrauch

- mittlere Reichweite
- Umschlag
- Nullbestand
- Anteil Bodensatz in Prozent

Diese Detailanalyse sehen Sie in Abbildung 19.22.

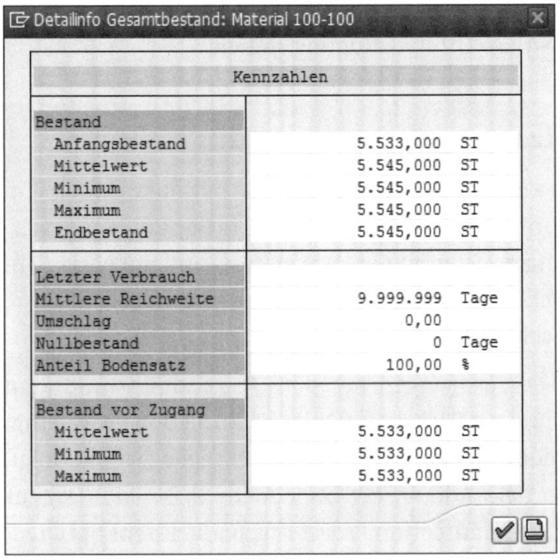

Detailinfo Gesamtbestand: Material 100-100

Kennzahlen		
Bestand		
Anfangsbestand	5.533,000	ST
Mittelwert	5.545,000	ST
Minimum	5.545,000	ST
Maximum	5.545,000	ST
Endbestand	5.545,000	ST
Letzter Verbrauch		
Mittlere Reichweite	9.999.999	Tage
Umschlag	0,00	
Nullbestand	0	Tage
Anteil Bodensatz	100,00	%
Bestand vor Zugang		
Mittelwert	5.533,000	ST
Minimum	5.533,000	ST
Maximum	5.533,000	ST

Abbildung 19.22 Detailinformationen zum ausgewählten Material in SAP ECC

19.8 Bestandscontrolling mit SAP APO und SAP BW

Für ein sinnvolles Bestandscontrolling werden aktuelle Auswertungsdaten der Bestände, aber auch der Servicegrad-, Dispositions-, Prognose- und Produktionskennzahlen benötigt. Zu diesem Zweck stehen sowohl in SAP ECC, SAP S/4HANA als auch in SAP APO Werkzeuge zur Verfügung, die in den vorangehenden Abschnitten bereits vorgestellt wurden. Allerdings beschränken sich die Auswertungsmöglichkeiten meistens auf den aktuellen Zeitraum. Auswertungen von Daten eines längeren Zeitraums sind zwar möglich, erfordern aber spezielle Einstellungen und belasten das System durch die Selektion großer Datenmengen.

Die Datenmenge ist aber gerade in den letzten Jahren durch die weltweite Vernetzung von Unternehmen immer weiter angestiegen. Dies hatte zum einen zur Folge, dass vorhandene Daten nicht ausgewertet werden konnten, da sie in unterschiedlichen Systemen abgelegt waren, zum anderen war das Datenvolumen schlicht zu groß für Auswertungen.

Mit SAP Business Warehouse (BW) kann diesem Problem begegnet werden, da hiermit Auswertungen über einen längeren Zeitraum ohne Performanceprobleme möglich sind. Mit SAP BW lassen sich Daten aus verschiedenen Quellen zusammenführen, analysieren und die Ergebnisse in Reports darstellen. SAP BW wird ab Release 5.0 standardmäßig mit SAP SCM ausgeliefert.

Bevor wir Ihnen jedoch zeigen, wie Sie SAP BW für die Bestandsoptimierung einsetzen können, stellen wir Ihnen im folgenden Abschnitt zunächst einige Auswertungsmöglichkeiten vor, die Ihnen direkt in SAP APO zur Verfügung stehen.

19.8.1 Auswertungsmöglichkeiten für Bestandsinformationen

SAP bietet im Bereich SAP APO unterschiedliche Möglichkeiten der Auswertung von Bestandsinformationen an. Diese unterscheiden sich erheblich in der Art der Auswertung, der Flexibilität der Anwendung und der Art der Verwendung, um nur einige Unterschiede zu nennen. Grundsätzlich kann man die Auswertungen durch das System, in dem sie gemacht werden, unterscheiden.

Die im Folgenden beschriebenen Auswertungen mit dem Planmonitor und dem Alert-Monitor werden im sogenannten *OLTP-System* (Online Transaction Processing) durchgeführt. Das bedeutet, dass der Datenzugriff online auf aktuelle Daten erfolgt. Diese Funktionen stehen auch mit dem Add-on for Embedded PP/DS (ePP/DS) zur Verfügung. Im Gegensatz zum Online Transaction Processing (OLTP) steht bei OLAP (Online Analytical Processing) die Durchführung komplexer Analysevorhaben im Vordergrund, die ein sehr hohes Datenaufkommen verursachen. Für diese Analysevorhaben wird daher SAP BW benötigt. Das Ziel ist, durch multidimensionale Betrachtung dieser Daten ein entscheidungsunterstützendes Analyseergebnis zu gewinnen. Die verschiedenen Auswertungsmöglichkeiten im SAP-APO-System sind:

- **OLTP-System**
  - direkte Auswertung in den jeweiligen Transaktionen
  - Kennzahlen im Alert-Monitor
  - Kennzahlen im Planmonitor
- **OLAP-System**
  Auswertungen in SAP BW

Bevor wir näher auf die Möglichkeiten von SAP BW eingehen, möchten wir Ihnen zunächst die Auswertung mit dem Planmonitor und dem Alert-Monitor kurz vorstellen. Der Planmonitor bietet eine Möglichkeit zur Auswertung der Produktionszahlen. Um mit dem Planmonitor arbeiten zu können, müssen Sie im Vorfeld ein sogenanntes *Kennzahlenschema* im Customizing anlegen, in dem Sie die Kennzahlen, die Sie erhalten wollen, definieren. Dieses Schema muss dann noch in die verschiedenen Profile für die einzelnen Anwendungen eingetragen werden.

SAP bietet zu den folgenden fünf Bereichen vordefinierte Kennzahlen zur direkten Verwendung an:

- Ressourcen (z. B. Ressourcenproduktionszeit)
- Mengen (z. B. Anzahl Aufträge)
- Zeiten (z. B. Auftragsdurchlaufzeit)
- Auftragszuordnung (z. B. rechtzeitige Mengen)
- Bestände (z. B. Bestandsreichweite)

In allen Fällen sollten Sie genau auf die Definition der Kennzahlen achten, da Unterschiede zwischen der Kennzahlendefinition von SAP und Ihrer Kennzahlendefinition auftreten können. Die angebotenen Kennzahlen können dann im Planmonitor über Punktwerte gewichtet werden. Wird hier nichts an den Standardeinstellungen geändert, ist der Kennzahlenwert gleich dem Punktwert. Wünscht der Kunde eine Gewichtung, kann diese über Formeln definiert werden. Eine eigene Definition von Kennzahlen ist nicht vorgesehen.

Sie können den Planmonitor über den Menübaum aufrufen (Transaktion /SAPAPO/PMON • **Plan Monitor**). Zusätzlich können Sie aus vielen verschiedenen Funktionen in SAP APO, wie z. B. der Feinplantafel oder der Produktplantafel, direkt in den Planmonitor abspringen. Der Unterschied besteht in der Selektion der Daten. Beim direkten Aufruf des Planmonitors werden die Einstellungen bezüglich des Zeithorizonts oder der Objektauswahl aus dem Kennzahlenschema verwendet. Zum Beispiel geschieht beim Aufruf aus der Feinplantafel diese Selektion bereits mit dem Aufruf der Feinplantafel (Zeithorizont) bzw. mit dem Markieren von Objekten in der Feinplantafel. In beiden Fällen können die Daten in andere Formate (HTML, Excel, RTF) heruntergeladen werden. Im folgenden Beispiel werden Auswertungen mithilfe des Planmonitors vorgenommen. Abbildung 19.23 zeigt einen Termin-Alert in der Produktsicht.

Priorität	Verf/BedD.	Ver/BedZ.	Startdatum	Startzeit	Kategorie	Zug.-/BedElmt.	Zg./BdMg.	Best.Menge	Verfügbar	Über/Unter	Netz.Alert	Mng.-Alert	Trm.-Alert	PP-fixiert	UmsKz.	N. peg-rel	Fehlteil
0	19.09.2020	23:59:59	09.09.2020	23:59:59	PL-AUF(F)	2557083/000010	5	0	5	5							
0	20.09.2020	12:00:00	10.09.2020	12:00:00	PL-AUF(F)	2557084/000010	5	0	10	5							
0	20.09.2020	12:00:00			VP-BED		10-	0	0	10-							
0	30.09.2020	12:00:00	20.09.2020	12:00:00	PL-AUF	2557085/000010	20	0	20	20							
0	30.09.2020	12:00:00			VP-BED		20-	0	0	20-							
0	03.04.2021	23:59:59				SNP-ProdHor.											
0	14.04.2021	11:03:32				PP/DS-FixHor.											
0	27.12.2023	23:59:59				PP/DS-Horizont											

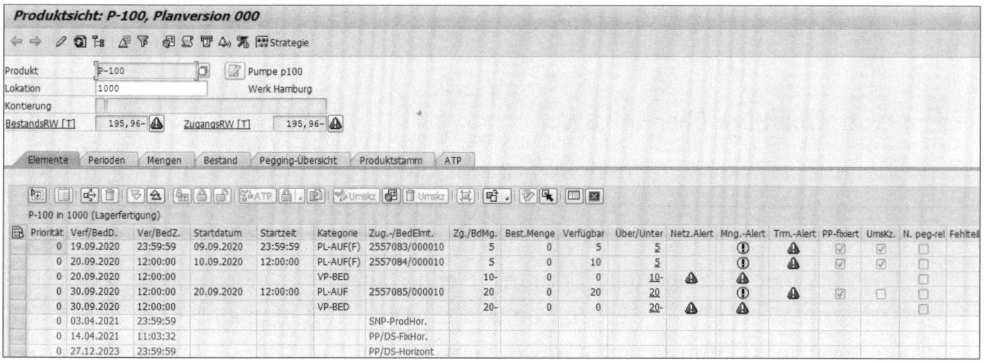

Abbildung 19.23 Termin-Alert in der Produktsicht

Wenn Sie nun den Alert-Monitor von SAP APO über einen Doppelklick auf den Termin-Alert aufrufen, sehen Sie die Sicht auf diesen Alert aus dem Alert-Monitor (siehe Abbildung 19.24).

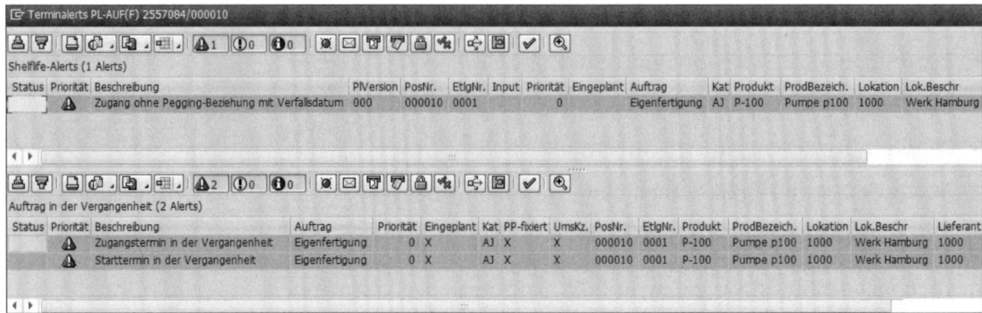

Abbildung 19.24 Termin-Alert im Alert-Monitor

Diesen Termin-Alert können Sie nun auch über das Kontextmenü im Planmonitor ansehen (siehe Abbildung 19.25).

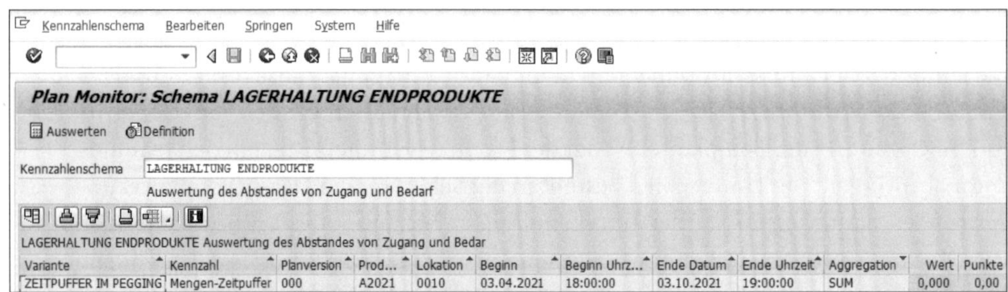

Abbildung 19.25 Termin-Alert im Planmonitor

Im Planmonitor erkennen Sie rechts, dass es Detailinformationen zu diesem Termin-Alert gibt, nämlich die Bewertung des Termin-Alerts in Form von Werten und Punkten. Dadurch lassen sich Termin-Alerts kumulieren und miteinander vergleichen; hier liegt der große Vorteil des Planmonitors.

19.8.2 Überblick über SAP BW

SAP Business Warehouse (SAP BW) ist eine Data-Warehouse-Lösung, mit der große Datenmengen aus verschiedenen Quellsystemen performant analysiert und dargestellt werden können. Die Daten werden dabei aus heterogenen SAP- und Nicht-SAP-Quellsystemen bereitgestellt. Es müssen jedoch nicht nur verschiedene technische Plattformen verbunden werden, sondern es muss auch eine abweichende Stamm- und Bewegungsdatensemantik konsolidiert werden. Durch diese Maßnahme werden die OLTP-Systeme, auf denen üblicherweise die Daten analysiert werden, durch den separaten BW-Server und die dadurch ausgelagerte Datenanalyse entlastet.

Damit bietet das Data Warehouse eine einheitliche Plattform für das Erstellen von Reports und Analysen. Durch eine standardisierte Strukturierung der Daten sind schnelle und aktuelle Datenzugriffe möglich, und die Verlässlichkeit der Daten durch unternehmensweite einheitliche Definitionen bleibt gewahrt. Außerdem muss ein Data Warehouse flexible Strukturen und Schichten zur Verfügung stellen, um schnell auf neue Unternehmensentwicklungen reagieren zu können (etwa auf geänderte Ziele, Fusionen und Übernahmen).

In SAP BW können Sie über eine zentrale Anwendungsumgebung, die *Administrator Workbench*, einfach auf die Daten zugreifen, weil diese zentral in einer separaten Datenbank vorgehalten werden. Die Administrator Workbench umfasst die Datenmodellierung (Modellierung von InfoProvidern), die Datenbereitstellung (Definition der Quellen und Übertragungsmechanismen) und die Transformation der Daten bis hin zur Datenverteilung. Im Berichtswesen stehen für die unterschiedlichen Auswertungszwecke Analysetechniken und Visualisierungswerkzeuge zur Verfügung.

In der Datenmodellierung können Sie zur Übertragung, Fortschreibung und Analyse von Daten notwendige Objekte und Regeln in der Administrator Workbench anlegen und bearbeiten sowie damit in Zusammenhang stehende Funktionen ausführen. Die Objektdarstellung in der Modellierung erfolgt in einer Baumstruktur. Abbildung 19.26 zeigt, wie die verschiedenen Objekte in BW zusammenhängen.

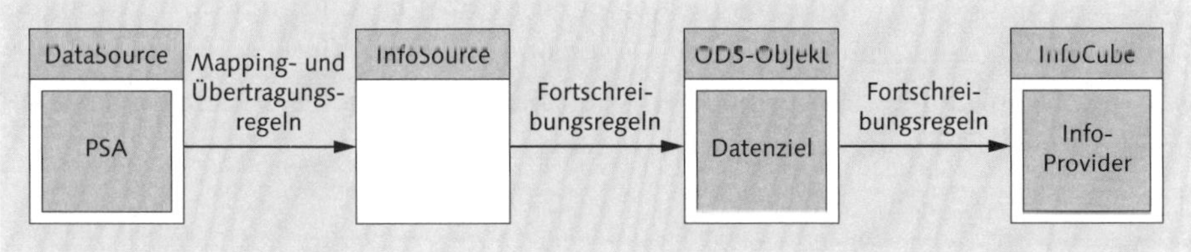

Abbildung 19.26 Datenmodellierung mit SAP BW (Quelle: SAP)

Im Quellsystem liegen logisch zusammengehörige Daten in Form von *DataSources* vor. DataSources werden zur Datenextraktion aus einem Quellsystem und zur Übertragung der Daten in das BW-System verwendet. Die *Persistent Staging Area* (PSA) ist die Eingangsablage für Daten aus den Quellsystemen in SAP BW. Die angeforderten Daten werden unverändert zum Quellsystem gespeichert.

Eine *InfoSource* beschreibt die Menge aller verfügbaren Daten zu einem Geschäftsvorfall oder zu einer Art von Geschäftsvorfällen (z. B. Kostenstellenrechnung). In ihr werden einzelne Felder der DataSource entsprechenden *InfoObjects* zugeordnet. Dabei können die Daten durch Übertragungsregeln transformiert werden. Durch die InfoObjects werden Informationen in strukturierter Form abgebildet.

Die Fortschreibungsregeln spezifizieren, wie die Daten (Kennzahlen, Zeitmerkmale, Merkmale) aus der Kommunikationsstruktur einer InfoSource in Datenziele (im Beispiel in Abbildung 19.26 ein ODS-Objekt) fortgeschrieben werden. In den Fortschreibungsregeln können die Daten auch transformiert werden.

Anschließend lassen sich die Daten in weitere Datenziele/InfoProvider (im Beispiel oben in einen InfoCube) fortschreiben. Der InfoProvider stellt die Daten zur Auswertung in Querys zur Verfügung.

Die Datenbereitstellung beschreibt den Prozess der Extraktion, der Transformation und des Ladens (ETL-Prozess) von Daten genauer. Die drei Hauptfragen im Zusammenhang mit der Datenbereitstellungsebene sind:

- Welche Quellsysteme können ausgewertet werden?
- Welche Werkzeuge stehen dafür zur Verfügung?
- Welche Schnittstellentypen können verwendet werden?

Die *Datenhaltung und -verwaltung* wird auf dem BW-Server durchgeführt. Zu diesem Zweck steht die *Staging Engine* zur Verfügung, die den Ladeprozess der Daten steuert. Auf dem BW-Server werden die Daten in Datenbanken gespeichert. Dies gilt sowohl für die Stamm- und Bewegungsdaten als auch für die Metadaten. Ein zentrales Werkzeug der Datenverwaltung ist die Administrator Workbench, die wir Ihnen bereits vorgestellt haben.

Auf der Analyseebene findet das Online Analytical Processing (OLAP) statt. Hier haben Sie die Auswahl zwischen verschiedenen Reporting- und Analysewerkzeugen. Neben den Werkzeugen, die Ihnen im SAP Business Explorer (BEx) zur Verfügung stehen und die im Lieferumfang von SAP BW enthalten sind, bietet SAP seit dem Zukauf von BusinessObjects noch einige weitere Werkzeuge an.

19.8.3 Business Content

Beim Business Content handelt es sich um vordefinierte, strukturierte, rollen- und aufgabenbezogene Informationsmodelle, die von SAP zusammen mit dem BW-System ausgeliefert werden. Diese Modelle sind neben der Erstellung eigener Strukturen eine komfortable, sichere und einfache Möglichkeit, schnell Auswertungen im SAP-System aufzubauen, da sie bereits alle notwendigen Komponenten von der Extraktion bis zu Reports enthalten.

Der Business Content kann ohne Anpassung verwendet werden, durch Erweiterungen angepasst werden oder als Vorlage für kundenindividuelle Objekte dienen. Durch die Verwendung des von SAP ausgelieferten Business Contents entfällt ein Großteil des Konfigurationsaufwands für ein BW-System und damit auch für das BW im SAP-APO-System. Die Administrator Workbench wird zur Aktivierung des von SAP ausgelieferten Business Contents verwendet. Im Business Content befinden sich komplette Szenarien inklusive der Stamm- und Bewegungsdaten und Auswertungen für alle großen Bereiche eines Unternehmens wie Vertrieb, Einkauf, Finanzen oder Produktion.

Der Business Content für das Supply Chain Management und insbesondere das Bestandscontrolling umfasst:

- **DataSources**
  DataSources können z. B. für die Auswertung von Materialbewegungen auf Lagerort- oder Werksebene verwendet werden. Eine DataSource ist eine Menge von Feldern, die dem BW-System die Daten zu einer betriebswirtschaftlichen Einheit zur Datenübertragung zur Verfügung stellt. Technisch gesehen umfasst die DataSource eine Menge von logisch zusammengehörigen Feldern, die in einer flachen Struktur (Extraktstruktur) bzw. für Hierarchien in mehreren flachen Strukturen zur Datenübertragung in BW angeboten werden.
- **InfoSources**
  InfoSources können z. B. für die Auswertung von Materialbeständen und die Umbewertung in der Bestandsführung verwendet werden. Eine InfoSource enthält selbst keine Daten. Sie wird immer dann verwendet, wenn Sie im Datenfluss zwei (oder mehrere) Transformationen (Datentransferprozess) hintereinander durchführen wollen, ohne dass die Daten zusätzlich abgelegt werden sollen.
- **InfoCubes**
  InfoCubes können z. B. für die Auswertung von Lagerhütern oder periodischen Lagerortbeständen verwendet werden. Ein InfoCube beschreibt einen (aus Sicht der Analyse) in sich geschlossenen Datenbestand z. B. eines betriebswirtschaftlichen Bereichs. Dieser Datenbestand kann mit der BEx Query ausgewertet werden. Ein InfoCube ist eine Menge von relationalen Tabellen, die nach dem Sternschema zusammengestellt sind: eine große Faktentabelle im Zentrum und mehrere diese umgebende Dimensionstabellen.
- **MultiProvider**
  MultiProvider können z. B. für die Auswertung von Materialbeständen und -bewegungen verwendet werden. Ein MultiProvider ist ein InfoProvider-Typ, der Daten aus mehreren InfoProvidern zusammenführt und sie gemeinsam für die Datenanalyse zur Verfügung stellt. Der MultiProvider enthält selbst keine Daten; seine Daten ergeben sich ausschließlich aus den zugrunde liegenden InfoProvidern, die per Union-Operation zusammengefasst werden.
- **Querys**
  Querys können z. B. für die Auswertung der Bestandsalterung oder Bestandsreichweite verwendet werden. Für die Datenanalyse im BEx Analyzer benötigen Sie als Data Provider Querys, mit deren Hilfe die Analysedaten gesammelt und ausgegeben werden.

- **Kennzahlen**
  Kennzahlen können z. B. für Abgangsmengen, Zugangsmengen und Ausschuss verwendet werden.

Der Business Content wird über die Administrator Workbench installiert und aktiviert. Beim Aufruf der Administrator Workbench über das Menü **SAP APO • Absatzplanung • Umfeld • Administrator Workbench** erscheint im linken Bildbereich ein Navigationsmenü. Wenn Sie hier auf die Schaltfläche **BI Content** klicken, werden Ihnen nach der Installation des Business Contents die verfügbaren Objekte angezeigt, aus denen Sie das für Ihre Zwecke geeignete Objekt auswählen können (siehe Abbildung 19.27).

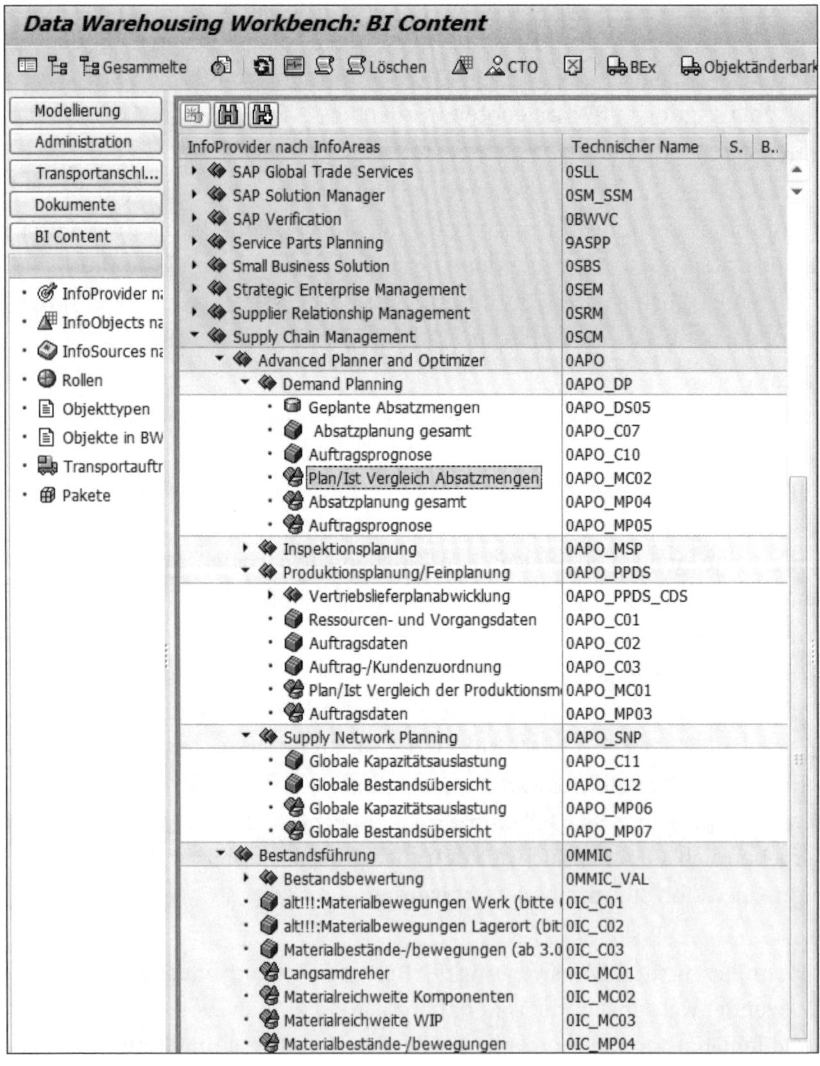

Abbildung 19.27 Business Content in der Administrator Workbench

Wird die Erzeugung neuer BW-Objekte für spezifische Anforderungen notwendig, kann diese Aufgabe problemlos mit den Funktionen der Administrator Workbench ausgeführt werden. Dies kann erforderlich werden, wenn für die Absatzplanung spezielle historische Daten aus Nicht-SAP-Systemen verwendet werden sollen. Somit verfügt SAP APO mit der integrierten BW-Komponente über eine wichtige technische Basis, um sehr flexibel verschiedenste Datenquellen in SAP APO zu integrieren.

19.8.4 BEx Analyzer

Der *Business Explorer Analyzer* (kurz BEx Analyzer) ist ein Reporting-Werkzeug in SAP BW. Mit ihm können Sie Daten, die durch die Ausführung der Querys gewonnen werden, in Microsoft Excel präsentieren. Dazu stehen die Standardfunktionalitäten von Excel zur Verfügung und zusätzlich eine Taskleiste mit speziellen Funktionen, die im BEx Analyzer benötigt werden. Mit der Transaktion RRMX wird der BEx Analyzer direkt aus SAP APO gestartet.

Rufen Sie nach dem Start unter dem Menüpunkt **Objekte öffnen** die Funktion **Querys öffnen** auf. Im folgenden Dialogfenster können Sie dann bereits erstellte Querys (z. B. aus dem Business Content) öffnen, die nach einer festgelegten Ordnung (**Historie**, **Favoriten**, **Rollen** oder **InfoAreas**) abgelegt sind (siehe Abbildung 19.28). Außerdem können Sie neue Querys erstellen.

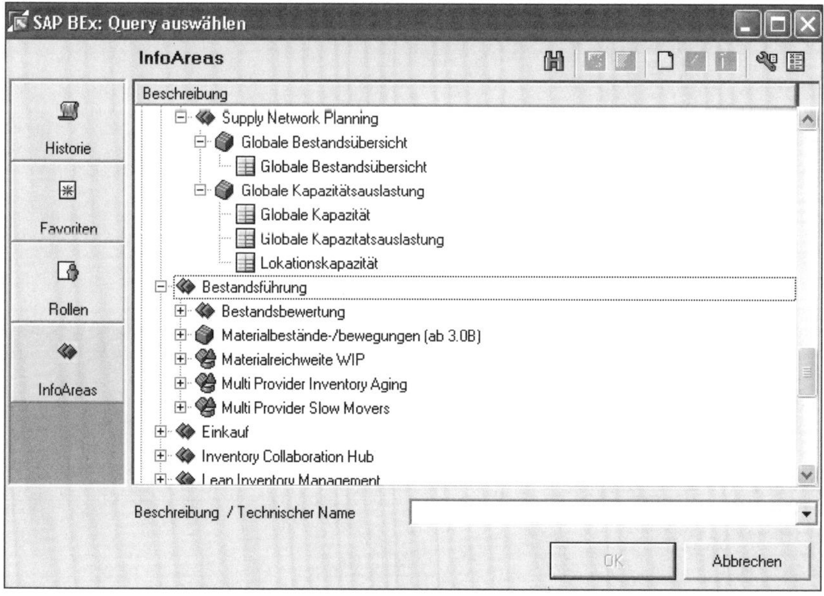

Abbildung 19.28 Business Explorer Analyzer (BEx)

Durch einen Doppelklick auf die ausgewählte Query wird diese Query ausgeführt, und es wird ein Auswahlfenster zur Selektion der Daten angezeigt. Nach der Festlegung der auszuwertenden Daten wird die Auswertung generiert und dann in Excel angezeigt.

Wie oben bereits dargestellt besteht in SAP BW die Möglichkeit, Daten aus mehreren Systemen (SAP- und Nicht-SAP-Systeme) zusammenzuführen und in einer Auswertung darzustellen. Im Folgenden stellen wir einige BEx-Beispielauswertungen dar, damit Sie sehen, welche unterschiedlichen Möglichkeiten es im Standard-Business-Content gibt.

Abbildung 19.29 zeigt die Analyse aus dem Standard-Business-Content zur Bestandsalterung der Materialien in den Werken 1000, 1200 und 3000 in den Jahren ab 2013.

	A	B	C	D
1	Bestandsalterung			
2				
3	Kalendertag			
4	Kennzahlen			
5	Material			
6	Werk			
7	Kalenderjahr			
8				
9	Kalendertag	30.06.2020..30.06.2021		
10				
11	Material	Werk	Kalenderjahr	Bestandsalterung
12	578	1200	2020	
13			2021	
14	100-100	1000	2020	
15			2021	
16		3000	2020	17,51106 %
17			2021	
18		3200	2020	
19			2021	
20	100-101	1000	2020	
21			2021	
22	100-110	1000	2020	11,49138 %
23			2021	
24		3000	2020	1.400,79936 %
25			2021	
26	100-120	1000	2020	-0,67684 %
27			2021	
28		3000	2020	292,21683 %
29			2021	
30	100-130	1000	2020	4,05684 %
31			2021	
32		3000	2020	740,04437 %
33			2021	
34	100-200	1000	2020	
35			2021	
36		3000	2020	
37			2021	
38	100-210	1000	2020	4,11553 %
39			2021	
40		3000	2020	
41			2021	
42	100-300	1000	2020	665,75756 %
43			2021	
44		3000	2020	2.226,74325 %
45			2021	
46	100-302	1000	2020	
47			2021	
48	100-310	1000	2020	8,38028 %

Abbildung 19.29 Bestandsalterungsanalyse

Abbildung 19.30 zeigt den Lieferverzug von Materialien aus dem Standard-Business-Content an.

	A	B	C	D	E	F
1	SCM Lieferverzug					
2						
3	Kalendertag					
4	Kennzahlen					
5	Material					
6	Werk					
7	Kalenderjahr					
8						
9	Kalendertag	30.06.2021				
10						
11	Material	Werk	Kalenderjahr	Verhältnis korrekt / g	Verhältnis korrekt / z	korrekt geliefert
12	100-100	1000	2021	62,50	75,00	600,00
13	100-101	1000	2021	55,30	33,40	500,00
14	100-110	1000	2021	22,23	90,43	420,00
15	100-120	1000	2021	88,40	22,44	330,00
16	100-200	1000	2021	43,33	41,55	701,00
17	100-400	1000	2021	78,99	55,32	943,00

Abbildung 19.30 Lieferverzug

Abbildung 19.31 zeigt die Materialreichweite und den dazugehörigen bewerteten Bestand an. Mit dieser Query können Sie auf der Grundlage der Bestands- und Abgangswerte anzeigen, wie viele Tage der aktuelle Bestand für die Deckung der Bestandsabgänge in der Zukunft ausreicht.

	A	B	C	D	E
1	Materialreichweite				
2					
3	Kalendertag				
4	Kennzahlen				
5	Material				
6	Werk				
7	Kalenderjahr				
8					
9	Kalendertag	30.06.2021			
10					
11	Material	Werk	Kalenderjahr	Abgangswert	Materialreichweite in Tagen
12	100-100	1000	2021	700,00	44,00
13	100-101	1000	2021	450,00	2,00
14	100-110	1000	2021	990,00	34,00
15	100-120	1000	2021	830,00	56,00
16	100-200	1000	2021	230,00	66,00
17	100-400	1000	2021	440,00	10,00

Abbildung 19.31 Bestandsreichweite

Das letzte Beispiel in Abbildung 19.32 verdeutlicht die Prognoseanalyse. Das Bild zeigt eine Analyse der Prognosegenauigkeit. Für ein Produkt wurde die Entwicklung des Prognosefehlers MAPE bezogen auf die Jahres-, Monats- und Halbjahresebene berechnet. Wie Sie sehen, schneidet der Prognosefehler auf Jahresebene am besten ab, da hier die Abweichungen stark gemittelt werden.

	A	B	C	D	E	F
1	Prognosegenauigkeit					
2						
3	Kalendertag					
4	Kennzahlen					
5	Material					
6	Werk					
7	Kalenderjahr					
8						
9	Kalendertag	30.06.2021				
10						
11	Material	Werk	Kalenderjahr	MAPE Jahr	MAPE Monat	MAPE 1-6
12	100-100	1000	2021	19,18	22,32	21,97
13	100-101	1000	2021	21,39	25,42	31,25
14	100-110	1000	2021	38,54	42,96	58,48
15	100-120	1000	2021	18,55	21,82	22,06
16	100-200	1000	2021	15,07	19,11	18,00
17	100-400	1000	2021	35,95	36,46	39,03

Abbildung 19.32 Prognosegenauigkeit (Praxisbeispiel)

19.9 Bestandscontrolling mit SAP IBP

Für Auswertungen von Kennzahlen kann in SAP IBP die Komponente SAP Supply Chain Control Tower verwendet werden. Diese Funktion ermöglicht Ihnen, flexibel Kennzahlen zu konfigurieren und diverse Visualisierungstechniken zur Erlangung von Transparenz einzusetzen. Dabei liegen diverse Kennzahlen über eingebetteten SCOR-Model-Content (siehe Abschnitt 19.2, »Einführung in das Logistikcontrolling«) bereits vordefiniert vor. Das heißt, Sie müssen zwar nicht zwangsläufig eigene Definitionen vornehmen, möglich ist es aber. In der Konfiguration können Sie eigene Kennzahlenberechnungen hinterlegen.

Über die Out-of-the-Box-Auslieferung des SCOR-Modells hinaus bietet das Bestandscontrolling in SAP IBP Supply Chain Control Tower für sämtliche Kennzahlen folgende Zusatzfunktionen:

- benutzerdefinierte Alerts
- integriertes Fallmanagement (engl. Case Management)

Sie können das Fallmanagement nutzen, um auf Basis der identifizierten Ausnahmesituationen Verantwortlichkeiten und Fristen zuweisen zu können. Somit können Sie die Bearbeitung der identifizierten Ausnahmesituationen überwachen und den Erfolg der Maßnahmen ermitteln.

19.10 Fazit

Dieses Kapitel hat gezeigt, dass es verschiedene Ansätze zur Durchführung des Bestandscontrollings gibt. Bei allen technischen Möglichkeiten sollte jedoch im Vordergrund stehen, wie die Kennzahlen im Rahmen der Disposition miteinander zusammenhängen und berechnet werden. Controllingsysteme können Sie bei dieser Aufgabe nur unterstützen. Wichtig ist, dass die richtigen Kennzahlen für die Disposition kundenindividuell ausgewählt werden. Die Wahl des richtigen Analysetools hängt hingegen von anderen Faktoren ab. Hier müssen eher Performanceaspekte und Datenhaltungsstrategien abgewogen werden. Leider fehlt häufig ein ausgereiftes Konzept zum Bestandscontrolling. Wo ein solches Konzept in Ansätzen existiert, scheitert oftmals die Umsetzung am Tool. Zu häufig werden in der Disposition dezentrale Excel-Sheets herangezogen, bei denen zuletzt niemand mehr die Herkunft der Zahlen nachvollziehen kann. Bestandscontrolling ist daher ein wichtiges und noch zu wenig beachtetes Instrument des Dispositionscontrollings.

Kapitel 20
Dispositionsoptimierung

Dieses Kapitel beschäftigt sich mit den praxisnahen Problemen der Disposition in SAP ECC und SAP S/4HANA. Es werden Schwachstellen und Potenziale aufgedeckt und anhand von Optimierungswerkzeugen und -methoden verschiedene Ansätze hin zu einer optimierten Disposition in Ihrem Unternehmen vorgestellt.

Die *Dispositionsoptimierung*, mit der Sie Bestände reduzieren, den Lieferservicegrad erhöhen und Stammdaten bereinigen, ist kein einmaliges Vorgehen. Sie ist ein kontinuierlicher Prozess, der die aktuelle Dispositionssituation verbessern soll und sich flexibel den Anforderungen anpassen kann.

In Abschnitt 20.1, »Klassische Probleme und Optimierungspotenziale«, werden wir Ihnen zunächst klassische Dispositionsprobleme aus der Praxis und Schwachstellen in den SAP-Systemen aufzeigen. Diese Probleme treten größtenteils unabhängig von konkreten Systemkonstellation auf.

Es liegt in der Natur der im Rahmen der Disposition zu lösenden Fragestellungen, dass Herausforderungen konzeptionell durch die sinnvolle Auswahl der passenden Vorgehensweisen zu lösen sind. Sie können daher verschiedene, explizit für diesen Zweck konzeptionierte Lösungen einsetzen, die Ihnen helfen, derartige Probleme zu lösen. Um dies an aus der Praxis entlehnten Szenarien zu verdeutlichen, möchten wir zunächst in Abschnitt 20.2, »Beispielhafter Ablauf eines Optimierungsprojekts«, anhand der Beschreibung eines Dispositionsoptimierungsprojekts Schwerpunkte, betroffene Prozesse und notwendige Hilfsmittel vorstellen.

Wie Sie mithilfe einer Produktklassifizierung Optimierungspotenziale in der Disposition erkennen, die Disposition transparenter gestalten und warum ein Regelwerk für Dispositionseinstellungen unerlässlich ist, erfahren Sie in Abschnitt 20.3, »Optimierungsmöglichkeiten bei der Materialklassifizierung«. Schließlich lernen Sie in Abschnitt 20.4, »Optimierungswerkzeuge von SAP«, verschiedene Werkzeuge kennen, mit deren Hilfe Sie den Optimierungsprozess unterstützen und kontinuierlich überwachen können.

20.1 Klassische Probleme und Optimierungspotenziale

Probleme in der Disposition können verschiedene Ursachen haben. Fehlendes Fachwissen, mangelnde Systemunterstützung, intransparente Prozesse oder fehlerhafte Stammdaten sind nur einige Beispiele. In diesem Absatz werden wir die Hauptprobleme nennen und anhand der Bestandsproblematik durch falsche Auftragsfortschrittsmeldungen ein konkretes Problem detailliert aufgreifen.

20.1.1 Fehlendes Wissen und mangelnde Ausschöpfung des SAP-Standards

In vielen Unternehmen scheut man sich davor, das volle Potenzial des jeweiligen SAP-ERP-Systems (SAP ECC oder SAP S/4HANA) und seiner komplexen Einstellmöglichkeiten zu nutzen. Anstatt das System optimal zu konfigurieren und an das Unternehmen anzupassen, versucht man, das Unternehmen durch organisatorische Maßnahmen dem System anzupassen. Alternativ werden vielleicht vorschnell Eigenentwicklungen ausprobiert, um das System an das Unternehmen anzupassen. Dies ist aber nicht der Sinn einer betriebswirtschaftlichen Standardsoftware. Bevor Sie mit eigenen Entwicklungen oder individuellen Anpassungen beginnen, sollten Sie zunächst alle Möglichkeiten Ihres SAP-Systems im Standard ausschöpfen.

Beide Systeme, SAP ECC und SAP S/4HANA, liefern Funktionen, die es Anwendern ermöglichen, eine optimale, auf das Unternehmen und die Materialien angepasste Materialdisposition durchzuführen. Das Hauptoptimierungspotenzial bei einer solchen umfangreichen betriebswirtschaftlichen Anwendungssoftware liegt im »Wissen« über die Funktionen, die verschiedenen Einstellungsmöglichkeiten und Wechselwirkungen der Dispositionsparameter. Durch fehlendes Know-how bleibt das Potenzial der Software ungenutzt. Viele Unternehmen verwenden z. B. keine Planungsstrategien oder Prognoseverfahren, weil ihnen das Wissen fehlt oder weil sie die vermeintliche Komplexität abgeschreckt. Dies führt zwangsläufig zu schlecht gepflegten Stammdaten und folglich zu schlechten Ergebnissen der Planung. Das fehlende Wissen und die mäßig gepflegten Stammdaten sind oft darauf zurückzuführen, dass bei der Implementierung der Software die Pflege der Materialstammdaten sowie der Disposition eine geringe Priorität zugeordnet wird. Durch den Zeitdruck bei Einführungsprojekten wird eher auf die Funktionsfähigkeit geachtet – die Optimierung der Prozesse wird vernachlässigt.

Die Materialdisposition zu optimieren, ist ein kontinuierlicher Prozess. Der Materialstamm muss regelmäßig überprüft werden. Wiederbeschaffungszeiten oder losfixe Kosten können sich schnell ändern, keine Anpassung würde zu inkonsistenten Daten und dies wiederum zu schlechteren Ergebnissen führen. Offensichtlich ist das der Grund, warum sich viele Unternehmen mit dem Thema »optimale Materialdisposition« noch nicht auseinandersetzen. Die kontinuierliche Pflege der Stammdaten führt zu zunächst zu Mehrkosten, im Nachgang sind die Einsparungen dann aber um ein Vielfaches höher.

Neben der Optimierung der Systemeinstellungen ist es genauso relevant, die Organisationsstruktur schlanker zu gestalten. Sinn der Dispositionsoptimierung ist es nicht, der Komplexität der Planungsprobleme mit umso komplexerer Software zu begegnen. Doch genau dies kann bei vielen Implementationsprojekten passieren. Wir empfehlen daher, bei Optimierungsprojekten die Prozesse nicht zu vernachlässigen. Wenn durch organisatorische Maßnahmen die Komplexität reduziert werden kann, genügen wiederum einfache Planungsmethoden, um zu einem optimalen Ergebnis zu gelangen.

20.1.2 Bestandsproblematik durch falsche Auftragsfortschrittsmeldungen

Wie wir bereits in Kapitel 4, »Ablauf der Disposition in SAP«, beschrieben haben, sind zeitnahe und korrekte Rückmeldungen des Auftragsfortschritts und Materialbuchungen von zentraler Bedeutung für den Dispositions- und den Kapazitätsplanungsprozess. Insbesondere auftragsbezogene Daten (produzierte Gutmengen, Ausschussmengen und Vorgangszeiten), materialbezogene Daten (Komponentenverbrauch und Komponentenausschuss) sowie maschinenbezogene Daten (Ausfallzeiten, Schichtzeiten und Personalzuteilung) sind wichtige Inputfaktoren und bilden die Grundlage der Materialbedarfsplanung und Kapazitätsplanung. Eine kontinuierliche *Auftragsfortschrittsbereinigung* ist daher ein wichtiger Schritt der Dispositionsoptimierung. Die Bereinigung sollte vor der täglichen Materialdisposition erfolgen, da während der Bereinigung die Materialbestände erst korrigiert werden.

Bei der Rückmeldung durch die Fertigung können erfahrungsgemäß die folgenden Probleme auftreten:

- Vertauschung von Materialnummern
- Rückmeldung falscher Mengen (z. B. bei Rückmeldung über Waagen oder Maschinenzähler durch falsche Stammdaten oder auch Tippfehler)
- Mehrfachrückmeldung eines Behälters
- fehlende Rückmeldungen von Behältern
- keine Stornierung falscher Rückmeldungen
- keine Rückmeldung von Ausschussteilen
- fehlende Lagerzugangs- oder Materialentnahmebuchung (falls diese nicht mit der Rückmeldung gekoppelt sind)

Im weiteren Verlauf kann die Dispositionsentscheidung noch beeinträchtigt werden, wenn die Disponenten die Nachbearbeitungssätze (bei retrograder Entnahme) nicht korrekt bearbeiten.

Aufgrund dieser Probleme sollten Disponenten täglich den Auftragsfortschritt ihrer Fertigungsaufträge kontrollieren. Dazu ist es z. B. sinnvoll, im *Fertigungsauftragsinformationssystem* (Transaktion COOIS) eine Variante anzulegen, die alle Fertigungsaufträge eines Disponenten oder Fertigungssteuerers zeigt, die teilrückgemeldet und teilgeliefert, aber noch nicht technisch abgeschlossen sind. Dieser Arbeitsvorrat enthält alle Fertigungsaufträge, an denen die Fertigung bereits gearbeitet hat. Hierzu kann im Customizing der Fertigungssteuerung ein entsprechendes Statusselektionsschema angelegt werden (siehe Abbildung 20.1).

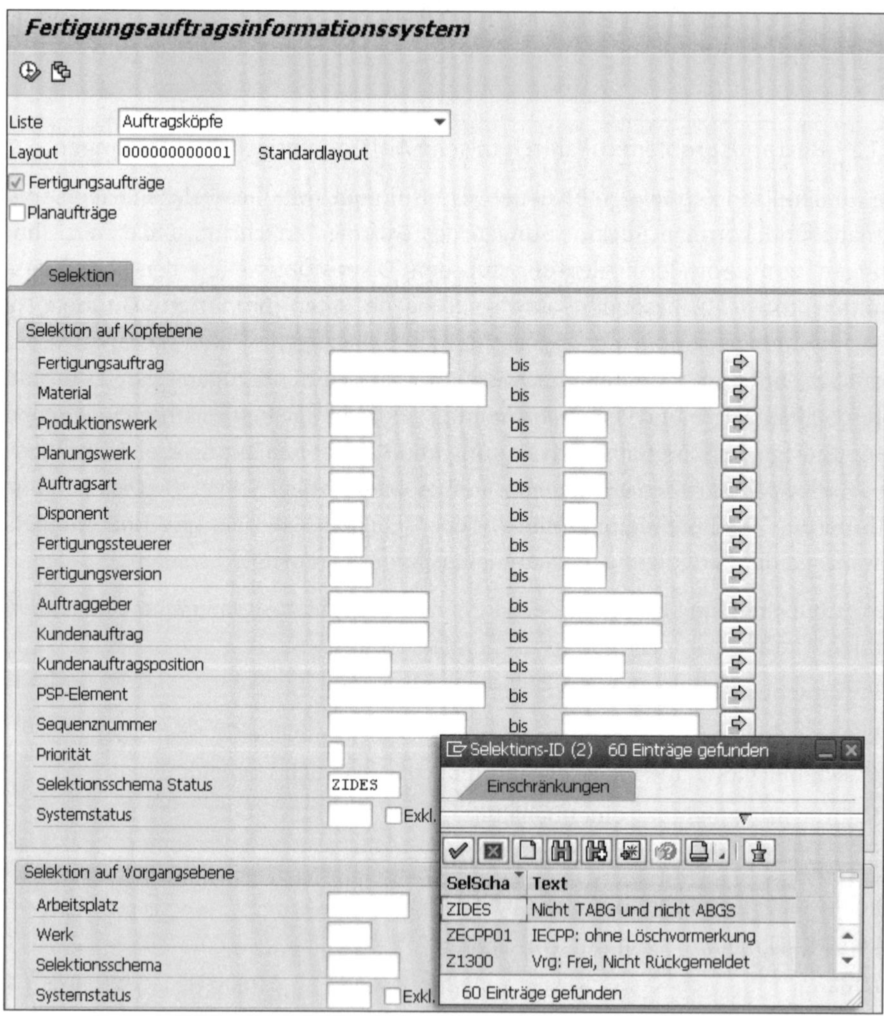

Abbildung 20.1 Fertigungsauftragsinfosystem (Transaktion COOIS)

Für die angezeigte Liste von Fertigungsaufträgen kann der Disponent nun die folgenden Punkte prüfen:

- Wurden alle relevanten Arbeitsvorgänge (insbesondere mit Komponentenzuordnung bei retrograder Entnahme) zurückgemeldet?
- Sind die rückgemeldeten Gut- und Ausschussmengen bei allen Vorgängen sinnvoll?
- Sind die rückgemeldeten Vorgangsmengen mit den gelieferten Mengen im Kopf identisch?
- Wurden alle Komponenten mit ihren Mengen korrekt entnommen?
- Ist die geplante Restmenge noch zu erwarten? Andernfalls sind die Komponentenreservierungen und das Zugangselement irreführend.

Wurden in Rücksprache mit der Fertigung alle fehlerhaften Daten korrigiert und die Nachbearbeitungssätze abgearbeitet, können die Fertigungsaufträge technisch abgeschlossen werden. Fertigungsaufträge mit dem Status »technisch abgeschlossen« (TABG) werden beim nächsten Mal nicht mehr in der Selektion des Fertigungsauftragsinformationssystems angezeigt.

20.1.3 Bestandsproblematik durch Nachbearbeitungssätze

Mit der Rückmeldung zu einem Auftrag können automatisch im Hintergrund Entnahmebuchungen für die Komponenten durchgeführt werden, die den jeweiligen Vorgängen zugewiesen sind. Dies wird als *retrograde Entnahme* bezeichnet. Aus dem Auftrag werden dabei die benötigten Stücklistenmaterialien, die Mengen und der Entnahmelagerort ermittelt. Anschließend werden aus diesem Lagerort die Mengen in den Verbrauch zum Auftrag gebucht. Während des Buchens der retrograden Entnahmen können folgende Fehler auftreten:

- Fehler in den Stammdaten (z. B. Entnahmelagerort nicht gepflegt)
- kein ausreichender Bestand auf dem Lagerort vorhanden

In diesen Fällen werden vom System »Fehlersätze aus automatischen Warenbewegungen« erzeugt. Werden Fertigungsaufträge benutzt, können diese Sätze mit der Transaktion COGI (Nachbearbeitung von Fehlersätzen aus automatischen Warenbewegungen) abgearbeitet werden. In der Serienfertigung ist dies mit der Transaktion MF47 (Nachbearbeitung für Komponenten zur Linie) möglich.

Alle vorhandenen Fehlersätze müssen von den zuständigen Disponenten oder Fertigungssteuerern täglich selektiert und abgearbeitet werden. Dies ist besonders wichtig, da ein Nachbearbeitungssatz eine fehlgeschlagene Entnahmebuchung ist. Wird diese nicht nachgebucht, hat dies zur Folge, dass im System physisch nichtexistierende Bestände angezeigt werden. Wichtig ist auch, dass die Fehlerursachen anhand der angezeigten Fehlermeldungen identifiziert und beseitigt werden. Geschieht dies nicht, sind die Disponenten ständig damit beschäftigt, eine lange Liste von Nachbearbeitungssätzen für dieselben Materialien abzuarbeiten. Sind für diese Nachbearbeitungssätze Probleme im logistischen Prozess oder in den Stammdaten verantwortlich, sollten diese behoben werden. Typische Ursachen von Nachbearbeitungssätzen sind:

- falsche Stücklistenkomponenten oder falsche Mengenangaben
- fehlender oder falscher Entnahmelagerort (hierbei muss die Logik zur Bestimmung des Entnahmelagerorts berücksichtigt werden)
- Materialbereitstellung von Komponenten vom Hauptlager an den Produktionslagerort mit verzögerter oder ohne verzögerte Umbuchung im System
- fehlende oder verzögerte Stornierung von falschen Rückmeldungen (eine Stornierung einer Rückmeldung mit retrograder Entnahme entspricht einer Zugangsbuchung für die Komponenten)

Sie sollten jedoch berücksichtigen, dass Nachbearbeitungssätze nicht vollständig vermieden werden können. So können aus rein systemtechnischen Gründen bei der retrograden Entnahme Fehler auftreten (z. B. Sperrung von Materialien), die zu Nachbearbeitungssätzen führen.

20.1.4 Schwachstellen der Parametrisierung in SAP ECC und SAP S/4HANA

Weder das SAP-ECC- noch das SAP-S/4HANA-System bieten im Standard konkrete Unterstützung zur Parameteroptimierung, es sind lediglich rudimentäre Hilfsmittel vorhanden. Die Bestandsanalyse wird bspw. nur mittels ABC-Analyse durchgeführt. Die daraus gewonnenen Ergebnisse werden zwar im Materialstamm gepflegt, beeinflussen jedoch nicht die Art der Disposition. Es ist in diesen Systemen auch möglich, über eine Bodensatzanalyse Materialien zu identifizieren, die hohe Bestände führen, jedoch bleiben dabei die genauen Ursachen für die zu hohen Bestände verborgen.

Neben den fehlenden Optimierungswerkzeugen wirkt sich noch ein weiterer Aspekt negativ auf die Konfiguration der Materialdisposition aus. Der Umgang des Systems mit Kann- und Muss-Feldern, der betriebswirtschaftlich nicht immer sinnvoll erscheint, birgt die Gefahr, dass Anwender nur ihre Muss-Felder pflegen und die restlichen Parameter vernachlässigen. Die fehlende Differenzierung verhindert auch, dass auf spezifische Konfigurationserfordernisse eingegangen wird. Dadurch entstehen fehlerhafte Planungsdaten, bspw. beim Wechsel der Dispositionsart: Wurde vorher mit einem maschinellen Bestellpunktverfahren disponiert, musste man den Melde- und Sicherheitsbestand nicht pflegen. Wechselt man auf ein manuelles Bestellpunktverfahren, verlangt das System nur die manuelle Eingabe des Meldebestands (*Muss-Feld*), der Sicherheitsbestand (*Kann-Feld*) bleibt unberücksichtigt. Das Beispiel zeigt, wie wichtig es ist, sich näher mit den SAP-Dispositionseinstellungen zu beschäftigen und Maßnahmen für die eigenen Dispositionseinstellungen zu treffen.

In Kapitel 13, »Wechselwirkungen«, haben Sie bereits unterschiedliche Wechselwirkungen und Parameterbeziehungen kennengelernt. Weitere Parameter und Auswirkungen der Parametereinstellungen finden Sie im Zusatzkapitel »Dispositionsparameter und Einflussgrößen« auf der Seite *http://www.sap-press.de/5382* unter **Materialien**.

Die Kenntnis der richtigen Parameter in den SAP-Systemen ist eine Grundvoraussetzung für eine Verbesserung des Dispositionsprozesses. Der je nach Produkteigenschaft richtige Einsatz der Parameter ist der Schlüssel zum Erfolg. Unterstützung hierzu finden Sie in den folgenden Abschnitten.

20.2 Beispielhafter Ablauf eines Optimierungsprojekts

In diesem Abschnitt möchten wir Ihnen einen Überblick über den Ablauf eines Optimierungsprojekts im Bereich der Disposition geben. Dadurch soll insbesondere deutlich werden, welche Prozesse bei einem solchen Projekt berührt werden.

Zunächst werden die Dispositionsstammdaten und Prozesse des zu analysierenden Unternehmens ausgewertet und das Materialspektrum nach ABC/XYZ klassifiziert. Anschließend wird über eine kompakte Dispositionsschulung den Teilnehmern das notwendige Wissen über die Disposition mit SAP vermittelt. Auf Basis der analysierten Ist-Prozesse und des vermittelten Wissens wird gemeinsam mithilfe verschiedener Werkzeuge ein Regelwerk für die Disposition erstellt. Im letzten Schritt wird für das zuvor definierte Regelwerk ein Migrationskonzept entwickelt und das Fundament für eine kontinuierliche Optimierung gelegt.

20.2.1 Schritt 1: Stammdaten- und Prozessanalyse nach ABC/XYZ-Verfahren

Die *Stammdaten- und Prozessanalyse* umfasst alle notwendigen Analysen und Schritte für eine Ist-Aufnahme und für die Identifizierung der Schwachstellen im Dispositionsprozess. Dabei werden nicht nur die Prozesse mit dem Best-Practice-Ansatz verglichen, sondern es werden auch individuell nach Unternehmensgegebenheiten unterschiedliche betriebswirtschaftliche Größen analysiert (siehe Abbildung 20.2).

Für den Analyseprozess wird eine Reihe von Hilfsmitteln auf Basis von SAP-Add-on-Programmen verwendet. Einige Hilfsmittel wie der Dispositionsmonitor und das Expertentool werden in Abschnitt 20.4, »Optimierungswerkzeuge von SAP«, noch ausführlich beschrieben.

Abbildung 20.2 Betriebswirtschaftliche und Prozessanalysen

Als Ergebnis der Stammdaten- und Prozessanalyse werden meist Schwachstellen in der Disposition sichtbar, welche vorher nicht offensichtlich erkennbar waren. Zu diesen Schwachstellen zählen:

- Ineffizienz in der Aufbau- und Ablauforganisation
- schlechte Stammdatenqualität
- fehlende Transparenz oder fehlende Kommunikation innerhalb des Unternehmens bezüglich der Soll-/Ist-Abweichungen

Oft wissen Unternehmen, dass sie Probleme mit ihrer Disposition haben, können diese aber nicht genau identifizieren. Eine umfangreiche Analyse kann Problemquellen offenbaren und dadurch die Bereitschaft für Änderungen steigern.

20.2.2 Schritt 2: Dispositionsschulung

Viele Schwachstellen in der Disposition resultieren überwiegend aus dem fehlenden Wissen der Disponenten. Bei der Einführung von SAP-Systemen wird aus Zeit- und Budgetgründen häufig auf Schulungen und eine ausreichende Dokumentation verzichtet, die dann im Tagesgeschäft auch nicht nachgeholt wird. Darum ist der zweite Schritt der Dispositionsoptimierung eine Schulung, die den Teilnehmern das notwendige Wissen über die Disposition mit SAP vermittelt und insbesondere die individuellen Schwachpunkte sowie Wissenslücken im Unternehmen identifiziert und behebt.

20.2.3 Schritt 3: Klassifizierung und Konzeption des Regelwerks

Nach der Voruntersuchung, den analysierten Ist-Prozessen und dem vermittelten Wissen wird gemeinsam mithilfe verschiedener Werkzeuge ein *Regelwerk* für die Disposition erstellt (siehe Abbildung 20.3). Dabei wird zuerst das relevante Materialspektrum nach ABC und XYZ, unter Berücksichtigung von Sondermaterialien wie An- oder Auslaufprodukten, Schüttgut und anderen, klassifiziert und eine sogenannte ABC/XYZ-Matrix erstellt. Der Dispositionsmonitor unterstützt diesen Schritt komplett und vollautomatisch (siehe Abbildung 20.3).

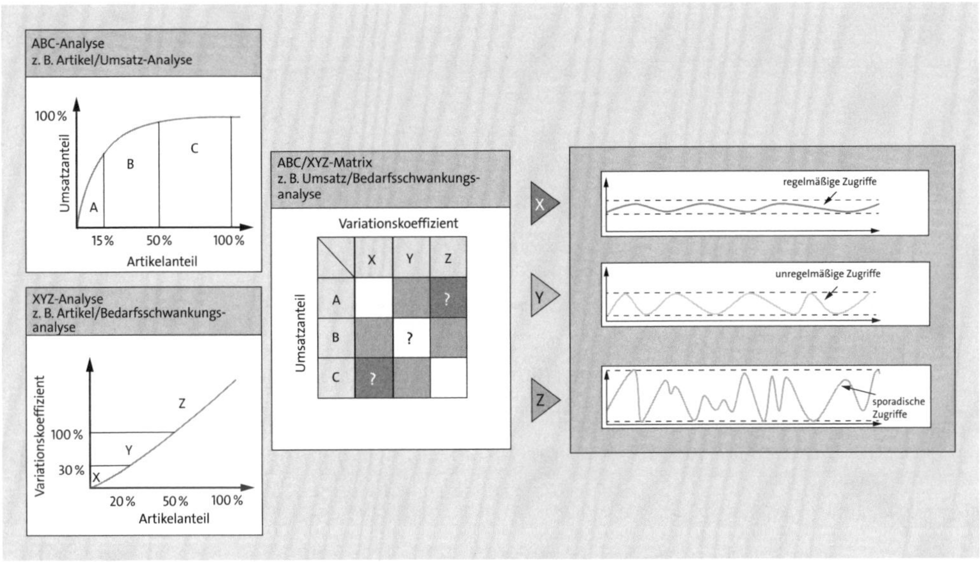

Abbildung 20.3 Vorgehen bei der Produktklassifizierung nach ABC/XYZ

Die entstandene ABC/XYZ-Matrix dient als Grundlage der Dispositionsmatrizen. Auf der Grundlage der Produktklassifizierung, der unternehmensspezifischen Eigenschaften und des umfangreichen Wissens über die Dispositionsparameter kann ein detailliertes Regelwerk für die zukünftige Materialdisposition definiert werden. In Abbildung 20.4 sehen Sie den Ablauf zur Erstellung einer Dispositionsmatrix. In Schritt ❶ werden die Informationen aus der ABC/XYZ-Matrix und weiteren Analyseergebnissen aus den Stammdatenanalysen zusammengetragen.

In Schritt ❷ werden daraus verschiedene Dispositionsstrategien unter Berücksichtigung von Wechselwirkungen und unternehmensspezifischen Restriktionen abgeleitet. Die abgeleiteten Dispositionsstrategien werden im letzten Schritt ❸ je nach Produkteigenschaften und -klassifizierung zu einer oder mehreren Dispositionsmatrizen zusammengefasst.

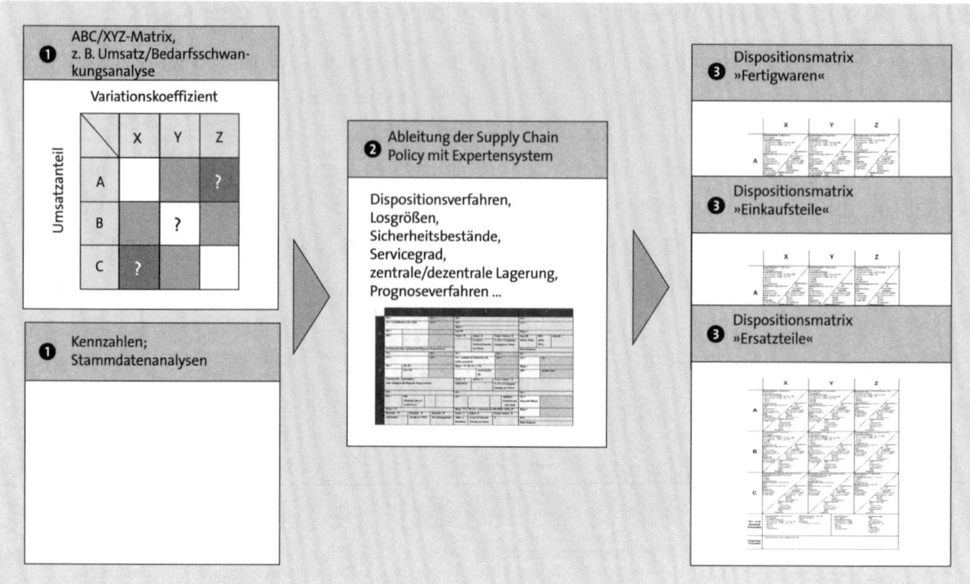

Abbildung 20.4 Vorgehen bei der Konzeption eines Regelwerks

Über die *Dispositionsmatrix* wird definiert, welcher Artikel mit welcher Dispositionsstrategie geplant werden soll. Dabei werden für jede Segmentierung die entsprechenden Parameter für die Dispositionsverfahren, die Planungsstrategie, Vorplanungseinstellungen, Losgrößen und weiteren Einstellungen festgelegt (siehe Abbildung 20.5).

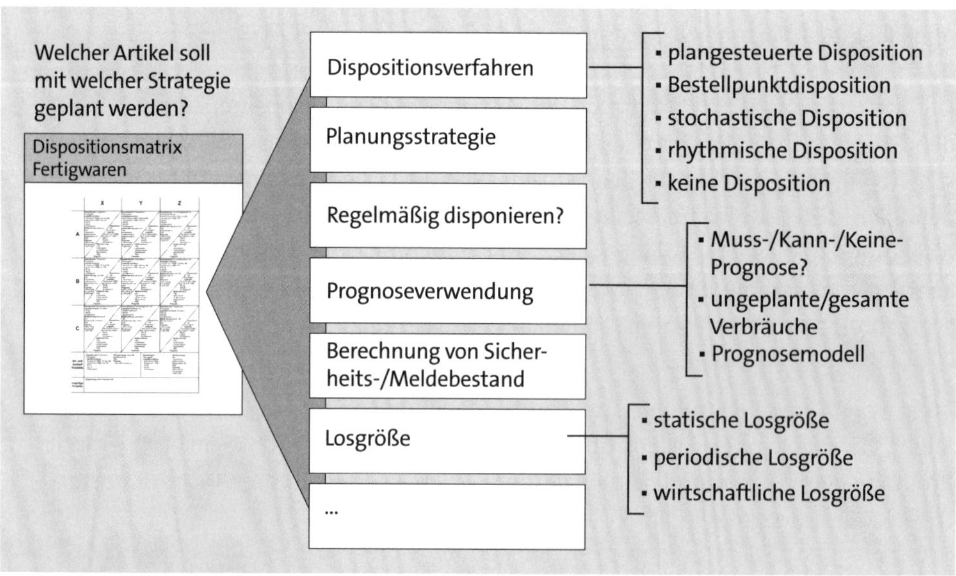

Abbildung 20.5 Regelwerk im Detail

20.2.4 Schritt 4: Migration und kontinuierliche Optimierung

Im letzten Schritt der Dispositionsoptimierung muss das erarbeitete Wissen in die Praxis umgesetzt werden. Dies ist in der Praxis der entscheidende und sicher auch schwierigste Schritt. Es ist wichtig, dass die erkannten Verbesserungspotenziale nicht vernachlässigt und zügig umgesetzt werden. Ein durchgängiger Migrationsplan und Hilfsmittel für Umsetzung und Controlling sind für eine erfolgreiche Optimierung unerlässlich.

Einige Hilfsmittel zur Massenpflege von Dispositionsdaten wurden bereits in diesem Buch besprochen (siehe Kapitel 14, »Bearbeitung der Dispositionsergebnisse«). Wenn Sie keinen Dispositionsmonitor im Einsatz haben, können Sie bspw. die einzelnen Klassifizierungssegmente in Dispositionsprofile übernehmen und diese anschließend über die Massenpflege den entsprechenden Materialien zuordnen. Die Qualität der neuen Einstellungen können Sie über verschiedene Kennzahlen (z. B. Reichweite, Bodensatz, Lagerumschlag, Bestandswert, Lieferservicegrad) ermitteln und mit den alten Werten vergleichen.

Abbildung 20.6 zeigt Ihnen den groben Ablauf bei der Migration von Dispositionsparametern. Zuerst muss dem Unternehmen bewusst werden, wie aktuell disponiert wird und von wem die Dispositionsstammdaten gepflegt werden ❶.

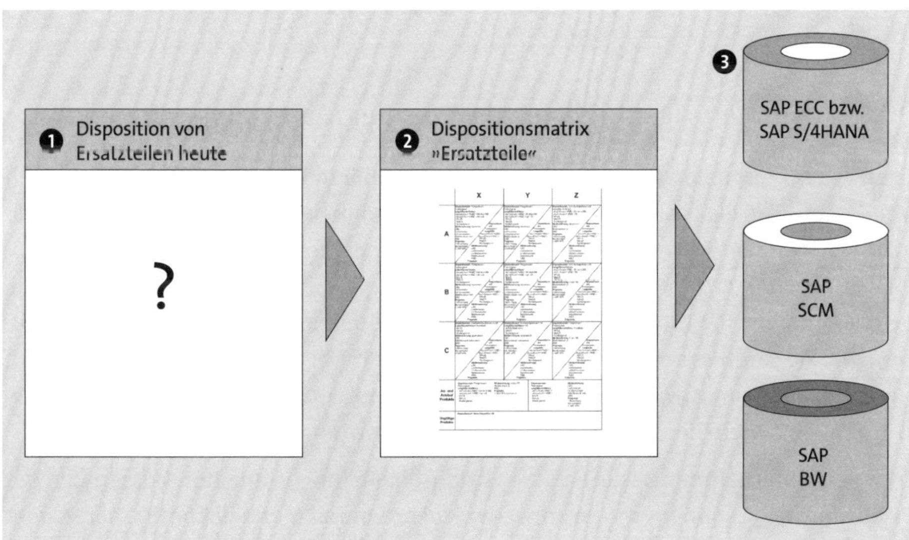

Abbildung 20.6 Vorgehen bei der Migration

Ist dieser Prozess nicht transparent, muss er analysiert werden. Erst dann können die neu gewonnenen Informationen und Strategien aus der Dispositionsoptimierung umgesetzt werden ❷. Eine weitere wichtige Frage ist im dritten Schritt die nach den betroffenen SAP-Systemen ❸. Ist nur das SAP-ECC- bzw. ein alternativ eingesetztes

SAP-S/4HANA-System betroffen? Muss das Reporting in SAP APO, in SAP IBP oder in SAP BW angepasst werden, damit ein effektives Dispositionscontrolling möglich ist?

Es gibt verschiedene Möglichkeiten, wie Sie die Dispositionsmatrix in Ihrem Unternehmen umsetzten können. Von einer schnellen und kompletten Umsetzung (auch *Big-Bang-Implementierung* genannt) raten wir ab, da sich die Disponenten mit den möglichen neuen Verfahren und dem Systemverhalten erst einmal auseinandersetzen müssen. Zuerst sollten einige Szenarien im Testsystem durchgespielt werden, damit es im Produktivsystem nicht zu Problemen kommt. Anschließend können Sie die Umstellung pro Disponent oder pro Segment durchführen.

Des Weiteren sollten Sie die Auswirkungen der Umstellungen prüfen: Welche Auswirkungen hat eine neue Planungsstrategie auf meine bisherigen Aufträge und Systembelege? Werden alle relevanten Bewegungsarten bei der Fortschreibung der Materialhistorie berücksichtigt? Werden bei dem neuen Dispositionsverfahren externe Bedarfe bei der Nettobedarfsrechnung mitberücksichtigt?

Dispositionsoptimierung ist kein einmaliger Prozess, sondern sollte kontinuierlich im Unternehmen berücksichtigt werden. Klassifizieren Sie in regelmäßigen Abständen Ihr Materialspektrum neu, und messen Sie kontinuierlich die Qualität der Disposition anhand von Kennzahlen. Auch die Dispositionsmatrix ist keine feste Vorgabe, sondern eher eine Vorlage, die anhand von Praxiserfahrungen angepasst wird.

20.3 Optimierungsmöglichkeiten bei der Materialklassifizierung

Dieser Abschnitt befasst sich mit der Anwendung der in Kapitel 3, »Klassifizierungen von Materialien als Basis für Dispositionsentscheidungen«, beschriebenen Materialklassifizierung im Rahmen einer optimierten Disposition. Die richtige Materialklassifizierung kann ein entscheidender Faktor für erfolgreiche Materialdisposition sein. Wir beschreiben die unterschiedlichen Möglichkeiten der Klassifizierung und erläutern, wie Sie damit das optimale Ergebnis erzielen. Im Anschluss stellen wir Ihnen mit der Dispositionsmatrix ein weiteres Hilfsmittel zur Optimierung vor und erklären, wie sich die Klassifizierung auf die Vorplanung auswirkt.

In vielen Unternehmen basieren Dispositionseinstellungen auf dem Wissen und der Erfahrung der Disponenten, die entweder jedes Material manuell konfigurieren oder alle Materialien mit der gleichen Strategie steuern. Beide Vorgehensweisen haben große Nachteile und gelten als die schlechtesten Formen der softwareunterstützten Disposition. Wird jedes Material individuell gesteuert, steigen die Kosten proportional zur Anzahl der Materialien. Die Disponenten sind alleinige Wissensträger, die Dispositionseinstellungen bleiben für Dritte undurchsichtig. Bei Urlaubsvertretung oder Einarbeitung neuer Kollegen fehlt meist ein fundiertes Regelwerk, und auch die

Qualität der Dispositionsergebnisse variiert dadurch, je nachdem welcher Disponent beteiligt ist.

Wird jedes Material mit der gleichen Strategie disponiert, ist das Ergebnis nicht optimal und die Folgen sind, dass bei einem Teil der Materialien zu hohe Bestände vorliegen, während bei einem anderen Teil ein zu niedriger Lieferservicegrad besteht.

Die Fülle an Dispositionsstrategien, -parametern und Wechselwirkungen erschwert es Disponenten, die richtigen Einstellungen zu treffen. Klassifizierungen und Entscheidungsbäume helfen ihnen bei der Auswahl der richtigen Konfiguration der Disposition, denn sie betrachten nicht jedes Material individuell und berücksichtigen dennoch unterschiedliche Materialeigenschaften.

Verschiedene Hilfsmittel zur Entscheidungsfindung der optimalen Parametrisierung je nach Materialeigenschaften beschreiben wir in den folgenden Abschnitten.

20.3.1 Arten der Klassifizierung

In der Disposition und der Bestandsanalyse wird oft nach den ABC- und XYZ-Verfahren klassifiziert. Viele Logistiker und Beratungshäuser bedienen sich dieser Klassifizierung, da sie leicht zu verstehen und anzuwenden ist. Die notwendige Datenbasis ist meist vorhanden und kann durch die einfachen Rechenformeln schnell in das Ergebnis umgewandelt werden.

Der Einsatz einer ABC/XYZ-Unterteilung eignet sich am besten für die Klassifizierung des Materialspektrums. Aus der Werthaltigkeit (ABC) und Prognostizierbarkeit (XYZ) eines Materials lassen sich viele dispositionsrelevante Entscheidungen ableiten.

In Kapitel 3, »Klassifizierungen von Materialien als Basis für Dispositionsentscheidungen«, haben wir die ABC- und die XYZ-Analyse sowie Möglichkeiten zur weiteren Differenzierung bereits detailliert beschrieben. Basierend auf dieser Grundlage beschäftigt sich dieser Abschnitt mit den weiterführenden Methoden (ABC/XYZ-Matrix, erweiterte Klassifizierungen, Entscheidungsbäume) und deren Vor- bzw. Nachteilen.

Im Folgenden gehen wir kurz auf die zentralen Nachteile der ABC-Analyse ein und geben Ihnen einige Empfehlungen mit auf den Weg:

- **grobe Klassifizierung**
  Eine Klassifizierung nach A, B und C ist sehr grob. Gerade wenn Sie viele Langsamdreher (Materialien mit geringer Umschlagshäufigkeit) im Materialspektrum haben, ist es sinnvoll, weiter ins Detail zu gehen und die Analyse um Klassen zu erweitern.

  Beispiel für eine solche Erweiterung ist die Analyse nach ABCD, wobei D-Materialien so gut wie nie umgesetzt werden. Diese Materialien spielen auf Baugruppenebene eine wichtige Rolle und stehen in Abhängigkeit von höherwertigen Materialien. Es können aber auch strategische Materialien sein, um das Produktportfolio zu komplettieren oder sich gegenüber Konkurrenten hervorzuheben. Eine feinere Unterteilung erhöht die Komplexität und die spätere Auswahl an Dispositionsentscheidungen – dies sollten Sie bei der Klassifizierung berücksichtigen.

- **Analysezeitraum und -zyklus**
  Analysezeitraum und Analysezyklus bestimmen die Nachhaltigkeit der Klassifizierung. Wird ein kurzer Analysezeitraum und -zyklus gewählt, kommt es oft zu Teilewanderungen innerhalb der Klassifizierung: Ein A-Material wird in der Folgeperiode zu einem B-Material und wechselt aufgrund einer Umsatzdelle in die Klasse C. Die Dispositionsdaten müssten also ständig angepasst werden; zudem ist weder die Nachvollziehbarkeit der Dispositionsdaten noch eine gewisse Planungsruhe gegeben.

  Ein gutes Beispiel für ein solches Fehlverhalten sind saisonale Materialien. Wird ein zu langer Analysezeitraum gewählt, kann das Ergebnis der Klassifikation nicht das aktuelle Bild des Materialstamms widerspiegeln, und Änderungen bei den Materialeigenschaften werden viel zu spät erkannt. Besonders Materialien am Anfang oder Ende eines Produktlebenszyklus werden somit falsch klassifiziert. Die Analyseperiodizität spielt ebenfalls eine Rolle, jedoch primär bei der Prognostizierbarkeit eines Materials.

  Wir empfehlen grundsätzlich einen Analysezeitraum von zwölf Monaten im Zyklus von drei bis sechs Monaten. Dies kann jedoch nach Branche und Materialverhalten abweichen.

- **konsistente Daten**
  Die Konsistenz und Qualität der Daten entscheiden über die Aussagekraft einer ABC-Analyse. Sie werden aus Ihrer ABC-Klassifizierung viele strategische Entscheidungen ableiten und sollten deshalb diesen Punkt nicht vernachlässigen. Dazu sind Entscheidungen über die Herkunft der Daten wichtig. Werden die Daten in SAP-Standardtabellen (MVER, Strukturen des Logistikinformationssystems) fortgeschrieben und nachher ausgewertet? Verwenden Sie kundeneigene Tabellen oder Infostrukturen? Welche Datenbasis wird verwendet (Verbrauch, Auftragseingang, Fakturabelege)? Welche Bewegungsarten müssen von der Klassifizierung ausgeschlossen werden? All diese Fragen müssen Sie sich stellen und anschließend sondieren.

Weitere Informationen zu den Vor- und Nachteilen der Klassifizierung nach ABC-Verfahren finden Sie in Abschnitt 3.1.1, »ABC-Analyse«.

Besonders die Datenbasis beeinflusst die Aussagekraft der späteren Klassifizierung, ebenso wie die Qualität einer historischen Zeitreihe das spätere Prognoseergebnis beeinflusst. Wenn möglich, sollten Sie immer den Auftragseingang zum Wunschliefertermin als Datenbasis wählen, somit klassifizieren Sie unverfälscht nach realem Kundenbedarf. Nur nach Verbrauch zu klassifizieren, ist einfach, aber nur dann exakt, wenn Sie jeden Bedarf zum Wunschliefertermin befriedigen können. Ist dies nicht der Fall, sind die Daten inkonsistent. Wird ein Material bspw. stark nachgefragt, aber Sie haben Lieferprobleme, kann es als B-Material klassifiziert werden. Weicht der Kunde auf ein Substitutionsprodukt aus, wird dieses Produkt als A klassifiziert. Sind die Lieferprobleme behoben, wird das Substitutionsprodukt im Verhalten zu einem C-Material, jedoch weiterhin als A disponiert. Analog ist das Verhalten bei einer Analyse auf Fakturabelegen bzw. Fakturaumsatz. Erschwerend kommen die Unterschiede zwischen Bedarfs- und Fakturazeitpunkt sowie Rabatte oder die unterschiedliche Bewertung von Intercompany- oder Kundenaufträgen hinzu.

Für die Datenbasis ist es noch wichtig zu entscheiden, welche Daten fortgeschrieben werden. Dies können Sie in Ihrem jeweiligen SAP-ERP-System anhand von Bewegungsarten erkennen und steuern. Wird eine ABC-Klassifizierung pro Werk durchgeführt, müssen Intercompany-Aufträge zu anderen Werken oder Vertriebsorganisationen aufgenommen werden. Wird eine Klassifizierung pro Vertriebsorganisation durchgeführt, können diese Buchungen vernachlässigt werden und es sind nur Auftragseingänge von Endabnehmern relevant. Wird die Datenbasis anhand des Verbrauchs klassifiziert, sollten noch weitere Bewegungsarten, wie Inventurbuchungen, Verschrottungen oder andere Sonderarten, ausgeschlossen werden.

Des Weiteren sollten Sie Ihren Prozess der Auftragseingangsabwicklung bzw. Bestandsbuchung genauer unter die Lupe nehmen. In vielen Bereichen wird leider am System vorbeigearbeitet und es werden eigene Logiken verwendet. So kann es vorkommen, dass das Wunschlieferdatum je nach Bestandssituation manuell angepasst wird oder Bestandsdifferenzen aufgrund von Ausschuss nicht auf den Prozess, sondern als Inventurdifferenz oder Verschrottungen gebucht werden. Dann hilft leider auch das beste Konzept für die Datenqualität nicht mehr. Sie müssen nicht nur wissen, woher die Daten kommen, sondern auch, wie sie entstehen.

Auch die *XYZ-Analyse* hat einige Nachteile. Die wichtigsten haben wir im Folgenden aufgeführt:

- **grobe Klassifizierung**
  Eine Klassifizierung nach X, Y und Z ist sehr grob. Gerade wenn Sie viele sporadische Verbrauchsläufe oder Artikel mit einem hohen Anteil an Nullperioden (z. B. Ersatzteile) im Materialspektrum haben, ist es sinnvoll, weiter ins Detail zu gehen und die Analyse um Klassen erweitern. Oft finden Sie in der Literatur Analysen nach XYZ1Z2, um die sporadischen Materialien nochmals zu unterteilen. Auch eine Einteilung nach Z und Zn ist sinnvoll, um so Materialien mit hohem Anteil an Nullperioden zu separieren.
- **Analysezeitraum und -zyklus**
  Analysezeitraum und Analysezyklus bestimmen die Nachhaltigkeit der Klassifizierung. Wird ein kurzer Analysezeitraum und -zyklus gewählt, kommt es oft zu Teilewanderungen innerhalb der Klassifizierung. Dabei verstärken kurze Zeiträume

kleinere Schwankungen im Bedarfsverlauf, wohingegen lange Zeiträume die Verläufe glätten. Wir empfehlen grundsätzlich einen Analysezeitraum von zwölf Monaten im Zyklus von drei bis sechs Monaten. Sollten Sie mit vielen saisonalen Materialien arbeiten, ist es ratsam, den Zeitraum dem Saisonzyklus anzupassen. Dabei sollte bei einer kombinierten Analyse wie der ABC-Analyse stets der gleiche Zeitraum analysiert werden.

Die Analyseperiodizität spielt bei der XYZ-Analyse eine wichtige Rolle. Bei der ABC-Analyse wird die Periodizität durch den Analysezeitraum nivelliert. Jedoch ist die Periodizität entscheidend für den Variationskoeffizienten, da jeweils immer Perioden miteinander verglichen werden. Ob auf Wochen-, Monats oder Planungskalenderebene der Materialverbrauch analysiert wird, müssen Sie für Ihre Analyse selbst entscheiden. Haben Sie starke Schwankungen innerhalb eines Monats, sollten Sie nicht auf Wochenebene vergleichen. Arbeiten Sie bspw. mit rhythmischer Disposition und kurzen Wiederbeschaffungszeiten (Retail), ergibt eine Analyse auf Monatsebene keinen Sinn und nur eine feinere Unterteilung spiegelt die Prognostizierbarkeit der Artikel wider.

- **konsistente Daten**

  Auch bei einer XYZ-Analyse entscheiden Konsistenz und Qualität der Daten die Aussagekraft. Alle wichtigen Punkte, die im Kontext der ABC-Analyse zur Datenqualität beschrieben wurden, gelten auch für die XYZ-Analyse. Ein großer Nachteil von nicht konsistenten Daten sind Bedarfsverschiebungen innerhalb einer Verbrauchsreihe. Durch sie können Schwankungen im Verbrauchsverlauf entstehen und das Klassifizierungsergebnis verfälscht werden. Sie können diesen Fehler vermeiden, indem Sie den Auftragseingang zum Wunschliefertermin als Datenbasis verwenden.

Ein weiterer Schwerpunkt bei der Datenqualität ist der Umgang mit Anlauf- und Auslaufprodukten (neue und alte Materialien). In SAP ECC bzw. SAP S/4HANA gibt es die Möglichkeit, für ein neues Material ein Vorgängermaterial zu pflegen, um somit die Verbrauchsreihen des alten Materials zu übernehmen. SAP APO bietet für Materialien am Anfang oder Ende des Produktlebenszyklus die Möglichkeit mit Phase-in, Phase-out oder Like-Profilen (siehe Kapitel 7, »Bedarfsermittlung durch Vorplanung und Prognosen«) zu arbeiten, auch in SAP IBP stehen entsprechende Möglichkeiten zur Verfügung. Dadurch können neue Produkte sehr gut geplant und klassifiziert werden. Lässt sich der Verbrauch eines Materials nicht von anderen ableiten, müssen Sie dies bei der Klassifizierung berücksichtigen. Wir empfehlen Ihnen, diese Materialien aus der Klassifizierung auszuschließen und erst nach einer bestimmten Anlaufzeit zu klassifizieren. Dies gilt auch für andere Sonderfälle wie für Materialien mit negativem Verbrauch oder Materialien mit Löschkennzeichen. Viele Analysen klassifizieren den kompletten Materialstamm ohne Auswahlkriterien – von diesen Analysen raten wir Ihnen ab.

Im SAP-Standard wird eine ABC-Analyse angeboten, mit der Sie eine Segmentierung nach ABC durchführen und in den Materialstamm schreiben können. Dies ist aber nicht ausreichend für eine moderne und optimale Disposition mit SAP, da jede Analyse einzeln betrachtet keinen echten Mehrwert für Dispositionsentscheidungen liefert. Als Grundlage für Dispositionsentscheidungen wird eine Kombination aus verschiedenen Analysen und weiterführenden Ansätzen unter Berücksichtigung von kundenindividuellen Gegebenheiten benötigt.

ABC/XYZ

Die Kombination aus ABC-Matrix und XYZ-Matrix ergibt eine zweidimensionale Kombinationsmatrix (ABC/XYZ-Matrix). Eine solche Matrix wird für die Zuordnung der unterschiedlichen Parametereinstellungen zum Material verwendet. Sie dient dem Disponenten als Hilfsmittel und Regelwerk für das Ableiten der Dispositionsstrategie und der Optimierungspotenziale. Mit einer Einteilung nach ABC/XYZ kann besser bestimmt und argumentiert werden, warum ein Material auf diese oder jene Weise disponiert werden sollte. Tabelle 20.1 gibt Ihnen ein Beispiel für eine ABC/XYZ-Matrix.

		Wertigkeit		
Vorhersage-genauigkeit		A	B	C
	X	▪ hoher Wertanteil ▪ konstanter Bedarf ▪ hohe Vorhersage-genauigkeit	▪ mittlerer Wert-anteil ▪ konstanter Bedarf ▪ hohe Vorhersage-genauigkeit	▪ niedriger Wert-anteil ▪ konstanter Bedarf ▪ hohe Vorhersage-genauigkeit
	Y	▪ hoher Wertanteil ▪ schwankender Bedarf ▪ mittlerer Vorher-sagegenauigkeit	▪ mittlerer Wert-anteil ▪ schwankender Bedarf ▪ mittlere Vorher-sagegenauigkeit	▪ niedriger Wert-anteil ▪ schwankender Bedarf ▪ mittlere Vorher-sagegenauigkeit
	Z	▪ hoher Wertanteil ▪ unregelmäßiger Bedarf ▪ niedrige Vorher-sagegenauigkeit	▪ mittlerer Wert-anteil ▪ unregelmäßiger Bedarf ▪ niedrige Vorher-sagegenauigkeit	▪ niedriger Wert-anteil ▪ unregelmäßiger Bedarf ▪ niedrige Vorher-sagegenauigkeit

Tabelle 20.1 ABC/XYZ-Matrix

In SAP ECC bzw. SAP S/4HANA kann für den Bestand eine ABC-Analyse durchgeführt werden, die ein Material nach den oben genannten Charakteristika klassifiziert und das ermittelte Klassenmerkmal im Materialstamm hinterlegt. Eine ABC/XYZ-Klassifizierung ist jedoch im Standard ohne zusätzliche Funktionen nicht möglich. Aufgrund dieser Schwachstelle im Standard wurde von SAP das Add-on Dispositionsmonitor entwickelt, welches diese Analyse durchführt und somit eine Grundlage für die Bestandsoptimierung schafft (siehe Abschnitt 20.4.3, »Expertentool zur Dispositionsoptimierung«).

Mithilfe der zweidimensionalen ABC/XYZ-Matrix (siehe Tabelle 20.1) kann der Materialstamm anhand von Werthaltigkeit und Prognostizierbarkeit in mindestens neun Klassen unterteilt werden. Diese feinere Unterteilung ermöglicht dem Disponenten eine bessere Steuerung der Disposition. Erfahrungen in der Praxis zeigen deutlich, dass damit erhebliche Optimierungspotenziale aufgedeckt werden können.

Mithilfe der Matrix können Sie Maßnahmen zur Bestandoptimierung ableiten. Zum Beispiel müssen AX-Materialien anders disponiert werden als CX-Materialien. Beide Segmente haben einen konstanten Verbrauch, aber einen unterschiedlichen Wertanteil. CX-Materialien tendieren zur Lagerfertigung (z. B. Planungsstrategie 10) und zu optimalen Losgrößen bezogen auf Beschaffungsfixkosten (periodische Losgrößen). Prognosen wären möglich, sind jedoch zu aufwendig, da ein maschinelles Bestellpunktverfahren auch sehr befriedigende Ergebnisse liefert und aufgrund von geringen Kapitalkosten ein höherer Durchschnittsbestand (durch den Meldebestand) die Bestandskosten nur minimal erhöht.

AX-Materialien werden bevorzugt plangesteuert disponiert und können bei Kundeneinzelfertigung (z. B. Planungsstrategie 20) den Sicherheitsbestand auf die Vorprodukte verlagern oder über längere Lieferzeiten abbilden. Losgrößen sollten durch die Gegenüberstellung von Beschaffungsfixkosten und Lagerkosten (optimierende Verfahren, exakte Losgröße) ermittelt werden. An diesem Beispiel können Sie schon sehen, dass durch die Anzahl der Klassifizierungsmöglichkeiten (Flexibilität) auch die Komplexität zunimmt. Ihre Aufgabe ist es, die richtige Mischung aus Flexibilität und Komplexität für Ihr Unternehmen und Tagesgeschäft zu ermitteln.

Wie eine ABC/XYZ-Klassifizierung mit SAP ECC bzw. SAP S/4HANA erstellt wird und welche weiteren Möglichkeiten und Hilfsmittel SAP bereitstellt, erfahren Sie in Abschnitt 20.4, »Optimierungswerkzeuge von SAP«.

Neben der klassischen ABC/XYZ-Klassifizierung besteht die Möglichkeit, diese zu erweitern und eine zusätzliche Ebene hinzuzufügen (3-D-Matrix). Ein weiteres Verfahren der Bestandsanalyse ist die *LMN-Analyse* (Lagervolumenanalyse), welche die Materialien anhand ihres Volumens klassifiziert. Eine Einteilung in LMN ist wichtig, um die Lagerfähigkeit eines Materials bestimmen zu können.

- L – Materialien sind großvolumige oder sperrige Materialien.
- M – Materialien sind mittelvolumige Teile.
- N – Materialien sind kleinvolumige Materialien.

In Tabelle 20.2 wird die vorhandene Lagerkapazität dem Materialvolumen gegenübergestellt. Sperrige Materialien sollten bei geringem Kapazitätsangebot möglichst als Nichtlagervariante disponiert oder durch kleine Losgrößen häufig umgeschlagen werden, um den Durchschnittsbestand niedrig zu halten.

	Kapazität »gering«	Kapazität »mittel«	Kapazität »hoch«
L	gering	gering	mittel
M	gering	mittel	hoch
N	mittel	hoch	hoch

Tabelle 20.2 LMN-Analyse

Die Erkenntnis, ob es sich um ein klein- oder großvolumiges Material handelt, ist ebenso wichtig wie die Unterscheidung zwischen A- oder C-Materialien. Dies gilt besonders für Unternehmen mit stark begrenzten Kapazitäten oder großen Unterschieden in Bezug auf das Volumen im Materialspektrum. Ohne die Berücksichtigung der LMN-Analyse würde man ein CZ-Material verbrauchsgesteuert und mit einer hohen Reichweite disponieren. Handelt es sich dabei um ein großvolumiges Material, könnten trotz der geringen Werthaltigkeit die Lagerkosten exponentiell steigen, und die Lagerung weiterer wichtiger Materialien könnte eingeschränkt werden.

Neben der Fokussierung auf Bestand und Material steht für viele Unternehmen der Kunde im Mittelpunkt der Disposition. In diesem Fall ist es sinnvoll, die Klassifizierung um eine *Kundensegmentierung* zu erweitern, um somit zwischen besonders wichtigen und weniger wichtigen Kunden unterscheiden zu können. Eine Differenzierung zwischen A-, B- oder C-Kunden erfolgt entweder über den Umsatz (analog der ABC-Bestandsanalyse) oder anhand des Lieferbereitschaftsgrads, welcher garantiert werden muss (Rahmenverträge, Restriktionen) oder von der Geschäftsleitung festgelegt wurde:

- **A-Kunden**
  haben einen Umsatzanteil von 70 bis 80 Prozent, verlangen einen hohen Lieferbereitschaftsgrad oder sind strategisch wichtige Kunden.
- **B-Kunden**
  haben einen Umsatzanteil von 15 bis 20 Prozent.
- **C-Kunden**
  sind umsatzschwache Kunden oder akzeptieren eine längere Lieferzeit.

Abbildung 20.7 zeigt eine komplexe Struktur einer *3-D-Matrix*, in der Materialien nach den Faktoren Werthaltigkeit, Kundensegmentierung und Prognostizierbarkeit klassifiziert werden. Die Unterteilung in 64 Klassen sollte je nach Phase im Produktlebenszyklus noch feiner differenziert werden. Diese Matrix bietet theoretisch eine starke Differenzierung, ist jedoch in der Praxis aufgrund ihrer Komplexität schwer einsetzbar.

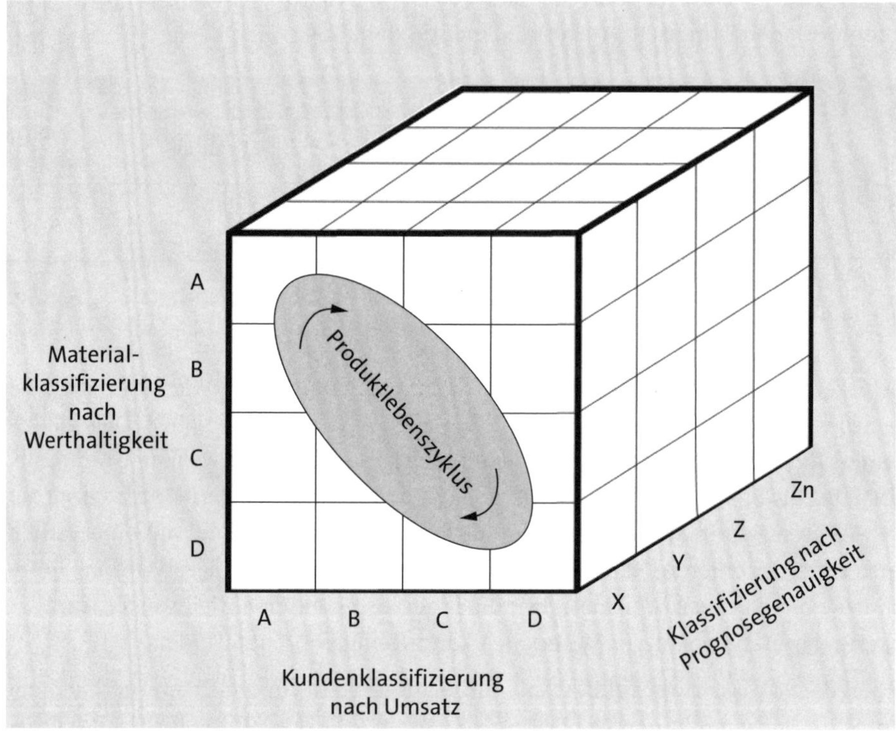

Abbildung 20.7 Abbildung in einer 3-D-Matrix

Neben den genannten Varianten kann man eine ABC/XYZ-Matrix um andere Klassifizierungen erweitern und somit den Materialstamm noch stärker segmentieren. Jedoch ist dieser Vorteil zugleich der Nachteil einer dreidimensionalen Klassifizierung: Sie erhöht den Analyseaufwand und die Komplexität bei der Einordnung und Steuerung der Produkte.

In der Praxis hat sich aufgrund ihrer geringeren Komplexität und besseren Anwendbarkeit die zweidimensionale Matrix durchgesetzt. Das bedeutet jedoch nicht, dass Sie nur eine Klassifizierung nach ABC oder XYZ verwenden sollen. Nicht durch eine weitere Ebene, sondern anhand der Unterteilung eines einzelnen Segments der ABC/XYZ-Matrix oder mithilfe verschiedener Matrizen und Entscheidungsbäume kann die Komplexität der unternehmensspezifischen Disposition überschaubar dargestellt werden.

Erweiterte Klassifizierung

Im vorhergehenden Abschnitt sind wir bereits auf die wichtigsten Erweiterungsmöglichkeiten der ABC/XYZ-Matrix eingegangen. Beispielhaft haben wir aufgezeigt, wie die Differenzierung in Kunden, Lagerfähigkeit und Produktlebenszyklus zur Dispositionsoptimierung beitragen kann. In diesem Abschnitt werden wir auf weitere Charakteristika eingehen, die bei der Wahl der Dispositionsstrategien berücksichtigt werden müssen.

Grundsätzlich bestimmt die *Materialart*, z. B. ob es sich um Fertigerzeugnisse, Halbfabrikate, Rohstoffe, Handelsware, Betriebs- oder Hilfsstoffe handelt, die Art, wie ein Unternehmen Materialien beschafft bzw. produziert. Eine Unterscheidung zwischen den Materialarten ist für die Materialdisposition notwendig, da man über die Art des Materials seine Bedeutung und spezifischen Eigenschaften verdeutlichen kann, die wiederum besonderen Einfluss auf die Planungsstrategie und das Dispositionsverfahren haben.

Betriebs- und Hilfsstoffe besitzen z. B. eine geringe Werthaltigkeit und können grundsätzlich auf Lager, über ein maschinelles Bestellpunktverfahren und ohne umfangreiche Prognose disponiert werden. Wenn es sich hingegen bei einem Material um ein *Enderzeugnis* (Fertigerzeugnis) oder um ein *Vorerzeugnis* (Halbfabrikat) handelt, bestimmt das die Wahl der Planungsstrategie und ist auch bei der Auswahl der anderen Verfahren von Bedeutung. Handelswaren können wie Enderzeugnisse geplant werden, jedoch erfolgt bei dieser Materialart keine unternehmensinterne Wertschöpfung. Der Fokus liegt auf der Absatzplanung und der geeigneten Bestellstrategie. Der Unterschied zwischen Rohstoffen und Vorerzeugnissen besteht in der Beschaffungsart. Die Beschaffungsart hat jedoch keinen Einfluss auf die Optimierung der Disposition, somit werden auch Rohstoffe als Vorerzeugnisse kategorisiert. Eine besondere Rolle bei der Dispositionsoptimierung spielen darüber hinaus sogenannte *Engpassmaterialien*, also wichtige Materialien, deren Fehlen die gesamte Produktion stoppen kann. Daher müssen auch sie besonders berücksichtigt werden.

Zusammenfassend ordnet man also alle Materialien einer der drei folgenden Materialarten zu:

- Enderzeugnis
- Vorerzeugnis
- Engpassmaterial

Ein weiteres Kriterium, das bei der Dispositionsoptimierung betrachtet werden muss, ist die *Individualität*. Dieses Merkmal beschreibt die spezifischen Eigenschaften des Materials und hat auf jede Funktionsgruppe der Materialdisposition Einfluss. Es kann über Lager- oder Kundeneinzelfertigung somit auch über die Dispositionsart entscheiden. Auch bei der Entscheidung für oder gegen eine Prognose spielt die Individualität des Produkts eine wichtige Rolle. Bei einer geringen Individualität geht man von einer anonymen Fertigung aus, bei einer mittleren ist das Produkt gruppenspezifisch, wird also für eine bestimmte Region oder Kundengruppe gefertigt. Materialien mit hoher Individualität werden kundenspezifisch gefertigt, und eine sehr hohe Individualität weist auf auftragsbezogene Fertigungen hin.

Je höher die Individualität, desto exakter muss die Disposition erfolgen, da Überkapazitäten und Retouren nicht für neue Aufträge verwendet werden können.

Ein weiterer wichtiger Faktor ist die *akzeptierte Lieferzeit* in Verbindung mit der Wiederbeschaffungszeit. Die akzeptierte Lieferzeit spiegelt die Zeit wider, die der Kunde bereit ist, auf ein Produkt zu warten (von Auftragsübermittlung bis Wareneingang). Die Zeiten können je nach Branche oder Produkt variieren. In Zeiten der Globalisierung möchten Kunde in der Regel nicht lange auf Produkte warten, die der Befriedigung ihrer Grundbedürfnisse dienen. Nur bei kundenspezifischen oder raren Produkten werden lange Lieferzeiten akzeptiert.

Die *Wiederbeschaffungszeit* bezeichnet die Zeitspanne, die von Beginn der Bearbeitung bis zur Fertigstellung eines Erzeugnisses oder bis zu seiner Beschaffung benötigt wird. Im Einzelnen bezeichnet man damit bei Eigenfertigung die Durchlaufzeit, welche sich aus Rüstzeit, Bearbeitungszeit und Liegezeit zusammensetzt. Bei der Fremdbeschaffung wird die komplette Beschaffungszeit als Wiederbeschaffungszeit bezeichnet. Je größer die Durchlaufzeit, desto kapitalbindungsintensiver ist der Wertschöpfungsprozess. Bei besonders langen Wiederbeschaffungszeiten ist auf die Parametrisierung der Horizonte zu achten. Ist die akzeptierte Lieferzeit kürzer als die Wiederbeschaffungszeit, muss eine Lagerfertigungs- oder Mischstrategie verwendet werden, damit alle Kundenbedarfe gedeckt werden und es nicht zu Lieferverzug kommt. Ist die akzeptierte Lieferzeit länger als die Wiederbeschaffungszeit, muss nicht notwendigerweise auf Lager produziert werden, wodurch eine flexiblere Planung erreicht wird.

Auch der *Lieferbereitschaftsgrad* (auch Servicegrad genannt; siehe Abschnitt 19.5.10, »Kennzahl »Lieferbereitschaftsgrad««) ist Ausdruck der Lieferfähigkeit gegenüber dem Kunden und wird in Prozent angegeben. Der Prozentsatz besagt genau, in welchem Maß die jeweilig nachgefragte Menge ausgeliefert wird. In der Disposition bezieht sich der Lieferbereitschaftsgrad auf die Lieferwahrscheinlichkeit der Lieferanten (Lieferantenzuverlässigkeit). Das Kriterium Lieferbereitschaftsgrad gibt eine wichtige Information bei der Einstellung des Parameters Sicherheitsbestand. Hat man für das Material einen sehr zuverlässigen Lieferanten, kann der Sicherheitsbestand niedrig gehalten werden.

Eine hundertprozentige Versorgung kann erreicht werden, jedoch würde diese Zielsetzung zu unverhältnismäßig hohen Kosten und Beständen führen und somit keine Optimierung darstellen.

[«]

Einteilung des Lieferbereitschaftsgrads

Die Einteilung des Lieferbereitschaftsgrads erfolgt nach gering (50 % bis 85 %), mittel (85 % bis 95 %) und hoch (95 % bis 99,9 %).

Darüber hinaus kann die richtige Einschätzung der *Lagerkosten* zur Bestandsoptimierung genutzt werden. Lagerkosten sind Kosten, die durch die Lagerung eines Materials entstehen. Sie werden als Prozentsatz vom Bewertungspreis im Materialstammsatz hinterlegt. Die Höhe der Lagerkosten ist abhängig von dem zu lagernden Produkt (Volumen, Werthaltigkeit, Strom, Kühlung), den Lagerräumen (Miete, Abschreibungen, Versicherung) und den Personalkosten der Lagerarbeiter. Optimierende Losgrößenverfahren greifen auf diese Kosten bei der Losgrößenberechnung zurück. Bei niedrigen Lagerkosten können größere Lose beschafft werden. Somit werden Beschaffungsfixkosten reduziert und durch die Lagerhaltung eine gewisse Planungsruhe und -sicherheit erreicht. Ist die Lagerung des Erzeugnisses teuer, sollte der Lagerbestand auch bei hohem Lieferbereitschaftsgrad so gering wie möglich gehalten werden.

Beschaffungsfixkosten (auch *mittelbare Beschaffungskosten* genannt) sind Kosten, die bei der Beschaffung unabhängig von der Bestellmenge entstehen und daher ebenfalls miteinbezogen werden müssen. Der Wert wird im Materialstamm hinterlegt und neben den Lagerkosten zur Berechnung der optimalen Losgröße verwendet. Die fixen Kosten der Beschaffung setzen sich aus Verpackung, Transportkosten und Auftragsbearbeitungskosten zusammen. Hohe Beschaffungsfixkosten kommen durch lange und komplexe Transportwege oder durch technische Besonderheiten bei der Beschaffung zustande. Neben der Losgröße beeinflussen die Beschaffungsfixkosten auch die Dispositionsart und die Planungsstrategie.

20

Neben den bereits genannten Kriterien können auch seltene Besonderheiten die Parametrisierung der Disposition beeinflussen. Das können z. B. vorgeschriebene Verpackungsgrößen oder Bestellbedingungen eines Lieferanten sein, welche die Abnahme einer bestimmten Losgröße erfordern (EU-Palette, Tanklaster). Somit kommen Rundungsprofile oder minimale und maximale Losgrößen zum Einsatz. Andere Besonderheiten können im Zusammenhang mit der Produktion stehen, z. B. beim Einsatz von speziellen Fertigungsmaschinen, die 24 Stunden am Tag laufen und ausgelastet werden müssen, unabhängig davon, ob dadurch Überkapazitäten entstehen oder nicht.

Abbildung 20.8 gibt einen Überblick über die Zusammenhänge zwischen den Einflussgrößen und den wichtigsten Parametern der Materialdisposition.

Einflussgrößen	Parameter											
De-facto Kriterien	**1**	**2**	**3**	**4**	**5**	**6**	**7**	**8**	**9**	**10**	**11**	**12**
Produktart	X			X		X						
Produktphase	X	X		X	X	X						
Werthaltigkeit	X	X	X	X		X		X			X	X
Prognostizierbarkeit	X	X		X	X	X	X				X	X
Individualität	X	X	X	X	X	X		X			X	X
Fertigungsart	X											
WBZ > Akz. Lieferzeit	X					X				X	X	X
Lieferbereitschaftsgrad		X								X	X	X
Lagerfähigkeit	X			X		X		X	X		X	X
Variantenprodukt	X											
Relative Kriterien												
Lagerkosten	X					X	X	X	X		X	X
Beschaffungsfixkosten	X					X	X	X	X			
Rüstkosten	X					X	X	X				
Verbrauchsanalyse		X	X							X	X	X
Besonderheiten*	X			X		X	X	X	X			X

*Besonderheiten im Sinne von Lieferanten- oder Verpackungsrestriktionen

1 Planungsstrategiegruppe
2 Prognosemodell
3 Modellauswahlkennzeichen
4 Dispositionsmerkmal
5 Fixierungshorizont
6 Dispositionslosgröße
7 Mindestlosgröße
8 Maximale Losgröße
9 Rundungsprofil
10 Meldebestand
11 Sicherheitsbestand
12 Bedarfsvorlaufzeit

Abbildung 20.8 Übersicht der wichtigsten Parameter und ihrer Einflussgrößen

Die Auswahl der richtigen Charakteristika für Ihr Unternehmen ist der entscheidende Schritt zur Komplettierung Ihrer Dispositionsmatrix, aber auch die Grundlage für komplexe Matrizen und Entscheidungsbäume.

In Abbildung 20.9 sehen Sie eine Verfahrensmatrix, die den SAP-Losgrößenverfahren bestimmte Merkmalsausprägungen zuordnet. Über eine solche Übersicht können Sie aus den gewonnenen Informationen Ihrer Bestandsanalysen und anderen Charakteristika eine Zuordnung zwischen Material bzw. Materialklassifizierung und SAP-Dispositionsparameter durchführen. Verfahrensmatrizen dienen als Grundlage für Entscheidungsbäume und deren programmtechnischer Realisierung.

Losgrößenverfahren											
Dispo-losgröße	Materialart	Produktphase	WK	PK	Individualität	Fertigungsart	WBZ > akz. Lieferzeit	Lagerfähigkeit	VP	Lager-kosten	BFK oder RK
EX	Enderzeugnis / Engpassmaterial	#	A / B	X	Hoch / Sehr Hoch	Einzelfertigung	Nein	Gering, Mittel	#	Mittel / Hoch	Gering / Mittel
ES	Enderzeugnis / Engpassmaterial	#	A / B	X	Hoch / Sehr Hoch	Einzelfertigung	Nein	Gering, Mittel	#	Hoch	Gering / Mittel
FX	#	#	B / C	X	Gering / Mittel	MF / SF	#	Mittel, Hoch	#	Gering / Mittel	#
FS	#	#	B / C	X	Gering / Mittel	MF / SF	#	Mittel, Hoch	#	Mittel / Hoch	#

Abbildung 20.9 Verfahrensmatrix, Ausschnitt »Losgröße«

Entscheidungsbäume auf Basis der Klassifizierung

Der Nachteil der in den vorigen Abschnitten erwähnten Bestandsanalysen ist, dass sie aus einer Analyse über einen längeren Zeitraum (meist ein Geschäftsjahr) resultieren. Somit handelt es sich um statische Ergebnisse. Neue Materialien werden nicht berücksichtigt und müssen gesondert behandelt werden. Wenn Sie diese Einschränkungen berücksichtigen und wissen, wie man damit am besten umgeht, können Sie mit einem geringen manuellen Aufwand die Schwachstellen beheben.

Weitere Nachteile der Klassifizierung sind die grobe Unterteilung in drei oder vier Klassen sowie die Tatsache, dass Grenzartikel falsch klassifiziert werden können. Dennoch ist die Bestandsanalyse die wichtigste Grundlage für weitergehende Untersuchungen und ein erster Anhaltspunkt dafür, wie ein Material disponiert werden sollte.

Die wohl aufwendigste, aber auch erfolgversprechendste Möglichkeit, Dispositionsparameter den Materialien unter Berücksichtigung der unternehmensindividuellen Gegebenheiten zuzuordnen, ist die Beschreibung und Konzeption von Entscheidungsbäumen. Entscheidungsbäume haben den Vorteil, dass sie komplexe Zusammenhänge abbilden können, bspw. die Definition von Dispositionsstrategien anhand von Materialeigenschaften oder unternehmensspezifischen Strategien. Dabei basieren sie in aller Regel auf der Materialklassifizierung.

In Abbildung 20.10 sehen Sie einen vereinfachten Entscheidungsbaum zur Ermittlung der optimalen Losgrößenstrategie. Neben der Werthaltigkeit werden die Charakteristika Individualität, Lagerkosten, Lagerfähigkeit und Bestellfixkosten mit in die Entscheidungsfindung aufgenommen.

In Abbildung 20.11 finden Sie eine alternative, maschinenfreundlichere Darstellungsmöglichkeit.

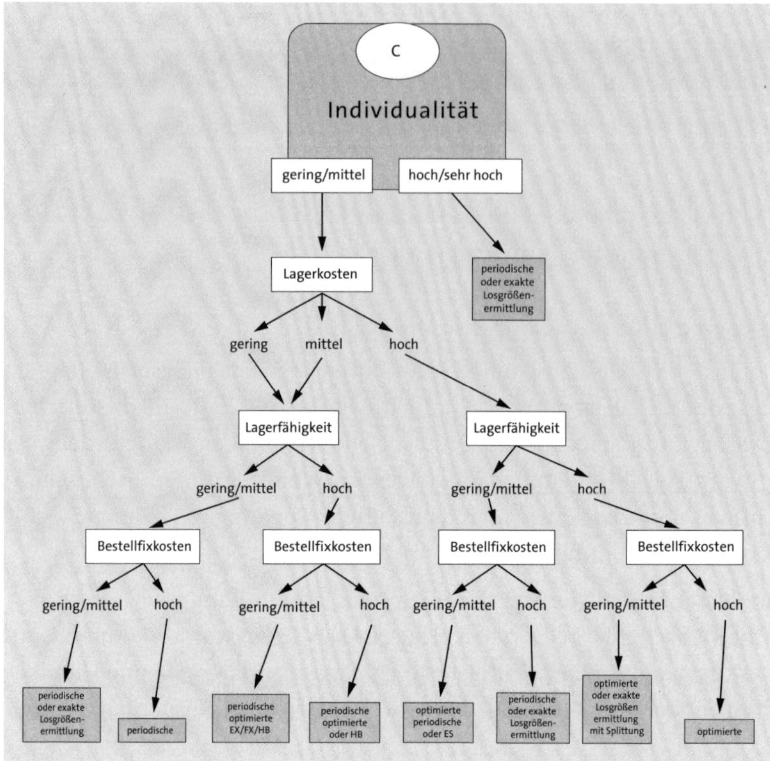

Abbildung 20.10 Beispiel eines Dispositionsentscheidungsbaums (Losgrößenauswahl)

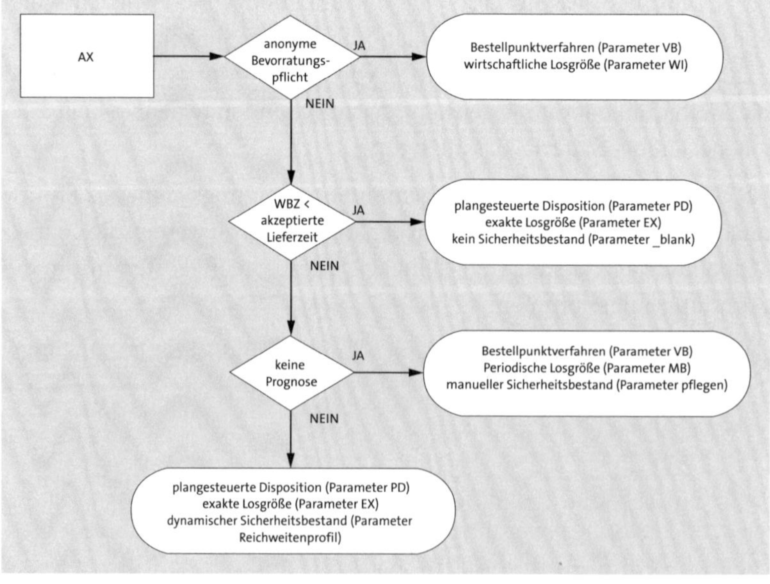

Abbildung 20.11 Beispiel eines Dispositionsentscheidungsbaums (Flussdiagramm)

Nach dem Erstellen eines oder mehrerer Entscheidungsbäume erfolgt die programmtechnische Realisierung dieser Logik. Dieser Schritt ist unerlässlich, da sonst der immer wiederkehrende Anpassungsaufwand der Parameter, unter Berücksichtigung des Entscheidungsbaums, für die Disponenten mit einem sehr hohen manuellen Aufwand verbunden ist. Eine Umsetzung direkt im SAP-System ist das beste Vorgehen, denn so können Änderungen in den Materialeigenschaften konsistent und automatisch im Materialstamm umgesetzt werden. Einige SAP-Beratungshäuser haben sich bereits mit dieser Thematik beschäftigt und können Sie bei der Konzeption sowie Implementierung unterstützen.

Wenn Sie sich in Ihrem Unternehmen mit dem Thema Produktklassifizierung beschäftigen, sollten Sie Aufwand gegen Nutzen abwägen. Ihre theoretischen Überlegungen müssen auch in der Praxis realisierbar und handhabbar sein. Je mehr Charakteristika Sie in Ihre Klassifizierung aufnehmen, desto mehr Segmente müssen Sie betrachten und desto komplexer wird der Auswahlprozess, mit dem Sie dem Material die geeigneten Parameter zuordnen.

20.3.2 Dispositionsmatrix

In diesem Abschnitt beschreiben wir ein Ergebnis und zentrales Hilfsmittel der optimierten Disposition: die *Dispositionsmatrix*. Die Dispositionsmatrix ist nicht nur ein Resultat aus verschieden Bestandsanalysen, sondern ein Regelwerk für Disponenten. Mit ihrer Hilfe können Sie die geeigneten Dispositionsparameter je nach Materialausprägung und unternehmensspezifischen Gegebenheiten konfigurieren. Grundlage ist dabei die Materialklassifizierung, aus welcher die Strukturierung der Matrix abgeleitet wird.

In Abbildung 20.12 sehen Sie ein Beispiel für eine Dispositionsmatrix, die eine systematische Strukturierung des Produktspektrums darstellt.

Als Grundlage dieser Matrix dient in diesem Beispiel eine ABC/XYZ-Analyse, über die der Materialstamm in neun unterschiedliche Segmente je nach Werthaltigkeit und Prognostizierbarkeit unterteilt wurde. Damit kundenindividuelle Gegebenheiten mitberücksichtigt werden, kann man die Matrix noch feiner differenzieren. So spiegelt eine Matrix mit 18 Feldern die starke Varianz im Produktspektrum wider. In der Praxis ist die Dispositionsmatrix mit 18 Feldern die komplexeste Variante, da jede weitere Unterteilung Handhabbarkeit und Übersichtlichkeit erschweren. Neben den »normalen« Materialen sollten getrennt Anlauf- und Auslaufprodukte betrachtet werden. Ab wann ist die Verbrauchshistorie von neuen Produkten aussagekräftig? Gibt es Vorgaben vom Vertrieb, z. B. Absatzplanung und Vorhaltemengen? Müssen alte Materialien aufgebraucht oder gleich verschrottet werden? Welche unternehmensspezifischen Sonderprozesse gibt es? Wie wird Schüttgut disponiert? Das alles sind Fragen, die eine Dispositionsmatrix beantworten muss.

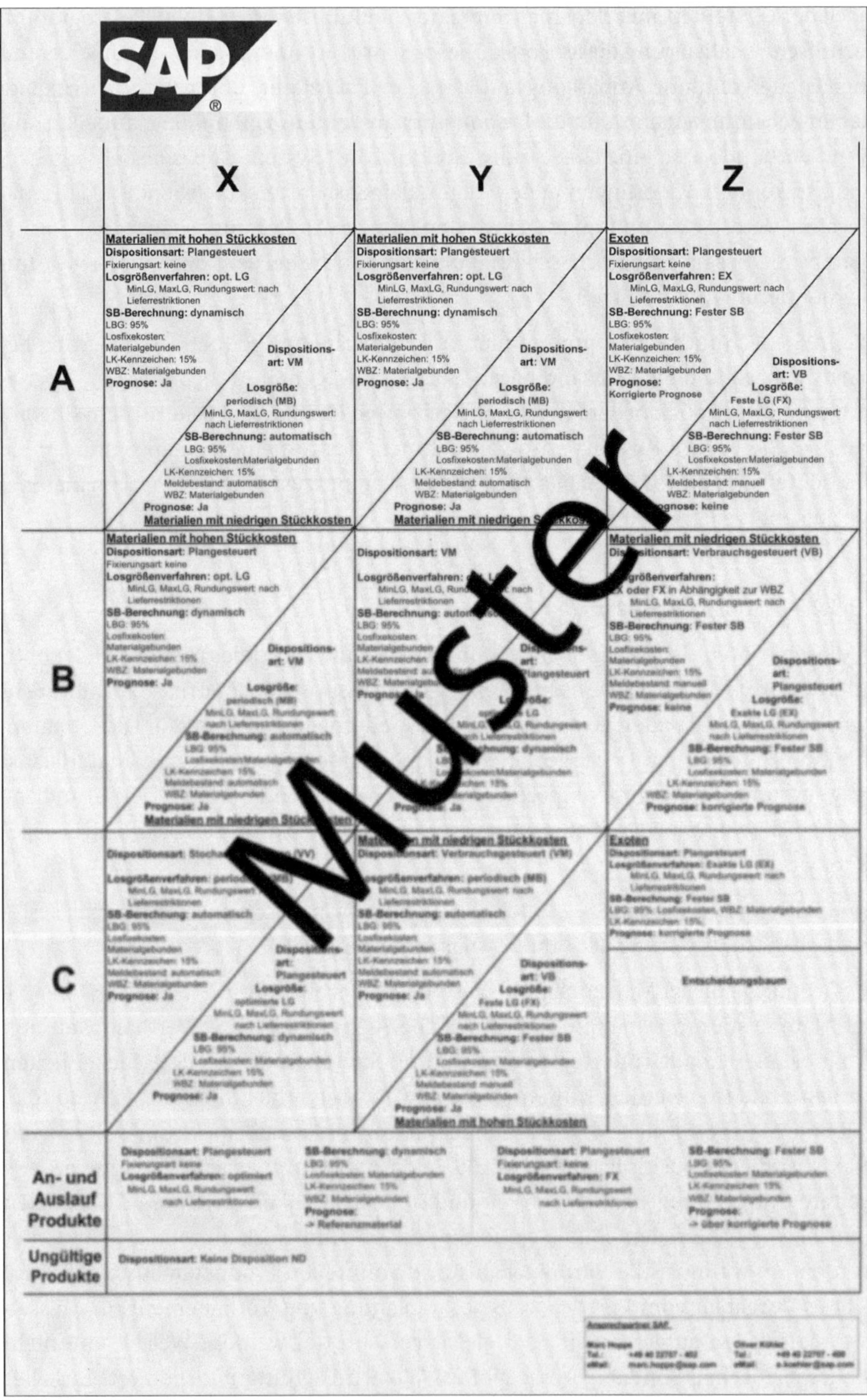

Abbildung 20.12 Musterdispositionsmatrix

Abbildung 20.13 verschafft Ihnen einen tieferen Einblick in die Dispositionsmatrix: Die Darstellung zeigt ein Segment und die daraus resultierenden Parameter.

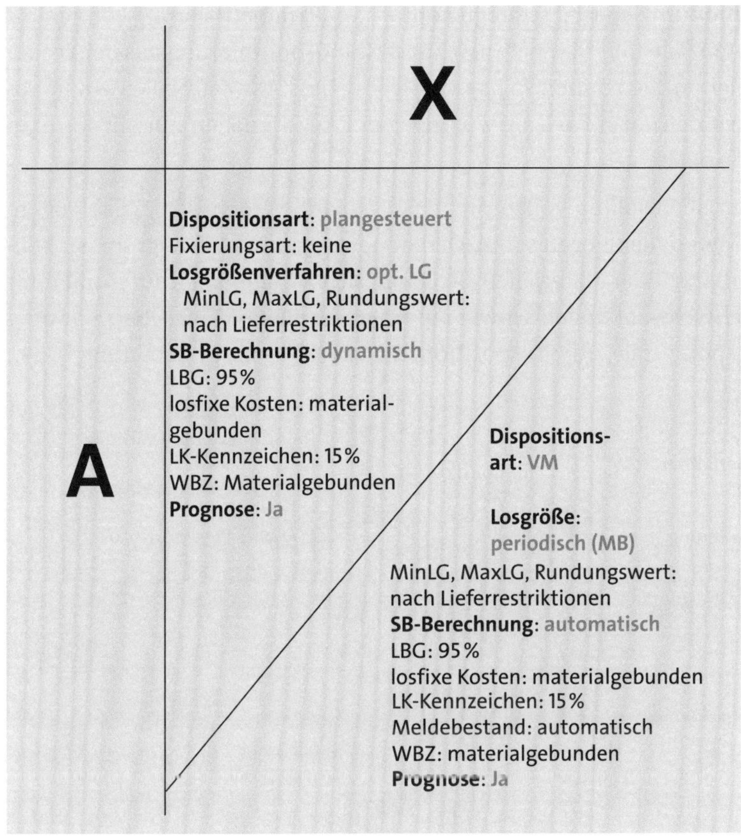

Abbildung 20.13 AX-Klassifizierung in der Dispositionsmatrix

In unserem Beispiel einer AX-Klassifizierung werden die Materialien detaillierter in AX-Materialien mit hohen und mit niedrigen Stückkosten unterteilt. Eine solche Unterteilung ist für manche Unternehmen sinnvoll, da man so hochpreisige Produkte von niedrigpreisigen Produkten mit hohen Stückzahlen trennen kann. Beide Kategorien sind AX-Materialien, jedoch sollte bspw. ein Motor anders disponiert werden als ein Dichtring. Neben den Standardparametern wie Dispositionsart, Losgrößenverfahren und Sicherheitsbestandsberechnung sollten Sie weitere betriebswirtschaftliche oder ablauforganisatorische Faktoren mit aufnehmen, welche die Disposition beeinflussen – z. B. die Definition des Lieferbereitschaftsgrads, welcher die Höhe des Sicherheitsbestands mit beeinflussen kann. Auch Lieferantenrestriktionen wie Verpackungsgrößen oder Mindestabnahmemenge sollten berücksichtigt werden, da diese die vom System ermittelte Losgröße durch Rundungswerte oder Mindestmengen anpassen. Auch Freigabestrategien oder -grenzen sollten vermerkt sein: Die

Disponenten sollen die Möglichkeit haben, 10.000 Dichtringe zu bestellen, nicht aber 10.000 Motoren.

Neben der systemoptimalen und strategiekonformen Parametrisierung können Sie Optimierungspotenziale und Maßnahmen zur Bestandsoptimierung aus der Dispositionsmatrix ableiten. Sie können so bspw. ableiten, dass AX-Materialien ein hohes Rationalisierungspotenzial aufweisen, wohingegen CX-Materialien nur ein geringes Einsparungspotenzial bergen.

CX- und AX-Materialien sollten vollautomatisch geplant werden, wobei das Augenmerk auf den A-Materialien liegen sollte. Der Steuerungsaufwand steigt mit sinkender Prognostizierbarkeit der Materialien. So lassen sich Z-Materialien aufgrund ihrer starken Verbrauchsschwankungen schwer automatisch planen. Eine Übersicht über die Optimierungspotenziale einer Dispositionsmatrix sehen Sie in Abbildung 20.14.

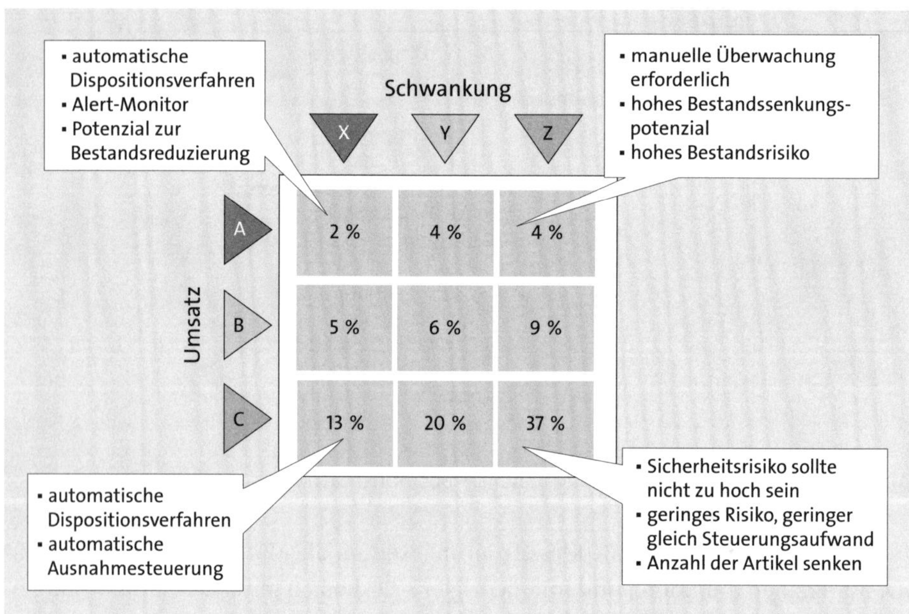

Abbildung 20.14 Maßnahmen zur Bestandsoptimierung, abgeleitet aus der Dispositionsmatrix

Die Vorteile einer ABC/XYZ-Matrix für Ihr Unternehmen liegen in dem einheitlichen Regelwerk und der gewonnenen Transparenz über die Dispositionsentscheidungen. Optimierungspotenziale werden verdeutlicht sowie disponierende und kritische Produkte schneller erkannt. Der überwiegende Teil des Produktspektrums soll automatisch disponiert werden.

Die Vorteile für den Disponenten liegen ebenfalls im klar strukturierten Regelwerk, nach welchem er sein Vorgehen und seine Prozesse ausrichten kann. Es entsteht ein

Wandel von der quantitativen Disposition (»Feuerwehrdisposition«), bei welcher der Disponent nur damit beschäftigt ist, Dispositionsfehler schnellstmöglich zu beheben, hin zur qualitativen Disposition. Hier werden Probleme schon vor ihrem Entstehen entdeckt, und der Disponent kann sich stärker auf die Vorplanung und auf kritische Materialien konzentrieren.

20.3.3 Auswirkungen der Klassifizierung auf die Vorplanung

Außer in der Disposition kann eine Klassifizierung auch im Bereich der Vorplanung eingesetzt werden. Entweder Sie definieren in Ihrer Dispositionsmatrix die Parametrisierung für die Planung oder Sie verwenden eine eigene Matrix für die Prognoseklassifizierung.

Ähnlich wie bei der ABC/XYZ-Unterteilung in der Disposition können auch in der Vorplanung die Materialeigenschaften *Werthaltigkeit* und *Prognostizierbarkeit* dazu genutzt werden, eine geeignete Prognoseeinstellung zu finden oder Materialien von der Prognose auszuschließen. Hochwertige Materialien, deren Verbrauch starken Schwankungen unterliegt, eignen sich z. B. nicht für die Prognose und können daher ausgeschlossen werden.

Die Unterteilung nach ABC/XYZ können Sie durch weitere Charakteristika erweitern. Ein Beispiel dafür ist die Unterscheidung nach Saisonalität: Ein saisonales Material kann als X-Material klassifiziert werden. Bei der Prognose ist es jedoch von Bedeutung, ob Sie ein Konstantmodell oder ein Saisonmodell verwenden.

Die Prognoseklassifizierung hat den Vorteil, dass Ihnen ein strukturiertes Regelwerk zur Verfügung steht und Sie sowohl die automatische Parameterauswahl nutzen als auch individuelle Anpassung vornehmen können. In vielen Unternehmen wird die automatische Modellauswahl verwendet, ohne sich detailliert mit den Prognosestrategien zu beschäftigen. Das führt meist zu Intransparenz und unzureichenden Ergebnissen im Prognosecontrolling. Vermeiden Sie daher die automatische Modellauswahl bei konstanten und hochwertigen Materialen nach Möglichkeit. Die individuelle Konfiguration der Parameter für jedes Material liefert Ihnen die höchste Prognosegenauigkeit, wenngleich dies mit einem sehr hohen Aufwand verbunden ist.

Anhand einer Prognoseklassifizierung können Sie jedem Segment ein Prognoseverfahren und die relevanten Parametereinstellungen zuordnen. Das bedeutet aber nicht automatisch, dass das gewählte Prognoseverfahren für alle Materialien aus diesem Segment immer das beste Resultat erzielt, sondern dass die optimalen Einstellungen für das Segment getroffen werden. Dadurch ist es auch möglich, mit geringem Aufwand einen kontinuierlichen Pflegeprozess für die Prognose zu implementieren.

In Abbildung 20.15 sehen Sie den Ausschnitt aus einer möglichen Prognoseklassifizierung. Als Unterscheidungskriterium wurden die Charakteristika *Werthaltigkeit*, *Pro-*

gnostizierbarkeit und *Saisonalität* ausgewählt. Über den vom System ermittelten Autokorrelationskoeffizienten können Sie bestimmen, ob eine Saison vorliegt oder nicht.

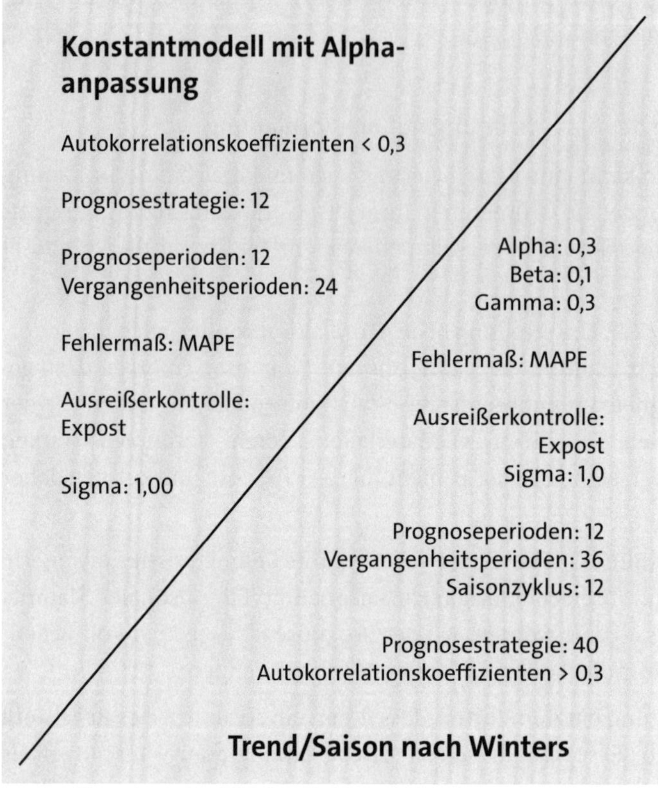

Abbildung 20.15 Beispiel für eine AX-Prognoseklassifizierung

Handelt es sich um nichtsaisonales Material, wird Prognosestrategie 12 (*Konstantmodell mit automatischer Alphaanpassung*) verwendet. Ist der Autokorrelationskoeffizient größer 0,3, handelt es sich um ein saisonales Produkt und es wird empfohlen, Prognosestrategie 40 anzuwenden.

Neben der Strategie spielen auch die Prognoseparameter eine wichtige Rolle. Diese sollten je nach Segment individuell betrachtet werden. Für X-Materialien sollte der Sigmawert für die Ausreißerkontrolle kleiner ausfallen als für Y-Materialien, damit sporadische Ausschläge stärker geglättet werden. Dasselbe gilt beim Alphafaktor: Für konstante Materialien sollten Sie einen niedrigen Alphafaktor wählen, um die komplette Zeitreihe zu glätten. Bei schwankenden Materialien sollten Sie die nähere Vergangenheit stärker gewichten, um schneller auf Bedarfsänderungen reagieren zu können.

Um optimale Ergebnisse in den Bereichen Vorplanung und Disposition zu erzielen, empfehlen wie Ihnen die Verwendung einer Produktklassifizierung und die Definition eines Regelwerks unter Berücksichtigung Ihrer individuellen Unternehmensspezifika. Nachdem Sie die Grundlagen dafür geschaffen haben, müssen Sie diese Optimierung kontinuierlich vorantreiben und auf Änderungen im Produktstamm bzw. -verhalten reagieren. Für diese kontinuierliche Pflege existieren verschiedene Hilfsmittel im SAP-Umfeld. Ein performantes Hilfsmittel ist der Dispositionsmonitor, den wir Ihnen in Kapitel 3, »Klassifizierungen von Materialien als Basis für Dispositionsentscheidungen«, vorgestellt haben. In der Folge erläutern wir Ihnen zusätzliche Werkzeuge, die Sie in Kombination mit dem Dispositionsmonitor einsetzen können.

20.4 Optimierungswerkzeuge von SAP

In diesem Abschnitt werden wir Ihnen verschiedene Werkzeuge vorstellen, die alle das Ziel haben, Sie bei der kontinuierlichen Optimierung der Disposition zu unterstützen. Neben dem bereits erwähnten Dispositionsmonitor ist der Wiederbeschaffungszeit-Monitor (WBZ-Monitor) ein praktisches Hilfsmittel zur Entscheidungsunterstützung und Überwachung der Dispositionsqualität. Auch das Expertentool Dispositionsoptimierung unterstützt Sie bei Ihrem Optimierungsvorhaben und wird im Folgenden vorgestellt.

20.4.1 Dispositionsmonitor

Der Dispositionsmonitor bildet das zentrale Rückgrat der SCM-Beratungslösungen von SAP zur Verankerung einer optimalen Dispositionsstrategie (siehe hierzu Kapitel 3, »Klassifizierungen von Materialien als Basis für Dispositionsentscheidungen«). Dabei unterstützt er die Optimierung der Dispositionseinstellungen durch die folgenden drei Kernfunktionen:

- Klassifizierung von Planungsobjekten hinsichtlich zentraler Charakteristika (z. B. Verbrauchsbedeutung und Schwankung gemäß ABC/XYZ-Verfahren)
  - Berücksichtigung von Sonderfallmaterialien
  - Berücksichtigung verschiedener Datenquellen
  - Anpassung der Datengrundlage an die dispositionsspezifischen Notwendigkeiten
- Überwachung und Sicherstellung der Stammdatenqualität durch ein Regelwerk
- Bereitstellung von wichtigen Kennzahlen

Doch nicht alle Dispositionsstammdaten können auf Basis eines Regelwerks optimiert werden. Einige für die Disposition notwendige Eingabewerte, wie bspw. die

Wiederbeschaffungszeiten, müssen materialindividuell ermittelt werden. Für diesen und weitere, vergleichbare Zwecke sind entsprechende Beratungslösungen von SAP vorhanden, die wir Ihnen in der Folge näher vorstellen.

20.4.2 Wiederbeschaffungszeit-Monitor

Die Wiederbeschaffungszeit spielt in vielen Dispositionsprozessen eine zentrale Rolle. So ist bspw. eine fehlerfreie Funktionsweise der Bestellpunktdisposition nur bei korrekten Wiederbeschaffungszeiten gewährleistet. Auch bei der Berechnung des Meldestands kommt es zu Problemen, wenn die Wiederbeschaffungszeit im System von der Realität abweicht. Bei einer zu langen Wiederbeschaffungszeit erfolgt die Bestellauslösung zu früh, was zu überhöhtem Lagerbestand führt. Ist die im System verankerte Wiederbeschaffungszeit dagegen kürzer als die reale, entstehen regelmäßig Fehlmengen und damit in mehrstufigen Stücklistenstrukturen Lieferprobleme.

Die enorme Bedeutung der Wiederbeschaffungszeiten in der Disposition in den SAP-ERP-Systemen gilt jedoch nicht nur für die Bestellpunktdisposition. Rückwirkungen sind an vielen weiteren zentralen Funktionen des Dispositionsprozesses zu beobachten, insbesondere bei der Terminierung und der Verfügbarkeitsprüfung. Daher ist es für eine optimierte Disposition elementar, die Wiederbeschaffungszeiten so zu pflegen, dass sie der Realität möglichst nah kommen.

Der Wiederbeschaffungszeit-Monitor oder WBZ-Monitor (engl. Replenishment Lead Time Monitor, RLT) versucht, diesem Umstand durch systematische Ermittlung der Wiederbeschaffungszeiten Rechnung zu tragen. Die relevanten Systemfelder sind hier die Eigenfertigungszeit sowie die Planlieferzeit aus dem Materialstamm, die Planlieferzeiten aus den Stammdaten des Einkaufs sowie die gegebenenfalls im Rahmen der Verfügbarkeitsprüfung eingesetzte Gesamtwiederbeschaffungszeit.

Durch eine systematische Auswertung von Systemdaten (z. B. von Aufträgen, Wareneingängen und Rückmeldedaten) werden Wiederbeschaffungszeiten der Vergangenheit ermittelt und statistisch aufbereitet. Abbildung 20.16 zeigt beispielhaft die Ermittlung von Wiederbeschaffungszeiten für den Fall der Fremdbeschaffung:

Im Fall der Gesamtwiederbeschaffungszeit erfolgt bei Eigenfertigung eine Stücklistenauflösung und eine anschließende Propagierung der Wiederbeschaffungszeiten der untergeordneten Stücklistenstufen. Ebenfalls möglich ist eine Ermittlung des kritischen Pfads unter Berücksichtigung der Entkopplungspunkte, wie sie bei der Demand-Driven-Methode zum Einsatz kommen. Dies bedeutet, dass potenzielle Terminverzögerer entsprechend proaktiv erkannt werden können.

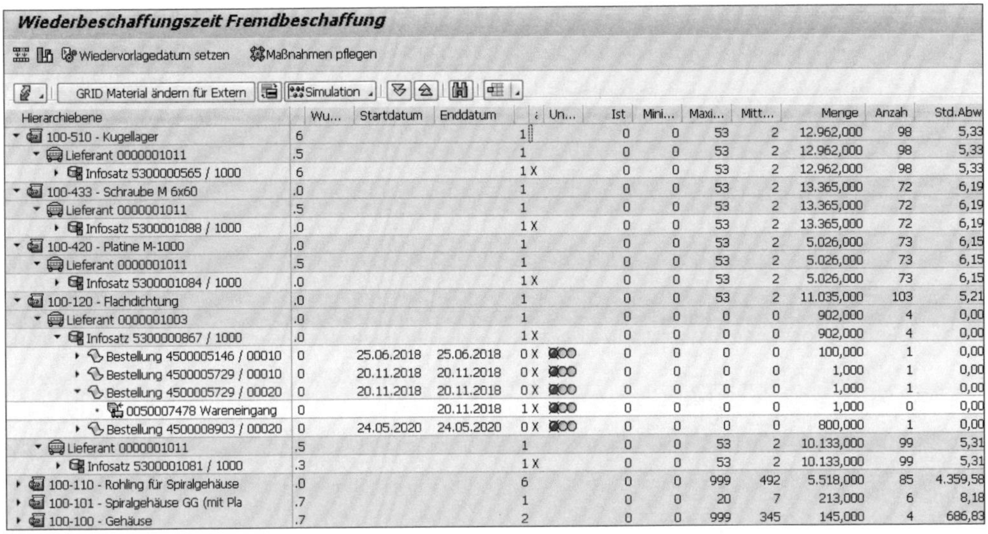

Wiederbeschaffungszeit Fremdbeschaffung

Wiedervorlagedatum setzen Maßnahmen pflegen

GRID Material ändern für Extern Simulation

Hierarchiebene		Wu...	Startdatum	Enddatum		¿	Un...	Ist	Mini...	Maxi...	Mitt...	Menge	Anzah	Std.Abw
100-510 - Kugellager	6				1			0	0	53	2	12.962,000	98	5,33
Lieferant 0000001011	.5				1			0	0	53	2	12.962,000	98	5,33
Infosatz 5300000565 / 1000	6				1	X		0	0	53	2	12.962,000	98	5,33
100-433 - Schraube M 6x60	.0				1			0	0	53	2	13.365,000	72	6,19
Lieferant 0000001011	.5				1			0	0	53	2	13.365,000	72	6,19
Infosatz 5300001088 / 1000	.0				1	X		0	0	53	2	13.365,000	72	6,19
100-420 - Platine M-1000	.0				1			0	0	53	2	5.026,000	73	6,15
Lieferant 0000001011	.5				1			0	0	53	2	5.026,000	73	6,15
Infosatz 5300001084 / 1000	.0				1	X		0	0	53	2	5.026,000	73	6,15
100-120 - Flachdichtung	.0				1			0	0	53	2	11.035,000	103	5,21
Lieferant 0000001003	.0				1			0	0	0	0	902,000	4	0,00
Infosatz 5300000867 / 1000	.0				1	X		0	0	0	0	902,000	4	0,00
Bestellung 4500005146 / 00010	0		25.06.2018	25.06.2018	0	X		0	0	0	0	100,000	1	0,00
Bestellung 4500005729 / 00010	0		20.11.2018	20.11.2018	0	X		0	0	0	0	1,000	1	0,00
Bestellung 4500005729 / 00020	0		20.11.2018	20.11.2018	0	X		0	0	0	0	1,000	1	0,00
0050007478 Wareneingang	0			20.11.2018	1	X		0	0	0	0	1,000	0	0,00
Bestellung 4500008903 / 00020	0		24.05.2020	24.05.2020	0	X		0	0	0	0	800,000	1	0,00
Lieferant 0000001011	.5				1			0	0	53	2	10.133,000	99	5,31
Infosatz 5300001081 / 1000	.3				1	X		0	0	53	2	10.133,000	99	5,31
100-110 - Rohling für Spiralgehäuse	.0				6			0	0	999	492	5.518,000	85	4.359,58
100-101 - Spiralgehäuse GG (mit Pla	.7				1			0	0	20	7	213,000	6	8,18
100-100 - Gehäuse	.7				2			0	0	999	345	145,000	4	686,83

Abbildung 20.16 Ergebnisdarstellung des WBZ-Monitors für die Fremdbeschaffung

Die Nutzer können die so durch den WBZ-Monitor ermittelten Werte der Wiederbeschaffungszeiten auf Wunsch in den Materialstamm oder in den jeweiligen Einkaufsdatenstammsatz wie den Infosatz fortschreiben. So wird eine fortwährende Aktualität der Wiederbeschaffungszeiten gewährleistet. Der WBZ-Monitor leistet also einen wichtigen Beitrag zum reibungslosen Einsatz der Dispositionsfunktionen der SAP-ERP-Systeme. Analog zur Sicherheitsbestandssimulation (siehe Kapitel 10, »Sicherheitsbestandsplanung«) kann auch hier der durch den Wiederbeschaffungszeit-Monitor ermittelte Wert an SAP APO oder SAP IBP übertragen und dort für die Planung verwendet werden.

20.4.3 Expertentool zur Dispositionsoptimierung

Das Expertentool *Dispositionsoptimierung* wurde für die Unterstützung bei der Konzeption der Dispositionsmatrix entwickelt. Anders als bei den Monitoren handelt es sich bei einem Expertentool nicht um ein SAP-Add-on, sondern um ein Instrument zur Entscheidungsfindung bei Optimierungsprojekten. Ziel dieses Tools ist es, Vorschläge für Dispositionsstrategien auf Basis gewählter Einflussgrößen zu erstellen und anschließend aus der Wahl der Verfahren die notwendige Parametereinstellung auszugeben. Als Grundlage für die Vorschläge werden verschiedene Matrizen und Entscheidungshilfsmittel verwendet. Diese Entscheidungshilfsmittel beinhalten das Wissen über die Wirkung der verschiedenen Dispositionseinstellungen sowie deren Wechselwirkung zu abhängigen Parametern. In Abbildung 20.17 sehen Sie anhand der Eingabemaske des Expertentools, welche Eingabewerte notwendig sind und wie eine beispielhafte Parameterausgabe aussehen kann.

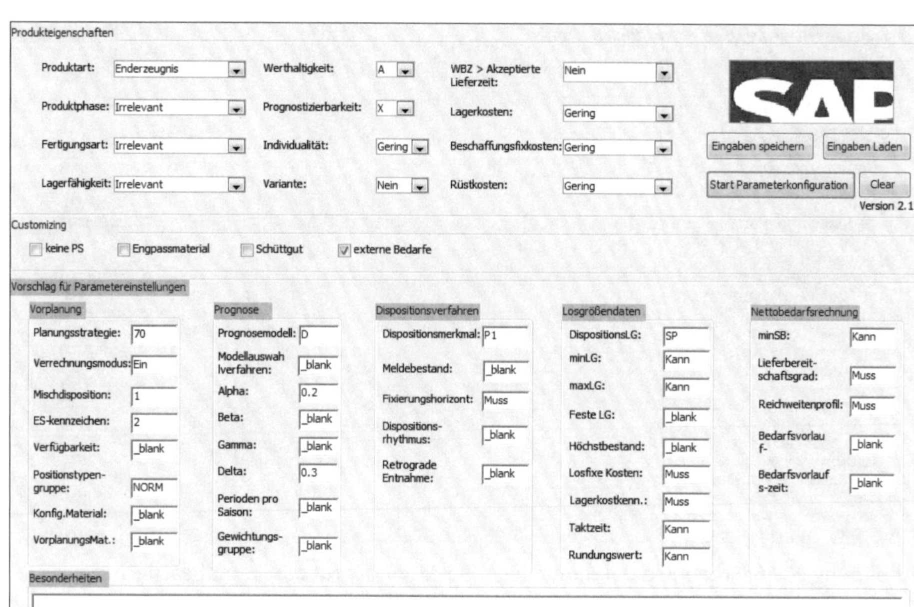

Abbildung 20.17 Expertentool

Die Ermittlung der optimalen Einstellung erfolgt in drei Schritten: Zuerst müssen die Eigenschaften des Produkts gepflegt werden. Anschließend werden beim Ausführen des Expertentools geeignete Planungsstrategien vorgeschlagen. Die Reihenfolge und welche Strategien überhaupt verwendet werden können, wird über die Produkteigenschaften und deren Gewichtung ermittelt. Das erste Verfahren ist bei den gegebenen Produkteigenschaften das zweckmäßigste. Durch die Auswahl der Planungsstrategie werden Vorschläge für die Dispositionsart erstellt. Dasselbe gilt für die Prognose, für das Losgrößenverfahren und für den Sicherheitsbestand.

Im dritten Schritt wird das Ergebnis als Vorschlag für die Parametereinstellungen ausgegeben. Im Segment **Auswahl der Dispositionsverfahren** (siehe Abbildung 20.18) befinden sich alle wichtigen dispositionsrelevanten Parameter mit ermittelter Belegung.

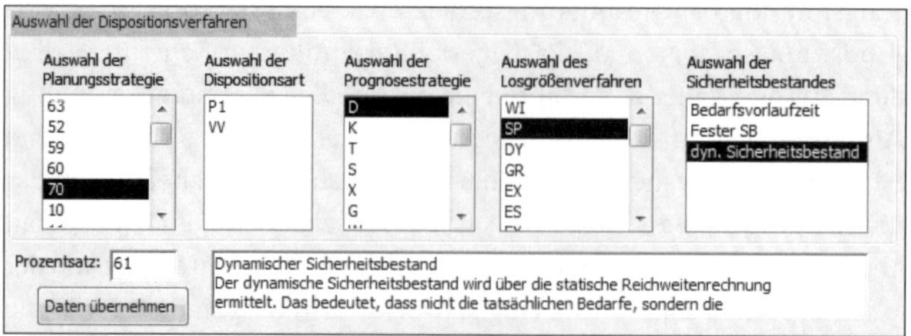

Abbildung 20.18 Auswahl der Dispositionsverfahren

Mithilfe dieses Expertentools können Sie schnell und einfach verschiedene Produkteigenschaften, Restriktionen und deren Auswirkungen auf die Dispositionsparameter simulieren.

20.5 Fazit

In diesem Kapitel haben Sie gelernt, welche Probleme bei der Disposition mit SAP auftreten können und dass diese Probleme unterschiedliche Ursachen haben können. Bevor Sie mit der Dispositionsoptimierung beginnen, müssen Sie sich der Probleme in Ihrem Unternehmen bewusst werden und Potenziale für Ihr Unternehmen erkennen. Anschließend können Sie mit der Unterstützung verschiedener Hilfsmittel den Optimierungsprozess einleiten.

Wie bereits zu Beginn erwähnt, ist die Dispositionsoptimierung ein kontinuierlicher Prozess. Damit dieser auch aktiv in Ihrem Unternehmen betrieben wird, sollten Sie alle beteiligten Personen in den Prozess einbinden und ein Bewusstsein für Veränderungen schaffen. Denken Sie auch an das Dispositions- und Prognosecontrolling, damit Sie die Erfolge, die Sie erzielen, auch messen können.

Die Autoren

Ferenc Gulyássy arbeitet seit seinem Abschluss als Diplom-Kaufmann und Diplom-Volkswirt (Universität zu Köln) als Berater und stellvertretender Beratungsleiter für SAP Supply Chain Management (SCM) bei SAP. Schwerpunkte seiner Tätigkeit sind die Projekt-, Beschaffungs- und Produktionsplanung unter Berücksichtigung von Kapazitäten. Er hat im In- und Ausland eine Vielzahl von Projekten bei großen und mittelgroßen Unternehmen verschiedener Industrie- und Dienstleistungsbranchen mit den SAP-Funktionalitäten PS, PP, PP/DS, CTM und IBP durchgeführt. Zu seinen Aufgaben zählt neben der Implementierung von SAP-Systemen auch die Optimierung von Systemeinstellungen zur Umsetzung von Prozessverbesserungen. Auf diesen Erfahrungen basierend war er an der fachlichen Konzeption der SCM Consulting Solutions von SAP Consulting zur Optimierung von Planungsprozessen in den Planungssystemen von SAP (SAP ECC, SAP S/4HANA, SAP APO, SAP IBP) maßgeblich beteiligt. Als Schulungsreferent der Kurse für Bestandsoptimierung mit SAP (WDBOPT), Produktionsplanung und -steuerung in SAP ERP (SCM240), Demand-Driven and Predictive MRP Bootcamp in S/4HANA (DDpMRPBC), Produktions- und Feinplanung bzw. Schnittstellen in SAP APO (SCM250 und SCM210) und SAP IBP (IBP100–800) ist er ebenfalls für SAP Education tätig. Darüber hinaus ist er Lehrbeauftragter für Principles of Consulting und Advanced Supply Chain Management an der Jacobs University in Bremen.

Marc Hoppe Marc Hoppe arbeitete nach seinem Diplomabschluss in Betriebswirtschaftslehre (Fachhochschule Nordostniedersachsen in Lüneburg, John Moores University in Liverpool und Technische Universität Baumann in Moskau) als SAP-Entwickler in den Bereichen Logistik und Produktionsplanung und später als Logistikberater in nationalen und internationalen SAP-R/3-Projekten. Seit 1998 ist er bei SAP beschäftigt. Zu seinen Aufgaben zählen die betriebswirtschaftliche und die systemseitige Einführung und Optimierung von Supply-Chain-Management-Prozessen sowie das Reengineering kompletter Supply-Chain-Prozesse. Seit 2001 ist er Beratungsleiter für Supply Chain Management und kümmert sich um Projekte in den Bereichen SAP S/4HANA, SAP IBP, SAP ECC und SAP APO. Er berät sowohl deutsche als auch internationale Unternehmen wie Siemens, Daimler und Coca Cola und hat zahlreiche Fachpublikationen zum Thema Bestandsoptimierung veröffentlicht.

Oliver Köhler arbeitete seit seinem Abschluss als Diplom-Wirtschaftsinformatiker (BA Dresden) und Bachelor für Informations- und Kommunikationstechnologie (Hogeschool Zeeland, Niederlanden) als Logistikberater und -entwickler. Zunächst war er bei SAP tätig, anschließend bei der leogistics GmbH angestellt und hat 2016 mit seinem eigenen Unternehmen, der kpi werk GmbH, den Weg der Selbstständigkeit eingeschlagen. Schwerpunkt seiner Tätigkeiten ist die Implementierung von SAP-Planungssystemen im SAP-ERP- und SAP-APO-Umfeld. Im Rahmen der Module bzw. Funktionen SPP, DP, EM, BW sowie MM und SOP hat er eine Vielzahl von Projekten bei Unternehmen wie Volvo Truck, Jaguar und Land Rover, Tetra Pak, Saudi Aramco, Daimler u.v.m. durchgeführt. Zu seinen Aufgaben zählt neben der Implementierung von SAP-Systemen die Optimierung von Prozessen und Systemeinstellungen in den Bereichen Planung und Disposition. Neben den Logistikthemen widmet sich Herr Köhler und die kpi werk GmbH der Konzeption und Realisierung von Digitalisierungskonzepten für Unternehmen der Immobilienbranche.

Binoy Vithayathil ist nach einem Wirtschaftsingenieur-Studium und einem MBA seit 2007 als SCM-Berater bei SAP beschäftigt. Der Schwerpunkt seiner Tätigkeit liegt neben SAP-ERP-, SAP-APO- und SAP-IBP-Projekten primär auf der Optimierung logistischer Prozesse der Absatz- und Beschaffungsplanung und Disposition. Durch nationale sowie internationale Projekte bei großen und mittelständischen Unternehmen verfügt er über branchenübergreifende SCM-Erfahrung. Neben seiner Tätigkeit als Berater ist er auch als Schulungsreferent für die IBP-Kurse von SAP Education aktiv und hält Vorlesungen im Bereich Supply Chain Management an der Jacobs University in Bremen.

Index

B

C

D

E

F

G

H

I

J

K

L

M

N

Q

T

U

V